Elektrotechnik und Elektronik für Maschinenbauer

Weitere Bände siehe
www.springer.com/series/3482

Ekbert Hering • Rolf Martin
Jürgen Gutekunst • Joachim Kempkes

Elektrotechnik und Elektronik für Maschinenbauer

2. vollständig überarbeitete und aktualisierte Auflage

Springer

Prof. Dr. Dr. Ekbert Hering
Hochschule Aalen
Beethovenstr. 1
73430 Aalen
Deutschland
ekbert.hering@htw-aalen.de

Dipl.-Ing. Jürgen Gutekunst
Eichenweg 18
72622 Nürtingen
Deutschland
jgutekunst@web.de

Prof. Dr. Dr. h.c. Rolf Martin
Hochschule Esslingen
Kanalstr. 33
73728 Esslingen
Deutschland
rolf.martin@hs-esslingen.de

Prof. Dr. Joachim Kempkes
Hochschule Würzburg-Schweinfurt
Mechatroniklabor I
Elektrische Aktoren
Ignaz-Schön-Str. 11
97421 Schweinfurt
Deutschland
joachim.kempkes@fhws.de

Unter Mitarbeit von:
Dipl. - Ing. Klaus Bressler
Dipl. - Ing. Alois Vogt

ISBN 978-3-642-12880-6 e-ISBN 978-3-642-12881-3
DOI 10.1007/978-3-642-12881-3
Springer Heidelberg Dordrecht London New York

Die Deutsche Nationalbibliothek verzeichnet diese Publikation in der Deutschen Nationalbibliografie; detaillierte bibliografische Daten sind im Internet über http://dnb.d-nb.de abrufbar.

Einbandentwurf: WMXDesign GmbH, Heidelberg

Gedruckt auf säurefreiem Papier

Springer ist Teil der Fachverlagsgruppe Springer Science+Business Media (www.springer.com)

Vorwort zur zweiten, vollständig überarbeiteten Auflage

Im Maschinenbau werden die Anlagen und Maschinen immer komplexer, unter anderem weil immer mehr Elektrotechnik, Elektronik und Kommunikationstechnik eingebaut wird. Deshalb werden die Grundlagen dieser Bereiche und ihre praktischen Anwendungen im Maschinenbau immer wichtiger.

Die erste Auflage des erfolgreichen Standardwerkes für den Ingenieur wurde zu diesem Zweck völlig neu konzipiert und strukturiert. Die Grundlagen in Kapitel A wurden didaktisch überarbeitet, die Definitionen und Ableitungen der Formelzusammenhänge ausführlich dargestellt und mit Anwendungen praxisgerecht aufbereitet. Im nächsten Kapitel B wurden alle Grundlagen und Anwendungen der Halbleitertechnik zusammengefasst. Daran schließt sich das verbesserte Kapitel C über Leistungselektronik an. Völlig neu in das Werk aufgenommen wurden die sehr wichtigen Kapitel D: Elektrische Maschinen, Kapitel E: Antriebstechnik und Kapitel F: Energieversorgung. Diese Anwendungen werden auch vor den Hintergrund der zunehmenden Elektromobilität und einer Ressourcen schonenden Energieversorgung immer bedeutender. Diese Kapitel wurden von unserem neuen Autor, Prof. Dr. *Joachim Kempkes* von der Hochschule Würzburg-Schweinfurt in hervorragender Weise in Theorie und Praxis herausgearbeitet. Im nächsten Kapitel G werden die Sensoren und Aktoren behandelt, die im Maschinen- und Anlagenbau eine immer wichtigere Rolle spielen. Die vielfältigen Signale müssen zu den Auswerte- und Aktorstationen transportiert werden. Deshalb spielen die dazu notwendigen Kommunikationstechnologien eine wichtige Rolle, wie sie bei den Feldbussen vorliegt (Kapitel H). Das Werk schließt im Kapitel I mit der Messtechnik und ihren Anwendungen. Die meisten Kapitel enthalten Übungsaufgaben, mit denen der Leser seine Kenntnisse prüfen und vertiefen kann. Am Ende jedes Kapitels wird auf weiterführende Literatur verwiesen, durch die der Leser seine erworbenen Kenntnisse vertiefen kann.

Jeder Abschnitt ist in gleicher Weise gegliedert: Eine strukturierte Übersicht zeigt die Zusammenhänge auf, Beispiele verdeutlichen die Rechnungen und die Gedankengänge, Diagramme und Fotos zeigen anschaulich die Anwendungen.

Das Werk ist speziell für Maschinenbauingenieure geschrieben, die entweder noch studieren oder im Beruf elektronische Anwendungen in der Praxis einsetzen müssen. So ist dieses Werk ein Lehrbuch und ein praktisches Nachschlagewerk.

Interessanterweise wird dieses Werk auch von Wirtschaftsingenieuren und Mechatronikern wegen seines übersichtlichen Aufbaus, seines strukturierten Wissens und seiner didaktischen Konsistenz sehr geschätzt.

Zu danken haben wir zahlreichen Unternehmen, die uns durch Anschauungsmaterial und durch Beispiele im praktischen Einsatz unterstützt haben. Ganz besonderer Dank gilt dem Springer-Verlag, hier insbesondere Frau *Eva Hestermann-Beyerle* und Herrn Dr. *Hubertus von Riedesel*, die in gewohnter exzellenter Weise dieses Werk betreut haben. Ein herzliches Dankeschön gilt aber auch den Damen und Herren der Herstellung, die oft komplizierte Zeichnungen in eine optimale, lesegerechte und verständliche Form gebracht haben. Nicht vergessen möchten wir unsere Ehefrauen und Kinder, die uns mit viel Verständnis bei der Arbeit begleitet haben.

Wir hoffen, dass dieses völlig neu konzipierte Werk den Studierenden der Ingenieurwissenschaften, speziell den Maschinenbauern, aber auch den Wirtschaftsingenieuren und Mechatronikern, eine gute Hilfe bei der Erarbeitung des Wissens bietet und den Ingenieuren im Beruf ein wertvoller Begleiter bei den praktischen Umsetzungen sein wird. Gerne nehmen wir Kritik und Verbesserungsvorschläge aus dem Leserkreis entgegen und wünschen Spaß und Kenntnisgewinn mit diesem Werk.

Heubach, Esslingen, Nürtingen und Schweinfurt
Juli 2011

Ekbert Hering
Rolf Martin
Jürgen Gutekunst
Joachim Kempkes

Inhaltsverzeichnis

Über die Autoren

Dipl.-Ing. Jürgen Gutekunst Der Berufseinstieg erfolgte 1984 bei SEL in Zuffenhausen im Bereich der Flugzeugnavigation. Seit 1990 leitete er bei der Fa. Gebr. Heller GmbH in Nürtingen die Hardware-Entwicklung, bevor er 1999 die technische Geschäftsleitung bei Murrelektronik übernommen hat. Seit 2006 ist er bei der Fa. Balluff GmbH mit dem Auf- und Ausbau des neuen Geschäftsbereiches Networking und Connectivity beauftragt und in verschiedenen Arbeitskreisen zum Thema „dezentrale Installationstechnik" tätig.

Prof. Dr. rer. nat. Dr. rer. pol. Ekbert Hering Er war über 10 Jahre Rektor der Hochschule Aalen und verfügt über eine über 30 Jahre währende Lehrerfahrung. Er hat sich seit dem Erscheinen des Buches „Physik für Ingenieure" als erfolgreicher Autor von Fach-, Sach- und Lehrbücher einen Namen gemacht. Der Name Hering steht für die Fähigkeit, mit Hilfe eines kompetenten Autorenteams Themengebiete vorbildlich strukturiert und praxisnah aufzuarbeiten.

Prof. Dr.-Ing. Joachim Kempkes Während seiner Assistentenzeit am Institut für Elektrische Maschinen der RWTH Aachen beschäftigte er sich ab 1987 mit der Optimierung von Servomotoren. Danach war er bei der Siemens AG in Nürnberg ab 1992 als Entwicklungsingenieur im Bereich Bahnantriebe tätig und ab 1994 als Entwicklungsleiter für den Bereich Stellantriebe verantwortlich. 1997 erfolgte der Ruf an die Fachhochschule Würzburg-Schweinfurt für das Lehrgebiet Elektromechanische Energiewandlung und Mechatronische Systeme. Dort leitet er in Schweinfurt das „Mechatroniklabor I - Elektrische Aktoren".

Prof. Dr. rer. nat. Dr. h. c. Rolf Martin In einer typischen Laufbahn des zweiten Bildungswegs folgte auf eine Mechanikerlehre ein Maschinenbau-Studium an der Staatlichen Ingenieurschule Esslingen und anschließend ein Physik-Studium an der Universität Stuttgart mit Schwerpunkt Halbleiterphysik. Als Professor an der Hochschule Esslingen konnte er in über 30 Jahren der Lehre in Physik und Optoelektronik seine Fähigkeiten zur anschaulichen Vermittlung technisch-naturwissenschaftlicher Zusammenhänge weiterentwickeln.

Kapitel A
Grundlagen der Elektrotechnik

A.1 Physikalische Grundgesetze und Definitionen

A.1.1 Ladung

Die elektrischen Erscheinungen gehen zurück auf die Existenz elektrischer Ladungen. Ob ein Körper elektrisch geladen ist kann man beispielsweise daran erkennen, dass er auf andere geladene Körper eine Kraft ausübt oder dass er in elektrischen und magnetischen Feldern eine Kraft erfährt.

Es gibt zwei Arten elektrischer Ladungen, die als *positive* und *negative* Ladung bezeichnet werden. Zwischen den verschiedenen Ladungstypen treten folgende Wechselwirkungen auf:

Gleichnamige Ladungen stoßen sich ab, ungleichnamige Ladungen ziehen sich an.

Die elektrische Ladung ist quantisiert, das bedeutet, dass die Ladung Q, die ein Körper trägt, immer ein ganzzahliges Vielfaches der *Elementarladung e* ist:

$$Q = Ne \tag{A-1}$$

mit $e = 1{,}602 \cdot 10^{-19}\mathrm{C}$.

Die Maßeinheit der Ladung ist das *Coulomb* oder die *Ampere-Sekunde*:

$$[Q] = 1\ \mathrm{C} = 1\ \mathrm{As}.$$

Die elektrische Ladung ist stets an Materie gebunden. Die Träger der elektrischen Ladung sind die Elementarteilchen, aus denen die Atome aufgebaut sind. Beispielsweise tragen die *Protonen* im Atomkern jeweils eine *positive* Elementarladung, während die *Elektronen* in der Atomhülle jeweils eine *negative* Elementarladung tragen. Insgesamt ist ein Atom elektrisch neutral, da die Zahl der positiven Elementarladungen im Kern so groß ist wie die Zahl der negativen in der Elektronenhülle.

Ist ein Körper geladen, so bedeutet das stets, dass dieses Gleichgewicht gestört ist und zusätzliche Ladungen aufgebracht bzw. Ladungen von dem Körper entfernt wurden. Wird beispielsweise ein Glasstab mit einem Leder kräftig gerieben, dann werden Elektronen abgestreift und der Glasstab bleibt positiv geladen zurück (Vorzeichendefinition nach *Benjamin Franklin*).

E. Hering et al., *Elektrotechnik und Elektronik für Maschinenbauer*,
DOI 10.1007/978-3-642-12881-3_1,

A.1.2 Spannung

Eine räumlich verteilte Ansammlung elektrischer Ladungen spannt ein *elektrisches Feld* auf, d. h. ein Raumgebiet, in dem auf eine Ladung eine Kraft ausgeübt wird (mehr zum Feldbegriff in Abschn. A.3). Die Kraft auf eine *positive Probeladung* Q_0 wird bestimmt durch die elektrische *Feldstärke* $\boldsymbol{E}$ am Ort der Probeladung:

$$\boldsymbol{F} = Q_0\, \boldsymbol{E} \tag{A-2}$$

Wird die Ladung Q_0 von einem Ort 1 längs einer beliebigen Kurve zum Ort 2 verschoben, dann erfordert dies die Arbeit

$$W_{12} = -\int_1^2 \boldsymbol{F}\, \mathrm{d}\boldsymbol{s} = -Q_0 \int_1^2 \boldsymbol{E}\, \mathrm{d}\boldsymbol{s} \tag{A-3}$$

Ist diese Arbeit positiv, dann liegt der Punkt 2 auf höherer potenzieller Energie als der Punkt 1, wobei gilt:

$$E_{\text{pot},\,2} - E_{\text{pot},\,1} = W_{12}. \tag{A-4}$$

Die Verschiebearbeit W_{12} ist nach Gl. (A-3) abhängig von der Probeladung Q_0. Eine Größe, die nur abhängig ist vom vorhandenen elektrischen Feld ist die *elektrische Spannung*

$$\begin{aligned} U_{12} &= \int_1^2 \boldsymbol{E}\, \mathrm{d}\boldsymbol{s} = -\frac{W_{12}}{Q_0} \\ &= \frac{E_{\text{pot},1}}{Q_0} - \frac{E_{\text{pot},2}}{Q_0} = \varphi_1 - \varphi_2. \end{aligned} \tag{A-5}$$

Die elektrische Spannung zwischen zwei Punkten 1 und 2 ist also identisch mit der Arbeit, welche die Feldkräfte verrichten, wenn sie die Ladungsmenge $Q = 1$ C von 1 nach 2 bewegen.

Die Einheit der Spannung ist das Volt:

$$[U] = 1\ \text{V} = 1\ \text{J/C} = 1\ \text{J/(As)}.$$

Mit φ_1 und φ_2 bezeichnet man die *Potenziale* der Punkte 1 und 2. Deren Absolutwert kann willkürlich festgelegt werden. Die Spannung als Potenzialdifferenz zwischen zwei Punkten des elektrischen Feldes ist unabhängig vom Absolutwert des Potenzials. Ist das Potenzial φ_1 des Punktes 1 höher als das Potenzial φ_2 des Punktes 2, dann ist die Spannung U_{12} positiv.

In einer Schaltung wird meist einem Punkt das Bezugspotenzial $\varphi = 0$ zugeordnet. Dieser Punkt wird auch als *Masse* bezeichnet. In der Regel ist die Masse mit dem Gehäuse des elektrischen Gerätes verbunden, das seinerseits *geerdet* ist, also auf gleichem Potenzial wie die Erde liegt. Dies verhindert, dass gefährliche Potenzialunterschiede zwischen Gehäuse und Benutzer entstehen können.

Aufgrund einer Spannung zwischen zwei Punkten werden sich bewegliche positive Ladungsträger vom Ort des höheren Potenzials (höhere potenzielle Energie) zum Ort des niedrigeren Potenzials (niedrigere potenzielle Energie) bewegen: es fließt ein elektrischer Strom.

A.1.3 Strom

Ladungsträger, die sich beispielsweise durch einen Leiter bewegen, bilden einen elektrischen Strom. Bewegt sich an einer bestimmten Stelle des Leiters in der Zeit t gleichmäßig die Ladungsmenge Q vorbei, dann fließt ein *Gleichstrom* der *Stromstärke* (meist kurz *Strom*)

$$I = \frac{Q}{t} \tag{A-6}$$

Die Einheit der Stromstärke ist das Ampere: $[I] = 1$ A. Sie ist eine Basiseinheit im SI-System:

1 Ampere ist die Stärke eines zeitlich unveränderlichen Stromes, der, durch zwei im Vakuum parallel im Abstand von 1 m voneinander angeordnete, geradlinige, unendlich lange Leiter von vernachlässigbar kleinem kreisförmigem Querschnitt fließend, zwischen diesen Leitern je 1 m Leiterlänge die Kraft $2 \cdot 10^{-7}$ Newton hervorruft.

Fließt die Ladung nicht gleichmäßig, so ist die Stärke eines zeitlich veränderlichen Stromes

$$i(t) = \frac{\mathrm{d}Q}{\mathrm{d}t}. \tag{A-7}$$

Für die zwischen den Zeitpunkten t_1 und t_2 transportierte Ladung gilt:

$$Q = \int_{t_1}^{t_2} i(t)\mathrm{d}t. \tag{A-8}$$

Wird die Stromstärke I auf den Querschnitt A bezogen, durch den der Strom fließt, dann ergibt sich die *Stromdichte*

$$J = \frac{I}{A}, \tag{A-9}$$

mit der Einheit $[J] = 1\,\mathrm{A/m^2}$.

Die Stromdichte in einem Draht darf einen bestimmten Grenzwert nicht überschreiten. Hinweise zur *Strombelastbarkeit* von Kabeln finden sich in DIN VDE 0298, Teil 4.

Der *Richtungssinn* des elektrischen Stromes stimmt nach DIN EN 60375 mit der Bewegungsrichtung *positiver* Ladungsträger überein. Diese Richtung wird auch als *technische Stromrichtung* bezeichnet. Durch diese an sich willkürliche Festlegung ergibt sich, dass in metallischen Leitern bei denen der Ladungstransport auf der Bewegung negativ geladener Elektronen beruht, die Bewegung der Ladungsträger entgegengesetzt zum Richtungssinn des Stromes erfolgt.

In einer Schaltung wird für den Strom ein *Bezugssinn* gewählt, der durch einen Bezugspfeil in den Schaltplan eingezeichnet wird (Bild A-1a). Ist der Strom positiv, dann stimmen Bezugssinn und Richtungssinn überein. Bei negativem Strom ist die Stromrichtung dem Bezugspfeil entgegengesetzt gerichtet.

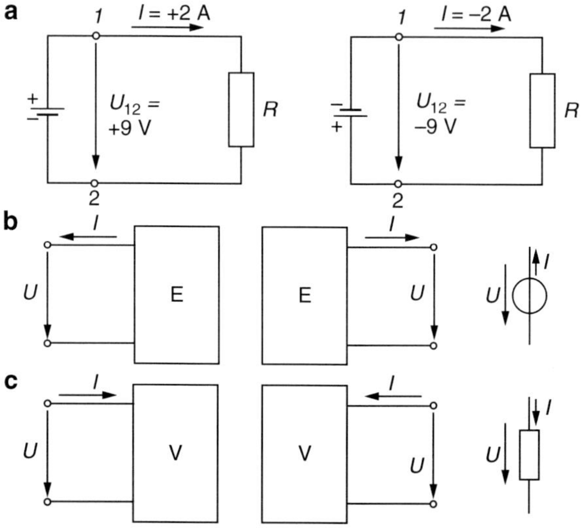

Bild A-1 Pfeilsysteme,
a) Strom – und Spannungspfeile mit verschiedenen Vorzeichen,
b) Erzeugerpfeilsystem mit idealer Spannungsquelle als Anwendungsbeispiel,
c) Verbraucherpfeilsystem mit Widerstand zur Veranschaulichung

Darüberhinaus unterscheidet man das *Erzeuger-* und *Verbraucherpfeilsystem* (Bild A-1b und c). Bei einem Erzeuger sind Strom- und Spannungspfeil entgegengesetzt gerichtet. Bei einem Verbraucher haben Strom- und Spannungspfeil dieselbe Richtung. Diese Festlegung hat auch Konsequenzen hinsichtlich der umgesetzten Leistung (Abschn. A.1.6).

A.1.4 Ohm'sches Gesetz

G.S. Ohm fand durch viele Experimente, dass bei metallischen Leitern der Strom I proportional zur angelegten Spannung U wächst (lineare Kennlinie). Dieser Sachverhalt wird als Ohm'sches Gesetz bezeichnet:

$$\begin{aligned} I &\sim U, \\ I &= GU = U/R. \end{aligned} \tag{A-10}$$

Die Proportionalitätskonstanten im Ohm'schen Gesetz sind:

- *R: Widerstand,*
- *G: Leitwert.*

Das Ohm'sche Gesetz ist für Metalle und Elektrolyte bei konstanter Temperatur gut erfüllt. Für andere Werkstoffe und Bauteile (beispielsweise Halbleiterdioden, Gasentladungsröhren) ist die Strom-Spannungs-Kennlinie nicht linear.

A.1.5 Widerstand

Der elektrische Widerstand ist ein Maß für die Hemmung des Ladungsträgertransportes durch ein Bauteil. Durch Umformung von Gl. (A-10) folgt:

$$R = \frac{1}{G} = \frac{U}{I}. \qquad \text{(A-11)}$$

Der elektrische Widerstand beträgt 1 Ohm, wenn zwischen zwei Punkten eines Leiters beim Spannungsabfall 1 Volt der Strom 1 Ampere fließt.

Die Einheit des Widerstandes ist das *Ohm*:

$$[R] = 1\,\Omega = 1\,\mathrm{V/A};$$

die Einheit des Leitwerts ist das *Siemens*:

$$[G] = 1\,\mathrm{S} = 1\,\Omega^{-1} = 1\,\mathrm{A/V}.$$

In Schaltplänen wird der Widerstand durch ein offenes Rechteck symbolisiert (Bild A-1).

Beispiel
A-1: Wie groß ist der Widerstand in der Schaltung von Bild A-1?

Lösung:

$$R = \frac{U_{12}}{I} = \frac{9\,\mathrm{V}}{2\,\mathrm{A}} = 4{,}5\,\Omega, \quad \text{oder}$$

$$R = \frac{-9\,\mathrm{V}}{-2\,\mathrm{A}} = 4{,}5\,\Omega.$$

Hinweis: Der Widerstand ist stets positiv.

Ist der Widerstand eines Bauteils nicht konstant, dann kann ein differenzieller Widerstand (Kehrwert der Steigung im I-U-Diagramm) definiert werden:

$$r = \frac{\mathrm{d}U}{\mathrm{d}I} \qquad \text{(A-12)}$$

Der Widerstand eines *linearen* Leiters (konstanter Querschnitt A, Länge l) ist

$$R = \rho\frac{l}{A} \qquad \text{(A-13)}$$

Die materialabhängige Proportionalitätskonstante ρ ist der *spezifische Widerstand* oder die *Resistivität*. Zahlenwerte ausgewählter Werkstoffe sind in Tabelle A-1 zusammengestellt.

Tabelle A-1 Spezifischer elektrischer Widerstand ρ, Leitfähigkeit γ und Temperaturkoeffizient α bei $\vartheta = 20\,°\mathrm{C}$

Werkstoff	ρ in Ω mm²/m	γ in S m/mm²	α in 10^{-3} K^{-1}
Aluminium	0,028	36	3,8
Blei	0,21	4,8	4
Eisen	0,10	10	4,5
Gold	0,023	43	3,8
Grauguss	0,80	1,2	1,9
Konstantan	0,50	2,0	0,03
Kupfer	0,0178	56	3,9
Messing	0,07 bis 0,08	12 bis 14	1,6
Nickelin	0,43	2,3	0,1
Silber	0,016	62	4,2
Stahl (0,1 % C, 0,5 % Mn)	0,13	7,7	4,5
Zink	0,063	16	4,2
Zinn	0,11	9,1	4,6

Für den Leitwert gilt:

$$G = \gamma \frac{A}{l} \tag{A-14}$$

dabei ist $\gamma = 1/\rho$ die elektrische *Leitfähigkeit.*

Der spezifische elektrische Widerstand ρ und damit auch der Widerstand R sind temperaturabhängig. Für metallische Leiter gilt näherungsweise:

$$\begin{aligned} \rho(\vartheta) &\approx \rho_{20}[1 + \alpha(\vartheta - 20\,°\mathrm{C})], \\ R(\vartheta) &\approx R_{20}[1 + \alpha(\vartheta - 20\,°\mathrm{C})]. \end{aligned} \tag{A-15}$$

R_{20} bzw. ρ_{20} sind Widerstand bzw. Resistivität bei $\vartheta = 20$ °C, α ist der *Temperaturkoeffizient* des Widerstandes (Tabelle A-1). Der Temperaturkoeffizient gibt die relative Widerstandsänderung pro $\Delta T = 1$ K Temperaturänderung an:

$$\alpha = \frac{\Delta R}{R \Delta T} = \frac{\Delta \rho}{\rho \Delta T} \tag{A-16}$$

Nichtmetallische Werkstoffe und Flüssigkeiten zeigen eine andere Abhängigkeit des Widerstandes von der Temperatur. Insbesondere bei Halbleitern fällt der Widerstand mit steigender Temperatur.

A.1.6 Arbeit und Leistung

Wenn sich ein Ladungsträger in einem elektrischen Feld bewegt und dabei die Potenzialdifferenz oder Spannung U durchquert, so hat nach Gl. (A-5) das Feld an der Ladung die Arbeit $W = QU$ verrichtet. Fließt ein Strom der Stärke $i(t)$, dann ist mit Gl. (A-7) die Arbeit

$$W = U \int i(t)\, \mathrm{d}t \tag{A-17}$$

und speziell bei Gleichstrom:

$$W = U I t, \tag{A-18}$$

mit der Einheit $[W] = 1\ \text{J} = 1\ \text{VAs}$.

Die umgesetzte Leistung ist mit $P = \mathrm{d}W/\mathrm{d}t$

$$P = U I, \tag{A-19}$$

mit der Einheit $[P] = 1\ \text{W} = 1\ \text{J/s} = 1\ \text{VA}$.

Ein Zweipol kann Leistung entweder abgeben oder aufnehmen. Beispielsweise gibt eine Autobatterie während des Startens Leistung ab, sie ist im Sinne von Bild A-1b ein *Erzeuger*; wenn die Batterie während der Fahrt von der Lichtmaschine geladen wird, nimmt sie Leistung auf, sie ist nach Bild A-1c ein *Verbraucher*. Werden die in Bild A-1b und c festgelegten Vorzeichen für Strom und Spannung beachtet, dann wird nach Gl. (A-19) die von einem Verbraucher aufgenommene Leistung positiv, die von einem Erzeuger abgegebene negativ.

In einem stromdurchflossenen Widerstand geben die Ladungsträger die ihnen zugeführte Energie durch Stöße an das Kristallgitter ab, d. h. es wird Wärme erzeugt. Durch Einsetzen des Ohm'schen Gesetzes Gl. (A-10) in Gl. (A-19) kann diese *Joule'sche Wärme* wie folgt berechnet werden:

$$P = I^2 R = \frac{U^2}{R}. \tag{A-20}$$

Beispiel

A-2: Welche Wärmeleistung wird im Widerstand der Schaltung von Bild A-1 erzeugt?

Lösung:

$$P = U I = 9\,\text{V} \cdot 2\,\text{A} = 18\,\text{W}, \quad \text{oder}$$

$$P = I^2 R = (2\,\text{A})^2 \cdot 4{,}5\,\Omega = 18\,\text{W}, \quad \text{oder}$$

$$P = U^2/R = (9\,\text{V})^2/4{,}5\,\Omega = 18\,\text{W}.$$

A.1.7 Kirchhoff'sche Regeln

Knotenregel Treffen verschiedene Leitungen eines Netzwerkes an einem *Knoten* zusammen (Bild A-2), dann muss aus Gründen der Ladungserhaltung die Summe der zufließenden Ströme gleich der Summe der abfließenden sein. Für den Knoten in Bild A-2 gilt also:

$$I_1 + I_2 + I_3 = I_4 + I_5.$$

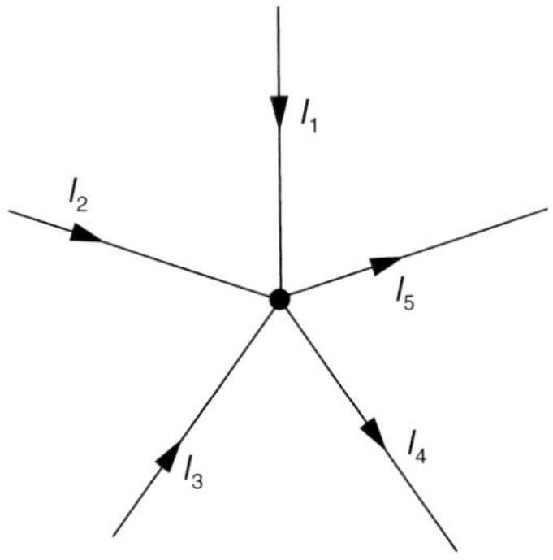

Bild A-2 Knoten eines Netzes

Versieht man die Ströme mit Vorzeichen (z. B. positiv für zufließende, negativ für abfließende), dann lautet das *erste Kirchhoff'sche Gesetz*:

$$\sum_k I_k = 0. \tag{A-21}$$

Die Summe aller vorzeichenbehafteten Ströme, die in einen Knoten münden, ist null.

Für den Knoten in Bild A-2 gilt damit:

$$I_1 + I_2 + I_3 - I_4 - I_5 = 0.$$

Maschenregel Ausgehend von einem Netzknoten kann man immer auf einem geschlossenen Weg zum Ausgangspunkt zurückkehren, ohne dass ein Pfad zweimal durchlaufen wird. Ein solcher geschlossener Weg wird als *Masche* bezeichnet.

In der Masche von Bild A-3 seien die Potenziale der vier Eckpunkte φ_a, φ_b, φ_c und φ_d. Nach Gl. (A-5) gilt für die Spannungen zwischen den Eckpunkten:

$$\begin{aligned} U_{ab} &= \varphi_a - \varphi_b, \\ U_{bc} &= \varphi_b - \varphi_c, \\ U_{cd} &= \varphi_c - \varphi_d, \\ U_{da} &= \varphi_d - \varphi_a. \end{aligned}$$

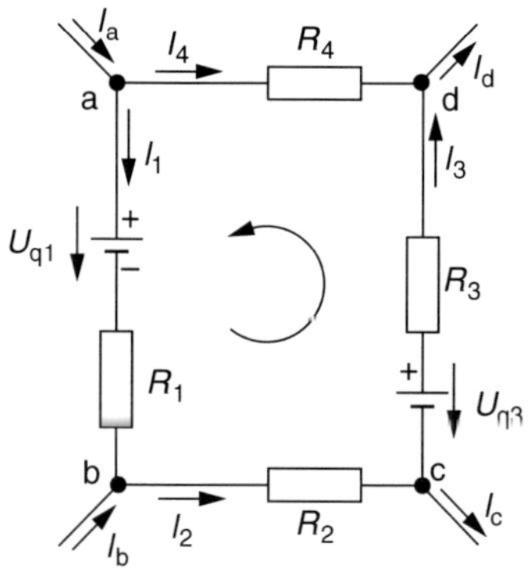

Bild A-3 Masche eines Netzes

Die Summe aller Spannungen ist damit:

$$U_{\mathrm{ab}} + U_{\mathrm{bc}} + U_{\mathrm{cd}} + U_{\mathrm{da}} = 0.$$

Für beliebige Maschen gilt das *zweite Kirchhoff'sche Gesetz*:

$$\sum_k U_k = 0. \tag{A-22}$$

Die Summe aller vorzeichenbehafteten Spannungen in einer Masche ist null.

Für die Anwendung der Maschenregel muss jeder Zweig mit einem willkürlich wählbaren Bezugspfeil für den Richtungssinn des Stromes versehen werden. Alle Spannungsquellen erhalten Spannungspfeile, die vom Plus- zum Minuspol weisen. Von einem willkürlichen Knoten aus wird in beliebig wählbarem Umlaufsinn die Masche durchlaufen. Alle Spannungen, die in Zählrichtung zeigen, werden positiv, die anderen negativ in Gl. (A-22) eingesetzt.

Für die Masche in Bild A-3 ergibt sich:

$$U_{\mathrm{ab}} = U_{\mathrm{q1}} + I_1 R_1,$$

$$U_{\mathrm{bc}} = I_2 R_2,$$

$$U_{\mathrm{cd}} = -U_{\mathrm{q3}} + I_3 R_3,$$

$$U_{\mathrm{da}} = -I_4 R_4.$$

Nach Gl. (A-22) gilt also für die *Umlaufspannung*:

$$U_{\mathrm{q1}} + I_1 R_1 + I_2 R_2 - U_{\mathrm{q3}} + I_3 R_3 - I_4 R_4 = 0.$$

Beispiel

A-3: Wie groß ist die Spannung U_{ac} zwischen den Punkten a und c der Masche in Bild A-3?

Lösung:
Für die Masche, die gebildet wird aus dem linken und dem unteren Zweig sowie der Diagonale von a nach c (Bild A-3) gilt:

$$U_{\mathrm{q1}} + I_1 R_1 + I_2 R_2 - U_{\mathrm{ac}} = 0 \text{ und}$$
$$U_{\mathrm{ac}} = U_{\mathrm{q1}} + I_1 R_1 + I_2 R_2.$$

ÜBUNGSAUFGABEN

Ü A.1-1: Wieviele Elektronen fließen pro Sekunde durch ein Strommessgerät, wenn ein Strom von $I = 1$ A gemessen wird?

Ü A.1-2: Im rechten Teilbild von Bild A-1 wird dem Punkt 2 das Potenzial $\varphi_2 = 0$ (Masse) zugewiesen. Welches Potenzial φ_1 hat der Punkt 1?

Ü A.1-3: Eine Kupferleitung hat $d = 0{,}5$ mm Durchmesser und $l = 20$ m Länge. Wie groß ist der Widerstand R_{20} bzw. R_{50} bei $\vartheta = 20\,°\mathrm{C}$ bzw. $50\,°\mathrm{C}$? Welche

Ströme I_{20} und I_{50} fließen bei diesen Temperaturen und welche Leistungen P_{20} und P_{50} werden umgesetzt, wenn die Leitung an eine Konstantspannungsquelle mit $U = 3\,\mathrm{V}$ angeschlossen wird?

Ü A.1-4: In der Masche von Bild A-3 seien die Ströme $I_a = I_b = I_c = I_d = 0$ und die Widerstände $R_1 = 4\,\Omega$, $R_2 = 6\,\Omega$, $R_3 = 8\,\Omega$ und $R_4 = 6\,\Omega$. Berechnen Sie den Strom I in der Masche, wenn $U_{q1} = 12\,\mathrm{V}$ und $U_{q3} = 6\,\mathrm{V}$ sind. Welche Richtung hat der Strom? Welches Potenzial hat der Pluspol der Spannungsquelle 3, wenn das Potenzial des Punktes b $\varphi_b = 0$ ist?

A.2 Gleichstromkreise mit linearen Komponenten

A.2.1 Zweipolquellen

Eine Quelle, die unabhängig von der Belastung eine konstante Spannung U_s hält, wird als *ideale Spannungsquelle* bezeichnet. Bild A-4 zeigt das Schaltzeichen nach DIN EN 60375 und 60617-2. Die *eingeprägte* Spannung wird häufig auch als *Urspannung* bezeichnet.

Die *ideale Stromquelle* gibt unabhängig von der Belastung den eingeprägten Strom oder *Urstrom* I_s ab (Bild A-4).

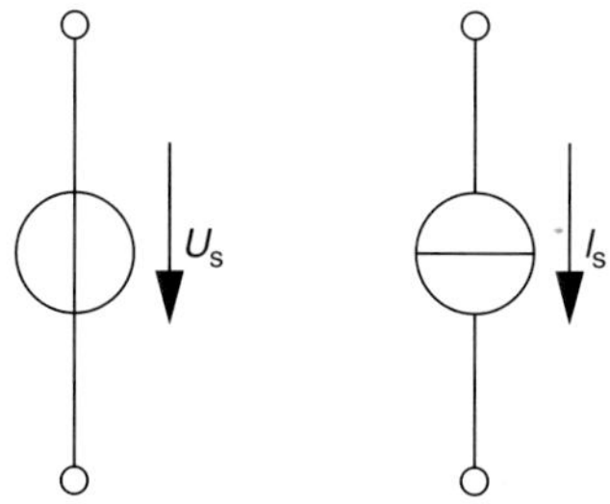

Bild A-4 Ideale Quellen

Bei einer realen Quelle zeigt sich, dass mit zunehmender Stromentnahme die Klemmenspannung abnimmt. *Lineare* Quellen besitzen eine lineare $U(I)$-Kennlinie, die auch als *Arbeitsgerade* oder *Belastungskennlinie* bezeichnet wird (Bild A-5). Eine solche Kennlinie lässt sich durch zwei äquivalente Ersatzschaltungen beschreiben, die in Bild A-5 dargestellt sind.

Die *Ersatz-Spannungsquelle* besteht aus einer idealen Spannungsquelle, die in Reihe zu einem Innenwiderstand R_i geschaltet ist. Durch Anwenden der Maschenregel ergibt sich die Kennliniengleichung (A-23). Die *Ersatz-Stromquelle* besteht aus einer idealen Stromquelle, der ein Innenleitwert G_i parallel geschaltet ist. Durch Anwenden der Knotenregel folgt die Kennliniengleichung (A-24).

Bild A-5 Reale Quellen

Spannungsquelle		Stromquelle	
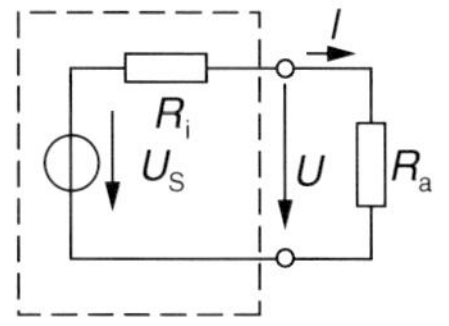 Ersatz-Spannungsquelle		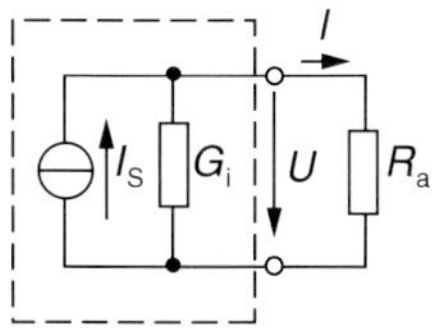 Ersatz-Stromquelle	
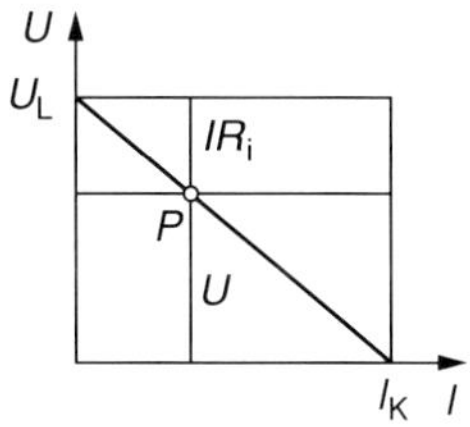 Belastungskennlinie		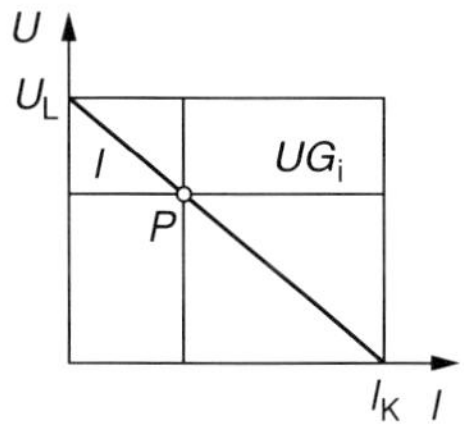	
$U = U_s - R_i I$ Zweipolgleichung	**(A-23)**	$I = I_s - G_i U$	**(A-24)**
$U_L = U_s$ Leerlaufspannung	**(A-25)**	$U_L = I_s / G_i$	**(A-26)**
$I_K = U_s / R_i$ Kurzschlussstrom	**(A-27)**	$I_K = I_s$	**(A-28)**

Im Leerlauf (offene Klemmen, $I = 0$) ist die *Leerlaufspannung* U_L nach Gl. (A-25) bzw. (A-26) abgreifbar. Im Kurzschlussbetrieb ($U = 0$) fließt der *Kurzschlussstrom* I_K nach Gl. (A-27) bzw. (A-28).

Beide Ersatzschaltungen haben denselben Innenwiderstand:

$$R_i = \frac{1}{G_i} = \frac{U_L}{I_K} \tag{A-29}$$

Der Arbeitspunkt P auf der Kennlinie unterteilt im Falle der Spannungsquelle die maximale Spannung $U_L = U_s$ in die Klemmenspannung U und die Spannung $R_i I$, die über dem Innenwiderstand abfällt. Im Falle der Stromquelle wird der maximale Strom $I_K = I_s$ unterteilt in den Anteil I, der durch den Außenkreis fließt und den Strom $G_i U$, der über den parallel geschalteten Innenwiderstand fließt.

Häufig stellt sich die Frage, wie groß der Widerstand R_a im Außenkreis gewählt werden muss, damit eine maximale Leistung aus der Quelle entnommen werden kann.

Die Leistung im Außenwiderstand ist mit Gl. (A-20)

$$P_a = I^2 R_a = \frac{U_s^2 R_a}{(R_i + R_a)^2},$$

oder mit $v = R_a/R_i$ als Widerstandsverhältnis:

$$P_a = \frac{U_s^2}{R_i} \cdot \frac{v}{(1+v)^2}.$$

Diese Leistung wird maximal, wenn die Ableitung $dP_a/dv = 0$ ist. Daraus folgt für den optimalen Außenwiderstand bei *Leistungsanpassung*:

$$v = \frac{R_a}{R_i} = 1 \quad \text{oder} \quad R_a = R_i. \tag{A-30}$$

Die maximale Leistung, die der Quelle entnommen werden kann, beträgt

$$P_{a,max} = \frac{1}{4}\frac{U_s^2}{R_i} = \frac{1}{4} I_s^2 R_i. \tag{A-31}$$

Die gleiche Leistung wird im Übrigen innerhalb der Quelle am Innenwiderstand umgesetzt und führt zur Erwärmung der Quelle.

Beispiel

A-4: An einem NiCd-Akku wird bei einer Stromentnahme von $I_1 = 0{,}5$ A die Klemmenspannung $U_1 = 5{,}9\,\text{V}$ gemessen. Beim Strom $I_2 = 1{,}0$ A sinkt die Spannung auf $U_2 = 5{,}8\,\text{V}$.

Wie groß ist der Innenwiderstand R_i der Ersatzspannungsquelle bzw. der Innenleitwert G_i der Ersatzstromquelle? Wie groß ist die Leerlaufspannung U_L und der Kurzschlussstrom I_K?

Lösung:

Durch Einsetzen der Spannungen und Ströme in die Zweipolgleichungen (A-23) bzw. (A-24) folgt:

$$R_i = \frac{U_1 - U_2}{I_2 - I_1} = \frac{5{,}9\,\text{V} - 5{,}8\,\text{V}}{1{,}0\,\text{A} - 0{,}5\,\text{A}} = 0{,}20\,\Omega \quad \text{und}$$

$$G_i = 5\,\text{S}.$$

Für die Leerlaufspannung ergibt sich:

$$U_L = U_s = U_1 + R_i I_1 = 5{,}9\,\text{V} + 0{,}20\,\Omega \cdot 0{,}5\,\text{A} = 6{,}0\,\text{V}.$$

Der Kurzschlussstrom beträgt:

$$I_K = I_s = \frac{U_s}{R_i} = \frac{U_L}{R_i} = \frac{6\,\text{V}}{0{,}2\,\Omega} = 30\,\text{A}.$$

Reihenschaltung		Parallelschaltung	
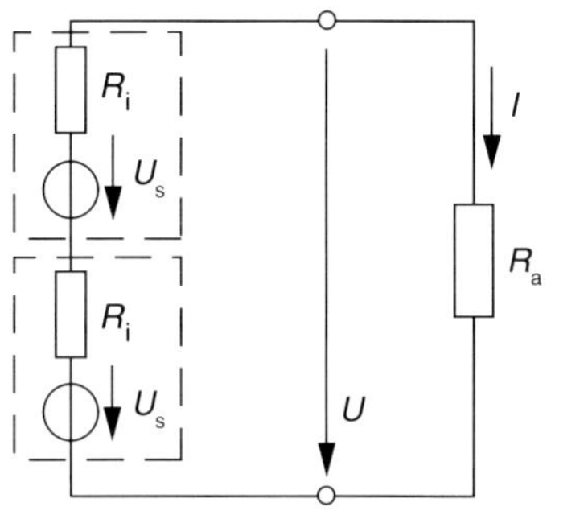		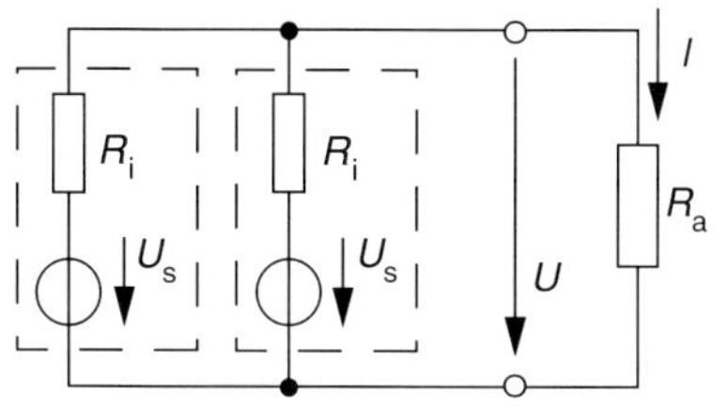	
$I = \frac{nU_s}{R_a + nR_i}$ Strom	**(A-32)**	$I = \frac{U_s}{R_a + R_i/n}$	**(A-33)**
$I_K = \frac{U_s}{R_i}$ Kurzschlussstrom	**(A-34)**	$I_K = n\frac{U_s}{R_i}$	**(A-35)**
$U = nU_s \frac{R_a}{R_a + nR_i}$ Spannung	**(A-36)**	$U = U_s \frac{R_a}{R_a + R_i/n}$	**(A-37)**
$U_L = nU_s$ Leerlaufspannung	**(A-38)**	$U_L = U_s$	**(A-39)**

Bild A-6 Schaltung von Spannungsquellen

Schaltung von Spannungsquellen Zur Erhöhung der Spannung und/oder des Stromes kann man Spannungsquellen zusammenschalten. Bild A-6 zeigt die Zusammenhänge, wenn n Quellen hintereinander bzw. parallel geschaltet werden.

Aus den Gleichungen (A-35) und (A-38) folgt, dass die Parallelschaltung geeignet ist, um große Ströme, die Serienschaltung, um große Spannungen zu erzeugen.

Werden n Quellen hintereinander und m solcher Reihen parallel geschaltet, so liegt eine *Gruppenschaltung* vor. Die Stromstärke durch den Außenwiderstand R_a ist:

$$I = \frac{nU_s}{R_a + \frac{n}{m}R_i} \qquad \text{(A-40)}$$

A.2.2 Reihenschaltung von Widerständen

Eine *Reihen-* oder *Serienschaltung* liegt vor, wenn alle Widerstände vom gleichen Strom I durchflossen werden (Bild A-7).

Bild A-7 Reihenschaltung

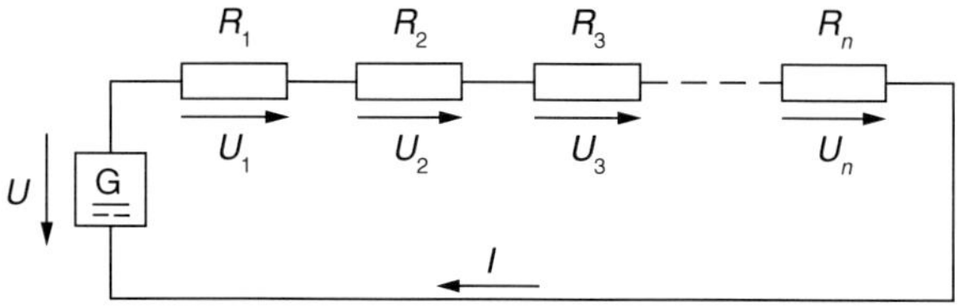

Nach der Maschenregel gilt für die Spannungen

$$U_1 + U_2 + U_3 + \cdots + U_n - U = 0.$$

Mit dem Ohm'schen Gesetz ergibt sich

$$U = IR_1 + IR_2 + IR_3 + \cdots + IR_n$$

oder

$$U = I(R_1 + R_2 + R_3 + \cdots + R_n) = IR.$$

R ist der *Ersatz-* oder *Gesamtwiderstand*, der anstelle der Reihenschaltung in den Stromkreis eingebaut werden könnte, damit derselbe Strom fließt:

$$R = R_1 + R_2 + R_3 + \cdots + R_n \qquad \text{(A-41)}$$

Der Ersatzwiderstand einer Reihenschaltung ist gleich der Summe der Teilwiderstände.

Für das Verhältnis von Spannungen gilt:

$$\frac{U_1}{U_2} = \frac{IR_1}{IR_2} = \frac{R_1}{R_2}$$

oder allgemein:

$$\frac{U_k}{U_m} = \frac{R_k}{R_m} \quad \text{bzw.} \quad \frac{U_k}{U} = \frac{R_k}{R} \qquad \text{(A-42)}$$

$$m, k = 1, 2, 3 \ldots, n$$

Die Spannungen verhalten sich bei einer Reihenschaltung wie die Widerstände (*Spannungsteilerregel*).

Bild A-8 Parallelschaltung

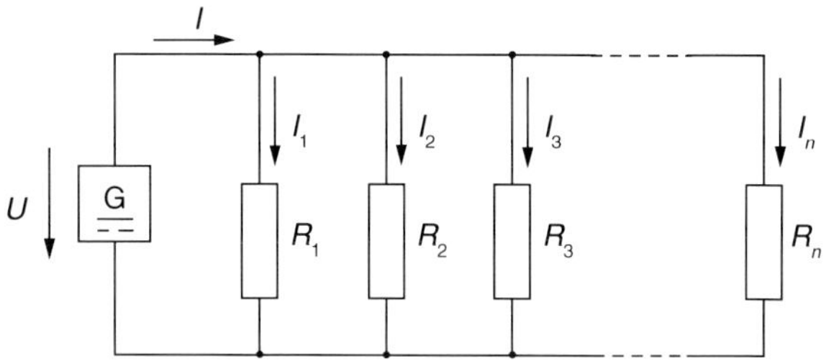

A.2.3 *Parallelschaltung von Widerständen*

Wenn mehrere Widerstände an derselben Spannung liegen, sind sie parallel geschaltet (Bild A-8).

Nach der Knotenregel gilt für die Ströme:

$$I = I_1 + I_2 + I_3 + \cdots + I_n.$$

In jedem Zweig ist nach dem Ohm'schen Gesetz

$$I_1 = \frac{U}{R_1}, I_2 = \frac{U}{R_2} \quad \text{usw.}$$

Damit ergibt sich

$$I = \frac{U}{R_1} + \frac{U}{R_2} + \frac{U}{R_3} + \cdots + \frac{U}{R_n} = \frac{U}{R}$$

R ist der *Ersatzwiderstand*, der bei gegebener Spannung U denselben Strom I aus der Quelle aufnimmt wie die ganze Parallelschaltung:

$$\frac{1}{R} = \frac{1}{R_1} + \frac{1}{R_2} + \frac{1}{R_3} + \cdots + \frac{1}{R_n} \tag{A-43}$$

Der Kehrwert des Ersatzwiderstandes in einer Parallelschaltung ist gleich der Summe der Kehrwerte aller Teilwiderstände.

Eine einfachere Formulierung ist mit den Leitwerten möglich:

$$G = G_1 + G_2 + G_3 + \cdots + G_n. \tag{A-44}$$

Der Gesamtleitwert einer Parallelschaltung ist gleich der Summe der Teilleitwerte.

Für das Verhältnis von Strömen gilt:

$$\frac{I_1}{I_2} = \frac{UR_2}{R_1U} = \frac{R_2}{R_1} = \frac{G_1}{G_2}, \quad \text{oder allgemein}$$

$$\frac{I_k}{I_m} = \frac{R_m}{R_k} = \frac{G_k}{G_m} \quad \text{bzw.}$$

$$\frac{I_k}{I} = \frac{R}{R_k} = \frac{G_k}{G}; \quad m, k = 1, 2, 3, \ldots, n \tag{A-45}$$

Die Ströme verhalten sich bei einer Parallelschaltung wie die Leitwerte oder umgekehrt wie die Widerstände (*Stromteilerregel*).

A.2.4 Gemischte Schaltungen

Häufig kommen in Netzwerken Kombinationen von Parallel- und Hintereinanderschaltungen von Widerständen vor. Die auftretenden Ströme und Spannungen lassen sich bestimmen, wenn die verschiedenen Widerstandsgruppen zusammengefasst und durch ihren Ersatzwiderstand beschrieben werden.

Bild A-9 Gemischte Schaltung

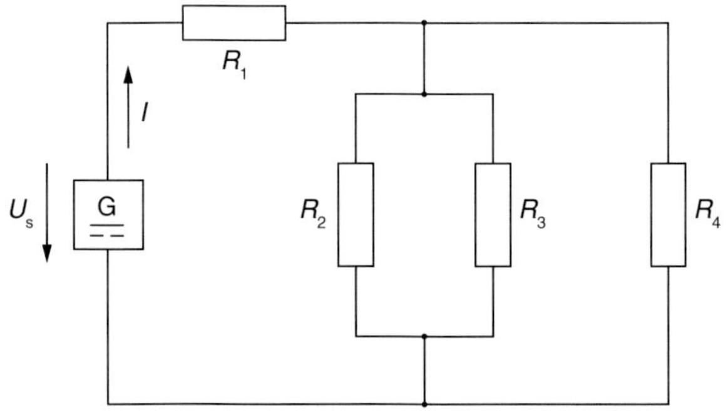

Beispiel

A-5: Für die Schaltung von Bild A-9 sollen der Gesamtstrom I sowie die Ströme I_2, I_3 und I_4 durch die Widerstände R_2, R_3 und R_4 bestimmt werden. Welche Wärmeleistungen treten an den Widerständen auf?

Daten: $U_\mathrm{s} = 12\,\mathrm{V}$, $R_1 = 4\,\Omega$, $R_2 = 16\,\Omega$, $R_3 = 4\,\Omega$, $R_4 = 8\,\Omega$.

Lösung:

Die beiden Parallelwiderstände R_2 und R_3 lassen sich ersetzen durch

$$R_{23} = \frac{R_2 R_3}{R_2 + R_3} = 3{,}20\,\Omega.$$

R_4 liegt parallel zu R_{23}, für beide zusammen ist der Ersatzwiderstand:

$$R_{234} = \frac{R_{23} R_4}{R_{23} + R_4} = 2{,}29\,\Omega.$$

R_1 liegt in Reihe zu R_{234}, so dass sich als Ersatzwiderstand der ganzen Schaltung ergibt:

$$R = R_1 + R_{234} = 6{,}29\,\Omega.$$

Der Gesamtstrom ist damit:

$$I = \frac{U_\mathrm{s}}{R} = 1{,}91\,\mathrm{A}.$$

Nach der Spannungsteilerregel Gl. (A-42) ist die Spannung, die über R_2, R_3 und R_4 abfällt

$$U_{234} = \frac{R_{234}}{R} U_s = \frac{2{,}29\,\Omega}{6{,}29\,\Omega} \cdot 12\,\text{V} = 4{,}36\,\text{V}.$$

Für die Ströme folgt mit dem Ohm'schen Gesetz:

$$I_2 = \frac{U_{234}}{R_2} = 0{,}273\,\text{A}, \quad I_3 = \frac{U_{234}}{R_3} = 1{,}09\,\text{A},$$
$$I_4 = \frac{U_{234}}{R_4} = 0{,}546\,\text{A}.$$

Die Leistungen betragen:

$$P_1 = I^2 R_1 = 14{,}6\,\text{W}, \quad P_2 = I_2^2 R_2 = 1{,}19\,\text{W},$$
$$P_3 = I_3^2 R_3 = 4{,}76\,\text{W}, \quad P_4 = I_4^2 = 2{,}38\,\text{W}.$$

Die Gesamtleistung ist

$$P = P_1 + P_2 + P_3 + P_4 = I^2 R = 22{,}9\,\text{W}.$$

Durch systematische Anwendung von Knoten- und Maschenregel lassen sich auch kompliziertere Netzwerke berechnen.

Beispiel
A-6: In der Schaltung nach Bild A-10 wird der Akku mit $U_{s2} = 12$ V und $R_{i2} = 0{,}2\,\Omega$ vom Netzgerät mit $U_{s1} = 24$ V und $R_{i1} = 0{,}5\,\Omega$ aufgeladen. Der Außenwiderstand ist $R_a = 1{,}0\,\Omega$. Gesucht sind alle Ströme.

Lösung:
Knotenregel:

$$I_1 = I_2 + I_3 \tag{1}$$

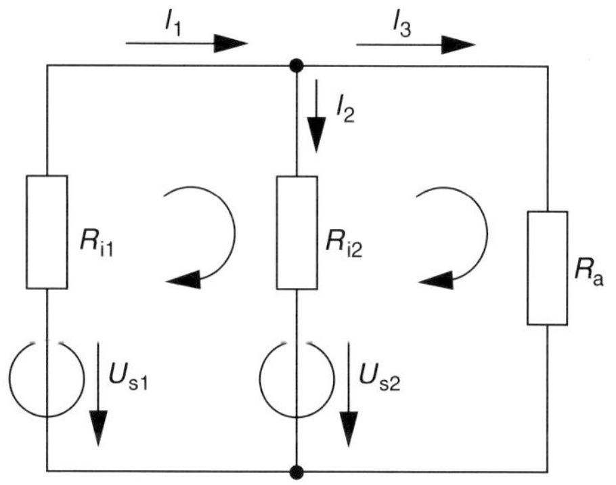

Bild A-10 Netzwerk mit zwei Spannungsquellen

Maschenregel, linke Masche:

$$R_{i1}I_1 + R_{i2}I_2 + U_{s2} - U_{s1} = 0 \tag{2}$$

Maschenregel, rechte Masche:

$$R_a I_3 - U_{s2} - R_{i2}I_2 = 0 \tag{2}$$

Durch Umstellung ergibt sich das lineare Gleichungssystem

$$\begin{aligned} I_1 - I_2 - I_3 &= 0 \\ R_{i1}I_1 + R_{i2}I_2 &= U_{s1} - U_{s2} \\ -R_{i2}I_2 + R_a I_3 &= U_{s2}, \end{aligned}$$

das nach bekannten mathematischen Verfahren gelöst werden kann. Es ergibt sich:

$$I_1 = \frac{R_{i2}U_{s1} + R_a(U_{s1} - U_{s2})}{R_{i1}R_{i2} + R_a(R_{i1} + R_{i2})} = 21\,\text{A},$$

$$I_2 = \frac{R_a(U_{s1} - U_{s2}) - R_{i1}U_{s2}}{R_{i1}R_{i2} + R_a(R_{i1} + R_{i2})} = 7{,}5\,\text{A},$$

$$I_3 = \frac{R_{i1}U_{s2} + R_{i2}U_{s1}}{R_{i1}R_{i2} + R_a(R_{i1} + R_{i2})} = 13{,}5\,\text{A}.$$

Überlagerungssatz Größere Netzwerke enthalten oft mehrere Spannungs- bzw. Stromquellen. Werden derartige Netzwerke mithilfe der Kirchhoff'schen Regeln behandelt, müssen gegebenenfalls größere Gleichungssysteme gelöst werden. Insbesondere wenn man nicht an einer kompletten Analyse interessiert ist, sondern beispielsweise nur den Strom in einem bestimmten Zweig benötigt, kann das Verfahren mithilfe des *Helmholtz'schen Überlagerungssatzes* (Superpositionsprinzip) erheblich vereinfacht werden.

Der Überlagerungssatz nützt aus, dass jede Quelle in einem Netzwerk auf einen bestimmten Teilstrom einwirkt, und dass sich dieser Strom additiv aus den Beiträgen der verschiedenen Quellen ergibt. Der Überlagerungssatz gilt nur für *lineare Netzwerke*, d. h. für solche, bei denen Strom und Spannung an allen Bauelementen zueinander proportional sind, also das Ohm'sche Gesetz gilt. Ferner müssen die vorhandenen Quellen unabhängig voneinander sein, d. h. rückwirkungsfrei arbeiten.

Vorgehensweise:
Alle Quellen bis auf eine werden außer Kraft gesetzt. Der Strom I', der aufgrund dieser Quelle in dem interessierenden Zweig fließt, wird berechnet. Dann wird der Strom I'' aufgrund der zweiten Quelle berechnet usw. Schließlich werden alle Teilströme vorzeichenrichtig zum Gesamtstrom addiert:

$$I = I' + I'' + \cdots$$

Die „Außerkraftsetzung“ einer Quelle bedeutet bei einer Spannungsquelle, dass diese durch einen Kurzschluss ersetzt wird; bei einer Stromquelle, dass diese entfernt wird. Dabei bleiben die Innenwiderstände der Quellen bestehen.

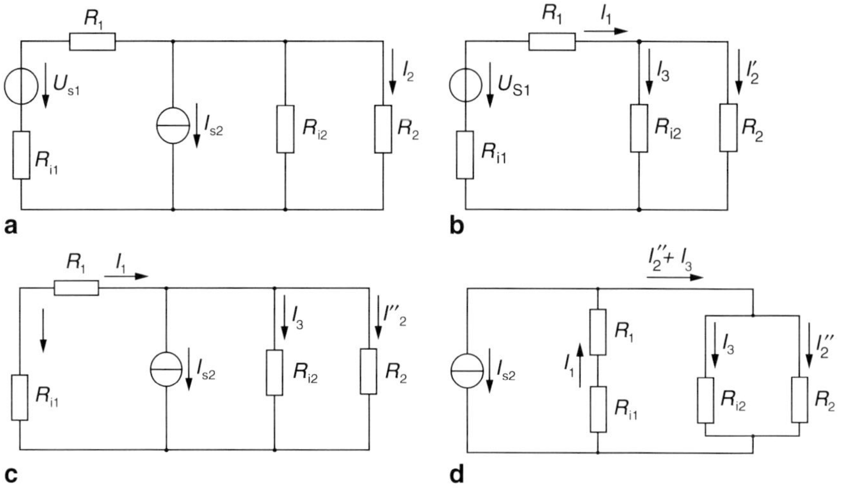

Bild A-11 Veränderung einer Schaltung zur Anwendung des Überlagerungssatzes, **a**) Netzwerk mit zwei Quellen, **b**) aktive Spannungsquelle, **c**) aktive Stromquelle, **d**) aktive Stromquelle, umgezeichnet

Beispiel

A-7: Das Verfahren soll anhand der Schaltung von Bild A-11 a verdeutlicht werden. Gesucht ist der Strom I_2 durch den Widerstand R_2, sowie die in ihm umgesetzte Leistung. Folgende Daten sind gegeben: $U_{s1} = 12\,\text{V}$, $I_{s2} = 1\,\text{A}$, $R_{i1} = 0{,}1\,\Omega$, $R_{i2} = 100\,\Omega$, $R_1 = 10\,\Omega$, $R_2 = 20\,\Omega$.

Lösung:

1. Schritt: Die Spannungsquelle ist aktiv. Die zugehörige Schaltung zeigt Bild A-11b. Nach der Stromteilerregel Gl. (A-45) gilt

$$\frac{I'_2}{I_1} = \frac{\frac{1}{R_2}}{\frac{1}{R_2} + \frac{1}{R_{i2}}} = 0{,}8333.$$

Mit

$$I_1 = \frac{U_{s1}}{R_{ges}} = \frac{U_{s1}}{R_1 + R_{i1} + \frac{R_2 R_{i2}}{R_2 + R_{i2}}} = 448{,}3\,\text{mA}$$

ergibt sich für den gesuchten Strom

$$I'_2 = I_1 \cdot 0{,}8333 = 373{,}6\,\text{mA}.$$

2. Schritt: Die Stromquelle ist aktiv. Die zugehörige Schaltung zeigt Bild A-11c, bzw. in umgezeichneter Form Bild A-11d. Hier führt eine zweimalige Anwendung der Stromteilerregel zum Ziel. Mit

$$\frac{I_2'' + I_3}{-I_{s2}} = \frac{\dfrac{1}{R_2} + \dfrac{1}{R_{i2}}}{\dfrac{1}{R_2} + \dfrac{1}{R_{i2}} + \dfrac{1}{R_1 + R_{i1}}} = 0{,}3773$$

und

$$\frac{I_2''}{I_2'' + I_3} = \frac{\dfrac{1}{R_2}}{\dfrac{1}{R_2} + \dfrac{1}{R_{i2}}} = 0{,}8333$$

folgt durch Multiplikation

$$\frac{I_2'' + I_3}{I_{s2}} \cdot \frac{I_2''}{I_2'' + I_3} = \frac{I_2''}{I_{s2}} = -0{,}3773 \cdot 0{,}8333 = -0{,}3144$$

und damit

$$I_2'' = -314{,}4 \text{ mA}.$$

Der gesuchte Strom durch den Widerstand R_2 beträgt somit

$$I_2 = I_2' + I_2'' = 59{,}2 \text{ mA}.$$

Der Leistungsumsatz ist

$$P_2 = I_2^2 R_2 = 70 \text{ mW}.$$

Stern-Dreieck-Transformation Es ist nicht immer möglich, Widerstandsgruppen in Schaltungen mithilfe der Regeln für Serien- und Parallelschaltung zu vereinfachen. Beispielsweise lässt sich die *Brückenschaltung* in Bild A-12 nicht auf eine Kombination von Parallel- und Reihenwiderstände zurückführen. Die drei oberen Widerstände bilden ein *Dreieck*, das in Bild A-13 umgezeichnet ist. Es zeigt sich, dass dieses Dreieck in einen *Stern* umgewandelt werden kann, so dass zwischen den Knotenpunkten 1, 2 und 3 jeweils die gleichen Widerstände wie beim Dreieck wirksam sind. Die Gleichungen für die erforderlichen Widerstände für die Stern-Dreieck-Transformation sind in Bild A-13 angegeben.

Beispiel

A-8: In einer Dreieckschaltung haben alle Widerstände den Wert $R_D = 100\,\Omega$. Wie groß sind die äquivalenten Sternwiderstände R_S?

Lösung:

Aus Symmetriegründen sind alle Widerstände gleich. Nach Gl. (A-49) ist

$$R_S = \frac{R_D^2}{3R_D} = \frac{1}{3}R_D = 33{,}3\,\Omega.$$

Bild A-12 Brückenschaltung

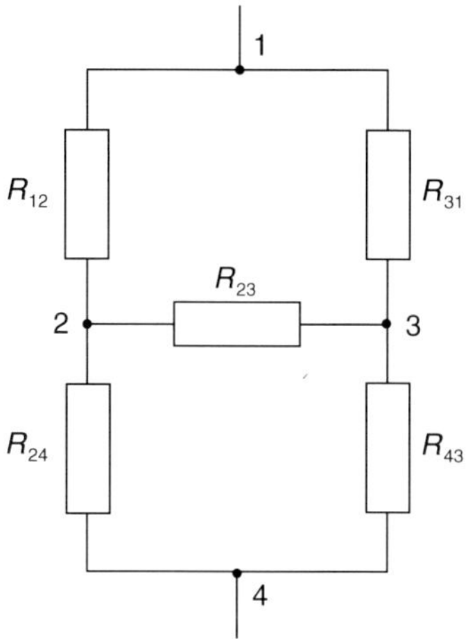

Dreieck	Stern
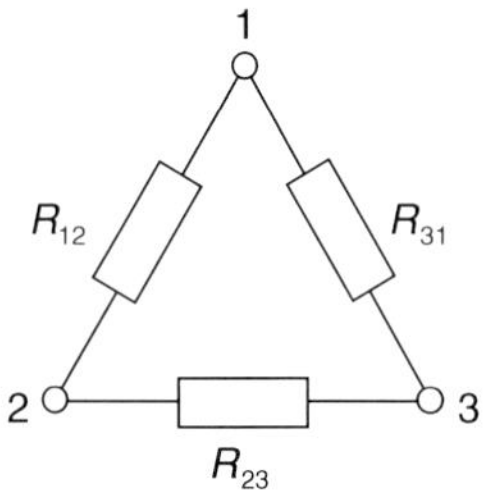	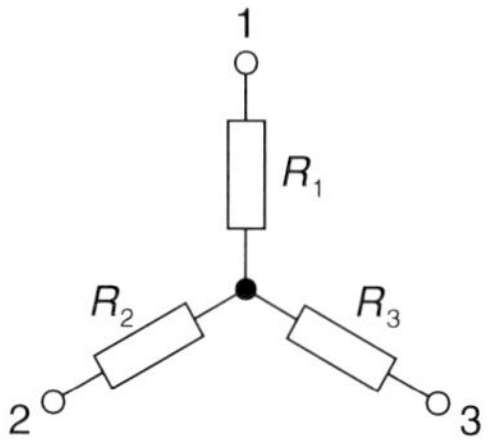
Umwandlung von Stern in Dreieck:	Umwandlung von Dreieck in Stern:
$R_{12} = R_1 + R_2 + \frac{R_1 R_2}{R_3}$ **(A-46)**	$R_1 = \frac{R_{12} R_{31}}{R_{12} + R_{23} + R_{31}}$ **(A-49)**
$R_{23} = R_2 + R_3 + \frac{R_2 R_3}{R_1}$ **(A-47)**	$R_2 = \frac{R_{23} R_{12}}{R_{12} + R_{23} + R_{31}}$ **(A-50)**
$R_{31} = R_3 + R_1 + \frac{R_3 R_1}{R_2}$ **(A-48)**	$R_3 = \frac{R_{31} R_{23}}{R_{12} + R_{23} + R_{31}}$ **(A-51)**

Bild A-13 Stern-Dreieck-Transformation

Spannungsteiler Mithilfe der *Potenziometerschaltung* von Bild A-14 lässt sich eine gegebene Spannung U unterteilen. Häufig wird wie im linken Teilbild ein Schiebewiderstand R_s entsprechend der Stellung des Schleifers in die Teilwiderstände R_1

und R_2 unterteilt, mit

$$R_2 = R_x = \frac{x}{l} R_s. \tag{A-52}$$

Beim *unbelasteten Spannungsteiler* ist nach der Spannungsteilerregel Gl. (A-42) über dem Widerstand R_2 die Spannung

$$U_2 = \frac{R_2}{R_s} U = \frac{R_2}{R_1 + R_2} U = \frac{x}{l} U \tag{A-53}$$

abgreifbar; sie ist also proportional zur Schleiferstellung x. Wird der Spannungsteiler mit dem Lastwiderstand R_L *belastet*, der parallel zu R_2 liegt, dann ergibt sich für die abgreifbare Spannung:

$$U_2' = \frac{R_2 R_L}{R_1 R_2 + R_L(R_1 + R_2)} U = \frac{\dfrac{R_L}{R_s}}{1 - \dfrac{x}{l} + \dfrac{l}{x} \cdot \dfrac{R_L}{R_s}} U. \tag{A-54}$$

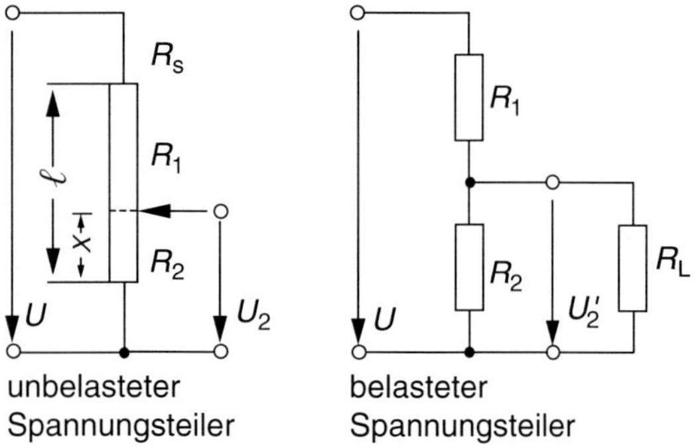

Bild A-14 Potenziometerschaltung

Beispiel

A-9: An einem Schiebewiderstand mit $R_s = 8\,\Omega$ steht der Schleifer auf der Stellung $x = l/4$ (Bild A-14). Die Versorgungsspannung beträgt $U = 24$ V. Wie groß ist die abgreifbare Spannung im unbelasteten Zustand und bei Belastung mit $R_L = 100\,\Omega$?

Lösung:

Der untere Teilwiderstand beträgt

$$R_2 = \frac{1}{4} R_s = 2\,\Omega$$

$$U_2 = \frac{2\,\Omega}{8\,\Omega} \cdot 24\,\text{V} = 6\,\text{V}$$

bzw. $$U_2' = \frac{2\,\Omega \cdot 100\,\Omega}{6\,\Omega \cdot 2\,\Omega + 100\,\Omega \cdot 8\,\Omega} \cdot 24\,\text{V} = 5{,}91\,\text{V}.$$

A.2.5 *Messung elektrischer Größen*

In diesem Abschnitt sollen einige grundlegende Schaltungen zum Messen von Strom, Spannung und Widerstand vorgestellt werden. Weitere Informationen insbesondere auch zur Funktion der Messgeräte finden sich in Abschnitt I.

A.2.5.1 Strommessung

Zur Messung des elektrischen Stromes muss der Strommesser (*Amperemeter*) in den Stromkreis eingebaut und von dem zu messenden Strom durchflossen werden (Bild A-15). Weil durch den Einbau des Strommessers der Gesamtwiderstand des Kreises erhöht wird, verringert sich bei gegebener Spannung U der fließende Strom. Um den Messfehler gering zu halten, muss der Innenwiderstand R_i des Amperemeters möglichst klein sein, d. h. es muss gelten: $R_i \ll R$.

Messbereichserweiterung Soll mit dem Amperemeter ein größerer Strom gemessen werden als der maximal messbare Strom I_m des Messwerks, dann wird durch Parallelschaltung eines Widerstandes R_p (*Nebenschlusswiderstand* oder *Shunt*) ein Teil des Stromes am Messgerät vorbeigeführt (Bild A-15). Ist beispielsweise der zu messende Strom das k-fache des Maximalstroms ($I = k \cdot I_m$), dann muss der Strom durch den Parallelwiderstand

$$I_p = kI_m - I_m = (k-1)I_m$$

betragen. Nach der Stromteilerregel Gl. (A-45) gilt für das Stromverhältnis

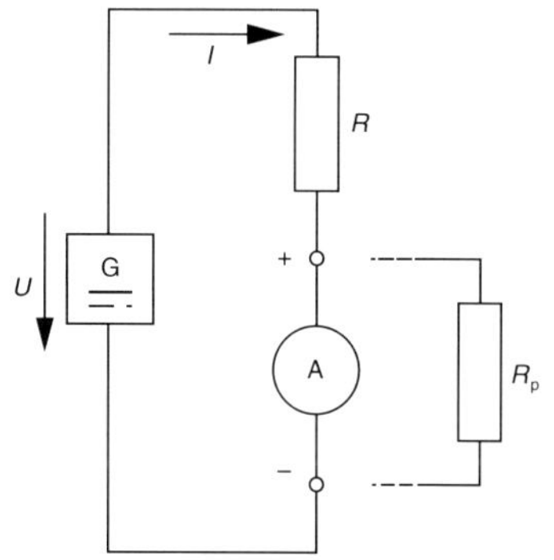

Bild A-15 Strommessung mit Messbereichserweiterung

$$\frac{I_p}{I_m} = \frac{R_i}{R_p}.$$

Der erforderliche Parallelwiderstand ist

$$R_p = \frac{R_i}{k-1}. \tag{A-55}$$

A.2.5.2 Spannungsmessung

Die Spannung zwischen zwei Punkten 1 und 2 einer Schaltung wird gemessen, indem der Spannungsmesser (*Voltmeter*) an die beiden Punkte angeschlossen wird (Bild A-16). Weil durch die Parallelschaltung des Voltmeters mit Innenwiderstand R_i zum vorhandenen Widerstand R der Gesamtwiderstand abnimmt, wird im Allgemeinen ein größerer Strom aus der Quelle entnommen als ohne Messgerät. Nach den Erläuterungen von Abschn. A.2.1 sinkt dadurch die Klemmenspannung der Quelle, so dass die Messung verfälscht wird. Der Messfehler ist tolerierbar, wenn der Innenwiderstand des Voltmeters sehr groß ist, d. h. wenn gilt: $R_i \gg R$.

Messbereichserweiterung Soll eine Spannung U gemessen werden, die die maximal anzeigbare Spannung U_m um den Faktor k übersteigt ($U = k \cdot U_m$), dann muss dafür gesorgt werden, dass die Spannung $U - U_m = (k-1)U_m$ an einem Vorwiderstand R_v abfällt (Bild A-16). Nach der Spannungsteilerregel Gl. (A-42) gilt für das Spannungsverhältnis

$$\frac{U_v}{U_m} = \frac{R_v}{R_i}$$

Der erforderliche Vorwiderstand ist

$$R_v = R_i(k-1). \tag{A-56}$$

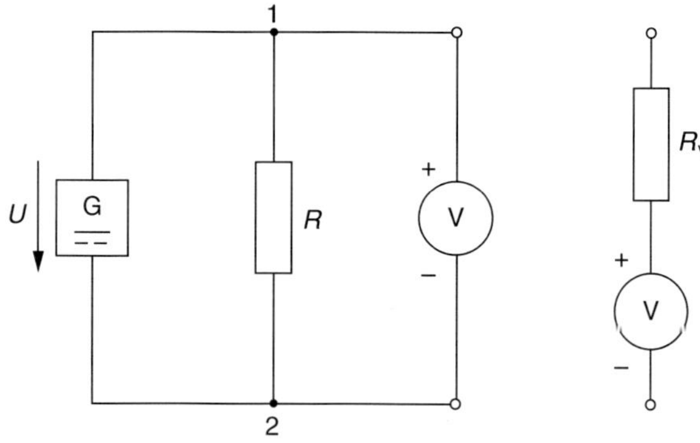

Bild A-16 Spannungsmessung mit Messbereichserweiterung

A.2.5.3 Widerstandsmessung

Ohmmeter Ein *Ohmmeter* besteht nach Bild A-17 aus einer Batterie der Spannung U, an die ein Amperemeter und ein Vorwiderstand R_v angeschlossen sind (R_v soll auch den Innenwiderstand der Batterie sowie des Amperemeters enthalten).

Bild A-17 Ohmmeter

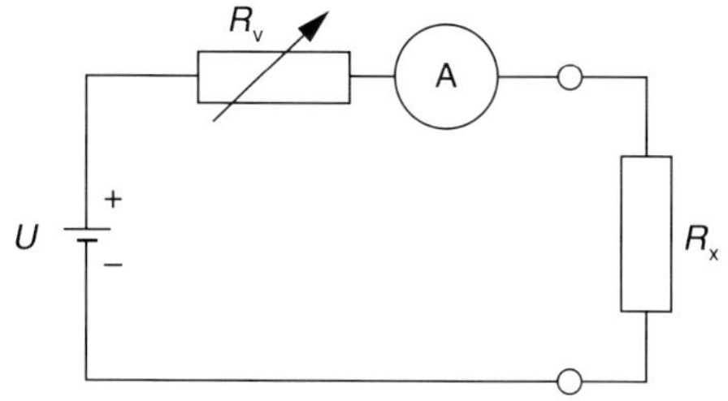

Normalerweise wird durch Verstellen des Vorwiderstandes der Zeigerausschlag a bei Kurzschluss ($I_K = U/R_v$) auf a_{max} eingestellt, bei Leerlauf ($I = 0$) auf null. Damit ist der Ausschlag wenn ein zu messender Widerstand R_x angeschlossen wird:

$$a_x = a_{max} \frac{R_v}{R_v + R_x}.$$

Umgekehrt ergibt sich aus dem Zeigerausschlag a_x der Widerstand

$$R_x = R_v \left(\frac{a_{max}}{a_x} - 1 \right). \tag{A-57}$$

Die Skala des Messgerätes kann also mit einer *nichtlinearen* Widerstandsskala versehen werden.

Strom- und Spannungsmessung Der Wert eines Widerstandes kann mithilfe des Ohm'schen Gesetzes berechnet werden, wenn der Strom I, der durch den Widerstand fließt, sowie die Spannung U, die am Widerstand anliegt, gemessen werden: $R = U/I$.

Nach Bild A-18 gibt es zwei Messmöglichkeiten. Bei der *Spannungsfehlerschaltung* wird der Spannungsabfall am Amperemeter mit Innenwiderstand $R_{i,A}$ mit gemessen. Bei der *Stromfehlerschaltung* wird der Nebenschlussstrom durch das Voltmeter mit Innenwiderstand $R_{i,V}$ mit gemessen. Die korrigierten Widerstandswerte werden nach Gl. (A-58) und (A-59) berechnet.

Wheatstone'sche Brücke Eine präzisere Bestimmung des Widerstandes als mit den bisherigen Methoden ermöglicht die *Wheatstone'sche Brücke* (Bild A-19).

Die Brücke wird *abgeglichen*, indem der Gleitkontakt auf einem Widerstandsdraht so lange verschoben wird, bis über das empfindliche Strommessgerät kein Strom mehr fließt (Nullabgleich). In diesem Fall wird der zu messende Widerstand R_x und der *Normalwiderstand* R_N vom gleichen Strom I_1, die Widerstände R_1 und R_2 vom Strom I_2 durchflossen. Die Maschenregel liefert:

$$I_1 R_x = I_2 R_1 \quad und$$
$$I_1 R_N = I_2 R_2.$$

Spannungsfehlerschaltung	Stromfehlerschaltung
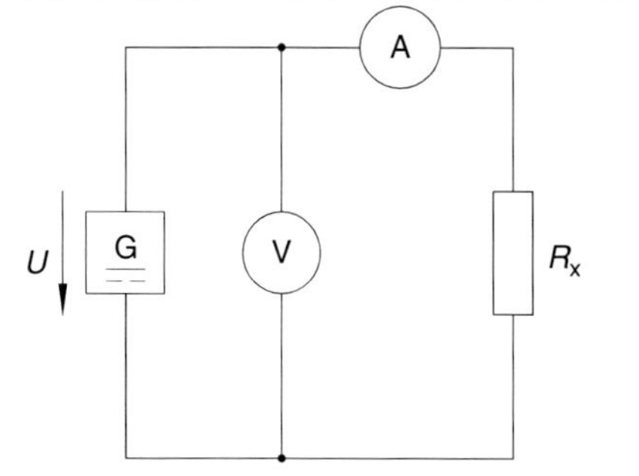	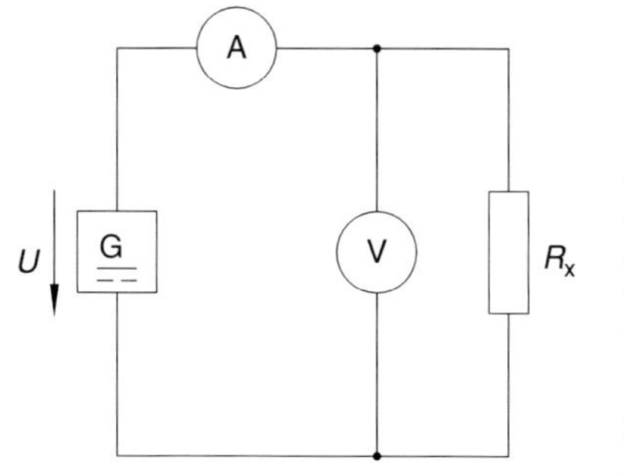
$R_x = \frac{U}{I} - R_{i,A}$ (A-58)	$R_x = \frac{1}{\frac{I}{U} - \frac{1}{R_{i,V}}}$ (A-59)

Bild A-18 Widerstandsbestimmung durch Strom- und Spannungsmessung

Bild A-19 Wheatstone'sche Brücke

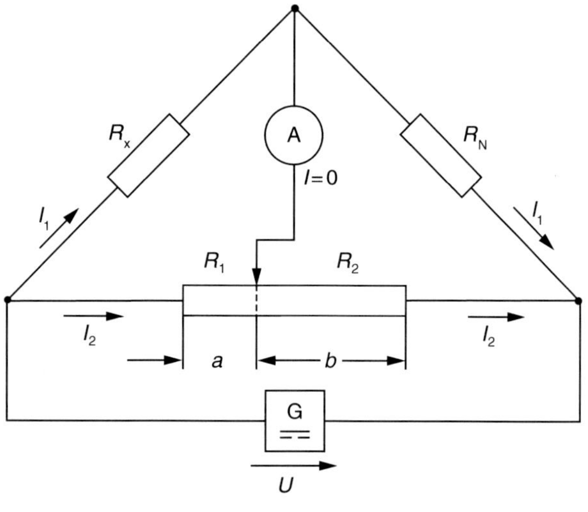

Durch Division ergibt sich:

$$\frac{R_x}{R_N} = \frac{R_1}{R_2} \quad \text{und}$$

$$R_x = R_N \frac{R_1}{R_2} = R_N \frac{a}{b}. \tag{A-60}$$

Anstelle des Schiebewiderstandes werden oft auch die beiden Widerstände R_1 und R_2 als diskrete verstellbare Präzisionswiderstände ausgeführt.

ÜBUNGSAUFGABEN

Ü A.2-1: Eine Batterie hat die Leerlaufspannung U_L = 9,3 V und die Kurzschlussstromstärke I_K = 2,9 A. a) Wie groß ist der Innenwiderstand R_i? b) Wie groß muss der Außenwiderstand R_a eines Verbrauchers mindestens sein, damit die Klemmenspannung nicht unter U = 8 V absinkt?

Ü A.2-2: Zehn Mono-Zellen mit Leerlaufspannung U_L = 1,58 V und Innenwiderstand R_i = 160 mΩ werden an einen Verbraucher mit R_a = 33 Ω angeschlossen. Wie groß ist der Strom I bei a) Reihenschaltung, b) Parallelschaltung und c) Gruppenschaltung 2 × 5 bzw. 5 × 2?

Ü A.2-3: Die Brückenschaltung von Bild A-12 besitzt die Widerstände $R_{12} = R_{31}$ = 100 Ω, R_{23} = 50 Ω, R_{24} = 80 Ω und R_{43} = 120 Ω. Wie groß ist der Ersatzwiderstand R_{14} der Schaltung zwischen den Punkten 1 und 4?

Ü A.2-4: Bei einem *Umkehrspannungsteiler* (*Leonard*-Spannungsteiler) hat ein Schiebewiderstand mit R = 50 Ω einen festen Mittenabgriff M (Bild A-20). Die Versorgungsspannung beträgt U_0 = 12 V. Berechnen Sie die Spannung U_L, die über dem Lastwiderstand R_L = 200 Ω anliegt in Abhängigkeit von der Schieberstellung x. Welche Spannung ergibt sich für $x = 0$, $l/2$ und l? Verifizieren Sie die grafische Kennlinie von Bild A-20. Wie ist der Verlauf $U_L(x)$ für den unbelasteten Spannungsteiler, d. h. für $R_L \to \infty$?

Ü A.2-5: Ein Spannungsmesser mit Innenwiderstand R_i = 1,5 kΩ zeigt bei U_m = 3 V Vollausschlag. Welche Vorwiderstände sind erforderlich, wenn mit diesem Gerät Spannungen von U_1 = 6 V, U_2 = 15 V und U_3 = 30 V gemessen werden sollen?

Ü A.2-6: Durch Strom- und Spannungsmessung soll der Wert eines Widerstandes bestimmt werden. In Spannungsfehlerschaltung (Bild A-18) werden folgende Werte gemessen: U = 23,8 V, I = 71,5 mA. Wie groß ist R_x, wenn der Innenwiderstand des Amperemeters $R_{i,A}$ = 3 Ω beträgt? Wie groß ist der prozentuale Fehler, wenn mit der unkorrigierten Beziehung $R_x = U/I$ gerechnet wird?

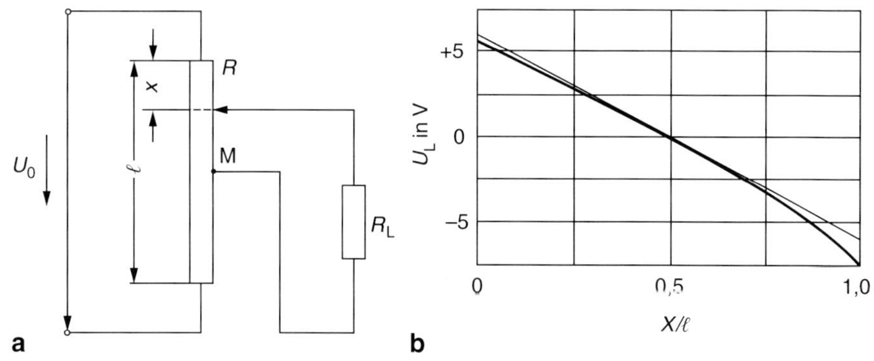

Bild A-20 Umkehrspannungsteiler, zu Ü A. 2-4

A.3 Elektrisches Feld

A.3.1 Feldbegriff

Ist in einem bestimmten Raum ein elektrisches Feld vorhanden, dann werden auf Ladungen, die in dieses Gebiet gebracht werden, Kräfte ausgeübt. Die Richtung und Stärke der Kraft kann durch *Feldlinien* veranschaulicht werden. Bild A-21a zeigt das Feld, das durch eine isoliert aufgestellte Metallkugel erzeugt wird, welche die positive Ladung Q trägt. Die Kraft auf eine positive *Probeladung* Q_0, die sich im Abstand r von der Ladung Q befindet, ist nach dem Coulomb'schen Gesetz:

$$F = \frac{1}{4\pi\varepsilon_0}\,\frac{Q Q_0}{r^2} \tag{A-61}$$

$\varepsilon_0 = 8{,}854 \cdot 10^{-12}$ As/Vm ist die *elektrische Feldkonstante.*

Die *Feldstärke* am Ort der Probeladung ist die Kraft auf die Probeladung dividiert durch die Größe der Probeladung:

$$\boldsymbol{E} = \frac{\boldsymbol{F}}{Q_0}. \tag{A-62}$$

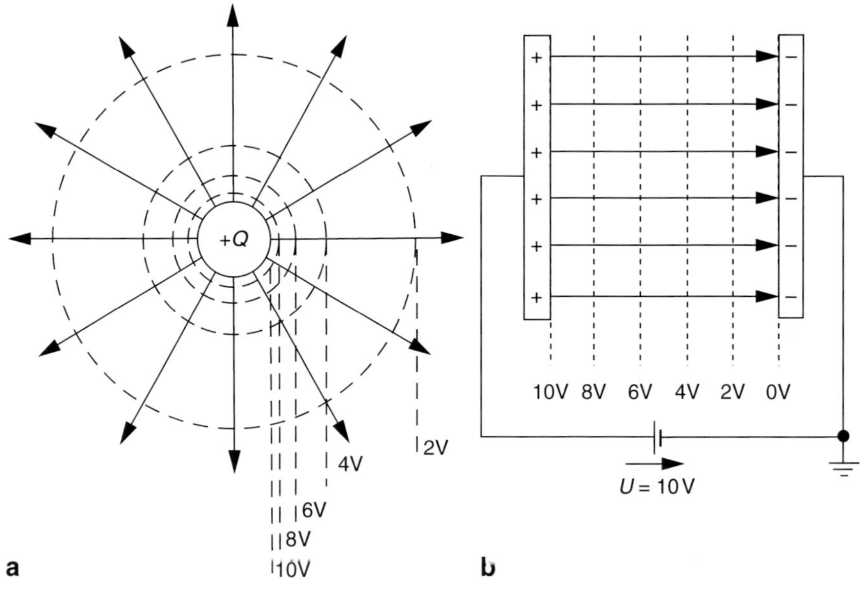

Bild A-21 Feldlinien und ÄquiPotenzialflächen(-linien), **a**) inhomogenes Feld (Radialfeld), **b**) homogenes Feld

Für das Feld von Bild A-21a gilt damit für den Betrag der Feldstärke

$$E(r) = \frac{Q}{4\pi\varepsilon_0 r^2}. \tag{A-63}$$

Die in Bild A-21a eingezeichneten Feldlinien geben die Richtung der Kraft auf die Probeladung an (in diesem Fall radial nach außen gerichtet). Die Dichte der Linien ist ein Maß für die Feldstärke. Es handelt sich hier um ein *inhomogenes* Feld.

Äquipotenzialflächen, also Flächen konstanter potenzieller Energie bzw. konstanten Potenzials, sind Kugeln. Für das Potenzial folgt mit Gl. (A-5)

$$\varphi(r) = \frac{1}{4\pi\varepsilon_0}\frac{Q}{r}. \tag{A-64}$$

Der Nullpunkt des Potenzials liegt dabei im Unendlichen.

Im Innern des *Plattenkondensators* herrscht ein homogenes Feld (Bild A-21b), d. h. die Feldstärke ist an jedem Punkt gleich nach Größe und Richtung. Äquipotenzialflächen sind Ebenen parallel zu den Platten des Kondensators. Das Potenzial steigt linear an vom Wert $\varphi = 0$ auf der geerdeten Platte bis auf $\varphi = U$. Zwischen der Spannung U, die an den Platten anliegt und der Feldstärke E im Innenraum gilt nach Gl. (A-5) der Zusammenhang

$$U = E \cdot d, \tag{A-65}$$

wenn d der Abstand der Platten ist.

A.3.2 Kondensator

Eine beliebige Anordnung zweier isoliert aufgestellter Leiter, zwischen denen mithilfe einer Spannungsquelle Ladung verschoben werden kann, wird als Kondensator bezeichnet.

Im Aufbau von Bild A-22 „pumpt“ beispielsweise eine Batterie Elektronen vom linken auf den rechten Leiter. Dadurch werden beide Leiter mit der Ladung Q

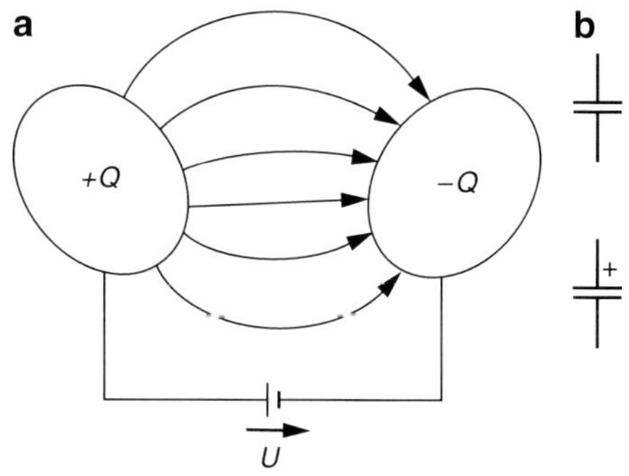

Bild A-22 Kondensator, **a**) prinzipielle Anordnung, **b**) Schaltzeichen nach DIN EN 60617-4, allgemein bzw. gepolt (z. B. Elektrolyt-Kondensator)

mit jeweils entgegengesetztem Vorzeichen aufgeladen. Die auf den *Elektroden* des Kondensators gespeicherte Ladungsmenge ist stets proportional zur angelegten Spannung.

$$Q = CU. \tag{A-66}$$

C ist die *Kapazität* des Kondensators. Ihre Maßeinheit ist das *Farad*: $[C] = 1\,\frac{\mathrm{As}}{\mathrm{V}} = 1\mathrm{F}$.

Die Kapazität beschreibt die Fähigkeit eines Kondensators, Ladung zu speichern. Sie hängt lediglich ab von der Elektrodengeometrie und den Materialeigenschaften des isolierenden Mediums. Bei einem Plattenkondensator mit Plattenfläche A und Plattenabstand d (Bild A-21b) in Luft (korrekter: Vakuum) beträgt die Kapazität

$$C = \frac{\varepsilon_0 A}{d}. \tag{A-67}$$

Wird ein Kondensator, der die Ladung Q trägt und von der Spannungsquelle abgetrennt ist, mit einem Isolierstoff (*Dielektrikum*) gefüllt, dann werden unter der Einwirkung der elektrischen Feldkräfte die Ladungen des Dielektrikums so verschoben, dass an der Oberfläche, die der positiven Platte gegenübersteht negative, an der anderen Oberfläche positive Ladungen auftreten (Bild A-23).

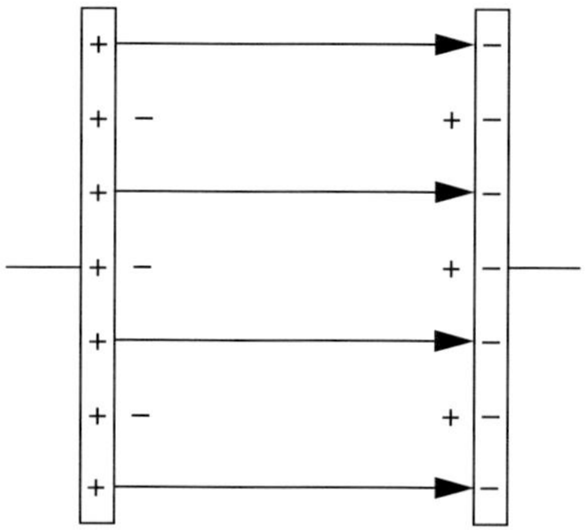

Bild A-23 Plattenkondensator mit Dielektrikum

Durch diese *Polarisation* wird ein Teil der Ladungen auf den Elektroden kompensiert, so dass die Feldstärke im Innern des Isolators von ursprünglich E_0 (Vakuum) auf E_0/ε_r abnimmt. ε_r ist die *relative Permittivitätszahl* (relative Dielektrizitätszahl) des Isolierstoffs (Tabelle A-2). Die Spannung zwischen den Platten ist nach Gl. (A-65) ebenfalls reduziert um den Faktor ε_r. Da die Ladung Q aber konstant ist, folgt aus Gl. (A-66), dass die Kapazität des Kondensators um ε_r zugenommen hat. Für die Kapazität eines Plattenkondensators gilt demnach

$$C = \frac{\varepsilon_r \varepsilon_0 A}{d}. \tag{A-68}$$

Tabelle A-2 Relative Permittivitätszahlen

Isolierstoff	ε_r
Aluminiumoxid	12
Epoxidharz	3,7
Glimmer	≈ 8
Kondensatorpapier	4,0 ... 6,0
Polyethylen (PE)	2,2 ... 2,7
Polypropylen (PP)	2,3
Polystyrol (PS)	2,5 ... 2,8
Polyvinylchlorid (PVC)	3,1
Transformatorenöl	2,5
Wasser	81

Das Produkt aus elektrischer Feldkonstante und relativer Permittivitätszahl ist die *Permittivität*

$$\varepsilon = \varepsilon_r \varepsilon_0. \tag{A-69}$$

Das Produkt aus Permittivität und elektrischer Feldstärke wird als *Verschiebungsdichte* bezeichnet:

$$\boldsymbol{D} = \varepsilon_r \varepsilon_0 \boldsymbol{E}. \tag{A-70}$$

Durch Anwendung der Gleichungen (A-65) bis (A-67) ergibt sich, dass der Betrag der Verschiebungsdichte identisch ist mit der Ladungsdichte auf den Kondensatorplatten:

$$|\boldsymbol{D}| = D = \frac{Q}{A} \tag{A-71}$$

Schaltung von Kondensatoren Werden n Kondensatoren parallel geschaltet (Bild A-24), dann liegen alle an derselben Spannung U. Die insgesamt gespeicherte Ladung Q_{ges} ist die Summe der Ladungen auf den einzelnen Kondensatoren und die Gesamtkapazität C_{ges} ist die Summe der Einzelkapazitäten.

Parallelschaltung	Reihenschaltung

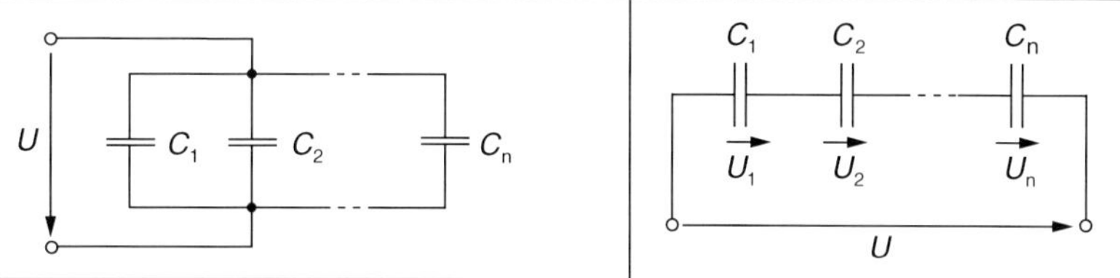

Parallelschaltung:

$$Q_{ges} = Q_1 + Q_2 + \ldots + Q_n$$
$$C_{ges} = C_1 + C_2 + \ldots + C_n \tag{A-72}$$

Reihenschaltung:

$$U = U_1 + U_2 + \ldots + U_n$$
$$\frac{Q}{C_{ges}} = \frac{Q}{C_1} + \frac{Q}{C_2} + \ldots + \frac{Q}{C_n}$$
$$\frac{1}{C_{ges}} = \frac{1}{C_1} + \frac{1}{C_2} + \ldots + \frac{1}{C_n} \tag{A-73}$$

Bild A-24 Ersatzkapazität von Kondensatorschaltungen

Bei der Reihenschaltung ist der Verschiebestrom durch alle Kondensatoren und damit die gespeicherte Ladung auf allen Kondensatoren gleich. Die Gesamtspannung ist die Summe der Einzelspannungen. Damit addieren sich die Kehrwerte der Kapazitäten C_n zur Gesamtkapazität C_{ges}.

Beispiel
A-10: Drei Kondensatoren mit jeweils $C = 15\ \mu\text{F}$ werden parallel an eine Spannungsquelle mit $U = 12\,\text{V}$ gelegt. Welche Ladung Q_{ges} ist auf den Kondensatorplatten gespeichert?

Lösung:
Die Gesamtkapazität beträgt $C_{\text{ges}} = 3\ C = 45\ \mu\text{F}$. Die Ladung ist $Q_{\text{ges}} = C_{\text{ges}}\ U = 5{,}4 \cdot 10^{-4}\ \text{As} = 540\ \mu\text{C}$.

A.3.3 Laden und Entladen von Kondensatoren

In einem aufgeladenen Kondensator fließt kein Strom. Lediglich beim Laden oder Entladen fließt ein Lade- bzw. Entladestrom. Während des Ladens oder Entladens ändert sich die Spannung u_{C} am Kondensator. Mit den Gl. (A-7) und (A-66) ergibt sich der Zusammenhang zwischen Strom und Spannungsänderung:

$$i = \frac{\text{d}q}{\text{d}t} = \frac{\text{d}(C u_{\text{C}})}{\text{d}t} = C \frac{\text{d}u_{\text{C}}}{\text{d}t}. \tag{A-74}$$

Für diese zeitabhängigen Größen ist es in der Elektrotechnik üblich Kleinbuchstaben zu verwenden. Die Beziehungen beim Ein- und Ausschalten eines R-C-Gliedes zeigt Bild A-25. Von zentraler Bedeutung für das Zeitverhalten ist die *Zeitkonstante*

$$\tau = RC \tag{A-79}$$

Nach Ablauf der Zeit τ ist ein Lade- bzw. Entladevorgang zu $1 - \text{e}^{-1} = 63{,}2\ \%$ abgeschlossen, nach der Zeit $t = 5\ \tau$ zu $1 - \text{e}^{-5} = 99{,}3\ \%$.

Beispiel
A-11: Ein Kondensator mit $C = 15\ \mu\text{F}$ wird in Reihe mit einem Widerstand $R = 1\ \text{M}\Omega$ an eine Spannungsquelle gelegt. Wie lange dauert der Ladevorgang?

Lösung:
Die Zeitkonstante ist $\tau = RC = 15\,\text{s}$. Nach $t = 5 \cdot 15\ \text{s} = 75\ \text{s}$ ist der Ladevorgang praktisch abgeschlossen.

A.3.4 Energieinhalt des elektrischen Feldes

In jedem elektrischen Feld ist Energie gespeichert, also auch im Feld eines Kondensators. Zur Berechnung dieser Energie werde der Entladevorgang eines Kondensators

	Einschalten zur Zeit $t = 0$	Ausschalten zur Zeit $t = 0$
Schaltung	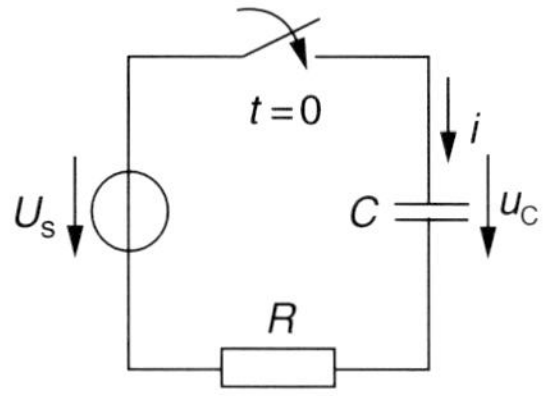	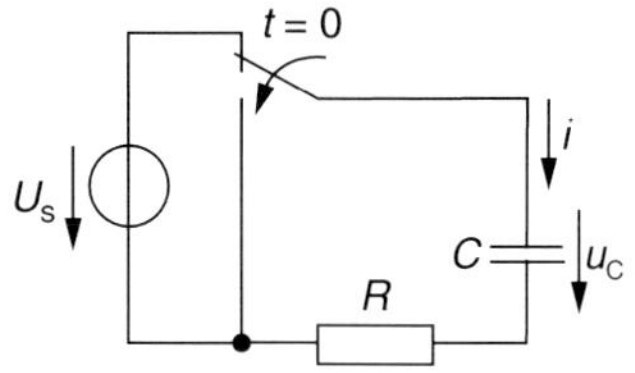
Differential-gleichung	$U_s = u_C + iR$ $U_s = u_C + RC\frac{du_c}{dt}$	$u_c + iR = 0$ $u_c + RC\frac{du_c}{dt} = 0$
Verlauf der Spannung	$u_c(t) = U_s(1 - e^{-t/\tau})$ **(A-75)** $\tau = RC$ 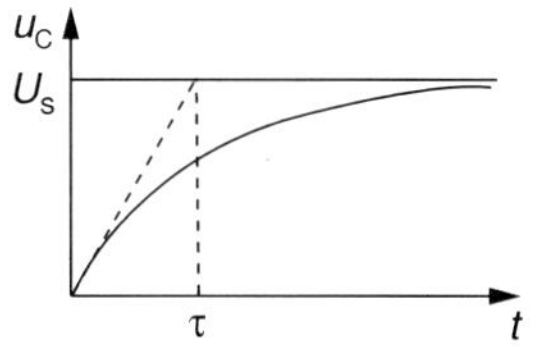	$u_c(t) = U_s e^{-t/\tau}$ **(A-77)** $\tau = RC$ 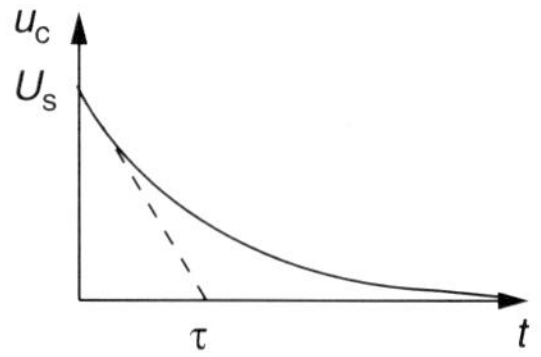
Verlauf des Stromes	$i(t) = \frac{U_s}{R} e^{-t/\tau}$ **(A-76)** 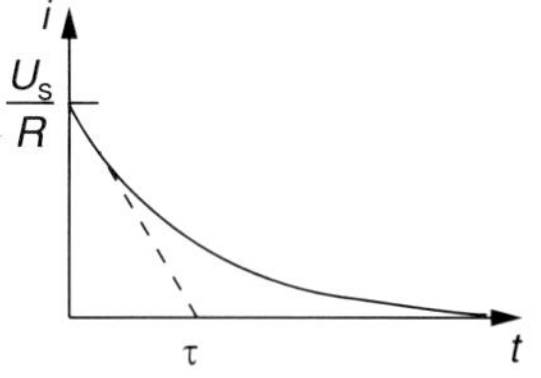	$i(t) = -\frac{U_s}{R} e^{-t/\tau}$ **(A-78)** 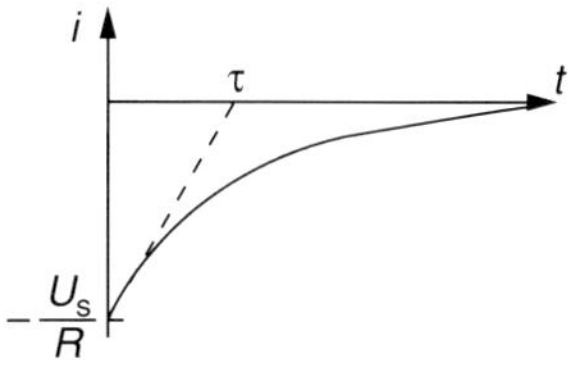

Bild A-25 Zeitverhalten beim Laden und Entladen von Kondensatoren

betrachtet (Bild A-25). Die gesamte im Kondensator gespeicherte Energie wird beim Entladen im Widerstand R in Joule'sche Wärme umgesetzt. Mit Gl. (A-20) und (A-76) gilt für die Wärmeleistung

$$p(t) = i^2 R = \frac{U^2}{R^2} e^{-2t/\tau},$$

wenn U die Spannung am Kondensator ist. Die gesamte Energie wird damit zu

$$W = \int_0^\infty p(t) = \frac{1}{2} C U^2. \tag{A-80}$$

Mithilfe der Gl. (A-65), (A-68) und (A-70) folgt für die *Energiedichte*, d. h. die Energie pro Volumen in einem elektrischen Feld:

$$w = \frac{\mathrm{d}W}{\mathrm{d}V} = \frac{1}{2}\varepsilon_\mathrm{r}\varepsilon_0 \boldsymbol{E}^2 = \frac{1}{2}\boldsymbol{E}\boldsymbol{D}. \qquad \text{(A-81)}$$

ÜBUNGSAUFGABEN

Ü A.3-1: Vier punktförmige elektrische Ladungen $Q_1 = +1 \cdot 10^{-8}$ C, $Q_2 = -2 \cdot 10^{-8}$ C, $Q_3 = -3 \cdot 10^{-8}$ C und $Q_4 = +4 \cdot 10^{-8}$ C sind an den Ecken eines Quadrats angeordnet. In einem kartesischen Koordinatensystem sitzen sie an folgenden Punkten: Q_1(30 cm, 0); Q_2(0, 30 cm); Q_3(–30 cm, 0); Q_4(0, –30 cm). Wie groß ist die elektrische Feldstärke E im Zentrum? Welche Richtung hat der Vektor $\boldsymbol{E}$?

Ü A.3-2: Drei Kondensatoren mit den Kapazitäten $C_1 = 2\ \mu$F, $C_2 = 4\ \mu$F sowie $C_3 = 1\ \mu$F sind nach der Schaltung von Bild A-26 mit einer Spannungsquelle der Spannung $U_\mathrm{s} = 110$ V verbunden. Nach Schließen des Schalters S werden die Kondensatoren aufgeladen. a) Welche Gesamtladung ist in den Kondensatoren gespeichert? b) Wie verteilt sich die Gesamtladung auf die einzelnen Kondensatoren und welche Spannungen liegen an ihnen? c) Nach welcher Funktion $i(t)$ verläuft der Strom während des Ladevorganges, wenn der Widerstand $R = 1\ \mathrm{k\Omega}$ beträgt? d) Welche Energie W_C steckt in den aufgeladenen Kondensatoren? e) Welche Energie W_s wurde während des Ladevorgangs aus der Quelle aufgenommen?

Ü A.3-3: Zwei Kondensatoren mit den Kapazitäten C_1=5 µF und $C_2 = 10\ \mu$F sind zunächst in Reihe geschaltet. An die offenen Enden wird die Spannung U = 150 V gelegt und die Kondensatoren dadurch aufgeladen.
a) Wie groß sind die Ladungen Q_1 und Q_2 auf den beiden Kondensatoren? b) Welche Spannungen liegen an den Kondensatoren? c) Die geladenen Kondensatoren werden nun voneinander und von der Spannungsquelle getrennt und so parallel zusammen geschaltet, dass gleichnamig geladene Platten miteinander verbunden werden. Wie groß sind nun die Ladungen und die Spannungen der beiden Kondensatoren?

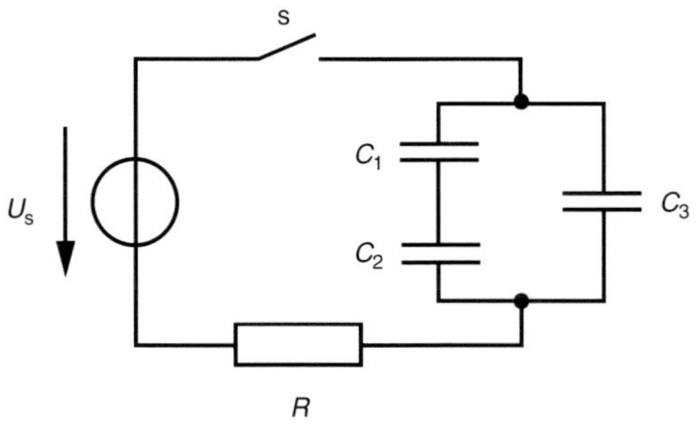

Bild A-26 Kondensatorkombination zu Ü A.3-2

Bild A-27 Stromverlauf zu Ü A.3-4

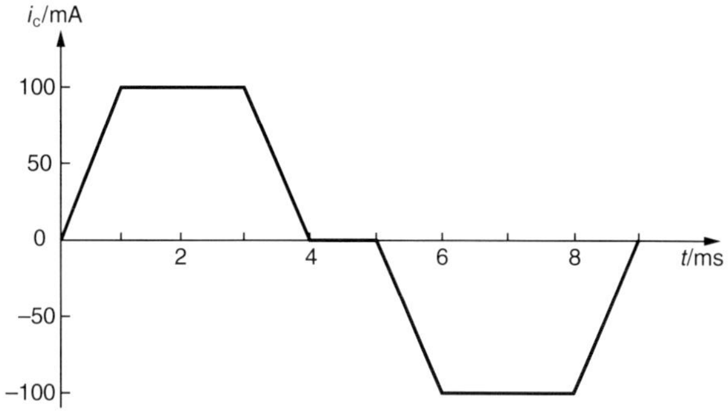

Ü A.3-4: Ein Kondensator der Kapazität $C = 500$ nF wird mit einem eingeprägten Strom $i_C(t)$ aufgeladen, dessen Verlauf in Bild A-27 dargestellt ist. Ermitteln Sie daraus den Verlauf der Spannung $u_C(t)$ am Kondensator unter der Voraussetzung, dass $u_C(t = 0) = 0$ ist.

A.4 Magnetisches Feld

A.4.1 Feldbegriff

Die Wirkung magnetischer Kräfte zwischen Permanentmagneten (z. B. Magneteisenstein, Fe_3O_4) ist schon seit dem Altertum bekannt. Bei einem langen Stabmagneten lagern sich Eisenfeilspäne an den Enden, den *Polen* des Magneten an. Offenbar existieren zweierlei Pole, die mit *Nord-* und *Südpol* bezeichnet werden, wobei wie bei elektrischen Ladungen festgestellt wird, dass sich gleichnamige Pole abstoßen, ungleichnamige anziehen. Ein drehbar aufgehängter Stabmagnet (eine Kompassnadel) stellt sich mit der Längsachse auf die Nord-Süd-Richtung ein und zwar so, dass sein Nordpol zum geographischen Nordpol zeigt. Die Erde ist demnach von einem Magnetfeld umgeben, dessen Südpol sich in der Nähe des geographischen Nordpols und dessen Nordpol sich in der Nähe des geographischen Südpols befindet.

Magnetfelder können mithilfe von Eisenfeilspänen sichtbar gemacht werden (Bild A-28). Die Feldlinien treten am Nordpol aus dem Stab aus und treten am Südpol wieder ein. Die Feldrichtung verläuft also im Außenraum des Magneten von Nord nach Süd.

Das Feldlinienbild erweckt den Anschein, als ob an jedem Ende des Stabes ein Pol säße, an dem die Feldlinien beginnen und enden wie im Fall der elektrischen Feldlinien, die an Ladungen beginnen und enden. Tatsächlich lassen sich aber einzelne Magnetpole, sogen *Monopole* nicht isolieren. Wenn man einen Stabmagneten, d. h. einen *Dipol*, in zwei Stücke bricht, dann zeigt jedes Bruchstück für sich wieder einen Nord- und einen Südpol, ist also wieder ein Dipol. Dieses Zerbrechen kann bis in atomare Dimensionen fortgeführt werden und man findet immer nur Dipole.

Im Gegensatz zu den elektrischen Feldlinien haben deshalb die magnetischen Feldlinien keinen Anfang und kein Ende, sondern sind in sich geschlossene Kurven. Beim Stabmagnet von Bild A-28 muss man sich die Feldlinien im Innern des Materials fortgesetzt denken. Die geschlossenen Feldlinien sind klar sichtbar bei den Elektromagneten (Bild A-29 bis 31).

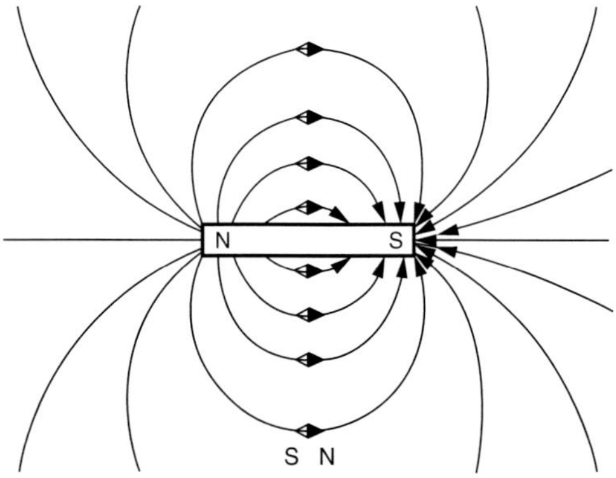

Bild A-28 Magnetfeld eines Stabmagneten(Dipol)

Die magnetischen Feldlinien geben die Richtung der magnetischen Feldstärke in jedem Punkt des Raumes an. Ein magnetischer Nordpol (Nordpolende eines Stabmagneten, dessen Südpolende weit entfernt ist) erfährt in dieser Richtung eine Kraft. Kleine drehbar gelagerte Kompassnadeln stellen sich längs der Feldlinien ein. Die Dichte der Linien ist ein Maß für die Größe der Feldstärke.

Von *Oersted* wurde festgestellt, dass stromdurchflossene Leiter von einem Magnetfeld umgeben sind. Tatsächlich lassen sich alle Magnetfelder (auch die der Dauermagnete) auf die Wirkung elektrischer Ströme, also bewegter elektrischer Ladungen zurückführen.

Durchflutungsgesetz Ein gerader stromdurchflossener Leiter weist ein Magnetfeld auf, dessen Feldlinien konzentrische Kreise in Ebenen senkrecht zum Leiter sind (Bild A-29). Die Magnetfeldrichtung ist der Stromrichtung gemäß der Rechtsschraubenregel zugeordnet. Die in Bild A-29 gezeichneten Kompassnadeln können aus ihrer Gleichgewichtsstellung tangential zu den Feldlinien herausgedreht werden z. B. in eine Stellung senkrecht zu den Feldlinien. Das hierzu benötigte Drehmoment ist ein Maß für die Feldstärke H.

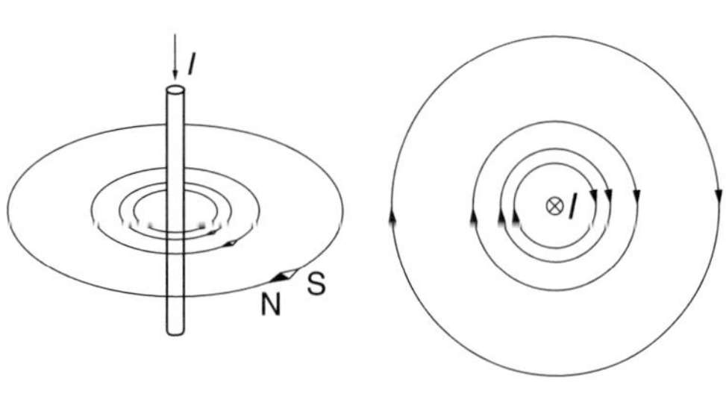

Bild A-29 Magnetfeld eines geraden stromdurchflossenen Leiters

Experimentell wird festgestellt, dass die Feldstärke proportional zum Strom I aber umgekehrt proportional zum Abstand r vom Leiter ist:

$$H \sim \frac{I}{r}.$$

Die Feldstärke oder *magnetische Erregung H* wird so definiert, dass gilt:

$$H = \frac{I}{2\pi r}. \tag{A-82}$$

Die Maßeinheit der magnetischen Feldstärke ist: $[H] = 1$ A/m.

Durch Umformung von Gl. (A-82) ergibt sich, dass das Produkt aus Feldstärke und Länge einer beliebigen Feldlinie dem Strom durch den Leiter entspricht: $H \cdot 2\pi r = I$. Diese Gleichung ist ein Spezialfall der allgemein gültigen Beziehung, die als *Durchflutungsgesetz* oder *Ampère'sches Verkettungsgesetz* bezeichnet wird:

$$\oint_C \boldsymbol{H}\,\mathrm{d}\boldsymbol{s} = \Theta = \int_A \boldsymbol{J}\,\mathrm{d}\boldsymbol{A} = \sum_{k=1}^{n} I_k. \tag{A-83}$$

Das Linienintegral der magnetischen Feldstärke über einen beliebigen geschlossenen Weg C ist gleich dem gesamten durch die umfahrene Fläche A fließenden Strom, der Durchflutung.

In Anlehnung an die Definition der elektrischen Spannung $U = \int \boldsymbol{E}\mathrm{d}\boldsymbol{s}$ wird das Integral über die magnetische Feldstärke als *magnetische Spannung* bezeichnet:

$$V_\mathrm{m} = \int \boldsymbol{H}\,\mathrm{d}\boldsymbol{s}. \tag{A-84}$$

Die Maßeinheit der magnetischen Spannung ist $[V_\mathrm{m}] = 1$ A.

Im Fall des Ringintegrals von Gl. (A-83) ist die magnetische Randspannung gleich der *Durchflutung* Θ, also der Summe aller Ströme, welche die umfahrene Fläche durchfließen. Die Durchflutung Θ kann entweder durch Integration der ortsabhängigen Stromdichte $J = \frac{I}{A}$ oder bei diskreten Leitern durch vorzeichenrichtige Addition der einzelnen Ströme I_k bestimmt werden.

Umschließt der Integrationsweg keinen Leiter bzw. ist die Summe aller Ströme null, dann gilt:

$$\oint \boldsymbol{H}\,\mathrm{d}\boldsymbol{s} = 0. \tag{A-85}$$

Das Durchflutungsgesetz ist eine spezielle Formulierung der allgemeineren *ersten Maxwell'schen Gleichung*, welche neben dem Strom auch den Verschiebungsstrom $\dot{\boldsymbol{D}} = \frac{\mathrm{d}\boldsymbol{D}}{\mathrm{d}t}$ als Ursache eines Magnetfeldes ausweist:

$$\oint_C \boldsymbol{H}\,\mathrm{d}\boldsymbol{s} = \int_A (\boldsymbol{J} + \dot{\boldsymbol{D}})\,\mathrm{d}\boldsymbol{A}. \tag{A-86}$$

Jede Änderung der Verschiebungsdichte D eines elektrischen Feldes ist demnach mit der Existenz eines magnetischen Wirbelfeldes verknüpft. So ist beispielsweise während des Ladevorgangs eines Kondensators im Kondensator selbst ein Magnetfeld vorhanden, so wie auch die Zuleitungen zum Kondensator von einem Magnetfeld umgeben sind (Bild A-30).

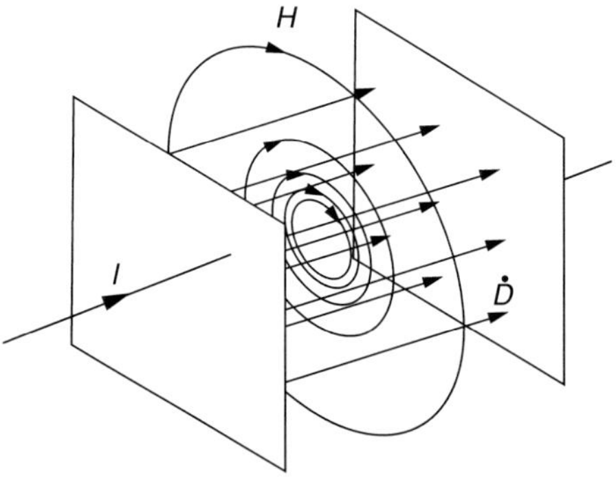

Bild A-30 Magnetische Feldlinien um einen Verschiebungsstrom

Magnetische Feldstärke im Innern einer Zylinderspule Das Magnetfeld im Innern einer langen zylindrischen Spule ist annähernd homogen (Bild A-31). Die Berechnung der Feldstärke erfolgt mithilfe des Durchflutungsgesetzes (A-83). Wird das Ringintegral längs der Figur 1 2 3 4 gebildet, dann ergibt sich:

$$\oint \boldsymbol{H}\,\mathrm{d}\boldsymbol{s} = \int_1^2 \boldsymbol{H}\,\mathrm{d}\boldsymbol{s} + \int_2^3 \boldsymbol{H}\,\mathrm{d}\boldsymbol{s} + \int_3^4 \boldsymbol{H}\,\mathrm{d}\boldsymbol{s} + \int_4^1 \boldsymbol{H}\,\mathrm{d}\boldsymbol{s} = H \cdot l.$$

Die letzten drei Integrale sind näherungsweise null, weil im Innenraum der Spule $\boldsymbol{H}$ und d$\boldsymbol{s}$ senkrecht aufeinander stehen und im Außenraum die Feldstärke vernachlässigbar klein ist. Liegen im Innern des Integrationsweges N Windungen, dann ist die Durchflutung $\Theta = N\,I$. Damit ist die magnetische Feldstärke (Erregung) im Innern einer Spule:

$$H = \frac{N\,I}{l}. \tag{A-87}$$

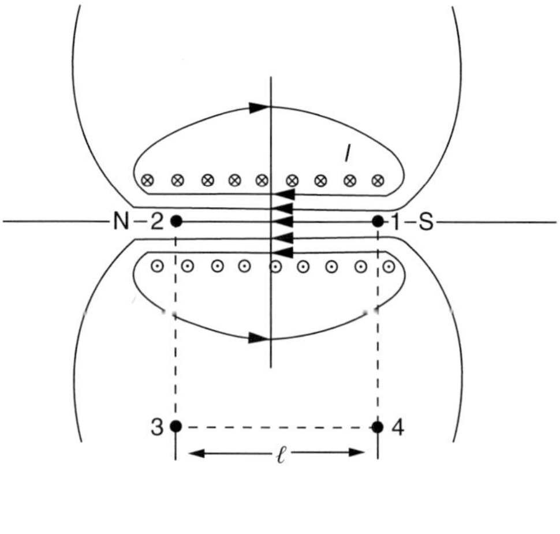

Bild A-31 Magnetfeld einer Zylinderspule

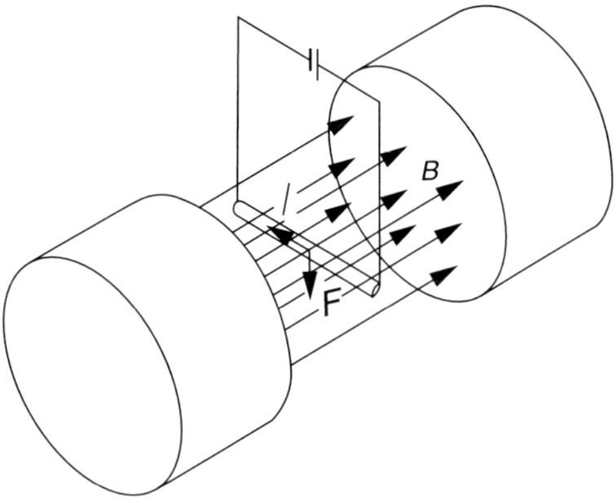

Bild A-32 Kraft auf einen stromdurchflossenen Leiter im Magnetfeld

A.4.2 Kraftwirkungen im Magnetfeld

Ein stromdurchflossener Leiter erfährt in einem Magnetfeld eine Kraft. Wird in einer Anordnung nach Bild A-32 die Kraft auf ein Leiterstück gemessen, so gewinnt man folgende Erkenntnisse:

Die Kraft ist proportional

- zum Strom I,
- zur Länge l des Leiters,
- zum Sinus des Winkels zwischen der Stromrichtung und der Feldrichtung,
- zur magnetischen Feldstärke.

Also gilt $F \sim I\,l\,H\,\sin(I, H)$.

Quantitative Messungen zeigen, dass die Proportionalitätskonstante im gesuchten Kraftgesetz den Wert $\mu_0 = 4\pi \cdot 10^{-7}$ Vs/Am beträgt. Sie wird als *magnetische Feldkonstante* bezeichnet.

Damit erhalten wir: $F = I\,l\,\mu_0\,H\,\sin(I, H)$.

Das Produkt aus magnetischer Feldkonstante und magnetischer Feldstärke wird als *magnetische Flussdichte* oder *Induktion* bezeichnet:

$$\boldsymbol{B} = \mu_0 \boldsymbol{H}. \qquad \text{(A-88)}$$

Die Maßeinheit der Flussdichte ist das *Tesla*:

$$[B] = 1\,\text{Vs/m}^2 = 1\,\text{T}.$$

Gleichung (A-88) ist nur im materiefreien Raum gültig. In Materie gilt die Beziehung

$$\boldsymbol{B} = \mu_\text{r} \mu_0 \boldsymbol{H} \qquad \text{(A-89)}$$

mit der *relativen Permeabilitätszahl* μ_r. Für die meisten Substanzen ist $\mu_r \approx 1$, lediglich in *ferromagnetischen Stoffen* (Abschn. A.4.3) ist $\mu_r \gg 1$. Jedenfalls gilt in jeder Umgebung, dass die Kraft auf ein stromdurchflossenes Leiterstück proportional zur magnetischen Flussdichte ist:

$$F = I\,l\,B\;\sin(I,\,B). \tag{A-90}$$

Da sowohl die Kraftwirkungen im Magnetfeld als auch die Induktionseffekte (Abschn. A.4.5) von der Flussdichte abhängen, hat die Flussdichte B eine größere Bedeutung für die Beschreibung magnetischer Felder als die Feldstärke H.

Gleichung (A-90) lässt sich vektoriell schreiben, wenn die Länge des Leiters als Vektor $\boldsymbol{l}$ definiert wird, wobei die Richtung des Vektors in Richtung des Stromes weist. Damit ergibt sich schließlich für die Kraft auf einen stromführenden Leiter im Magnetfeld

$$\boldsymbol{F} = I\boldsymbol{l} \times \boldsymbol{B}. \tag{A-91}$$

Beispiel

A-12: In einem Drehspulinstrument dreht sich ein Weicheisenkern, auf den $N = 100$ Windungen einer quadratischen Schleife gewickelt sind (Bild A-33). Die Drahtlänge (Kantenlänge des Quadrats) ist $l = 3\,\text{cm}$. Das Magnetfeld verläuft zwischen den Polen in radialer Richtung, die Flussdichte beträgt $B = 2{,}5$ T. Die drehbare Spule wird mithilfe einer Spiralfeder in die Ruhelage zurückgedreht. Die Drehfederkonstante beträgt $k_t = 1{,}72\,\text{Nm/rad}$.
Wie lautet der allgemeine Zusammenhang zwischen Drehwinkel φ und Strom I? Welcher Winkel stellt sich für $I = 4{,}8$ A ein?

Lösung:
Die Kraft F, die jeweils tangential an der Spule angreift, ist nach Gl. (A-91):

$$F = NIlB.$$

Das Drehmoment des Kräftepaars, das den Kern dreht ist $M = F\,l = N\,I\,B\,l^2$. Statisches Gleichgewicht stellt sich ein, wenn das Rückstellmoment der Spiralfeder gleich ist dem Moment der magnetischen Kräfte:

$$M_{\text{rück}} = k_t\varphi = N\;I\;B\,l^2.$$

Damit ergibt sich eine lineare Abhängigkeit des Drehwinkels vom Strom:

$$\varphi = \frac{NBl^2}{k_t}I.$$

Für die gegebenen Werte ergibt sich:

$$\varphi = 0{,}628\,\text{rad} = 36^\circ.$$

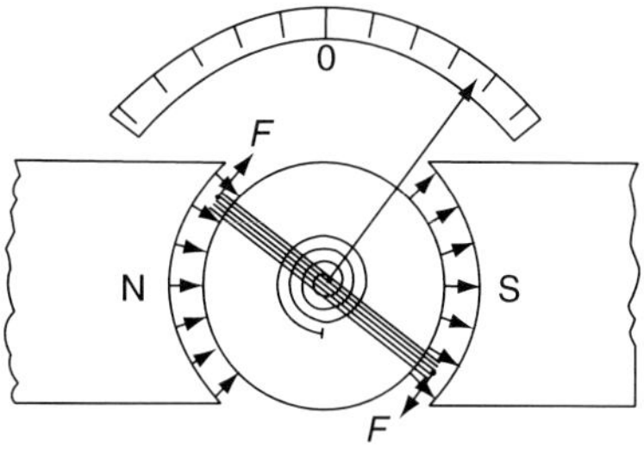

Bild A-33 Drehspulinstrument, zu Beispiel A-12

Kraft zwischen zwei parallelen stromdurchflossenen Leitern Zwei parallele Leiter, die in gleicher Richtung vom Strom durchflossen sind, ziehen sich an.

In der Anordnung nach Bild A-34 wird vom Leiter 1 am Ort des Leiters 2 ein Magnetfeld der Flussdichte

$$B = \frac{I_1 \mu_0}{2\pi r}$$

erzeugt. Nach Gl. (A-91) wirkt dann auf den Leiter 2 der Länge l die Anziehungskraft

$$F = I_2 l \frac{I_1 \mu_0}{2\pi r}.$$

Nach actio = reactio wirkt die gleiche Kraft auch vom Leiter 2 auf den Leiter 1. Damit gilt für die Kraft pro Länge zwischen zwei stromdurchflossenen Leitern:

$$\frac{F}{l} = \frac{\mu_0 I_1 I_2}{2\pi r}. \qquad \text{(A-92)}$$

Fließen die Ströme in den beiden Leitern in entgegengesetzter Richtung, dann stoßen sich die beiden Leiter ab.

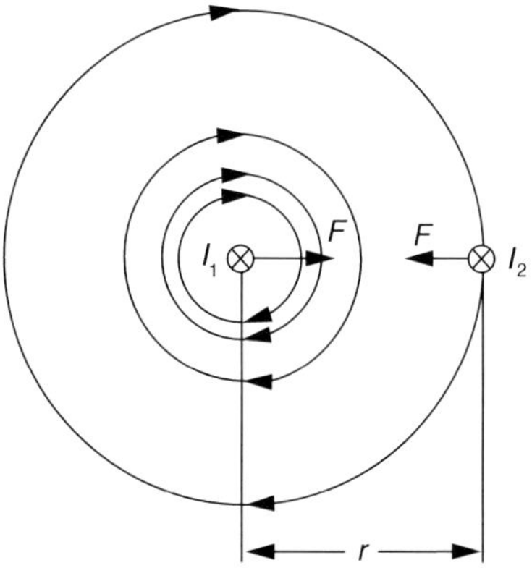

Bild A-34 Kraft zwischen parallelen Leitern

Beispiel
A-13: Mithilfe von Gl. (A-92) soll die in Abschn. A.1.3 angegebene Ampere-Definition verifiziert werden.

Lösung:
Beim Strom $I = I_1 = I_2 = 1$ A ist bei einem Abstand von $r = 1$ m die Kraft pro Meter Länge

$$\frac{F}{l} = \frac{\mu_0 I^2}{2\pi r} = \frac{4\pi \cdot 10^{-7} \dfrac{\mathrm{Vs}}{\mathrm{Am}} \cdot 1\mathrm{A}^2}{2\pi \cdot 1\,\mathrm{m}} = 2 \cdot 10^{-7} \frac{\mathrm{N}}{\mathrm{m}}.$$

Lorentz-Kraft Die mit Gl. (A-91) beschriebene Kraft auf ein Leiterstück hat ihre Ursache darin, dass auf alle bewegten Ladungen im Magnetfeld eine Kraft ausgeübt wird. In diesem Falle sind es also die bewegten Elektronen im Leiter, welche die Kraft erfahren. Von großem Interesse ist die Kraft, die auf einen einzelnen Ladungsträger wirkt, die sogen. *Lorentz-Kraft*.

Im Leiterstück (Bild A-32) seien N bewegliche Ladungsträger vorhanden. Dann ist der Strom

$$I = \frac{\Delta Q}{\Delta t} = \frac{Nq}{l/v},$$

wenn q die Ladung eines Trägers und v die Geschwindigkeit der Träger ist. Setzt man diese Beziehung in Gl. (A-91) ein, so folgt für die Gesamtkraft

$$\boldsymbol{F} = Nq\boldsymbol{v} \times \boldsymbol{B}.$$

und für die Kraft auf einen Ladungsträger, also die Lorentz-Kraft:

$$\boldsymbol{F}_\mathrm{L} = q\,\boldsymbol{v} \times \boldsymbol{B}. \tag{A-93}$$

Die Ladung ist vorzeichenrichtig einzusetzen, d. h. für Elektronen ist $q = -e$. Die Bewegungsrichtung der Elektronen läuft der Stromrichtung entgegen.

A.4.3 Materie im Magnetfeld

Die Flussdichte $\boldsymbol{B}$ hängt mit der magnetischen Erregung $\boldsymbol{H}$ zusammen gemäß

$$\boldsymbol{B} = \mu \boldsymbol{H}. \tag{A-94}$$

Die *Permeabilität* μ ist das Produkt aus relativer Permeabilitätszahl μ_r und magnetischer Feldkonstante μ_0:

$$\mu = \mu_\mathrm{r}\mu_0. \tag{A-95}$$

Die relative Permeabilitätszahl hängt vom atomaren Aufbau der Materie ab. Bei den meisten Substanzen ist $\mu_r \approx 1$, wobei in *diamagnetischen* Stoffen $\mu_r < 1$ (z. B. Cu: μ_r = 0,99999) und in *paramagnetischen* Stoffen $\mu_r > 1$ (z. B. Al: μ_r = 1,000024). Lediglich in *ferro- (ferri-, antiferro-) magnetischen* Stoffen ist $\mu_r \gg 1$. In ferromagnetischen Substanzen (Fe, Co, Ni, Gd, Er, viele Legierungen) besitzen die Atome permanente magnetische Dipole, d. h. sie verhalten sich magnetisch wie winzige Stabmagnete (Bild A-28). Infolge zwischenatomarer Austauschkräfte sind diese Dipole innerhalb relativ großer Bereiche (*Weiß'sche Bezirke*) parallel eingestellt. Durch Anlegen eines äußeren Feldes an eine solche Probe werden mit steigender Erregung die Magnetisierungsrichtungen der Weiß'schen Bezirke zunehmend in Feldrichtung ausgerichtet. Im Endeffekt verstärken also die atomaren Dipole das von außen angelegte Magnetfeld.

Der Beitrag der atomaren Dipole zur Flussdichte in einer Probe wird als magnetische *Polarisation* J bezeichnet:

$$\boldsymbol{B} = \mu_0 \boldsymbol{H} + \boldsymbol{J}. \tag{A-96}$$

Die parallele Ausrichtung der atomaren Dipole wird mit steigender Temperatur gestört, bis oberhalb der *Curie-Temperatur* (Tabelle A-3) der Ferromagnetismus verschwindet und die Substanz sich wie ein Paramagnet verhält.

Der Zusammenhang zwischen Flussdichte B und Feldstärke H in Gl. (A-94) ist nicht linear, d. h. μ ist keine Konstante. In Bild A-35 ist gezeigt, wie bei einer erstmaligen Magnetisierung (Neukurve N) die Flussdichte zunächst steil ansteigt und für größere Feldstärken sättigt. Wenn alle Elementarmagnete parallel zu den Feldlinien ausgerichtet sind, ist die *Sättigungspolarisation* J_s erreicht. Wird die Erregung reduziert, so folgt die Kurve $B(H)$ nicht mehr der Neukurve sondern verläuft oberhalb. Bei $H = 0$ bleibt die *Remanenzflussdichte* B_r in der Probe zurück. Das bedeutet, dass ein Teil der parallelen Ausrichtung der Elementarmagnete erhalten bleibt. Durch Anlegen eines Gegenfeldes wird die Remanenz abgebaut, bis sie bei $-H_c$ (*Koerzitivfeldstärke*) verschwindet. Eine weitere Steigerung des Gegenfeldes führt schließlich zu negativen Flussdichten mit derselben Sättigung wie oben beschrieben. Die Kurve in Bild A-35 wird also in Pfeilrichtung auf dem Hin- und Rückweg auf unterschiedlichen Wegen durchlaufen. Dieses Verhalten wird als *Hysterese* bezeichnet, die Kurve heißt deshalb *Hysteresekurve*.

Substanzen, die eine große Koerzitivfeldstärke H_c besitzen, werden als magnetisch *hart*, solche mit kleiner Koerzitivfeldstärke als magnetisch *weich* bezeichnet. Die Tabelle A-4 und A-5 zeigen einige Materialparameter.

Tabelle A-3 Ferromagnetische *Curie-Temperatur* einiger Werkstoffe

Stoff	$\vartheta_C / °C$
Fe	770
Co	1075
Ni	358
CrO_2	119
AlNiCo 160	720
Heusler'sche Legierungen	60 ... 380

Bild A-35 Hystereseschleife einer magnetisch harten und einer magnetisch weichen Eisensorte

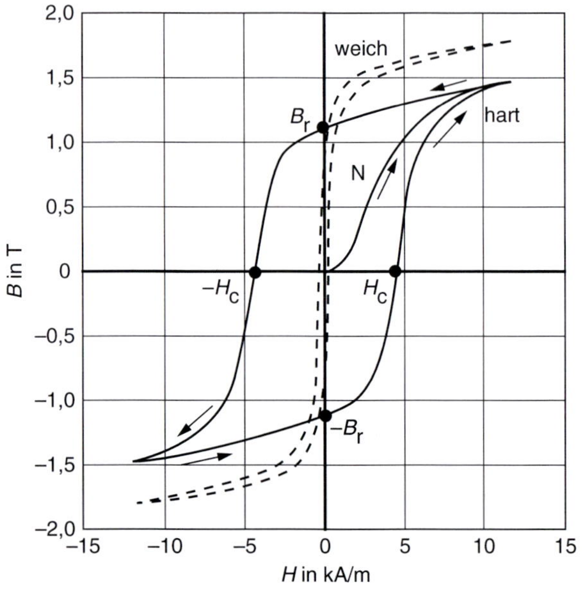

Die Fläche der Hysteresekurve ist ein Maß für die Energie, die zur Ummagnetisierung nötig ist (Abschn. A.4.8). Da bei Wechselstrombetrieb in jeder Periode einmal die Hystereseschleife durchfahren wird, entstehen Wärmeverluste, die sogen. *Hystereseverluste*. Um diese möglichst klein zu halten, verwendet man für Transformatorenbleche und ähnliches weichmagnetische Materialien. Hohe Energiedichten $(BH)_{max}$ haben dagegen die hartmagnetischen Werkstoffe, die als Permanentmagnete verwendet werden.

Tabelle A-4 Eigenschaften weichmagnetischer Werkstoffe. Js: Sättigungspolarisation, H_c: Koerzitivfeldstärke, $\mu_{r,max}$: maximale Permeabilitätszahl

Stoff	J_s/T	$H_c/\frac{A}{m}$	$\mu_{r,max}$
Reineisen	2,15	40	8000
Fe mit 3 % Si	2,00	16	8000
Dynamoblech IV (4 % Si)	2,00	60	9000
Nickeleisen (50 % Ni, 50 % Fe)	1,55	4	80000
Permalloy (79 % Ni, 5 % Mo, 16 % Fe)	0,65	0,4	300000
Mn-Zn-Ferrit (J5)	0,40	20	4000

Zum *Entmagnetisieren* magnetischer Teile (Beseitigung der Remanenz) wird ein magnetisches Wechselfeld angelegt, dessen Amplitude gegen null geregelt wird. Dies geschieht z. B. dadurch, dass ein Teil aus dem Innern einer Spule nach außen gezogen wird. Damit werden im $B(H)$-Diagramm immer kleinere Hystereseschleifen durchlaufen bis zum Nullpunkt.

Die Kurve, die die Umkehrpunkte aller Hysteresen verbindet, wird als *Magnetisierungskurve* oder *Kommutierungskurve* bezeichnet.

Tabelle A-5 Eigenschaften hartmagnetischer Werkstoffe (Dauermagnete) nach DIN IEC 60404-8-1. B_r: Remanenzflussdichte, H_{cB}: Koerzitivfeldstärke für $B = 0$, H_{cJ}: Koerzitivfeldstärke für $J = 0$, $(BH)_{max}$: maximales BH-Produkt, RE: seltene Erden (vorzugsweise Sm, gelegentlich Ce, Pr)

Stoff	$\frac{B_r}{\mathrm{T}}$	$\frac{H_{cB}}{\mathrm{kA/m}}$	$\frac{H_{cJ}}{\mathrm{kA/m}}$	$\frac{(BH)_{max}}{\mathrm{kJ}/m^3}$
AlNiCo 9/5	0,55	44	47	9
AlNiCo 58/5	1,30	52	53	58
CrFeCo 10/3	0,85	27	29	10
CrFeCo 44/5	1,30	44	45	44
Hartferrit 24/23	0,35	215	230	24
Hartferrit 31/30	0,41	295	300	31
$RECo_5$ 140/120	0,86	600	1200	140
RE_2Co_{17} 200/150	1,05	700	1500	200

Bei weichmagnetischen Werkstoffen kann auf die Darstellung der Hystereseschleife verzichtet werden. Es genügt die Magnetisierungskurve als mittlere Kurve (Bild A-36).

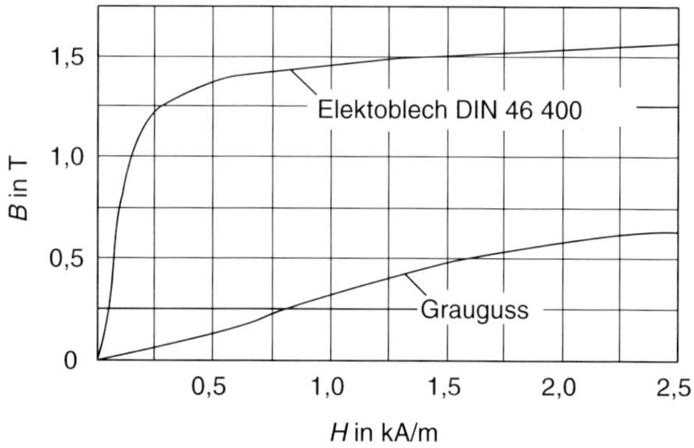

Bild A-36 Magnetisierungskurven: **a**) Elektroblech DIN EN 10106, **b**) Grauguss

Beispiel

A-14: Eine Ringspule (Toroid) hat einen mittleren Durchmesser von $d = 240$ mm. Sie besitzt $N = 500$ Windungen, die vom Strom $I = 0{,}8$ A durchflossen werden. Die Spule ist mit einem geschlossenen Ring aus Elektroblech gefüllt. Wie groß ist die Flussdichte B in der Spulenmitte?

Lösung:
Nach dem Durchflutungsgesetz (A-83) gilt

$$d\pi H = NI \quad \text{oder} \quad H = \frac{NI}{d\pi} = \frac{500 \cdot 0{,}8\,\mathrm{A}}{0{,}24\,\mathrm{m} \cdot \pi} = 531\frac{\mathrm{A}}{\mathrm{m}}.$$

Aus Bild A-36 folgt für die Flussdichte bei $H = 0{,}53$ kA/m: $B = 1{,}38$ T.

A.4.4 Magnetischer Kreis

Magnetischer Fluss Die Flussdichte B ist ein Maß für die Dichte der magnetischen Feldlinien. Der magnetische Fluss Φ, der eine Fläche A, die senkrecht zu den Feldlinien orientiert ist, durchsetzt, ist bei einem homogenen Feld gegeben durch das Produkt aus Flussdichte und Fläche:

$$\Phi = BA. \tag{A-97}$$

Die Maßeinheit des Flusses ist:

$$[\Phi] = 1\,\mathrm{Tm}^2 = 1\,\mathrm{Vs} = 1\,\mathrm{Wb}\,(\textit{Weber}).$$

Anschaulich interpretiert ist der Fluss ein Maß für die Gesamtzahl der Feldlinien, die eine Fläche senkrecht durchsetzen.

Ist das Feld inhomogen und steht die Fläche nicht senkrecht zu den Feldlinien, dann gilt

$$\Phi = \int_A \boldsymbol{B}\,\mathrm{d}\boldsymbol{A}. \tag{A-98}$$

Das Flächenelement d$\boldsymbol{A}$ hat hier Vektorcharakter; der Vektor steht senkrecht auf der Fläche.

Elektromagnete Elektromagnete bestehen meist aus einer Spule, die mit einem ferromagnetischen Material gefüllt ist, in dem sich ein *Luftspalt* befindet (Bild A-37).

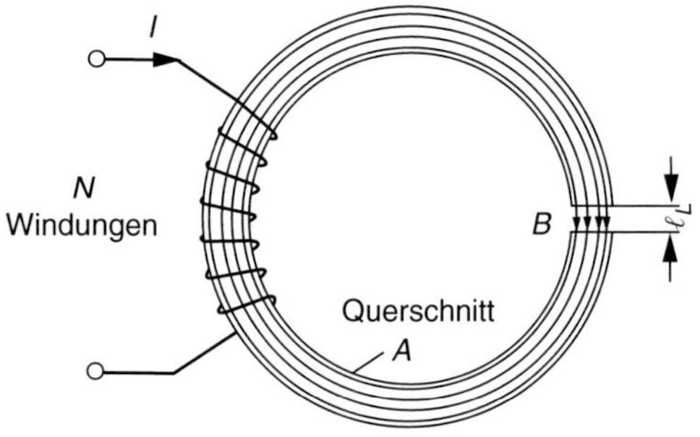

Bild A-37 Elektromagnet mit Luftspalt

Aus der Tatsache der Quellenfreiheit des magnetischen Feldes (die magnetischen Flusslinien sind geschlossen) folgt, dass die Normalkomponente der Flussdichte $\boldsymbol{B}$ Grenzflächen stetig durchsetzt. Mit anderen Worten: Die Flussdichte B und der Gesamtfluss Φ sind im Eisenkern genau so groß wie im Luftspalt.

Tatsächlich geht ein gewisser *Streufluss* verloren, was hier zunächst nicht weiter verfolgt werden soll.

Unter diesen Voraussetzungen ist

$$\begin{aligned} B_{\mathrm{Fe}} &= B_{\mathrm{L}} = B \quad \text{und} \\ \Phi_{\mathrm{Fe}} &= \Phi_{\mathrm{L}} = \Phi. \end{aligned} \tag{A-99}$$

Wegen $\mu_{Fe} \gg \mu_L$ ist die magnetische Feldstärke im Luftspalt stets größer als die im Eisen: $H_L \gg H_{Fe}$. Nach dem Durchflutungsgesetz (A-83) gilt:

$$\oint \boldsymbol{H} \mathrm{d}\boldsymbol{s} = H_{Fe} l_{Fe} + H_L l_L = V_{m,Fe} + V_{m,L} = \Theta = NI; \tag{A-100}$$

V_m ist die magnetische Spannung nach Gl. (A-84). Mithilfe der Gl. (A-94) und (A-97) folgt:

$$\frac{B l_{Fe}}{\mu_{Fe}} + \frac{B l_L}{\mu_L} = \Theta$$

und mit $\mu_L = \mu_0$:

$$\Theta = \Phi \left(\frac{l_{Fe}}{\mu_{Fe} A} + \frac{l_L}{\mu_0 A} \right). \tag{A-101}$$

Gleichung (A-101) hat formale Ähnlichkeit mit dem Ohm'schen Gesetz $U = IR$, wobei die magnetische Durchflutung Θ die Rolle der elektrischen Spannung U spielt, der Fluss Φ dem Strom I entspricht und der Klammerausdruck

$$R_m = R_{m,Fe} + R_{m,L} = \frac{l_{Fe}}{\mu_{Fe} A} + \frac{l_L}{\mu_0 A}$$

schließlich den gesamten *magnetischen Widerstand* des Kreises darstellt. Der Gesamtwiderstand ist in diesem Fall die Summe der magnetischen Widerstände des Eisens und des Luftspaltes. Die Maßeinheit des magnetischen Widerstandes ist $[R_m] = 1\,\mathrm{A/(Vs)} = 1\,\mathrm{H}^{-1}$. Der Kehrwert des magnetischen Widerstandes ist der magnetische Leitwert

$$\Lambda = \frac{1}{R_m} = \frac{\mu A}{l} \tag{A-102}$$

mit der Maßeinheit $[\Lambda] = 1\,\mathrm{H}$.

Gleichung (A-101) lässt sich auch schreiben:

$$\Phi(R_{m,Fe} + R_{m,L}) = V_{m,Fe} + V_{m,L} = \Theta.$$

Um die für einen gewünschten Fluss Φ erforderliche Durchflutung Θ zu berechnen ist die Kenntnis der Permeabilität μ_{Fe} des Eisens notwendig. μ_{Fe} ist aber im Allgemeinen nicht bekannt, sondern durch die Magnetisierungskennlinie $B(H)$ gegeben.

Die Analogien zwischen den Beziehungen im elektrischen und magnetischen Kreis sind in Tabelle A-6 zusammengestellt.

Beispiel

A-15: Bild A-38 zeigt einen aus Dynamoblechen zusammengesetzten Eisenkern in dessen Luftspalt ein Fluss von $\Phi = 0{,}5\,\mathrm{mWb}$ erzeugt werden soll. Die Höhe des Blechpaketes beträgt einheitlich $h = 2\,\mathrm{cm}$.

Tabelle A-6 Analogien zwischen elektrischem und magnetischem Kreis

Elektrischer Kreis			Magnetischer Kreis		
Benennung	Formelzeichen, Beziehungen	Einheit	Benennung	Formelzeichen, Beziehungen	Einheit
Spannung	U	V	magnetische Spannung	V_{m}	A
Stromstärke	I	A	magnetischer Fluss	Φ	Wb
Stromdichte	$J = \frac{I}{A}$	$\frac{\mathrm{A}}{\mathrm{m}^2}$	magnetische Flussdichte	$B = \frac{\Phi}{A}$	T
Widerstand, Resistanz	$R = \frac{l}{\gamma A}$	Ω	magnetischer Widerstand, Reluktanz	$R_{\mathrm{m}} = \frac{l}{\mu A}$	H^{-1}
Leitwert, Konduktanz	$G = \frac{1}{R}$	S	magnetischer Leitwert, Permeanz	$\Lambda = \frac{1}{R_m}$	H
Leitfähigkeit, Konduktivität	γ	S/m	Permeabilität	μ	H/m
Ohm'sches Gesetz	$U = I\,R$		Hopkin'sches Gesetz	$\Theta = \Phi\,R_{\mathrm{m}}$	
Maschensatz	$\sum U = 0$		Durchflutungsgesetz	$\sum V_{\mathrm{m}} = \Theta$	
Knotensatz	$\sum I = 0$		Verzweigungssatz	$\sum \Phi = 0$	

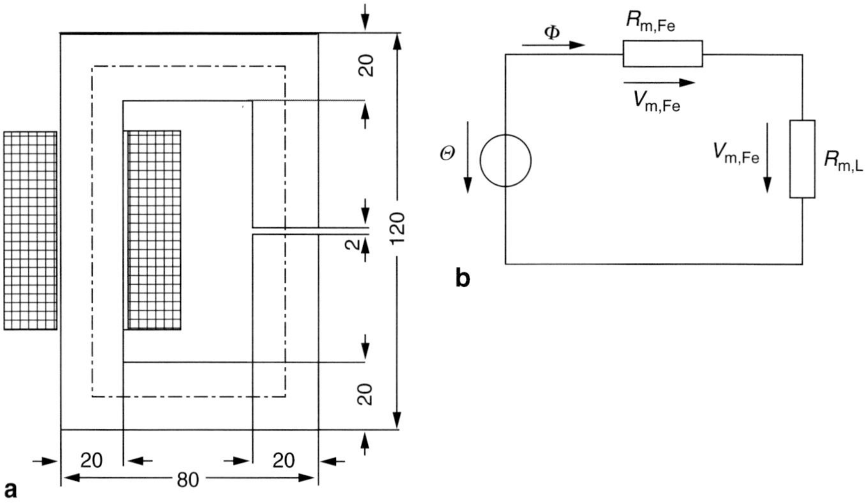

Bild A-38 Magnetischer Kreis zu Beispiel A-15, **a**) Eisenkern mit Luftspalt, **b**) magnetisches Ersatzschaltbild

Lösung:
Flussdichte im Luftspalt:

$$B = \frac{\Phi}{A} = \frac{0{,}5 \cdot 10^{-3}\,\mathrm{Wb}}{4 \cdot 10^{-4}\,\mathrm{m}^2} = 1{,}25\,\mathrm{T}.$$

Werden Streuflüsse vernachlässigt, so liegt dieselbe Flussdichte auch im Eisen vor. Aus der Magnetisierungskurve für Elektroblech (Bild A-36) kann die notwendige magnetische Feldstärke H abgelesen und damit die Permeabilität μ berechnet werden:

$$\mu_{\text{Fe}} = \frac{B}{H_{\text{Fe}}} = \frac{1{,}25\,\text{T}}{280\,\text{A/m}} = 4{,}46 \cdot 10^{-3}\,\frac{\text{Vs}}{\text{Am}} \text{ und } \mu_{\text{r,Fe}} = \frac{\mu_{\text{Fe}}}{\mu_0} = 3550.$$

Für die Durchflutung folgt mit Gl. (A-101):

$$\Theta = \Phi(R_{\text{m,Fe}} + R_{\text{m,L}}) = \Phi\left(\frac{l_{\text{Fe}}}{A\mu_{\text{Fe}}} + \frac{l_{\text{L}}}{A\mu_0}\right) = 89\,\text{A} + 1989\,\text{A} = 2078\,\text{A}.$$

Der überwiegende Anteil der erforderlichen Durchflutung entfällt also auf den Beitrag des Luftspalts. Eine Verkleinerung des Luftspalts hätte eine kleinere Durchflutung zur Folge.
Nun gilt für die Durchflutung: $\Theta = NI$. Wird also beispielsweise die Spule mit $N = 4000$ Windungen hergestellt, dann ist der erforderliche Strom $I = \Theta/N = 0{,}52$ A.

Um bei gegebener Durchflutung $\Theta = N\,I$ die sich einstellende Flussdichte B zu bestimmen, kann folgendes Verfahren benutzt werden: Gleichung (A-101) kann mithilfe von (A-97) und (A-94) umgeformt werden in

$$H_{\text{Fe}}\frac{l_{\text{Fe}}}{\Theta} + B\frac{l_{\text{L}}}{\mu_0\Theta} = 1. \qquad \text{(A-103)}$$

Dieser lineare Zusammenhang zwischen B und H_{Fe} wird als *Scherungsgerade* in das $B(H)$-Diagramm eingetragen (Bild A-39). Der Schnittpunkt mit der Magnetisierungskurve liefert den Arbeitspunkt P, d. h. die bei der Erregung H_{Fe} sich einstellende Flussdichte B.

Dauermagnete Ein dauermagnetischer Kreis kann prinzipiell genau so behandelt werden wie ein elektromagnetischer. Wird beispielsweise in einer Anordnung nach Bild A-37 ein hartmagnetischer Werkstoff mithilfe der Spule sättigungsmagnetisiert und anschließend die Spule entfernt, so bleibt im Eisen eine remanente

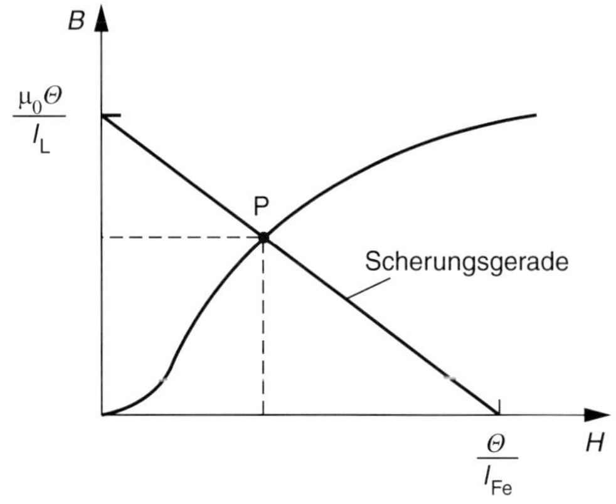

Bild A-39 Arbeitspunkt eines Elektromagneten

Flussdichte zurück. Anstelle von Gl. (A-100) liefert das Durchflutungsgesetz (keine Durchflutung):

$$H_M l_M + H_L l_L = 0.$$

H_M ist die Feldstärke und l_M die Länge im Magneten. Der Fluss und die Flussdichte sind unter Vernachlässigung des Streuflusses im Luftspalt und im angrenzenden Magneten gleich groß: $B_L = B_M = B$.

Mit $H_L = \frac{B_L}{\mu_0} = \frac{B_M}{\mu_0}$ wird ergibt sich

$$H_M l_M + \frac{B_M}{\mu_0} l_L = 0.$$

Dieser lineare Zusammenhang zwischen B_M und H_M kann als *Scherungsgerade*

$$B_M = -\mu_0 \frac{l_M}{l_L} \cdot H_M \quad \text{(A-104)}$$

in den zweiten Quadranten der Hystereseschleife eingetragen werden (Bild A-40). Der Schnittpunkt mit der *Entmagnetisierungskurve* $B(H)$ liefert den Arbeitspunkt P und die Werte der Flussdichte $B_M$und der Feldstärke H_M, die sich im Magneten einstellen.

Es ist erwähnenswert, dass die sich einstellende Flussdichte deutlich geringer ist als die Remanenzflussdichte B_r. Hierbei gilt: Je größer der Luftspalt, umso geringer ist die Flussdichte.

In der Praxis werden Dauermagnetsysteme meist nicht nach Art von Bild A-37 gebaut, sondern so wie es Bild A-41 zeigt. Zwei weichmagnetische Polschuhe leiten

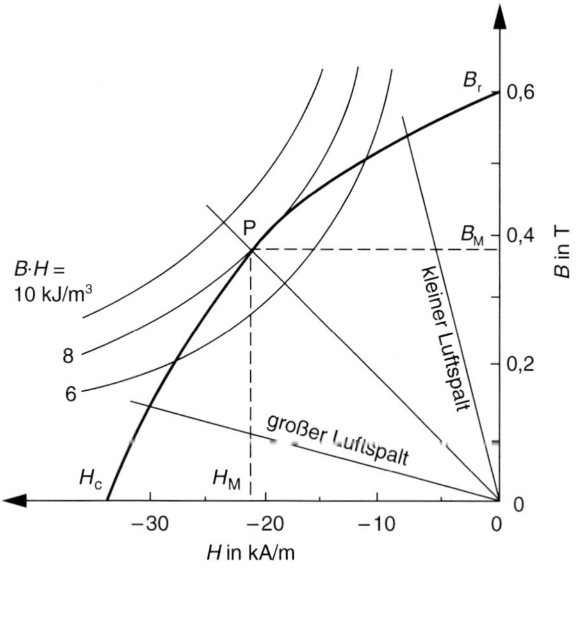

Bild A-40 Arbeitspunkt eines Permanentmagneten

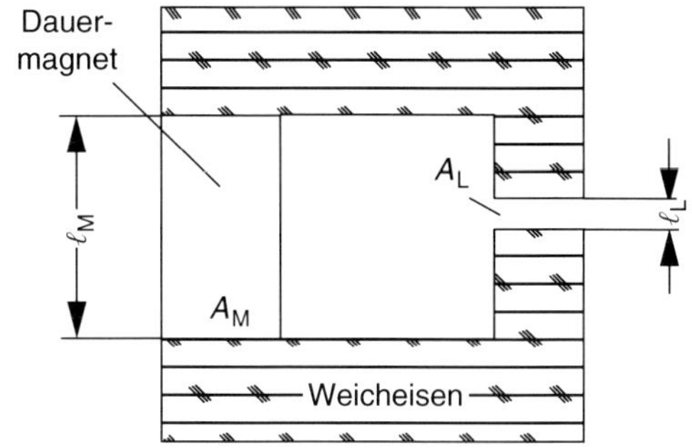

Bild A-41 Dauermagnetsystem

den magnetischen Fluss vom Dauermagneten zum Luftspalt, in dem die magnetische Energie genutzt werden soll.

Der magnetische Spannungsabfall in den weichmagnetischen Teilen und unmagnetischen Zwischenräumen (Klebe- und Isolationsschichten) wird mithilfe des *Spannungsfaktors* γ bei der magnetischen Spannung des Luftspalts berücksichtigt (in der Praxis gilt für den Spannungsfaktor: $1{,}1 \leq \gamma \leq 1{,}3$). Das Durchflutungsgesetz lautet damit:

$$H_M l_M + \gamma H_L l_L = 0 \quad \text{oder}$$

$$H_M l_M = -\gamma \mathrm{H}_L l_L. \tag{A-105}$$

Die Erhaltung des magnetischen Flusses liefert die Gleichung

$$B_M A_M = \sigma B_L A_L \tag{A-106}$$

mit B_M und B_L als Flussdichte im Magneten bzw. Luftspalt sowie A_M und A_L als zugehörige Querschnittsflächen. Der *Streufaktor* σ berücksichtigt, dass nicht der gesamte Fluss Φ_M des Magneten als Nutzfluss Φ_N im Luftspalt ankommt, sondern dass durch den Streufluss Φ_S Verluste auftreten:

$$\sigma = \frac{\Phi_M}{\Phi_N} = \frac{\Phi_N + \Phi_S}{\Phi_N} = 1 + \frac{\Phi_S}{\Phi_N}.$$

Aus den Gl. (A-105) und (A-106) folgt die Scherungsgerade

$$B_M = -\mu_0 \frac{\sigma}{\gamma} \frac{A_L l_M}{A_M l_L} H_M, \tag{A-107}$$

deren Schnitt mit der Entmagnetisierungskurve den Arbeitspunkt des Magneten ergibt (Bild A-40).

Werden die Gl. (A-105) und (A-106) miteinander multipliziert, dann ergibt sich

$$-(B_M H_M) V_M = \gamma \sigma (B_L H_L)\, V. \tag{A-108}$$

Hier ist V_M das Magnetvolumen, V_L das Volumen des Luftspalts. Die im Luftspalt vorhandene magnetische Energie ½ $B_L H_L V_L$ (Abschn. A.4.8) ist demnach proportional zum Magnetvolumen V_M und zum Produkt $(B_M H_M)$ im Arbeitspunkt (Bild

A-40). Je größer ($B_M H_M$) ist, desto weniger Magnetmaterial ist demnach für eine ganz bestimmte Energie bzw. Flussdichte im Luftspalt erforderlich. Der Arbeitspunkt P in Bild A-40 ist der *optimale Arbeitspunkt*, weil an diesem Punkt das Produkt ($B_M H_M$) maximal ist. Um diesen Punkt leichter zu finden, sind in den Datenblättern der Hersteller außer der Entmagnetisieurngskurve häufig einige Kurven $B \cdot H$ = *const* eingezeichnet. Tabelle A-5 zeigt für einige hartmagnetische Werkstoffe die $(B \cdot H)_{\max}$-Werte.

Beispiel

A-16: Ein Dauermagnetsystem nach Bild A-41 soll so dimensioniert werden, dass im Luftspalt der Größe $A_L = 2\,\mathrm{cm}^2$, $l_L = 2\,\mathrm{mm}$ die Flussdichte $B_L = 0{,}7\,\mathrm{T}$ vorliegt. Die Entmagnetisierungskurve des Magnetwerkstoffs ist in Bild A-40 dargestellt. Es soll ein möglichst kleines Magnetvolumen angestrebt werden.
Wie groß muss der Magnet sein, wenn der Spannungsfaktor zu $\gamma = 1{,}1$ und der Streufaktor zu $\sigma = 1{,}5$ abgeschätzt wird?

Lösung:
Der optimale Arbeitspunkt des Werkstoffs liegt nach Bild A-40 bei $H_M = -22$ kA/m und $B_M = 0{,}37$ T. Aus Gl. (A-106) folgt damit für die erforderliche Fläche des Magneten

$$A_M = \sigma A_L \frac{B_L}{B_M} = 1{,}5 \cdot 2\,\mathrm{cm}^2 \cdot \frac{0{,}7\,\mathrm{T}}{0{,}37\,\mathrm{T}} = 5{,}68\,\mathrm{cm}^2.$$

Gl. (A-107) liefert die Länge des Magneten:

$$l_M = -\frac{\gamma B_M A_M l_L}{\sigma H_M A_L \mu_0} = 55{,}7\,\mathrm{mm}.$$

Stabmagnete Wird mit einem stabförmigen Magnetwerkstoff eine Magnetisierungskurve aufgenommen, so kann diese je nach Geometrie des Stabes unter Umständen erheblich von der Magnetisierungskurve abweichen, die man mit einem geschlossenen Ring desselben Materials misst.

Der Grund liegt in der entmagnetisierenden Wirkung der Magnetpole an den Stabenden. Diese erzeugen ein entmagnetisierendes Feld H'', das dem von außen angelegten Feld $H' = (NI)/l$ entgegengesetzt gerichtet ist und dieses schwächt. Im Innern der Probe ist deshalb die Feldstärke H kleiner als die Feldstärke des äußeren Feldes: $H = H' - H''$. Das entmagnetisierende Feld ist umso größer, je größer die Polarisation in der Probe ist: $H'' = N(J/\mu_0)$. N wird als *Entmagnetisierungsfaktor* bezeichnet. Er hängt nur von der Probengeometrie ab (Tabelle A-7).

Für die wahre Feldstärke im Innern der Probe gilt damit

$$H = H' - N\frac{J}{\mu_0}, \quad \text{oder mit Gl. (A-96)}$$

$$H = \frac{H' - N\dfrac{B}{\mu_0}}{1 - N}.$$

Tabelle A-7 Entmagnetisierungsfaktor N für ausgewählte Geometrien

Probenform	Feldrichtung	N
dünne Platte	in Plattenebene	0
	senkrecht zur Plattenebene	1
langer Stab	in Längsrichtung	0
	in Querrichtung	1/2
Kugel		1/3

Zugkraft eines Magneten Elektromagnete werden in der Technik vielfältig eingesetzt, beispielsweise als Lastmagnete, in elektromagnetischen Kupplungen, elektromagnetischen Spannplatten, als Schwingmagnete sowie als Schaltschütze und Relais.

In Richtung der magnetischen Flusslinien wird in einem Elektromagneten (Bild A-42) auf einen beweglichen Anker eine Kraft ausgeübt, die ihn an den Spulenkern zieht. Die Anzugskraft des Magneten kann mit dem Prinzip der virtuellen Verschiebungen berechnet werden: Die magnetische Feldenergie im Luftspalt ist (Abschn. A.4.8)

$$W = \frac{1}{2} H B V_{\mathrm{L}} = \frac{1}{2} \frac{B^2}{\mu_0} A l_{\mathrm{L}}.$$

Bild A-42 Elektromagnet

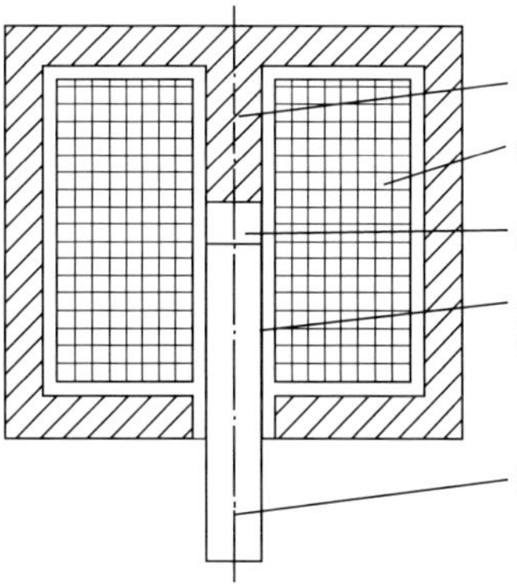

Wird der Luftspalt um die Länge dl vergrößert, so vergrößert sich die Feldenergie um

$$\mathrm{d}W = \frac{1}{2} \frac{B^2}{\mu_0} A \mathrm{d}l,$$

wenn näherungsweise B als konstant angenommen wird. Nach dem Energieprinzip stammt die Zunahme der Energie von der zugeführten mechanischen Arbeit $dW = F\,\mathrm{d}l$:

$$\frac{1}{2} \frac{B^2}{\mu_0} A \mathrm{d}l = F \mathrm{d}l.$$

Damit gilt für die Zugkraft:

$$F = \frac{B^2 A}{2\mu_0}. \qquad \text{(A-109)}$$

Da die Flussdichte im Luftspalt nicht konstant ist, sondern von der Länge des Luftspaltes abhängt, ist die Zugkraft nicht konstant. Sie hat den größten Wert, wenn der bewegliche Anker am Kern anliegt und nimmt mit zunehmendem Abstand ab.

A.4.5 Elektromagnetische Induktion

Wird in der Anordnung von Bild A-43 ein Drahtbügel mit der Geschwindigkeit v nach rechts durch ein Magnetfeld der Flussdichte B gezogen, dann beobachtet man an den Enden der Leiterschleife eine Spannung, die *Induktionsspannung* u_i.

Die Ursache der Spannung ist die *Lorentz-Kraft*, die an den bewegten Elektronen angreift und sie nach unten drückt. Dadurch entsteht am unteren Leiterende ein Elektronenüberschuss und am oberen Ende ein Elektronenmangel. Es wird also ein elektrisches Feld der Stärke E im Leiter aufgebaut, das von oben nach unten weist.

Der Betrag der Lorentz-Kraft ist nach Gl. (A-93)

$$F_\mathrm{L} = evB.$$

Die Bewegung der Elektronen im Leiter kommt zum Erliegen, wenn die elektrische Feldkraft der Lorentz-Kraft das Gleichgewicht hält:

$$eE = evB.$$

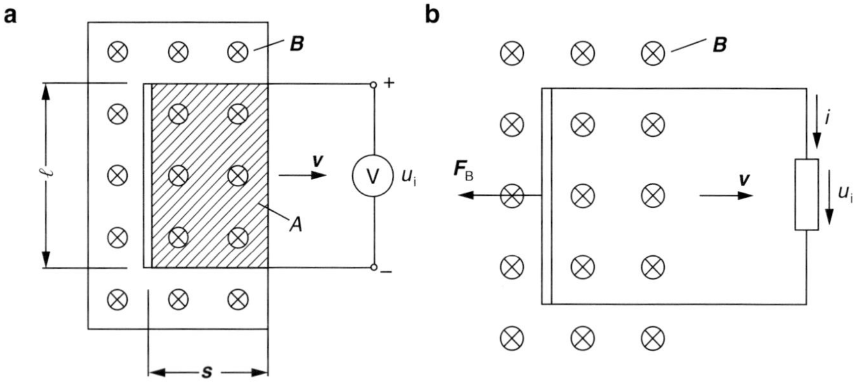

Bild A-43 Induktionsgesetz: **a**) Induktionsspannung durch Bewegung einer Leiterschleife im Magnetfeld, **b**) Richtung der Induktionsspannung nach der Lenz'schen Regel

Die Feldstärke im Leiter ist demnach

$$E = vB.$$

Damit gilt für die Induktionsspannung nach Gl. (A-5):

$$\begin{aligned} u_\mathrm{i} &= El \quad \text{oder} \\ u_\mathrm{i} &= vBl. \end{aligned} \tag{A-110}$$

Von *M. Faraday* wurde eine geniale Beschreibung des Induktionsvorganges gefunden, die für beliebige Induktionsexperimente gültig ist. Er fand, dass immer dann an einer Schleife eine Induktionsspannung auftritt, wenn der magnetische Fluss durch die Schleife sich ändert.

Für unser Beispiel (Bild A-43) gilt für den Fluss durch die Schleife $\Phi = BA = Bls$. Die Änderungsgeschwindigkeit des Flusses ist

$$\frac{\mathrm{d}\Phi}{\mathrm{d}t} = Bl\frac{\mathrm{d}s}{\mathrm{d}t} = -Blv.$$

Dies entspricht aber der Induktionsspannung nach Gl. (A-110). Also gilt für die induzierte Spannung:

$$u_\mathrm{i} = -\frac{\mathrm{d}\Phi}{\mathrm{d}t}. \tag{A-111}$$

Jede Flussänderung durch eine Leiterschleife ruft an den Schleifenenden eine Induktionsspannung hervor, die der zeitlichen Änderung des mit ihr verketteten Flusses entspricht.

Falls die Flussänderung bei einer Spule mit N Windungen wirksam wird, gilt

$$u_\mathrm{i} = -N\frac{\mathrm{d}\Phi}{\mathrm{d}t} = -\frac{\mathrm{d}\psi}{\mathrm{d}t}; \tag{A-112}$$

dabei ist ψ der mit der Spule *verkettete Fluss.*

Das Minuszeichen im Induktionsgesetz erinnert an die *Lenzsche Regel*: Der in einem geschlossenen Kreis induzierte Strom ist stets so gerichtet, dass er der Ursache seiner Entstehung entgegen wirkt.

Bild A-43b zeigt, dass ein Strom im Uhrzeigersinn induziert wird, wenn die Schleife nach rechts bewegt wird. Bei dieser Stromrichtung wird gemäß Gl. (A-91) auf den linken Draht durch das Magnetfeld eine Bremskraft F_B ausgeübt, die der Bewegungsrichtung entgegengesetzt gerichtet ist. Hätte der Strom die entgegengesetzte Richtung, dann würde eine Kraft in Bewegungsrichtung auftreten, der Effekt würde sich dadurch aufschaukeln, was einem Perpetuum Mobile gleichkäme, denn am Ohm'schen Widerstand wird ständig Joule'sche Wärme erzeugt.

Das Faradaysche Induktionsgesetz wurde von *Maxwell* erweitert, der zeigte, dass jede Flussänderung durch eine beliebige geschlossene Kurve C im Raum ein elektrisches Wirbelfeld zur Folge hat, wobei gilt:

$$\oint_C \boldsymbol{E}\mathrm{d}\boldsymbol{s} = -\frac{\mathrm{d}}{\mathrm{d}t}\int_A \boldsymbol{B}\,\mathrm{d}\boldsymbol{A}. \tag{A-113}$$

Dies ist die *zweite Maxwellsche Gleichung* der Elektrodynamik.

Für die Entstehung der Induktionsspannung an einer Leiterschleife ist es unerheblich, wodurch die Flussänderung $\frac{d\Phi}{dt} = -\frac{d}{dt}\int \boldsymbol{B}\,d\boldsymbol{A}$ zustande kommt.

Es gibt mehrere Möglichkeiten:

- Änderung der Flussdichte $\boldsymbol{B}$,
- Änderung der Größe der Fläche,
- Änderung der Richtung zwischen Magnetfeld und Flächennormale.

Beispiel

A-17: In der Anordnung von Bild A-44a werde ein Rechteckrahmen mit den Abmessungen $l = 3\,\text{cm}$, $b = 2\,\text{cm}$ mit der Geschwindigkeit $v = 0{,}5\,\text{m/s}$ durch ein Magnetfeld bewegt. Das homogene Magnetfeld wird von einem Magneten mit quadratischen Polschuhen der Kantenlänge $a = 4\,\text{cm}$ gebildet und hat die Flussdichte $B = 1{,}5\,\text{T}$.

Welcher Spannungsverlauf in Abhängigkeit von der Zeit ergibt sich, wenn sich zur Zeit $t = 0$ der rechte Draht der Schleife gerade am linken Rand des Magnetfeldes befindet? Welche Richtung hat der induzierte Strom in der Schleife?

Lösung:

Während des Eintauchens der Schleife in das Magnetfeld wächst die durchflossene Fläche linear mit der Zeit an. Es gilt:

$A = lvt$ und $\Phi = BA = Blvt$.

Dadurch wird eine konstante Spannung induziertet, deren Betrag

$$u_\text{i} = \frac{d\Phi}{dt} = Blv \quad \text{oder} \quad u_\text{i} = 1{,}5\frac{\text{Vs}}{\text{m}^2} \cdot 0{,}03\text{m} \cdot 0{,}5\frac{\text{m}}{\text{s}} = 22{,}5\,\text{mV} \quad \text{ist.}$$

Wenn die Schleife vollständig innerhalb des Magneten ist, ändert sich der Fluss nicht mehr, so dass keine Spannung induziert wird. Beim Verlassen des Magnetfeldes tritt dieselbe Spannung wie vorher auf, allerdings mit umgekehrtem Vorzeichen (Bild A-44). Beim Eintauchen der Schleife ins Magnetfeld fließt in der Schleife ein Strom im Gegenuhrzeigersinn. Beim Austritt fließt der Strom im Uhrzeigersinn.

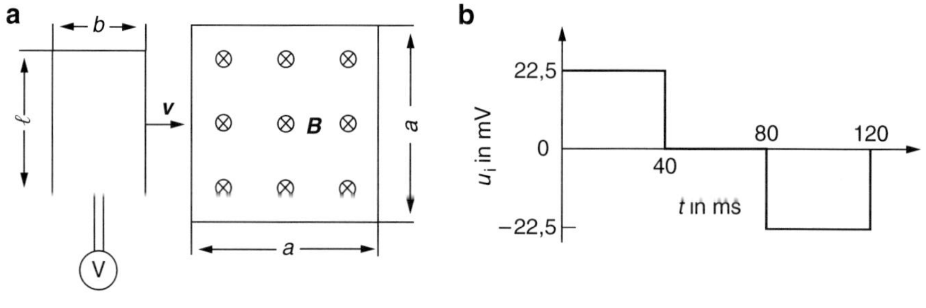

Bild A-44 Induktionsexperiment, zu Beispiel A-17, **a**) experimentelle Anordnung, **b**) Spannungsverlauf

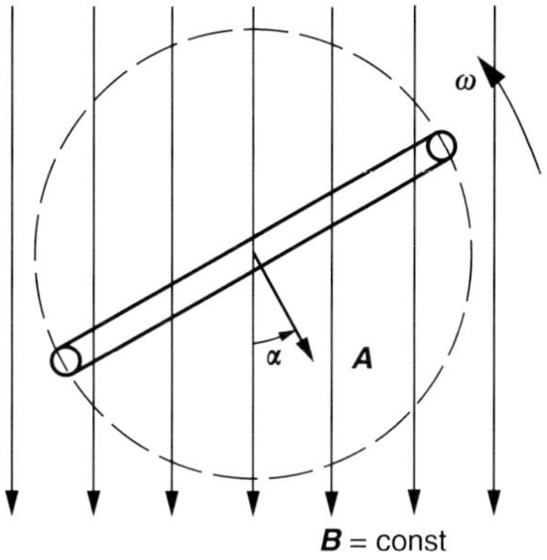

Bild A-45 Rotation einer Schleife im Magnetfeld

Rotatorische Spannungserzeugung Wenn sich eine Spule mit N Windungen mit konstanter Winkelgeschwindigkeit ω in einem homogenen Magnetfeld dreht (Bild A-45), dann gilt für den Fluss, der eine Windung durchsetzt

$$\Phi = \boldsymbol{B}\boldsymbol{A} = BA\cos\alpha = BA\cos(\omega t + \varphi).$$

Damit ist die induzierte Spannung, die in der Spule erzeugt wird:

$$\begin{aligned} u_\mathrm{i}(t) &= NBA\omega\sin(\omega t + \varphi) \\ &= \hat{u}\sin(\omega t + \varphi) \end{aligned} \tag{A-114}$$

Es entsteht also eine *sinusförmige Wechselspannung*.

Wirbelströme Wird ein ausgedehnter leitender Körper von einem zeitabhängigen Magnetfeld durchsetzt, so bilden sich um die Magnetfeldlinien wirbelförmige elektrische Felder, welche im Leiter *Wirbelströme* hervorrufen. Die Stromrichtung ist nach der Lenzschen Regel stets so gerichtet, dass das durch sie erzeugte Magnetfeld der sie verursachenden Flussänderung entgegenwirkt (Bild A-46).

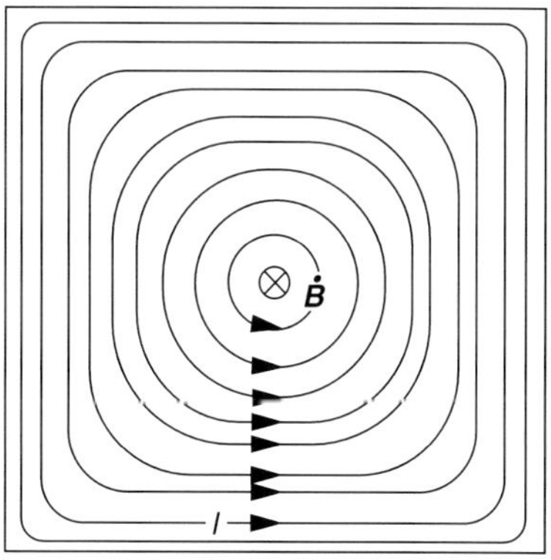

Bild A-46 Stromrichtung von Wirbelströmen. Die verursachende Flussdichteänderung $\dot{B} = \mathrm{d}B/\mathrm{d}t$ weist in die Zeichenebene hinein

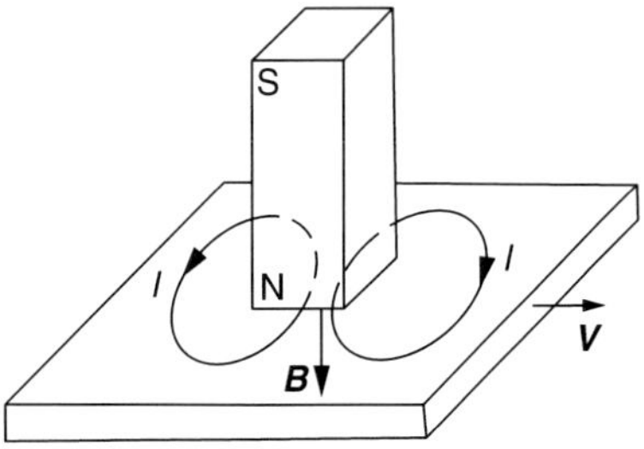

Bild A-47 Wirbelstrombremse

Bei der *Wirbelstrombremse* (Bild A-47) wird die Bewegung eines durch ein Magnetfeld gezogenen Körpers gehemmt. Für die entstehende Reibungskraft gilt (s. *Ü A.4-8*):

$$F_{\text{reib}} \sim B^2\, v. \tag{A-115}$$

Wirbelströme werden u. a. technisch ausgenutzt bei

- Dämpfung von Zeigermessinstrumenten,
- Bremsscheibe im elektrischen Haushaltszähler,
- Wirbelstrom-Tachometer,
- induktiver Heizung.

In elektrischen Maschinen (Transformatoren, Generatoren, Motoren) sind Wirbelströme unerwünscht. Zur Vermeidung werden anstelle von massiven Spulenkernen *lamellierte* Kerne aus geschichteten Elektroblechen, die gegeneinander isoliert sind, verwendet. Spulen für hohe Frequenzen versieht man häufig mit einem *Ferritkern*. Ferrite besitzen einen so großen spezifischen Widerstand, dass sich keine nennenswerten Wirbelströme ausbilden können.

A.4.6 Selbstinduktion

Nach dem Induktionsgesetz Gl. (A-111, 112) tritt an den Enden einer Leiterschleife oder Spule immer dann eine Induktionsspannung auf, wenn der Fluss durch die Schleife sich ändert. Dabei ist es unerheblich, wodurch die Flussänderung zustande kommt. So tritt auch eine Induktionsspannung auf, wenn der Strom durch eine Spule und damit der Fluss durch die Spule sich ändern. Da dieser Induktionsvorgang vom Magnetfeld verursacht wird, das die Spule selbst erzeugt, spricht man von *Selbstinduktion* im Gegensatz zur *Fremdinduktion*, die dann vorliegt, wenn die Flussänderung in einer Spule durch äußere Maßnahmen erzeugt wird.

Sind in der Umgebung eines Leiters ausschließlich unmagnetische Stoffe vorhanden oder ist die Permeabilität μ konstant, dann ist der mit dem Leiter verkettete Fluss ψ proportional zum Augenblickswert i des Stromes:

$$\psi = N\Phi = Li. \tag{A-116}$$

L ist der von der Geometrie abhängige *Selbstinduktionskoeffizient* oder kurz die *Induktivität* des Stromkreises. Die Maßeinheit der Induktivität ist das *Henry*: $[L] = 1$ Wb/A = 1 Vs/A = 1 Ωs = 1 H.

Bei Stromänderung entsteht im Stromkreis eine induzierte Spannung gemäß

$$u_{\mathrm{i}} = -N\frac{\mathrm{d}\Phi}{\mathrm{d}t} = -\frac{\mathrm{d}\psi}{\mathrm{d}t}.$$

Die Spannung ist so gerichtet, dass der Stromänderung entgegengewirkt wird. Die Spule wehrt sich also sozusagen gegen Änderungen des Stromes. Sie hat gewisse Trägheitseigenschaften wie die träge Masse in der Mechanik. Wird wie bei einem Ohm'schen Verbraucher eine Spannung u_{L} eingeführt, deren Zählrichtung mit der Stromrichtung übereinstimmt (Bild A-48), dann gilt

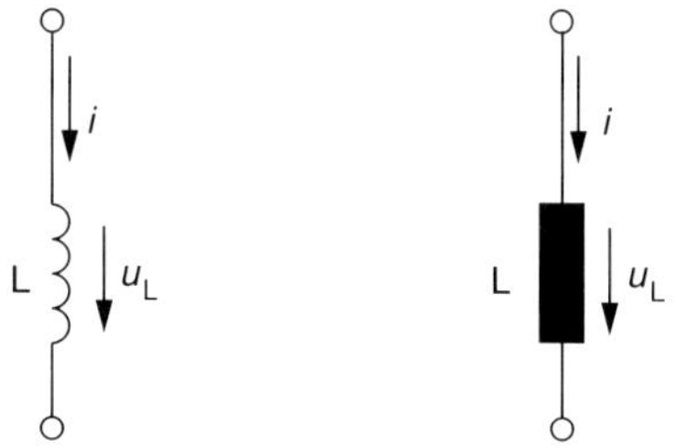

Bild A-48 Schaltzeichen für ideale induktive Zweipole mit Verbraucher-Bepfeilung. Das früher verwendete ausgefüllte Rechteck ist nach DIN EN 60617-4 nicht mehr zulässig

$$u_{\mathrm{L}} = L\frac{\mathrm{d}i}{\mathrm{d}t}. \tag{A-117}$$

Für die Induktivität einer langen Zylinderspule mit N Windungen, Fläche A und Länge l ergibt sich mit Gl. (A-116)

$$L = \frac{N^2\mu A}{l}. \tag{A-118}$$

Für Spulen mit Eisenkern ist die Induktivität nicht konstant sondern vom Strom abhängig. Wie Bild A-36 zeigt, ist in einem gewissen Bereich die Flussdichte B näherungsweise proportional zur Feldstärke H und damit die Permeabilität μ in etwa konstant.

Schaltung von Spulen Werden n Spulen in Reihe geschaltet (Bild A-49a), so fließt durch alle derselbe Strom $i(t)$. Nach dem Maschensatz gilt dann

$$u(t) = L_{\mathrm{ges}}\frac{\mathrm{d}i}{\mathrm{d}t} = u_1 + u_2 + \cdots + u_n = (L_1 + L_2 + \cdots + L_n)\frac{\mathrm{d}i}{\mathrm{d}t}.$$

Die Gesamtinduktivität entspricht somit der Summe der Einzelinduktivitäten:

$$L_{\mathrm{ges}} = L_1 + L_2 + \cdots + L_n. \tag{A-119}$$

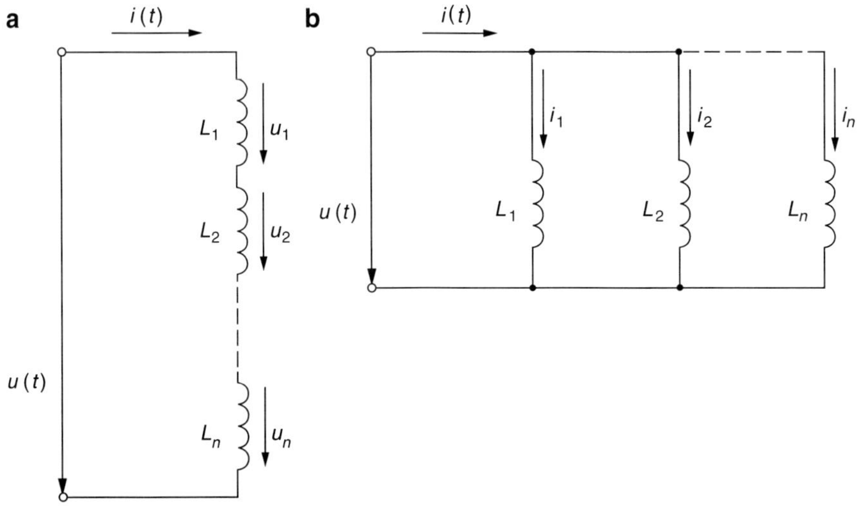

Bild A-49 **a**) Reihenschaltung und **b**) Parallelschaltung von Induktivitäten

Bei der Parallelschaltung (Bild A-49b) liegt an allen Spulen dieselbe Spannung $u(t)$. Nach dem Knotensatz gilt für die Ströme

$$i(t) = i_1 + i_2 + \cdots + i_n,$$

die nach Gl. (A-117) mit der Spannung u verknüpft sind:

$$\frac{u}{L_{\text{ges}}} = \frac{u}{L_1} + \frac{u}{L_2} + \cdots + \frac{u}{L_n}.$$

Damit addieren sich die Kehrwerte der Einzelinduktivitäten zur Gesamtinduktivität

$$\frac{1}{L_{\text{ges}}} = \frac{1}{L_1} + \frac{1}{L_2} + \cdots + \frac{1}{L_n}. \tag{A-120}$$

A.4.7 Gegeninduktion

In Bild A-50 ist der Fall dargestellt, dass ein Teil des magnetischen Flusses Φ_{11}, der von der Spule 1 erzeugt wird, die Spule 2 durchdringt. Der Fluss Φ_{21}, der Spule 2 durchsetzt, herrührend von Spule 1, ist ein Bruchteil des Flusses Φ_{11}:

$$\Phi_{21} = k_1 \cdot \Phi_{11}, \tag{A-121}$$

wobei k_1 den magnetischen *Koppelfaktor* darstellt mit $0 \leq k \leq 1$ ($k = 1$: vollständige Kopplung, $k = 0$: keinerlei Kopplung). Derjenige Fluss, der beide Spulen durchdringt, wird auch als *Hauptfluss* bezeichnet. Die Differenz

$$\Phi_{1\sigma} = \Phi_{11} - \Phi_{21} = \Phi_{11}(1 - k_1)$$

ist der *Streufluss* der Leiteranordnung 1.

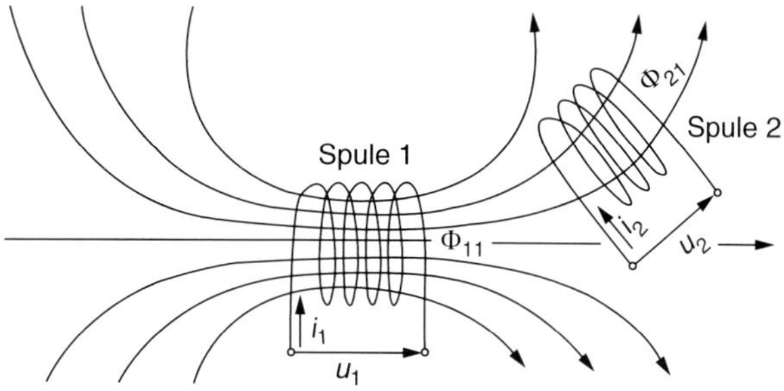

Bild A-50 Magnetische Kopplung zwischen zwei Spulen

Ändert sich der Strom i_1, der den Fluss Φ_{11} verursacht (der Strom i_2 sei zunächst null), dann ändert sich auch der Fluss Φ_{21} durch die Leiteranordnung 2, so dass in dieser die Spannung

$$u_2 = N_2 \frac{d\Phi_{21}}{dt} = \frac{d\psi_{21}}{dt} = L_{21} \frac{di_1}{dt} \qquad \text{(A-122)}$$

induziert wird. L_{21} wird nach DIN EN 60375 als *Gegeninduktivität* bezeichnet und beschreibt, welche Induktionswirkung die Änderung des Stromes i_1 in der Spule 2 hat. Ihre Maßeinheit ist wie die der Selbstinduktion das Henry: $[L] = 1$ H.

Verändert man nun die Anordnung so, dass in Spule 2 ein Strom fließt und in Spule 1 nicht, dann wird analog zu den obigen Betrachtungen Spule 1 vom Fluss Φ_{12} durchdrungen, erzeugt von Spule 2:

$$\Phi_{12} = k_2 \cdot \Phi_{22}.$$

Ist der Strom i_2 zeitabhängig, dann wird an den Enden der Leiteranordnung 1 die Spannung

$$u_1 = N_1 \frac{d\Phi_{12}}{dt} = \frac{d\psi_{12}}{dt} = L_{12} \frac{di_2}{dt}$$

induziert. Vorausgesetzt, dass μ = const ist, lässt sich mithilfe einer Energiebetrachtung zeigen, dass die beiden Gegeninduktivitäten, die in der Literatur häufig mit M bezeichnet werden, gleich sind:

$$M = L_{12} = L_{21}. \qquad \text{(A-123)}$$

Im Gegensatz zur Selbstinduktivität L, die stets positiv ist, kann die Gegeninduktivität M auch negativ sein. Dies ist z. B. dann der Fall, wenn der Fluss Φ_{21} entgegengesetzt gerichtet ist zum eigenen Fluss Φ_{22}.

Fließen in beiden Spulen Ströme, dann gelten folgende Zusammenhänge:

$$u_1 = \frac{d\psi_1}{dt} = L_1 \frac{di_1}{dt} + M \frac{di_2}{dt} \quad \text{und}$$

$$u_2 = \frac{d\psi_2}{dt} = M \frac{di_1}{dt} + L_2 \frac{di_2}{dt}.$$

Die Gegeninduktivität M ist mit den beiden Selbstinduktivitäten L_1 und L_2 verknüpft. Formt man Gl. (A-122) um, so folgt mit Gl. (A-121) für die Gegeninduktivität

$$L_{21} = N_2 \frac{\mathrm{d}\Phi_{21}/\mathrm{d}t}{\mathrm{d}i_1/\mathrm{d}t} = N_2\, k_1 \frac{\mathrm{d}\Phi_{11}/\mathrm{d}t}{\mathrm{d}i_1/\mathrm{d}t}.$$

Ebenso ergibt sich

$$L_{12} = N_1 \frac{\mathrm{d}\Phi_{12}/\mathrm{d}t}{\mathrm{d}i_2/\mathrm{d}t} = N_1 k_2 \frac{\mathrm{d}\Phi_{22}/\mathrm{d}t}{\mathrm{d}i_2/\mathrm{d}t}.$$

Das Produkt der Gegeninduktivitäten ist

$$\begin{aligned} L_{21} \cdot L_{12} = M^2 &= k_1 k_2 \left(N_1 \frac{\mathrm{d}\Phi_{11}/\mathrm{d}t}{\mathrm{d}i_1/\mathrm{d}t} \right) \cdot \left(N_2 \frac{\mathrm{d}\Phi_{22}/\mathrm{d}t}{\mathrm{d}i_2/\mathrm{d}t} \right) \\ &= k_1 k_2 \frac{u_1}{\mathrm{d}i_1/\mathrm{d}t} \cdot \frac{u_2}{\mathrm{d}i_2/\mathrm{d}t} = k_1 k_2 L_1 L_2. \end{aligned}$$

Bezeichnet man $k = \sqrt{k_1 k_2}$ als den *totalen Koppelfaktor*, so ergibt sich für die Gegeninduktivität

$$M = k\sqrt{L_1 L_2}. \tag{A-124}$$

Für den Fall vollständiger Kopplung ist $k = 1$ und $M = \sqrt{L_1 L_2}$. Diesen Fall versucht man beim Transformator (Abschn. A.5.9) zu realisieren.

A.4.8 Ein- und Ausschalten von Stromkreisen mit Induktivitäten

An einer idealen Spule, die keinen Ohm'schen Widerstand besitzt, liegt keine Spannung an, wenn sie von einem Gleichstrom durchflossen wird. Erst wenn der Strom sich ändert, tritt nach Gl. (A-117) eine Selbstinduktionsspannung auf. Die auftretenden Spannungen und Ströme beim Schalten von Stromkreisen mit Induktivitäten zeigt Bild A-51.

Von zentraler Bedeutung für das Zeitverhalten ist die *Zeitkonstante*

$$\tau = L/R. \tag{A-125}$$

Wird ein Stromkreis abgeschaltet, der eine große Induktivität enthält, dann kann wegen der großen Stromänderung $\mathrm{d}i/\mathrm{d}t$ eine so hohe Induktionsspannung auftreten, dass es an der Unterbrecherstelle zu einem Durchschlag (Lichtbogen, Abreißfunke) kommt. Um Beschädigungen der Spule oder der Schaltung zu verhindern, verbindet man bei Spulen mit großer Induktivität vor dem Abschalten die Spulenenden über einen Widerstand. Bei Transistorschaltern wird zum Schutz des Transistors eine *Freilaufdiode* parallel geschaltet.

	Einschalten zur Zeit $t = 0$	Ausschalten zur Zeit $t = 0$
Schaltung	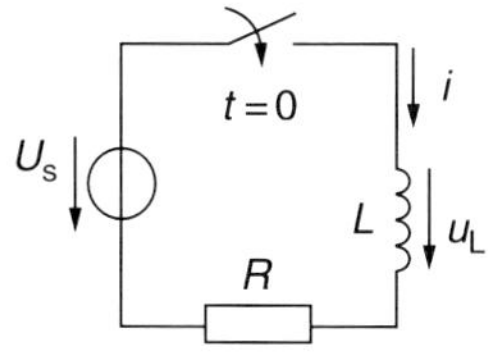	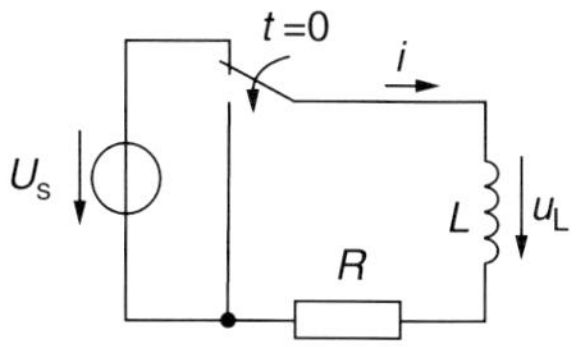
Differentialgleichung	$U_s = u_L + iR = L\frac{di}{dt} + iR$ $\frac{di}{dt} + \frac{R}{L}i - \frac{U_s}{L} = 0$	$u_L + iR = 0$ $\frac{di}{dt} + \frac{R}{L}i = 0$
Verlauf der Spannung	$u_L(t) = U_s e^{-t/\tau}$ **(A-126)** $\tau = L/R$ 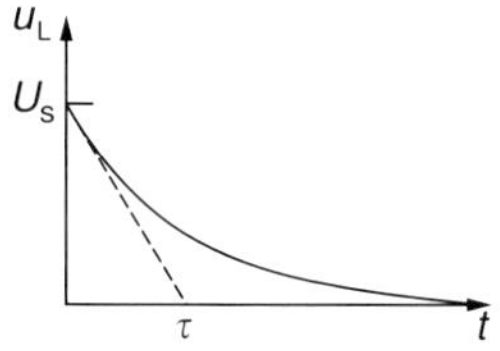	$u_L(t) = -U_s e^{-t/\tau}$ **(A-128)** $\tau = L/R$ 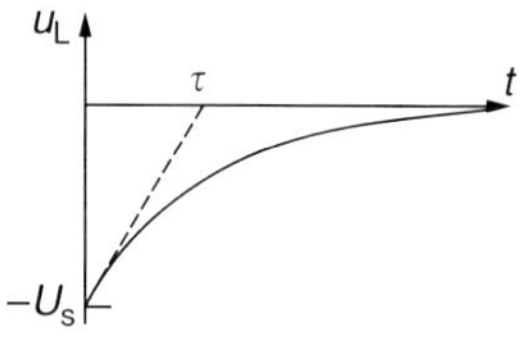
Verlauf des Stromes	$i(t) = \frac{U_s}{R}(1-e^{-t/\tau})$ **(A-127)** 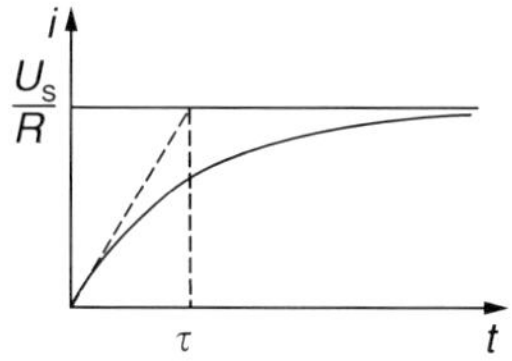	$i(t) = \frac{U_s}{R} e^{-t/\tau}$ **(A-129)** 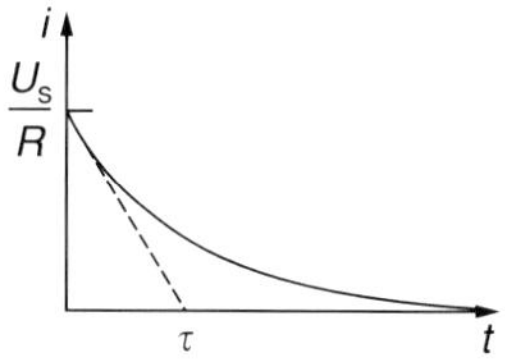

Bild A-51 Zeitverhalten bei Auf- und Abbau des magnetischen Feldes in Spulen

A.4.9 Energieinhalt des magnetischen Feldes

In jedem Magnetfeld ist Energie gespeichert, so auch im Magnetfeld einer stromdurchflossenen Spule. Um diese Energie zu berechnen, soll der Abschaltvorgang eines Stromkreises mit einer Induktivität betrachtet werden (Bild A-51). Die gesamte Feldenergie wird beim Abschalten im Widerstand R in Joule'sche Wärme umgewandelt. Für die Wärmeleistung gilt $p(t) = i^2R = I^2R\,e^{-2t/\tau}$, wenn I der Gleichstrom ist, der vor dem Abschalten durch die Spule floss. Die gesamte Energie ist dann:

$$W = \int_0^\infty p(t)\,dt = \frac{1}{2}LI^2. \tag{A-130}$$

Mithilfe der Gl. (A-118) wird die Energiedichte, d. h. die Energie pro Volumen im Magnetfeld

$$w = \frac{\mathrm{d}W}{\mathrm{d}V} = \frac{1}{2}\mu_r\mu_0 \boldsymbol{H}^2 = \frac{1}{2}\boldsymbol{H}\boldsymbol{B}. \tag{A-131}$$

ÜBUNGSAUFGABEN

Ü A.4-1: Berechnen Sie mithilfe des Durchflutungsgesetzes den Feldstärkeverlauf *H(r)* im Inneren eines kreisrunden geradlinigen Drahtes mit Radius R, der vom Strom I durchflossen wird.

Ü A.4-2: Ein *Bitter-Magnet* zur Erzeugung hoher Magnetfeldstärken enthält eine wassergekühlte Spule, die vom Strom I = 10000 A durchflossen wird. Die Spule ist l = 50 cm lang und hat N = 200 Windungen. Wie groß ist die Feldstärke H und die Flussdichte B im Innern der eisenlosen Spule?

Ü A.4-3: Ein Elektronenstrahl, der senkrecht zu den Feldlinien in einem homogenen Magnetfeld steht, wird durch die *Lorentz-Kraft* zu einem Kreis gebogen. Berechnen Sie den Radius r des Kreises und die Umlauffrequenz f, wenn die Elektronengeschwindigkeit $v = 10^7$ m/s und die Flussdichte $B = 8 \cdot 10^{-4}$ T beträgt.

Ü A.4-4: Eine Zylinderspule mit N = 1000 Windungen hat die Länge l_S = 20 cm, der Spulenstrom beträgt I = 2,5 A. In der Mitte der Spule befindet sich ein Leiter der Länge l_L = 3 cm, der senkrecht zu den Feldlinien steht. Welche Kraft erfährt der Leiter, wenn er vom Strom I_L = 5 A durchströmt wird?

Ü A.4-5: Beim Elektromagnet von Beispiel A-15 (Bild A-38) soll der Luftspalt auf die Länge l_L = 3 mm vergrößert werden bei sonst gleicher Geometrie. Welcher Strom I muss jetzt durch die Spule fließen (N = 4000 Windungen), wenn wieder ein Fluss von Φ = 0,5 mWb im Luftspalt vorliegen soll?

Ü A.4-6: Aus einem Dauermagnetwerkstoff, dessen Entmagnetisierungskurve durch Bild A-40 gegeben ist, soll ein Magnet der Art von Bild A-41 gebaut werden.

Daten: Fläche $A_L = A_M = A = 4\,\text{cm}^2$, Länge des Luftspaltes l_L = 4 mm, Spannungsfaktor γ = 1,1, Streufaktor σ = 1,5, Länge des Magneten l_M = 30 mm.

Welche Flussdichte B_L stellt sich im Luftspalt ein?

Ü A.4-7: Wie groß ist die Anzugskraft des Ankers an das Joch (Bild A-52a) bei geschlossenem Luftspalt? Die Spule hat $N = 2 \times 1000$ Windungen, der Strom ist I = 0,5 A, die Fläche des Jochs ist $A = 4\,\text{cm}^2$, die mittlere Feldlinienlänge im Eisen ist l_{Fe} = 40 cm. Die Magnetisierungskurve des Eisens ist in Bild A-36 dargestellt. Der magnetische Fluss soll vollständig innerhalb des Eisens verlaufen.

Ü A.4-8: In einer Anordnung nach Bild A-43 wird ein Leiterstück durch ein Magnetfeld der Flussdichte B gezogen. An der Stelle des Voltmeters befindet sich ein Ohm'scher Widerstand R, so dass in der Schleife ein Induktionsstrom fließt. Mit welcher Kraft muss man an dem Leiter ziehen, wenn er mit der konstanten Geschwindigkeit v bewegt wird?

Ü A.4-9: Eine Luftspule mit $N = 1000$ Windungen hat die Fläche $A = 20\,\text{cm}^2$ und die Länge $l = 10\,\text{cm}$. Sie besitzt einen Ohm'schen Widerstand von $R = 22\,\Omega$. Diese Spule wird an eine Konstantspannungsquelle mit $U_S = 12\,\text{V}$ gelegt. Nach welcher Funktion $i(t)$ steigt der Strom in der Spule an? Wie groß ist die Zeitkonstante τ und der Endwert I_∞ des Stromes? Welche magnetische Feldenergie W ist in der Spule gespeichert?

Ü A.4-10: Wie groß ist der Koeffizient L der Selbstinduktion des Eisenkerns mit Luftspalt von Beispiel A-15? Wie beeinflusst die Breite l_L des Luftspalts die Induktivität? Welcher Luftspalt ist erforderlich für eine Induktivität von $L = 0{,}5\,\text{H}$? Nehmen Sie für die Rechnung eine konstante relative Permeabilitätszahl von $\mu_r = 5000$ an. Die Spule habe $N = 1000$ Windungen.

Ü A.4-11: Für den in Bild A-52b dargestellten aus drei Schenkeln bestehenden magnetischen Kreis sollen die Selbstinduktionskoeffizienten L_1 und L_2 der beiden Spulen bestimmt werden, ferner die Gegeninduktivität M sowie die Kopplungsfaktoren k. Die Permeabilität μ sei konstant, der Querschnitt A des Blechstapels überall gleich.

Ü A.4-12: Zeigen Sie, dass die technisch realisierbare Energiedichte in einem Magnetfeld um viele Größenordnungen höher ist, als in einem elektrischen Feld. Rechnen Sie mit folgenden Werten: Luftspule mit einer Flussdichte von $B = 3\,\text{T}$, Kondensator, in dem die Durchschlagsfeldstärke der Luft von $E = 3 \times 10^6\,\text{V/m}$ herrscht.

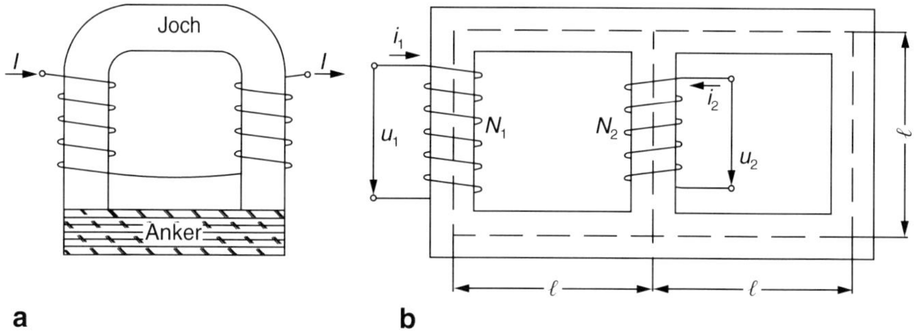

Bild A-52 Elektromagnete, **a**) zu Ü A.4-7, **b**) zu Ü A.4-11

A.5 Wechselstromkreise

A.5.1 *Benennungen und Definitionen*

Sind die Augenblickswerte von Strom oder Spannung *periodische* Funktionen der Zeit und ist die *Periodendauer* T, so ist die *Frequenz*

$$f = \frac{1}{T}. \qquad \text{(A-132)}$$

Die Maßeinheit der Frequenz ist das *Hertz*: $[f] = 1\ \mathrm{s}^{-1} = 1\ \mathrm{Hz}$.

Nach DIN 40110 sind die *arithmetischen Mittelwerte* (Gleichwerte) von Strom und Spannung

$$\bar{I} = \frac{1}{T}\int_0^T i(t)\,\mathrm{d}t, \quad \bar{U} = \frac{1}{T}\int_0^T u(t)\,\mathrm{d}t. \qquad \text{(A-133)}$$

Ist der Gleichwert $\bar{I}$ bzw. $\bar{U}$ null, dann liegt ein *Wechselstrom* bzw. eine *Wechselspannung* vor.

Ein zeitabhängiger Strom, dessen Gleichstromanteil $\bar{I}$ ungleich null ist, wird als *Mischstrom* bezeichnet, entsprechend heißt die Spannung mit $\bar{U} \neq 0$ *Mischspannung* (Gleichspannung mit überlagerter Wechselspannung).

Unter *Halbschwingungsmittelwert* wird der größte Wert verstanden, den der über eine halbe Periode der Wechselgröße genommene arithmetische Mittelwert annehmen kann:

$$I_\mathrm{h} = \frac{2}{T}\int_t^{t+T/2} i\,\mathrm{d}t, \quad U_\mathrm{h} = \frac{2}{T}\int_t^{t+T/2} u\,\mathrm{d}t. \qquad \text{(A-134)}$$

Der Maximalwert von Wechselstrom und Wechselspannung $\hat{i}$ bzw. $\hat{u}$ wird als *Scheitelwert* bezeichnet. Bei sinusförmigem Verlauf heißt der Scheitelwert *Amplitude*.

Der *Gleichrichtwert* einer Wechselgröße ist der über eine Periode genommene arithmetische Mittelwert der *Beträge* der Wechselgrößen:

$$\overline{|i|} = \frac{1}{T}\int_0^T |i|\,\mathrm{d}t, \quad \overline{|u|} = \frac{1}{T}\int_0^T |u|\,\mathrm{d}t. \qquad \text{(A-135)}$$

Wird beispielsweise eine sinusförmige Wechselspannung gleichgerichtet (Bild A-53), dann ist der arithmetische Mittelwert der positiven Halbwellen identisch mit dem Gleichrichtwert. Bei sinusförmiger Spannung $u(t) = \hat{u}\,\sin(\omega t)$ gilt

$$\overline{|u|} = \frac{2\hat{u}}{\pi} = 0{,}6366\,\hat{u}. \qquad \text{(A-136)}$$

Bild A-53 Gleichgerichtete sinusförmige Wechselspannung und Gleichrichtwert $\overline{|u|}$

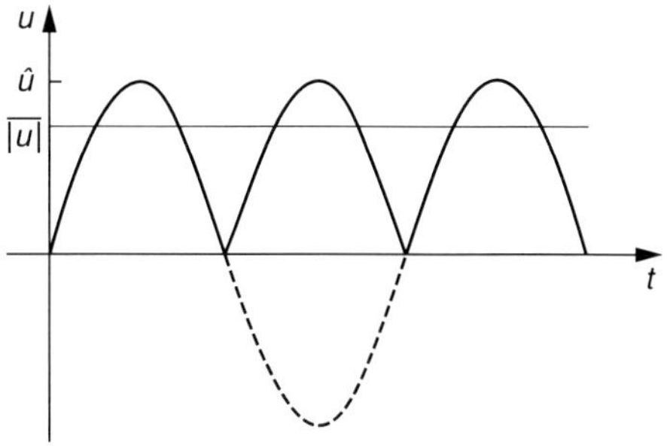

Ein Wechselstrom $i(t)$ ruft an einem Ohm'schen Widerstand eine zeitabhängige Leistung $P_t = i^2 R$ hervor. Der Mittelwert dieser Leistung ist

$$\bar{P}_t = \frac{1}{T} \int_0^T i^2 R \, \mathrm{d}t. \tag{a}$$

Die Stromstärke I eines Gleichstroms, der dieselbe Leistung

$$P = I^2 R \tag{b}$$

hervorbringt, wird als *Effektivwert* des Wechselstroms bezeichnet. Aus (a) und (b) folgt für die Effektivwerte:

$$I = \sqrt{\frac{1}{T} \int_0^T i^2 \mathrm{d}t}, \quad U = \sqrt{\frac{1}{T} \int_0^T u^2 \mathrm{d}t}. \tag{A-137}$$

Bei sinusförmiger Zeitabhängigkeit gilt:

$$I = \frac{\hat{i}}{\sqrt{2}} \quad \text{und} \quad U = \frac{\hat{u}}{\sqrt{2}}. \tag{A-138}$$

Der *Scheitelfaktor* (Crestfaktor) einer Wechselgröße ist der Quotient aus Scheitelwert und Effektivwert:

$$k_\mathrm{s} = \frac{\hat{u}}{U} \quad \text{bzw.} \quad k_\mathrm{s} = \frac{\hat{i}}{I}. \tag{A-139}$$

Bei sinusförmigem Verlauf gilt $k_\mathrm{s} = \sqrt{2}$.

Der *Formfaktor* einer Wechselgröße ist das Verhältnis des Effektivwertes zu einem Mittelwert. Bei Verwendung des *Gleichrichtwertes* gilt

$$F_\mathrm{g} = \frac{I}{\overline{|i|}} \quad \text{bzw.} \quad F_\mathrm{g} = \frac{U}{\overline{|u|}}, \tag{A-140}$$

bei Verwendung des Halbschwingungsmittelwertes ist

$$F_\mathrm{h} = \frac{I}{I_\mathrm{h}} \quad \text{bzw.} \quad F_\mathrm{h} = \frac{U}{U_\mathrm{h}}. \tag{A-141}$$

Für sinusoidale Größen gilt

$$F_\mathrm{g} = F_\mathrm{h} = \frac{\pi}{2 \cdot \sqrt{2}} = 1,11.$$

Bild A-54 Sägezahnspannung, zu Beispiel A-18

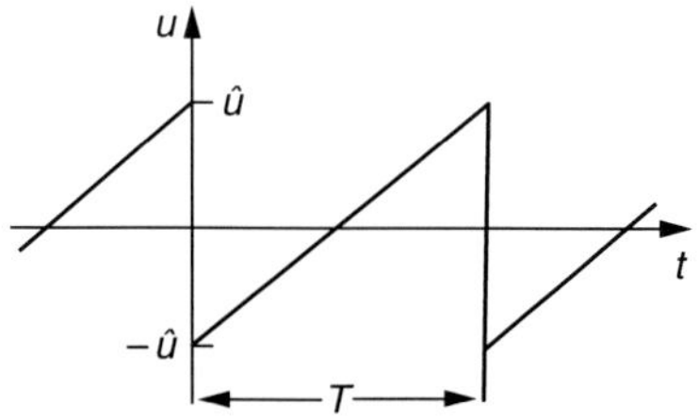

Beispiel

A-18: Ein Sägezahngenerator liefert eine Wechselspannung, die linear von $-\hat{u} = -10$ V auf $\hat{u} = +10$ V ansteigt (Bild A-54). Wie groß sind arithmetischer Mittelwert $\bar{U}$, Halbschwingungsmittelwert U_h, Effektivwert U, Scheitelfaktor k_s und Formfaktor F_g bzw. F_h?

Lösung:
Die Zeitfunktion der Spannung lautet:
$u(t) = -\hat{u} + \frac{2\hat{u}}{T}\, t \quad \text{für} \quad 0 \le t \le T.$
Der arithmetische Mittelwert ist $\bar{U} = 0$, weil die Fläche, die die Kurve mit der Zeitachse einschließt oberhalb und unterhalb der Achse gleich groß ist.
Halbschwingungsmittelwert (Fläche eines Dreiecks oberhalb der Zeitachse):

$$U_\mathrm{h} = \frac{2}{T} \int\limits_{T/2}^{T} u \, \mathrm{d}t = \frac{1}{2}\hat{u} = 5 \text{ V},$$

Gleichrichtwert:

$$\overline{|u|} = \frac{1}{T}\left[-\int\limits_{0}^{T/2} u \, \mathrm{d}t + \int\limits_{T/2}^{T} u \, \mathrm{d}t \right] = \frac{1}{2}\hat{u} = 5 \text{ V},$$

Effektivwert:

$$U = \sqrt{\frac{1}{T}\int\limits_{0}^{T} u^2 \mathrm{d}t} = \sqrt{\frac{1}{3}\hat{u}^2} = \sqrt{\frac{1}{3}}\hat{u} = 5,77 \text{ V},$$

Scheitelfaktor: $k_s = \frac{\hat{u}}{U} = \sqrt{3}$,
Formfaktor: $F_g = \frac{U}{\overline{|u|}} = \frac{2}{\sqrt{3}} = 1,155 = F_h$.

A.5.2 Sinusförmige Ströme und Spannungen

Nach DIN 40110 werden die Augenblickswerte von sinusförmigen Strömen und Spannungen folgendermaßen dargestellt:

$$u(t) = \hat{u}\cos(\omega t + \varphi_u) = U\sqrt{2}\cos(\omega t + \varphi_u),$$
$$i(t) = \hat{i}\cos(\omega t + \varphi_i) = I\sqrt{2}\cos(\omega t + \varphi_i). \quad \text{(A-142)}$$

Dabei sind $\hat{u}$ bzw. $\hat{i}$ die *Amplituden*, die nach Gl. (A-138) mit den *Effektivwerten* U und I verknüpft sind, sowie

$$\omega = 2\pi f = 2\pi/T \quad \text{(A-143)}$$

die *Kreisfrequenz*.

φ_u und φ_i sind die *Nullphasenwinkel* von Spannung und Strom und

$$\varphi = \varphi_u - \varphi_i \quad \text{(A-144)}$$

ist der *Phasenverschiebungswinkel der* Spannung gegen den Strom (Bild A-55a). Die Spannung eilt dem Strom um φ vor, wenn $0 < \varphi < \pi$ und sie eilt um φ nach, wenn $-\pi < \varphi < 0$.

Der Augenblickswert der *Leistung* ist:

$$\begin{aligned} P_t &= ui = 2UI\cos(\omega t + \varphi_u)\cos(\omega t + \varphi_i) \\ &= UI\cos\varphi + UI\cos(2\omega t + \varphi_u + \varphi_i) \\ &= P + S\cos(2\omega t + \varphi_u + \varphi_i). \end{aligned} \quad \text{(A-145)}$$

Die Leistung oszilliert also mit doppelter Frequenz um einen Mittelwert (Bild A-55). Der Mittelwert ist die *Wirkleistung*

$$P = \frac{1}{T}\int_0^T ui\,\mathrm{d}t = UI\cos\varphi. \quad \text{(A-146)}$$

Die Amplitude der oszillierenden Leistung wird als *Scheinleistung* bezeichnet:

$$S = UI. \quad \text{(A-147)}$$

Mithilfe von Gl. (A-144) kann der Augenblickswert der Leistung Gl. (A-145) auf folgende Form gebracht werden:

$$\begin{aligned} P_t &= P[1 + \cos(2\omega t + 2\varphi_u)] \\ &\quad + Q\ \sin\ (2\omega t + 2\varphi_u). \end{aligned} \quad \text{(A-148)}$$

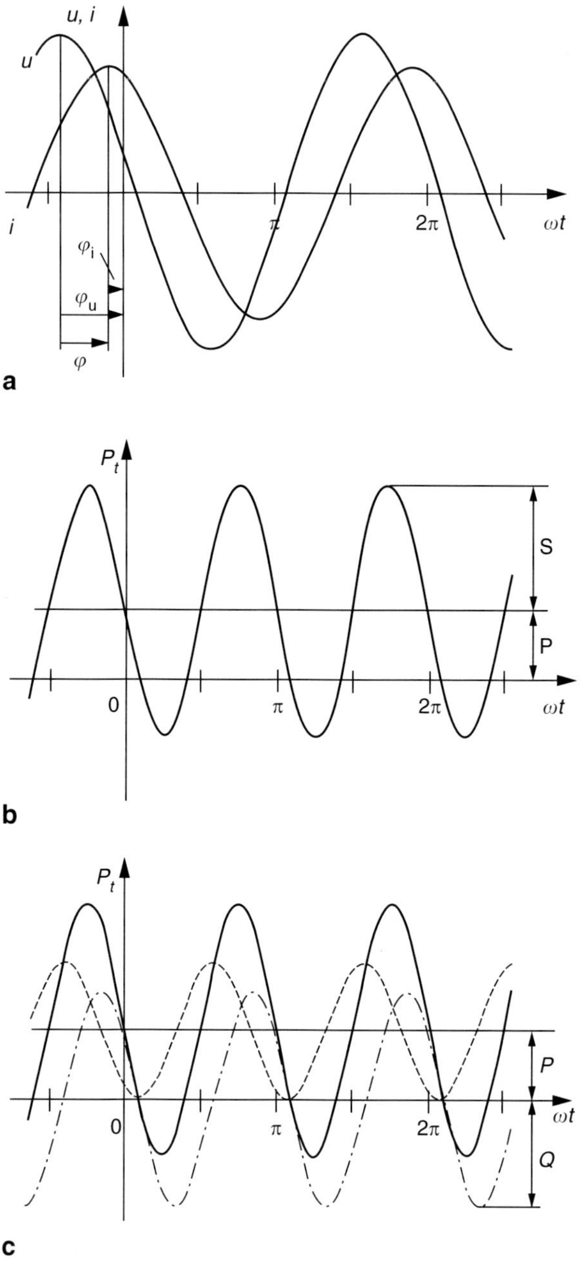

Bild A-55 Zeitabhängigkeit von Strom, Spannung und Leistungen, **a**) Strom und Spannung, **b**) Wirkleistung P und Scheinleistung S, **c**) Wirkleistung P und Blindleistung Q

Dabei wird

$$Q = UI \sin\varphi = S \sin\varphi \qquad \text{(A-149)}$$

als *Blindleistung* bezeichnet.

Die Momentanleistung kann also aus einer stets positiven Funktion

$$P[1 + \cos(2\omega t + 2\varphi_u)] = 2P\cos^2(\omega t + \varphi_u)$$

und einer um die Zeitachse pendelnden Funktion

$$Q \ \sin(2\omega t + 2\varphi_u)$$

zusammengesetzt werden (Bild A-55c).

Für die drei Leistungen gilt:

$$S^2 = Q^2 + P^2; \qquad \text{(A-150)}$$

sie können in einem rechtwinkligen Dreieck dargestellt werden (Bild A-56). Alle Leistungen werden nach DIN 40110 in Watt angegeben. In der elektrischen Energietechnik wird vorwiegend für die Scheinleistung *Voltampere* ($[S]$ = 1 VA) und für die Blindleistung *Var* ($[Q]$ = 1 var, var: **v**olt**a**mpere **r**eactive)) benutzt.

Bild A-56 Leistungsdreieck

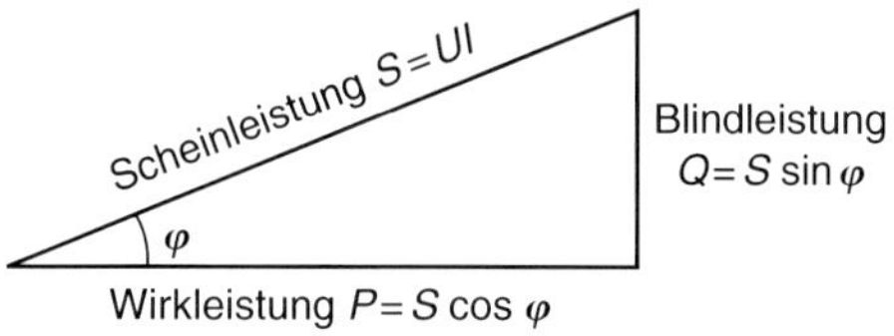

Die trigonometrischen Funktionen des Phasenverschiebungswinkels φ im Leistungsdreieck Bild A-56 werden folgendermaßen bezeichnet:

$$\cos\varphi = \frac{P}{S} \qquad \text{(A-151)}$$

ist der *Leistungsfaktor* oder *Wirkfaktor*,

$$\sin\varphi = \frac{Q}{S} \qquad \text{(A-152)}$$

ist der *Blindfaktor*.

Von besonderem Interesse sind die folgenden Fälle:

- Wenn Strom und Spannung in Phase sind, was der Fall ist bei einem Ohm'schen Widerstand (Bild A-62), dann verläuft die Leistungskurve in Bild A-55b nur im Positiven. Das bedeutet, dass nur Wirkleistung P auftritt und die Blindleistung null ist: $S = Q$.
- Wenn zwischen Strom und Spannung eine Phasenverschiebung von $\varphi = +90°$ oder $\varphi = -90°$ vorliegt, was bei der Spule und beim Kondensator vorkommt (Bild A-62), dann verläuft die Leistungskurve in Bild A-55b symmetrisch um die Zeitachse. Die Wirkleistung wird damit null und es tritt nur Blindleistung auf: $S = Q$.

A.5.3 *Zeigerdiagramm*

Eine besonders einfache Beschreibung sinusförmiger Wechselgrößen bietet ihre Darstellung als *Zeiger* in einem *Zeigerdiagramm*. Wie Bild A-57a zeigt, ergibt sich eine Sinuskurve, wenn ein Zeiger, der mit konstanter Winkelgeschwindigkeit rotiert, auf die vertikale Achse projiziert wird. Die Winkelgeschwindigkeit ω entspricht der Kreisfrequenz der harmonischen Schwingung, die Länge des Zeigers entspricht der Amplitude. Wird der Zeiger auf die horizontale Achse projiziert, ergibt sich eine Cosinusfunktion (Bild A-57). Beginnt der Zeiger zur Zeit $t = 0$ nicht auf der waagrechten Achse, sondern ist bereits um einen Nullphasenwinkel φ_u verdreht, dann kann damit beispielsweise eine phasenverschobene Wechselspannung

$$u(t) = \hat{u}\cos(\omega t + \varphi_u)$$

erzeugt werden.

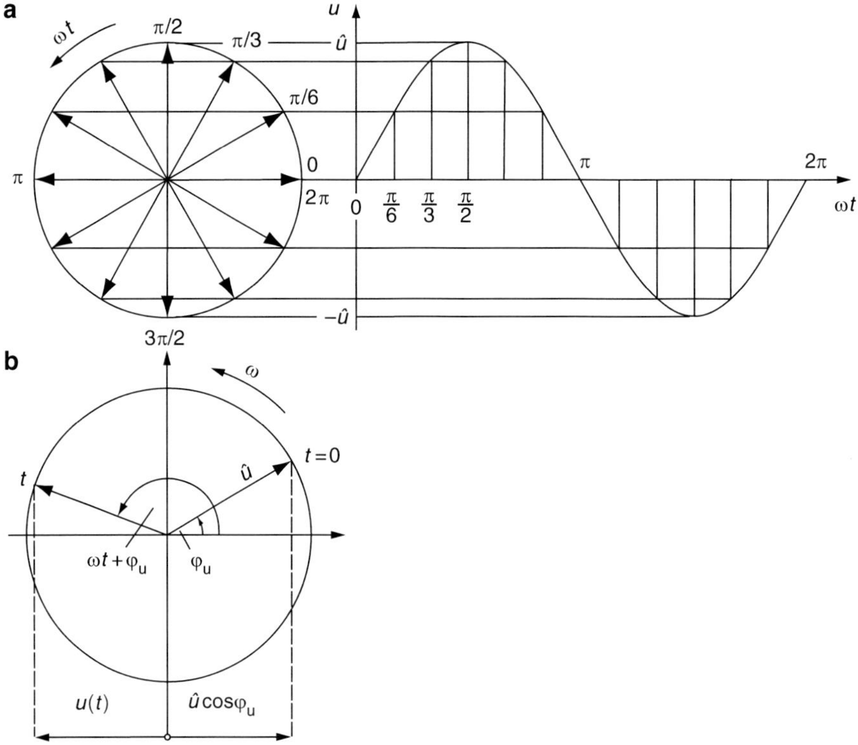

Bild A-57 Zusammenhang zwischen Zeigerdiagramm und Zeitfunktion, Erzeugung einer **a**) Sinusfunktion, **b**) Cosinusfunktion

In analoger Weise kann mit einem Stromzeiger ein sinusförmiger Wechselstrom dargestellt werden.

In der Wechselstromtechnik ist es üblich, *Effektivwertzeiger* zu verwenden. Deren Länge entspricht dem Effektivwert der Wechselgröße und nicht der Amplitude. Im Zeigerdiagramm werden Effektivwertzeiger durch Unterstreichen gekennzeichnet.

Beim Addieren von Spannungen (z. B. in einer Masche) oder Strömen (z. B. an einem Knoten) ist das Zeigerdiagramm besonders vorteilhaft. Anstelle der Addition von trigonometrischen Funktionen mithilfe von Additionstheoremen werden die Zeiger im Zeigerdiagramm vektoriell addiert.

Beispiel

A-19: Zwei sinusförmige Wechselströme mit den Effektivwerten I_1 = 3 A und I_2 = 2,2 A sollen addiert werden. Die Nullphasenwinkel sind $\varphi_{i,1} = 25°$ und $\varphi_{i,2} = -45°$. Die Zeitabhängigkeiten der beiden Ströme lauten somit:

$$i_1(t) = 3\,\mathrm{A}\sqrt{2}\cos(\omega t + 0{,}4363) \quad \text{und} \quad i_2(t) = 2{,}2\,\mathrm{A}\sqrt{2}\cos(\omega t - 0{,}7854).$$

Welchen Effektivwert und welchen Nullphasenwinkel besitzt der resultierende Strom?

Lösung:

Anstelle der trigonometrischen Funktionen werden im Zeigerdiagramm nach Bild A-58 die Zeiger addiert. Die geometrische Addition kann entweder zeichnerisch oder rechnerisch geschehen. Beispielsweise ergibt sich unter Anwendung des Cosinus-Satzes für den resultierenden Zeiger I = 4,28 A und mithilfe des Sinus-Satzes $\varphi_i = -3{,}85° = -0{,}067$ rad.

Die zugehörige Zeitdarstellung lautet: $i(t) = 4{,}28\,\mathrm{A}\sqrt{2}\cos(\omega t - 0{,}067)$.

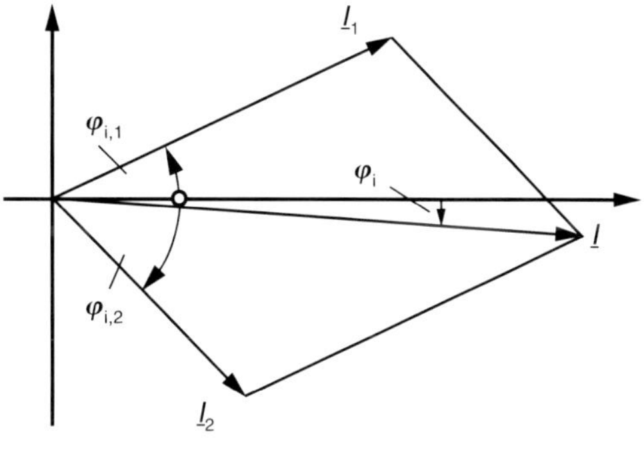

Bild A-58 Addition zweier Stromzeiger, zu Beispiel A-19

Komplexe Rechnung Eine besonders praktische Behandlung von Wechselstromnetzwerken ist möglich mithilfe der komplexen Rechnung. Der bereits besprochene Zeiger rotiert hier im Gegenuhrzeigersinn mit der Winkelgeschwindigkeit ω in der *Gauß'schen* Zahlenebene. Nach DIN 5483 (Teil3) lässt sich eine Sinusgröße $a(t)$ durch einen komplexen Augenblickswert $\underline{a}(t)$ darstellen:

$$\begin{aligned}\underline{a}(t) &= \hat{a}\;\mathrm{e}^{\mathrm{j}(\omega t + \varphi_a)}\\ &= \underbrace{\hat{a}\cos(\omega t + \varphi_a)}_{\text{Realteil}} + \underbrace{\mathrm{j}\;\hat{a}\;\sin(\omega t + \varphi_a)}_{\text{Imaginärteil}}.\end{aligned} \qquad \text{(A-153)}$$

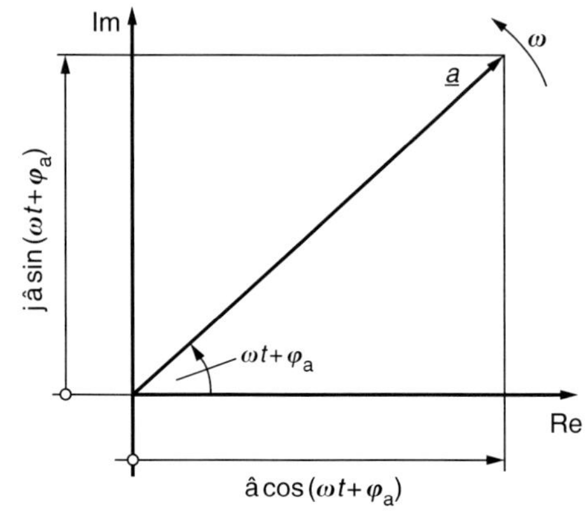

Bild A-59 Zeigerdiagramm mit komplexem Drehzeiger $\underline{a}(t)$

Dabei wurde Gebrauch gemacht von der *Eulerschen* Formel

$$e^{j\alpha} = \cos\alpha + j \sin \alpha. \tag{A-154}$$

Die Sinusgröße $a(t)$ ergibt sich durch Projektion des Drehzeigers auf die reelle Achse (Bild A-59):

$$a(t) = \text{Re}(\underline{a}(t)) = \hat{a} \cos(\omega t + \varphi_a). \tag{A-155}$$

Mithilfe des *konjugiert komplexen* Drehzeigers

$$\underline{a}^*(t) = \hat{a}\ e^{-j(\omega t + \varphi_a)}, \tag{A-156}$$

der im Uhrzeigersinn in der komplexen Ebene umläuft, ist folgende Darstellung einer Sinusgröße möglich:

$$a(t) = \tfrac{1}{2}[\underline{a}(t) + \underline{a}^*(t)] = \hat{a} \cos(\omega t + \varphi_a). \tag{A-157}$$

Zur *Addition* bzw. *Subtraktion* zweier komplexer Größen werden zweckmäßigerweise die Real- und Imaginärteile getrennt addiert bzw. subtrahiert. Ist a' der Realteil und a'' der Imaginärteil der komplexen Zahl

$$\underline{a} = a' + ja'',$$

dann gilt für die Addition zweier Zahlen $\underline{a}_1$ und $\underline{a}_2$:

$$\underline{a} = \underline{a}_1 + \underline{a}_2 = (a_1' + a_2') + j(a_1'' + a_2''). \tag{A-158}$$

Beispiel
A-20: Die zwei Zeiger von Beispiel A-19 sollen komplex addiert werden.

Lösung:
Da das Ergebnis nicht von der Zeit abhängt, wird die Berechnung zur Zeit $t = 0$ durchgeführt. Mit anderen Worten: es werden *ruhende Zeiger* verwandt.

Komplexe Ströme:

$$\underline{I}_1 = I_1 e^{j\varphi_{i,1}} = I_1 \cos\varphi_{i,1} + jI_1 \sin\varphi_{i,1} = 2{,}719\,\mathrm{A} + \mathrm{j}\ 1{,}268\mathrm{A},$$

$$\underline{I}_2 = I_2 e^{j\varphi_{i,2}} = I_2 \cos\varphi_{i,2} + jI_2 \sin\varphi_{i,2} = 1{,}556\,\mathrm{A} - \mathrm{j}\ 1{,}556\,\mathrm{A}.$$

Resultierender Strom:

$$\underline{I} = \underline{I}_1 + \underline{I}_2 = 4{,}275\,\mathrm{A} - \mathrm{j}\ 0{,}288\,\mathrm{A}.$$

$$\text{Betrag}: \ |\underline{I}| = I = \sqrt{I'^2 + I''^2} = 4{,}28\mathrm{A},$$

Nullphasenwinkel:

$$\varphi_i = \arctan\frac{I''}{I'} = -3{,}85° = -0{,}0673\ \mathrm{rad}.$$

Strom in Exponentialschreibweise:

$$\underline{I} = 4{,}28\mathrm{A} \cdot e^{-j0{,}0673} = 4{,}28\mathrm{A} \cdot e^{-j\,3{,}85°}.$$

Bei der *Division* zweier Zeiger gleicher Frequenz ergibt sich eine zeitunabhängige komplexe Größe, d. h. ein *ruhender* Zeiger. Bild A-60 erläutert dies am Beispiel des *komplexen Widerstandes* $\underline{Z}$ und des *komplexen Leitwerts* $\underline{Y}$ eines Zweipols.

Die *Multiplikation* zweier Zeiger ist vor allem interessant für die Berechnung der Leistung als Produkt aus Strom und Spannung. Ist die komplexe Spannung (Effektivwert)

$$\underline{U} = U e^{j(\omega t + \varphi_u)}$$

und der komplexe Strom

$$\underline{I} = I e^{j(\omega t + \varphi_i)},$$

dann ist das Produkt

$$\underline{U} \cdot \underline{I} = U I e^{j(2\omega t + \varphi_u + \varphi_i)}.$$

Es stellt einen Zeiger dar, der mit doppelter Kreisfrequenz in der komplexen Ebene rotiert und stellt in komplexer Form die der Wirkleistung überlagerte Leistungsschwingung dar (Bild A-55). Einen *ruhenden* Zeiger erhält man, wenn man bei der Produktbildung anstelle des Stromes $\underline{I}$ den konjugiert komplexen Strom $\underline{I}^*$ verwendet:

$$\underline{U} \cdot \underline{I}^* = U e^{j(\omega t + \varphi_u)} \cdot I e^{-j(\omega t + \varphi_i)} = U I e^{j(\varphi_u - \varphi_i)} = U I e^{j\varphi}.$$

Die Länge (Betrag) dieses Zeigers ist $U\,I$, also nach Gl. (A-147) die *Scheinleistung*.

	Komplexer Widerstand	Komplexer Leitwert
Komplexe Effektivwerte von Spannung und Strom	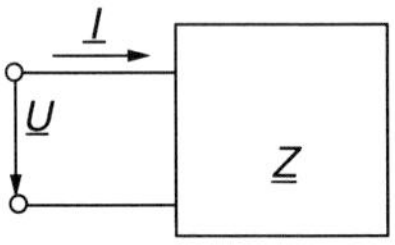	$\underline{U} = U e^{j\varphi_u}$ $\underline{I} = I e^{j\varphi_i}$ (A-159)
Definition	$\underline{Z} = \frac{\underline{U}}{\underline{I}}$ $\underline{Z} = \frac{U}{I} e^{j(\varphi_u - \varphi_i)} = \frac{U}{I} e^{j\varphi}$ (A-160)	$\underline{Y} = \frac{\underline{I}}{\underline{U}} = \frac{1}{\underline{Z}}$ $\underline{Y} = \frac{I}{U} e^{j(\varphi_i - \varphi_u)} = \frac{I}{U} e^{-j\varphi}$ (A-161)
Zeiger-diagramm	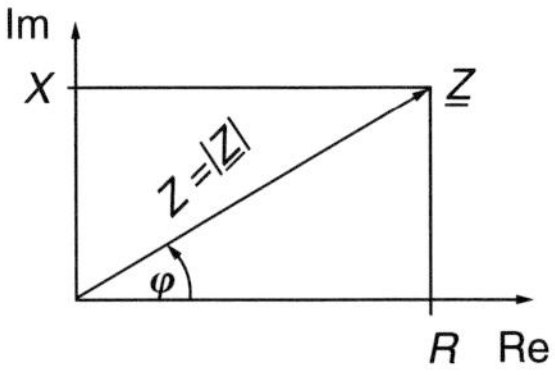 $\underline{Z} = R + jX$ (A-162)	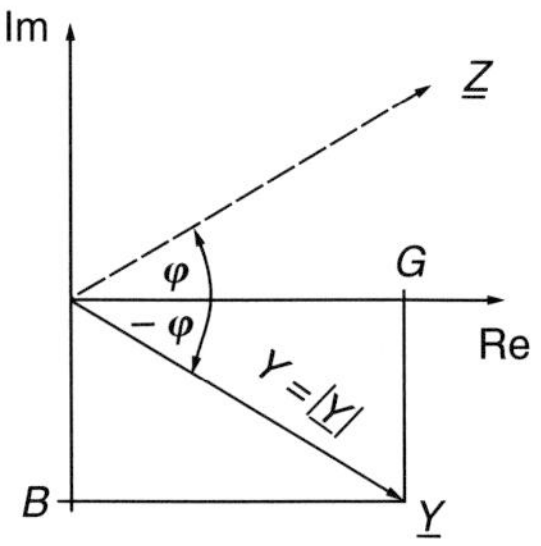 $\underline{Y} = G + jB = \frac{1}{\underline{Z}} = \frac{R - jX}{R^2 + X^2}$ (A-163)
Scheinanteil	Scheinwiderstand (Impedanz) $Z = \lvert\underline{Z}\rvert = \frac{U}{I}$ (A-164)	Scheinleitwert (Admittanz) $Y = \lvert\underline{Y}\rvert = \frac{I}{U} = \frac{1}{Z}$ (A-165)
Wirkanteil	Wirkwiderstand (Resistanz) $R = \mathrm{Re}\,(\underline{Z}) = Z\cos\varphi$ $= \frac{P}{I^2}$ (A-166)	Wirkleitwert (Konduktanz) $G = \mathrm{Re}\,(\underline{Y}) = Y\cos\varphi$ $= \frac{R}{R^2 + X^2} = \frac{P}{U^2}$ (A-167)
Blindanteil	Blindwiderstand (Reaktanz) $X = \mathrm{Im}\,(\underline{Z}) = Z\sin\varphi$ $= \frac{Q}{I^2}$ (A-168)	Blindleitwert (Suszeptanz) $B = \mathrm{Im}\,(\underline{Y}) = Y\sin(-\varphi)$ $= -\frac{X}{R^2 + X^2} = -\frac{Q}{U^2}$ (A-169)
Beträge	$Z^2 = R^2 + X^2$ (A-170)	$Y^2 = G^2 + B^2$ (A-171)
Phasen-verchiebungs-winkel	$\varphi = \varphi_u - \varphi_i,\ \tan\varphi = \frac{X}{R}$ (A-172)	$\varphi = \varphi_u - \varphi_i,\ \tan\varphi = -\frac{B}{G}$ (A-173)

Bild A-60 Komplexer Widerstand und Leitwert eines Zweipols

Damit ist die *komplexe Scheinleistung*

$$\underline{S} = \underline{U}\,\underline{I}^* = U I e^{j\varphi} = P + jQ, \quad \text{(A-174)}$$

mit dem Betrag

$$S = |\underline{S}| = UI \quad \text{(A-175)}$$

und der Richtung $\varphi = \varphi_u - \varphi_i$.

Der Realteil ist die *Wirkleistung*

$$P = \text{Re}(\underline{S}) = S\cos\varphi, \quad \text{(A-176)}$$

der Imaginärteil ist die Blindleistung

$$Q = \text{Im}(\underline{S}) = S\sin\varphi. \quad \text{(A-177)}$$

Wirk-, Blind- und Scheinleistung bilden wieder ein rechtwinkliges Dreieck (Bild A-61), für das Gl. (A-150) gültig ist.

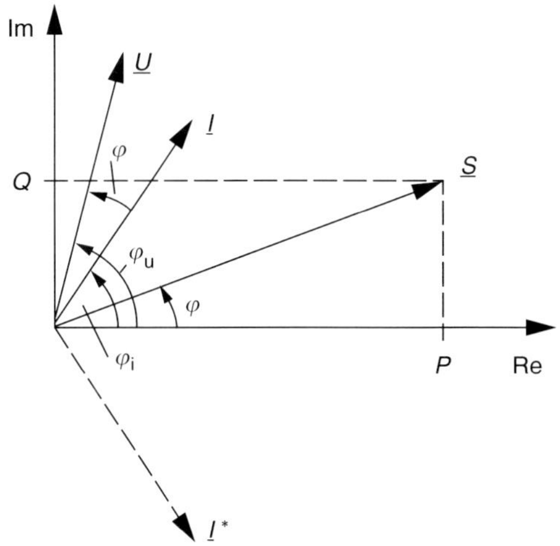

Bild A-61 Wechselstrom und -spannung sowie Leistungen im Zeigerdiagramm

Beispiel

A-21: An einem Zweipol liegt die Spannung $U = 230\,\text{V}$, mit dem Nullphasenwinkel $\varphi_u = 80°$. Er wird von einem Strom durchflossen mit $I = 3\,\text{A}$ und $\varphi_i = 60°$. Wie groß sind die Leistungen, der komplexe Widerstand und der Leitwert?

Lösung:

Die komplexe Scheinleistung ist

$$\underline{S} = 230\,\text{V}e^{j80°} \cdot 3\text{A}e^{-j60°} = 690\text{VA} \cdot e^{j20°} = 690\ \text{VA} \cdot e^{j0{,}349}.$$

Beträge:
Scheinleistung S = 690 VA,
Wirkleistung $P = S \cos \varphi$ = 648 W,
Blindleistung $Q = S \sin \varphi$ = 236 var.
Leistungsfaktor: $\cos \varphi = P/S$ = 0,940,
Blindfaktor: $\sin \varphi = Q/S$ = 0,342.

Der komplexe Widerstand beträgt

$$\underline{Z} = \frac{\underline{U}}{\underline{I}} = \frac{230\mathrm{V}\mathrm{e}^{\mathrm{j}80^\circ}}{3\mathrm{A}\mathrm{e}^{\mathrm{j}60^\circ}} = 76,67\Omega \cdot \mathrm{e}^{\mathrm{j}20^\circ} = 72,04\Omega + \mathrm{j}26,22\Omega, \text{ mit dem}$$

Wirkwiderstand R = 72,04 Ω und dem Blindwiderstand X = 26,22 Ω.
Der komplexe Leitwert ergibt sich zu

$$\underline{Y} = \frac{\underline{I}}{\underline{U}} = \frac{3\mathrm{A}\mathrm{e}^{\mathrm{j}60^\circ}}{230\mathrm{V}\mathrm{e}^{\mathrm{j}80^\circ}} = 0,01304\mathrm{S} \cdot \mathrm{e}^{-\mathrm{j}20^\circ} = 0,01226\mathrm{S} - \mathrm{j}0,00446\mathrm{S}, \text{ mit dem}$$

Wirkleitwert G = 12,26 mS und dem Blindleitwert B = – 4,46 mS.

A.5.4 Widerstand, Spule und Kondensator bei sinusförmigem Wechselstrom

Bild A-62 zeigt die Zusammenhänge zwischen sinusförmigen Spannungen und Strömen bei Widerstand, Spule und Kondensator. Durch alle drei Bauelemente soll der Strom $i(t) = \hat{i} \cos(\omega t + \varphi_i)$ fließen. Während beim Ohm'schen Widerstand Strom und Spannung über das Ohm'sche Gesetz verknüpft sind, hängt bei der Spule die Spannung von der Zeitableitung des Stromes ab und beim Kondensator von der Ladung, also dem Zeitintegral des Stromes.

Dementsprechend sind Spannung und Strom

- beim Ohm'schen Widerstand in Phase,
- bei der Spule um 90° phasenverschoben und zwar so, dass die Spannung dem Strom vorauseilt,
- beim Kondensator um 90° phasenverschoben und zwar so, dass die Spannung dem Strom nacheilt.

Besonders deutlich kommt diese Tatsache bei der Darstellung im Zeigerdiagramm zum Ausdruck. Der Ohm'sche Widerstand ist rein reell, also ein Wirkwiderstand. Der induktive und kapazitive Widerstand dagegen ist rein imaginär, also ein Blindwiderstand. Dabei werden ideale Bauelemente vorausgesetzt, die keine Ohm'schen Widerstände aufweisen. Reale Bauelemente können als Kombinationen von Spule und Widerstand bzw. Kondensator und Widerstand dargestellt werden.

Aus dem Frequenzverhalten folgt, dass eine ideale Spule für Gleichstrom einen Kurzschluss darstellt, mit steigender Frequenz eines Wechselstromes aber immer hochohmiger wird. Ein Kondensator sperrt den Gleichstrom und wird bei Wechselstrom mit zunehmender Frequenz immer niederohmiger.

	Ohmscher Widerstand (Wirkwiderstand)	Spule (induktiver Blindwiderst.)	Kondensator (kapazitiver Blindwiderst.)
Schaltzeichen	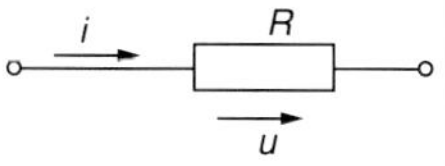	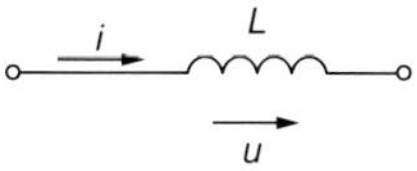	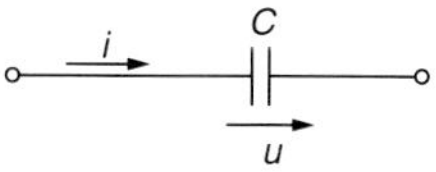
Strom	$i(t) = \hat{i}\cos(\omega t + \varphi_i) = I\sqrt{2}\cos(\omega t + \varphi_i)$ $\underline{I} = I\,e^{j\varphi_i}$		
Spannung	$u = i\,R$ **(A-10)** $u(t) = \hat{i}\,R\cos(\omega t + \varphi_i)$ $= \hat{u}\cos(\omega t + \varphi_i)$ $\underline{U} = \underline{I}R$ **(A-178)** $U = IR$ **(A-181)**	$u = L\,di/dt$ **(A-117)** $u(t) = -\hat{i}\,\omega L\sin(\omega t + \varphi_i)$ $= \hat{u}\cos(\omega t + \varphi_i + \pi/2)$ $\underline{U} = j\omega L\,\underline{I}$ **(A-179)** $U = I\omega L = I\,X_L$ **(A-182)**	$u = \frac{1}{C}\int i\,dt$ **(A-74)** $u(t) = \frac{1}{\omega C}\,\hat{i}\sin(\omega t + \varphi_i)$ $= \hat{u}\cos(\omega t + \varphi_i - \pi/2)$ $\underline{U} = -\frac{j}{\omega C}\,\underline{I}$ **(A-180)** $U = I/\omega C = I\,\lvert X_C\rvert$ **(A-183)**
Zeitdiagramm für $\varphi_i = 0$	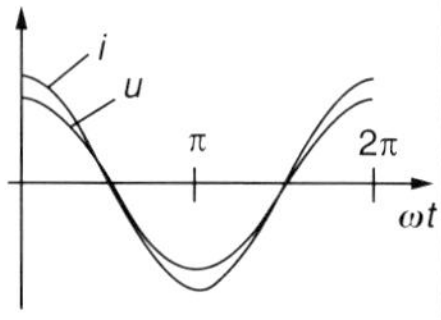 $\varphi = \varphi_u - \varphi_i = 0$	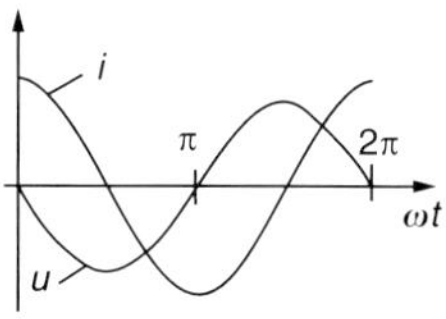 $\varphi = \varphi_u - \varphi_i = \pi/2$	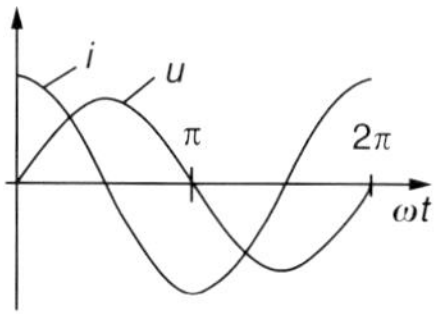 $\varphi = \varphi_u - \varphi_i = -\pi/2$
Zeigerdiagramm für $\varphi_i = 0$	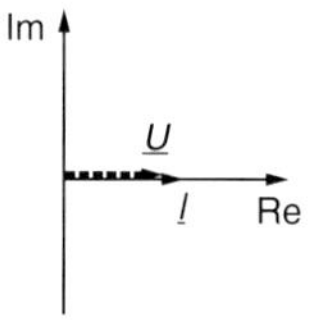	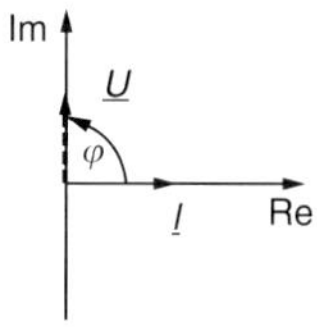	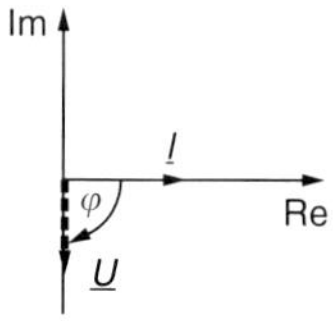
komplexer Widerstand $\underline{Z} = R + jX$ und Leitwert $\underline{Y} = G + jB$	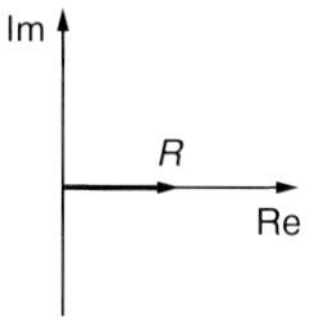 $\underline{Z} = R$ **(A-184)** $\underline{Y} = G = 1/R$	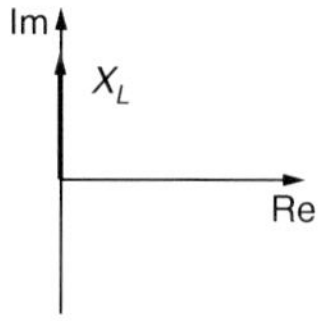 $\underline{Z} = jX_L = j\omega L$ **(A-185)** $\underline{Y} = jB_L = -\frac{j}{\omega L}$	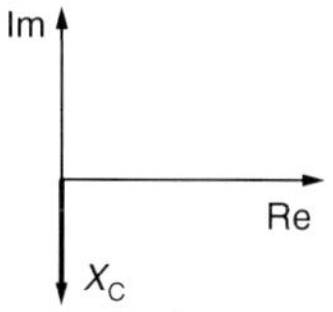 $\underline{Z} = jX_C = -\frac{j}{\omega C}$ **(A-186)** $\underline{Y} = jB_C = j\omega C$
Frequenzabhängigkeit	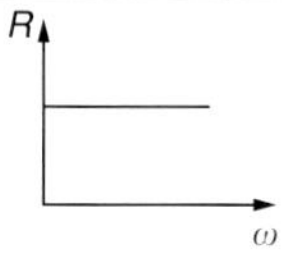 $R = \text{const}$	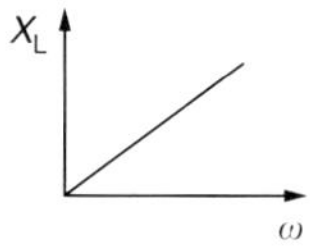 $X_L = \omega L$ **(A-187)**	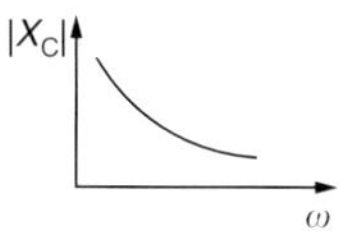 $X_C = \frac{1}{\omega C}$ **(A-188)**

Bild A-62 Wechselstromverhalten von Widerstand, Spule und Kondensator

Bezüglich der Leistungen kann folgendes festgestellt werden. Nur beim Ohm'schen Widerstand wird Wirkleistung nach Gl. (A-166) umgesetzt:

$$P = I^2 R = \frac{U^2}{R}.$$

An der Spule tritt lediglich induktive Blindleistung nach Gl. (A-169) auf:

$$Q_\mathrm{L} = I^2 X_\mathrm{L} = I^2 \omega L = \frac{U^2}{X_\mathrm{L}} = \frac{U^2}{\omega L}.$$

Am Kondensator ist die kapazitive Blindleistung nach Gl. (A-169):

$$Q_\mathrm{C} = I^2 X_\mathrm{C} = -I^2/\omega C = \frac{U^2}{X_\mathrm{C}} = -U^2 \omega C.$$

Beispiel
A-22: Eine ideale Spule wird an Wechselspannung mit $U = 230$ V und $f = 50$ Hz gelegt. Ein Wechselstrommessgerät zeigt einen Strom von $I = 1{,}8$ A, der durch die Spule fließt. Wie groß sind Induktivität L, Blindwiderstand X_L, Blindleitwert B_L sowie die aufgenommene Leistung?

Lösung:
Nach Gl. (A-182) ist der Blindwiderstand

$$X_\mathrm{L} = U/I = 230\mathrm{V}/1{,}8\,\mathrm{A} = 128\,\Omega.$$

Der Blindleitwert beträgt nach Gl. (A-185)

$$B_\mathrm{L} = -1/X_\mathrm{L} = -7{,}83 \cdot 10^{-3}\mathrm{S}.$$

Die Induktivität ergibt sich aus Gl. (A-187)

$$L = X_\mathrm{L}/\omega = 0{,}407\,\Omega\mathrm{s} = 407\mathrm{mH}.$$

Es wird keine Wirkleistung aufgenommen sondern nur Blindleistung:

$$Q = IU = 414 \text{ var}.$$

Der Phasenverschiebungswinkel zwischen Strom und Spannung beträgt $\varphi = 90°$. Damit wird der Leistungsfaktor $\cos\varphi = 0$ und der Blindfaktor $\sin\varphi = 1$.

A.5.5 Wechselstromschaltungen von Widerstand, Spule und Kondensator

Kirchhoff'sche Regeln Die *Knotenregel* Gl. (A-21) gilt nicht nur für Gleichstrom, sondern auch für Wechselstrom (Bild A-63a). Da im Knoten keine Ladungen

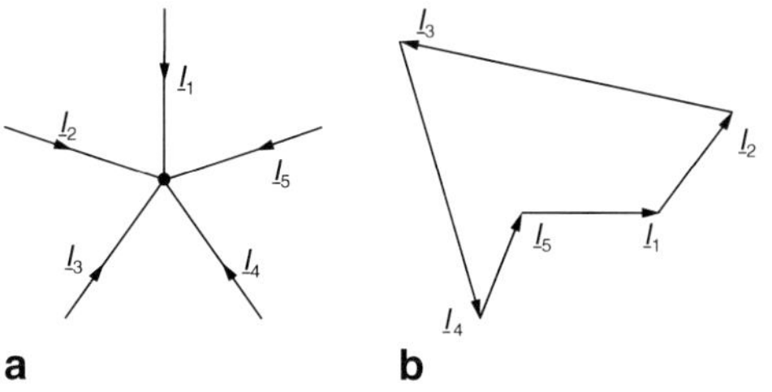

Bild A-63 Knotenregel bei Wechselstrom, **a**) Ströme im Knoten, **b**) Polygondarstellung

entstehen oder verschwinden können, muss die Summe aller Ströme für die Augenblickswerte der Ströme verschwinden. Dies ist dann der Fall, wenn die vektorielle Summe der Stromzeiger null ergibt:

$$\sum_{k} \underline{I}_{\mathrm{k}} = 0. \tag{A-189}$$

Grafisch ist diese Bedingung erfüllt, wenn das Polygon aus den Stromzeigern im Zeigerdiagramm geschlossen ist (Bild A-63b).

In gleicher Weise gilt die *Maschenregel* Gl. (A-22) nicht nur für Gleichstrom sondern für die Spannungszeiger in einer Masche bei Wechselstrom:

$$\sum_{k} \underline{U}_{k} = 0. \tag{A-190}$$

Innerhalb einer Masche muss die Vektorsumme aller Zeiger null ergeben. Auch diese Bedingung bedeutet grafisch, dass die Summe aller Spannungszeiger ein geschlossenes Polygon ergibt.

Reihenschaltungen Bild A-64 zeigt die Zusammenhänge zwischen Strom und Spannung sowie den komplexen Widerstand bei Reihenschaltungen von Widerstand und Spule bzw. Kondensator.

Nach der Maschenregel ist die Gesamtspannung $\underline{U}$ die Summe der Teilspannungen $\underline{U}_{\mathrm{R}}$ und $\underline{U}_{\mathrm{L}}$ bzw. $\underline{U}_{\mathrm{R}}$ und $\underline{U}_{\mathrm{C}}$; Gl. (A-191, 192). Da alle Bauelemente vom selben Strom durchflossen werden, können die Spannungen mithilfe der Gl. (A-178), (A-179) und (A-180) berechnet werden.

Die Zeichnung des Zeigerdiagramms beginnt man zweckmäßigerweise mit dem gemeinsamen Strom, der die Bezugsrichtung darstellt. Die Spannung am Widerstand ist in Phase zum Strom, an der Spule eilt sie um 90° vor, am Kondensator um 90° nach. Damit ist die resultierende Spannung $\underline{U}$ konstruierbar, die gegenüber dem Strom eine Phasenverschiebung φ aufweist. Aus Blind- und Wirkwiderstand lässt sich der Scheinwiderstand Z berechnen.

Das Schaltbild der Reihenschaltung von Spule und Widerstand (Bild A-64) dient als Ersatzschaltbild einer *realen*, d. h. *verlustbehafteten* Spule. Sie hat bei Gleichspannungsbetrieb den Widerstand R und bei Wechselspannungsbetrieb den Scheinwiderstand

$$Z = \sqrt{R^2 + (\omega L)^2}.$$

	Widerstand und Spule		Widerstand und Kondensator	
Schaltplan	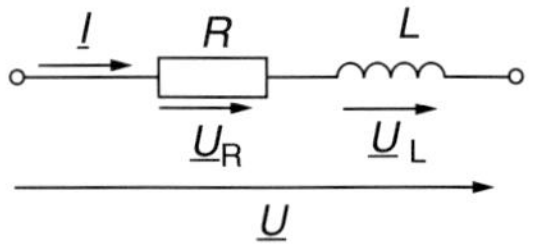		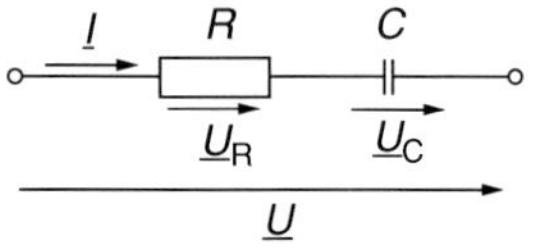	
Strom	$\underline{I} = I e^{j\varphi_i}, \underline{I} = \underline{I}_R = \underline{I}_L$		$\underline{I} = I e^{j\varphi_i}, \underline{I} = \underline{I}_R = \underline{I}_C$	
Spannung	$\underline{U} = \underline{U}_R + \underline{U}_L$	**(A-191)**	$\underline{U} = \underline{U}_R + \underline{U}_C$	**(A-192)**
	$\underline{U} = \underline{I}\,\underline{Z}$	**(A-160)**	$\underline{U} = \underline{I}\,\underline{Z}$	**(A-160)**
	$\underline{U} = \underline{I}(R + j\omega L)$	**(A-193)**	$\underline{U} = \underline{I}(R - j/\omega C)$	**(A-194)**
Zeiger-diagramm für $\varphi_i = 0$	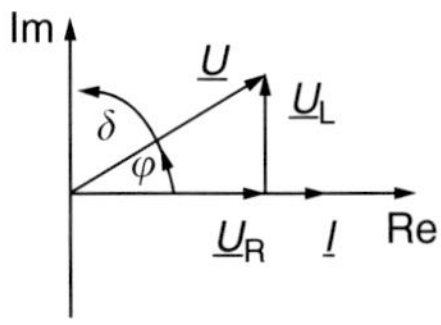 $\varphi = \varphi_u - \varphi_i > 0$		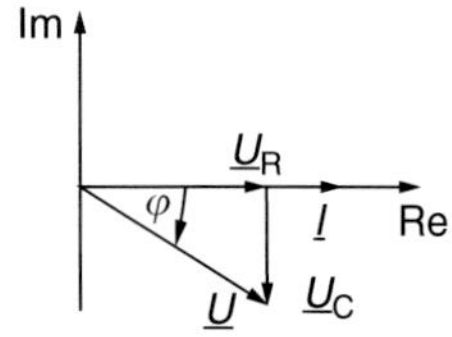 $\varphi = \varphi_u - \varphi_i < 0$	
komplexer Widerstand $\underline{Z} = R + jX$	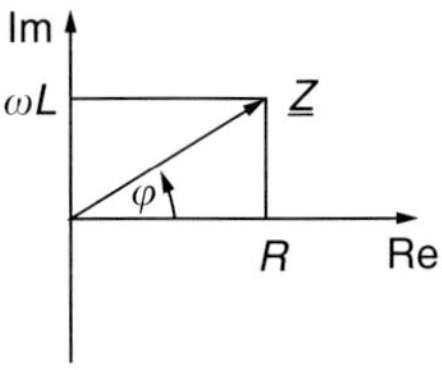 $Z = \lvert\underline{Z}\rvert = \frac{U}{I} = \sqrt{R^2 + (\omega L)^2}$	**(A-195)**	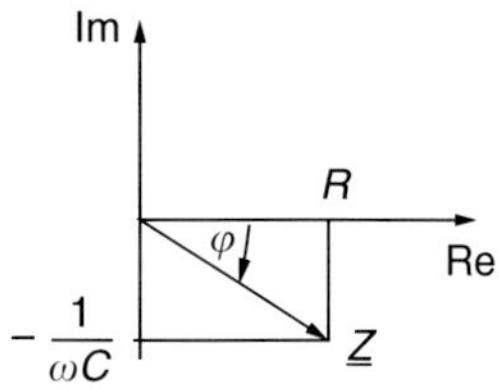 $Z = \lvert\underline{Z}\rvert = \frac{U}{I} = \sqrt{R^2 + \frac{1}{(\omega C)^2}}$	**(A-196)**
Phasenver-schiebungswinkel	$\tan\varphi = \frac{\omega L}{R}$	**(A-197)**	$\tan\varphi = -\frac{1}{R\omega C}$	**(A-198)**
Verlustwinkel	$\delta = \frac{\pi}{2} - \varphi$	**(A-199)**		
Verlustfaktor	$d = \tan\delta = \frac{R}{\omega L} = \frac{P}{Q}$	**(A-200)**		

Bild A-64 Reihenschaltungen

Der Phasenverschiebungswinkel φ einer verlustlosen Spule ist $\varphi = 90°$. Bei der verlustbehafteten Spule ist $\varphi < 90°$. Die Abweichung δ von 90° ist ein Maß für die Verluste und wird als *Verlustwinkel* bezeichnet. Der Tangens dieses Winkels ist der *Verlustfaktor*. Aus Bild A-56 ergibt sich, dass der Verlustfaktor d das Verhältnis von Wirk- zu Blindleistung darstellt.

Weil der Blindwiderstand X_L einer Spule den Strom durch die Spule im Vergleich zum Gleichstrom reduziert oder „drosselt", wenn sie mit Wechselspannung betrieben wird, bezeichnet man eine Spule an Wechselspannung auch als *Drossel*.

Beispiel

A-23: Eine reale, verlustbehaftete Spule nimmt bei $U\_ = 230\,\text{V}$ Gleichspannung den Strom $I\_ = 9\,\text{A}$ auf, bei $U = 230\,\text{V}$ Wechselspannung ($f = 50\,\text{Hz}$) dagegen nur $I = 2\,\text{A}$. Wie groß sind Wirkwiderstand R, Scheinwiderstand Z, Blindwiderstand X_L, Induktivität L und Verlustwinkel δ?

Lösung:
Der Wirkwiderstand beträgt

$$R = \frac{U\_}{I\_} = \frac{230\,\text{V}}{9\,\text{A}} = 25,6\,\Omega.$$

(Der Blindwiderstand X_L ist bei Gleichspannung null.)
Der Scheinwiderstand ist nach Gl. (A-164)

$$Z = \frac{U}{I} = \frac{230\,\text{V}}{2\text{A}} = 115\,\Omega.$$

Der Blindwiderstand ist nach Gl. (A-170)

$$X_\text{L} = \sqrt{Z^2 - R^2} = \sqrt{115^2 - 25,6^2}\,\Omega = 112\,\Omega.$$

Aus Gl. (A-187) folgt für die Induktivität

$$L = \frac{X_\text{L}}{\omega} = \frac{112\,\Omega}{2\pi \cdot 50\text{s}^{-1}} = 0,357\ \text{H}.$$

Der Phasenverschiebungswinkel $\varphi = \varphi_\text{u} - \varphi_\text{i}$ ist nach Gl. (A-197)

$$\varphi = \arctan\left(\frac{\omega L}{R}\right) = \arctan\left(\frac{X_\text{L}}{R}\right) = 77,2°;$$

damit wird der Verlustwinkel $\delta = 90° - \varphi = 12{,}8°$.
Die Wirkleistung beträgt nach Gl. (A-147) und (A-151)

$$P = U I \cos\varphi = I^2 R = 102\ \text{W}.$$

Für die Blindleistung ergibt sich nach Gl. (A-149)

$$Q = U I \sin\varphi = I^2 X_\text{L} = 448\ \text{var}.$$

Demnach ist der Verlustfaktor

$$d = \tan\delta = \frac{P}{Q} = 0,228.$$

Parallelschaltung Bild A-65 zeigt für Parallelschaltungen von Widerstand und Spule bzw. Kondensator die Verhältnisse bei Wechselstrombetrieb.

<table>
<tr><th></th><th>Widerstand und Spule</th><th></th><th>Widerstand und Kondensator</th><th></th></tr>
<tr><td>Schaltplan</td><td colspan="2">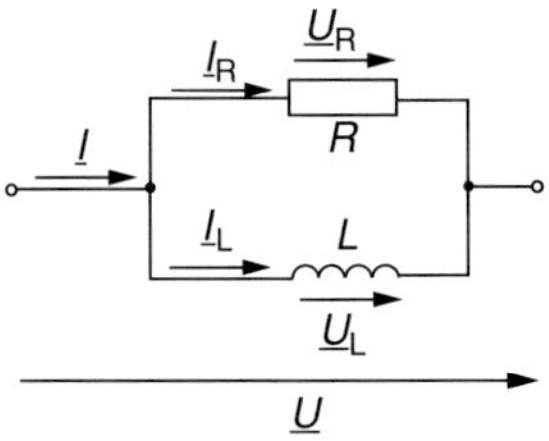
</td><td colspan="2">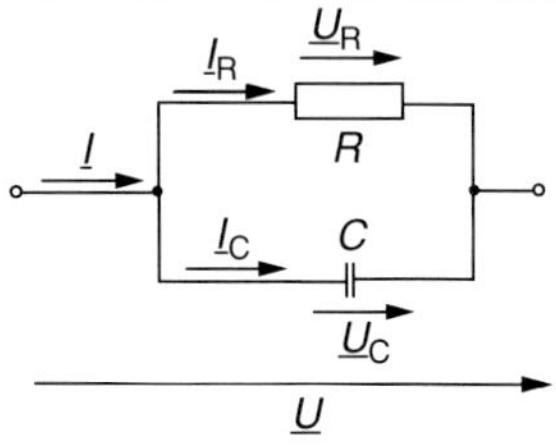
</td></tr>
<tr><td>Spannung</td><td colspan="2">$\underline{U} = U e^{j\varphi_u}$, $\underline{U} = \underline{U}_R = \underline{U}_L$</td><td colspan="2">$\underline{U} = U e^{j\varphi_u}$, $\underline{U} = \underline{U}_R = \underline{U}_C$</td></tr>
<tr><td>Strom</td><td>$\underline{I} = \underline{I}_R + \underline{I}_L$
$\underline{I} = \underline{U}\,\underline{Y} = \underline{U}\,(G + jB)$
$\underline{I} = \underline{U}\,(1/R - j/\omega L)$</td><td>(A-201)
(A-161)
(A-203)</td><td>$\underline{I} = \underline{I}_R + \underline{I}_C$
$\underline{I} = \underline{U}\,\underline{Y} = \underline{U}\,(G + jB)$
$\underline{I} = \underline{U}\,(1/R + j\omega C)$</td><td>(A-202)
(A-161)
(A-204)</td></tr>
<tr><td>Zeiger-
diagramm
für $\varphi_u = 0$</td><td colspan="2">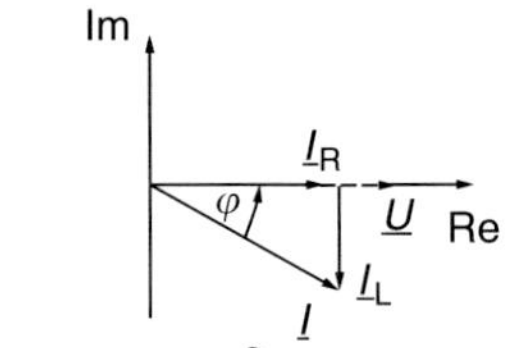

$\varphi = \varphi_u - \varphi_i > 0$</td><td colspan="2">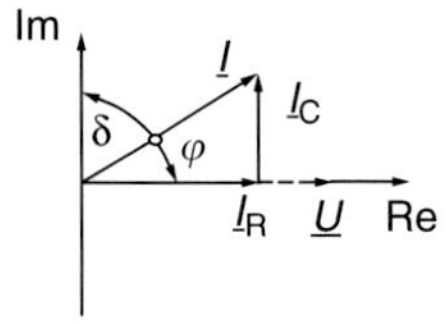

$\varphi = \varphi_u - \varphi_i < 0$</td></tr>
<tr><td>komplexer
Leitwert
$\underline{Y} = G + jB$
und
komplexer
Widerstand
$\underline{Z} = 1/\underline{Y}$</td><td colspan="2">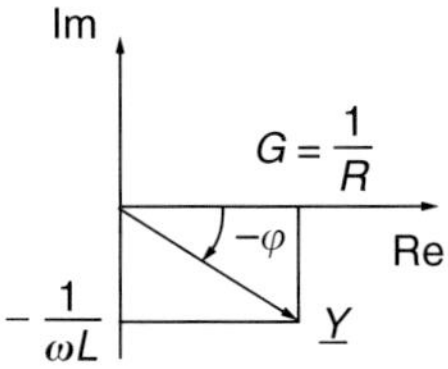

$Y = |\underline{Y}| = \sqrt{G^2 + B^2} = \sqrt{\frac{1}{R^2} + \frac{1}{(\omega L)^2}}$

$\underline{Z} = \frac{Rj\omega L}{R + j\omega L}$ (A-205)</td><td colspan="2">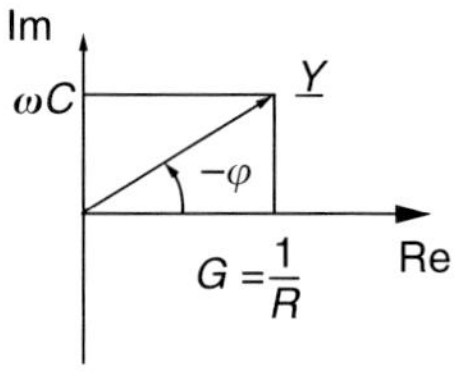

$Y = |\underline{Y}| = \sqrt{G^2 + B^2} = \sqrt{\frac{1}{R^2} + (\omega C)^2}$

$\underline{Z} = \frac{-j\,R/(\omega C)}{R - j/(\omega C)}$ (A-206)</td></tr>
<tr><td>Phasenver-
schiebungswinkel</td><td>$\tan\varphi = \frac{R}{\omega L}$</td><td>(A-207)</td><td>$\tan\varphi = -\frac{\omega C}{G} = -\omega CR$</td><td>(A-208)</td></tr>
<tr><td>Verlustwinkel</td><td></td><td></td><td>$\delta = \frac{\pi}{2} - |\varphi| = \frac{\pi}{2} + \varphi$</td><td>(A-209)</td></tr>
<tr><td>Verlustfaktor</td><td></td><td></td><td>$d = \tan\delta = \frac{1}{R\omega C} = \frac{P}{|Q|}$</td><td>(A-210)</td></tr>
</table>

Bild A-65 Parallelschaltungen

Nach der Maschenregel ist die Gesamtspannung $\underline{U}$ identisch mit den Spannungen in beiden Teilzweigen. Der Gesamtstrom $\underline{I}$ ist nach der Knotenregel die Summe der beiden Teilströme.

Da alle Bauelemente an derselben Spannung $\underline{U}$ liegen, wird im Zeigerdiagramm zweckmäßigerweise diese Spannung auf die reelle Achse gelegt. Der Strom im Widerstand ist in Phase zur Spannung, in der Spule um 90° nacheilend, im Kondensator um 90° voreilend. Damit ist der Gesamtstrom $\underline{I}$ bestimmbar, der gegenüber der Spannung $\underline{U}$ eine Phasenverschiebung aufweist. Aus Blind- und Wirkleitwert lässt sich der Scheinleitwert Y berechnen.

Das Schaltbild der Parallelschaltung von Kondensator und Widerstand (Bild A-65) dient als Ersatzschaltbild eines *realen*, d. h. *verlustbehafteten* Kondensators. Er hat im Gleichspannungsfall den (geringen) Leitwert $G = 1/R$ und nimmt bei Wechselspannungsbetrieb den Scheinleitwert

$$Y = \sqrt{G^2 + (\omega C)^2}$$

an, wird also mit steigender Frequenz niederohmiger.

Der ideale Kondensator hat den Phasenverschiebungswinkel $\varphi = -90°$. Zur Beschreibung der Verluste eines Kondensators ist es deshalb sinnvoll, den Komplementärwinkel δ zu 90° als *Verlustwinkel* zu definieren. Der Verlustfaktor d gibt das Verhältnis von Wirk- zu Blindleistung an.

Beispiel

A-24: Ein realer, verlustbehafteterKondensator wird vom Strom $I\_ = 2{,}5\,\text{mA}$ durchflossen, wenn er an $U\_ = 230$ V Gleichspannung gelegt wird. An $U = 230$ V Wechselspannung ($f = 50\,\text{Hz}$) nimmt er $I = 750\,\text{mA}$ auf. Wie groß sind Wirkleitwert G, Scheinleitwert Y, Blindleitwert B, Kapazität C und Verlustwinkel δ?

Lösung:

Der Wirkleitwert beträgt

$$G = \frac{\underline{I}}{\underline{U}} = \frac{2,5 \cdot 10^{-3}\,\text{A}}{230\,\text{V}} = 10,9\,\mu\text{S},$$

der Wirkwiderstand ist

$$\text{R} = 1/G = 92\,\text{k}\Omega.$$

Der Scheinleitwert folgt aus Gl. (A-165):

$$Y = \frac{I}{U} = \frac{0,75\text{A}}{230\,\text{V}} = 3{,}26\,\text{mS},$$

der Scheinwiderstand ist

$$Z = 1/Y = 307\,\Omega.$$

Der Blindleitwert ist nach Gl. (A-171)

$$|B| = \sqrt{Y^2 - G^2} \approx 3{,}26\,\text{mS}.$$

Für den Phasenverschiebungswinkel gilt nach Gl. (A-167)

$$\cos\varphi = \frac{G}{Y} = 3,33 \cdot 10^{-3} \quad \text{und} \quad \varphi = -89,81°.$$

Damit ist die Kapazität nach Gl. (A-208)

$$C = -\frac{G \tan\varphi}{2\pi f} = 10{,}4\,\mu\text{F}.$$

Der Verlustwinkel ist $\delta = 0{,}191°$, der Verlustfaktor beträgt $d = 3{,}33 \cdot 10^{-3}$.
Für die Leistungen gilt:

Wirkleistung $P = \frac{U^2}{R} = UI\cos\varphi = 0,575W$,

Blindleistung $Q = -U^2B = UI\sin\varphi = -172\,\text{var}$,

Verlustfaktor $d = \frac{P}{|Q|} = \tan\delta = 3,33 \cdot 10^{-3}$.

Äquivalente Umwandlungen Bei gegebener Frequenz lässt sich jede Reihenschaltung aus Wirk- und Blindwiderständen in eine Parallelschaltung umwandeln und umgekehrt (Bild A-66). Beide Schaltungen sind identisch, wenn sie den gleichen komplexen Widerstand $\underline{Z}$ besitzen, d. h. wenn der Scheinwiderstand Z und der Phasenverschiebungswinkel φ gleich sind.

Für eine Umwandlung einer Parallelschaltung mit dem Gesamtleitwert

$$\underline{Y}_\text{p} = G_\text{p} + \text{j}B_\text{p}$$

in eine Reihenschaltung mit dem Gesamtwiderstand

$$\underline{Z}_\text{r} = R_\text{r} + \text{j}X_\text{r}$$

muss gelten:

$$\underline{Z}_\text{p} = \frac{1}{\underline{Y}_\text{p}} = \underline{Z}_\text{r}.$$

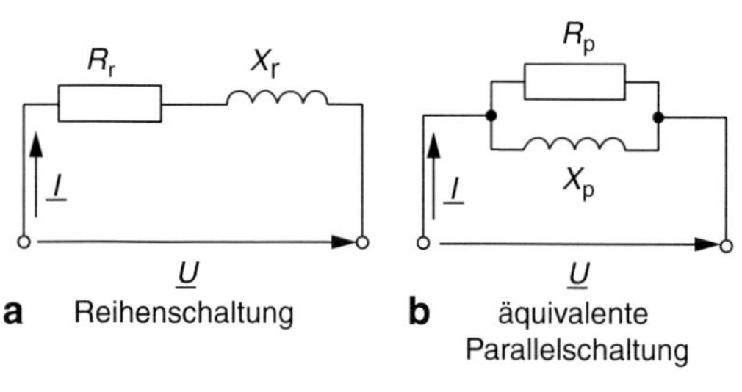

Bild A-66 Reihenschaltung und äquivalente Parallelschaltung

Für den Widerstand der Parallelschaltung folgt daraus:

$$\underline{Z}_\mathrm{p} = \frac{1}{G_\mathrm{p} + \mathrm{j}B_\mathrm{p}} = \frac{G_\mathrm{p} - \mathrm{j}B_\mathrm{p}}{G_\mathrm{p}^2 + B_\mathrm{p}^2}.$$

Durch Vergleich von Realteil und Imaginärteil der beiden Ausdrücke

$$\frac{G_\mathrm{p} - \mathrm{j}B_\mathrm{p}}{G_\mathrm{p}^2 + B_\mathrm{p}^2} = R_\mathrm{r} + \mathrm{j}\,X_\mathrm{r}$$

folgen die gesuchten Widerstände:

$$R_\mathrm{r} = \frac{G_\mathrm{P}}{G_\mathrm{P}^2 + B_\mathrm{P}^2} \quad \text{und} \tag{A-211}$$

$$X_\mathrm{r} = -\frac{B_\mathrm{p}}{G_\mathrm{p}^2 + B_\mathrm{p}^2}. \tag{A-212}$$

Setzt man anstatt der Leitwerte die Wirk- und Blindwiderstände ein ($G_\mathrm{p} = 1/R_\mathrm{p}$ und $B_\mathrm{p} = -1/X_\mathrm{p}$), dann ergibt sich

$$R_\mathrm{r} = \frac{R_\mathrm{P} X_\mathrm{P}^2}{R_\mathrm{P}^2 + X_\mathrm{P}^2} \quad \text{und} \tag{A-213}$$

$$X_\mathrm{r} = \frac{R_\mathrm{p}^2 X_\mathrm{p}}{R_\mathrm{p}^2 + X_\mathrm{p}^2}. \tag{A-214}$$

Für die Umwandlung einer Reihenschaltung mit dem Gesamtwiderstand

$$\underline{Z}_\mathrm{r} = R_\mathrm{r} + \mathrm{j}X_\mathrm{r}$$

in eine Parallelschaltung mit dem Gesamtleitwert

$$\underline{Y}_\mathrm{p} = G_\mathrm{p} + \mathrm{j}B_\mathrm{p}$$

muss gelten:

$$\underline{Y}_\mathrm{r} = \frac{1}{\underline{Z}_\mathrm{r}} = \underline{Y}_\mathrm{p}.$$

Daraus folgt für die erforderlichen Wirk- und Blindleitwerte:

$$G_\mathrm{P} = \frac{R_\mathrm{r}}{R_\mathrm{r}^2 + X_\mathrm{r}^2} \quad \text{und} \tag{A-215}$$

$$B_\mathrm{p} = -\frac{X_\mathrm{r}}{R_\mathrm{r}^2 + X_\mathrm{r}^2}. \tag{A-216}$$

Für die Widerstände ergibt sich

$$R_P = \frac{R_r^2 + X_r^2}{R_r} \quad \text{sowie} \tag{A-217}$$

$$X_p = \frac{R_r^2 + X_r^2}{X_r}. \tag{A-218}$$

Beispiel

A-25: Ein Kondensator der Kapazität $C_p = 5\,\mu F$ wird parallel zu einem Widerstand $R_p = 500\,\Omega$ bei der Frequenz $f = 50\,Hz$ betrieben. Welcher Widerstand R_r und welche Kapazität C_r sind erforderlich für eine äquivalente Reihenschaltung?

Lösung:
Der Blindwiderstand des Kondensators ist nach Gl. (A-188)

$$X_p = -\frac{1}{\omega C} = -637\Omega.$$

Aus Gl. (A-213) folgt damit für den erforderlichen Wirkwiderstand

$$R_r = \frac{R_p X_p^2}{R_p^2 + X_p^2} = 309\,\Omega.$$

Der notwendige Blindwiderstand ist nach Gl. (A-214)

$$X_r = \frac{R_p^2 X_p}{R_p^2 + X_p^2} = -243\,\Omega.$$

Damit folgt aus Gl. (A-188) die erforderliche Kapazität der Reihenschaltung

$$C_r = -\frac{1}{\omega X_r} = 13{,}1\,\mu F.$$

Zusammengesetzte Schaltungen Mithilfe der Beziehungen in den Bildern A-63 und Bild A-64 lassen sich auch zusammengesetzte Wechselstromschaltungen berechnen. Die Vorgehensweise entspricht jener für Gleichstromnetzwerke.

Beispiel

A-26: Für die in Bild A-67 gegebene Schaltung sollen die Ströme nach Betrag und Phase sowie der Ersatzwiderstand berechnet werden.
Daten:

$$R_1 = 8\,\Omega, \quad R_2 = 18\,\Omega, \quad C = 50\,\mu F, L = 0{,}4\ H, U = 12\ V, \quad f = 50\,Hz.$$

Lösung:
Der Widerstand im oberen Zweig ist

$$\underline{Z}_1 = R_1 - \frac{j}{\omega C} = (8 - j\,63{,}66)\ \Omega = 64{,}16\ \Omega \cdot e^{-j\,1{,}446} = 64{,}16\ \Omega \cdot e^{-j\,82{,}84^\circ};$$

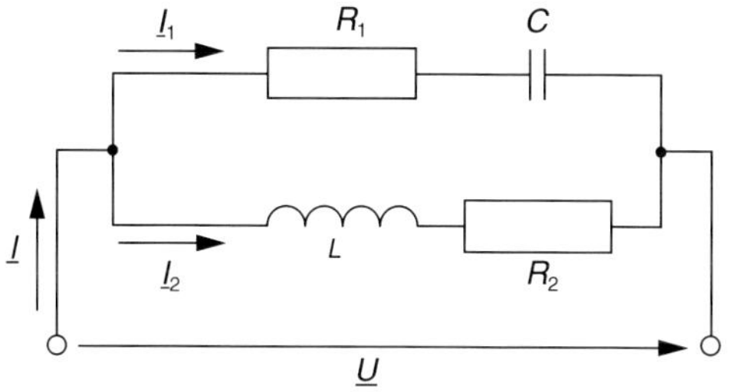

Bild A-67 Gemischte Schaltung, zu Beispiel A-26

der Leitwert beträgt

$$\underline{Y}_1 = \frac{1}{\underline{Z}_1} = 15{,}6\ \text{mS} \cdot e^{j\,1{,}446} = 15{,}6\ \text{mS} \cdot e^{j\,82{,}84^\circ}.$$

Damit ist der Strom im oberen Zweig

$$\underline{I}_1 = \underline{Y}_1\,\underline{U} = 187\ \text{mA} \cdot e^{j1{,}446} = 22{,}32\,\text{mA} + j\ 185{,}6\,\text{mA}.$$

Der Widerstand im unteren Zweig beträgt

$$\underline{Z}_2 = R_2 + j\ \omega L = (18 + j\ 125{,}7)\,\Omega = 127\,\Omega \cdot e^{j1{,}429} = 127\ \Omega \cdot e^{j\ 81{,}85^\circ};$$

dessen Leitwert ist

$$\underline{Y}_2 = \frac{1}{\underline{Z}_2} = 7{,}877\,\text{mS} \cdot e^{-j\,1{,}429}.$$

Der Strom im unteren Zweig wird damit

$$\underline{I}_2 = \underline{Y}_2\,\underline{U} = 94{,}53\,\text{mA} \cdot e^{-j1{,}429} = 13{,}40\,\text{mA} - j\ 93{,}57\,\text{mA}.$$

Der Gesamtstrom ist die Summe der beiden Teilströme:

$$\underline{I} = \underline{I}_1 + \underline{I}_2 = 36{,}72\,\text{mA} + j\,91{,}99\,\text{mA} = 99{,}05\,\text{mA} \cdot e^{j\,1{,}19} = 99{,}05\,\text{mA} \cdot e^{j\,68{,}2^\circ}.$$

Der Effektivwert des Stromes ist I = 99,05 mA, er eilt der Spannung voraus um 1,19 rad = 68,2°, d. h. der Phasenverschiebungswinkel ist

$$\varphi = \varphi_u - \varphi_i = -68{,}2^\circ.$$

Der komplexe Gesamtwiderstand beträgt

$$\underline{Z} = \frac{\underline{U}}{\underline{I}} = 121\,\Omega \cdot e^{-j1{,}19} = 121\,\Omega \cdot e^{-j\,68{,}2^\circ}, \quad \text{wobei}$$

Scheinwiderstand: $Z = U/I = 121\ \Omega$,
Blindwiderstand: $X = Z \sin\varphi = -113\ \Omega$,
Wirkwiderstand: $R = \cos\varphi = 44{,}9\ \Omega$.

A.5.6 Blindstromkompensation

Verbraucher mit hohem induktivem Blindstromanteil (z. B. Elektromotor, Leuchtstofflampe) nehmen aus dem Stromnetz außer der Wirkleistung P auch Blindleistung Q auf. Während die Wirkleistung im Verbraucher in mechanische Energie, Wärme, Licht usw. umgesetzt wird, dient die Blindleistung lediglich zum Auf- und Abbau des magnetischen Wechselfeldes. Nach Bild A-55 strömt während einer Viertelsperiode Blindenergie vom Netz zum Verbraucher und in der nächsten Viertelsperiode vom Verbraucher zurück ins Netz.

Ist der Leistungsfaktor eines Verbrauchers $\cos\varphi_V = P/S < 1$, dann bedeutet das, dass nur ein Teil der zugeführten Scheinleistung in Wirkleistung umgesetzt wird, während der Anteil $\sin\varphi_V = Q/S$ als Blindleistung anfällt. Anders ausgedrückt: wenn der Verbraucher eine ganz bestimmte Wirkleistung aus dem Netz entnimmt, dann muss der Generator eine wesentlich höhere Leistung zur Verfügung stellen. Der Generator muss also unnötig groß dimensioniert werden. Zusätzlich entstehen in den Zuleitungen Verluste weil der Strom in den Zuleitungen um $1/\cos\varphi_V$ größer ist als bei reiner Wirklast mit $\cos\varphi_V = 1$. Im Sinne einer sinnvollen Energieausnutzung muss deshalb darauf geachtet werden, dass alle Verbraucher mit einem Leistungsfaktor $\cos\varphi_V =1$ Energie aus dem Netz entnehmen.

Bei induktiver Last, dem Fall, der am häufigsten auftritt, kann durch Parallelschalten eines Kondensators der Leistungsfaktor verbessert und im Idealfall auf $\cos\varphi = 1$ gebracht werden (Bild A-68). Der Blindstrom des Gerätes wird durch den Blindstrom des Kondensators kompensiert. Die Blindleistung pendelt dann nur noch zwischen Spule und Kondensator hin und her und belastet nicht das Netz.

Im Zeigerdiagramm von Bild A-68 ist $\underline{I}_V$ der Strom durch den Verbraucher (Widerstand und Spule). Für den Phasenverschiebungswinkel gilt

$$\tan\varphi_V = \frac{U_L}{U_R} = \frac{\omega L}{R} = \frac{Q}{P}.$$

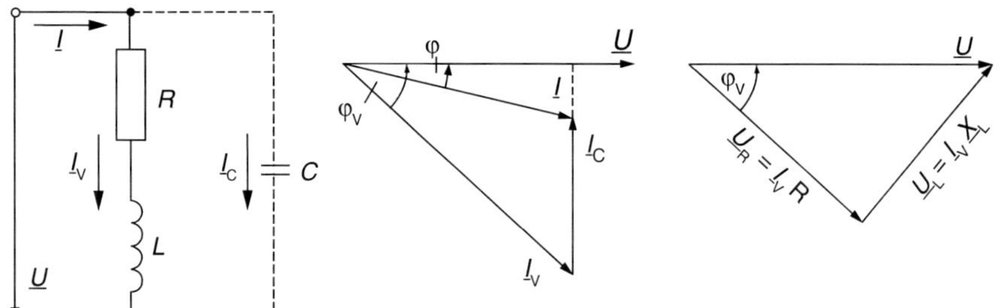

Bild A-68 Kompensation induktiver Blindleistung durch einen Kondensator, **a**) Schaltung, **b**) Zeigerdiagramme

Eine vollständige Kompensation erfolgt, wenn der Phasenverschiebungswinkel φ zwischen Spannung $\underline{U}$ und Gesamtstrom $\underline{I}$ null wird. Das ist dann der Fall, wenn der Gesamtleitwert $\underline{Y}$ der Schaltung reell ist. Der Leitwert beträgt:

$$\underline{Y} = \mathrm{j}\omega C + \frac{1}{R + \mathrm{j}\omega L} = \mathrm{j}\omega C + \frac{R - \mathrm{j}\omega L}{R^2 + (\omega L)^2} \quad \text{oder}$$

$$\underline{Y} = \frac{R}{R^2 + (\omega L)^2} + \mathrm{j}\left(\omega C - \frac{\omega L}{R^2 + (\omega L)^2}\right).$$

Der Leitwert ist reell, wenn der Imaginärteil verschwindet, d. h. wenn $\omega C = \frac{\omega L}{R^2+(\omega L)^2}$, woraus für die erforderliche Kapazität folgt

$$C = \frac{L}{R^2 + (\omega L)^2}.$$

Man kann auch argumentieren, dass die gesamte Blindleitung nach der Kompensation null sein muss:

$$Q_{\mathrm{ges}} = Q + Q_{\mathrm{c}} = 0 \quad \text{oder} \quad P \tan\varphi_{\mathrm{v}} - U^2\omega C = 0.$$

Daraus folgt für die notwendige Kapazität

$$C = \frac{P \tan\varphi_{\mathrm{v}}}{\omega U^2}. \tag{A-219}$$

Bleibt noch ein gewisser induktiver Phasenverschiebungswinkel φ bestehen, dann gilt gemäß Bild A-68b:

$$\tan\varphi = \frac{I_{\mathrm{v}} \sin\varphi_{\mathrm{v}} - I_{\mathrm{C}}}{I_{\mathrm{v}} \cos\varphi_{\mathrm{v}}} = \tan\varphi_{\mathrm{v}} - \frac{I_{\mathrm{C}}}{I_{\mathrm{v}} \cos\varphi_{\mathrm{v}}} \quad \text{oder}$$

$$\tan\varphi_{\mathrm{v}} - \tan\varphi = \frac{I_{\mathrm{C}}}{I_{\mathrm{v}} \cos\varphi_{\mathrm{v}}} = \frac{\omega C U}{I_{\mathrm{v}} \cos\varphi_{\mathrm{v}}} = \frac{\omega C U^2}{P}.$$

Daraus ergibt sich die erforderliche Kapazität zu

$$C = \frac{P}{\omega U^2}(\tan\varphi_{\mathrm{v}} - \tan\varphi). \tag{A-220}$$

In der Praxis begnügt man sich meist mit einer Kompensation auf $\cos\varphi \approx 0{,}9$.

Neben der *Einzelkompensation* jedes einzelnen Gerätes wird in größeren Anlagen auch *Gruppenkompensation* angewendet, wo eine Gruppe von Verbrauchern eine gemeinsame Kompensationsanlage besitzt. Bei häufig wechselnder Last verschiedener Verbraucher ist eine *Zentralkompensation* sinnvoll, wobei je nach anfallender Blindleistung Kondensatoren aus einer Kondensatorbatterie zugeschaltet werden.

Beispiel

A-27: Eine Leuchtstofflampe der Leistung $P = 40$ W wird bei $U = 230$ V Wechselspannung mit $f = 50$ Hz betrieben. Der aufgenommene Strom ist $I_\mathrm{v} = 0{,}4$ A. Infolge der Vorschaltdrosselspule stellt eine Leuchtstoffröhre eine induktive Last dar.

Wie groß muss die Kapazität eines parallel geschalteten Kompensationskondensators sein bei

a) vollständiger Kompensation auf $\cos\varphi = 1$,

b) Kompensation auf $\cos\varphi = 0{,}95$?

Lösung:

Die Scheinleistung der Lampe ist

$$S = UI = 92\,\mathrm{W}.$$

Der Leistungsfaktor der Lampe (Verbraucher) ist nach Gl. (A-151)

$$\cos\varphi_\mathrm{v} = \frac{P}{S} = \frac{40\,\mathrm{W}}{92\,\mathrm{W}} = 0{,}435,$$

damit ist der Phasenverschiebungswinkel $\varphi_\mathrm{v} = 64{,}2°$.

a) Bei vollständiger Kompensation ist nach Gl. (A-219) die notwendige Kapazität

$$C = \frac{P\tan\varphi_\mathrm{v}}{2\pi f U^2} = \frac{40\mathrm{W}\cdot\tan 64{,}2°}{2\pi\cdot 50\mathrm{s}^{-1}\cdot(230\mathrm{V})^2} = 4{,}99\,\mu\mathrm{F}.$$

b) Bei $\cos\varphi = 0{,}95$ ist der Phasenverschiebungswinkel nach der Kompensation $\varphi = 18{,}2°$. Nach Gl. (A-220) ist die erforderliche Kapazität

$$C = \frac{P(\tan\varphi_\mathrm{v} - \tan\varphi)}{2\pi f U^2} = \frac{40\,\mathrm{W}\cdot(\tan 64{,}2° - \tan 18{,}2°)}{2\pi\cdot 50\,\mathrm{s}^{-1}\cdot(230\mathrm{V})^2} = 4{,}19\,\mu\mathrm{F}.$$

A.5.7 Schwingkreise

Bild A-69 zeigt die Schaltpläne von Reihen- und Parallelschwingkreis. Durch Anwendung von Maschen- bzw. Knotenregel kann der Zusammenhang zwischen Strom $\underline{I}$ und Spannung $\underline{U}$ gefunden werden (Gl. (A-221) und (A-222)). Basis für die Zeichnung des Zeigerdiagramms ist beim Reihenschwingkreis der gemeinsame Strom $\underline{I}$, beim Parallelschwingkreis die gemeinsame Spannung $\underline{U}$. Der komplexe Widerstand $\underline{Z}$ des Reihenschwingkreises wie auch der komplexe Leitwert $\underline{Y}$ des Parallelschwingkreises bestehen aus einem Wirkanteil und einem kapazitiven sowie einem induktiven Blindanteil.

Für den Fall, dass die beiden Blindanteile betragsmäßig gleich groß sind, sich also aufheben, liegen Strom $\underline{I}$ und Spannung $\underline{U}$ im Zeigerbild aufeinander,

	Reihenschwingkreis	Parallelschwingkreis
Schaltplan	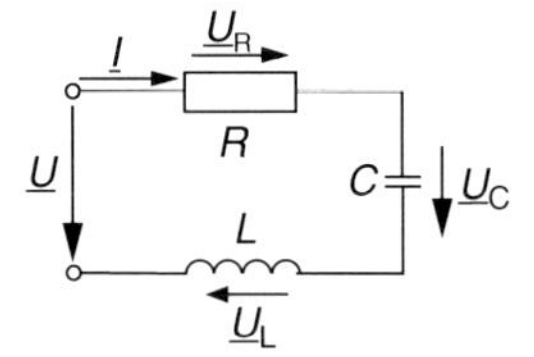	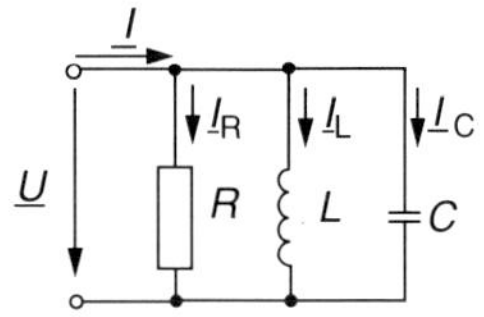
Maschen- bzw. Knotenregel	$\underline{I} = I\mathrm{e}^{\mathrm{j}\varphi_\mathrm{i}}$ $\underline{U} = \underline{U}_\mathrm{R} + \underline{U}_\mathrm{L} + \underline{U}_\mathrm{C} = U\mathrm{e}^{\mathrm{j}(\varphi_\mathrm{i}+\varphi)}$ $= \underline{I}\left(R + \mathrm{j}\omega L - \frac{\mathrm{j}}{\omega C}\right)$ **(A-221)**	$\underline{U} = U\mathrm{e}^{\mathrm{j}\varphi_\mathrm{u}}$ $\underline{I} = \underline{I}_R + \underline{I}_\mathrm{L} + \underline{I}_\mathrm{C} = I\mathrm{e}^{\mathrm{j}(\varphi_\mathrm{u} - \varphi)}$ $= \underline{U}\left(G - \frac{\mathrm{j}}{\omega L} + \mathrm{j}\omega C\right)$ **(A-222)**
Zeiger-diagramm für $\varphi_\mathrm{i} = 0$ bzw. $\varphi_\mathrm{u} = 0$	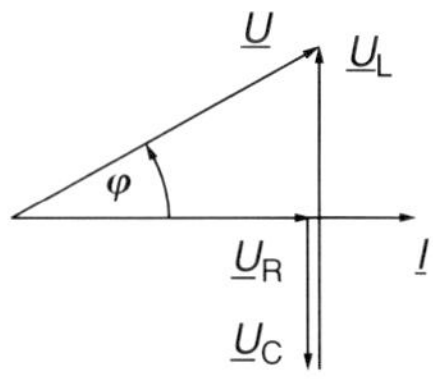	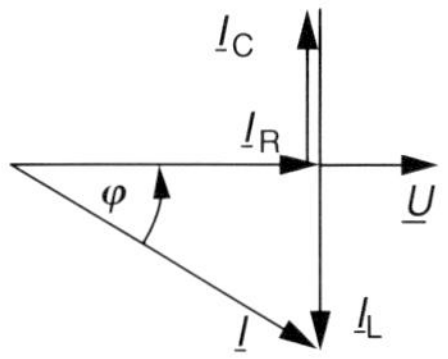
komplexer Widerstand bzw. Leitwert	$\underline{Z} = \frac{\underline{U}}{\underline{I}} = R + \mathrm{j}\omega L - \frac{\mathrm{j}}{\omega C}$ **(A-223)** $Z = \lvert\underline{Z}\rvert = \sqrt{R^2 + \left(\omega L - \frac{1}{\omega C}\right)^2}$ **(A-225)**	$\underline{Y} = \frac{\underline{I}}{\underline{U}} = G + \mathrm{j}\omega C - \frac{\mathrm{j}}{\omega L}$ **(A-224)** $Y = \lvert\underline{Y}\rvert = \sqrt{G^2 + \left(\omega C - \frac{1}{\omega L}\right)^2}$ **(A-226)**
Phasenver-schiebungs-winkel	$\tan\varphi = \frac{\omega L - \frac{1}{\omega C}}{R}$ **(A-227)**	$\tan\varphi = \frac{\frac{1}{\omega L} - \omega C}{G}$ **(A-228)**

Bild A-69 Schwingkreise

der Phasenverschiebungswinkel wird also $\varphi = 0$. Dies ist der Fall, wenn die *Resonanzbedingung*

$$\omega L = \frac{1}{\omega C}$$

erfüllt ist, also bei der Kreisfrequenz bzw. Frequenz

$$\omega_0 = \frac{1}{\sqrt{LC}} \quad \text{oder} \quad f_0 = \frac{1}{2\pi\sqrt{LC}}. \tag{A-229}$$

Gl. (A-229) wird als *Thomson'sche Formel* bezeichnet. Die Frequenz f_0 ist die *Resonanzfrequenz* des ungedämpften Schwingkreises; sie entspricht der Eigenfrequenz mit der ein Schwingkreis aus Spule und Kondensator ohne dämpfenden Widerstand frei schwingt.

Im Zustand der Resonanz hat der Reihenschwingkreis seinen minimalen Widerstand $Z_{min} = R$, wobei der maximale Strom $I_{max} = U/R$ fließt. Der Parallelschwingkreis hat bei der Resonanzfrequenz seinen minimalen Leitwert $Y_{min} = G$, daher fließt in diesem Zustand der minimale Strom $I_{min} = UG = U/R$. Die Schwingkreise zeigen bei Resonanz das Verhalten reiner Wirkwiderstände.

Die Frequenzabhängigkeit der Spannungen soll für den Reihenschwingkreis noch etwas ausführlicher diskutiert werden:

Für den Betrag des Stromes gilt mit Gl. (A-225)

$$I = \frac{U}{Z} = \frac{U}{\sqrt{R^2 + \left(\omega L - \frac{1}{\omega C}\right)^2}}. \tag{A-230}$$

Damit ist die Spannung U_R, die am Ohm'schen Widerstand anliegt

$$U_R = IR = \frac{UR}{\sqrt{R^2 + \left(\omega L - \frac{1}{\omega C}\right)^2}}.$$

Zur weiteren Beschreibung wird die *normierte Spannung* verwendet, d. h. das Verhältnis zwischen Spannung am Widerstand U_R und angelegter Spannung U:

$$\frac{U_R}{U} = \frac{R}{\sqrt{R^2 + \left(\omega L - \frac{1}{\omega C}\right)^2}}.$$

Die Frequenzabhängigkeit wird zweckmäßigerweise mithilfe der *normierten Frequenz* η

$$\eta = \frac{\omega}{\omega_0} = \frac{f}{f_0} \tag{A-231}$$

sowie der *Güte* Q eines Schwingkreises diskutiert:

$$Q = \frac{1}{R}\sqrt{\frac{L}{C}} \tag{A-232}$$

Das Verhältnis der Spannungen kann damit auf folgende Form gebracht werden:

$$\frac{U_R}{U} = \frac{\eta}{\sqrt{\eta^2 + Q^2(\eta^2 - 1)^2}}. \tag{A-233}$$

Eine Darstellung dieser normierten Spannung über der normierten Erregerfrequenz η mit der Güte Q als Parameter zeigt Bild A-70. Im Falle der *Resonanz* ($\eta = 1$, Erregerfrequenz f gleich Eigenfrequenz f_0) ist die Spannung U_R am Widerstand maximal, nämlich so groß wie die am Schwingkreis anliegende Spannung U.

Bild A-70 Resonanzkurven der Spannungen am Reihenschwingkreis, **a**) Spannungsverhältnis am Widerstand, **b**) Spannungsverhältnis am Kondensator, **c**) Spannungsverhältnis an der Spule

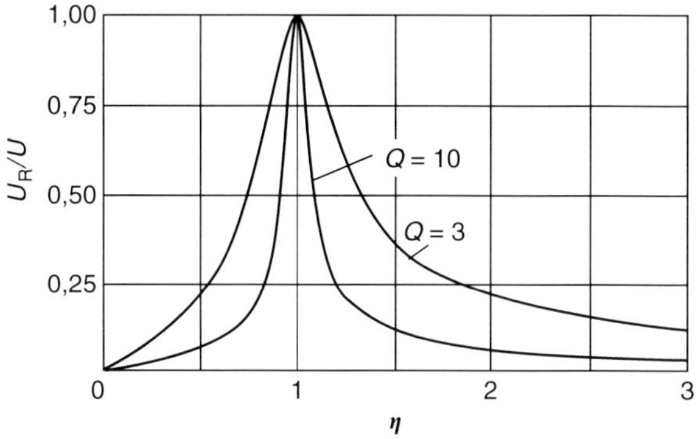

a Spannungsverhältnis am Widerstand

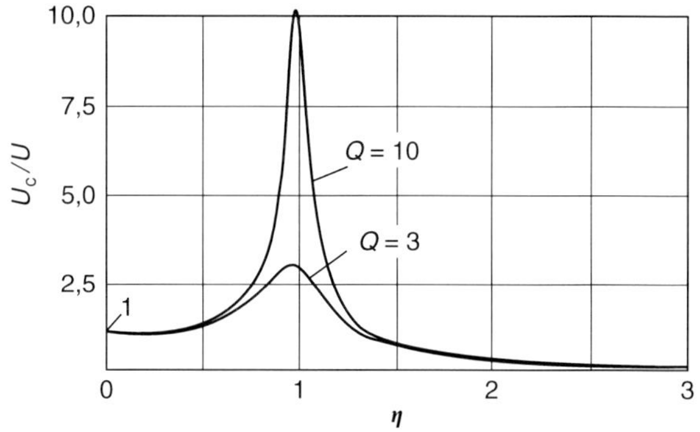

b Spannungsverhältnis am Kondensator

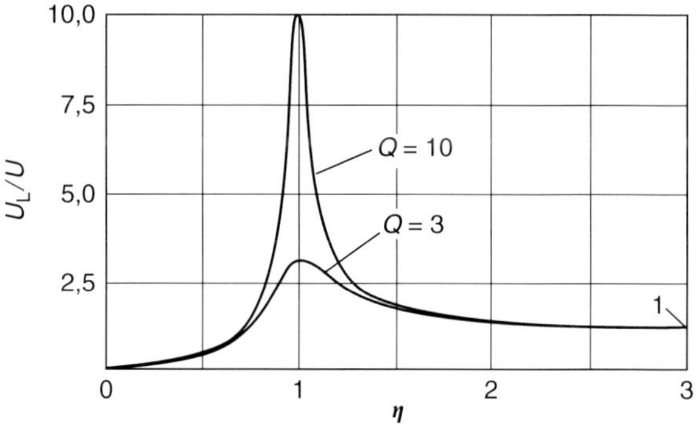

c Spannungsverhältnis an der Spule

Für die normierte Spannung am Kondensator folgt mit

$$U_C = \frac{I}{\omega C} \quad \text{aus Gl. (A-230):}$$

$$\frac{U_C}{U} = \frac{1}{\sqrt{(1-\eta^2)^2 + \left(\frac{\eta}{Q}\right)^2}}. \tag{A-234}$$

Aus Bild A-70 ist ersichtlich, dass die Spannung U_C am Kondensator für $\eta = 0$ ($f = 0$, Gleichspannung) identisch ist mit der angelegten Spannung U. Das ist zu erwarten, denn nach Gl. (A-188) wird der Wechselstromwiderstand des Kondensators

$$|X_C| = \frac{1}{\omega C}$$

für $f = 0$ unendlich groß. Im Falle der Resonanz ($\eta = 1$) wird die Spannung U_C am Kondensator Q mal so groß wie die angelegte Spannung U. Die *Resonanzüberhöhung* ist so groß wie die *Güte* des Schwingkreises. Hat also beispielsweise ein Schwingkreis die Güte $Q = 10$ und liegt am Eingang die Wechselspannung $U = 230\,\text{V}$, dann beträgt der Effektivwert der Kondensatorspannung im Resonanzfall $U_C = 2{,}3$ kV und der Scheitelwert $\hat{u}_C = U_C\sqrt{2} = 3{,}1\text{kV}$. Für große Frequenzen geht die Kondensatorspannung gegen null weil der Blindwiderstand verschwindet.

Für die normierte Spannung an der Spule folgt aus Gl. (A-230) mit $U_L = I\,\omega L$

$$\frac{U_L}{U} = \frac{\eta^2}{\sqrt{(1-\eta^2)^2 + \left(\frac{\eta}{Q}\right)^2}}. \qquad \text{(A-235)}$$

Wie Bild A-70 zeigt, ist die Spulenspannung im Gleichspannungsfall ($\eta = 0$) null. Für sehr große Frequenzen ($\eta \to \infty$) gilt $U_L = U$. Der Blindwiderstand $X_L = \omega L$ der Spule lässt genau dieses Verhalten erwarten. Im Falle der Resonanz tritt auch an der Spule eine Spannungserhöhung um Q auf.

Die so genannte 3-dB-Bandbreite der Resonanzkurve (gemessen in der Höhe $Q/\sqrt{2}$) beträgt $\Delta\eta = 1/Q$ (Bild A-71). Es gilt also für die Resonanzkurve:

$$\text{Höhe} \times \text{Breite} = 1.$$

Die Gl. (A-227) für den Phasenverschiebungswinkel kann mithilfe der Gln. (A-231) und (A-232) auf folgende Form gebracht werden:

$$\varphi = \arctan\left[\left(\eta - \frac{1}{\eta}\right) Q\right]. \qquad \text{(A-236)}$$

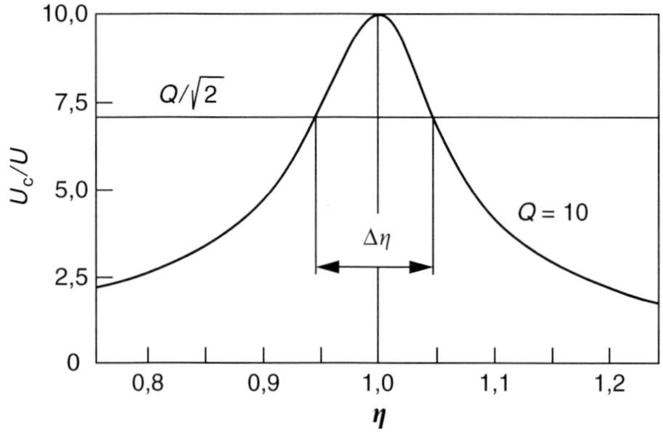

Bild A-71 Bandbreite eines Schwingkreises

Diese Abhängigkeit des Phasenverschiebungswinkels von der normierten Frequenz η ist in Bild A-72 dargestellt. Bei niedrigen Frequenzen ($\eta \to 0$, Gleichstrom) ist der Phasenverschiebungswinkel

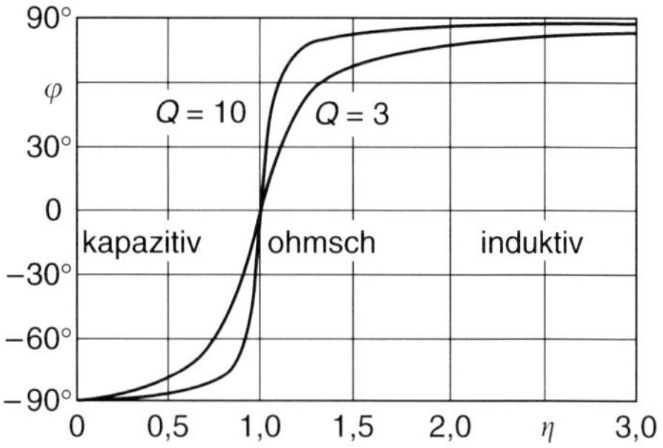

Bild A-72 Phasenverschiebungswinkel $\varphi = \varphi_u - \varphi_i$ zwischen Strom und Spannung beim Reihenschwingkreis in Abhängigkeit von der normierten Frequenz $\eta = f/f_0$

$$\varphi(f = 0) = -\frac{\pi}{2} = -90°$$

wie bei einem Kondensator (Bild A-62). Das kommt daher, dass der Wechselstromwiderstand des Kondensators für $f \to 0$ gegen unendlich geht (Gl. (A-188)) und deshalb die anliegende Spannung praktisch vollständig am Kondensator abfällt.

Im Falle der Resonanz ($f = f_0$, $\eta = 1$) kompensieren sich die beiden Blindwiderstände, die Schaltung bekommt ohmschen Charakter und der Phasenverschiebungswinkel wird null.

Für sehr hohe Frequenzen ($\eta \to \infty$) geht der Phasenverschiebungswinkel auf

$$\varphi(f \to \infty) = +\frac{\pi}{2} = +90°$$

wie bei einer Spule (Bild A-62). Jetzt ist offenbar die Spule das dominierende Bauteil, an dem nahezu die ganze Spannung abfällt, da ihr Wechselstromwiderstand gegen unendlich geht (Gl. (A-187)).

Die Phasenlagen des Stromes $\underline{I}$ sowie der Spannungen $\underline{U}_R$, $\underline{U}_L$ und $\underline{U}_C$ relativ zur erregenden Spannung $\underline{U}$ sind in den Zeigerdiagrammen von Bild A-73 für drei Frequenzen qualitativ dargestellt.

Der Betrag Z des Wechselstromwiderstands eines Reihenschwingkreises nach Gl. (A-225) kann mithilfe der Gln. (A-229, A-231 und A-232) auf folgende Form gebracht werden:

$$\frac{Z}{R} = \sqrt{1 + Q^2\left(\eta - \frac{1}{\eta}\right)^2}. \qquad \text{(A-237)}$$

Ebenso kann der Widerstand des Parallelschwingkreises nach Gl. (A-226) umgeformt werden auf

$$\frac{Z}{R} = \frac{1}{\sqrt{1 + Q^2\left(\eta - \frac{1}{\eta}\right)^2}}. \qquad \text{(A-238)}$$

Bild A-73 Zeigerdiagramme des Reihenschwingkreises **a**) Niedrige Frequenz, $f \to 0$, **b**) Resonanzfrequenz, $f = f_0$, $\eta = 1$, **c**) Hohe Frequenz, $f \to \infty$

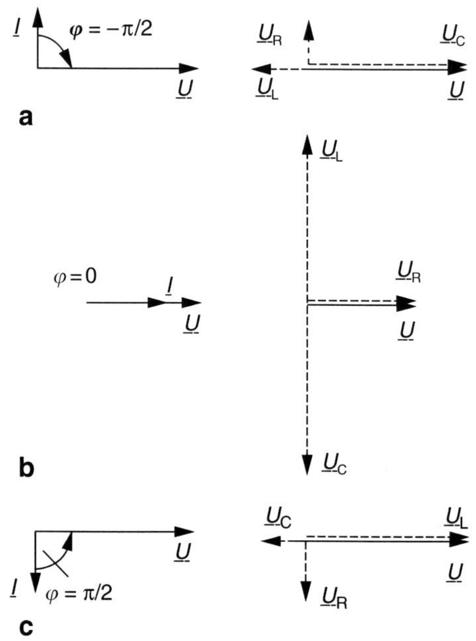

Beide auf R normierte Widerstände sind in Bild A-74 dargestellt. Man erkennt, dass der Reihenschwingkreis bei der Resonanzfrequenz den geringsten, der Parallelschwingkreis den höchsten Widerstand aufweist. Damit lassen sich *Filter* bauen, die Signale bestimmter Frequenzen durchlassen oder sperren.

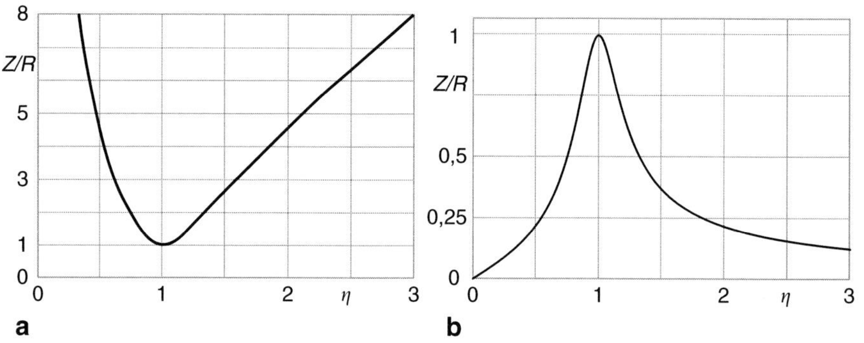

Bild A-74 Wechselstromwiderstand Z bezogen auf den ohmschen Widerstand R bei Schwingkreisen für den Gütefaktor $Q = 3$, **a**) Reihenschwingkreis, **b**) Parallelschwingkreis

Beispiel

A-28: Beim Rundfunkempfang soll aus dem Frequenzgemisch, das die Antenne anbietet, die Frequenz $f_0 = 576$ kHz durch einen Reihenschwingkreis ausgefiltert werden. Zur Verfügung steht eine Spule der Induktivität $L = 60\ \mu\text{H}$. Auf welche Kapazität muss der Kondensator abgestimmt werden? Der Widerstand des Kreises beträgt $R = 2\ \Omega$. Wie groß ist die Bandbreite des Filters?

Lösung:
Die notwendige Kapazität ist nach Gl. (A-229)

$$C = \frac{1}{4\pi^2 f_0^2 L} = 1{,}27\ \text{nF}.$$

Für die 3-dB-Bandbreite gilt

$$\Delta\eta = \frac{\Delta f}{f_0} = \frac{1}{Q} = R\sqrt{\frac{C}{L}} = 9{,}21 \cdot 10^{-3}.$$

Die Frequenzbandbreite ist damit

$$\Delta f = \Delta\eta \cdot f_0 = 5{,}3\,\text{kHz}.$$

A.5.8 *Ortskurven*

Zum besseren Verständnis von Wechselstromschaltungen mit R-L-C-Gliedern dient die Darstellung von *Ortskurven* in der Gaußschen Zahlenebene. Darunter versteht man Kurven, auf denen die Pfeilspitzen komplexer Größen (Strom, Spannung, Widerstand, Leitwert, Übertragungsfunktionen usw.) laufen, wenn irgendein Parameter der Schaltung variiert wird. Am gebräuchlichsten sind Darstellungen, bei denen die Frequenz bzw. Kreisfrequenz verändert wird. Bild A-75 zeigt Ortskurven des komplexen Widerstandes $\underline{Z}$ einiger R-L-C-Kombinationen mit der Kreisfrequenz als variablem Parameter. Für einfache Kombinationen von Widerstand, Spule und Kondensator sind die Ortskurven Geraden oder (Halb-)Kreise.

Beispiel
A-29: Es soll bewiesen werden, dass die Ortskurve des komplexen Widerstands bei der Parallelschaltung von Widerstand und Spule auf einem Halbkreis liegt.

Lösung:
Der komplexe Leitwert der Parallelschaltung ist nach Gl. (A-203)

$$\underline{Y} = G - \frac{\mathrm{j}}{\omega L};$$

der komplexe Widerstand beträgt

$$\underline{Z} = \frac{1}{\underline{Y}} = \frac{1}{G - \frac{\mathrm{j}}{\omega L}} = R\frac{1}{1 - \frac{\mathrm{j}R}{\omega L}} = R\frac{1}{1 - \mathrm{j}a}$$

Bild A-75 Ortskurven des komplexen Widerstandes

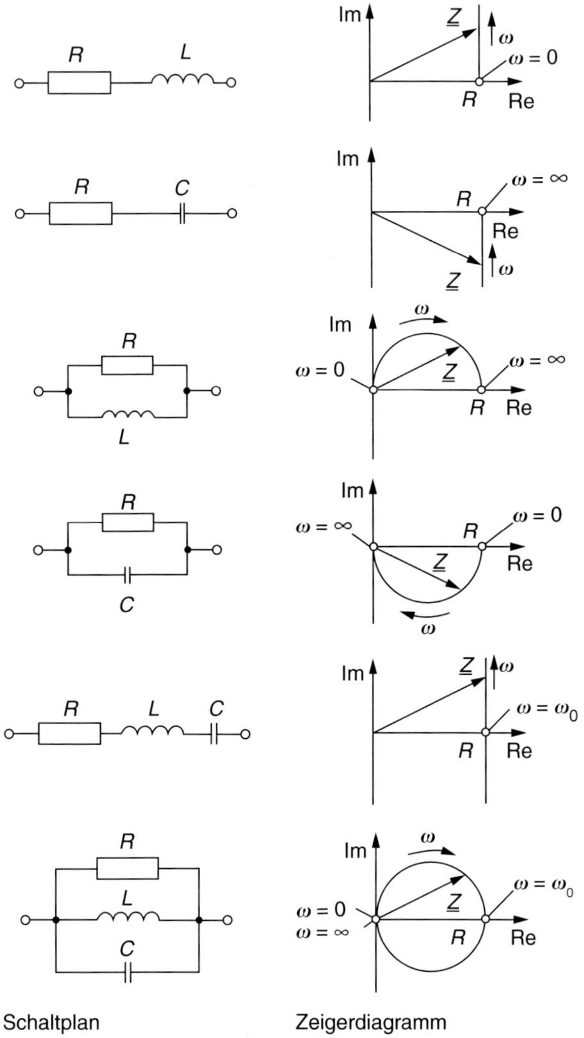

mit $a = \dfrac{R}{\omega L}$.

Er lässt sich umformen in

$$\underline{Z} = R(\frac{1}{2} + \underline{F}), \quad \text{wobei}$$

$$\underline{F} = \frac{1}{1 - \mathrm{j}\,a} - \frac{1}{2} = \frac{1}{2} \cdot \frac{1 + \mathrm{j}\,a}{1 - \mathrm{j}\,a}.$$

Der Betrag der komplexen Funktion $\underline{F}$ ist

$$|\underline{F}| = \frac{1}{2}$$

(Zähler und Nenner haben denselben Betrag). Damit liegen alle Pfeilspitzen von $\underline{Z}$ auf einem Kreis um $R/2$ mit Radius $R/2$.

A.5.9 Transformator

Der Transformator ist ein *Energiewandler*, der zugeführte elektrische Energie zunächst in magnetische umsetzt und sie schließlich wieder als elektrische abgibt, wobei meist eine Spannungsänderung vorgenommen wird. Bild A-76 zeigt den prinzipiellen Aufbau eines Transformators mit zwei getrennten Wicklungen. Der Eisenkern dient zur Führung des magnetischen Flusses Φ. An der *Primärwicklung* mit der Windungszahl N_1 liegt die Spannung U_1, an der *Sekundärwicklung* mit der Windungszahl N_2 ist die Spannung U_2 abgreifbar. Die Wicklung, an der die höhere Spannung liegt, wird auch als *Oberspannungswicklung*, die andere als *Unterspannungswicklung* bezeichnet.

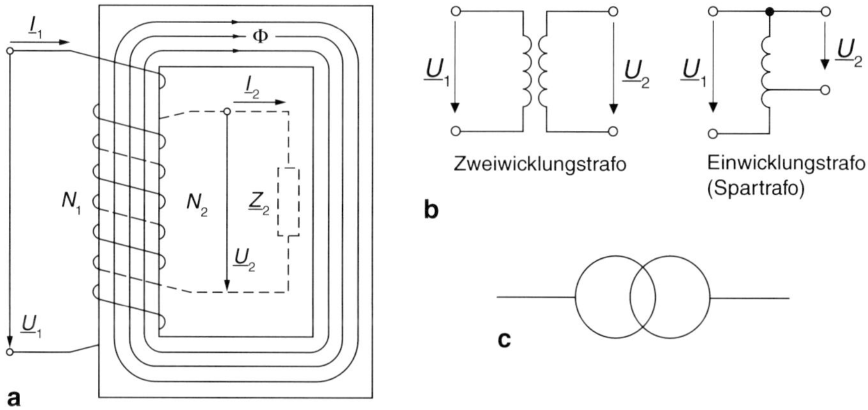

Bild A-76 Transformator. **a**) Prinzipieller Aufbau, **b**) Schaltzeichen, **c**) Schaltkurzzeichen

Idealer Transformator Der ideale Transformator weist keine Verluste auf, d. h. sowohl keine Ohm'schen als auch keine Ummagnetisierungsverluste (Abschn. A.4.3) im Eisen. Ferner soll der von der Primärspule erzeugt magnetische Fluss Φ verlustlos die Sekundärspule durchfließen, der magnetische Widerstand $R_\mathrm{m} = l/(\mu A)$ also null sein.

Beim *Leerlaufbetrieb* (Bild A-77a) erzeugt der Strom durch die Primärspule (*Leerlaufstrom, Magnetisierungsstrom* I_m) einen sinusförmigen magnetischen Fluss der Form

$$\Phi(t) = \hat{\Phi} \cos \omega t .$$

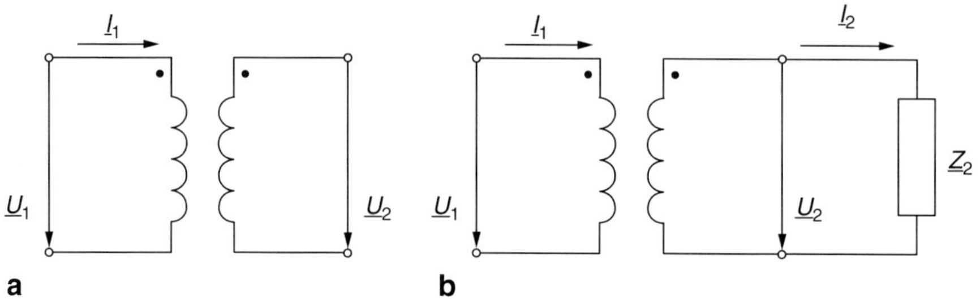

Bild A-77 Transformator in zwei Betriebszuständen. Auf der Primärseite wird das Verbraucher- auf der Sekundärseite das Erzeugerpfeilsystem benutzt. Die Punkte kennzeichnen die Windungsanfänge. Die Ströme umkreisen den gemeinsamen Kern in entgegengesetzter Richtung, **a**) Leerlauf, **b**) Belastung

Der erforderliche Magnetisierungsstrom I_m ist sehr klein. Aus dem Hopkin'schen Gesetz (Tabelle A-6) folgt $\Theta = N_1 I_m = \Phi R_m$ oder $I_m = \Phi R_m / N_1$. Da R_m im Idealfall vernachlässigbar klein sein soll, ist es auch der Magnetisierungsstrom.

Nach dem Induktionsgesetz Gl. (A-114) für eine Spule mit der Windungszahl N gilt für die mit der Flussänderung verknüpfte Induktionsspannung

$$u(t) = -N\frac{\mathrm{d}\Phi}{\mathrm{d}t} = N\hat{\Phi}\omega \sin \omega t.$$

Die Spannungsamplitude ist $\hat{u} = 2\pi f N\hat{\Phi}$, der Effektivwert beträgt $U = \hat{u}/\sqrt{2}$ oder

$$U = \sqrt{2}\pi f N\hat{\Phi} = 4{,}44 f N\hat{\Phi}. \tag{A-239}$$

Aus dieser als *Transformatorenhauptgleichung* bezeichneten Beziehung folgt unmittelbar, dass das *Übersetzungsverhältnis ü* eines Transformators gleich groß ist wie das Verhältnis der Windungszahlen der beiden Wicklungen:

$$ü = \frac{u_1}{u_2} = \frac{U_1}{U_2} = \frac{N_1}{N_2}. \tag{A-240}$$

Wird der Transformator sekundärseitig mit einem komplexen Widerstand $\underline{Z}_2$ belastet (Bild A-76a und A-77b), dann fließt der Sekundärstrom $\underline{I}_2 = \underline{U}_2/\underline{Z}_2$. Der Strom $\underline{I}_2$ erzeugt in der Sekundärspule die Durchflutung $N_2\underline{I}_2$, die einen Fluss erzeugt, der dem primären Fluss entgegengesetzt gerichtet ist (Lenzsche Regel). Da aber der Gesamtfluss bei konstanter Eingangsspannung nach Gl. (A-239) erhalten bleibt, bedeutet dies, dass jetzt zusätzlich zum Magnetisierungsstrom $\underline{I}_m$ durch die Primärspule ein *Zusatzstrom* $\underline{I}_z$ fließen muss. Dieser Zusatzstrom muss die gleiche Durchflutung $N_1\underline{I}_z$ hervorbringen wie der Sekundärstrom, aber in entgegengesetzter Richtung. Konkret bedeutet das: fließt beispielsweise momentan in der Sekundärspule der Strom I_2 im Uhrzeigersinn um den Eisenkern, dann muss der Zusatzstrom I_z im Primärkreis im Gegenuhrzeigersinn fließen. Damit gilt

$$N_1\underline{I}_z = N_2\underline{I}_2, \text{ bzw. } \underline{I}_z = \underline{I}_2\frac{N_2}{N_1} \text{ oder mit } \underline{I}_2 = \frac{\underline{U}_2}{\underline{Z}_2} \text{ und Gl. (A-240): } \underline{I}_z = \frac{\underline{U}_1}{ü^2\underline{Z}_2}.$$

Der Zusatzstrom hat also eine Größe, als ob ein Widerstand vom Betrag $\underline{Z}'_1 = ü^2\underline{Z}_2$ an der Eingangsspannung $\underline{U}_1$ läge. Der gesamte Primärstrom wird damit $\underline{I}_1 = \underline{I}_m + \underline{I}_z$. Die Aufteilung der Ströme ist in Bild A-78 dargestellt.

Bild A-78 Verlustloser Transformator, **a**) Ersatzschaltbild, **b**) Zeigerdiagramm

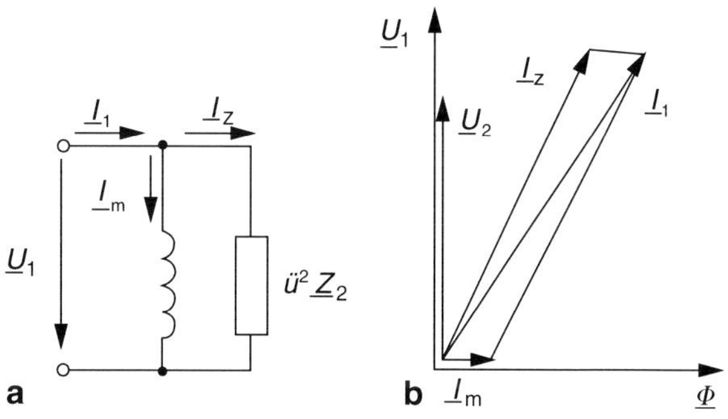

Beim *idealen* Transformator ist der Magnetisierungsstrom $\underline{I}_m$ gegenüber dem Zusatzstrom $\underline{I}_z$ vernachlässigbar, so dass gilt $\underline{I}_1 = \underline{I}_z$ und

$$\frac{I_1}{I_2} = \frac{1}{ü} = \frac{U_2}{U_1}. \tag{A-241}$$

Die Ströme verhalten sich also umgekehrt wie die Spannungen. Dies ist gleichbedeutend mit der Aussage, dass die Scheinleistungen auf der Primär- und der Sekundärseite gleich sind, wie es für einen verlustlosen Transformator auch erwartet wird:

$$S_1 = U_1 I_1 = U_2 I_2 = S_2. \tag{A-242}$$

Für das Verhältnis der Impedanzen von Primär- und Sekundärseite gilt

$$\frac{Z_1}{Z_2} = ü^2. \tag{A-243}$$

Diese Eigenschaft des Transformators wird in der Nachrichtentechnik gerne benutzt, um Impedanzanpassungen vorzunehmen. Wie in Abschn. A.2.1 dargestellt wurde, kann aus einer Zweipolquelle dann maximale Leistung entnommen werden, wenn der Innenwiderstand der Quelle gleich dem Lastwiderstand ist (Leistungsanpassung). Liegt Fehlanpassung vor, dann kann man mithilfe eines Transformators (Übertrager) die Impedanz des Verbrauchers an die Quelle anpassen.

Die magnetische Kopplung zwischen Primär- und Sekundärspule über den Eisenkern lässt sich auch mithilfe der in Abschn. A.4.7 eingeführten Gegeninduktivität beschreiben. Beim verlustlosen Transformator gelten mit den Zählpfeilen von Bild A-77b folgende Gleichungen für die induzierten Spannungen:

$$u_1 = \frac{\mathrm{d}\Psi_1}{\mathrm{d}t} = L_1\frac{\mathrm{d}i_1}{\mathrm{d}t} + M\frac{\mathrm{d}i_2}{\mathrm{d}t} \quad \text{und}$$

$$u_2 = \frac{\mathrm{d}\Psi_2}{\mathrm{d}t} = -M\frac{\mathrm{d}i_1}{\mathrm{d}t} - L_2\frac{\mathrm{d}i_2}{\mathrm{d}t},$$

die für sinusförmige Ströme und Spannungen übergehen in

$$\underline{U}_1 = \mathrm{j}\omega L_1\underline{I}_1 + \mathrm{j}\omega M\underline{I}_2 \quad \text{und}$$

$$\underline{U}_2 = -\mathrm{j}\omega M\underline{I}_1 - \mathrm{j}\omega L_2\underline{I}_2.$$

Die Gegeninduktivität M ist in diesem Fall negativ, weil z. B. der Fluss Φ_{21} entgegengesetzt gerichtet ist zum Fluss Φ_{22}.

Im Leerlauf ($I_2 = 0$) folgt daraus für die Spannungsübersetzung

$$\frac{\underline{U}_1}{\underline{U}_2} = -\frac{L_1}{M}; \tag{A-244}$$

bei sekundärseitigem Kurzschluss ($U_2 = 0$) ergibt sich für die Stromübersetzung

$$\frac{\underline{I}_1}{\underline{I}_2} = -\frac{L_2}{M}. \tag{A-245}$$

Beispiel

A-30: Ein Transformator mit den Windungszahlen N_1 = 1000 und N_2 = 500 soll die Netzspannung auf die Hälfte transformieren. Der magnetische Widerstand des Eisenkerns ist $R_\mathrm{m} = 3 \cdot 10^6\ \mathrm{H}^{-1}$. Wie groß ist die Spannungsübersetzung im Leerlauf sowie die Stromübersetzung im Kurzschluss, wenn ideale Verhältnisse angenommen werden und wie, wenn der Koppelfaktor zwischen den Spulen k = 0,92 beträgt?

Lösung:

Für die Selbstinduktivitäten der beiden Wicklungen gilt

$$L_1 = \frac{N_1\Phi_1}{i_1} = \frac{N_1^2}{R_\mathrm{m}} = \frac{1000^2}{3\cdot 10^6\mathrm{H}^{-1}} = 333\,\mathrm{mH} \quad \text{und}$$

$$L_2 = \frac{N_2^2}{R_\mathrm{m}} = \frac{500^2}{3\cdot 10^6\mathrm{H}^{-1}} = 83{,}3\,\mathrm{mH}.$$

Für die Gegeninduktivität folgt mit Gl. (A-124)

$$M = -k\sqrt{L_1L_2} = -k\cdot 167\,\mathrm{mH}.$$

Im Idealfall vollständiger Kopplung ist also $M = -\ 167$ mH.

Nach Gl. (A-244) beträgt das Spannungsverhältnis

$$\frac{U_1}{U_2} = -\frac{L_1}{M} = 2{,}00$$

wie nach Gl. (A-240).

Berücksichtigt man aber das magnetische Streufeld und rechnet man mit dem Kopplungsfaktor $k = 0{,}92$, so ergibt sich mit $M = -153\,\mathrm{mH}$

$$\frac{U_1}{U_2} = -\frac{L_1}{M} = 2,17.$$

Die Stromübersetzung ist für ideale Verhältnisse

$$\frac{I_1}{I_2} = -\frac{L_2}{M} = 0,5 \quad \text{oder} \quad \frac{I_1}{I_2} = -\frac{L_2}{M} = 0,543$$

bei Berücksichtigung des Koppelfaktors.

Realer Transformator Der reale Transformator hat verschiedene Verlustmechanismen:

- Streuverluste: Nicht alle magnetischen Feldlinien, die in der Primärspule erzeugt werden, erreichen die Sekundärwicklung. Dasselbe gilt für den Gegenfluss, der infolge der Durchflutung der Sekundärspule entsteht. Im Ersatzschaltbild (Bild A-79) werden die Streuflüsse durch zwei Blindwiderstände X_{σ_1} und X'_{σ_2} dargestellt. Der *Hauptfluss*, der beide Wicklungen durchfließt, wird in der Spule mit dem Blindwiderstand X_h erzeugt. Sie wird vom Magnetisierungsstrom $\underline{I}_\mathrm{m}$ durchflossen.

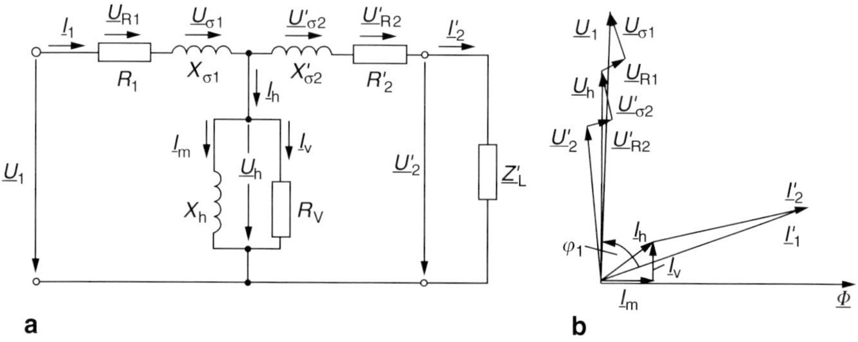

Bild A-79 Verlustbehafteter Transformator, **a** Ersatzschaltbild, **b** Zeigerdiagramm

- Joule'sche Wärme: In den Leitungen der beiden Wicklungen entstehen Wärmeverluste an den Widerständen R_1 und R'_2.
- Eisenverluste: Die im Eisenkern auftretenden Hystereseverluste (Abschn. A.4.3) und Wirbelstromverluste (Abschn. A.4.5) treten im Ersatzschaltbild am Widerstand R_v auf.

Für die Erstellung eines Ersatzschaltbildes werden die beiden magnetisch gekoppelten Stromkreise in einem vereinigt, indem die Spannungen, Ströme und komplexen Widerstände von der Sekundärseite mithilfe der Gl. (A-240) bis (A-243) auf die Primärseite umgerechnet werden. Die umgerechneten Größen erhalten im Ersatzschaltbild einen Strich. Es gilt also:

$$U'_2 = \ddot{u}U_2, \quad I'_2 = I_2/\ddot{u}, \quad Z'_2 = \ddot{u}^2 Z_2.$$

Bild A-79 zeigt das Ersatzschaltbild und das zugehörige Zeigerdiagramm bei einer Last $\underline{Z}_L$, die aus einem Wirkwiderstand R_L und einem induktiven Blindwiderstand X_L besteht ($0 < \varphi < 90°$).

Leerlaufbetrieb Ist an die Klemmen der Sekundärspule keine Last angeschlossen, arbeitet der Transformator im Leerlauf. Die Leerlaufspannung U_{20} der Sekundärwicklung heißt bei Transformatoren mit über 16 kVA Scheinleistung *Bemessungsspannung* U_{2N}. Das Produkt aus sekundärseitigem *Bemessungsstrom* I_{2N} und der Bemessungsspannung ist die *Bemessungsleistung*

$$S_{2N} = U_{2N} I_{2N} = U_{20} I_{2N}. \tag{A-246}$$

Aus Gründen der Energieerhaltung gilt bei vernachlässigbaren Verlusten

$$S_N = U_{1N} I_{1N} = U_{2N} I_{2N}. \tag{A-247}$$

Im Leerlaufbetrieb ist der Leerlaufstrom I_{10} durch die Primärwicklung wesentlich kleiner als der Bemessungsstrom I_{1N}, nämlich nur zwischen 0,5 % und 5 % desselben. Daraus folgt, dass die Kupferverluste und die Streufeldverluste im Primärkreis vernachlässigbar sind. Da im Sekundärkreis ohnehin kein Strom fließt, sind die auftretenden *Leerlaufverluste* P_{10} praktisch gleich den *Eisenverlusten* P_{Fe}. Das Ersatzschaltbild und das Zeigerdiagramm von Bild A-79 vereinfachen sich demnach für den Leerlaufbetrieb zu den in Bild A-80 dargestellten Diagrammen. Der Phasenverschiebungswinkel ergibt sich aus

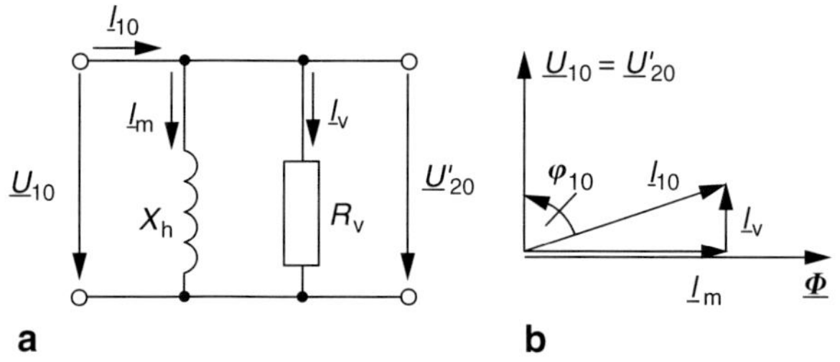

Bild A-80 Transformator im Leerlauf, **a**) Ersatzschaltbild, **b**) Zeigerdiagramm

$$\cos\varphi_{10} = \frac{P_{10}}{U_{10} I_{10}} = \frac{I_v}{I_{10}}. \tag{A-248}$$

Beispiel

A-31: Auf dem Typenschild eines Transformators steht: *Bemessungsspannung* 6000 V/230 V, *Bemessungsstrom* 3,44 A/87 A, *Bemessungsleistung* 20 kVA, *Frequenz* 50 Hz. Bei einer Leerlaufmessung wird der Leerlaufstrom $I_{10} = 0{,}15$ A festgestellt. Mithilfe eines Wattmeters wird eine aufgenommene Leistung von $P_{10} = 180$ W gemessen. Es ist die Gültigkeit von Gl. (A-247) zu verifizieren. Wie groß ist der Phasenverschiebungswinkel φ_{10}, der Eisenverlustwiderstand R_v sowie die Hauptreaktanz X_h?

Lösung:
Primärseitige Scheinleistung:

$$S_{1N} = I_{1N}\, U_{1N} = 3{,}44\text{A} \cdot 6000\text{V} = 20{,}64\ \text{kVA},$$

sekundärseitige Scheinleistung:

$$S_{2N} = I_{2N}\, U_{2N} = 87\ \text{A} \cdot 230\ \text{V} = 20{,}01\ \text{kVA},$$

in guter Übereinstimmung mit der angegebenen Bemessungsleistung S_N = 20 kVA.
Phasenverschiebungswinkel mit Gl. (A-248):

$$\cos\varphi_{10} = \frac{P_{10}}{U_{10} I_{10}} = \frac{180\ \text{W}}{6000\ \text{V} \cdot 0{,}15\ \text{A}} = 0{,}200 \quad \text{oder} \quad \varphi_{10} = 78{,}5^\circ.$$

Aus dem Zeigerdiagramm Bild A-80 sowie Gl. (A-248) folgt für den Verluststrom infolge der Eisenverluste

$$I_\text{v} = I_{10} \cos\varphi_{10} = 30\ \text{mA}$$

und für den Magnetisierungsstrom

$$I_\text{m} = I_{10}\ \sin\ \varphi_{10} = 147\ \text{mA}.$$

Eisenwiderstand:

$$R_\text{v} = \frac{U_{10}}{I_\text{v}} = \frac{6000\ \text{V}}{0{,}03\ \text{A}} = 200\ \text{k}\Omega,$$

Hauptreaktanz:

$$X_\text{h} = \frac{U_{10}}{I_\text{m}} = \frac{6000\text{V}}{0{,}147\text{A}} = 40{,}8\ \text{k}\Omega$$

dies entspricht einer Induktivität von

$$L_\text{h} = \frac{X_\text{h}}{2\pi f} = \frac{40{,}8 \cdot 10^3 \Omega}{2\pi \cdot 50\text{s}^{-1}} = 130\ \text{H}.$$

Kurzschlussbetrieb Wird der Transformator sekundärseitig kurzgeschlossen (Z'_L = 0 in Bild A-79), dann ist der Strom durch die hochohmige Hauptreaktanz X_h und den Eisenverlustwiderstand R_v vernachlässigbar gegenüber dem Kurzschlussstrom I_{2k}. Das Ersatzschaltbild von Bild A-79 kann deshalb vereinfacht werden zum Ersatzschaltbild von Bild A-81. Hier sind die Wicklungswiderstände zusammengefasst zum *Kurzschlusswiderstand*

$$R_\text{k} = R_1 + R'_2$$

Bild A-81 Transformator bei Kurzschluss
a) Ersatzschaltbild
b) Zeigerdiagramm

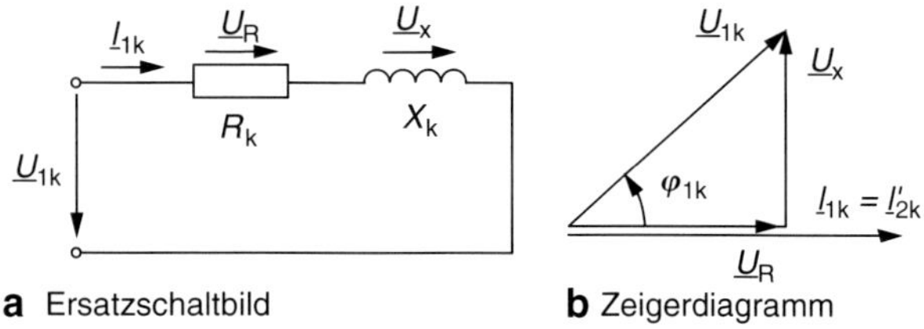

und die Streureaktanzen zur *Kurzschlussreaktanz*

$$X_\mathrm{k} = X_{\sigma 1} + X'_{\sigma 2}.$$

Bei der *Kurzschlussmessung* wird der Transformator sekundärseitig kurzgeschlossen und primärseitig mit einer solchen Spannung betrieben, dass der Transformator den Bemessungsstrom $I_{1\mathrm{N}}$ aufnimmt. Die dazu notwendige *Kurzschlussspannung* U_{1k} ist wesentlich kleiner als die Bemessungsspannung $U_{1\mathrm{N}}$. Sie wird in der Regel als *relative Kurzschlussspannung* u_k ausgedrückt:

$$u_\mathrm{k} = \frac{U_{1\mathrm{k}}}{U_{1\mathrm{N}}}. \quad \text{(A-249)}$$

Bei Transformatoren mit über 16 kVA Bemessungsleistung ist sie auf dem Typenschild angegeben. Die Kurzschlussspannung ist ein Maß für den Innenwiderstand Z_k (Scheinwiderstand) eines Transformators im Kurzschlussbetrieb:

$$Z_\mathrm{k} = \frac{U_{1\mathrm{k}}}{I_{1\mathrm{N}}}. \quad \text{(A-250)}$$

Dieser Innenwiderstand ist wiederum maßgebend für den *Dauerkurzschlussstrom* I_{kN}, der im Transformator fließt, wenn am Eingang die Bemessungsspannung $U_{1\mathrm{N}}$ anliegt und der Ausgang kurzgeschlossen ist. Dieser Strom beträgt $I_{\mathrm{kN}} = U_{1\mathrm{N}}/Z_\mathrm{k}$ oder mit Gl. (A-249) und (A-250)

$$I_{\mathrm{kN}} = \frac{I_{1\mathrm{N}}}{u_\mathrm{k}}. \quad \text{(A-251)}$$

Ist also beispielsweise die relative Kurzschlussspannung 5 %, dann beträgt der Dauerkurzschlussstrom das zwanzigfache des Bemessungsstroms. Der Transformator muss so konstruiert sein, dass die auftretenden Kräfte und thermischen Belastungen nicht zur Zerstörung führen bzw. dass eine geeignete Sicherung das Gerät rechtzeitig abschaltet. Unmittelbar nach Auftreten eines Kurzschlusses fließt der *Stoßkurzschlussstrom*, der mehr als doppelt so groß sein kann wie der Dauerkurzschlussstrom. Innerhalb einiger Perioden klingt der Kurzschlussstrom auf den Dauerkurzschlussstrom ab.

Beim Kurzschlussbetrieb nimmt der Transformator aus dem Netz eine Wirkleistung P_k auf, die der Verlustleistung in den Wicklungen, also den *Kupferverlusten* P_{CuN} bei Bemessungsbetrieb entspricht:

$$P_{1\mathrm{k}} = P_{\mathrm{CuN}} = I_{1\mathrm{k}}^2 R_\mathrm{k} = I_{1\mathrm{N}}^2 R_1 + I_{2\mathrm{N}}^2 R. \quad \text{(A-252)}$$

Für den Phasenverschiebungswinkel im Zeigerdiagramm (Bild A-81) gilt

$$\cos\varphi_{1k} = \frac{P_{1k}}{U_{1k} I_{1N}}. \tag{A-253}$$

Beispiel

A-32: Der Transformator von Beispiel A-31 hat eine relative Kurzschlussspannung von $u_k = 5\ \%$. Mithilfe eines Wattmeters wird im Kurzschlussversuch die Kurzschlussleistung $P_{1k} = 540$ W gemessen.

Wie groß ist der Dauerkurzschlussstrom I_{kN}, der Phasenverschiebungswinkel φ_{1k}, der Kurzschlusswiderstand R_k, die Kurzschlussreaktanz X_k sowie die Kurzschlussimpedanz Z_k?

Lösung:

Dauerkurzschlussstrom nach Gl. (A-251):

$$I_{kN} = \frac{I_{1N}}{u_k} = \frac{3,44\ \text{A}}{0,05} = 68,8\ \text{A};$$

Phasenverschiebungswinkel nach Gl. (A-253):

$$\cos\varphi_{1k} = \frac{540\ \text{W}}{0,05 \cdot 6000\ \text{V} \cdot 3,44\ \text{A}} = 0,523 \quad \text{oder} \quad \varphi_{1k} = 58,4^\circ;$$

Kurzschlussimpedanz:

$$Z_k = \frac{U_{1k}}{I_{1N}} = \frac{0,05 \cdot 6000\ \text{V}}{3,44\ \text{A}} = 87{,}2\ \Omega;$$

Kurzschlusswiderstand nach Gl. (A-252):

$$R_k = \frac{P_{1k}}{I_{1N}^2} = \frac{540\ \text{W}}{3,44^2 \text{A}^2} = 45{,}6\ \Omega;$$

Kurzschlussreaktanz:

$$X_k = \sqrt{Z_k^2 - R_k^2} = Z_k \sin\varphi_{1k} = 74{,}3\ \Omega;$$

dies entspricht einer Induktivität von

$$L_k = \frac{X_k}{2\pi f} = \frac{74{,}3\ \Omega}{2\pi \cdot 50\text{s}^{-1}} = 0{,}237\ \text{H}.$$

Spannungsänderung Wird ein Transformator primärseitig mit Bemessungsspannung U_{1N} im Leerlauf betrieben, so liegt an den Ausgangsklemmen die Bemessungsspannung U_{2N} an: $U_{20} = U_{2N}$. Wird er dagegen belastet, dann ändert sich die Ausgangsspannung auf U_2. Der Unterschied wird als *Spannungsänderung* ΔU bezeichnet:

$$\Delta U = U_{2N} - U_2. \tag{A-254}$$

Häufig wird auch die relative Spannungsänderung bei Belastung angegeben:

$$u_{\mathrm{L}} = \frac{U_{2\mathrm{N}} - U_2}{U_{2\mathrm{N}}} = 1 - \frac{U_2}{U_{2\mathrm{N}}}. \qquad \text{(A-255)}$$

Die Spannungsänderung hängt von der Art der Belastung ab. Bei induktiver Belastung sinkt die Ausgangsspannung U_2 stärker als bei reiner Wirklast. Bei kapazitiver Last kann sie sogar ansteigen. Zur Berechnung wird das Ersatzschaltbild (Bild A-79) vereinfacht, indem der Strom I_{h} durch die Hauptreaktanz X_{h} und den Eisenverlustwiderstand R_{v} vernachlässigt wird gegenüber dem Strom durch den Lastwiderstand Z'_{L}. Die Wicklungswiderstände sind wieder zusammengefasst zum *Kurzschlusswiderstand* $R_{\mathrm{k}} = R_1 + R'_2$ und die Streureaktanzen zur *Kurzschlussreaktanz* $X_{\mathrm{k}} = X\sigma_1 + X'\sigma_2$. Damit ergibt sich das Ersatzschaltbild von Bild A-82 mit den zugehörigen Zeigerdiagrammen.

Das schraffierte rechtwinklige Dreieck, das von $\underline{U}_{\mathrm{R}}$ und $\underline{U}_X$ gebildet wird, ist als *Kapp'sches Dreieck* bekannt. Seine Hypothenuse liegt zwischen der Eingangsspannung $\underline{U}_{1\mathrm{N}} = \underline{U}'_{2\mathrm{N}}$ und der Ausgangsspannung $\underline{U}'_2$.

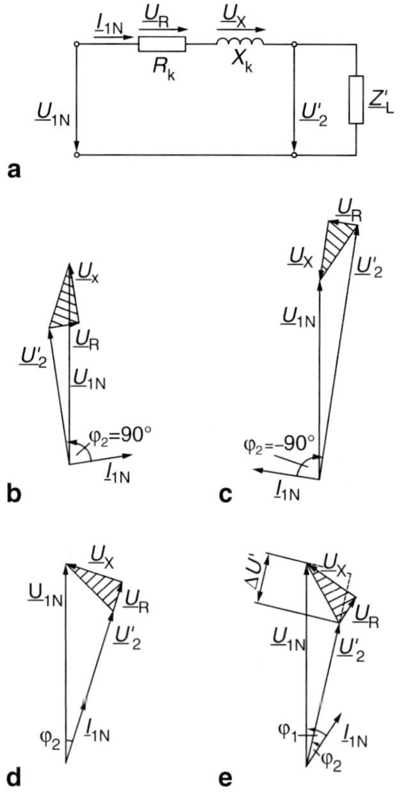

Bild A-82 Transformator bei Belastung, **a**) Vereinfachtes Ersatzschaltbild, **b**) Zeigerdiagramm bei rein induktiver Last, **c**) Zeigerdiagramm bei rein kapazitiver Last, **d**) Zeigerdiagramm bei rein ohmscher Last, **e**) Zeigerdiagramm bei induktiv-ohmscher Last

Die Spannungsänderung ΔU wird näherungsweise aus dem Zeigerdiagramm Bild A-82e bestimmt zu

$$\Delta U = \frac{\Delta U'}{\ddot{u}} = \frac{U'_{2N} - U'_2}{\ddot{u}} = \frac{U_{1N} - U'_2}{\ddot{u}} = \frac{U_R \cos\varphi_2 + U_X \sin\varphi_2}{\ddot{u}}. \qquad \text{(A-256)}$$

Dabei ist φ_2 der Phasenverschiebungswinkel zwischen Ausgangsspannung U_2 und -strom I_2.

Beispiel

A-33: Welche Sekundärspannung U_2 stellt sich bei dem Transformator der Beispiele A-31 und A-32 ein, wenn er mit

a) reiner Wirklast,
b) induktiver Last, cos φ_2 = 0,8, $\varphi_2 > 0$,
c) kapazitiver Last, cos φ_2 = 0,8, $\varphi_2 < 0$ betrieben wird?

Lösung:
Spannungsabfall am Kurzschlusswiderstand:

$$U_R = I_{1N} R_k = 3,44\,\text{A} \cdot 45,6\,\Omega = 156{,}9\,\text{V},$$

an der Kurzschlussreaktanz:

$$U_X = I_{1N} X_k = 3,44\text{A} \cdot 87,2\ \Omega = 300\,\text{V}.$$

a) Mit cos φ_2 = 1, sin φ_2 = 0 folgt für die Spannungsänderung

$$\Delta U' = U_R = 156{,}9\,\text{V}, \quad \Delta U = \Delta U'/\ddot{u} = 6\,\text{V}.$$

Damit ist die Ausgangsspannung

$$U_2 = U_{2N} - \Delta U = 230\,\text{V} - 6\,\text{V} = 224\,\text{V}.$$

b) Mit cos φ_2 = 0,8, φ_2 = 36,9 °, sin φ_2 = 0,6 folgt für die Spannungsänderung mit Gl. (A-256)

$$\Delta U' = 305,5\,\text{V},\ \Delta U = 11,7\,\text{V}.$$

Damit ist die Ausgangsspannung U_2 = 218,3 V.

c) Mit cos φ_2 = 0,8, φ_2 = –36,9°, sin φ_2 = – 0,6 folgt für die Spannungsänderung

$$\Delta U' = -54,5\,\text{V},\ \Delta U = -2\,\text{V}.$$

Damit ist die Ausgangsspannung U_2 = 232 V.

Wirkungsgrad Im Sinne der Energiewandlung ist ein Transformator ein Gerät, dem die Wirkleistung P_1 zugeführt wird und das die kleinere Ausgangsleistung P_2 abgibt. Ist die Verlustleistung P_v, so gilt $P_2 = P_1 - P_v$. Der Wirkungsgrad der Energiewandlung ist damit

$$\eta = \frac{P_2}{P_1} = 1 - \frac{P_v}{P_1}. \tag{A-257}$$

Die Verluste setzen sich aus Eisenverlusten und Kupferverlusten zusammen:

$$P_V = P_{Fe} + P_{Cu}.$$

Dabei entsprechen die Eisenverluste der beim Leerlauf aufgenommenen Leistung

$$P_{Fe} = P_{10},$$

die Kupferverluste der beim Kurzschlussversuch gemessenen Leistungsaufnahme

$$P_{Cu} = P_{1k} = I_{1k}^2 R_k.$$

Der *Bemessungswirkungsgrad* ist der Wirkungsgrad bei Betrieb mit Bemessungsspannung und Bemessungsstrom.

Beispiel

A-34: Für den Transformator der letzten drei Beispiele soll der Wirkungsgrad in Abhängigkeit vom sekundärseitigen Stromverhältnis I_2/I_{2N} ermittelt werden für

a) reine Wirklast,
b) induktive Last mit $\cos\varphi_2 = 0{,}8$.

Lösung:
Bei Teillastbetrieb gilt für die stromabhängigen Kupferverluste:

$P_{Cu} = P_{1k}\left(\frac{I_2}{I_{2N}}\right)^2$, mit $P_{1k} = 540$ W, während die Eisenverluste mit

$P_{Fe} = P_{10} = 180\,\text{W}$
konstant sind. Die Verlustleistung ist damit

$$P_v = P_{10} + P_{1k}\left(\frac{I_2}{I_{2N}}\right)^2.$$

Die abgegebene Leistung ist $P_2 = U_2\, I_2 \cos\varphi_2$, wobei die Ausgangsspannung mit steigender Belastung absinkt von U_{2N} im Leerlauf auf $U_{2N} - \Delta U$ bei Bemessungsstrom. In guter Näherung erfolgt die Abnahme mit dem Strom linear, so dass gilt:

$$U_2 = U_{2N} - \Delta U \left(\frac{I_2}{I_{2N}}\right).$$

Die abgegebene Leistung beträgt somit

$$P_2 = \left(U_{2N} - \Delta U \frac{I_2}{I_{2N}}\right) I_2 \cos\varphi_2 = \left(U_{2N} - \Delta U \frac{I_2}{I_{2N}}\right) \frac{I_2}{I_{2N}} I_{2N} \cos\varphi_2.$$

Die zugeführte Leistung beträgt $P_1 = P_2 + P_v$, der Wirkungsgrad wird damit zu $\eta = \frac{P_2}{P_2+P_v}$. Mit den Zahlenwerten der letzten Beispiele folgt für den Wirkungsgrad mit $x = I_2/I_{2N}$:

$$\text{a) } \eta = \frac{(230 - 6x) \cdot 87x}{(230 - 6x) \cdot 87x + 180 + 540x^2}$$

der maximale Wirkungsgrad ist $\eta = 0{,}969$ bei $x = 0{,}569$,

$$\text{b) } \eta = \frac{(230 - 12x) \cdot 87x \cdot 0,8}{(230 - 12x) \cdot 87x \cdot 0,8 + 180 + 540x^2}$$

der maximale Wirkungsgrad ist $\eta = 0{,}961$ bei $x = 0{,}560$.
Die Ergebnisse sind in Bild A-83 dargestellt.

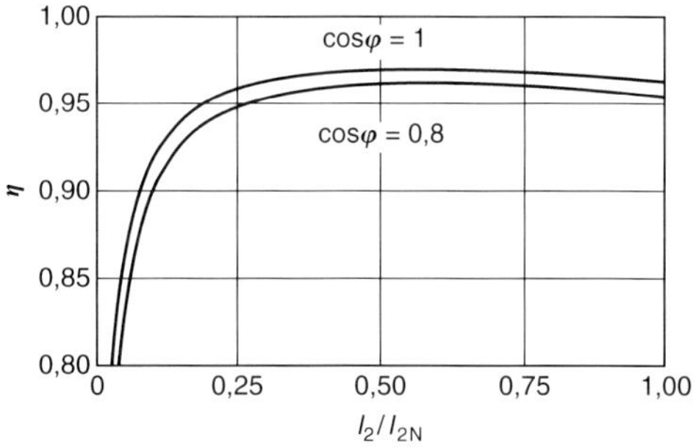

Bild A-83 Wirkungsgrad eines Transformators bei verschiedenen Belastungen

ÜBUNGSAUFGABEN

Ü A.5-1: Für eine symmetrische Rechteckspannung mit $u(t) = \hat{u}$ für $0 \leq t \leq T/2$ und $u(t) = -\hat{u}$ für $T/2 < t \leq T$ soll berechnet werden:

a) arithmetischer Mittelwert $\bar{U}$, b) Halbschwingungsmittelwert U_h, c) Gleichrichtwert $\overline{|u|}$, d) Effektivwert U, e) Scheitelfaktor k_s, f) Formfaktoren F_g und F_h.

Ü A.5-2: Zwei sinusförmige Wechselspannungen mit den Effektivwerten U_1 = 24 V und U_2 = 12 V sollen subtrahiert werden. Die Nullphasenwinkel sind φ_{u1} = 0 und $\varphi_{u2} = 45°$.
a) Wie lässt sich die resultierende Spannung U als komplexe Zahl schreiben?
b) Welchen Effektivwert U und welchen Nullphasenwinkel φ_u besitzt sie?

Ü A.5-3: Ein Kondensator wird an U = 230 V Wechselspannung mit f = 50 Hz gelegt. Der Effektivwert des Stromes, der durch den Kondensator fließt, ist I = 0,4 A. Wie groß sind

a) Kapazität C, b) Blindwiderstand X_C, c) Blindleitwert B_C und d) aufgenommene Leistung?

Ü A.5-4: In einem Wechselstromkreis befinden sich in Reihe ein Ohm'scher Widerstand ($R = 30\,\Omega$), und eine Spule. Der Effektivwert der anliegenden Spannung ist $U = 156$ V, der Effektivwert des Stromes ist $I = 2$ A. Wie groß sind
a) komplexer Widerstand $\underline{Z}$ und b) komplexer Leitwert $\underline{Y}$ der Schaltung?

Ü A.5-5: Eine Parallelschaltung eines Kondensators ($C_p = 5\,\mu$F) mit einem Widerstand ($R_p = 100\,\Omega$) soll in eine äquivalente Reihenschaltung umgewandelt werden. Wie groß sind die erforderlichen Größen C_r und R_r bei $f = 50$ Hz?

Ü A.5-6: Bild A-84 zeigt ein sogen. *Wien-Glied* mit folgenden Bauelementen: $R_1 = 9$ kΩ, $C_1 = 0{,}2\,\mu$F, $R_2 = 12$ kΩ, $C_2 = 0{,}1\,\mu$F. Wie groß ist die komplexe Ausgangsspannung $\underline{U}_2$ bei der Frequenz $f = 100$ Hz, wenn die Eingangsspanung $U = 12$ V beträgt?

Ü A.5-7: Die Blindleistung $Q = 1$ kvar eines Verbrauchers soll durch einen Parallelkondensator der Kapazität $C = 55\,\mu$F bei $U = 230$ V und $f = 50$ Hz teilweise kompensiert werden. Welcher Leistungsfaktor $\cos\varphi$ liegt für das kompensierte System vor, wenn der Verbraucher vor der Kompensation den Leistungsfaktor $\cos\varphi_v = 0{,}6$ besaß?

Ü A.5-8: Ein Reihenschwingkreis mit Widerstand ($R = 100\,\Omega$), Kondensator ($C = 4{,}7\,\mu$F) und Spule ($L = 300$ mH) liegt an $U = 24$ V bei $f = 50$ Hz. a) Wie groß ist der Strom I? b) Bei welcher Frequenz f_0 fließt der maximale Strom I_{max} und wie groß ist er? c) Wie groß ist die maximale Spannung $U_{C,max}$ am Kondensator?

Ü A.5-9: Bestimmen Sie die Ortskurve des komplexen Widerstandes $\underline{Z}(\omega)$ für die Schaltung von Bild A-85.

Ü A.5-10: Bei einem Transformator (230 V/24 V, 1 A/9 A, 50 Hz) wird im Leerlaufversuch der Strom $I_{10} = 100$ mA und die Leistungsaufnahme P_{10} =

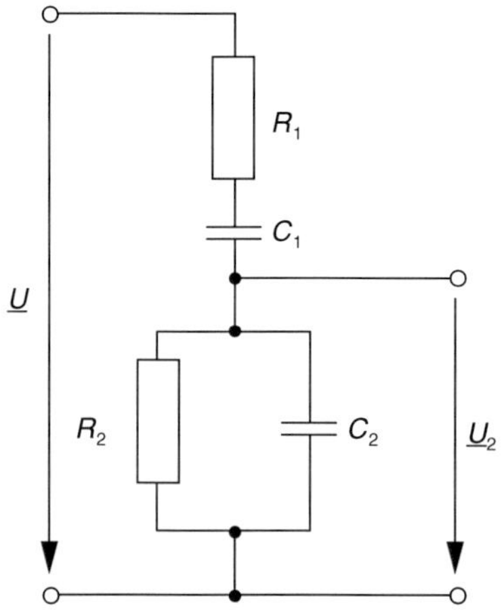

Bild A-84 Wien-Glied, zu Ü A.5-6

Bild A-85 R-L-C-Kombination, zu Ü A.5-9

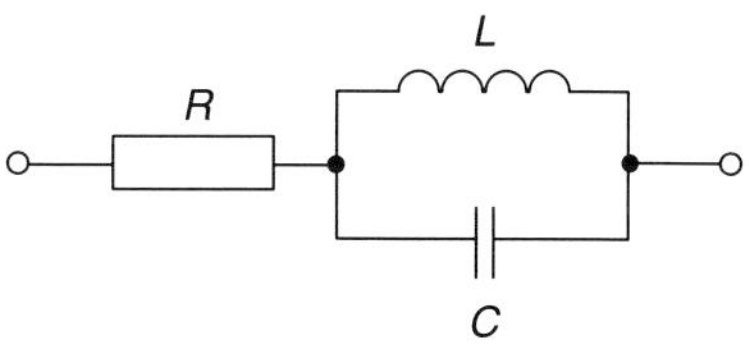

2,5 W gemessen. Beim Kurzschlussversuch beträgt die Kurzschlussspannung $U_{1k} = 23\,\text{V}$, die Leistungsaufnahme ist $P_{1k} = 10$ W. Berechnen Sie: a) Kurzschlussimpedanz Z_k, b) Dauerkurzschlussstrom I_{kN}, c) Kurzschlusswiderstand R_k, d) Kurzschlussreaktanz X_k, e) Spannungsänderung ΔU und Ausgangsspannung U_2 bei reiner Wirklast, f) Wirkungsgrad η bei Bemessungsbetrieb und Wirklast.

A.6 Drehstrom

A.6.1 Entstehung der Dreiphasenwechselspannung

In Abschn. A.4.5 wurde gezeigt, dass aufgrund elektromagnetischer Induktion bei der Rotation einer Spule in einem Magnetfeld an den Spulenenden nach Gl. (A-114) eine Wechselspannung der Form

$$u(t) = NBA\omega \sin(\omega t + \varphi)$$

auftritt (rotatorische Spannungserzeugung). Läßt man nun statt einer Wicklung drei jeweils um 120° versetzt Spulen miteinander rotieren (Bild A-86), dann wird an jeder Spule eine Wechselspannung erzeugt, wobei aber die Spannung u_2 der Spannung u_1 und die Spannung u_3 der Spannung u_2 um jeweils 120° nacheilt (Bezeichnungen nach DIN 40108 und 40110):

$$\begin{aligned} u_1(t) &= \sqrt{2}U_{\text{Str}} \cos(\omega t) \\ u_2(t) &= \sqrt{2}U_{\text{Str}} \cos(\omega t - 2\pi/3) \\ u_3(t) &= \sqrt{2}U_{\text{Str}} \cos(\omega t - 4\pi/3)\,. \end{aligned} \tag{A-258}$$

U_{Str} ist der Effektivwert einer *Strangspannung*.

Wie man sich leicht anhand des Zeigerdiagramms (Bild A-86) klar machen kann, ist in einem *symmetrischen* Dreiphasensystem die Summe aller Spannungen zu jeder Zeit null:

$$\underline{U}_1 + \underline{U}_2 + \underline{U}_3 = 0. \tag{A-259}$$

Bei der technischen Ausführung des Drehstromgenerators (Bild A-86) sind im *Ständer* drei um 120° versetzte Spulen feststehend angebracht, während der *Läufer* (Polrad) eine mit Gleichsstrom gespeiste Wicklung trägt und damit ein Magnetfeld erzeugt. Rotiert nun der Läufer mit der Winkelgeschwindigkeit ω, so entsteht

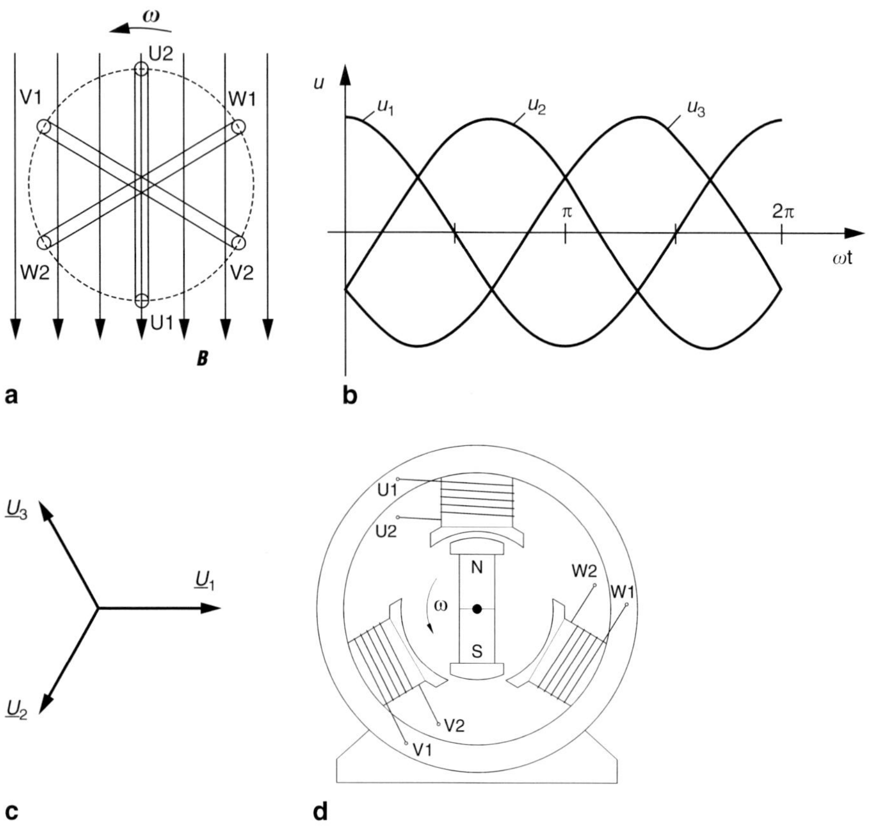

Bild A-86 Dreiphasenwechselstrom, **a**) Rotatorische Spannungserzeugung, **b**) Zeitverlauf der Spannungen, **c**) Zeigerdiagramm, **d**) Rotierendes Polrad mit drei feststehenden Spulen

ein sich drehendes Magnetfeld, das in den Ständerspulen die um 120 ° versetzten Wechselspannungen erzeugt.

Wird eine solche Anordnung von drei feststehenden Spulen mit Spannungen nach Gl. (A-258) beaufschlagt, dann erzeugen die drei phasenverschobenen Ströme drei phasenverschobene Magnetfelder. Die Feldrichtung des resultierenden Magnetfeldes dreht sich infolgedessen mit der Winkelgeschwindigkeit ω. Das so entstandene Drehfeld ist von grundlegender Bedeutung für die Funktion von Drehstrommotoren. Es gab dem Dreiphasensystem die populäre Bezeichnung *Drehstrom*. Vertauscht man bei einer Drehstrommaschine zwei Außenleiter, dann kehrt sich die Drehrichtung des Drehfeldes um und damit auch die Laufrichtung des Motors.

Von den 2×3 Enden eines Drehstromgenerators muss die elektrische Energie nicht notwendigerweise mit sechs Leitungen zum Verbraucher geführt werden. Durch geeignete *Verkettung* kann die Zahl der Leitungen bis auf drei reduziert werden.

A.6.2 Sternschaltung

Werden die drei Klemmen U2, V2 und W2 eines Drehstromerzeugers an einem *Sternpunkt* verbunden (Bild A-87), so entsteht die Sternschaltung (Zeichen Y). Am Sternpunkt wird der *Neutralleiter* N (früher Mp) angeschlossen. Die *Außenleiter* L1, L2 und L3 (früher R, S, T) sind mit den Klemmen U1, U2, und U3 verbunden.

Spannungen Die Strangspannungen $\underline{U}_{\mathrm{Str}}$ zwischen dem Neutralleiter und den drei Außenleitern heißen $\underline{U}_{1\mathrm{N}}$, $\underline{U}_{2\mathrm{N}}$ und $\underline{U}_{3\mathrm{N}}$ oder kurz $\underline{U}_1$, $\underline{U}_2$ und $\underline{U}_3$. Bei symmetrischen Spannungen wird der Effektivwert als *Sternspannung* U_{Y} bezeichnet: $U_{\mathrm{Str}} = U_{\mathrm{Y}}$.

Die *Außenleiterspannungen* oder kurz *Leiterspannungen* zwischen den Leitern L1, L2, und L3 ergeben sich aus dem Zeigerdiagramm zu

$$\begin{aligned} \underline{U}_{12} &= \underline{U}_{1\mathrm{N}} - \underline{U}_{2\mathrm{N}} \\ \underline{U}_{23} &= \underline{U}_{2\mathrm{N}} - \underline{U}_{3\mathrm{N}} \\ \underline{U}_{31} &= \underline{U}_{3\mathrm{N}} - \underline{U}_{1\mathrm{N}}. \end{aligned} \tag{A-260}$$

Bei symmetrischen Spannungen wird der Effektivwert der Spannung zwischen zwei Außenleitern mit U bezeichnet. Aus dem gleichseitigen Dreieck (Bild A-87) folgt

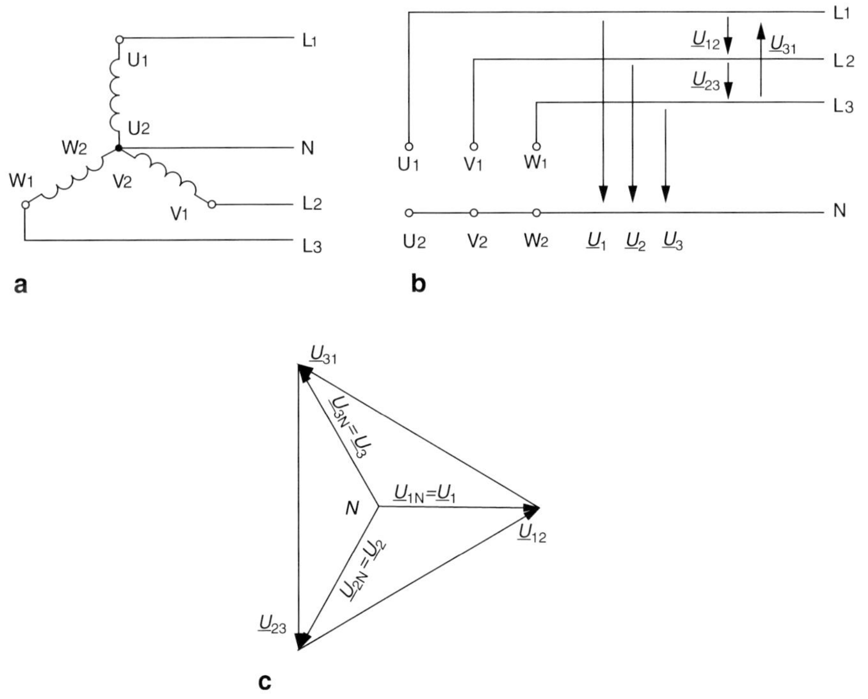

Bild A-87 Sternschaltung eines Drehstromgenerators **a**) Verkettung mit Sternpunkt **b**) Schaltung der Wicklungsanschlüsse **c**) Zeigerdiagramm der Spannungen

für den Zusammenhang zwischen der Sternspannung U_Y und der Leiterspannung U:

$$U = \sqrt{3} U_Y. \tag{A-261}$$

In Sternschaltung ist die Leiterspannung $\sqrt{3}$mal größer als die Strangspannung.

Das Niederspannungsnetz der öffentlichen Stromversorgung wird mit der Leiterspannung U = 400 V (früher 380 V) betrieben. Die Sternspannung beträgt daher $U_Y = 230{,}9$ V, auf ganze Dekavolt gerundet: $U_Y = 230$ V (früher 220 V). Das private Haushaltsnetz ist ein *Fünfleiternetz*, bei dem außer den drei Außenleitern L1, L2 und L3 sowie dem Neutralleiter N noch ein Schutzleiter PE zugeführt wird.

Ströme Bei Sternschaltung fließen von den drei Leitern L1, L2 und L3 die drei Ströme $\underline{I}_1$, $\underline{I}_2$ und $\underline{I}_3$ durch die Verbraucher zum gemeinsamen Sternpunkt (Bild A-88). Der Neutralleiterstrom $\underline{I}_N$ ist also gleich der Summe der Strangströme:

$$\underline{I}_N = \underline{I}_1 + \underline{I}_2 + \underline{I}_3. \tag{A-262}$$

Bei symmetrischer Belastung gilt wie bei den Spannungen nach Gl. (A-259)

$$\underline{I}_1 + \underline{I}_2 + \underline{I}_3 = 0,$$

d. h. im Neutralleiter fließt kein Strom. Auf den Neutralleiter kann also bei symmetrischer Belastung verzichtet werden. Diese Tatsache wird im Mittel- und Hochspannungsnetz ausgenutzt, die als *Dreileiternetz* ausgeführt werden.

Wird der Effektivwert des Strangstroms als *Sternstrom* I_Y bezeichnet und der Leiterstrom mit I, dann gilt

$$I = I_Y = U_Y/Z. \tag{A-263}$$

In Sternschaltung ist der Leiterstrom gleich dem Strangstrom.

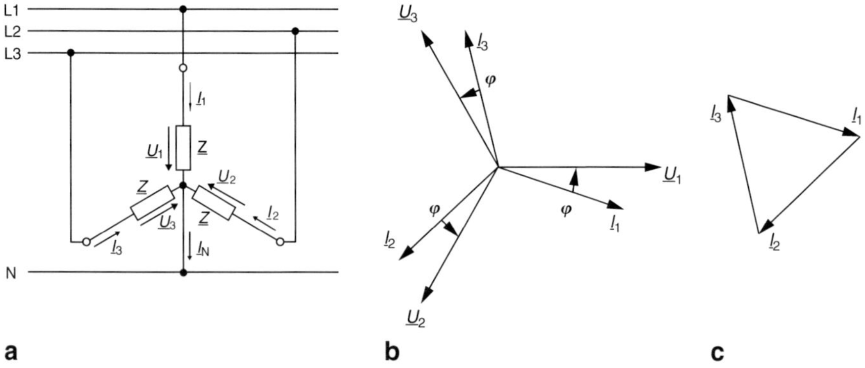

Bild A-88 Symmetrische Belastung des Dreiphasennetzes in Sternschaltung, **a**) Schaltung, **b**) Zeigerdiagramm für induktive Last, **c**) Addition der Stromzeiger

Leistung bei symmetrischer Belastung Bild A-88 zeigt die Belastung des Drehstromnetzes durch drei gleiche induktive Verbraucher (z. B. die Wicklungen eines Drehstrommotors). In jedem Strang fließt ein Strom, welcher der jeweiligen Spannung um den Phasenverschiebungswinkel φ nacheilt. Mit den Gleichungen (A-146), (A-147) und (A-149) folgt für die Leistungen in einem Strang:

Wirkleistung $P_{str} = U_Y I_Y \cos\varphi$,
Blindleistung $Q_{str} = U_Y I_Y \sin\varphi$,
Scheinleistung $S_{str} = U_Y I_Y$.

Die Gesamtleistung ist das Dreifache einer Strangleistung:

$$\begin{aligned} P &= 3U_Y I_Y \cos\varphi, \\ Q &= 3U_Y I_Y \sin\varphi, \\ S &= 3U_Y I_Y \end{aligned} \tag{A-264}$$

Wird nach Gl. (A-261) die Strangspannung U_Y durch die Spannung U zwischen den Leitern ersetzt und nach Gl. (A-263) der Strangstrom I_Y durch den Leiterstrom I, dann folgt für die Gesamtleistungen

$$\begin{aligned} P &= \sqrt{3}\, U\, I \cos\varphi, \\ Q &= \sqrt{3}\, U\, I \sin\varphi, \\ S &= \sqrt{3}\, U\, I. \end{aligned} \tag{A-265}$$

Für die *Momentanleistung* in einem Strang gilt nach Gl. (A-145)

$$P_{t,Str} = P_{Str} + S_{Str} \cos(2\omega t + \varphi_u + \varphi_i)$$

oder $$P_{t,Str} = \frac{P}{3} + \frac{S}{3} \cos(2\omega t + \varphi_u + \varphi_i)$$

Bild A-89 zeigt die Momentanwerte der drei Stränge sowie die Summe aller Strangleistungen, für die gilt

$$P_{t,Str1} + P_{t,Str2} + P_{t,Str3} = P. \tag{A-266}$$

Bild A-89 Augenblicksleistungen bei Drehstrom

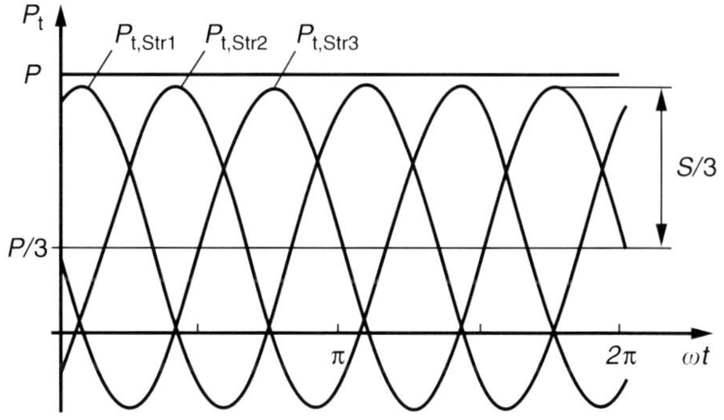

Das bedeutet, dass die Summe aller Augenblickswerte konstant ist und der Wirkleistung P entspricht. Ein Verbraucher, der das Dreiphasennetz symmetrisch belastet, entnimmt also eine konstante Wirkleistung. Daraus folgt, dass auch der Generator eine konstante Leistung abgibt und die Turbine, die den Generator antreibt, mit konstantem Drehmoment belastet wird.

Beispiel

A-35: Ein Drehstrommotor besitzt den Leistungsfaktor $\cos\varphi = 0{,}85$. Bei Anschluss an das 400-V/230-V-Netz in Sternschaltung fließt ein Strom von $I = 9{,}5$ A. Wie groß sind a) Scheinleistung S, b) Wirkleistung P und c) Blindleistung Q?

Lösung:

a) $S = \sqrt{3} U\,I = 6{,}58$ kVA,
b) $P = \sqrt{3}\,U\,I \cos\varphi = 5{,}59$ kW,
c) $Q = \sqrt{3}\,U\,I \sin\varphi = 3{,}47$ kvar.

Unsymmetrische Belastung Werden nach der Sternschaltung von Bild A-88 und A-91a drei verschiedene Verbraucher mit $\underline{Z}_1$, $\underline{Z}_2$ und $\underline{Z}_3$ an ein Drehstromnetz angeschlossen, liegt eine unsymmetrische Belastung vor.

Ist der Sternpunkt nicht angeschlossen (Dreileiternetz), dann wird das Zeigerdiagramm der Spannungen unsymmetrisch (Bild A-90). Die größte Strangspannung tritt in jenem Strang auf, der den größten Widerstand enthält und damit die kleinste Leistungsaufnahme besitzt. Ist aber der Neutralleiter angeschlossen (normales Niederspannungs-Vierleiternetz), dann ist das Zeigerdiagramm der Spannungen symmetrisch wie in Bild A-88b und A-91b. Die Ströme in den Strängen sind aber bei unsymmetrischer Belastung nicht gleich, so dass nach Gl. (A-262) ein resultierender Strom über den Neutralleiter fließt (Bild A-91c).

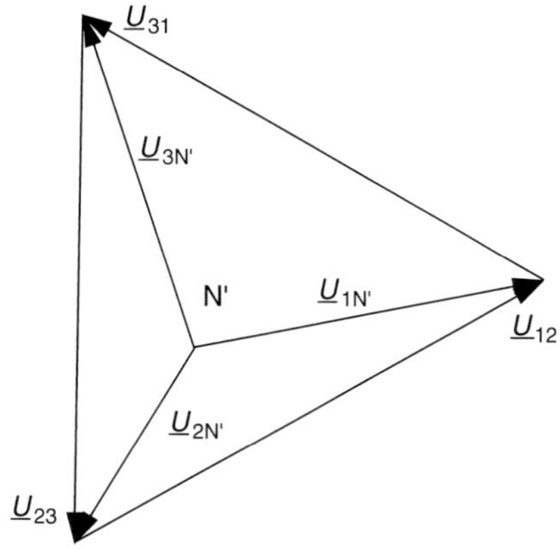

Bild A-90 Zeigerdiagramm der Spannungen für Sternschaltung bei unsymmetrischer Belastung des Dreileiternetzes

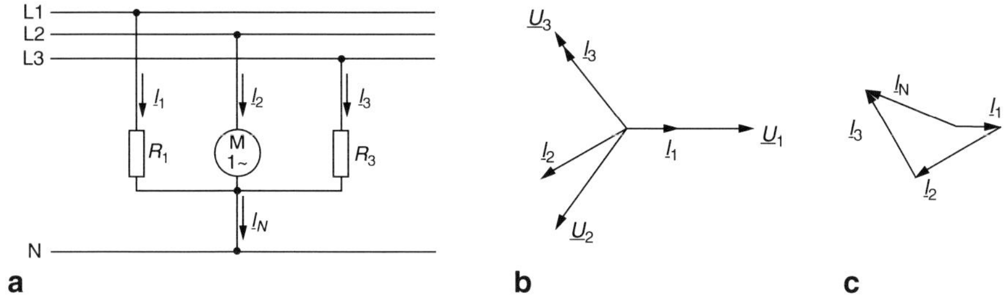

Bild A-91 Unsymmetrische Belastung bei einem Vierleiternetz, zu Beispiel A-36, **a**) Anschlussschema, **b**) Zeigerdiagramm, **c**) Polygon der Strompfeile

Beispiel

A-36: In einem 400-V-Haushaltsnetz liegt am Außenleiter L1 die Beleuchtungsanlage mit $P_1 = 600$ W, an L2 ein Elektromotor mit $P_2 = 1{,}6$ kW Leistungsaufnahme und Leistungsfaktor $\cos\varphi_2 = 0{,}9$ sowie an L3 ein Heizofen mit $P_3 = 2$ kW (Bild A-91). Welche Ströme fließen in den drei Außenleitern und im Neutralleiter?

Lösung:

Strangströme:

$$I_1 = \frac{P_1}{U_1} = \frac{600\,\mathrm{W}}{230\,\mathrm{V}} = 2{,}61\,\mathrm{A},$$

$$I_2 = \frac{P_2}{U_2 \cos\varphi_2} = \frac{1600\,\mathrm{W}}{230\,\mathrm{V} \cdot 0{,}9} = 7{,}73\,\mathrm{A},$$

$$I_3 = \frac{P_3}{U_3} = \frac{2000\,\mathrm{W}}{230\,\mathrm{V}} = 8{,}70\,\mathrm{A}.$$

Der Phasenverschiebungswinkel ist $\varphi_2 = 25{,}8\,°$. Aus dem Zeigerdiagramm von Bild A-91 ergibt sich der Effektivwert des resultierenden Stroms

$$\underline{I}_N = \underline{I}_1 + \underline{I}_2 + \underline{I}_3 \text{ zu}$$

$$I_N = 8{,}73\,\mathrm{A}.$$

A.6.3 Dreieckschaltung

Werden die drei Stränge eines Drehstromverbrauchers so geschaltet, dass sie jeweils zwischen zwei Außenleitern liegen (Bild A-92), dann spricht man von Dreieckschaltung (Zeichen Δ). Der Neutralleiter wird nicht benutzt; zur Versorgung reicht ein Dreileiternetz.

Spannungen Zwischen den Knotenpunkten 1 und 2, 2 und 3 sowie 3 und 1 liegen die Strangspannungen $\underline{U}_{12}$, $\underline{U}_{23}$ sowie $\underline{U}_{31}$. Diese Spannungen sind identisch mit

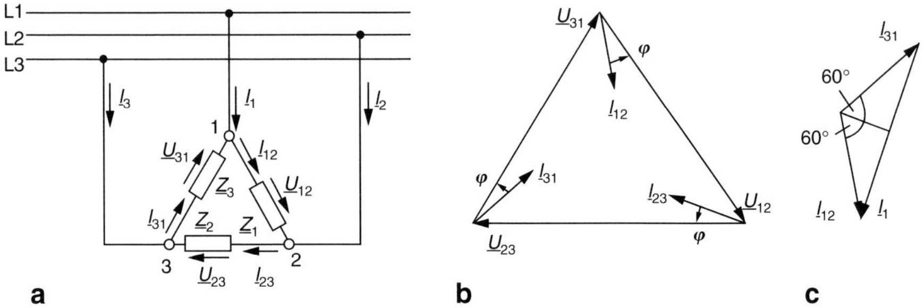

Bild A-92 Dreieckschaltung bei symmetrischer Belastung, **a**) Schaltung, **b**) Zeigerdiagramm für induktive Last, **c**) Addition der Ströme am Knoten 1

den Leiterspannungen U. Bei symmetrischer Belastung wird der Effektivwert der Strangspannung auch als *Dreieckspannung* U_Δ bezeichnet. Es gilt also:

$$U_\Delta = U. \tag{A-267}$$

In Dreieckschaltung ist die Strangspannung gleich der Leiterspannung.

Ströme Die Ströme in den Außenleitern werden aus dem Zeigerdiagramm (Bild A-92) gewonnen.

Wird die Knotenregel beispielsweise auf den Knoten 1 angewandt, so ergibt sich

$$\underline{I}_1 + \underline{I}_{31} = \underline{I}_{12} \quad \text{oder} \quad \underline{I}_1 = \underline{I}_{12} - \underline{I}_{31},$$

wobei für die Effektivwerte bei symmetrischer Belastung gilt:

$I_{12} = I_{31}$.

Aus dem gleichschenkligen Dreieck der Ströme (Bild A-92) folgt

$$I_1 = \sqrt{3} I_{12}.$$

Der Effektivwert des Stromes im Leiter 1 ist also um $\sqrt{3}$ größer als der in einem Strang. Dies gilt aus Symmetriegründen für alle Leiter. Wird der Effektivwert des Strangstromes bei symmetrischer Belastung als *Dreieckstrom* I_Δ bezeichnet, dann gilt

$$I = \sqrt{3} I_\Delta \tag{A-268}$$

In Dreieckschaltung ist der Leiterstrom $\sqrt{3}$mal größer als der Strangstrom.

Leistung bei symmetrischer Belastung Für die Leistungen in jeweils einem Strang gilt:

Wirkleistung $P_{str} = U_\Delta I_\Delta \cos\varphi$,
Blindleistung $Q_{str} = U_\Delta I_\Delta \sin\varphi$,
Scheinleistung $S_{str} = U_\Delta I_\Delta$.

Die Gesamtleistung ist dann jeweils dreimal so groß. Ersetzt man mithilfe der Gleichungen (A-267) und (A-268) die Strangspannung U_Δ durch die Leiterspannung U und den Strangstrom I_Δ durch den Leiterstrom I, dann ergeben sich dieselben Beziehungen wie bei der Sternschaltung:

$$\begin{aligned} P &= \sqrt{3}\, U I \cos\varphi, \\ Q &= \sqrt{3}\, U I \sin\varphi, \\ S &= \sqrt{3}\, U I\ . \end{aligned} \tag{A-265}$$

Unsymmetrische Belastung Wird das Dreileiternetz unsymmetrisch belastet, dann entstehen ungleiche Leiterströme, die mithilfe des Zeigerdiagramms (Bild A-93) bestimmt werden können.

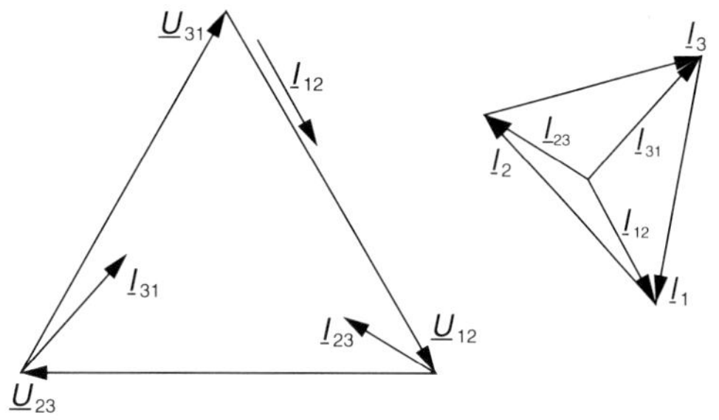

Bild A-93 Unsymmetrische Belastung des Drehstromnetzes in Dreieckschaltung

Stern-Dreieck-Umschaltung Wird ein und derselbe Drehstrom-Verbraucher entweder in Stern- oder in Dreieckschaltung an das Dreiphasennetz angeschlossen, dann liegt an den Strängen im Falle der Dreieckschaltung eine um $\sqrt{3}$mal größere Spannung als bei Sternschaltung. Genau so verhalten sich die Ströme, so dass der Verbraucher in Dreieckschaltung eine dreimal größere Leistung aufnimmt als in Sternschaltung (Tabelle A-8).

Tabelle A-8 Vergleich zwischen Stern- und Dreieckschaltung bei symmetrischer Last mit Wirkwiderständen R

	Sternschaltung Y		Dreieckschaltung Δ	
Strangspannung	$U_\mathrm{Y} = \frac{U}{\sqrt{3}}$	(A-261)	$U_\Delta = U$	(A-267)
Strangstrom	$I_\mathrm{Y} = I = \frac{U_\mathrm{Y}}{R} = \frac{U}{\sqrt{3}R}$	(A-263)	$I_\Delta = \frac{I}{\sqrt{3}} = \frac{U_\Delta}{R} = \frac{U}{R}$	(A-268)
Wirkleistung	$P = 3P_\mathrm{Str} = 3U_\mathrm{Y} I_\mathrm{Y} = \frac{U^2}{R}$	(A-269)	$P = 3P_\mathrm{Str} = 3U_\Delta I_\Delta = 3\frac{U^2}{R}$	(A-270)

Die Stern-Dreieck-Umschaltung wird häufig bei Kurzschlussläufermotoren eingesetzt, um die hohen Anlaufströme zu reduzieren. Der Motor läuft dabei in Sternschaltung hoch und wird anschließend auf Dreieckschaltung gelegt. (Bild A-94). Durch diese Maßnahme reduziert sich der Anlaufstrom auf ein Drittel. Das Umschalten geschieht mittels Schützschaltung oder Handschalter.

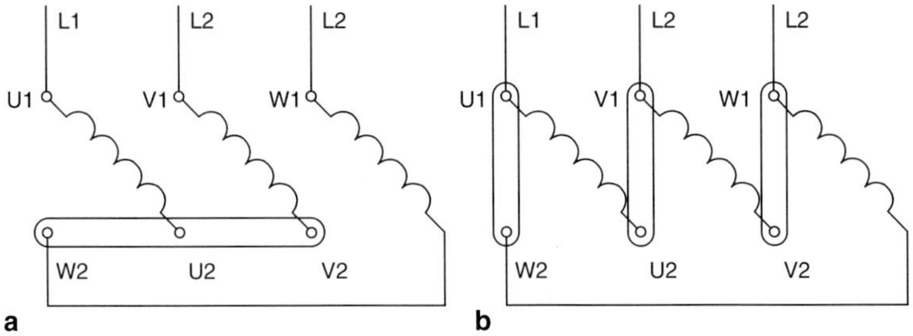

Bild A-94 Klemmbrettverbindungen bei einem Drehstrom-Kurzschlussläufer-Motor, **a**) Sternschaltung, **b**) Dreieckschaltung

Beispiel

A-37: Ein Elektroofen enthält drei ohmsche Widerstände von je 50 Ω. Wie groß ist die Leistung, die er aus einem 400-V-Netz aufnimmt in a) Sternschaltung und b) Dreieckschaltung?

Lösung:

a) In Sternschaltung ist die Strangspannung $\underline{U}_Y = U/\sqrt{3} = 230$ V. Der Strangstrom ist gleich dem Leiterstrom: $I_Y = I = U_Y/R = 4{,}6$ A. Damit wird die Leistung in einem Strang $P_Y = U_Y\ I_Y = 1{,}06$ kW und die Gesamtleistung $P = 3P_Y = 3{,}2$ kW.
b) In Dreieckschaltung ist die Strangspannung gleich der Leiterspannung: $U_\Delta = U = 400$ V. Der Strangstrom beträgt $I_\Delta = U_\Delta/R = 8$ A. Damit wird die Leistung in einem Strang $P_\Delta = U_\Delta\ I_\Delta = 3{,}2$ kW und die Gesamtleistung $P = 3P_\Delta = 9{,}6$ kW.

ÜBUNGSAUFGABEN

Ü A.6-1: Drei gleiche Wirkwiderstände $R = 330\,\Omega$ werden in Sternschaltung an das Vierleiter-Drehstromnetz 400 / 230 V angeschlossen. Wie groß sind a) Sternstrom I_Y, b) Außenleiterstrom I, c) Neutralleiterstrom I_N und d) Wirkleistung P?

Ü A.6-2: Ein elektrischer Heizofen besitzt die Leistungsaufnahme $P = 7{,}2$ kW. Seine drei gleichen Heizstäbe sind in Dreieckschaltung an das 400 / 230V-Drehstromnetz angeschlossen.
a) Berechnen Sie die Strangströme I_Δ und die Leiterströme I. b) Wie groß werden die Ströme und die Leistungen, wenn ein Heizstab durchbrennt?

Ü A.6-3: An das 400/230 V-Drehstromnetz ($f = 50$ Hz) sind nach Bild A-92 drei ungleiche Verbraucher angeschlossen: $\underline{Z}_1$ ist ein Ohm'scher Widerstand $R_1 = 1\,\text{k}\Omega$; $\underline{Z}_2$ ist ein Widerstand $R_2 = 500\,\Omega$ in Reihe mit einer Induktivität $L_2 = 0{,}5$ H; $\underline{Z}_3$ ist ein Widerstand $R_3 = 750\,\Omega$ in Reihe mit einer Kapazität $C_3 = 10\,\mu$F. Wie groß sind die resultierenden Ströme?

Literatur

Fischer R, Linse H (2009) Elektrotechnik für Maschinenbauer. Vieweg + Teubner, 13. Auflage
Frohne H, Moeller F (2008) Grundlagen der Elektrotechnik. Vieweg + Teubner, 21. Aufl.
Flegel G, Birnstiel K, Nerreter W (2004) Elektrotechnik für Maschinenbau und Mechatronik. Hanser, 8. Auflage
Nerreter W (2011) Grundlagen der Elektrotechnik. Hanser, 2. Auflage
Weißgerber W (2009) Elektrotechnik für Ingenieure. Vieweg + Teubner, 7. Auflage
Zastrow D (2010) Elektrotechnik: ein Grundlagenbuch. Vieweg + Teubner, 17. Auflage

Kapitel B
Halbleitertechnik

B.1 Bauelemente

B.1.1 Leitungsmechanismen

B.1.1.1 Elektrische Leitung in Metallen

Hinsichtlich der elektrischen Leitfähigkeit zeichnen sich Metalle dadurch aus, dass in den Kristallen viele bewegliche Elektronen vorhanden sind. Beispielsweise gibt in Kupfer praktisch jedes Atom ein bewegliches Elektron ab, so dass eine Anzahldichte von $n \approx 10^{23}\ \text{cm}^{-3}$ vorliegt. Dieses *Elektronengas* wandert bei Anlegen einer elektrischen Spannung (eines elektrischen Feldes) durch den Kristall, d.h. es fließt ein elektrischer Strom.

Erfahren die Elektronen eine konstante vorwärtstreibende Feldkraft, dann stellt sich eine konstante „Fließgeschwindigkeit" ein, wenn die antreibende Kraft durch die Reibungskraft bei der Bewegung durch das Kristallgitter gerade kompensiert wird. Die mittlere *Driftgeschwindigkeit* der Elektronen ist umso größer, je größer die elektrische Feldstärke ist.

Mechanische Analogie: Lässt man Kugeln gleichen Durchmessers aber verschiedener Dichte, d.h. unterschiedlichen Gewichtes in einen Flüssigkeitsbehälter fallen, dann sinkt die Kugel mit dem größten Gewicht am schnellsten nach unten.

Die Driftgeschwindigkeit v_d der Elektronen ist zur anliegenden Feldstärke E proportional:

$$v_\text{d} = \mu E. \tag{B-1}$$

Die Proportionalitätskonstante μ heißt *Beweglichkeit*.

Für die elektrische Stromdichte gilt

$$J = \frac{I}{A} = env_\text{d}, \tag{B-2}$$

wobei e die Elementarladung und $n = N/V$ die Anzahldichte der beweglichen Elektronen ist.

E. Hering et al., *Elektrotechnik und Elektronik für Maschinenbauer*,
DOI 10.1007/978-3-642-12881-3_2, © Springer-Verlag Berlin Heidelberg 2012

Aus den Gleichungen (B-1) und (B-2) folgt, dass die Stromdichte J proportional zur anliegenden Feldstärke ist:

$$J = en\mu E = \gamma E. \tag{B-3}$$

Dies ist eine mögliche Formulierung *des Ohm'schen Gesetzes*. Für einen Leiter mit konstanter Querschnittsfläche A und der Länge l ergibt sich daraus die bekannte Schreibweise

$$I = GU = U/R. \tag{A-10}$$

Die Proportionalitätskonstante in Gl. (B-3) ist die *elektrische Leitfähigkeit*

$$\gamma = en\mu. \tag{B-4}$$

Beispiel

B-1: Wie groß ist die Beweglichkeit der Elektronen in Kupfer bei Raumtemperatur, wenn die Konzentration der beweglichen Elektronen $n = 8{,}5 \cdot 10^{22}\ \text{cm}^{-3}$ beträgt?

Lösung:

Nach Tabelle A-1 ist die Leitfähigkeit γ = 56 Sm/mm^2. Aus Gl. (B-4) folgt

$$\mu = \frac{\gamma}{en} \approx 41 \frac{\text{cm}^2}{\text{Vs}}.$$

Die Beweglichkeit hängt von der Temperatur sowie der Reinheit der Kristalle ab. Mit steigender Temperatur schwingen die Kristallatome heftiger um ihre Gleichgewichtslagen und setzen so den Elektronen einen höheren Widerstand entgegen als bei tiefen Temperaturen. Dies führt dazu, dass der elektrische Widerstand mit der Temperatur ansteigt (s. Gl. (A-15) in Abschn. A.1.5).

B.1.1.2 Elektrische Leitung in Halbleitern

Eigenleitung

Die klassischen Halbleiter Germanium und Silicium aus der IV. Gruppe des Periodensystems besitzen in der äußersten Elektronenschale vier Elektronen, die im Kristallgitter (Bild B-1) Elektronenpaarbindungen mit ihren vier nächsten Nachbarn eingehen. Dadurch sind (bei tiefen Temperaturen) keine frei beweglichen Ladungsträger vorhanden, es kann also kein Strom fließen.

Energetisch können sich Elektronen in Festkörpern nur innerhalb *erlaubter* Bereiche, der so genannten Energiebänder aufhalten, die ihrerseits durch *verbotene* Zonen voneinander getrennt sind. Bei einem Halbleiter ist bei tiefen Temperaturen das *Valenzband* VB (Oberkante E_{V}) gefüllt, das darüber liegende *Leitungsband* LB (Unterkante E_{L}) ist leer (Bild B-1). Die Breite der Energielücke wird mit E_{g} (energy gap) bezeichnet.

	Eigenleitung	Störstellenleitung	
		n-dotiert (Elektronenleitung)	p-dotiert (Löcherleitung)
Elemente	Gruppe IV vier Valenzelktronen: C, Si, Ge, Sn	Gruppe V fünf Valenzelektronen: N, P, As, Sb (Donatoren)	Gruppe III drei Valenzelektronen: B, Al, Ga, In (Akzeptoren)
Kristall-gitter	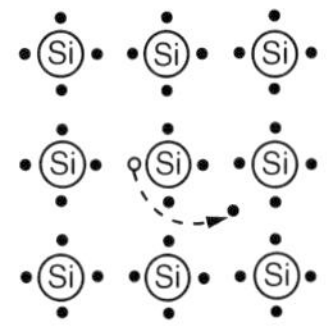	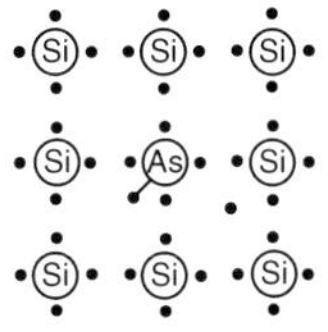	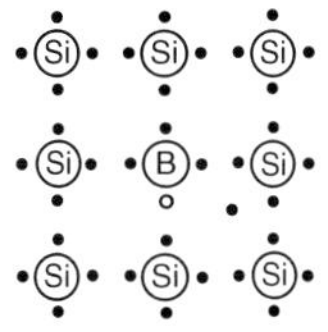
Bänder-Modell	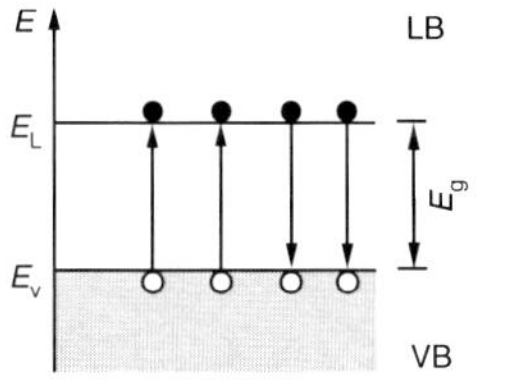	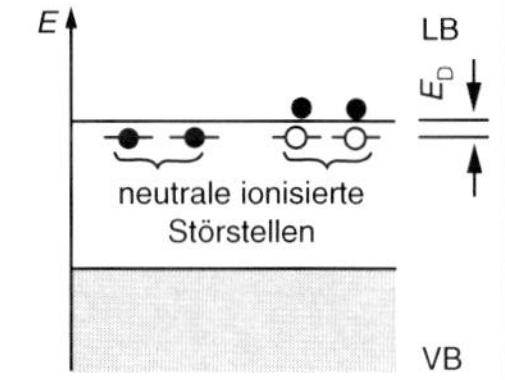	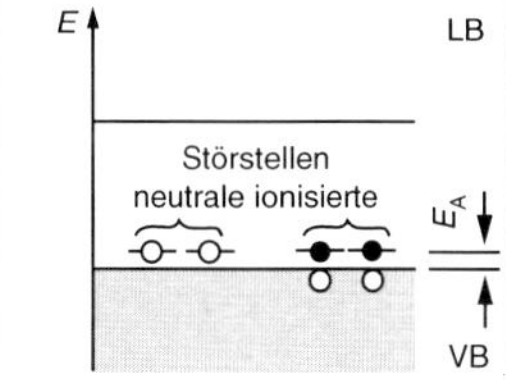

Bild B-1 Leitungsmechanismen in Halbleitern

Wird die Temperatur gesteigert (z.B. auf Raumtemperatur), dann führen die Atome thermische Schwingungen um ihre Gleichgewichtslagen aus. Einige schwingen dabei so heftig, dass die Elektronenpaarbindungen aufreißen, wodurch Elektronen von ihren festen Plätzen wegfliegen und sich frei im Kristall bewegen können. Durch diesen Mechanismus wird die vorher isolierende Substanz leitfähig. Im Bändermodell entspricht die Befreiung eines Elektrons aus seiner Bindung einem Übergang aus dem *Valenzband* in das *Leitungsband*. Die erforderliche *Aktivierungsenergie* E_g wird hier thermisch zugeführt, sie kann aber auch optisch zugeführt werden (s. Abschn. B.6.2, Fotodioden).

Wird an einen Kristall eine Spannung angelegt, dann laufen die beweglichen Elektronen in Richtung Anode. Interessanterweise nehmen auch die *Löcher*, die an der Stelle von fehlenden Elektronen sitzen, am Strom teil. Ein gebundenes Elektron in der Nachbarschaft eines Loches kann durch Platzwechsel das Loch auffüllen, wodurch das Loch an die Stelle des Platz wechselnden Elektrons gelangt. Auf diese Weise wandern letztlich die Löcher in Richtung Kathode. Die Löcher im See der negativen Elektronen können betrachtet werden wie positive Teilchen, die sich von der Anode zur Kathode bewegen.

Der Strom in einem Halbleiter setzt sich demnach immer zusammen aus einem *Elektronen-* und einem *Löcherstrom*. Zwar laufen die Teilchen in entgegengesetzter Richtung, die technische Stromrichtung ist jedoch für beide gleich. Durch Erweiterung der Gl. (B-4) folgt für die Leitfähigkeit eines Halbleiters:

$$\gamma = e(n\mu_n + p\mu_p), \tag{B-5}$$

mit n: Elektronendichte, μ_n: Elektronenbeweglichkeit, p: Löcherdichte, μ_p: Löcherbeweglichkeit.

In einem *Eigenleiter* wird durch Erzeugung eines freien Elektrons stets auch ein Loch geschaffen, freie Elektronen und Löcher entstehen also paarweise. Die Dichte der Elektronen und Löcher ist damit gleich, sie wird als *Eigenleitungsdichte* n_i (**i**ntrinsic carrier concentration) bezeichnet:

$$n_\mathrm{i} = n = p. \tag{B-6}$$

Damit gilt für die Leitfähigkeit bei Eigenleitung

$$\gamma = e n_\mathrm{i}(\mu_\mathrm{n} + \mu_\mathrm{p}). \tag{B-7}$$

In Tabelle B-1 sind Zahlenwerte der intrinsischen Trägerdichte sowie einiger anderer Größen für die Halbleiter Ge, Si und GaAs zusammengestellt.

Tabelle B-1 Eigenschaften der Halbleiter Germanium, Silicium und Galliumarsenid für $T = 300$ K

	Ge	Si	GaAs
Bandgap E_g in eV	0,660	1,11	1,43
intrinsische Trägerdichte n_i in cm^{-3}	$2{,}33 \times 10^{13}$	$1{,}02 \times 10^{10}$	$2{,}00 \times 10^{6}$
Effektive Zustandsdichte			
im Leitungsband N_L in cm^{-3}	$1{,}24 \times 10^{19}$	$2{,}85 \times 10^{19}$	$4{,}55 \times 10^{17}$
im Valenzband N_V in cm^{-3}	$5{,}35 \times 10^{18}$	$1{,}62 \times 10^{19}$	$9{,}32 \times 10^{18}$
Beweglichkeit μ_n in $\mathrm{cm}^2/(\mathrm{Vs})$	3900	1350	8500
μ_p in $\mathrm{cm}^2/(\mathrm{Vs})$	1900	480	435

Beispiel

B-2: Wie groß ist der spezifische Widerstand von Germanium bei $T = 300$ K?

Lösung:
Mithilfe der Daten von Tabelle B-1 ergibt sich

$$\rho = \frac{1}{\gamma} = \frac{1}{e n_\mathrm{i}(\mu_\mathrm{n} + \mu_\mathrm{p})}$$
$$= \frac{1}{1{,}6 \times 10^{-19}\,\mathrm{As} \cdot 2{,}33 \times 10^{13}\,\mathrm{cm}^{-3} \cdot 5800\,\mathrm{cm}^2\mathrm{V}^{-1}\mathrm{s}^{-1}} \approx 46\,\Omega\mathrm{cm}.$$

Die Eigenleitungsdichte hängt empfindlich von der Temperatur ab:

$$n_\mathrm{i}(T) = \sqrt{N_\mathrm{L} N_\mathrm{V}}\,\mathrm{e}^{-\frac{E_\mathrm{g}}{2kT}}. \tag{B-8}$$

k ist die *Boltzmann-Konstante*, T die absolute Temperatur. Die *effektiven Zustandsdichten* N_L und N_V sind Materialparameter, die in Tabelle B-1 angegeben sind.

Da mit steigender Temperatur die Ladungsträgerdichte exponentiell ansteigt, sinkt der Ohm'sche Widerstand. Halbleiter haben also im Gegensatz zu den Metallen einen negativen Temperaturkoeffizienten (NTC: Negative Temperature Coefficient) des Widerstandes. Für den Widerstand eines Eigenleiters gilt näherungsweise

$$R(T) \approx R_0 e^{\frac{E_g}{2kT}}. \tag{B-9}$$

Beispiel
B-3: Wie groß ist der Temperaturkoeffizient α des elektrischen Widerstandes von Germanium in der Nähe der Raumtemperatur (300 K)?

Lösung:
Aus Gl. (B-9) folgt

$$\alpha = \frac{1}{R}\frac{dR}{dT} = -\frac{E_g}{2kT^2} = -0{,}043\,\mathrm{K}^{-1} = -43 \times 10^{-3}\,\mathrm{K}^{-1}.$$

Störstellenleitung

Die Leitfähigkeit eines Halbleiters kann drastisch verändert werden durch den Einbau von *Störstellen*. Wird beispielsweise der Halbleiter Silicium, der in der IV. Gruppe des Periodensystems steht, mit Elementen aus der V. Gruppe (z.B. P, As, Sb) *dotiert*, so bringt jedes Fremdatom *fünf Außenelektronen* mit. Das fünfte Elektron kann relativ leicht abgespaltet werden und erhöht damit die Leitfähigkeit. Diese Elektronen spendenden Substanzen werden als *Donatoren* bezeichnet. Die Abspaltung entspricht im Bändermodell einer Anhebung in das Leitungsband, wozu lediglich die kleine Aktivierungsenergie E_D zugeführt werden muss (Bild B-1).

Wird einem Donatoratom das fünfte Elektron in der äußeren Schale, das keine Bindung mit den benachbarten Atomen eingeht, entfernt, dann bleibt der ionisierte Donator einfach positiv geladen zurück. Der Halbleiter ist insgesamt elektrisch neutral, denn irgendwo im Kristall befindet sich ja das zusätzliche Elektron, das der Donator einbrachte.

Bei Raumtemperatur sind praktisch alle Donatoren ionisiert. Das bedeutet, dass die Dichte n der beweglichen Elektronen ungefähr der Dichte der Donatoren entspricht:

$$n \approx n_D. \tag{B-10}$$

Gleichzeitig geht die Dichte der freien Löcher zurück, denn man kann zeigen, dass für das Produkt von Elektronendichte n und Löcherdichte p stets folgender Zusammenhang gilt:

$$n \cdot p = n_i^2. \tag{B-11}$$

Aus diesem Grund besteht in einem Halbleiter, der mit Donatoren dotiert ist, der Strom praktisch vollständig aus einem Elektronenstrom. Die Elektronen sind die *Majoritätsträger*, die Löcher die *Minoritätsträger*. Weil die negativen Ladungsträger dominieren, wird der Halbleiter als *n-Halbleiter* bezeichnet.

Beispiel
B-4: Wie groß ist der spezifische Widerstand von Silicium, das mit $n_D = 10^{16}\,\mathrm{cm}^{-3}$ As-Atomen dotiert ist?

Lösung:
Die Elektronenkonzentration beträgt $n = 10^{16}\ \mathrm{cm}^{-3}$. Für die Konzentration der beweglichen Löcher folgt aus Gl. (B-11)

$$p = 1{,}04 \times 10^4\,\mathrm{cm}^{-3} \ll n.$$

Aus Gl. (B-5) ergibt sich

$$\rho = \frac{1}{\gamma} = \frac{1}{e(n\mu_\mathrm{n} + p\mu_\mathrm{p})} \approx \frac{1}{en\mu_\mathrm{n}} = 0{,}462\,\Omega \cdot \mathrm{cm}.$$

Bei Dotierung mit Stoffen aus der III. Gruppe des Periodensystems (z.B. B, Al, Ga, In) bringt jedes Fremdatom nur *drei Valenzelektronen* mit, dadurch sitzt an jedem dieser Atome ein Loch. Durch geringe Energiezufuhr kann ein benachbartes gebundenes Elektron in dieses Loch hüpfen, wodurch das Loch selbst zum Nachbaratom wandert und dadurch zu einem beweglichen Loch wird. Substanzen, die Elektronen aufnehmen können (und dabei Löcher abgeben), werden als *Akzeptoren* bezeichnet. Im Bändermodell wird ein Loch unter Zufuhr der Energie E_A in das Valenzband befördert (Bild B-1).

Ein ionisierter Akzeptor, der sein Loch abgegeben hat, bleibt einfach negativ geladen zurück. Mit anderen Worten: Der Akzeptor wird negativ, weil er von den umgebenden Atomen ein Elektron aufnimmt, wodurch in der Umgebung ein Loch zurück bleibt.

Bei Raumtemperatur sind praktisch alle Akzeptoren ionisiert, so dass die Löcherdichte p der Akzeptorenkonzentration n_A entspricht:

$$p \approx n_\mathrm{A}. \tag{B-12}$$

Weil nach Gl. (B-11) mit steigender Löcherdichte die Elektronendichte zurückgeht, sind die *Löcher* die *Majoritätsträger* und die *Elektronen* die *Minoritätsträger*. Da der Strom vorwiegend von den positiven Löchern getragen wird, bezeichnet man einen mit Akzeptoren dotierten Halbleiter als *p-Halbleiter*.

pn-Übergang

Der wichtigste Baustein aller Halbleiter-Bauelemente ist der pn-Übergang, der entsteht, wenn ein p-Gebiet eines Halbleiters an ein n-Gebiet stößt (Bild B-2a). An der Kontaktstelle diffundieren Elektronen aus dem n-Gebiet in das p-Gebiet. Die positiv geladenen Donatorrümpfe bleiben damit ohne die ladungskompensierenden Elektronen zurück. Auf die gleiche Weise diffundieren Löcher aus dem p-Gebiet in das n-Gebiet und lassen im p-Gebiet die negativ geladenen Akzeptorrümpfe zurück. In der Nähe des Übergangs entsteht dadurch eine *Raumladungszone* mit ortsfesten positiven Ladungen im n-Gebiet und negativen Ladungen im p-Gebiet (Bild B-2b). Das Übergangsgebiet ist verarmt an beweglichen Ladungsträgern und damit entsprechend hochohmig. Es sperrt den elektrischen Strom und wird deshalb auch als *Sperrschicht* bezeichnet.

Bild B-2 Verteilung der Ladungsträger im pn-Übergang **a**) Anordnung, **b**) Spannungslos, $U = 0$, **c**) Spannung in Sperrrichtung, $U < 0$, **d**) Spannung in Flussrichtung, $U > 0$

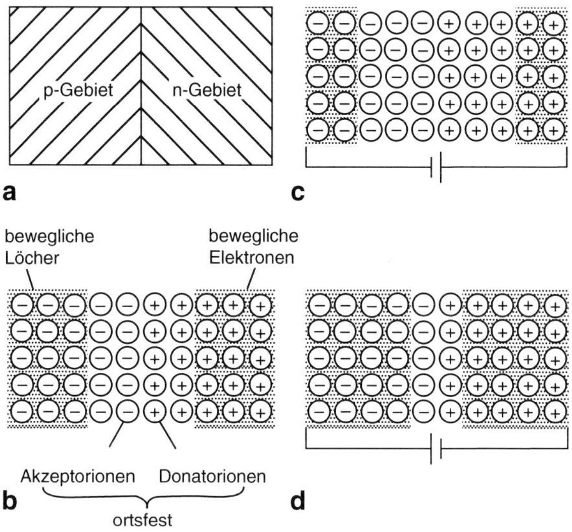

Beim Anlegen einer Spannung in *Sperrrichtung* ($U < 0$) werden die beweglichen Ladungsträger nach hinten gesaugt (Bild B-2c). Die Verarmungszone wird verbreitert und es fließt nur ein ganz geringer Strom, der dadurch zustande kommt, dass Minoritäten an den Rand der Raumladungszone diffundieren und dann durch das starke innere elektrische Feld auf die andere Seite befördert werden. Der größte Strom bei hoher Sperrspannung ist der *Sperrsättigungsstrom* I_S. Er liegt in der Größenordnung von pA bei Si- und μA bei Ge-Dioden.

Wird eine Spannung in *Flussrichtung* ($U > 0$) angelegt (Bild B-2d), dann verringert sich die Breite der Verarmungszone. Bei genügender Spannung (0,6 V bis 0,7 V bei Si) überschwemmen die beweglichen Ladungsträger die Raumladungszone, die Diode wird leitend und es fließt ein mit der Spannung exponentiell ansteigender Strom. Nach *W. Shockley* gilt für die Abhängigkeit des Stromes von der Spannung:

$$I = I_S \left(e^{\frac{eU}{kT}} - 1 \right) . \quad \text{(B-13)}$$

Bild B-3 zeigt die Strom-Spannungs-Charakteristik einer Si-Diode.

ÜBUNGSAUFGABEN

Ü B.1-1: Wie groß ist der spezifische Widerstand von Silicium, dotiert mit $n_A = 10^{16}\ \text{cm}^{-3}$ B-Atomen bei $T = 300$ K?

Ü B.1-2: An einer Si-Probe (Länge $l = 2$ cm, Querschnitt $A = 1\ \text{cm}^2$) dotiert mit $n_D = 10^{15}\ \text{cm}^{-3}$ Sb-Atomen wird der Widerstand $R = 10\ \Omega$ gemessen. Wie groß ist die Beweglichkeit der Majoritätsträger?

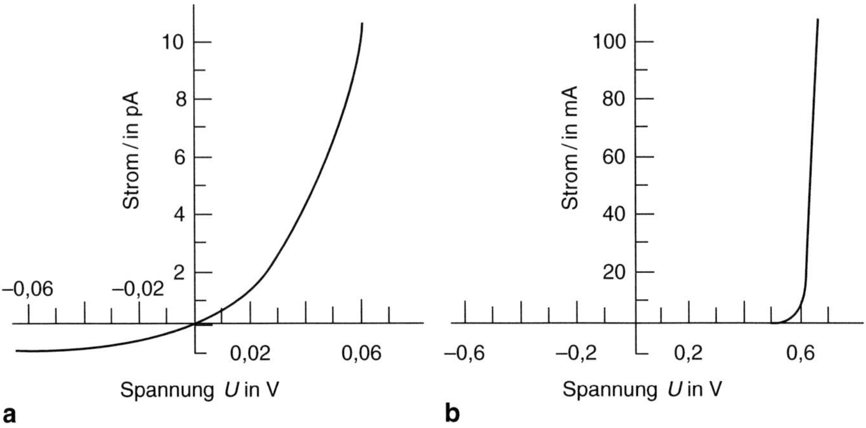

Bild B-3 Diodenkennlinie nach Shockley, **a**) Koordinatenursprung vergrößert, **b**) Gleichrichterverhalten bei größeren Spannungen und Strömen

Ü B.1-3: Eine Si-Diode hat den Sperrsättigungsstrom $I_S = 2$ pA. a) Wie groß ist der Strom, wenn bei $T = 300$ K eine Flussspannung von $U = 0{,}6$ V angelegt wird? b) Welche Spannung kann maximal angelegt werden, wenn der Strom höchstens 400 mA sein darf?

B.1.1.3 Halbleiterbauelemente

Die meisten Verstärker und Steuerungselemente für Spannungen und Ströme werden heute aus Halbleitern hergestellt. Das wichtigste Grundmaterial ist das vierwertige Silicium (Si). Die *III-V-Verbindungshalbleiter* aus dem teuren Galliumarsenid (GaAs) eignen sich wegen der hohen Beweglichkeit der Elektronen gut für Halbleiter im *Höchstfrequenzbereich* (GHz). Die interne Konstruktion des Halbleiterbauelementes bestimmt seine Wirkungsweise, wie Bild B-4 zeigt.

Dioden bestehen aus zwei unterschiedlichen Werkstoffen, meistens p- und n-dotiertem Silicium, wobei der Widerstand der Grenzschicht von der Richtung und dem Betrag des angelegten elektrischen Feldes abhängt. *Schottky-Dioden* bestehen aus einem Halbleiter-Metall-Übergang, der eine ähnliche Ventilwirkung wie ein pn-Übergang hat. In den Bildern B-3 und B-7 ist die Diodenkennlinie dargestellt.

Bipolare Transistoren bestehen aus drei verschieden dotierten Schichten. Über die mittlere Schicht, die Basis, werden Ladungsträger in den Kristall gebracht und machen ihn leitfähig. Ein kleiner *Basisstrom* steuert einen großen Strom im Hauptweg des Kristalls.

Feldeffekttransistoren (FET), bestehen aus einem Kanal aus Halbleitermaterial, auf den quer zur Stromrichtung ein elektrisches Feld wirkt, das den Kanalquerschnitt

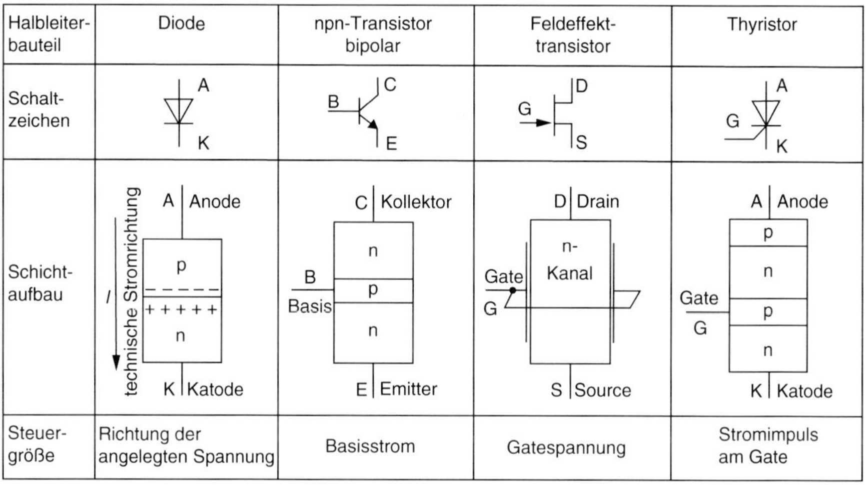

Bild B-4 Wichtige Halbleiterbauteile

ändert und damit den Stromfluss steuert. Im FET steuert somit eine *Spannung* den Strom.

Thyristoren sind *Vierschichtdioden*, die den Stromfluss normalerweise in beiden Richtungen sperren. Ein *Impuls* an der Steuerelektrode zündet den Thyristor. Er leitet dann, bis der Strom durch die äußere Beschaltung zu null wird.

Vorsichtsmaßnahmen beim Umgang mit Halbleiterbauelementen

Die meisten Halbleiterbauelemente enthalten feine Strukturen. Schon *kleine Spannungen* erzeugen an den sehr dünnen isolierenden Schichten zwischen den internen Elektroden *große Feldstärken*. Wird die Feldstärke zu groß, dann wird die Isolierschicht oder die Sperrschicht durchgeschlagen und dabei zerstört. Die Elektroden sind klein, dementsprechend klein ist ihre Kapazität. Deshalb kann eine kleine Ladung eine hohe Spannung erzeugen. Diese Halbleiterbauteile können leicht durch *elektrostatisch* aufgeladene Personen oder Werkzeuge zerstört werden. Dabei kann das Bauteil sofort zerstört oder nur an einer Stelle geschädigt werden. Letzteres kann man durch normales Prüfen *nicht* feststellen, weshalb diese Schäden besonders tückisch sind. Allgemein gilt: je feiner und dünner die Strukturen des Bauteils sind und je besser es intern isoliert (MOS-Technologie), desto leichter wird es zerstört. Bipolare Transistoren für mittlere und große Leistungen sind vergleichsweise wenig gefährdet.

Folgende Vorsichtsmaßnahmen zum Schutz gegen *elektrostatische Entladung* (ESD: Electro Static Discharge) sollten beachtet werden:

- Die zulässigen Spannungen zwischen den Halbleiteranschlüssen dürfen niemals überschritten werden, was nach Fertigstellung der Schaltung durch die

Beschaltung der einzelnen Halbleiter sichergestellt wird. Vor und während der Verarbeitung sind große Spannungen von den Anschlüssen des Bauteils fernzuhalten.

- Große Spannungen entstehen meistens durch *Reibung*, beispielsweise beim Gehen, wenn die Sohlen und der Fußboden gut isolieren oder durch Reiben der Kleidung auf dem Sitz. Wird der Abstand zwischen den verschieden geladenen Schichten vergrößert, beispielsweise beim Aufstehen vom Sitz, bleibt zwar die Ladung erhalten, die Spannung steigt aber auf viele kV. Je trockener die Luft ist, besonders im Winter, desto besser laden sich die Schichten auf. Alle Schutzmaßnahmen sollen entweder die Ladungstrennung verhindern oder einen Ladungsausgleich außerhalb des Halbleiterbauteils herbeiführen.
- Empfindliche Halbleiterbauteile werden in einer *leitfähigen Verpackung* geliefert. Dazu benutzt man Metalle, leitfähige oder leitfähig beschichtete Kunststoffe oder Pappbehälter, die durch ihren Feuchtigkeitsgehalt schwach leitfähig sind. Halbleiterbauteile soll man auf Tischen mit einer geerdeten leitfähigen Oberfläche verarbeiten. Hierfür gibt es schwach leitfähige Kunststoffbeläge, die auf einem geerdeten Gitter aufgeklebt sind. Notfalls genügt auch ein unbehandelter Holztisch. Weiterhin sollten Sitze und Fußboden schwach leitfähig und geerdet sein, damit die Ladung von Personen und Geräten abfließen kann. Hierzu sind Schuhe mit leitfähigen Sohlen erforderlich. Sicherer, aber mitunter lästig und deshalb inkonsequent angewandt, sind *leitfähige Armbänder*, die hochohmig (1 MΩ) geerdet sind. Bei der Kleidung sollten gut isolierende Stoffe, beispielsweise Kunstfasern, Wolle, Seide und Gummi- oder Kunststoffsohlen vermieden werden.

Wenn man diese Vorsichtsmaßnahmen bei modernen Halbleiterbauteilen, besonders MOS, nicht beachtet, dann ist mit„ungeklärten" Bauteilausfällen und einer drastisch reduzierten Zuverlässigkeit zu rechnen.

Bei ungenügend geschützten Geräten können elektrostatische Entladungen zu vorübergehenden Störungen führen. Dabei wird die Struktur des Halbleiterbauteils nicht beschädigt, sondern die darin enthaltenen Informationen, beispielsweise in Flip-Flops oder größeren Speichern, geändert. Wird die Information erneuert, dann ist der Fehler verschwunden. Diese Fehler bezeichnet man auch als *soft errors*. Ihre genauen Ursachen sind schwer zu ermitteln. Deshalb ist ein vorbeugender Schutz durch eine durchdachte Leitungsführung, konsequentes Abblocken und eventuell durch eine Abschirmung zweckmäßig.

Hinweise über den Schutz vor ESD und auf zugehörige Prüfverfahren sind in der Norm DIN EN 61000 zu finden.

B.1.2 Dioden

Dioden sind unsymmetrisch aufgebaute *Zweipole*, deren Widerstand von der Polarität und der Größe der angelegten Spannung abhängt. Eine Diode besteht, wie Bild B-2 zeigt, aus zwei verschieden dotierten Schichten eines Halbleitermaterials, einem *pn-Übergang* (Abschn. B.1.1.2.). Dabei enthält p-leitendes Silicium Störstellenatome mit drei Valenzelektronen, (z.B. Al) und n-leitendes Silicium Störstellenatome mit fünf Valenzelektronen, (z.B. P). Im n-Material neutralisieren die zusätzlichen Elektronen die höher positive Ladung der Atomkerne; sie haben aber keinen festen Platz im Kristallgitter und können unter dem Einfluss der Wärmebewegung in das p-Material diffundieren, wo zwar keine entsprechenden Kernladungen aber die Plätze im Kristallgitter vorhanden sind. Dadurch entsteht im stromlosen Zustand am Rand der Sperrschicht im p-Material eine negative und im n-Material eine positive Raumladung (Bild B-2b).

Eine zwischen p- und n-Material angelegte negative Spannung vergrößert diese Raumladungen auf beiden Seiten. Das elektrische Feld drängt die Ladungsträger aus der Sperrschicht und der Stromfluss ist weitgehend unterbrochen (Bild B-2c). *Minoritätsträger*, das sind Elektronen im p-Material und Löcher im n-Material, werden vom elektrischen Feld durch die Sperrschicht getrieben und verursachen den Reststrom in Sperrrichtung.

Liegt eine positive Spannung U zwischen p- und n-Material (Bild B-2d), dann unterstützt das elektrische Feld die aus Bild B-2b bekannte Diffusion der Elektronen, und der Strom steigt exponentiell mit der angelegten Spannung an (Gl. B-13).

Für die vielen verschiedenen Anwendungsbereiche wurden unterschiedliche Diodentypen entwickelt. Bild B-5 zeigt eine Übersicht über die wichtigsten Typen. Die elektrischen Eigenschaften hängen ab von der *Geometrie* der Diode, d.h. von der Fläche der Sperrschicht, ihrer möglichen Dicke und der Art der Kontaktierung sowie von der *Dotierung*. Bei der Dotierung beeinflussen die verwendeten Elemente und ihre Konzentration die elektrischen Daten erheblich. Mit zunehmender Störstellenkonzentration wird der Halbleiter niederohmiger, da mehr Ladungsträger vorhanden sind. Gleichzeitig sinkt die maximale Sperrspannung, da im stärker dotierten Halbleiter auch in Sperrrichtung eher Ladungsträger aktiviert werden als in einem schwach dotierten Material.

Bild B-6 zeigt einige Anwendungsbeispiele der wichtigsten Diodentypen. Das Spektrum der tatsächlichen Verwendung ist wesentlich umfangreicher.

B.1.2.1 Schaltdioden

Schaltdioden sind schnelle Dioden mit *kleiner Leistung*. Liegt an der Diode eine Spannung in *Durchlassrichtung* an, dann ist die Diode *niederohmig* und sie *leitet* den Strom und das Signal weiter. Ist die Diodenspannung in *Sperrrichtung* gepolt, dann *sperrt* die Diode den Strom und das Signal. Diese Dioden lassen sich in großer Stückzahl preisgünstig herstellen und vielfältig einsetzen. Sie werden deshalb auch *Universaldioden* genannt. Die wichtigsten typischen Daten sind:

- Sperrspannung 50 V bis 100 V,
- Dauerdurchlassstrom 50 mA bis 200 mA,
- Schaltzeiten zwischen 2 ns und 20 ns,
- Die Restströme können meistens vernachlässigt werden.

Es gibt verschiedene Typen der Schaltdioden, deren Eigenschaften für den jeweiligen Anwendungsfall optimiert sind. Die Verbesserung einer Eigenschaft, beispielsweise

Abschnitt	B.1.2.1	B.1.2.2	B.1.2.3	B.1.2.4	B.1.2.5	B.1.6.2
Diodentyp	Schaltdiode	Gleichrichter-diode	Schnelle Gleich-richterdiode	Schottky-Leistungsdiode	Z-Diode	Fotodiode
Schalt-zeichen	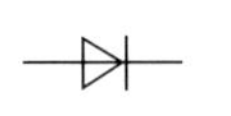	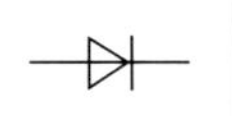	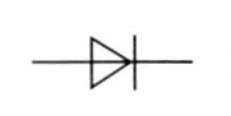	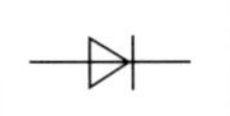	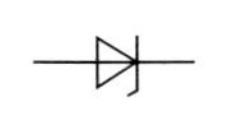	
Gleich-strom-kennlinie	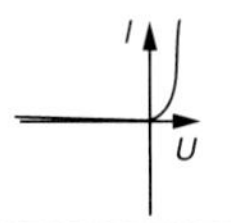	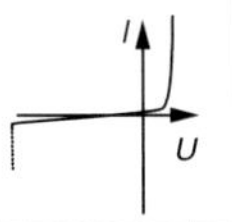	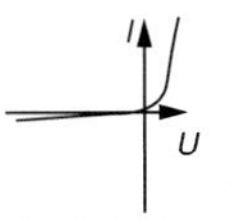	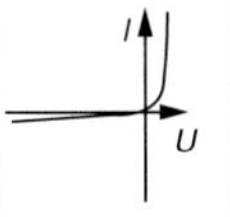	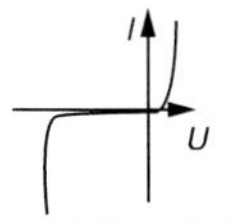	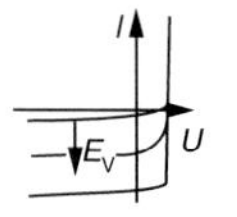
Nutz-kennlinie, schematisch		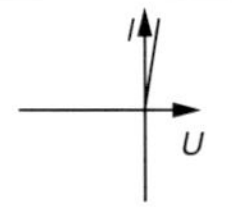	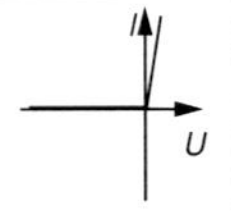	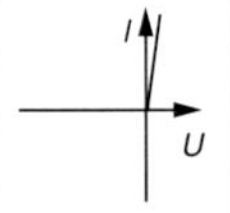	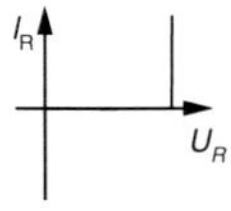	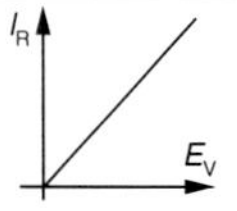
Genutzter Effekt	Ventil-wirkung	Ventil-wirkung	Ventil-wirkung	Ventil-wirkung	Zener- order Lawinendurch-bruch	Lichtstärke-abhängiger Sperrstrom
Innerer Aufbau	pn Silicium (Germanium)	pn Silicium	pn Silicium	Metall-n Silicium	pn Silicium	pn pin Metall-n Silicium
Frequenz-bereich	Gleichstrom Niederfrequenz Hochfrequenz	Gleichstrom Netzfrequenz Niederfrequenz	Gleichstrom bis mittlere Frequenzen	Gleichstrom bis mittlere Frequenzen	Gleichstrom Nieder-frequenzen	Gleichstrom bis Hochfrequenz
Besondere Eigen-schaften	Schnell, klein, kleiner Sperr-strom, kleiner Durchlasswider-stand, preis-günstig	Hohe Sperr-spannung, hoher Durch-lassstrom, niederohmig, preisgünstig	Schnell, hohe Sperrspannung, hoher Durch-lassstrom, niederohmig	Sehr schnell, kleine Sperr-spannung, hoher Durch-lassstrom, kleine Verluste	Kontrollierter Durchbruch in Sperr-richtung	Sperrstrom abhängig von der Beleuch-tung der Sperr-schicht. Avalan-che Effekt
An-wendungs-bereich	Universaldiode zum Schalten, zum Begrenzen, zum Entkoppeln, für Logik-schaltungen	Gleichrichter bei Netzfrequenz für kleine und große Spannun-gen und Ströme, auch für Schalt-regler bei höhe-ren Frequenzen	Schaltregler, bei hohen Frequenzen Gleichrichter mit geringen Verlusten	Gleichrichter bei hohen Frequenzen, hohen Strömen, aber kleinen Spannungen, Freilaufdiode	Spannungs-stabilisierung, Spitzen-spannungs-begrenzung	Messung der Lichtstärke in einem großen Dynamikbereich, Datenempfänger am Ende einer Glasfaserstrecke

Bild B-5 Übersicht über die wichtigsten Dioden und Gleichrichter

eine sehr kurze Schaltzeit, verschlechtert im Allgemeinen andere Daten und kann zu einer Diode mit kleinerer Sperrspannung und einem höheren Reststrom führen. Da normalerweise nur ein oder zwei Parameter wichtig sind, lässt sich aus den Datenbüchern immer der passende Halbleiter finden.

Bild B-7 zeigt die Durchlasskennlinie einer Diode. Den Sperrstrom bei 25 °C Sperrschichttemperatur kann man fast immer vernachlässigen. Mit zunehmender Temperatur steigt der Sperrstrom stark an. Erhöht sich die Sperrschichttemperatur um 125 K, dann steigt der Reststrom ungefähr um den *Faktor 1000*. Das elektrische Feld in der Sperrschicht beschleunigt und bewegt die Ladungsträger.

Typ	Schaltung	Signalspannungen	Funktion in der Schaltung
Schaltdiode, Universal-diode	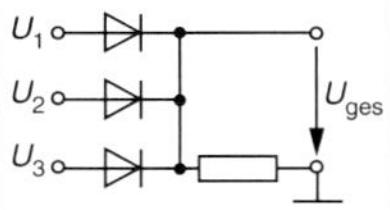	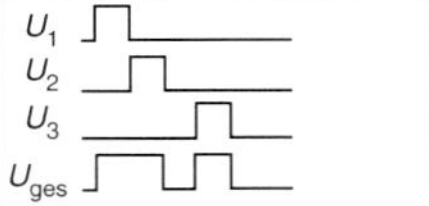	Addieren verschiedener logischer Signale zu einem Gesamtsignal. Speisung eines Verbrauchers aus zwei Spannungsquellen. Diese sind durch die Dioden entkoppelt.
Schaltdiode, kleine Gleichrich-terdiode	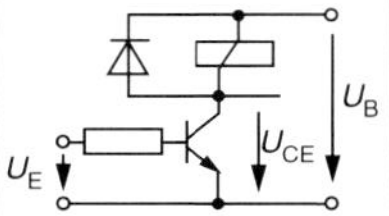	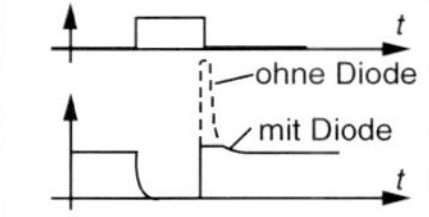	Funkenlöschung an der Relaisspule. Beim Abschalten des Erregerstroms im Relais versucht die Induktivität der Spule den bisherigen Strom zu halten. Dabei entsteht die gestrichelte Spannungs-spitze, die den Transistor zerstört. Die Diode nimmt den Strom auf und schneidet die Spannungsspitze ab.
Gleich-richter-diode	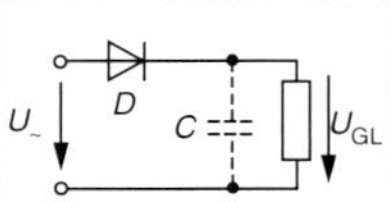	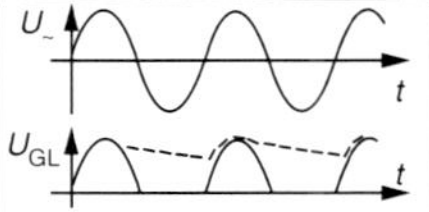	Der Einweggleichrichter richtet nur eine Halbwelle gleich. Der geringe Bauteilaufwand erlaubt eine preisgünstige Schaltung. Der Innenwiderstand ist größer als beim Zweiweggleichrichter. Die Schal-tung wird in Ladegeräten für kleine Batterien und als Netzgleichrichter für kleine Ströme ver-wendet.
Brücken-gleichrichter, Zweiweg-gleichrichter	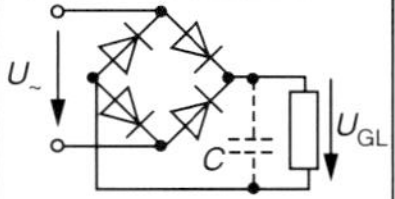	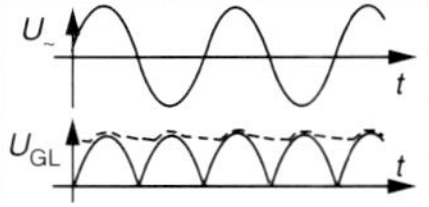	Übliches Gleichrichterverfahren für kleine bis große Leistungen. Die Vorteile sind: Niedriger Innen-widerstand und geringe Restwelligkeit.
Schnelle Gleichrichter-diode, Schottky-Diode	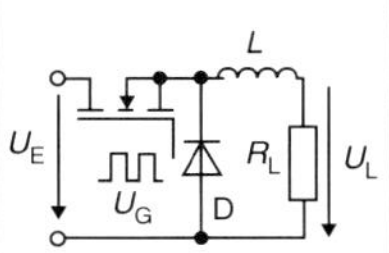	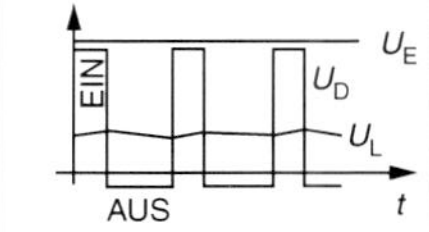	Der Schaltregler teilt die Eingangsspannung U_E imTastverhältnis EIN/Periodendauer zur Ausgangs-spannung U_L. Während der AUS-Zeit hält die Induktivität *L* den Ausgangsstrom. Der Sekundärstrom-kreis wird während der AUS-Zeit über die Diode D geschlossen. Die Schaltfrequenz beträgt 30 kHz bis 300 kHz. Für $U_E > 30$ V eignen sich schnelle Gleichrichterdioden, unter 30 V eignen sich auch Schottky- Dioden mit kleineren Verlusten.
Z-Diode	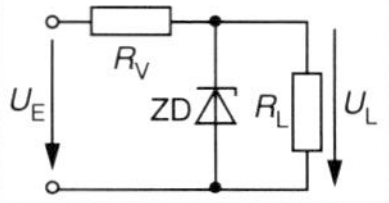	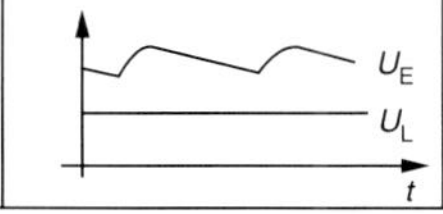	Die Z-Diode stabilisiert eine schwankende Spannung auf einen niedrigeren festen Wert. Die Ein-gangsspannung beeinflußt die Ausgansspannung nur wenig. Die Glättung hängt nicht von der Frequenz ab, wie bei einem Kondensator.

Bild B-6 Anwendungsbeispiele der wichtigsten Diodentypen

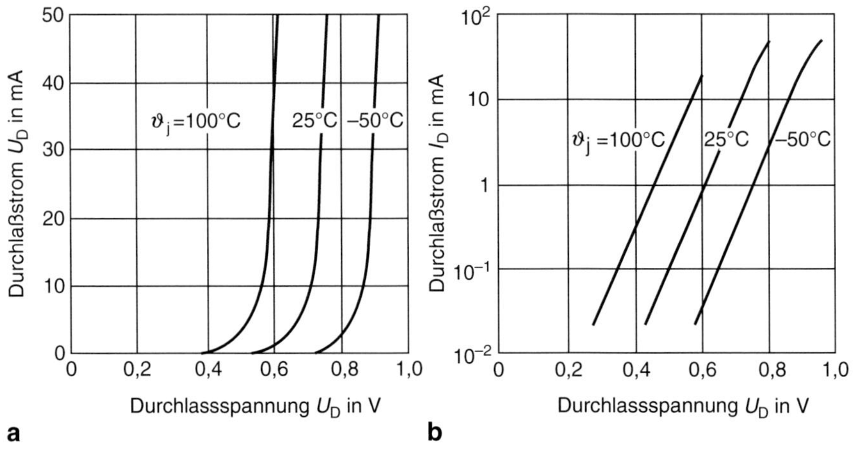

Bild B-7 Durchlasskennlinien einer Diode **a**) Lineare **b**) Logarithmische Darstellung

Dioden halten kurzzeitig Stoßströme $i_{\mathrm{Fstoß}}$ aus, die bis zum 50-fachen des zulässigen Dauerdurchlassstroms I_F betragen können. Maßgebend ist die Wärmekapazität des Halbleiterchips sowie die Impulsdauer und -wiederholrate. Die zulässigen Stoßströme können den Datenbüchern entnommen werden.

B.1.2.2 Gleichrichterdioden

Gleichrichterdoden dienen als Ventil und *richten* Wechselströme in eine *gleiche Richtung*. Mit ihnen werden Wechselspannungen möglichst verlustarm in Gleichspannungen umgeformt. Gleichrichter sollen mehrere, teilweise einander widersprechende Forderungen erfüllen:

- Niedrige Flussspannung U_F, auch bei niedrigen Kristalltemperaturen T_j, um die Durchlassverluste P_V klein zu halten;
- hohe Sperrspannung U_R;
- niedriger Sperrstrom I_R;
- Hohe Stoßstromfestigkeit (*Surge Current*) I_{FSM} und
- schnelles Ein- und Ausschalten (t_{rr}) beim Gleichrichten von Wechselspannungen mit Frequenzen *f*, die wesentlich größer als 50 Hz sind.

Gleichrichterdioden sind als Einzelelement, Doppeldiode und als Vollbrücke im Handel.

Vollbrücken bestehen aus Einzeldioden, die zusammengeschaltet und in einem mit Gießharz ausgefüllten Gehäuse eingebaut sind. Metallische Gehäuse oder metallische Montageflansche von Plastikgehäusen haben in der Regel Kathodenpotenzial, da die Kathode (negativer Pol) auf einem metallischen Träger aufgelötet ist.

Die Sperrströme I_R von bipolaren Silicium-Dioden sind relativ niedrig; sie dürfen aber nicht immer vernachlässigt werden, da sie zusätzliche Verluste verursachen.

Die Gleichrichterdioden kann man nach der Art ihrer Anwendung voneinander unterscheiden.

- Gleichrichter für ein- oder mehrphasige Wechselspannung mit $40\,\text{Hz} \leq f \leq 400\,\text{Hz}$. Bei 230 V spricht man von *Netzgleichrichtern*.
- *Schnelle Gleichrichterdioden*, beispielsweise zur Verwendung in *getakteten Stromversorgungen*.

B.1.2.3 Netzgleichrichter

Gleichrichter-Schaltungen für Wechselspannungen mit $f = 50\,\text{Hz}$ bestehen meistens nur aus den *Gleichrichtern* selbst und einem *Elektrolytkondensator*. Da der Kondensator in jedem Halbzyklus ($t = 10\,\text{ms}$) teilweise entladen wird, ergibt sich bei jedem Maximum der Spannung ein hoher Spitzenstrom zum Nachladen des Kondensators. Es ist der *periodische Spitzenstrom* I_{FRM}, mit dem eine Gleichrichterdiode belastet werden darf. Der Hersteller gibt diese Werte im Datenblatt an. Der Spitzenstrom I_{FRM} darf je nach Diodentyp bis zu 22-mal höher sein, als der Mittelwert I_{AV}. Zur Ermittlung der in einem Gleichrichter verbrauchten Leistung ist der *Effektivstrom* I_{FRMS} maßgebend. *RMS* steht für *root mean square*, d.h. der Wurzel aus dem quadratischen Mittelwert über eine Periode. Ein zeitlich veränderlicher Strom mit diesem *Mittelwert* heißt *Effektivwert*: er hat die gleiche Wirkung wie ein gleich großer Gleichstrom (Abschn. A.5.1).

Betreibt man Gleichrichterschaltungen direkt vom 230 V-Netz, dann ist der *Diodenstoßstrom* I_{FSM} (FSM, Forward Surge Maximum) zu berücksichtigen. Werden beim Einschalten eines Gerätes die beispielsweise noch leeren Elektrolytkondensatoren aufgeladen, so muss entweder der Innenwiderstand der speisenden Quelle (Netz oder Transformator) ausreichend hoch sein, oder es muss ein entsprechender Widerstand vorgeschaltet werden, um den Diodenstoßstrom I_{FSM}, auch $I_{\text{Fstoß}}$ genannt, zu begrenzen.

Die Angabe des sogenannten *Grenzlastintegrals* $\int_0^{1\text{ms}} i^2\,\mathrm{d}t$ dient zur Dimensionierung einer Sicherung als Kurzschlussschutz. Das Grenzlastintegral gibt an, welche *Arbeit* die Diode oder ein anderes Teil *ohne Zerstörung* aufnehmen kann. Als Integrationszeit ist $t = 1\,\text{ms}$ ausreichend. Wegen der kurzen Zeit kann keine Energie als Wärme abfließen. Im Kurzschlussfall soll die Sicherung und nicht die Diode zerstört werden. Das Grenzlastintegral der Sicherung muss deshalb kleiner sein, als das des Gleichrichters.

Die *Sperrspannung* ist eine wichtige Größe der Diode oder des Gleichrichters. In Datenblättern unterscheidet man zwischen mehreren verschiedenen Sperrspannungen. Es ist die höchstzulässige *periodische Scheitelspannung* U_{RWM} und die *höchstzulässige periodische Spitzensperrspannung* U_{RRM} oder die höchstzulässige *Gleichsperrspannung* U_{R}. (RWM: Reverse, Working (Arbeit) Maximum; RRM: Repetitive (sich wiederholend) Reverse Maximum). Bild B-8 zeigt die Verhältnisse. Die höchstzulässige periodische Scheitelspannung U_{RWM} reicht bis zu 1200 V, während die höchstzulässige periodische Spitzensperrspannung U_{RRM} sogar bei 1600 V

Bild B-8 Sperrspannungen der Diode
a) Gleichrichterschaltung
b) Definition der Sperrspannungen

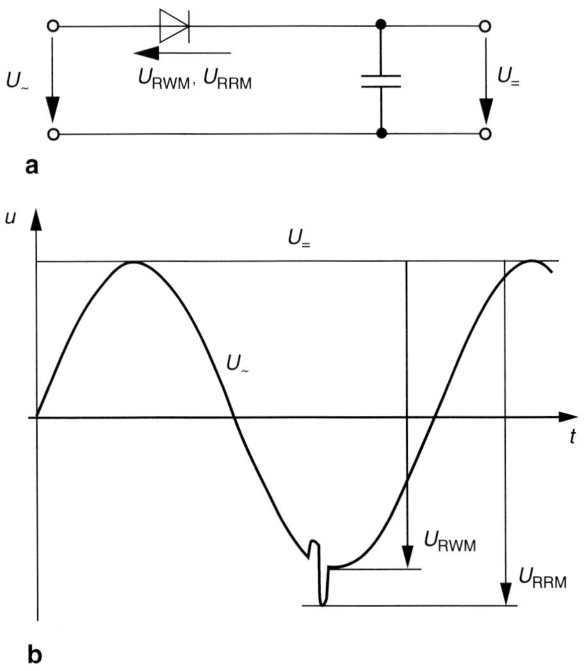

liegt. Bei Dioden, die im Avalanche-Durchbruch betrieben werden dürfen, gibt man anstelle von U_{RRM} nur den Wert für U_R an. Der Avalanche Durchbruch ist ein kontrollierter Lawinendurchbruch, bei dem der Halbleiter ohne Schaden regelmäßig eine bestimmte Arbeit aufnehmen kann. Die maßgebende *Sperrverlustleistung* P_{RAV} ist im Datenblatt angegeben. Die periodische Sperrverlustleistung gilt für die Netzfrequenz $f = 50$ Hz. Die Spitzen- und die Stoß-Sperrverlustleistung gelten für Zeitintervalle von 10 µs.

Die *höchstzulässige periodische Spitzensperrspannung* U_{RRM} ist die Spitzenspannung, die bei sinusförmiger Eingangsspannung am Gleichrichter auftreten darf. Die dem Sinus eventuell überlagerten kurzzeitigen Spannungsspitzen dürfen den für die periodische Spitzensperrspannung U_{RRM} gegebenen Wert nicht überschreiten. Dabei dürfen die Spannungsspitzen mit einem Tastverhältnis von $d \leq 0{,}01$ auftreten, d.h. die Spannungsspitzen dürfen innerhalb einer Periode nur 1% der Periodendauer andauern.

Die *Serienschaltung* von Gleichrichtern erfordert Schutzmaßnahmen gegen die Überspannung. Normale Gleichrichterdioden dürfen nur mit einer Schutzbeschaltung in Reihe geschaltet werden. Da die Sperrströme I_R in jeder der beteiligten Dioden unterschiedlich groß sein können, teilen sich die Sperrspannungen undefinierbar auf und können zu einer Zerstörung der Dioden führen. Außerdem muss man die sich dynamisch ändernde Sperrschichtkapazität der Dioden durch Parallelkondensatoren C_P überbrücken. Keine Schutzbeschaltung ist erforderlich, wenn *Avalanche-Dioden* verwendet werden.

Eine *Parallelschaltung* von Gleichrichtern sollte vermieden werden, da diese nur mit Einschränkungen und mit relativ hohem Aufwand möglich ist. Da der wärmere Halbleiter den größeren Strom übernimmt, wird er bis zur Zerstörung weiter erwärmt. Deshalb ist eine *elektrische* und *thermische Symmetrierung*, also eine gleichmäßige Stromaufteilung und thermische Kopplung erforderlich. Da eine vollständige Symmetrierung kaum möglich ist, sollte man den Summenstrom um etwa 20% verringern und den Diodenstoßstrom I_{FSM} sogar halbieren.

B.1.2.4 Schottky-Leistungsdioden

Schottky-Dioden (*Schottky-Barrier-Dioden*, *Hot-Carrier-Dioden*) haben keinen pn-Übergang sondern einen *Metall-Halbleiter-Übergang*. An der in Durchlassrichtung betriebenen Schottky-Diode fallen 0,4 V ab, im Gegensatz zu 0,7 V bei Sperrschichtdioden, das verringert die Verlustleistung. Man setzt sie in getakteten Stromversorgungen anstelle von Epitaxial-Dioden ein. Als Gleichrichter oder Freilaufdiode sind sie für eine Ausgangsspannung $U_A = 5$ V geeignet, wenn bei natürlicher Konvektionskühlung die Umgebungstemperatur ϑ_A den Wert $\vartheta_A \leq 65$ °C nicht übersteigt.

Da Schottky-Dioden keinen pn-Übergang, also auch keine Minoritätsträger und kaum gespeicherte Ladung haben, können diese *sehr schnell schalten*. Weitere Vorteile sind:

- kleine Flussspannung ($U_F = 0{,}3$ V bis 0,4 V),
- Gleichrichter für hohe Ströme $I_{AV} \leq 80$ A verfügbar.

Einschränkungen ergeben sich aus folgenden Eigenschaften:

- kleine Sperrspannungen $U_R \leq 45$ V, Ausnahmen bis $U_R \leq 100$ V,
- hohe Sperrströme $I_R \leq 350$ mA bei $U_R = 45$ V und $\vartheta_j = 125$ °C,
- hohe Kapazität $C_t \geq 7$ nF,
- eingeschränkte Spannungs-Anstiegsgeschwindigkeit $\mathrm{d}u/\mathrm{d}t \leq 1500$ V/µs,
- maximale Kristalltemperatur $\vartheta_j \leq 125$ °C.

Der hohe Sperrstrom einer Schottky-Diode erfordert eine sehr sorgfältige Auslegung des Kühlkörpers, um ein thermisches Driften und damit eine Zerstörung zu vermeiden.

B.1.2.5 Z-Dioden

Z-Dioden, früher Zener-Dioden (nach C.M. Zener), sind verhältnismäßig *stark dotierte* Dioden, die in *Sperrrichtung* betrieben werden. Sie verhalten sich im Durchlassbereich und im Sperrbereich unterhalb der Zenerspannung wie normale Siliciumdioden. Beim Erreichen der Arbeitsspannung U_Z steigt der Sperrstrom stark an und muss außerhalb der Z-Diode begrenzt werden (Bild B-9a).

Bild B-9b gibt eine einfache *Stabilisierungsschaltung* mit einer Z-Diode wieder. Die kleinste Spannung U_e muss größer als die stabilisierte Spannung U_a sein, die

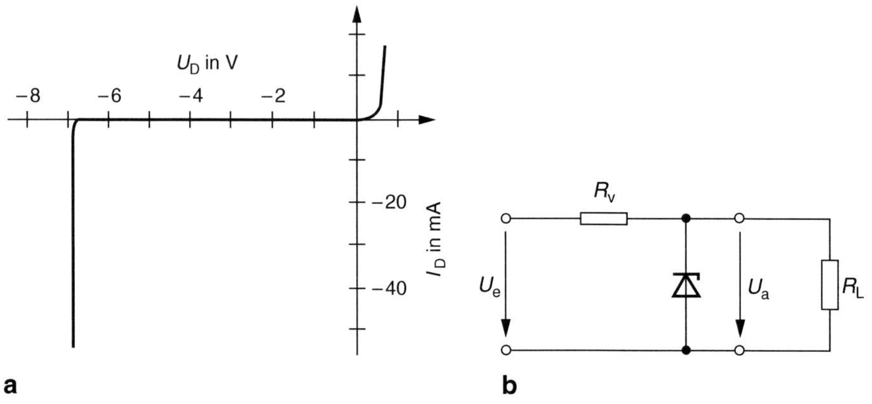

Bild B-9 Z-Dioden, **a**) Kennlinie einer Z-Diode, **b**) einfache Schaltung zur Spannungsstabilisierung

Differenz U_e–U_a fällt am Vorwiderstand R_V ab. Steigt die Eingangsspannung an, dann steigt die Ausgangsspannung U_a wenig, der Strom in der Z-Diode aber stark an. Der zusätzliche Strom im Vorwiderstand R_V fließt in die Z-Diode. R_V muss so klein sein, dass bei der niedrigsten Eingangsspannung noch Strom in der Z-Diode fließt. Bei der höchsten Eingangsspannung ist auf die Verlustleistung in R_V und der Z-Diode zu achten.

Z-Dioden eignen sich gut als *Spannungsbegrenzer* innerhalb und an den Schnittstellen einer Schaltung. Wegen ihres Temperaturgangs und ihres Innenwiderstandes werden Z-Dioden nur noch als mäßig genaue Spannungsreferenz benutzt.

Eine Sonderbauform der Z-Dioden sind die *Suppressor-Dioden*. Sie verhalten sich wie Leistungs-Z-Dioden, die einer gestörten Gleichspannung parallel geschaltet werden, durch die Wahl ihrer Arbeitsspannung aber normalerweise *stromlos* sind. Treten kurzzeitige und hohe Spannungsspitzen auf, beispielsweise von einem elektromechanischen Generator, kann die Suppressor-Diode diese Spannungsspitzen zusammen mit dem Innenwiderstand der Spannungsquelle auf ungefährliche Werte begrenzen. Große Suppressor-Dioden können während eines 1ms dauernden Impulses eine Leistung von 25 kW aufnehmen. Voraussetzung ist ein großes Halbleiterelement und ein gleichmäßiger Stromfluss durch die Sperrschicht. Suppressor-Dioden sind extrem schnell, ihre Schaltzeit liegt im ns-Bereich. Sie können deshalb Störspitzen mit sehr kurzer Anstiegszeit ableiten.

Beispiel

B-5: Eine Gleichrichterschaltung nach Bild B-8a soll die Netzspannung 230 V gleichrichten. Wie groß ist die Spannung (Leerlaufspannung) am Ladekondensator ohne Last? Wie groß muss die Spitzensperrspannung U_{WRM} mindestens sein?

Der zulässige Dauerstrom I_{AV} beträgt 3A, der maximale Stoßstrom I_{FSM} ist 50 I_{AV}. Wie groß muss der Vorwiderstand zur Strombegrenzung sein?

Lösung:
Die Leerlaufspannung am Ladekondensator ist 230 V $\cdot \sqrt{2} = 325$ V.
Die Spitzensperrspannung muss 2 · 325 V = 650 V sein, wegen der Toleranz der Netzspannung werden 800 V empfohlen. Während der negativen Halbwelle muss die Diode die Summe aus der Spannung am Ladekondensator und der negativen Halbwelle sperren.
Der einmalige Stoßstrom beträgt 150 A, bei 325 V Speisespannung muss der Vorwiderstand 2,17 Ω betragen. Der Widerstand der Zuleitung darf genutzt werden.

Beispiel
B-6: Für eine kleine mit 5 V betriebene Logikschaltung soll die Versorgungsspannung aus einer Rohspannung 8 V ± 1,5 V mit einer Z-Diode in der Schaltung nach Bild B-9b erzeugt werden. Die Logikschaltung verbraucht höchstens 20 mA. Wie groß muss R_V werden? Welche Verlustleistungen werden im Vorwiderstand und in der Z-Diode umgesetzt?

Lösung:
Bei der kleinsten Versorgungsspannung von 6,5 V sollen 20 mA durch die Last und 5 mA durch die Z-Diode fließen. Der nächstliegende Normwert der Z-Diode ist 5,1 V. Bei 25 mA fallen am Vorwiderstand 1,4 V ab, d.h. $R_V = 56\ \Omega$.
Bei der höchsten Spannung fallen am Widerstand 4,4 V ab, der Strom beträgt 79 mA. In der Z-Diode fließen 59 mA, bei 5,1 V entstehen 301 mW Verlustleistung.
Am Vorwiderstand entstehen 4,4 V · 79 mA = 348 mW Verlustleistung.

B.1.3 Transistoren

B.1.3.1 Arten von Transistoren und deren Aufbau, bipolare Transistoren

Transistoren sind *aktive Halbleiterbauelemente* zum *Schalten* und *Verstärken* von elektrischen Signalen. Die unterschiedlichsten Anwendungsfälle haben zu einer großen Vielfalt verschiedener Transistortypen geführt. Selbst analoge und digitale *integrierte Schaltungen* (engl.: Integrated Circuit, IC) sind aus Transistoren mit der erforderlichen Beschaltung zusammengesetzt. Bild B-10 gibt eine Übersicht über die verschiedenen Transistortypen, den prinzipiellen Aufbau, die Schaltzeichen, die charakteristischen Kennlinien und zeigt einige wichtige Anwendungsfälle.

Man teilt die Transistoren in *bipolare* und *unipolare* oder *Feldeffekttransistoren* ein. Die hochentwickelte Herstellungstechnologie erlaubt es, mit den verschiedenen Transistortypen praktisch alle Anwendungsfälle zu lösen. Obwohl in den letzten Jahren die Bedeutung der Feldeffekttransistoren für diskrete und integrierte Schaltungen erheblich gewachsen ist, haben *bipolare Transistoren* einen wichtigen Platz in der modernen Schaltungstechnik. Sie werden in diesem Abschnitt nur *Transistoren* genannt.

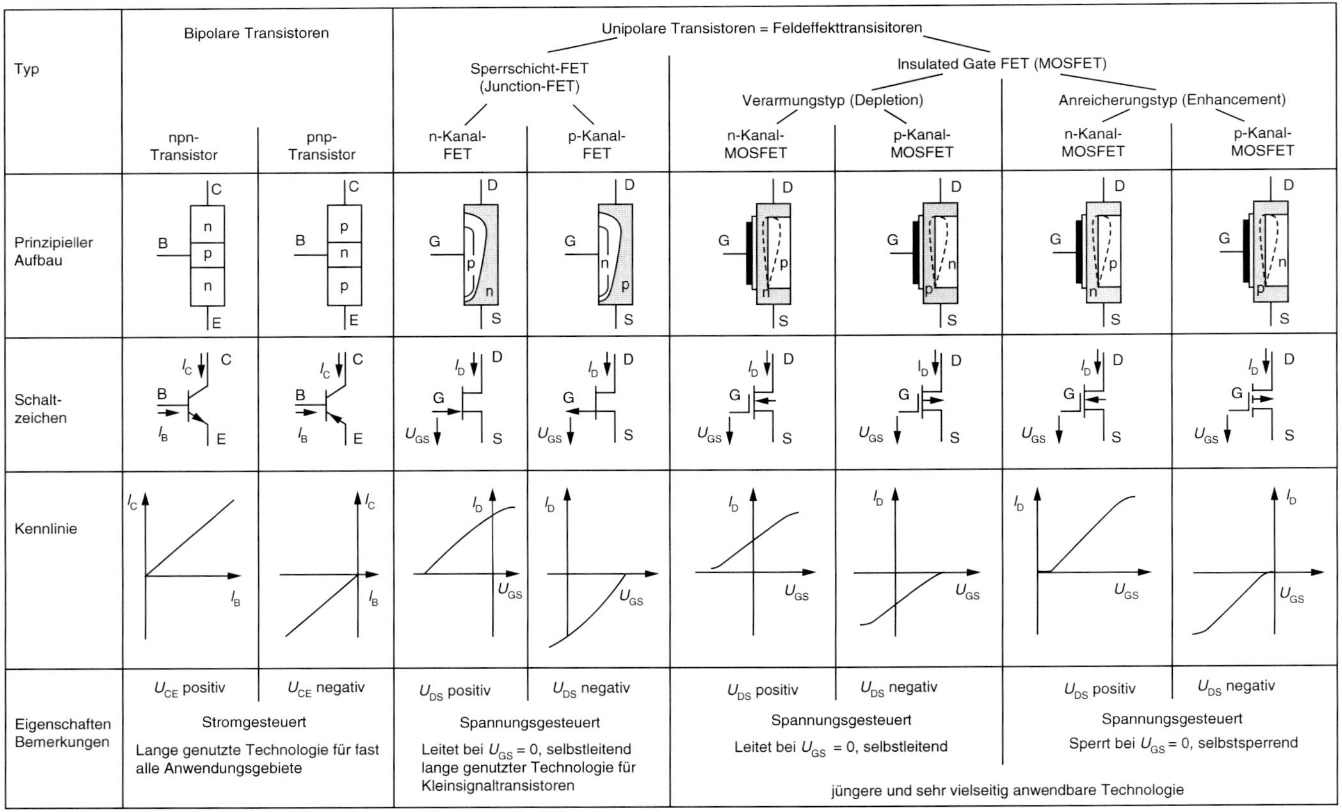

Bild B-10 Übersicht über die verschiedenen Transistortypen

Transistoren sind auf einem quadratischen Halbleiterchip von wenigen zehntel Millimeter Kantenlänge untergebracht (bei Leistungstransistoren kann die Kantenlänge mehrere Millimeter betragen). Der Transistorwerkstoff ist überwiegend *Silicium*. Transistoren sind äußerst empfindlich gegen Feuchtigkeit und Wärme und neigen zu schneller Korrosion. Sie werden deshalb in ein Gehäuse eingebaut, das schädliche Umwelteinflüsse fernhält und die Verlustwärme des Transistors an die umgebende Luft oder an einen Kühlkörper abgibt.

Man verwendet für die meisten Einsatzzwecke preisgünstige Kunststoffkapselungen. Die durch die Verlustleistung frei werdende Wärme und die Art des Einbaus bestimmen die Gehäusegröße und -form. Transistoren mit kleiner Leistung werden vielfach in Gehäuse zur Oberflächenmontage eingebaut.

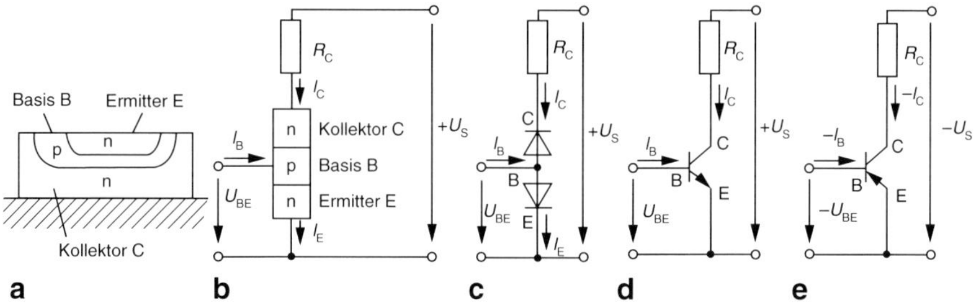

Bild B-11 Aufbau und Schaltung eines bipolaren Transistors mit Kollektorwiderstand

Der npn-Transistor in Bild B-11a besteht aus drei verschiedenen *Elektroden*: dem negativ dotierten *Emitter* (n), der positiv dotierten *Basiszone* (p) und dem negativ dotierten *Kollektor* (n). Für den in der Praxis am häufigsten eingesetzten npn-Transistor werden alle Schaltungen erklärt. (Beim pnp-Transistor werden lediglich p- und n-Schichten sowie die Vorzeichen der Strom- und Spannungsrichtungen vertauscht; das Funktionsprinzip und die Schaltungsberechnung bleiben unverändert). Bild B-11b zeigt die schematische Darstellung der drei Transistorelektroden mit den entsprechenden Strömen und Spannungen. Den Transistor kann man, wie Bild B-11c zeigt, vom Aufbau her als *Kombination* zweier *gegeneinander geschalteter Dioden* mit *gemeinsamer Mittelschicht*, der Basis, verstehen. Diese Struktur lässt sich zwar mit einem Ohmmeter leicht nachweisen, sie erklärt aber nicht die physikalische Wirkungsweise des Transistors. Der im Prinzip symmetrische Transistor wird für viele Anwendungsfälle unsymmetrisch gebaut, um spezielle Eigenschaften, beispielsweise eine hohe Stromverstärkung, zu erzielen. Bild B-11d zeigt das Schaltzeichen und die Bepfeilung eines npn-Transistors, Bild B-11e für den pnp Transistor.

Die genaue Berechnung der Transistorschaltung ist meistens unnötig. Deshalb werden hier nur die in der Praxis üblichen vereinfachten Näherungsformeln gezeigt. Sie stehen in den Übersichtsbildern B-13 und B-16.

B.1.3.2 Wichtige Kennwerte von Transistoren

Eingangswiderstand

Der *Eingangswiderstand* des unbeschalteten Transistors hängt von mehreren Parametern ab, die sich mit der Temperatur und dem Arbeitsstrom ändern. In der Praxis werden die Eigenschaften der Schaltung durch eine *Gegenkopplung* bestimmt: die Eigenschaften des Transistors haben weniger Einfluss.

Eine *lineare Spannungsverstärkung* kann durch eine *Gegenkopplung* (Abschn. B.1.3.4) erreicht werden. Dabei wird ein Teil des Ausgangssignals mit der dem Eingangssignal *entgegengesetzten Phase* dem Eingang wieder zugeführt. Dadurch wird die Linearität verbessert, aber die Verstärkung herabgesetzt, der Eingangswiderstand wird größer und konstant. Die Beschaltung bestimmt die Verstärkung.

Stromverstärkung

Die *Stromverstärkung* eines Transistors ist der Grund für seinen Einsatz. Bild B-12a zeigt die Aufteilung der Ströme im Transistor.

Ein *kleiner Basisstrom* I_B (1 % des Emitterstroms) verursacht beim Transistor einen *großen Kollektorstrom* I_C (99 % des Emitterstroms), der aus der angelegten Spannungsquelle entnommen wird. Der Quotient I_C/I_B ist die *Stromverstärkung B*. Die Summe aus Basisstrom I_B und Kollektorstrom I_C fließt über den Emitter als Emitterstrom I_E ab.

Kollektor- und Basisstrom weisen einen weitgehend linearen Zusammenhang auf. Deshalb ist der Quotient aus Kollektorstrom I_C und Basisstrom I_B im aktiven Arbeitsbereich ungefähr konstant. Man bezeichnet ihn als *Gleichstromverstärkung* *B*, und es gilt:

$$B = \frac{I_C}{I_B}. \qquad \text{(B-14)}$$

Statt der Gleichstromverstärkung *B* wird oft die *differenzielle Stromverstärkung* $\beta = \mathrm{d}I_C/\mathrm{d}I_B$ angegeben. Die Stromverstärkung hängt nur wenig von der Kollektor-

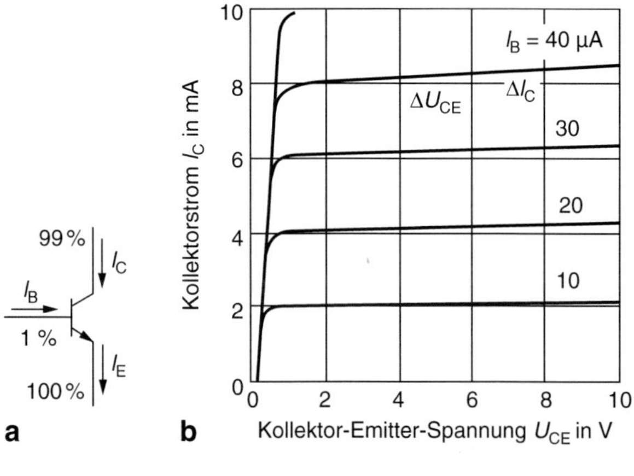

Bild B-12 Transistoren
a) Aufteilung der Ströme,
b) Ausgangskennlinienfeld eines Kleinsignaltransistors

Emitterspannung ab, wie das Kennlinienfeld in Bild B-12b zeigt. Die Stromverstärkung nimmt mit zunehmender Arbeitsfrequenz ab; die Transitfrequenz gibt an, bei welcher Frequenz die Stromverstärkung auf 1 abgefallen ist.

B.1.3.3 Transistor-Grenzwerte

Grenzwerte dürfen *nicht* überschritten werden, sonst wird der Halbleiter zerstört oder irreversibel geschädigt. Folgende Grenzwerte sind von Bedeutung:

Sperrspannung

Der Hersteller gibt für jedes Elektrodenpaar eines Transistors die *höchste zulässige Sperrspannung* U_{max} an, die dieser ohne Schaden dauernd aushält.

Im Interesse einer hohen Zuverlässigkeit der Halbleiter sollten die Sperrspannungen höchstens zu etwa 90 %, besser nur zu 70 % ausgenutzt werden. Dabei ist zu beachten, dass beispielsweise das Abschalten einer induktiven Last die anliegende Spannung kurzzeitig weit über die Betriebsspannung hinaus erhöhen und damit den Halbleiter zerstören kann.

Kollektorstrom

Der *Kollektorstrom* I_{C}, der über den Emitter abfließt, erwärmt die Kollektorzone. Wird der Kollektorstrom zu groß, dann fließt er nicht mehr gleichmäßig über die ganze Kollektorfläche, sondern bevorzugt einen Kanal, der durch die Erwärmung niederohmiger wird und noch mehr Strom übernimmt. Die Verlustleistung entsteht in einem wesentlich kleineren Volumen als beabsichtigt und zerstört das Kristallgefüge. Außerdem kann ein zu hoher Kollektorstrom die meist dünnen Bonddrähte, die den Kristall mit den Lötanschlüssen verbinden, durchschmelzen. Deshalb wird der Kollektorstrom auf einen absoluten Maximalwert begrenzt.

Zwischen Kollektor und Basis wird normalerweise kein Strom zugelassen.

Temperatur

Bei hohen Temperaturen – bei Silicium mehr als 200 °C – setzt *Diffusion* der verschiedenen dotierten Schichten ein und ändert irreversibel das Dotierungsprofil. Kurze Temperaturüberschreitungen, beispielsweise durch Einlöten, werden leichter überstanden als lang andauernde. Als Grenzwert dient die maximal zulässige Sperrschichttemperatur ϑ_{j}, die nicht überschritten werden darf.

Hohe Temperaturen entstehen in Halbleitern meistens durch die *interne Verlustleistung* P_{V} in der Basis-Emitter- und in der Kollektor-Emitter-Strecke. Es gilt:

$$P_{\text{V}} = I_{\text{C}}U_{\text{CE}} + I_{\text{B}}U_{\text{BE}}.$$

Die Verlustleistung $I_{\text{C}}U_{\text{CE}}$ in der Kollektor-Emitter-Strecke ist wesentlich größer als die vernachlässigbar kleine Verlustleistung $I_{\text{B}}U_{\text{BE}}$ in der Basis-Emitter-Strecke.

Deshalb gilt mit guter Näherung:

$$P_V = I_C U_{CE}. \tag{B-15}$$

Die Verlustleistung P_V entsteht zum größten Teil in der Kollektor-Basis-Sperrschicht, von wo aus sie über den Kollektor und das Gehäuse an die umgebende Luft abgegeben wird. Bei Leistungstransistoren (ab etwa 1 W Verlustleistung) wird die Wärme über den Gehäuseboden an einen externen Kühlkörper abgegeben.

Die maximale Verlustleistung wird im Allgemeinen für 25 °C Umgebungstemperatur oder 25 °C Gehäusetemperatur angegeben. Bei höherer Umgebungstemperatur ist die Verlustleistung zu verringern (was man im englischen Sprachgebrauch als *derating* bezeichnet); sie darf aber bei Temperaturen unter 25 °C nicht über den Nennwert erhöht werden. Zu beachten ist, dass es mit Luftkühlkörpern normalerweise nicht gelingt, ein stark Wärme abgebendes Transistorgehäuse auf 25 °C zu halten.

B.1.3.4 Analoge Grundschaltungen mit bipolaren Transistoren

Die Grundschaltung bestimmt die Eigenschaften bei der Verstärkung von Wechselspannungssignalen. Sie wird nach der für den Ein- und Ausgang gemeinsamen Elektrode benannt. Die Emitter- und die Kollektorschaltung werden nachstehend beschrieben. Die Schaltung mit der Basis als gemeinsamer Elektrode hat heute nur noch eine geringe Bedeutung in der Hochfrequenztechnik; sie wird häufig durch Feldeffekttransistoren ersetzt. Die angegebenen Näherungsformeln für Verstärkung und Eingangswiderstand reichen für die praktische Anwendung aus.

Bild B-13 stellt die wichtigsten Daten und Eigenschaften dieser beiden Schaltungen zusammen.

Bild B-14 zeigt einige Anwendungsbeispiele für die im Folgenden beschriebenen Schaltungen.

Emitterschaltung

Die *Emitterschaltung mit Stromgegenkopplung* hat sich aufgrund ihrer guten Spannungs- und Stromverstärkung zur häufigsten Verstärkerschaltung entwickelt. Bild B-13, obere Hälfte, zeigt einen Transistorverstärker in Emitterschaltung mit Gegenkopplung, die zugehörigen Näherungsformeln und einen Anwendungshinweis.

Bei dem in Bild B-15a dargestellten Transistorverstärker mit Stromgegenkopplung verursacht eine ansteigende Eingangsspannung einen ansteigenden Basisstrom. Daraus entsteht der um die Stromverstärkung β vergrößerte Emitter- und Kollektorstrom.

An der Basis-Emitterstrecke liegt nicht mehr die ganze Eingangsspannung U_e, sondern nur die Differenz zwischen U_e und dem Spannungsabfall U_E am Emitterwiderstand R_E. Die vom Ausgangsstrom erzeugte Spannung U_E wird *gegen*phasig in den Eingangskreis zurück*gekoppelt* und setzt dadurch die Verstärkung herab. Diesen

Grundschaltung	Strom-verstärkung	Spannungs-verstärkung	Eingangs-widerstand	Ausgangs-widerstand	Frequenzgang	Bemerkungen und Anwendungen
Emitterschaltung 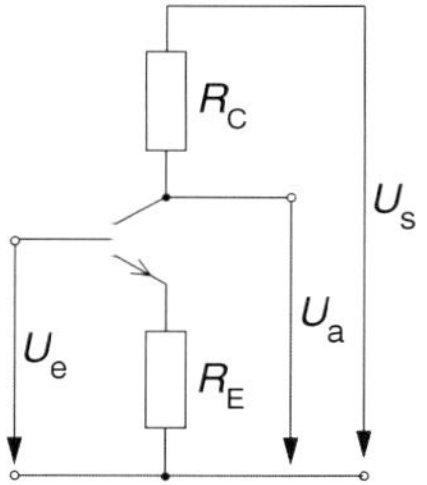 	Näherungsformeln für die Praxis				Spannungsverstärkung 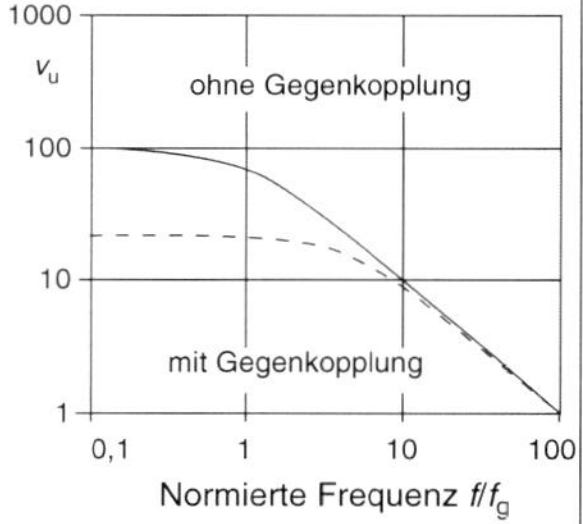 	Häufigste Verstärkerschaltung Strom- und Spannungsverstärkung gut Durch Gegenkopplung und Beschaltung gut variierbar
	$\beta_e = \frac{i_C}{i_B}$ $\beta_e = 100$	$\frac{U_a}{U_e} = \frac{R_C}{R_E}$ $R_C = 22\ \text{k}\Omega$ $R_E = 1\text{k}\Omega$ $v_u = 22$	$R_e = \beta\, R_E$ $R_e = 100\ \text{k}\Omega$	$R_a = R_C$ $R_a = 22\ \text{k}\Omega$		
Kollektorschaltung 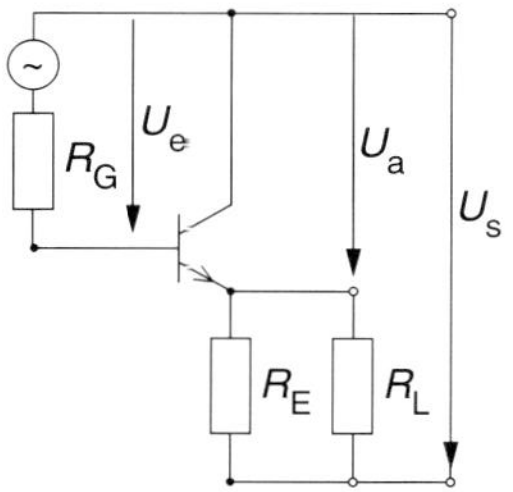 	$\beta_c = \frac{i_C}{i_B} + 1$ $\beta_c \approx \beta$ $\beta_c = 100$	$\frac{U_a}{U_e} \approx 1$	$R_e = \beta \cdot R_E$ mit Last: $R_E = 470\ \Omega$, $R_L = 47\ \Omega$ $R_e = \beta \frac{R_E \cdot R_L}{R_E + R_L}$ $R_e = 4{,}3\ \text{k}\Omega$	$R_a = \frac{R_G \cdot R_L}{(R_G + \beta R_L)}$ $R_G = 1\text{k}\ \Omega$ $R_L = 47\ \Omega$ $\beta = 100$ $R_a = 8{,}3\ \Omega$	Stromverstärkung 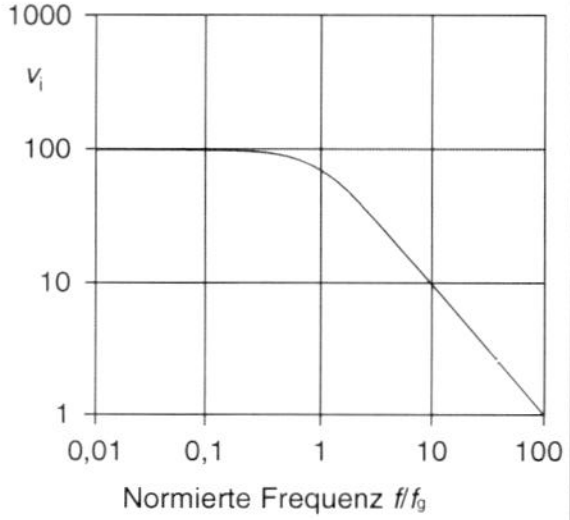 	Impedanzwandler von hoch- auf niederohmig Eingangsstufe für hochohmige Quellen Ausgangstransistor in Leistungsverstärkern Leistungstransistor in längsgeregelten Netzgeräten

Bild B-13 Grundschaltungen von Transistoren und ihre wichtigsten Eigenschaften

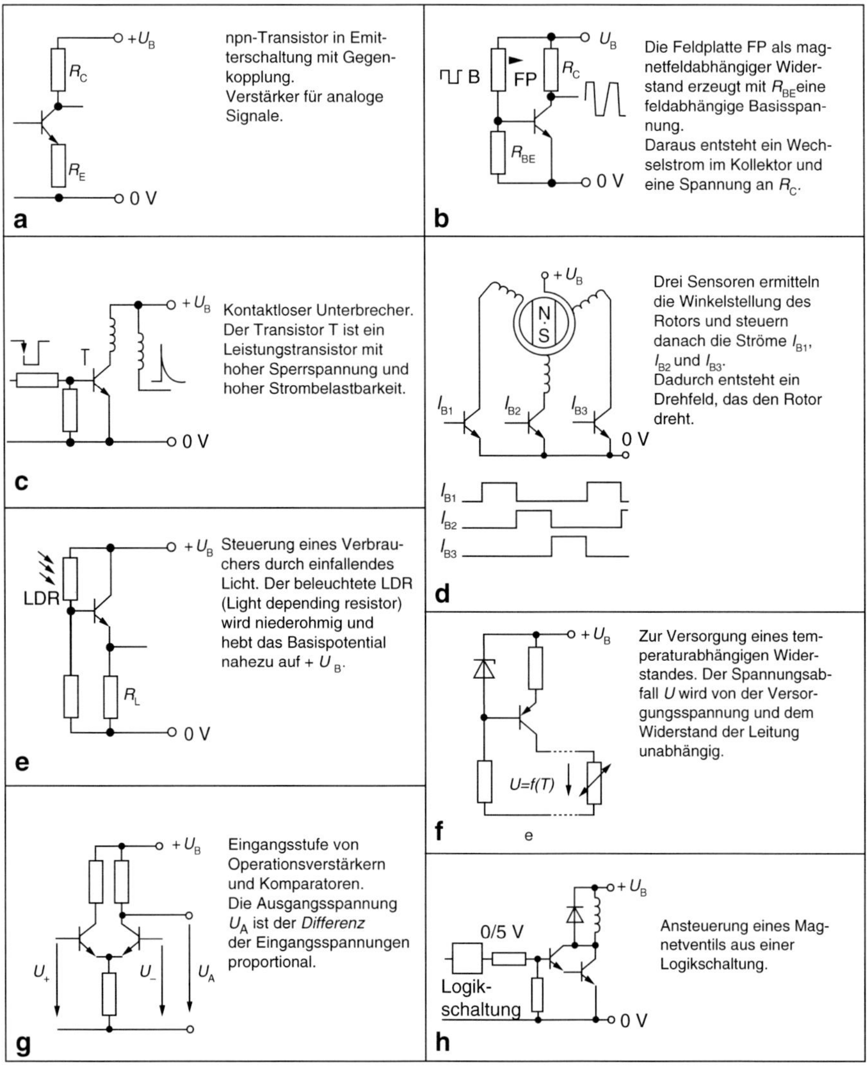

Bild B-14 Beispiele für die Einsatzmöglichkeiten bipolarer Transistoren **a**) Emitterschaltung mit Gegenkopplung, **b**) Emitterschaltung direkt, **c**) Leistungstransistor in Emitterschaltung, **d**) Leistungstransistor in Emitterschaltung, **e**) Transistor in Kollektorschaltung, **f**) Stromquelle, **g**) Differenzverstärker, **h**) Darlingtontransistor

Vorgang bezeichnet man deshalb als *Gegenkopplung*. Neben der Schaltung in Bild B-15a sind die Spannungen an Basis, Emitter und Kollektor dargestellt.

Bild B-15b zeigt die Spannungsbereiche an Emitter und Basis im Kennlinienfeld bei der Aussteuerung.

Eine Gegenkopplung *verringert immer* die Verstärkung einer Schaltung. Je nach der Schaltungstechnik verbessern sich dafür andere erwünschte Eigenschaften. Die zugehörigen Gleichungen sind im Bild B-13 oben dargestellt.

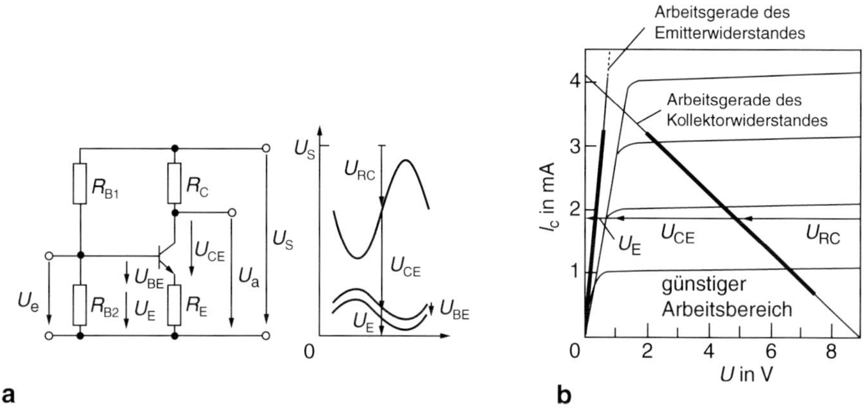

Bild B-15 Emitterschaltung mit Stromgegenkopplung **a**) Spannungen in der Schaltung **b**) Spannungen im Kennlinienfeld

Solange die Stromverstärkung β und der Eingangswiderstand R_e ausreichend *groß* sind, hängen Verstärkung und Eingangswiderstand nur noch von der *Beschaltung* ab. Die aus verschiedenen Ursachen sich ändernden Transistorparameter beeinflussen die wichtigen Schaltungseigenschaften nicht mehr.

Arbeitspunkt

Der gewünschte *Arbeitspunkt* des Transistors wird nur mit der *richtigen Beschaltung* erreicht, die einerseits die notwendigen Spannungen und Ströme zuführt, andererseits die Ausbildung der geforderten Signalgrößen ermöglicht.

Der richtige Arbeitspunkt wird am Bild B-15a erläutert. Teilbild a zeigt die Spannungen in der gegengekoppelten Emitterschaltung und ihren Zusammenhang bei der Aussteuerung. Den Arbeitspunkt der Schaltung legt man mit der Basisgleichspannung so fest, dass der Transistor immer im *linearen Bereich* bleibt, d.h. der Spannungsabfall U_{RC} an R_C soll 1 V, der Spannungsabfall U_{CE} am Transistor soll 1,5 V nicht unterschreiten. Es empfiehlt sich daher, die gefundene Dimensionierung auch dann einzuhalten, wenn Signale mit sehr kleiner Amplitude verstärkt werden. Bild B-15b zeigt die *Arbeitskennlinien* der Emitter- und Kollektorspannung im Ausgangskennlinienfeld des Transistors. Auf der *Arbeitsgeraden* des Kollektorwiderstandes kann man zu jedem *Kollektorstrom* die zugehörige *Kollektorspannung* ablesen, während die Arbeitsgerade des Emitterwiderstandes die zugehörige Emitterspannung zeigt. Die Kollektorspannung U_{CE} muss dabei immer im aktiven Arbeitsbereich des Transistors bleiben. Zu beachten ist, dass der *Sättigungsbereich* nicht auf die Betriebsspannung, sondern stets auf die Emitterspannung bezogen wird, wodurch er im Bild B-15b immer rechts von der Arbeitsgeraden des Emitterwiderstandes liegt.

Kollektorschaltung

Bei der *Kollektorschaltung* ist der Kollektor die gemeinsame Bezugselektrode. Die Schaltung bezeichnet man auch als *Emitterfolger* (*voltage follower*). Das Eingangssignal an der Basis erscheint am Emitter mit nahezu gleichem Pegel und gleicher Phase. Die Spannungsverstärkung der Kollektorschaltung ist ungefähr 1, dagegen hat die Schaltung die Stromverstärkung des Transistors, die nur um den Verlust im Emitterwiderstand R_E reduziert wird. Die Kollektorschaltung setzt man zur *Impedanzwandlung* ein (das ist eine Widerstandstransformation zwischen Eingang und Ausgang) und zur *reinen Stromverstärkung*. Häufig wird der Transistor in Kollektorschaltung direkt von anderen Transistoren versorgt, so dass er keine zusätzliche Beschaltung für die Gleichstromzuführung hat. Bild B-13 unten zeigt die Spannungen in der Kollektorschaltung, rechts daneben stehen die zugehörigen Gleichungen.

Wenn die Basisgleichspannung der Kollektorschaltung nicht von der Signalquelle kommt, muss man sie mit einem eigenen Spannungsteiler aus R_1 und R_2 erzeugen.

Weitere Schaltungen

Bild B-16 fasst weitere *häufig benutzte Schaltungen,* eine Stromquelle, einen Differenzverstärker und eine Darlingtonschaltung und ihre Eigenschaften kurz zusammen.

Beispiel

B-7: Der Transistor in Emitterschaltung nach Bild B-13 und Bild B-15 soll so beschaltet werden, dass die Schaltung um $v = 20$ verstärkt, der Ausgangswiderstand soll höchstens 15 kΩ betragen. Die Schaltung arbeitet mit 12 V Speisespannung. Die Stromverstärkung des Transistors ist $\beta > 200$. Wie groß sind die Widerstände R_C und R_E? Wie groß ist der Eingangswiderstand R_e der Schaltung? Welchen Spannungshub kann die Schaltung höchstens abgeben?

Lösung:
Der Kollektorwiderstand R_C wird zu 15 kΩ festgesetzt.
Mit $R_E = R_C/v$ wird $R_E = 750\ \Omega$; der Eingangswiderstand $R_e = R_E \cdot \beta = 150\ \text{k}\Omega$.
An R_C soll nicht weniger als 1 V abfallen, dann fallen an R_E 0,05 V ab. Zwischen Kollektor und Emitter sollten nicht weniger als 1 bis 2 V abfallen. Bei 12 V Versorgungsspannung bleiben 9 V Spannungshub übrig.

B.1.4 Feldeffekttransistoren (FET)

Feldeffekttransistoren arbeiten nach einem ganz anderen Prinzip als bipolare Transistoren (Übersicht Bild B-10). Bipolare Transistoren bestehen aus p- und n-dotierten Halbleiterwerkstoffen. Der Strom fließt durch drei verschieden dotierte Halbleiterschichten vom Kollektor zum Emitter und wird von einem Basis*strom* gesteuert. Die Ansteuerung erfordert eine kleine Leistung.

Im Gegensatz zum bipolaren Transistor besteht der *Feldeffekttransistor* aus einem Block *Halbleitermaterial*, beispielsweise Silicium oder Galliumarsenid, mit nur

Stromquelle

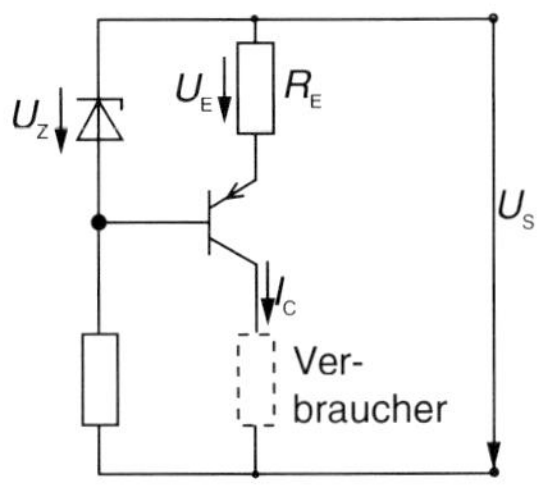

Die Stromquelle speist in einen Verbraucher einen konstanten Strom ein, der von der Spannung am Verbraucher weitgehend unabhängig ist.
Wird statt der Gleichspannung der Z-Diode eine mit Wechselspannung überlagerte Gleichspannung eingespeist, dann fließt ein Strom, der dem zeitlichen Verlauf der Steuerspannung folgt.

$U_{Verbraucher} \leq 0{,}9\,(U_S - U_Z)$

Differenzverstärker

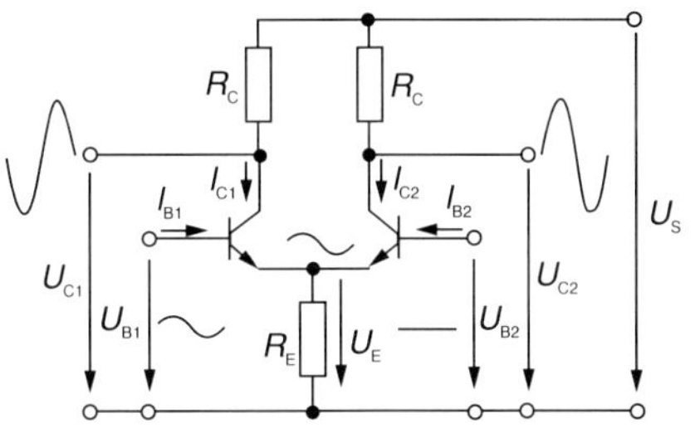

Spannungsverstärkung:

$$v_1 = \frac{U_{C1}}{U_{B1}} = \frac{-\beta \cdot R_C}{2\,r_{BE}} \qquad \text{(B-16)}$$

$$v_2 = \frac{U_{C2}}{U_{B1}} = \frac{+\beta \cdot R_C}{2\,r_{BE}} \qquad \text{(B-16a)}$$

Eingangswiderstand: $R_e = r_{BE}$ (B-17)

Ausgangswiderstand: $R_a \approx R_C$ (B-18)

Gleichtakt-unterdrückung: $G = \frac{\beta \cdot R_E}{r_{BE}}$ (B-19)

Der Differenzverstärker verstärkt nur die Differenz zwischen den beiden Eingangsspannungen U_{B1} und U_{B2}. Spannungsanteile, die auf beiden Eingängen gleich sind, werden unterdrückt, diese Größe ist die *Gleichtaktunterdrückung*. Auch wenn eine Eingangsspannung konstant ist, entstehen an den Ausgängen U_{c1} *und* U_{c2} zwei gleich große und gegenphasige Spannungen.
Die Eingangsstufe eines Operationsverstärkers ist immer ein Differenzverstärker. Solange die Eingangsspannungsdifferenz klein ist, kann die Eingangsspannung bezogen auf die Spannungsversorgung in weiten Grenzen variiert werden und die Ausgangsspannung hängt nur von der Differenz ab.
Der Differenzverstärker kann auch mit Feldeffekttransistoren aufgebaut werden, diese Verstärker sind schneller, haben aber eine größere Temperaturdrift.

Darlingtonschaltung

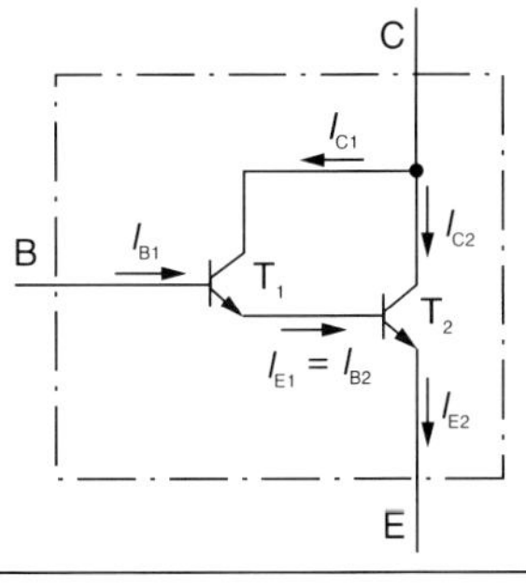

Stromverstärkung: $\beta = \beta_1 \beta_2$ (B-20)

Durch die Kaskade entsteht ein Transistor mit sehr hoher Stromverstärkung, $\beta \approx 10\,000$. Die Spannungsrückwirkung über T_1 verschlechtert die dynamischen Eigenschaften.
Anwendungen in linearen Spannungsreglern, zur Ansteuerung langsamer Verbraucher, beispielweise Relais oder anderer elektromechanischer Verbraucher.
Der Darlingtontransistor wird zu nehmend durch Leistungs-FET ersetzt.

Bild B-16 Weitere häufig benutzte Transistorschaltungen

einer Dotierung. In diesem Block sind nur die Majoritätsträger, Elektronen *oder* Löcher, an der Stromleitung beteiligt. Man bezeichnet ihn deshalb auch als *unipolaren* Transistor. Ein von außen auf diesen Block einwirkendes elektrisches Feld beeinflusst die Ladungsträger im Block und damit seinen elektrischen Widerstand. Der *Stromfluss* wird nur durch eine *Steuerspannung* und das von ihr erzeugte elektrische Feld *gesteuert*. Die Steuerung ist *leistungslos*. Ist die Steuerelektrode durch einen in Sperrrichtung vorgespannten pn-Übergang vom leitenden Kanal getrennt, dann bezeichnet man den Transistor als *Sperrrschicht-FET* (Junction-FET oder JFET). Ein weiterer Typ, der *Metal-Oxid-Semiconductor-FET* (MOSFET), benutzt meistens ein Oxid des Halbleiters (SiO_2) als Isolierung zwischen dem leitenden Kanal und der Steuerelektrode, dem Gate. Der etwas abweichende Aufbau des MOSFET wird in Abschnitt B.1.4.2 beschrieben.

Es gibt p-Kanal- und n-Kanal-Feldeffekttransistoren, die sich für den Anwender in erster Linie durch die Polarität der erforderlichen Betriebsspannungen und -ströme unterscheiden. Die Berechnungsverfahren sind gleich, die geringen Unterschiede der elektrischen Eigenschaften werden zweckmäßigerweise den Datenbüchern der Hersteller entnommen. Es gibt wesentlich mehr verschiedene n-Kanal-Typen, da diese einfacher herzustellen sind und bessere Eigenschaften haben. Die Funktion und der Schaltungsaufbau werden deshalb im folgenden für n-Kanal-Typen erklärt.

B.1.4.1 Sperrschicht-Feldeffekttransistor (JFET)

Der Aufbau und die Arbeitsweise des Sperrrschicht-FET ist in Bild B-17 erläutert. Die Elektroden des *Strompfades* werden mit *Quelle* (*Source*) und *Senke* (*Drain*), die *Steuerelektrode* als *Tor* (*Gate*) bezeichnet.

Bild B-17a zeigt den Halbleiterblock aus n-leitendem Silicium mit den Anschlüssen Source und Drain für den Strompfad und dem Gate als Steuerelektrode, die durch einen in Sperrrichtung vorgespannten pn-Übergang vom stromführenden Kanal (channel) isoliert ist. Das Feld der Steuerelektrode erzeugt eine *Raumladung*, die Ladungsträger aus dem Randbereich des Kanals verdrängt, der wegen des jetzt geringeren effektiven Querschnitts hochohmiger wird. Bewegliche Ladungsträger können in diese Raumladungszone nicht eindringen, d.h. eine Stromleitung findet nur im übriggebliebenen Kanal statt (grauer Bereich in Bild B-17a). Die Sperrrschicht-FET sind immer *selbstleitend*, die Ansteuerung kann die Leitfähigkeit nur verringern. Feldeffekttransistoren sind normalerweise *symmetrisch* aufgebaut, d.h. die elektrischen Eigenschaften des FETs bleiben erhalten, wenn Drain und Source vertauscht werden. Bild B-17b zeigt den zugehörigen Potenzialverlauf entlang des Kanals und die steuernde Gate-Source-Spannung U_G. Bild B-17c zeigt den Querschnitt des Kristalls mit verschieden großen Raumladungszonen, die von unterschiedlichen Gate-Source-Spannungen erzeugt werden. Größe und Form der Raumladung sind durch die Potenzialdifferenz zwischen dem Gate und dem Potenzial längs des Kanals bestimmt. Je größer das elektrische Feld zwischen einem Element des Kanals und dem Gate ist, desto mehr verringert die Raumladung den leitfähigen Teil des Kanals. Der Feldeffekttransistor kann somit als *steuerbarer Widerstand* an-

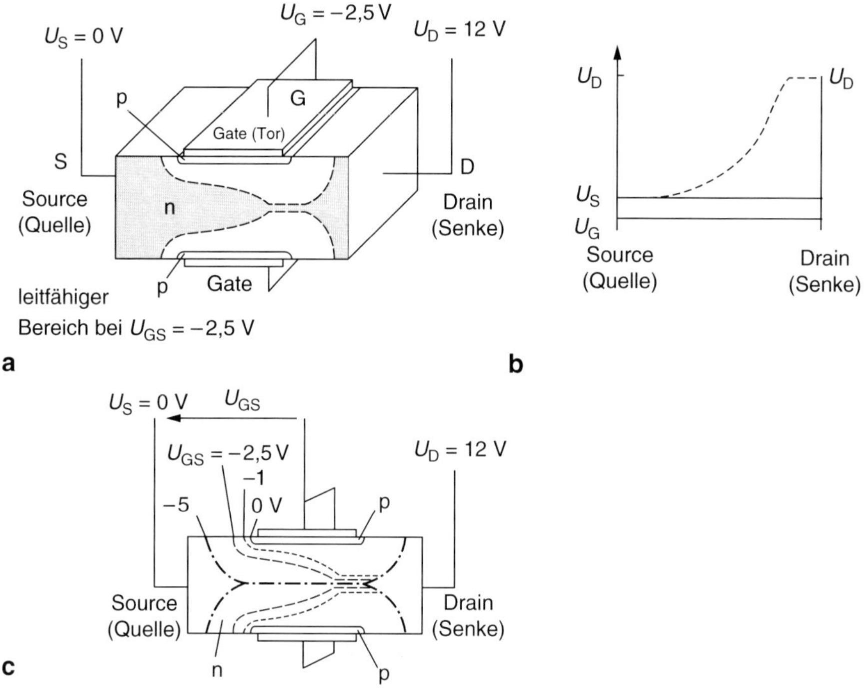

Bild B-17 Aufbau und Arbeitsweise eines Sperrschicht-FET **a**) Arbeitsprinzip des FET, **b**) Potenzialverlauf entlang des Kanals, **c**) Kanalquerschnitt mit verschiedenen Raumladungszonen

gesehen werden, dessen Wert von der *Gate-Source-Spannung* U_{GS} und von der *Drain-Source-Spannung* U_{DS} des FET bestimmt wird.

Mit zunehmender Drain-Source-Spannung U_{DS} nimmt der Drainstrom *nicht linear* zu, wie das bei einem Widerstand erwartet wird, sondern steigt erst immer weniger und bleibt danach trotz weiter steigender Spannung U_{DS} konstant (Bild B-20b). Die Ursache hierfür ist die Einschnürung des leitenden Kanals (*pinch off*) in der Nähe des Drain-Anschlusses (Bild B-17a). Die Zahl der für den Strom wirksamen Ladungsträger ist durch den engen Querschnitt, und ihre Beweglichkeit durch die Art des Halbleitermaterials begrenzt. Deshalb kann der Drainstrom I_D trotz eines stärkeren elektrischen Feldes in der Längsrichtung des Kanals (durch die höhere Drain-Source-Spannung U_{DS}) nicht weiter ansteigen. Der Drainstrom I_D hängt nur noch von der Steuerspannung U_{GS}, aber fast nicht mehr von der Drain-Source-Spannung U_{DS} ab.

B.1.4.2 MOS-Feldeffekttransistoren

Beim MOSFET oder IGFET (Insulated Gate FET) ist die Steuerelektrode nicht mit einem pn-Übergang, sondern mit einem dünnen, aber hochwertigen Isolator (meist einem Metalloxid) vom leitenden Kanal getrennt (Bild B-18). Unabhängig von der

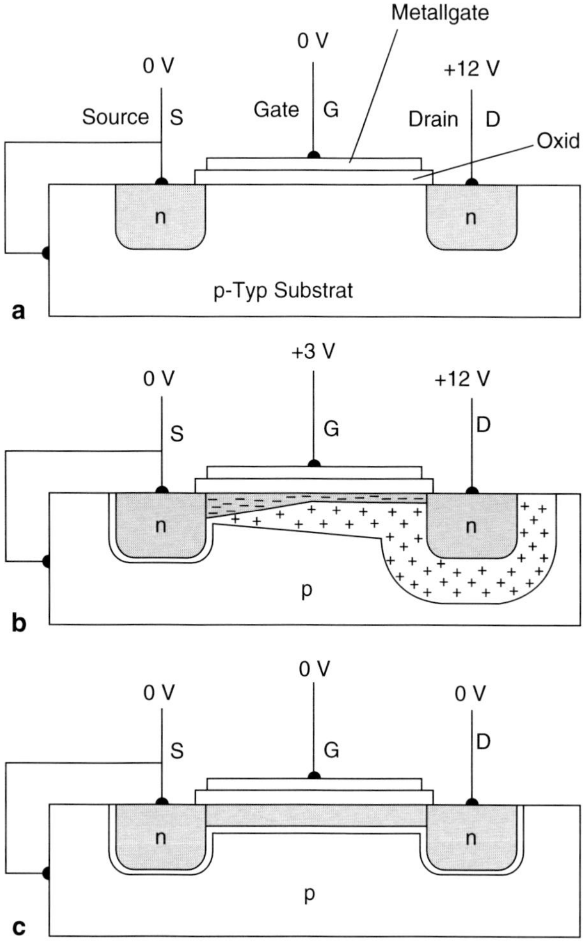

Bild B-18 Aufbau und Wirkungs eines MOSFETs **a**) MOSFET Anreicherungstyp gesperrt, **b**) MOSFET Anreicherungstyp leitend, **c**) MOSFET Verarmungstyp

Polarität (p- oder n-Kanal) kann die Steuerelektrode positiv und negativ gegen Source werden und trotzdem *immer stromlos* bleiben. Dadurch kann man den Strom im Kanal mit Hilfe der Gate-Spannung nicht nur abschwächen, sondern auch verstärken.

Bild B-10 in Abschnitt B.1.3 zeigt die schon von den Sperrschicht-FET bekannten p- und n-Kanaltypen, die als *Verarmungstypen* (depletion mode) arbeiten und die nur in MOSFET-Technologie möglichen *Anreicherungstypen* (enhancement mode), deren Drain-Source-Strecke bei fehlender Gate-Spannung stromlos ist.

Bild B-18a stellt das Prinzip eines *selbstsperrenden* MOSFET (n-Kanal-Anreicherungstyp) dar. In das p-leitende Halbleitermaterial sind zwei n-leitende Inseln, Source und Drain, eindotiert. Trotz angelegter Spannung bleibt die Drain-Source-Strecke stromlos, da die beiden gegeneinander geschalteten pn-Übergänge jeden Stromfluss verhindern. Die Oberfläche ist mit einer dünnen Oxidschicht isoliert, darüber ist die Gate-Elektrode aus Metall aufgedampft. Die Source-

Elektrode wird meistens intern mit dem Substrat verbunden, manchmal ist dessen Anschluss aber auch herausgeführt. Bei Leistungs-MOSFETs stellt diese Verbindung die *Substratdiode* zwischen Source und Drain dar, die bei umgepolter Drain-Source-Spannung *leitend* wird.

Bild B-18b zeigt denselben Halbleiterkristall mit einer *positiven Spannung* am Gate. Das p-dotierte Grundmaterial enthält Löcher als Majoritätsträger und Elektronen als Minoritätsträger. Letztere werden vom Feld der Gate-Elektrode bis an die Gate-Isolierung gezogen und bilden einen *n-leitenden* Kanal zwischen den beiden n-leitenden Inseln Drain und Source. Mit zunehmender Gate-Spannung werden mehr Elektronen in den Kanal gezogen und machen ihn niederohmiger. Wie beim Sperrschicht-FET hängt die leitfähige Kanaldicke vom Potenzialunterschied zwischen dem Gate und dem Kanalelement ab. Der Kanal wird deshalb zum Drain-Anschluß hin dünner, der Drainstrom kommt in den Sättigungsbereich und bleibt trotz steigender Drainspannung konstant.

Beim MOSFET-Verarmungstyp sind die beiden Inseln durch einen dünnen Kanal mit gleicher Polarität verbunden. Der n-dotierte Bereich des *spannungslosen* MOSFETs ist in Bild B-18c grau gezeichnet. Sobald eine Spannung zwischen Drain und Source liegt, entsteht eine Ladungsverteilung wie in Bild B-18b. Hier fließt auch bei $U_{GS} = 0$ ein Drainstrom, der mit der Steuerspannung erhöht oder verringert werden kann. Dieser MOSFET heißt deshalb *Verarmungstyp*.

MOSFET-Leistungstransistoren besitzen eine *vertikale Struktur* (Bild B-19). Der Strom fließt größtenteils vertikal, also senkrecht zur Oberfläche des Chips, vom Drain-Anschluß in den horizontal liegenden und vom Gate gesteuerten Kanal zur Source. Der Kanal (hier mit n^- gekennzeichnet) liegt unmittelbar am Rand der Source-Kontaktierung und umgibt diese in ihrem gesamten Umfang. Jeder Chip ist aus mehreren hundert parallel geschalteten Einzeltransistoren aufgebaut. Hierdurch erhält man niedrige Drain-Source-Einschaltwiderstände $r_{DS(on)}$. Jeder Source-Anschluss bildet auf der Oberfläche des Chips eine charakteristische Vertiefung.

Die Anwendungsbereiche der MOS-Technologie haben sich in den letzten Jahren stark erweitert. Heute kann man damit Kleinsignal- und Leistungstransistoren sowie Hochfrequenzverstärker und integrierte analoge und digitale Schaltungen herstellen. Die MOS-Technologie eignet sich besonders für digitale integrierte, und hochinte-

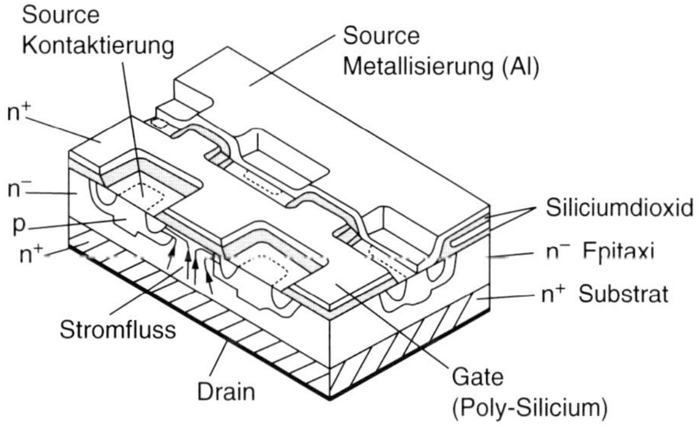

Bild B-19 Aufbau eines n-Kanal-MOSFETs

grierte Schaltungen, da sich sehr schnelle Schaltkreise mit großem Störabstand und geringem Stromverbrauch auf einer kleinen Substratfläche herstellen lassen.

Wegen der ähnlichen Funktion des Sperrschicht-FET und des MOSFET werden die Eigenschaften beider Typen gemeinsam beschrieben. Bild B-10 zeigt die wichtigsten Unterschiede. In der Leistungselektronik werden fast nur MOSFET verwendet.

B.1.4.3 Kennlinien und Arbeitsbereiche des Feldeffekttransistors

Der Arbeitsbereich des Feldeffekttransistors lässt sich in drei wichtige Bereiche und den verbotenen Durchbruchbereich unterteilen (Bild B-20).

Bild B-20a zeigt die Übertragungskennlinie zwischen der Steuerspannung U_{GS} und dem zugehörigen Drainstrom I_D. Je steiler die Kennlinie ist, desto höher ist die Verstärkung des FET. Seine entsprechende Kenngröße wird als *Steilheit S* bezeichnet. Bild B-20b zeigt das Ausgangskennlinienfeld mit den verschiedenen Arbeitsbereichen.

Im *ohmschen Bereich*, bei kleiner Drain-Source-Spannung und einem kleinen Drainstrom ist der FET ein *steuerbarer Widerstand* (Bild B-20c). Der bisherige Einsatz in der analogen Kleinsignalverarbeitung wird zunehmend durch digitale Verfahren ersetzt. Im Triodenbereich ist der FET auch bei größeren Strömen nie-

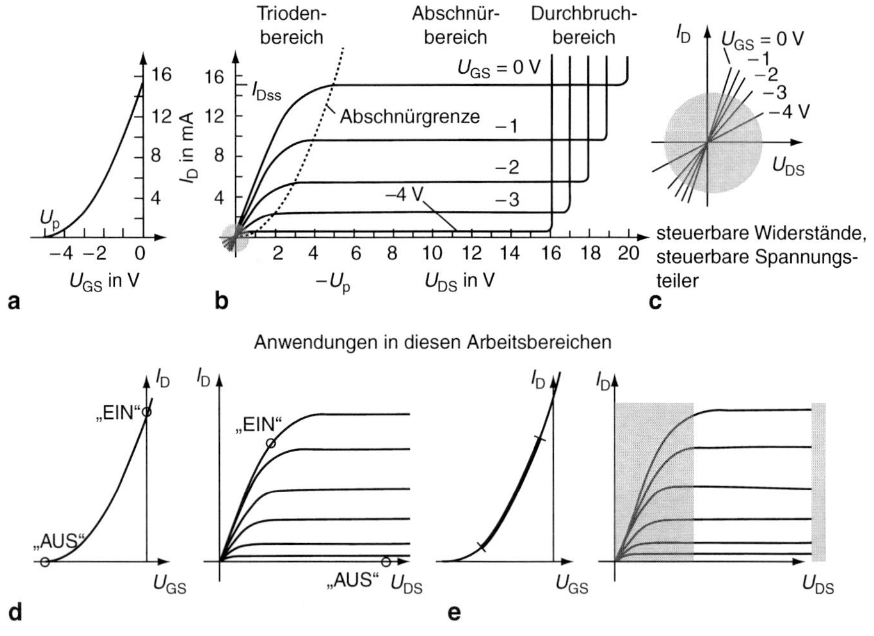

Bild B-20 Kennlinien und Arbeitsbereiche eines n-Kanal-FETs oder MOSFETs **a**) Eingangskennlinie, **b**) Arbeitsbereiche des FET im Kennlinienfeld, **c**) Ohmscher Bereich, **d**) Betrieb als Schalter, **e**) Betrieb als analoger Verstärker derohmig. Ist der Schalttransistor EIN, dann arbeitet er im Triodenbereich (Bild B-20d).

Analoge Verstärker arbeiten im *Abschnürbereich.* Hier steuert die Gatespannung direkt den Drainstrom, der von der Drain-Source-Spannung fast unabhängig ist. *Schnelle* Verstärker, die *genaue* Signale liefern müssen, arbeiten immer im Abschnürbereich (Bild B-20e). Die hohe Signalgüte wird mit einem *schlechten Wirkungsgrad* erkauft: ein erheblicher Teil der zugeführten Leistung, $\geq 50\,\%$, wird im Transistor in Wärme umgesetzt.

Der Betrieb im Durchbruchbereich ist verboten, da er den Transistor schnell zerstört.

Sollen große Leistungen gesteuert werden, dann geht der Trend zu den *Schaltreglern*, die meistens mit MOS-Feldeffekttransistoren (MOSFET) bestückt werden. Der Transistor ist entweder EIN oder AUS (Bild B-20d). Das Tastverhältnis bestimmt den Mittelwert, und eine Drossel (Induktivität) macht aus der rechteckigen Wechselspannung wieder eine analoge Gleichspannung. Nur im EIN-Zustand entsteht am verbleibenden Bahnwiderstand Wärme, der AUS-Zustand ist verlustlos. Hier können über 90 % Wirkungsgrad erreicht werden und die Wärmeabfuhr ist einfacher. Nach diesem Prinzip arbeiten fast alle elektronischen Leistungsregler, deren Bedeutung ständig zunimmt.

B.1.4.4 Wichtige Kenngrößen

Neben den Grenzwerten, die den erlaubten Arbeitsbereich begrenzen, sind die *Steilheit* und der *kleinstmögliche Bahnwiderstand* von Drain nach Source, r_{DSon}, die wichtigsten Kenngrößen. Die Steilheit S gibt an, um wie viel mA sich der Drainstrom ändert, wenn sich die Gatespannung um 1 V geändert hat. Die Steilheit der Kleinsignaltransistoren liegt bei einigen mA/V, während Leistungs-MOSFETs mehrere A/V erreichen können. Diese große Steilheit ist wichtig, wenn hohe Ströme gesteuert werden sollen.

Der *kleinste EIN-Widerstand* r_{DSon} bestimmt die *Verluste* im Transistor bei hohen Strömen. Er ist bei Leistungs-MOSFETS eine wichtige Kenngröße. Damit er möglichst klein wird, werden viele kleine Transistorelemente auf einem Chip in gemeinsamen Arbeitsgängen hergestellt und *elektrisch parallel* geschaltet. Das führt zu erwünschten EIN-Widerständen im mΩ-Bereich.

Der *Gleichstrom-Eingangswiderstand* beider Typen ist sehr hoch. Bei langsamer Ansteuerung, das ist der kHz-Bereich, ist der Eingang praktisch stromlos. Die vom Kanal isolierte Gate-Elektrode hat aber eine kleine Kapazität, die bei Kleinsignaltransistoren wenig stört. Bei Leistungs-MOSFETs, die aus vielen tausend Einzeltransistoren zusammengesetzt sind, addieren sich viele kleine Kapazitäten zu einigen nF. Das erfordert bei schnellen Schalttransistoren mit Schaltzeiten im ns-Bereich kurzzeitig Gate-Ströme > 1A. Bei der Dimensionierung ist vor allem das *dynamische Verhalten* zu betrachten. Weitere Kenngrößen, beispielsweise das Rauschen, sind nur selten wichtig.

B.1.4.5 Schaltungstechnik mit Feldeffekttransistoren

Übergang vom bipolaren Transistor zum Feldeffekttransistor

Feldeffekttransistoren sind häufig in gleichen Schaltungen wie bipolare Transistoren eingebaut. Bild B-21a zeigt die wichtigsten Daten des bipolaren Transistors, Bild B-21b diejenigen des FET. Auf diese Eigenschaften sind die Arbeitswiderstände R_C oder R_D und weitere in der Transistorschaltung abzustimmen.

Prinzipschaltung ohne Gegenkopplung	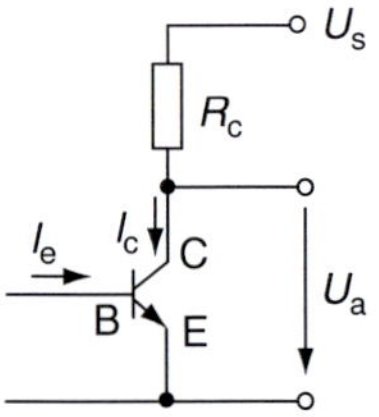 **a**	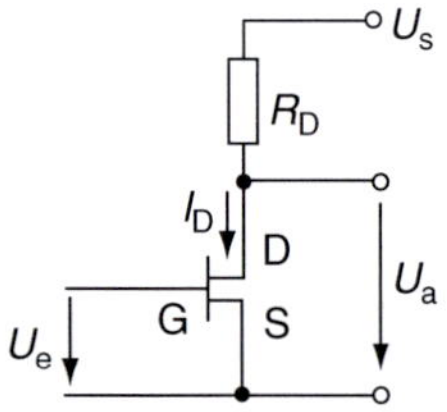 **b**
Exemplarstreuung der Eingangsspannung	U_{BE} = 0,6 V ± 50 mV ΔU_{BE} : klein	$-U_e$ = 2 V bis 6 V ΔU_e : groß
Exemplarstreuung der Verstärkung	$\frac{\beta_{max}}{\beta_{min}}$ = 2 bis 4	$\frac{S_{max}}{S_{min}}$ = 2 bis 4

Bild B-21 Vergleich der Beschaltung eines bipolaren Transistors in Emitterschaltung mit einem Feldeffekttransistor in Sourceschaltung **a**) Bipolarer Transistor, **b**) Feldeffekttransistor

Die für den Ein- und Ausgang gemeinsame Elektrode ist mit Masse verbunden und gibt der Grundschaltung den Namen. Das auf Masse und die gemeinsame Elektrode bezogene *Eingangssignal* ist beim *bipolaren* Transistor ein *kleiner Strom* (Bild B-21a), beim FET eine Spannung (Bild B-21b). Beide Transistoren erhalten ihren Strom über einen Arbeitswiderstand (R_C beim bipolaren Transistor oder R_D beim FET) aus der Versorgungsspannung U_S. Der Ausgangsstrom des Transistors verursacht am Arbeitswiderstand R_C bzw. R_D die erwünschte Signalspannung.

Der bipolare Transistor hat die *Eingangskennlinie* einer *Diode*, d.h., eine linear steigende Eingangsspannung verursacht einen exponentiell steigenden Basis- und Kollektorstrom. Dadurch weicht die Basis-Emitter-Gleichspannung nur wenig von ihrem Mittelwert ab. Die sehr hohe, aber nicht lineare Spannungsverstärkung muss durch eine Gegenkopplung verringert und linearisiert werden (Bild B-15). Das gilt ebenso für den FET.

Der Emitterschaltung des bipolaren Transistors entspricht die *Sourceschaltung* des Feldeffekttransistors. Der Drainstrom I_D wächst mit dem Quadrat der Gate-Source-Spannung U_{GS}. Dabei wird der FET meistens in einem Bereich *geringer Krümmung* der Übertragungskennlinie betrieben, weshalb die *Verstärkung* ziemlich *linear* ist. Andererseits unterliegt die *Abschnürspannung* U_P großen Exemplarstreuungen, so dass sie durch eine Gegenkopplung auszugleichen ist.

Bei beiden Typen ändert sich die Verstärkung exemplarabhängig: bei den bipolaren Transistoren die Stromverstärkung β (100 bis 400) und bei den FETs die Steilheit S (2 mA/V bis 8 mA/V).

Feldeffekttransistoren können ebenso wie bipolare in drei verschiedenen Grundschaltungen betrieben werden. Die *Source-Schaltung* mit Source als Bezugselektrode für die Eingangs- und Ausgangsgrößen ist die weitaus am häufigsten benutzte Grundschaltung.

B.1.4.6 Beispiele für die Anwendung von FET und MOSFET

Bild B-22 zeigt einige der vielfältigen Einsatzmöglichkeiten der Feldeffekttransistoren. Bild B-22a zeigt die *einfachste Logikschaltung*. Auf dieser Basis sind heute *digitale Schaltungen* und *Rechner* aufgebaut. Die Bilder B-22h, j und k zeigen Schaltungen zur analogen Verarbeitung kleiner Signale (ungefähr von 0,1 V bis 5 V), während Bild B-22i einen analogen Leistungsverstärker darstellt.

In den übrigen Bildern, B-22b bis B-22f sind Schaltungen mit Leistungs-FET im Schalterbetrieb gezeigt. Der folgende Abschnitt weist auf die Beschaltung und einige Besonderheiten hin. Von den zahlreichen Anwendungsmöglichkeiten seien nur einige genannt:

Getaktete Stromversorgungen, Frequenzumrichter für Motorsteuerungen, Wechselrichter für Notstromversorgungen, Ultraschallgeneratoren, Induktionsheizungen, Hochfrequenz-Schweißgeräte, Klasse-D-Niederfrequenzverstärker und amplitudenmodulierte Sender. Die in den Beispielen genannten Geräte arbeiten nach dem gleichen Prinzip: Die *Hüllkurve* der *Ausgangsspannung* wird durch *Änderung der Pulsbreite* einer Spannung mit *konstanter Amplitude gesteuert* (Bild B-22g). Nachgeschaltete Tiefpassfilter dienen zur Mittelwertbildung und sieben den hochfrequenten Anteil aus. Um eine bipolare Wechselspannung zu erhalten, sind Gegentaktschaltungen erforderlich, die meistens als Brücke ausgeführt sind. Jede Halbwelle wird mit jeweils einem der beiden Brückenzweige erzeugt, das heißt, dass jeder der beiden Zweige für die Zeitdauer einer Halbperiode aktiv ist (Bild B-22f).

Wegen der relativ großen Gateladung Q_G von Leistungs-MOSFETs mit vertikaler Struktur und der damit verbundenen Verluste bei hohen Schaltfrequenzen einerseits und wegen des relativ hohen Aufwandes andererseits, ist die Anwendung von pulsbreitengesteuerter Technik nicht immer vorteilhaft. Hier bieten sich Schaltungen an, bei denen MOSFETs im linearen Bereich betrieben werden (s. Ausgangskennlinienfeld des n-Kanal-MOSFET, Bild B-20e).

Viele Schaltungen benutzen den FET oder MOSFET als *Schalter*. Hier muss die Ansteuerschaltung sicherstellen, dass die Arbeitspunkte EIN und AUS in Bild B-20d trotz Exemplarstreuungen sicher eingehalten werden. Der Arbeitspunkt im Kennlinienfeld, Bild B-20b, muss nicht mit besonderen Maßnahmen stabilisiert werden.

Stabilisierung des Arbeitspunkts

Die große Exemplarstreuung der Gate-Source-Spannung zum Erreichen eines bestimmten Drainstroms I_D erfordert eine *Stabilisierung des Arbeitspunktes*. Hierzu

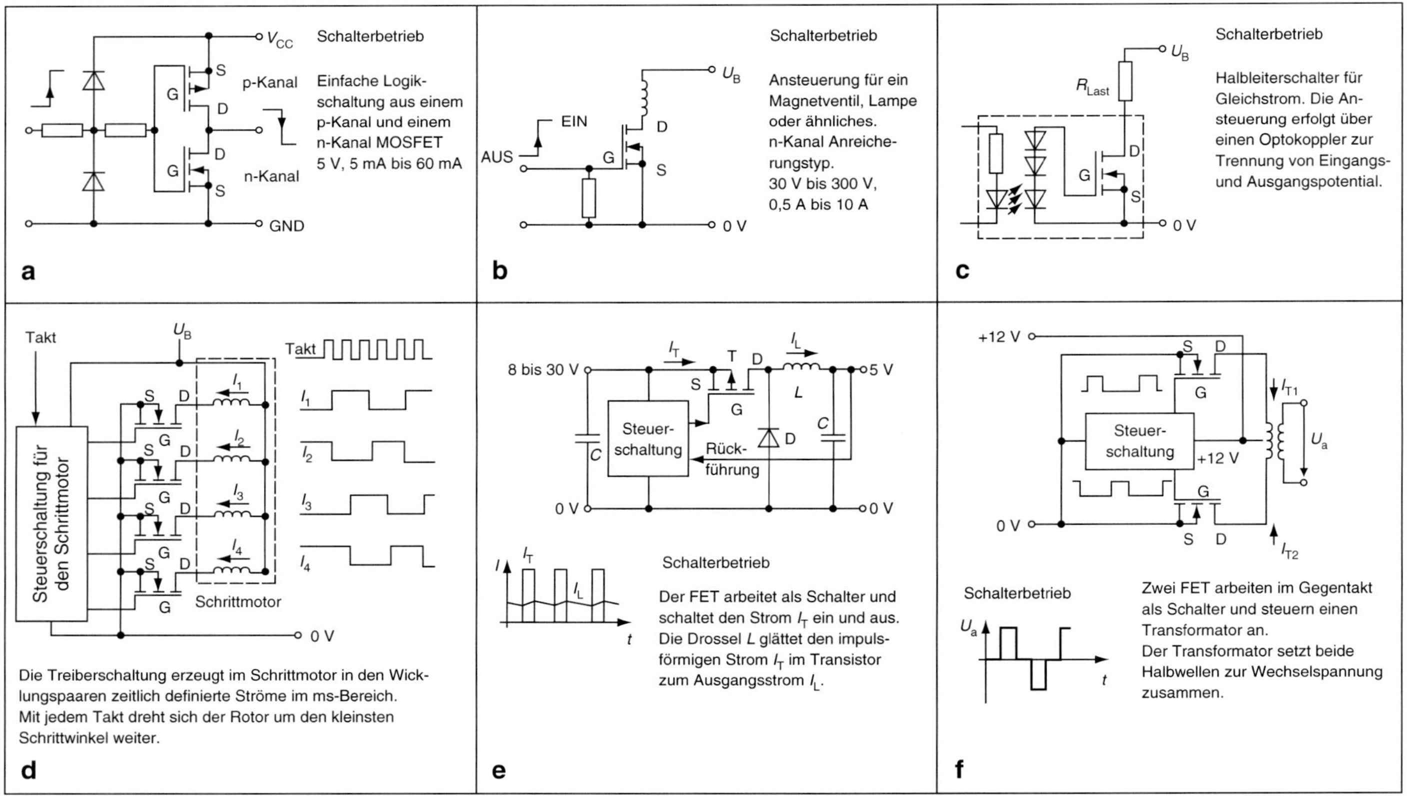

Bild B-22 Einige Anwendungsmöglichkeiten der Feldeffekttransistoren **a**) Logikschaltung HC-MOS, **b**) Steuerschaltung für ein Magnetventil, **c**) Halbleiterrelais, **d**) Ansteuerung eines Schrittmotors, Schalterbetrieb, **e**) Schaltregler ohne Potenzialtrennung, **f**) Wechselrichter

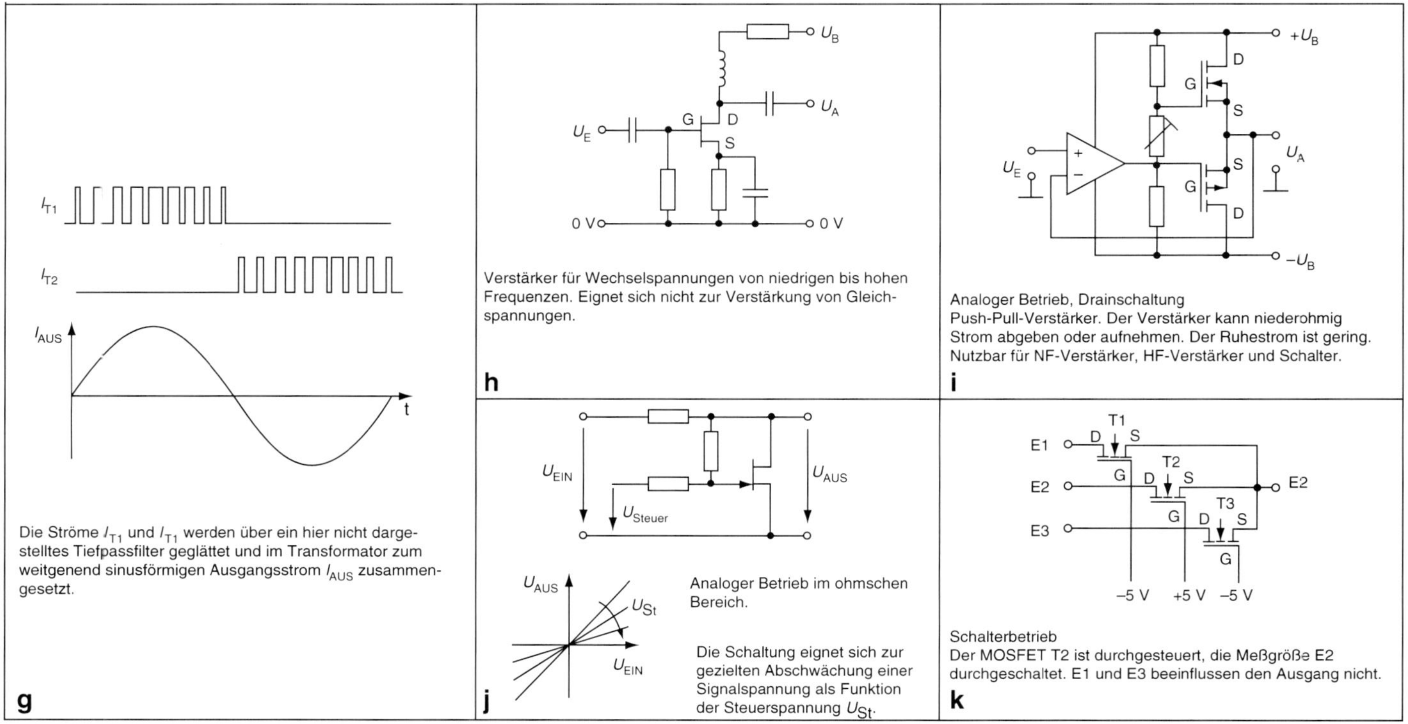

Bild B-22 (Fortsetzung) **g**) Verlustarme Erzeugung einer analogen Ausgangsspannung durch Einschalten einer festen Eingangsspannung mit variablem Tastverhältnis, **h**) Verstärker für hohe Frequenzen, Analogbetrieb, **i**) Verstärker für mittlere Leistungen, **j**) Steuerbarer Spannungsteiler, **k**) Meßstellenumschalter mit MOSFET eignet sich ein *Widerstand* in der Source-Leitung des FET, der eine *Stromgegenkopplung* erzeugt (Abschn. B-1.3.4).

B.1.4.7 MOSFET-Leistungstransistoren für Schalter

Die MOSFETs setzt man heute auch für hohe Spannungen und Ströme ein. Im Schalterbetrieb ist der Kanal (die *Drain-Source-Strecke*) entweder gesperrt oder niederohmig (Bild B-20d); Strom und Spannung hängen weitgehend linear miteinander zusammen.

Erhöht man die Gate-Source-Spannung U_{GS} eines *Anreicherungs*-MOSFETs, so dass dieser immer unterhalb des Abschnürbereiches arbeitet, dann stellt er lediglich einen konstanten Widerstand ($r_{DS(on)}$ = konstant) dar (Bild B-20d, Triodenbereich). Vor allem für Lasten, die sehr schnell ein- und wieder ausgeschaltet werden müssen, sind MOSFET-Transistoren hervorragend geeignet. Sie weisen folgende Vorteile auf.

- Sie lassen sich nahezu *leistungslos* ansteuern.
- *Hohe Ströme sind problemlos zu schalten.*
- Die *Verluste* werden hauptsächlich durch den Drainstrom I_D im Kanalwiderstand $r_{DS(on)}$ bestimmt. Ein *Parallelschalten* ist einfach möglich, da der MOSFET einen Widerstand $r_{DS(on)}$ darstellt.

Hergestellt werden vor allem die n-Kanal-MOSFET. Diese werden mit Sperrspannungen $U_{DS(max)}$ bis zu 1.000 V angeboten, deren kleinster Drain-Source-Einschaltwiderstand bei einem $r_{DS(on)} = 2\,\Omega$ liegt. Der zur Zeit niedrigste Drain-Source-Einschaltwiderstand von $r_{DS(on)} = 2\,\mathrm{m}\Omega$ wird bei MOSFETs erreicht, die eine $U_{DS(max)} = 60$ V haben.

Die maximale Verlustleistung P_V liegt bei Transistoren mit einem Chip pro Gehäuse bei $P_V \leq 300$ W. Beim p-Kanal MOSFET ist das Typenspektrum wesentlich kleiner. Die Sperrspannungen reichen nur bis zu $U_{GS} = -200$ V bei einem $r_{DS(on)}$ von 0,5 Ω.

MOSFET-Leistungstransistoren können sehr hohe Ströme schalten. Der in den Datenblättern als *gepulster Drain-Strom* I_{DM} angegebene Maximalstrom darf ausgenutzt werden. In der Praxis wird der maximale Drain-Strom durch die Erwärmung des Kristalls, die maximal zulässige Gate-Source-Spannung sowie die interne Kontaktierung des Transistors (Bonddraht und die Metallisierung des Source-Anschlusses) begrenzt.

Faustregel: Ein Leistungs-MOSFET kann so viel Strom verarbeiten, wie es sein Kühlsystem zulässt.

In den Datenblättern wird der maximale Drainstrom angegeben, der für eine Gehäusetemperatur $\vartheta_C = 25$ °C zutreffend ist. Für nicht gepulsten Drainstrom sind Werte von 90 °C $\leq \vartheta_C \leq$ 100 °C praxisgerecht. Der ausnutzbare Drainstrom I_D ist

$$I_D = \sqrt{\frac{\vartheta_{jmax} - \vartheta_C}{R_{DS(on)}\,R_{th(JC)}}}. \qquad \text{(B-21)}$$

Hierbei sind: ϑ_{jmax} die maximal zulässige Chiptemperatur, ϑ_C die Gehäusetemperatur, $R_{DS(on)}$ der Einschaltwiderstand und $R_{th(JC)}$ der thermische Widerstand des MOSFET zwischen dem Chip (*junction*) und dem Gehäuse (*case*).

Die maximale zulässige Chiptemperatur beträgt $\vartheta_j \leq 150\,°C$. Für neuere MOSFET-Typen mit einer Durchbruchspannung $U_{DS(max)} \leq 100$ V sind Chiptemperaturen von $\vartheta_j \leq 175\,°C$ zulässig. Für pulsförmige Belastungen muss die vom Hersteller angegebene *thermische Impedanz* des betreffenden Transistors zur Ermittlung der Chiptemperatur herangezogen werden. Die thermische Impedanz ist die *Zeitkonstante* aus der *Wärmekapazität* des Halbleiterchips, in dem die Wärme entsteht und dem *Wärmewiderstand* zwischen Halbleiter, dem Kühlkörper und dem Kühlmedium, meistens Luft. Die zum Schalten von hohen Drainströmen erforderlichen Gate-Source-Spannungen sollten aus Gründen der Zuverlässigkeit aber immer deutlich unter $U_{GS} < 20$ V liegen.

Grenzwerte

Gemessen an der verarbeiteten Leistung sind die Halbleiterelemente sehr klein. Wird die vom Hersteller angegebene Verlustleistung oder der größte *Drainstrom überschritten*, dann wird der Transistor *thermisch zerstört*. Das geht sehr schnell. Bei der Wärmeabfuhr sind die Sperrschichttemperatur und die wesentlich niedrigere Gehäusetemperatur einzuhalten. Der Transistor funktioniert nur durch die hohen Feldstärken im Innern. Wird die elektrische Feldstärke zu groß, dann schlägt der Strom in einem Kanal durch und zerstört das Halbleiterelement. Deshalb sind alle Grenzwerte sorgfältig einzuhalten.

Mit *zunehmender Chiptemperatur sinkt* die *Zuverlässigkeit* jedes elektrischen Bauelements. Der Betrieb deutlich unterhalb der zulässigen Sperrschichttemperatur erhöht die Lebensdauer erheblich.

Beispiel

B-8: Über einen Schaltregler mit MOSFET (Bild B-22e), fließen am Eingang und durch den Transistor 12 A. Das Tastverhältnis beträgt 40 % EIN, 60 % AUS. Der Restwiderstand des MOSFET beträgt 0,05 Ω.

Welche Spannung fällt am Transistor ab? Welche Verlustleistung wird in Wärme umgesetzt?

Lösung:

Ein Strom von 12 A verursacht 0,6 V Spannungsabfall am Widerstand 0,05 Ω; das ergibt eine Leistung während der Stromflusszeit von 7,2 W. Diese Leistung wird nur während der Stromflusszeit umgesetzt, das sind 40 % der Gesamtzeit. Die mittlere Verlustleistung beträgt daher 2,88 W. Während der Sperrzeit fließt nur ein vernachlässigbarer Reststrom.

B.1.5 Thyristoren und Triacs

In der Leistungselektronik setzt man besondere Halbleiterbauelemente ein, um steuerbare Energie für große Stromverbraucher zu erzeugen, beispielsweise für Elektromotoren, Heiz- und Schmelzöfen, Elektrolyse- und Galvanikanlagen, Hochspannungsgleichstromübertragung (HGÜ) oder Sendeanlagen. Auch in der Kraftfahrzeugtechnik und im Haushalt ist die Leistungselektronik unverzichtbar.

Bild B-23 gibt eine Übersicht über die wichtigsten Leistungshalbleiter. Als Grundmaterial verwendet man *n-dotiertes Silicium* und erzeugt durch Diffusionsprozesse den jeweiligen Schichtaufbau. Die Siliciumtablette hat je nach Stromstärke einen Durchmesser von 5 mm bis 100 mm und ist in einem Gehäuse gegen Umwelteinflüsse geschützt. Die Verlustwärme muss über den Gehäuseboden und einen Kühlkörper an die umgebende Luft abgeführt werden. Bei großen Leistungen haben die Halbleiter Wasserkühlung. Für Leistungen bis etwa 10 kW sind bipolare Leistungstransistoren und MOS-FET im Einsatz. Diese Halbleiter wurden in den Abschnitten B.1.3 und B.1.4 beschrieben. Als weitere Bauelemente haben sich bewährt: Der Thyristor, der Triac, der GTO (Abschaltthyristor) sowie der IGBT (insulated-gate bipolar transistor). Die Leistungselektronik wird in Kapitel C beschrieben.

B.1.5.1 Thyristor

Ein Thyristor ist eine *Vierschichttriode* mit einer p-n-p-n-Struktur. Ähnlich wie bei einer Leistungsdiode ist der zulässige Thyristorstrom abhängig vom Tablettendurchmesser, und die zulässige Thyristorspannung von der Schichtdicke der Tablette. Ein Thyristor kann nur in *einer Richtung* einen Laststrom leiten. Durch einen Zündimpuls auf das Gate schaltet man den Thyristor ein. Ist er in einer Wechsel- oder Drehstromschaltung angeordnet, so geht der Laststrom nach einer Halbwelle gegen null und der Thyristor verlöscht. Man spricht von *natürlicher Kommutierung*. In jeder Periode muss der Thyristor neu gezündet werden.

Bild B-24 zeigt eine *Testschaltung* und die *Kennlinien*. Ist der Thyristor nicht gezündet, d.h. war und ist der Gatestrom $i_G = 0$, so ergibt sich die in Bild B-24b dargestellte Kennlinie.

Ist der *Augenblickswert* der *Netzspannung* $u_{Netz} > 0$, so blockiert der Thyristor den Strom, d.h. es fließt ein sehr kleiner Blockierstrom i_D, das ist ein Reststrom. Die maximale Spitzenspannung ist im Datenblatt mit U_{DRM} bezeichnet und darf auch kurzzeitig nicht überschritten werden. Andernfalls kippt der Arbeitspunkt von der Blockier- auf die Durchlasskennlinie. Man spricht von *Überkopfzündung*; hierbei kann der Thyristor zerstört werden.

Ist die Netzspannung $u_{Netz} < 0$, so sperrt der Thyristor: er befindet sich im *Sperrbereich* (Index R). Die Sperrkennlinie ist punktsymmetisch zur Blockierkennlinie. Wird die Spitzensperrspannung U_{RRM} überschritten, so steigt der Sperrstrom i_R lawinenartig an, und der Thyristor wird zerstört. Der Maximalwert der Betriebsspannung darf aus Sicherheitsgründen höchstens 50 % von U_{RRM} betragen (d.h. der *Spannungssicherheitsfaktor* hat den Wert 2).

Typ	Thyristor, SCR (Silicon-Controlled-Rectifier)	Triac (Bidirectional-Thyristor-Triode)	Abschaltthyistor, GTO (Gate-Turn-Off-Thyristor)	IGBT (Insulated-Gate-Bipolar-Transistor)
Schaltzeichen Messvorschrift	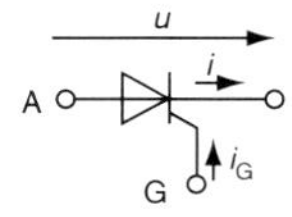	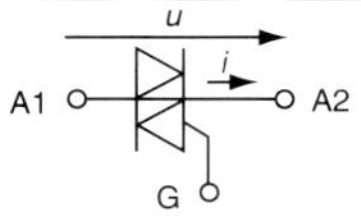	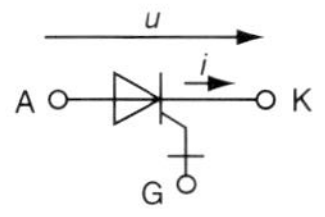	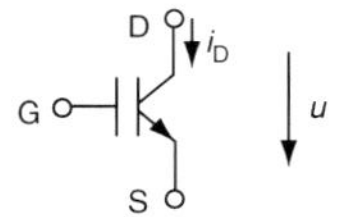
Schicht-aufbau	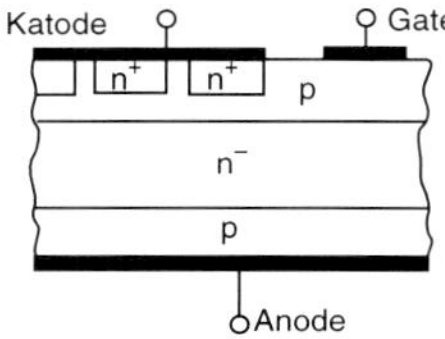	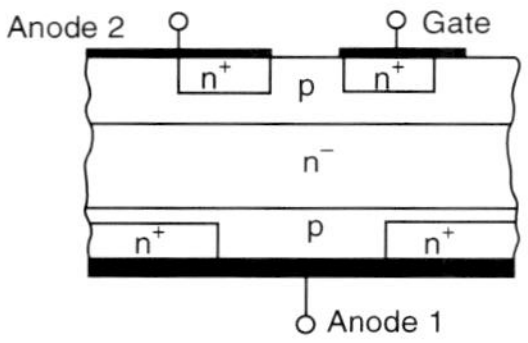	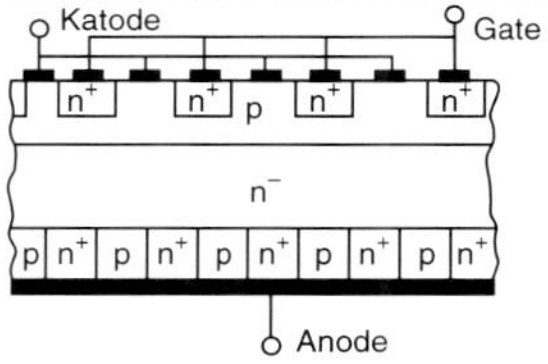	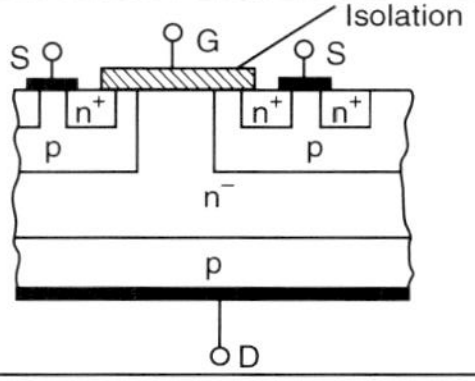
Kennlinien	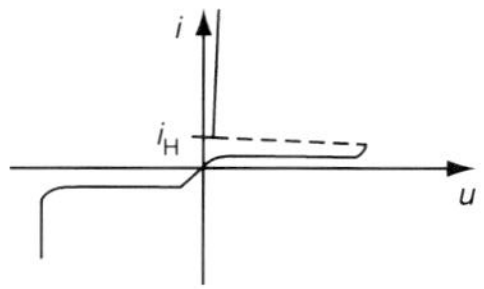	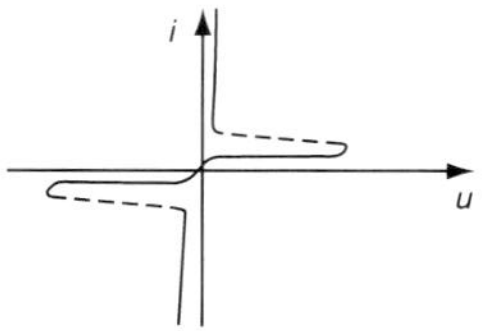	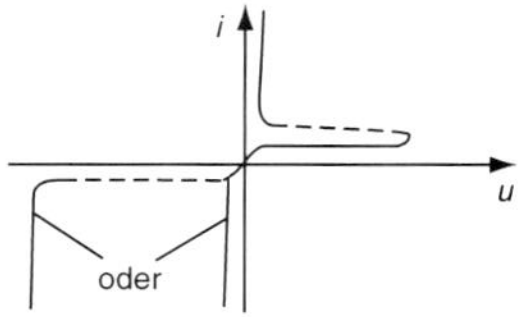	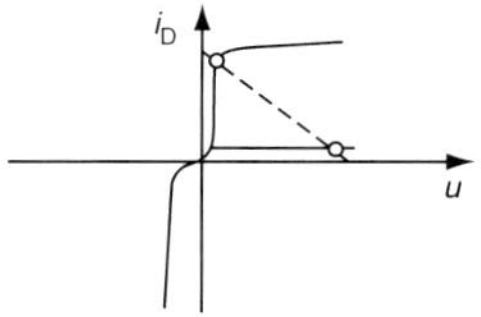
Besonder-heiten	Einschalten durch positiven Gatestrom bei positiver Spannung und Ausschalten nur möglich, wenn Haltestrom i_H unterschritten wird.	Wirkungsweise vergleichbar mit zwei antiparallel geschalteten SCR.	Einschalten durch positiven Gatestrom bei positiver Spannung und Ausschalten durch negativen Gatestrom. Asymmetrisches oder symmetrisches Sperrvermögen.	Entspricht im Gatebereich dem MOS-FET und im Kollektor-Emitterbereich dem bipolaren Transistor. Geringe Steuerleistung, da spannungssteuernd. Geringer Durchlasswiderstand.
Einsatzgebiet	Gesteuerter Gleichrichter. Einsatz bei natürlich kommutierenden Stromrichtern.	Wechselstromsteller bei kleinen und mittleren Leistungen, z.B. im Haushaltsbereich.	Gleichstromsteller, Frequenzumformer. Einsatz anstelle zwangskommutierender Schaltungen.	Universell einsetzbar für Gleich- und Wechselrichter bei mittleren Leistungen. Hohe Taktfrequenz möglich.
Grenz-leistung	u_{max} = 4,5 kV i_{max} = 4 kA f_{max} = 5 kHz	u_{max} = 1,5 kV i_{max} = 150 A f_{max} = 50 Hz	u_{max} = 6 kV i_{max} = 4 kA f_{max} = 10 kHz	u_{max} = 1 kV i_{max} = 100 A f_{max} = 20 kHz

Bild B-23 Übersicht über verschiedene Leistungshalbleiter

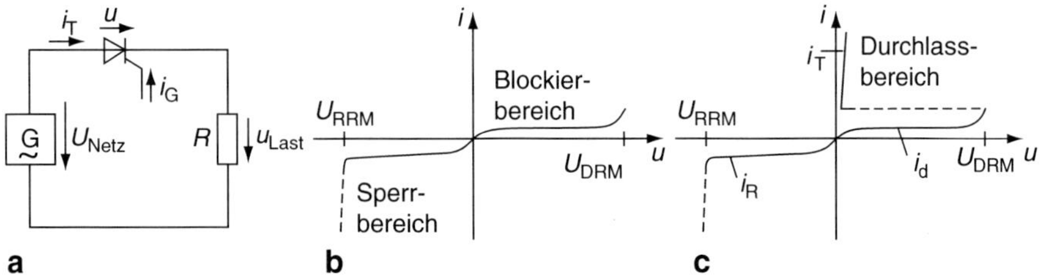

Bild B-24 Testschaltung und statische Kennlinien für Thyristoren **a**) Schaltung, **b**) Thyristor gesperrt, **c**) Thyristor gezündet

Wird der Thyristor gezündet, dann wird er *niederohmig* und es fallen 1,5 V bis 2 V an der stromführenden Strecke ab. Diese Restspannung setzt sich aus 0,7 V Schleusenspannung einer normalen Silicium-Diode und dem Spannungsabfall am ohmschen Widerstand der jetzt leitenden Sperrschicht zusammen. Das Produkt aus dieser Spannung, dem Strom i_T und der prozentualen Einschaltdauer des Thyristors ergibt dessen *Verlustleistung*, die als Wärme abgeführt werden muss. Die Verlustleistung kann bei großen Thyristoren mehrere kW betragen. Bild B-24c zeigt Spannung und Strom am gezündeten Thyristor.

Da der Thyristor extern nur ein- aber nicht ausgeschaltet werden kann, nutzt man eine *Phasenanschnittsteuerung*. Während einer Halbperiode wird der Thyristor gezündet, führt bis zum Ende der Halbperiode Strom und verlöscht mit dem Nulldurchgang des Stromes. Die negative Halbwelle erfordert einen zweiten Thyristor, der genauso gesteuert wird. Dabei wird der Zündzeitpunkt so gewählt, dass aus der Steuerung die richtige Leistung kommt. Bild B-25 zeigt den Spannungsverlauf an der Last bei einem Triac, das ist im Prinzip ein in beiden Stromrichtungen arbeitender Thyristor.

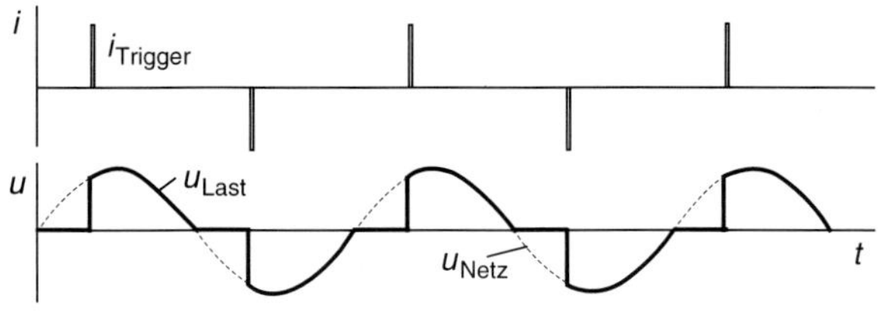

Bild B-25 Netz- und Lastspannung bei Triac-Steuerung mit den auslösenden Triggerimpulsen

Im Durchlassbetrieb beträgt der Spannungsabfall u_T am Thyristor bei Belastung mit dem Dauergrenzstrom etwa 1,5 V bis 2 V. Je nach Betriebsart, Schaltung und Kühlverhältnissen muss der zulässige Thyristornennstrom durch eine Erwärmungsrechnung ermittelt werden. Im Sperr- und Durchlassbereich verhält sich der Thyristor wie eine Leistungsdiode.

B.1.5.2 Triac

Ein Triac ist ein *Leistungshalbleiter*, der dieselbe Funktion hat wie zwei *antiparallele Thyristoren*. Man bezeichnet ihn auch als *bidirektionalen Thyristor*. Der Triac ist in der Lage, in einem Wechselstromkreis sowohl die positive als auch die negative Stromhalbwelle zu steuern. Der Triac findet als *kontaktloser Schalter* und als *Steller* im Wechsel- und Drehstromnetz Verwendung. Bild B-25 zeigt die speisende Netzspannung (dünn), die zeitweise zur Last durchgeschaltete Spannung U_{Last} und die auslösenden Triggerimpulse.

B.1.5.3 Abschaltthyristor (GTO)

Ist ein Thyristor gezündet, so kann der Strom nicht mehr über das Gate abgeschaltet werden. Um in einem Gleichstromkreis den Strom ein- und ausschalten zu können, entwickelte man ein Bauelement, bei dem zusätzlich durch einen negativen Gatestrom der Thyristor gelöscht werden kann. Mit einem GTO lässt sich daher ein sehr einfacher *Gleichstromsteller* aufbauen. Diesem Vorteil steht der Nachteil gegenüber, dass der negative Gatestrom etwa 30 % des abzuschaltenden Stromes betragen muss, der Schichtaufbau kompliziert und daher teuer ist und eine aufwändige Schutzbeschaltung benötigt wird. Haupteinsatzgebiet für den GTO ist der *Frequenzumrichter* zur verlustarmen Drehzahlsteuerung von Asynchronmotoren bei Leistungen über 100 kW, da bei Drehstrommotoren die Drehzahl etwa proportional zur Frequenz ist.

B.1.5.4 Insulated-Gate Bipolar Transistor (IGBT)

Eine Kombination der MOS-Technologie und der des bipolaren Transistors stellt der IGBT dar. Zum Ein- und Ausschalten sind nur *kleinste Steuerleistungen* erforderlich, während der Durchlasswiderstand sehr gering ist. Durch *hohe Schaltfrequenzen*, die oberhalb des Hörbereichs liegen, werden die Geräusche niedrig und Glättungsinduktivitäten klein gehalten.

B.1.6 Optoelektronik

Die Optoelektronik ist jenes Teilgebiet der Elektronik, das sich mit der Umwandlung von *optischen* Signalen in *elektrische* und umgekehrt befasst. Dieser Zusammenhang ist in Bild B-26 mit den wichtigsten Bauelementen dargestellt.

B.1.6.1 Halbleiter-Emitter

Strahlungsemission aus Halbleitern

In Halbleitern sind die möglichen Energiezustände der Elektronen in Bändern angeordnet (Bild B-1). Dabei befinden sich die beweglichen Elektronen, die am

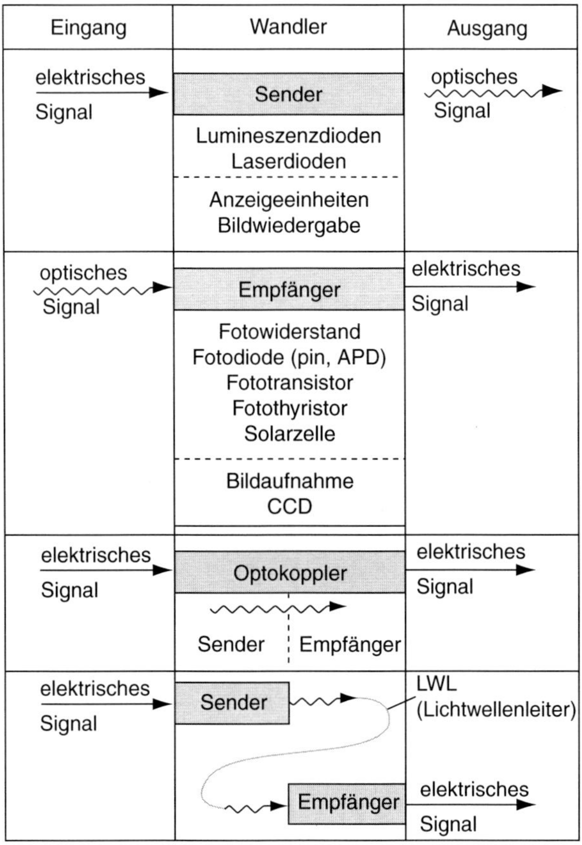

Bild B-26 Optoelektronische Wandler

Stromtransport teilnehmen, im energetisch höher gelegenen *Leitungsband* und eine entsprechende Anzahl von Löchern im tiefer liegenden *Valenzband.* Durch Energiezufuhr (z.B. thermisch oder optisch) können Elektronen vom Valenz- ins Leitungsband gehoben werden (*Generation* von *freien Elektron-Loch-Paaren*); zugleich findet auch fortwährend der umgekehrte Prozess statt, wobei Elektronen unter Energieabgabe vom Leitungs- ins Valenzband übergehen.

Bei dieser *Rekombination* eines Elektrons aus dem Leitungsband mit einem Loch aus dem Valenzband wird im Kristall eine vorher offene Elektronenpaarbindung wieder restauriert. Wird die Energie, die dabei frei wird, als Lichtquant abgegeben, so spricht man von *strahlender* Rekombination. Als Konkurrenzprozess findet auch die *nicht* strahlende Rekombination statt, bei der die freiwerdende Energie letztendlich in Wärme (Gitterschwingungen) umgesetzt wird.

In allen Fällen der strahlenden Rekombination entspricht die Energie E_{ph} der ausgesandten Photonen näherungsweise der Breite der verbotenen Zone E_{g}:

$$E_{\mathrm{ph}} \approx E_{\mathrm{L}} - E_{\mathrm{V}} = E_{\mathrm{g}}. \qquad \text{(B-22)}$$

Die Photonenenergie ist nach Einstein mit der *Frequenz* f des Lichts verknüpft über

$$E_{\text{ph}} = hf, \tag{B-23}$$

dabei ist $h = 6{,}626 \times 10^{-34}$ Js die *Planck'sche Konstante*.

Für die Wellenlänge λ der emittierten Strahlung gilt

$$\lambda = \frac{c}{f} = \frac{hc}{E_{\text{g}}} = \frac{1{,}24\,\mu\text{m} \cdot \text{eV}}{E_{\text{g}}}. \tag{B-24}$$

Da die Wellenlänge von der Breite der Bandlücke E_{g} abhängt, kann die *Farbe* des Rekombinationslichts durch die Wahl des *Halbleitermaterials* bestimmt werden. Von besonderem Interesse sind Mischkristalle, die durch die Wahl des Mischungsverhältnisses eine freie Einstellung der Photonenenergie und damit der Farbe innerhalb gewisser Grenzen zulassen. So kann beispielsweise der ternäre Mischkristall $GaAs_{1-x}\,P_x$ je nach Wahl des Mischungsparameters x Emissionswellenlängen zwischen λ = 870 nm (IR) und λ = 550 nm (grün) ausstrahlen.

Lumineszenzdioden

Wirkungsweise

Das Herzstück einer Lumineszenz- oder Leuchtdiode (LED, **L**ight **E**mitting **D**iode) ist ein pn-Übergang. Bild B-27 zeigt die Bandstruktur eines pn-Übergangs, der in Flussrichtung betrieben wird. Bei der Flussspannung U_{F} fließen die beweglichen Elektronen im Leitungsband von der n- auf die p-Seite und umgekehrt fließen die Löcher im Valenzband von der p- auf die n-Seite.

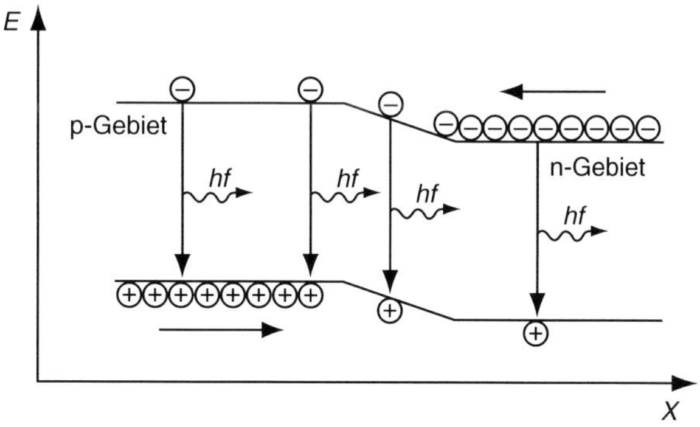

Bild B-27 Bänderschema einer in Durchlassrichtung betriebenen Lumineszenzdiode

Durch die *Injektion* der *Ladungsträger* über den pn-Übergang hinweg wird auf jeder Seite die *Minoritätsträgerdichte* stark *erhöht*, was zu einer kräftigen Zunahme der Rekombinationsprozesse führt. Dadurch entsteht Lumineszenzstrahlung in der Nähe des pn-Übergangs, wobei die Photonenenergie nach Gl. (B-22) etwa der Energie des Bandgaps entspricht.

Kennlinien

Die Strom-Spannungs-Kennlinien von LEDs zeigen das übliche Diodenverhalten (Bild B-3). Die *Knickspannungen* hängen von der Farbe und damit vom Material ab; sie sind in Tabelle B-2 zusammengestellt.

Tabelle B-2 Daten verschiedener Lumineszenzdioden

Material:	Farbe	Wellenlänge λ/nm	Flussspannung U_F/V
GaAs:Si	IR	930	1,3
$GaAs_{0,6}P_{0,4}$, AlInGaP	rot	650	1,8
AlInGaP	gelb	590	2,2
GaP:N, AlInGaN	grün	570	2,4
AlInGaN	blau	470	3,5
AlInGaN+YAG:Ce	weiß		3,5

Die Strahlungsleistung Φ_e bzw. der Lichtstrom Φ_v einer LED ist näherungsweise proportional zum Flussstrom I_F (Bild B-28).

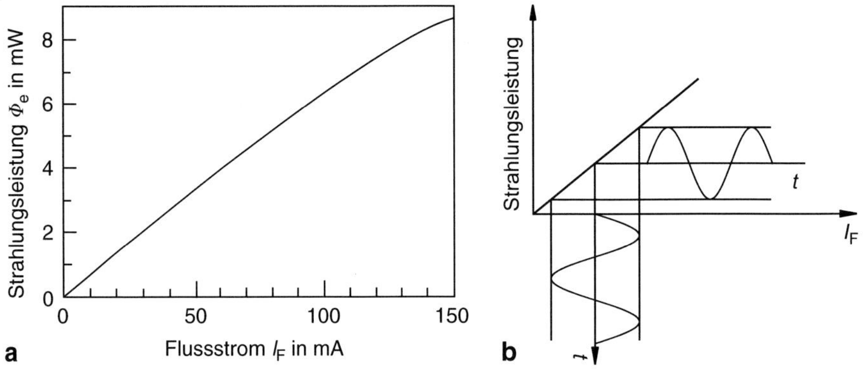

Bild B-28 Strahlungsleistung von Lumineszenzdioden in Abhängigkeit vom Flussstrom **a**) IRED, $\lambda = 950$ nm, statische Kennlinie, **b**) Prinzip der Modulation

Optische Eigenschaften

Die Spektren einiger Lumineszenzdioden sind in Bild B-29a gezeigt. Die Linienbreiten (auf halber Höhe gemessen) sind durchschnittlich $\Delta\lambda \approx 40$ nm. Weißlicht-LEDs bestehen meist aus blau emittierenden InGaN-LEDs, deren kurzwelliges Licht bei ca. 470 nm durch Beschichtung mit Leuchtstoffen (z.B. YAG:Ce) bis ins Rote transformiert wird. Infolge des hohen Blauanteils ist die Farbwiedergabe etwas schlechter als bei Glühlicht, dessen spektrale Verteilung zum Vergleich in Bild B-29a auch dargestellt ist.

Die Strahlstärke I_e bzw. Lichtstärke I_v in Abhängigkeit vom Emissionswinkel ε wird ganz wesentlich durch die Form der LED bestimmt. Je nach Ausführung des Vergusskörpers ergeben sich verschiedene Abstrahlcharakteristiken. Bild B-29b zeigt

Bild B-29 Optische Eigenschaften von Leuchtdioden **a**) Spektren verschiedener Lumineszenzdioden sowie eines schwarzen Strahlers bei 3000 K, **b**) Abstrahlcharakteristik I_v (ε) von zwei LEDs: 1) $\varphi = 60°$, 2) $\varphi = 12°$

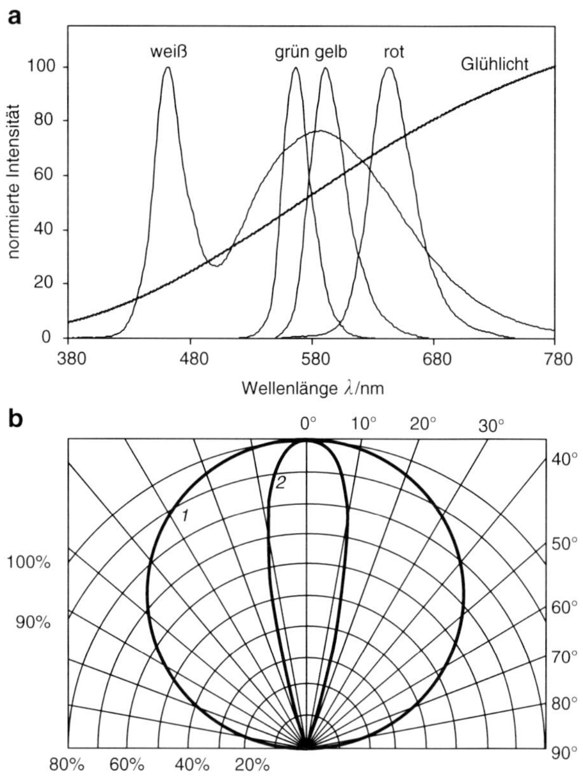

in einem Polarkoordinatendiagramm den Verlauf der Lichtstärke als Funktion des Winkels ε, der relativ zur Flächennormalen gemessen wird. Die LED der Messkurve 1 besitzt ein eingefärbtes diffus streuendes Kunststoffgehäuse und befolgt beinahe ideal die Charakteristik eines *Lambert-Strahlers*:

$$I_v(\varepsilon) = I_v(0)\cos\varepsilon. \tag{B-25}$$

Mit einem *Abstrahlwinkel* von $\varphi = 60°$ ist sie gut geeignet zur Betrachtung von der Seite, kann also beispielsweise in ein Display eingesetzt werden. Der Abstrahl- oder Öffnungswinkel φ ist der Winkel, bei dem die Lichtstärke auf die *Hälfte des Maximalwertes* abgenommen hat. Die LED von Messkurve 2 hat ein glasklares, nicht eingefärbtes Gehäuse und emittiert in einer schlanken Keule mit Abstrahlwinkel $\varphi = 12°$. Sie kann bevorzugt für Lichtschranken und Ähnliches eingesetzt werden.

Modulationsverhalten

Die *Strahlungsleistung* einer LED ist nach Bild B-28 in erster Näherung *proportional* zum *Strom* I_F. Wird der Strom moduliert, dann wird auch die Strahlungsleistung eine Modulation aufweisen. Bei sinusförmiger Modulation des Stromes $i_F = i_0 + i_1\,e^{j\omega t}$

wird die Strahlungsleistung ebenfalls sinusförmig moduliert: $\Phi_e = \Phi_0 + \Phi_1 e^{j\omega t}$. Die Amplitude Φ_1 des Wechsellichts nimmt mit zunehmender Frequenz ab, weil die Ladungsträgerpopulationen bei hoher Frequenz dem Wechselstrom nicht mehr in gleicher Weise folgen können.

Die 3 dB-*Grenzfrequenz* ist erreicht, wenn die Leistungsamplitude Φ_1 auf die Hälfte des Wertes bei kleinen Frequenzen zurückgeht. Schnelle Dioden können bis etwa 500 MHz moduliert werden.

Alterung

Beim Betrieb von LEDs nimmt der *externe Quantenwirkungsgrad* und damit die Strahlungsleistung im Laufe der Zeit langsam ab. Dieser Effekt wird als *Degradation* bezeichnet. Als *Lebensdauer* $\tau_{1/2}$ einer LED wird die Zeit festgelegt, nach der die Strahlungsleistung auf die Hälfte des Neuwertes abgeklungen ist. Das bedeutet also, dass eine LED nach Ablauf der Lebensdauer nicht kaputt ist wie eine Glühlampe, sondern noch wesentlich länger betrieben werden kann. LEDs haben Lebensdauern von $\tau_{1/2} > 10^5$ h (das sind ca. 12 Jahre Dauerbetrieb), Rekordwerte liegen bei 10^9 h. High-Power LEDs, die beispielsweise zur Beleuchtung von Räumen, Plätzen oder Verkehrsampeln eingesetzt werden, haben Lebensdauern von ca. 50.000 h.

Ansteuerschaltungen

Wie bei jeder Diode hängt auch bei einer LED der Strom in Flussrichtung exponentiell nach Gl. (B-13) von der Spannung ab. Deshalb sollte eine LED nicht einfach an eine Spannungsquelle angeschlossen werden, weil kleinste Spannungsschwankungen große Schwankungen des Stroms und damit der Strahlungsleistung zur Folge hätten. Aus diesem Grund muss der Strom durch eine LED möglichst konstant gehalten werden. Die einfachste Möglichkeit der Stromeinprägung geschieht dadurch, dass nach Bild B-30 die LED mit einem Vorwiderstand R_v in Reihe an eine Spannungsquelle geschaltet wird. Der Arbeitspunkt ergibt sich als Schnittpunkt der LED-Kennlinie und der Widerstandsgeraden, die beschrieben wird durch

$$I_F = (U_s - U_F)/R_v. \tag{B-26}$$

Kleine Schwankungen der Quellenspannung U_s ändern den Strom nur wenig.

Eine aktive Stromeinprägung wird mit einer *Konstantstromquelle* erzielt. Verschiedene Hersteller bieten dafür ICs an. Zur optischen Datenübertragung muss die Strahlung einer Lumineszenzdiode *moduliert* werden. Sowohl für analoge wie für digitale Modulation sind ICs verfügbar.

Halbleiter-Laser

Laserprinzip

Die Photonen, die von einer Lichtquelle ausgesandt werden, entstehen dadurch, dass Elektronen von einem höheren in ein tieferes Energieniveau übergehen. Diese Übergänge erfolgen meist spontan und völlig unkorreliert. Die Lichtwelle, die hierbei

Bild B-30 Betrieb einer LED mit Vorwiderstand: Arbeitspunkteinstellung bei einer roten LED mit $U_S = 9$ V, $R_V = 330\,\Omega$

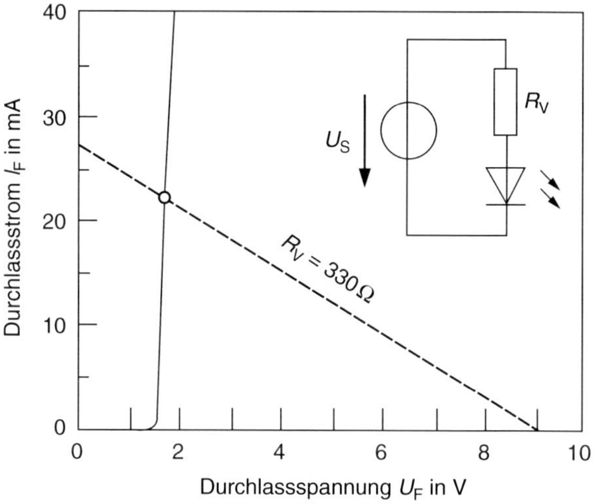

entsteht, wird durch viele kurze Wellenzüge gebildet, die untereinander keine festen Phasenbeziehungen aufweisen. Strahlung dieser Art wird als *inkohärent* bezeichnet.

Einstein postulierte 1917, dass neben den spontanen auch *stimulierte Übergänge* der Elektronen vorkommen sollten. Dabei wird ein Elektron in einem angeregten Energiezustand durch ein Photon passender Energie zu einem Übergang in einen tiefer liegenden Zustand stimuliert. Das primäre Photon wird durch das beim Übergang erzeugte Photon verstärkt. Im Wellenbild bedeutet das, dass die beiden Teilwellen *phasengerecht* aneinander koppeln. Sind sehr viele Elektronen im hohen Energieniveau, dann können sie sukzessiv zu Übergängen stimuliert werden, so dass die primäre Welle enorm verstärkt wird und ein *langer kohärenter* Wellenzug entsteht, der spektral sehr schmalbandig ist. Diese *Lichtverstärkung durch stimulierte Emission von Strahlung* ist auch die Bedeutung des Wortes LASER (**L**ight **A**mplification by **S**timulated **E**mission of **R**adiation).

Um eine kräftige stimulierte Emission zu erhalten, müssen mehr Elektronen im angeregten Energieniveau sein, als im tiefer liegenden. Dieser als *Besetzungsinversion* bezeichnete Zustand muss künstlich herbeigeführt werden und wird als *1. Laserbedingung* bezeichnet.

Ein Laser funktioniert praktisch nur, wenn die Lichtwelle das *aktive Gebiet* (der Bereich, in dem die Besetzungsinversion vorliegt) mehrmals durchläuft. Zu diesem Zweck wird das Lasermaterial in einen *optischen Resonator* gebracht. Diese *optische Rückkopplung* wird als 2. *Laserbedingung* bezeichnet.

Laserdiode (Injektionslaser)

Die Laserdiode ist ein *hoch dotierter pn-Übergang* (Störstellenkonzentrationen von über 10^{19} cm^{-3}). Bei dieser hohen Störstellendichte liegt eine hohe Elektronendichte im Leitungsband des n-Materials vor. Entsprechend sind viele freie Löcher im

Valenzband des p-Materials. Im Übergangsbereich zwischen p- und n-Halbleiter, der aktiven Zone, sind energetisch hoch liegende Zustände im Leitungsband mit Elektronen besetzt, tief liegende im Valenzband sind leer (das sind die Löcher). Es liegt also eine *Besetzungsinversion* vor, die nach obigen Ausführungen die Grundvoraussetzung für die stimulierte Emission des Lasers ist.

Die zweite Laserbedingung, die *Rückkopplung* der Lichtwellen an Resonatorspiegeln, geschieht beim *Fabry-Perot-Laser* durch Reflexion an den spiegelnden Endflächen eines Kristalls, beim *DFB-Laser* (**D**istributed **F**eed**b**ack) sorgt ein senkrecht zur Ausbreitungsrichtung eingeätztes Gitter für verteilte Rückkopplung (Bild B-31).

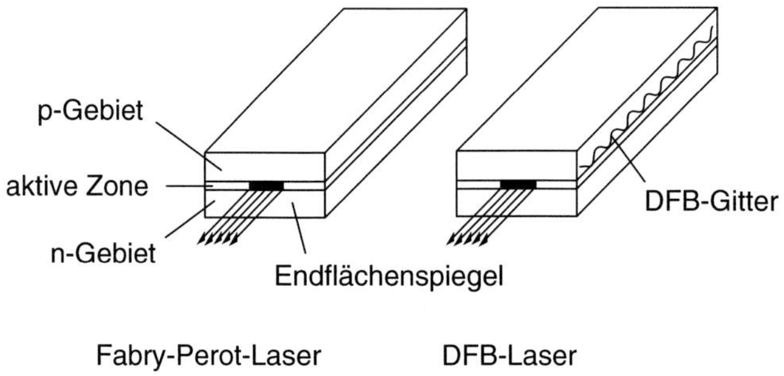

Bild B-31 Realisierung der Rückkopplung beim Halbleiterlaser

Mit zunehmendem Strom steigt die Ausgangsleistung zunächst wie bei einer LED an. In diesem Bereich der spontanen Emission ist die Strahlungsleistung verhältnismäßig niedrig. Wenn mit steigender Spannung und steigendem Strom der optische Gewinn die Verluste überwiegt, setzt bei einem bestimmten *Schwellstrom* I_{th} (threshold) der Laserbetrieb ein (Bild B-32a). Im Bereich der stimulierten Emission nimmt die Strahlungsleistung mit dem Strom stark zu.

Die *Wellenlänge* der Laserstrahlung hängt wie bei der LED von der *Größe* des *Bandgaps* ab. Die ersten Halbleiterlaser wurden aus GaAs bzw. $Ga_xAl_{1-x}As$ hergestellt und emittieren im nahen IR bzw. im roten Spektralbereich. Sie sind weit verbreitet und werden vom industriellen Bereich bis zur Unterhaltungselektronik (CD-Player) eingesetzt. Mit den Mischkristallen $In_xGa_{1-x}As_yP_{1-y}$ lässt sich der für die optische Nachrichtentechnik wichtige Spektralbereich von 1,3 µm bis 1,55 µm erfassen, in dem die Glasfasern die besten Übertragungseigenschaften zeigen (Bild B-41, Tabelle B-3).

Modulation

Die Strahlungsleistung von Laserdioden kann durch den Strom direkt moduliert werden. Dem Modulationsstrom muss ein *Vorstrom* I_{B} (*Bias*) unterlegt werden, um einen bestimmten Arbeitspunkt auf der Kennlinie einzustellen (Bild B-32b). Bei analoger Modulation muss der Vorstrom genügend groß sein, damit nur auf dem steil ansteigenden Teil der Kennlinie moduliert wird und nichtlineare Verzerrungen vermieden werden. Bei der *Pulsmodulation* sollte der Vorstrom mindestens so groß sein wie

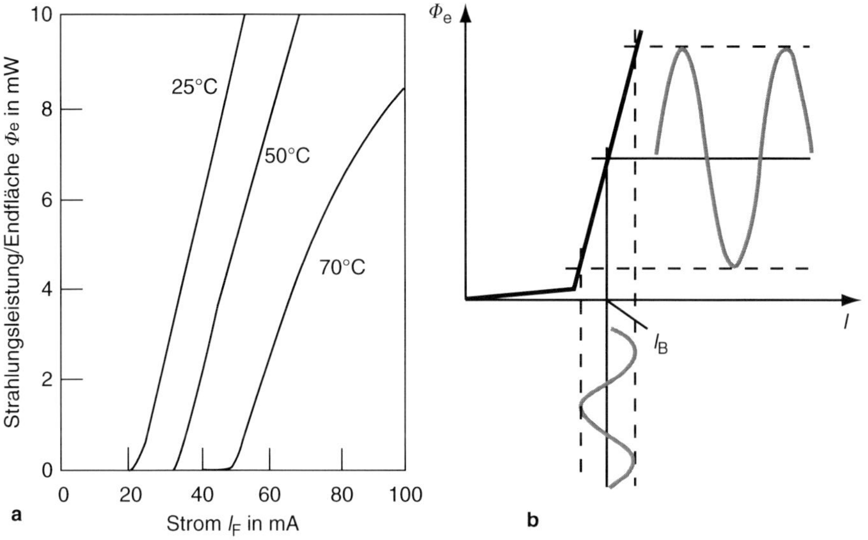

Bild B-32 Strahlungsleistung eines Halbleiterlasers in Abhängigkeit vom Flussstrom **a**) Gleichstromkennlinien bei verschiedenen Temperaturen, **b**) Intensitätsmodulation durch direkte Modulation des Stroms

der Schwellstrom I_{th} damit nur eine geringe Verzögerung des Lichtpulses gegenüber dem Strompuls auftritt. Die Grenzfrequenz des Lasers ist erreicht, wenn das optische Signal um 3 dB gegenüber dem Wert bei langsamer Modulation abgenommen hat. Moderne Laser können mit über 10 Gbit/s moduliert werden.

B.1.6.2 Halbleiter-Detektoren

Strahlungsabsorption in Halbleitern

Wird ein Halbleiter mit Licht bestrahlt, dann geben die Photonen ihre Energie an gebundene Elektronen ab, die – falls die Photonenenergie dazu ausreicht – aus ihrer Bindung gerissen werden und sich dann frei im Halbleiter bewegen können. Im Bändermodell (Bild B-1) werden Elektronen aus dem Valenzband hochgehoben in das Leitungsband. Da hierbei im Valenzband ein Loch zurückbleibt, erzeugt jedes absorbierte Photon im Halbleiter ein *Elektron-Loch-Paar*. Damit dieser Vorgang ablaufen kann, muss die Photonenenergie E_{ph} mindestens so groß sein wie die Breite E_g der verbotenen Zone:

$$E_{ph} = hf \geq E_g. \tag{B-27}$$

Die Wellenlänge der absorbierten Strahlung muss daher kleiner sein als eine Grenzwellenlänge λ_g:

$$\lambda < \lambda_g = \frac{hc}{E_g} = \frac{1{,}24\,\mu\text{m} \cdot \text{eV}}{E_g}. \tag{B-28}$$

Fotodiode

Die Fotodiode ist ein *aktives* Bauelement, das bei Bestrahlung eine elektrische Spannung (*fotovoltaischer Effekt*) bzw. einen Fotostrom abgibt. Wird ein Photon mit ausreichender Energie in einem pn-Übergang absorbiert (Bild B-33), dann wird das erzeugte Elektron-Loch-Paar durch das eingebaute elektrische Feld sofort getrennt, und zwar wird das Loch zur p-Seite, das Elektron zur n-Seite befördert. Diese Ladungstrennung geht ohne äußere Spannung vonstatten, kann aber durch Anlegen einer Spannung beeinflusst werden.

Wird die Diode mit offenen Enden betrieben bzw. mit einem sehr hochohmigen Lastwiderstand, dann lädt sich die p-Seite positiv, die n-Seite negativ auf und an den Enden ist die *Leerlaufspannung* U_L abgreifbar. Werden die Enden der Diode kurzgeschlossen, dann fließt im äußeren Stromkreis der *Fotostrom* I_{ph} (*Kurzschlussstrom* I_K), der die Richtung eines Sperrstroms hat.

Der *Fotostrom* ist streng *proportional* zur absorbierten *Strahlungsleistung* Φ_e bzw. zur Beleuchtungsstärke (Bild B-34):

$$I_{ph} = \frac{e\eta(\lambda)}{E_{ph}} \Phi_e, \tag{B-29}$$

e ist die Elementarladung und $\eta(\lambda)$ die wellenlängenabhängige *Quantenausbeute*, die angibt, welcher Bruchteil der absorbierten Photonen zu nachweisbaren Elektron-Loch-Paaren führt.

Da nach Gl. (B-28) nur Strahlung absorbiert wird, deren Wellenlänge kürzer als hc/E_g ist, können mit Si-Fotodioden (E_g = 1,11 eV) nur Wellenlängen $\lambda \leq 1{,}1$ µm nachgewiesen werden. Zur Detektion der Wellenlängen 1,3 µm und 1,55 µm, die in der Datenübertragung mit Lichtwellenleitern benutzt werden (Abschn. B.1.6.3), kommen Fotodioden aus InGaAs oder Ge zum Einsatz.

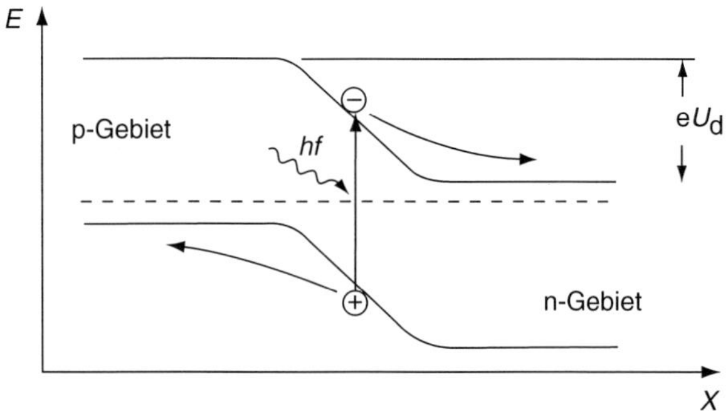

Bild B-33 Bänderschema einer Fotodiode ohne angelegte Spannung

Die Strom-Spannungs-Kennlinie der Fotodiode geht aus der bekannten Kennlinie einer normalen Diode nach Gl. (B-13) hervor. Da der Fotostrom I_{ph} ein von der Beleuchtung abhängiger Strom in Sperrrichtung ist, muss lediglich dieser Sperrstrom vom Strom subtrahiert werden:

$$I = I_s(e^{\frac{eU}{kT}} - 1) - I_{\text{ph}}. \qquad \text{(B-30)}$$

Im Leerlauf ist bei Bestrahlung an den Enden der Diode die Leerlaufspannung U_L abgreifbar. Aus Gl. (B-30) folgt für $I = 0$:

$$U_L = \frac{kT}{e} \ln\left(\frac{I_{\text{ph}}}{I_s} + 1\right). \qquad \text{(B-31)}$$

Der logarithmische Zusammenhang zwischen Leerlaufspannung und Beleuchtungsstärke ist in Bild B-34 dargestellt.

Die *Kennlinie* einer Fotodiode wird mit *zunehmender Beleuchtungsstärke* nach *unten* verschoben (Bild B-35a). In der Praxis ist es üblich, den dritten Quadranten in den ersten zu verlegen, so dass in Datenblättern Kennlinienfelder in Form von Bild B-35b) zu finden sind.

Je nach äußerer Schaltung unterscheidet man die Betriebszustände *Elementbetrieb* und *Diodenbetrieb*. Im Elementbetrieb wird die Fotodiode ohne äußere Spannungsquelle direkt an einen Lastwiderstand R_L (Verbraucher) angeschlossen. Die Diode arbeitet als Stromgenerator im vierten Quadranten des Kennlinienfeldes von Bild B-35a). Der Arbeitspunkt A ergibt sich als Schnittpunkt der Widerstandsgeraden $I = -U/R_L$ mit der Diodenkennlinie. Dies ist auch die Betriebsform der *Solarzelle*. Beim Diodenbetrieb wird die Diode mit einem Lastwiderstand in Reihe an eine Spannungsquelle angeschlossen, wobei die Spannung in Sperrrichtung anliegt. Der Arbeitspunkt B in Bild B-35a) stellt sich als Schnittpunkt der Widerstandsgeraden $I = (U_B - U)/R_L$ mit der Kennlinie ein.

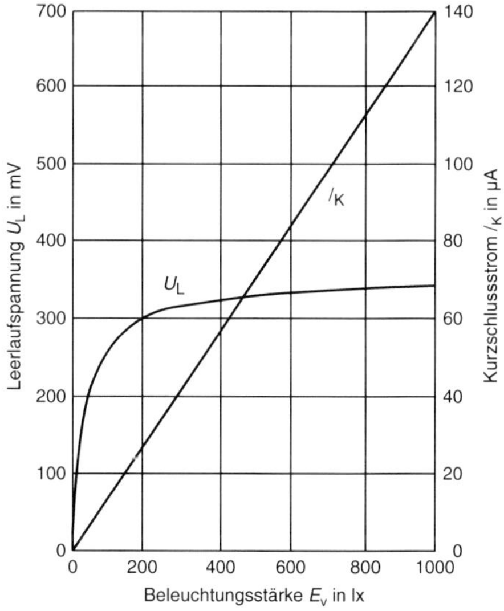

Bild B-34 Leerlaufspannung U_L und Kurzschlussstrom I_K einer Si-Fotodiode in Abhängigkeit von der Beleuchtungsstärke

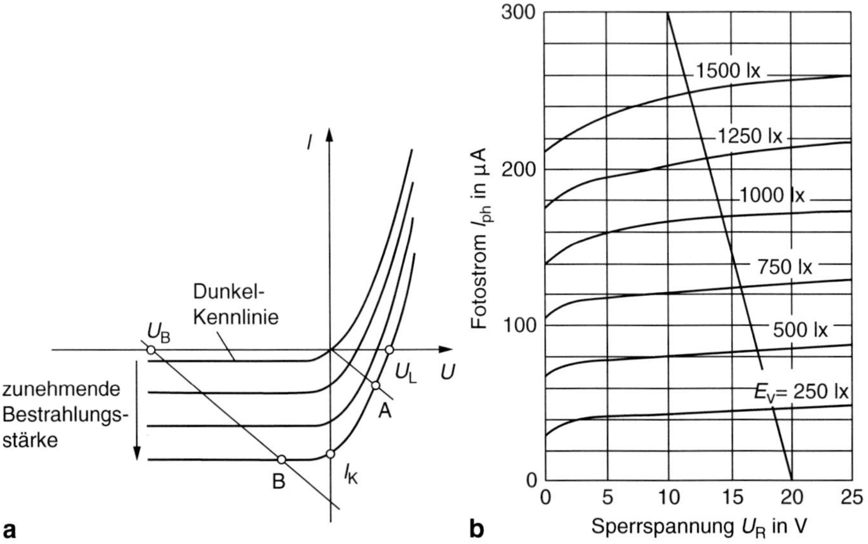

Bild B-35 Kennlinien einer Fotodiode: **a**) Komplettes Kennlinienfeld (qualitativ), **b**) Fotostrom I_{ph} in Abhängigkeit von der Sperrspannung U_R für die Fotodiode BPY 12

Zeitverhalten

Einer sprunghaften Änderung der Strahlungsleistung folgt der *Fotostrom* mit einer gewissen *Zeitverzögerung*. Hauptsächlich wird diese dadurch verursacht, dass Ladungsträger, die außerhalb der Raumladungszone generiert werden, bis zur Raumladungszone (RLZ) diffundieren müssen, bevor sie durch das elektrische Feld über die Sperrschicht gezogen werden. Bei normalen pn-Übergängen liegt diese Zeitverzögerung in der Größenordnung von $\tau \approx 1\mu s$, was zu einer Grenzfrequenz von $f_{gr} \approx 1$ MHz führt. Kommerzielle Fotodioden aus Silicium zeigen Grenzfrequenzen von f_{gr} = 200 kHz bis 50 MHz; Fotoelemente sind langsamer mit $f_{gr} = 25$ kHz bis 100 kHz.

Bei *pin-Fotodioden* wird eine relativ dicke *eigenleitende* (intrinsic) Schicht zwischen p- und n-Schicht angebracht. Bei Anlegen einer Sperrspannung entsteht im Innern ein starkes elektrisches Feld innerhalb eines relativ großen Bereiches, durch welches die von den Photonen generierten Elektron-Loch-Paare sofort getrennt werden. Die pin-Diode wird dadurch sehr schnell und besitzt eine Grenzfrequenz von einigen GHz.

Ebenfalls sehr schnell ist die *Fotolawinendiode APD* (**A**valanche **P**hoto **D**iode). Sie wird in Sperrrichtung bis kurz vor den Durchbruch vorgespannt. Durch Photonenabsorption erzeugte Ladungsträger werden infolge der hohen inneren Feldstärke so stark beschleunigt, dass sie bei Zusammenstößen mit den Atomen des Kristallgitters weitere Elektronen aus ihren Bindungen reißen können und dadurch neue freie Elektron-Loch-Paare schaffen. Dadurch setzt eine lawinenartige Vermehrung der Ladungsträger ein und es fließt ein großer Fotostrom. Die Betriebstechnik ist aufwändig (hohe Sperrspannung) und wird nur benutzt, wenn die hohe interne Verstärkung gebraucht wird, beispielsweisebei der Datenübertragung über Lichtwellenleiter oder zur Erfassung kleiner schneller Lichtblitze.

Fototransistor

Der Fototransistor (Bild B-36) ist ein *Detektor* mit *innerer Verstärkung*. Der Basis-Kollektor-Übergang ist großflächig ausgeführt und in Sperrrichtung gepolt. Durch Photonenabsorption erzeugte freie Elektron-Loch-Paare werden im elektrischen Feld der Basis-Kollektor-Diode getrennt. Die Elektronen fließen zum Kollektor, die Löcher zur Basis und von dort weiter über den flussgepolten Basis-Emitter-Übergang zum Emitter. Dadurch steigt die Flussspannung an der Basis-Emitter-Diode leicht an, was zur Folge hat, dass Elektronen vom Emitter in die Basis und weiter zum Kollektor fließen. Der Kollektorstrom ist deshalb größer als der primäre Fotostrom I_{ph} nach Gl. (B-29). Für den Kollektorstrom ergibt sich:

$$I_C \approx B I_{ph}. \tag{B-32}$$

Typische Werte für den *Stromverstärkungsfaktor* liegen bei $B = 100$ bis 1.000.

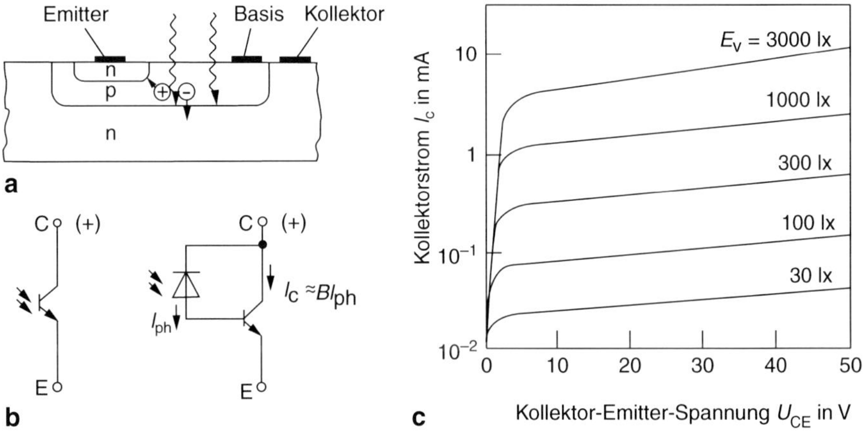

Bild B-36 Bipolarer Fototransistor **a**) Aufbau, **b**) Schaltsymbol und Ersatzschaltbild **c**) Kennlinienfeld

Die Wirkungsweise des Fototransistors kann ersatzweise so beschrieben werden (Bild B-36b), als ob eine Fotodiode zwischen Basis und Kollektor eines normalen Transistors geschaltet wäre. Der Fotostrom I_{ph} spielt die Rolle des Basisstroms, der um den Stromverstärkungsfaktor B verstärkt als Kollektorstrom I_C zur Verfügung steht.

Das Ausgangskennlinienfeld nach Bild B-36c) unterscheidet sich nicht grundlegend von dem eines normalen Transistors. Lediglich ist anstelle des Basisstroms die *Beleuchtungsstärke* E_v als Parameter aufgetragen. Am Basisanschluss kann die Verstärkung eingestellt werden: meist ist er aber gar nicht herausgeführt.

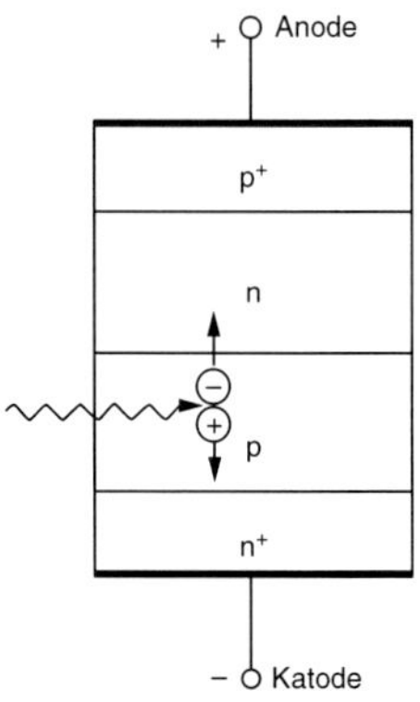

Bild B-37 Schema des Fotothyristors

Das Zeitverhalten des Fototransistors wird bestimmt durch die *Diffusionszeit* der *Minoritätsladungsträger* durch die Basis sowie eine *RC-Zeitkonstante* mit der Kapazität der Kollektor-Basis-Diode. Diese an sich bereits große Kapazität (große Fläche des Kollektor-Basis-Übergangs) wird noch mit dem Stromverstärkungsfaktor B multipliziert, so dass der Transistor relativ langsam wird. Die 3-dB-Grenzfrequenz handelsüblicher Fototransistoren liegt bei einigen hundert kHz.

Fotothyristor

Der Fotothyristor besteht wie der normale Thyristor (Abschn. B.1.5) aus vier p- und n-Schichten (Bild B-37). Die Zündung wird aber nicht durch einen Strompuls über die Gate-Elektrode herbeigeführt, sondern durch *Bestrahlung* des sperrenden mittleren pn-Übergangs. Die sperrende Diode schaltet durch, wenn bei genügender Strahlungsleistung die Raumladungszone mit Elektron-Loch-Paaren überschwemmt wird. Der gezündete Thyristor bleibt auch nach Abschalten der Lichtquelle leitend. Das Abschalten erfolgt, sobald der Strom unter den Haltestrom absinkt oder durch Löschimpulse. Bei Wechselspannungsbetrieb schaltet der Thyristor bei jedem Nulldurchgang der Spannung ab, so dass er bei jeder positiven Halbwelle neu gezündet werden muss.

Zur Zündung ist eine Strahlungsleistung von einigen mW erforderlich, die von einer LED oder Laserdiode geliefert und beispielsweise mit Hilfe eines Lichtleiters dem Fotothyristor zugeführt wird. Auf diese Weise wird eine Potenzialtrennung zwischen Steuereinheit und Hochspannungsthyristor erreicht.

ÜBUNGSAUFGABEN

Ü B.1-4: Eine LED wird nach Bild B-30 betrieben. Der Strom beträgt im Arbeitspunkt $I_F = 22{,}4$ mA, die Quellenspannung ist $U_s = 9$ V. a) Welche Stromänderung ergibt sich, wenn die Quellenspannung um 5 % abnimmt? b) Welcher Vorwiderstand R_V ist erforderlich, wenn bei $U_s = 5$ V derselbe Strom fließen soll wie vorher bei 9 V?

Ü B.1-5: Die Fotodiode von Bild B-35b) wird in Reihe mit einem Lastwiderstand R_L = 33 kΩ in Sperrrichtung an einer Batterie der Spannung U_B =20 V angeschlossen. a) Welcher Fotostrom I_{ph} fließt bei Beleuchtung mit E_v = 500 lx? b) Welche Spannung U_L ist am Lastwiderstand abgreifbar?

B.1.6.3 Datenübertragung über Lichtwellenleiter

Die optische Datenübertragung über *Lichtwellenleiter* hat Eingang gefunden in alle Bereiche der *Datentechnik* und *Datenkommunikation*. Diese sind beispielsweise:

- Telefonvermittlung,
- LAN (Local Area Network),
- WAN (Wide Area Network),
- Hochgeschwindigkeitsverbindungen (Punkt zu Punkt Verbindungen).

Als neue strategische Einsatzgebiete gelten

- Gebäudevernetzung,
- Feldbusbereich (Vernetzung von Sensoren an Maschinen und Anlagen),
- optische Bussysteme im Flugzeug und Automobil, z.B. MOST (Media Oriented Systems Transport).

Die Vorteile einer *optischen Übertragungsstrecke* sind:

- einfacher Aufbau,
- störungsfreie Datenübertragung,
- Überwindung großer Entfernungen,
- sehr hohe Bandbreite und damit
- sehr hohe Übertragungsgeschwindigkeiten.

Die Datenübertragungsstrecke über Lichtwellenleiter gliedert sich in drei wesentliche Baugruppen (Bild B-38):

- Sendeeinheit,
- Übertragungsweg und
- Empfangseinheit.

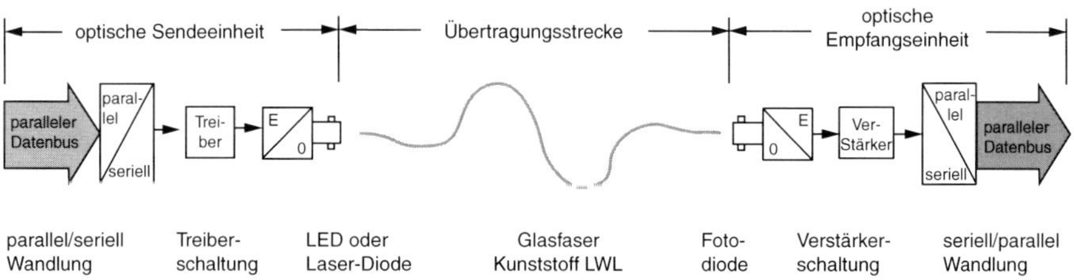

Bild B-38 Aufbau einer optischen Übertragungsstrecke

Optischer Sender und Empfänger

Als *Lichtquellen* (Sender) werden entweder *Leuchtdioden* (LED, Abschn. B.1.6.1) oder *LASER-Dioden* (LD, Abschn. B.1.6.1) eingesetzt. Sie werden allgemein als *E/O-Wandler* bezeichnet (elektrisch/optische Wandler). Das emittierte Spektrum liegt im Infrarotbereich bei 820 nm, bzw. bei 1.300 nm und 1.550 nm weil die Lichtwellenleiter bei diesen Wellenlängen die günstigsten Eigenschaften aufweisen.

Als Empfänger werden Silicium-, Germanium- oder Indium Gallium Arsenid (InGaAs)-Dioden eingesetzt. Da sie Licht in eine auswertbare elektrische Größe umsetzen, werden sie auch als *O/E-Wandler* bezeichnet (optisch/elektrische Wandler). Die Detektoren decken dabei das gesamte nutzbare Spektrum für die optische Datenübertragung ab.

Alle Empfänger beruhen auf dem *fotovoltaischen-Effekt*, der Umsetzung von Licht in Strom (Abschn. B.1.6.2). Der von der *PIN-Diode* gelieferte Strom wird anschließend von einem Verstärker aufgenommen und verstärkt. Da der fotoelektrisch erzeugte Strom in den PIN-Dioden nur wenige nA beträgt, wird der notwendige Verstärker meist im Gehäuse des Empfängers integriert.

Übertragungsstrecke

Optische Datenübertragung erfolgt über so genannte *Lichtwellenleiter* (LWL), die in der Lage sind, Licht zu transportieren. In der Handhabung und Verlegung sind sie genauso flexibel wie Kupferkabel.

Die Fähigkeit, Licht in einem Lichtwellenleiter zu führen, beruht auf dem optischen Effekt der *Totalreflexion*. Diese tritt auf, wenn ein Lichtstrahl unter einem bestimmten Winkel an der Grenzfläche zweier Medien mit unterschiedlichen *Brechungsindizes* auftritt. Ein Lichtwellenleiter ist daher *zweischichtig* aufgebaut. Man unterscheidet den

- Kern (engl. core), mit Brechungsindex $n_K = n_1$ und den
- Mantel (engl. cladding), mit Brechungsindex $n_M = n_2$,

wobei der Brechungsindex des Kerns, in dem die Welle geführt wird, größer sein muss als der Brechungsindex des Mantels: $n_1 > n_2$.

An der Übergangsstelle zwischen Kern und Mantel tritt dann eine Totalreflexion auf, wenn der Lichtstrahl ausreichend flach auf die Grenzfläche trifft. Dies ist gegeben, wenn der *Einfallswinkel größer* ist als der *Grenzwinkel ε_g der Totalreflexion*. Für ihn gilt folgender Zusammenhang:

$$\sin \varepsilon_g = n_2/n_1. \qquad \text{(B-33)}$$

Der Grenzwinkel ε_g wird dabei von dem Lot zur Grenzfläche und dem Strahl eingeschlossen. Bild B-39 zeigt den Strahlengang in einem Lichtwellenleiter. Die geführten Strahlen (Moden) sind ausgezogen gezeichnet, während der gestrichelte Strahl zu steil auf die Grenzfläche fällt und ausgekoppelt wird.

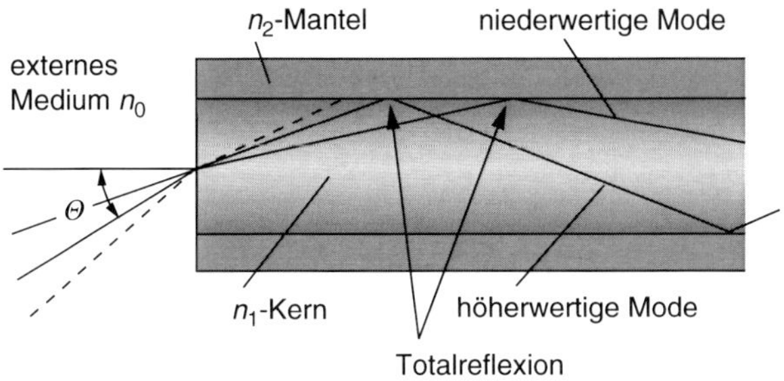

Bild B-39 Numerische Apertur und Totalreflexion in einem Lichtwellenleiter

Ein Maß für die in einen LWL einkoppelbare Strahlungsleistung ist die *numerische Apertur* A_N. Das ist der Sinus des *Akzeptanzwinkels* Θ, des größten Winkels unter dem geführte Strahlen auf die Grenzfläche treffen dürfen. Auch sie ist vom Brechungsindex von Mantel und Kern abhängig und ergibt sich zu:

$$A_\mathrm{N} = \sin\Theta = \sqrt{n_1^2 - n_2^2}. \qquad \text{(B-34)}$$

Wegen der eher breiten Abstrahlcharakteristik von LEDs (Bild B-29b) treffen viele Strahlen unter einem zu großen Winkel auf die Faserendfläche und werden nicht im LWL geführt. Sehr viel besser ist die Einkopplung bei einer Laserdiode.

Fasertypen

Im technischen Einsatz sind drei verschiedene Typen von Lichtwellenleitern (LWL), die in Bild B-40 dargestellt sind:

- Stufenindexfaser (step-index fiber), } Multimodefasern
- Gradientenfaser (graded-index fiber) und }
- Monomodefaser (single-mode fiber).

Bei der *Stufenindexfaser* ändert sich der Brechungsindex vom Kern zum Mantel *stufenförmig*. Da viele verschiedenen Moden (Strahlrichtungen) ausbreitungsfähig sind, kommt es zu starker *Modendispersion*. Das bedeutet, dass die *Laufzeiten* für die verschieden langen Lichtwege *sehr unterschiedlich* sind und deshalb die *optischen Pulse stark verbreitert* werden (Bild B-40). Dadurch wird die übertragbare Bitrate stark eingeschränkt.

Bei der *Gradientenfaser* gleichen sich die verschiedenen Wege weitgehend aus, denn infolge des *kontinuierlichen Übergangs der Brechzahlen* vom Kern zum Mantel, laufen die äußeren Strahlen schneller als die inneren und kompensieren so ihren Umweg. Gradientenfasern erlauben deutlich *höhere Datenraten* als Stufenindexfasern.

Die geringste Dispersion zeigt die *Monomodefaser*, die wegen des *kleinen Kerndurchmessers* nur *eine Mode* längs der optischen Achse führt. Auch dort kommt es

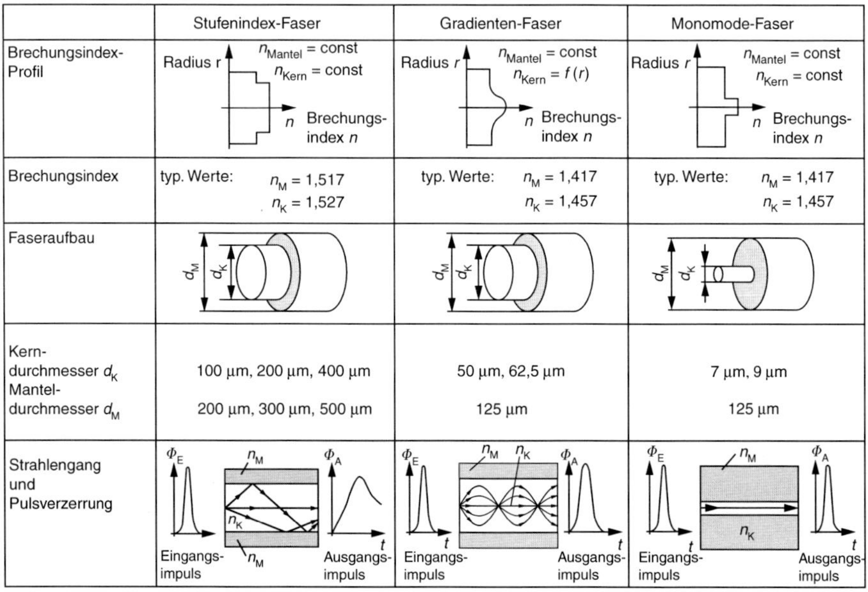

Bild B-40 Brechungsprofile unterschiedlicher Fasern und ihre Eigenschaften

zu einer geringen Impulsverbreiterung, weil Signalanteile mit verschiedenen Wellenlängen unterschiedlich schnell laufen (*Materialdispersion*). Fasern aus Quarzglas haben eine minimale Materialdispersion bei $\lambda = 1300$ nm.

Neben dem Aufbau des Lichtwellenleiters unterscheiden sich die Eigenschaften vor allem auch durch das eingesetzte Material. Folgende drei Klassen von Lichtleitern prägen dabei maßgeblich die Übertragungseigenschaften:

- Kunststoff-LWL (POF, Plastic Optical Fiber),
- kunststoffummantelte Glasfaser (PCS, Plastic Clad Silica, HCS, Hard Clad Silica),
- Glasfaser (GCS, Glas Clad Silica).

Lichtwellenleiter werden in Abhängigkeit vom Werkstoff in unterschiedlichen Größen gefertigt. LWL, die auf Glas basieren, haben in der Regel einen wesentlich kleineren Durchmesser als Kunststoff-Lichtwellenleiter. Das Material hat maßgeblichen Einfluss auf die *Übertragungseigenschaften* des Lichtwellenleiters. Die wichtigsten Größen sind dabei die Dispersion und die Dämpfung.

Um eine einheitliche Bezeichnung für den Anwender zu garantieren, wurde die Bezeichnung von Lichtwellenleitern in der DIN 0888 festgeschrieben. Dies ist neben der Planung und Projektierung auch für die Identifikation von bestehenden Netzwerken notwendig und wichtig.

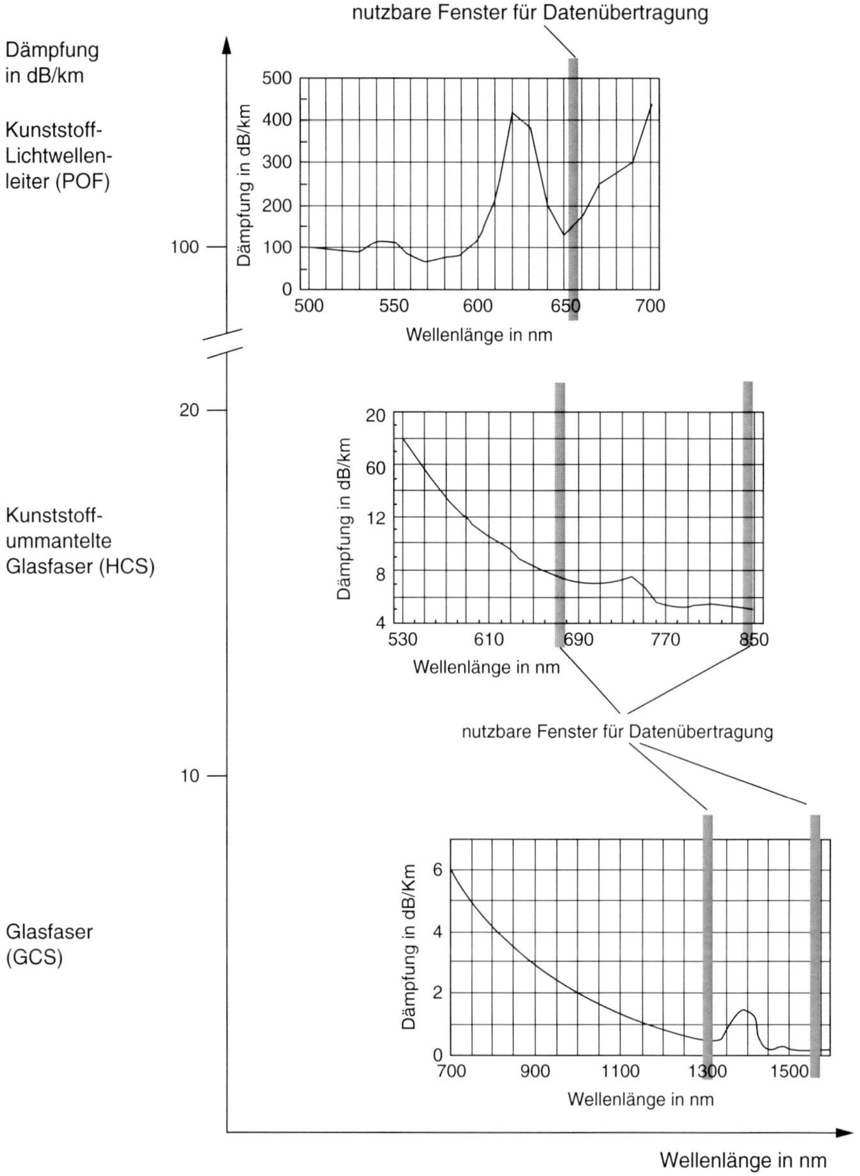

Bild B-41 Wellenlängenabhängige Dämpfung der Lichtwellenleiter

Dämpfung

Der *Dämpfungskoeffizient* α ist von der Wellenlänge abhängig. Für bestimmte Wellenlängen, die als *Fenster* bezeichnet werden, weist er optimale Werte auf. Glasfaser-Lichtwellenleiter zeigen die *niedrigsten* Dämpfungswerte, beispielsweise $\alpha = 0{,}2$ dB/km bei der Wellenlänge $\lambda = 1{,}55$ µm.

Die preisgünstigste Lösung stellt der Kunststoff-Lichtwellenleiter dar, der jedoch um den Faktor 100 bis 200 schlechtere optische Eigenschaften besitzt. Er ist daher für kurze Strecken mit niedrigen Übertragungsgeschwindigkeiten geeignet. Bild B-41 zeigt den Dämpfungsverlauf über der Wellenlänge für die drei Klassen von Lichtwellenleitern.

Strahlungsleistungsbilanz (optical power budget)

Die optische Übertragungsstrecke nach Bild B-38 weicht in mehreren Punkten vom Ideal ab. Zum einen besitzt das Übertragungsmedium eine *Dämpfung* und zum anderen erfährt das Licht an jeder *Verbindungsstelle* eine weitere Dämpfung.

Die Gesamtheit der Dämpfungen wird in der Gleichung für die *Lichtleistungsbilanz* (engl.: optical-power budget) beschrieben:

$$10\lg(\Phi_\mathrm{T}/\Phi_\mathrm{R}) = \alpha_\mathrm{O}L + \alpha_\mathrm{TC} + \alpha_\mathrm{CR} + n\alpha_\mathrm{CC} + \alpha_\mathrm{M}. \quad \text{(B-35)}$$

Dabei bedeuten:

Φ_T	Lichtleistung des Senders (Transmitter)	µW
Φ_R	benötigte Lichtleistung des Empfängers (Receiver)	µW
α_O	Dämpfungskonstante des Lichtwellenleiters	dB/km
L	Länge des Lichtwellenleiters	km
α_TC	Einkoppeldämpfung in die Faser (Transmitter Coupling Loss)	dB
α_CR	Auskoppeldämpfung am Empfänger (Fiber-to-Receiver Coupling Loss)	dB
α_CC	Steckverbindungsdämpfung (in-line-Connection loss)	dB
n	Anzahl der Steckverbindungen	
α_M	Sicherheitsabstand (Safety Margin)	dB

(rechts sind die gängigen Maßeinheiten angegeben).

Eine übliche Darstellung der Lichtleistungsbilanz zeigt Bild B-42. Dabei werden alle in einem Übertragungsweg auftretenden Dämpfungen in einem Diagramm festgehalten. Ziel ist es, die *gesamte Verlustleistung möglichst niedrig* zu halten. Dazu beginnt man bei der Kalkulation mit der niedrigsten akzeptierbaren Empfangsleistung an der *Datensenke*. Diese ist einschließlich des *Sicherheitsabstands* α_M zu wählen. Durch das Einfügen der verschiedenen Dämpfungsverluste (man durchschreitet dabei die Wirkungskette von hinten nach vorne, also vom Empfänger zum Sender) kommt man schließlich auf die erforderliche abzustrahlende Sendeleistung des Emitters.

Die Sendeleistung der LED oder LD wird in den Datenblättern immer absolut angegeben. Dabei haben sich zwei Darstellungsmöglichkeiten eingeführt:

- als physikalische Leistung in µW und
- als absoluter Pegel in dBm.

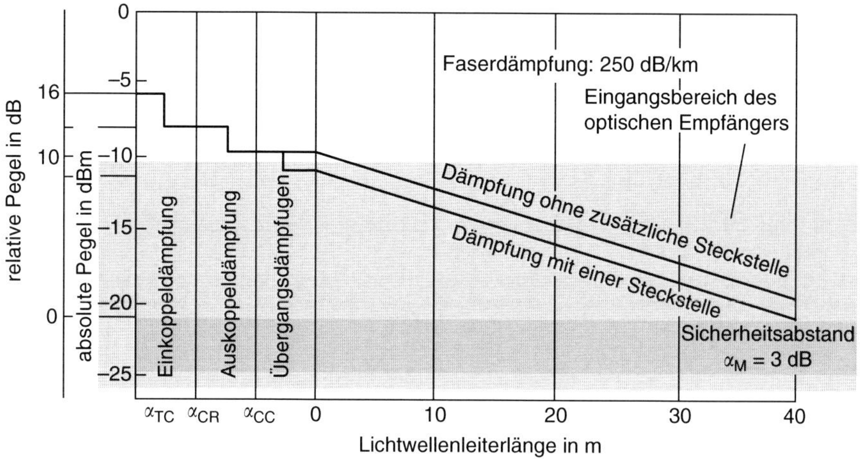

Bild B-42 Optical Power Budget einer Übertragungsstrecke

Bild B-43 Einfluss der Dispersion auf digitale Impulse

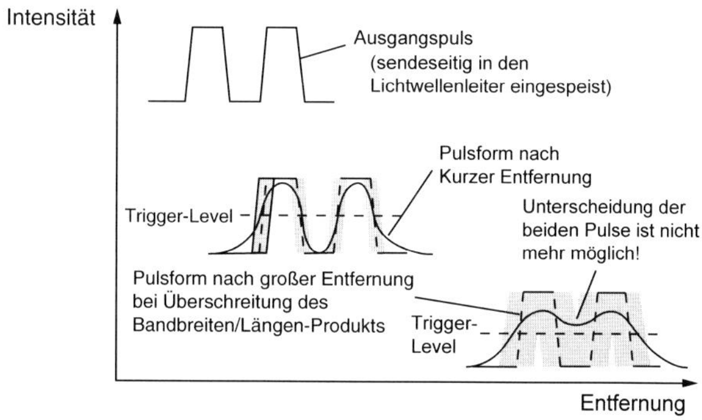

Die Angabe in dBm wird dabei auf eine fixe Sendeleistung von 1 mW bezogen. Damit ergibt sich folgender *Zusammenhang* zwischen *Strahlungsleistung* Φ und *Pegel* P:

$$P = 10\lg \frac{\Phi}{1\,\text{mW}}\ \text{dBm} \quad \text{oder} \quad \Phi = 1\,\text{mW} \cdot 10^{P/10\,\text{dBm}}. \tag{B-36}$$

Übertragungsbandbreite

Durch die verschiedenen Dispersionsmechanismen werden digitale optische Pulse *zeitlich verschliffen* (Bild B-43). Wenn sich bei großer Entfernung zwei digitale Pulse so stark überlappen, dass sie vom Empfänger nicht mehr als zwei, sondern als ein Puls interpretiert werden, kommt es zu *Bitfehlern*. Über große Entfernungen können Signale nur dann sicher übertragen werden, wenn der zeitliche Abstand aufeinander folgender Pulse genügend groß, d.h. die Bitrate genügend klein ist. Es existiert daher für alle Fasern ein *Bitrate-Länge-Produkt*

$$B \cdot L = const., \tag{B-37}$$

dessen Wert vom Faseraufbau, der Wellenlänge und der spektralen Breite des Senders sowie der Art der Kodierung abhängt. Tabelle B-3 gibt Richtwerte für Fasern aus Quarzglas (SiO_2).

Tabelle B-3 Bitrate-Länge-Produkt für verschiedene Faserarten, Sender und Wellenlängen

Fasertyp	Sender und Wellenlänge in nm	Bitrate-Länge-Produkt $B \cdot L$ in $\frac{\text{Mbit}}{\text{s}} \cdot \text{km}$	Ursache
Stufenindexfaser	unabhängig	10	Modendispersion
Gradientenfaser	LED, 850	125	Modendispersion und Materialdispersion
	LD, 850	830	
	LED, 1300	710	
	LD, 1300	1×10^3	
	LED, 1550	190	
	LD, 1550	980	
Monomodefaser	LED, 850	150	Materialdispersion
	LD, 850	$1{,}8 \times 10^3$	
	LED, 1300	4×10^3	
	LD, 1300	$1{,}7 \times 10^6$	
	LED, 1550	140	
	LD, 1550	$3{,}7 \times 10^3$	

Beispiel

B-9: Eine Übertragungsstrecke wird mit einer Multimodefaser realisiert, die durch ein Bandbreite-Länge-Produkt von 200 (MBit/s) · km charakterisiert ist. Das bedeutet, dass entweder

- 200 Mbit/s bei einer Entfernung von 1 km übertragen werden können, oder
- 100 MBit/s bei einer Entfernung von 2 km oder
- 500 MBit/s bei einer Entfernung von 400 m usw.

ÜBUNGSAUFGABEN

Ü B.1-6: Ein optischer Sender soll optimal angesteuert werden. Der Diodenstrom der LED beträgt 50 mA bei einer Diodenspannung von 2 V. Der Sender kann kurzzeitig um 100 % übersteuert werden. Die Pulsanstiegszeit beträgt 60 ns.

a) Wie groß ist der Vorwiderstand zum Betrieb an 5 V?
b) Zeichnen Sie die Schaltung!
c) Wie ändert sich die Schaltung bei einer Ansteuerung mit Puls-Peaking?

d) Wie müssen in diesem Fall die Bauelemente dimensioniert werden?
e) Wählen Sie Bauelemente aus der Praxis (Widerstandsreihe E48) und rechnen Sie das Ergebnis nach!

Ü B.1-7: Lichtleittechnik

a) Was versteht man unter numerischer Apertur?
b) Berechnen Sie die A_N für einen Lichtwellenleiter, für den gilt: $n_{Mantel} = 1{,}512$, $n_{Kern} = 1{,}527$.
c) Welchem maximalen Öffnungswinkel entspricht dies?

Ü B.1-8: Wann spricht man von einer Monomode-Faser?

Ü B.1-9: Zur Projektierung einer optischen Übertragungsstrecke soll das optical power budget aufgestellt werden. Von der Übertragungsstrecke sind folgende Daten bekannt:

- Einkoppeldämpfung: 0,6 dB,
- Auskoppeldämpfung: 0,4 dB,
- minimale Sendeleistung: –25 dBm,
- maximale Sendeleistung: –6 dBm,
- Empfängerempfindlichkeit: –31 dBm,
- Übersteuerungsgrenze des Empfängers: –8 dBm,
- Sicherheitsabstand 3 dB.

a) Wie groß darf die Dämpfung auf dem Übertragungsweg höchstens sein (worst case)?
b) Wie groß muss die Dämpfung des Übertragungswegs mindestens sein, damit der Empfänger nicht übersteuert?
c) Wie groß ist die maximale überbrückbare Entfernung für Glasfaser ($\alpha_{GCS} = 2$ dB/km) und für POF ($\alpha_{POF} = 200$ dB/km)?
d) Zeichnen Sie das Diagramm für das optical power budget!

Ü B.1-10: Was versteht man unter dem Bandbreiten-Längen-Produkt?

B.2 Analoge integrierte Schaltungen

B.2.1 Operationsverstärker

Operationsverstärker sind die wichtigste Gruppe der analogen integrierten Schaltungen. Sie fanden ursprünglich für Rechenoperationen in Analogrechnern und in der Regelungstechnik Verwendung. Dieser Einsatz erfordert eine *sehr hohe Verstärkung* ($v > 10^5$) von Gleichstromsignalen bis zu Frequenzen von einigen hundert Hz, einen nicht invertierenden Verstärkereingang, dessen Signale mit der *Verstärkung v* verstärkt werden und einen *invertierenden Verstärkereingang* mit der Verstärkung $-v$. Werden beide angesteuert, dann wird die *Spannungsdifferenz*

Tabelle B-4 Vergleich eines idealen und eines realen Operationsverstärkers

Eigenschaft des Operationsverstärkers (OPV)	Symbol	Einheit	Idealer OPV	Realer OPV
Eingangsfehlspannung	U_{10}	mV	0	10 µV bis 10 mV
Temperatureinfluss auf U_{10}	α_{U10}	µV/K	0	0,2 µV/K bis 10 µV/K
Rauschen (Noise)	U_n	$nV/\sqrt{Hz}$	0	$2{,}5\,nV/\sqrt{Hz}$ bis $100\,nV/\sqrt{Hz}$
Eingangsstrom	I_I	nA	0	0,1 pA bis 1 µA
Eingangswiderstand	R_I	MΩ	∞	100 kΩ bis 10^{15} Ω (MOSFET)
Gleichtaktunterdrückung	*CMMR*	dB	∞	70 dB bis 120 dB
Einfluß der Speisespannung	*PSRR*	µV/V	0	0,1 µV/V bis 0,1 mV/V
Verstärkung bei Gleichstrom	V_{U0}	V/mV	∞	10 V/mV bis 10^4 V/mV
Frequenzabhängigkeit der Verstärkung (Grenzfrequenz)	f_g		∞	1 Hz bis 10 kHz Abfall V_{U0} mit 20 dB/Dekade
Anstiegsgeschwindigkeit der Ausgangsspannung	*S*	V/µs	∞	0,5 V/µs bis 2000 V/µs
Ausgangswiderstand	R_0	Ω	0	10 Ω bis 1 kΩ

zwischen beiden Eingängen mit der Verstärkung v verstärkt. Der erforderliche Eingangsstrom ist vernachlässigbar klein.

Diese Verstärker lassen sich mit einfachen Netzwerken aus Widerständen und Kondensatoren beschalten. Sie *verknüpfen* die *Eingangsspannungen* und *-ströme* nach vorgegebenen mathematischen Zusammenhängen und erzeugen daraus das gewünschte *Ausgangssignal.* Auf einem Halbleiterkristall aufgebaute Operationsverstärker senken den Platzbedarf und die Kosten so weit, dass integrierte Operationsverstärker trotz besserer Leistung viel preisgünstiger sind, als diskret aufgebaute Schaltungen mit vielen Transistoren. Sie finden deshalb heute auch für viele andere Zwecke Verwendung.

B.2.1.1 Idealer und realer Operationsverstärker

Moderne Operationsverstärker bestehen aus vielen Transistoren und Widerständen. Trotz guter Schaltungstechnik und fortgeschrittener Herstellungstechnologie verursachen Bauteileigenschaften und deren Toleranzen Abweichungen von den angestrebten Eigenschaften des idealen Operationsverstärkers. Sind die Abweichungen im genutzten Arbeitsbereich ausreichend klein, dann kann man die Schaltung mit einem idealen Verstärker berechnen.

Tabelle B-4 vergleicht die wichtigsten Kenndaten eines idealen und eines realen Operationsverstärkers und gibt den Wertebereich der Kenndaten bei realen Operationsverstärkern an. Preisgünstige Operationsverstärker besitzen sowohl gute als auch schlechte Werte. Für viele Anwendungen ist dies ausreichend. In einer ersten, sehr einfachen Näherung betrachtet man den Verstärker als ideal; lediglich die *Eingangsfehlspannung* (Offsetspannung U_{I0}) und der *Frequenzgang* $v = v(f)$ werden besonders betrachtet (die weniger wichtigen Parameter sind in Tabelle B-4 grau hinterlegt).

Die *Eingangsfehlspannung* gibt an, wie groß die Eingangsspannungsdifferenz (engl.: input-offset voltage) höchstens sein darf, um die Ausgangsspannung null zu erzeugen. Das *Verstärkungs-Bandbreite-Produkt* (engl.: gain-bandwidth product) gibt an, bei welcher Frequenz die Verstärkung auf 1 zurückgefallen ist. Von diesem reinen Rechenwert ist ausreichend Abstand zu halten. Der nächste wichtige Wert ist die größte *Anstiegsgeschwindigkeit der Ausgangsspannung* (engl.: slew rate), die aber nur bei verhältnismäßig großer Eingangsspannung erreicht wird.

Bild B-44 zeigt das normgerechte Schaltzeichen eines Operationsverstärkers. Die Anschlüsse für die Speisespannungen $+U_S$ und $-U_S$ werden der besseren Übersicht wegen meistens weggelassen.

Bild B-44 Schaltzeichen des Operationsverstärkers
a) Genormtes Schaltzeichen,
b) Älteres Schaltzeichen

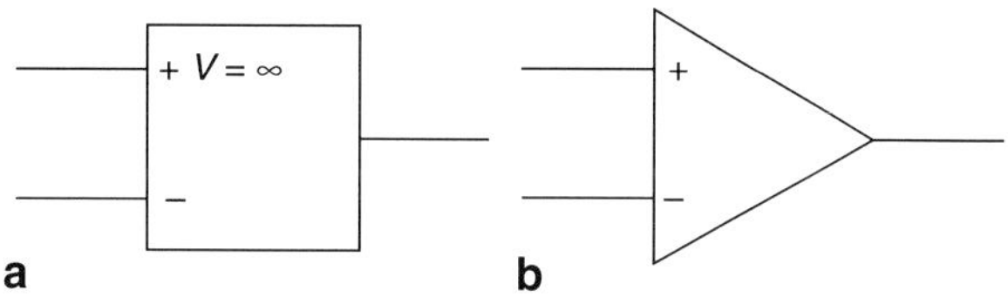

Durch unvermeidbare *interne Kapazitäten* entsteht für Wechselspannung zunehmender Frequenz erst eine *Phasendrehung* und dann eine *Pegelabsenkung*. Erreicht die Phasendrehung durch mehrere interne RC-Glieder 180° und ist bei dieser Frequenz die Verstärkung noch nicht unter $v = 1$ abgesunken, dann entsteht ein *schwingfähiges Gebilde* und der Verstärker ist mit dieser Beschaltung unbrauchbar. Durch *interne Schaltungsmaßnahmen* in den meisten Operationsverstärkern arbeiten diese normalerweise *stabil*.

B.2.1.2 Operationsverstärker mit statischer Beschaltung

Dieser Abschnitt beschreibt nur die *statischen Schaltungen*. Das sind Schaltungen zur Verstärkung *zeitlich gleichbleibender* oder *niederfrequenter* Signale, bei denen das vollständige Eingangssignal unverfälscht verstärkt wird: alle *Frequenzen* werden mit der *gleichen Verstärkung* und der *gleichen Laufzeit* verarbeitet. Die Berechnung berücksichtigt deshalb keine zeit- und frequenzabhängigen Zusammenhänge.

In Bild B-45 sind die einzelnen Beschaltungen zusammengestellt, ihre Besonderheiten erwähnt, der Eingangswiderstand angegeben sowie die Übertragungsfunktionen aufgestellt und grafisch veranschaulicht. Ausgehend vom Schaltbild des Operationsverstärkers werden für alle Schaltungen die Knoten- und Maschengleichungen aufgestellt, vereinfacht und gelöst. Daraus wird die *Übertragungsfunktion* $U_a = f(U_e)$ errechnet, aus der sich die speziellen Anwendungen ergeben. Bei der Berechnung der Schaltung wird von einem *idealen* Operationsverstärker ausgegangen. Deshalb sind von den in Tabelle B-4 dargestellten Eigenschaften insbesondere folgende gültig:

- Die Eingangsströme I_e des Verstärkers sind null,
- wegen der sehr großen Verstärkung ($v = \infty$) ist die Spannung U_I zwischen den Eingängen des Verstärkers null.

Schaltung	Eigenschaft Besonderheiten	Eingangs-widerst.	Gleichung der Übertragungsfunktion	Bild der Übertragungsfunktion
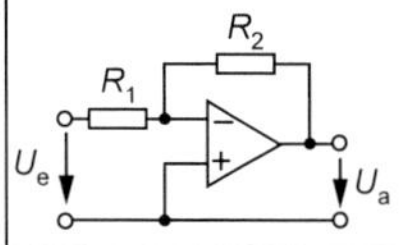	Invertierender Spannungsverstärker	$R_e = R_1$	$U_a = -U_e \frac{R_2}{R_1}$ $v = -\frac{R_2}{R_1}$	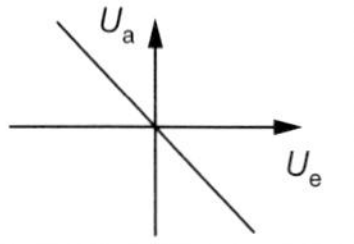
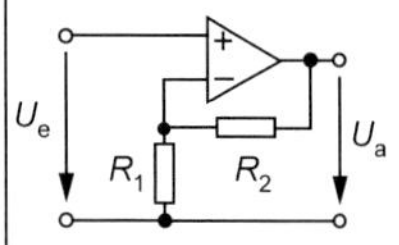	Nicht invertierender Spannungsverstärker. Elektrometerverstärker. Sehr hoher Eingangswiderstand.	$R_e = R_{e0} \frac{V_0}{V}$	$U_a = U_e\left(\frac{R_2}{R_1} + 1\right)$ $v = \frac{R_2}{R_1} + 1$	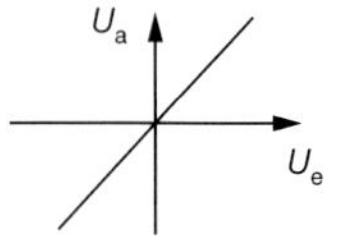
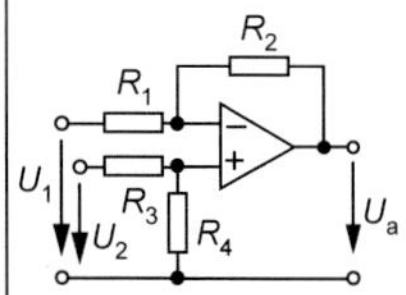	Differenzverstärker. U_1 invertierend. U_2 nicht invertierend. Verstärkt nur die Differenz ($U_2 - U_1$).	$R_{e1} = R_1$ $R_{e2} = R_3 + R_4$	$U_a = U_2\frac{R_4}{R_3} - U_1\frac{R_2}{R_1}$ $v_1 = -\frac{R_2}{R_1}$ $v_2 = \frac{R_4}{R_3}$	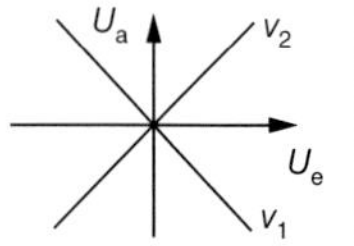
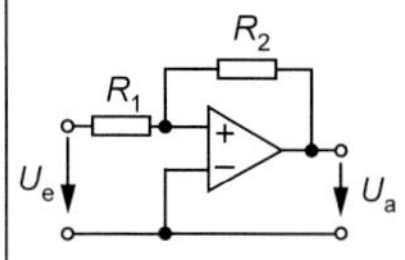	Schmitt-Trigger. Schaltet bei der Schwelle. Die Schaltpunkte der ansteigenden und der abfallenden Flanke unterscheiden sich um die Hysteresespannung U_H.	$R_e = R_1$ Rückwirkung auf den Eingang beim Schalten	$U_a = U_{+\,sätt}$ oder $U_{-\,sätt}$ $v = \infty$ beim Schalten $v = 0$ in Ruhe $U_H = (U_{+\,sätt} - U_{-\,sätt})\frac{R_1}{R_2}$	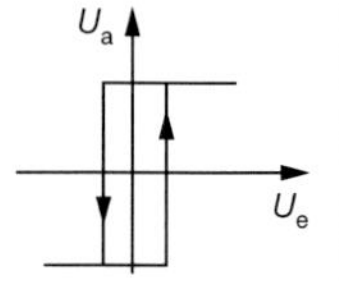
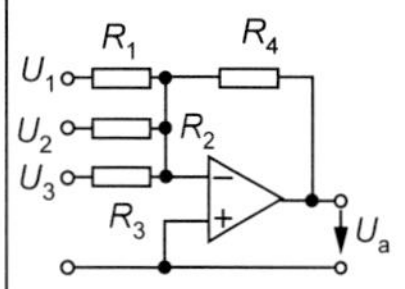	Addierender und invertierender Spannungsverstärker. Keine Rückwirkung der verschiedenen Eingangsspannungen aufeinander.	$R_{e1} = R_1$ $R_{e2} = R_2$ $R_{e3} = R_3$	$U_a = R_4\left(\frac{U_{e1}}{R_1} + \frac{U_{e2}}{R_2} + \frac{U_{e3}}{R_3} + \frac{U_{en}}{R_n}\right)$ $v_1 = \frac{R_4}{R_1}$ $v_2 = \frac{R_4}{R_2}$ usw.	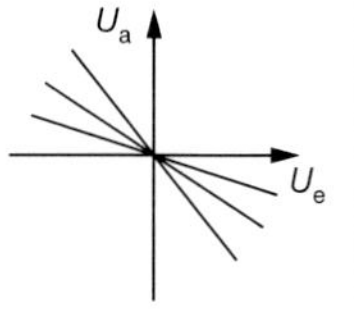
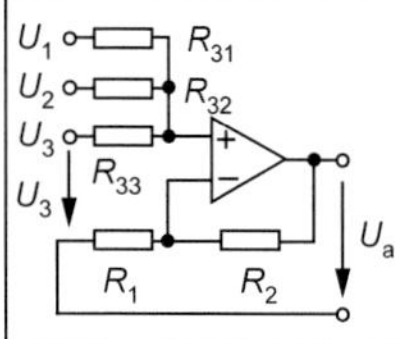	Addierender und nicht invertierender Spannungsverstärker. Rückwirkung der Eingangsspannungen über die Widerstände R_{3X}	$R_{e1} = R_{31} + R_{32} \parallel R_{33}$ $R_{e2} = R_{32} + R_{31} + R_{33}$	$U_a = \left(1 + \frac{R_2}{R_1}\right) f(U_1, U_2, U_n, R_1, R_2, R_n)$	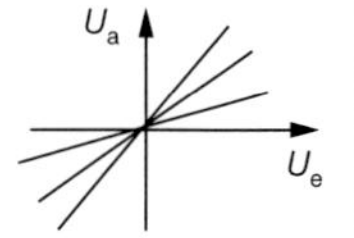
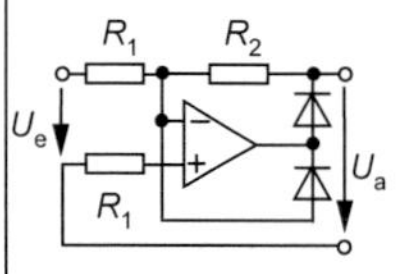	Einweg-Gleichrichter mit gemeinsamen Bezugspotenzial. Geeignet als Präzisionsgleichrichter zur elektrischen Weiterverarbeitung.	$R_e = R_1$	$u_a = u_e \frac{R_2}{R_1}$ für $u_e < 0$ $u_a = 0$ für $u_e > 0$	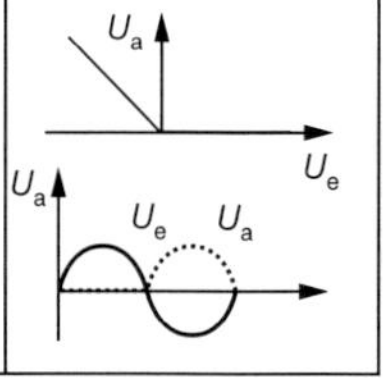

Bild B-45 Zusammenstellung statisch beschalteter Operationsverstärker

B.2.1.3 Operationsverstärker mit dynamischer Beschaltung

Operationsverstärker-Schaltungen mit *statischer* Rückkopplung erzeugen zu jeder Eingangsspannung eine *fest zugeordnete* Ausgangsspannung. Die Rückkopplung besteht aus Bauteilen (z.B. aus Widerständen, Dioden oder Transistoren), bei denen der Strom der angelegten Spannung *ohne Verzögerung* folgt.

Operationsverstärkerschaltungen mit *dynamischer Rückkopplung* erzeugen Ausgangssignale, die nicht nur vom Augenblickswert der Eingangsspannung, sondern auch von deren bisherigem Verlauf abhängen. Die Beschaltung enthält Energie speichernde Bauteile (z.B. Kondensatoren), bei denen der Strom und die Spannung zeitlich gegeneinander versetzt verlaufen. Die im Prinzip ebenfalls verwendbaren Induktivitäten werden praktisch nicht benutzt, da sie schlechtere elektrische Eigenschaften als Kondensatoren aufweisen und teurer sind. Stattdessen baut man alle passiven Filterschaltungen aus Kondensatoren und Induktivitäten heute als *aktive Filterschaltungen* auf, bestehend aus Operationsverstärkern, Widerständen und Kondensatoren. Bei beiden Schaltungstypen ist, wie bei allen Schaltungen mit Operationsverstärkern, die Summe des Eingangsstroms und des zurückgekoppelten Stroms gleich null, und der Eingangsstrom des Operationsverstärkers wird stets vernachlässigt. Der Verstärker muss dabei den Signalen *ohne spürbare Verzögerung* folgen können; sonst gelten die angegebenen Übertragungsfunktionen nicht oder nur näherungsweise.

Die analogen aktiven Filter werden zunehmend durch *digitale, getaktete Filter* ersetzt.

Beim *Integrierer* wird der *zeitliche* Verlauf des Eingangssignals durch Integration in einen anderen *zeitlichen* Verlauf der Ausgangsspannung umgeformt, während *Tief*- und *Hochpässe* verschiedene *Frequenzen trennen* und damit den Frequenzbereich betrachten. Bild B.2.1.3 gibt eine Übersicht über die wichtigsten dynamischen Schaltungen und ihre Eigenschaften. Diese Schaltungen werden zur Signalverarbeitung und in der Regelungstechnik verwendet.

Beim *Tiefpass 2. Ordnung* werden Verstärkung v_0, Grenzfrequenz f_g und Dämpfung α vorgegeben, ein Widerstand ist frei wählbar, Grenzfrequenz und Dämpfung bestimmen die übrigen Bauteile. Vertauscht man Kondensatoren und Widerstände, dann entsteht ein *Hochpass 2. Ordnung*. Die Berechnung aller Größen kann weiterführender Literatur entnommen werden.

Bei allen Schaltungen mit Operationsverstärkern ist zu beachten, dass die größte Ausgangsspannung 1 V bis 2 V geringer ist als die Versorgungsspannung. Beim Integrator, der mit ± 15 V versorgt wird, endet die Integration, wenn die Ausgangsspannung $\pm$ 13 V erreicht.

B.2.2 Weitere analoge integrierte Schaltungen

Das Angebot analoger integrierter Schaltungen ist sehr vielfältig. Es ist davon auszugehen, dass alle Schaltungen, die in größerer Stückzahl benötigt werden, von einem

Schaltung	Eigenschaften Besonderheiten	Übertragungsfunktion $f = \underline{U}_a / \underline{U}_e$	Amplitudengang	Phasengang	Sprungantwort
Integrator 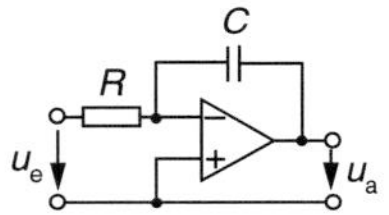	Aus der Eingangsspannung u_e wird eine mit der Zeit ansteigende Ausgangsspannung u_a. Regelungstechnik.	$u_a = -\frac{1}{RC}\int u_e \mathrm{d}t$	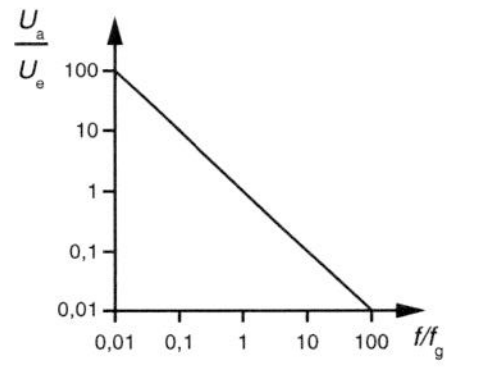	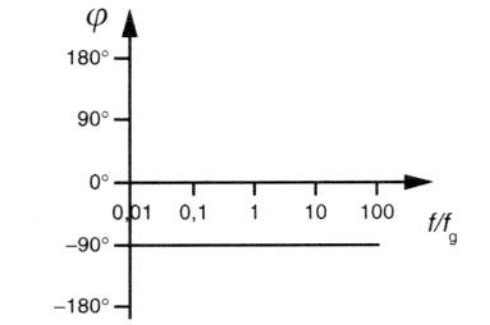	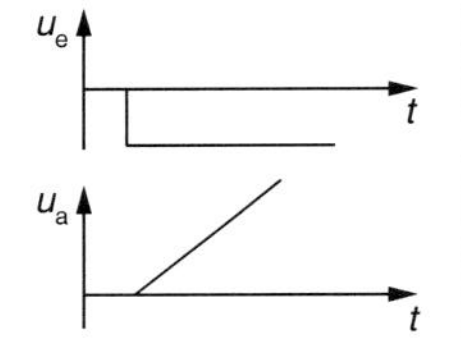
PI-Regler 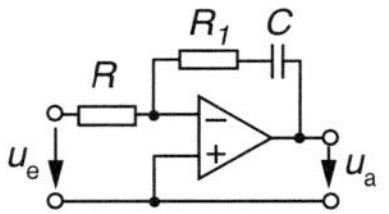	Der PI-Regler regelt einen Teil der Abweichung schnell, den Rest aber vollständig und langsam aus. Regelungstechnik.	$u_a = -\frac{R_1}{R} - \frac{1}{RC}\int u_e \mathrm{d}t$ $f_g = \frac{1}{2\pi RC}$	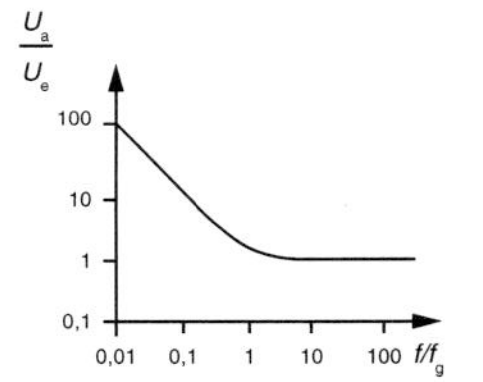	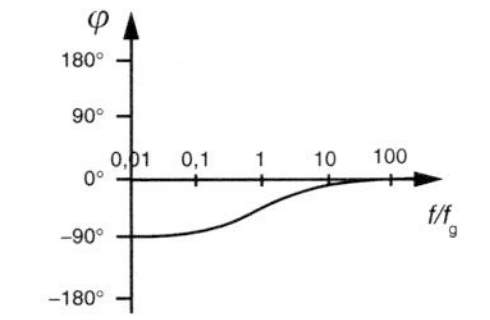	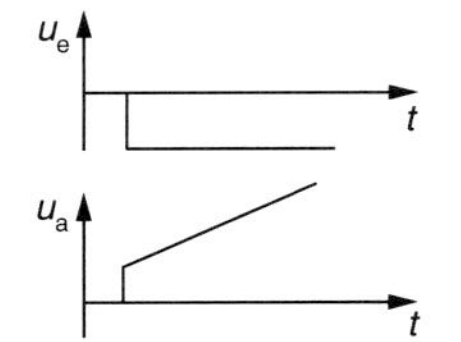
Tiefpass 1. Ordnung 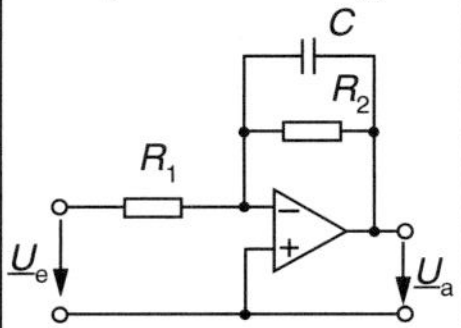	Unterdrückt Frequenzen oberhalb der Grenzfrequenz f_g mit 20 dB/Dekade. Nachrichtentechnik, Signalverarbeitung.	$\frac{\underline{U}_a}{\underline{U}_e} = -\frac{R_2}{R_1}\frac{1}{1 + \mathrm{j}\omega C R_2}$ $\omega_g = \frac{1}{R_2 C}$ $f_g = \frac{1}{2\pi R_2 C}$	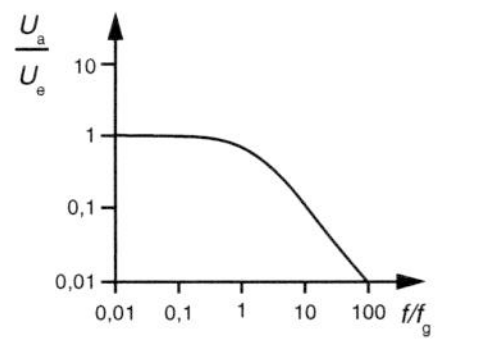	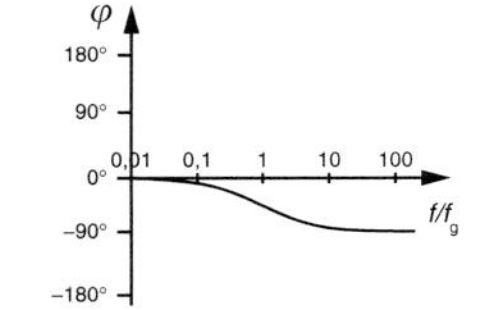	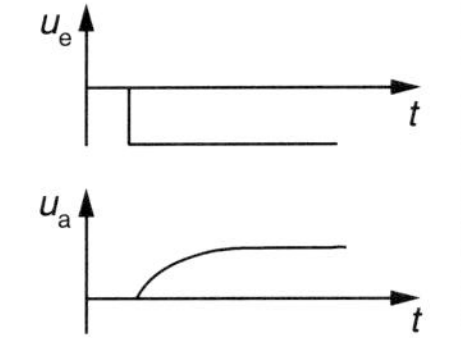
Tiefpass 2. Ordnung 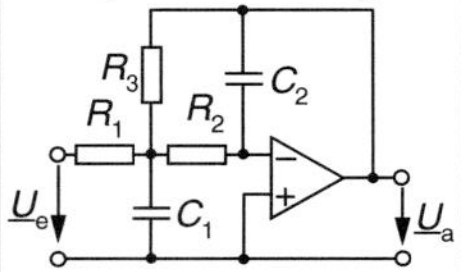	Unterdrückt Frequenzen oberhalb der Grenzfrequenz f_g mit 40 dB/Dekade. Der Dämpfungsfaktor α beeinflusst das Verhalten nahe f_g. Nachrichtentechnik, Signalverarbeitung.	$\frac{\underline{U}_a}{\underline{U}_e} = \frac{-\upsilon_0}{1 + \mathrm{j}\Omega\alpha - \Omega^2}$ $\Omega = \frac{\omega}{\omega_g}$ $\upsilon_0 = \frac{R_3}{R_1}$ α = Dämpfungsfaktor	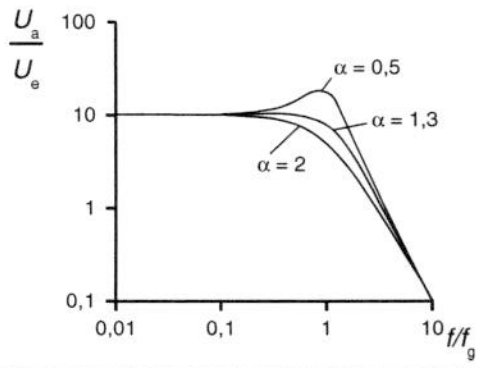	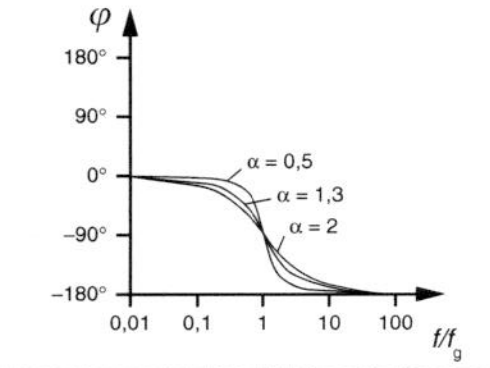	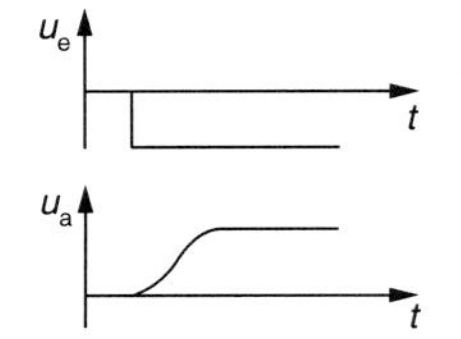

Hochpass 1. Ordnung 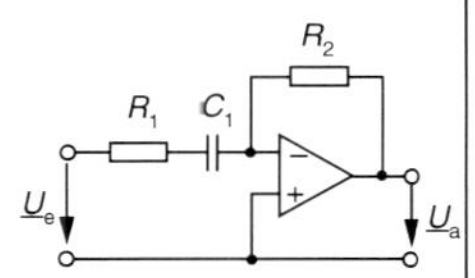	Unterdrückt Frequenzen unterhalb der Grenzfrequenz f_g mit 20 dB/Dekade, Nachrichtentechnik, Signalverarbeitung.	$\frac{U_a}{U_e} = -\frac{R_2}{R_1} \frac{j\omega C_1 R_2}{1 + j\omega C_1 R_2}$ $\omega_g = \frac{1}{R_1 C}$	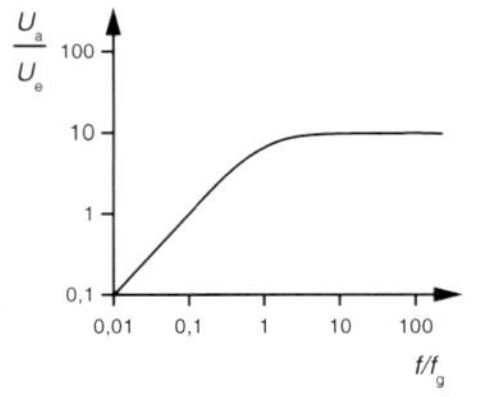	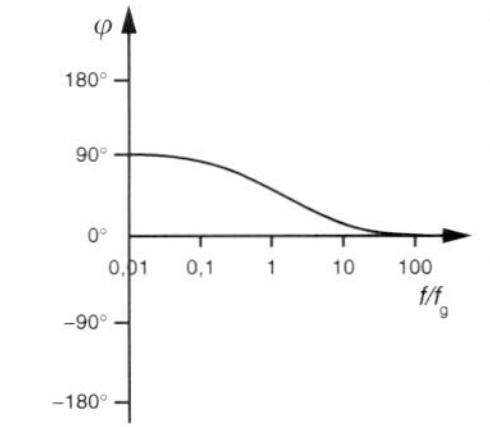	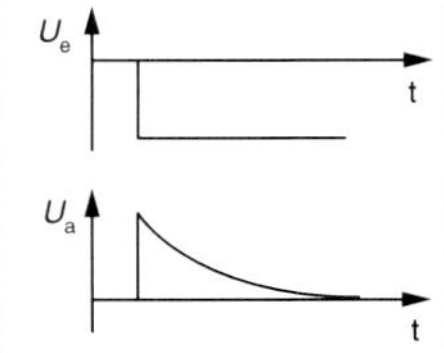
Hochpass 2. Ordnung 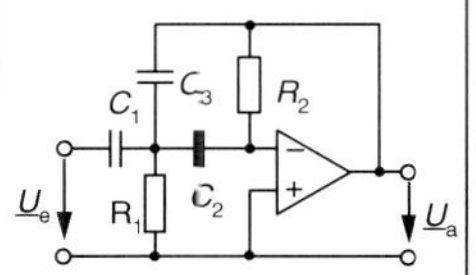	Unterdrückt Frequenzen unterhalb der Grenzfrequenz f_g mit 40 dB/Dekade Der Dämpfungsfaktor α beeinflusst das Verhalten nahe f_g. Nachrichtentechnik, Signalverarbeitung.	$\frac{U_a}{U_e} = -\frac{-v_\infty \Omega^2}{1 + j\Omega\alpha - \Omega^2}$ $\Omega = \frac{\omega}{\omega_g}$ $v_\infty = \frac{C_3}{C_1}$ α = Dämpfungsfaktor	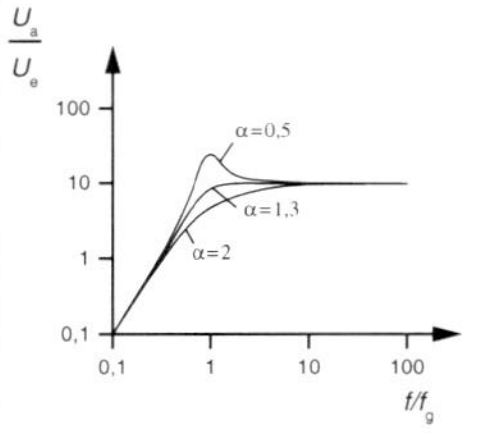	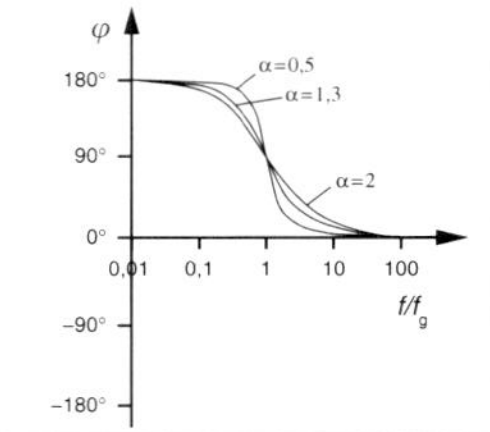	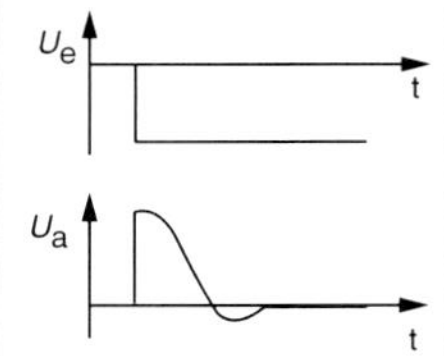
Allpass 1. Ordnung 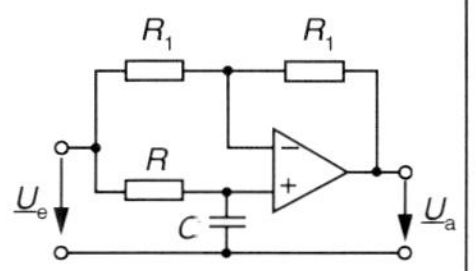	Die Ausgangsamplitude hängt nicht von der Frequenz ab. Die Phase ändert sich von 0° bei niedriger Frequenz über −90° bei f_g zu −180° bei hohen Frequenzen. Kann Phasendrehungen in Regelkreisen ändern.	$\frac{U_a}{U_e} = \frac{1 - j\Omega}{1 + j\Omega}$ $\Omega = \frac{\omega}{\omega_g} = \omega RC$	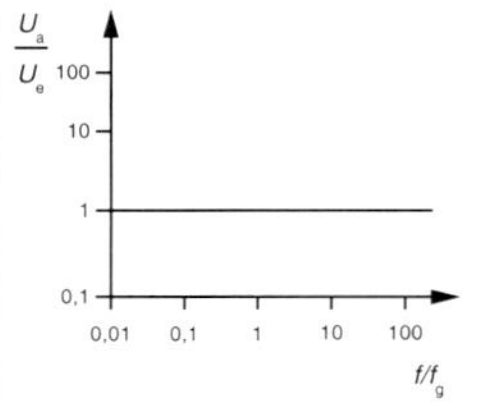	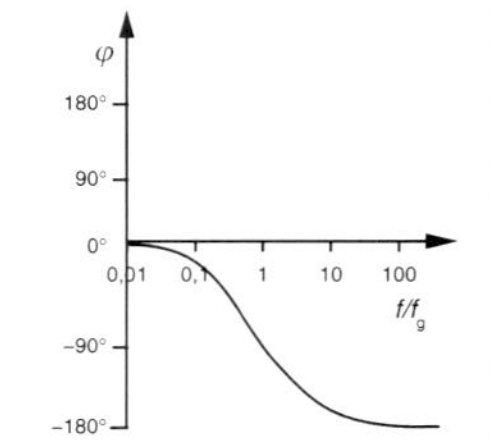	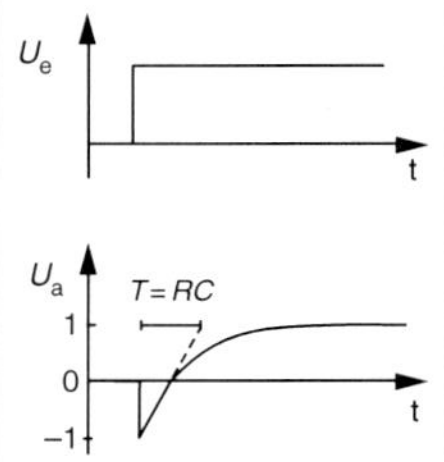

Bild B-46 Zusammenstellung dynamisch beschalteter Operationsverstärker oder mehreren Herstellern als integrierte Schaltung angeboten werden. Der dafür aufzuwendende Raum und die Kosten liegen häufig weit unter denen eines Aufbaus aus diskreten Teilen. Zudem fallen keine Entwicklungskosten an. Mit dem richtigen Stichwort sind die Datenblätter im Internet zu finden.

Häufig gebraucht werden *lineare Spannungsregler*, die mit fester oder einstellbarer Ausgangsspannung einem Transformator mit Gleichrichter nachgeschaltet werden, um beispielsweise eine Regelschaltung mit Operationsverstärkern zu versorgen.

Auch *Schaltregler*, die mit gutem Wirkungsgrad arbeiten, sind als integrierte Schaltung verfügbar. Dabei müssen Drosseln, die Energie speichernden Induktivitäten, und große Kondensatoren extern beschaltet werden. Das ist in den Datenblättern normalerweise gut beschrieben.

Eine weitere Gruppe *steuert Thyristoren* oder *Triacs*, beispielsweise in Elektrowerkzeugen oder Haushaltsgeräten. Andere Schaltungen kontrollieren die Batterieladung in Kleingeräten, verhindern ein Überladen und melden, wenn die Batterie fast leer ist und schalten den Verbraucher ab, um eine Beschädigung der Batterie zu verhindern.

Es gibt Schaltungen, die sehr kleine oder hochohmige Sensorsignale verarbeiten, manchmal mit einer Linearisierung. Auch in der Unterhaltungselektronik, der Nachrichten- und Messtechnik werden viele verschiedene analoge integrierte Schaltungen eingesetzt.

B.2.3 DA- und AD-Wandler

Viele Geräte und Maschinen werden heute über *Digitalrechner* bedient und gesteuert. Das setzt eine Umsetzung der meist *analogen* mechanischen oder elektrischen Signale in *digitale Signale* voraus, die heute stets mit dem steuernden Mikrorechner weiter verarbeitet werden. Diese ursprünglich in der Messtechnik und der Nachrichtentechnik verwendeten Datenwandler sind inzwischen preisgünstig und genau. Digitale Signale sind weniger störanfällig als analoge; bei mehrfacher Umsetzung schleichen sich keine zusätzlichen Fehler ein. Das digitale Datenwort ist fast immer binär kodiert, die Auflösung beträgt je nach Anforderung und Aufwand 8 Bit bis 18 Bit, danach richtet sich auch die interne Genauigkeit. Auch bei den Zeiten zur Datenumsetzung zwischen dem Anlegen des Eingangssignals und dem eingeschwungenen Ausgangssignal gibt es große Unterschiede.

B.2.3.1 Digital-Analog-Wandler (DA-Wandler)

DA-Wandler (engl.: digital analog converter, DAC) setzen ein vielstelliges binär codiertes Digitalsignal aus Nullen und Einsen linear in ein analoges Signal um. Dazu muss der DA-Wandler jede Stelle des Digitalsignals ihrem Stellenwert entsprechend in ein Analogsignal umwandeln und die Summe aller Stellen als Analogsignal ausgeben. Man benutzt meistens ein *R-2R-Leiternetzwerk* mit anschließendem Operationsverstärker (Bild B-47).

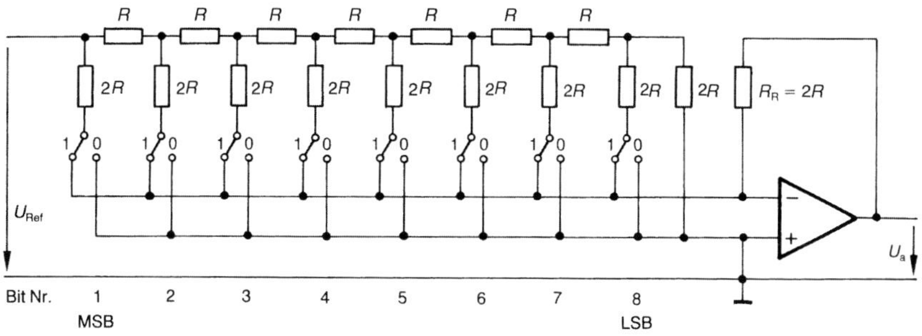

Bild B-47 Multiplizierender DA-Wandler

Bild B-48 R-2R-Leiternetzwerk mit Strömen
a) Reihenschaltung gleichartiger Leiterelemente,
b) Widerstandsverhältnisse an einem Element des Netzwerks

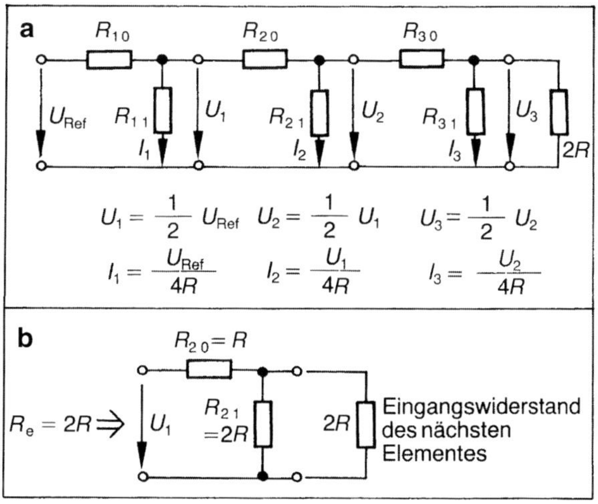

Bei den heute üblichen Wandlern speisen *n binär gestufte Referenzspannungen* über digital gesteuerte Schalter und gleiche Widerstände Strom in den summierenden Knoten eines Operationsverstärkers. Die Ströme erzeugt man aus der Referenzspannung mit Hilfe eines R-2R-Netzwerks, das für einen n-Bit-Wandler $(2n+1)$ Widerstände mit nur zwei verschiedenen Werten enthält, nämlich R und $2R$. Das R-2R-Netzwerk lässt sich leichter mit großer Genauigkeit herstellen, als binär gestufte Widerstände mit dem erforderlichen großen Werteverhältnis.

Bild B-48a zeigt die Widerstands- und Stromverhältnisse in einem R-2R-Netzwerk. Es besteht aus n gleichen Spannungsteilern, jeweils aus einem Längswiderstand $R_{i0} = R$ und einem Querwiderstand, $R_{i1} = 2R$, mit $i = 1$ bis n und ist mit $2R$ abgeschlossen. Jeder Spannungsteiler ist mit dem nächsten Glied aus R und $2R$ belastet. Damit besteht der erste Teiler aus dem Längswiderstand $R_{10} = R$ und dem Querwiderstand $R_{11} = 2R$, der mit dem Eingangswiderstand $2R$ des nächsten Elements, R_{20} und R_{21}, belastet ist. Der Spannungsteiler aus $R_{10} = R$ und den beiden parallel geschalteten Widerständen $R_{11} = 2R$ und dem Eingangswiderstand $2R$ der folgenden Stufe *halbiert* die *Referenzspannung* U_{ref} zu U_1 (Bild B-48b). Dieser Vorgang wiederholt sich bei jedem weiteren zugeschalteten Spannungsteiler. Damit halbiert sich auch der Strom im jeweils nächsten Elements dieses Leiternetzwerks. Bedingung für diese Stromaufteilung ist ein gleiches *Bezugspotenzial* für die Referenzspannung und die Fußpunkte der Querwiderstände. Das letzte Element schließt mit dem Widerstand $2R$ ab, weshalb die Referenzspannung stets mit dem Lastwiderstand $2R$ belastet wird. Das ist unabhängig von der Anzahl n der Elemente und der Stellung der später hinzukommenden Schalter. Der Eingangswiderstand des Leiternetzwerks für die Referenzspannung beträgt immer $R_e = 2R$.

B.2.3.2 Multiplizierender DA-Wandler

Bild B-47 zeigt einen 8-Bit-DA-Wandler mit einem Leiternetzwerk. In den Querwiderständen $2R$ fließen von links nach rechts abnehmende Ströme. Abhängig von der jeweiligen Schalterstellung fließen diese Ströme in den gemeinsamen Massepunkt (Schalterstellung 0) oder in den fiktiven Massepunkt am summierenden Knoten des nachfolgenden Operationsverstärkers (Schalterstellung 1).

Die Ausgangsspannung des Operationsverstärkers stellt sich so ein, dass der Eingangsstrom I_e durch den über R_R zurückgeführten Strom kompensiert wird. Ist die Verstärkung des DA-Wandlers gleich eins, d. h. ist der Rückführwiderstand $R_R = 2R$, dann gilt für die Ausgangsspannung U_a

$$U_a = \frac{X \cdot U_{\text{Ref}}}{2^n}. \tag{B-38}$$

Dabei ist X der Wert der angelegten Binärzahl, n die Bit-Breite des DA-Wandlers und U_{Ref} die angelegte Referenzspannung. Da die Ausgangsspannung dem *Produkt* aus der Binärzahl X und der Referenzspannung U_{Ref} proportional ist, bezeichnet man diesen Wandler als *multiplizierenden* DA-Wandler. Die Schaltung eignet sich auch zur Multiplikation einer Analogspannung mit einem digital eingegebenen Faktor. Die Analogspannung ist in weiten Grenzen frei; es kann eine periodische oder nichtperiodische Wechselspannung sein (z.B. eine Tonfrequenz). In diesem Zusammenhang nennt man den multiplizierenden DA-Wandler auch *elektronisches Potenziometer*.

Der Wandler ist so genau wie die Teilströme in den einzelnen Querwiderständen. Fehler im Widerstand des MSB verursachen einen entsprechenden Gesamtfehler, während Wertetoleranzen der niederwertigen Bits entsprechend verringert eingehen. In der Gleichung (B-38) kommen die Absolutwerte der Widerstände nicht vor, sie beeinflussen die Genauigkeit nicht, wohl aber deren Verhältnis. Hierbei ist das R-2R-Leiternetzwerk vorteilhaft, weil es fast nur gleichartige Widerstände enthält, die sich gut und mit geringen Toleranzen herstellen lassen. Der bei allen Widerständen gleiche Temperaturgang beeinflusst die Widerstandverhältnisse auch bei sich stark ändernder Umgebungstemperatur nicht; ferner wird der einzige maßgebende Widerstand außerhalb des Leiternetzwerks, der Rückführwiderstand R_R, meistens zusammen mit dem Netzwerk auf einem Substrat hergestellt. Das Leiternetzwerk baut man häufig aus Widerständen mit 10 kΩ und 20 kΩ oder 25 kΩ und 50 kΩ auf.

Eine weitere Fehlerquelle ist der ohmsche Widerstand des Schalters im EIN-Zustand. Er ist voll zum jeweiligen Widerstandswert zu addieren. Durch eine inzwischen ausgereifte Technologie reicht die Genauigkeit für normale Anwendungen aus. Der heute übliche Restfehler beträgt 1 LSB. Wenn das nicht ausreicht, nimmt man die nächst bessere Genauigkeitsstufe, beispielsweise 12 Bit statt 10 Bit Auflösung und legt die zwei niederwertigsten Bits fest auf Masse.

DA-Wandler werden heute in großer Vielfalt angeboten. Die Auflösung reicht von 8 Bit bis 18 Bit, die *Ansteuerung* kann *parallel* oder *seriell* erfolgen. Im letzteren Fall wird das digitale Datenwort in ein Schieberegister geschoben und sofort oder mit einem nachfolgenden Steuerimpuls an den DA-Wandler angelegt. Viele DA-Wandler können direkt vom Daten- und Kontrollbus eines Mikroprozessors angesteuert werden. Sie halten den übertragenen Wert, bis ein neuer in das Register geschrieben wird. Während dieser Zeit können auf dem Bus andere Daten ein- und ausgegeben werden, ohne den DA-Wandler zu stören. Die monolithisch auf Silicium hergestellten Wandler sind preisgünstig. Viele DA-Wandler haben eine *interne Referenzspannungsquelle*, die nur an den äußeren Anschlüssen des DA-Wandlers mit dem Eingang U_{Ref} verbunden werden muss. Der Anwender kann die interne oder eine externe Referenzspannung nach Bedarf nutzen.

Heute werden auch Spannungsverläufe, die sich kontinuierlich ändern, digital gespeichert und als Folge von Digitalworten an einen DA-Wandler ausgegeben. Ändern sich mehrere Stellen des Digitalwortes gleichzeitig, dann können beim Übergang große unerwünschte Spitzen auf dem Analogsignal entstehen. In diesen Fällen wird das abgehende Analogsignal mit einem kleinen Kondensator gespeichert und der Ausgang des DA-Wandlers während der Einschwingzeit mit einem FET-Schalter kurzzeitig vom speichernden Kondensator getrennt. Danach verbleibt nur noch die unvermeidbare Quantisierung des Digitalwortes.

B.2.3.3 Analog-Digital-Wandler (AD-Wandler)

Der Wunsch, analog vorhandene Daten digital weiter zu verarbeiten, zu speichern oder zu übertragen, hat zur Entwicklung vieler verschiedener Verfahren zur Analog-Digital-Wandlung geführt. Vier davon haben sich durchgesetzt und wurden zu hoher Reife gebracht. Der zuletzt entwickelte *Delta-Sigma-Wandler* bietet eine hohe Auflösung, bis 24 Bit, bei mittlerer Geschwindigkeit. Der Wandler lässt sich mit moderner Halbleitertechnologie in großen Stückzahlen preisgünstig herstellen.

Die Tabelle B-5 zeigt eine Übersicht über die vier wichtigsten AD-Wandlertypen. Alle AD-Wandler können nur *Gleichspannungen* oder *Spannungen* umsetzen, die sich während der *Messung nicht verändern*.

Tabelle B-5 Verfahren zur Analog-Digital-Wandlung

Arbeitsprinzip	Genauigkeit, Schnelligkeit	Preis, Stromverbrauch	Ausgang	Anwendungsbeispiel
Integrierender AD-Wandler, Zweirampen-verfahren	12 bis 20 Bit 10 ms bis 1 s langsam, $3\frac{1}{2}$–$5\frac{1}{2}$ Dezimalstellen	sehr preisgünstig, 1 mW bis 100 mW	BCD mit Ziffernanzeige, binär, parallel, µP-kompatible Busschnittstelle	Digitalmultimeter, langsame Spannungsmesser, für manuelle und automatische Messungen, unempfindlich gegen überlagerte Störungen
AD-Wandler nach dem Prinzip der sukzessiven Approximation SAR-Prinzip	8 Bit bis 18 Bit, 0,5 µs bis 100 µs, schnell	preisgünstig bis mittlere Preisklasse, 5 mW bis 500 mW	binär, zunehmende µP-kompatible Busschnittstelle parallel und seriell	schneller Datenwandler in der industriellen Steuer- und Regeltechnik, zur Kommunikation und zur Überwachung schneller Vorgänge, störempfindlich
AD-Parallel-Wandler, ein- und mehrstufig	binär, sehr schnell 6 bis 16 Bit 2 ns bis 300 ns z.B. 12 Bit 125 MHz	mittlere Preisklasse bis sehr teuer, 0,1 W–4 W	binär, parallel	Datenwandler zur Digitalisierung schneller Analogsignale, Video, Kommunikation, Radar, extrem schnell
Delta-Sigma-AD-Wandler	10 Bit bis 24 Bit, 1 ms bis 0,4 µs	preisgünstig, Verbrauch gering (mW), schnelle ADC mittel, bis 1 W	binär, seriell und parallel	Datenwandler für sehr viele Anwendungen, sehr genau, allgemein einsetzbar, und wegen einfacher Analogtechnik und überwiegender Digitaltechnik gut herstellbar. Ersetzt inzwischen viele Wandler nach dem SAR-Prinzip

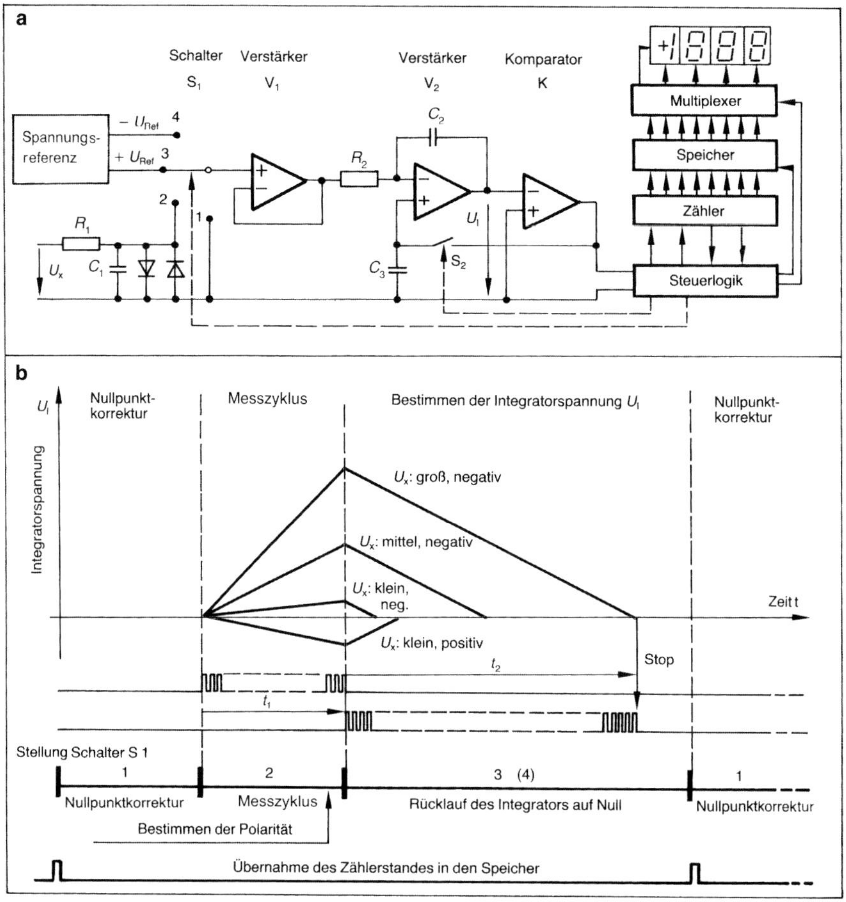

Bild B-49 Integrierender Analog-Digital-Wandler **a**) Blockschaltbild, **b**) Interne Spannungen und Impulse

B.2.3.4 Integrierender Analog-Digital-Wandler

Integrierende AD-Wandler sind genau, oft hoch auflösend, preisgünstig, störfest aber langsam. Die Messzeit liegt zwischen 10 ms und 1 s. Sie haben sich für Handmessgeräte und langsame Messaufgaben, beispielsweise Temperaturmessungen, durchgesetzt. Beim integrierenden AD-Wandler erzeugt die unbekannte Spannung U_X innerhalb einer genau festgelegten Zeit an einem Integrator einen Spannungsanstieg, der zu einer bestimmten Integrationsspannung U_I, führt, die dem *Mittelwert* der unbekannten Eingangsspannung proportional ist. Anschließend legt man eine genau bekannte Referenzspannung mit entgegengesetzter Polarität an und misst die Zeit, in der der Integrator wieder auf null läuft. Diese Zeit ist der unbekannten Spannung U_X proportional. Bild B-49a zeigt das Blockschaltbild eines integrierenden AD-Wandlers.

Die unbekannte Eingangsspannung U_x kommt über den Schutzwiderstand R_1 zum Schalter S_1. Der Kondensator C_1 unterdrückt höherfrequente Störungen, und die antiparallel geschalteten Dioden schützen den Eingang vor Überspannung. Zu Beginn der Messung stellt die Steuerlogik den MOSFET-Schalter S_1 in die Stellung 2, und die Eingangsspannung gelangt über den sehr hochohmigen Elektrometerverstärker V_1 auf den Integrator V_2.

Während des Messzyklus t_1, der immer eine konstante Anzahl Perioden (2.000 bis 20.000) des internen Systemtaktes (meist 100 kHz) dauert, wird die unbekannte Eingangsspannung *über der Zeit* integriert. Eine kleine Messspannung veranlasst einen langsamen Spannungsanstieg, eine große einen schnellen Anstieg.

Dieser Anstieg ist in der Mitte des Bildes B-49b zu sehen. Der Komparator K stellt die Polarität der integrierten Spannung und damit auch die Polarität der Eingangsspannung fest. Nach Ablauf der Messzeit t_1 stellt die Steuerlogik den Schalter den Schalter S_1 in die Stellung 3 oder 4. Dabei legt man statt der unbekannten Spannung U_x die Referenzspannung U_{Ref} mit umgekehrter Polarität über den Elektrometerverstärker an den Integrator, wodurch die Ausgangsspannung U_1 des Integrators mit *konstanter Änderungsrate* wieder zurückgeht.

Der Entladevorgang des Integrators dauert so lange, bis die Ausgangsspannung durch null geht und der Komparator K die Integration stoppt. Der Zähler zählt die Takte während der Entladezeit t_2, die um so länger dauert, je höher die angelegte Messspannung war. Die Anzahl der Messtakte ist der unbekannten Messspannung genau proportional. Wegen der ansteigenden und abfallenden Spannungsrampe heißt das Prinzip auch *Zweirampenverfahren* (engl.: dual slope technique).

Der große Erfolg dieses Wandlerprinzips beruht auf der einfachen und preisgünstigen Herstellung der Schaltung, die heute meist als monolithische, hochintegrierte CMOS-Schaltung ohne teuren Abgleich in Gebrauch ist. Beim integrierenden AD-Wandler nach dem Zweirampenverfahren geht letztlich nur die Referenzspannung in die Messung ein; alle anderen elektrischen Daten beeinflussen das Ergebnis nicht. Die Arbeitsweise und die Besonderheiten sind in dem Blockschaltbild B-49a und in dem Impulsbild B-49b erläutert.

Durch den extrem hochohmigen Eingang des Elektrometerverstärkers V_1, R_e >1.000 MΩ, fällt an R_1 keine Spannung ab. Der Wandler belastet die Mess-Spannung oder den vorgeschalteten Spannungsteiler nicht. Der Verstärker V_1 macht die Spannung niederohmig und speist den Integrator aus V_2 (R_2, und C_2). Unabhängig von der Größe der Integrationszeitkonstanten $\tau = R_2\, C_2$ gilt:

$$U_x \frac{t_1}{\tau} = U_{\text{Ref}} \frac{t_2}{\tau} \quad \text{oder}$$
$$U_x = U_{\text{Ref}} \frac{t_2}{t_1}. \tag{B-39}$$

Die Werte von R_2 und C_2 beeinflussen die Endspannung U_x des Integrators, aber nicht das Messergebnis, da die Zeitkonstante τ ebenso wenig in das Ergebnis eingeht wie die Taktfrequenz. Das maßgebende Verhältnis t_2/t_1 wird richtig ausgegeben, wenn die *Zeitdauer beider Rampen* mit der *gleichen Frequenz* gemessen wird. Nur Kurzzeitfehler der Taktfrequenz zwischen beiden Rampen führen zu einem Messfehler (meist kleiner als 10^{-6}). Die Werte des Widerstands R_2 und des Kondensators C_2 müssen während des Messvorgangs konstant bleiben und dürfen sich nicht spannungsabhängig verändern. Für R_2 wird meistens ein externer Metallschichtwiderstand, für C_2 ein Wickelkondensator aus Polypropylenfolie benutzt, der mit 10 %Toleranz preisgünstig zu haben ist.

Wechselspannungen, die der zu messenden Gleichspannung überlagert sind, gehen mit ihrem Mittelwert in das Messergebnis ein. Während einer oder mehrerer ganzer Perioden der Störspannung ist dieser Mittelwert null. Wird als Messzeit t_1 ein ganzzahliges Vielfaches der Periodendauer der Netzwechselspannung (z. B. n = 20 ms) gewählt, dann lassen sich 50 Hz- und 100 Hz-Störungen sehr gut unterdrücken. Bei hohen Störfrequenzen ist der Einfluss gering, da der Mittelwert der vollständig erfassten Perioden null ist und nur die unvollständige Restperiode als Fehler eingeht.

Die unvermeidbaren Fehler der Offsetspannungen der Operationsverstärker V_1 und V_2 können das Messergebnis erheblich verfälschen. Deshalb wird vor jeder Messung ein *Nullabgleich* durchgeführt. Er ist im Spannungsdiagramm (Bild B-49b ganz links) als Nullpunktkorrektur bezeichnet. Vor jeder Messung wird bei kurzgeschlossenem Eingang durch S_1 der Kondensator C_3 genau auf die Summe der Fehlspannungen von V_1 und V_2 aufgeladen. Beim folgenden Messen wird diese Fehlspannung von der Messgröße subtrahiert. Temperatureinflüsse und Alterung werden damit ausgeglichen.

Auch preisgünstige AD-Wandler haben heute eine hochgenaue Referenzspannungsquelle, da sie nahezu allein die Genauigkeit bestimmt. Die im allgemeinen als Zählerstand verfügbare Messgröße wird je nach Bedarf weiter gewandelt. Handmultimeter zeigen die Messgröße dezimal an, da wird intern von Dual auf BCD gewandelt. Andere Wandler haben eine Mikroprozessor kompatible Schnittstelle, die der Rechner über seinen Bus abfragen kann.

B.2.3.5 Analog-Digital-Wandler nach dem Prinzip der sukzessiven Approximation

Bei diesem Wandlertyp wird der Digitalwert null um *jeweils ein Bit*, beginnend mit dem MSB, vergrößert, gleichzeitig in den zugehörigen Analogwert gewandelt und mit dem unbekannten Analogwert verglichen. Das Ergebnis des *Vergleichers* nutzt man zur systematischen Annäherung der beiden Werte, die erreicht ist, wenn auch das LSB zum Vergleich herangezogen worden ist. Für jedes Bit ist ein Vergleich und damit eine Taktperiode erforderlich. Die *Wandlungszeit* beträgt je nach Typ 0,5 µs bis 100 µs, die *Genauigkeit* 8 Bit bis 18 Bit. Der erforderliche Aufwand, aber auch die erreichbare Geschwindigkeit ist wesentlich größer als beim integrierenden AD-Wandler; die Genauigkeit ist oft geringer.

Bild B-50a zeigt das Blockschaltbild dieses AD-Wandlers, Bild B-50b das zu gehörige Impulsbild. Die zu wandelnde Analogspannung wird am Eingang U_e angelegt. Sie muss konstant sein und darf sich während der Wandlung um weniger als ein 1/2 LSB ändern. Die Analog-Digital-Umsetzung wird mit einem *Start-Impuls*

Bild B-50 Analog-Digital-Wandler nach dem Prinzip der sukzessiven Approximation
a) Blockschaltbild,
b) Impulsbild, allmähliche Annäherung des Digitalwertes an den Analogwert durch Zuschalten aller notwendigen Bits

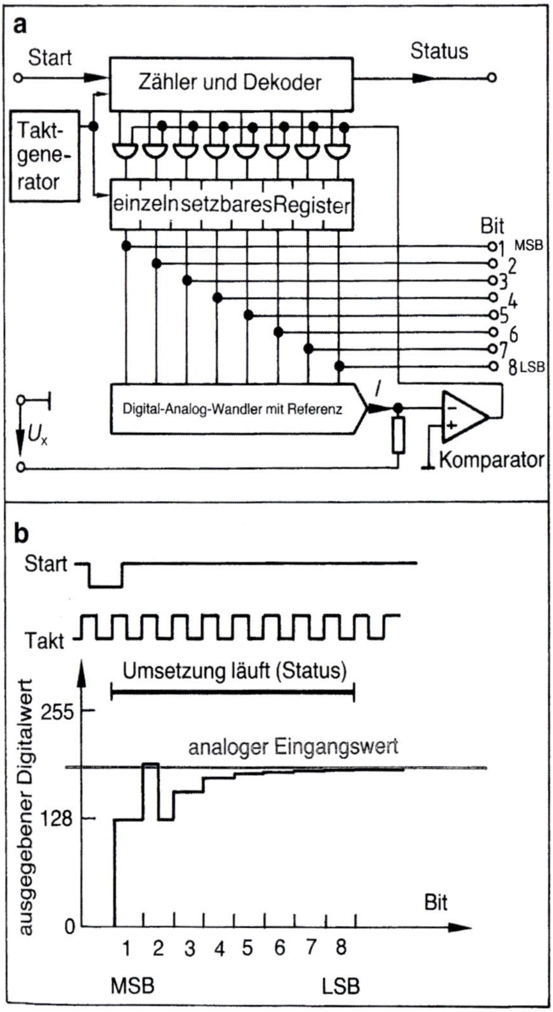

eingeleitet. Der Zähler setzt über einen Decoder und ein Register das MSB des angeschlossenen DA-Wandlers auf 1. Anschließend vergleicht der Komparator die unbekannte Analogspannung mit der des DA-Wandlers. Ist die Spannung des DA-Wandlers größer als die analoge Eingangsspannung, dann nimmt der Komparator das MSB im Register wieder zurück, ist die DA-Wandlerspannung dagegen kleiner, dann bleibt das Bit stehen.

Mit der nächsten Taktperiode schaltet der Zähler den Vergleich auf das nächst niedrigere Bit weiter. Der Vergleich führt zum Setzen oder Zurücksetzen des nächsten Bits. Nach jedem *Vergleich* schalten Zähler und Decoder auf das *nächste niedrigere Bit* weiter. Auf diese Weise wird die anfängliche Differenz zwischen dem Analogwert und dem von null ansteigenden Digitalwert immer kleiner, wobei nur jene Bits gesetzt werden, die zur Darstellung des Analogwerts erforderlich sind.

Ist das niederwertigste Bit (LSB) gesetzt, verriegelt der Wandler seinen Arbeitstakt und bleibt stehen. An der Verbindungsstelle des Registers mit dem DA-Wandler steht der fertig gewandelte Wert an. Wie im Impulsbild B-50b zu erkennen ist, führt das Bit 2 zu einem zu hohen Analogwert und wurde deshalb wieder zurückgenommen. Diese Kompensation des Analogwertes durch einen zusammengesetzten Digitalwert heißt auch *Wägeverfahren*. Die Wandlungszeit eines AD-Wandlers setzt sich aus den Laufzeiten im Digitalteil, dem Zähler und dem Register (SAR: Successive Approximation Register), der Einschwingzeit des DA-Wandlers und des Komparators zusammen. Die Summe dieser Zeiten ist für jedes Bit erforderlich. Deshalb wählt man die Taktfrequenz so, dass innerhalb einer Periode ein Bit einschwingen kann. Ein Wandler mit n-Bit-Auflösung benötigt deshalb mindestens n Takte zur Umsetzung.

Das Wägeverfahren ist weit weniger fehlertolerant als das Zweirampenverfahren. In das Ergebnis gehen alle Fehler des DA-Wandlers, wie Referenzspannungsfehler, Nichtlinearitäten. Offset, Temperatur- und Verstärkungsfehler ein. Überlagerte Störungen oder Wechselspannungen können das Setzen eines Bit veranlassen, das im Messwert nicht enthalten ist. Dieses Bit lässt sich im laufenden Umsetzvorgang nicht zurücknehmen; es verursacht einen Fehler, der erst bei der nächsten Wandlung korrigiert werden kann.

AD-Wandler nach dem Verfahren der sukzessiven Approximation sind als *mittelschnelle Wandler* mit *mittlerer* bis *hoher Genauigkeit* (bis 18 Bit) in Gebrauch. Der gegenüber integrierenden Wandlern hohe Preis rechtfertigt ihren Einsatz nur bei Mess-Spannungen, die sich mit der Zeit schnell ändern. Ein Beispiel ist die hochpräzise Digitalisierung von Tonfrequenzen zur Speicherung auf der Compact Disc; industrielle Steuerungen und die Kommunikationstechnik sind weitere wichtige Einsatzbereiche. Die meisten Wandler haben einen binär codierten parallelen Ausgang. Es gibt jedoch auch AD-Wandler mit einem Schieberegister im Ausgang, deren Ergebnis sich mit einer Impulsfolge seriell ausgeben lässt. Viele Analog-Digital-Wandler haben heute eine Mikroprozessor kompatible Schnittstelle. Ihr *Tri-State-Ausgangsregister* ist normalerweise hochohmig und liegt direkt am Datenbus. Über Steuersignale, Read und die decodierte Adresse des AD-Wandlers wird dieser angesprochen und schreibt sein Ergebnis direkt auf den Bus. Ist das Ausgangswort des AD-Wandlers breiter (18 Bit) als der Datenbus (16 Bit), dann kann man die Ausgänge zusammenlegen, getrennt aktivieren und dadurch als High-Byte und Low-Byte nacheinander vom Rechner abholen lassen.

B.2.3.6 Abtast- und Halteschaltung (Sample and Hold)

Ein sich schnell ändernder Eingangswert kann bei einem AD-Wandler nach dem Wägeverfahren zu erheblichen Fehlern führen. Man speichert deshalb den Analogwert kurz vor dem Abtastzeitpunkt in einem Kondensator, der während der Umsetzung von der Signalquelle getrennt wird. Jetzt wird der konstante Wert korrekt gewandelt (Bild B-51).

Bild B-51 Sample-and-Hold Schaltung **a**) Schaltung, **b**) Ein- und Ausgangsspannung im Abtastmodus

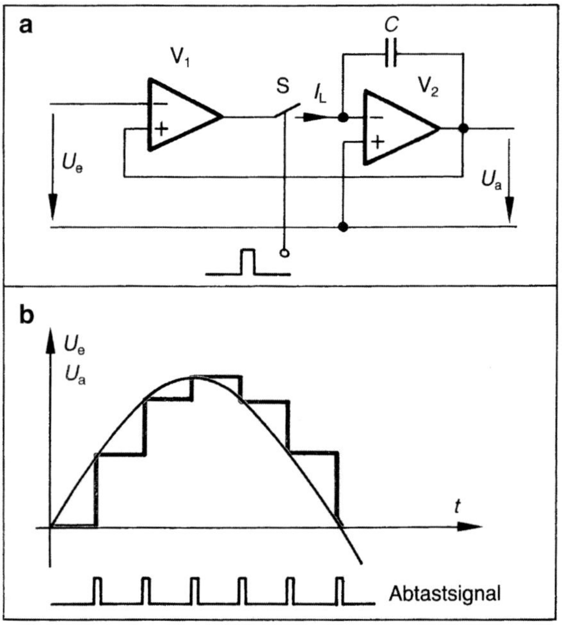

B.2.3.7 Analog-Digital-Wandler nach dem Delta-Sigma-Verfahren

Die Vorteile dieses nicht neuen Verfahrens lassen sich erst durch verbesserte Halbleitertechnologien und große Stückzahlen in der Produktion, beispielsweise bei digitaler Kommunikationstechnik, nutzen.

Bild B-52 zeigt das Blockschaltbild eines *Delta-Sigma-AD-Wandlers*. Das zeitlich veränderliche Eingangssignal kommt über den analogen Subtrahierer zum Integrator und verursacht an dessen Ausgang ein Signal, das der Komparator mit eins oder null bewertet. Der l-Bit-Digital-Analog-Wandler erzeugt daraus eine positive oder negative Spannung, die über den Subtrahierer den Integrator wieder auf null zurückzieht. Das nachgeschaltete Digitalfilter setzt den seriellen und verhältnismäßig hochfrequenten Bit-Strom in digitale Werte um, welche den Analogwert am Eingang mit

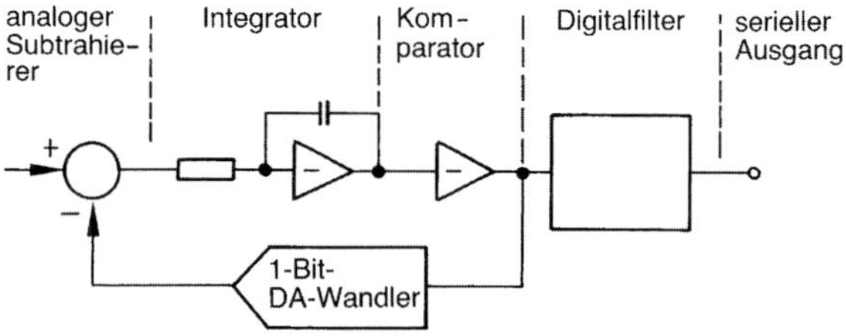

Bild B-52 Delta-Sigma-Analog-Digital-Wandler

niedriger Erneuerungsrate aber hoher Auflösung wiedergeben. Das Ergebnis kann man seriell oder parallel ausgeben.

Ein Anwendungsbeispiel ist der AD-Wandler in einem modernen *digitalen Mobilfunknetz*. Hierbei lässt sich die Sprache mit 1 MHz abtasten. Das Digitalfilter wandelt diesen Datenstrom in ein Ausgangssignal mit beispielsweise 8 kHz Erneuerungsrate und 14 Bit bis 16 Bit Auflösung um.

Der Delta-Sigma-Modulator ist einfach herzustellen; der Aufwand liegt im nachfolgenden Digitalfilter, das den größten Teil der Chipfläche beansprucht. Diese Filter sind heute so weit entwickelt, dass die Wandler innerhalb ihrer Leistungsgrenzen universell einsetzbar sind. Die Entwicklungskosten des aufwändigen Digitalfilters sind aber nur bei großen Stückzahlen vertretbar.

Dieses Prinzip macht den Delta-Sigma-Wandler *streng linear*, wenig anfällig gegen überlagerte Störungen, und es gibt keine Lücken im Ausgangscode (*missing codes*). Eine Sample-and-Hold-Schaltung ist nicht erforderlich. Das Digitalfilter transformiert das Quantisierungsrauschen zum größten Teil in seinen Sperrbereich, in dem auch überlagerte höherfrequente Störungen in fast idealer Weise unterdrückt werden.

B.3 Digitale integrierte Schaltungen

Einen großer Bereich in der Halbleitertechnik bilden die *digitalen integrierten Schaltungen*. Im Gegensatz zu den analogen Bauelementen kennen sie nur *zwei Zustände*: „wahr“ oder „nicht wahr“. Diese zwei zulässigen Zustände werden durch den griechischen Begriff „digital“ (digitus: der Finger) beschrieben. Die Zustände *wahr* und *nicht wahr* finden sich in vielen Anwendungen wieder. In Tabelle B-6 sind einige weitläufige Übertragungen des logischen Schaltverhaltens auf verschiedene Bereiche aufgezeigt.

Tabelle B-6 Beispiele für logische Schaltanwendungen

	wahr	nicht wahr
digitale Bauelemente	1	0
digitale Bauelemente	high	low
Schalter	ein	aus
Licht	an	aus
Kühlwasser	ein	aus
Spanndruck erreicht	ja	nein

! Hinweis: Anfang der 60er Jahre gelang es, mehrere Grundfunktionen auf einem einzigen Siliciumplättchen zu verwirklichen. Es entstand eine *monolithisch integrierte Schaltung*, und das Siliciumplättchen ging als *Chip* in den Sprachgebrauch der Entwickler ein. Diese einfachen Booleschen-Verknüpfungen werden als *Gatterfunktionen* bezeichnet (engl.: *gate*), da eine Information erst dann weiterverarbeitet werden kann, wenn die Verknüpfungsfunktion erfüllt ist.

Tabelle B-7 Unterschiedliche Integrationsdichten und Beispiele

Integrationsdichte	Funktionen	Beispiele
SSI	UND,ODER,Nicht	74HC00, 74HC08, 74HC02
MSI	Bustreiber, Zähler, Register	74ABT224, 74AS191, 74HCT374
LSI	Floppy Disk Controller, Schnittstellenbausteine,	WD37C65, MC68681, MC68230
VLSI	Mikroprozessoren, Mikrokontroller, math. Coprozessoren, Signalprozessoren	MC68030, i80C51, i80387, TMS320C20
ULSI	High End Prozessoren, Sonderschaltkreise für die Kommunikationstechnik	Pentium, Alpha AXP, Power PC, Ultra Sparc

Bei der Integration logischer Funktionen (Abschn. B.3.1) unterscheidet man in Abhängigkeit der Komplexität der Schaltkreise:

- Small Scale Integration (SSI)-Bauteile,
- Medium Scale Integration (MSI)-Bauteile,
- Large Scale Integration (LSI)-Bauteile,
- Very Large Scale Integration (VLSI)-Bauteile,
- Ultra Large Scale Integration (ULSI)-Bauteile.

Während die ersten Gruppe von digitalen Schaltkreise nur wenige Gatterfunktionen, wie *UND* (engl.: *AND*) und *ODER* (engl.: *OR*) umfaßt, sind die höherintegrierten Bausteine zunehemend eine technologische Herausforderung. So sind beispielsweise bei einem Mikroprozessors mehrere Millionen Transistorfunktionen auf dem Silizium Chip integriert. Tabelle B-7 stellt für die unterschiedlichen *Integrationsstufen* einige Beispiele zusammen.

B.3.1 Logische Verknüpfungen und Schaltzeichen

Logikbausteine verwirklichen logische Verknüpfungen nach den Gesetzen von Boole (G. Boole, 1815 bis 1864) und De Morgan (De Morgan, 1806 bis 1871). Boole schafte es, die Mathematik auf die beiden grundsätzlichen Elemente „0" und „1" zurückzuführen und gilt daher als Wegbereiter der *modernen digitalen Informationsverarbeitung*. Die *elementaren* Funktionen sind dabei

- UND,
- ODER,
- NICHT.

Daraus lassen sich alle weiteren Verknüpfungen ableiten. Die *Wahrheitstabellen* sowie die logische Schreibweise (Schaltsymbol) dieser drei Grundfunktionen sind in Bild B-53 zusammengestellt.

Die *UND-Verknüpfung* wird als *Konjunktion* bezeichnet und ist nur dann erfüllt, wenn alle Eingänge den logischen Zustand wahr eingenommen haben. Die Konjunktion wird in der Logikschreibweise durch einen *Punkt* dargestellt. So läßt sich die

Bild B-53 Wahrheitstabellen zu den logischen Grundverknüpfungen UND, ODER und NICHT

	A 1.Eingang	B 2.Eingang	Y Ausgang	Schalt-symbol
UND-Verknüpfung	0	0	0	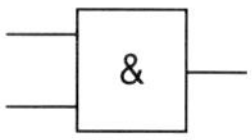
	0	1	0	
	1	0	0	
	1	1	1	
ODER-Verknüpfung	0	0	0	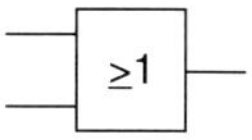
	0	1	1	
	1	0	1	
	1	1	1	
Nicht-Funktion	0	2.Eingang nicht verfügbar	1	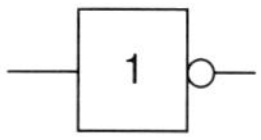
	1		0	

▒ = Verknüpfung erfüllt

UND-Verknüpfung von vier Eingängen A, B, C und D wie folgt beschreiben:

$$Y = A \bullet B \bullet C \bullet D.$$

Die *ODER-Verknüpfung* oder *Disjunktion* verwendet das *Pluszeichen* in seiner allgemeinen Schreibweise. Wird die ODER-Verknüpfung auf die Eingänge A bis D angewandt, so erhält man:

$$Y = A + B + C + D.$$

! Hinweis: Beim Entwurf digitaler Schaltungen werden i.a. für Eingangsvariable die ersten Buchstaben des Alphabetes verwendet, also A, B, C u.s.w. Die entstandenen Ausgangsvariablen werden mit den letzten Buchstaben gekennzeichnet, X, Y und Z. Speichernden Ausgängen kommt eine besondere Bedeutung zu, sie werden mit Q bezeichnet. Zur Unterscheidung gleichartiger Ein- und Ausgänge werden diese indiziert: A_1, A_2, .. A_n, Y_1, Y_2, .. Y_n oder Q_1, Q_2, .. Q_n.

! Hinweis: In der Mengenlehre kennt man ebenfalls die UND- und ODER- Operatoren. Sie werden dort durch die Symbole $\wedge$ (UND) und $\vee$ (ODER) dargestellt. Gelegentlich sieht man diese Schreibweise auch im Zusammenhang mit logischen Schaltfunktionen.

Die Schreibweise der *NICHT-Verknüpfung* sieht einen *Querbalken* auf der Ein- bzw. Ausgansvariablen vor:

$$\overline{Y} = A, \text{bzw.}$$

$$Y = \overline{A}.$$

Da bei der *textuellen Darstellung* dies oft mit Schwierigkeiten verbunden ist, haben sich auch eine Reihe anderer Schreibweisen durchgesetzt, die das zu negierende Symbol durch ein vorangestelltes Sonderzeichen kennzeichnen. Dies ist beispielsweise

- * (Stern oder Asterix),
- ∨ (Schrägstrich),
- ~ (Tilde),
- _ (Unterstrich).

Aus oben aufgeführten Grundfunktionen lassen sich durch entsprechende Kombinatorik alle weiteren logischen Funktionen ableiten. Dazu gehört auch die *Exklusive-ODER-Verknüpfung* von zwei Variablen, auch *Antivalenz* genannt.

Die Antivalenz ist wie folgt definiert:

Unter Antivalenz versteht man eine *exklusive ODER-Verknüpfung* von Eingangsvariablen, bei der der Ausgang nur dann wahr wird, wenn die Eingänge von einander verschieden sind.

Für die logischen Bauelemente in einer digitalen Schaltung bedeutet dies, dass das *Antivalenz-Gatter* nur zwei Eingänge haben kann. In Bild B-54 ist die Wahrheitstabelle sowie das Schaltsymbol des Antivalenz-Gatters aufgezeigt.

Bild B-54 Exklusive ODER-Verknüpfung, Antivalenz

	1.Eingang A	2.Eingang B	Ausgang Y	Schalt-symbol
Exklusive-ODER-Verknüpfung	0	0	0	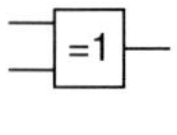
	0	1	1	
	1	0	1	
	1	1	0	

(grau) = Verknüpfung erfüllt

Die grau hinterlegte Fläche in Bild B-54 zeigt die Erfüllung der Funktion. In der booleschen Schreibweise erhält man für den Ausgang Y:

$$Y = (\bar{A} \cdot B) + (A \cdot \bar{B}).$$

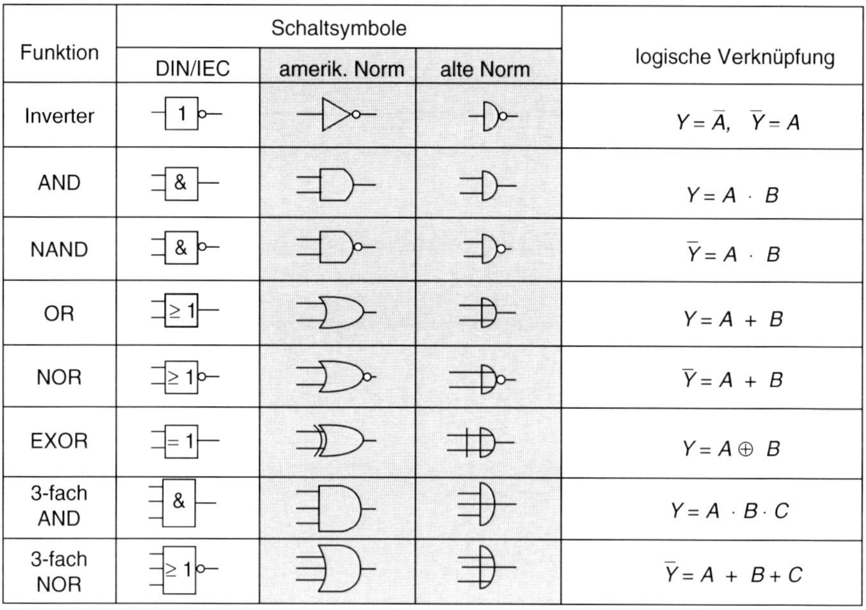

Funktion	Schaltsymbole			logische Verknüpfung
	DIN/IEC	amerik. Norm	alte Norm	
Inverter	1			$Y=\bar{A}, \quad \bar{Y}=A$
AND	&			$Y=A \cdot B$
NAND	&			$\bar{Y}=A \cdot B$
OR	≥ 1			$Y=A+B$
NOR	≥ 1			$\bar{Y}=A+B$
EXOR	= 1			$Y=A \oplus B$
3-fach AND	&			$Y=A \cdot B \cdot C$
3-fach NOR	≥ 1			$\bar{Y}=A+B+C$

Bild B-55 Schaltsymbole für kombinatorische Logik

Da dies eine elementare Funktion in der Digitaltechnik geworden ist, hat man dies zu einer einfacheren Schreibweise zusammengefaßt:

$$Y = A \oplus B.$$

Das Pluszeichen im Kreis $\oplus$ wird dabei als *Antivalenzsymbol* bezeichnet.

Die Vielzahl der Funktionen erfordert eine geordnete Darstellungsweise. Zur Vereinheitlichung alter und neuer Symbole wurde Mitte der 70er Jahre in den USA von der *International Electrotechnical Commission* (IEC) eine sehr mächtige Symbolsprache entwickelt, die das *Deutsche Institut für Normung* (DIN) übernommen hat. Das Basiselement für jede Funktion ist hierbei ein *Rechteck*, das auf einer Seite (in der Regel links) sämtliche Eingänge zusammenfaßt und auf der gegenüberliegenden Seite die Ausgänge darstellt. Die Funktion, die repräsentiert wird, wird durch entsprechende *Kurzzeichen* beschrieben.

Neben dieser streng reglementierten Symbolik finden bei uns noch zwei weitere Symbolreihen Anwendung. Dies sind vor allem die *amerikanischen Symbole*, die auf Grund ständig steigender, computerorientierter Entwicklungsmethoden weite Verbreitung erlangt haben.

In Bild B-55 sind die wichtigsten Schaltzeichen integrierter Schaltungen zusammengestellt. Der Vollständigkeit wegen wurden neben den in der EN 60617-12 genormten Symbolen auch die amerikanischen Symbole nach IEC sowie die veralteten DIN-Symbole (auch „Brötchen-Symbole“ genannt) eingetragen. Vertreter aus den wichtigsten Familien ergänzen die Tabellen in der rechten Spalte.

B.3.2 Logikfamilien

Die Umsetzung der Funktionen von Abschnitt B.3.1 erfolgt mit Bausteinen, die bestimmte *technologische Eigenschaften* aufweisen. In der Digitaltechnik werden Bauteile mit gleichen Eigenschaften als *Logikfamilie* bezeichnet. Jede Logikfamilie besitzt spezielle *technische* und *technologische* Eigenschaften. Diese sind:

- *Signalverzögerungszeiten,*
- *Taktfrequenz,*
- *Leistungsaufnahme.*

Eine Übersicht über einige grundlegenden Kennzeichen und Eigenschaften von Logikfamilien zeigt Bild B-56.

Bild B-56 Parameter von Logikfamilien

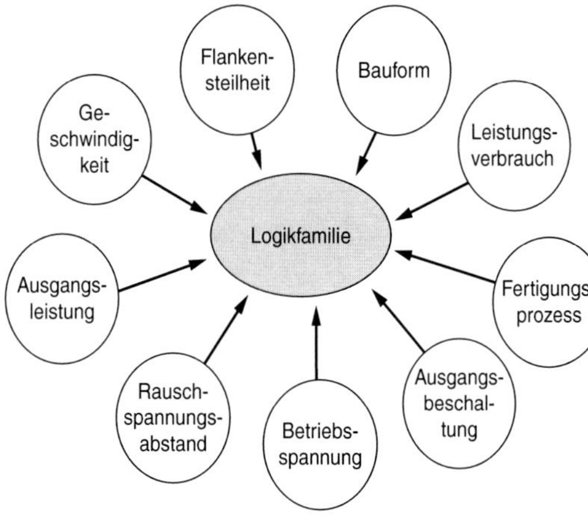

Eines der wesentlichen Merkmale in einer immer zunehmender technisch orientierten Welt sind die *Schaltzeiten* der Logikfamilien. In Tabelle B-8 sind die wichtigsten Technologien von oben nach unten nach abnehmender Schaltgeschwindigkeit geordnet. Die Schaltgeschwindigkeit beschreibt die typische *Verzögerungszeit*, die ein Puls am Eingang eines Gatters (z.B. eines Inverters) bis zum Ausgang erfährt. In den Datenbüchern ist diese Zeit mit *propagation delay* t_{pd} bezeichnet. Bei der Entwicklung von Rechnern und Signalverarbeitungskarten hat diese Zeit einen erheblichen Einfluß auf die *Geschwindigkeit* und *Leistungsfähigkeit* eines Rechensystems (engl.: *performance*). In Tabelle B-9 sind die wichtigsten Logikfamilien und ihre Eigenschaften zussammengestellt.

Tabelle B-8 Eigenschaften einiger Logikfamilien

Logikfamilie	Schaltgeschwindigkeit ns	maximale Taktfrequenz MHz	Leistungsaufnahme mW
CMOS	35	7	10 nW
TTL	10	15	10
LSTTL	8	30	2
HC(T)	8	50	25 nW
STTL	4	75	20
FAST	3	100	4
ECL	1	500	25

Tabelle B-9 Übersicht über die bedeutendsten Logikfamilien

Logikfamilie	Beschreibung	Besonderes Merkmal
CMOS	Complementary MOS	Versorgungsspannung 15 V
ECL	Emitter Coupled Logic	Schnellste verfügbare Logik
FAST	Fairchild Advanced Schottky TTL	Verbesserte Schottky Logik
HC(MOS)	High Speed CMOS	Erste schnelle CMOS Logik
HCT	TTL Kompatible HC-Bausteine	Ausgang Kompatibel zu TTL
LSTTL	Low Power Schottky TTL	Schottky Logik geringer Leistung
MOS	Metal Oxide Semiconductor	Basis für erste Logikbausteine (langsam)
STTL	Schottky TTL	sehr schnelle aber leistungsbedürftige Logikfamilie
TTL	Transistor Transistor Logik	Erste Logikfamilie, die große Verbreitung erlangte

Neben diesen dynamischen Eigenschaften unterscheiden sich die Logikfamilien auch in ihren *Betriebsspannungen* sowie deren *Toleranzbereichen*. Der meist genutzte Bereich liegt bei der Digitaltechnik typischerweise bei einer Spannung von 5 V („5-Volt-Schaltungstechnik") und wird von den meisten Logikfamilien abgedeckt. Darüberhinaus lassen sich jedoch einige Logikfamilien über einen weiten Bereich der Versorgungsspannung betreiben. Dies ist vor allem für den Betrieb in unterschiedlichen Applikationen vorteilhaft, ebenso sind sie robuster gegenüber Schwankungen der Betriebsspannung. In Bild B-57 sind die Versorgungsspannungstoleranzen einiger wichtiger Logikfamilien zum Vergleich gegenübergestellt.

Der weite Versorgungsspannungsbereich der *CMOS-Familie* (Bild B-57) erlaubt beispielsweise deren Einsatz in bereits vorhandenen elektronischen Schaltungen, ohne für die Logik eine zusätzliche Versorgungsspannung bereit zu stellen (z.B. in Steuerungen, die im Kleinleistungsbereich mit 12V betrieben werden). HC-Bauteile eignen sich sehr gut für *batteriebetriebene* Schaltungen, da sie noch bei einer Betriebsspannung von 2V arbeiten und einen kaum meßbaren Ruhestrom aufnehmen.

Völlig aus dem Rahmen fällt hingegen die *ECL-Familie*, die eine negative Versorgungsspannung benötigt. Daneben muß noch eine weitere Hilfsspannung zur Verfügung gestellt werden, so daß die ECL-Familie mit insgesamt drei Spannungspotentialen versorgt werden muß. Die ECL Bausteine waren auch lange nach ihrer Einführung 1962 durch Motorola die schnellste Logikfamilie. Heute haben sie praktisch keine Bedeutung mehr.

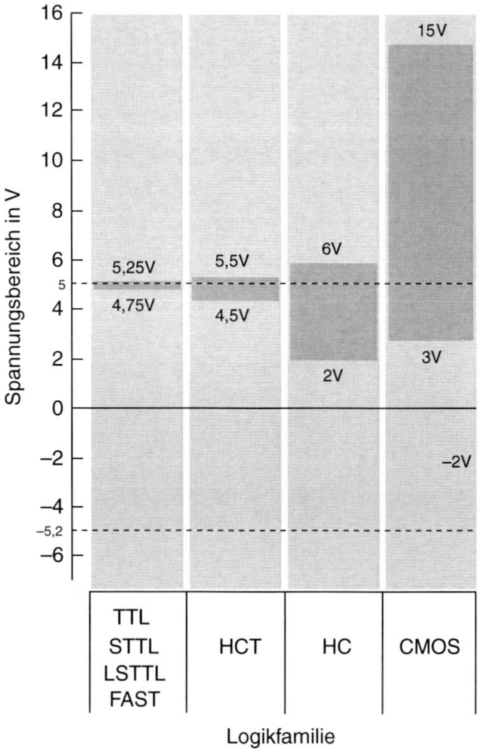

Bild B-57 Versorgungsspannungen der unterschiedlichen Logikfamilien

Der Betrieb der verschiedenen Logikfamilien an unterschiedlichen Spannungen sowie die verschiedenen Technologien lassen eine *gemischte Verwendung* nicht ohne weiteres zu. Entscheidend dafür sind die garantierten Ausgangspegel für die logischen Zustände „0" und „1". Bild B-58 veranschaulicht deutlich, welche Grenzwerte für den Eingang und Ausgang eingehalten werden müssen.

Dabei gelten folgende Abkürzungen:

V_{IHmax} = maximale Eingangsspannung des Bausteins,
V_{IHmin} = minimale Eingangsspannung für den High-Zustand,
V_{ILmax} = maximale Eingangsspannung für den Low-Zustand,
V_{ILmin} = minimale Eingangsspanunng;

V_{OHmax} = maximale Ausgangsspannung bei High,
$V_{\mathrm{OHmin*}}$ = minimale Ausgangsspannung bei High,
V_{OLmax} = maximale Ausgangsspannung bei Low,
V_{OLmin} = minimale Ausgangsspannung bei Low.

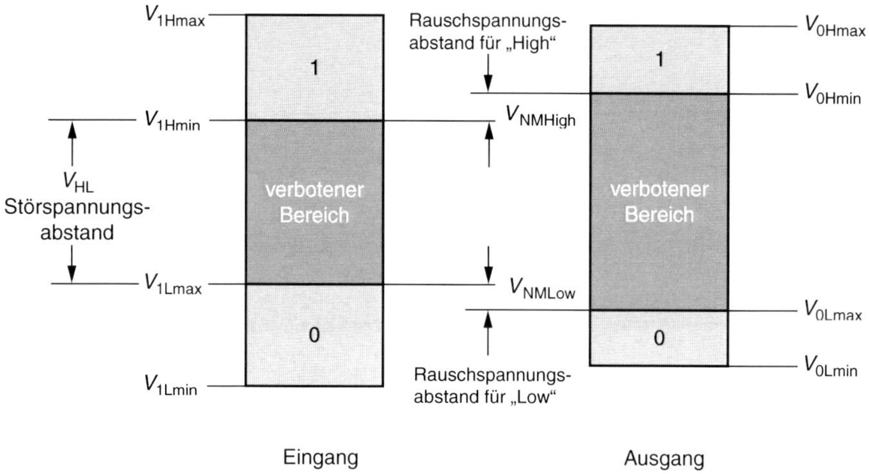

Bild B-58 Definition der wichtigsten Spannungen für Ein- und Ausgänge

Daraus ergeben sich die Bedingungen für den schlechtesten Fall (worst case):

Störspannungsabstand: $$V_{\mathrm{HL}} = V_{\mathrm{IHmin}} - V_{\mathrm{ILmax}}. \tag{B-41}$$

Rauschspannungsabstand High: $$V_{\mathrm{NMHigh}} = V_{\mathrm{OHmin}} - V_{\mathrm{IHmin}}. \tag{B-42}$$

Rauschspannungsabstand Low: $$V_{\mathrm{NMLow}} = V_{\mathrm{ILmax}} - V_{\mathrm{OLmax}}. \tag{B-43}$$

Der *Rauschspannungsabstand* wird im englischen als *Noise Margine* bezeichnet, was in Gl. (B-42) und GL. (B-43) zu den Abkürzungen V_{NMHigh} und V_{NMLow} führt. Im sicheren Betrieb der einzelnen Bausteine müssen diese Grenzwerte eingehalten werden. Für jede Logikfamilie fallen sie jedoch unterschiedlich aus.

Bei der Zusammenschaltung unterschiedlicher Familien ist in den meisten Fällen eine Pegelanpassung notwendig ist. Dies gilt vor allem für schnelle und leistungsarme Mikroprozessoren, deren Betriebsspannung oft bei nur 3,3V oder darunter liegt.

Im Laufe der Jahre sind noch eine ganze Reihe von Bausteinfamilien entstanden, deren technische Eigenschaften auf eine ganz bestimmte Anwendung abzielen. Hier sind besonders die *BICMOS*-Bausteine (BCT-Familie) und die *FCT*-Bausteine hervorzuheben, die aufgrund ihrer sehr leistungsstarken Ausgangstufe zum Treiben von Bussystemen geeignet sind. Ohne näher auf diese Eigenschaften einzugehen, werden in Tabelle B-10 alle wichtigen Logikfamilien der letzten Jahre und vorallem der zukünftigen Jahre als Übersicht zusammengestellt. Dabei ist ein eindeutiger Trend zu den CMOS-Bauteilen festzustellen, die, wie bereits oben erwähnt, wegen ihrer geringen Ruhestromaufnahme erhebliche Vorteile in der Leistungsbilanz (und damit auch in der Erwärmung) aufweisen.

Tabelle B-10 Trend und Häufigkeit eingesetzter Logikfamilien

Bauteilkennzeichnung	Kurzbezeichnung	Technologie	Betriebsspannung	Besondere Eigenschaften
74 xxx	Standard TTL	bipolar	5 V	veraltet, nicht für Neuentwicklungen
74 S xxx	Schottky TTL	bipolar	5 V	Erste sehr schnelle TTL Logik, Hohe Stromaufnahme, werden sehr heiß
74 LS xxx	Low Power Schottky-TTL	bipolar	5 V	Bis Ende der 80er Jahre die meist verwendete Logik
74 F xxx	FAST	bipolar	5 V	Sehr schnelle Logik mit großer Belastbarkeit, wurde von der Fa. Fairchild entwickelt
74 H xxx	High Power TTL	bipolar	5 V	Praktisch keine Bedeutung mehr, vom Markt völlig verschwunden
74 L xxx	Low Power TTL	bipolar	5 V	Praktisch keine Bedeutung mehr, vom Markt völlig verschwunden
4 xxx	4000er CMOS	CMOS	3 V bis 15 V	Erste CMOS Familie mit einem Spannungsbereich von 3 V bis 15 V
74 HC xxx	HC-MOS	CMOS	5 V	High-Speed CMOS, Betriebsspannung 5 V
74 HCT xxx	HCT	CMOS	5 V	TTL kompatible HC MOS Bausteine, ersetzen direkt die LS TTL Bausteine
74 AC xxx	AC-MOS	CMOS	5 V	Weiterentwickelte HC Familie (AC = Advanced CMOS) mit sehr schnellen Eigenschaften
74 ACT xxx	ACT	CMOS	5 V	TTL kompatible AC Familie
74 BCT	BCT	CMOS/ bipolar	5 V	CMOS Logik mit bipolarem Ausgang, speziell für Bustreiber
74 FCT xxx	FCT	CMOS	5 V	Sehr schnelle Logikfamilie für Hochgeschwindigkeits-Anwendungen

ÜBUNGSAUFGABEN

Ü B.3-1: Die Variablen M, N, K und L sollen mit einander verknüpft werden.

a) wie lautet die Konjunktion der vier Variablen?
b) wie lautet die Disjunktion der vier Variablen?
c) zeichnen Sie für beide Fälle die Logikschaltung
   - für ein Gatter mit vier Eingängen,
   - für ein Gatter mit zwei Eingängen.

Ü B.3-2: In einer Schaltung sollen LSTTL-Bausteine durch HCT-Bausteine ersetzt werden. Verbessert sich dadurch der Störspannungsabstand oder der Rauschspannungsabstand?

Ü B.3-3: In obiger Aufgabe stehen nicht alle LSTTL-Bausteine auch in HCT zur Verfügung. Einige werden dadurch durch HC-Bauteile ersetzt.

a) Was muß bei der Verwendung von HC- anstelle von HCT-Bauteilen beachtet werden?
b) Wie erfolgt die Ankopplung an die LSTTL-Bausteine.
c) Ist diese Maßnahme auch im umgekehrten Fall (HC-Bausteine treiben LSTTL-Bausteine) notwendig?
d) Bleiben Störspannungsabstand und Rauschspannungsabstand erhalten?

Literatur

Göbel H (2008) Einführung in die Halbleiter-Schaltungstechnik. Springer, 3. Auflage
Hering E, Bressler K, Gutekunst, J (2005) Elektronik für Ingenieure. Springer, 5. Auflage
Hering E, Martin R (2005) Photonik. Springer Verlag, 1. Auflage
Lichtberger, B (1992) Praktische Digitaltechnik. Hüthig Verlag, 2. Auflage
Mitschke F (2005) Glasfasern. Elsevier/Spektrum, 1. Auflage
Pernards P (1992) Digitaltechnik. Hüthig Verlag, 3. Auflage
Saleh B, Teich M (2008) Grundlagen der Photonik. Wiley-VCH, 2. Auflage
Sarkowski H (1987) Digitaltechnik mit integrierten Schaltungen. Vogel Verlag
Siegl J (2009) Schaltungstechnik – analog und gemischt analog, digital. Springer, 3. Aufl.
Strobel O (2002) Lichtwellenleiter-Übertragungs- und Sensortechnik. VDE, 2. Auflage
Sze S M, Ng K N (2007) Physics of Semiconductor Devices. Wiley, 3. Auflage
Tietze U, Schenk C, Gramm E (2010) Halbleiter-Schaltungstechnik. Springer, 13. Aufl.
Voges E, Petermann K (2002) Optische Kommunikationstechnik. Springer, 1. Auflage
Zastrow D (2008) Elektronik. Vieweg + Teubner, 8. Auflage

Kapitel C
Leistungselektronik

Die Leistungselektronik hat durch die Entwicklungen in der Mikroelektronik in den vergangenen Jahren immer mehr an Bedeutung gewonnen. Heute ist sie auch in unserem alltäglichen Leben in vielfältiger Ausprägung zu finden. Die Schwerpunkte der Leistungselektronik finden sich beispielsweise in

- den Antrieben,
- bei Steller und
- Netzgeräten, Stromversorgungen.

Die nachfolgenden Abschnitte zergliedern sich in zwei Hauptbereiche, in

- die Bauelementen der Leistungselektronik und
- die Anwendungen in der Leistungselektronik.

Dabei wird der praxisorientierte Bezug im Vordergrund stehen. Insbesondere wird dabei auch Bezug auf die Elektromagnetische Verträglichkeit (EMV) genommen.

C.1 Bauelemente der Leistungselektronik

Bauelemente der Leistungselektronik findet man heute in fast allen Geräten und Anlagen. Der Anwendungsbereich erstreckt sich von einfachen *Anlaufkondensatoren* bei Kleingeräten bis zu komplexen Wechselrichtern im Anlagen- und Maschinenbau. Sie sind in der Funktion denen der Niederspannungselektronik sehr ähnlich. Die Anwendung im Hochspannungs- und Hochstrombereich bedingt jedoch andere *Querschnitte*, *Anschlüsse*, *Gehäuse* oder allgemein: andere *Geometrien*. Diese Geometrien beschränken sich nicht nur auf die Mechanik (Gehäuse) sondern auch auf die Strukturen und Abmessungen der Siliciumchips.

Grundsätzlich lassen sich die Bauelemente in drei Klassen aufteilen:

- passive Bauelemente,
- aktive Bauelemente und
- hybride Bauelemente.

E. Hering et al., *Elektrotechnik und Elektronik für Maschinenbauer*,
DOI 10.1007/978-3-642-12881-3_3, © Springer-Verlag Berlin Heidelberg 2012

Letztere sind eine Kombination aus passiven und aktiven Komponenten, die in einem gemeinsamen Gehäuse untergebracht sind. Ein Beispiel für hybride Bauelemente der Leistungselektronik sind Gateansteuerungen für Frequenzumrichter. Bild C-1 zeigt eine Übersicht zur Vielfalt der Bauelemente der Leistungselektronik.

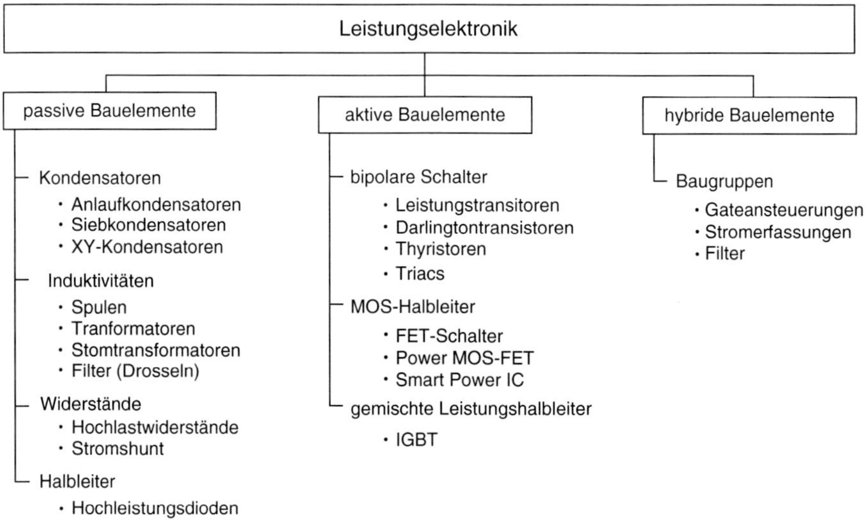

Bild C-1 Übersicht über die Bauelemente der Leistungselektronik

Die in der Leistungselektronik auftretenden Spannungen machen die Einhaltung verschiedener Normen und Richtlinien notwendig. Dazu zählen beispielsweise die DIN VDE 0100 und DIN EN 61800 (VDE 0160), die die Spannungsfestigkeit der Bauelemente und Schaltungsteile festlegt.

C.1.1 Passive Bauelemente

Die passiven Bauelemente der Leistungselektronik werden wie folgt eingeteilt (Bild C-1):

- Induktivitäten (Spulen, Drosseln),
- Kapazitäten,
- Widerstände,
- Leistungsdioden und
- Schutzelemente.

Während die Widerstände zu den *Energieverbrauchern* zählen, sind Induktivitäten und Kapazitäten *Energiespeicher*. Ihnen kommt in der Leistungselektronik eine besondere Bedeutung zu. Schutzelemente haben schaltungstechnisch keine Funktion und dienen ausschließlich zur Sicherheit von Mensch und Gerät.

C.1.1.1 Induktivtäten

Die Grundlagen zur Induktivität sind dem Abschnitt A.4 zu entnehmen. In diesem Abschnitt soll im Wesentlichen der Aufbau und der Einsatz dieser Speicherelemente in der Leistungselektronik beschrieben werden. Dabei wird neben den unterschiedlichen elektrischen Eigenschaften auch auf die unterschiedlichen Bauformen der Kerne eingegangen.

Spulen, Drosseln und Ferrite

Induktivitäten in der Leistungselektronik fallen zunächst einmal durch ihre *Größe* auf. In Abhängigkeit ihrer Applikation werden sie auch mit *Spule* oder *Drossel* bezeichnet. Sie sind als

- Zweipol,
- Zweipol mit Anzapfungen,
- Vierpol (Übertrager) oder
- mehrpoliges Bauteil, Übertrager mit Anzapfungen

ausgeführt. Bild C-2 zeigt einen Überblick über gängige Induktivitäten und deren Schaltsymbol. Wird eine Induktivität in Reihe mit einer Last geschaltet, so wird oft der Begriff *Drossel* verwendet. Die Drossel wirkt hemmend gegenüber Stromspitzen.

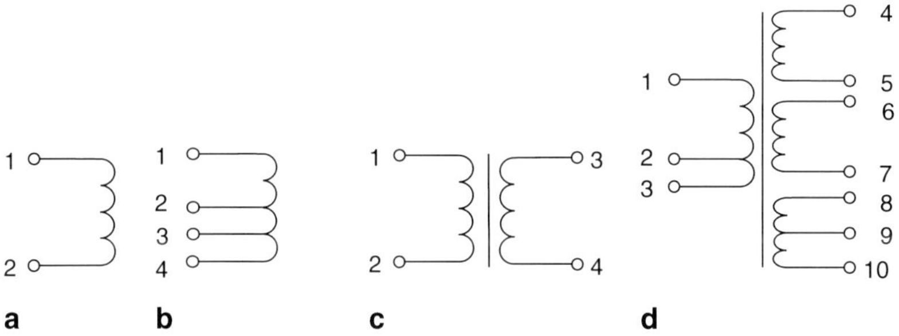

Bild C-2 Verschiedene Ausführungen von Induktivitäten **a**) Spule Drossel, **b**) Spule mit Anzapfungen, **c**) Übertrager Transformator, **d**) Transformator mit mehreren Wicklungen und Anzapfungen

> **!** Hinweis: Die Bezeichnung Drossel leitet sich in Anlehnung an die Fluidik und Hydraulik ab, wo mit Drossel ein steuerbarer Durchflussbegrenzer bezeichnet wird (drosseln = Durchfluss vermindern, in diesem Falle den Stromfluss).

Der Aufbau der Drosseln ist abhängig vom Einsatzfall. Bei kleineren Leistungen werden sie als *Stab-* oder *Ringdrosseln* ausgeführt, entweder mit oder ohne Ferritkern. Die Kerne haben die Aufgabe, die Induktivität zu erhöhen.

Der hauptsächliche Anwendungsbereich von Drosseln ist die Filterung von Störungen auf den Stromzuführungsleitungen. Mit Kondensatoren zusammen bilden sie EMV-Filter (EMV: Elektromagnetische Verträglichkeit), worauf im Abschnitt C.1.1.3.2 und C.2.1 noch näher eingegangen wird. Drosseln haben dabei die Aufgabe, die *leitungsgebundene* Störungsein- und abstrahlung zu verringern.

Zur Erhöhung der Induktivität werden in Spulen und Drosseln Materialien eingebracht, die die Induktivität um ein Vielfaches erhöhen. Neben Eisenkernen, wie sie bei Transformatoren Verwendung finden, sind es vor allem *Ferrite*, die diesbezüglich hervorragende Eigenschaften aufweisen.

Die Darstellung von Induktivitäten mit und ohne Eisenkern ist in der DIN EN 60617 festgeschrieben. Gelegentlich findet man noch die Darstellung in der *Form-1* (einpolig), wobei jedoch die *mehrpolige* Darstellung in der *Form-2*, gebräuchlicher ist. Bild C-3 zeigt einen Überblick.

Beschreibung	Form 1	Form 2	Nummer
Drossel			06-09-08 04-03-01
Drossel mit Magnetkern			04-03-03
Drossel mit Luftspalt im Magnetkern			04-03-04
Trans-formator		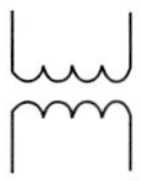	06-09-01 06-09-02
Einphasen-transformator mit zwei Wicklungen und Schirm	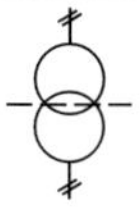	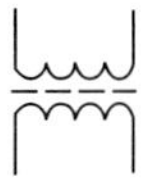	06-10-01 06-10-02
Trans-formator mit drei Wicklungen	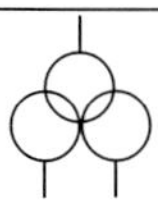		06-09-04 06-09-05
Spar-trans-formator		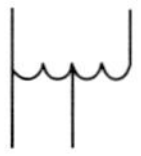	06-09-06 06-09-07
Strom-wandler		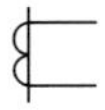	06-09-10 06-09-11

Bild C-3 Schaltsymbole nach DIN EN 60617-4 und -6

Ferrite bestehen aus *gesinterten Materialien* und sind daher *polymorph*. Beim Sinterprozess erhalten sie ihre Form und können so nahezu jede Form annehmen. Dies ermöglicht auch die Herstellung von Ferriten, die auf die unterschiedlichen Anwendungen und geometrischen Bedingungen optimiert werden. Im Wesentlichen unterscheidet man

- Ringkerne,
- Rohrkerne,

	Ferrit-Perle	Ringkern	E-Kern	P-Kern	RM-Kern
Kern-ansicht	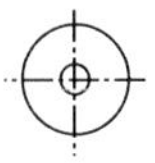	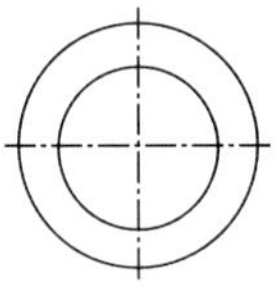		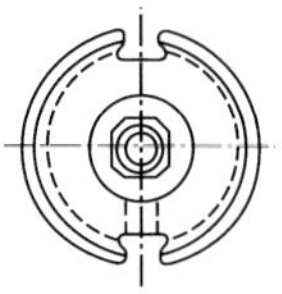	
Seiten-ansicht Schnitt	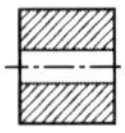		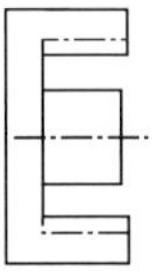	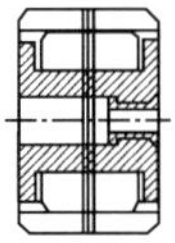	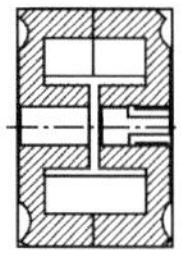
An-wendungs-beispiele	Dämpfungs-perle Filter	Drossel Filter Übertrager	Drossel Filter Übertrager	Übertrager	Übertrager

Bild C-4 Verschiedene Ferritkerne und ihre Anwendungen

- ringförmige Schalenkerne mit/ohne Luftspalt,
- Schalenkerne mit unterbrochenem/geschlossenen Mantel,
- Kernstrukturen nach E, M, E-I und
- Sonderformen.

Bild C-4 zeigt einige Beispiele von Ferritkernen und deren Geometrie. Nachfolgend soll auf weitere Beispiele und ihre Anwendungen näher eingegangen werden.

- RM-Schalenkern
  RM-Kerne (Ringförmige M-Struktur) erlauben eine sehr hohe Packungsdichte. Neben Filterspulen und Übertrager findet man sie immer mehr in der Leistungselektronik. Im Innenraum sind die Ferrite durch einen Luftspalt getrennt.
- PM-Kerne
  PM-Kerne weisen ebenfalls einen Luftspalt auf, sind aber in ihrer Bauform allgemein größer. Ihr Einsatz erstreckt sich von Leistungsübertrager bis hin zu Speicherdrosseln in getakteten Spannungsversorgungen. Gelegentlich findet man PM-Kerne auch in der Nachrichtentechnik und Industrieelektronik. Äußeres Zeichen des PM-Kerns ist seine kreisrunde Bauform, wobei mindestens ein Viertel des Zylindermantels offen ist (M-Charakteristik, Bild C-4).
- P-Kerne
  P-Kerne sind die nahezu geschlossene Ausführung der PM-Kerne. Nur ein kleiner Schlitz im Kernmantel ermöglicht die Drähte des Spulenkerns herauszuführen. Sie werden für Schwingkreisspulen mit hoher Güte und für klirrarme Kleinsignal-Breitband-Übertrager angewendet. P-Kerne gibt es sowohl in sehr kleinen Ausführungen (5 mm Durchmesser) bis zu einer Größe von 10 cm Durchmesser.
- EP-Kerne
  EP-Kerne werden überall dort eingesetzt, wo auf kleinstem Platz sehr hohe Induktivitäten erzielt werden müssen. Der geringe Raumbedarf resultiert im

wesentlichen aus der horizontalen Anordnung der Spule. Anwendungsbeispiele finden sich neben den klassischen Übertragern auch in der Leistungselektronik.

- E-Kerne
  Die Bauform der *E-Kerne* wird schon seit sehr langer Zeit in verschiedenen Variationen eingesetzt. Der Kern hat dabei die Form eines E's. Wird der Kern aus zwei gleichen Kernhälften gebildet, so spricht man auch oft von einem *Doppel-E-Kern*. Weitere geläufige Abwandlungen sind:
- EI-Kern: eine Kernhälfte als E, die andere als I ausgeführt;
- EFC-Kern: E-Kern mit abgeflachtem, tiefer gelegtem Mittelschenkel für besondersflache Transformatorenbauweise;
- EC-Kern: runder Mittelsteg und großer Wickelraum, speziell für dicke Drähte;
- ER-Kern: sehr kompakte Bauweise, auch für SMD Übertrager geeignet.

! Hinweis: Da sich Ferritkerne in nahezu beliebiger Form herstellen lassen, finden sich auch immer mehr Sonderbauformen in der SMD-Technik (SMD: Surface Mounted Device). Speziell die Leistungselektronik profitiert dabei von einem geringeren Bauvolumen. Zu beachten gilt allerdings deren Erwärmung!

C.1.1.2 Stromtransformatoren

Neben Spannungsumsetzern und Drosseln spielen in der Starkstromtechnik *Stromtransformatoren* eine wichtige Rolle. Sie werden überall dort eingesetzt, wo sehr große Ströme bis zu 1.000 A und mehr gemessen und überwacht werden sollen. Diese Ströme werden mit speziellen *Spulen* in einen einfach zu messenden Strom von wenigen mA transformiert. Der Strom wird anschließend mit Hilfe eines Widerstand in eine Spannung gewandelt und so der nachgeschalteten Elektronik verfügbar gemacht. Einsatzgebiete sind:

- Messung hoher Stromstärken,
- Stromregelungen und
- Überstromerkennung.

Für diese Aufgabe muss der Stromtransformator neben einem sehr hohen *Übersetzungsverhältnis* auch einen weiten *Übertragungsbereich* von bis zu 100 kHz aufweisen. Durch die Spulenöffnung wird das stromführende Kabel geschoben.

Der vom Stromtransformator erzeugte Mess-Strom wird an einem Widerstand in eine Spannung umgesetzt. Diese *Bürde* (auch *Bürdenwiderstand* genannt) ist auf den Transformator abgestimmt und liefert eine Spannung von etwa 1 V bis 20 V.

! Hinweis: Gelegentlich sieht man auch die Bezeichnung *Transfo-Shunt*. Diese Bezeichnung leitet sich aus den Begriffen *Transformator* und *Shunt-Widerstand* ab. Mit Shunt-Widerstand bezeichnet man dabei die Bürde.

Stromtransformatoren gibt es in unterschiedlichen Ausführungen, abhängig vom jeweiligen Einsatz. Dies hat maßgeblichen Einfluss auf die verwendeten magnetischen Werkstoffe, so dass in folgende drei Hauptklassen unterschieden wird:

- Wechselstromtransformatoren,

- Impulstransformatoren und
- Gleichstromtransformatoren.

Darüber hinaus kennt man auch noch die Differenz- und Mischstromtransformatoren. Bild C-5 zeigt eine typische Anwendung in der Messtechnik. Der Messwert kann dabei entweder direkt durch ein Zeigerinstrument angezeigt werden (Bild C-5a) oder mit Hilfe einer Mess-Schaltung dem Prozess zur Verfügung gestellt werden (Bild C-5b). Im ersten Fall ist der Stromtransformator und das Messgerät aufeinander abgestimmt. Die Umrechnung erfolgt auf der Skala, so dass diese direkt den gemessenen Strom anzeigt.

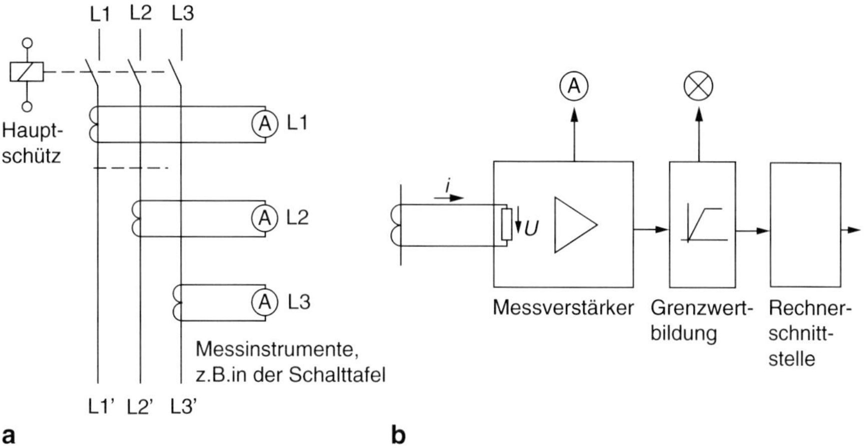

Bild C-5 Anwendung eines Stromtransformators in der Messtechnik **a**) Direkte Stromanzeige, **b**) Strommessung mit Messverstärker

Die wichtigsten Kenngrößen von Stromtransformatoren sind:

$I_{1\text{eff}}$ primärer Nennstrom (Effektivwert),
$I_{2\text{eff}}$ sekundärer Nennstrom (Effektivwert),
R_B Bürdenwiderstand,
U_{Beff} Bürdenspannung (Effektivwert) und
f Arbeitsfrequenz.

Das Übersetzungsverhältnis u ergibt sich aus dem Verhältnis vom primären zum sekundären Nennstrom:

$$u = I_{1\text{eff}}/I_{2\text{eff}}. \qquad \text{(C-1)}$$

Üblicherweise wird dabei der primäre Nennstrom in A angegeben, während der sekundäre Nennstrom in mA angegeben wird. So bedeutet die Kennzeichnung *100/100* auf einem Stromtransformator, dass bei einem Primärstrom von 100 A der sekundäre Nennstrom 100 mA beträgt. Dabei ist darauf zu achten, dass der Bürdenwiderstand eingehalten wird. Wird er beispielsweise zu klein gewählt, so führt dies zu einer nichtlinearen Verzerrung der Messkurve.

Beispiel

C.1-1: In einer Schalttafel soll die Stromaufnahme einer großen Mischanlage angezeigt werden. Die Anlage wird an einem Drehstromnetz mit den Phasen L1, L2 und L3 betrieben. Die Nennleistung ist mit 66 kW bei einer Nennspannung von 400 V angegeben. Die eingebauten Messinstrumente haben einen Messbereich von 100 mA.

Der Nennstrom in jeder Phase beträgt nach obigen Angaben

$$I_{\mathrm{L1eff}} = 1/3 \cdot P_{\mathrm{Nenn}}/U_{\mathrm{nenn}} = 55\,\mathrm{A}.$$

Bei der Auslegung des Stromtransformators ist zu beachten, dass der zu messende Nennstrom *nicht* zum Vollausschlag führt, da sonst bei Überlast keine Anzeige mehr möglich ist. Unter Umständen kann sogar das Messinstrument zerstört werden. Auch zu niedrige Übersetzungsverhältnisse liefern kein befriedigendes Ergebnis, da die Ungenauigkeit am Skalenanfang am größten ist. Bei der Auslegung des Stromtransformators ist man daher immer bemüht, den Nennwert auf ca. 2/3 der Anzeige zu legen.

Im obigen Fall kann dies durch einen Stromtransformator mit der Kennzeichnung 100/120 erreicht werden. Dies bedeutet, dass bei einem Nennstrom von 100 A ein Sekundärstrom von 120 mA erzeugt wird. Für die Mischanlage mit einem Nennstrom von 55 A pro Phase bedeutet dies

$$I_{\mathrm{sekundär}} = I_{\mathrm{L1eff}} \cdot 120/100 = 66\,\mathrm{mA}.$$

Damit erreicht man eine optimale Anzeige mit einer Reserve von ca. 30 % bis zum Vollausschlag. Zur Überwachung aller drei Phasen sind drei Stromtransformatoren und Anzeigeinstrumente notwendig.

C.1.1.3 Kondensatoren

Die Grundlagen zum Kondensator sind dem Abschnitt A.3 zu entnehmen. Kondensatoren in der Leistungselektronik werden in der *Energieumformung* und *Energiesteuerung* eingesetzt. Dabei können sie Spitzenströme liefern, die weit über dem Nennstrom liegen.

Die bevorzugten Einsatzgebiete der Kondensatoren in der Leistungselektronik sind:

- Energiespeicherung (Netzteile, Verstärker),
- Entstörung (Filter),
- Anlaufhilfe bei Motoren (Anlaufkondensatoren),
- Aufnahme oder Abgabe starker Stromstöße (z. B. Laser).

Um diesen Anforderungen in der Leistungselektronik gerecht zu werden, müssen die Kondensatoren folgende Eigenschaften aufweisen:

- hohe Spitzenstrombelastbarkeit,
- hohe Spannungsfestigkeit,
- niedrige Eigeninduktivität,
- hohe Energiespeicherfähigkeit und
- große Zuverlässigkeit auch bei thermischer Beanspruchung.

Letzter Punkt ist gerade unter dem Aspekt der Sicherheit eine notwendige Forderung.

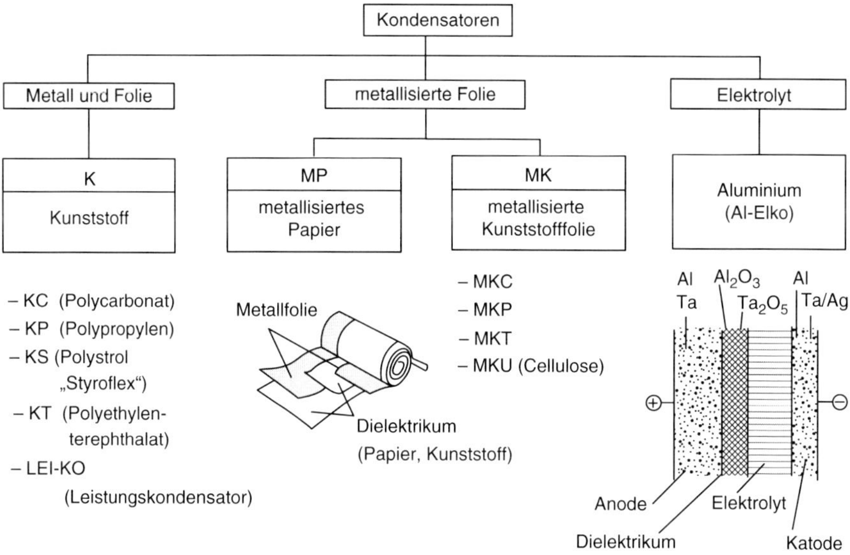

Nenn-spannung	2,5 V bis 630 V (LEI-KO: 67 V bis 10^4 V)	80 V bis 500 V	80 V bis 500 V	6 V bis 600 V
Kapazitäts-bereich	2 pF bis 500 nF (1 µF bis 10 mF)	100 pF bis 10 µF	100 pF bis 10 µF	10 µF bis 1 F
Verlustfaktor $\tan \delta/10^{-3}$	1 MHz: 0,4 bis 1 (1 kHz: 12)	1 kHz: 0,25 bis 15	1 kHz: 0,25 bis 15	50 Hz: 80000
Normen	CECC 30100 CECC 30900 DIN 45910 (DIN EN 60115)		CECC 30400 CECC 30500 CECC 31200 DIN 45910	CECC 30300 DIN 45910
Anwendungs-bereiche	Schwingkreise, Koppel-Stütz-Kondensator, Temperaturkompensation (Styroflex), Leistungskondensator	Motorkondensator, Phasenschieber, kommutierungs- und Beschaltungs-kondensator, Nachrichtentechnik		Energiespeicher, Sieben bei niedrigen und hohen Frequenzen

Bild C-6 Hochleistungskondensatoren in der Übersicht

Bei Kondensatoren stehen verschiedene Bauformen und Ausführungen zur Verfügung. Bild C-6 zeigt dabei in einer Übersicht, die technischen Eigenschaften, Normen und die Anwendungsbereiche der wichtigsten Bauformen. Dabei sind die wesentlichen Ausführungen durch die Beschaffenheit und Schichtung gekennzeichnet:

- MP-Gleichspannungskondensator (MP: Metallpapier),
- MKV-Wechselspannungskondensator (MKV: metallisiert, Kunststoffolie, verlustarm),
- MKK-Wechselspannungskondensator (MKK: metallisiert, Kunststoffolie, kompakt),
- MKK-Gleichspannungskondensator (MKK: metallisiert, Kunststoffolie, verlustarm),
- MPK-Gleichspannungskondensator (MPK: Metallpapier und Kunststoffolie),
- FK-Kondensatoren (FK: Metallfolie, Kunststoffolie mit/ohne Papier).

Die MP- und MK-Kondensatoren sind *selbstheilend.* Das bedeutet, dass Spannungsdurchschläge zwischen den beiden Kondensatorfolien (Platten) innerhalb weniger Mikrosekunden ausheilen. Ein Kurzschluss zwischen den Platten wird dadurch vermieden. Bild C-7 zeigt im Überblick den Aufbau einiger oben aufgeführten Bauformen.

Bauart	MP-Kondensator	MPK-Kondensator	MKV-Kondensator	FK-Kondensator
Aufbau des Dielektrikums	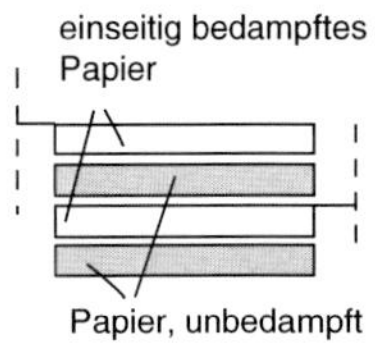	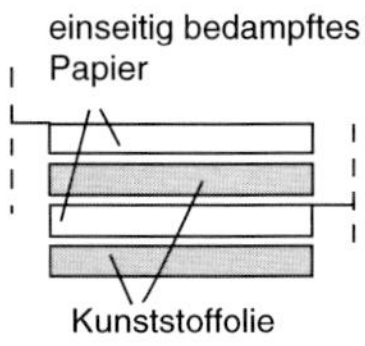	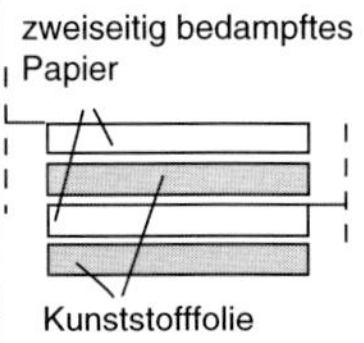	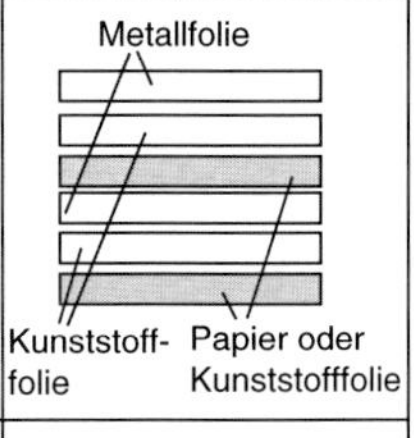
Elektrode	Metallschichtelektrode, einseitig auf Papier aufgedampft	Metallschichtelektrode, einseitig auf Kunststoff aufgedampft	Metallschichtelektrode, zweiseitig auf Papier aufgedampft; damit liegt der Täger nicht im elektrischen Feld	Metallfolie
Imprägnierung	Hartwachs- und Ölimprägnierung	Ölimprägnierung	Ölimprägnierung	Ölimprägnierung
Anwendungen	Motorkondensator Anlaufkondensator Funkenentstörung	Motorkondensator Anlaufkondensator Funkenentstörung Filter	Motorkondensator Anlaufkondensator Funkenentstörung Stoßkondensator	Motorkondensator Anlaufkondensator Funkenentstörung

Bild C-7 Aufbau verschiedener Folienkondensatoren

Neben der *Kapazität* sind in der Leistungselektronik noch eine ganze Reihe anderer Kennwerte der Kondensatoren von Interesse. So sind beispielsweise bei der Dimensionierung von Wechselrichtern auch die *Spitzenströme*, *Nennenergie* und *Flankensteilheit* zu beachten. Darüber hinaus sind eine ganze Reihe parasitärer Effekte eines Kondensators zu berücksichtigen. Diese resultieren vor allem von zum Teil starken Abweichungen des realen Kondensators gegenüber dem theoretischen

Bild C-8 Ersatzschaltbild eines Elektrolytkondensators

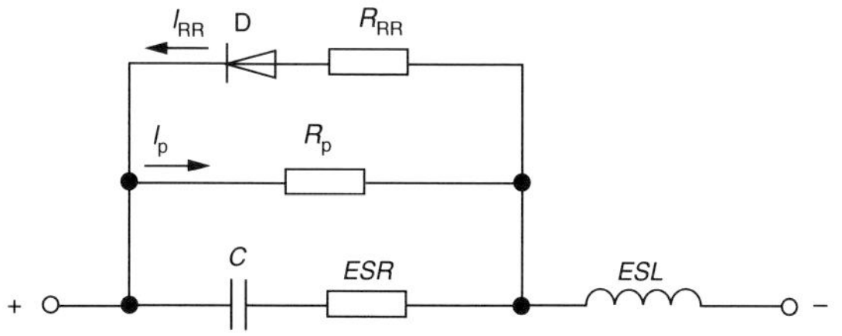

C	Nennkapazität
R_p	Parallelwiderstand
ESR	ohmsches Widerstandsäquivalent (engl.: Equivalent Series Resistor)
ESL	induktives Widerstandsäquivalent (engl.: Equivalent Series Inductor)
R_{RR}	ohmscher Widerstand im Rückwärtsbetrieb (engl.: Reverse Resistance)
D	Rückspannungs-Diode
I_{RR}	Rückspannungs-Strom
I_P	Parallelstrom oder Leckstrom

Ideal. Bild C-8 veranschaulicht die Unterschiede eines realen Kondensators mit seinen parasitären Komponenten zu einem idealisierten Kondensator.

In Tabelle C-1 sind die einzelnen Kenngrößen von Kondensatoren zusammengestellt, die an dieser Stelle auch kurz beschrieben werden.

- Nennkapazität C_N
  Die *Nennkapazität* eines Kondensators ist die Kapazität, für die er dimensioniert und aufgebaut wurde. Sie ist entweder direkt auf dem Kondensator aufgedruckt, oder durch einen Code (in einzelnen Fällen auch durch eine Artikelnummer)

Tabelle C-1 Wichtige Kenngrößen für Kondensatoren

Kurzzeichen	Einheit	Beschreibung
C_N	µF	Nennkapazität
U_N	V	Nennspannung
U_{eff}	V	Effektivspannung
$\hat{U}_W$	V	überlagerte Wechselspannung
U_{ZK}	V	Zwischenkreisspannung
I_N	A	Nennstrom
$\hat{I}_S$	A	periodischer Spitzenstrom
du/dt	V/S	Flankensteilheit
W_N	W	Nennenergie
L_e	H	Eigeninduktivität
R_{Is}	Ω	Isolationswiderstand
t_0	s	Grundschwingungsdauer
t_u	s	Umladezeit
tan δ	-	Verlustfaktor
R_{th}	K	Wärmewiderstand

entschlüsselbar. Die Nennkapazität gilt bei einer Prüftemperatur von 20° C und für eine Wechselspannung von 50 Hz.

- Nennspannung U_N
  Die *Nennspannung* ist die *maximale Betriebspannung* eines Kondensators. Sie darf zu keinem Zeitpunkt überschritten werden. Bei Mischspannungen, beispielsweise wechselspannungsüberlagerte Gleichspannung, gilt dies für den Spitzenspannungswert.

! Hinweis: Im Gegensatz zu anderen Normen ist die Nennspannung bei Kondensatoren nicht die effektive Betriebsspannung, sondern die maximal zulässige Betriebsspannung. Ein abweichendes Beispiel ist die Betriebsspannung eines Wechselstrommotors: seine Bemessungsspannung ist 230 V, dabei treten Spitzenspannungen von 310 V auf.

- Effektivspannung U_{eff}
  Nennspannung U_N und Effektivspannung U_{eff} hängen wie folgt zusammen:

$$U_{\mathrm{eff}} = U_N/\sqrt{2}. \tag{C-2}$$

  Die *Effektivspannung* ist der Effektivwert einer sinusförmigen Wechselspannung, mit der ein Kondensator betrieben wird.
- Überlagerte Wechselspannung $\hat{U}_w$
  Die überlagerte Wechselspannung $\hat{U}_w$ ist die *Spitzenspannung* des Wechselspannungsanteils einer Mischspannung. Er ist vor allem bei Gleichspannungskondensatoren ein wichtiges Maß, da durch den ständigen Ladungswechsel eine thermische Belastung des Bauelementes auftritt.
- Zwischenkreisspannung U_{ZK}
  Die *Zwischenkreisspannung* wird nur bei niederinduktiven Bedämpfungskondensatoren angegeben. Sie ist bei Wechselrichterschaltungen mit GTO-Thyristoren wichtig und beträgt 2/3 der höchsten Spitzensperrspannung des GTO-Thyristors.
- Nennstrom I_N
  Der *Nennstrom* eines Kondensators ist der Effektivwert.
- periodischer Spitzenstrom $\hat{I}_S$
  $\hat{I}_S$ beschreibt den maximal zulässigen *Spitzenwert* des Stromes bei periodischer Belastung. Er ist direkt proportional zur Flankensteilheit du/dt. Es gilt:

$$\hat{I}_S = C \cdot (\mathrm{d}u/\mathrm{d}t)_{\max}. \tag{C-3}$$

- Flankensteilheit du/dt
  Mit der *Flankensteilheit* wird der Spannungsanstieg über der Zeit beschrieben.
- Nennenergie W_N
  Die Energie, die ein Kondensator speichern kann, wird als *Nennenergie* bezeichnet. Sie leitet sich aus der Nennspannung und Nennkapazität ab. Es gilt folgender Zusammenhang:

$$W_N = 1/2\ C_N \cdot U_N^2. \tag{C-4}$$

- Eigeninduktivität L_e

Die *Eigeninduktivität* ist die Summe aller parasitären Induktivitäten eines Kondensators. Dazu zählen vorrangig

- die Wickelinduktivität und
- die Induktivität der Anschlüsse.

Durch bauliche Maßnahmen ist man bestrebt, die Eigeninduktivität gering zu halten. Dadurch erhält man eine entsprechend hohe *Eigenresonanzfrequenz* der Kondensatoren.

- Isolationswiderstand R_{Is}
  Der *Isolationswiderstand* eines *idealen* Kondensators ist ∞. Tatsächlich besteht jedoch ein Ladungsabfluss zwischen den beiden Elektroden, verursacht durch Leck- und Kriechströme. Dieser Widerstand ist für die Selbstentladung eines Kondensators verantwortlich und wird als Isolationswiderstand R_{Is} bezeichnet. Die zugehörige Selbstentladezeitkonstante τ berechnet sich wie folgt:

  $$\tau = R_{\mathrm{is}} \cdot C_{\mathrm{N}}. \qquad \text{(C-5)}$$

  Der Isolationswiderstand R_{is} ist vor allem bei niedrigen Frequenzen und Gleichspannung von Bedeutung. In der Regel beträgt er mehrere MΩ (10^6 Ohm).
- Verlustfaktor $\tan\delta$
  Der *Verlustfaktor* $\tan\delta$ gibt das Verhältnis von Wirkleistung zu Blindleistung an. Die Blindleistung resultiert vor allem von der *Eigeninduktivität* und dem *Isolationswiderstand.*

  $$\tan\delta = \text{Wirkleistung}/\text{Blindleistung} \qquad \text{(C-6)}$$

- Wärmewiderstand R_{th}
  Der *Wärmewiderstand* R_{th} eines Kondensators beschreibt die Fähigkeit, die auftretende Verlustleistung im Inneren nach außen zu transportieren und an die Umgebung, im allgemeinen Luft, abzugeben.
- *ESR* und *ESL*
  Im Ersatzschaltbild nach Bild C-8 ist der ohmsche Widerstand des Kondensators als *Serienwiderstand* zusammengefasst. Er wird als *ESR*-Widerstand bezeichnet (*ESR*: *Equivalent Series Resistor*). In gleicherweise wird die *Eigeninduktivität* oft auch als *ESL*, Equivalent Series Inductor L, bezeichnet. Die Kapazität, der Verlustfaktor $\tan\delta$ und der *ESR* hängen wie folgt zusammen:

  $$ESR = \frac{\tan\delta}{2\pi f C} \qquad \text{(C-7)}$$

Der Zusammenhang zwischen Kapazität, ESR und ESL zeigt Bild C-9. Während bei niedrigen Frequenzen der kapazitive Anteil dominiert, wird bei höheren Frequenzen immer mehr der induktive Einfluss bemerkbar. In einem kleinen Bereich kompensiert sich das kapazitive und induktive Verhalten des Kondensators, so dass hier ausschließlich der ohmsche Widerstand wirkt. In diesem Bereich weist der Kondensator seinen niedrigsten Innenwiderstand auf (Bild C-9, s. auch Abschn. A.5.7).

Bild C-9 Kapazitives und induktives Verhalten von Kondensatoren

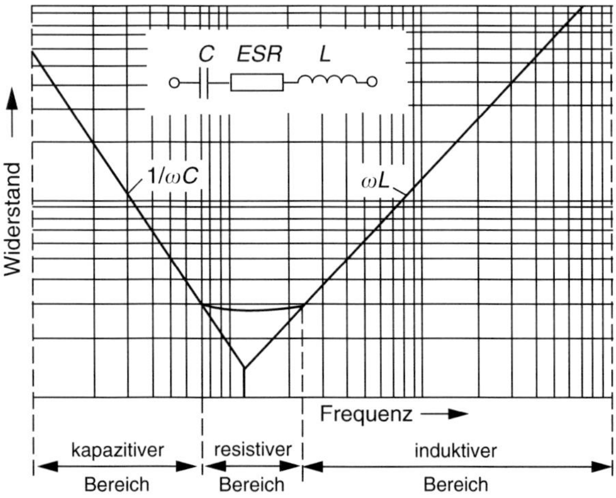

Kondensator als Energiespeicher

In Netzteilen wird der Kondensator als Energiespeicher eingesetzt. Dabei hat er die Aufgabe, kurzfristige Spitzenströme, die das vorgeschaltete Netz nicht liefern kann, zu übernehmen. Die in der Leistungselektronik eingesetzten Kondensatoren müssen zudem auch sehr hohen Spannungen puffern können. Dazu werden in der Regel *Elektrolyt-Kondensatoren* eingesetzt.

Beim Elektrolyt-Kondensator, kurz *Elko* genannt, wird der Belag nicht von einer metallischen Elektrode sondern von einem Elektrolyten gebildet. Der Elektrolyt-Kondensator ist ein gepoltes Bauteil, d. h., der Plus-Pol (Anode) muss stets eine positivere Spannung aufweisen als der Minus-Pol (Kathode). Bei Gleichspannung ist dies bei korrektem Anschluss immer gegeben. Die Kathode ist dabei mit dem Elektrolyten verbunden. Die Anode besteht in der Regel aus Aluminiumoxid (Al_2O_3) oder Tantalpentoxid (Ta_2O_5). Da es beide sowohl in nasser als auch in trockener Ausführung gibt, unterscheidet man:

- trockene Aluminium-Elektrolyt-Kondensatoren und
- nasse Aluminium-Elektrolyt-Kondensatoren;
- trockene Tantal-Elektrolyt-Kondensatoren und
- nasse Tantal-Elektrolyt-Kondensatoren.

Tantal-Kondensatoren spielen jedoch in der Leistungselektronik eine untergeordnete Rolle.

Beim Einsatz als *Siebkondensator* ist der gleichspannungsüberlagerte Wechselspannungsanteil zu beachten. Jede, auch kurzfristige *Verpolung* eines Elektrolytkondensators ist zu vermeiden. In diesem Fall findet eine Zersetzung des Elektrolyten statt. Die dabei freiwerdenden Gase können zur Explosion des Kondensators mit entsprechenden Folgen und Schäden führen.

Hinweis: Die explosionsartige Zerstörung des Elektrolyt-Kondensators wird in erster Linie durch das schlagartige Verdampfen des Elektrolyten verursacht. Um diese Gefahr zu verringern, besitzen Kondensatoren, die an der Netzspannung betrieben werden, Überdruckventile, die ein unzulässiges Ansteigen des Innendrucks verhindern.

Entstörkondensatoren

Entstörkondensatoren werden beispielsweise als Netzfilter eingesetzt und können mit oder ohne zusätzliche Induktivitäten arbeiten. Man unterscheidet demnach Kondensatoren für

- C-Filter (ausschließlich kapazitives Filter) und
- LC-Filter (Filter mit Spulen und Kondensatoren).

Der Kondensator muss auf seinen Einsatz abgestimmt sein. So müssen Filter-Kondensatoren, die ohne Induktivität betrieben werden, sehr hohe Ströme verlustarm führen können. Bei LC-Filtern muss auf eine ausreichende Spannungsfestigkeit der Kondensatoren aufgrund der induktiven Spannungsspitzen geachtet werden.

Einfache Netzfilter bestehen in der Regel aus zwei Kondensatorgrundschaltungen. Man unterscheidet

- den X-Kondensator und
- den Y-Kondensator.

In Bild C-10 sind beide Entstörkondensatoren aufgezeichnet. Während der X-Kondensator zwischen den beiden Betriebsphasen liegt (Bild C-10a) und so unsymmetrische Störungen ableitet, werden die beiden Y-Kondensatoren mit dem Schutzleiter verbunden und wirken so auf Gleichtaktstörungen (Bild C-10b). In der Regel werden beide Entstörmaßnahmen zusammengefasst (Bild C-10c).

Anlaufkondensatoren

Asynchronmotoren mit einer einzelnen Wicklung, können nicht von alleine anlaufen. Sie müssen zuerst in Bewegung gesetzt werden. Dies geschieht mit Hilfe des Anlaufkondensators (aus diesem Grund sieht man auch vereinzelt die Bezeichnung „Kondensatormotor“).

Anlaufkondensatoren sind *Wechselstromkondensatoren*, die ein rotierendes Feld im Stator eines Zwei- oder Dreiphasenmotors erzeugen, wenn dieser an nur einer Phase betrieben wird.

In einer Hilfswicklung, die mechanisch von der Hauptwicklung abgesetzt ist, wird von einem *phasenverschobenen* Strom durchflossen. Dieser Phasenversatz zur Hauptwicklung wird von einem Anlaufkondensator verursacht, der in Reihe mit der Hilfswicklung geschaltet ist. Auf diese Weise wird ein rotierendes Feld im Stator erzeugt und damit ein Drehmoment im Rotor. Der Motor beginnt sich zu drehen. Bild C-11 zeigt den durch den Hilfskondensator erzeugten Hilfsstrom.

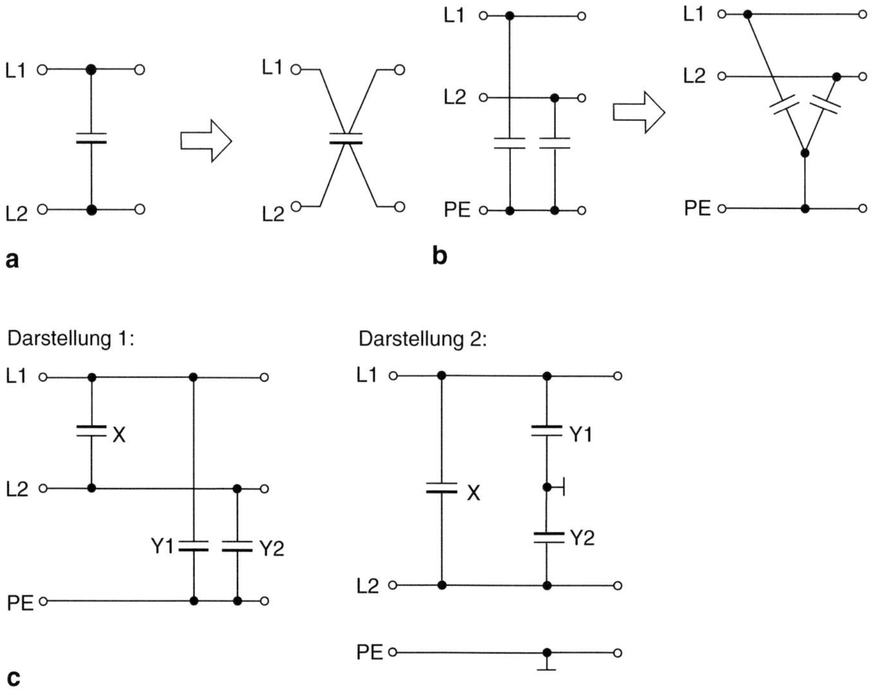

Bild C-10 XY-Kondensatoren und deren Beschaltung **a**) X-Kondensator, **b**) Y-Kondensator, **c**) X- und Y-Kondensator

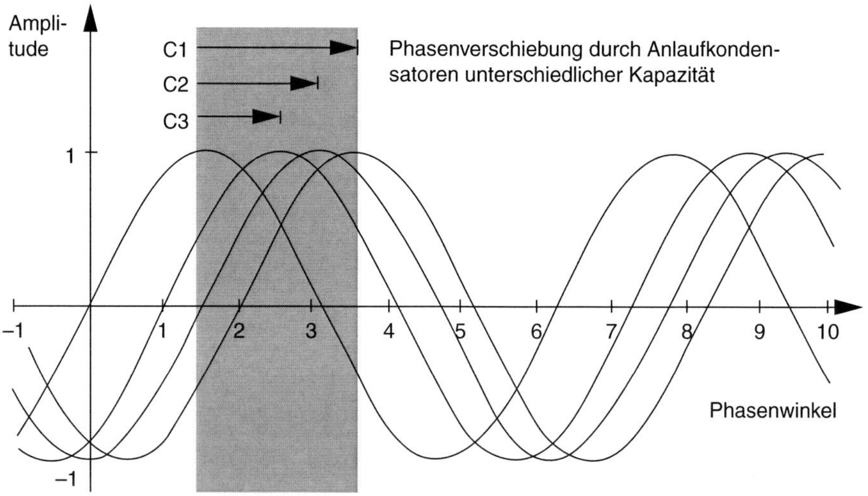

Bild C-11 Phasenverschiebung durch Hilfskondensatoren

Da der Anlaufkondensator und die Hilfswicklung in Reihe geschaltet sind, bilden sie einen *Serienschwingkreis*. Dies muss bei der Dimensionierung des Kondensators beachtet werden. So entstehen beim Anlauf sehr hohe Ströme im Kondensator, beim Abschalten entsprechend hohe Spannungsspitzen in der Hilfswicklung. Die richtige Dimensionierung ist daher zur Vermeidung von Schäden notwendig (z. B. Durchschläge in den Wicklungen aufgrund von Überspannung).

Kapazitätsmotoren (bis 2 kW) sind in der Regel sehr geräuscharm und benötigen keine Wartung. Ihr Aufbau ist einfach. Anwendungen sind:

- Waschmaschine,
- Trockner,
- Kühl-/Gefrierschränke,
- einfache Pumpen,
- Rekorder.

Schaltung von Anlaufkondensatoren

- Startkondensator
  Der *Startkondensator* ist nur während des Anlaufs aktiv. Er ist in Reihe mit einer Hilfswicklung geschaltet und stellt so dem Rotor ein *phasenverschobenes Feld* zur Verfügung. Nach dem Anlauf wird er von der Versorgungsspannung abgetrennt. Bild C-12 zeigt den prinzipiellen Aufbau eines einfachen Kondensatormotors. Der Einschaltstrom erreicht etwa 45 % des Nennstromes.

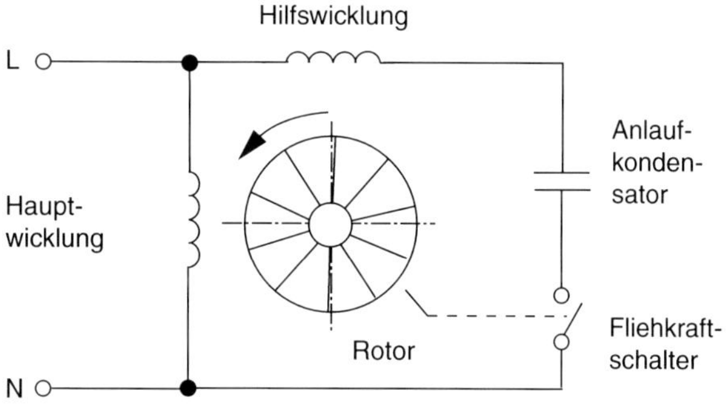

Bild C-12 Anlaufkondensator mit Fliehkraftabschaltung

- kontinuierlich betriebener Anlaufkondensator
  Der Aufbau hierzu ist prinzipiell gleich wie unter a), der Kondensator wird jedoch nicht vom Netz getrennt (Bild C-13). Er liefert so kontinuierlich ein phasenverschobenes Feld an den Rotor. Dies setzt allerdings einen in der Kapazität deutlich kleineren Kondensator als in a) voraus (als Daumenwert gilt: Die Kapazität eines dauernd betriebenen Hilfskondensators beträgt etwa ein Drittel von einem Startkondensator).
  Da der Anlaufkondensator kleiner ist, wird ein Phasenversatz von ca. 30 %–50 % erreicht. Deshalb wird diese Schaltung nur in Maschinen mit einem geringen Startversatz verwendet.

Bild C-13 Motor mit Hilfswicklung und permanent angeschalteten Anlaufkondensator

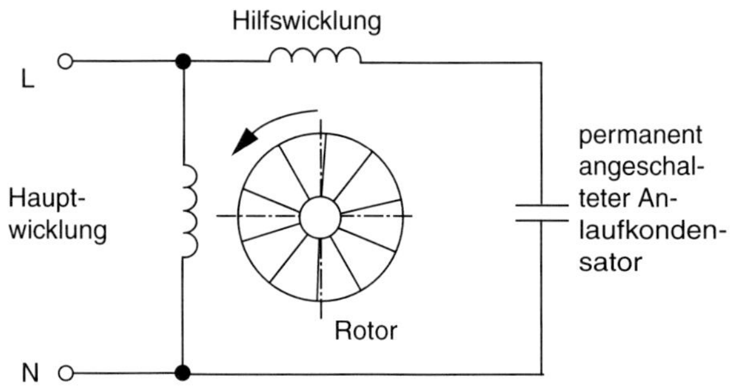

- Kombination beider Anschaltmöglichkeiten
  Bei der Kombination der beiden oben aufgeführten Anschaltmöglichkeiten erhält man beide Vorteile:
- große Anlaufverschiebung und
- hohe Effizienz.

Bild C-14 zeigt eine solche Anordnung. Die Phasenverschiebung kann dabei bis zu 300 % erreichen. Allerdings steht diesen Vorteilen die höheren Kosten des zweiten Kondensators gegenüber.

Bild C-14 Kondensatormotor mit Hilfswicklung, Anlaufkondensator und permanent angeschalteten Hilfskondensator

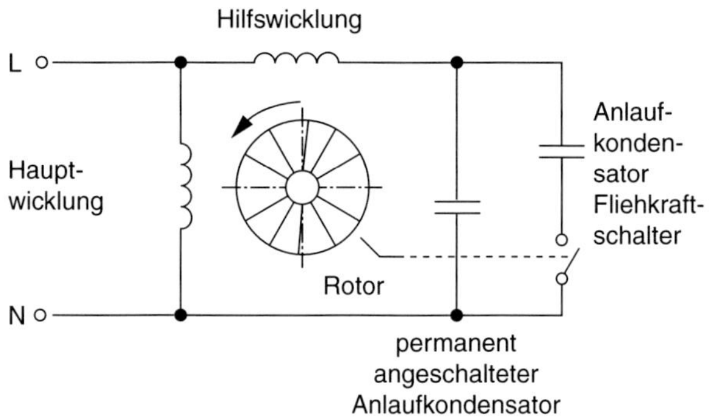

Anlaufkondensatoren bei Dreiphasenmotoren

Induktionsmotoren mit drei Statorwicklungen können nur an einem Drehstromnetz (3-Phasennetz) betrieben werden. Da Drehstromnetze nicht überall verfügbar sind, kann dies aus einem Einphasennetz mit Hilfe eines Anlaufkondensators nachgebildet werden. Dies ist allerdings nur für Verbraucher mit kleinen Leistungen möglich. Bei der Anschaltung des Drehstromverbrauchers unterscheidet man grundsätzlich folgende Möglichkeiten:

- Dreieckschaltung (gelegentlich auch Delta-Schaltung genannt) und
- Sternschaltung.

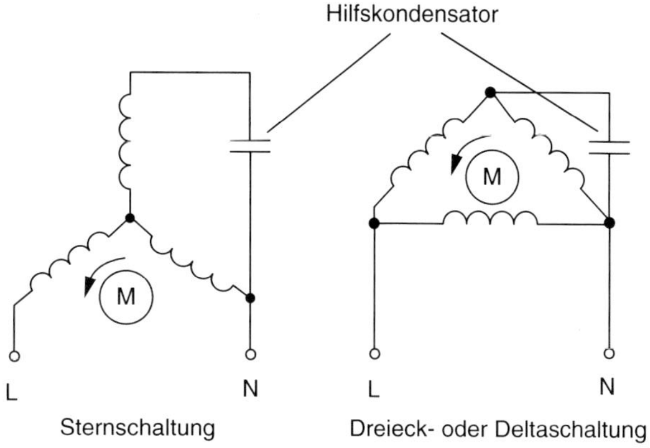

Bild C-15 Betrieb von Stern-Dreieck-Motoren an einem zweiphasigen Netz mit Hilfe eines Anlaufkondensator

Bild C-15 zeigt die dafür notwendige Beschaltung mit Anlaufkondensatoren.

C.1.1.4 Hochleistungswiderstände

Hochleistungswiderstände werden als *Metallschichtwiderstände* oder *Drahtwiderstände* aufgebaut. Ihre Eigenschaften sind:

- hohe Strombelastbarkeit,
- hohe Spannungsfestigkeit,
- hohe Belastbarkeit (> 500 W),
- hohe Temperaturbelastbarkeit und
- geringe Toleranzen.

Bei den *EMS-Widerständen* (Edelmetallschicht) wird die Edelmetallschicht in einen Hartglasträger eingebrannt. Der Abgleich auf den geforderten Widerstandswert erfolgt durch Einschaben von Wendeln. EMS-Widerstände zeichnen sich durch *hohe Genauigkeit, kleinen Temperaturgang* und *geringe Widerstandsänderung* aus. Ihr Einsatz ist vor allem als Präzisionswiderstand in Hochstrommessbrücken gefragt.

Drahtwiderstände haben bei gleicher Belastbarkeit kleinere Abmessungen als Schichtwiderstände und sind erheblich kostengünstiger herzustellen. Durch den auf einem Porzellan- oder Glasträger gewickelten Widerstandsdraht wird jedoch eine nicht unerhebliche *Selbstinduktivität* erzeugt. Daher ist diese Bauform in frequenzsensitiven Anwendungen nur bedingt brauchbar.

! Hinweis: Moderne Drahtwickelwiderstände weisen eine *bifilare Wicklung* auf. Durch den gegengleichen Wickelsinn wird die Eigeninduktivität nahezu aufgehoben, so dass ein sehr gutes Frequenzverhalten erreicht wird.

Drahtwiderstände gibt es in glasierter, lackierter oder ungeschützter Bauweise. Bei letzterer Bauform werden *oxidierte Drähte* verwendet (dadurch erkennbar, dass der Draht schwarz ist). Die Oxidschicht bildet ebenfalls eine Isolation, so dass Windungsschlüsse vermieden werden. Die Spannungsfestigkeit liegt jedoch deutlich unter den von geschützten Drahtwiderständen, die bis zu 2 kV erreichen.

Beispiel
C.1-2: Für die indirekte Strommessung soll ein Hochlastwiderstand in die Zuleitung eines Verbrauchers geschaltet werden. Der Widerstand hat einen Wert von 0,1 Ω, der maximale Strom des Verbrauchers beträgt 15 A.

a) Bestimmung des Spannungsabfalls: $U_R = R \cdot I$, $U_R = 1{,}5\,\text{V}$
b) Bestimmung der maximalen Verlustleistung des Widerstands:

$$P_{\text{max}} = R \cdot U^2 = 22{,}5\,\text{W}.$$

Bei einer Verlustleistung von 22,5 W ist bereits für eine ausreichende Kühlung zu sorgen.

C.1.1.5 Hochleistungsdioden

Dioden gehören, obwohl sie auf Siliciumbasis aufgebaut sind, zu den passiven Bauelementen. Sie erlauben den Stromfluss in nur eine Richtung. Hochleistungsdioden unterliegen dabei denselben physikalischen Regeln wie Dioden kleiner Leistung. Aus diesem Grund soll hier auf die Grundlagen im Abschnitt B.1 verwiesen werden.

Die bauliche Ausführung ist mit dem wesentlich höheren Leistungsbedarf eng gekoppelt. Auffällig sind vor allem sehr starke Anschlüsse, die in der Lage sind, auch Ströme von mehr als 100 A aufzunehmen. Die Möglichkeit einer Montage auf Kühlkörpern ist durch den Gewindezapfen am Gehäuse gegeben. Dadurch kann der Temperaturübergangswiderstand vom Gehäuse auf den Kühlkörper minimal gehalten werden.

C.1.1.6 Schutzelemente

Die Schutzelemente der Leistungselektronik werden oft unter dem Sammelbegriff *Sicherungen* zusammengefasst. Ihre Aufgabe ist es, die nachfolgende Baugruppe vor einer ganzen Reihe von Fehlern zu bewahren. Dies sind beispielsweise:

- Überstrom,
- Kurzschluss,
- Überspannung,
- Verpolung und
- Übertemperatur.

Letzteres kann nur mit Hilfe einer zusätzlichen Elektronik erfasst und überwacht werden. Die Sicherungen für die einzelnen Störfälle sind:

- Schmelzsicherungen,

Bild C-16 Schaltsymbole für Sicherungselemente nach DIN EN 60617 (Beispiele)

	allgemeine Sicherung DIN EN 60617-7	Symbol: 07-21-01
	Sicherung. Die breite Seite kennzeichnet den netzseitigen Anschluss DIN EN 60617-7	Symbol: 07-21-02
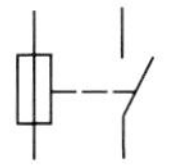	Sicherung mit separatem Meldekontakt DIN EN 60617-7	Symbol: 07-21-05
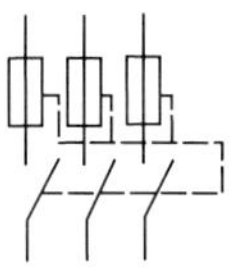	3 Phasen Sicherung mit selbsttätiger Auslösung DIN EN 60617-7	Symbol: 07-21-06
	Überspannungssicherung. Funkenstrecke mit Glasrohr DIN EN 60617-7	Symbol: 07-22-04
	Transil-Diode oder Zener-Diode. Berieb im Durchbruchspannungsbereich DIN EN 60617-5	Symbol: 05-03-06

- Sicherungsautomaten und
- Transil-Dioden gegen Überspannung.

Die Symbolik ist in DIN EN 60617-7 Kapitel 7 festgeschrieben. Bild C-16 zeigt die wichtigsten Symbole.

Schmelzsicherungen sind nach wie vor die wichtigsten Sicherungselemente in der Leistungselektronik. Sie haben einen sehr *geringen Innenwiderstand*, der vor allem bei großen Stromstärken eine wichtige Rolle spielt. Der dort auftretende *Spannungsabfall* bleibt somit auch gering. Zur Berechnung des Spannungsabfalls gilt allgemein das *Ohm'sche Gesetz*:

$$U = R_{\mathrm{I}} \cdot I. \tag{C-8}$$

Beträgt der *Innenwiderstand* einer Sicherung R_{I} beispielsweise 0,05 Ω, so fällt bei einem Nennstrom von $I_{\mathrm{N}} = 100$ A eine Spannung von $U = 5$ V ab. Bei Betriebsspannung von mehreren hundert Volt ist der Spannungsabfall vernachlässigbar. Allerdings muss hier auch auf die entstehende *Verlustleitung* P_{S} hingewiesen werden: Bei großen Stromstärken entstehen trotz eines geringen Innenwiderstand, der nur wenige mΩ beträgt, enorme Verlustleistungen, die in Wärme umgesetzt werden. Es gilt:

$$P_{\mathrm{S}} = U_{\mathrm{S}} \cdot I_{\mathrm{S}}$$

$$P_S = R_I \cdot I_S^2. \tag{C-9}$$

Der Sicherungsstrom I_S geht quadratisch in die Berechnung der Leistungsbetrachtung ein. In unserem obigen einfachen Beispiel entsteht über der Sicherung eine Verlustleistung von 500 W.

Sicherungen gibt es in unterschiedlichen Abschaltkennlinien:

- flink,
- mittel und
- träge.

Die möglichen Stromstärken reichen bis zu mehreren hundert Ampere. Ein weiteres wichtiges Kriterium ist die *Eigeninduktivität*. Bei gestreckten Ausführungen, dass heißt, wenn der Sicherungsdraht im Sicherungselement ohne Wendel oder als Fläche ausgeführt ist, ist diese am geringsten. Sicherungselemente, die auch eine thermische Überwachung haben, sind jedoch in der Regel auf einen Zylinder gewickelt.

Im Gegensatz zu Schmelzsicherungen, die nach der Auslösung zerstört sind, können *Sicherungsautomaten* nach dem Auslösen wieder verwendet werden. Beispiele für Überstromabsicherungen zeigt Bild C-17.

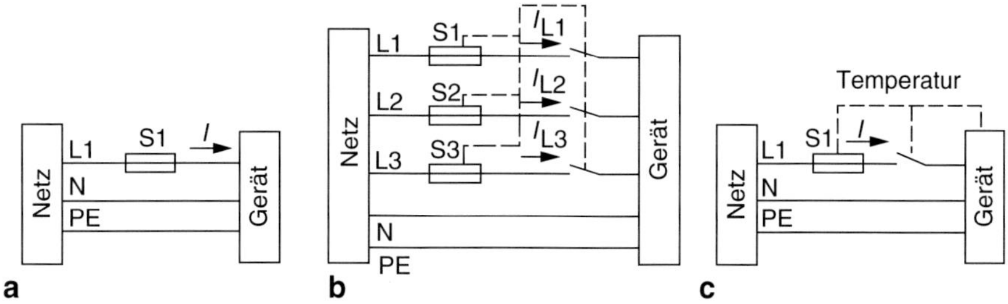

Bild C-17 Beispiele für Überstromabsicherung **a**) Einfache Stromabsicherung eines Gerätes, **b**) Absicherung gegen Überstrom durch eine dreifach selbstauslösende Sicherung, **c**) Stromabsicherung und thermische Absicherung eines Gerätes durch Gerätefühler

Sicherungselement und Sicherungsautomat sind *Schutzmaßnahmen* gegen *Überstrom* (Bild C-17). Die *Transzorb-Diode* ist speziell für den Schutz bei *Überspannung* konzipiert. Der Einsatz von Transzorb-Dioden erfolgt daher *parallel* zur Versorgungsspannung. Bild C-18 zeigt die Anschaltung solcher Sicherungselemente. Bei Überspannung wird die Transzorb-Diode leitend und schließt den speisenden Kreis kurz. Dabei wird der bei der Zener-Diode (Abschn. B.1.2.5) bereits bekannte *Avalanche-Effekt* ausgenutzt: ab einer bestimmten Rückwärtsspannung wird die Diode niederohmig und somit leitend. Dadurch können zwei Sicherungsverfahren angewandt werden:

1. handelt es sich um eine hochohmige Stromquelle, verursacht der durch die Transil-Diode fließende Strom einen Spannungsabfall am Innenwiderstand der Quelle. Die anliegende Spannung sinkt auf den maximal zulässigen Wert. Das wird durch eine *Zwangsstabilisierung* erreicht. Die überschüssige Energie wird dabei

in der Transil-Diode in Wärme umgesetzt, was eine Verringerung der Lebensdauer bedeutet.

2. handelt es sich um eine Stromquelle, die niederohmig ist, so kann man einen normalen Sicherungsautomaten oder eine Schmelzsicherung einsetzen. Steigt der Strom durch die Transil-Diode über den Auslösewert, trennt das Sicherungselement das Gerät von dem überspannungsführenden Netz. Gerät und Schutzdiode sind abgesichert.

Bild C-18 stellt die unterschiedlichen Sicherungsverfahren vereinfacht gegenüber.

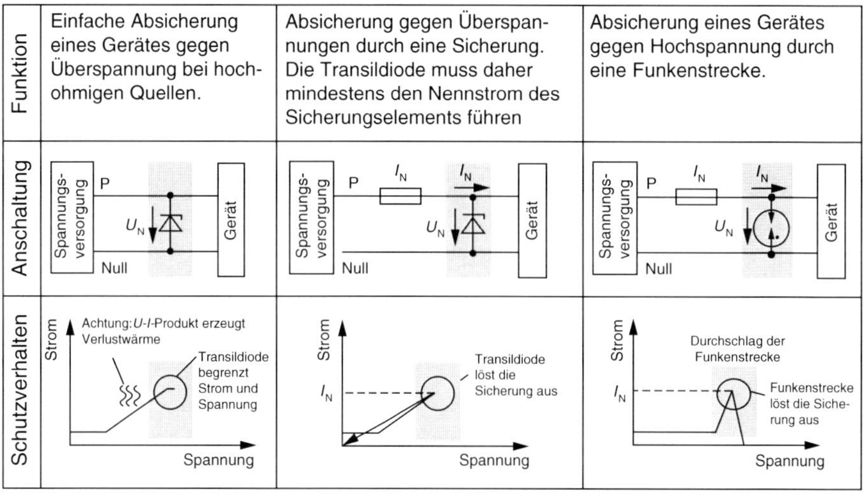

Bild C-18 Beispiele für Überspannungsabsicherung

C.1.2 *Aktive Bauelemente*

In der Leistungselektronik werden für das Schalten von Strom und Spannung Elemente eingesetzt, die speziell für hohe Spannungen und Ströme entwickelt wurden. Neben bipolaren Halbleiterstrukturen, die auf der Basis des NPN- oder PNP-Transistors ausgeführt sind (Abschn. B.1.3), werden vermehrt Halbleiterstrukturen auf MOS-Basis eingesetzt, die durch ihre kapazitive Ankopplung der Steuerleitung mit sehr geringen Steuerleistungen auskommen. Eine grobe Unterscheidung lässt die Einteilung in folgende drei *technologische Klassen* zu:

- bipolare Schalter (Transistoren, Thyristoren und Triacs),
- FET-Leistungsschalter (MOS-Transistoren) und
- IGBTs.

Der IGBT (IGBT: Insulated Gate Bipolare Transistor) stellt dabei eine Verknüpfung von bipolarer und MOS-Technologie dar (Abschn. C.1.2.3).

C.1.2.1 Power MOS-FET

Power MOS-FET-Transistoren (MOS-Feld Effekt Transistoren) sind in der Funktionsweise identisch zu den FETs. Lediglich die zu schaltenden Ströme, Spannungen und damit die resultierende Verlustleistung liegen weit über den von Standard-Bauteilen. Entsprechend groß sind die *Geometrien* von *Gehäuse* und des *Siliciums*.

Power MOS-FET für kleinere Leistungen besitzen in der Regel eine einfache *Schutzschaltung*. So hat die Fa. Siemens beispielsweise eine Reihe von MOS-FET-Schaltern mit integrierter Temperaturüberwachung entwickelt. Diese TEMPFET (Temperature Protected FET) schalten sich dabei selbsttätig bei Übertemperatur ab und meldet den Zustand an die Steuerelektronik. Bild C-19 zeigt verschiedene Typen und die dazugehörigen Schaltsymbole.

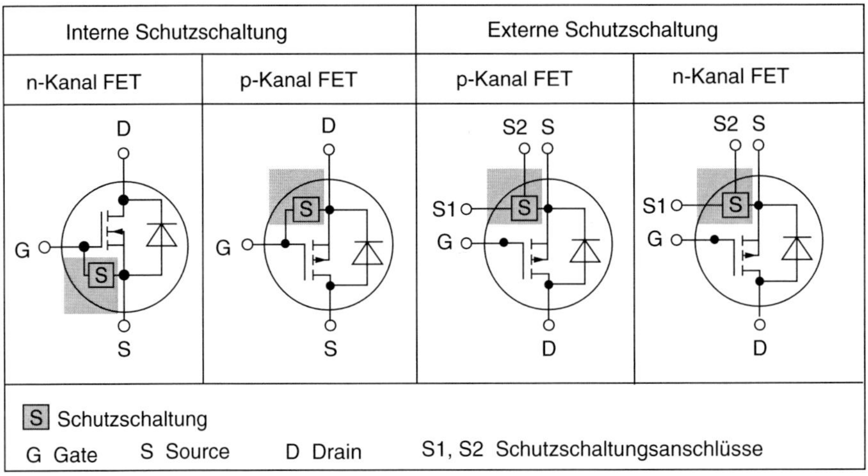

Bild C-19 Leistungs-FETs mit integrierter Schutzschaltung

C.1.2.2 Darlingtonschaltung

In manchen Anwendungen reicht die Stromverstärkung eines einzelnen Transistors nicht aus. Vor allem in Verstärkerschaltungen oder *geregelten Stromversorgungen* verwendet man in diesem Fall die *Darlingtonschaltung*. Dabei werden *zwei Transistoren* hintereinandergeschaltet, so dass sich deren Verstärkung *multipliziert*. Bild C-20 zeigt die Zusammenschaltung der beiden Transistoren sowie die zugehörigen Ströme. Dabei gilt, dass die Stromverstärkung des 1. Transistors β_1 und die Stromverstärkung des 2. Transistors β_2 die neue Stromverstärkung β ergibt. Es gilt:

$$\beta_1 = I_{C1}/I_{B1} \quad \text{(C-10a)}$$

$$\beta_2 = I_{C2}/I_{B2} \quad \text{(C-10b)}$$

Bild C-20 Aufbau eines Darlington-Transistors

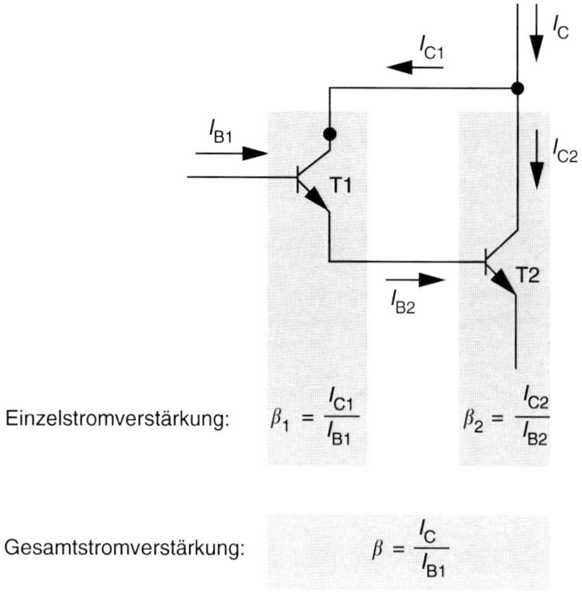

$$\beta = I_C / I_{B1} \qquad \text{(C-10c)}$$

mit

$$I_C = I_{C1} + I_{C2}. \qquad \text{(C-10d)}$$

Aus den Gleichungen (C-10a) bis (C-10d) lässt sich nun die Gesamtverstärkung wie folgt bestimmen:

$$\beta = \beta_1 + \beta_2 + \beta_1 \cdot \beta_2. \qquad \text{(C-11)}$$

In den meisten Betrachtungen der Darlington-Transistoren werden die *additiven Terme* der Stromverstärkungen in Gl. (C-11) vernachlässigt, da sie im Verhältnis zum Produkt nur eine untergeordnete Rolle spielt. Man erhält so die vereinfachte Gleichung (C-12):

$$\beta \approx \beta_1 \cdot \beta_2. \qquad \text{(C-12)}$$

Generell gilt für Leistungstransistoren, die an hohen Spannungen betrieben werden, dass sie eine entsprechende *breite Kollektorzone* besitzen müssen. Sie garantiert die *Spannungsfestigkeit*. Entsprechend hoch wird damit allerdings auch der *Kollektorserienwiderstand*. Dies hat Einfluss auf

- die Stromverstärkung und
- den Sättigungsbereich

des Transistors, auf den hier nicht näher eingegangen werden soll. Beide Merkmale ergeben einen *höheren Basisstrom*. Ein Darlington-Transistor, wie er in Netzumrichter eingesetzt wird, ist in der Lage, sehr große Ströme und Spannungen zu schalten. Darüber hinaus besitzt dieser Baustein einen Hilfsausgang, der für Kontrollaufgaben in die Ansteuerelektronik rückgeführt werden kann.

C.1.2.3 IGBT

Die Verschmelzung von *MOS-Technologie* mit der *bipolarer Transistortechnik* führte zur Entwicklung des *IGBT-Transistors* (IGBT: *Insulated Gate Bipolar Transistor*). Seine Eigenschaften machen ihn besonders geeignet für den Betrieb in getakteten Anwendungen im Frequenzbereich von 2 kHz bis mehr als 25 kHz. Seine Hauptanwendungsgebiete sind:

- unterbrechungsfreie Stromversorgungen (USV),
- Spannungsumrichter,
- Schweißstromquellen und
- Umrichter für Antriebssysteme.

Durch die Verknüpfung der technologischen Merkmale von MOS und bipolaren Transistoren ergeben sich folgende Eigenschaften des IGBTs:

- isolierter Basis-(Gate-)Anschluss,
- hohe Spannungsfestigkeit und
- hohe Strombelastbarkeit.

Diese Eigenschaften machen ihn zu einem Halbleiter-Bauelement, das mit sehr geringem Aufwand und Leistung anzusteuern ist. Die Vorteile für die Systemintegration sind:

- niedrige Steuerleistung,
- niedriger Steueraufwand und
- Beeinflussbarkeit der Schaltzeiten

in den für MOS-Transistoren bestimmten Grenzen. Letzterer Gesichtspunkt bekommt vor dem Hintergrund der EMV (EMV: Elektromagnetische Verträglichkeit) immer mehr Bedeutung. Mit dem IGBT ist man heute in der Lage, die hochfrequenten Anteile in der Schaltflanke gezielt zu vermeiden.

Die Einführung der MOS-Leistungstransistoren wurde maßgeblich durch ihre einfache Anschaltungstechnik und den daraus resultierenden Vorteilen beschleunigt (siehe oben). Mit steigenden Betriebsspannungen und größeren Strömen mußte allerdings die *Drain-Source-Strecke* beträchtlich erweitert werden, so dass ein Einsatz jenseits von 100 V nicht sinnvoll erschien. Genau hier setzt der IGBT mit seiner *bipolaren Emitter-Kollektor-Strecke* an, da er speziell im Hochspannungsbereich entscheidende Vorteile aufweist. Sein Einschaltwiderstand ist etwa 10-mal geringer als der eines MOS-Transistors; seine Durchbruchspannung kann mehr als 1.000 V betragen.

Die Silicium-Strukturen des IGBTs werden in zwei unterschiedlichen Technologien gefertigt:

- *Epitaxie-Struktur* oder *PT*-IGBT (PT: Punch Through) und
- *homogene Struktur* oder *NPT*-IGBT (Non Punch Through).

Aufgebaut ist der IGBT als *vierlagiger Transistor* mit einer Dotierungsfolge *n-p-n-p*. Tabelle C-2 stellt die einzelnen Schichtdicken gegenüber sowie eine Relation zur Epitaxi-Schicht. Der *Epitaxial-Layer* weist dabei einen Widerstand von $16\,\Omega \cdot \text{cm}$ bis $18\,\Omega \cdot \text{cm}$ auf. Dieser Aufbau kann näherungsweise durch das in Bild C-21 dargestellte Ersatzschaltbild beschrieben werden. Ebenfalls dargestellt ist das normgerechte Schaltzeichen nach DIN.

Tabelle C-2 Dicke der einzelnen IGBT Zonen

Bereich	Dicke	relativ zur Epitaxie
Epitaxie	60 µm bis 62 µm	1
n^+-dotierte Zone	1,0 µm bis 1,5 µm	0,017
p^--dotierte Zone	3,6 µm bis 4,0 µm	0,058
p^+-dotierte Zone	5,0 µm bis 5,5 µm	0,083

Bild C-21 Ersatzschaltbild und Schaltungssymbol des IGBT **a**) Ersatzschaltbild, **b**) Schaltzeichen

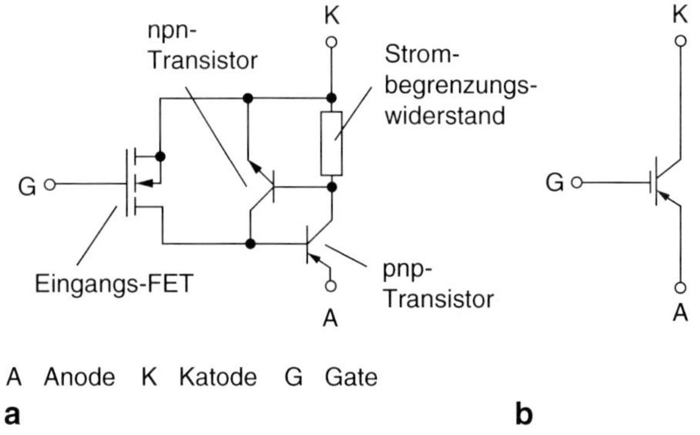

Das Einschaltverhalten des IGBT ist dem des MOSFET sehr ähnlich. Lediglich das dynamische *Sättigungsverhalten* erinnert an die bipolare Schaltungsstufe.

Eine der herausragenden Eigenschaften des IGBT ist seine *Kurzschlussfestigkeit*. Gerade bei Umrichtern ist es notwendig, dass bei Kurzschluss der Transistor selbst auch ohne dauerhafte Beschädigung bleibt. Bevor ein Kurzschluss eine vorgeschaltete Schutzeinrichtung ansprechen lässt, entstehen hohe Stromspitzen.

IGBT-Transistoren werden heute vielfach als *Halbbrücken* gefertigt (Abschn. C.2.3.1). Damit sind sowohl für Wechselstromsysteme als auch für Drehstromsysteme auf einfache Weise Umrichter aufzubauen. Für kleinere Leistungen werden drei Halbbrücken in einem Gehäuse zusammengefasst. Dieser *Sixpack* findet immer mehr Verbreitung.

C.1.2.4 Smart Power ICs

Der Begriff „Smart“ deutet schon darauf hin, dass die Schaltleistung dieser Bauelemente eher moderat zum Vergleich der Power MOS-FET Bausteine ausfällt. Des weiteren ist in der Bezeichnung „IC“ bereits angedeutet, dass sich der *Funktionsumfang* erheblich über dem eines normalen Schalttransistors befindet. Unter „Smart Power ICs“ versteht man deshalb *intelligente Transistoren.*

Smart Power-Schaltkreise (Smart Power ICs) sind elektronische Schalter für kleine Leistungen. Sie finden immer größere Verbreitung in allen Teilen der Steuerungstechnik, wo es gilt, Vorgänge zu erfassen und zu steuern. Die Vielzahl der heute verfügbaren Smart Power ICs reicht von einfachen Schaltern bis zu hochintegrierten Bausteinen, bei denen die Schaltfunktion gegen Grenzwerte überwacht wird. Man unterscheidet drei grundsätzliche Schaltungsvarianten:

- *Low-Side Schalter,*
- *High-Side Schalter* und
- *Halbbrücke* (Push-Pull Schalter).

Mit Hilfe der *Halbbrücke* lassen sich zwei weitere Varianten aufbauen:

- *Vollbrücke* und
- *Drehstrombrücke.*

In Bild C-22 sind alle Möglichkeiten gegenübergestellt. Die Bausteine sind so ausgelegt, dass sie alle vorkommenden Lasten treiben können. Dies sind beispielsweise

- *ohmsche Lasten* (z. B. Heizungen, Glühlampen),
- *Induktivitäten* (z. B. Magnetventile, Motoren) und
- *kapazitive Lasten* (z. B. Motoren mit Anlaufkondensatoren).

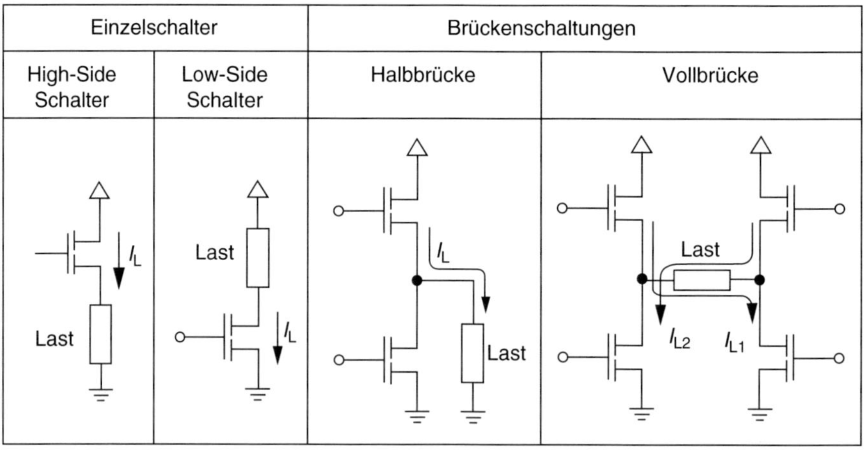

Bild C-22 Anwendungsbeispiele für Smart Power ICs

Die Integration der Schutzfunktion erfolgt auf demselben Silicium-Chip, auf dem der Ausgangstransistor untergebracht ist. Dies erfordert neben der Realisierung der Leistungselektronik auch die Realisierung feinster Strukturen für die Überwachungslogik. Bild C-23 zeigt die Integration der wichtigsten Schutzfunktionen für einen Leistungsschalter (hier z. B. ein N-FET).

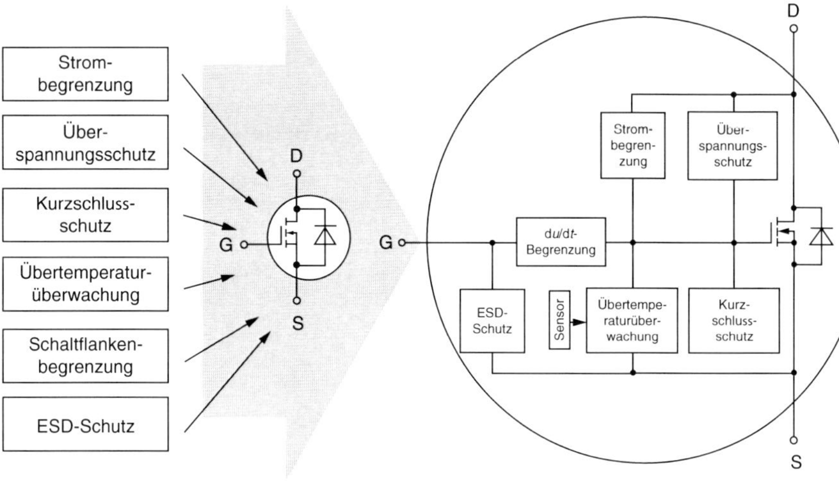

Bild C-23 Integration der Schutzfunktionen in einen Schalttransistor

- *Stromüberwachung*

Da *Smart Power ICs* sehr feine *Halbleiterstrukturen* aufweisen, ist die *Nennausgangsleistung* eng toleriert. Eine Überwachung ist daher unabdingbar. Dazu ist auf dem Chip ein eigenständiger Funktionsblock integriert. Die Stromüberwachung kann dabei in folgenden Ausführungen geschehen:

- *Abschaltung* bei Überstrom (elektronische Sicherung) und
- *Strombegrenzung* auf einen maximal zulässigen Wert.

Beide Möglichkeiten findet man bei diesen Bausteinen realisiert, oft sogar als Alternative auswählbar.

Die Abschaltung bei Überstrom hat den Vorteil, dass sowohl der Initiator als auch der Aktor unmittelbar geschützt sind. Eine Zerstörung des angeschlossenen Gerätes oder ein Schmoren der Kabel kann nicht auftreten, da der Ausgang des Leistungsschalters stromlos geschaltet wird. Ein Wiedereinschalten des normalen Betriebszustandes ist in der Regel nur durch Abschalten des Ausgabegerätes möglich. Man spricht von einer *verrasteten Schutzschaltung*. Vereinzelt findet man eine Reaktivierung der elektronischen Sicherung durch ein zusätzliches Steuersignal (programmgesteuerte Wiedereinschaltung der Sicherung). Dies ist vor allem bei Geräten mit *Fernwartung* zu finden.

Die *Strombegrenzung* ist die am häufigsten angewandte Methode zur Stromüberwachung. Dabei wird der Ausgangsstrom der Leistungsendstufe ständig erfasst und einem Kontrollverstärker zurückgeführt. Dieser ist mit der Gate-Ansteuerung der Leistungsendstufe verbunden und verhindert, dass diese weiter als zulässig aufgesteuert wird. Die so gesteuerte Leistungsendstufe ist mit einem Durchflussbegrenzer vergleichbar. Der Vorteil dieser Beschaltung liegt darin, dass bei Kurzschlüssen das Gerät nicht ständig aus- und wieder eingeschaltet werden muss. Die Ausgangsspannung bricht in diesem Fall auf einen dem Kurzschlusswiderstand entsprechenden Wert zusammen. Bei der Suche nach Verdrahtungsfehlern oder ähnlichem ist dies vorteilhaft.

Demgegenüber steht eine starke Erwärmung der Ausgangsstufe, wenn sie über längere Zeit in der Strombegrenzung mit maximalem Spannungsabfall betrieben wird. Smart Power ICs mit dieser Schutzschaltung besitzen daher einen *thermischen Überlastschutz*.

Der thermische Überlastschutz ist eine *Eigensicherung* für den Baustein. Er verhindert, dass die *Junction Temperatur* des Chips überschritten wird (die Junction Temperatur ist die Temperatur, bei der der Halbleitereffekt des Silicium Chips zerstört wird; der Baustein ist damit unwiederrufbar zerstört). Die Temperaturüberwachung ist in der Regel völlig unabhängig von den Funktionen des Bausteins und greift stets als Folge einer vorangegangenen Aktion (Prinzip der unabhängigen Überwachung). Spricht sie an, wird der Baustein abgeschaltet (wie bei der elektronischen Sicherung).

Alle Überwachungsfunktionen können über einen Ausgang als Sammelmeldung zurück an das Steuerungssystem geführt werden. Ein Diagnoseprogramm kann im Fehlerfall den schadhaften Ausgang lokalisieren.

Eine weitere Rückmeldeleitung gibt Auskunft über den Schaltzustand der Leistungsendstufe. Dies ist besonders dann wichtig, wenn über die Fehlerleitung kein Fehler gemeldet wird (kein Überstrom, keine Übertemperatur), der Ausgang aufgrund eines defekten Bausteins aber nicht schaltet. Die Leitung koppelt das Ausgangssignal zurück in die Steuerung (engl.: *feed back*) und erlaubt so die Überwachung des auszuführenden Schaltwechsels.

C.1.2.5 Thyristor, GTO und Triac

Thyristoren und *Triacs* sind Bauelemente, deren Grundcharakter stark mit der Halbleiterdiode verknüpft ist. In diesem Abschnitt sollen einige Eigenheiten und Sonderbauformen aufgezeigt werden, Anwendungen finden sich dann im Abschnitt C.2, *Praxis der Leistungselektronik*.

Es gibt eine ganze Reihe unterschiedlicher Thyristoren, die jeweils auf ihr spezifisches Anwendungsgebiet optimiert wurden. Die Schaltsymbole sowie deren vereinfachte Kennlinie der wichtigsten drei Vertreter sind in Bild C-24 in einer Übersicht zusammengestellt. Dies sind:

- *Thyristor* oder SRCs (Silicon Controlled Rectifier),
- *GTO*s (Gate Turn Off Thyristor) und
- *Triacs* (bidirektionale Thyristor Triode).

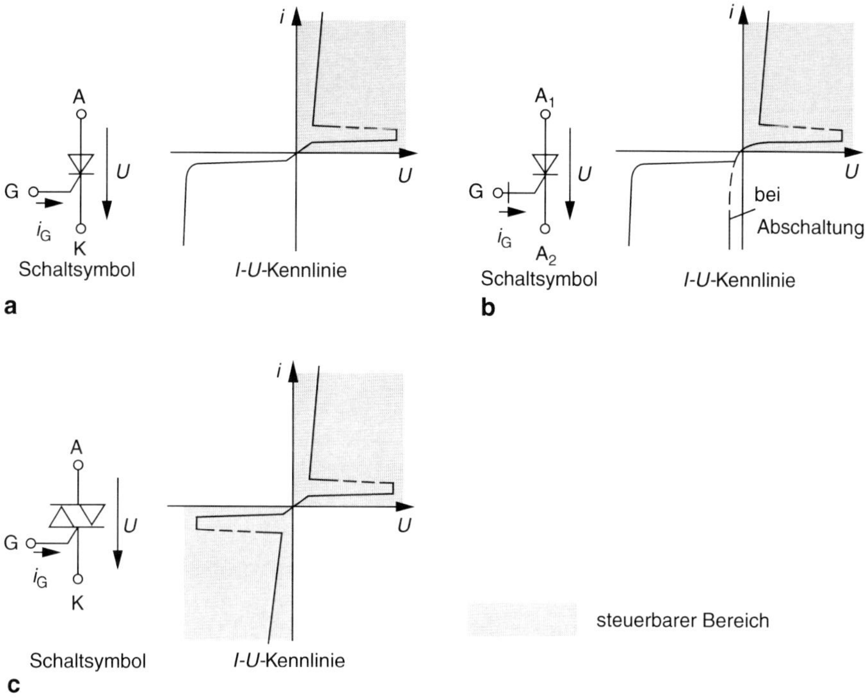

Bild C-24 Thyristoren in der Übersicht **a**) Thyristor (SCR), **b**) GTO, **c**) Triac

Ihre Einsatzgebiete erstrecken sich von Hochspannungs- und Hochstromgeräten wie Netzteilen, Netzumrichtern, Schweißgeräten bis zu einfachen Lampensteuerungen. Während der Thyristor in Hochenergieanwendung von bis zu 4.000 V und mehreren hundert Ampere Verwendung findet, ist der Triac vorwiegend in Kleinleistungsgeräten und Konsumartikeln zu finden.

Thyristor

Der Thyristor ist eine steuerbare *Vierschichttriode* mit einer p-n-p-n-Struktur. Der vom Thyristor maximal schaltfähige Strom ist vom Querschnitt des Vierschichthalbleiters abhängig. Allgemein gilt, dass der durch den Thyristor gesteuerte Strom direkt proportional zur *Halbleiterfläche* ist. Die maximal zulässige Betriebsspannung ist hingegen von der *Dicke* und damit von der Größe der *Raumladungszonen* der p-n-Übergänge abhängig.

In Bild C-25 ist das Schaltbild eines Thyristors und dessen schematischer Aufbau der Vierschichtdiode dargestellt. Diese Darstellung lässt sich in ein *Zwei-Transistor-Modell* überführen, das oft zur Verdeutlichung der Schalteigenschaften herangezogen wird (Bild C-25, rechts). An diesem Modell ist zu sehen, dass der Thyristor einen

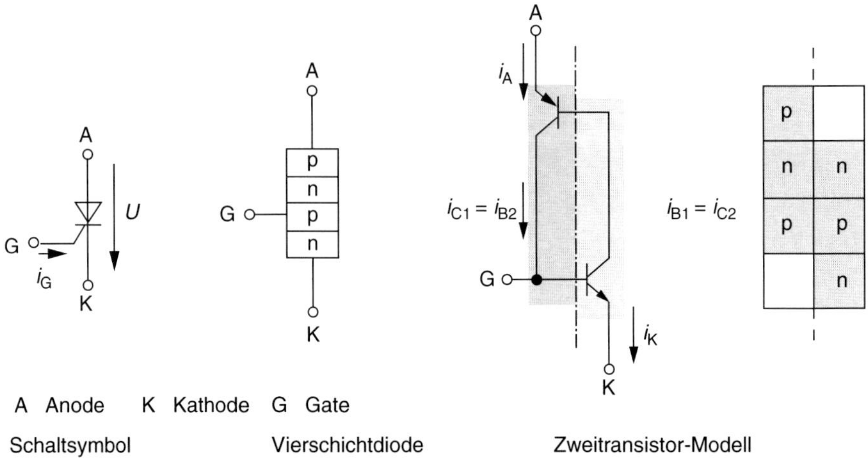

Bild C-25 Schematischer Aufbau eines Thyristors

Strom nur in eine Richtung führen kann, also ein ähnliches Verhalten wie eine Diode aufweist.

Durch einen Zündimpuls auf das Gate wird der Thyristor eingeschaltet. Er geht in eine Selbsthaltung und kann so über das Gate nicht mehr abgeschaltet werden (Ausnahme: GTO). Liegt der Thyristor in einem Wechselspannungszweig, so behält er diesen Zustand bis zum nächsten Nulldurchgang der Wechselspannung. Da er an diesem Punkt in den *inversen Betrieb* übergeht, verlöscht er. Bei der nächsten positiven Halbwelle muss er erneut gezündet werden.

Bild C-26 zeigt die *Durchbruchsspannung* eines Thyristors in Abhängigkeit des Gate-Stroms. Durch den Gate-Strom kann der Einschaltzeitpunkt bestimmt werden. Man spricht von einer *Phasenanschnittsteuerung*.

Die statische Kennlinie ist im wesentlichen durch drei Bereiche in Bild C-26 gekennzeichnet:

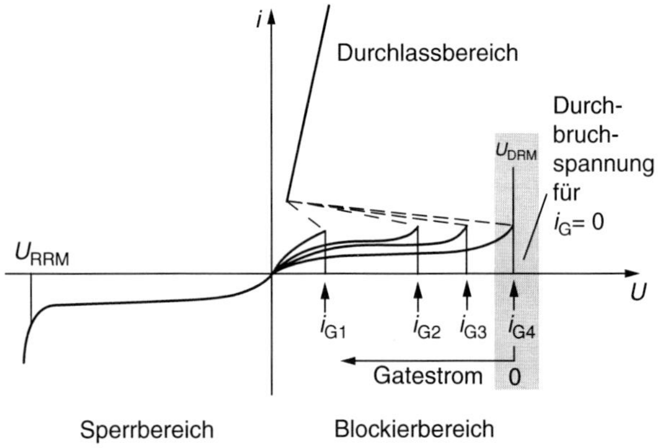

Bild C-26 Arbeitsbereiche eines Thyristors

- *Sperrbereich*,
- *Blockierbereich* und
- *Durchlassbereich.*

Der Sperrbereich ist durch die *Spitzensperrspannung* U_{RRM} gekennzeichnet. Sie markiert den Knickpunkt der Kennlinie, ab dem der Rückwärtsstrom I_R lawinenartig ansteigt (Avalanche Effekt). Die Überschreitung von U_{RRM} führt zur Zerstörung des Thyristors. Dies ist der Grund für die Einführung des *Sicherheitsabstands S*, der die maximale Betriebsspannung $\hat{U}$ auf <50 % der Spitzensperrspannung U_{RRM} festlegt. Es gilt:

$$S_{min} = U_{RRM}/\hat{U};$$

$$\text{Mit } \hat{U} = 0{,}5\, U_{RRM} \quad \text{folgt} \quad S_{min} = 2. \tag{C-13}$$

Der *Blockierbereich* des Thyristors ist symmetrisch zum *Sperrbereich*. Er ist durch die *Durchlassdurchbruchsspannung* U_{DRM} gekennzeichnet, die ähnlich U_{RRM} bei Überschreiten zu einem Durchbruch führt. Dieser Durchbruch ist jedoch *reversibel*, also ohne Folge für das Bauteil. Er ist durch einen geringen Spannungsabfall über dem Bauelement gekennzeichnet. Man spricht hier auch von einer *Selbstzündung* oder *Überkopfzündung* des Thyristors.

Die reguläre Betriebsart des Thyristors erfolgt durch eine *gesteuerte Zündung* im Blockierbereich. Die Betriebsspannung muss dabei stets kleiner als U_{DRM} sein. Durch einen Zündstrom i_G kann der Thyristor aus seinem Blockierbereich in den Durchlassbereich geschaltet werden. Sobald der einsetzende Laststrom eine *Mindeststromstärke* (etwa 10 mA bis 100 mA) erreicht hat, bleibt der Thyristor eingeschaltet und der Zündimpuls kann abgeschaltet werden. Diese Mindeststromstärke wird als *Raststrom* bezeichnet. Im Durchlass- und Sperrbereich verhält sich der Thyristor wie eine *Leistungsdiode*.

Die Sicherheitsbeschaltung eines Thyristors besteht im Wesentlichen aus einem RC-Glied und einem Varistor (Bild C-27). Der Varistor ist dabei so zu dimensionieren, dass er vor Erreichen der Spitzensperrspannung so niederohmig wird, dass eine vorgeschaltete Sicherung ausgelöst wird. Dies trifft nur für langsame Zustandsänderungen zu. Das RC-Glied hingegen sorgt für einen schnellen Ladungsaustausch bei hochfrequenten Spitzen. Die Zeitkonstante τ bestimmt dabei die maximale Anstiegsgeschwindigkeit, die im Bereich von 100 V/µs bis 1.000 V/µs liegen.

GTO

Das Einschalten und Ausschalten eines Thyristors wird durch zwei unterschiedliche Vorgänge bestimmt:

- Zündung des Thyristors durch das *Gate* (Einschaltvorgang),
- Löschen des Thyristors durch den nächsten *Nulldurchgang* der Betriebsspannung.

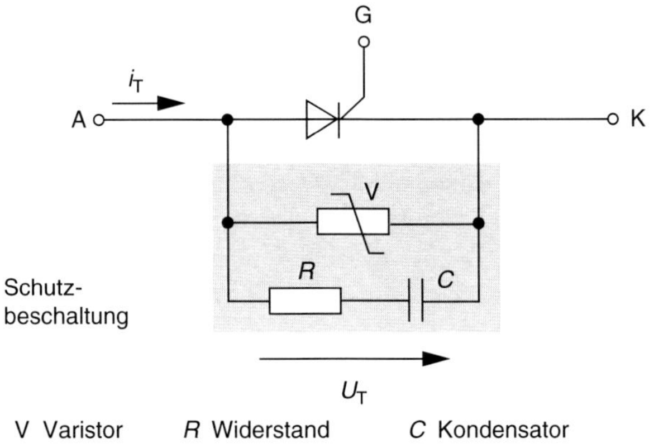

Bild C-27 Sicherheitsbeschaltung eines Thyristors

Dies hat zur Folge, daß ein Thyristor in einem Gleichstromkreis nur gezündet, aber nicht mehr gelöscht werden kann. Aus diesem Grund wurde der *GTO-Thyristor* (Gate Turn-Off Thyristor) oder *Abschaltthyristor* entwickelt.

Der GTO kann durch einen negativen Gate-Strom gelöscht werden. Nachteilig ist jedoch, dass der Löschstrom bis zu 30 % des Laststromes, also des abzuschaltenden Stromes, betragen kann. Der GTO wird aufgrund seiner komplexen Ansteuerung und aufwändiger Fertigung nur in einigen besonderen Anwendungen eingesetzt, beispielsweise in Frequenzumrichtern mit hohen Leistungen und in der Bahntechnik (z. B. bei Elektrolokomotiven).

Triac

Der *Triac* ist sehr stark mit dem *Thyristor* verwandt: wie bereits im vorigen Abschnitt erwähnt, ist seine Funktion ähnlich zweier antiparallel geschalteter Thyristoren. Dies erlaubt das Schalten sowohl positiver als auch negativer Halbwellen. Bild C-28 zeigt das Schaltbild eines Triacs und das antiparallele Gegenstück aus Thyristoren.

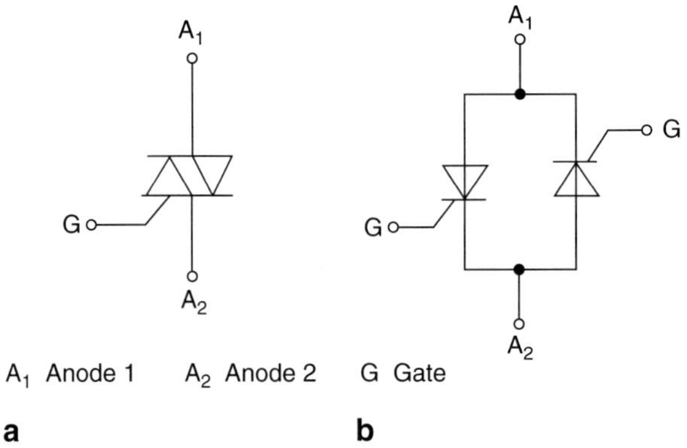

Bild C-28 Triac
a) Schaltzeichen des Triacs,
b) Äquivalentes Schaltbild zweier antiparallel geschalteter Thyristoren

Bild C-29 Durchsteuerbereich eines Triacs

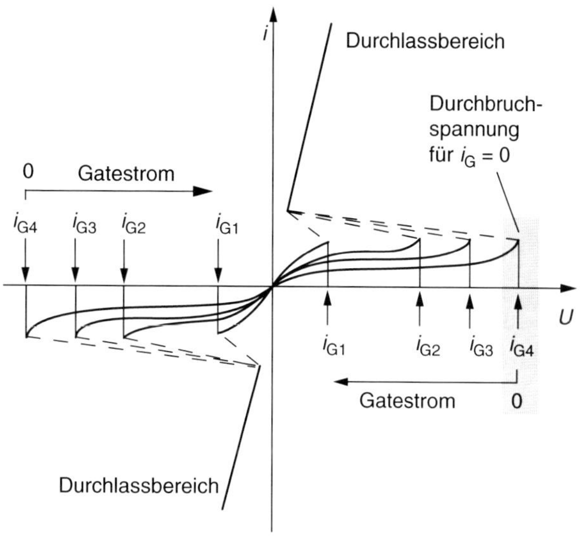

Aufgrund dieser Eigenschaften weist der Triac *zwei Blockierbereiche* auf. Die in Bild C-29 dargestellte statische Kennlinie des Triacs verdeutlicht das Zündverhalten für unterschiedliche Gateströme. Im Gegensatz zum Thyristor wirkt der *Gate-Strom* sowohl für die Durchlassrichtung im ersten Quadranten als auch für die entgegengesetzte Durchlassrichtung, die dem Sperrbereich des Thyristors entspricht (dritter Quadrant). In der Praxis bedeutet dies, dass ein Triac *unabhängig* von seiner *Durchflutungsrichtung* gezündet werden kann.

C.2 Leistungselektronik in der Praxis

Dieser Abschnitt befasst sich mit Anwendungen der Leistungselektronik, wie sie beispielsweise im Maschinenbau überall anzutreffen sind. Dabei soll auf folgende wichtige Bereiche eingegangen werden:

- Aufbau von Netzfilter,
- Aktorsteuerung,
- intelligente Schalttransistoren,
- Brückenschaltungen,
- Netzumrichter und
- Spannungsversorgungen.

C.2.1 Anwendung passiver Bauelemente

Wenn in der Leistungselektronik hohe Spannungen und große Ströme geschaltet werden, ist die Frage nach der elektromagnetischen Verträglichkeit (EMV) zu stellen.

Filterbaugruppen, die den Verbrauchern vorgeschaltet werden, haben die Aufgabe, Störungsspitzen zu vermeiden und somit den Betrieb der Baugruppe sicherzustellen. In diesem Abschnitt soll daher kurz der Aufbau einiger gängiger Entstörungsmaßnahmen erläutert werden. Die Grundelemente der Filtertechnik sind die *passiven Bauelemente* der Leistungselektronik (Abschn. C.1.1).

C.2.1.1 Netzfilter

Netzfilter sind Baugruppen, die in der Regel aus

- einer stromkompensierenden Drossel,
- einem Eingangs-X-Kondensator,
- einem Y-Kondensator und
- einem Ausgangs-X-Kondensator

bestehen. Der Aufbau erfolgt dabei entweder in einem platzsparenden Steckergehäuse oder in einem separaten Gehäuse, das vorgeschaltet wird (Filtermodul). In manchen Ausführungen findet man zusätzlich

- einen Ableitwiderstand sowie
- zwei längs geschaltete Eingangsdrosseln.

Diese Eingangsdrosseln verbessern die Filterwirkung bei asymmetrischen Störungen. Bild C-30a zeigt den prinzipiellen Aufbau und Wicklungssinn einer stromkompensierenden Drossel, und Bild C-30b stellt unterschiedliche Filterschaltungen gegenüber.

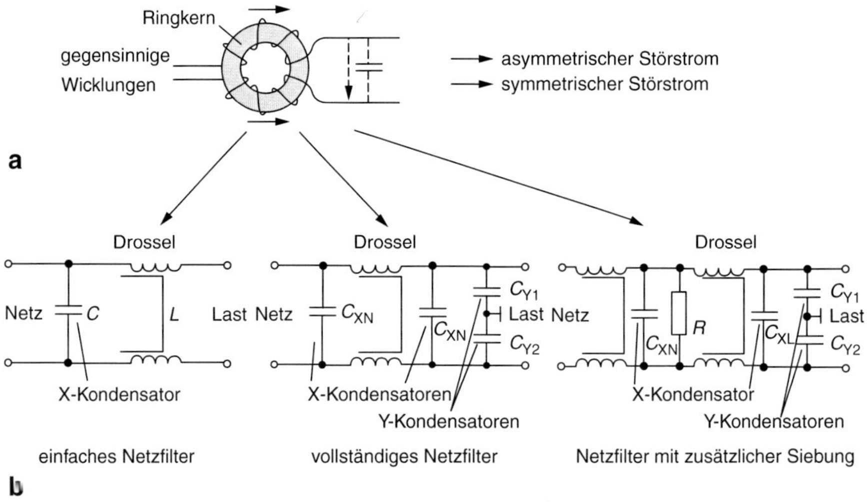

Bild C-30 Aufbau einer stromkompensierenden Drossel und Einsatz in verschiedenen Filter **a**) Stromkompensierte Drossel, **b**) Aufbau verschiedener Filter

Die Auslegung des Filters hängt dabei von der nachgeschalteten Baugruppe ab. Da ausschließlich leitungsgebundene Störungen unterdrückt werden können, ist festzulegen, welche

- Störungen von der Geräteseite und welche
- Störungen von der Netzseite

zu erwarten sind. Letzteres kann in den seltensten Fällen vorhergesagt werden (der Entwickler weiß ja nicht, in welcher Umgebung das Gerät eingesetzt wird). Darüber hinaus wird die Filtergröße auch durch die Stromaufnahme und durch die Betriebsspannung bestimmt.

C.2.1.2 Dreiphasen Netzfilter

Speziell in der Antriebstechnik von Maschinen und Anlagen ist es notwendig, eine entsprechende *Filterbaugruppe* zwischen Netz und Verbraucher zu schalten. Der Grund hierfür sind die steilen *Schaltflanken*, die bei der *Umrichtung* der Dreiphasennetzspannung in eine in *Frequenz* und *Amplitude* gesteuerte (variable) Dreiphasen-Motorspannung entstehen. Koppelkapazitäten im Motor und den Anschaltbaugruppen sorgen darüber hinaus für eine unsymmetrische Verzerrung und somit für Leck- oder Ausgleichsströme.

Der Aufbau eines solchen Filters hat somit zwei Aufgaben:

- die Unterdrückung störender Einstreupulse (Transienten) und
- die zumindest teilweise Rückführung der Schutzleiterströme.

Bild C-31 zeigt einen einfachen Aufbau eines solchen Filters. Die Längsdrosseln sind auf einen *gemeinsamen Kern* gewickelt, so dass die stromkompensierende Wirkung

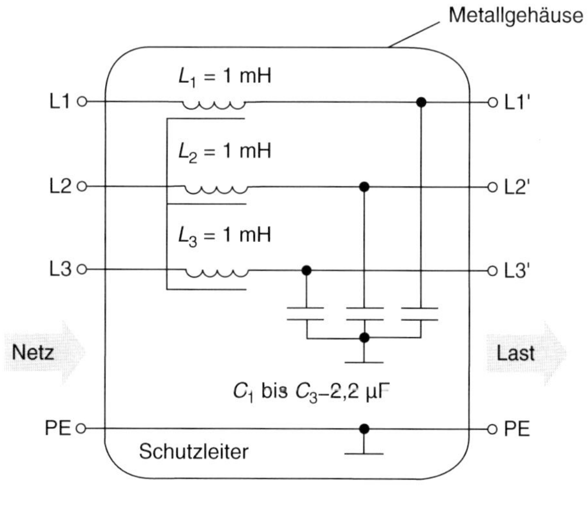

Bild C-31 Einfaches Dreiphasen Netzfilter

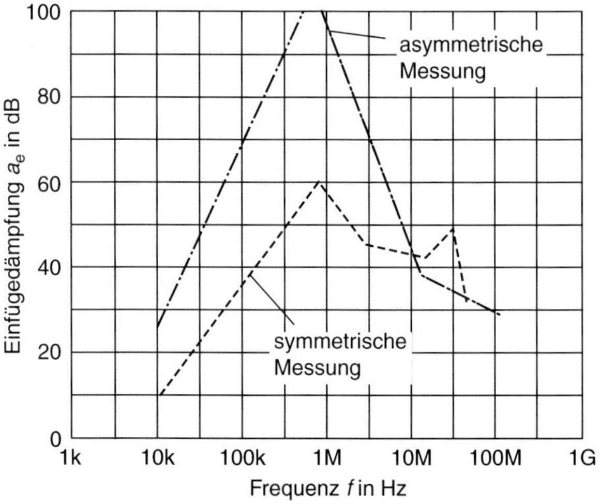

Bild C-32 Einfügedämpfung eines Netzfilters als Funktion der Frequenz

bei asymmetrischen Störungen gegeben ist. Bild C-32 zeigt den zugehörigen Verlauf der Einfügedämpfung.

In der Ansteuerung von Drehstrommotoren kommen spezielle *Sinusfilter* zum Einsatz. Sinusfilter sind ebenfalls Drehstromnetzfilter und haben die Aufgabe, die von Umrichtern erzeugten hochfrequenten Störimpulse zu unterdrücken und so die gewünschte Sinusform auf der Lastseite ohne Störungen zu erzeugen. Dabei sind bei der Dimensionierung des Filters zwei Punkte zu beachten:

- Der Spannungsabfall über dem Filter soll möglichst gering sein, um ein Absinken der Motorspannung zu vermeiden. Dies hat zur Folge, dass die Induktivitäten möglichst gering sein sollten. Um dennoch entsprechende Filter aufbauen zu können, muss die Kapazität entsprechend erhöht werden.
- Die Ummagnetisierungsverluste aufgrund des höheren Stromrippels hat eine entsprechende Filtererwärmung zur Folge.

Mit einem optimierten Sinusfilter sind auf der Grundschwingung nahezu keine Stromspitzen mehr zu erkennen. Der Oberwellenanteil ist sehr gering, so dass der angeschlossene Motor durch steile Flanken nicht mehr belastet wird. Den Aufbau eines Sinusfilters zeigt Bild C-33. Es ist zu erkennen, dass eine ganze Reihe von Kapazitäten eingebaut werden mussten, um einen niedrigen Spannungsabfall zu gewährleisten (s.o.). Die Dämpfungskurve ist ebenfalls in Bild C-33 aufgezeigt.

C.2.2 *Aktorsteuerung*

Im Maschinen- und Anlagenbereich sind eine Vielzahl von verschiedenen Aktoren eingesetzt und anzusteuern. Dafür sind vor allem die *Kleinleistungs-Halbleiterbauelemente* besonders geeignet, da sie eine Reihe von Funktionen auf

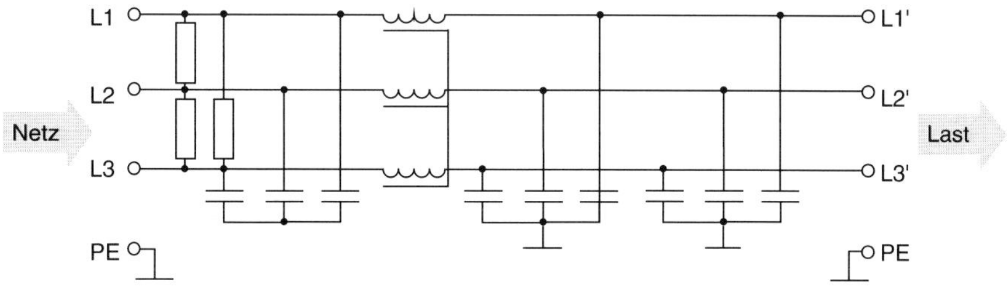

a

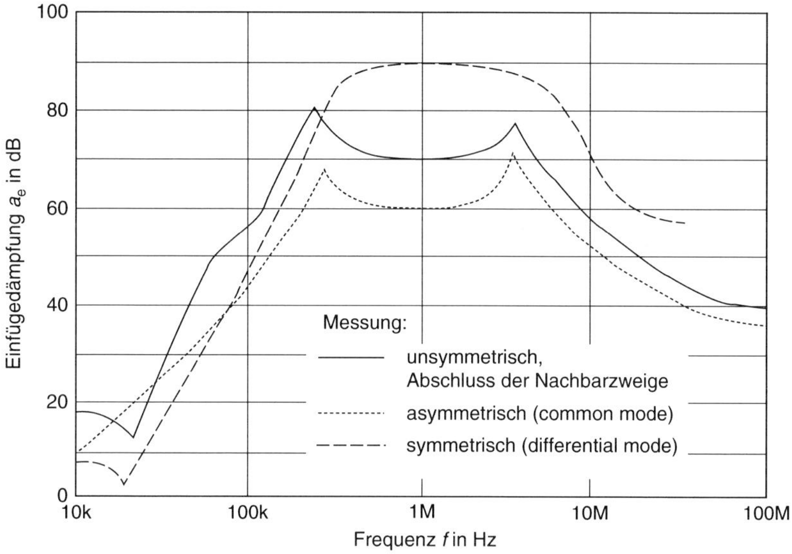

b

Bild C-33 Aufbau und Dämpfung eines Sinusfilters **a**) 3-Phasen Sinusfilter, **b**) Einfügedämpfung. (Quelle: Siemens)

dem Silicium-Chip vereinen, wie bereits in Abschnitt C.1.2.3 ausgeführt wurde. Unter *Aktoren* versteht man

- *Anzeigen* (z. B. Leuchtmelder, optische Melder),
- magnetische *Ventile* (z. B. Hydraulik-, Wasser-, Pneumatik-Ventile),
- *Verriegelungen* (z. B. elektromagnetische Schutzeinrichtungen) und
- *Stellmotoren*.

Dementsprechend müssen *Aktorsteuerungen* in der Lage sein, unterschiedliche Lasten zu treiben:

- ohmsche Lasten,
- induktive Lasten,
- kapazitive Lasten und
- alle möglichen Kombinationen.

Die Anforderungen an die Bauelemente sind daher:

- Spannungsfestigkeit (Störungsspitzen bei induktiven Lasten),
- hohe Einschaltstrombelastung (kapazitiver Kurzschluss beim Einschalten),
- thermische Belastbarkeit.

Darüber hinaus müssen heute Aktorsteuerungen auch den *EMV Richtlinien* entsprechen und konform mit den zulässigen abzustrahlenden Werten sein. Dies beinhaltet auch die Unempfindlichkeit gegen Störstrahlung von außen. Im Nachfolgenden werden einige Aktoransteuerungen beschrieben.

C.2.2.1 Aktoransteuerung mit einem einfachen Leistungstransistor

Die einfachste Art einen Aktor anzusteuern, ist mit einem einzelnen Leistungstransistor. Sie gibt es als *Kleinleistungstransistoren* von einigen Watt Nennleistung bis zu *Hochstromschalter* mit Schaltströmen von 300 A und mehr (Abschn. C.1.2). Dabei kann die Last entweder

- gegen 0 V (Bezugspotenzial) oder
- gegen die Versorgungsspannung

geschaltet werden. Abhängig davon, spricht man von einem

- *High-Side-Schalter*,

wenn das Schaltelement direkt an der Versorgungsspannung liegt, oder von einem

- *Low-Side-Schalter*,

wenn das aktive Element die Last gegen die Bezugsmasse (Null) schaltet.

Diesen elementaren Unterschied verdeutlicht Bild C-34. In beiden Fällen muss der Transistor in der Lage sein, den durch die Last fließenden Strom zu schalten.

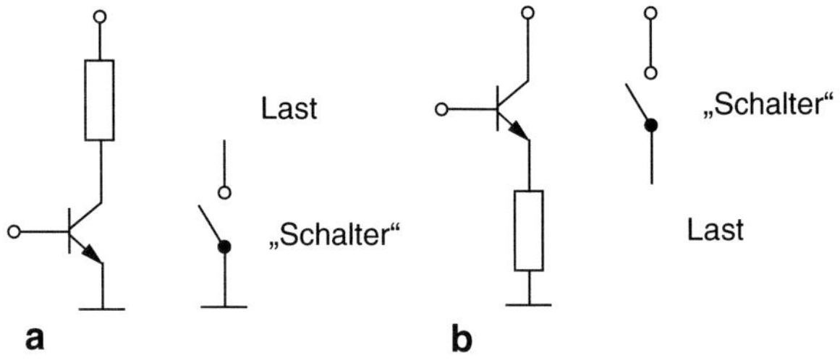

Bild C-34 High-Side und Low-Side Schalter
a) Low-Side Schalter,
b) High-Side Schalter

Beispiel

C.2-1. In einer Verpackungsmaschine werden die vorgestanzten Kartonagen durch pneumatische Zylinder zu einer Schachtel gefaltet. Der Faltvorgang wird von einer speicherprogrammierbaren Steuerung gesteuert, die mit ihren Ausgängen

die pneumatischen Ventile schaltet. Um die Verkabelung zu vereinfachen, wird die eine Seite der Ventile miteinander verbunden und auf 0 V (Masse) gelegt.
Der Projektplaner soll nun festlegen, welche Art von Ausgangstreibern notwendig ist und ob gegebenen Falls ein Mischbetrieb möglich ist.
Lösung: Da alle Ventile mit einer Seite auf 0 V Potenzial festgelegt sind, darf die SPS nur Ausgänge mit„High-Side"-Schaltern ansteuern. Dadurch wird bei aktivem Ausgang (Schalter geschlossen) die nicht festgelegte Seite des Ventils mit 24 V beaufschlagt, wodurch es anzieht. Ein Low-Side-Schalter ist nicht in der Lage, die Ventile an 24 V zu schalten.
Ein Mischbetrieb ist aus obigem Grund nicht möglich.

C.2.2.2 Aktoransteuerung mit Smart Power ICs

Die Aktorsteuerung durch ein *Smart Power IC* unterscheidet sich nur unwesentlich von High-Side-oder Low-Side-Ankopplungen. Sie ist heute die meist genutzte Möglichkeit, Verbraucher direkt durch die Steuerung anzusteuern. Vorteile sind

- integrierte Stromüberwachung,
- Temperaturüberwachung und
- Statusrückmeldungen.

Die Beschaltung dieser Bausteine kann daher wesentlich einfacher ausfallen, da externe Schutzkomponenten (z. B. Schutzdioden gegen Überspannung) entfallen. Bild C-35 zeigt typische Anwendungen.

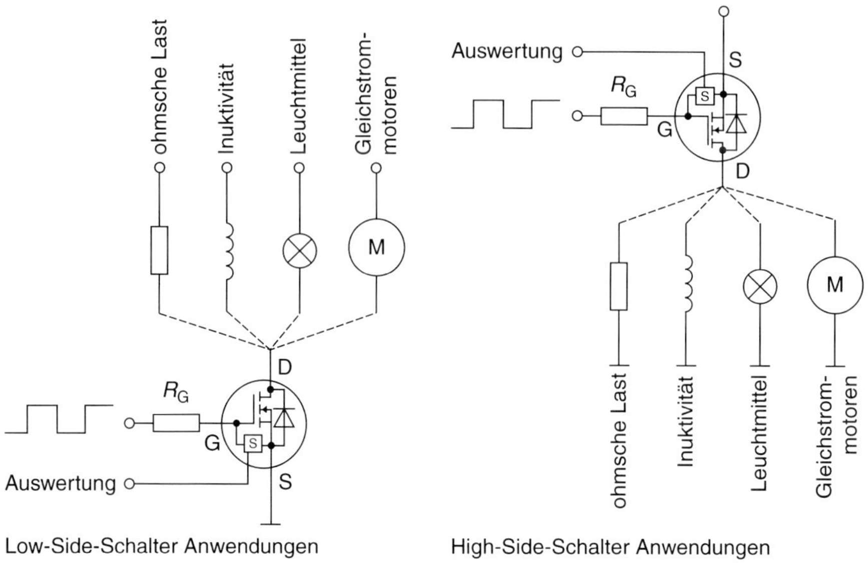

Bild C-35 Übersicht über verschiedene Anwendungen

Das Abschaltverhalten der Aktoransteuerung wird von den unterschiedlichen Herstellern verschiedenartig realisiert. In sicherheitskritischen Anwendungen werden Ausgangsschaltungen verwendet, die auch nach Beseitigung des Fehlers (z. B. Kurzschluss, Kabelbruch) abgeschaltet bleiben. Diese *Memory-Funktion* wird durch das Abschalten und Wiedereinschalten der Versorgungsspannung zurückgesetzt. In diesem Fall spricht man auch von einer *gerasteten Abschaltung*. Dies schützt Geräte und Personen vor defekten Ausgängen bei Beseitigung des Fehlers. Ein *Rückleseka-nal* des Bausteins erlaubt der steuernden Elektronik, den Status zu erfassen und den Zustand der Diagnose zuzuführen.

C.2.2.3 Pulsweitenmodulation (PWM) für quasianaloge Ausgänge

Eine weitere Anwendung der Kleinleistungsausgänge ist die *quasianaloge* Ansteuerung von Aktoren, wie Ventile. Dabei wird mit Hilfe eines *digitalen Signals* dem Aktor ein analoges Verhalten aufgezwungen. Da es sich dabei nicht um ein echtes analoges Signal handelt, spricht man von einer *quasianalogen Ansteuerung*.

Der Steuerausgang, der nur die Zustände„ein“ und„aus“ kennt (ähnlich wie ein Lichtschalter), wird dazu gepulst. Die *Pulswiederholzeit* t_w ist dabei konstant (t_w; W = Weite, engl.: width). Nicht jedoch das *Puls-Pausen-Verhältnis*. Es wird in Abhängigkeit des auszugebenden analogen Wertes gesteuert. Dabei unterscheidet man die

- Pulspause, t_{aus} oder t_{low} und
- Pulsbreite, t_{ein} oder t_{high}.

In Bild C-36 sind beispielhaft einige Puls-Pausen-Verhältnisse und deren analoges Verhältnis aufgezeigt. Der analoge Wert entspricht dabei dem Integral über der Fläche innerhalb des Zeitintervalls t_w. Normiert man die maximale Ausgangsspannung auf 100 %, so erhält man für die quasianaloge Ausgangsspannung folgende einfache Beziehung:

$$U_A = \frac{t_{ein}}{t_W} 100\,\%. \tag{C-14}$$

Für $t_{ein} = 0$, wird die Ausgangsspannung U_A ebenfalls zu null und für $t_{ein} = t_W$ erreicht sie ihren maximalen Wert.

Werden alle möglichen Puls-Pausen-Verhältnisse aufgetragen, so erhält man die *analoge Steuerkennlinie* in Bild C-37. Die Abstufung der einzelnen Werte ist dabei von der Auflösung des digitalen Signals abhängig. Für ∞-viele Stufen erhält man schließlich eine Gerade.

Die *Integration* findet bei der Aktorsteuerung durch die *Trägheit* des Aktors statt. Ventile beispielsweise können nicht so schnell anziehen und wieder abfallen, wie sie durch die Aktorsteuerung angesteuert werden. Entscheidend hierfür ist, dass die Pulsfolge $1/t_W$ wesentlich größer als die maximale Schaltfrequenz f_{max} der Aktoren ist.

$$\frac{1}{t_W} \gg f_{max}. \tag{C-15}$$

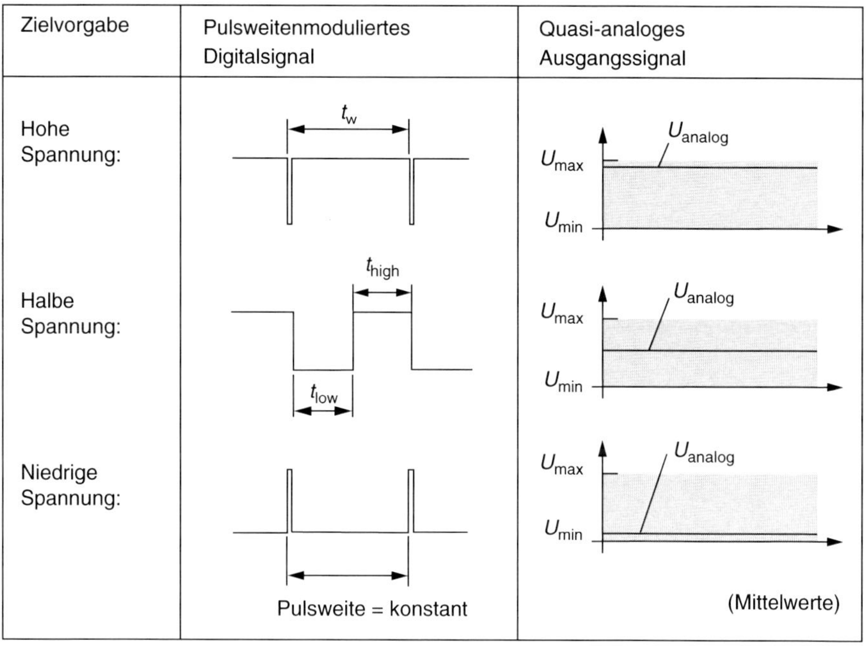

Bild C-36 Quasianaloger Ausgang durch Pulsweitenmodulation

Der Schieber bleibt so in einer vom Puls-Pausen-Verhältnis abhängigen Zwischenlage stehen. So können Durchfluss oder Druck der Steuerung eingestellt werden.

! Hinweis: Die strikt lineare Beziehung in Gleichung (C-19) wird in der Praxis durch eine Reihe von Einflussfaktoren stark verzerrt. So ist beispielsweise die Kraft zur Bewegung eines Ventilschiebers nicht linear. Sie ist maßgeblich von der Gegenkraft abhängig, die in der Regel von einer Feder gebildet wird. Auch die Fläche, die durch den Schieber freigegeben wird, steht in einem quadratischen Zusammenhang mit dem Weg. Darüber hinaus wirken hohe zu schaltende Drücke der Steuerkraft entgegen. Halbe Ausgangsspannung U_A bedeutet daher nicht, dass die Durchflussmenge oder der Druck ebenfalls die Hälfte seines nominalen Wertes beträgt. Daher geben die Hersteller der einzelnen Aktoren entsprechende Kennlinien an, die den Zusammenhang von Steuerspannung und Durchfluss aufzeigen. Diese können dann beispielsweise in einem Datenfeld der Steuerung abgelegt werden.

Beispiel

C.2-2: Während eines Arbeitsvorgangs in einem Bearbeitungszentrum muss der Wasserdruck in mehreren Stufen geregelt werden. Der Maximaldruck beträgt dabei 20 bar. Folgende Druckstufen sollen realisiert werden:

- 5 bar während des Bearbeitungsvorgangs,
- 10 bar zur Werkzeugreinigung,
- maximaler Druck für die Werkstückreinigung (Freispülen der Bohrungen) und
- kein Kühlmittelfluss während des Werkstückwechsels.

Bild C-37 Steuerkennlinie eines PWM-Ausgangs

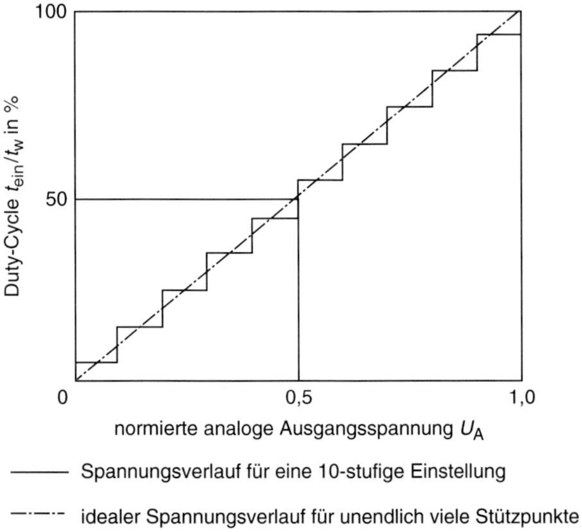

Setzt man einen linearen Zusammenhang zwischen dem Druck und dem Puls-Pausenverhältnis voraus, so erhält man für die Pulsweitenmodulation die Faktoren $u_A = 0$, 0.25, 9.5 und 1. Bei einem Grundtakt von 1 kHz ergeben sich folgende Ein- und Ausschaltzeiten:

u_A	t_{EIN} (µs)	t_{AUS} (µs)
0	0	1.000
0.25	250	750
0.5	500	500
1	1.000	0

C.2-3: Ein Hydraulikzylinder für 360 bar soll die Werte 0, halber Druck und offen einnehmen. Für die drei Druckstufen ist das PWM-Verhältnis zu ermitteln.
Da hier eine nicht lineare Funktion vorliegt, muss an Hand des vom Hersteller mitgelieferten Diagramms das Puls-Pausenverhältnis festgelegt werden. Für die Endwerte 0 und maximaler Druck erübrigt sich eine Kennlinienauswertung. Die Betriebsspannung für den halben Druck von 180 bar ist aus der Kennlinie in Bild C-38 zu entnehmen und ergibt sich zu 15 V.
Das Tastverhältnis u_A ermittelt sich nun zu $u_A = 15\ \text{V}/24\ \text{V} = 0{,}625$. Setzt man einen Grundtakt von 1 kHz voraus, so ergeben sich folgende Pulszeiten:

$$t_{EIN} = 625\ \mu\text{s}, \quad t_{AUS} = 375\ \mu\text{s}, \quad t_W = 1.000\ \mu\text{s}.$$

Dither

Für die Steuerung mit Hilfe von Proportionalventilen ist es wichtig, dass der Ventilschieber einen möglichst gleichmäßigen und ruckfreien Lauf über den gesamten Weg

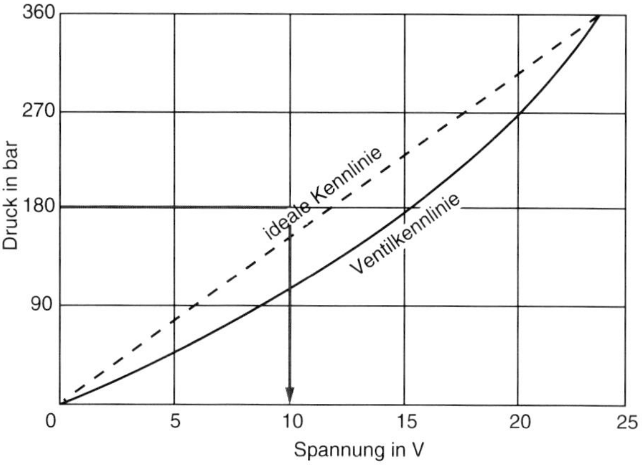

Bild C-38 Nichtlineare Ventilkennlinie

aufweist. Wird ein solches Ventil durch Pulsweitenmodulation in einer Zwischenlage gehalten, kann in Abhängigkeit des zu steuernden Mediums (z. B. Öl, Wasser) der Schieber in seiner Lage„verkleben“. Dies äußert sich bei der Ansteuerung des Ventils durch einen erhöhten Strom, um den Schieber aus seiner Lage zu bewegen. Diese Übersteuerung kann bei sehr geringen Druckänderungen störend sein.

Um diesen Effekt zu vermeiden, wird der pulsbreitenmodulierten Steuerspannung eine niederfrequente Wechselspannung überlagert. Diese Wechselspannung führt zu einer Frequenzmodulation, die den Schieber ständig in einer Schwingung mit geringer Amplitude hält. Diese Vibration wird als *Dither* bezeichnet und bei allen gängigen Ventilen angewandt.

Die *Ditherfrequenz* ist so zu wählen, dass sie nicht durch die Massenträgheit des Ventilschiebers aufintegriert und damit gemittelt wird. In der Regel liegt sie zwischen 50 Hz bis 100 Hz.

C.2.3 Brückenschaltungen

In der Leistungselektronik sind heute *Brückenschaltungen* nicht mehr wegzudenken. Von der klassischen *Wheatstone'schen Brücke* abgeleitet, werden die passiven Elemente durch *aktive Elemente*, Schalter, ersetzt. Dies ermöglicht einen definierten und kontrollierten Stromfluss im Querzweig der Brücke. Die *Brückenschaltungstechnik* leitet sich von folgenden Grundschaltungen ab:

- Halbbrücke,
- Vollbrücke und
- Drehstrombrücke.

Bild C-39 zeigt eine Übersicht über die gängigen Brückenschaltungen in der Leistungselektronik. Ebenfalls aufgeführt sind typische Anwendungsbeispiele.

	Vollbrücke	Drehstrombrücke
Schaltungs-symbol	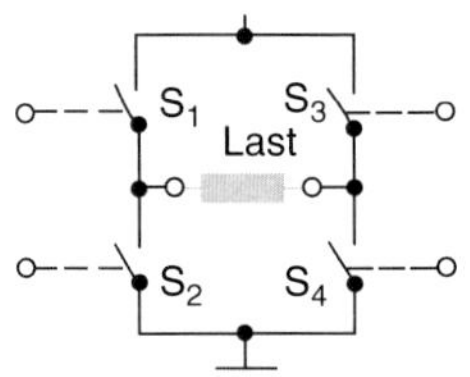	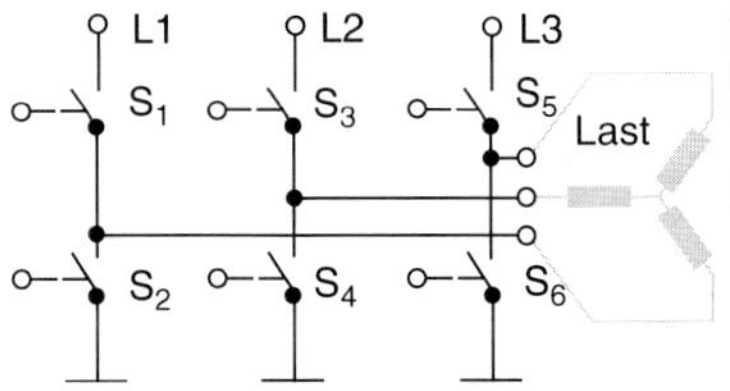
Transistor-brücke	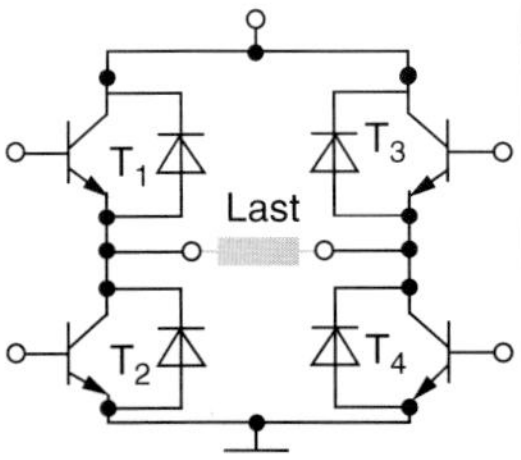	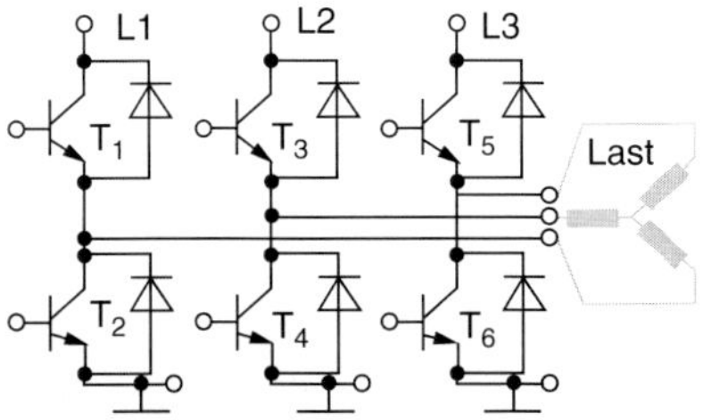
Anwendungs-beispiele	Gleichstrommotoren	Drehstrommotoren gesteuerte Gleichrichter Netzumrichter

Bild C-39 Übersicht über Brückenschaltungen

C.2.3.1 Halbbrücke

Die Halbbrücke bildet die Basis für alle weiteren Brückenschaltungen, wie sie auch unter C.2.3.2 und C.2.3.3 beschrieben sind. Sie ist gekennzeichnet durch einen aktiven Schaltpfad gegen die positive Versorgungsspannung sowie einen weiteren gegen die negative Versorgungsspannung oder gegen das Null-Potenzial. Bild C-40 zeigt den typischen Aufbau einer Halbbrücke sowie ein vereinfachtes Schaltbild, das die Funktion mit Hilfe von Schaltern beschreibt.

Wie Bild C-40 zeigt, ist die Halbbrücke im Wesentlichen unabhängig von der Wahl der Schaltelemente. Typischerweise werden

- FETs,
- bipolare Transistoren,
- Thyristoren oder Triacs und
- IGBTs

eingesetzt (Abschn. C.1.2). Thyristoren werden dabei hauptsächlich in Spannungsumformer eingesetzt.

Die Entwicklung der Ansteuerung einer Halbbrücke verdient besonderer Aufmerksamkeit und Sorgfalt: Da zu keinem Zeitpunkt *beide* Transistoren leitend sein dürfen, ist der Übergang bei der Ansteuerung des obigen zum unteren Transistors besonders kritisch. Wird dies nicht sorgfältig gelöst, so entsteht für einen kurzen

Bild C-40 Ausführungen der Halbbrücken-Schaltungen

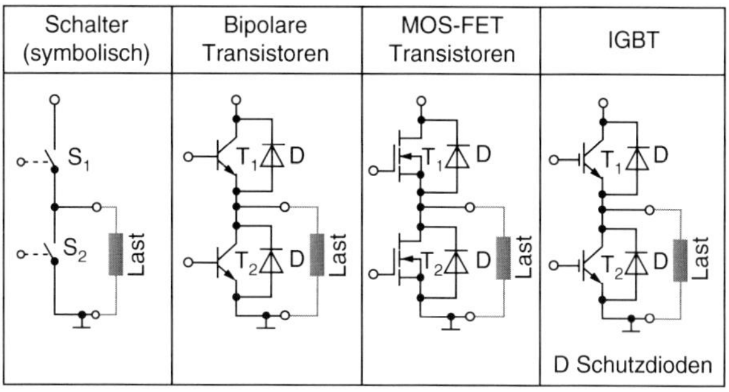

Augenblick ein Kurzschluss zwischen der Versorgungsspannung und 0 V. Darüber hinaus muss die Ansteuerung auch die *Flusszeit* während des Umschaltens beherrschen; d. h., der leitende Transistor benötigt für die *Räumung* seiner *Fluss-Strecke* mehr Zeit als der nichtleitende Transistor zum Einschalten. Der Transistor T_2 muss daher zeitverzögert zu T_1 eingeschaltet werden. Allerdings darf die Pause (*Totzeit* t_{tot}) zwischen den beiden Schaltphasen nicht so groß werden, dass eine *Unstetigkeit* entsteht. In Bild C-41 ist die Besonderheit der Halbbrückensteuerung nochmals hervorgehoben.

! Hinweis: Die Transistoren T_1 und T_2 stehen hier stellvertretend für alle möglichen Schalter einer Halbbrücke.

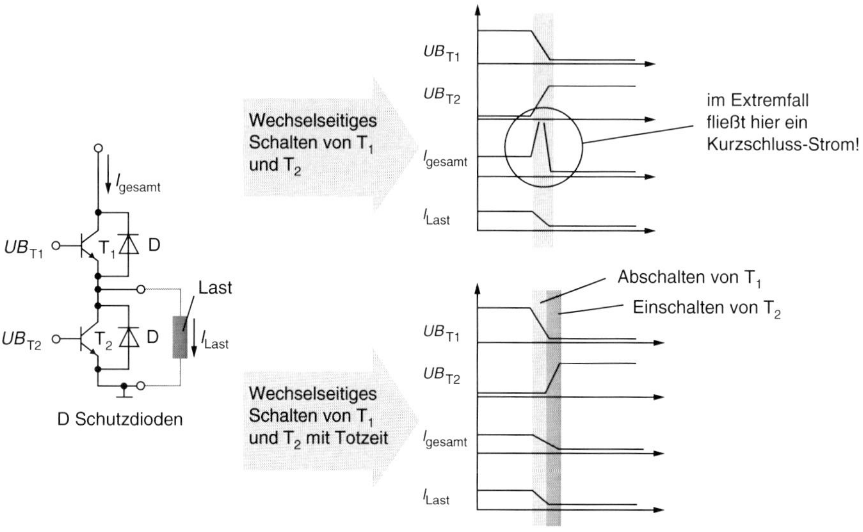

Bild C-41 Ansteuerung einer Halbbrücken-Schaltung

C.2.3.2 Vollbrücke

Die *Vollbrücke* oder auch *H-Brücke* ist in Bild C-42 beispielhaft aufgezeigt. Sie besteht im Wesentlichen aus *zwei Halbbrücken*, zwischen denen die Last im *Querzweig* angeschlossen ist. Mit dieser Schaltungsanordnung lassen sich an der Last die Spannungsverhältnisse umkehren.

Werden im Bild C-43 die Transistoren T_1 und T_4 leitend geschaltet, liegt am Verbraucher die Plusspannung am Klemmenpunkt 1 und die Minusspannung oder Nullspannung am Klemmenpunkt 2 an. Es kommt zum Stromfluss nach Bild C-43a. Werden die Transistoren T_1 und T_4 abgeschaltet und an deren Stelle die Transistoren T_2 und T_3 in den leitenden Zustand versetzt, ändert sich die Polarität am Verbraucher: Jetzt liegt der Klemmenpunkt 1 auf Nullpotenzial und Punkt 2 ist positiv angeschlossen (Bild C-43b).

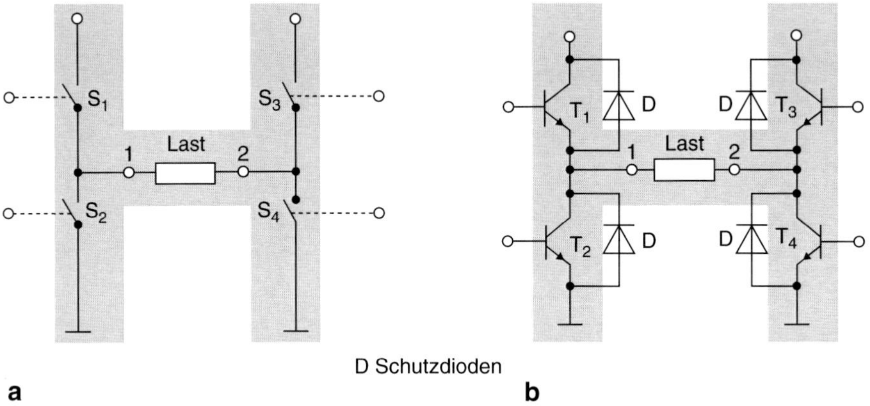

Bild C-42 Prinzipieller Aufbau der Vollbrücken-Schaltung **a**) Darstellung mit Schaltern (symbolisch), **b**) Darstellung mit bipolaren Transistoren

Zusammenfassend kann man sagen:

Mit Hilfe der H-Brücke kann die Polarität am Verbraucher umgekehrt werden.

Die H-Brücke wird zur Steuerung von Gleichstrommotoren eingesetzt. Wird sie wechselseitig betrieben, lässt sich so eine *quasianaloge Steuerung* des Verbrauchers in beiden Richtungen erzeugen. Für einen Gleichstrommotor sind dabei folgende Funktionen möglich (vereinfacht):

- Drehzahlsteuerung „rechts",
- Stillstand und
- Drehzahlsteuerung „links".

Bild C-44 zeigt die drei Phasen *Linksdrehung, Stillstand* und *Rechtsdrehung* in Abhängigkeit eines angenommenen Tastverhältnisses. Bei einem Puls-Pausen-

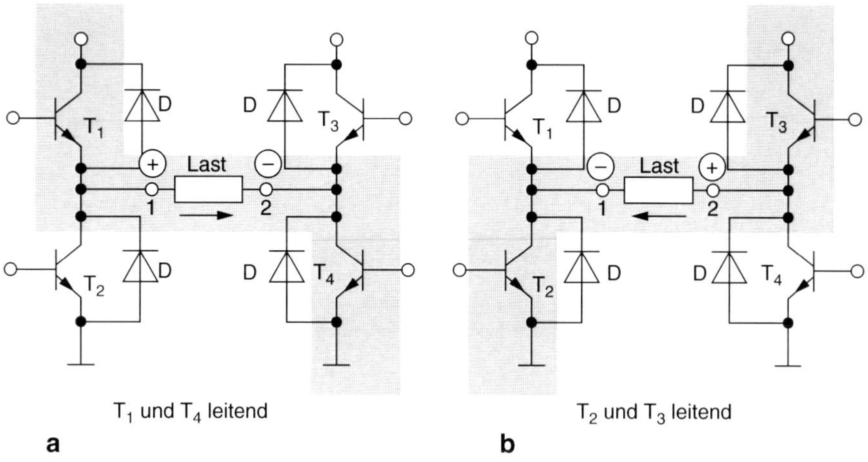

Bild C-43 Umpolung einer Last mit Hilfe der H-Brücke **a**) Positive Beaufschlagung der Last, **b**) Negative Beaufschlagung der Last

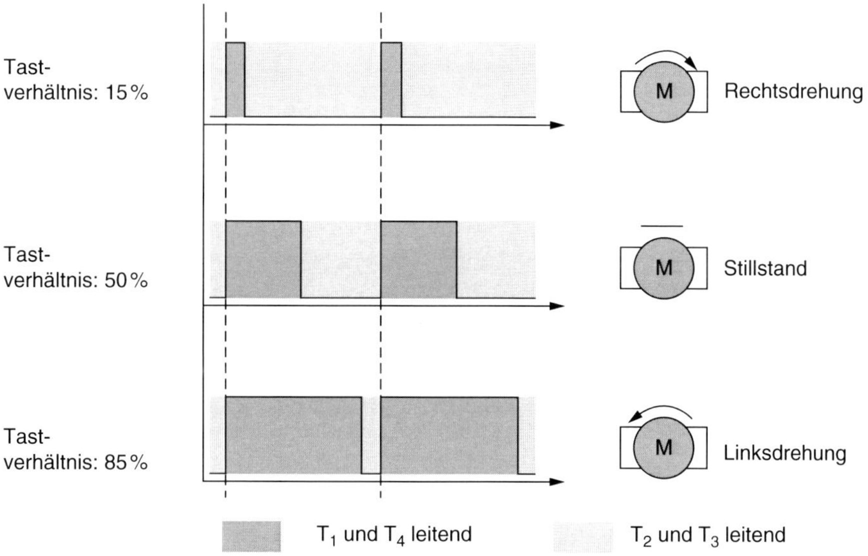

Bild C-44 Drehrichtungssteuerung mit einer H-Brücke

Verhältnis von 1:1 ist der mittlere Strom null, was einem Stillstand entspricht (Bild C-44, Mitte). Verändert man das Tastverhältnis, so erhält man entweder eine Linksdrehung oder eine Rechtsdrehung.

Obwohl es sich um eine digitale Ansteuerung handelt (die Transistoren werden immer direkt in den leitenden Zustand geschaltet), entsteht *analoges Verhalten* am

Verbraucher. Bei Motorsteuerungen ist dies einfach durch die *Massenträgheit des Rotors* zu erklären, die einen *integrierenden* Charakter auf das Drehzahlprofil hat.

C.2.3.3 Drehstrombrücke

Die Drehstrombrücke besteht aus *drei Halbbrücken* und wird in Verbindung mit Drehstromverbraucher eingesetzt. Dabei unterscheidet man zwei Anwendungsgebiete:

- Netzgleichrichtung und
- gesteuerte Gleichspannungsumrichtung.

Ersteres unterscheidet man weiter in

- einfache, ungesteuerte Gleichrichter und
- gesteuerte Netzgleichrichtung.

Die einfache Netzgleichrichtung erzeugt mit Hilfe eines *Drehstromgleichrichters* eine Gleichspannung. Da Netzspannung und gleichgerichtete Wechselspannung in ihren Eigenschaften (Frequenz und Spannung) konstant sind, können mit der so erzeugten Gleichspannung nur eingeschränkt Lasten betrieben werden. Wird der Drehstrombrückengleichrichter hingegen gesteuert, indem die Gleichrichterelemente durch Schalter ersetzt werden, kann die entstehende Gleichspannung der Last angepasst werden. In Bild C-45 sind vereinfacht beide Verfahren gegenübergestellt.

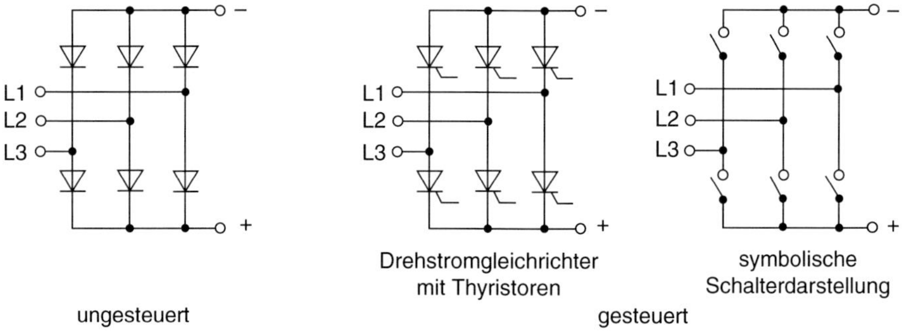

Bild C-45 Gesteuerte und nicht gesteuerte Drehstromgleichrichter

Als Schaltelemente werden, wie in Bild C-45 bereits angedeutet, hauptsächlich *Thyristoren* eingesetzt. Sie haben den Vorteil, dass sie nach dem Zünden *leitend* bleiben, bis der nächste *Nulldurchgang* erfolgt. Wird dieser Spannungspunkt durchschritten, löscht sich der Thyristor selbst. Dies vereinfacht die Ansteuerung, da die Anforderungen an die Zündimpulsesteuerung geringer sind.

Gesteuerte Netzgleichrichter sind oft Bestandteil von Netzumrichtern, die eine frei definierbare 3-Phasen-Wechselspannung zur Verfügung stellen. Im nachfolgenden Abschnitt C.2.3.4 wird darauf näher eingegangen.

C.2.3.4 Stromumrichter

Stromumrichter ist der Überbegriff für die Umsetzung einer *starren* Netzspannung in eine *steuerbare* Wechselspannung zum gezielten Betrieb von (meist) Drehstromverbrauchern. Stromumrichter bestehen aus drei wesentlichen Teilen:

- dem Netzgleichrichter,
- dem Zwischenkreis und
- dem Wechselrichter.

Darüber hinaus ist allen drei Teilen ein Steuer- und Regelteil überlagert, das entsprechend den Anforderungen auf der Lastseite sowie externer Vorgaben (z. B. Drehzahl), die einzelnen Baugruppen ansteuert und überwacht. Bild C-46 zeigt den typischen Aufbau eines Stromumrichters. Kernstück ist der Zwischenkreis, der aus einer konstanten Netzspannung erzeugt wird. Die Gleichspannung wird durch einen Kondensator geglättet, der als Energiespeicher arbeitet. Aus dieser Gleichspannung wird dann mit Hilfe des Wechselrichters wieder eine variable Wechselspannung erzeugt. Dabei ist es zunächst unerheblich, ob die umzurichtende Wechselspannung ein Einphasen- oder Dreiphasennetz (Drehstromnetz) ist.

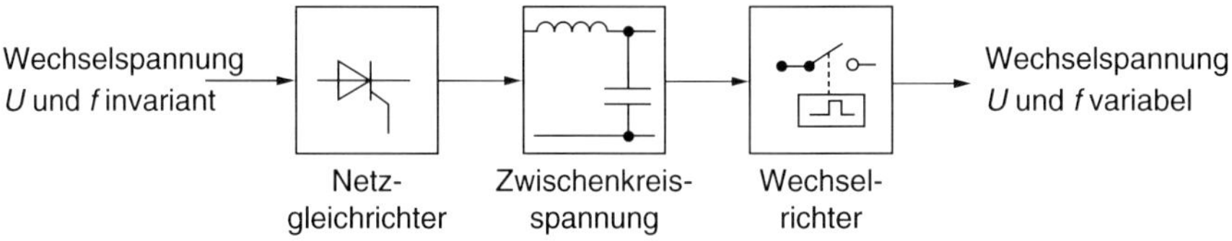

Bild C-46 Grundstruktur eines Netzumrichters

Am Beispiel eines Drehstromnetzumrichters soll obiger Aufbau näher untersucht werden. Er besteht aus

- einer gesteuerten Drehstromgleichrichterbrücke,
- dem Zwischenkreis und
- einem gesteuerten Wechselrichter.

Ein Stromumrichter hat im wesentlichen folgende Aufgaben:

- Umsetzung der starren Netzspannung in eine *variable Spannung*,
- Erzeugung eines *frequenzgesteuerten* (variablen) Dreiphasennetzes.

In Bild C-47 sind die einzelnen Baugruppen beispielhaft herausgezeichnet. Der überlagerte Steuer- und Regelkreis erfasst dabei

- den Maschinenstrom-Istwert,
- die Zwischenkreisspannung und
- den Netzstrom-Istwert.

Darüber hinaus werden auch noch eine Reihe von Grenzwerten überwacht, wie beispielsweise

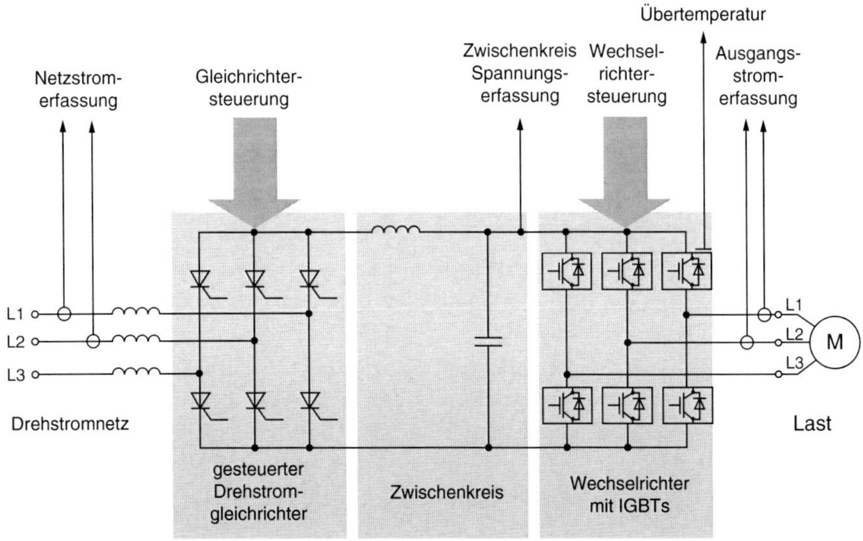

Bild C-47 Drehstromnetzumrichter

- die Zwischenkreisüberspannung,
- Übertemperatur der Leistungstransistoren und
- Ausfall einer Phase.

Aus den rückgeführten Daten lässt sich so eine effektive Steuerung des Netzumrichters realisieren. Darüber hinaus sind diese Werte auch für die Drehzahlregelung eines angeschlossenen Motors wichtig.

Stromumrichter werden meist im Zusammenhang mit einer komplexen Regelung in der Maschine eingesetzt. Dabei werden folgende Regelverfahren verwirklicht:

- Frequenzregelung,
- Drehzahlregelung und
- Momentenregelung.

Während Drehzahl- und Momentenregelung auf zusätzliche Geber angewiesen sind, die beispielsweise direkt am Motor angebracht sind, können zur Frequenzregelung die im Umrichter zur Verfügung stehenden Werte von Spannung und Strom herangezogen werden.

C.2.4 Unterbrechungsfreie Stromversorgungen (USV)

Das Prinzip der *unterbrechungsfreien Stromversorgung* (USV) entspricht in den Grundlagen der Wechselrichtertechnik, wobei die Ansprüche jedoch erheblich einfacher sind. Da in zunehmenden Maße die *Datenverarbeitung* an den Maschinen an Bedeutung gewonnen hat und die *Leitrechnertechnik* im direkten Zusammenhang mit den Maschinen zu sehen ist, werden an dieser Stelle die Grundlagen und Eigenschaften der USV etwas ausführlicher betrachtet.

Die unterbrechungsfreie Stromversorgung (engl. *uninteruptable power supply*, UPS) stellt ein Sonderfall der Wechselrichtertechnik dar. Während ein Netzumrichter eine Ausgangsspannung zur Verfügung stellt, die in *Frequenz* und *Amplitude* dem Verbraucher angepasst und oft variabel ist, stellt die USV eine Ausgangsspannung zur Verfügung, die *genau der Eingangsspannung entspricht*. Dies bedeutet beispielsweise:

- Eingangsspannung: 230 V, 50 Hz,
- Ausgangsspannung: 230 V, 50 Hz.

Im Bereich der Maschinentechnik finden sich auch Sonderausführungen der USV, die speziell auf den Sensor/Aktor-Einsatz abzielen. Sie sind in der Lage, die dort üblichen 24 V im Falle eines Netzausfalls zu puffern. Die Anwendung der 24-V-USV ist eng mit der Sicherheitstechnik verknüpft und kommt überall dort zum Einsatz, wo Positions- und Lagemeldungen auch bei einem Spannungsausfall gemeldet werden müssen und nicht verloren gehen dürfen. Auch Aktoren (z. B. Hydraulikventile, Motorbremsen) werden unter bestimmten Umständen während eines Spannungsausfalls weiter versorgt, bis ein sicherer Zustand der Maschine erreicht ist. Neben möglichen Personenschäden gilt es auch wirtschaftliche Schäden zu vermeiden. Bild C-48 zeigt den Einsatz einer 24-V-USV im Maschinenbereich.

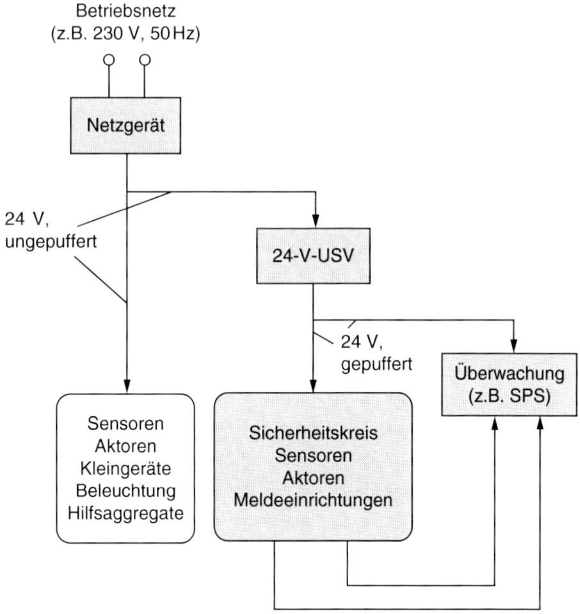

Bild C-48 Einsatz einer 24 V-USV für Sicherheitskreise

Die nachfolgenden Ausführungen beschränken sich auf eine unterbrechungsfreie Stromversorgung für den Netzbetrieb. Sie sind jedoch im Aufbau und in der Wirkungsweise auf alle anderen USV-Geräte übertragbar.

C.2.4.1 Aufbau der USV

Eine USV wird überall da eingesetzt, wo mit instabilen Netzversorgungen zu rechnen ist. Sie soll vor allem *Computer* und *Steuerungsrechner* bei Spannungseinbruch vor Datenverlust schützen. Dies ist insbesondere dann wichtig, wenn ein Neuanlauf eines Betriebssystems durch schadhafte Daten nicht mehr gewährleistet ist. Die Aufgaben einer USV sind:

- Überbrückung kurzer Netzeinbrüche,
- Signalisierung des Netzausfalls,
- Ausgleich von Netzschwankungen und
- Unterdrückung von Netzstörungen.

Auf die letzten beiden Punkte wird in Abschnitt C.2.4.2 eingegangen.

Analog zum Wechselrichter besteht die USV aus drei Funktionsblöcken:

- Eingangsfilter und Gleichrichtung,
- Zwischenkreis, bestehend aus
  - Laderegler und
  - Akkumulator sowie
- Wechselrichter.

Bild C-49 zeigt die einzelnen Funktionsgruppen in einem Blockschaltbild. Wird die Zwischenkreisspannung auf dem Niveau der Batteriespannung gehalten (meist 24 V oder 48 V), so sind enorme Stromstärken für die Umrichtung in die Wechselspannung erforderlich. Aus diesem Grund hat sich neben dem konventionellen Aufbau auch die Ankopplung über einen zusätzlichen Transformator bewährt, der den Batteriekreis erst im Abschaltmoment benötigt. Dies hat den Vorteil, dass während des normalen

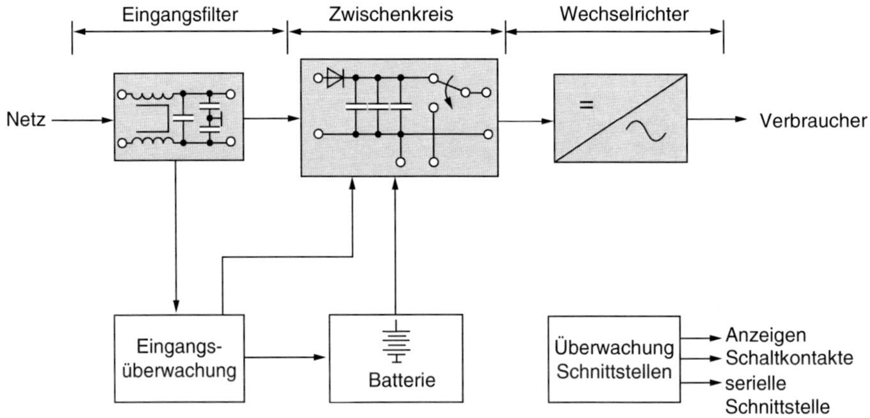

Bild C-49 Blockschaltbild einer unterbrechungsfreien Stromversorgung

Betriebs die Energie aus dem gleichgerichteten Zwischenkreis der Netzspannung bezogen werden kann. Bild C-50 verdeutlicht diese Variante.

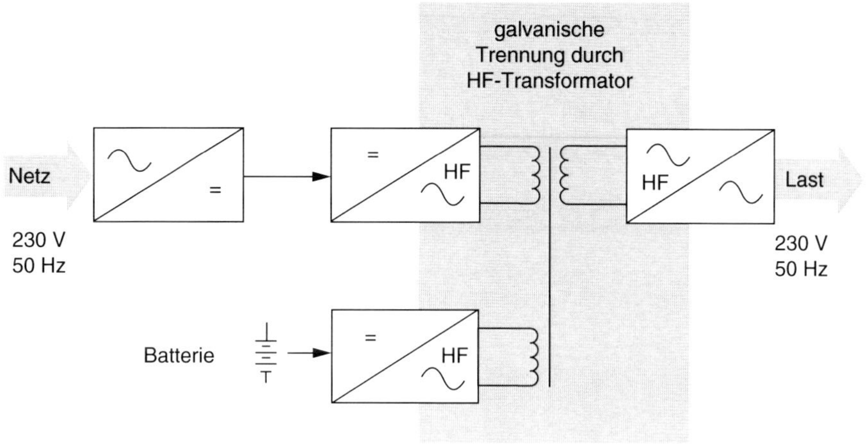

Bild C-50 Batterieeinkopplung durch HF-Übertrager

Unabhängig vom Funktionsprinzip gibt es *drei Betriebsarten* der USV. Diese sind:

- Off-Line USV,
- On-Line USV und
- On-Line USV mit Bypass.

In Bild C-51 sind die drei Prinzipien gegenübergestellt.

Unter *Off-Line USV* (Bild C-51a) versteht man eine Stromversorgung, die erst nach einem Netzausfall zugeschaltet wird. Dies hat folgende Vorteile:

- keine Zwischenkreisspannung erforderlich,
- niederohmige Netzankopplung und
- kostengünstige Lösung.

Der Einsatz in Rechenanlagen ist allerdings nicht ganz unproblematisch. Als hauptsächlicher Nachteil ist der

- kurze Spannungseinbruch

als Folge des Umschaltens zu nennen. Dieser beträgt in Abhängigkeit des eingesetzten Umschaltrelais bis zu einigen 100 ms oder – wie es in der Fachsprache heißt – mehrere *Netzhalbwellen*. Diese Unstetigkeit in der Netzspannung wird in der Regel von den Überwachungseinrichtungen in den Rechnern erkannt und führt zu einer Notabschaltung.

Demgegenüber steht die *On-Line USV*, Bild C-51b. Darunter versteht man eine *echte unterbrechungsfreie* Spannungsversorgung, die permanent aus dem Netz gespeist wird. Der Wechselrichter ist dabei stets aktiv, und die maximale Last richtet sich nach der maximalen Ausgangsleistung der USV. Der große Vorteil ist die

- absolut unterbrechungsfreie Energieversorgung

Bild C-51 Unterschiedliche Anschaltungen unterbrechungsfreier Stromversorgungen **a**) Offline-USV, **b**) Online-USV, **c**) Online-USV mit Bypass

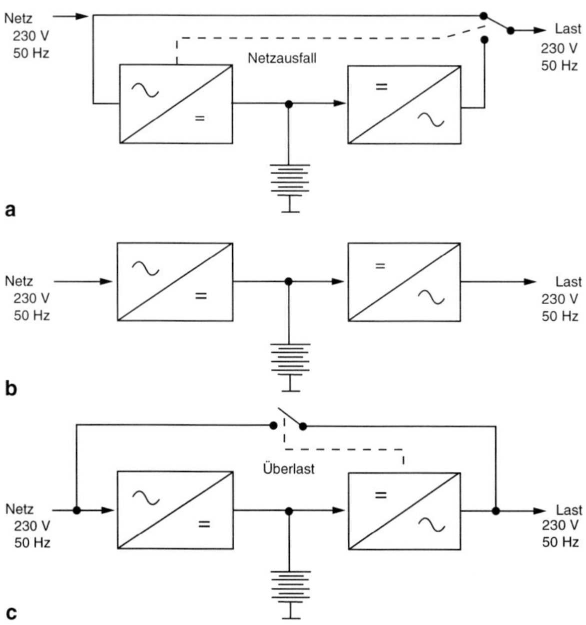

der angeschlossenen Teilnehmer. Ein eingebauter Mikroprozessor erlaubt darüber hinaus die gezielte Steuerung der angeschlossenen Geräte sowie die Auswertung gespeicherter Daten für Statistiken. Als Nachteil ist

- der höhere Aufwand und
- die begrenzte Leistung

zu nennen. Für Prozess- oder Leitrechner sowie für Steuerungen im Maschinen- und Anlagenbau sind diese USVs zu bevorzugen.

Die dritte Betriebsart (Bild C-51c) sieht zusätzlich einen *Bypass-Schalter* vor. Damit können *kurzzeitige Überlastungen* abgefangen und dem Verbraucher die notwendige Energie bereitgestellt werden. Eine Überwachung meldet die Überlast im einfachsten Fall durch eine optische Anzeige. Ist dieser Zustand permanent gegeben, kann die USV bei Spannungseinbruch die geforderte Leistung nicht zur Verfügung stellen. Es droht ebenfalls Datenverlust. Der Planer muss in diesem Fall das System neu überdenken.

C.2.4.2 Störunterdrückung durch die USV

Neben dem offensichtlichen Entgegenwirken bei Spannungseinbrüchen, ist der Einsatz einer USV auch bei einer ganzen Reihe weiterer Netzstörungen empfehlenswert. Dabei spielt die Netzumgebung, ob Industrie oder Büro, eine große Rolle. Folgende Störungen können auftreten:

- *Spannungsspitzen*,
- *Transienten* (Schaltstörungen),
- *Spannungsabsenkung* durch Überlast (engl. brown-out),
- *Störeinstrahlungen* (RFI, radio frequency interference),
- aufmodulierte *Absenkungen* und *Überspannungen* (engl. sags and surges),
- *Frequenzschwankungen*,
- Ausfall eines Teils oder einer ganzen Netzhalbwelle (engl. drop-out) und
- Netzausfall.

In Bild C-52 sind die häufigsten Netzstörungen gegenübergestellt. Im Nachfolgenden sollen einige Ursachen und Erklärungen zu den obigen Begriffen diskutiert werden.

- *Spannungsspitzen*
  Spannungsspitzen sind kurze, einmalige Ereignisse, die sich additiv auf die Netzspannung auswirken. Ursachen können beispielsweise sein:
  – Blitzschlag,
  – Abschaltung großer induktiver Verbraucher (z. B. Schmelzöfen) oder
  – Netzum- oder zuschaltungen des Energieunternehmens.
- *Transienten*
  Bei Transienten handelt es sich um synchrone Störungen, die von Maschinen oder Geräten verursacht werden, die aus demselben Netz gespeist werden. Entsprechend findet man auf jeder Halbwelle eine Störung des Kurvenverlaufs.

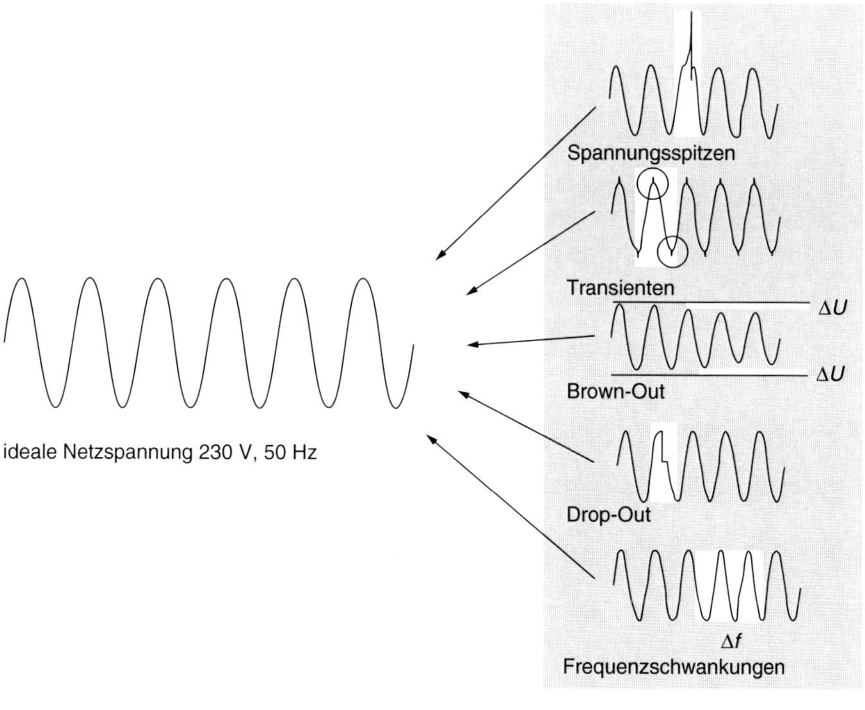

Bild C-52 Verschiedene Störungen der Netzspannung

- *Brown-Out*
  Als Brown-Out wird das Absinken der Netzspannung infolge hoher Last bezeichnet. Dabei erfaßt ein typischer Brown-Out in der Regel einen ganzen Ortschaftsteil und nicht nur die entsprechende Werkhalle.
- *Frequenzschwankungen*
  Im öffentlichen Netz treten heute kaum noch Frequenzschwankungen auf. Meist werden diese von eigenen Generatoren verursacht.
- *Drop-Out*
  Mit Drop-Out wird ein sehr kurzer Spannungsausfall bezeichnet, der nur für einen Teil der Halbwelle auftritt. Ursächlich hierfür sind meist Umschaltungen im Leitungsnetz.

Da die USV die Eingangsspannung gleichrichtet und daraus die Ausgangsspannung selbst erzeugt (Generator), können alle obengenannten Netzstörungen beseitigt werden. Dies ermöglicht den Betrieb von Geräten am Industrienetz, die ursprünglich nicht dafür konzipiert worden sind. Beispiele hierfür sind:

- PC (Personal Computer) als Maschinensteuerung,
- Videoüberwachung im Prozessablauf,
- Datenbanksysteme an Maschinen und
- der Leitrechner in der Montagehalle.

Vergleicht man die Preise industrietauglicher Produkte mit Standard-Produkten, so kann der Einsatz einer USV rentabel sein. Darüber hinaus ist der Markt und damit die Vielfalt im Standardbereich erheblich größer.

Beispiel
C.2-4: In einem Rechenzentrum sollen zwei Großrechner an eine USV angeschlossen werden. Welcher Typ ist dafür am besten geeignet?

Lösung: Der Operator muss eine *Online USV* einsetzen, da nur sie bei Spannungsausfall eine lückenlose Versorgung der angeschlossenen Geräte gewährleistet. Für Rechner ist dies von extremer Wichtigkeit, da sonst ein Datenverlust droht.

C.2.5 Spannungswandler

In elektrischen Geräten und Anlagen sind eine Vielzahl unterschiedlicher Spannungen notwendig. Während ein Elektromotor eine sehr hohe Spannung benötigt, sind für den Betrieb von Mikroprozessoren und Ablaufsteuerungen sehr kleine Spannungen notwendig. Die Anpassung an die geforderten Gegebenheiten übernehmen *Spannungswandler*.

Spannungswandler sind in unterschiedlichen Ausführungen verfügbar. Die bedeutendsten sind:

- Netztransformatoren,
- Sperrwandler,

- Durchflusswandler,
- Resonanzwandler.

Während der Netztransformator direkt aus der Wechselspannung des Netzes betrieben werden kann (passiver Wandler), erzeugen die anderen Wandlertypen ihre Wechselspannung selbst. Dazu zerhacken sie die angelegte Gleichspannung und formen sie in eine Wechselspannung um. Bild C-53 gibt eine Übersicht über die verschiedenen Wandler sowie die notwendigen Baugruppen zum Betrieb. In den nachfolgenden Abschnitten soll speziell auf die getakteten Stromversorgungen eingegangen werden.

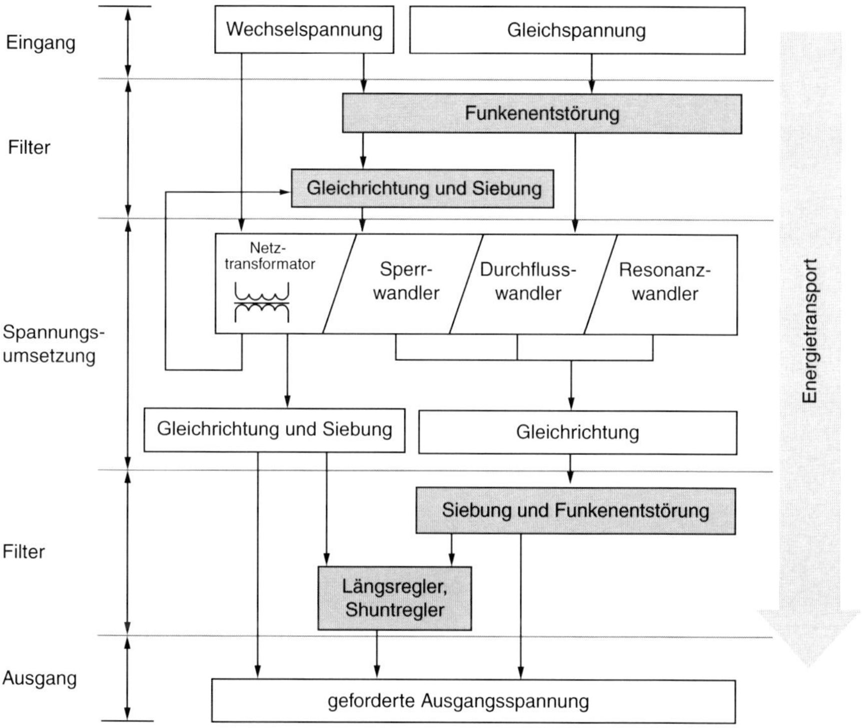

Bild C-53 Verschiedene Ausführungen der Spannungsumsetzung

C.2.5.1 Prinzip der getakteten Stromversorgung

In getakteten Stromversorgungen (gelegentlich auch Schaltregler genannt) wird eine Gleichspannung mit Hilfe von Halbleiterschaltern in eine Wechselspannung umgewandelt. Als Halbleiterschalter finden

- Thyristoren,
- Leistungstransistoren,

- Triacs,
- Power MOSFET und
- IGBTs

Verwendung. Es entsteht eine *getaktete Spannung*, die mit Hilfe eines Energiespeichers, wie Kondensator oder Drossel, aber auch durch einen Transformator in eine andere Spannung umgeformt werden kann. Im letzten Fall spricht man auch von einem *potenzialgetrennten Spannungswandler.*

Inzwischen gibt es eine Vielzahl von Wandlerprinzipien, die allesamt auf die speziellen Leistungsbedürfnisse oder Applikationen abgestimmt sind. Man unterscheidet:

- *Tiefsetzsteller* (Abwärtswandler),
- *Hochsetzsteller* (Aufwärtswandler),
- *Eintaktsperrwandler (auch als Inverswandler bezeichnet),*
- *Eintaktdurchflusswandler* und
- *Gegentaktwandler.*

Da in diesem Buch nicht alle Wandlertypen ausführlich behandelt werden können, stellt Bild C-54 die Wandlerprinzipien, ihre Einsatzgebiete, ihre Vorteile und deren Kosten in einer Übersicht zusammen.

Die wichtigsten Baugruppen eines vollständigen Wandlers sind in Bild C-55 dargestellt: Über zwei Filter gelangt die Eingangsspannung U_{E} an den Transformator der Leistungsendstufe, in welcher sie in diesem Beispiel von einem MOSFET zerhackt wird. Die gleichgerichtete und mit nur einer Stufe gefilterte Sekundärspannung wird von einem Regelverstärker mit einer Referenzspannung verglichen. Dem Regelverstärker nachgeschaltet ist ein Optokoppler zur potenzialfreien Informationsübertragung auf die Primärseite. Der Fototransistor ist mit einem Pulsbreitenmodulator (PWM) verbunden, der seinerseits die Leistungsendstufen ansteuert. Der Regelkreis ist somit geschlossen.

Eine Hilfsspannung versorgt die Steuerelektronik, die üblicherweise aus der Leistungsendstufe gewonnen wird. Nur während der Einschaltphase oder bei einem Fehler erhält man die Hilfsspannung direkt aus der Eingangsspannung.

Steuerung durch Pulsbreitenmodulation

Die Steuerung oder Regelung der Ausgangsspannung bei getakteten Wandlern erfolgt durch *Pulsbreitenmodulation.* Dabei wird die Eingangspannung U_{E} periodisch unterbrochen und mit variabler Pulsbreite wieder eingeschaltet. Die Verwendung von Pulsbreitenmodulation zur Spannungsregelung von Stromversorgungen ermöglicht einen gegenüber Längsreglern (Verlustregler) wesentlich größeren *Wirkungsgrad.* Bei konstanter Ausgangsleistung bleibt auch die Eingangsleistung konstant. Die Eingangskennlinie ist demnach hyperbelförmig, woraus sich ein negativer Eingangswiderstand ergibt. Normalerweise wird die Schaltfrequenz f_{s} konstant gehalten, das heißt, die Einschaltzeit t_{ein} und die Ausschaltzeit t_{aus} sind variabel. Bild C-56 verdeutlicht die variablen Ein- und Ausschaltzeiten bei konstanter Schaltfrequenz. Das

Drosselwandler (Potentialgebundene Wandler)		Transformatorische Wandler (Potentialfreie Wandler)		
Tiefsetzsteller	Hochsetzsteller	Sperrwandler	Durchflusswandler	Gegentaktwandler
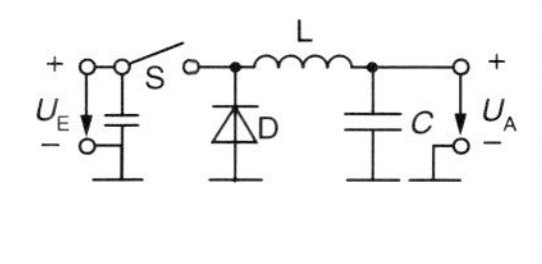	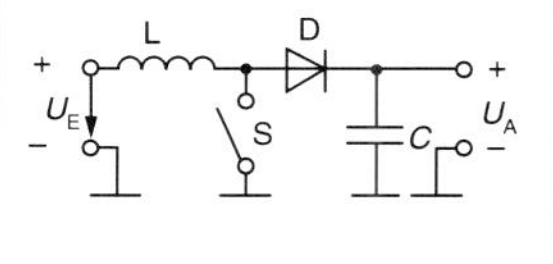	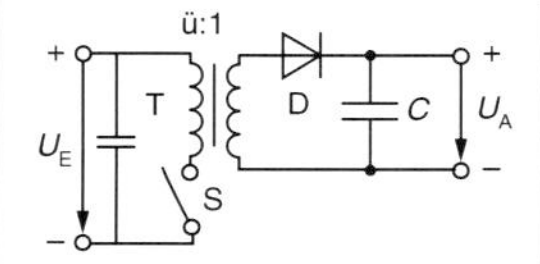	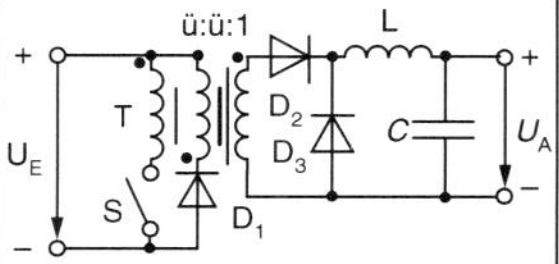	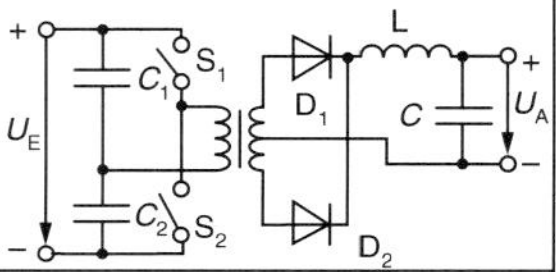
Kurzbeschreibung				
Bei geschlossenem Schalter fließt der Strom durch die Drossel und wird zum Teil in magnetische Energie umgewandelt. Diese wird während der Sperrphase in elektrische Energie zurückgewandelt.	Bei geschlossenem Schalter fließt der Strom durch die Drossel und wird zum Teil in magnetische Energie umgewandelt. Diese wird während der Sperrphase in elektrische Energie zurückgewandelt. Beim Hochsetzsteller liegt diese Spannung in Reihe mit der Eingangsspannung, so dass die Ausgangsspannung um diese Spannung erhöht wird.	Ist der Primärkreis geschlossen, wird im Transformator magnetische Energie gespeichert. Da während dieser Zeit die Diode im Sekundärkreis sperrt, wird keine Energie übertragen. Wird der Schalter geöffnet, wird die Polarität umgekehrt und die gespeicherte Energie kann zum Ausgang übertragen werden.	Hier ist bereits ein Stromfluss während des geschlossenen Schalters möglich. Bei offenem Schalter sperrt D_2 und über D_3 wird der Stromfluss durch die Speicherdrossel ermöglicht. Die dritte Wicklung des Trafos ist zur Abmagnetisierung notwendig.	Während den untershiedlichen Schaltphasen auf der Primärseite sorgen die beiden Dioden sekundärseitig für den Stromfluss zum Verbraucher. Dabei bleibt der Transformator gleichstromfrei.
Leistungsbereich				
bis 200 W	bis 200 W	bis 100 W	bis 200 W	200 W bis 3.000 W
Wirkungsgrad				
hoch	gut	mittel	mittel	hoch
Anwendungen				
Spannungskonstanthalter Nachregelungen	Spannungshochsetzungen Sonderausgangsspannungen	Mehrfachspannungen, z.B. PC-Netzteil, Videorekorder	einfache Netzteile	für hohe Eingangsspannungen und hohe Leistung
Kosten				
niedrig	niedrig	niedrig	mittel	hoch

Bild C-54 Übersicht über die wichtigsten getakteten Spannungswandler

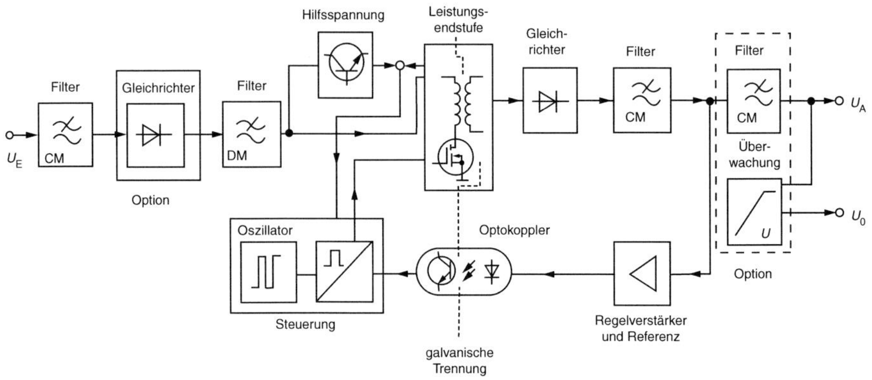

Bild C-55 Blockschaltbild einer pulsbreitengeregelten Stromversorgung

Verhältnis von Pulsbreite zu Pulspause wird als *Duty-Cycle* bezeichnet und wird üblicherweise in Prozent angegeben. Weitere Erläuterungen zur Pulsbreitenmodulation finden sich in Abschnitt C.2.2.3.

Meistens wählt man für die Schaltfrequenz f_s eine Frequenz, die deutlich über dem Hörbereich des menschlichen Ohres liegt. Zum Beispiel ist eine Pulsbreitenmodulation mit variabler Frequenz und konstanter Einschaltzeit oder starrer Ausschaltzeit möglich, aber wegen des oft hohen Aufwandes zur Funkentstörung nicht sinnvoll. In der Praxis verwendet man Schaltfrequenzen im Bereich 20 kHz $< f_s <$ 150 kHz, wobei der Bereich 30 kHz $< f_s <$ 50 kHz am häufigsten anzutreffen ist.

C.2.5.2 Durchflusswandler

Die Bezeichnung *Durchflusswandler* beschreibt die prinzipielle Arbeitsweise eines im Folgenden nur noch *Flusswandler* genannten Spannungsumsetzers. Bei ihm findet der *Energiefluss* vom Eingang zum Ausgang nur während der *Einschaltzeit* des Schalttransistors statt (davon leitet sich auch der Name *Flusswandler* ab, da der Energietransport während des eingeschalteten Transistors erfolgt). Der Flusswandler hat neben seiner Grundform, dem Tiefsetzsteller, zahlreiche Varianten. Aber auch Mischformen, also Kombinationen von Flusswandlern und Sperrwandlern sind bekannt.

Tiefsetzsteller

Mit *Tiefsetzsteller* bezeichnet man die Grundschaltung des Durchflusswandlers (engl.: *buck converter* oder *step down converter*) wie sie in Bild C-57 aufgezeigt ist. Auch die Bezeichnung *Drosselwandler* findet gelegentlich Verwendung. Der Flusswandler ist dadurch charakterisiert, dass während der Einschaltdauer t_{ein} des Schalttransistors (hier symbolisch durch den Schalter S dargestellt) der Strom i_l vom Eingang über die Speicherdrossel L zum Ausgang des Wandlers fließt. Die

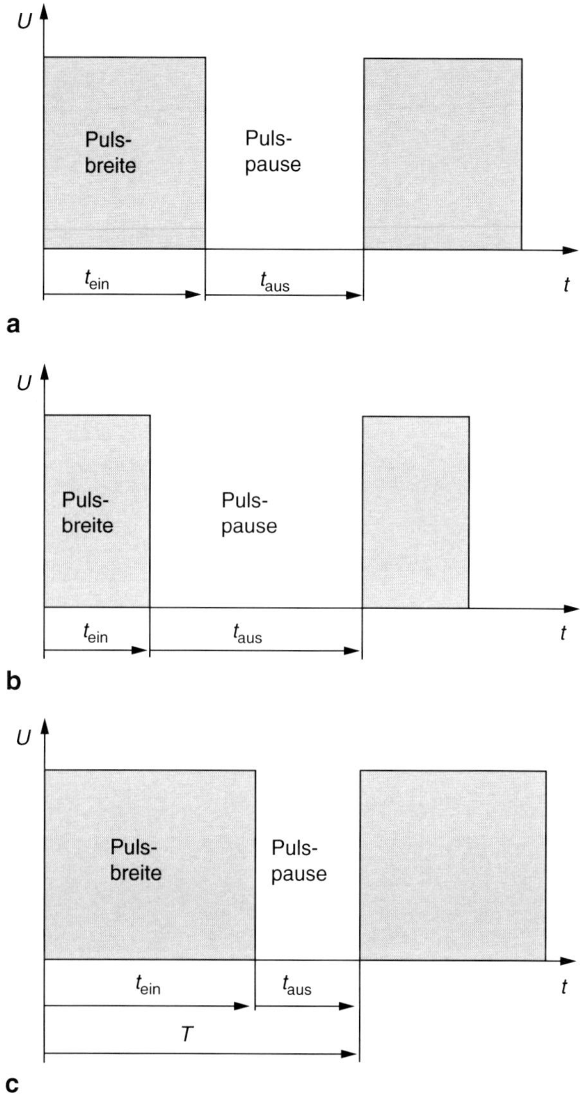

Bild C-56 Pulsbreitenmodulation bei konstanter Schaltfrequenz, $f = 1/t_{\text{Periode}}$ **a**) 50% Duty-Cycle, **b**) 33% Duty-Cycle, **c**) 66% Duty-Cycle

während der Einschaltzeit t_{ein} des Schalters S von der Drossel L aufgenommene Energie wird bei wieder geöffnetem Schalter t_{aus} über die Freilaufdiode D (engl.: *catch diode*) an den Ausgang des Wandlers abgegeben (hier durch den Strom i_2 dargestellt). Durch das Speichern von Energie während der Einschaltzeit und deren Abgabe bei geöffnetem Schalter S (Sperrphase t_{aus}) bildet die Speicherdrossel mit Hilfe der Freilaufdiode D und des Siebkondensators C_2 den Mittelwert der zerhackten Eingangsgleichspannung. Die Amplitude der Ausgangsspannung U_A entspricht dem arithmetischen Mittelwert der mit dem Tastverhältnis d (engl.: *duty cycle*)

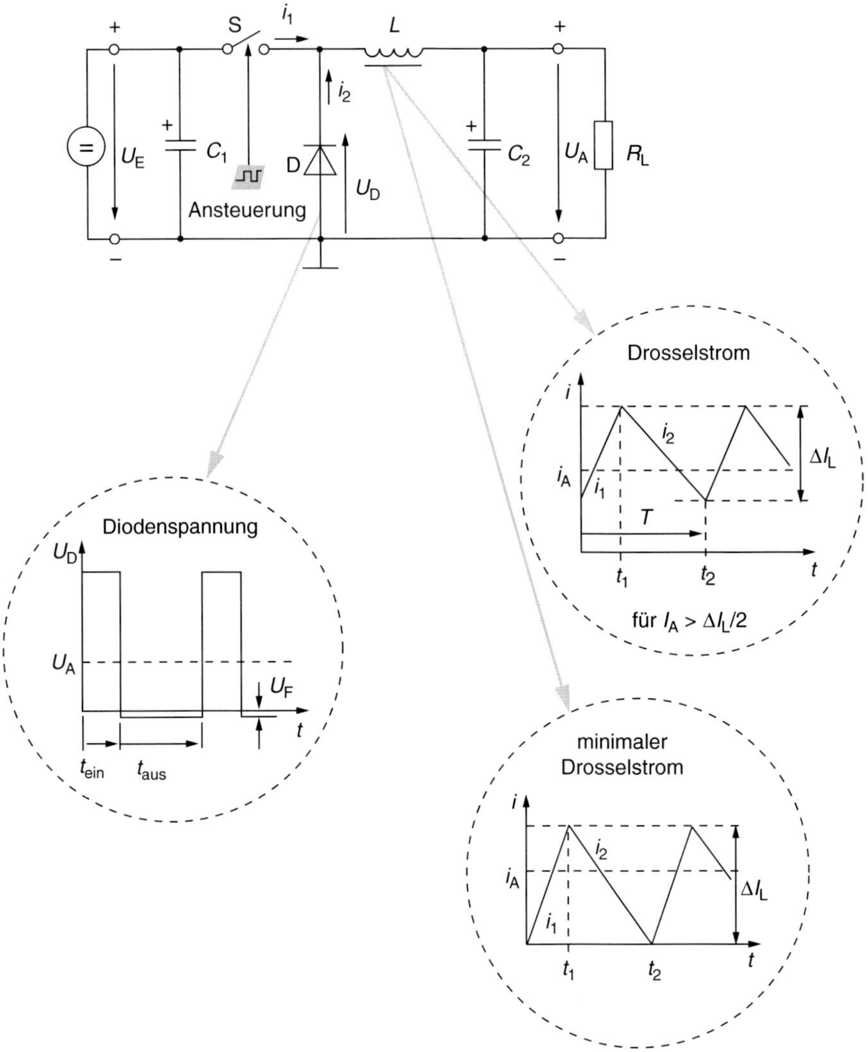

Bild C-57 Betriebsweise des Tiefsetzstellers

durchgeschalteten Eingangsspannung U_E. Es gilt:

$$U_A = d\,U_E. \tag{C-21}$$

Das Tastverhältnis d berechnet sich zu

$$d = t_1/T. \tag{C-22}$$

Diese Beziehung gilt nur bei nicht unterbrochenem *Drosselstrom* I_L. Das bedeutet, dass der Drosselstrom I_L auch während der gesamten Sperrphase des Schalttransistors fließen muss (Bild C-57).

Die Schaltfrequenz leitet sich einfach aus der Periodendauer ab und ergibt sich zu:

$$f = 1/T$$
$$f = 1/(t_{\text{ein}} + t_{\text{aus}}). \tag{C-23}$$

Im Folgenden wird für die Beschreibung der Grundschaltung von verlustfreien Bauelementen ausgegangen. Dies betrifft im Besonderen den Schalter S (z. B. Transistor, MOSFET), die Freilaufdiode D, die Speicherdrossel L und den Speicherkondensator C_2. In der Praxis muss jedoch hier vor allem

- die kapazitive Bürde der Speicherdrossel und
- die Sperrerholzeit der Freilaufdiode

von den Entwicklern berücksichtigt werden.

Kernstück des Tiefsetzstellers ist der Schalter S. Im geschlossenen Zustand fließt der Strom I_1 durch die Speicherdrossel L in den Kondensator C_2 und in die Last R_L. Über der Drossel liegt die *Differenzspannung* zwischen Eingang und Ausgang (U_E – U_A). Der Drosselstrom steigt dabei von seinem Minimalwert zum Zeitpunkt t_0 über die Zeit um den Betrag ΔI_L linear an. Dies wird durch folgendes Integral beschrieben:

$$I_L = I_{L\min} + \int_0^T \frac{1}{L} U_L \, dt \tag{C-24}$$

Wird der Schalter S zum Zeitpunkt t_1 geöffnet, so fließt der stetig sinkende Drosselstrom I_2 über die Diode D. Dabei muss der Stromfluss solange aufrecht erhalten werden, bis der Schalter S zum Zeitpunkt t_2 erneut geschlossen wird. Es gilt:

$$\begin{aligned} \Delta I_L &= U_A t_{\text{Aus}}/\text{L}, \\ \Delta I_L &= U_A(T - t_{\text{ein}})/L. \end{aligned} \tag{C-25}$$

Der Drosselstrom durch die Induktivität hat einen dreiecksförmigen oder trapezförmigen Verlauf. Wird der Schalter im selben Moment wieder geschlossen, wenn der Drosselstrom zu null wird, so erhält man einen dreieckförmigen Verlauf mit der Amplitude ΔI_L (Bild C-57). Dieser Strom ΔI_L kennzeichnet den *kleinsten kontinuierlichen Drosselstrom* und damit auch den *minimalen Ausgangsstrom*.

! Hinweis: In diesem Verhalten ist auch die Anschaltung einer Minimallast begründet. Viele Netzteilhersteller geben einen *Mindeststrom* an, ab dem die Spannungsversorgung dem Datenblatt und der Spezifikation entspricht. Ein bekanntes Beispiel sind die Netzteile im Personal Computer (PC). Ohne angeschaltete Last ist ein Betrieb nicht möglich.

Der minimale Ausgangsstrom ergibt sich demnach zu

$$I_{A\min} = \Delta I_L/2. \tag{C-26}$$

Er wird dann erreicht, wenn der Drosselstrom auf der Nullinie aufsetzt. Dies wird auch als die *Lückgrenze* der Drossel bezeichnet. In diesem Punkt kann keine Energie mehr übertragen werden. Der rückführende Regelkreis versucht dies auszugleichen, was einen Anstieg der Ausgangsspannung zur Folge hat. Die Verwendung einer Grundlast ist hier also zwingend vorgeschrieben, da sonst die Zerstörung nachgeschalteter Baugruppen durch Überspannung droht.

Eintakt-Flusswandler

Eine der häufigsten Varianten des Tiefsetzstellers ist der Eintakt-Flusswandler. Sein augenfälliges Merkmal ist die Verwendung eines *Transformators*, der

- die Energiespeicherung übernimmt und
- für die galvanische Trennung

von Primärkreis und Sekundärkreis sorgt. In Bild C-58 ist der prinzipielle Aufbau eines Eintakt-Flusswandlers mit galvanischer Trennung aufgezeigt. An die Stelle des Schalters S beim Tiefsetzsteller in Bild C-57 ist die Diode D_2 getreten. Der Schalter selbst liegt nun in Reihe mit der Primärwicklung N_1 des Transformators T. Bei diesem Aufbau spricht man von einem *primär getakteten Schaltregler*.

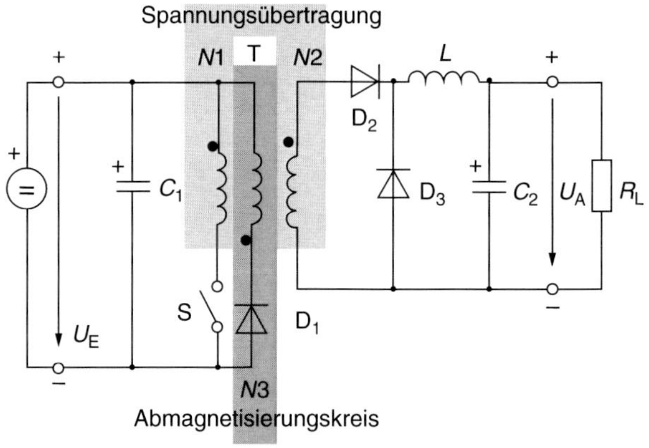

Bild C-58 Eintakt-Flusswandler

Der Transformator T bringt dabei folgende Vorteile in die Schaltung ein:

- *galvanische Trennung* beider Stromkreise,
- Realisierung eines optimalen Tastverhältnisses.

Letzteres wird durch ein geeignetes *Übertragungsverhältnis ü* erreicht. Die zusätzliche Wicklung N_3 wird als *Abmagnetisierungswicklung* bezeichnet und ist aufgrund der Begrenzung der Feldstärke durch die *Neukurve* notwendig. Der Wickelsinn ist umgekehrt zu den beiden anderen Drosseln.

Die Eingangsspannung U_{N2} des Tiefsetzstellers auf der Sekundärseite leitet sich aus der Eingangsspannung und dem Übertragungsverhältnis $ü = N_1/N_2$ ab:

$$U_{N2} = U_E \cdot ü,$$

$$U_{N2} = U_E \cdot N_1/N_2. \tag{C-27}$$

Während der *Einschaltdauer* t_{ein} des Schalters S ist der übersetzte Ausgangsstrom $\bar{I}_1' = I_{1S}\, N_1/N_2$ des Transformators von seinem eigenem Magnetisierungsstrom I_{mT} überlagert. Für den Primärstrom gilt damit:

$$I_1 = I_{mT} + I_{1S}\, N_1/N_2. \tag{C-28}$$

Nach dem Öffnen des Schalters S fließt der Magnetisierungsstrom des Transformators I_{mT} über die Wicklung N_3 zurück zur Quelle. Die Spannung über der Wicklung N_3 ergibt sich aus der Eingangsspannung U_E und der Flussspannung U_F an der Diode D_3. Entsprechend dem Übertragungsfaktor *ü* wird diese Spannung auch auf die Wicklung N_1 übergekoppelt und addiert sich zur Eingangsspannung U_E. Die Spannung am offenen Schalter ergibt sich somit zu:

$$U_{S\_offen} = U_E + U_{N1'}. \tag{C-29}$$

Dies ist besonders wichtig für die Auswahl des Schalters, der in der Regel als MOSFET oder Transistor ausgeführt wird. Er muss eine sehr hohe *Spannungsfestigkeit* aufweisen, so dass er durch die induktiven Spitzen nicht zerstört wird.

Um eine Sättigung des Transformatorkerns zu verhindern, muss die während der Einschaltzeit t_{ein} des Transistors gebildete *Spannungszeitfläche* $U \cdot t_{ein}$ gleich der Spannungszeitfläche zum Abmagnetisieren $U_E \cdot t_{aus}$ sein. Dabei wird die Spannungszeitfläche auf eine Windung bezogen.

C.2.5.3 Sperrwandler oder Inverswandler

Im Gegensatz zum Durchfluss-Wandler erfolgt beim *Sperrwandler* der Energiefluss nur während der Sperrphase des Schalttransistors. Da er oft für die Erzeugung negativer Spannungen eingesetzt wird, spricht man auch von einem Inverswandler. Wegen des trapezförmigen Drosselstromes für $I_L > 0$ wird der Sperrwandler auch vereinzelt *Trapez-Wandler* genannt. Vernachlässigt man den Innenwiderstand der Schaltung, so ist seine Ausgangsspannung unabhängig von der Last.

Die Grundschaltung des Sperrwandlers erlaubt sowohl den Aufbau eines Hochsetzstellers (Aufwärtswandler) als auch der eines Tiefsetzstellers (Abwärtswandler). In der Literatur findet man neben diesen an die Betriebsart angelehnten Bezeichnungen auch noch

- Drossel-Inverswandler,
- Umkehrsteller,
- Invers-Hochsetzsteller,
- flyback converter (engl.) oder
- buck boost converter (engl.).

Der Sperrwandler liefert gegenüber der Eingangsspannung eine *inverse Ausgangsspannung*. In Bild C-59 sind die Grundelemente des Sperrwandlers aufgezeigt.

Bild C-59 Sperrwandler oder Inverswandler

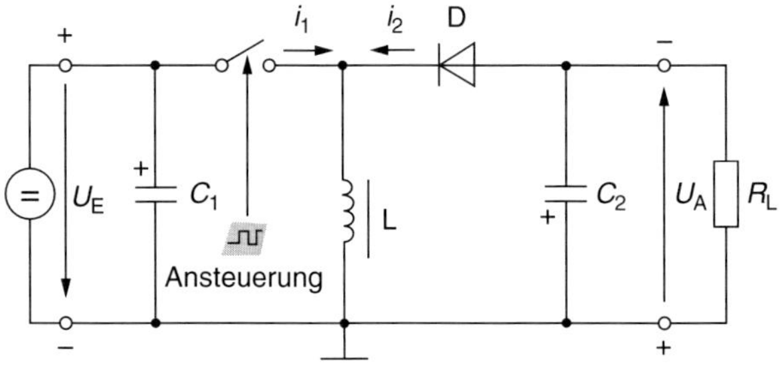

Gegenüber dem Tiefsetzsteller liegt die Speicherdrossel parallel zur Ausgangslast und wird bei geschlossenem Schalter durchflutet. In dieser Zeit verhindert die Diode D den Stromfluss zur Last (Betrieb in Sperrrichtung). Wird der Schalter geöffnet, so wird die gespeicherte Energie der Drossel in den Ausgangskreis abgegeben und erzwingt einen Stromfluss i_2, der die Drossel gleichsinnig zu i_1 durchflutet. An den Ausgangsklemmen liegt daher eine Spannung mit umgekehrter Polarität vor.

Eine Variante des Sperrwandlers ist der in Bild C-60 dargestellte *Hochsetzsteller*. Das Schaltelement liegt hierbei parallel zur Ausgangsspannung, die Speicherdrossel in Serie mit der Eingangsspannung. Dieser Wandler stockt die Eingangsspannung U_E um die Drosselspannung U_L auf, so dass sie größer und im Grenzfall gleich (für $U_L = 0$ V) dieser ist. Mit diesem Wandlertyp ist ein hoher Gesamtwirkungsgrad zu erreichen. Bei nicht unterbrochenem Ausgangsstrom ($I_L \geq 0$) gelten folgende Zusammenhänge für die Ausgangsspannung U_A und die Einschaltzeit t_{ein}:

$$U_A = U_E \frac{1}{1-d} \quad \text{und} \quad t_{ein} = T\left(1 - \frac{U_E}{U_A}\right) \tag{C-30}$$

Neben diesen Grundausführungen haben vor allem noch Sperrwandler mit *Transformatoren* Bedeutung erlangt. Sie ermöglichen es, durch mehrere Sekundärkreise eine Eingangsspannung U_E in mehrere Ausgangsspannungen (U_{A1} bis U_{An}) umzusetzen. Die Regelung erfolgt dabei auf die wichtigste Ausgangsspannung; alle anderen werden freilaufend durch das Übersetzungsverhältnis des Transformators bestimmt.

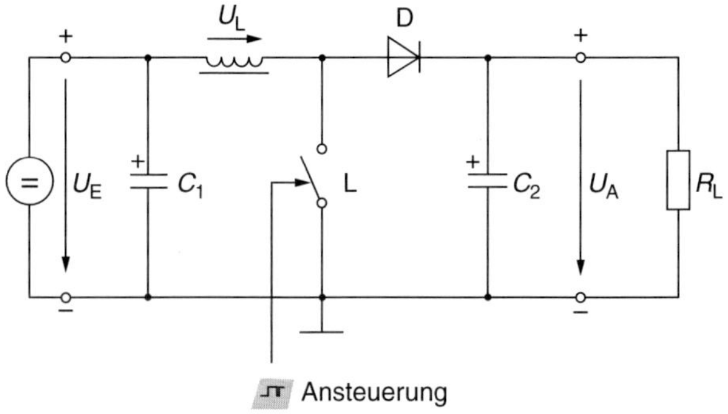

Bild C-60 Hochsetzsteller

Hinweis: Bei PC-Netzteilen erfolgt die Regelung auf die Hauptspannung +5 V. Die Genauigkeit der Spannungen +12 V und –12 V sind davon indirekt abhängig.

ÜBUNGSAUFGABEN

Ü C 1-1. Um rechtzeitig auf eventuelle Störungen aufmerksam zu werden, soll eine hydraulische Doppelpresse mit einer Stromüberwachung ausgerüstet werden. Die Vorpresse hat eine Nennleistung von 78 kW, die Hauptpresse hat eine Nennleistung von 122 kW. Die drei Phasen L1, L2 und L3 hängen an einem Industrienetz mit einer Nennspannung von 400 V.

a) Welchen Nennstrom nimmt die Presse auf?
b) Wie ist das Übertragungsverhältnis *ü* zu wählen, damit ein Instrument mit 100 mA Vollausschlag verwendet werden kann? Hinweis: beachten Sie dabei, dass die Nennleistung nicht zum Vollausschlag führen darf!
c) Welche Kennzeichnung hat demnach der Stromtransformator?

Ü C 1-2. In der Leistungselektronik sind Entstörfilter von großer Bedeutung.

a) Was versteht man unter einem X-Kondensator?
b) Was versteht man unter einem Y-Kondensator?
c) Wie nennt man die Dämpfung, die das Filter gegenüber Störungen aufweist?
d) Ist diese über der Frequenz konstant?

Ü C1-3.

a) Wie kann man Leistungselektronik gegen Überspannung schützen?
b) können die Schutzmechanismen nach dem Auslösen erneut gebraucht werden?

Ü C 1-4. Der Einfluss eines Sicherungselements in einer Schaltanlage soll untersucht werden. Bekannt ist die Nennstromaufnahme von 120 A bei 400 V Betriebsspannung. Der Übergangswiderstand an den Schraubklemmen beträgt auf jeder Seite 0,01 Ω. Der Übergangswiderstand zum Sicherungselement beträgt 0,015 Ω (alle Übergänge zusammen), die Sicherung selbst hat einen Innenwiderstand von 0,02 Ω.

a) Wie groß ist der Spannungsabfall an jeder Schraubklemme?
b) Wie groß ist der Spannungsabfall über der Sicherung?
c) Wie groß ist der gesamte Spannungsabfall über dem Sicherungselement?
d) Welche Verlustleistung entsteht an den Klemmstellen und an der Sicherung?

Ü C 1-5. Welche drei Möglichkeiten zur Ansteuerung von Lasten gibt es?

Ü C 2-1. Zur Ansteuerung von Aktoren werden Halbleiterschalter verwendet, die entweder nach +24 V oder nach 0 V schalten.

a) wie werden diese Schalter genannt?
b) können Ausgangsstufen gleichen Typs parallel geschaltet werden?

c) Welche logische Kombination ergibt sich daraus?

Ü C 2-2. Ein Motor in einer Farbrühranlage soll auf einfache Art und Weise angesteuert werden.

a) Welche Möglichkeiten gibt es?
b) welche Möglichkeit gibt es zur Drehrichtungssteuerung?
c) kann auch eine einfache Halbbrücke dazu verwendet werden?

Ü C 2-3. In welchem Punkt sind sich Wechselrichter und USV gleich?
Ü C 2-4. Wählen Sie für die folgenden Einsatzgebiete die richtige USV und begründen Sie die Wahl:

a) Leitrechner für den Fertigungsablauf
b) CNC-Steuerung eines Bearbeitungszentrums
c) SPS-Steuerung eines Transportbandes
d) Schaltschrankbeleuchtung
e) Steuerung eines Farbrührwerkes

Ü C 2-5. Worin besteht der maßgebliche Unterschied zwischen Sperrwandler und Flusswandler?

Ü C 2-6. Warum kann an einem ausgebauten PC Netzteil keine Spannung gemessen werden?

Literatur

Böhm W (2009) Elektrische Antriebe, Vogel Verlag, 7. Auflage
Boy H G, Bruckert K, Wessels B (2004) Elektrische Steuerungs- und Antriebstechnik, Vogel Verlag, 12. Auflage
Brosch P F (2008) Moderne Stromrichterantriebe, Vogel Verlag, 5. Auflage
Christner V (2002) Jahrbuch Elektromaschinenbau 2002, Hüthig & Pflaum
Fehmel G, Behrends P (2004) Elektrische Maschinen, Vogel Verlag, 13. Auflage
Harris Components: Application Notes Power MOSFETs, Harris Semiconductor, 1992
Hinsch H (1996) Elektronik, Springer Verlag, Berlin Heidelberg New York
International Rectifier: IGBT Designer's Manual, California 1991
Melcher Stromversorgungen Datenbuch, Melcher AG, Schweiz, Ausgabe 1996
Schröder D (2009) Elektrische Antriebe, Springer Verlag, Berlin Heidelberg New York, 4. Auflage
Schröder D (2008) Leistungselektronische Schaltungen, Springer Verlag
Siemens Matsushita Components: Kondensatoren für die Energie Elektronik, Ausgabe 1993
Siemens Matsushita Components: EMV- Bauelemente, Ausgabe 1996
Toshiba Europa: IGBT Plus, Ausgabe 1996

Kapitel D
Elektrische Maschinen

Antreiben bedeutet die *Bewegung von Massen.* Zur Einleitung oder Aufrechterhaltung einer Bewegung ist *mechanische Energie* erforderlich. Die erforderliche Energie kann über *elektromechanische Energiewandler* (Elektrische Maschinen) aus dem elektrischen Versorgungsnetz bezogen werden. Gegenüber anderen Lösungen (Verbrennungsmotor, hydraulische oder pneumatische Aktoren) ergeben sich folgende Vorteile:

- elektrische Energie ist *flächendeckend* und jederzeit verfügbar, eine Bevorratung ist nicht erforderlich (außer bei mobilen Anwendungen);
- *hoher Wirkungsgrad* und günstige Primärenergieausbeute;
- *emissionsfreier* und *geräuscharmer* Betrieb;
- *Energierückspeisung* bei Bremsvorgängen möglich;
- elektrische *Energieflüsse* können *schnell* und *verlustarm* gesteuert werden;
- elektromechanische Energiewandler sind in einem *weiten Leistungsbereich* (einige mW bis GW) verfügbar und *wirtschaftlich* ausführbar;
- elektrische Maschinen können praktisch *wartungsfrei* ausgeführt werden;
- sehr *gleichförmige* Kraft- und Drehmomentverläufe.

Elektrische Maschinen können elektrische Energie in mechanische Energie umwandeln (*Motorbetrieb*). Die Umkehrung ist prinzipiell bei jeder elektrischen Maschine ebenfalls möglich. *Generatoren* wandeln beispielsweise in Kraftwerken mechanische Energie in elektrische Energie um. Die mechanische Energie wiederum steht entweder direkt in dieser Form zur Verfügung (beispielsweise bei Windkraft- oder Wasserkraftwerken) oder wird ihrerseits über Turbinen aus thermischer Energie bereitgestellt.

D.1 Wirkungsprinzipien elektromechanischer Energiewandler

D.1.1 Elektrodynamisches Prinzip

Physikalische Grundlagen der Energiewandlung in elektrischen Maschinen sind die *Kraftwirkung* auf stromdurchflossene Leiter im Magnetfeld (s. Abschn. A.4.2 bzw.

E. Hering et al., *Elektrotechnik und Elektronik für Maschinenbauer*,
DOI 10.1007/978-3-642-12881-3_4, © Springer-Verlag Berlin Heidelberg 2012

Bild D-1a) und die bei einer Bewegung in den Leitern *induzierte Spannung* (s. Abschn. A.4.5 bzw. Bild D-1b):

Bild D-1 Umwandlung elektrische in mechanische Energie und umgekehrt

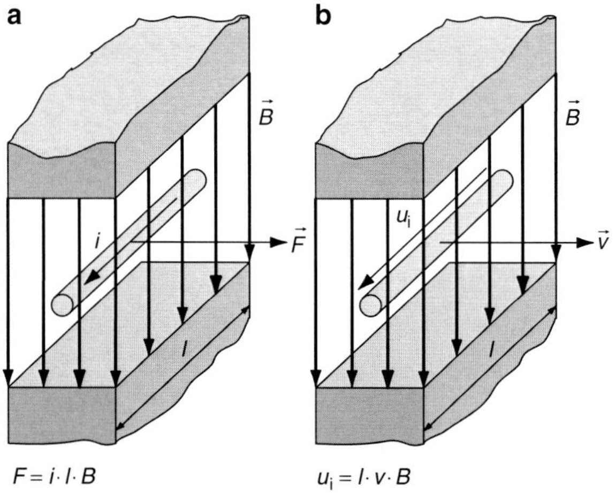

Vollzieht der Leiter unter dem Einfluss der Kraft F eine Bewegung mit der Geschwindigkeit v in der gleichen Richtung, so wird mechanische Arbeit abgegeben. Wenn die Stromrichtung i senkrecht zur magnetischen Flussdichte B steht, muss auch die Kraft F senkrecht zu diesen beiden Größen stehen. Wird der Leiter quer zum Magnetfeld bewegt, wird im Leiter die Spannung u_i induziert. Die *mechanische Leistung* P_{mech} lässt sich folgendermaßen angeben:

$$P_{mech} = F \cdot v = (i \cdot l \cdot B) \cdot \frac{u_i}{l \cdot B} = u_i \cdot i = P_{el}$$

Somit ist die mechanische Leistung (hier *abgegebene* mechanische Leistung) gleich der elektrisch *aufgenommenen* Leistung. Es liegt hier also ein Leistungs- bzw. Energie*fluss* von der elektrischen auf die mechanische Seite vor. Dieses nennt man *Motorbetrieb*. Das Magnetfeld B nimmt nicht am Energieumsatz teil, sondern hat nur eine *vermittelnde Wirkung*, da dem magnetischen Feld keinerlei Energie entnommen wird.

Elektrische Maschinen werden seltener für lineare Bewegungen gebaut (*Linearmotor*, beispielsweise für Magnetschwebefahrzeuge), so dass die Geschwindigkeit v in Bild D-1b meist die Tangentialgeschwindigkeit einer kreisförmigen Bewegung entspricht.

Wird der Abstand des Leiters zum Rotationsmittelpunkt mit R bezeichnet, kann die mechanische Leistung P_{mech} auch über das Drehmoment M und die Drehzahl n der Welle ausgedrückt werden:

$$P_{mech} = M \cdot 2\pi n = F \cdot R \cdot \frac{v}{R} = F \cdot v = u_i \cdot i = P_{el}$$

D.1.2 Kräfte auf Grenzflächen

Bei elektrischen Maschinen sind die Leiter in der Regel in *Nuten* eingelegt, so dass sie in einem nahezu feldfreien Raum liegen. Dieses führt dazu, dass eine Kraft F_{Leiter} (Bild D-2b) auf den Leiter wirkt, die den Leiter in den *Nutgrund* zieht.

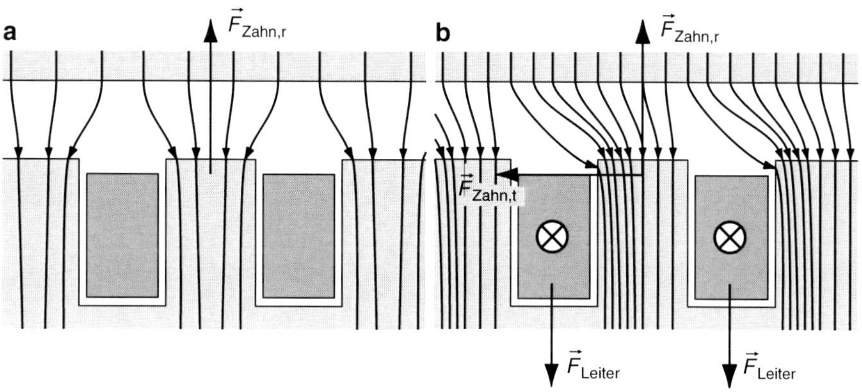

Bild D-2 Zahnkräfte im Blech-paket ohne (**a**) und mit Leiterströmen (**b**)

Kräfte und Drehmomente in elektrischen Maschinen wirken fast ausschließlich auf die *Zähne der Maschine*. Es wirkt eine *Radialkraft* $F_{\text{Zahn,r}}$ (s. Bild D-2a), die Stator und Rotor zusammen zieht (vgl. Abschn. A.4.):

$$F_{\text{Zahn,r}} = \frac{B^2}{2\mu_0} \cdot b \cdot l$$

B: magn. Flussdichte im Luftspalt
$\mu_0 = 4\pi \cdot 10^{-7}\,\text{Vs/m}^2$; b, l: Breite, Länge des Zahns

(D-1)

Diese *Radialkraft* wirkt auch dann schon, wenn nur ein Erregerfeld vorliegt. Erst wenn ein zusätzlicher Strom fließt, kann daraus eine Tangentialkomponente für die Kraft resultieren, die ein Drehmoment zwischen Stator und Rotor bewirken kann. Diese Tangentialkomponente ist aber umso größer, je mehr sich die Feldlinien an einer Zahnflanke verdichten. Diese „Verdichtung" der Feldlinien hat aber ihre Ursache in den Leiterströmen, deren Eigenfeld sich dem Erregerfeld – wie in Bild D-2 dargestellt – überlagert.

Da die „Verdichtung" der Feldlinien zu einer Seite hin proportional zu den Leiterströmen sein muss, kann die *Tangentialkraft* $F_{\text{Zahn,t}}$ trotzdem wie die *Lorentzkraft* berechnet werden:

$$F_{\text{Zahn,t}} = i \cdot B \cdot l$$

i: Leiterstrom; B: magn. Flussdichte im Luftspalt
l: Länge des Zahns bzw. Länge des Blechpakets

(D-2)

Somit wirkt auch bei einem in Eisen eingebetteten Leiter die Kraft $F_{\text{Zahn,t}}$, obwohl sie nicht am Leiter selbst wirkt. Darüber hinaus treten natürlich auch Kräfte auf die Leiter auf, die aber die Leiter in den Nutgrund hineinziehen.

D.1.3 Prinzipieller Aufbau rotierender elektrischer Maschinen

Elektrische Maschinen werden überwiegend als *rotierende Maschinen* ausgeführt, wobei sie aus einem feststehendem Teil, dem Ständer oder *Stator*, und einem drehbar gelagertem Teil, dem Läufer oder *Rotor* bestehen. Zwischen dem Stator und dem Rotor ist ein *Luftspalt* vorhanden, der mechanisch bedingt ist, aber aus elektrotechnischer Sicht meist möglichst klein sein sollte (Bild D-3).

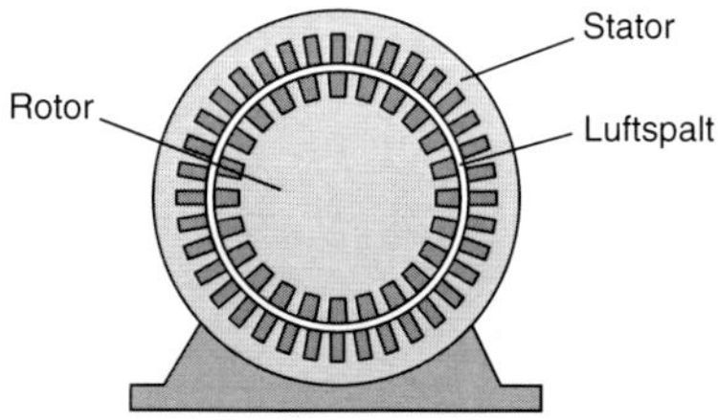

Bild D-3 Aufbau einer elektrischen Maschine

Sowohl der Stator als auch der Rotor können eine stromführende *Wicklung* aufweisen, wobei diese Wicklungen je nach Ausführungsform der elektrischen Maschine unterschiedlich aufgebaut sind. Die Erzeugung eines konstanten *Erregerfelds* kann prinzipiell auch durch Dauermagnete an Stelle einer Wicklung erfolgen.

Damit erzeugt sowohl der Stator als auch der Rotor ein magnetisches Feld aus Nord- und Südpol(en), wodurch bei entsprechender Ausrichtung Drehmomente erzeugt werden können.

Anders betrachtet sind rotierende elektrische Maschinen bezüglich ihrer magnetischen Ausnutzung dann optimal konzipiert, wenn die Erregerfeldlinien alle senkrecht zur Stromrichtung verlaufen. Dann wirken bei einer auf mehrere Windungen verteilten Wicklung die Kräfte alle in einer Richtung.

Die Verteilung des Erregerfeldes kann über einen Vektor für die Größe und Hauptrichtung der Erregerfeldverteilung beschrieben werden. Die Stromverteilung des Reaktionsteils (*Anker*) erzeugt ihrerseits aber auch ein magnetisches Feld, das genauso mit einem Vektor beschrieben werden kann. Seine Richtung ist über eine *Rechtsschraubenregel* mit den Strömen verknüpft (Bild D-4).

Wenn die beiden Vektoren senkrecht aufeinander stehen (Bild D-4a, c), ergibt sich ein maximales Drehmoment. Sind die beiden Vektoren aber gleichgerichtet (Bild D-4b), ist das erzeugte Drehmoment Null. Offensichtlich wird das Drehmoment maximal, wenn die beiden Felder senkrecht aufeinander stehen.

Auf dieser Grundlage können bereits die Grundausführungen rotierender elektrischer Maschinen erläutert werden. Grundsätzlich gibt es zwei verschiedene Ausführungen: Maschinen mit *ortsfestem magnetischen Feld* (*Gleichstrommaschinen*) und Maschinen mit *umlaufendem magnetischen Feld* (*Drehfeldmaschinen*).

Ein *ortsfestes* magnetisches Feld kann durch gleichstromerregte Spulen oder Dauermagnete im Stator erzeugt werden. Dabei muss aber sichergestellt werden, dass die Stromrichtungen relativ zu den Erregerpolen auch dann beibehalten werden, wenn der Rotor rotiert. Aus diesem Grund muss die Stromrichtung in einem Leiter

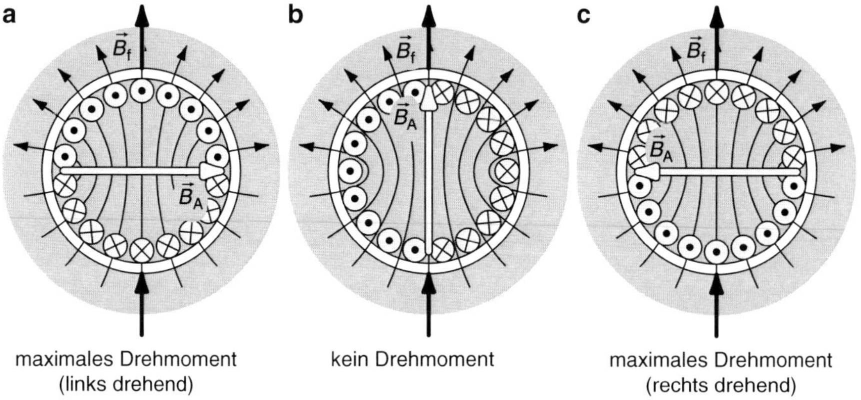

Bild D-4 Drehmoment bei einer strom-durchflossenen Rotorwicklung

beim Passieren der so genannten *neutralen Zone* zwischen den Erregerpolen gewendet werden. Bei der *Gleichstrommaschine* (Bild D-5) werden die Ströme mit dem *Kommutator* (Abschn. D.5.3) und den darauf schleifenden Bürsten „umgeschaltet“.

Bild D-5 Prinzip Gleichstrommaschine

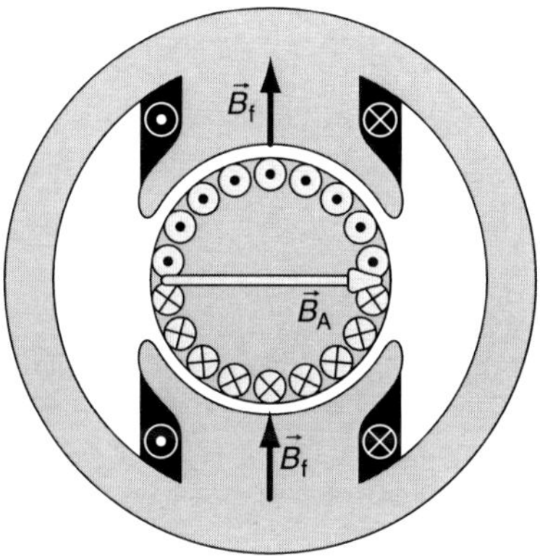

Der Strom in der Erregerspule ist konstant (Statorfrequenz $f_S = 0$); die Ströme in den einzelnen Ankerspulen sind aber mittelwertfreie rechteckförmige *Wechselströme* (Anker-/Rotorfrequenz $f_R \neq 0$).

Andererseits kann aber auch die Statorwicklung durch gegeneinander phasenverschobene Ströme (Statorfrequenz $f_S \neq 0$) in mehreren Statorspulen ein umlaufenden Statorfeld (*Drehfeld*) erzeugen. Damit das konstante Rotorfeld aber in Phase zum Statorfeld umlaufen kann, muss das Rotorfeld mit der gleichen Drehzahl dem Statorfeld folgen.

Wenn der Rotor mit einem konstanten Gleichstrom (Rotorfrequenz $f_R = 0$) gespeist wird oder eine dauermagnetische Erregung erhält, muss der Rotor mit der gleichen Drehzahl umlaufen wie das Statordrehfeld. Dieses entspricht dem

Wirkungsprinzip der *Synchronmaschine* (Bild D-6), deren Drehzahl durch die Statorfrequenz fest vorgegeben ist.

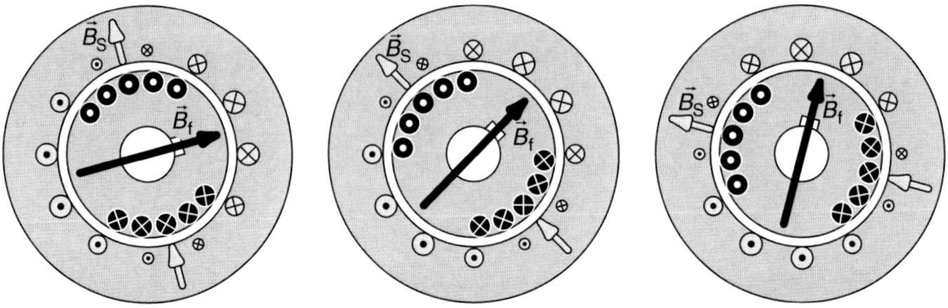

Bild D-6 Prinzip Synchronmaschine

Es ist auch möglich, dass sowohl der Stator als auch der Rotor eine Drehstromwicklung mit Wechselströmen erhält (Statorfrequenz $f_S \neq 0$, Rotorfrequenz $f_R \neq 0$, Bild D-7). Läuft das Rotorfeld mit einer Drehzahl n_R relativ zu den Rotorkoordinaten und das Statorfeld mit einer Drehzahl n_S bezogen auf die Statorkoordinaten, muss der Rotor selbst mit der Differenz $n_{mech} = n_S - n_R$ rotieren, damit der Winkel zwischen dem Stator- und dem Rotorfeld konstant bleiben kann.

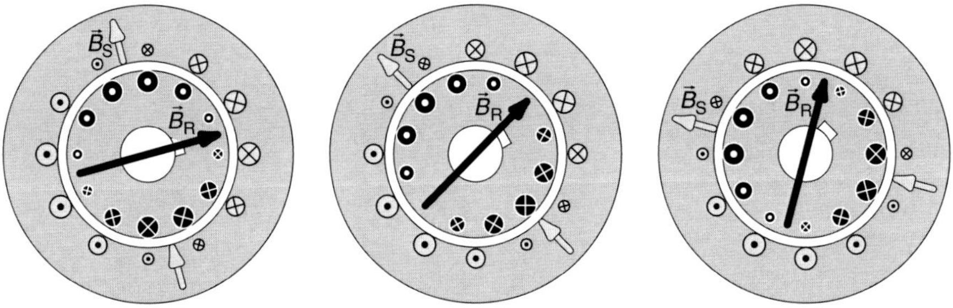

Bild D-7 Prinzip Asynchronmaschine

Bei der *Asynchronmaschine* wird im Rotor überwiegend eine kurzgeschlossene Wicklung ohne jegliche Anschlussmöglichkeit nach außen vorgesehen.

Steht der Rotor still, werden Spannungen und Ströme im Rotor durch das umlaufende Statordrehfeld induziert, die ihrerseits ebenfalls ein Drehfeld ausbilden können. Durch die beiden Drehfelder wird ein Drehmoment erzeugt, dass zu einer Beschleunigung des Rotors führen kann. Diese Beschleunigung erfolgt solange, bis ein *Drehmomenten-Gleichgewicht* (Motor- = Lastdrehmoment) erreicht ist.

Ist aber die Asynchronmaschine vollständig unbelastet (auch nicht durch ein Reibmoment belastet), wird der Rotor solange beschleunigen, bis er *synchron* zum Statorfeld umläuft. Bei dieser Drehzahl (*Leerlaufdrehzahl* oder *Synchrondrehzahl*) können keine Spannungen oder Ströme im Rotor induziert werden, da der Rotor nur noch ein zeitlich konstantes Feld „sieht“. Wegen dem dann fehlenden Rotorfeld kann die Asynchronmaschine kein Drehmoment erzeugen, so dass sie bei Belastung wieder langsamer werden muss (*untersynchroner Betrieb = Motorbetrieb*).

Wird sie hingegen aktiv angetrieben, muss sie natürlich schneller werden (*übersynchroner Betrieb = Generatorbetrieb*). Gemäß der *Lenz'schen Regel* sind die induzierten Spannungen stets so gerichtet, dass das mit den hieraus resultierenden Strömen erzeugte Rotorfeld der Ursache (Statorfeld) entgegenwirkt. D. h. einer Belastung der Maschine wirkt ein Motordrehmoment und einem aktiven Antrieb ein Generatordrehmoment entgegen.

D.2 Leistungsbilanz

Die (elektromechanische) Energiewandlung ist in einem technischen System immer mit *Verlusten* verbunden. Ströme, die in einem elektrischen Leiter fließen, führen zur *Erwärmung* des Leiters. Die mit der Erwärmung verbundenen *Stromwärmeverluste* $P_{V,Cu}$ gehen bei der Energiewandlung irreversibel verloren.

Außerdem müssen die magnetischen Dipole in einem Magnetkörper bei einem Wechsel-/Drehfeld ständig neu ausgerichtet werden. Dieses führt zu einer zusätzlichen Erwärmung der Maschine und wird in Form der *Eisenverluste* $P_{V,Fe}$ berücksichtigt. Des Weiteren treten praktisch immer *Reibungsverluste* $P_{V,Reib}$ (*Lager-/Lüfterreibung*) auf. Die einzelnen Verlustanteile sind in Bild D-8 für den Motor- und den Generatorbetrieb prinzipiell dargestellt.

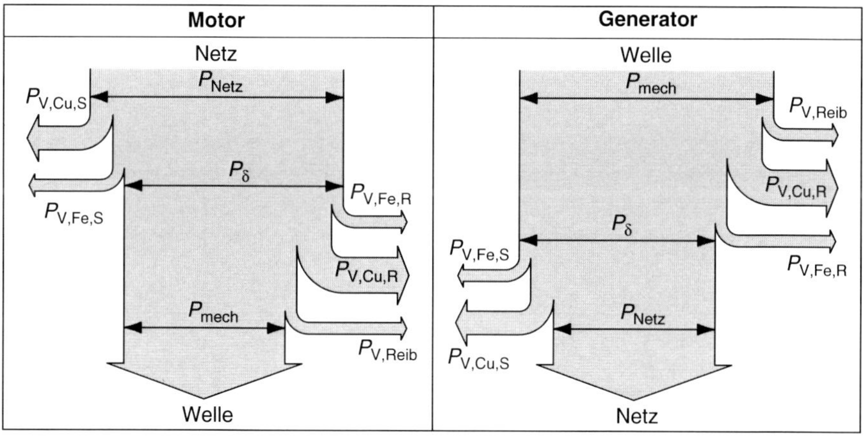

Bild D-8 Leistungsflussdiagramme für Motor- und Generatorbetrieb

Als *Drehfeldleistung* P_δ bezeichnet man die vom Netz *aufgenommene Wirkleistung* P_{Netz} abzüglich der *Verluste in der Statorwicklung* $P_{V,Cu,S}$ bzw. den *Statoreisenverlusten* $P_{V,Fe,S}$. Diese Leistung wird im *Luftspalt* der Drehfeldmaschine umgesetzt. Die mechanisch abgegebene Leistung bestimmt sich aus dem Produkt von *innerem Drehmoment* (*Luftspaltmoment*) M_i und mechanischer Winkelgeschwindigkeit $2\pi n$ des Rotors abzüglich der Reibungsverluste.

D.3 Ausführungsvarianten

Elektrische Maschinen lassen sich nach den grundsätzlichen Wirkungsprinzipien einteilen. Praktisch führt jedes Wirkungsprinzip aber auch wieder auf eine ganze Reihe von technischen Ausführungen, die zum Teil in Bild D-9 dargestellt sind.

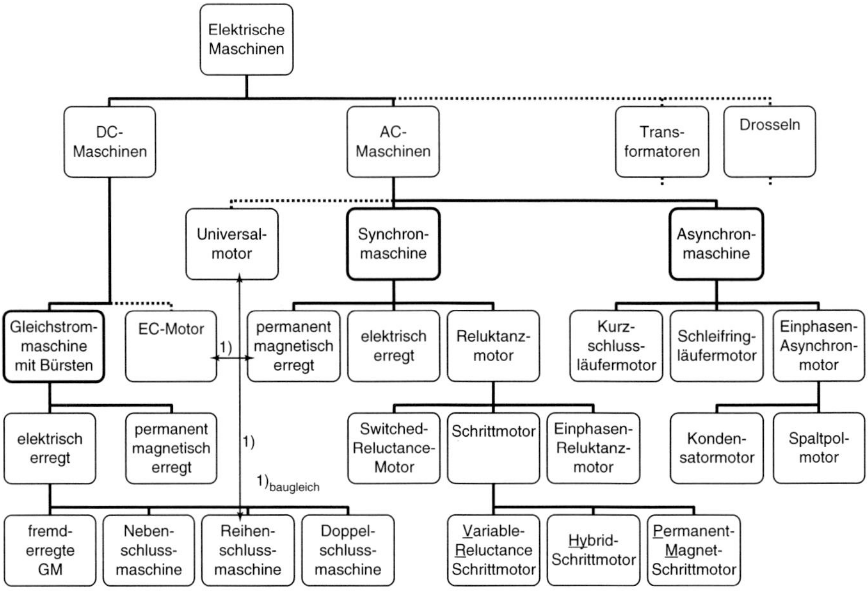

Bild D-9 Kategorien elektrischer Maschinen

Unterschiedliche Wirkungsprinzipien haben auch unterschiedliche technische Eigenschaften zur Folge. Solange sich beispielsweise die Frequenz der Versorgungsspannung nicht ändert, kann sich die Drehzahl einer Synchronmaschinen-Variante nicht ändern. Diese Eigenschaft hat Vorteile, wenn in der Verfahrenstechnik einzeln angetriebene Achsen drehzahlsynchron laufen sollen. Bei einem Windkraft-Generator könnten aber mit einer Drehzahl-Nachgiebigkeit Windböen ausgeglichen werden.

Das Marktvolumen für Elektromotoren mit Leistungen über 750 W ist innerhalb der EU-25 von etwa 1,9 Mrd. € in 2004 auf ca. 2,1 Mrd. € in 2009 gewachsen. In diesem Leistungsbereich werden pro Jahr etwa 9 Mio. AC-Motoren und etwa 350.000 DC-Motoren gefertigt. Der Umsatz bei Gleichstrommotoren sinkt zur Zeit mit etwa 10 bis 15 %/a, so dass diese Ausführungsform zumindest bei Leistungen größer als 750 W immer mehr an Bedeutung verlieren wird.[1] Nichtsdestoweniger werden Gleichstrommotoren kleiner Leistung in der Kfz-Zulieferindustrie teilweise mit Stückzahlen von mehren 100.000/Tag an einem(!) Fertigungsstandort produziert (Bild D-10).

[1] EUP Lot 11 Motors Final Report February 2008, www.ecomotors.org.

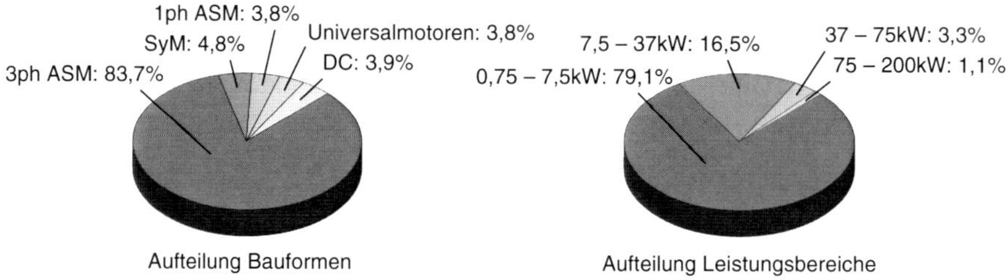

Bild D-10 Stückzahlverteilung in der EU-25 bei Motorleistungen > 750 W (2008)

Bild D-9 zeigt den Zusammenhang der technischen Ausführungen bezüglich der *Wirkungsprinzipien*. In Bild D-11 werden für die wichtigsten technischen Ausführungen die wesentlichen *Eigenschaften* aufgeführt. Die einzelnen Leistungsanteile beziehen sich auf die Darstellung in Bild D-8, wobei die Formeln selbst in den Abschn. D-5 bis D-9 noch hergeleitet und erläutert werden.

D.4 Ausnutzung und Baugröße

Die *Leistung* einer rotierenden elektrischen Maschine ist proportional zum *Produkt* aus *Drehzahl* und *Drehmoment*. Die Größe der Drehzahl wird im Wesentlichen durch den mechanischen Aufbau begrenzt (Art und Qualität der Lagerung, Unwucht, Fliehkräfte). Eine Vergrößerung der Drehzahl wird die Maschine beispielsweise durch ansteigende Reibungs-, Hysterese- und Wirbelstromverluste nur unwesentlich zusätzlich erwärmen.

Die Erwärmung der Maschine wird aber durch die Stromwärmeverluste in den Wicklungen sehr maßgeblich bestimmt. Diese Verluste dürfen einen bestimmten Wert nicht überschreiten, damit die durch die *Wärmeklasse* des Isolationssystems vorgegebene Grenztemperatur nicht überschritten wird. (s. Abschn. E.5.3)

Demzufolge wird die maximale Leistung (bzw. das maximale Drehmoment) einer elektrischen Maschine im Wesentlichen durch zwei Größen bestimmt:

1. *Luftspaltinduktion:* Wird die Luftspaltinduktion so gewählt, dass einzelne Bereiche des magnetischen Kreises schon gesättigt sind, steigt der notwendige Magnetisierungsstrom bei einer weiteren Erhöhung der Luftspaltinduktion stark an. Aus diesem Grund wählt man die Luftspaltinduktion i. A. nicht höher als 0,7 bis 1,1 T.
2. *Strombelag:* Der Strom kann mit Rücksicht auf die Erwärmung nicht beliebig groß gewählt werden. Die maximal abführbare Leistung ist abhängig vom so genannten effektiven Strombelag α_{eff}:

$$\alpha_{\mathrm{eff}} = \frac{z_L \cdot I_L}{\pi d_L} \qquad \begin{array}{l} z_L\text{: Anzahl der Leiter am Umfang; } I_L\text{: Leiterstrom} \\ d_L\text{: mittlerer Luftspaltdurchmesser (Bild D-12)} \end{array} \tag{D-3}$$

	Gleichstrommaschine			Synchronmaschine
	fremderregte GM	Reihenschlussmaschine	permanent erregte GM	permanent erregte SM
Aufbau	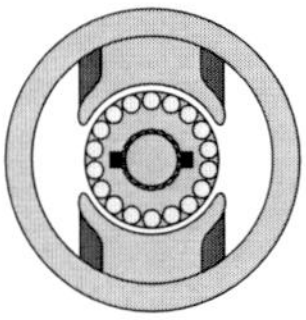		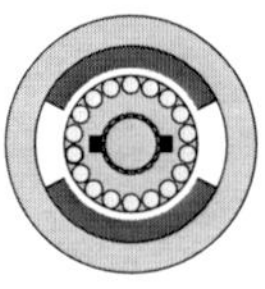	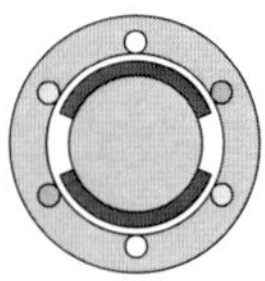
Schaltbild	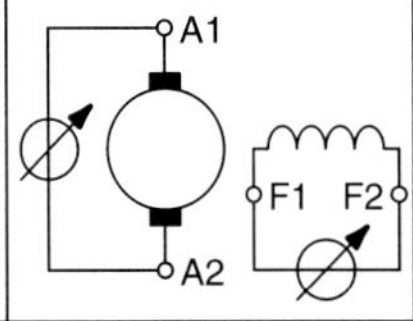	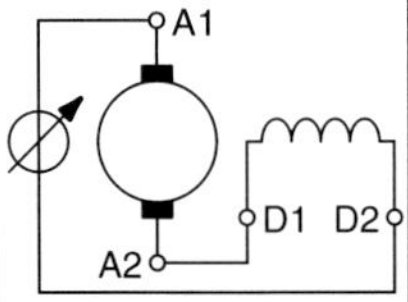	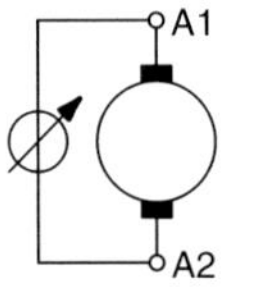	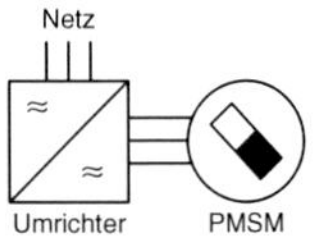
Kennlinien	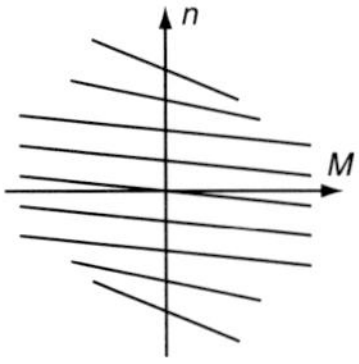 Parameter: U_A, U_f	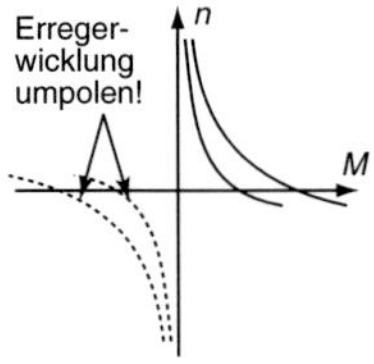 Parameter: U_{Af}	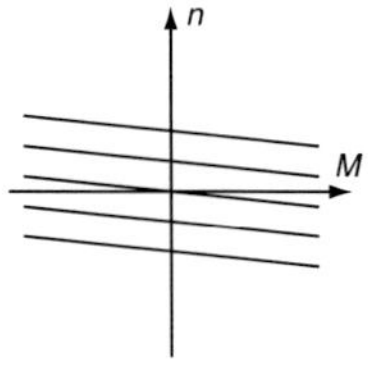 Parameter: U_A	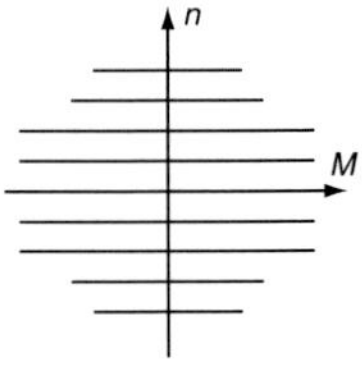 Parameter: f_S,(U_S)
Leistungsbilanz	$P_{V,Cu,S} = R_f I_f^2$ $P_{V,Fe,S} = 0$ $P_{V,Cu,R} = R_A I_A^2$ $P_{V,Fe,R} > 0$ $P_\delta = U_i \cdot I_A$ $P_{i,mech} = P_\delta$	$P_{V,Cu,S} = R_f I_f^2$ $P_{V,Fe,S} = 0$ $P_{V,Cu,R} = R_A I_A^2$ $P_{V,Fe,R} > 0$ $P_\delta = U_i \cdot I_A$ $P_{i,mech} = P_\delta$	$P_{V,Cu,S} = 0$ $P_{V,Fe,S} = 0$ $P_{V,Cu,R} = R_A I_A^2$ $P_{V,Fe,R} > 0$ $P_\delta = U_i \cdot I_A$ $P_{i,mech} = P_\delta$	$P_{V,Cu,S} = 3 R_S I_S^2$ $P_{V,Fe,S} > 0$ $P_{V,Cu,R} = 0$ $P_{V,Fe,R} = 0$ $P_\delta = 3 U_P I_S \cos\psi$ $P_{i,mech} = P_\delta$
Regel- und Steuerbarkeit	Sehr gut regelbar, wenn variable Spannungen (Leistungselektronik) zur Verfügung stehen. Über den Ankerstrom kann das Drehmoment, über die Ankerspannung kann die Drehzahl geregelt werden. Erregerspannung kann zur Drehzahlanhebung (Feldschwächung) reduziert werden.	Praktisch nur Drehzahlsteuerung (keine Regelung). Dadurch sehr stark lastabhängige Drehzahl. Einfache/kostengünstige Ansteuerelektronik am einphasigen Wechselspannungsnetz möglich (Universalmotor).	Sehr gut regelbar, wenn variable Spannung (Leistungselektronik) zur Verfügung steht. Über den Ankerstrom kann das Drehmoment, über die Ankerspannung kann die Drehzahl geregelt werden. Feldschwächung nicht möglich.	Sehr gut regelbar, wenn variable Frequenz bzw. Spannung (Umrichter) zur Verfügung steht. Über den Strom kann das Drehmoment, über die Frequenz kann die Drehzahl geregelt werden. Feldschwächung bedingt möglich („aktive“ Feldschwächung).
wichtigste Anwendungen	Wurde häufig als Servomotor in vielen Anwendungen eingesetzt (Werkzeugmaschinen, Fertigungstechnik, Papiermaschinen etc.) Heute stark rückläufige Marktanteile, Einsatz noch in Marktnischen.	Anlasser im KFZ, drehzahlgesteuerter Universalmotor in netzbetriebenen Elektrowerkzeugen, Küchengeräten.	Sehr große Stückzahlen in der KFZ-Ausrüstung (Scheibenwischer, Fensterheber etc.), Akkubetriebene Elektrowerkzeuge, teilweise noch als Servomotor eingesetzt.	Hat als Servomotor die Gleichstrommaschine praktisch abgelöst, in der KFZ-Ausrüstung ab ca. 300 W anstelle von Gleichstrommotoren als EC-Motor eingesetzt, Antrieb für Elektro-/Hybrid-Kfz, Propellerantrieb für Kreuzfahrt- und Fährschiffe.

Bild D-11 Übersicht technische Ausführungen

	Synchronmaschine elektrisch erregte SM	Reluktanzmaschine		Schrittmotor
Aufbau	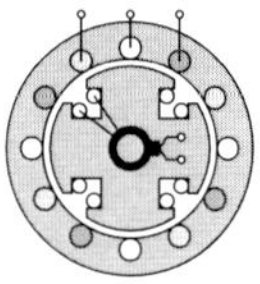	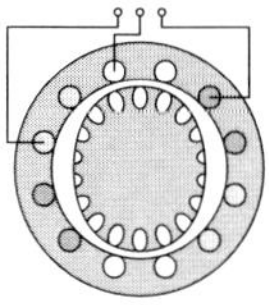		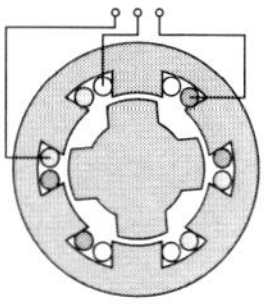
Schaltbild	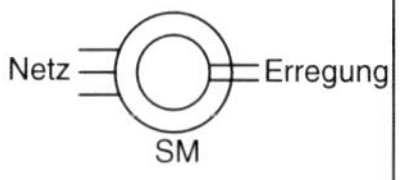	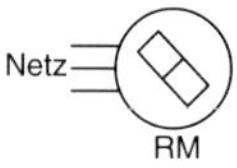	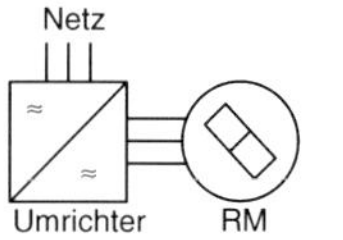	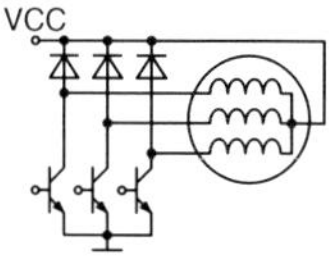
Kennlinien	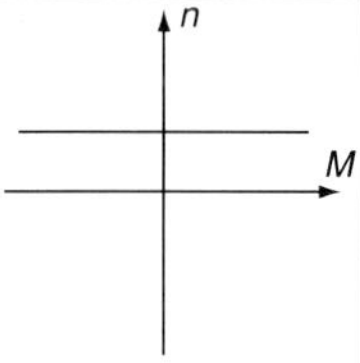	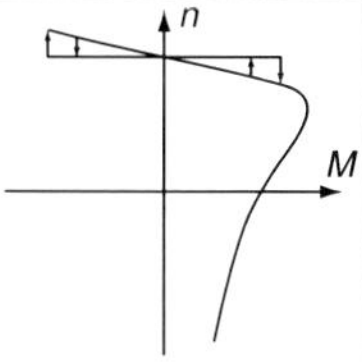	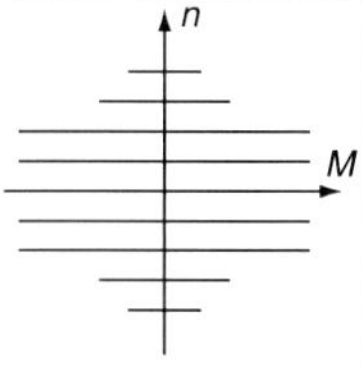Parameter: f_S, (U_S)	Maximaldrehzahl ist durch die bewegte Masse begrenzt. Ist die Schrittfrequenz (oder das Lastmoment) zu groß, gerät der Schrittmotor außer Tritt und die Pulszahl ist größer als die Schrittzahl.
Leistungsbilanz	$P_{V,Cu,S} = 3 R_S I_S^2$ $P_{V,Fe,S} > 0$ $P_{V,Cu,R} = R_f I_f^2$ $P_{V,Fe,R} = 0$ $P_\delta = 3 U_P I_S \cos$ $P_{i,mech} = P_\delta$	$P_{V,Cu,S} = 3 R_S I_S^2$ $P_{V,Fe,S} > 0$ $P_{V,Cu,R} = 0$ $P_{V,Fe,R} = 0$ $P_\delta = \frac{3}{2} (X_d - X_q) I_S^2 \sin 2\psi$ $P_{i,mech} = P_\delta$		Leistungen, Wirkungsgrade stehen bei Schrittmotoren nicht im Vordergrund, können auch wegen der Vielzahl der Ausführungsvarianten nicht allgemein angegeben werden.
Regel- und Steuerbarkeit	Drehzahl ist konstant am starren Netz, über den Erregerstrom kann die Blindleistung zur Blindleistungskompensation im Netz gesteuert werden.	Motor läuft asynchron am Netz hoch und „fällt" in den Synchronismus. Wird der Reluktanzmotor nicht zu stark belastet, bleibt die Drehzahl konstant bzw. streng proportional zur Netzfrequenz.	Motor läuft wie bei der PMSM synchron zum Statordrehfeld. Wird der Reluktanzmotor nicht zu stark belastet, bleibt die Drehzahl konstant bzw. streng proportional zur Speisefrequenz.	Schrittmotoren werden rein gesteuert betrieben. Stränge werden zyklisch mit einer Schrittfrequenz angesteuert. Pulszahl und Schrittzahl sind identisch, so dass Positionierantriebe ohne(!) Lagegeber möglich sind.
wichtigste Anwendungen	Generator in Kraftwerken, Drehzahl fest durch die Netzfrequenz vorgegeben, Blindleistung kann durch Erregerstrom geregelt/gesteuert werden. Antriebe mit Leistungen bis zu 40 MW: Verdichter für Gasförderung, Gebläse für Hochöfen etc.	Anwendungen im Bereich der Produktions- und Verfahrenstechnik, wenn konstante Drehzahlen oder synchron laufende Achsen benötigt werden, ohne die Drehzahl verstellen zu müssen.	Einsatz in Produktions- und Verfahrenstechnik, oft als Gruppenantrieb, d.h. mehrere Antriebe werden aus einem gemeinsamen Umrichter gespeist und laufen dadurch synchron zueinander. Feldschwächung nur mit Leistungsreduzierung möglich.	Positionierantriebe kleiner Leistung (bis zu wenigen Watt), EDV-Endgeräte (Drucker, Scanner), Uhren-(Zeiger-)antriebe, KFZ-Ausrüstung (z.B. Spiegelverstellung).

Bild D-11 (fortsetzen)

	Asynchronmaschine (ASM)			
	Kurzschlussläufer-ASM	Schleifringläufer-ASM	Einphasen-ASM	Spaltpolmotor
Aufbau	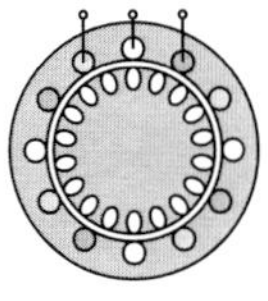	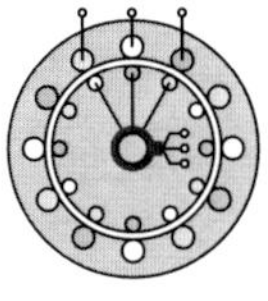	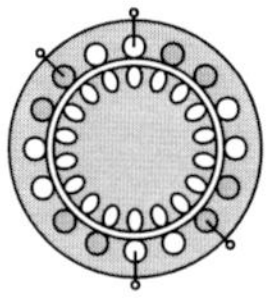	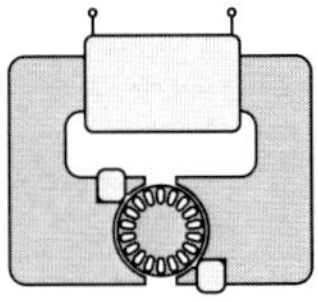
Schaltbild	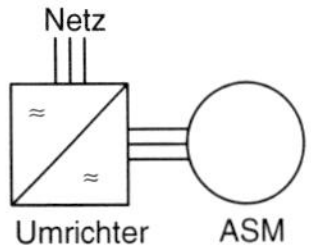	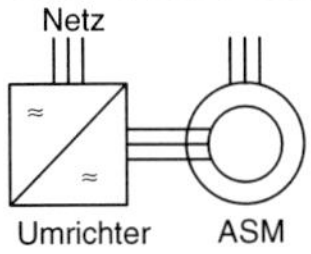	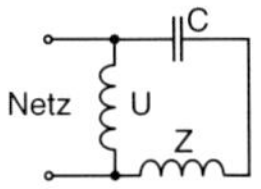	
Kennlinien	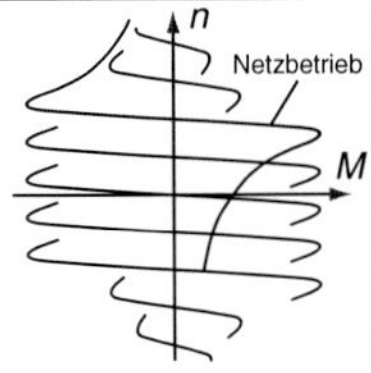 Parameter: $f_S, (U_S)$	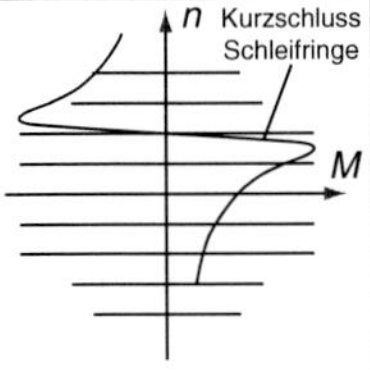 Parameter: f_R	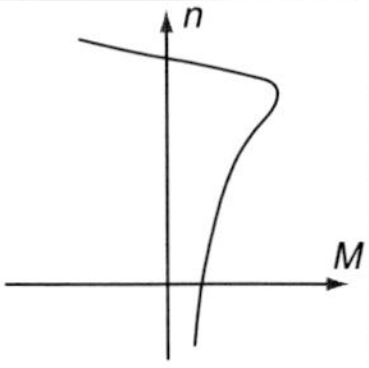	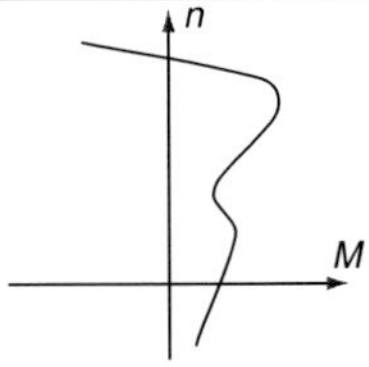
Verlustleistungen	$P_{V,Cu,S} = 3 R_S I_S^2$ $P_{V,Fe,S} > 0$ $P_{V,Cu,R} = \frac{1-n}{n_0} P_\delta$ $P_{V,Fe,R} \approx 0$ $P_\delta = 2\pi\, n_0 \cdot M_i$ $P_{i,mech} = 2\pi\, n \cdot M_i$	$P_{V,Cu,S} = 3 R_S I_S^2$ $P_{V,Fe,S} > 0$ $P_{V,Cu,R} = 3 R_R I_R^2$ $P_{V,Fe,R} \approx 0$ $P_\delta = 2\pi\, n_0 \cdot M_i$ $P_{i,mech} = 2\pi\, n \cdot M_i$	Verlustleistungen können nicht einheitlich angegeben werden. Wicklungswiderstände sind in den beiden Strängen nicht gleich, Drehfeld ist oft elliptisch.	Verlustleistungen können nicht einheitlich angegeben werden. Relativ starke Oberwellen im Luftspaltfeld erzeugen zusätzliche Verluste und beeinflussen sehr stark das Betriebsverhalten.
Regel- und Steuerbarkeit	Gut regelbar, wenn variable Frequenz bzw. Spannung (Umrichter) zur Verfügung steht. Feldschwächung möglich, evtl. mit zusätzlicher Leistungsreduzierung.	Gut regelbar, wenn variable Frequenz bzw. Spannung (Umrichter) zur Verfügung steht. Drehzahl wird über die Rotorfrequenz eingestellt, ASM verhält sich praktisch wie eine elektrisch erregte SM.	Einsatz nur, wenn keine Drehzahlverstellung benötigt wird.	Einsatz nur, wenn keine Drehzahlverstellung benötigt.
wichtigste Anwendungen	Als „Arbeitspferd" der Antriebstechnik in praktisch allen Bereichen mit Leistungen von ca. 250 W bis einigen 10 MW einsetzbar, stellt meist die kostengünstigste Lösung dar.	Windkraft-Generator, früher häufig mit externen Anlasswiderständen an den Schleifringen als Förderband-, Zementmühlen- oder Pumpenantrieb eingesetzt.	Antrieb kleiner Leistung (meist bis einige 100 W) am einphasigen Wechselspannungsnetz ohne Drehzahl-Einstellmöglichkeit, Elektrowerkzeuge, Produktions- und Verfahrenstechnik.	Einfachstmöglicher Wechselstrommotor, sehr schlechter Wirkungsgrad (ca. 10%), billig zu produzieren, Antrieb für kleine Lüfter, Pumpen (z.B. Laugenpumpe Waschmaschine), Leistung bis zu einigen 10 W.

Bild D-11 (fortsetzen)

Es wird im Folgenden gezeigt, dass der Strombelag α_{eff} eine Ursache für die auf die Oberfläche bezogene Verlustleistung ist.

Ein Strom I_L in einem einzelnen Leiter mit der Länge l_{Fe} und dem Drahtquerschnitt q_L (spezifischer elektrischen Widerstand ρ_{Cu}) erzeugt die Verluste $P_{V,L}$:

$$P_{V,L} = \rho_{\text{Cu}} \cdot \frac{l_{\text{Fe}}}{q_L} \cdot I_L^2$$

Wenn am gesamten Umfang des Rotors (oder Stators) z_L Leiter mit dem gleichen Stromeffektivwert I_L verteilt sind, ist die gesamte Verlustleistung P_V um den Faktor z_L größer:

$$P_V = z_L \cdot P_{V,L} = z_L \cdot \rho_{\text{Cu}} \cdot \frac{l_{\text{Fe}}}{q_L} \cdot I_L^2 \text{ bezogen auf die Oberfläche } O_L = \pi d_L \cdot l_{\text{Fe}}:$$

$$\boxed{\frac{P_V}{O_L} = \frac{z_L \cdot \rho_{\text{Cu}} \cdot \frac{l_{\text{Fe}}}{q_L} \cdot I_L^2}{\pi d_L \cdot l_{\text{Fe}}} = \rho_{\text{Cu}} \cdot \frac{\overbrace{z_L \cdot I_L}^{\alpha_{\text{eff}}}}{\pi d_L} \cdot \overbrace{\frac{I_L}{q_L}}^{J} = \rho_{\text{Cu}} \cdot \alpha_{\text{eff}} \cdot J} \tag{D-4}$$

Das Kühlverfahren begrenzt die auf die Oberfläche O_L bezogene Verlustleistung, so dass für alle elektrischen Maschinen das Produkt aus *Strombelag* α_{eff} und *Stromdichte* J ein Maß für die *thermische Beanspruchung* der Maschine darstellt.

Für die *Ausnutzung* relevant ist aber nur der Strombelag. Will man also die Ausnutzung durch Vergrößerung des Strombelags erhöhen, muss in gleichem Maß die Stromdichte reduziert werden. Eine Reduktion der Stromdichte ist dann aber nur durch Vergrößern des Leiterquerschnitts, d. h. durch zusätzliches Leitermaterial (höheres Kupfergewicht, Kosten!) möglich. Als Nächstes wird der Zusammenhang zwischen der *Baugröße* elektrischer Maschinen und dem *Drehmoment* hergestellt.

Auf einen einzelnen Leiter mit der Länge l_{Fe} wirkt eine Kraft F_L, wenn der Leiter einen Strom I_L in einem magnetischen Feld mit der Flussdichte B führt:

$$F_L = I_L \cdot B \cdot l_{\text{Fe}}$$

Am Rotor(-/Stator-)umfang sind z_L Leiter vorhanden, die im Luftspalt mit dem Durchmesser d_L jeweils eine Umfangskraft F_L bzw. insgesamt das Drehmoment M erzeugen:

$$M \approx z_L \cdot F_L \cdot \frac{d_L}{2} = z_L \cdot (I_L \cdot B \cdot l_{\text{Fe}}) \cdot \frac{d_L}{2} \frac{\pi d_L}{\pi d_L} = \underbrace{\frac{z_L \cdot I_L}{\pi d_L}}_{\alpha_{\text{eff}}} \cdot B \cdot \underbrace{\pi d_L l_{\text{Fe}}}_{O_L} \cdot \frac{d_L}{2}$$

$$= \alpha_{\text{eff}} \cdot B \cdot O_L \cdot \frac{d_L}{2}$$

Das Produkt aus Strombelag α_{eff} und Induktion B ist bezüglich seiner Dimension eine Schubspannung und wird als *Drehschub* σ bezeichnet:

$$\sigma = \alpha_{\text{eff}} \cdot B : \text{„Drehschub" in } \frac{\text{A}}{\text{m}} \cdot \frac{\text{Vs}}{\text{m}^2} = \frac{\text{Ws}}{\text{m}^3} = \frac{\text{Nm}}{\text{m}^3} = \frac{\text{N}}{\text{m}^2}$$

$$M = \sigma \cdot \pi d_\mathrm{L} l_\mathrm{Fe} \cdot \frac{d_\mathrm{L}}{2} = \sigma \cdot 2 \cdot \pi \cdot \left(\frac{d_\mathrm{L}}{2}\right)^2 \cdot l_\mathrm{Fe} = \sigma \cdot 2 \cdot V_\mathrm{L} \qquad \text{(D-5)}$$

Das Drehmoment einer elektrischen Maschine ist also offensichtlich proportional zum *Luftspaltvolumen* („*Rotorvolumen*") V_L und zum *Drehschub* σ. Technisch begrenzt ist der Drehschub durch den thermisch begrenzten Strombelag α_eff und die magnetische Flussdichte B im Luftspalt. Für verschiedene Leistungsbereiche sind in Tabelle D-1 Zahlenwerte als *Anhaltswerte* angegeben.

Tabelle D-1 Zahlenwerte zur Ausnutzung

	$\frac{\alpha_\mathrm{eff}}{\mathrm{A/cm}}$	$\frac{B}{\mathrm{T}}$	$\frac{J}{\mathrm{A/mm^2}}$	$\frac{\sigma}{\mathrm{N/cm^2}}$
Kleinstmaschinen < 100 W	100	0,5	3	0,3...0,7
Kleinmaschinen 100 W bis 10 kW	200	0,7	4	0,7...2,5
Mittelmaschinen 10 kW bis 1 MW	500	0,9	6	2,5...7,5
Großmaschinen 1 MW bis 0,1 GW	1.000	1,0	8	7,5...15
Grenzleistungsmaschinen 0,1 GW bis 2 GW	3.000	1,1	> 10	15...40

Wenn ausgehend von einem bestehenden Motor die Baugröße eines Motors mit einem etwas anderen Nenndrehmoment ($\approx M_\mathrm{N}/5$ bis $5M_\mathrm{N}$) abgeschätzt werden soll, kann die Skizze in Bild D-12 als Hilfsmittel dienen.

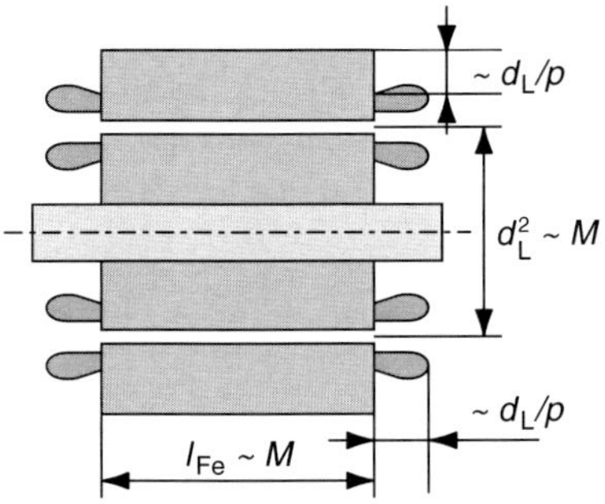

Bild D-12 Abschätzung der Hauptabmessungen Elektrischer Maschinen

Das Rotorvolumen kann in etwa proportional zum Nenndrehmoment, die Ausladung der Wickelköpfe und die Jochhöhe in etwa proportional zum Rotordurchmesser und umgekehrt proportional zur Polzahl angenommen werden. Es handelt sich hierbei nur um Abschätzungen, die eine qualifizierte *Auslegungsrechnung* natürlich *nicht ersetzen* kann.

Beispiel

D-1: Die Hauptabmessungen eines Rotors für einen Motor mit einer Leistung von 50 W bei 1.500 min^{-1} sollen abgeschätzt werden.

Es gilt:

$$M = \frac{50\ \text{W}}{2\pi \cdot 1500\ \text{min}^{-1}/(60\ \text{s/min})} = 0{,}32\ \text{Nm} = \sigma \cdot 2 \cdot V_\text{L}$$

$$\Rightarrow V_\text{L} = \frac{0{,}32\ \text{Nm}}{0{,}5 \cdot 10^4\ \text{N/m}^2 \cdot 2} = 31{,}8 \cdot 10^{-6}\text{m}^3$$

$$V_\text{R} = \frac{\pi d_\text{L}^2}{4} \cdot l_\text{Fe} \quad \text{wähle } d_\text{L} = l_\text{Fe}:$$

$$\underline{\underline{d_\text{L} = l_\text{Fe}}} = \sqrt[3]{\frac{31{,}8 \cdot 10^{-6}\text{m}^3}{\pi/4}} \approx \underline{\underline{34{,}3\ \text{mm}}}$$

D.5 Gleichstrommotor

Gleichstrommotoren werden zum großen Teil in sehr hohen Stückzahlen als *Kleinmotoren* gebaut. Sie finden häufig dort Anwendung, wo eine einfache Gleichstromquelle (Batterie, Akku) zur Verfügung steht. Als *Universalmotoren* werden sie am Wechselspannungsnetz in Haushaltsgeräten und Elektrowerkzeugen eingesetzt.

Noch vor wenigen Jahrzehnten war die Gleichstrommaschine praktisch die einzige mit wenig Aufwand *gut regelbare elektrische Maschine*. Trotz der fortschreitenden Entwicklung im Bereich der Drehstromtechnik werden auch heute noch Gleichstromantriebe mit Leistungen bis teilweise in den MW-Bereich eingesetzt.

Als *Generator* zur elektrischen Energieumwandlung hat die Gleichstrommaschine keine Bedeutung mehr. Die Versorgung von Gleichspannungsnetzen (beispielsweise für Galvanisier-, Elektrolyse- und Schweißanlagen) erfolgt heute über Gleichrichter aus dem Drehstromnetz.

D.5.1 Prinzipieller Aufbau

Der feststehende Teil der Gleichstrommaschine besteht aus dem *Joch* und den *Erregerpolen*, die die *Erregerwicklungen* aufnehmen. Bei dauermagnetisch erregten Gleichstrommotoren werden die Erregerpole mit meist radial magnetisierten Dauermagneten realisiert (s. Bild D-13).

Das Joch selbst kann aus Guss oder Walzstahl gefertigt werden und dient außer dem magnetischen Rückschluss des magnetischen Kreises auch als mechanische Tragkonstruktion. Nur wenn die Gleichstrommaschine am Wechselspannungsnetz betrieben wird (*Universalmotor*) oder wenn der Strom in der Erregerwicklung häufig verstellt wird, müssen wegen der dann entstehenden Wirbelstromverluste sowohl das Joch als auch die Erregerpole geblecht ausgeführt werden. Bei Industriemaschinen werden das Joch und die Erregerpole aus Fertigungsgründen ebenfalls geblecht ausgeführt.

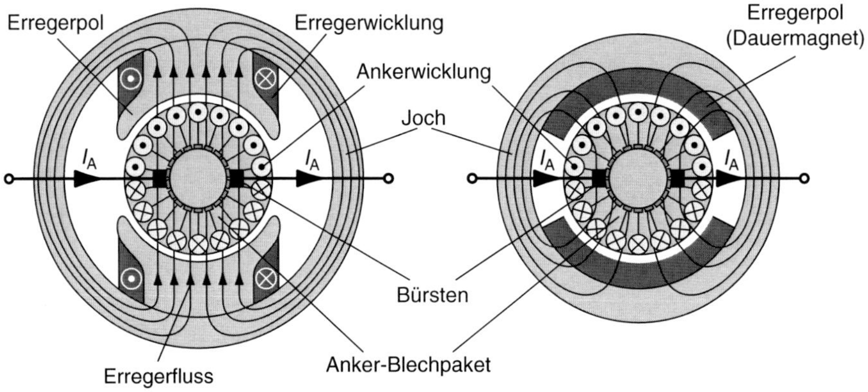

Bild D-13 Elektrisch (*links*) und permanentmagnetisch erregter (*rechts*) Gleichstrommotor

Der Rotor, der bei der Gleichstrommaschine häufig auch *Anker* genannt wird, ist immer geblecht ausgeführt und nimmt die *Ankerwicklung* auf. Dabei werden die Spulen der Ankerwicklung in *Nuten* eingelegt. Die Stromzufuhr zu den Ankerspulen erfolgt dabei über *Bürsten* aus Graphit, die über *Bürstenhalter* mechanisch fest mit dem Gehäuse verbunden sind und über *Federn* im Bürstenhalter mit einem Druck von 2 bis 2,5 N/cm^2 gegen den Kommutator gedrückt werden.

Der *Kommutator* besteht aus Kupferlamellen, die durch Glimmerscheiben gegeneinander isoliert und über eine Presskonstruktion mechanisch mit der Rotorwelle verbunden sind. Die einzelnen Kupferlamellen des Kommutators sind mit den Spulenenden der Ankerwicklung elektrisch verbunden.

Der Kommutator stellt sicher, dass auch bei rotierendem Anker die Ströme in den einzelnen Rotorstäben immer die erforderliche Richtung haben.

Der Kommutator wirkt dabei im Motorbetrieb wie ein mechanischer *Wechselrichter*; im Generatorbetrieb jedoch wie ein *Gleichrichter*.

Gleichstrommaschinen werden häufig vierpolig (2 Pol*paare*, *Polpaarzahl* $p=2$; Bild D-14) oder sechspolig (3 Pol*paare*, *Polpaarzahl* $p=3$) ausgeführt. Dadurch wiederholt sich der Aufbau der Gleichstrommaschine $2p$ mal am Umfang, wobei die +Bürsten und die –Bürsten jeweils parallel geschaltet werden müssen.

Da der Gesamtfluss der Maschine sich dabei auf $2p$ Teilflüsse aufteilt, können die Jochquerschnitte reduziert werden. Gleichzeitig werden auch die Wickelköpfe der Erreger- und der Ankerwicklung kleiner.

D.5.2 *Aufbau des Ankers*

Die Wicklungskonstruktion muss so gestaltet werden, dass unabhängig von der Rotorstellung unter den Erregerpolen die Stabströme jeweils gleichgerichtet sind:

Die Leiter zwischen den Polen (in Bild D-15 gestrichelt dargestellt) in der so genannten *neutralen Zone* liegen im feldfreien Raum und liefern deshalb keinen

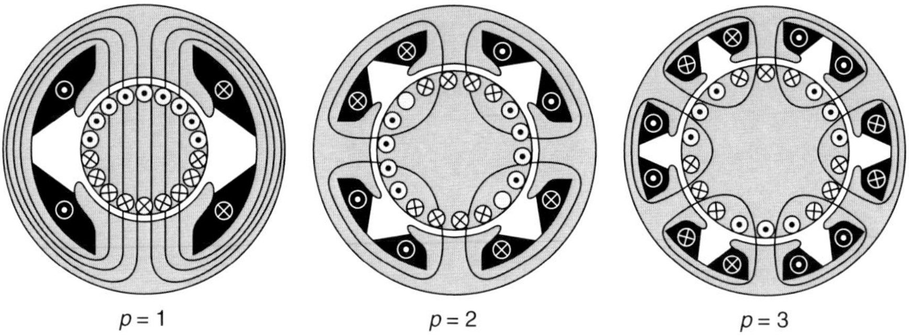

Bild D-14 Aufbau Gleichstrommotoren mit Polzahlen $2p = 2, 4, 6$

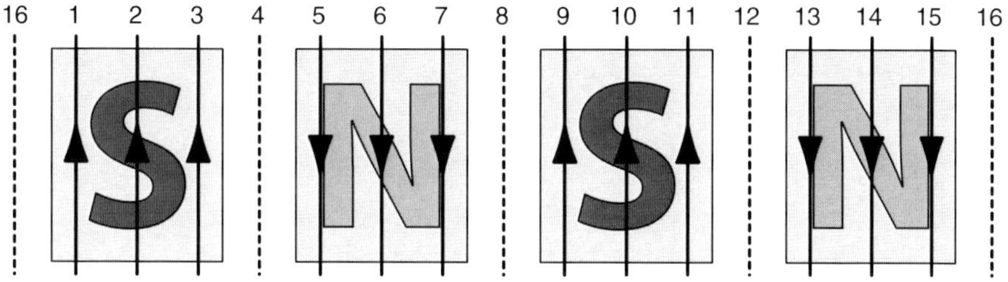

Bild D-15 Stromrichtungen bei einer vierpoligen Maschine mit 16 Nuten

Beitrag zum Drehmoment. Somit kann die Zeit für den Aufenthalt dieser Leiter in der neutralen Zone zur Stromwendung genutzt werden.

Bei der *Schleifenwicklung* (Bild D-16) wird das Spulenende einer Spule unmittelbar mit dem Spulenanfang der benachbarten Spule am Kommutator verbunden, wobei dann zwischen zwei Kommutatorlamellen immer genau eine Spule, bzw. in einer Nut jeweils zwei Spulenseiten übereinander liegen.

Über die Bürsten werden alle p Polpaare parallel geschaltet, so dass der über die Klemmen fließende Ankerstrom sich auf p parallel geschaltete Bürsten und auf $2p$ parallele Zweige aufteilt. Die Schleifenwicklung wird dabei technisch als so genannte *Zwei-Schicht-Wicklung* ausgeführt, d. h. eine Spulenseite liegt in der so genannten *Oberschicht*, die zweite Spulenseite liegt entsprechend in der *Unterschicht*, so dass in jeder Nut jeweils eine Spulenseite von zwei verschiedenen Spulen liegt.

Bild D-17 zeigt zwei verschiedene Ausführungen von Gleichstrommaschinen: eine elektrisch erregte Gleichstrommaschine wie sie für industrielle Anwendungen eingesetzt wird (linkes Bild) und ein Kleinantrieb für eine Modell-Eisenbahn. Die Abmessungen bei beiden Anwendungen sind natürlich sehr unterschiedlich. Der abgebildete Industrieantrieb hat bei einer Leistung von ca. 20 kW und einer Achshöhe (= halbe Bauhöhe) von 132 mm ein Gewicht von ca. 160 kg, wohingegen im rechten Bild der ebenfalls elektrisch erregte Gleichstrommotor in das Drehgestell einer H0-Modell-Lokomotive mit einer Spurweite von 13,5 mm eingebaut ist.

Da bei der Gleichstrommaschine der Strom in der neutralen Zone *elektromechanisch* gewendet wird, ergeben sich Nachteile im Vergleich zu Drehfeldmaschinen:

- Bürsten unterliegen dem *Verschleiß* ⇒ u. U. Wartung notwendig;
- maximale Leistung wird durch drehzahl- und stromabhängige *Funkenbildung* begrenzt;
- Kommutator bedingt *erhöhte Baulänge* (größeres Trägheitsmoment);
- zusätzliche Verluste durch *Bürstenreibung* und *Bürstenübergangsspannung* ($\approx$ 0,6 bis 2 V)

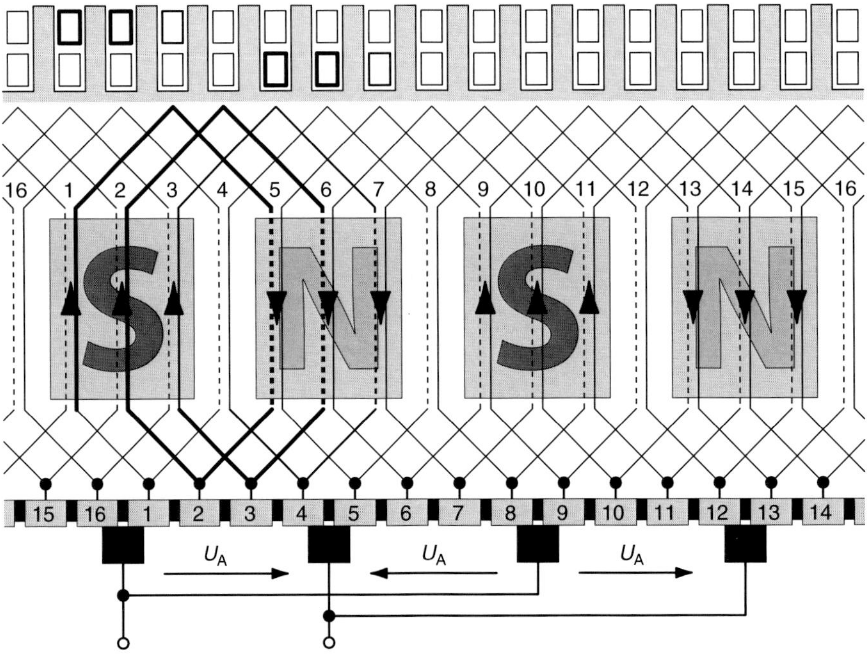

Bild D-16 Wicklungsschema einer vierpoligen Schleifenwicklung

Bild D-17 Gleichstrommaschine (*links*: Industrieantrieb/ABB, *rechts*: Kleinantrieb/Märklin)

D.5.3 *Kommutierung*

Wenn die Bürste von einer Kommutatorlamelle auf die nächste Lamelle wechselt, wechselt die Stromrichtung in den daran beteiligten Ankerspulen. Wegen der damit verbundenen Induktivitäten ist eine sprungartige Änderung des Spulenstroms nicht möglich. Wird eine sprungartige Änderung erzwungen, wird die in der Spule gespeicherte Feldenergie in einem *Lichtbogen* („*Bürstenfeuer*") umgesetzt, was zu erhöhtem Verschleiß führen kann.

Die *Kommutierungsdauer* T_K ist durch die Umfangsgeschwindigkeit des Kommutators v_K und die Bürstenbreite $b_{Bü}$ bestimmt:

$$T_K = b_{Bü}/v_K.$$

Als Gedanken-Experiment für das bessere Verständnis wird der Kommutierungsverlauf mit unterschiedlichen Voraussetzungen untersucht (Bild D-18).

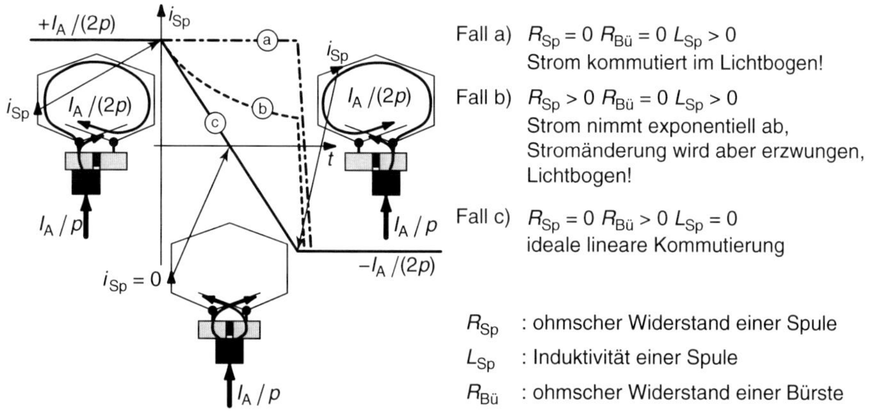

Bild D-18 Idealisierte Kommutierung

Im Fall a) bleibt der *Spulenstrom* in der über die Bürste kurzgeschlossenen Spule während der Kommutierung *konstant*. Erst wenn die Bürste die linke Lamelle nicht mehr berührt, wird der Kurzschluss aufgehoben und die *Stromwendung* wird *schlagartig erzwungen*. Sowohl die abzubauende Feldenergie als auch die schnelle Stromänderung führen zu einem *starken Bürstenfeuer*.

Im Fall b) wird dieses Phänomen gemindert, da die gespeicherte Feldenergie während der Kommutierung zumindest teilweise in Form von *Stromwärmeverlusten* abgebaut wird.

Fall c) wirkt auf den ersten Blick besonders theoretisch, aber in diesem Fall wirkt die Bürste wie ein Strom-Potenziometer: der *zugeführte* Strom wird kontinuierlich entsprechend der Bürstenüberdeckung von der linken auf die rechte Lamelle „*verschoben*".

Es muss also der Wicklungswiderstand R_{Sp} der Spule deutlich kleiner als der Widerstand $R_{Bü}$ der Bürste sein. Aus diesem Grund verwendet man als *Bürstenwerkstoff Graphit*, dessen spezifischer Widerstand deutlich größer ist als der von Kupfer. Außerdem bietet Graphit sehr gute Gleiteigenschaften.

Eine *lineare Kommutierung* ist aber trotzdem nur möglich, wenn der *Einfluss der Spuleninduktivität kompensiert* werden kann. Induktivitäten können kompensiert werden, wenn sie mit einer zweiten Induktivität magnetisch so gekoppelt sind, dass die von beiden Spulen erzeugten Magnetfelder sich gegenseitig aufheben.

Das Feld der kommutierenden Spule wird durch – die so genannten *Wendepole* kompensiert, die jeweils zwischen den Erregerpolen in den Pollücken angebracht und mit dem Ankerkreis in Reihe geschaltet werden.

Wenn die Wendepole *optimal* ausgelegt sind, ergibt sich wie in Bild D-19 im Fall c) eine *ideal lineare* Kommutierung. Ist das *Wendepolfeld zu schwach* (Fall a) ist der Spulenstrom nach der Zeit T_K noch nicht vollständig gewendet, bzw. der Strom in der linken Spulenhälfte noch nicht vollständig zurückgegangen. Es entsteht dadurch immer noch ein Spannungsüberschlag. Ist das *Wendepolfeld zu stark* (Fall b), läuft die Kommutierung zu schnell ab. Dadurch wird das elektrische Strömungsfeld in der Bürste in Richtung der auflaufenden Kante gedrängt und führt zu einer ungleichmäßigen Verlustaufteilung in der Bürste selbst (Erwärmung!).

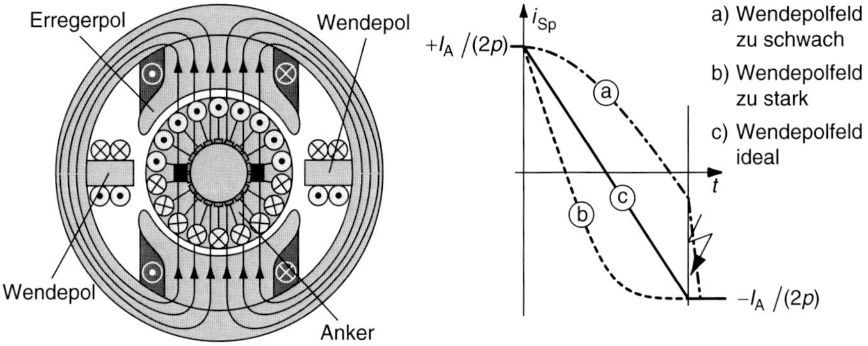

Bild D-19 Einfluss der Wendepole auf die Kommutierung

Praktisch werden alle Gleichstrommaschinen mit einer Leistung größer 1 kW mit Wendepolen ausgestattet. Bei kleinen Gleichstrommotoren wird aus Kostengründen auf Wendepole verzichtet. Anstelle dessen wird der Bürstenapparat aus der neutralen Zone zwischen den Polen *entgegen der Drehrichtung* des Motors herausgedreht. Der *Verdrehwinkel* ist aber umso größer, je größer der Ankerstrom des Motors ist, so dass diese Methode *nur für einen Betriebspunkt optimal* ist. Auch in der Kfz-Ausrüstung wird diese Methode häufig vorgesehen.

Die Bürstenhalter der an sich baugleichen Motoren für die Kfz-Innenraumbelüftung müssen deshalb wegen der unterschiedlichen Drehrichtungen auf der Fahrerseite anders montiert werden als auf der Beifahrerseite.

D.5.4 Induzierte Spannung und Drehmoment

In einem am Anker-Außendurchmesser d_{Re} angebrachten einzelnen Leiter mit der Länge l_{Fe} (= Länge des Eisenpakets) wird eine Spannung $U_{\text{i,Leiter}}$ induziert, wenn sich dieser Leiter mit der Rotor-Umfangsgeschwindigkeit v_{Umfang} unter einem Erregerpol mit der magnetischen Flussdichte B_{f} bewegt (vgl. Bild D-1).

Die Anzahl der insgesamt vom Erregerfeld B_{f} durchsetzten Leiter sei z_{L}. Es sind aber $2p$ (p: Polpaarzahl, s. Bild D-14) Spulengruppen parallel geschaltet, so dass die (an den Bürsten im Leerlauf auch zu messende) induzierte Spannung U_{i} um den Faktor $z_{\text{L}}/(2p)$ größer ist, als die in *einem* Leiter induzierte Spannung $U_{\text{i,Leiter}}$:

$$U_{\text{i}} = \frac{z_{\text{L}}}{2p} \cdot \underbrace{l_{\text{Fe}} v_{\text{Umfang}} B_{\text{f}}}_{U_{\text{i,Leiter}}} = \frac{z_{\text{L}}}{2p} \cdot l_{\text{Fe}} \cdot \underbrace{\pi d_{\text{Re}} n}_{v_{\text{Umfang}}} \cdot B_{\text{f}} \left(\frac{2b_{\text{P}}}{2b_{\text{P}}}\right) = \underbrace{\frac{d_{\text{Re}} z_{\text{L}}}{4pb_{\text{P}}}}_{c} \cdot \underbrace{l_{\text{Fe}} b_{\text{P}} B_{\text{f}}}_{\Phi_{\text{f}}} \cdot \underbrace{2\pi n}_{\Omega_{\text{m}}}$$

In dem zweiten Schritt der obenstehenden Herleitung wurde der gesamte Term nur umgeformt und mit dem Klammerausdruck $(2b_{\text{P}}/2b_{\text{P}})$ erweitert. Mit b_{P} ist die Bogenlänge unter einem einzelnen Pol gemeint, so dass der Faktor $l_{\text{Fe}} \cdot b_{\text{P}}$ die Fläche und $l_{\text{Fe}} \cdot b_{\text{P}} \cdot B_{\text{f}}$ den magnetischen Fluss Φ_{f} eines Pols beschreibt.

Letztendlich ist die induzierte Spannung U_{i} proportional zum Erregerfluss Φ_{f} und der mechanischen Winkelgeschwindigkeit Ω_{m}. Mit der Konstanten c werden konstruktive Daten zusammengefasst, so dass die *elektrische* Größe U_{i} mit der *mechanischen* Größe Ω_{m} in der ersten Hauptgleichung verknüpft werden:

$$\boxed{U_{\text{i}} = c\Phi_{\text{f}} \cdot \Omega_{\text{m}} (= k_{\text{M}} \cdot \Omega_{\text{m}})} \quad \text{(D-6)}$$

Wie bei der Bestimmung der induzierten Spannung (*1. Hauptgleichung der Gleichstrommaschine*) muss jetzt auch bei der Bestimmung des Drehmoments (*2. Hauptgleichung der Gleichstrommaschine*) berücksichtigt werden, dass die p Polpaare parallelgeschaltet werden. In den Spulen selbst fließt nicht der Ankerstrom I_{A}, sondern der Leiterstrom $I_{\text{A}}/(2p)$.

Dieser Strom $I_{\text{A}}/(2p)$ erzeugt am Ankerumfang an einem einzelnen Leiter mit der Länge l_{Fe} eine Kraft F_{Leiter}, wenn sich dieser Leiter unter einem Erregerpol mit der magnetischen Flussdichte B_{f} befindet (vgl. Bild D-1b). Die Anzahl der insgesamt vom Erregerfeld B_{f} durchsetzten Leiter sei wiederum z_{L}, so dass an diesen z_{L} am Rotorumfang d_{Re} verteilten Leitern ein Drehmoment M_{i} entsteht:

$$M_{\text{i}} = \frac{d_{\text{Re}}}{2} \cdot z_{\text{L}} \cdot \underbrace{l_{\text{Fe}} B_{\text{f}} \frac{I_{\text{A}}}{2p}}_{F_{\text{Leiter}}} \cdot \left(\frac{b_{\text{P}}}{b_{\text{P}}}\right) = \underbrace{\frac{d_{\text{Re}} z_{\text{L}}}{4pb_{\text{P}}}}_{c} \cdot \underbrace{l_{\text{Fe}} b_{\text{P}} B_{\text{f}}}_{\Phi_{\text{f}}} \cdot I_{\text{A}}$$

$$\boxed{M_i = c\, \Phi_{\text{f}} \cdot I_{\text{A}} = k_{\text{M}} \cdot I_{\text{A}}} \quad \text{(D-7)}$$

k_{M}: Drehmomentkonstante (z. B. bei Servoantrieben)

Auch hier wurde der Term mit einem Quotienten (b_p/b_p) erweitert, so dass die Proportionalität zwischen Drehmoment M_i und dem Produkt aus Erregerfluss Φ_f und Ankerstrom I_A gezeigt werden kann. Als zusätzlicher Faktor ergibt sich die gleiche Konstante c wie auch in Gl. D-6. Dieses Ergebnis kann man auch erhalten, wenn die elektrische Leistung P_δ der mechanischen Leistung $P_{i,mech}$ gleich setzt:

$$P_\delta = U_i \cdot I_A = (c\Phi_f\ \Omega_m) \cdot I_A \stackrel{!}{=} P_{i,mech} = M_i \cdot \Omega_m$$
$$\Rightarrow M_i = c\Phi_f \cdot I_A$$

Die ersten beiden Hauptgleichungen beschreiben die elektromechanische Energiewandlung stark idealisiert, da noch *keine Verluste* berücksichtigt worden sind. Im elektrischen Ersatzschaltbild (Bild D-20) wird der bereits behandelte Teil der Energiewandlung mit der drehzahlabhängigen Spannungsquelle U_i modelliert.

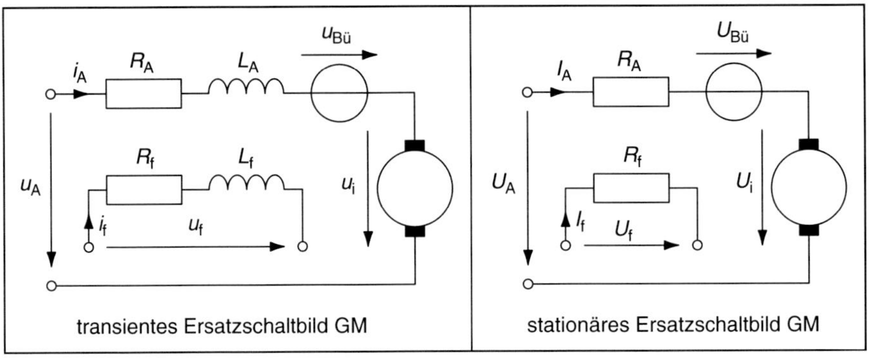

Bild D-20 Ersatzschaltbilder der Gleichstrommaschine

Die *Stromwärmeverluste* werden mit jeweils einem Widerstand (*Anker*(wicklungs)-*widerstand* R_A, *Erreger*(wicklungs)*widerstand* R_f) im Stromkreis modelliert.

An der Kontaktstelle zwischen Kommutator und Bürsten treffen zwei verschiedene Werkstoffe (Kupfer und Graphit) aufeinander. Der über diese Kontaktstelle fließende Strom verursacht an dieser Stelle wegen der *Kontaktspannung* Verluste. Modelliert werden diese Verluste in Bild D-20 mit einer weiteren Spannungsquelle $U_{Bü}$, die aber immer so gepolt sein muss, dass das Produkt aus Ankerstrom und *Bürstenübergangsspannung* $U_{Bü}$ positiv ist.

Damit ist die Gleichstrommaschine für das stationäre Verhalten (d. h. alle Größen sind zeitlich konstant) weitgehend vollständig beschrieben. Sollen aber zeitveränderliche (= *transiente*) Vorgänge beschrieben werden, führt eine *Änderung der Ströme* zu einer Änderung der damit verbundenen magnetischen Felder und somit auch zu einer *Änderung der damit verbundenen Feldenergie.* Dieses kann wiederum durch Induktivitäten (*Anker*(wicklungs)*induktivität* L_A, *Erreger*(wicklungs)*induktivität* L_f) in den jeweiligen Stromkreisen berücksichtigt werden.

$$u_A(t) = u_i(t) + U_{Bü} \cdot \mathrm{sign}(I_A) + R_A \cdot i_A(t) + L_A \cdot \frac{di_A}{dt} \qquad \text{transient}$$

$$\boxed{U_A = U_i + U_{Bü} \cdot \text{sign}(I_A) + R_A \cdot I_A} \qquad \text{stationär} \qquad \text{(D-8a)}$$

$$\text{Bem.: } U_{Bü} \cdot \text{sign}(I_A) = \begin{cases} +U_{Bü} \geq 0 & \text{wenn} \quad I_A > 0 \\ -U_{Bü} \leq 0 & \text{wenn} \quad I_A < 0 \end{cases}$$

$$u_f(t) = R_f \cdot i_f(t) + L_f \cdot \frac{di_f}{dt} \qquad \text{transient}$$

$$\boxed{U_f = R_f \cdot I_f} \qquad \text{stationär} \qquad \text{(D-8b)}$$

Im Ersatzschaltbild wurde das *Verbraucherzählpfeilsystem* gewählt. Hat die induzierte Spannung das *gleiche Vorzeichen* wie der Ankerstrom (d. h. $P_\delta = I_A \cdot U_i > 0$), wird *elektrische Leistung aufgenommen* und *mechanische Leistung abgegeben*, d. h. es liegt *Motorbetrieb* vor.

Haben die induzierte Spannung und der Ankerstrom jedoch *unterschiedliche Vorzeichen* (d. h. $P_\delta = I_A \cdot U_i < 0$), wird *elektrische Leistung abgegeben* und *mechanische Leistung aufgenommen*. Die Gleichstrommaschine arbeitet demzufolge als *Generator*.

Das Vorzeichen für die induzierte Spannung ergibt sich aus der Drehrichtung der Maschine. ($U_i > (<) 0 \Rightarrow$ *Rechts-(Links-)lauf* der Maschine), wohingegen das Vorzeichen des Ankerstroms die Richtung des Drehmoments vorgibt ($I_A > (<) 0 \Rightarrow$ *rechts(links)drehendes* Drehmoment).

Beispiel

D-2: Für einen Gleichstrommotor mit einer mechanische Leistung von 3 kW bei 1.500 min^{-1} und einer Nennspannung von 230 V für die Anker- und Erregerwicklung sollen sowohl für die Anker- als auch für die Feldwicklung die Ersatzschaltbilddaten abgeschätzt werden. Angenommen wird ein Gesamtwirkungsgrad von 84 % mit einer Verlustaufteilung: Ankerwicklung 8 %, Erregerwicklung 5 % und Reibung 3 % der aufgenommenen elektrischen Leistung.

$$\text{aufgenommene Leistung: } P_{el} = \frac{3.000 \text{ W}}{84\,\%} = 3.571 \text{ W}$$

$$\text{Erregerstrom} \quad I_f = \frac{3.571 \text{ W} \cdot 5\,\%}{230 \text{ V}} = 0{,}776 \text{ A}$$

$$\Rightarrow \quad \underline{\underline{R_f}} = \frac{230 \text{ V}}{0{,}776 \text{ A}} = \underline{\underline{296\ \Omega}}$$

$$\text{Ankerstrom} \quad I_A = \frac{3.571 \text{ W} \cdot (8\,\% + 3\,\% + 84\,\%)}{230 \text{ V}} = 14{,}8 \text{ A}$$

$$\Rightarrow \quad \underline{\underline{R_A}} = \frac{3.571 \cdot 8\,\%}{(14{,}8 \text{ A})^2} = \underline{\underline{1{,}31\ \Omega}}$$

$$\text{innere mechanische Leistung: } P_{i,mech} = 3.571 \text{ W} \cdot (84\,\% + 3\,\%) = 3.107 \text{ W}$$

$$\text{induzierte Spannung: } \underline{\underline{U_i}} = \frac{3.107 \text{ W}}{14{,}8 \text{ A}} = \underline{\underline{210{,}6 \text{ V}}}$$

$$\Rightarrow \quad \underline{\underline{c\Phi_f}} = \frac{210{,}6 \text{ V}}{2\pi \cdot \dfrac{1.500 \text{ min}^{-1}}{60 \text{ s/min}}} = \underline{\underline{1{,}34 \text{ Vs}}}$$

D.5.5 Betriebsverhalten

D.5.5.1 Anschlussbezeichnungen und Grundschaltbilder

In Bild D-21 sind die vier verschiedenen Möglichkeiten dargestellt, wie die Anker- und die Erregerwicklung einer Gleichstrommaschine verschaltet werden können. Die Verschaltung beeinflusst das Betriebsverhalten der Gleichstrommaschine.

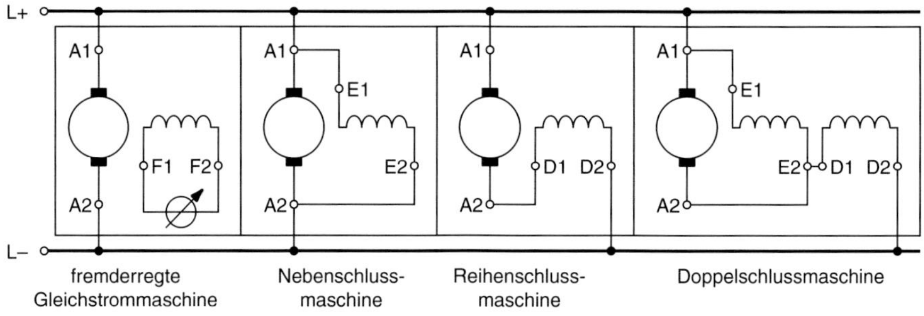

Bild D-21 Anschlussbezeichnungen der Gleichstrommaschine

Die Anschlüsse der einzelnen Wicklungsteile sind in Bild D-21 mit Großbuchstaben gekennzeichnet (DIN VDE 0530):

A: Ankerwicklung
B: Wendepolwicklung
C: Kompensationswicklung (hier nicht weiter behandelt, s. Fischer 2009, Kremser 2008)
D: Erregerwicklung für Reihenschlussschaltung
E: Erregerwicklung für Nebenschlussschaltung
F: Erregerwicklung für Fremderregung

Die einzelnen Enden sind zusätzlich mit Ziffern nach den Großbuchstaben gekennzeichnet, wobei ein Stromfluss von 1 nach 2 einen motorischen Rechtslauf bei Sicht auf die Antriebswelle (A-Seite der Maschine) erzeugt. Einzelne Wicklungsteile werden durch Ziffern vor den Großbuchstaben gekennzeichnet.

Bei der *fremderregten Gleichstrommaschine* wird die Erregerwicklung durch eine gesonderte Spannungsquelle gespeist, so dass der Erregerfluss unabhängig vom Ankerkreis verändert werden kann.

Bei der *Nebenschlussmaschine* liegt die Erregerwicklung parallel zum Ankerkreis. Dieses führt bei Betrieb am Netz zu einem konstanten und lastunabhängigen Erregerfluss.

Bei der *Reihenschlussmaschine* wird die Erregerwicklung in Serie mit der Ankerwicklung geschaltet; der Erregerfluss ist somit lastabhängig und im Leerlauf theoretisch gleich Null. Dieses führt aber zu einer theoretisch unendlich *hohen Leerlaufdrehzahl*, die unweigerlich zur *Zerstörung* der Maschine führen würde.

D.5.5.2 Gefahrenhinweise

Bei abgeschalteter Erregerwicklung oder einem zu kleinem Erregerstrom kann die Drehzahl einer Gleichstrommaschine unzulässig hohe Werte annehmen. Dabei kann die Maschine durch die auftretenden Fliehkräfte zerstört werden und es besteht dann unmittelbar *akute Lebensgefahr!*

Deshalb müssen folgende *Sicherheitsmaßnahmen* bezüglich der Erregung unbedingt beachtet werden:

1. Immer *zuerst* die *Erregung einschalten*, bzw. die *Erregung als letztes ausschalten*!
2. Der *Erregerstromkreis* darf *im Betrieb niemals abgeschaltet* werden! Auch bei der Kabelführung muss darauf geachtet werden, dass die Zuführung zur Erregerwicklung nicht versehentlich unterbrochen werden kann. Auf keinen Fall darf das Erregerkabel Gehwege kreuzen!

D.5.5.3 Betriebsverhalten der fremderregten Gleichstrommaschine

Die Drehzahl einer fremderregten Maschine kann durch Verändern der *Ankerspannung*, durch Veränderung des *Erregerstroms* und prinzipiell auch durch einen *zusätzlichen Widerstand* (Anlasser) im Ankerkreis verstellt werden.

Ausgehend von der 3. Hauptgleichung (Gl. D-8a, Bürstenübergangsspannung $U_{Bü}$ vernachlässigt) kann mit der 1. Hauptgleichung (Gl. D-6) die induzierte Spannung U_i durch die Winkelgeschwindigkeit Ω_m und mit der 2. Hauptgleichung (Gl. D-7) der Ankerstrom durch das innere Drehmoment ersetzt werden. Damit kann die Abhängigkeit der Winkelgeschwindigkeit Ω_m bzw. der Drehzahl n von der Belastung M_i beschrieben werden:

$$U_A = U_i + R_A \cdot I_A = c\Phi_f \cdot \Omega_m + R_A \cdot \frac{M_i}{c\Phi_f}$$

$$\boxed{\Omega_m = 2\pi n = \frac{U_A}{c\Phi_f} - \frac{R_A}{(c\Phi_f)^2} M_i} \qquad \text{(D-9a)}$$

Es ergibt sich eine Geradengleichung $\Omega_m(M_i)$ mit zwei Termen:

1. Der erste Term als Quotient aus Ankerspannung U_A und Erregerfluss $c\Phi_f$ ist lastunabhängig und kann somit als *Leerlauf-Winkelgeschwindigkeit* interpretiert

werden. Die Leerlaufdrehzahl ist somit proportional zur Ankerspannung U_A und umgekehrt proportional zum Erregerfluss $c\Phi_f$.

2. Der zweite Term ist proportional zum Belastungsmoment M_i, d. h. wird die Belastung größer, sinkt auch entsprechend die Drehzahl. Der Drehzahlrückgang bei gleicher Belastung wird größer, wenn der Ankerwiderstand R_A z. B. durch Erwärmung größer wird, oder wenn der Erregerfluss $c\Phi_f$ zur Vergrößerung der Leerlaufdrehzahl verringert wird.

Anstelle des Erregerflusses $c\Phi_f$ wird gerne der *Feldschwächfaktor* f als Kehrwert für den auf den Nennerregerfluss $c\Phi_{fN}$ bezogenen Erregerfluss $c\Phi_f$ verwendet:

$$\text{Feldschwächfaktor } f := \frac{c\Phi_{fN}}{c\Phi_f} \tag{D-9b}$$

Für die Drehzahl-Drehmoment-Kennlinien ergibt sich also eine Schar von Geraden mit der Ankerspannung U_A bzw. dem Feldschwächfaktor f als Parameter. Es gibt zwei Bereiche: den *Ankerstellbereich*, in dem die Drehzahl über die Ankerspannung verstellt werden kann und den *Feldschwächbereich*, in dem die Drehzahl über den Erregerstrom beeinflusst werden kann. Es ergeben sich folgende Betriebsgrenzen:

1. Im Dauerbetrieb darf der *Nennstrom* wegen der *Kommutierung* und der zulässigen *Erwärmung* nicht überschritten werden.
2. Wegen der begrenzten *Fliehkraftbeanspruchung* darf eine durch die Konstruktion des Ankers bedingte *Maximaldrehzahl* nicht überschritten werden.

Grundsätzlich kann die Drehzahl auf drei verschiedene Arten verstellt werden:

1. Verändern der *Klemmenspannung* U_A (*Ankerstellbereich*, $|n| < n_{0N}$, $f = 1$). Die Drehzahl ist proportional zur Klemmenspannung und wird bei Belastung geringfügig kleiner. (*Nebenschlussverhalten*: geringer Drehzahlabfall bei Belastung, Drehzahlabfall proportional zum Drehmoment).
   Wenn die Klemmenspannung verändert wird, bleibt die Steigung der Drehzahl-Drehmoment-Kennlinie und auch das maximal abgebbare Drehmoment konstant. (Kennlinien a1 bis a3 in Bild D-22 liegen alle parallel zueinander) Eine Drehrichtungsumkehr kann durch Umpolen der Klemmenspannung erfolgen (Kennlinie a1 für $U_A = +U_{AN}$ und a3 für $U_A = -U_{AN}$ in Bild D-22).
2. Vergrößern des *Feldschwächfaktors* f
   (*Feldschwächbereich*, $|n| > n_{0N}, U_A = U_{AN}$).
   Mit Vergrößerung des Feldschwächfaktors steigt die Leerlaufdrehzahl an; wegen der Proportionalität zwischen Fluss und Drehmoment wird aber das Drehmoment bei gleichem Strom kleiner (Kennlinien f3 bis f1 bzw. f4 bis f6 in Bild D-22). Eine Drehrichtungsumkehr durch Umpolen der Erregerwicklung ist nicht zulässig, da zumindest kurzzeitig der Erregerfluss sehr klein wird und dabei die Drehzahl auf unzulässig große Werte ansteigen kann.
3. *Vorwiderstand* im Ankerkreis.
   Eine Drehzahlverstellung über einen zusätzlichen Vorwiderstand im Ankerkreis wurde praktisch nur beim Anlassen zur Begrenzung des Anlaufstromes

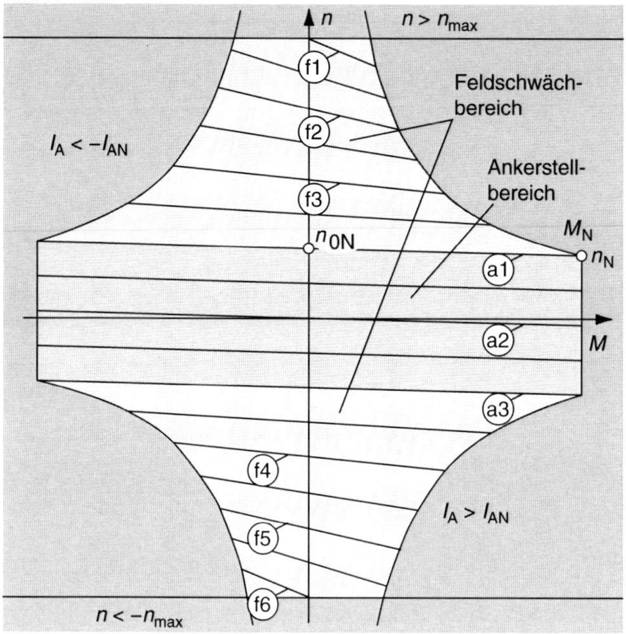

Feldschwächbereich:
f1: $U_A = U_{AN}$, $f = 4$
f2: $U_A = U_{AN}$, $f = 3$
f3: $U_A = U_{AN}$, $f = 2$

Ankerstellbereich:
a1: $U_A = U_{AN}$, $f = 1$
a2: $U_A = 0$, $f = 1$
a3: $U_A = -U_{AN}$, $f = 1$

Feldschwächbereich:
f4: $U_A = -U_{AN}$, $f = 2$
f5: $U_A = -U_{AN}$, $f = 3$
f6: $U_A = -U_{AN}$, $f = 4$

Bild D-22 Betriebsdiagramm der fremderregten Gleichstrommaschine

$(U_i(n = 0) = 0)$ vorgesehen. Diese Methode wird wegen der Verluste im Vorwiderstand und der mittlerweile kostengünstigeren Leistungselektronik kaum noch angewendet.

D.5.6 Reihenschlussmaschine/Universalmotor

Bei der Gleichstrom-Reihenschlussmaschine wird die Erregerwicklung in Reihe zur Ankerwicklung geschaltet. Dadurch wird der Erregerfluss lastabhängig.

Nimmt man an, dass der Erregerstrom I_f proportional zum Erregerfluss Φ_f ist (Proportionalitätsfaktor k_f), kann eine Abhängigkeit der Drehzahl vom Drehmoment hergeleitet werden; ansonsten ist diese Abhängigkeit analytisch nicht darstellbar. Nach der 1. Hauptgleichung (Gl. D-6) und Bild D-23 folgt:

$$c\Phi_f = k_f \cdot I_f = k_f \cdot I_A$$

$$U_i = c\Phi_f \cdot \Omega_m = k_f \, I_A \cdot \Omega_m = U_{Af} - I_A \cdot (R_A + R_f)$$

$$\Rightarrow \Omega_m = \frac{U_{Af}}{k_f \, I_A} - \frac{R_A + R_f}{k_f}$$

Der Ankerstrom I_A ist in jedem Fall ein Maß für die Belastung der Reihenschlussmaschine. Wird die Reihenschlussmaschine jedoch gar nicht belastet, muss gemäß der eben hergeleiteten Drehzahlgleichung die Drehzahl (bzw. die Winkelgeschwindigkeit Ω_m) unendlich groß werden.

Bild D-23 Ersatzschaltbild Reihenschlussmaschine

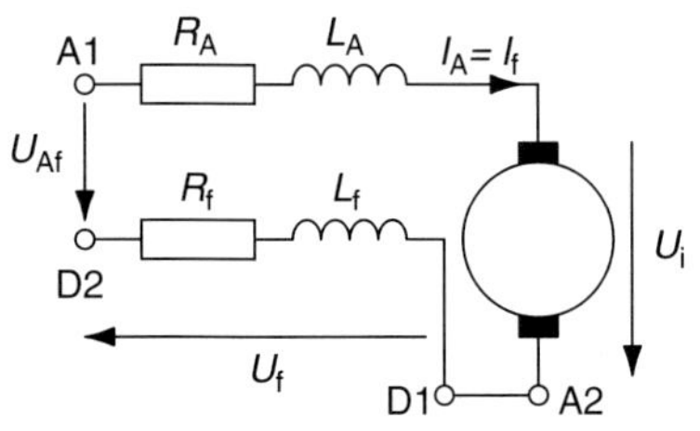

Das Drehmoment M_i der Reihenschlussmaschine ist proportional zum Quadrat des Ankerstroms I_A; damit kann die Abhängigkeit der Winkelgeschwindigkeit Ω_m vom Drehmoment M_i endgültig angegeben werden:

$$M_i = c\Phi_f \cdot I_A = k_f \cdot I_A^2 \qquad \text{bzw.} \quad I_A = \sqrt{\frac{M_i}{k_f}}$$

$$\Rightarrow \Omega_m = 2\pi n = \frac{U_{Af}}{\sqrt{k_f \cdot M_i}} - \frac{R_A + R_f}{k_f} \sim \frac{U_{Af}}{\sqrt{M_i}} - \text{const.}$$

Bei unbelasteter Maschine wird die Drehzahl theoretisch unendlich groß, da sie nur durch das Reibmoment begrenzt wird. In Bild D-24 ist das innere Drehmoment aufgetragen, demzufolge strebt $n \to \infty$ bei $M_i \to 0$. Da Erregerwicklung und Ankerwicklung in Reihe geschaltet sind, kann das Drehmoment nur in einer Richtung wirken.

Bild D-24 Kennlinie Reihenschlussmaschine

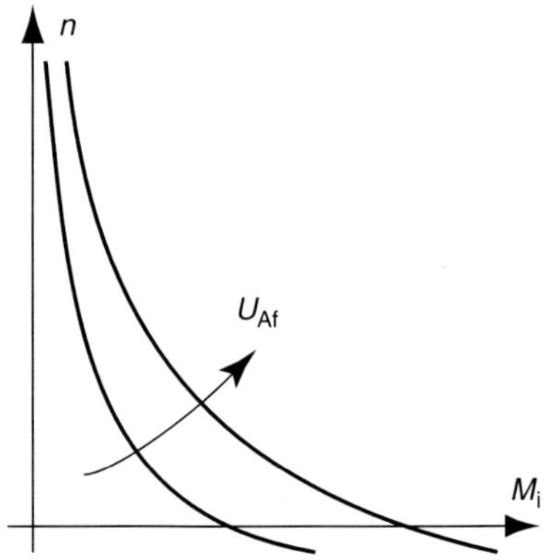

Eine andere Drehrichtung ($n < 0$) ist gemäß Bild D-24 aber trotzdem möglich. In diesem Bereich nimmt der Motor elektrische (Ankerstrom kann seine Richtung nicht ändern, $I_A > 0$!) und mechanische Leistung auf (induzierte Spannung ändert wie die Drehzahl die Richtung, $U_i < 0$), um sie in Verlustwärme umzusetzen.

Da das Drehmoment der Reihenschlussmaschine proportional zum Quadrat des Ankerstroms ist, ist die Reihenschlussmaschine aber für den Betrieb am Wechselspannungsnetz (sinusförmiger Ankerstrom an Stelle eines Gleichstroms) geeignet.

Der Erregerfluss $\Phi_\mathrm{f}(t)$ und der Ankerstrom $i_\mathrm{A}(t)$ sind wegen der Reihenschaltung in Phase zueinander und erzeugen dadurch ein oszillierendes Drehmoment $m(t)$:

$$\Phi_\mathrm{f}(t) = \Phi_\mathrm{f} \cdot \sin \omega t$$

$$i_\mathrm{A}(t) = \sqrt{2}\, I_\mathrm{A} \sin \omega t$$

$$m(t) = c\Phi_\mathrm{f}(t) \cdot i_\mathrm{A}(t) = k_\mathrm{f} \cdot i_\mathrm{A}^2(t)$$

$$= k_\mathrm{f} \cdot I_\mathrm{A}^2 \;(1 - \cos 2\omega t)$$

Der Drehmomentverlauf $m(t)$ hat wie in Bild D-25 dargestellt einen Mittelwert und eine Oberschwingung mit der doppelten Netzfrequenz, so dass keine konstante Wirkleistung umgesetzt werden kann.

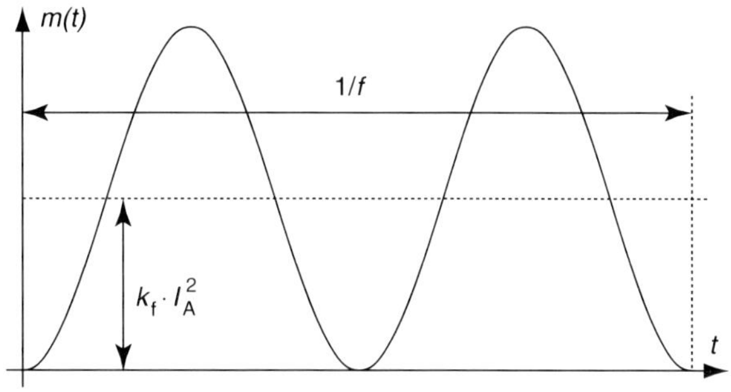

Bild D-25 Drehmomentverlauf Universalmotor

Eine Reihenschlussmaschine, die am Wechselspannungsnetz betrieben wird, nennt man *Universalmotor*, da ein solcher Motor sowohl für den Betrieb an einer Gleich- als auch an einer Wechselspannung geeignet ist.

Universalmotoren sind immer *zweipolig* ausgeführt (Bild D-26). Die Erregerwicklung ist zweiteilig ausgeführt, so dass die Ankerwicklung zwischen die beiden Erregerwicklungen geschaltet werden kann, um die Erregerwicklung gleichzeitig auch als einen Teil der Funkentstörung mitbenutzen zu können.

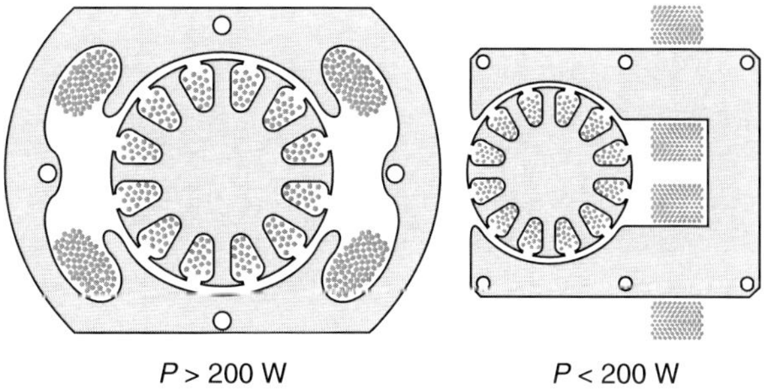

Bild D-26 Blechschnitte für Universalmotoren

Der Stator ist wegen des Betriebs mit Wechselspannung immer geblecht ausgeführt. Bei kleinen Leistungen ($P < 200$ W) ist der Stator meist unsymmetrisch und bei größeren Leistungen ($P > 200$ W) dann symmetrisch ausgeführt.

D.5.7 Drehzahlverstellung des Universalmotors

Zur Drehzahlverstellung eines Universalmotors gibt es eine ganze Reihe von Schaltungsvarianten, von denen hier nur die Wichtigsten aufgeführt werden sollen. Für eine *gestufte Drehzahlverstellung* wird häufig die in Bild D-27 dargestellte Umschaltung auf unterschiedliche Erreger-Windungszahlen gewählt.

Bild D-27 Drehzahlverstellung durch Verändern der Erreger-Windungszahl

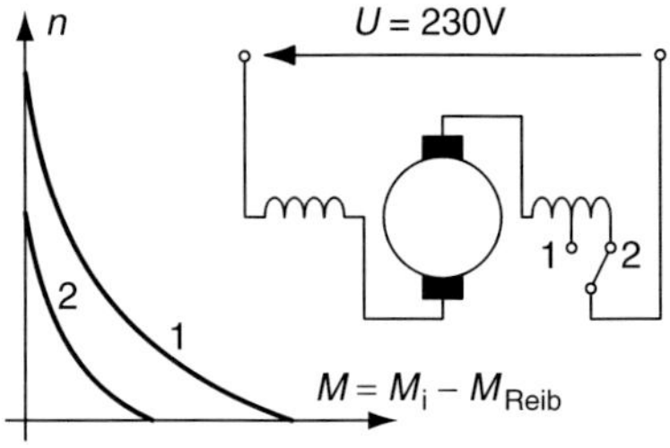

Die Erregerwicklung kann mit mehreren Anzapfungen ausgeführt werden. Wird die Windungszahl der Erregerwicklung verringert, wird sowohl bei gleichem Ankerstrom der *Erregerfluss reduziert* und als auch gleichzeitig der Spannungsabfall an der Erregerwicklung verringert. Dadurch steigt bei gleicher Klemmenspannung zusätzlich die *induzierte Spannung* an. Beide Effekte führen zu einem *Drehzahlanstieg*.

Soll die Drehzahl feinstufig verstellt werden, wird bei Universalmotoren fast ausschließlich die *Phasenanschnittsteuerung* eingesetzt. Der Effektivwert einer sinusförmigen Spannung kann mit einer Phasenanschnittsteuerung verkleinert werden.

Diese Art der Drehzahlsteuerung ist praktisch verlustfrei, wobei als Wechselstromsteller immer eine Schaltung mit einem *Triac* (Triode AC Switch, Abschn. B.1.5.2) eingesetzt wird, der mit einem *Diac* (Diode AC Switch) angesteuert wird.

Das Diac ist ein Halbleiterelement mit einer npn-Struktur, das bei Überschreiten einer Spannungsgrenze zündet. Im Prinzip kann das Diac als eine Reihenschaltung entgegengesetzter Z-Dioden interpretiert werden. Das *Triac* hingegen ist ein Halbleiterelement, das über zwei antiparallel liegende Thyristorstrukturen verfügt.

Blockiert das Triac, lädt sich der Kondensator über den einstellbaren Widerstand und die Erreger- und Ankerwicklung des Motors auf (Bild D-28a). Wird die Durchbruchspannung des Diac erreicht, zündet das Diac und leitet einen Zündimpuls an das Gate des Triac weiter (Bild D-28a). Dabei wird der Kondensator so lange kurzgeschlossen, bis das Triac wieder in den Sperrzustand übergeht (Bild D-28b). Das Triac leitet, bis der Stromverlauf wieder die Nullinie passiert hat (Bild D-28b) und geht danach wieder in den Blockierzustand über (Bild D-28c).

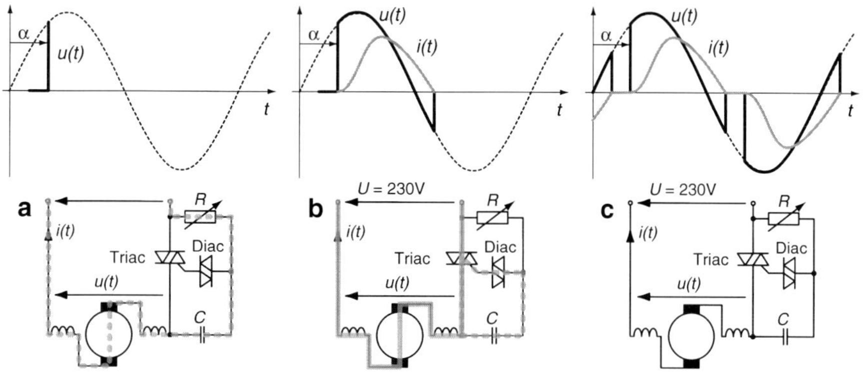

Bild D-28 Drehzahlsteuerung mit Phasenanschnittsteuerung

Nachdem das Triac seinen Sperrzustand erreicht hat, kann der Kondensator wieder aufgeladen werden, bis das Diac seine Durchbruchspannung (jetzt aber mit umgekehrten Vorzeichen) erreicht hat. Der Zündwinkel α ist umso größer, je größer der eingestellte Widerstand R ist. Hierüber wird die Spannungsanstiegsgeschwindigkeit am Kondensator gesteuert.

Mit dieser Schaltung ist nur ein Ein-Quadranten-Betrieb möglich. Bei einer Drehzahlumkehr wird in der Regel die Ankerwicklung umgepolt. Eingesetzt wird diese Schaltung in Elektrowerkzeugen oder auch als Dimmerschalter in der Installationstechnik.

D.5.8 Typische Daten von Gleichstrommaschinen

Die wichtigsten (Auslegungs-)Daten werden immer auf dem *Leistungsschild* angegeben. Das Leistungsschild einer elektrischen Maschine hat den Charakter eines Dokuments und muss an jeder elektrischen Maschine „unverlierbar" angebracht sein. Die hierauf angegebenen Daten sind immer toleranzbehaftet, so dass sich beispielsweise die angegebenen Daten durchaus von denen aus einer Überprüfung unterscheiden können. Die zulässigen Abweichungen sind abhängig von der Bemessungsleistung in einschlägigen Normen hinterlegt. In Bild D-29 ist das Leistungsschild eines fremdbelüfteten Gleichstrommotors angegeben.

Bei unkompensierten Gleichstrommaschinen ist ohne jede Zusatzangabe nur ein Feldschwächbereich von 1,15 : 1 zulässig (Herstellerangaben beachten!), größere Feldschwächbereiche sind mit dem Hersteller zu klären. Eventuell kann eine zusätzliche Leistungsreduzierung ab einer bestimmten Drehzahl notwendig sein. Im drehzahlgeregelten Betrieb ist ein maximaler Feldschwächfaktor von $f_{\max} = 2$ bis 4 auch bei unkompensierten Maschinen durchaus möglich.

Im Tabelle D-2 sind Zahlenwerte für die Bemessungsleistung P_{N}, die Bemessungsdrehzahl n_{N}, die Ankerzeitkonstante T_{A}, die Erregerzeitkonstante T_{f}, das

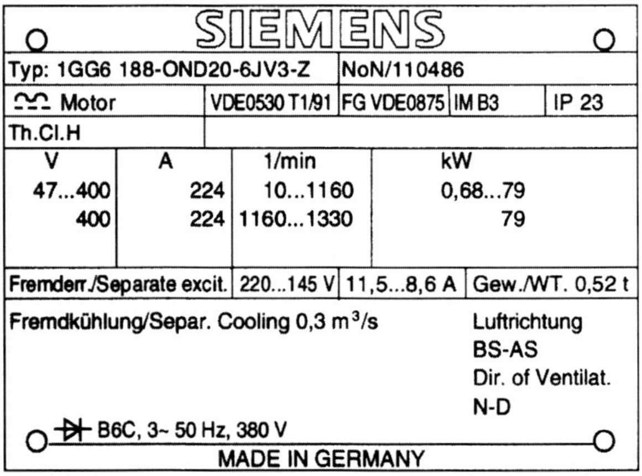

Bild D-29 Leistungsschild eines Gleichstrommotors (Siemens AG)

Tabelle D-2 Anhaltswerte für ausgeführte Gleichstrommaschinen

AH	100	132	200	355	500	630
P_N/kW	2,7	20	135	500	950	1200
n_N/min^{-1}	1380	1350	1370	1020	600	300
T_A/ms	4	12,5	20	12	13	16,8
T_f/ms	40	110	210	580	660	1300
J_M/kgm^2	0,016	0,14	1,3	14	94	290
m/Kg	42	160	660	2600	6100	11000

Massenträgheitsmoment J_M und das Masse m (Gesamtgewicht) in Abhängigkeit von der Baugröße (Achshöhe AH) für ausgeführte Gleichstrommaschinen aufgeführt.

ÜBUNGSAUFGABEN

Ü D.5-1: Leistungsschild und M/n-Kennlinie

a. Ermitteln Sie aus dem Leistungsschild in Bild D-29 die Nennwerte für Ankerspannung und -strom, Erregerspannung und -strom, sowie Leistung und Drehzahl.
b. Bestimmen Sie aus den Nenndaten den Ankerwiderstand.
c. Bestimmen Sie aus den Daten für $n = 1160\ \text{min}^{-1}$ und $n = 1330\ \text{min}^{-1}$ jeweils den Erregerwiderstand und erläutern Sie den Unterschied.
d. Wie groß sind die Leerlaufdrehzahlen jeweils bei $U_A = 400\ \text{V}/U_f = 220\ \text{V}$ bzw. bei $U_A = 400\ \text{V}/U_f = 145\ \text{V}$?
e. Skizzieren Sie die Drehzahl-Drehmoment-Kennlinien jeweils für
   e1. $U_A = 400\ \text{V}/U_f = 220\ \text{V}$ bzw. für
   e2. $U_A = 400\ \text{V}/U_f = 145\ \text{V}$.

Ü D.5-2: Fremderregter Gleichstrommotor

Gegeben ist eine Maschine mit folgenden Nenndaten:

- 10 kW/1.300 min^{-1}, Anker: 440 V/25 A, Erregerkreis 200 V/2 A.
- Die Bürstenkontaktspannung wird mit 1 V pro Bürste berücksichtigt.
- In einem Leerlaufversuch (von außen angetriebene Maschine mit offenem Ankerkreis, d. h. $I_A = 0$) wurde bei 1.000 min^{-1} die Ankerspannung U_A in Abhängigkeit vom Leerlaufstrom I_f gemessen (Bild D-30):

Bild D-30 Sättigungskennlinie (Messwerte)

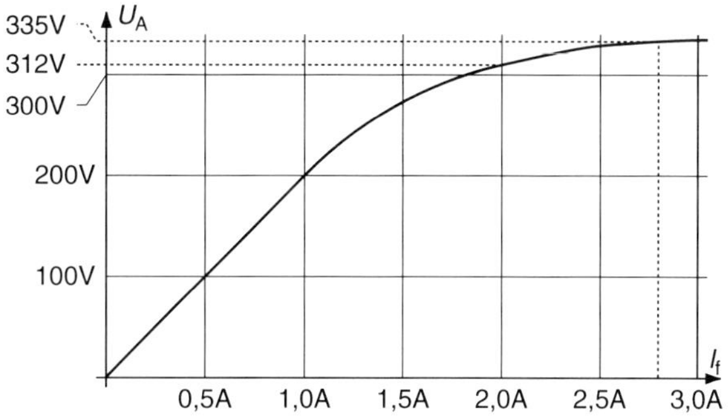

Mit Ausnahme der Stromwärmeverluste können alle Verluste vernachlässigt werden. Das Reibmoment kann als konstant angenommen werden.

a. Geben Sie das Leistungsflussdiagramm für den Nennpunkt mit den Zahlenwerten für alle Verluste an (einschließlich Reibungsverluste und Bürstenübergangsverluste). Wie groß ist der Wirkungsgrad im Nennpunkt?
b. Skizzieren Sie das Ersatzschaltbild mit allen Zahlenwerten für den Nennpunkt.
c. Welche Drehzahl stellt sich ein, wenn die Gleichstrommaschine ausgehend vom Nennpunkt vollständig entlastet wird? (d. h. $M_{\text{Last}} = 0$, aber $M_{\text{Reib}} \neq 0$)
d. Die bestimmten Ersatzschaltbilddaten gelten für die betriebswarme Maschine. Welche Drehzahl würde sich bei Betrieb mit den jeweiligen Nennspannungen einstellen, wenn die Maschine im kalten Zustand mit dem Nennmoment belastet würde?
($\vartheta_U = 20\,°\text{C}$; $\vartheta_W = 120\,°\text{C}$; $\alpha_{\text{Cu},20} = 0{,}004\ K^{-1}$;
$R(\vartheta) = R_{20}(1 + \alpha_{\text{Cu},20} \cdot \Delta\vartheta)$)

Ü D.5-3: Fremderregter Gleichstrommotor

Gegeben ist eine Gleichstrommotor mit folgenden Nenndaten:

- 3 kW/1.500 min^{-1}, Anker: 220 V/14,5 A, Feld: 220 V/1,2 A.
- Der Anker- und der Erregerkreis des drehzahlgeregelten Motors wird jeweils über einen eigenen Stromrichter gespeist, wobei der Erregerstrom ab der Nenndrehzahl umgekehrt proportional zur Drehzahl abgeregelt wird. ($I_f/I_{fN} = n_N/n$ für $n > n_N$)

- Mit Ausnahme der Stromwärmeverluste können alle Verluste vernachlässigt werden.
  a. Bestimmen Sie den Anker- und den Erregerwiderstand.
  b. Wie groß sind der Wirkungsgrad und das Nennmoment im Nennpunkt?
  c. Bei Nenndrehzahl wird der Motor mit dem halben Nennmoment belastet. Auf welche Werte stellen sich dann die Ankerspannung und die Erregerspannung ein?
  d. Der Drehzahlsollwert wird jetzt auf 150 % der Nenndrehzahl erhöht, wobei der Motor jetzt nur noch mit 25 % des Nennmoments belastet wird.
    d1. Auf welche Werte stellen sich dann die Ankerspannung und die Erregerspannung ein?
    d2. Welches Drehmoment kann der Motor bei dieser Drehzahl maximal abgeben, wenn die elektrischen Nennwerte nicht überschritten werden dürfen?

D.6 Synchronmotor

Der erste *Einphasengenerator* zur Erzeugung elektrischer Energie wurde 1848 von Nollet und Holmes (Alliance) vorgestellt. Generatoren dieser Bauform dienten in erster Linie zur Speisung von *Beleuchtungsanlagen.*

Drehstrom-Synchrongeneratoren wurden erstmalig 1887 von Haselwander und Tesla (zweiphasig) bzw. Bradley (dreiphasig) gebaut. Dabei handelte es sich um *Schenkelpolmaschinen*, deren Erregerpole ähnlich wie bei der Gleichstrommaschine im Stator am Umfang des Rotors der Schenkelpolmaschine verteilt montiert werden. Schenkelpolmaschinen werden heutzutage besonders als *Wasserkraftgeneratoren* für niedrige Drehzahlen mit teilweise mehr als 60 Polen gebaut.

1891 wurde von Dobrowolsky die Stern- und Dreieckschaltung zum Patent angemeldet und bereits 1890 wurde von Tesla eine Mittelfrequenzmaschine für 10 kHz mit 384 Polen vorgestellt. Die erste Drehstromübertragung von Lauffen nach Frankfurt erfolgte mit einem 200 kW Drehstromgenerator in Klauenpolbauform von Oerlikon. Diese ersten *Klauenpolgeneratoren* (Abschn. D.6.10) werden auch heute noch in hohen Stückzahlen als „Lichtmaschinen“ für Kraftfahrzeuge mit Leistungen bis zu 5 kW gebaut.

Der *Walzenläufer* wurde erst 1901 von Charles E.L. Brown (BBC) erfunden. Die Erregerwicklung wird beim Walzenläufer auf mehrere Nuten (ähnlich wie bei einer Drehstromwicklung) verteilt. Dieser erste *Vollpolturbogenerator* erreichte bei 3.000 min^{-1} eine für heutige Verhältnisse noch kleine Leistung von 250 kVA.

Diese Bauform wird heute bei niedrigen Polzahlen für Leistungen bis zu 1.200 MVA ($p=1$, $U_N=21$ kV) bzw. 2.200 MVA ($p=2$, $U_N=27$ kV) als *Turbogenerator* im Grenzleistungsbereich gebaut.

Synchronmotoren haben bezüglich der *Stückzahlen* im Vergleich zu Asynchronmotoren eine eher untergeordnete Bedeutung. Bei Betrieb am Umrichter wird der permanent erregte Synchronmotor (Erregung über Dauermagnete anstelle einer Gleichstrom-Erregung) für Leistungen bis ca. 50 kW als *Servomotor* für Werkzeugmaschinen und Handhabungsgeräte bzw. bei Leistungen im MW-Bereich beispielsweise zum Antrieb von großen Pumpen mit geregelter Durchflussmenge als *Stromrichtermotor* wegen der kostengünstigeren Stromrichter der Asynchronmaschine häufig vorgezogen. Außerdem gewinnen große permanent erregte Synchronmotoren (> 5 MW) als *Propellerantriebe* im Schiffsbau an Bedeutung.

Teilweise werden aber jetzt schon Gleichstrommotoren größerer Leistungen im Automotive-Bereich (Lenkhilfeantriebe, Lüfter, Hydraulikpumpen) durch Synchronmotoren ersetzt. (Leistungen ab ca. 300 W, Grenze fallend)

In großen Stückzahlen werden Synchronmotoren als Klein- und Kleinstmotoren (*Schrittmotoren*) beispielsweise für die Feinwerktechnik (z. B. Uhren, Drucker usw.) gebaut.

In Bild D-31 sind zwei auch bezüglich der Baugröße sehr unterschiedliche Synchronmaschinen dargestellt: in der linken Abbildung der Einbau des Rotors (Rotor-Durchmesser ca. 8 m) für einen der insgesamt 20 Generatoren des Wasserkraftwerks Itaipu und rechts ein Synchronmotor in einem PKW-Innenraumlüfter (Rotor-Innendurchmesser ca. 8 cm).

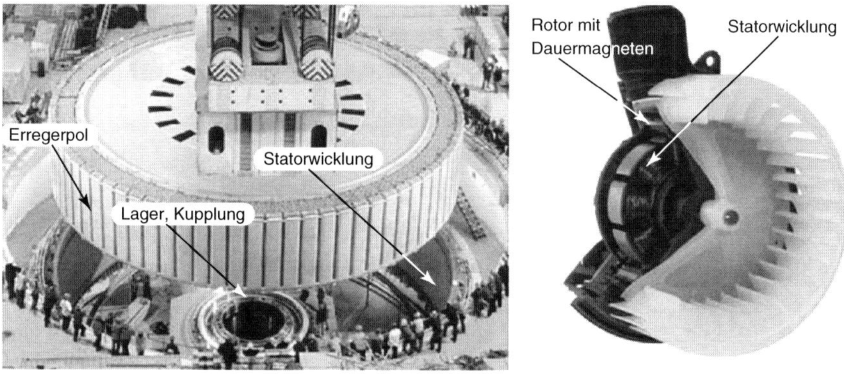

Bild D-31 Synchronmaschine (*links*: Wasserkraftgenerator 800 kVA/Werkfoto: Voith Hydro, *rechts*: 300 W PKW-Innenraumlüfter mit Außenläufer/Werkfoto: Brose Fahrzeugteile)

D.6.1 Synchronmotor als elektronisch kommutierter Gleichstrommotor

Den Aufbau eines permanentmagnetisch erregten Synchronmotors kann man mit einem dauermagnetisch erregten Gleichstrommotor vergleichen. Beim Synchronmotor werden die *Erregerpole im Rotor* untergebracht. Der elektromechanische Kommutator der Gleichstrommaschine kann hier durch einen elektronischen *Wechselrichter*, also durch elektronische Schalter ersetzt werden.

Die Statorwicklung ist als *dreiphasige Drehstromwicklung* ausgeführt, d. h. es werden drei um 120° gegeneinander versetzte Wicklungen für die drei Phasen

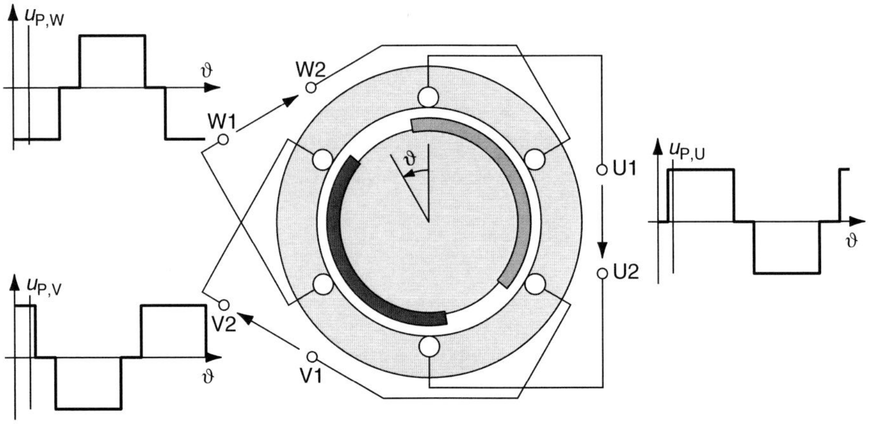

Bild D-32 Polradspannung bei konstanter Drehzahl

vorgesehen. Bei einer Erregung durch Dauermagnete kann zunächst von einem näherungsweise rechteckförmigen Verlauf der Luftspaltinduktion ausgegangen werden, so dass die in einer Statorwicklung induzierte Spannung ebenfalls einen rechteckförmigen Verlauf haben muss. In Bild D-32 wird die Entstehung der induzierten Spannung (*Polradspannung*) anhand einer zweipoligen Anordnung dargestellt.

Auf der Rotoroberfläche befinden sich zwei Magnetschalen, die als Nord- und Südpol ausgeführt sind. Im Stator befinden sich drei Spulen (U, V und W), deren Hin- und Rückleiter (U1/U2, V1/V2, W1/W2) einander gegenüber liegen.

Läuft unter den Spulenseiten eine Magnetschale durch, wird in den Leitern eine Spannung induziert, deren Vorzeichen von der Richtung des Magnetfeldes und der Drehrichtung abhängt. Liegt unter den Leitern eine der beiden Pollücken, ist die Spannung gleich null. Die Spannungsverläufe sind hier ein direktes Abbild des Luftspaltfelds.

Da bei dieser dreisträngigen Wicklung die Spulen um 120° gegeneinander versetzt sind, ergibt sich bei den Verläufen für die drei induzierten Spannungen $u_{P,U}$, $u_{P,V}$ und $u_{P,W}$ demzufolge auch eine Phasenverschiebung um 120°. Die induzierte Spannung nennt man bei der Synchronmaschine *Polradspannung*.

Man erhält durch diese einfache zweipolige Anordnung bei einer konstanten Drehzahl ein dreiphasiges Spannungssystem mit blockförmigen *Spannungen der Frequenz* $f_S = \text{Polpaarzahl } p \cdot \text{Drehzahl } n$. Bei real ausgeführten Synchronmotoren ist die Wicklung aber aus verschiedenen Gründen nicht so einfach ausgeführt wie hier dargestellt.

Die realen Verläufe der Polradspannungen $u_{P,U}$, $u_{P,V}$ und $u_{P,W}$ in Bild D-33 sind deshalb nicht wie in Bild D-32 dargestellt rechteck-, sondern entweder wie in Bild D-33 trapez- oder auch fast rein sinusförmig. Wird der Synchronmotor dann mit blockförmigen Leiterströmen i_U, i_V und i_W betrieben, wird eine konstante Leistung $p(t) = P$ bzw. ein konstantes Drehmoment abgeben.

Es führen immer nur zwei Stränge Strom, so dass der dritte Strang stromlos ist. Die Summe der drei Ströme ist damit zu jedem Augenblick wieder gleich Null.

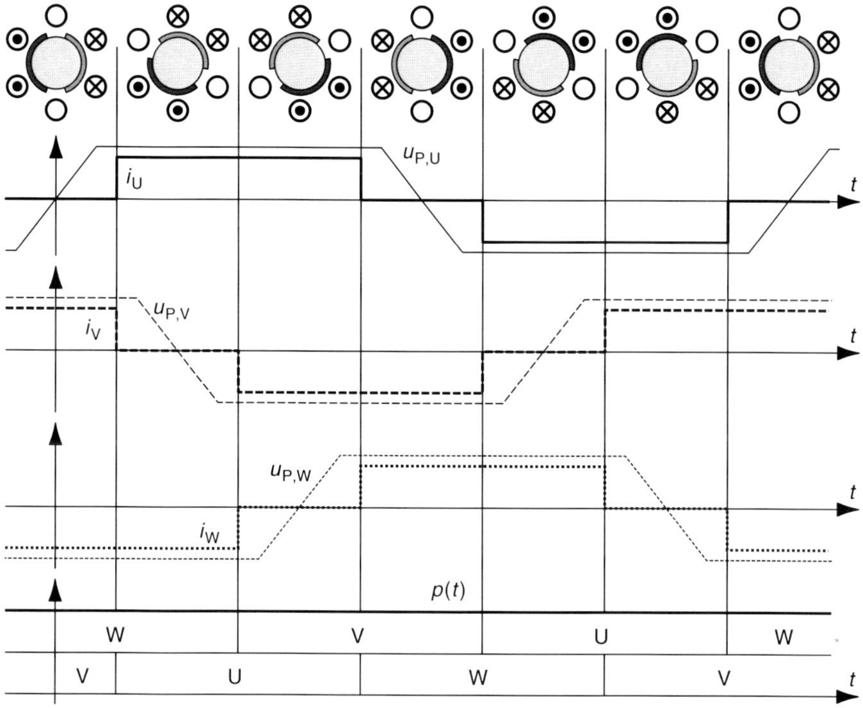

Bild D-33 Strom- und Spannungsverläufe bei einem EC-Motor

Eine relativ einfache Steuerung erhält man, wenn die einzelnen Stränge immer für ein Drittel der Periode einen nahezu konstanten Strom führen, so dass bei dieser Art der Regelung die Ströme elektronisch von einem Strang auf den nächsten weitergeschaltet werden; aus diesem Grund spricht man hier auch von einer *elektronischen Kommutierung*. Die Sollwerte für die drei Strangströme können aus der Rotorposition ermittelt werden.

Die notwendige Auflösung für die Rotorposition ist relativ niedrig (60 °/*p*, *p*: Polpaarzahl), so dass hierfür Systeme mit *Lichtschranken* oder *Hallelementen* eingesetzt werden können. Die Ströme können, wie in Bild D-34 für den Strang U (Anschlüsse U1/U2, vgl. Bild D-32) dargestellt, über eine einfache Hysterese-Stromregelung eingeprägt werden.

Hierbei wird ein konstanter Strom I_G als Strom-Sollwert i_{Soll} mit dem tatsächlichen Strangstrom i_{Ist} verglichen. Sobald die Differenz größer ist als die im Hystereseglied eingestellte halbe *Toleranzbreite* $\Delta i_{max}/2$, wird durch Einschalten des oberen (Uo) oder des unteren (Uu) Transistors gegengesteuert.

Wenn der Stromverlauf die untere Grenze des Toleranzbandes erreicht, wird die Differenz zwischen Soll- und Istwert größer als $+\Delta i_{max}/2$ und es wird der obere Transistor Uo eingeschaltet. Dadurch wird die hier betrachtete Motorwicklung mit der oberen der beiden Gleichspannungsquellen $U_d/2$ verbunden; die Strangspannung $u(t)$ ist gleich $+U_d/2$ und der Strom erhält eine positive Steigung.

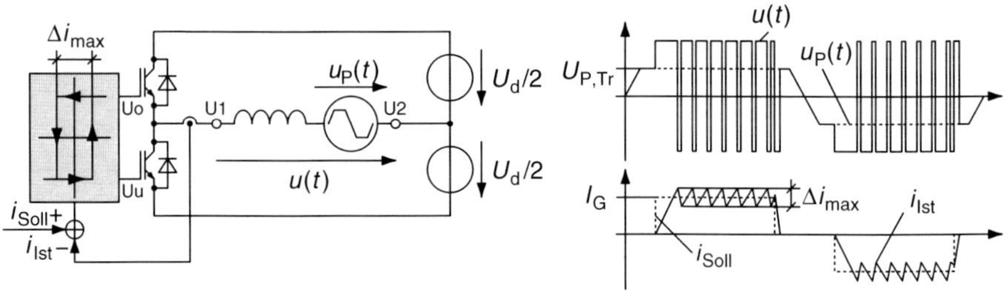

Bild D-34 Prinzip Hysterese-Stromregler für einphasigen Wechselrichter

Wenn der Stromverlauf aber die obere Grenze des Toleranzbandes erreicht, wird die Differenz zwischen Soll- und Istwert kleiner als $-\Delta i_{max}/2$ und es wird der untere Transistor Uu eingeschaltet. Dadurch wird die Motorwicklung jetzt mit der unteren der beiden Gleichspannungsquellen $U_d/2$ verbunden; die Strangspannung $u(t)$ ist gleich $-U_d/2$ und der Strom erhält eine negative Steigung. Auf diese Weise bleibt der Strom-Istwert innerhalb eines festgelegten Toleranzbandes.

Sieht man für alle drei Stränge eine solche Hysterese-Stromregelung vor, kann damit für eine *Kaskadenregelung* der unterlagerte Drehmoment-Regelkreis aufgebaut werden (Bild D-35). Mit dem *Drehzahlregler* wird bei einer Abweichung der tatsächlichen Drehzahl n_{Ist} (mit dem Tachogenerator T erfassbar) von der Solldrehzahl n_{Soll} durch eine Veränderung des Soll-Stromes i_{Soll} gegengesteuert.

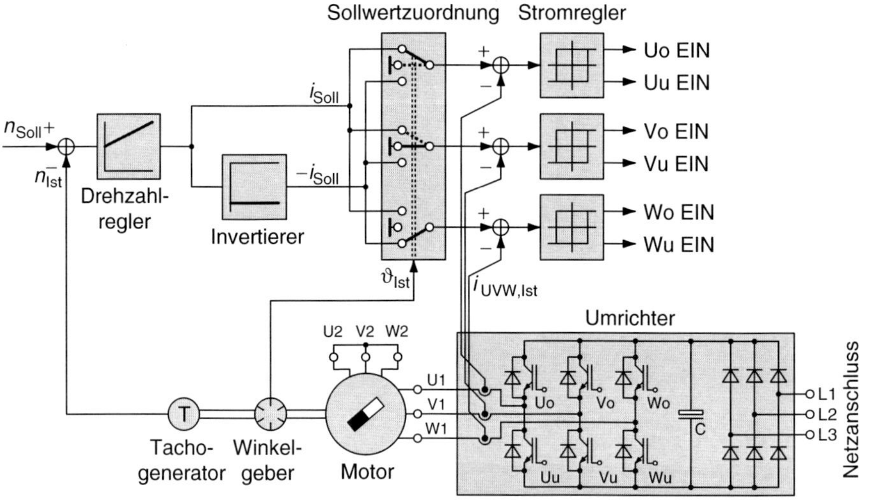

Bild D-35 Blockschaltbild eines EC-Motors (elektronisch kommutierter Gleichstrommotor)

Jeweils ein Strang erhält den vom Drehzahlregler erzeugten Sollwert i_{Soll} direkt, ein anderer Strang den gleichen Sollwert mit umgekehrten Vorzeichen ($-i_{Soll}$) und der dritte Strang soll stromlos bleiben. Die *Zuordnung dieser drei Sollwerte* zu den Sollwerteingänge der drei Stromregler erfolgt abhängig von der über einen *Winkelgeber* erfassten Position ϑ_{Ist}.

Die drei Stromregler erzeugen – wie in Bild D-34 für den Strang U dargestellt – die Ansteuersignale für jeweils zwei Leistungstransistoren im *Umrichter*. Die in Bild D-34 dargestellten zwei Spannungsquellen werden jetzt durch eine ungesteuerte Drehstrombrücke (s. Abschn. C.3.3) und nachgeschalteten Glättungskondensator C ersetzt. Die Anschlüsse U2, V2 und W2 werden im Motor selbst zu einem Sternpunkt zusammengeschaltet. Da die drei Strangströme i_{U}, i_{V} und i_{W} in Summe Null sein müssen, braucht der Sternpunkt auch nicht angeschlossen zu werden.

In Bild D-35 ist ein mögliches Prinzip einer Drehzahlregelung dargestellt. Die Stromregelung kann aber noch weiter vereinfacht werde, so dass *nur noch ein Stromregler* vorgesehen werden muss. Auch kann in vielen Anwendungen auf einen *Winkelgeber verzichtet* werden, wenn der Nulldurchgang der Polradspannung in der stromlosen Phase erfasst werden kann. Solange ein Strang Strom führt, ist die Strangspannung $u(t)$ in Bild D-34 gleich $\pm U_{\mathrm{d}}/2$, im stromlosen Zustand folgt $u(t)$ aber der Polradspannung $u_{\mathrm{P}}(t)$ beim Wechsel von $+(-)U_{\mathrm{P,Tr}}$ auf $-(+)U_{\mathrm{P,Tr}}$. Auf diese Möglichkeiten soll aber hier nicht weiter eingegangen werden.

Es können sehr ähnlich zur Gleichstrommaschine die mechanischen Größen Winkelgeschwindigkeit Ω_{m}, Drehmoment M_{i} und die elektrischen Größen Polradspannung $U_{\mathrm{P,Tr}}$ und Statorstrom I_{G} in Beziehung zueinander gebracht werden.

Wenn jeder Strang N_{S} Windungen aufweist (mit jeweils 2 Spulenseiten in einem Blechpaket der Länge l_{Fe}), die Dauermagnete auf der Rotoroberfläche im Luftspalt die magnetische Flussdichte B_{f} erzeugen und das Erregerfeld mit der Umfangsgeschwindigkeit v_{Umfang} unter der Stator-Wicklung durchläuft, da sich der Rotor mit der Drehzahl n dreht, kann die Polradspannung $U_{\mathrm{P,Tr}}$ gemäß Bild D-1 angegeben werden (d_{L}: mittlerer Luftspaltdurchmesser):

$$U_{\mathrm{P,Tr}} = 2N_{\mathrm{S}} \cdot l_{\mathrm{Fe}} \cdot B_{\mathrm{f}} \cdot v_{\mathrm{Umfang}} = 2N_{\mathrm{S}} \cdot l_{\mathrm{Fe}} \cdot B_{\mathrm{f}} \cdot \underbrace{2\pi n}_{\Omega_{\mathrm{m}}} \frac{d_{\mathrm{L}}}{2} = \underbrace{N_{\mathrm{S}} l_{\mathrm{Fe}} d_{\mathrm{L}} B_{\mathrm{f}}}_{=: k_{\mathrm{M,EC}}/2} \cdot \Omega_{\mathrm{m}}$$

Die Konstante $k_{\mathrm{M,EC}}$ wird hier zunächst nur definiert, man erkennt aber schon die Proportionalität zwischen der Polradspannung $U_{\mathrm{P,Tr}}$ (entspricht der induzierten Spannung U_{i} der Gleichstrommaschine) und der Winkelgeschwindigkeit Ω_{m}. Die Frequenz f_{S}, mit der die Polradspannung in der Statorwicklung induziert wird, ist um den Faktor Polpaarzahl p größer als die Drehzahl n. Außerdem wird in jeweils zwei Strängen der Strom I_{G} im Mittel eingeprägt (Bild D-34), so dass mit dem Scheitelwert der trapezförmigen Polradpannung $U_{\mathrm{P,Tr}}$ im Mittel die Leistung $P_{\mathrm{i,mech}}$ bzw. das Drehmoment M_{i} bestimmt werden kann:

$$f_{\mathrm{S}} = p \cdot n \quad \text{bzw.} \quad n = f_{\mathrm{S}}/p$$

$$P_{\mathrm{i,mech}} = 2U_{\mathrm{P,Tr}}\, I_{\mathrm{G}} \Rightarrow \frac{M_{\mathrm{i}}}{I_{\mathrm{G}}} = \frac{P_{\mathrm{i,mech}}}{\Omega_{\mathrm{m}}\, I_{\mathrm{G}}} = \frac{2U_{\mathrm{P,Tr}}\, I_{\mathrm{G}}}{I_{\mathrm{G}} \cdot 2\pi n} = \boxed{\frac{p}{\pi} \frac{U_{\mathrm{P,Tr}}}{f_{\mathrm{S}}} = k_{\mathrm{M,EC}}} \tag{D-10}$$

Da die Polradspannung proportional zur Drehzahl bzw. Frequenz ist, ist die *Drehmomentkonstante* $k_{\mathrm{M,EC}}$ tatsächlich eine Konstante und wird als solche oft auf dem Leistungsschild eines EC-Servo-Motors als zusätzliche Angabe aufgeführt.

Beispiel

D-3: Von einem EC-Motor (Antrieb für einen PKW-Motorlüfter) ist die Polradspannung als Leiterspannung(!) oszillografiert worden. Der trapezförmige Verlauf hat einen Scheitelwert von 8 V bei einer Frequenz von 80 Hz und einer Drehzahl von 1.200 min^{-1}. Wie groß ist bei dieser Drehzahl der Leiterstrom I_{G} bei einer Leistung von 450 W und welches innere Drehmoment M_{i} erzeugt der Motor dann? Wie viele Polpaare p hat der Motor und wie groß ist die Drehmomentkonstante $k_{\mathrm{M,EC}}$?

$$M_{\mathrm{i}} = \frac{540\,\mathrm{W}}{2\pi 1.200\,\mathrm{min}^{-1}/60\frac{s}{\mathrm{min}}} = 3{,}58\ \mathrm{Nm} \quad p = \frac{80\ \mathrm{Hz}}{1.200\ \mathrm{min}^{-1}/60\frac{s}{\mathrm{min}}} = 4$$

$$k_{\mathrm{M,EC}} = \frac{p}{\pi}\frac{U_{\mathrm{P,Tr}}}{f_{\mathrm{S}}} = \frac{4}{\pi}\frac{8\ V/2}{80_{\mathrm{S}}{}^{-1}} = 0{,}0637\ \mathrm{Vs}$$

$$I_{\mathrm{G}} = \frac{M_{\mathrm{i}}}{k_{\mathrm{M,EC}}} = \frac{3{,}58\ \mathrm{Nm}}{0{,}0637\ \mathrm{Vs}}$$

$$= 56{,}2\frac{\mathrm{VAs}}{\mathrm{Vs}} = 56{,}2\ \mathrm{A}$$

D.6.2 *Wechselfelder und Drehfelder*

Durch die Bewegung des Rotors wird ein umlaufendes *Rotordrehfeld* erzeugt, das in der Statorwicklung des EC-Motors ein dreiphasiges Spannungssystem induziert. Speist man den Motor mit Wechselströmen, die in Phase zu den induzierten sinusförmigen Spannungen liegen, wird ein konstantes Drehmoment erzeugt. Die Wechselströme in den drei Strängen sind dann aber genauso wie die Polradspannungen um jeweils 120° gegeneinander phasenverschoben und bilden somit ebenfalls ein dreiphasiges Drehstromsystem. Im Folgenden soll erläutert werden, wie mit einem sinusförmigen Drehstromsystem ein umlaufendes *Statordrehfeld* erzeugt werden kann.

Wird der Stator einer elektrischen Maschine wie in Bild D-34 einphasig (hier Strang U mit den Anschlussklemmen U1 und U2) mit einer sinusförmigen Wechselspannung u_{U} versorgt, die ihrerseits einen Wechselstrom i_{U} zur Folge hat, ergibt sich zunächst ein *ortsfestes Wechselfeld.* Wird eine einfache Durchmesserspule unterstellt, resultiert aus diesem Strom eine blockförmige Feldverteilung $B_{\mathrm{U}}(\alpha)$ mit dem Positionswinkel $\alpha = 0$ bis 2π.

In der rechten Hälfte ($\alpha = 0$ bis π) ist das Magnetfeld radial nach außen und in der linken Hälfte ($\alpha = \pi$ bis 2π) radial nach innen gerichtet. Fließt in der Spule ein Wechselstrom, so bleibt die Lage der Nullstellen des Feldverlaufs $B_{\mathrm{U}}(\alpha)$ konstant,

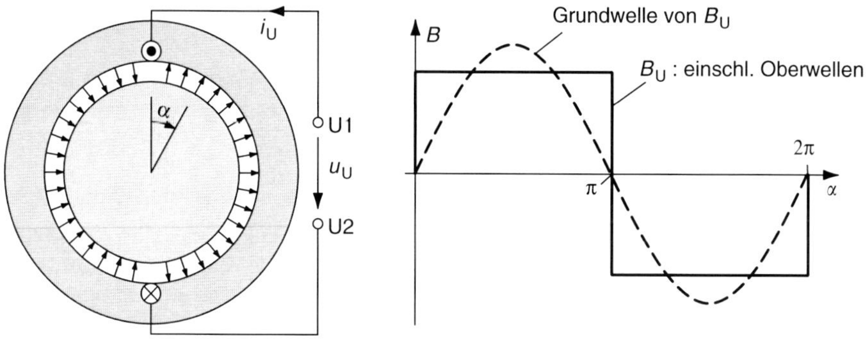

Bild D-36 Wechselfeld bei einsträngiger Erregung

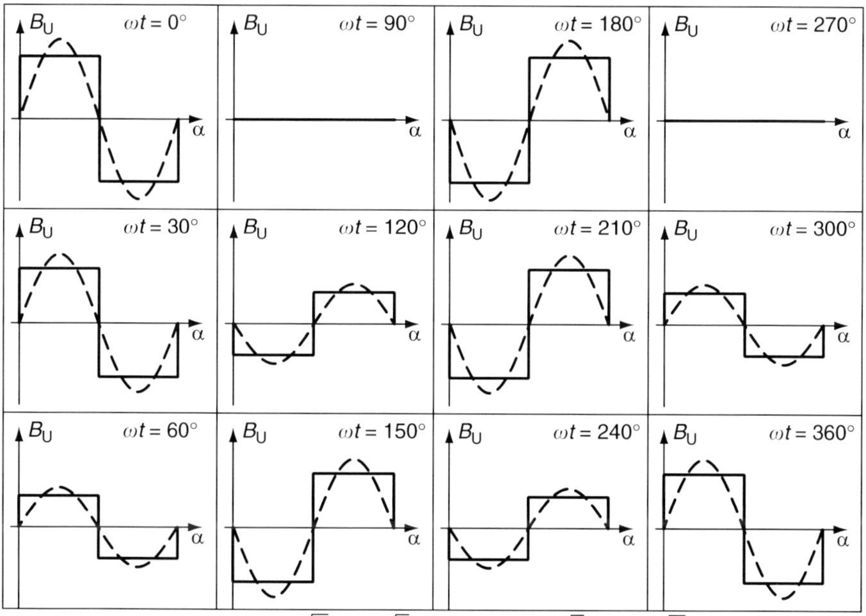

$i_U(t) = \sqrt{2} I_U \cos \omega t = \sqrt{2} I_U, \quad \sqrt{\frac{3}{2}} I_U, \quad \frac{\sqrt{2}}{2} I_U, \quad 0 \cdot I_U, \quad -\frac{\sqrt{2}}{2} I_U, \quad -\sqrt{\frac{3}{2}} I_U, \quad -\sqrt{2} I_U, \quad \ldots$

für $\omega t =$ 0°, 30°, 60°, 90°, 120°, 150°, 180°, ...

Bild D-37 Wechseldurchflutung bei einsträngiger Erregung

nur die maximale Amplitude ändert sich synchron zum Augenblickswert des erregenden Stroms $i_U(t)$. In Bild D-37 sind die Feldverläufe für eine Periode des als kosinusförmig angenommenen Stroms $i_U(t)$ mit dem Effektivwert I_U dargestellt.

Es soll nur noch die *Grundwelle der Flussdichte* $B_U(\alpha)$ (in Bild D-37 gestrichelt eingezeichnet) betrachtet werden, da die Berücksichtigung aller Oberwellen für die weitergehenden Betrachtungen einen erheblichen Aufwand bedeuten würde. Die

Vernachlässigung der Oberwellen bei der Betrachtung des Betriebsverhaltens von Drehfeldmaschinen ist aber in vielen Fällen ohne große Fehler zulässig.

Unter diesen Voraussetzungen kann die Grundwelle als Vektor („*Raumzeiger*“) dargestellt werden, dessen *Länge* den Scheitelwert und dessen *Richtung* die Lage des Maximums angibt. Diese Art der Darstellung erleichtert die Überlagerung, wenn das durch den Strom im Strang U verursachte Luftspaltfeld mit denen durch die Ströme in den anderen beiden Strängen V und W überlagert werden soll.

Diese drei Wellen sind zum einen *räumlich gegeneinander verschoben* und zum anderen auch noch *zeitlich phasenverschoben*. Man muss also drei sinusförmige Wellen überlagern, was mit Hilfe einer Vektordarstellung anschaulicher ist. Man kann die drei Teilfelder auch analytisch beschreiben. Dieses bedeutet aber einen erheblichen Zusatzaufwand bei der Überlagerung, da dann die Additionstheoreme mehrfach angewendet werden müssen. Soll auch das Oberwellenverhalten berücksichtigt werden, ist dieser Aufwand jedoch nicht vermeidbar.

Die drei Stränge U, V und W sind um 120° gegeneinander räumlich versetzt, so dass die drei daraus resultierenden Feldwellen durch je einen Raumzeiger dargestellt werden können, die untereinander um 120° verdreht sind. Da die drei Ströme aber um jeweils 120° gegeneinander phasenverschoben sind, können alle drei Raumzeiger nie gleichzeitig die gleiche Länge haben. Bild D-38 zeigt nur die positive Richtung der drei Raumzeiger.

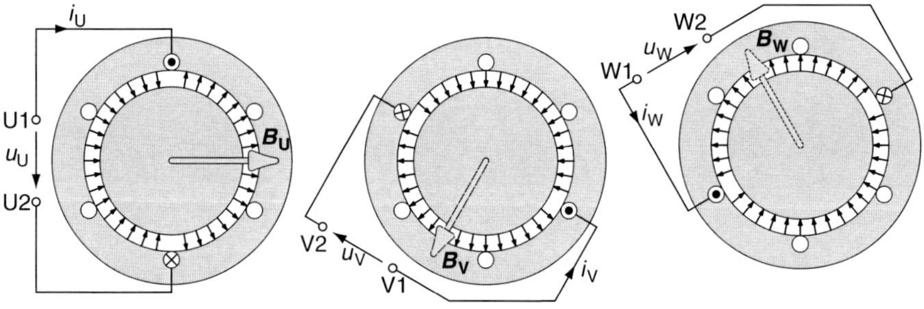

Bild D-38 Richtungsfestlegungen für die Raumzeiger

In den Diagrammen in Bild D-39 sind die drei Raumzeiger $\boldsymbol{B}_U$, $\boldsymbol{B}_V$ und $\boldsymbol{B}_W$, sowie deren Summe $\boldsymbol{B}_{ges}$ für verschiedene Zeitaugenblicke dargestellt.

Die Länge des Raumzeigers B_U ist bei $\omega t = 0°$ maximal, wird kleiner bis er bei $\omega t = 90°$ verschwindet, wächst dann wieder in der entgegengesetzten Richtung bis $\omega t = 180°$ und wird wieder kürzer bis er bei $\omega t = 270°$ wieder verschwindet. Die vier für B_U genannten markanten Zeitpunkte (maximale Länge und Nulldurchgang) liegen alle in der *ersten Zeile*.

Für den Raumzeiger $\boldsymbol{B}_V$ beginnt der gleiche Vorgang bei $\omega t = 210°$ mit seiner maximalen Länge, um dann bis $\omega t = 210°$ zu verschwinden, bis $\omega t = 300°$ in der anderen Richtung zu wachsen und dann wieder bis $\omega t = 30°$ zu verschwinden. Für diesen Zeiger liegen alle markanten Augenblicke in der *zweiten Zeile*.

Für den Raumzeiger $\boldsymbol{B}_W$ beginnt der ebenfalls periodische Vorgang schließlich erst bei $\omega t = 240°$, hier liegen alle markante Augenblicke in der *dritten Zeile*.

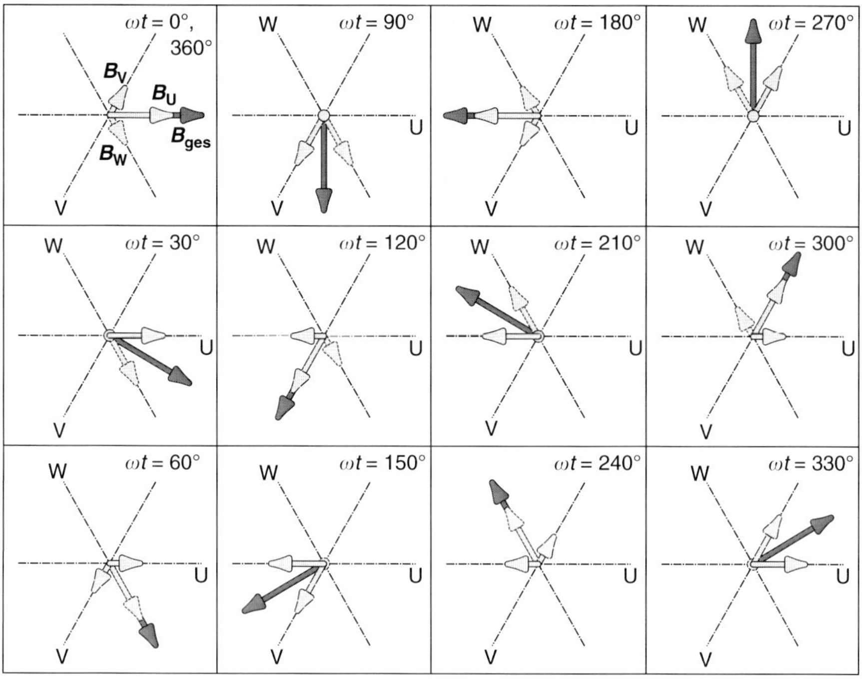

Bild D-39 Entstehung eines Drehfelds durch Überlagerung von Wechselfeldern

Für jeden dargestellten Zeitpunkt ist der Raumzeiger $\boldsymbol{B}_{\text{ges}}$ als Summe der drei Raumzeiger $\boldsymbol{B}_{\text{U}} + \boldsymbol{B}_{\text{V}} + \boldsymbol{B}_{\text{W}}$ ebenfalls dargestellt. Dieser Summenvektor hat offensichtlich eine konstante Länge und läuft mit konstanter Drehzahl $\omega/(2\pi)$ um (*Drehfeld*).

D.6.3 Drehfeldwicklungen

Der Einfachheit halber wurde bis hierher nur das Grundwellenverhalten betrachtet. Der tatsächliche Wicklungsaufbau wird bei den meisten Drehfeldmaschinen jedoch so gestaltet, dass die im Drehfeld enthaltenen Oberwellen soweit abgeschwächt werden, wie es vom Aufwand her zu vertreten ist.

Die *Oberwellen* im Drehfeld laufen mit unterschiedlichen Drehzahlen um und erzeugen *unerwünschte Pendelmomente*, d. h. zeitlich schwankende Drehmomente. Außerdem werden durch die Oberwellen *zusätzliche Verluste* (besonders im magnetischen Kreis) erzeugt.

Die Abschwächung der Oberwellen kann dadurch erreicht werden, indem man die Wicklung möglichst fein am Umfang verteilt. Da die Wicklung immer in Nuten eingelegt wird, ist diese Maßnahme durch den dabei ansteigenden Fertigungsaufwand begrenzt. Aber schon eine Verdoppelung der Nutenzahl bringt bereits eine deutliche

Verbesserung (Bild D-40: *Lochzahl* q = Anzahl der Nuten pro Strang und Pol, hier $q = 2$).

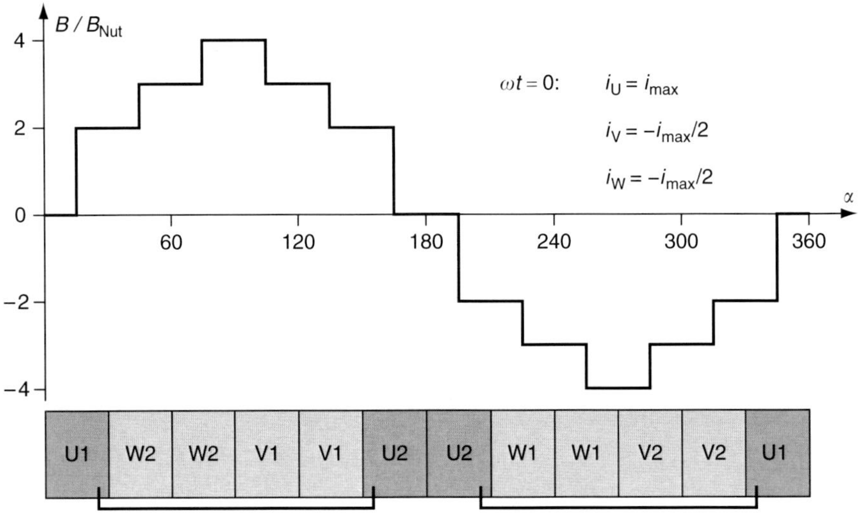

Bild D-40 Verlauf der Flussdichte bei Lochzahl $q = 2$/ungesehnt

Die Flussdichte $\boldsymbol{B}_{\mathrm{Nut}}$ ist die Flussdichte, die von einer einzelnen in einem Nutenpaar gewickelten Spule erzeugt werden könnte. Insgesamt sind in Bild D-40 bereits zwei Spulen pro Strang, also insgesamt sechs Spulen vorhanden, die auf zwölf Nuten verteilt sind (die Wickelköpfe für den Strang U sind schematisch angedeutet).

Die Stufen der Verläufe liegen zu jedem Zeitpunkt an der gleichen Stelle, verändern aber ihre Höhe. Der angegebene Verlauf gilt zum Zeitpunkt des Strommaximums im Strang U ($\omega t = 0$).

Eine weitere Verbesserung lässt sich erzielen, wenn die Nuten in Unter- und Oberschicht aufgeteilt werden, und diese beiden Schichten gegeneinander verschoben werden. (Bild D-41) Durch diese *Sehnung* kann die „Treppenkurve" nochmals besser der Sinusform der Grundwelle angenähert werden.

Drehfeldmaschinen werden mit unterschiedlichen Polzahlen gebaut. Die am häufigsten gebauten Drehfeldmaschinen sind entweder vier- oder sechspolig, etwas seltener sind acht- oder zweipolige Maschinen. Eine Ausnahme stellen die langsam laufenden und somit hochpoligen Synchronmaschinen dar.

In Bild D-42 sind zwei Statorpakete zum Vergleich aufgeführt: eine zweipolige Maschine mit 6 Nuten und eine vierpolige Maschine mit 24 Nuten.

Bei der vierpoligen Maschine wiederholt sich der Aufbau der Statorwicklung zweimal am Umfang, wodurch bei gleicher Speisefrequenz das Statorfeld nur halb so schnell umläuft. In der Zeit, in der das Statorfeld in der linken zweipoligen Anordnung eine Umdrehung zurückgelegt hat, hat das Statorfeld in der rechten vierpoligen Anordnung nur eine halbe Umdrehung zurückgelegt. Das Statordrehfeld hat also die Drehzahl n = Statorfrequenz f_{S}/Polpaarzahl p.

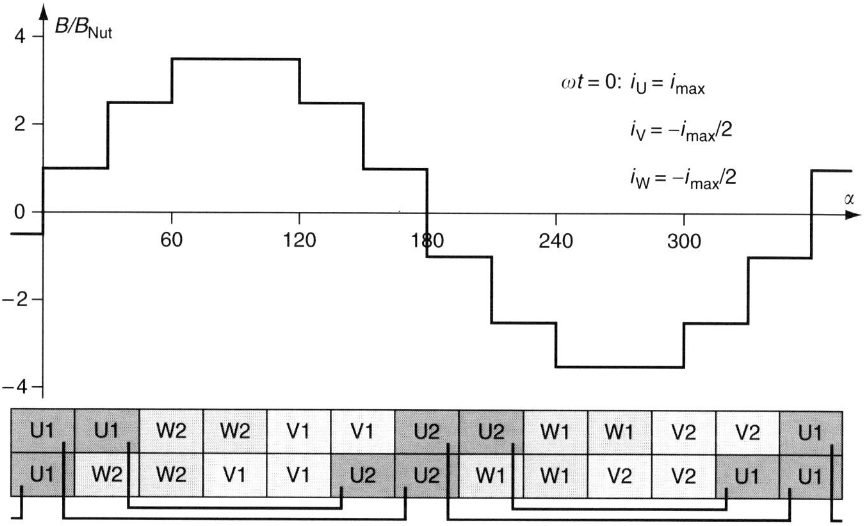

Bild D-41 Verlauf der Flussdichte bei Lochzahl $q = 2$/gesehnt

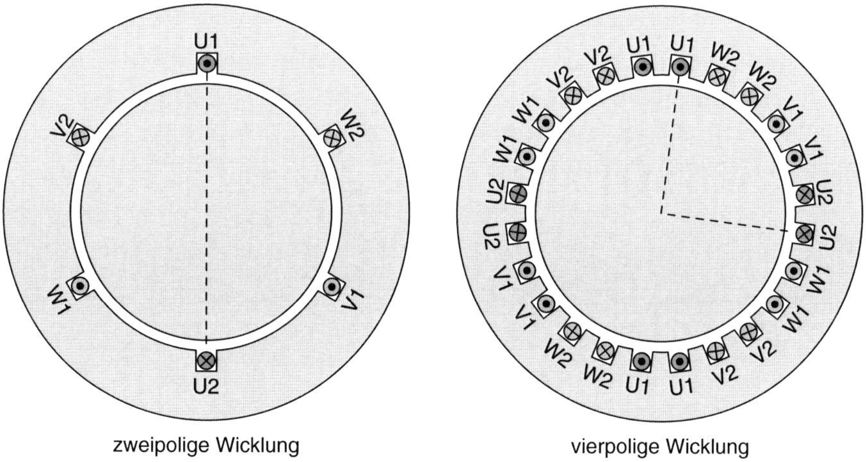

Bild D-42 Wicklungsaufbau einer zweipoligen (Polpaarzahl $p = 1$, Lochzahl $q = 1$) und einer vierpoligen (Polpaarzahl $p = 2$, Lochzahl $q = 2$) Statorwicklung

Die *Wicklungsenden* der drei Stränge werden mit U, V und W bezeichnet. Sind beide Wicklungsenden herausgeführt, werden die Enden beispielsweise mit U1 und U2 bezeichnet. Es ergibt sich ein *Rechtslauf* des Statordrehfeldes mit Blick auf die Antriebswelle, wenn die Wicklungsenden U1, V1, W1 mit den Leitern L1, L2 und L3 verbunden werden. Dabei kann die Maschine im Stern oder im Dreieck verschaltet werden, wodurch die Wicklungsspannung verändert wird.

Wenn die Verschaltung nicht schon im Wickelkopf erfolgt ist, wird die Verschaltung im *Klemmenkasten* der Maschine mit Kupferschienen vorgenommen. Wenn zwei Wicklungen oder zwei Leitungsanschlüsse miteinander vertauscht werden, ergibt sich ein *Linkslauf* des Statordrehfeldes (Bild A-94).

D.6.4 Ersatzschaltbild und Zeigerdiagramm

Die Spannungs- und Stromverläufe in den drei Strängen eines symmetrischen Drehstromsystems sind an sich gleich und nur um einen Phasenwinkel von 120° untereinander verschoben. Wenn also symmetrische Drehstromsysteme beschrieben werden sollen, *reicht die Beschreibung eines einzelnen Stranges aus.*

Soll ein Drehstromsystem durch ein *Ersatzschaltbild* beschrieben werden, kann man sich auf die Betrachtung des Stranges U beschränken. Dabei wird hier mit einem Zweipol das Verhalten zwischen dem Phasenanschluss U und dem Sternpunkt modelliert, gleichgültig, ob ein Sternpunkt real existiert oder nicht. Da Spannungen und Ströme sinusförmige Größen sind, werden sie nicht als reelle Größen, sondern als komplexe Effektivwertzeiger dargestellt (vgl. Abschn. A.5.3).

Zeigerdiagramme in der komplexen Ebene werden bei Anwendungen der elektrischen Energietechnik so dargestellt, dass die *reelle Achse nach oben*, und die *imaginäre Achse nach links* gezeichnet werden.

Im *einphasigen Ersatzschaltbild* der Synchronmaschine muss aber außer dem *Statorwiderstand* R_S (entsprechend dem Ankerwiderstand der Gleichstrommaschine) immer auch noch die *Statorinduktivität* L_S bzw. die (rein imaginäre) *Statorreaktanz* jX_S berücksichtigt werden, da der Statorstrom ein Wechselstrom ist. Der Index S ist hier ein Hinweis auf eine Statorgröße, bei der Gleichstrommaschine war der Index A ein Hinweis auf den Anker bzw. Rotor.

Zusammen mit der *Polradspannung* $\underline{U}_P$ (entspricht der induzierten Spannung U_i), der Statorspannung $\underline{U}_S$ (entspricht der Ankerspannung U_A) und dem Statorstrom $\underline{I}_S$ (entspricht dem Ankerstrom I_A) kann das einsträngige Ersatzschaltbild mit dem dazugehörigem Zeigerdiagramm in Bild D-43 angegeben werden.

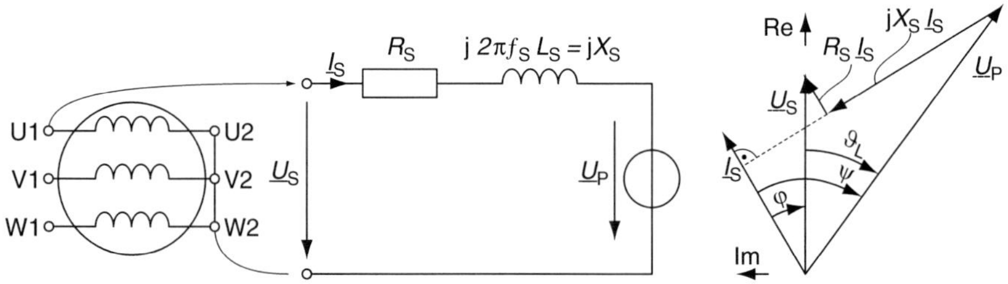

Bild D-43 einsträngiges Ersatzschaltbild und Zeigerdiagramm der Synchronmaschine

Aus dem einsträngigen Ersatzschaltbild lässt sich die Spannungsgleichung mit den komplexen Größen:

$$\underline{U}_S = R_S \underline{I}_S + jX_S \underline{I}_S + \underline{U}_P \tag{D-11}$$

Die Statorspannung $\underline{U}_S$ setzt sich zusammen aus dem Spannungsabfall am Wicklungswiderstand R_S und der Statorreaktanz jX_S, sowie der Polradspannung $\underline{U}_P$.

Der Statorspannungszeiger $\underline{U}_S$ ist ohne Beschränkung der Allgemeinheit in die reelle Achse gelegt worden. Nimmt man bei der Synchronmaschine Motorbetrieb an, muss der Stromzeiger $\underline{I}_S$ in der oberen (positiv reellen) Halbebene liegen, da im Ersatzschaltbild das *Verbraucherzählpfeilsystem* (= Motorbetrieb unterstellt) gewählt worden ist (Abschn. A.5.3). Zusätzlich ist der Stromzeiger $\underline{I}_S$ auch noch voreilend zum Statorspannungszeiger $\underline{U}_S$ angenommen worden, so dass die Synchronmaschine demzufolge induktive Blindleistung an das Versorgungsnetz abgeben soll. Der *Phasenwinkel* φ wird *vom Stromzeiger* $\underline{I}_S$ *zum Spannungszeiger* $\underline{U}_S$ gezählt und ist hier wegen der Abgabe induktiver Blindleistung negativ ($\varphi < 0$).

Der Spannungsabfall am Wicklungswiderstand $R_S\ \underline{I}_S$ muss parallel zu I_S liegen, da der Stromzeiger nur durch den reellen Faktor R_S skaliert wird. Der Spannungsabfall an der Statorreaktanz jX_S hingegen muss wegen dem Faktor $j = e^{j90^\circ}$ um 90° gegen den Uhrzeigersinn gedreht sein und steht demzufolge senkrecht auf dem Spannungszeiger $R_S\ \underline{I}_S$. Mit diesen Annahmen liegt auch der Polradspannungszeiger $\underline{U}_P$ fest.

Wenn das Rotorfeld nicht durch Dauermagnete, sondern wie in Bild D-6 mit einer stromdurchflossenen Spule erzeugt wird, kann über den Erregerstrom der Effektivwert der Polradspannung verändert werden. Es ist ein ähnlicher Zusammenhang wie zwischen Erregerstrom I_f und induzierter Spannung U_i bei der Gleichstrommaschine, nur dass bei der Gleichstrommaschine die im Anker induzierte Wechselspannung über Bürsten und Kommutator gleichgerichtet wird.

Die *Länge* des Polradspannungszeigers $\underline{U}_P$ entspricht dem *Effektivwert der Polradspannung*. Diese Länge kann also über den Erregerstrom in der Erregerwicklung des Rotors verstellt werden.

Der Polradwinkel ϑ_L gibt die Phasenlage der Polradspannung $\underline{U}_P$ zur Strangspannung $\underline{U}_S$ an, der *von* der Strangspannung *zur Polradspannung* gezählt wird. Das Vorzeichen des Polradwinkels ϑ_L gibt die *Richtung des Wirkleistungsflusses*, das Vorzeichen des Phasenwinkels φ die *Richtung des Blindleistungsflusses* an.

Der sog. *Lastwinkel* $\psi = \varphi + \vartheta_L$ ist die Summe aus Phasen- und Polradwinkel und eine an sich zusätzliche redundante Größe. Dieser Winkel wird *vom Stromzeiger* $\underline{I}_S$ *zum Polradspannungszeiger* $\underline{U}_P$ gezählt. Hier ist dieser Winkel der Vollständigkeit halber mit aufgeführt, wichtig wird er erst, wenn die Regelung der Synchronmaschine betrachtet werden soll.

Die Synchronmaschine kann wie jede andere elektrische Maschine sowohl *motorisch* als auch *generatorisch* betrieben werden. Darüber hinaus kann bei der Synchronmaschine im Unterschied zu den anderen elektrischen Maschinen zusätzlich noch der *Blindleistungsfluss* gesteuert werden. Die vier möglichen Betriebsarten sind mit Vernachlässigung des Statorwiderstands R_S in Bild D-44 dargestellt.

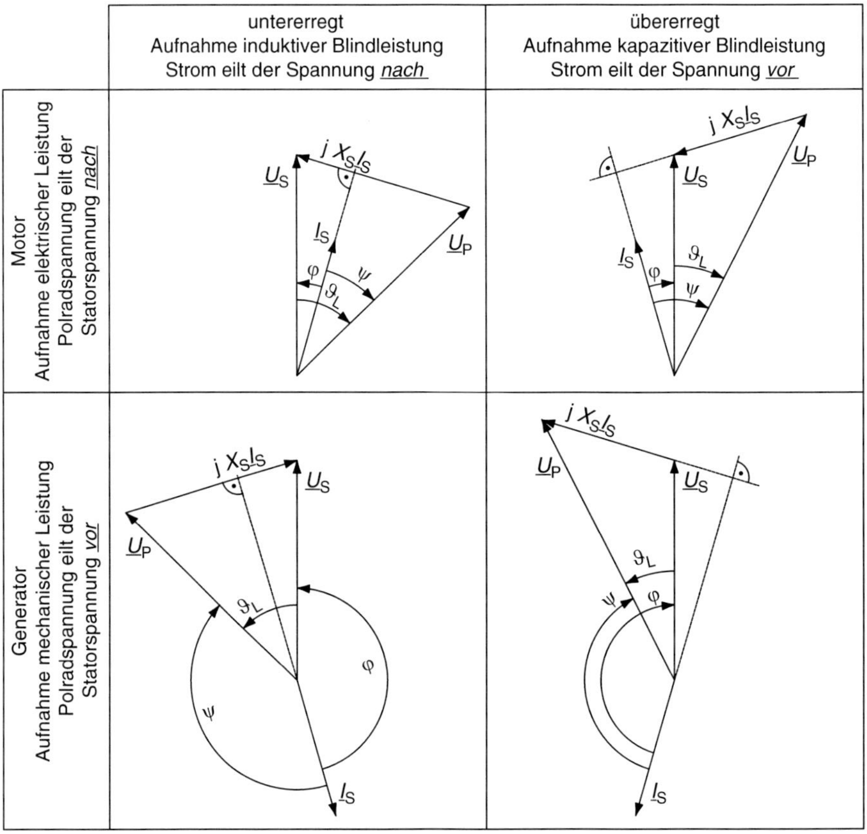

Bild D-44 Zeigerdiagramm und Betriebsart

Gibt die Synchronmaschine *elektrische Leistung ab* (*Generatorbetrieb*, $\vartheta_L > 0$) eilt die Polradspannung $\underline{U}_P$ der Statorspannung $\underline{U}_S$ um den Winkel ϑ_L vor. Nimmt die Synchronmaschine *elektrische Leistung auf* (*Motorbetrieb*, $\vartheta_L < 0$) eilt die Polradspannung $\underline{U}_P$ der Statorspannung $\underline{U}_S$ um den Winkel ϑ_L nach.

Gibt die Synchronmaschine *induktive Blindleistung ab* ($\varphi < 0$, $U_P \cdot \cos\vartheta_L > U_S$), spricht man vom *übererregt*en Betrieb, gibt die Synchronmaschine *kapazitive Blindleistung ab* ($\varphi > 0, U_P \cdot \cos\vartheta_L < U_S$), spricht man vom *untererregt*en Betrieb.

Der Blindleistungsfluss kann demzufolge über den Erregerstrom gesteuert oder geregelt werden, wohingegen der *Wirkleistungsfluss nur über die mechanisch zu- oder abgeführte Leistung gesteuert* werden kann. Der Blindleistungsfluss ist dabei aber bei konstanter Erregung abhängig von der an der Welle zu- bzw. abgeführten mechanischen Leistung, wenn der Erregerstrom konstant bleibt.

D.6.5 Drehmoment der Vollpolmaschine

Wenn der Statorwiderstand vernachlässigt werden kann, gilt das Zeigerdiagramm in Bild D-45 (ähnlich zu Bild D-43, aber hier mit $R_S = 0$) mit den dort nebenstehenden Beziehungen (bei Leistungsbetrachtungen muss die Leistung eines Stranges mit der Anzahl der Stränge, also mit dem Faktor 3 multipliziert werden):

Drehfeldleistung:

$$P_\delta = 3\,U_S\,I_S\,\cos\varphi$$

mit $X_S\,I_S\,\cos\varphi = U_P\,\sin(-\vartheta_L)$ folgt:

$$P_\delta = 3\,\frac{U_S\,U_P}{X_S}\,\sin(-\vartheta_L)$$

bzw. $$M_i = \frac{P_\delta}{2\,\pi\,n_0} = \frac{3\,p}{2\,\pi\,f_S}\,\frac{U_S\,U_P}{X_S}\,\sin(-\vartheta_L)$$

Bild D-45 Drehmoment und Wirkleistung

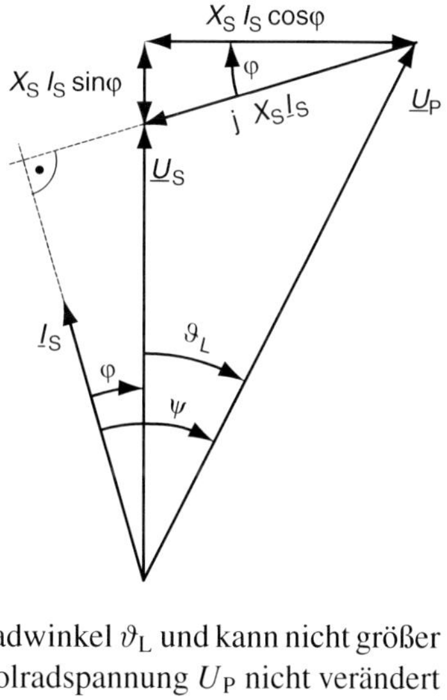

Das innere Drehmoment M_i ist abhängig vom Polradwinkel ϑ_L und kann nicht größer werden, solange die Statorspannung U_S und die Polradspannung U_P nicht verändert werden. Wenn aber der Erregerstrom eingestellt werden kann, kann darüber auch indirekt das maximale Drehmoment $M_{i,\mathrm{Kipp}}$ verändert werden:

$$\boxed{M_i = M_{i,\mathrm{Kipp}}\,\sin(-\vartheta_L)} \quad \text{mit} \quad \boxed{M_{i,\mathrm{Kipp}} = \frac{3p}{2\pi f_S}\,\frac{U_S U_P}{X_S}} \qquad \text{(D-12)}$$

Diese Drehmomentengleichung gilt nur für den *stationären* Zustand bei konstantem Erregerstrom. Bei einem Polradwinkel ϑ_L von 0° kann die Maschine kein Drehmoment bzw. keine Wirkleistung produzieren. Bei konstanter Netzspannung und konstanter Erregung ergibt sich die in Bild D-46 dargestellte Abhängigkeit des inneren Drehmoments M_i vom Polradwinkel ϑ_L.

Bild D-46 Drehmoment in Abhängigkeit vom Polradwinkel

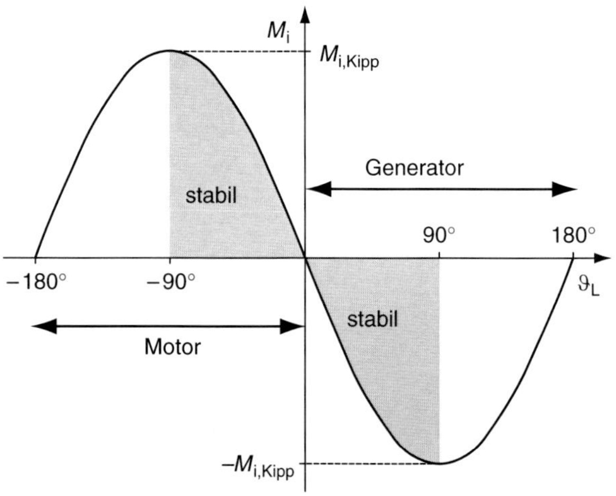

Grundlage für dieses Diagramm ist wieder das *Verbraucherzählpfeilsystem*. Deshalb wird die Synchronmaschine für $M_\mathrm{i} > 0$ ($\vartheta_\mathrm{L} < 0°$) motorisch und für $M_\mathrm{i} < 0$ ($\vartheta_\mathrm{L} > 0°$) generatorisch betrieben. Allerdings ist die Vollpol-Synchronmaschine nur im Bereich von $-90° < \vartheta_\mathrm{L} < +90°$ stabil zu betreiben.

Ein Polradwinkel von $\vartheta_\mathrm{L} < -90°$ wird erreicht, wenn das *Lastmoment* größer ist als das Kippmoment $M_\mathrm{i,Kipp}$ des Synchronmotors. Ein zu großes Lastmoment wird den Motor abbremsen, wobei die Synchrondrehzahl nicht mehr eingehalten werden kann. Die Folge sind starke Pendelmomente und erhebliche Stromspitzen.

Ein Polradwinkel von $\vartheta_\mathrm{L} > +90°$ stellt sich ein, wenn das *Antriebsmoment* größer ist als das Kippmoment des Synchrongenerators. Dabei wird das zu große Antriebsmoment wegen des fehlenden Momentengleichgewichts den Synchrongenerator beschleunigen, so dass auch in diesem Fall die Synchrondrehzahl nicht mehr eingehalten werden kann. Auch dieser Betrieb hat starke Pendelmomente und starke Stromüberhöhungen zur Folge.

D.6.6 Permanent erregter Synchronservomotor

Besonders bei kleineren Leistungen (bis ca. 15 kW) kann die elektrische Erregung der Synchronmaschine wirtschaftlich sinnvoll durch eine Erregung mit Dauermagneten ersetzt werden. Wegen der neuen Wirkungsgradklassen (Abschn. E.5) wird auch über den Ersatz von Asynchronmotoren durch permanent erregte Synchronmotoren diskutiert. Permanent erregte Synchronmotoren werden aber häufig als drehzahlveränderliche Servoantriebe für Werkzeugmaschinen und Handhabungsgeräte am Pulswechselrichter betrieben. Wegen der dauermagnetischen Erregung ist es allerdings *nicht mehr möglich, den Blindleistungsfluss zu steuern*.

Neben der Anwendung als Servomotor werden permanent erregte Synchronmotoren auch als Schiffsantriebe nicht nur für Kreuzfahrschiffe eingesetzt. Dabei werden die Motoren als Direktantrieb für die Propeller in Gondeln eingesetzt, die ihrerseits schwenkbar sind. Durch die Propellergondeln wird das Schiff extrem manövrierfähig, was besonders für Kreuzfahrtschiffe günstig ist.

Bei einer Erregung durch Dauermagnete kann wie beim EC-Motor zunächst von einem annähernd *blockförmigen* Verlauf des Luftspaltfeldes ausgegangen werden. Durch eine entsprechende Wicklungsauslegung kann aber auch ein nahezu sinusförmiger Polradspannungsverlauf erreicht werden.

Der Motor nimmt die Wirkleistung P_S auf, die die in den Wicklungswiderständen R_S der drei Stränge umgesetzte Verlustleistung $P_{V,Cu,S}$ sowie die in der Polradspannungsquelle U_P umgesetzte Drehfeldleistung P_δ abdeckt:

$$P_S = 3U_S I_S \cos\varphi = P_{V,Cu,S} + P_\delta = \underbrace{3R_S I_S^2}_{P_{V,Cu,S}} + \underbrace{3U_P I_S \cos\psi}_{P_\delta}$$

Da der Statorstrom $\underline{I}_S$ mit der dann sinusförmigen Polradspannung $\underline{U}_P$ in Phase liegt, ist der Lastwinkel $\psi = 0$. Dadurch stehen das Stator- und das Erregerfeld wie bei der Gleichstrommaschine senkrecht aufeinander und das Drehmoment M_i ist dann dem Statorstrom I_S proportional (Bild D-47):

Bild D-47 Zeigerdiagramm und Drehmoment im feldorientierten Betrieb

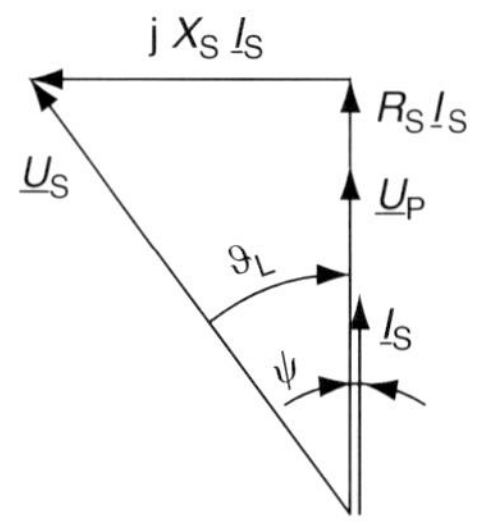

$$M_i = \frac{P_\delta}{\omega_S/p} = \frac{3U_P\, I_S \cos\psi}{\omega_S/p}$$

$$= \frac{3\,U_P}{\omega_S/p} \cdot I_S, \text{ wenn } \psi = 0°$$

Die Erregung der permanent erregten Synchronmaschine ist konstant:

$$\frac{U_P}{\omega_S} = \text{const.} \Rightarrow \boxed{k_{M,PSM} = \frac{M_i}{I_S} = \frac{3U_P}{\omega_S/p} = \frac{3}{2}\frac{p}{\pi}\frac{U_P}{f_S}} \tag{D-13}$$

Da in dieser Betriebsart das Drehmoment M_i wie bei der Gleichstrommaschine *proportional* zum Statorstrom I_S (Ankerstrom) ist, spricht man in der Literatur häufig auch hier vom *elektronisch kommutierten Gleichstrommotor* (EC-Motor, engl.: „*brushless DC-Motor*"), auch wenn Servomotoren praktisch ausschließlich mit sinusförmigen Strömen betrieben werden.

Die in Bild D-35 gezeigte Betriebsweise mit blockförmigen Strömen wird wegen der einfacheren Ansteuerung und des einfacheren Lagesensors bei kleinen permanent erregten Synchronmotoren (beispielsweise Lüfterantriebe im Kfz) verwendet. Zum Betrieb mit sinusförmigen Strömen ist ein Lagegeber mit einer Auflösung von

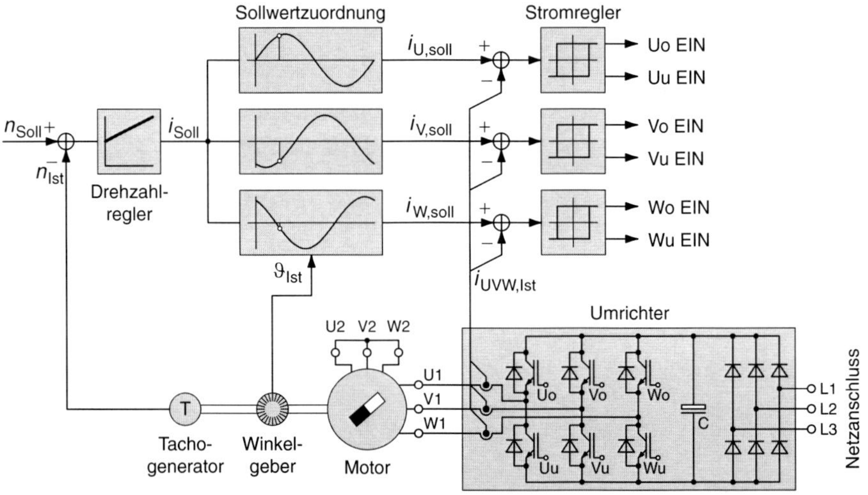

Bild D-48 Blockschaltbild eines Synchronservomotors mit sinusförmigen Strömen

mindestens $1°/p$ notwendig, so dass wie in Bild D-48 der vom Drehzahlregler bestimmte Stromsollwert i_{Soll} mit den entsprechenden sin-Funktionen multipliziert werden kann. Der Sollwert i_{Soll} entspricht dann dem Scheitelwert der Strangströme $i_{U,soll}$, $i_{V,soll}$ und $i_{W,soll}$, die von den Stromreglern nachgeführt werden. Der Unterschied zwischen dem Aufbau in Bild D-48 und dem in Bild D-35 besteht nur in der Erzeugung der Strom-Sollwerte.

Bei einem permanent erregten Synchronmotor ist wie bei einem permanent erregten Gleichstrommotor an sich *keine Feldschwächung möglich.* Im Gegensatz zum Gleichstrommotor kann aber das durch den Dauermagneten erzeugte *Erregerfeld* durch das Statorfeld gegebenenfalls zu einem Teil *kompensiert* werden.

Wenn die Drehzahl eines Synchronmotors größer wird, steigt drehzahlproportional die Polradspannung U_P und der Spannungsabfall an der Synchronreaktanz $X_S I_S = \omega_S L_S I_S$ an. Solange Strom und Polradspannung in Phase liegen, muss dann auch die Statorspannung U_S drehzahlproportional ansteigen (Bild D-49a,b).

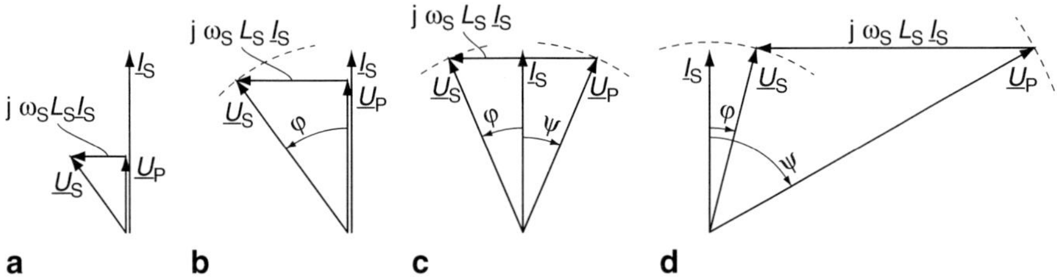

Bild D-49 Feldschwächung bei permanent erregten Synchronmotoren. a) $n = 0{,}5\,n_t$, b) $n = n_t$, c) $n = 1{,}25\,n_t$, d $n = 2{,}5\,n_t$

Steigt die Drehzahl weiter und die Statorspannung U_S kann ab der Typendrehzahl n_t nicht weiter vergrößert werden, muss der Statorstrom $\underline{I}_S$ voreilend zur Polradspannung $\underline{U}_P$ eingestellt werden. Dadurch wird zunächst der Winkel φ zwischen Statorstrom $\underline{I}_S$ und Statorspannung $\underline{U}_S$ kleiner und der Leistungsfaktor $\cos\varphi$ größer bzw. besser (Bild D-49c).

Der Statorstrom $\underline{I}_S$ muss der Polradspannung $\underline{U}_P$ mit steigender Drehzahl immer weiter voraus eilen, bis Statorspannung $\underline{U}_S$ und -strom $\underline{I}_S$ in Phase liegen ($\varphi = 0$). Wird die Drehzahl weiter vergrößert, eilt der Strom $\underline{I}_S$ dann auch der Statorspannung $\underline{U}_S$ voraus, und der $\cos\varphi$ wird wieder kleiner bzw. schlechter (Bild D-49d).

Den Drehzahlbereich von der Typendrehzahl n_t bis zu Drehzahl mit $\cos\varphi = 1$ bezeichnet man auch als *unteren Feldschwächbereich* (Bild D-49c), den Drehzahlbereich ab diesem Punkt als *oberen Feldschwächbereich* (Bild D-49d).

Beim Eintritt in den Feldschwächbereich wird der Leistungsfaktor $\cos\varphi$ größer, so dass zunächst die aufgenommene Wirkleistung ($3\ U_S\ I_S \cos\varphi$) ansteigt, bis dass $\cos\varphi = 1$ erreicht wird. Ab diesem Punkt wird die aufgenommene Wirkleistung wieder kleiner. Da Polradspannung und Strom bei Eintritt in den Feldschwächbereich nicht mehr in Phase liegen, geht das Drehmoment zurück. Da aber offensichtlich die Leistung ansteigt, muss demzufolge die Drehzahl in diesem Übergangsbereich bis $\cos\varphi = 1$ stärker ansteigen als das Drehmoment zurückgeht.

Diese Art der Feldschwächung wird durch Kompensation des Erregerfelds erreicht. Da diese Feldschwächung nur mit einem Statorstrom und somit mit zusätzlichen Verlusten verbunden ist, bezeichnet man diese Art der Feldschwächung auch als *aktive Feldschwächung*.

Beispiel

D-4: Von einem permanent erregten Synchronmotor (Antrieb für elektrische Lenkhilfe) ist die Polradspannung als Leiterspannung(!) oszillografiert worden. Der sinusförmige Verlauf hat einen Scheitelwert von 8 V bei einer Frequenz von 80 Hz und der Nenn-Drehzahl von $1.200\,\text{min}^{-1}$. Wie groß sind die Polpaarzahl p und die Drehmomentkonstante $k_{\text{M,PSM}}$? Wie groß ist das innere Drehmoment M_i und der Strangstrom I_S im Nennpunkt mit 750 W?

$$M_i = \frac{750\ \text{W}}{2\pi 1.200\,\text{min}^{-1}/60\ \frac{\text{s}}{\text{min}}} = 5{,}97\,\text{Nm};$$

$$p = \frac{80\,\text{Hz}}{1.200\,\text{min}^{-1}/60\frac{\text{s}}{\text{min}}} = 4$$

$$k_{\text{M,PSM}} = \frac{3}{2}\frac{p}{\pi}\frac{U_P}{f_S} = \frac{3}{2}\frac{4}{\pi}\frac{8\,\text{V}/\sqrt{3}}{80\,\text{s}^{-1}} = 0{,}11\ \text{Vs};$$

$$I_S = \frac{M_i}{k_{\text{M,PSM}}} = \frac{5{,}97\ \text{Nm}}{0{,}11\ \text{Vs}}$$

$$= 54{,}1\frac{\text{VAs}}{\text{Vs}} = 54{,}1\ \text{A}$$

Die Dauermagnete können konstruktiv sehr unterschiedlich auf den Rotor aufgebracht werden. Konstruktionen mit *Oberflächenmagneten* (Bild D-50a) sind bei der Montage sehr empfindlich gegen Stöße. Hartmagnetische Werkstoffe bestehen aus gesintertem Material und sind dadurch sehr *spröde*. Aus diesem Grund verwendet man Konstruktionen mit aufgeklebten und zusätzlich bandagierten Oberflächenmagneten meist nur für kleinere Motoren mit kleinen Stückzahlen.

Bild D-50 Rotorgeometrie. a) Oberflächenmagnete, b) Flusskonzentration, c) Eingebettete Magnete, d) Eingebettete Magnete mit Flusskonzentration

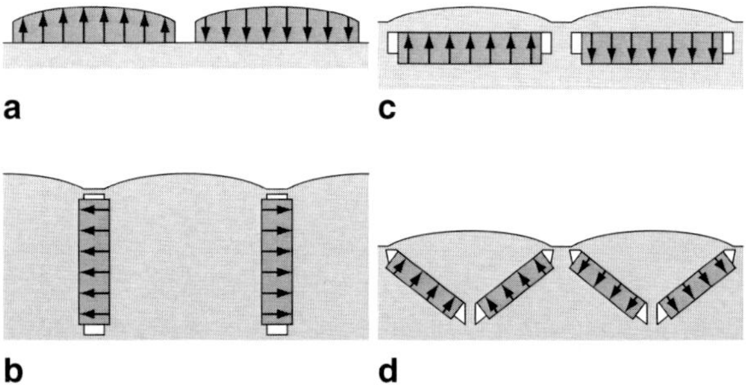

Eingebettete Magnete (Bild D-50c) bieten konstruktiv einen Montage- und einen einfachen Korrosionsschutz. Es schließt sich aber ein Teil der Feldlinien schon an den Magnetkanten und erreicht erst gar nicht den Luftspalt. Dadurch wird die Ausnutzung des Magnetmaterials schlechter.

Bei der *Flusskonzentration* (Bild D-50b) ist die Magnetfläche größer als die Polfläche. Dadurch können im Luftspalt größere Flussdichten erzielt werden als im Magnetmaterial selbst. Die Magnete werden dabei sternförmig im Rotor angeordnet, wobei die Magnetisierung in radialer Richtung wirkt. Diese Konstruktion wird gerne bei Ferritmagneten wegen ihrer kleinen Remanenzflussdichte gewählt.

Man kann die Magnete unter einem Pol auch V-förmig anordnen (Bild D-50d). Dadurch wird auch eine Flusskonzentration erreicht, da die Magnetfläche größer als die Polfläche wird. Diese Anordnung wird teilweise bei Selten-Erd-Magnetmaterialien verwendet, um die magnetische Flussdichte im Luftspalt zusätzlich etwas anheben zu können. Auch bei dieser Anordnung ist wie in Bild D-50b ein schwieriger Kompromiss zu finden zwischen einerseits möglichst schmalen Stegen an den Magnetkanten wegen einer nicht zu großen Magnetkantenstreuung und andererseits nicht zu schmalen Stegen wegen der sonst zu großen mechanischen Zug- und Schubspannungen zur Beherrschung der Fliehkräfte.

D.6.7 Synchronmotoren mit Zahnspulenwicklung

Wie in der Abschätzung in Bild D-12 gezeigt wird, werden die Jochhöhe zur Führung des magnetischen Flusses und die Abmessungen bei gleichem Bohrungsvolumen umso kleiner, je größer die Polzahl einer elektrischen Maschine sein kann.

Einen *hochpoligen Rotor* mit Dauermagneten auszustatten, ist fertigungstechnisch kein allzu großes Problem, da die Abmessungen von Polen mit Dauermagneten in weiten Grenzen variiert werden können.

Wird aber die Polzahl bei einer konventionellen Wicklung (wie in Bild D-42 gezeigt) immer größer, müssen immer mehr Spulen vorgesehen werden. Allerdings kann bei einer gesehnten Zwei-Schicht-Wicklung (Bild D-41) die Spulenweite soweit verkürzt werden, dass die Spule um einen einzelnen Zahn gewickelt werden kann. Insgesamt ist man aber auch bestrebt, die Spulenweite in der Größenordnung der Polbreite zu wählen, so dass dann die *Nutteilung* (=Abstand Nutmitte-Nutmitte zwischen zwei benachbarten Zähnen) in der Größenordnung der *Polteilung* liegt.

Da die Anzahl der Nuten (*Nutzahl*) bei einer dreisträngigen Wicklung durch 3, die Polzahl durch 2 teilbar sein muss und dann auch noch andere hier nicht weiter ausgeführte Regeln für den Wicklungsaufbau berücksichtigt werden müssen, sind nicht beliebige Pol- und Nutzahlkombinationen möglich. Die sinnvollen Pol- und Nutzahlkombinationen sind in der Tabelle in Bild D-51 angekreuzt.

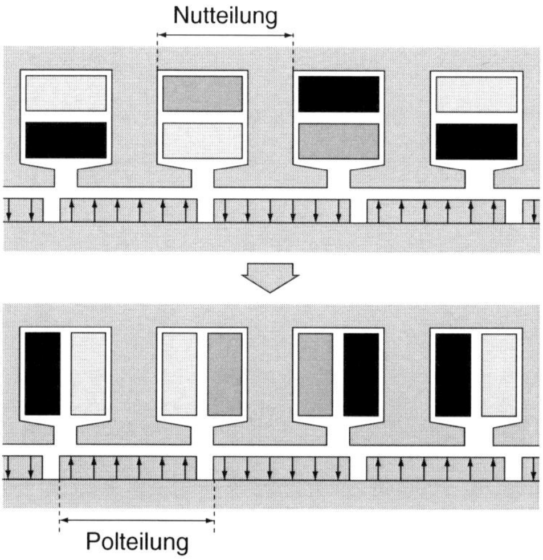

Polzahl \ Nutzahl	3	6	9	12	15	18	21	24
2	X							
4	X	X						
6			X					
8		X	X	X				
10			X	X	X			
12			X			X		
14				X	X		X	
16				X	X	X		X
18								
20					X	X	X	X

Bild D-51 Herleitung Zahnspulenwicklung aus einer gesehnten Wicklung und sinnvolle Nut-/Polzahlkombinationen

Vorteilhaft bei einer derartigen Wicklung sind der deutlich kompaktere Wickelkopf und der wesentlich höhere Kupferfüllfaktor im Vergleich zu einer Einzugwicklung. Man kann die Drähte einer einzelnen Spule relativ genau mit einem Nadelwickler in die Nuten einbringen.

D.6.8 Reluktanzmotor

Der Reluktanzmotor kann ein Drehmoment wegen seines am Umfang des Rotors nicht konstanten magnetischen Widerstands (*Reluktanz*) ausbilden. Der Rotor erhält wegen seiner besonderen Geometrie eine *magnetische Vorzugsrichtung*, die zusammen mit dem Statordrehfeld ein Drehmoment entwickeln kann.

Das Statordrehfeld und der Rotor müssen aber dennoch synchron rotieren: deshalb ist der Reluktanzmotor eine *Sonderbauform der Synchronmaschine*. Die bei der „normalen" Synchronmaschine an sich konstante Synchroninduktivität L_S bzw. Synchronreaktanz X_S wird jetzt aber abhängig von der Lage des Statordrehfeldes relativ zur Rotorgeometrie. Die Richtung mit der kleinsten Reluktanz (bzw. dem kleinsten Luftspalt, der größten wirksamen Induktivität) bezeichnet man als *d-(Längs-)Achse* (*direct axis*, Index d), die Richtung mit der größten Reluktanz (bzw. dem größten Luftspalt, der kleinsten wirksamen Induktivität) bezeichnet man als *q-(Quer-)Achse* (*quadrature axis*, Index q).

Der Rotorblechschnitt wird so gestaltet, dass sich ein *möglichst große Differenz* $X_d - X_q$ zwischen den beiden Reaktanzen ergibt (Bild D-52). Die einfachste Möglichkeit besteht darin, den Luftspalt in der q-Achse etwa 10- bis 20mal größer zu gestalten als in der d-Achse, wobei dann der Luftspalt durch Abfräsen des Rotors in der q-Achse vergrößert werden kann. Auch durch die Gestaltung des Blechschnitts können magnetische Vorzugsrichtungen gestaltet werden (*Flusssperren*).

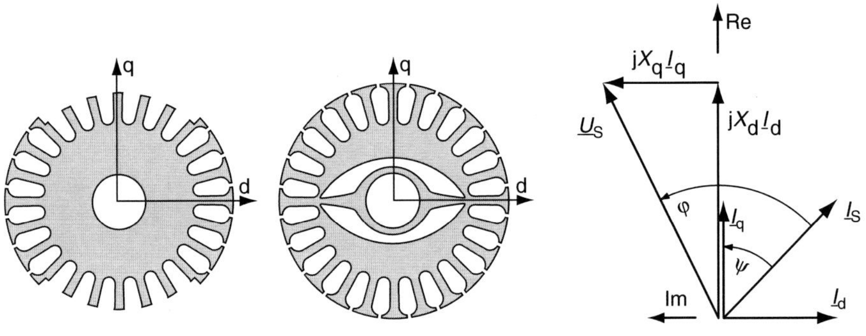

Bild D-52 Blechschnitte und Zeigerdiagramme für Reluktanzmotoren

Gleichzeitig erhält der Rotor häufig zusätzlich einen *Kurzschlusskäfig* (s. Abschn. D.7), um einen *asynchronen Hochlauf* bei konstanter Spannung/Frequenz zu ermöglichen. Während des Hochlaufs verhält sich der Reluktanzmotor wie ein Asynchronmotor, um nach dem Hochlauf in den Synchronismus zu fallen. Danach weist der Reluktanzmotor ein Betriebsverhalten wie eine Schenkelpolsynchronmaschine auf, d. h. die Drehzahl bleibt konstant gleich der Synchrondrehzahl.

Wegen des größeren magnetischen Luftspalts ist der Magnetisierungsstrom deutlich größer als bei anderen Drehfeldmaschinen gleicher Baugröße. Bei einem Verhältnis von $L_d/L_q = 3$ ist ein maximaler Leistungsfaktor $(\cos\varphi)_{max}$ von etwa 0,5 erreichbar.

Dieses hat einen sehr viel schlechteren (kleineren) Wirkleistungsfaktor $\cos\varphi$ und somit auch deutlich größere Stromwärmeverluste zur Folge. Vorteilhaft ist der sehr einfache und robuste Aufbau. Man kann beispielsweise in der Textilindustrie mehrere

Antriebe mit einem gemeinsamen Umrichter als Gruppenantriebe drehzahlsynchron betreiben.

Nichtsdestoweniger kann durch entsprechende konstruktive Gestaltung auch bei elektrisch oder dauermagnetisch erregten Synchronmotoren ein zusätzliches Reluktanzmoment die Ausnutzung zusätzlich verbessern.

Mit dem Zeigerdiagramm in Bild D-52 können der Statorstromzeiger $\underline{I}_S$ und der Spannungszeiger $\underline{U}_S$ in Längs-(d-) und Quer-(q-)Komponenten zerlegt werden:

$$\underline{I}_S = \underline{I}_d + \underline{I}_q = -jI_d + I_q = -jI_S \sin\psi + I_S \cos\psi = I_S(\cos\psi - j\sin\ \psi)$$

$$\underline{U}_S = jX_d\underline{I}_d + jX_q\underline{I}_q = X_d I_S \sin\psi + jX_q I_S \cos\psi$$

Zur Vereinfachung werden die Stromwärmeverluste vernachlässigt ($R_S = 0$), so dass die *Drehfeldleistung* P_δ gleich der aufgenommenen Wirkleistung P_S ist:

$$P_\delta = 3\mathrm{Re}\left\{\underline{U}_S \cdot \underline{I}_S^*\right\} = 3 \cdot (X_d - X_q) I_S^2 \sin\psi \cos\psi = \frac{3}{2}(X_d - X_q) I_S^2 \sin 2\psi$$

Aus der Drehfeldleistung P_δ kann das *innere Drehmoment* M_i bestimmt werden:

$$\boxed{M_i = \frac{P_\delta}{\Omega_m} = \frac{P_\delta}{\omega_S/p} = \frac{3p}{2}\left(\frac{X_d}{\omega_S} - \frac{X_q}{\omega_S}\right) I_S^2 \sin 2\psi = \frac{3p}{2}(L_d - L_q) I_S^2 \sin 2\psi} \tag{D-14}$$

Ω_m : Winkelgeschwindigkeit; p : Polpaarzahl; $X = \omega L$: Reaktanz
ω_S: Kreisfrequenz $= 2\pi f_S$; f_S : Statorfrequenz; L : Induktivität

Das Drehmoment M_i ist also proportional zur Differenz der Induktivitäten $L_d - L_q$. Maximal wird dieses Drehmoment bei einem Steuerwinkel von $\psi = 45°$, d. h. wenn der Längsstrom I_d genauso groß ist wie der Querstrom I_q.

Beispiel

D-5: Von einem vierpoligen Reluktanzmotor sind folgende Daten bekannt: 300 W/7.500 min^{-1}, $L_d = 200$ mH, $L_q = 70$ mH. Wie groß ist der Leistungsfaktor $\cos\varphi$, wenn der Motor mit einem Steuerwinkel ψ von 35° betrieben wird?

$$M_i = \frac{300\ \mathrm{W}}{2\pi \cdot 7.500\ \mathrm{min}^{-1}/60\frac{\mathrm{s}}{\mathrm{min}}} = 0{,}382\ \mathrm{Nm}$$

$$f_S = 2 \cdot \frac{7.500\ \mathrm{min}^{-1}}{60\frac{\mathrm{s}}{\mathrm{min}}} = 250\ \mathrm{Hz}$$

$$I_S = \sqrt{\frac{0{,}382\ \mathrm{Nm} \cdot 2}{(200 - 70)\ \mathrm{mH} \cdot 3 \cdot \sin 70°}} = 1{,}02\ \mathrm{A}$$

$$I_d = 1{,}02\ \mathrm{A} \cdot \sin 35° = 0{,}586\ \mathrm{A}$$

$$I_q = 1{,}02\ \text{A} \cdot \cos 35° = 0{,}836\ \text{A}$$

$$X_d\ I_d = 2\pi \cdot 250\ \text{Hz} \cdot 200\ \text{mH} \cdot 0{,}586\ \text{A} = 184{,}0\ \text{V}$$

$$X_q\ I_q = 2\pi \cdot 250\ \text{Hz} \cdot 70\ \text{mH} \cdot 0{,}836\ \text{A} = 92{,}0\ \text{V}$$

$$U_S = \sqrt{184^2 + 92^2}\ \text{V} = 205{,}7\ \text{V}$$

$$\cos\varphi = \frac{300\ \text{W}}{3 \cdot 205{,}7\ \text{V} \cdot 1{,}02\ \text{A}} = 0{,}476$$

D.6.9 Schrittmotoren

Der *Schrittmotor* nutzt ebenfalls das Reluktanzprinzip aus. Die Stränge werden in zyklischer Reihenfolge an eine Gleichspannungsquelle geschaltet (Bild D-53), so dass sich der mit ausgeprägten Polen ausgeführte Rotor *ruckartig* mit seinen jeweiligen Polen unter den bestromten Statorzähnen ausrichtet. Durch die Gestaltung der Stator- und Rotorgeometrie ergibt sich die *Schrittzahl* (=Anzahl der Schritte/Umdrehung) bzw. der *Schrittwinkel* (= 360°/Schrittzahl). Werden die Stränge zu schnell umgeschaltet oder ist die Belastung zu groß, gerät der Schrittmotor außer Tritt und bleibt stehen.

Bild D-53 Schrittmotor nach dem Reluktanzprinzip

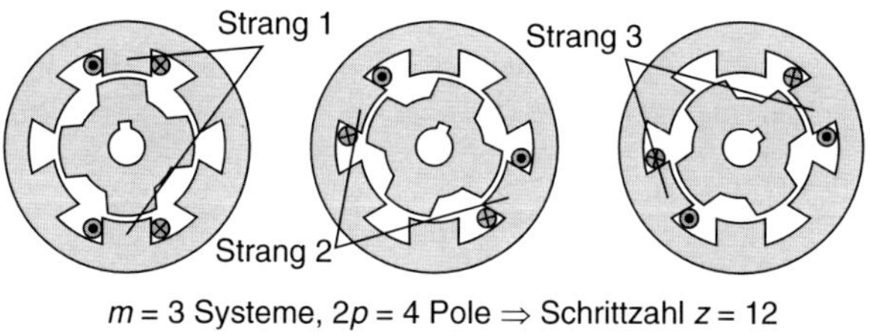

Im *Mikroschritt-* oder *Ministep*-Betrieb werden die einzelnen Spulen mit unterschiedlichen Strömen erregt, was aber eine Pulsweitenmodulation für die Ansteuerung voraussetzt (s. Abschn. C.2.2.3). So genannte *Elektronik-Motoren* sind *Hybridschrittmotoren*, die neben der ausgeprägten Zahnung noch über eine *zusätzliche dauermagnetische Erregung* verfügen (Bild D-54).

Die Welle trägt zwischen den beiden weichmagnetischen gezahnten Polrädern (Nord- und Südpolzahnkranz) einen Dauermagneten, der in axialer Richtung magnetisiert ist. Die Feldlinien treten an den Zähnen des Nordpolkranzes aus und schließen sich über die Statorpole und das Statorjoch und treten am Südpolzahnkranz wieder in den Rotor ein.

Durch die zusätzliche Erregung mit einem Dauermagneten verfügen diese Kleinmotoren bei gleicher Baugröße über ein höheres Drehmoment. Außerdem können Hybridschrittmotoren im Stillstand ein gewisses *Haltemoment* (*Rastmoment*) aufbringen.

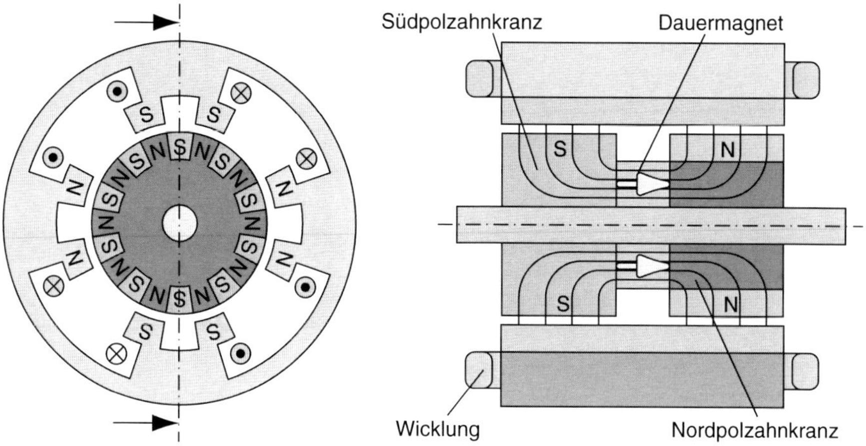

Bild D-54 Hybridschrittmotor

Die beiden gezeigten Ausführungsvarianten sind nur eine Auswahl, um das Wirkungsprinzip von Schrittmotoren zu zeigen. Weitere Varianten sind in der Literatur aufgeführt (Yeadon 2001; Stölting und Kallenbach 2006)

D.6.10 Klauenpolgenerator („Lichtmaschine")

Für kleine Baugrößen ist ein Synchrongenerator fertigungstechnisch einfacher als *Klauenpolgenerator* herzustellen (Bild D-55).

Der Stator erhält eine dreisträngige Drehstromwicklung, wohingegen der Rotor über eine *Ringspule* erregt wird. Der Erregerfluss durchsetzt die Spule zunächst in Achsrichtung. An beiden Seiten der Spule ist jeweils eine sternförmige *Platine* aus weichmagnetischem Stahl angebracht, deren „*Klauen*" um 90° umgebogen werden.

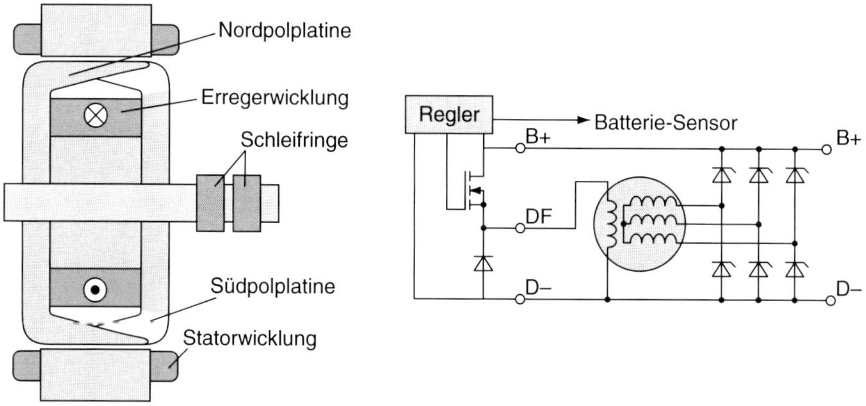

Bild D-55 Prinzip Klauenpolgenerator („Lichtmaschine")

Diese Platinen werden so montiert, dass die Klauen des magnetischen Nordpols zwischen den Klauen des magnetischen Südpols eingreifen.

Wegen des notwendigen Zwischenraums zwischen zwei benachbarten Erregerpolen zur Vermeidung eines magnetischen Kurzschlusses hat der Klauenpolgenerator ein ausgeprägtes *Schenkelpolverhalten*.

Häufig wird der Klauenpolgenerator zwölfpolig ($p = 6$) ausgeführt. Da der Klauenpolgenerator im Kraftfahrzeug in einem Drehzahlbereich von mindestens 1:10 betrieben wird ($n_{max} \approx 18.000\,\text{min}^{-1}$), muss die Erregung des Generators veränderlich sein. Ein *Spannungsregler* (Tiefsetzsteller) steuert in Abhängigkeit von der Batteriespannung den Erregerstrom des Generators, der der Ringspule über Schleifringe zugeführt wird. Die Statorwicklung ist über einen B6-Gleichrichter mit Z-Dioden (Spannungsbegrenzung!) mit dem Bordnetz verbunden.

Generatoren dieser Bauform haben bereits seit geraumer Zeit die ursprünglich eingesetzten Gleichstromgeneratoren in Kraftfahrzeugen abgelöst und werden im Leistungsbereich bis ca. 5 kW gebaut. Problematisch für den Betrieb eines Kfz-Generators sind die enormen Schwingbeschleunigungen während der Fahrt (50 g bis 80 g), die ausgesprochen hohen Betriebstemperaturen (100°C bis 120°C), die Korrosionsbelastung (Wasser, Schmutz, Öl und Salz) sowie die starken Drehzahlwechselbelastungen.

ÜBUNGSAUFGABEN

Ü D.6-1: Vollpolsynchronmaschine

Gegeben ist eine zweipolige Vollpolsynchronmaschine mit folgenden Nenndaten:

$$U_N = 400\,\text{V}, \quad f_S = 50\,\text{Hz}, \quad P_N = 160\,\text{kW}, \quad \vartheta_{LN} = 45, \quad I_{fN} = 132\,\text{A}$$

Als Phasenschieber mit Nennerregung ($S = Q$, reine Blindleistungsaufnahme/-abgabe, $P = 0$, $I_f = I_{fN}$) gibt die Maschine eine induktive Blindleistung von 146 kvar an das Netz ab.

Sättigungseffekte und sämtliche Verluste können vernachlässigt werden.

a. Wie groß ist der Nennwirkstrom und die Überlastfähigkeit?
b. Wie groß ist die Synchronreaktanz X_S und die Polradspannung U_{PN} bei Nennerregung?
c. Welche kapazitive Blindleistung kann der Generator als Phasenschieber maximal abgeben, wenn der Erregerstrom so eingestellt werden soll, dass das Kippmoment als Phasenschieber 20 % des Kippmoments im Nennpunkt betragen soll? Auf welchen Wert darf der Erregerstrom dann höchstens abgesenkt werden?

Ü D.6-2: Vollpolsynchronmaschine, Phasenschieberbetrieb

Gegeben ist eine sechspolige Vollpolsynchronmaschine mit folgenden Nenndaten:

$$U_N = 690\,\text{V}, \quad f_S = 50\,\text{Hz}, \quad S_N = 250\,\text{kVA}, \cos\varphi_N = 0{,}8 \text{ ü} \quad \text{(ü: übererregt)}$$

Der Leerlauferregerstrom beträgt 20 A. Bei einem Erregerstrom von 28 A wurde bei einer Drehzahl von 861 min^{-1} ein Dauerkurzschlussstrom von $I_{SK} = 230$ A gemessen. Sättigungseffekte und sämtliche Verluste können vernachlässigt werden.

a. Wie groß ist die Synchronreaktanz X_S?
b. Wie groß ist die maximale induktive Blindleistung, die der Generator als Phasenschieber abgeben kann? (Dabei soll weder der Nennerregerstrom noch der Statornennstrom überschritten werden.)
c. Wie groß ist die abgegebene Blindleistung, wenn der Erregerstrom so eingestellt wird, dass bei einem Polradwinkel von 70° die Nennwirkleistung abgegeben wird? Ist der Generator unter- oder übererregt?

Ü D.6-3: Synchronservoantrieb am Umrichter

Bei einem sechspoliger Synchronservoantrieb in Sternschaltung mit dauermagnetischer Erregung wurde bei einer Drehzahl von 3.000 min^{-1} im Leerlauf eine sinusförmige *Leiterspannung* von 200 V gemessen. Der Wicklungswiderstand bei Betriebstemperatur wurde zu 0,5 Ω bestimmt. Der dauernd zulässige Strom beträgt 12 A, kurzzeitig zulässig sind 36 A.

Bei einer Drehzahl von 100 min^{-1} wird bei der dreiphasig kurzgeschlossenen Statorwicklung ein Wicklungsstrom von 7,5 A gemessen.

Sättigungseffekte und Reibungsverluste können zur Vereinfachung vernachlässigt werden. Außer im Unterpunkt a. können auch die Stromwärmeverluste vernachlässigt werden. (Warum?)

a. Wie groß ist die Synchroninduktivität L_S?
b. Der Servomotor wird an einem Umrichter mit max. 400 V-Leiterspannung betrieben. Wie groß ist die maximale Dauerleistung bei einem Steuerwinkel von $\psi = 0°$ und bei welcher Drehzahl tritt sie auf? (sämtliche Verluste im Umrichter können vernachlässigt werden und es kann eine beliebig hohe Taktfrequenz unterstellt werden)
c. Bis zu welcher maximalen Drehzahl kann der Servoantrieb mit dem dreifachen Nennmoment kurzzeitig belastet werden?

D.7 Asynchronmotor

D.7.1 Bedeutung der Asynchronmaschine

Die Wirkungsweise der Asynchronmaschine beruht im Wesentlichen auf der Entstehung eines Drehfeldes einer in der Regel dreiphasigen Wicklung. Die Erfindung der Asynchronmaschine geht auf Arbeiten des Italieners *Galileo Ferraris* und des Jugoslawen *Nicola Tesla* um 1885 zurück. Der erste dreiphasige Asynchronmotor wurde von *Michael v. Dolivo-Dobrowolski* 1889 gebaut, der auch den Begriff Drehstrom prägte. Zu Beginn der neunziger Jahre des 19. Jahrhunderts wurden bereits Asynchronmotoren mit *Schleifring-* und *Kurzschlussläufern* gebaut.

Der Vorteil des Asynchronmotors besteht in dem wesentlich einfacheren und robusteren Aufbau im Vergleich zur Gleichstrommaschine. Da die Betriebsdrehzahl aber an die Speisefrequenz f_S gebunden ist, konnten keine Drehzahlen größer als 3.000 min^{-1} am 50 Hz-Netz realisiert werden. Erst durch die starke Kostenreduktion bei (leistungs-)elektronischen Komponenten konnten Umrichter produziert werden, die ihrerseits die zunehmende Verdrängung der Gleichstrommotoren durch Asynchronmotoren möglich machten.

Einphasen-Asynchronmotoren werden in sehr großer Stückzahl mit Leistungen kleiner 1 kW für Haushaltsgeräte und den industriellen Bereich gebaut. Im mittleren Leistungsbereich (bis ca. 1 MW) dominiert der *Käfigläufermotor* (Rotor„wicklung" aus Aluminium-Druckguss) als *Niederspannungsasynchronmotor* mit Bemessungsspannungen von 230/400/(500)/690 V (Netznormspannungen nach DIN IEC 38) zum Betrieb direkt am Netz oder zum Betrieb über Umrichter (meist mit Spannungszwischenkreis) am Netz.

D.7.2 Aufbau und Ersatzschaltbild

Die Asynchronmaschine verfügt sowohl im Stator als auch im Rotor über eine *Drehstromwicklung*. Die Statorwicklung ist in der Regel dreiphasig ausgeführt.

Am häufigsten sind Asynchronmaschinen mit *Kurzschlussläufern* ohne zusätzliche Anschlüsse ausgestattet. Der Kurzschlussläufer besteht aus einem Blechpaket mit Nuten, in denen die Rotorstäbe ohne Isolation eingebracht werden und über die Kurzschlussringe an beiden Seiten des Rotorblechpakets miteinander elektrisch verbunden werden. Bei kleinen und mittleren Leistungen (bis ca. 1 MW) bestehen Stäbe und Kurzschlussringe aus Aluminium-Druckguss, bei hohen Leistungen und bei besonderen Anwendungen (beispielsweise Bahnmotoren) bestehen die verstemmten Rotorstäbe aus Kupfer, wobei die Kurzschlussringe (ebenfalls aus Kupfer) an die Stäbe angelötet werden.

Bis zur Achshöhe 315 sind diese Asynchronmotoren als Normmotoren in der DIN EN 50 347 beschrieben. Größere Asynchronmotoren werden als *Transnormmotoren* ausgeführt, wobei wegen der höheren Leistung diese Motoren häufig als *Mittelspannungsmotoren* für 3 kV bis 11 kV ausgeführt werden können.

In Bild D-56 ist eine oberflächengekühlte Drehstrom-Asynchronmaschine dargestellt, wie sie als *Normmotor* in vielen Anwendungen eingesetzt wird.

Das Statorpaket (1) ist in ein verripptes Gehäuse (2) aus Grauguss oder Aluminium eingepresst und nimmt die Statorwicklung (3) aus Runddraht auf. Die an beiden Seiten angebrachten Lagerschilde (4) sind meist zur besseren Wärmeabfuhr ebenfalls verrippt ausgeführt und sind mit dem Gehäuse (2) verschraubt. In diesen Lagerschilden sind die Rillenkugellager (5) eingesetzt, wobei meist das auf der B-Seite (Betriebs-Seite) befindliche Lager als Festlager und das auf der A-Seite (Antriebs-Seite) befindliche Lager als Loslager ausgeführt ist.

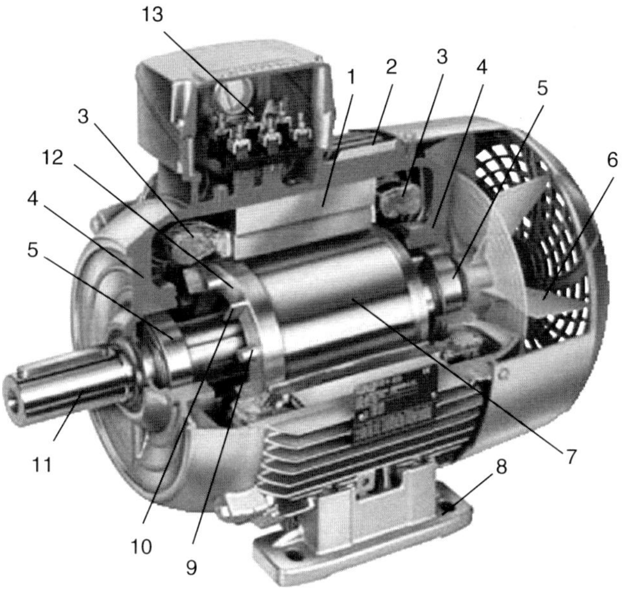

Bild D-56 Aufbau einer Drehstrom-Asynchronmaschine (Siemens AG)

Die Lager von kleinen Motoren weisen meist eine *Lebensdauerschmierung* auf, wohingegen die Lager größerer Motoren oft für eine Nachschmierung vorgesehen sind. Der Lüfter (6) ist in der Regel ein *Radiallüfter*, der eine Kühlung für beide Drehrichtungen ermöglichen soll.

Wird der Asynchronmotor mit veränderlicher Drehzahl an einem Umrichter betrieben, wird meist auf einen auf der Motorwelle angebrachten Lüfter verzichtet. Anstelle dessen wird der Motor über einen *Fremdlüfter* zwangsbelüftet, um einen gleichmäßigen und drehzahlunabhängigen Luftstrom zu gewährleisten.

Bei einem Aluminiumdruckgussläufer wird das Rotorblechpaket (7) nach dem Gießen auf die Welle (11) aufgepresst und anschließend überdreht. Die *Lüfterflügel* (10) und *Wuchtzapfen* (9) werden zusammen mit dem Kurzschlussring (12) angegossen.

Wegen der fehlenden Wicklungsanschlüsse und der einfachen Ausführung des Rotors mit massiven Stäben erhält der Kurzschlussläufer besonders im Vergleich zum Anker einer Gleichstrommaschine einen außerordentlich *robusten* und einfachen Aufbau.

Die Stabströme des Kurzschlussläufers stellen sich im Betrieb durch das Statordrehfeld so ein, dass die Grundwelle des Rotordrehfelds die gleiche Polzahl hat wie die des Statordrehfelds. Die Rotor„wicklung" kann dabei als ein Mehrphasensystem interpretiert werden. Die Strangzahl ist in diesem Fall dann gleich der Anzahl der Rotornuten; die Windungszahl ist gleich 1/2 (d. h. ein Leiter pro „Spule").

Im Stillstand kann die Asynchronmaschine als dreiphasiger Transformator betrachtet werden. Da die Maschine vollkommen symmetrisch aufgebaut und betrieben werden soll, kann für die Beschreibung genau wie bei der Synchronmaschine wieder ein *einsträngiges Ersatzschaltbild* zugrunde gelegt werden.

Solange sich der Rotor der Asynchronmaschine nicht dreht, wird in der Rotorwicklung ein Spannungssystem mit der gleichen Frequenz wie im Stator induziert. Es kann das T-Ersatzschaltbild des verlustbehafteten Transformators (Bild A-79) für das Ersatzschaltbild in Bild D-57 übernommen werden. Dabei werden nur die Indizes angepasst (Seite $\underline{1}$ des Transformators → $\underline{S}$tator, Seite $\underline{2}$ → $\underline{R}$otor), der Widerstand R_V (Eisenverluste) wird hier vernachlässigt.

Bild D-57 T-Ersatzschaltbild der Asynchronmaschine im Stillstand ($n = 0$)

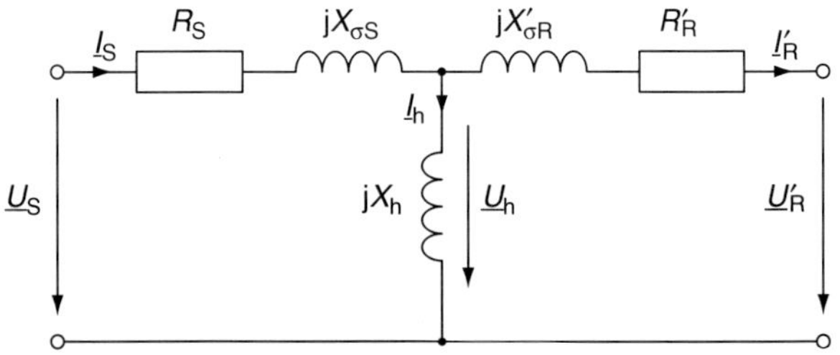

Die Indizes σ und h stehen für die Modellierung der Streufelder bzw. des Hauptfeldes, gestrichene Größen berücksichtigen die Umrechnung auf die Statorwindungszahl. Mit den beiden Widerständen werden die durch die Wicklungsströme I_S bzw. I_R verursachten Verluste in den Wicklungen modelliert.

Im Stillstand ist die Rotorfrequenz f_R gleich der Statorfrequenz f_S, Stator- und Rotorfeld laufen wie bei der Synchronmaschine mit der von der Polpaarzahl p abhängigen Drehzahl $n_0 = f_S/p$ um. Beginnt sich der Rotor mit der Drehzahl n in Richtung des Statorfeldes zu bewegen, wird die Rotorfrequenz f_R kleiner, damit Stator- und Rotorfeld wieder mit der gleichen Drehzahl umlaufen können:

$$\frac{f_R}{p} = n_0 - n \quad \text{bzw.} \quad \frac{f_R}{p} = \frac{f_S}{p} - n \Leftrightarrow \boxed{f_S = f_R + p \cdot n} \qquad \text{(D-15)}$$

Das Verhältnis Rotor- zu Statorfrequenz wird als *Schlupf* s definiert:

$$\boxed{s = \frac{f_R}{f_S}} = \frac{f_S - p \cdot n}{f_S} = \frac{f_S/p - n}{f_S/p} = \frac{n_0 - n}{n_0} \quad \text{bzw.} \quad \boxed{s = 1 - \frac{n}{n_0}} \qquad \text{(D-16)}$$

Der Schlupf kann also auch als relative Differenz zur Synchron-(Leerlauf-)drehzahl n_0 interpretiert werden und wird deshalb oft auch in Prozent angegeben. Beispielsweise bedeutet ein Schlupf von 5 % bei einer Synchrondrehzahl von 1.000 min^{-1} eine Drehzahl von 950 min^{-1} (sechspolige Asynchronmaschine bei 50 Hz). Für die rechte (Rotor-)Masche im Ersatzschaltbild in Bild D-57 gilt:

$$\underline{U}_h = jX_h \cdot \underline{I}_h = (jX'_{\sigma R} + R'_R)\underline{I}'_R + \underline{U}'_R \quad \text{wenn} \quad f_R = f_S$$

Diese Maschengleichung ist aber nur richtig, wenn der Rotor still steht. Wenn sich die Rotorfrequenz f_R verändert, muss dieses bei den frequenzabhängigen Reaktanzen berücksichtigt werden (allgemein: $X_\mathrm{L} = 2\pi f L$ bzw. $X_\mathrm{C} = 1/(2\pi f C)$).

Diese Frequenzabhängigkeit gilt hier sowohl für die Hauptreaktanz X_h und als auch für die Rotorstreureaktanz $X'_{\sigma\mathrm{R}}$ und muss entsprechend eingearbeitet werden. Die eben aufgestellte Maschengleichung wird dementsprechend verallgemeinert und umgestellt:

$$\mathrm{j}X_\mathrm{h}\frac{f_\mathrm{R}}{f_\mathrm{S}} \cdot \underline{I}_\mathrm{h} = \left(\mathrm{j}X'_{\sigma\mathrm{R}}\frac{f_\mathrm{R}}{f_\mathrm{S}} + R'_\mathrm{R}\right)\underline{I}'_\mathrm{R} + \underline{U}'_\mathrm{R} \;\Big|\; : s = \frac{f_\mathrm{R}}{f_\mathrm{S}}$$

$$\mathrm{j}X_\mathrm{h} \cdot \underline{I}_\mathrm{h} = \left(\mathrm{j}X'_{\sigma\mathrm{R}} + \frac{R'_\mathrm{R}}{s}\right)\underline{I}'_\mathrm{R} + \frac{\underline{U}'_\mathrm{R}}{s}$$

Mit der letzten Umformung wird die Frequenzabhängigkeit von Haupt- (X_h) und Rotorstreureaktanz $X'_{\sigma\mathrm{R}}$ jetzt durch einen schlupfabhängigen Widerstand R'_R/s und eine schlupfabhängige Spannung U'_R/s ersetzt (Bild D-58). Die linke Seite der Gleichung beschreibt jedoch wieder den gleichen vom Magnetisierungsstrom I_h verursachten Spannungsabfall U_h an der Hauptreaktanz X_h.

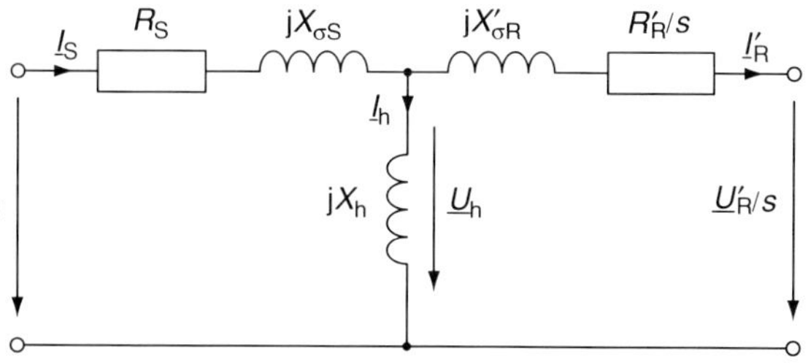

Bild D-58 T-Ersatzschaltbild der Asynchronmaschine

Bei der Herleitung des Transformator-Ersatzschaltbildes in Abschn. A.5.9 wurde das Übersetzungsverhältnis an sich willkürlich gleich dem Windungszahlverhältnis gesetzt. Man kann das Übersetzungsverhältnis auch so wählen, dass im Ersatzschaltbild nur noch zwei Widerstände für die Modellierung der Stromwärmeverluste in den beiden Wicklungen und zwei Induktivitäten bzw. Reaktanzen für die Modellierung der gespeicherten Feldenergie benötigt werden. An sich muss nur zwischen der Feldenergie des Hauptfeldes und der Streufelder unterschieden werden, so dass diese Betrachtungsweise an dieser Stelle auch ohne Herleitung zumindest als Ansatz plausibel wirkt.

Das T-Ersatzschaltbild in Bild D-58 ist vollkommen äquivalent zu dem Ersatzschaltbild in Bild D-59. Es wurde hier nur der bei der Asynchronmaschine übliche Kurzschluss der Rotorwicklung ($U_\mathrm{R} = 0$) bereits berücksichtigt.

Mit dem Statorwiderstand R_S werden wiederum die Stromwärmeverluste in der Statorwicklung modelliert. Dieser Widerstand wird für die weiteren Betrachtungen *zur Vereinfachung* vernachlässigt. Diese Vernachlässigung ist meist zulässig bei Maschinen mittlerer und großer Leistung und Statorfrequenzen größer 20 Hz. Bei

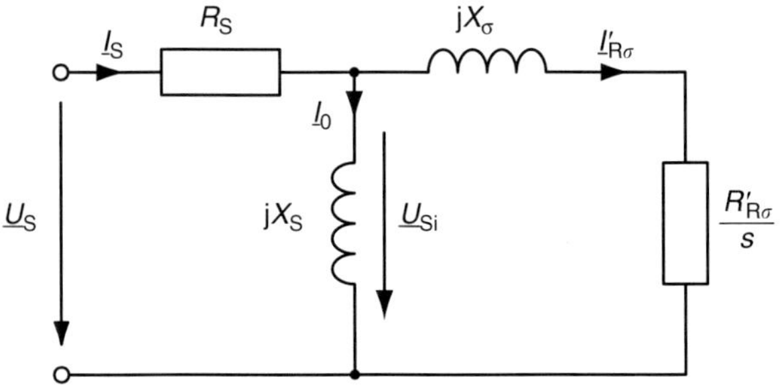

Bild D-59 Vollständiges Γ-ESB der Asynchronmaschine

kleinen Asynchronmaschinen mit relativ großem Statorwiderstand und niedriger Statorfrequenz sind die Fehler bei Betrachtung des Betriebsverhaltens aber oft zu groß für eine Vernachlässigung.

Die Synchronreaktanz jX_S bestimmt im Wesentlichen die Größe des Leerlaufstroms I_0. Mit ihr wird die mit dem Statordrehfeld verbundene Blindleistung modelliert; die an ihr abfallende Spannung U_{Si} ist die in der Statorwicklung durch das Gesamtfeld induzierte Spannung.

Die Streureaktanz jX_σ repräsentiert den Anteil des Stator-(Rotor-)drehfelds, der nicht mit der Rotor-(Stator-) wicklung verkettet ist. Nicht alle Feldlinien, die von den Stator-(Rotor-)strömen hervorgerufen werden, umschließen auch die Rotor-(Stator-) wicklung.

Mit dem vom Schlupf s abhängigen Rotor-Ersatzwiderstand $R'_{R\sigma}/s$ werden sowohl die Drehfeldleistung P_δ (die für die Bildung des Drehmoments M_i maßgeblich ist) als auch die Stromwärmeverluste im Rotor $P_{V,Cu,R}$ modelliert. Man kann sich diesen im Ersatzschaltbild (Bild D-59) aufgeführten Widerstand in eine Reihenschaltung von zwei Widerständen überführen:

$$\frac{R'_{R\sigma}}{s} = \frac{1-s}{s} R'_{R\sigma} + \frac{s}{s} R'_{R\sigma}$$

Die in diesem Widerstand insgesamt umgesetzte Drehfeldleistung P_δ kann dementsprechend aufgeteilt werden, indem die drei Terme mit dem dreifachen (3 Stränge) Stromquadrat multipliziert werden. Man erkennt auf der rechten Seite die Stromwärmeverluste im Rotor $P_{V,Cu,R}$ und die innere mechanische Leistung $P_{i,mech}$:

$$P_\delta = \frac{3R'_{R\sigma}}{s} I'^2_{R\sigma} = (1-s) \underbrace{\frac{3R'_{R\sigma}}{s} I'^2_{R\sigma}}_{P_\delta} + s \cdot \underbrace{\frac{1}{s} \overbrace{3R'_{R\sigma}\ I'^2_{R\sigma}}^{P_{V,Cu,R}}}_{P_\delta} = \underbrace{\overbrace{(1-s)}^{\eta_i} \cdot P_\delta}_{P_{i,mech}} + \underbrace{s \cdot P_\delta}_{P_{V,Cu,R}} \qquad \text{(D-17)}$$

Die Drehfeldleistung setzt sich also aus der inneren mechanischen Leistung $P_{i,mech}$ und den Stromwärmeverlusten $P_{V,Cu,R}$ zusammen, wobei die Aufteilung vom Schlupf s abhängt. Die Leistungsaufteilung verschiebt sich mit kleiner werdenden Schlupf immer mehr zur inneren mechanischen Leistung, so dass der Faktor $1-s$ auch zumindest im Motorbetrieb oft als *innerer Wirkungsgrad* η_i bezeichnet wird.

D.7.3 *Stromortskurve der Asynchronmaschine*

Auf Basis des Ersatzschaltbilds in Bild D-59 kann mit $R_S = 0$ der Statorstrom $\underline{I}_S$ in Abhängigkeit vom Schlupf s angegeben und die Ortskurve selbst in drei Schritten hergeleitet werden (Bild D-60):

$$\underline{I}_S(s) = \underbrace{\frac{U_S}{jX_S}}_{\underline{I}_0} + \underbrace{\frac{U_S}{jX_\sigma + R'_{R\sigma}/s}}_{\underline{I}'_{R\sigma}}$$

1. $\left(\underline{I}'_{R\sigma}\right)^{-1}$ — 1a: $s = 0 \cdots +\infty$; 1b: $s = -\infty \cdots 0$
2. $\underline{I}'_{R\sigma}$ — 2a: $s = 0 \cdots +\infty$; 2b: $s = -\infty \cdots 0$
3. $\underline{I}'_{R\sigma} + \underline{I}_0$ — 2a: $s = 0 \cdots +\infty$; 2b: $s = -\infty \cdots 0$

Bild D-60 Herleitung der Stromortskurve

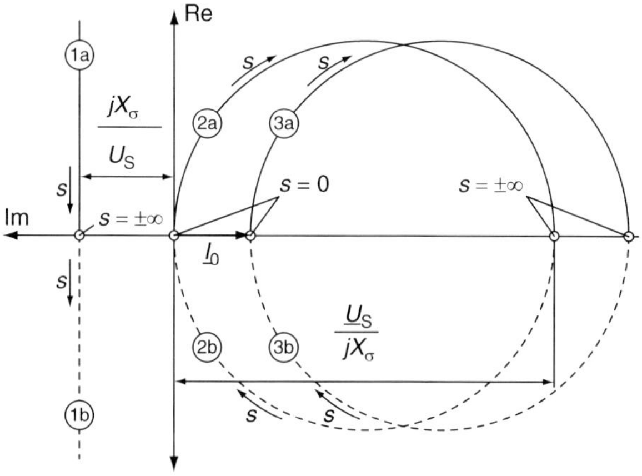

Die komplexe Ebene wird in der Energietechnik traditionell um 90° im Uhrzeigersinn gedreht dargestellt, so dass die *reelle Achse nach oben*, die *imaginäre Achse nach links* gezeichnet wird.

Der Statorstrom setzt sich aus zwei Termen zusammen: dem *konstanten Leerlaufstrom* $\underline{I}_0$ und dem schlupf- (bzw. drehzahl-) abhängigen Rotorstrom $\underline{I}'_{R\sigma}$. Es ist zunächst leichter, von letzterem den Kehrwert zu betrachten, denn dieser hat einen konstanten *Imaginärteil* (jX_σ/U_S) und einen *Realteil*, der für $s = 0$ bis $+\infty$ aus dem Unendlichen kommt und genau an der Imaginärachse endet (Ortskurve 1a in Bild D-60). Für $s = -\infty$ bis 0 beginnt die Ortskurve (1b in Bild D-60) an der Imaginärachse und „endet" im Unendlichen.

Den eigentlichen Rotorstrom $\underline{I}'_{R\sigma}$ erhält man durch Inversion der Ortskurven 1a bzw. 1b. (Halb-)Geraden als Ortskurven werden durch Inversion zu (Halb-)Kreisen, man erhält so die Halbkreise 2a bzw. 2b aus den entsprechenden Halbgeraden.

Schließlich muss nur noch der Leerlaufstrom $\underline{I}_0$ addiert werden, indem die Halbkreise 2a bzw. 2b um diesen Wert verschoben werden müssen, die beiden Halbkreise 3a bzw. 3b stellen letztendlich die Ortskurve des Statorstroms $\underline{I}_S(s)$ dar.

Die Größe und die Lage der Stromortskurve (*Heylandkreis*, nach Alexander Heyland 1869–1943) hängt nur von der Synchronreaktanz $\mathrm{j}X_S$ und der Streureaktanz $\mathrm{j}X_\sigma$ ab. Die Größe des Rotorwiderstandes bestimmt nur die Parametrierung, nicht aber die Größe und die Lage des Kreises.

Um die Parametrierung zu erläutern, wird durch den Leerlaufpunkt eine Tangente an die Stromortskurve gezeichnet und die Phasenlage φ_R des Rotorstroms näher betrachtet (Bild D-61). Real- und Imaginärteil des Rotorstroms bilden ein rechtwinkliges Dreieck, wobei der Imaginärteil die Gegenkathete zu dem Winkel φ_R bildet. Der Imaginärteil der Ströme ist stets negativ, da die Asynchronmaschine in jedem Betriebspunkt eine induktive Last darstellt. Dieses wird bei der Aufstellung der Gleichung für den Rotorstrom $\underline{I}'_{R\sigma}$ ersichtlich.

Bild D-61 Herleitung Schlupfparametrierung

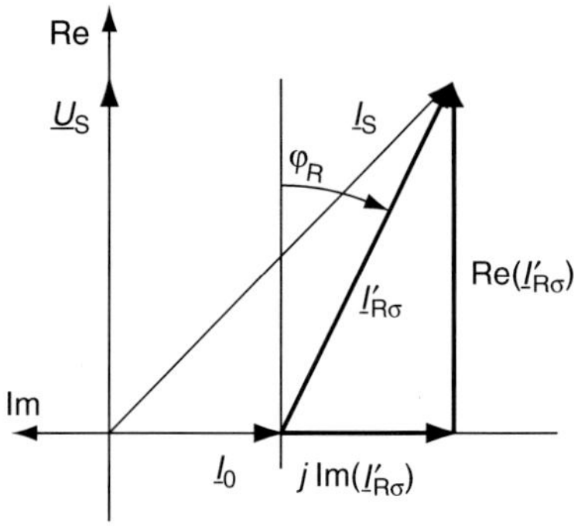

Der Strom $\underline{I}'_{R\sigma}$ lässt sich mit dem Ersatzschaltbild in Bild D-59 mit $R_S = 0$ bzw. $U_S = U_{Si}$ direkt angeben und zusätzlich lässt sich mit der Skizze in Bild D-61 der Phasenwinkel φ_R dieses Stromes auswerten:

$$\underline{I}'_{R\sigma} = \frac{U_S}{\dfrac{R'_{R\sigma}}{s} + \mathrm{j}X_\sigma} = \frac{U_S}{\left(\dfrac{R'_{R\sigma}}{s}\right)^2 + X_\sigma^2}\left(\frac{R'_{R\sigma}}{s} - \mathrm{j}X_\sigma\right)$$

$$\tan\varphi_R = \frac{-\mathrm{Im}\{\underline{I}'_{R\sigma}\}}{\mathrm{Re}\{\underline{I}'_{R\sigma}\}} = \frac{X_\sigma}{R'_{R\sigma}/s} \sim s \qquad \text{(D-18)}$$

Somit ist also $\tan\varphi_R$ proportional zum Schlupf. Damit ist die Grundlage für eine Erweiterung der Darstellungsmöglichkeiten in der Stromortskurve geschaffen worden (Bild D-62).

Zunächst muss die Streckenlänge auf einer Geraden g_S parallel zur imaginären Achse wegen Gl. D-18 proportional zum Schlupf sein. Damit kann die Stromortskurve also durch eine parallel zur imaginären Achse (Im) skizzierten *Schlupfgeraden* g_S parametriert werden. Zeichnet man eine Gerade durch den Leerlaufpunkt P_0 und

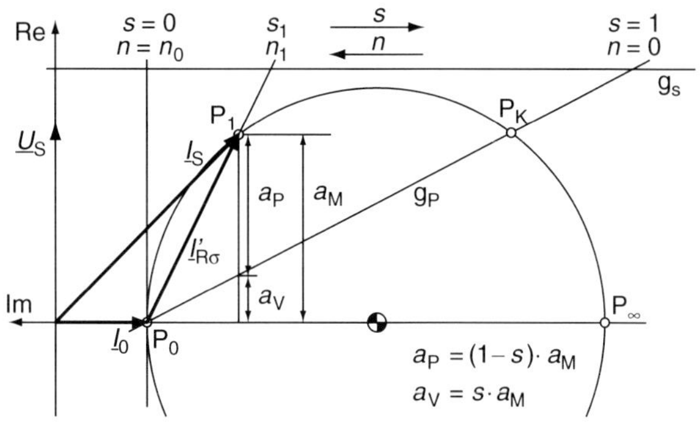

Bild D-62 Ortskurve des Statorstroms (Statorwiderstand vernachlässigt)

den jeweiligen Betriebspunkt (beispielsweise P_1 in Bild D-62), kann über Streckenverhältnisse auf der Schlupfgeraden g_S der Schlupf s (bzw. die Drehzahl n) auch grafisch bestimmt werden.

In der Grafik sind die Stellen für $s = 0$ (P_0), $s = 1$ (P_K), $s = \pm\infty$ (P_∞) auf der Stromortskurve besonders gekennzeichnet, da durch diese drei Punkte die drei grundsätzlich verschiedenen Betriebszustände der Asynchronmaschine begrenzt werden. Für $s = 0$ bis 1 ($P_0 \rightarrow P_K$) ist die mechanische Drehzahl kleiner als die Drehzahl des Statordrehfeldes, so dass die Asynchronmaschine als *Motor* läuft („Statordrehfeld zieht den Rotor hinter sich her").

Für $s = 1$ bis $+\infty$ ($P_K \rightarrow P_\infty$) dreht der Rotor entgegengesetzt zum Statordrehfeld. Als *Bremse* nimmt die Asynchronmaschine sowohl mechanische als auch elektrische Leistung auf.

Für $s < 0$ ($\mathrm{Re}(\underline{I}_S) < 0$) ist die mechanische Drehzahl größer als die Drehzahl des Statordrehfeldes, so dass die Asynchronmaschine ein Betriebsverhalten als *Generator* aufweist („Rotor zieht das Statordrehfeld hinter sich her").

Wenn der Statorwiderstand vernachlässigt werden kann, ist die aufgenommene Leistung P_S gleich der Drehfeldleistung P_δ, d. h.

$$P_\delta = 3U_S\ I_S\ \cos\varphi = 3U_S\ \mathrm{Re}(\underline{I}_S)$$
$$P_\delta = 3 \cdot U_S \cdot (m_I \cdot a_M) \quad m_I\text{: Strommaßstab im Heylandkreis, } [m_I] = {}^{\mathrm{A}}/_{\mathrm{cm}} \tag{D-19}$$

Die Drehfeldleistung P_δ und das innere Drehmoment M_i sind der Strecke a_M proportional. Aus diesem Grund heißt die Gerade durch P_0 und P_∞ in Bild D-62 *Momentengerade*.

Aus dem Strahlensatz folgt, dass die Gerade g_P die Strecke a_M genau im Verhältnis $a_P/a_V = (1 - s)/s$ teilt. Aus diesem Grund heißt die Gerade g_P *Leistungsgerade*. Die Strecke a_V ist proportional zu den Stromwärmeverlusten im Rotor $P_{V,Cu,R}$ und die Strecke a_P proportional zur inneren mechanischen Leistung $P_{i,mech}$.

D.7.4 Drehmoment und Kloss'sche Formel

Das Kippmoment $M_{\mathrm{i,Kipp}}$ und das Drehmoment $M_{\mathrm{i,(P1)}}$ in einem beliebigen Betriebspunkt P_1 kann nach Bild D-63 aus dem Heylandkreis bestimmt werden (r_{SOK}: Radius der Stromortskurve in cm):

$$M_{\mathrm{i,Kipp}} = \frac{P_{\delta,\mathrm{Kipp}}}{2\pi n_0} = \frac{P_{\delta,\mathrm{Kipp}}}{\omega_{\mathrm{S}}/p} = \frac{p}{\omega_{\mathrm{S}}} \cdot 3\,U_{\mathrm{S}}\,(m_{\mathrm{I}} \cdot r_{\mathrm{SOK}})$$

$$M_{\mathrm{i,(P_1)}} = \frac{P_{\delta,\mathrm{(P)}}}{\omega_{\mathrm{S}}/p} = \frac{p}{\omega_{\mathrm{S}}} \cdot 3\,U_{\mathrm{S}}\,(m_{\mathrm{I}} \cdot a_{\mathrm{M}})$$

Bild D-63 Herleitung Drehmoment

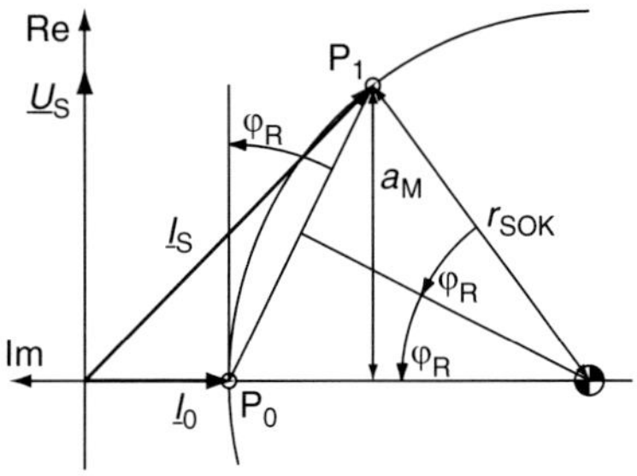

Setzt man diese beiden Gleichungen ins Verhältnis zueinander bzw. bildet man den Quotienten aus der Strecke a_{M} (Abstand des Punktes P_1 zur imaginären Achse) und dem Radius r_{SOK} der Stromortskurve, erhält man nach einigen trigonometrischen Umformungen die *Kloss'sche Formel*:

$$\frac{M_{\mathrm{i,(P_1)}}}{M_{\mathrm{i,Kipp}}} = \frac{a_{\mathrm{M}}}{r_{\mathrm{SOK}}} = \sin(2\varphi_{\mathrm{R}}) = 2\sin\varphi_{\mathrm{R}}\cos\varphi_{\mathrm{R}} = \frac{2\tan\varphi_{\mathrm{R}}}{1+\tan^2\varphi_{\mathrm{R}}} = \frac{2}{\dfrac{1}{\tan\varphi_{\mathrm{R}}} + \tan\varphi_{\mathrm{R}}}$$

$$\frac{\tan\varphi_{\mathrm{R}}}{\tan\varphi_{\mathrm{R,Kipp}}} = \frac{s}{s_{\mathrm{Kipp}}} = \frac{\tan\varphi_{\mathrm{R}}}{\tan 45^\circ} = \tan\varphi_{\mathrm{R}}$$

$$\Rightarrow \boxed{\frac{M_{\mathrm{i}}}{M_{\mathrm{i,Kipp}}} = \frac{2}{\dfrac{s}{s_{\mathrm{Kipp}}} + \dfrac{s_{\mathrm{Kipp}}}{s}}} \quad \text{(Kloss'sche Formel)} \qquad \text{(D-20)}$$

Für kleine Schlupfwerte dominiert in Gl. D-20 der zweite Term unter dem Bruchstrich, so dass bei kleinen Werten für den Schlupf s das Drehmoment M_{i} sich proportional zum Schlupf s verhält. In Bild D-64 der Verlauf mit dieser Näherung grafisch dargestellt.

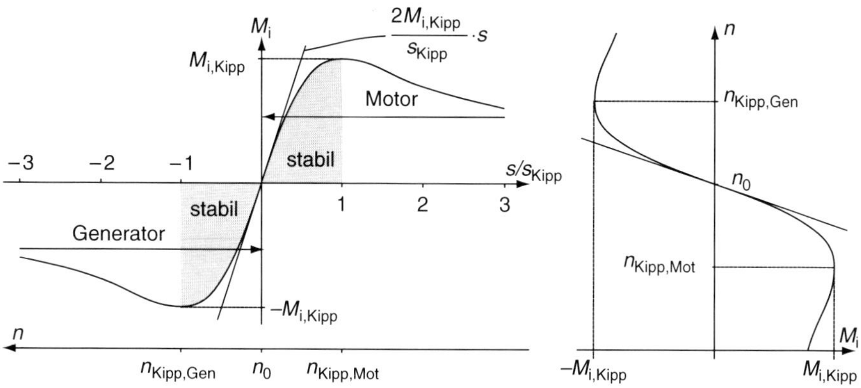

Bild D-64 Drehmoment der Asynchronmaschine

Ein stabiler Betrieb ist jedoch nur in dem grau markiertem Bereich möglich. Wenn der Schlupf im motorischen Betrieb größer sein sollte als der Kippschlupf, erhöht sich die Drehzahl gleichzeitig mit dem Drehmoment. Erst wenn der Kipppunkt überschritten ist, wird mit steigender Drehzahl das Drehmoment kleiner, bis ein stabiles Drehmomenten-Gleichgewicht erreicht werden kann.

Der Radius der Stromortskurve r_{SOK} ist im Kipppunkt gemäß Bild D-62 dem Kippmoment $M_{i,Kipp}$ proportional. Mit Gl. D-19 gilt:

$$M_{i,Kipp} = \frac{P_\delta}{\omega_S/p} = \frac{3p}{\omega_S} \cdot U_S(m_I \cdot r_{SOK}) = \frac{3p}{\omega_S} \cdot U_S \frac{U_S}{2X_\sigma} = \frac{3}{2}\frac{p}{\omega_S} \cdot \frac{U_S^2}{X_\sigma}$$

(D-21)

Das Kippmoment ist also proportional zum Quadrat der Spannung U_S, aber umgekehrt proportional zum Quadrat der Frequenz f_S, da sowohl die Kreisfrequenz ω_S als auch die Streureaktanz X_S jeweils proportional zur Frequenz sind.

Beispiel

D-6: Von einem vierpoligen Asynchronmotor sind folgende Leistungsschilddaten bekannt: 400 V/18 A/cosφ = 0,85/50 Hz/10 kW/1.470 min^{-1}. Wie groß sind die Stromwärmeverluste im Rotor und das Reibmoment?
(Verluste in der Statorwicklung sollen vernachlässigt werden)

Drehfeldleistung:

$$P_\delta = \sqrt{3} U_N I_N \cos\varphi = \sqrt{3} \cdot 400\ \text{V} \cdot 18\ \text{A} \cdot 0{,}85 = 10.600\ \text{W}$$

Leerlaufdrehzahl:

$$n_0 = f_S/p = 50\,\text{s}^{-1}/2 = 25\,\text{s}^{-1}$$
$$= 1.500\,\text{min}^{-1} (\text{Polzahl} = 4,\ \underline{\text{Polpaar}}\text{zahl}\, p = 2)$$

Nennschlupf: $s_N = 1 - \frac{n_N}{n_0} = 1 - \frac{1.470}{1.500} = 2\%$

Verluste im Rotor: $\underline{\underline{P_{V,Cu,R}}} = s_N \cdot P_\delta = 2\% \cdot 10.600\,\text{W} = \underline{\underline{212\,\text{W}}}$

Reibungsverluste: $P_{V,Reib} = 10.600\ \text{W} - 10.000\,\text{W} - 212\,\text{W} = 388\,\text{W};$

Reibmoment: $\underline{\underline{M_{Reib}}} = \frac{388\,\text{W}}{2\pi \cdot \frac{1.470\,\text{min}^{-1}}{60\,\text{s/min}}} = \underline{\underline{2,52\,\text{Nm}}}$

D.7.5 *Drehzahlverstellung der Asynchronmaschine*

Eine verlustarme Drehzahlverstellung ist bei der Asynchronmaschine wie bei der Synchronmaschine nur mit einem Umrichter möglich.

Allerdings ist beim Synchronmotor die mechanische Drehzahl gleich der Drehzahl des Statordrehfeldes, wohingegen beim Asynchronmotor immer ein *Schlupf* zwischen beiden Drehzahlen vorhanden sein muss, um ein Drehmoment entwickeln zu können.

Will man eine Drehzahl- oder Drehmomenten*regelung* bei einer Asynchronmaschine vorsehen, ist ein deutlich höherer Aufwand in der Signalverarbeitung notwendig. Bei einem Gleichstrom- oder Synchronmotor kann leicht zwischen einem *feldbildenden* Erregerstrom und einem *drehmomentbildenden* Anker- oder Statorstrom unterschieden werden. Bei einem Asynchronmotor muss der Statorstrom hierfür erst einmal entsprechend interpretiert werden, indem der Strom in einen feldbildenden und einem drehmomentenbildenden Anteil aufgeteilt werden muss. Das hierfür notwendige Prinzip der *Feldorientierung* wird an dieser Stelle nicht behandelt. (Stölting und Kallenbach 2006)

Für eine Drehzahlverstellung wird wie beim Synchronmotor ein Umrichter benötigt, da auch hier die Statorfrequenz einstellbar sein muss. Eingesetzt wird

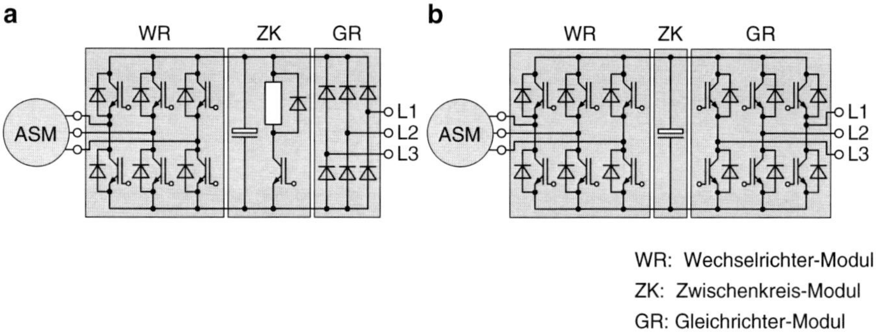

Bild D-65 Prinzipbild Umrichter ohne und mit Rückspeisemöglichkeit. **a**) Umrichter ohne Rückspeisemöglichkeit, **b** rückspeisefähiger Umrichter

für Leistungen bis in den MW-Bereich hinein der *Umrichter mit Spannungs-Zwischenkreis* (Bild D-65). Die Versorgung des Wechselrichters erfolgt aus einem *Eingangsgleichrichter*, der bei Leistungen bis zu einigen kW eventuell noch aus ungesteuerten Dioden bestehen kann (Bild D-65). Die gleichgerichtete Spannung wird vom *Zwischenkreiskondensator* geglättet und über die Taktung des *Wechselrichters* wird die Spannung und die Frequenz der Grundschwingung eingestellt. Der Wechselrichter besteht aus steuerbaren Ventilen mit parallelgeschalteten Freilaufdioden (s. Kap. C).

Als steuerbaren Ventile werden in Abhängigkeit vom Leistungsbereich MOSFETs, IGBTs und bei großen Leistungen teilweise auch noch GTOs eingesetzt.

Muss der Antrieb abgebremst werden, wird kinetische Energie abgebaut und über den dann als Generator laufenden Antrieb in Form von elektrischer Energie über den Wechselrichter in den *Zwischenkreis* (ZK) zurück gespeist. Ist nur ein einfacher Brückengleichrichter auf der Netzseite vorgesehen (Bild D-65), kann diese Leistung nicht an das Versorgungsnetz weiter gegeben werden. In diesem Fall muss die zurückgespeiste Leistung über einen *Bremswiderstand* (*Brems-Chopper*) in Wärme umgesetzt werden.

Bei größeren Leistungen ist das nicht mehr sinnvoll, so dass hier ein *Pulsgleichrichter* anstelle der Diodenbrücke vorgesehen werden muss (Bild D-65). Diese Baugruppe ist bezüglich der Schaltungstopologie genauso aufgebaut wie der motorseitige Wechselrichter. Der Pulsgleichrichter stellt sicher, dass die *Netzströme in Phase zur Netzspannung* liegen ($\cos\varphi = \pm 1$) und damit die ZK-Spannung auch noch unabhängig von Netzspannungstoleranzen eingestellt werden kann. Die ZK-Spannung wird letztendlich über die Größe der Netzströme stabilisiert.

Für die Diskussion des drehzahlveränderlichen Betriebs reicht es an dieser Stelle jedoch aus, den Umrichter als eine „Black-Box" zu betrachten, die ein Drehspannungssystem mit variabler Amplitude und Frequenz erzeugen kann.

Bei Taktfrequenzen größer als 10 kHz können die Nachteile der Umrichterspeisung (z. B. Pendelmomente, zusätzliche Verluste und vor allem zusätzliche Geräusche) praktisch vernachlässigt werden.

Ähnlich wie bei der Gleichstrommaschine müssen auch bei der Asynchronmaschine bei Betrieb mit unterschiedlichen Drehzahlen die *Betriebsgrenzen* beachtet werden. Da mit einem Umrichter fast beliebige Grundschwingungsfrequenzen zu realisieren sind (etwa bis 1/20 der Taktfrequenz, d. h. bei 16 kHz Taktfrequenz Grundschwingungsfrequenzen bis ca. 800 Hz), stellt die *Maximaldrehzahl* der Asynchronmaschine meist eine erste Grenze dar.

In der Regel sind bei maximaler Ausnutzung die Stromwärmeverluste größer als die Eisenverluste. Aus diesem Grund sollte die Asynchronmaschine bei veränderlicher Spannung und Frequenz *nach Möglichkeit mit ihrem Nennfluss* betrieben werden.

Da aber der Nennfluss anhand der elektrischen Daten, die der Steuerung des Umrichters vorliegen, nicht ohne Weiteres bestimmt werden kann, hält man bei der Asynchronmaschine häufig die *Statorflussverkettung* als erste Näherung für die Hauptflussverkettung konstant. Im Γ-Ersatzschaltbild (Bild D-59) ist die Statorflussverkettung dem Spannungsabfall an der Reaktanz X_S bzw. dem Leerlaufstrom

I_0 proportional. Solange der *Statorwiderstand R_S vernachlässigt* werden kann, kann die Statorflussverkettung Ψ_S der Klemmenspannung U_S proportional gesetzt werden:

$$\Psi_S = \Psi_{S,N} \Rightarrow U_{Si} = U_{Si,N} \cdot \frac{f_S}{f_N}, \quad \text{wenn } R_S << (2\pi f_S \cdot L_S) : U_S = U_{S,N} \cdot \frac{f_S}{f_N}$$

Die *Baugröße eines Umrichters* bestimmt sich aus dem maximalen Strom und der maximalen Spannung, letztendlich *nach der benötigten Scheinleistung*. Wegen der deshalb begrenzten Ausgangsspannung muss die Statorflussverkettung Ψ_S für Frequenzen f_S größer als die Nennfrequenz f_N kleiner werden (ähnlich zum Erregerfluss Φ_f der Gleichstrommaschine im Feldschwächbereich). Außerdem muss gemäß Gl. D-21 das Kippmoment $M_{i,Kipp}$ kleiner werden, wenn das Verhältnis Statorspannung U_S zu Statorfrequenz f_S nicht mehr konstant ist. Es gilt:

$$f_S > f_N: U_S = U_{S,N} = \omega_S \Psi_S \Rightarrow \Psi_S = \frac{U_{S,N}}{\omega_S} \sim \frac{1}{f_S}$$

$$\Rightarrow M_{i,Kipp} = \frac{3}{2} \frac{p}{\omega_S} \frac{U_S^2}{X_\sigma} \sim \frac{1}{f_S^2} \qquad \text{(s. D-21)}$$

Sobald also die Spannung nicht mehr proportional zur Frequenz erhöht werden kann, geht die Statorflussverkettung Ψ_S umgekehrt proportional zur Frequenz zurück. Aus diesem Grund nennt man diesen Betriebsbereich wie bei der Gleichstrommaschine *Feldschwächbereich.*

Das zur Verfügung stehende Kippmoment $M_{i,Kipp}$ wird aber umgekehrt proportional zum *Quadrat* der Frequenz kleiner, so dass bei sehr hohen Drehzahlen die Leistung nicht mehr konstant gehalten werden kann, sondern die Leistung umgekehrt proportional zur Frequenz bzw. zur Drehzahl reduziert werden muss.

In Bild D-66 rechts sind die Drehzahl-Drehmoment-Kennlinien mit der Statorfrequenz f_S als Parameter von $f_N/4$ bis $2f_N$ in Schritten von $f_N/4$ dargestellt. Die der jeweilige Frequenz f_S zugeordnete Spannung U_S und das daraus resultierende Kippmoment $M_{i,Kipp}$ sind im linken Diagramm dargestellt.

Im linken Diagramm ist der Rückgang des Kippmoments $M_{i,Kipp}$ ab der Nennfrequenz deutlich zu erkennen, bei der doppelten Nennfrequenz ist es bereits um den Faktor vier kleiner geworden. Das gleiche ist auch bei den Kennlinien im rechten Diagramm zu erkennen. Auch dort werden die maximalen Drehmomentwerte für die Drehzahl-Drehmoment-Kennlinien ab der Nennfrequenz (Kennlinie „N“) immer kleiner, bis dass sie bei der doppelten Nennfrequenz (Kennlinie „3“) ebenfalls nur ein bei einem Viertel des ursprünglichen Wertes liegen. Die vier gekennzeichneten *Punkte* auf der Spannungs-Frequenz-Kennlinie („1“, „N“, „2“, „3“) entsprechen den im rechten Diagramm ebenfalls gekennzeichneten *Kennlinien.*

Bei den oben dargestellten Drehzahl-Drehmoment-Kennlinien ist aber der Statorwiderstand vernachlässigt worden, was bei niedrigen Frequenzen nicht mehr zulässig ist.

Außerdem stellen die beiden Diagramme nur einen Fall einer drehzahlverstellbaren Asynchronmaschine dar. Die Spannungs-Frequenz-Kennlinie kann aber abhängig von der Anwendung anders gestaltet werden. *Lüfter-* oder *Pumpenantriebe* haben

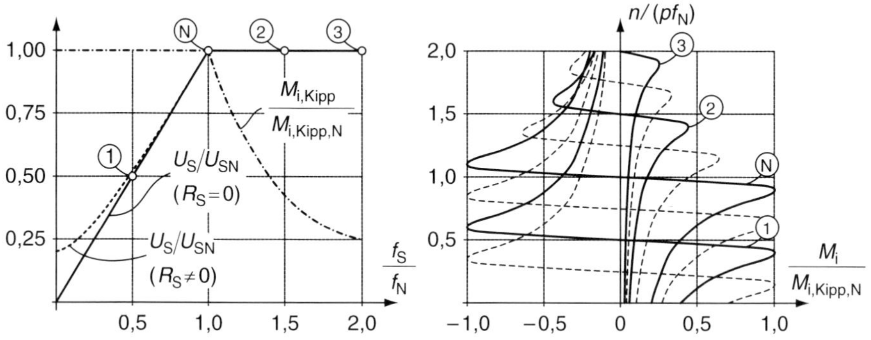

Bild D-66 Kennlinien bei Betrieb mit veränderlicher Spannung und Frequenz

beispielsweise einen mit steigender Drehzahl anwachsenden Drehmomentbedarf, ein Feldschwächbereich macht bei dieser Anwendung keinen Sinn.

Traktionsantriebe haben beim Anfahren aus dem Stillstand ihren höchsten Drehmomentbedarf („Losbrechmoment"), ab einer bestimmten Fahrgeschwindigkeit ist ein Betrieb mit konstanter Leistung meist ausreichend.

Abhängig von der Anwendung können die U/f-Kennlinien entsprechend optimiert werden. Das Optimierungskriterium ist wegen der Kostenaufteilung dabei in der Regel eine minimierte Umrichterscheinleistung $S_{max} \sim U_{max} \cdot I_{max}$.

Beispiel

D-7: Eine Asynchronmaschine in Dreieckschaltung nimmt einen zu hohen Anlaufstrom auf. Durch welche einfache Maßnahme kann der Anlaufstrom verringert werden? Um welchen Faktor ändert sich dann der Anlaufstrom, das Anlaufmoment und das Kippmoment? Warum?

Die Spannung an einer Wicklung ist in Sternschaltung um $\sqrt{3}$ kleiner als in Dreieckschaltung:
s.D-18: $M_{i,Kipp} \sim U_S^2$, d.h. (Kipp -, Anlauf -)Drehmoment wird um den Faktor 3 kleiner Dann wird auch der Strom in der Wicklung kleiner:

$$I_{Wicklung,Anlauf,Stern} = \frac{1}{\sqrt{3}} I_{Wicklung,Anlauf,Dreieck}$$

In der Sternschaltung ist der Zuleitungsstrom (Leiterstrom) gleich dem Wicklungsstrom:

$$I_{Leiter,Anlauf,Stern} = I_{Wicklung,Anlauf,Stern}$$

In der Dreieckschaltung ist der Wicklungsstrom um $\sqrt{3}$ kleiner als der Zuleitungsstrom:

$$I_{Leiter,Anlauf,Stern} = \frac{1}{\sqrt{3}} \frac{1}{\sqrt{3}} I_{Leiter,Anlauf,Dreieck} = \frac{1}{3} I_{Leiter,Anlauf,Dreieck}$$

D.7.6 Einphasen-Asynchronmotor

D.7.6.1 Einphasen-Asynchronmotor mit Hilfsphase

Um ein Drehfeld erzeugen zu können, müssen die einzelnen Wicklungsphasen *räumlich gegeneinander verschoben* am Umfang verteilt sein. Zusätzlich müssen die erregenden Ströme der einzelnen Wicklungen ebenfalls eine *Phasenverschiebung* aufweisen.

Für eine zweisträngige Wicklung wie in Bild D-67 bedeutet das, dass die beiden Wicklungen (Hauptwicklung U1/U2 und Hilfswicklung Z1/Z2) bei einer zweipoligen Maschine um 90° und bei $2p$-poligen Maschine um $90°/p$ mechanisch gegeneinander versetzt sein müssen. Gleichzeitig müssen die Spannungen und Ströme des Zweiphasensystems mit der Frequenz f_S eine Phasenverschiebung von 90° aufweisen. In diesem Fall kann ein Drehfeld konstanter Amplitude erzeugt werden, das dann mit der Drehzahl $n_0 = f_S/p$ umläuft. Das Drehfeld hat dann eine konstante Amplitude und kann (wie in Bild D-39 für das Dreiphasensystem gezeigt) als umlaufender Raumzeiger dargestellt werden. Die Spitze des Zeigers läuft längs der gestrichelten Linie in Bild D-67a.

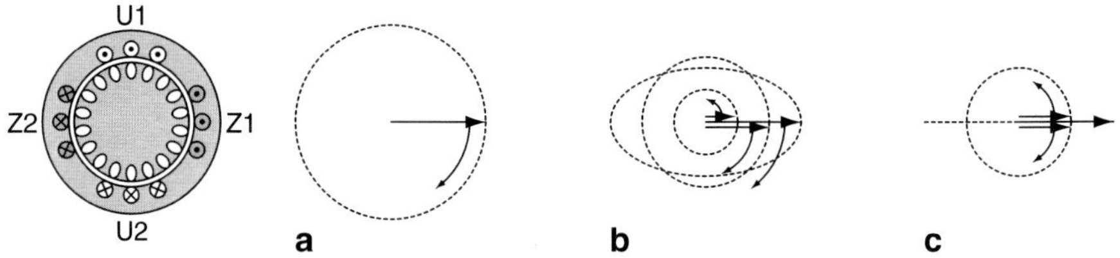

Bild D-67 Entstehung eines elliptischen Drehfelds. **a**) Kreisdrehfeld: beide Stränge harmonisch bestromt, **b**) ellipt. Drehfeld: beide Stränge nicht harmonisch bestromt, **c** Wechselfeld: ein Strang bestromt oder Phasenverschiebung = 0°

Eine Versetzung der beiden Wicklungen von 90° elektrisch ist konstruktiv vorzusehen. Die Phasenverschiebung zwischen den beiden Strangspannungen bzw. -strömen kann mit der Änderung einer Strangreaktanz erreicht werden (Bild D-68).

Bild D-68 Schaltbild Kondensatormotor

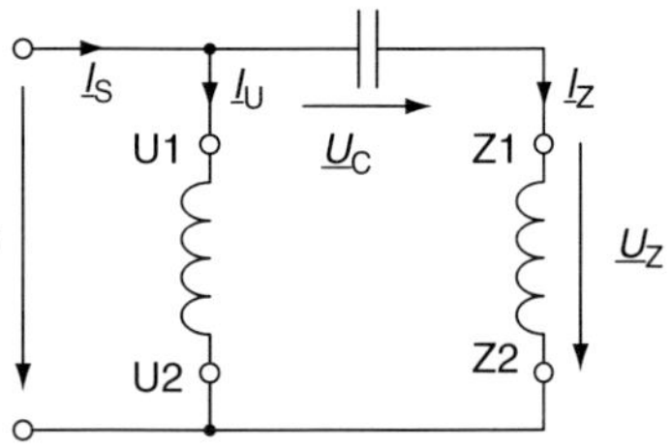

Da aber beim Anlauf und im Betrieb unterschiedliche Ströme fließen, wird zur besseren Anpassung manchmal ein Anlauf- und ein Betriebskondensator vorgesehen.

Bedingung für ein möglichst kreisförmiges Drehfeld sind auch möglichst gleiche Amplituden der beiden Phasen. Da sich beim Anlauf und im Betrieb unterschiedliche Ströme ergeben, sind auch die Spannungsabfälle U_C am Hilfskondensator unterschiedlich. Aus diesem Grund gibt es für jeden Betriebspunkt des einphasig betriebenen Asynchronmotors einen optimalen Kondensatorwert.

In den nicht optimierten Betriebspunkten ergibt sich dann wegen der falschen Phasenverschiebung und der falschen Amplitude für den Strom $\underline{I}_Z$ in der Hilfswicklung ein elliptisches Drehfeld (Bild D-68). Dieses wiederum kann immer durch zwei gegenläufige Kreisdrehfelder beschrieben werden, so dass das Betriebsverhalten wie die mechanische Reihenschaltung von zwei unterschiedlich großen Drehstrommotoren interpretiert werden kann, von dem einer als Motor und der andere als Bremse betrieben wird. Fällt die Hilfsphase aus, entartet das elliptische Drehfeld als Wechselfeld (Bild D-68), und im Stillstand ist das motorische Drehmoment des mitlaufenden Drehfelds genauso groß wie das bremsende Drehmoment des gegenlaufenden Drehfelds.

D.7.6.2 Spaltpolmotor

Eine sehr einfache Lösung, um eine Hilfswicklung zu realisieren, ist im *Spaltpolmotor* verwirklicht (Bild D-69). Die Hilfswicklung besteht beim Spaltpolmotor aus jeweils einem Kurzschlussring, der über die beiden Polhörner geschoben wird.

Bild D-69 Schnittbild Spaltpolmotor

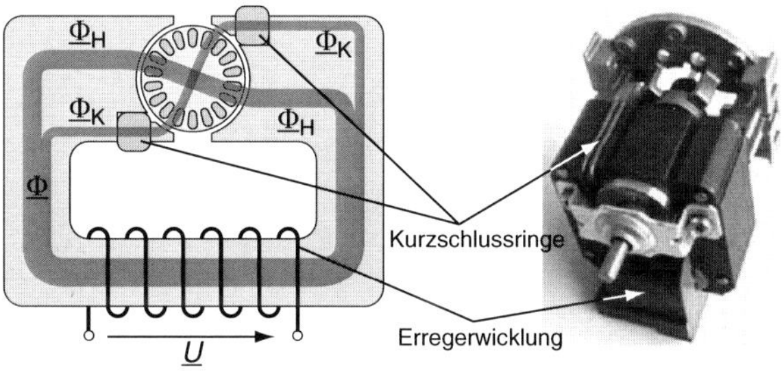

Ein größerer Teil des Erregerflusses $\underline{\Phi}$ durchsetzt auch als Hauptfluss $\underline{\Phi}_H$ den Rotor. Ein kleiner Teil $\underline{\Phi}_K$ durchsetzt aber die Polhörner und die aufgeschobenen Kurzschlussringe. Da durch diesen Wechselfluss $\underline{\Phi}_K$ aber durch die in die Kurzschlussringe induzierten Spannungen auch Ströme in den Kurzschlussringen fließen, wird der Fluss $\underline{\Phi}_K$ nicht nur abgeschwächt, sondern auch in seiner Phasenlage geändert. Da damit aber die beiden Flüsse $\underline{\Phi}_H$ und $\underline{\Phi}_K$ phasenverschoben sind, kann ein schwach elliptisches Drehfeld ausgebildet werden.

Wegen der Verluste in der Hilfswicklung und des stark elliptischen Drehfelds liegen erreichbare Wirkungsgrade im Bereich von etwa 20 bis 30 %. Spaltpolmotoren werden deshalb auch nur für Leistungen bis zu maximal 150 W gebaut.

ÜBUNGSAUFGABEN

Ü D.7-1: Asynchronmotor, Heylandkreis

Ein Drehstrom-Asynchronmotor hat folgende Nenndaten:

$$P_\mathrm{N} = 3{,}5\,\mathrm{kW},\quad n_\mathrm{N} = 936\,\mathrm{min}^{-1},\quad U_\mathrm{N} = 400\,\mathrm{V},$$

$$f_\mathrm{N} = 50\,\mathrm{Hz},\quad I_\mathrm{N} = 8{,}2\,\mathrm{A}, \cos\varphi_\mathrm{N} = 0{,}7.$$

Das innere Kippmoment ist doppelt so groß wie das innere Nenndrehmoment.

a. Welchen Schlupf hat die Asynchronmaschine im Nenn- und im Kipppunkt?
b. Wie groß sind im Nennpunkt die Stromwärmeverluste im Rotor und die Reibungsverluste?
c. Zeichnen Sie die Stromortskurve! (Vorschlag für die Maßstäbe: Strom m_I = 2 A/cm, Schlupf m_s = 5 %/cm) Wie groß ist der Leerlaufstrom?
d. Wie groß ist das Anlaufmoment, wenn beim Anlauf die Reibung vernachlässigt wird? Welcher Anlaufstrom ergibt sich?

Ü D.7-2: Asynchronmotor, Heylandkreis

Ein Drehstrom-Asynchron-motor in Dreieck-Schaltung hat folgende Nenndaten:

$$200\,\mathrm{kW}/985\,\mathrm{min}^{-1}400\,\mathrm{V}/350\,\mathrm{A}/50\,\mathrm{Hz}/\cos\varphi_\mathrm{N} = 0{,}87$$

Der Anlaufstrom beträgt 2.300 A und das (innere) Anlaufmoment 4.700 Nm.

a. Wie groß ist das Drehmoment des Motors im Nennpunkt?
b. Wie hoch ist der Wirkungsgrad bei Nennlast?
c. Zeichnen Sie die Stromortskurve und ermitteln Sie das maximale Drehmoment des Motors! (Vorschlag für den Strommaßstab: m_I = 200 A/cm) Bei welcher Drehzahl wird dieses Drehmoment erreicht?
d. Wie groß ist das Anlaufmoment, wenn der Motor im Stern angelassen wird? Welcher Anlaufstrom ergibt sich dann?

Ü D.7-3: Drehzahlverstellung Asynchronmotor

Eine Asynchronmaschine soll über einen Frequenzumrichter bis zur doppelten Nennfrequenz betrieben werden, wobei die Nennspannung nicht überschritten werden darf. Im Nennpunkt ist das Kippmoment doppelt so groß wie das Dauerdrehmoment.

a. Skizzieren Sie den Verlauf des Dauerdrehmoments und des Kippmoments über der Frequenz!
b. Um wie viel ist das Kippmoment bei maximaler Statorfrequenz kleiner als bei der Nennfrequenz?

Ü D.7-4: Asynchronmotor

Gegeben sind folgende Nenndaten: 4,2 kW/960 min^{-1}/400 V/Δ/9,5 A/50 Hz
Das maximale Drehmoment wird bei einer Drehzahl von 800 min^{-1} erreicht. Es werden nur Verluste in der Rotorwicklung unterstellt.

a. Wie groß sind der Nennschlupf und das Kippmoment?
b. Kann der Motor in Sternschaltung gegen eine Last mit 25 Nm anlaufen?
c. Wie groß sind der Wirkungsgrad und der Leistungsfaktor im Nennpunkt?

Ü D.7-5: Drehzahlverstellbarer Asynchronmotor

Gegeben sind folgende Nenndaten: 15 kW/1.350 min^{-1}/435 V/30 A/46,4 Hz
Bei Nennspannung und Nennfrequenz ist das maximale Drehmoment dreimal so groß wie das Nennmoment. Alle Verluste mit Ausnahme der Stromwärmeverluste im Rotor können vernachlässigt werden.

a. Wie groß ist der Nennschlupf?
b. Bei welcher Drehzahl wird bei Nennspannung und Nennfrequenz das maximale Drehmoment erreicht?
c. Ab der Nenndrehzahl wird der Antrieb mit konstanter Leistung bei konstanter Statorspannung von 435 V (verkettet) betrieben. Schätzen Sie die maximal erreichbare Drehzahl bei Nennleistung ab, wenn eine Kippmomentreserve von 30 % gewährleistet werden soll? (d. h. $M_{\text{Kipp}}/M > 1{,}3$)

Literatur

Fischer R (2009) Elektrische Maschinen, 14. Aufl. Hanser, München

Hendershot JR, Miller TJE (1994) Design of Brushless Permanent-Magnet Motors, 1. Aufl. Magna Physics Publishing, Oxford

Hering E, Voigt A, Bressler K (1999) Handbuch der elektrischen Maschinen und Anlagen, 1. Aufl. Springer, Berlin

Kremser A (2008) Elektrische Maschinen und Antriebe, 3. Aufl. Teubner, Wiesbaden

Spring E (2009) Elektrische Maschinen: Eine Einführung, 3. Aufl. Springer, Berlin

Stölting H-D, Kallenbach E (2006) Handbuch Elektrische Kleinantriebe, 3. Aufl. Hanser, München

Yeadon WH, Yeadon AW (2001) Handbook of Small Electric Motors, 1. Aufl. Mc Graw Hill, New York

www.fh-sw.de/iSEE (Animationen zu den Wirkungsprinzipien)

Kapitel E
Antriebstechnik

E.1 Prozessbeeinflussung durch elektrische Antriebe

Prinzipiell können elektrische Antriebe auf zwei Arten mit dem elektrischen Netz verbunden werden (Bild E-1): über einen *Schalter* (Arbeitspunkt stellt sich in Abhängigkeit von den Drehzahl-Drehmoment-Kennlinien des Antriebs und der Arbeitsmaschine ein) oder über ein *leistungselektronisches Stellglied* (drehzahlveränderlicher Antrieb, Antriebskennlinie kann verändert werden).

Das leistungselektronische Stellglied muss mit einer Steuerung oder Regelung ausgestattet sein, so dass entweder das Drehmoment *oder* die Drehzahl des Antriebs *geregelt* bzw. *gesteuert* werden kann. Prinzipiell wäre damit *jeder* Punkt auf der Kennlinie der Arbeitsmaschine einstellbar, wohingegen ohne ein Leistungsstellglied nur *ein* stabiler Betriebspunkt möglich wäre.

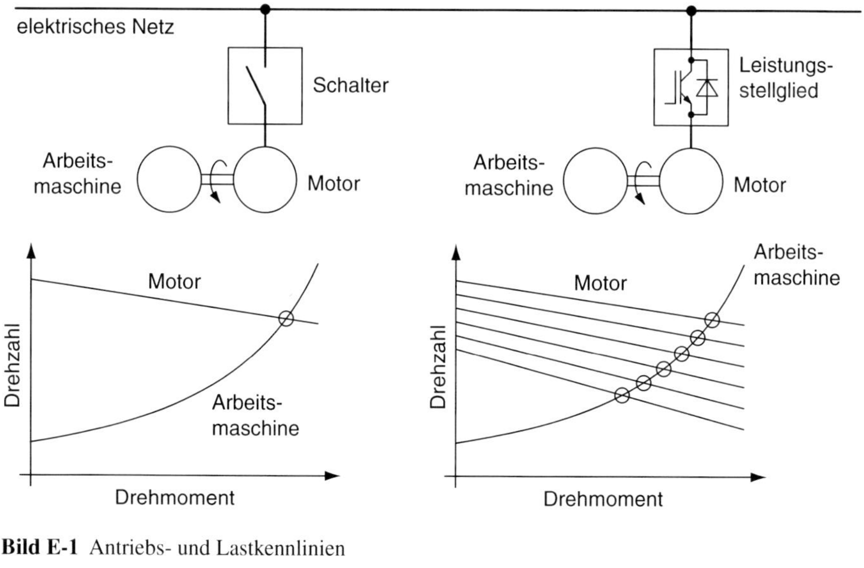

Bild E-1 Antriebs- und Lastkennlinien

E. Hering et al., *Elektrotechnik und Elektronik für Maschinenbauer*,
DOI 10.1007/978-3-642-12881-3_5, © Springer-Verlag Berlin Heidelberg 2012

E.2 System „Arbeitsmaschine – Antriebsmaschine"

Antriebsmaschinen können – wie in Bild E-2 dargestellt – in drei verschiedene Kategorien eingeteilt werden:

1. *synchrones Verhalten*: Die Drehzahl ist fest eingeprägt, es sind nur äußerst kurzfristige und sehr kleine Drehzahländerungen möglich. Der Drehzahlmittelwert ist konstant. Das Verhalten ist typisch für den Synchronmotor und jeden drehzahlgeregelten Antrieb (Nenndrehzahl n_N = Leerlaufdrehzahl n_0).
2. *Nebenschlussverhalten*: Die Drehzahl stellt sich in Abhängigkeit von der Belastung ein. Die Drehzahlabweichung ist aber nur sehr gering (Gleichstrommotor: $n_N/n_0 = 0{,}97\ldots0{,}85$, Asynchronmaschine: $n_N/n_0 = 0{,}98\ldots0{,}92$).
3. *Reihenschlussverhalten*: Die Drehzahl ist extrem abhängig von der Belastung, die Leerlaufdrehzahl ist nur durch die Reibung begrenzt.

Bild E-2 Kategorien verschiedener Drehzahl-Drehmomentkennlinien

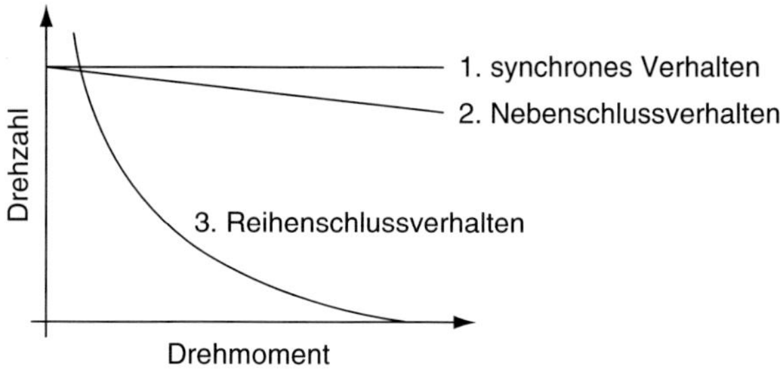

Arbeits- bzw. Belastungsmaschinen können ähnlich wie die Antriebsmaschinen nach ihrem Drehzahlverhalten bei Belastung eingeteilt werden.

1. Die Belastung ist *drehzahlunabhängig*, d. h. $M_{\text{Last}} \neq f(n)$
   Beispiel: Reibung, viele Förderantriebe
2. Die Belastung ist *drehzahlabhängig*, d. h. $M_{\text{Last}} = f(n)$:
   - Zerspanungsaufgaben, Wickelantriebe: $M_{\text{Last}} \sim 1/n$, $P_{\text{Last}} \approx$ const.
   - Hebezeuge, Förderbänder, Walzwerke: $M_{\text{Last}} \approx$ const., $P_{\text{Last}} \sim n$
   - Kalanderantriebe, Papiermaschinen: $M_{\text{Last}} \sim n$, $P_{\text{Last}} \sim n^2$,
   - Pumpen, Lüfter, Zentrifugen, Rührwerke: $M_{\text{Last}} \sim n^2$, $P_{\text{Last}} \sim n^3$
3. Die Belastung ist *wegabhängig*, d. h. $M_{\text{Last}} = f(\alpha)$
   Beispiel: Kolbenmaschinen
4. Die Belastung ist *zeitabhängig*, d. h. $M_{\text{Last}} = f(t)$
   Beispiel: Werkzeugmaschinen, Handhabungsgeräte, Mühlen, Steinbrecher

Es muss sich *mindestens ein Schnittpunkt* der Antriebs- und der Lastkennlinie ergeben, damit ein stabiler Betrieb überhaupt möglich ist. Prinzipiell sind aber auch mehrere Schnittpunkte zwischen den Kennlinien möglich, die wiederum alle jeweils einen möglichen Betriebspunkt ergeben (Bild E-3).

Bild E-3 stabile und instabile Gleichgewichtszustände

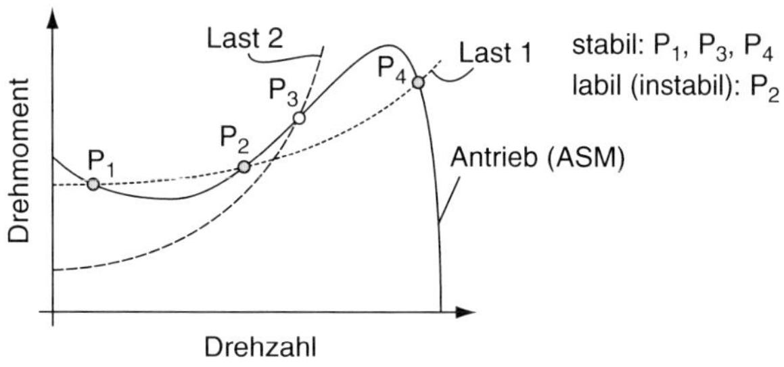

Solange das Antriebsmoment gleich dem Lastmoment der Arbeitsmaschine ist, bleibt die Drehzahl konstant (Drehmomentengleichgewicht). Ist das Lastmoment kleiner als das Antriebsmoment, wird die Drehzahl größer. Im umgekehrten Fall wird der Antrieb abgebremst, bis dass sich ein Gleichgewicht einstellt.

Abhängig vom Winkel mit dem sich die beiden Kennlinien schneiden, kann sich ein stabiles oder ein instabiles Gleichgewicht ergeben:

Befindet sich der Antriebsstrang in einem *instabilen Gleichgewichtszustand* (P_2 in Bild E-3), würde sich bei geringen Änderungen des Last- oder Antriebsmoments sofort eine Drehzahländerung einstellen. Dieses ist der Fall, wenn das Antriebsmoment bei Drehzahlanstieg größer wird als das Lastmoment, bzw. das Antriebsmoment bei Drehzahlabfall kleiner wird als das Lastmoment. Die *Bedingung für einen stabilen Arbeitspunkt* A mit der Drehzahl n_A ergibt sich dann zu

$$\left.\begin{array}{l} n > n_\mathrm{A}: \; M_\mathrm{Last} > M_\mathrm{Antrieb} \\ n < n_\mathrm{A}: \; M_\mathrm{Last} < M_\mathrm{Antrieb} \end{array}\right\} \Rightarrow \boxed{\left.\frac{\mathrm{d}M_\mathrm{Last}}{\mathrm{d}n}\right|_{n=n_\mathrm{A}} > \left.\frac{\mathrm{d}M_\mathrm{Antrieb}}{\mathrm{d}n}\right|_{n=n_\mathrm{A}}} \tag{E-1}$$

E.3 Betriebsarten

Da nicht alle Antriebsaufgaben mit zeitlich konstanter Drehzahl und konstantem Drehmoment gelöst werden können, müssen die unterschiedlichen möglichen Lastspiele einheitlich festgelegt werden. Die im Dauerbetrieb erreichbare Leistung (ohne dabei die maximale Wicklungstemperatur der jeweiligen Wärmeklasse zu überschreiten) ist damit niedriger als die Spitzenleistung im Aussetzbetrieb. In der EN 60034-1 bzw. IEC 60034-1 sind insgesamt 9 verschiedene Betriebsarten festgelegt worden (Bild E-4):

- *Dauerbetrieb, Betriebsart S1*: Betrieb mit konstanter Belastung, *thermische Beharrung* (= konstante Endtemperatur) wird erreicht.
- *Kurzzeitbetrieb, Betriebsart S2*: Betrieb mit konstanter Belastung, Spieldauer T_S ist nicht groß genug, um die thermische Beharrung zu erreichen. Nach Ablauf der Betriebsdauer kühlt die Maschine wieder auf Umgebungstemperatur ab, bevor ein erneuter Betrieb erfolgt.

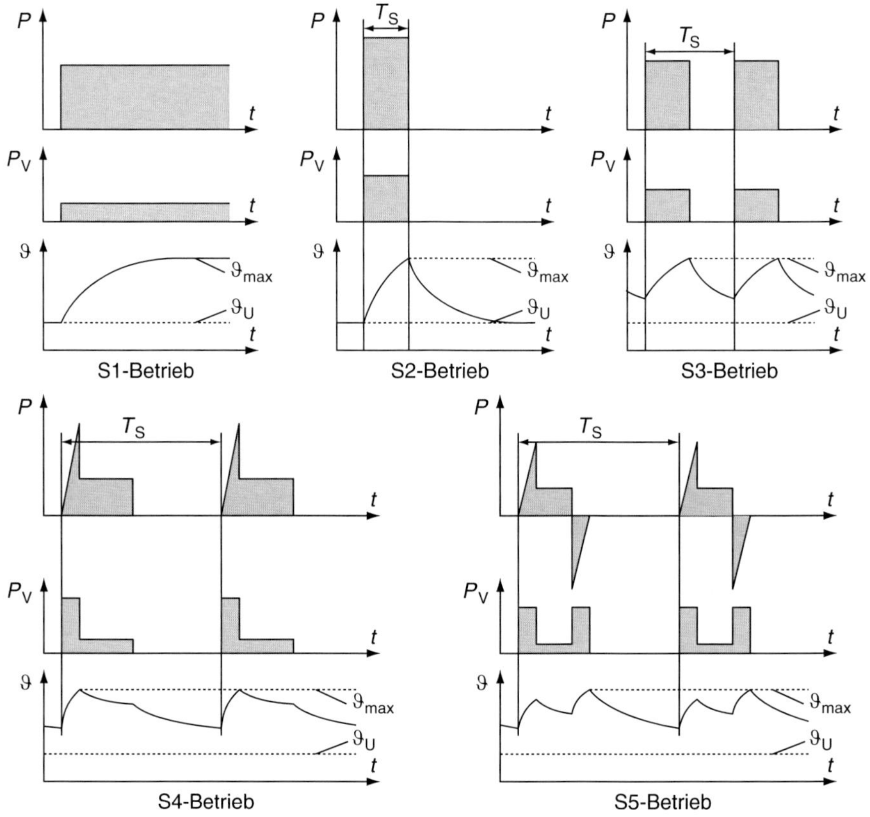

Bild E-4 Dauer-, Kurzzeit- und Aussetzbetriebsarten nach VDE 0530

- *Aussetzbetrieb, Betriebsart S3*: wie S2, nur nach Ablauf der Betriebsdauer kühlt die Maschine *nicht* wieder auf Umgebungstemperatur ab, bevor ein erneuter Betrieb erfolgt.
- *Aussetzbetrieb mit Einfluss des Anlaufvorgangs, Betriebsart S4*: wie S3, während des Anlaufvorgangs ist die aufgenommene Leistung erheblich größer als nach dem Anlauf.
- *Aussetzbetrieb mit elektrischer Bremsung, Betriebsart S5*: wie S4, nach dem eigentlich Betrieb erfolgt eine elektrische Bremsung, wobei die Leistungsaufnahme dabei wiederum höher ist als während des eigentlichen Betriebs.

Die Betriebsarten S6–S9 (ununterbrochener (nicht-)periodischer Betrieb) benötigen eine Reihe von Zusatzangaben und werden auch seltener verwendet. Bei den Betriebsarten S2–S5 wird die *Spieldauer* T_S (beispielsweise S2-10 min), und bei den Betriebsarten S3–S5 zusätzlich die *relative Einschaltdauer* angegeben (beispielsweise S4-15min, ED 40 %).

Ist die thermische Zeitkonstante der Maschine sehr viel größer als als die Spieldauer T_S des Aussetzbetriebs, so kann auch mit dem Mittelwert der Verlustleistung

$P_V(t)$ bei der Projektierung gerechnet werden:

$$\overline{P_V} = \frac{1}{T_S} \int_0^{T_S} P_V(t)\, dt \approx \frac{P_{V,1} \cdot t_1 + P_{V,2} \cdot t_2 + \cdots + P_{V,n} \cdot t_n}{T_S} \tag{E-2}$$

$$\text{aber}: \overline{P_V} \approx 0{,}8 \cdot (1 - \eta_{N,S1})\, P_{N,S1} < (1 - \eta_{N,S1})\, P_{N,S1}!!$$

Da zu erwarten ist, dass die maximale Wicklungstemperatur größer ist als die mittlere Wicklungstemperatur, sollte die mittlere Verlustleistung etwa um 10 bis 20 % kleiner sein als die Verlustleistung im Bemessungspunkt.

E.4 Bauformen, Schutzarten, Kühlung, Isolation

E.4.1 Bauformen

Bauformen elektrischer Antriebe können nach der Norm DIN IEC 34 Teil 7 ausgeführt werden. Diese Bauformbezeichnungen erhalten die Kennzeichnung „IM" (International Mounting), gefolgt von einem „B", wenn die Welle waagerecht geführt wird, oder einem „V", wenn die Welle vertikal geführt wird. Diese Unterscheidung ist notwendig, da das Rotorgewicht von den Wälzlagern entsprechend aufgenommen werden muss. Neben dieser Bezeichnung (Code 1) ist gemäß Norm auch die Bezeichnung mit IM und einer vierstelligen Zahl möglich (Code 2). Einige Bauformen sind in Tabelle E-1 aufgeführt.

Tabelle E-1 Maschinen-Bauformen gemäß DIN IEC 34 Teil 7 (Auswahl)

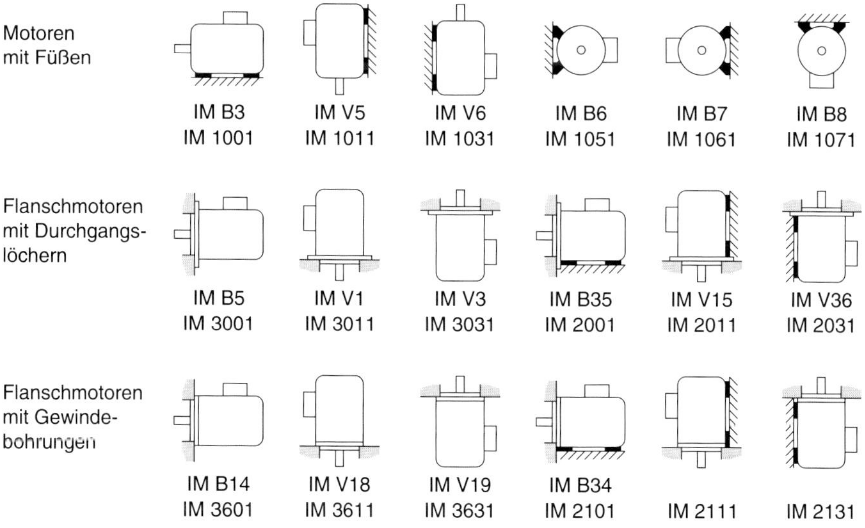

E.4.2 Schutzarten

Eine wesentliche *Eigenschaft* industrieller Geräte ist auch der *Berührungs-*, *Fremdkörper-* und *Wasserschutz*. Diese Schutzfunktionen werden in der IP-Schutzart zusammengefasst (IP:*International Protection*), wobei die Schutzarten für umlaufende elektrische Maschinen nach DIN EN 60034-5 durch ein Kurzzeichen definiert werden: den beiden Buchstaben IP folgen zwei Ziffern, wobei die erste Ziffer (0 bis 6) den Berührungs- und Fremdkörperschutz und die zweite Ziffer (0 bis 8) den Wasserschutz beschreibt (Tabelle E-2). Daraus resultieren theoretisch 63 Varianten, die aber technisch nur in einer begrenzten Auswahl Sinn machen. So treten bei elektrischen Antrieben im Wesentlichen die Schutzarten IP 23, IP 44, IP 55, IP 56, IP 65 auf.

Zusätzlich können beispielsweise in der (petro-)chemischen Industrie, in Klärwerken, auf Bohrplattformen oder im Bergbau während des Betriebs *explosionsfähige Atmosphären* entstehen. Dabei wird unterschieden, ob die Atmosphäre *ständig*, *langzeitig* oder *häufig* (Zone 0, bei Stäuben Zone 20), *gelegentlich* (Zone 1, bei Stäuben Zone 21) oder *selten* (Zone 2, bei Stäuben Zone 22) auftritt. Bei elektrischen Maschinen sind folgende Zündschutzarten üblich:

- *Druckfeste Kapselung, Kennbuchstabe „d"* (DIN EN 50018), für Zone 1 + 2: Bei einer Explosion im Betriebsmittel darf kein Funke nach außen schlagen. Daraus resultiert die Forderung nach einem stabilen und steif ausgelegten Gehäuse,

Tabelle E-2 IP-Schutzarten

	1. Kennziffer			**2. Kennziffer**
	Berührungsschutz	**Fremdkörperschutz**		**Wasserschutz**
0	Kein besonderer Schutz	Kein besonderer Schutz	**0**	Kein besonderer Schutz
1	Gegen große Körperflächen	Große Fremdkörper Durchmesser > 50 mm	**1**	Gegen senkrecht fallendes Tropfwasser
2	Gegen Finger oder ähnlich große Gegenstände	Mittelgroße Fremdkörper Durchmesser > 12 mm	**2**	Gegen schräg fallendes Tropfwasser (< 15° Abw. von der Senkrechten)
3	gegen Werkzeuge, Drähte und ähnliches mit einer Dicke > 2,5 mm	Kleine Fremdkörper Durchmesser > 2,5 mm	**3**	Gegen Sprühwasser (beliebige Richtung bis 60° Abw. von der Senkrechten)
4	gegen Werkzeuge, Drähte und ähnliches mit einer Dicke > 1 mm	Kleine Fremdkörper Durchmesser > 1 mm	**4**	gegen Spritzwasser aus allen Richtungen
5	vollständiger Schutz	Staubgeschützt; auftretende Staubablagerungen dürfen Funktion nicht gefährden	**5**	gegen Strahlwasser aus einer Düse aus allen Richtungen
6	vollständiger Schutz	Staubdicht	**6**	Gegen Überflutung
			7	Gegen Eintauchen
			8	Gegen Untertauchen

sowie nach relativ langen Dichtspalten. Da diese Dichtspalte einen zusätzlichen technischen Aufwand bedeuten, sind die konstruktiven Anforderungen in den verschiedenen Explosionsgruppen I, IIA, IIB und IIC definiert worden.

- *Erhöhte Sicherheit, Kennbuchstabe „e"* (DIN EN 50019), für Zone 1 + 2: Die Oberflächentemperatur darf zu keinem Zeitpunkt (auch nicht bei Störungen!) und an keiner Stelle die Zündtemperatur erreichen. Die Zündtemperaturen sind in Klassen (T1/450 °C, T2/300 °C, T3/200 °C, T4/135 °C, T5/100 °C, T6/85 °C) eingeteilt. Desweiteren dürfen keine „betriebsmäßig funkengebende" Teile (beispielsweise Bürsten und Stecker) vorgesehen werden.
- *Zündschutzart „n"* (DIN EN 50021), für Zone 2: Betriebsmäßig treten keine Funken, Lichtbögen oder unzulässigen Temperaturen auf. Treten im Innern des Betriebsmittels Funken, Lichtbögen oder unzulässige Temperaturen auf, sind die Gehäuse in der Schutzart IP 54 auszuführen, die bei einem Überdruck von 4 mbar mehr als 30 s benötigen, um auf 2 mbar abzusinken (*schwadensicher*) oder die Gehäuse sind überdruckgekapselt.
- *Überdruckkapselung, Kennbuchstabe „p"* (DIN EN 50016), für Zone 1 + 2: Das Gehäuse wird mit einem Überdruck mit Luft oder einem *Inertgas* (reaktionsträges Gas wie beispielsweise Stickstoff oder ein Edelgas) vor dem Eindringen einer eventuell vorliegenden explosionsfähigen Atmosphäre geschützt. Der Überdruck muss überwacht werden (*Druckwächter*).

Es gibt auch Kombinationen unterschiedlicher Schutzarten. Beispielsweise werden Elektromotoren oft in Ex d(e) ausgeführt, wobei das eigentliche Motorengehäuse druckdicht gekapselt und der Klemmenkasten eigensicher ausgeführt wird.

E.4.3 Wärmeklassen und Kühlung

Die Ausnutzung und letztendlich die *Baugröße* eines Elektromotors bestimmt sich mit Rücksicht auf das Isolationssystem nach der maximal zulässigen Wicklungstemperatur. Wird die zulässige Wicklungstemperatur auf Dauer überschritten, steigt die Ausfallwahrscheinlichkeit an, bzw. sinkt die MTBF (MTBF: *mean time between failure*).

Die zulässige Wicklungstemperatur wird über *Wärmeklassen* gemäß IEC 34-1 bzw. EN 60034 beschrieben (Bild E-5), wobei jede Wärmeklasse für andere Materialien im Isolationssystem steht.

Es gilt der Erfahrungssatz (*Montsinger'sche Regel*), dass eine *Erhöhung* der Wicklungstemperatur *um durchschnittlich 10 K* die *Lebensdauer halbiert*. Der Umkehrschluss ist ebenfalls zulässig, dass durch eine geringere Erwärmung die MTBF eines Isolationssystems auch vergrößert werden kann.

Auf der Basis dieser Regel können einerseits *Dauerversuche* zur Untersuchung der Lebensdauer im Experiment *verkürzt* oder andererseits die *Verlässlichkeit* von Antrieben in der Anwendung *verbessert* (oder verschlechtert) werden. Es ist bei Industrieantrieben in kritischen Bereichen der Produktionstechnik nicht unüblich, sie

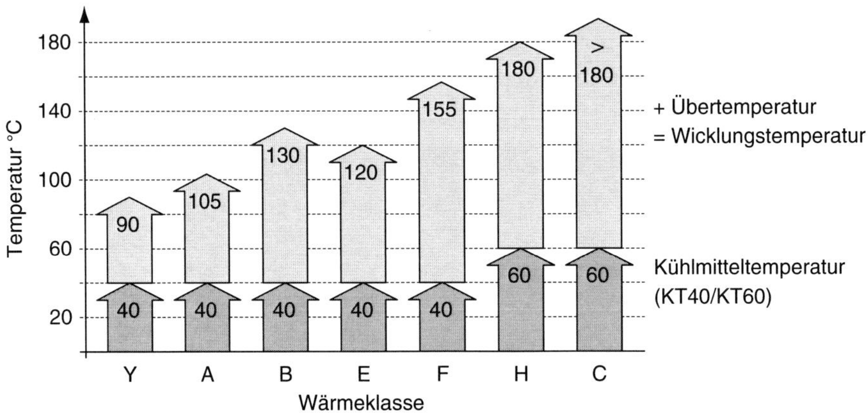

Bild E-5 Wärmeklassen nach IEC

beispielsweise nach Wärmeklasse H bzw. F auszuführen, aber sie nach Wärmeklasse F bzw. B zu betreiben. Bei kostenkritischen Antrieben mit einer geringen Anforderung an die Lebensdauer bzw. Betriebssicherheit kann ein Antrieb auch nach F bzw. B ausgeführt und nach H bzw. F betrieben werden.

Die Verlustleitung verursacht eine *Erwärmung* des Antriebs, wobei die Größe der abführbaren Verlustleistung vom Kühlverfahren abhängt. Bei Servomotoren kann die Verlustleistung oft nur *durch Konvektion* über die glatte oder eventuell auch verrippte Oberfläche abgeführt werden. Bei einem Lokomotivantrieb kann aber über eine *Zwangskühlung* ein kräftiger Luftstrom von mehreren m^3/s durch einen Kühlkreislauf im Antrieb selbst erzeugt werden. Dadurch kann die Verlustleistung natürlich erheblich besser abgeführt werden.

Die Verlustleistung kann direkt oder indirekt über *Wärmetauscher* an die Umgebung abgegeben werden. Dann muss eventuell zwischen einem *primären Kühlkreislauf* mit einem *primären Kühlmittel* und einem *sekundären Kühlkreislauf* mit einem *sekundären Kühlmittel* unterschieden werden. Ein *offener Kühlkreis* liegt vor, wenn das Kühlmittel ständig erneuert wird, wohingegen bei einem *geschlossenen Kühlkreis* immer ein Wärmetauscher vorgesehen werden muss, um die Abwärme an die Umgebung weitergeben zu können.

Dieser *Wärmetauscher* kann außerhalb der Maschine aufgestellt werden oder in den Maschinenaufbau integriert werden. Einen Sonderfall für einen Wärmetauscher stellt die glatte oder verrippte Oberfläche einer gekapselten Maschine dar.

Der IC Code (IC = *International Cooling*) beschreibt gemäß DIN EN 60034-6 bzw. IEC 34-6 die Bezeichnungen der Kühlarten (Tabelle E-3, Bild E-6). Wenn die Kühlung mit Luft eindeutig aus dem Zusammenhang hervorgeht, kann die Kühlart vereinfacht als Ziffer-Kombination dargestellt werden, ansonsten wird das Kühlmittel über einen Buchstaben indiziert.

Als *Kühlmittel* kommen im Wesentlichen *Luft* (Kennbuchstabe A), aber auch *Wasser* (Kennbuchstabe W) und *Wasserstoff* (Kennbuchstabe H) zum Einsatz. Was-

Tabelle E-3 Kennziffern für die Kühlkreisanordnung nach IEC 34-6 bzw. DIN EN 60034-6

1. Kennziffer		2. (3.) Kennziffer	
	Kühlkreisanordnung		**Kühlmittelbewegung**
0	Freier Kühlkreis	**0**	Freie Kühlung
1	Kühlkreis mit Zuführung über Rohr oder Kanal	**1**	Eigenkühlung
2	Kühlkreis mit Abführung über Rohr oder Kanal	**5**	Eingebaute, unabhängige Baugruppe
3	Kühlkreis mit Zu- und Abführung über Rohre oder Kanäle	**6**	Angebaute, unabhängige Baugruppe
4	Oberflächenkühlung	**7**	Getrennte, unabhängige Baugruppe oder Kühlmittel-Betriebsdruck
5	Eingebauter Wärmetauscher, Umgebungsluft als sekundäres Kühlmittel	**8**	Antrieb durch relative Bewegung
6	Angebauter Wärmetauscher, Umgebungsluft als sekundäres Kühlmittel	**9**	Antrieb durch sonstige Bewegungsarten
7	Eingebauter Wärmetauscher, zugeführtes sekundäres Kühlmittel		
8	Angebauter Wärmetauscher, zugeführtes sekundäres Kühlmittel		
9	Getrennt angeordneter Wärmetauscher		

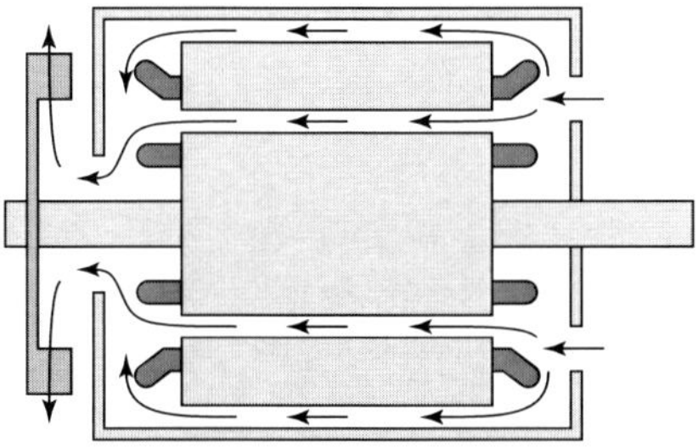

IC 01: Eigeninnenkühlung
möglich für z. B. IP 21 - IP 23
genaue Bezeichnung: IC 0A1

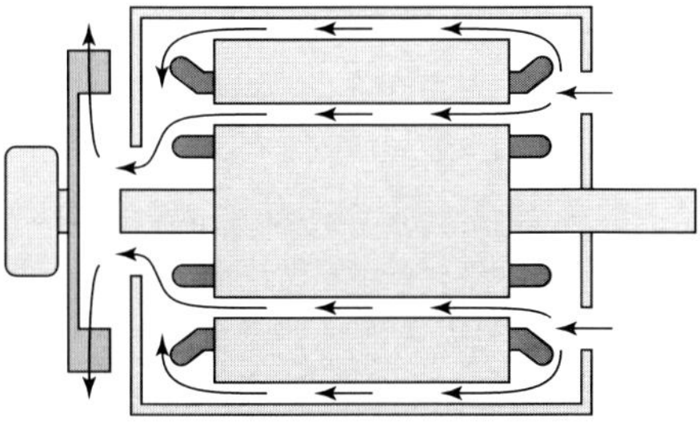

IC 06: Fremdinnenkühlung
möglich für z. B. IP 21 - IP 23
genaue Bezeichnung: IC 0A6

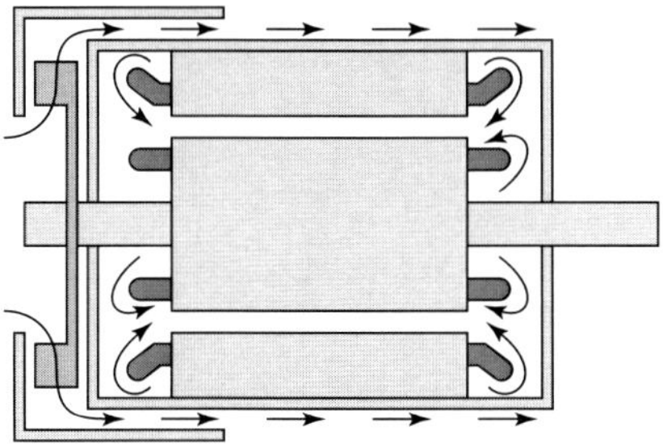

IC 411: Eigenoberflächenkühlung
möglich für z. B. IP 44 - IP 55
genaue Bezeichnung: IC 4A1A1

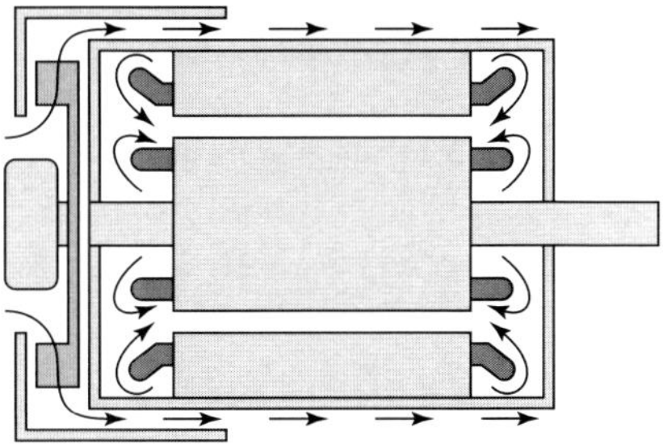

IC 416: Eigenoberflächenkühlung
möglich für z. B. IP 44 - IP 55
genaue Bezeichnung: IC 4A1A6

Bild E-6 Lüftführung bei verschiedenen Kühlkreisanordnungen serstoff bietet einen sehr guten Wärmeübergang bei gleichzeitig niedrigen Reibungsverlusten an. Bei der gleichen Lüfterleistung kann bei einer Wasserstoff-Kühlung eine um etwa 70 % größere Verlustleistung abgeführt werden!

Der Aufwand einer *Wasserstoff-Kühlung* ist aber so groß, dass diese Art der Kühlung praktisch *nur im Großmaschinenbau* (Turbogeneratoren) zum Einsatz kommt. Eine Wasser-Kühlung wird hingegen auch dann vorgesehen, wenn ohnehin schon ein Wasserkreislauf vorhanden ist, beispielsweise bei Antrieben in Werkzeugmaschinen oder bei Hybrid-Fahrzeugen.

In Bild E-6 ist die Luftführung in vier Beispielen dargestellt. Da hier Luft als Kühlmittel verwendet wird, reicht an sich jeweils die Kurzbezeichnung (beispielsweise IC 4A1A6: 4 = Oberflächenkühlung, A1 = Eigenkühlung mit Luft im Primärkreis, A6 = Zwangskühlung mit Luft im Sekundärkreis).

Werden Antriebe immer mit der etwa gleichen Drehzahl betrieben, kann die Lüfterleistung über ein *Lüfterrad direkt auf der Motorwelle* erzeugt werden; man spricht dann von *eigenbelüfteten* Antrieben. Um aber auch bei niedrigen Drehzahlen eine hinreichende Wärmeabfuhr gewährleisten zu können, muss die Belüftung durch einen separaten Lüfterantrieb sichergestellt werden. In diesem Fall spricht man von *fremdbelüfteten* Antrieben.

E.5 Wirkungsgradklassen

Zwei Drittel des Stromverbrauchs der Industrie in Deutschland (170 TWh in 2007) entfallen auf elektromotorisch angetriebene Systeme wie beispielsweise Pumpen, Ventilatoren und Kompressoren. Man geht davon aus, dass ungefähr 15 % dieser Energie (ca. 27,5 TWh) durch den Einsatz von Antrieben mit verbessertem Wirkungsgrad eingespart werden könnten.

In den *USA* und *Kanada* werden per Gesetz (EPAct: Energy Policy and Conservation Act 1992, EISA: Energy Independence and Security Act 2007) den Motoren-Herstellern Mindest-Wirkungsgrade *vorgeschrieben*. In *Europa* hatten die EU-Kommission und die Hersteller-Vertretung CEMEP (European Commitee of Manufacturers of Electrical Machines and Power Electronics) eine *Vereinbarung* (freiwilliges EU-Agreement) über Wirkungsgradvorgaben getroffen, um gesetzliche Vereinbarungen zu vermeiden.

Die unterschiedlichen Wirkungsgradklassen sind zum Vergleich in Bild E-7 schematisch dargestellt. Die Wirkungsgradklassen eff3 (Standard), eff2 (Improved Efficiency) und eff1 (High Efficiency) werden durch die in der internationalen Norm IEC 60034-30 definierten Energieklassen IE1 bis IE3 im Rahmen einer EuP-Richtlinie (EuP: Energy Using Products) in allen EU-Ländern zur Zeit (2010) in nationales Recht umgesetzt. Die in der Norm bereits definierte Klasse IE4 (Super Premium Efficiency) ist noch nicht genau spezifiziert und deshalb gesetzlich noch nicht vorgeschrieben. Sie soll erst bei späteren Gesetzesvorgaben berücksichtigt werden. Daneben gibt es die für den amerikanischen Markt (USA/CAN/MX) gültigen NEMA-Vorgaben (National Electrical Manufacturers Association).

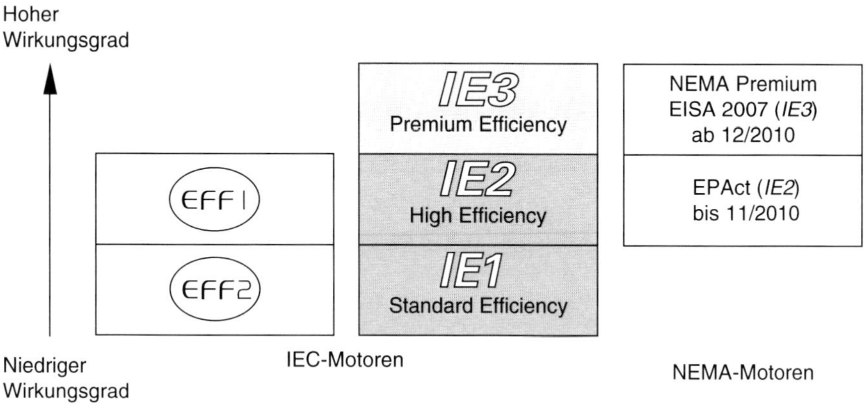

Bild E-7 Wirkungsgradklassen

Die im Diagramm nicht mehr dargestellte Wirkungsgradklasse eff3 stellt die bislang üblichen Normmotoren dar. Bessere Wirkungsgrade können erreicht werden, indem der Motor *nicht mehr so hoch ausgenutzt* wird (= weniger Leistung/Gewicht) oder indem durch größere Drahtquerschnitte in den Wicklungen die Stromwärmeverluste reduziert werden (= *größeres Kupfergewicht*). Beide Maßnahmen führen zu *höheren Investitionskosten*.

In vielen Anwendungen würden sich aber diese zusätzlichen Investitionskosten durch die Energieeinsparung schon nach einigen 1.000 Betriebsstunden amortisieren. Im Anlagenbau wurden bei der Projektierung natürlich auch die zu erwartenden Betriebskosten immer schon betrachtet. In derartige Betrachtungen wurden aber in der Regel „nur" die wenigen großen Energieverbraucher einbezogen. Durch die neuen Regelungen werden Anbieter und Betreiber jetzt aber gezwungen sein, auch die vielen Teilsysteme kleinerer Leistung (Pumpen, Kompressoren, Lüfter) anders zu bewerten.

E.6 Optimale Getriebeübersetzung

Die Zeit, die für einen Positioniervorgang benötigt wird, hängt sehr stark von der gewählten Getriebeübersetzung ab.

Wird eine zu hohe Getriebeübersetzung i gewählt, um beispielsweise den Antriebsmotor mit einer möglichst hohen Drehzahl zu betreiben, wird die Drehzahl (und auch die Winkelbeschleunigung!) auf der Lastseite für einen schnellen Positioniervorgang zu klein sein.

Wird die Getriebeübersetzung i aber zu klein gewählt (im Extremfall kein Getriebe wie bei einem *Direktantrieb*), wird das Ersatzmassenträgheitsmoment bezogen auf die Motorwelle zu groß und somit die zur Verfügung stehende Beschleunigung auch wieder kleiner. Demzufolge muss es ein Optimum geben.

Hierzu soll im Folgenden (schematische Darstellung in Bild E-8) ein Antrieb (Index M) betrachtet werden, der über ein Getriebe mit der Last (Index L) verbunden ist. Der Motor mit dem Massenträgheitsmoment J_M dreht mit der Winkelgeschwindigkeit Ω_M und treibt über ein Getriebe mit der Übersetzung i eine Last mit dem Massenträgheitsmoment J_L an, die mit der Winkelgeschwindigkeit Ω_L rotiert.

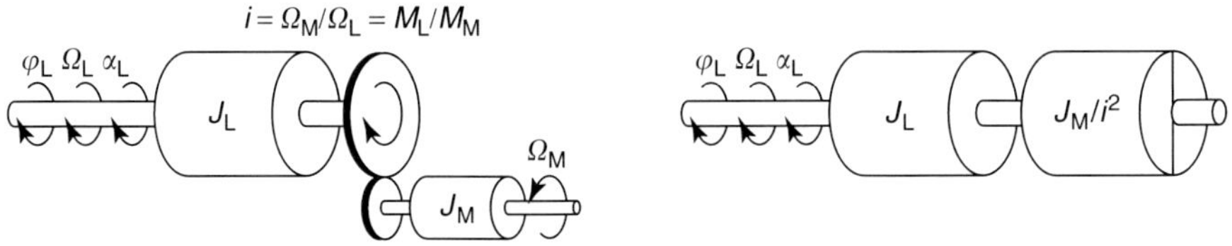

Bild E-8 Dynamische Struktur eines Antriebs mit Getriebe (links) mit Ersatzanordnung (rechts)

Unter der Voraussetzung, dass kein Last- oder Reibmoment auftritt, kann bei einem Motordrehmoment M_M die Winkelbeschleunigung α_L an der Last folgendermaßen dargestellt werden:

$$\alpha_L = \frac{i \cdot M_M}{J_L + i^2 J_M} = \frac{M_M}{i \cdot J_M + \dfrac{J_L}{i}} \left(= \frac{d\Omega_L}{dt} = \frac{d}{dt}\left(\frac{d\varphi_L}{dt}\right)\right) \tag{E-3}$$

Zur Bestimmung der optimalen Übersetzung muss unterschieden werden, ob die Maximaldrehzahl bei der Beschleunigung begrenzt ist oder nicht.

E.6.1 Optimale Getriebeübersetzung ohne Drehzahl-Begrenzung

Es ergeben sich in Bild E-9 folgende Verläufe für die Winkelbeschleunigung α_L, die Winkelgeschwindigkeit Ω_L und die Winkelposition φ_L an der Last:

Soll die Last von der Position φ_1 zur Position φ_2 *zeitoptimal positioniert* werden, so wird die Last bis zur Hälfte der Strecke mit dem maximalen Motordrehmoment beschleunigt und danach mit dem maximalen Drehmoment wieder abgebremst. Demzufolge ist der Verlauf der Winkelbeschleunigung α_L stückweise konstant.

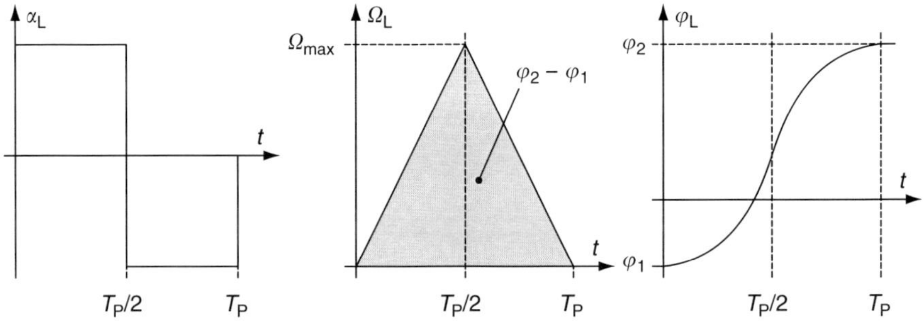

Bild E-9 Zeitverläufe beim Positioniervorgang ohne Drehzahlbegrenzung

Der Verlauf für die Drehzahl $n_\mathrm{L} = \Omega_\mathrm{L}/(2\pi)$ setzt sich demzufolge aus Geradenstücken, der Verlauf der Lage φ_L setzt sich hingegen aus zwei Parabelstücken zusammen. Es gilt:

$$\alpha_\mathrm{L} = \frac{\Omega_\mathrm{max}}{T_\mathrm{P}/2} \quad \Rightarrow \quad \Omega_\mathrm{max} = \frac{\alpha_\mathrm{L} \cdot T_\mathrm{P}}{2} \text{bzw}.\ \Delta\varphi_\mathrm{L} = \varphi_2 - \varphi_1 = \frac{T_\mathrm{P} \cdot \Omega_\mathrm{max}}{2} = \frac{\alpha_\mathrm{L}}{4} \cdot T_\mathrm{P}^2$$

$$\Rightarrow T_\mathrm{P} = \sqrt{\frac{4\Delta\varphi_\mathrm{L}}{\alpha_\mathrm{L}}} = \sqrt{\frac{4\Delta\varphi_\mathrm{L}}{M_\mathrm{M}} \cdot \left(i \cdot J_\mathrm{M} + \frac{J_\mathrm{L}}{i}\right)} \qquad \text{(E-4)}$$

Offensichtlich ist die *Positionierzeit* T_P also von der Getriebeübersetzung i abhängig. Um zu bestimmen, bei welcher Übersetzung i_opt die Verstellzeit T_P minimal wird, muss der Wurzelausdruck in Gl. E-4 nach i abgeleitet und die Nullstelle der Ableitung gefunden werden:

$$\frac{\partial T_\mathrm{P}}{\partial i} = \frac{\partial}{\partial i}\sqrt{\frac{4\Delta\varphi_\mathrm{L}}{M_\mathrm{M}} \cdot \left(i \cdot J_\mathrm{M} + \frac{J_\mathrm{L}}{i}\right)} = \sqrt{\frac{4\Delta\varphi_\mathrm{L}}{M_\mathrm{M}}} \cdot \frac{\partial}{\partial i}\sqrt{i \cdot J_\mathrm{M} + \frac{J_\mathrm{L}}{i}}$$

$$= +\frac{1}{2} \cdot \sqrt{\frac{4\Delta\varphi_\mathrm{L}}{M_\mathrm{M}}} \frac{J_\mathrm{M} - \dfrac{J_\mathrm{L}}{i^2}}{\sqrt{i \cdot J_\mathrm{M} + \dfrac{J_\mathrm{L}}{i}}} \stackrel{!}{=} 0 \quad \Rightarrow \quad J_\mathrm{M} - \frac{J_\mathrm{L}}{i_\mathrm{opt}^2} = 0$$

$$\Rightarrow \boxed{i_\mathrm{opt} = \sqrt{\frac{J_\mathrm{L}}{J_\mathrm{M}}}} \qquad \text{(E-5)}$$

D. h. die Verstellzeit ist dann minimal, wenn die Last (Trägheitsmoment J_L) und der Motor (Trägheitsmoment J_M) die gleiche kinetische Energie besitzen:

$$\frac{1}{2} J_\mathrm{M}\Omega_\mathrm{M}^2 = \frac{1}{2} J_\mathrm{L}\Omega_\mathrm{L}^2 = \frac{1}{2} J_\mathrm{L}\left(\frac{\Omega_\mathrm{M}}{i_\mathrm{opt}}\right)^2 \quad \Rightarrow \quad J_\mathrm{M} = \frac{J_\mathrm{L}}{i_\mathrm{opt}^2} \text{bzw}.\ i_\mathrm{opt} = \sqrt{\frac{J_\mathrm{L}}{J_\mathrm{M}}}$$

Oft kann aber die Getriebeübersetzung nicht bzgl. der Positionierzeit T_P optimiert werden, sondern muss auf der Grundlage anderer Gesichtspunkte festgelegt werden. Dann wird man einen Kompromiss finden müssen, bei dem die Abhängigkeit der Positionierzeit von der Getriebeübersetzung bewertet werden muss. Setzt man das Ergebnis aus Gl. E-5 in Gl. E-4 ein, erhält man für die Positionierzeit $T_\mathrm{P,opt}$:

$$T_\mathrm{P,opt} = \sqrt{\frac{4\Delta\varphi_\mathrm{L}}{M_\mathrm{M}} \cdot \left(\sqrt{\frac{J_\mathrm{L}}{J_\mathrm{M}}} \cdot J_\mathrm{M} + \sqrt{\frac{J_\mathrm{M}}{J_\mathrm{L}}} J_\mathrm{L}\right)}$$

$$= \sqrt{\frac{4\Delta\varphi_\mathrm{L}}{M_\mathrm{M}} \cdot \left(\sqrt{J_\mathrm{L} \cdot J_\mathrm{M}} + \sqrt{J_\mathrm{M} \cdot J_\mathrm{L}}\right)}$$

$$= \sqrt{\frac{8\Delta\varphi_\mathrm{L}}{M_\mathrm{M}} \cdot \sqrt{J_\mathrm{L} \cdot J_\mathrm{M}}}$$

Das erhaltene Ergebnis ist die kleinstmögliche Positionierzeit $T_{\mathrm{P,opt}}$. In Gl. E-4 ist die Positionierzeit in Abhängigkeit von der Getriebeübersetzung i angegeben. Stellt man diese Positionierzeit $T_{\mathrm{P}}(i)$ ins Verhältnis zur kleinstmöglichen Positionierzeit $T_{\mathrm{P,opt}}$, so erhält man:

$$\frac{T_{\mathrm{P}}(i)}{T_{\mathrm{P,opt}}} = \frac{\sqrt{\dfrac{4\Delta\varphi_{\mathrm{L}}}{M_{\mathrm{M}}} \cdot \left(i \cdot J_{\mathrm{M}} + \dfrac{J_{\mathrm{L}}}{i}\right)}}{\sqrt{\dfrac{8\Delta\varphi_{\mathrm{L}}}{M_{\mathrm{M}}} \cdot \sqrt{J_{\mathrm{L}} \cdot J_{\mathrm{M}}}}} = \sqrt{\frac{1}{2} \cdot \left(\frac{i \cdot J_{\mathrm{M}}}{\sqrt{J_{\mathrm{L}} \cdot J_{\mathrm{M}}}} + \frac{J_{\mathrm{L}}}{i \cdot \sqrt{J_{\mathrm{L}} \cdot J_{\mathrm{M}}}}\right)}$$

$$= \sqrt{\frac{1}{2} \cdot \left(\frac{i}{\sqrt{J_{\mathrm{L}}/J_{\mathrm{M}}}} + \frac{\sqrt{J_{\mathrm{L}}/J_{\mathrm{M}}}}{i}\right)}$$

$$= \sqrt{\frac{1}{2} \cdot \left(\frac{i}{i_{\mathrm{opt}}} + \frac{i_{\mathrm{opt}}}{i}\right)} \tag{E-6}$$

Das Ergebnis aus Gl. E-6 ist als Verlauf in Bild E-10 *halblogarithmisch* dargestellt. Das *Minimum der Kurve verläuft sehr flach* und somit muss die nach Gl. E-4 bestimmte optimale Getriebeübersetzung keineswegs genau eingehalten werden. Wenn die ausgeführte Getriebeübersetzung sich um den Faktor zwei von der optimalen Übersetzung unterscheidet, vergrößert sich die Verstellzeit nur um 12 %!

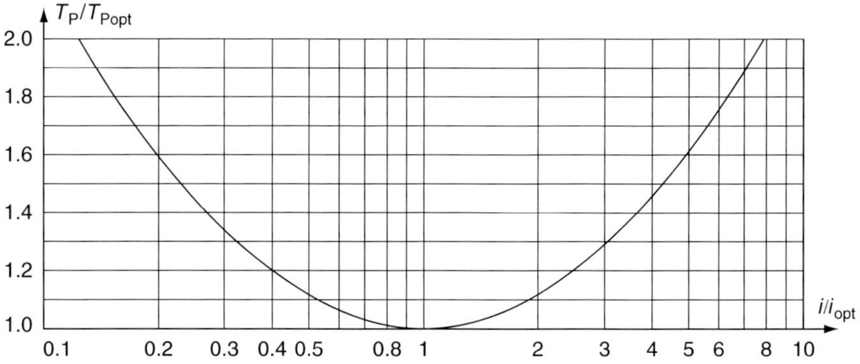

Bild E-10 Abhängigkeit der Verstellzeit von der Getriebeübersetzung

E.6.2 *Optimale Getriebeübersetzung mit begrenzter Lastdrehzahl*

Die *Lastdrehzahl* $n_{\mathrm{L}} = \Omega_{\mathrm{L}}/(2\pi)$ ist oft aus mechanischen Gründen begrenzt. Es können bei Überschreiten einer bestimmten Drehzahl zu große Fliehkräfte oder auch nicht tolerierbare mechanische Schwingungen auftreten. Damit wird vom Drehzahlverlauf $n_{\mathrm{L}} = \Omega_{\mathrm{L}}/(2\pi)$ eine trapezförmige Fläche aufgespannt (Bild E-11).

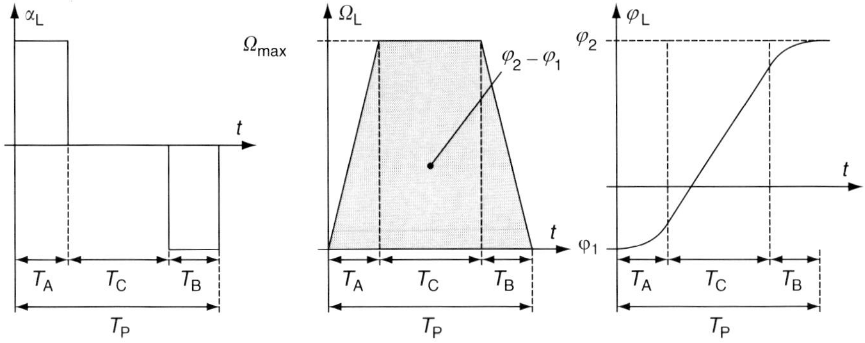

Bild E-11 Zeitverläufe beim Positioniervorgang mit begrenzter Lastdrehzahl

Die Positionierzeit T_P setzt sich zusammen aus einer Anlaufzeit T_A, einer Abbremszeit T_B und einer Zeit T_C, bei der die Drehzahl (bzw. Geschwindigkeit) konstant bleibt. Für die Winkelbeschleunigung α_L gilt jetzt:

$$\alpha_L = \frac{d\Omega_L}{dt} = \frac{\Omega_{Lmax}}{T_A} = \frac{M_M}{i \cdot J_M + \frac{J_L}{i}} \quad \text{(s. Gl. E-3)}$$

$$\Rightarrow T_A = \frac{\Omega_{Lmax}}{M_M} \cdot \left(i \cdot J_M + \frac{J_L}{i}\right)$$

Die trapezförmige Fläche unter dem Verlauf der Winkelgeschwindigkeit $\Omega_L(t)$ ist gleich dem Verstellwinkel $\Delta\varphi = \varphi_2 - \varphi_1$:

$$(T_A + T_C) \cdot \Omega_{Lmax} = \Delta\varphi_L \quad \Rightarrow \quad T_C = \frac{\Delta\varphi_L}{\Omega_{Lmax}} - T_A$$

$$T_P(i) = T_A + T_C + T_B = T_C + 2T_A = \frac{\Delta\varphi_L}{\Omega_{Lmax}} + T_A$$

$$= \frac{\Delta\varphi_L}{\Omega_{Lmax}} + \frac{\Omega_{Lmax}}{M_M} \cdot \left(i \cdot J_M + \frac{J_L}{i}\right)$$

Auch hier muss die Gleichung für $T_P(i)$ nach i abgeleitet und zu Null gesetzt werden, um die optimale Übersetzung i_{opt} für eine minimale Verstellzeit zu finden:

$$\frac{\partial T_P}{\partial i} = \frac{\partial}{\partial i}\left(\frac{\Delta\varphi_L}{\Omega_{Lmax}} + \frac{\Omega_{Lmax}}{M_M} \cdot \left(i \cdot J_M + \frac{J_L}{i}\right)\right)$$

$$= \frac{\Omega_{Lmax}}{M_M} \cdot \frac{\partial}{\partial i}\left(i \cdot J_M + \frac{J_L}{i}\right) = \frac{\Omega_{Lmax}}{M_M} \cdot \left(J_M - \frac{J_L}{i^2}\right) \stackrel{!}{=} 0$$

$$\Rightarrow \boxed{i_{opt} = \sqrt{\frac{J_L}{J_M}}}$$

D. h. wenn nur die Drehzahl *auf der Lastseite* begrenzt ist, gilt die *gleiche Regel für die Getriebeübersetzung*, als wäre die Abtriebsdrehzahl nicht begrenzt.

E.6.3 Optimale Getriebeübersetzung mit begrenzter Motordrehzahl

Da die Baugröße und somit auch die Kosten für einen Antriebsmotor im Wesentlichen vom Drehmoment abhängen, ist man grundsätzlich geneigt, die Maximaldrehzahl $n_{\mathrm{Mmax}} = \Omega_{\mathrm{Mmax}}/(2\pi)$ eines Motors so weit als möglich auszunutzen.

Qualitativ ergeben sich für diesen Fall die gleichen Verläufe wie im letzten Abschnitt, es kann auch der in Abschn. E.6.2 bereits hergeleitete Term für $T_{\mathrm{P}}(i)$ übernommen werden. Es muss nur berücksichtigt werden, das die maximale Lastdrehzahl $\Omega_{\mathrm{Lmax}}/(2\pi)$ jetzt von der Getriebeübersetzung i und Ω_{Mmax} abhängt:

$$T_{\mathrm{P}}(i) = \frac{\Delta\varphi_{\mathrm{L}}}{\Omega_{\mathrm{Lmax}}} + \frac{\Omega_{\mathrm{Lmax}}}{M_{\mathrm{M}}} \cdot \left(i \cdot J_{\mathrm{M}} + \frac{J_{\mathrm{L}}}{i}\right)$$

$$\Omega_{\mathrm{Lmax}} = \frac{\Omega_{\mathrm{Mmax}}}{i} : \qquad T_{\mathrm{P}} = \frac{i \cdot \Delta\varphi_{\mathrm{L}}}{\Omega_{\mathrm{Mmax}}} + \frac{\Omega_{\mathrm{Mmax}}}{M_{\mathrm{M}}} \cdot \left(J_{\mathrm{M}} + \frac{J_{\mathrm{L}}}{i^2}\right)$$

Zur Bestimmung der optimalen Getriebeübersetzung muss die Positionierzeit wieder nach der Übersetzung i abgeleitet und zu Null gesetzt werden:

$$\frac{\partial T_{\mathrm{P}}}{\partial i} = \frac{\Delta\varphi_{\mathrm{L}}}{\Omega_{\mathrm{Mmax}}} + \frac{\Omega_{\mathrm{Mmax}}}{M_{\mathrm{M}}} \cdot \left(0 - 2\frac{J_{\mathrm{L}}}{i^3}\right) \stackrel{!}{=} 0 \quad \Rightarrow \quad i_{\mathrm{opt}} = \sqrt[3]{\frac{2\Omega_{\mathrm{Mmax}}^2 \cdot J_{\mathrm{L}}}{\Delta\varphi_{\mathrm{L}} \cdot M_{\mathrm{M}}}} \qquad \text{(E-6)}$$

Die optimale Getriebe-übersetzung ist jetzt also auch noch zusätzlich vom Verstellwinkel $\Delta\varphi_{\mathrm{L}}$ an der Lastwelle abhängig. In diesem Fall ist nur dann eine Optimierung möglich, wenn ein mittlerer Verstellwinkel angegeben werden kann.

E.7 Servoantriebe

Die Aufgabe von *Servoantrieben* besteht darin, Maschinenteile auf vorgegebenen Bahnen innerhalb bestimmter Zeiten zu bewegen. Die dabei nachzufahrenden Bahnen und die notwendigen Zeiten ergeben sich dabei aus dem jeweiligen Prozess. Eingesetzt werden Servoantriebe in der Hauptsache als Antriebe für *Werkzeugmaschinen* und *Handhabungsgeräte* (Roboter).

Aus diesen Anwendungen ergeben sich bestimmte Anforderungen, die sich teilweise erheblich von den Anforderungen an den Großteil der elektrischen Antriebe unterscheiden (Abschn. E.7.2).

Unter einem Servoantrieb versteht man immer einen qualitativ hochwertigen Antrieb bezüglich des *Drehzahlverstellbereichs* und der *Genauigkeit.* Nichtsdestoweniger werden in der *Automatisierungstechnik* natürlich auch *(Industrie-) Antriebe* eingesetzt, bei denen diese hohen technischen Anforderungen nicht bestehen. Bei derartigen Antrieben besteht dann die Herausforderung für den Hersteller schwerpunktsmäßig mehr auf eine möglichst *kostengünstigen* Lösung. Ein Beispiel dafür sind die in Abschn. E.8 behandelten Stellantriebe zur Verstellung von Klappen und Ventilen zur Steuerung von Massenströmen.

Servoantriebe sind mit Drehmomenten von 0,1 bis 1.000 Nm, Drehzahlen bis zu 10.000 min^{-1} und Leistungen bis 300 kW verfügbar. Wegen der hohen Anforderungen an die Dynamik wird angestrebt, das Massenträgheitsmoment des Servomotors nach Möglichkeit zu reduzieren (Bild E-12).

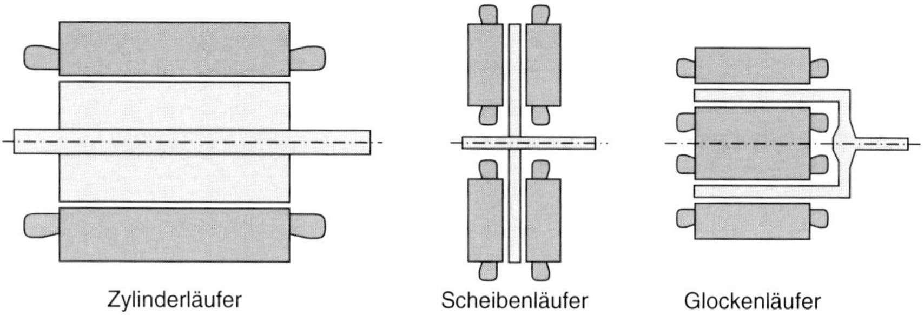

Bild E-12 Rotorbauformen von Servoantrieben

Die am weitesten verbreitete Bauform ist der Motor mit *Zylinderläufer*, wobei ein Servomotor sich durch ein großes Verhältnis Länge l / Durchmesser D auszeichnet, um das Massenträgheitsmoment J bezogen auf das Drehmoment M möglichst klein zu halten ($J \sim D^4 l$, $M \sim D^2 l$).

Besonders bei Handhabungsgeräten findet man hin und wieder *Scheibenläufermotoren*, bei denen das Luftspaltfeld in axialer Richtung geführt wird. Der Rotor ist beispielsweise bei Gleichstrom-Scheibenläufern teilweise aus Kunststoff (Epoxid) ausgeführt, wobei die Wicklung in diesem Material mitunter sogar vergossen wird. Das Trägheitsmoment wird einmal durch das geringe Rotorgewicht reduziert und zum anderen verfügt diese Anordnung im Prinzip über zwei Luftspalte, die beide zur Drehmomentbildung beitragen. Gebaut werden Scheibenläufermotoren als Servomotoren mit mittleren Leistungen ($P_{\text{max}} \approx 1{,}5$ kW).

Die dritte Variante, bei der ebenfalls zwei Luftspalte zur Drehmomentbildung beitragen, ist der *Glockenläufer*. Wegen der einseitigen Lagerung des Glockenläufers und der problematischen Wärmeabfuhr der Verluste aus der inneren Statorwicklung werden derartige Motoren nur für kleine und kleinste Leistungen gebaut ($P_{\text{max}} \approx$ 100 W).

Ausgeführt werden Servoantriebe als Gleichstrom-, Synchron- oder Asynchronmotoren, wobei die Erregung von Gleichstrom- und Synchronservomotoren meist über Permanentmagnete erfolgt. Betrieben werden Servoantriebe heutzutage nur noch mit Pulsumrichtern/-stellern, wobei die Regelung der Servoantriebe mittlerweile ausschließlich digital erfolgt.

E.7.1 Struktur und Komponenten eines Servoantriebs

Ein Servoantrieb besteht neben dem Servomotor aus mehreren Komponenten:

- Servomotor
- Servoverstärker mit Netzteil (Umrichter oder Gleichstromsteller)
- Übersetzungsglied (Getriebe)
- Sensoren
- Steuerung und Regelung

Die genannten Komponenten müssen aufeinander abgestimmt werden, so dass sie in der Anwendung als Gesamtsystem betrachtet werden müssen.

Als Servoverstärker wird bei Gleichstrommotoren meist ein Vier-Quadranten-Steller (H-Brücke) eingesetzt, wohingegen bei Drehfeldmotoren (Asynchron- und Synchronmotoren) Puls-Wechselrichter eingesetzt werden. Asynchronmotoren werden dabei wegen der erheblich besseren Dynamik feldorientiert betrieben (Kiel 2007).

Die Drehzahlregelung eines Servomotors ist in der Regel als *Kaskadenregelung* ausgeführt (Bild E-13). Der Lageregler ist oft als einfacher Proportional-Regler ausgeführt, wobei die tatsächliche Lage entweder *direkt gemessen* oder *indirekt aus der Position des Rotors* ermittelt wird.

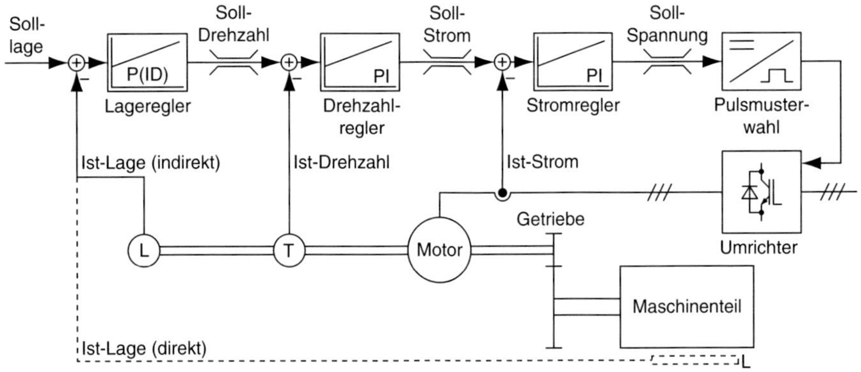

Bild E-13 Struktur Lageregelung

Eine *direkte Lagemessung* erfolgt bei vielen Werkzeugmaschinen über ein *Codelineal*, einen *Strichmaßstab* o.ä. *direkt am bewegten Maschinenteil*, wohingegen eine *indirekte Lagemessung* beispielsweise bei Handhabungsgeräten über einen *Lagesensor auf der Motorwelle* erfolgt.

Die letztere Möglichkeit hat den Nachteil, dass damit das Lagesignal zusätzlichen *Messfehlern* wegen der *Lose* und der *Elastizität* der mechanischen Übertragungselemente unterliegt.

Auch aus diesem Grund ist die erreichbare Positioniergenauigkeit bei Handhabungsgeräten und Robotern (besser 1 mm) um ca. ein bis zwei Zehnerpotenzen schlechter als bei Werkzeugmaschinen (Genauigkeit von Präzisionswerkzeugmaschinen besser 100 nm).

Der Vorteil einer Kaskadenregelung besteht darin, dass die Grenzwerte für die Drehzahl und den Strom leicht kontrolliert werden können. Bei kurzzeitigen Beschleunigungen kann ein Spitzenstrom zugelassen werden, der den Nennstrom um ein Mehrfaches übersteigt; ansonsten wird der maximale Strom auf den Nennwert begrenzt, um eine thermische Überlastung auszuschließen.

Da die Regelung mittlerweile ausschließlich digital ausgeführt wird, ergeben sich dadurch auch Möglichkeiten, um beispielsweise nicht messbare Zustandsgrößen durch Identifikationsverfahren zu ermitteln (beispielsweise die Wicklungstemperatur). Derartige Zustandsgrößen können dann zu einer weitergehenden *Diagnose* bzw. *Überwachung* ausgenutzt werden.

E.7.2 Anforderungen

Wenngleich recht unterschiedliche Anforderungen an Servoantriebe gestellt werden, ergeben sich dennoch eine ganze Reihe von Eigenschaften, die in vielen Anwendungen überprüft werden müssen:

- *Dynamik*: Hieraus ergeben sich Forderungen nach einer *hohen Überlastfähigkeit*, einer kleinen mechanischen Zeitkonstante (kleines Massenträgheitsmoment) und einer kleinen elektrischen Zeitkonstante (kleine Motorinduktivität).
- *Genauigkeit*: Diese Forderung ist gleichbedeutend mit der Forderung nach einer möglichst *geringen Drehmomentwelligkeit* (Gleichlauf), d.h. das Drehmoment muss möglichst winkelunabhängig sein. Desweiteren ist oft eine hohe *Positioniergenauigkeit* (< 1/1.000 Umdrehung) erforderlich.
- *Drehzahlstellbereich*: Bei vielen Anwendungen ist ein Drehzahlstellbereich von 1:10.000 und mehr gefordert. Außerdem müssen beide Drehrichtungen und beide Drehmomentrichtungen (= Vierquadrantenbetrieb) möglich sein.
- *Volumen und Gewicht*: Der zur Verfügung stehende Einbauraum ist meist begrenzt, und oft wird der Antrieb mitbewegt (besonders bei Handhabungsgeräten).
- *Wirkungsgrad*: Eine zusätzliche Erwärmung ist in vielen Prozessen unerwünscht. Wegen der häufig geforderten hohen Schutzart ist die *Wärmeabfuhr* somit oft problematisch.
- *Schutzart*: Die Schutzart von Servoantrieben ist mit die höchste bei elektrischen Antrieben. Meist ist die Schutzart IP 65 und höher notwendig.
- *Wartung*: Da Servoantriebe in industrielle Prozesse eingebunden sind, wird eine *hohe Verfügbarkeit* erwartet und ein praktisch *wartungsfreier Betrieb* verlangt.
- *Anbaumöglichkeiten*: Servoantriebe müssen so ausgeführt sein, dass Drehzahl- und Lagesensoren entweder vorhanden oder leicht anzubauen sind. Oft ist auch eine zusätzliche *Stillstandsbremse* notwendig, die im stromlosen Zustand ein Haltemoment aufbringt.

Man unterscheidet im Werkzeugmaschinenbau zwischen *Haupt-* und *Vorschubantrieben*. Der Hauptantrieb ist ortsfest eingebaut und treibt die Hauptspindel an. Vorschubantriebe bewegen entweder das Werkstück oder das Werkzeug. Dieses bedingt eine meist höhere notwendige Leistung für den Hauptantrieb und ein möglichst kleines Gewicht für die oft mitbewegten Vorschubantriebe.

E.7.3 Sensoren

Servoantriebe werden bezüglich ihres Drehmoments, der Drehzahl und oft auch der Position geregelt. Diese drei Größen müssen für die Regelung als Istwert zur Verfügung gestellt werden.

Das Drehmoment wird wegen des Aufwands sehr selten tatsächlich gemessen. Meistens wird das Drehmoment indirekt (beispielsweise aus dem Strom) bestimmt, so dass meist nur *Drehzahltachos* oder *Positionsgeber* eingesetzt werden.

Bei einem *Gleichstromtacho* werden sehr hohe Anforderungen an die *Lebensdauer*, die *Welligkeit* des Drehzahlsignals (Kommutator), die *Linearität* und an den *Temperaturkoeeffizienten* gestellt.

Daraus resultieren u. a. entsprechende Anforderungen an die *präzise Ausführung der Wicklung*. Besonders hohe Ansprüche werden aber an den Kommutator und die Auswahl der Bürsten wegen des Spannungsabfalls an dem Übergang Kommutator/Bürste gestellt. Ein Drehzahltacho zählt zwar zu den Klein- und Kleinstmaschinen; er ist aber kein „Billigprodukt", so dass sich einige Firmen mit Erfolg auf die Herstellung von Drehzahltachos spezialisiert haben.

Lagegebersysteme mit optischer Abtastung (Bild E-14) benutzen *Maßverkörperungen* aus regelmäßigen Strukturen – sogenannte *Teilungen*. Als Trägermaterial für diese Teilungen dienen Glas- oder Stahlsubstrate. Bei Messgeräten für große Durchmesser dient ein Stahlband als Teilungsträger. Die feinen Teilungen werden durch unterschiedliche fotolithografische Verfahren hergestellt. Teilungen werden durch Chromstriche auf Glas oder vergoldeten Stahltrommeln, mattgeätzte Striche auf vergoldeten Stahlbändern oder dreidimensionale Strukturen auf Glas oder Stahlsubstraten gebildet.

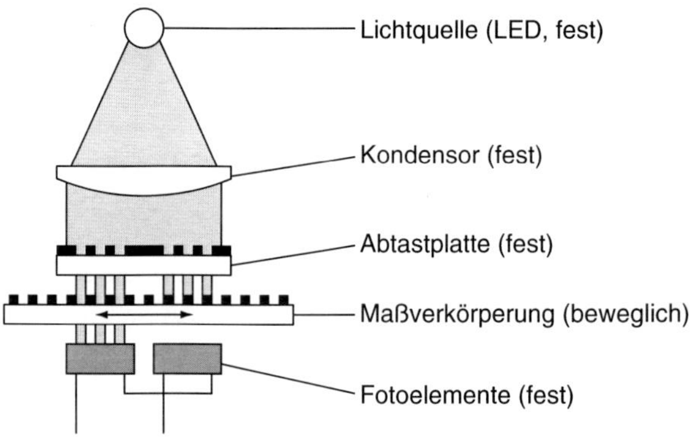

Bild E-14 Prinzip optischer Inkrementalgeber

Die fotoelektrische Abtastung (Bild E-14) erfolgt berührungslos und damit verschleißfrei. Das abbildende Messprinzip arbeitet mit *schattenoptischer Signalerzeugung*: zwei Strichgitter mit gleicher Teilungsperiode für die Maßverkörperung und die Abtastplatte werden relativ zueinander bewegt. Das Trägermaterial der Abtastplatte ist lichtdurchlässig, die Teilung der Maßverkörperung kann ebenfalls auf lichtdurchlässigem oder auf reflektierendem Material aufgebracht sein.

Fällt paralleles Licht durch eine Gitterstruktur, werden in einem bestimmten Abstand Hell/Dunkel-Felder abgebildet. Hier befindet sich als Maßverkörperung ein Gegengitter mit der gleichen Teilungsperiode.

Bei einer Relativbewegung der beiden Gitter zueinander wird das durchfallende Licht moduliert: stehen die Lücken übereinander, fällt Licht durch, befinden sich die Striche über den Lücken, herrscht Schatten. Etwaig auftretende Mittelwerte können kompensiert werden, wenn zwei um eine halbe Teilungsperiode versetzte Fotoelemente gegenphasig in Reihe geschaltet werden, so dass dann die Helligkeitsänderungen in annähernd sinusförmige elektrische Signale umgewandelt werden können (s. Abschnitt G.1.2.2 Wegmess-Systeme).

Es werden zwei um eine viertel Teilungsperiode gegeneinander versetzte Abtastplatten eingesetzt, um die Drehrichtung erkennen zu können. Aus jeder positiven und negativen Flanke der beiden Signale kann ein Zählimpuls hergeleitet werden, so dass bei n Strichen pro Spur insgesamt $4n$ Zählimpulse hergeleitet werden können. Um ein Referenzsignal bereitzustellen, ist auf einer gesonderten Spur eine Referenzmarke vorhanden, die über ein fünftes Fotoelement detektiert werden kann.

Diese Positionserfassung arbeitet *inkremental*, d.h. bei einem Spannungsabfall kann die aktuelle Position nicht bestimmt werden. Für derartige Anforderungen sind so genannte *Absolutgeber* erhältlich, die über mehrere Spuren (Anzahl n) verfügen. Die $2n$ Positionen können hierbei aus den n Signalen dekodiert werden kann.

Bei *magnetischen Gebern* dient als Teilungsträger eine magnetisierbare Stahllegierung. In ihr wird die aus Nord- und Südpolen bestehende Teilung mit einer typischen Teilungsperiode von 400 µm erzeugt. Feinere magnetische Teilungen sind aufgrund der kurzen Reichweite elektromagnetischer Wechselwirkungen und des damit verbundenen engen Abtastspalts nicht mehr praxisgerecht.

Ein *Resolver* hingegen ist eine zweisträngige Synchronmaschine, deren Erregerwicklung nicht mit einem Gleichstrom, sondern mit einem Wechselstrom relativ hochfrequent (ca. 4 kHz bis 10 kHz) erregt wird (Bild E-15). Dadurch baut sich ein Wechselfeld im Luftspalt auf, das auch im Stillstand die beiden Spannungen u_A und u_B mit der gleichen Frequenz induziert.

Die Erregerwicklung wird aber nicht über Schleifringe, sondern *berührungslos* über einen *Drehtransformator* versorgt. Der Drehtransformator besteht aus zwei konzentrischen Spulen, die über einen Luftspalt magnetisch gekoppelt sind. Der Drehtransformator wird über die feststehende äußere Ringspule mit der Spannung u_e versorgt.

Die Spitzenwerte der Zeitverläufe für die beiden Strangspannungen werden abgetastet, um hieraus den Lagewinkel bestimmen zu können. Die auf den ersten Blick einfachste Möglichkeit besteht darin, über die Arkustangens-Funktion direkt die Lage zu bestimmen:

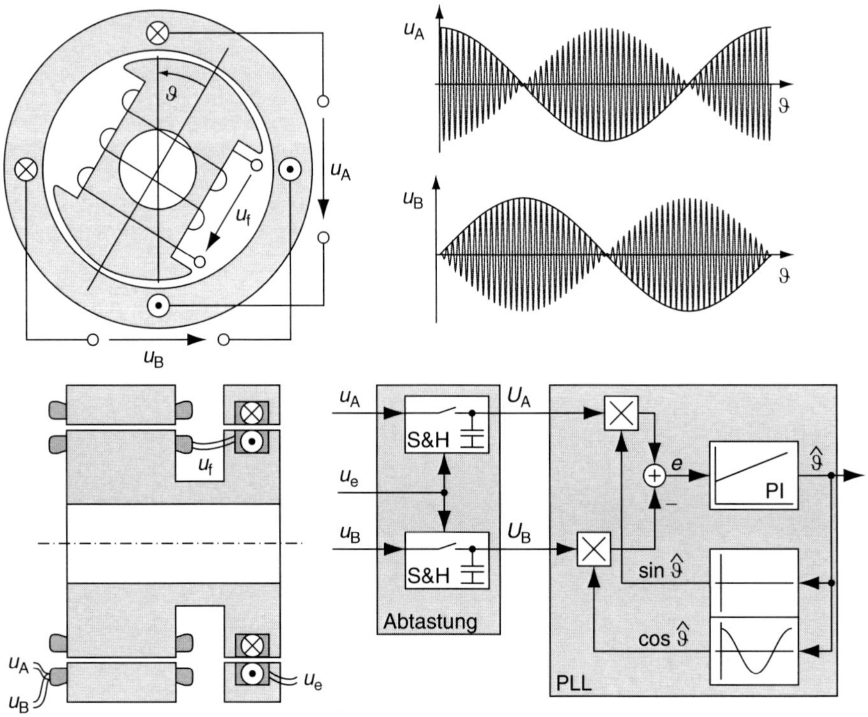

Bild E-15 Prinzip Resolver mit PLL-Regelkreis zur Lagebestimmung

$$
\begin{aligned}
u_\mathrm{A} &= U_\mathrm{ref}\cos\vartheta\cdot\sin\omega t = U_\mathrm{A}\cdot\sin\omega t \\
u_\mathrm{B} &= U_\mathrm{ref}\sin\vartheta\cdot\sin\omega t = U_\mathrm{B}\cdot\sin\omega t
\end{aligned}
\quad\Rightarrow \vartheta \;= \arctan\left(\frac{U_\mathrm{B}}{U_\mathrm{A}}\right) = \arctan\left(\frac{U_\mathrm{ref}\sin\vartheta}{U_\mathrm{ref}\cos\vartheta}\right)
$$

Dazu muss aber ein sehr großer Wertebereich als Tabelle abgelegt werden, und zusätzlich müssen mehrere Fallunterscheidungen gemacht werden, um auch den gesamten Wertebereich darstellen zu können.

Aus diesem Grund wird (Bild E-15) die Lage ϑ über einen PLL-(phase-locked loop)-Regelkreis ermittelt. Der Regler führt über die Rückkopplung seine Ausgangsgröße solange nach, bis dass die Eingangsgröße e zu Null wird. Diese Eingangröße e entspricht aber der Differenz zwischen der tatsächlichen Lage ϑ und der „geschätzten" Lage $\hat{\vartheta}$:

$$
\begin{aligned}
e &= U_\mathrm{A}\sin\hat{\vartheta} - U_\mathrm{B}\cos\hat{\vartheta} \\
&= U_\mathrm{ref}\cos\vartheta\sin\hat{\vartheta} - U_\mathrm{ref}\cdot\sin\vartheta\cos\hat{\vartheta} \\
&= U_\mathrm{ref}\sin(\hat{\vartheta}-\vartheta) \approx U_\mathrm{ref}\cdot(\hat{\vartheta}-\vartheta) \sim \hat{\vartheta}-\vartheta
\end{aligned}
$$

D.h. sowie der Regler seine Eingangsgröße e auf Null ausgeregelt hat, muss die geschätzte Lage $\hat{\vartheta}$ gleich der tatsächlichen Lage ϑ sein.

Der Resolver ist sehr *robust*, verschleißarm und hat eine hohe Genauigkeit. Der Nachteil besteht in dem erhöhten Aufwand in der Signalverarbeitung, da die Position nicht direkt, sondern indirekt ermittelt werden muss. Aus den Signalen kann aber gleichzeitig noch die Drehzahl ermittelt werden, so dass ein zusätzlicher Drehzahltacho nicht mehr erforderlich ist.

E.8 Aktorsysteme für Massenströme (Stellantriebe)

Mithilfe pneumatischer, hydraulischer und elektrischer *Stellantriebe* werden *Armaturen* (Ventile, Klappen, Schieber und Hähne) in verfahrenstechnischen Anlagen (beispielsweise Kraftwerke, Wasseraufbereitungsanlagen, Müllverbrennungsanlagen und chemische Anlagen) *betätigt.*

Zusätzlich haben Stellantriebe auch die Aufgabe, den aktuellen *Zustand* der Armatur (in oder zwischen den Endlagen) elektrisch zu *melden.*

Es bei elektrischen Stellantrieben zwischen *Steuer-* und *Regelantrieben* unterschieden. Abhängig von der geforderten Abtriebsbewegung wird auch noch zwischen *Dreh-, Schub-* und *Schwenkantrieben* unterschieden (Bild E-16).

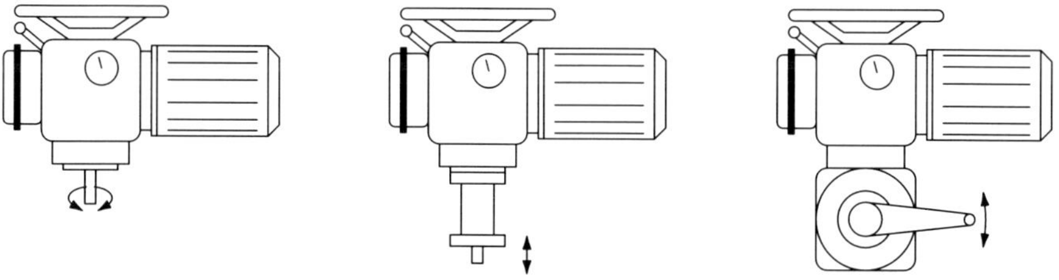

Bild E-16 Bauformen für Stellantriebe

Drehantriebe erzeugen an ihrer Abtriebswelle eine drehende Bewegung. Die Umformung in eine Schubbewegung erfolgt in der Armatur (Ventil oder Schieber). Drehantriebe sind mit Abstand die am häufigsten eingesetzten Stellantriebe. Die erforderlichen Abtriebsdrehmomente liegen üblicherweise im Bereich von 10 Nm bis 4.000 Nm, die Abtriebsdrehzahlen im Bereich von 5 min^{-1} bis ca. 160 min^{-1}.

Schubantriebe sind meistens ähnlich wie Drehantriebe aufgebaut. Die geforderte Schubbewegung wird dann durch eine zusätzliche Schubstufe als Anbau an einem Drehantrieb realisiert. Die Schubkräfte liegen hauptsächlich im Bereich von 4 kN bis 25 kN, die Stellgeschwindigkeiten im Bereich von 20 mm/min bis 150 mm/min.

Schwenkantriebe liefern eine Drehbewegung innerhalb eines Schwenkwinkels von 90° oder 120°. Sie werden zur Betätigung von Klappen und Kugelhähnen eingesetzt, wobei ihre mechanische Leistung in der Regel deutlich kleiner ist als die der

Drehantriebe. Die Abtriebsdrehmomente der Schwenkantriebe sind denen der Drehantriebe vergleichbar, aber die Stellzeiten für eine 90° Schwenkbewegung liegen im Bereich von 10 bis 120 Sekunden.

Die Aufgabe der *Steuerantriebe* besteht ausschließlich im vollständigen Öffnen oder Schließen der Armatur. Sie sind somit immer für den Kurzzeitbetrieb (meist S2-15min, vgl. Abschn. E.3) ausgelegt.

Regelantriebe sind in Regelkreise eingebunden und können Armaturen kontinuierlich verfahren, um die Abweichung des Sollwerts einer Prozessgröße von seiner gemessenen Größe möglichst klein zu halten. Da hierbei die Armatur ständig in kleinen Schritten verfahren werden muss, sind diese Antriebe für den Aussetzbetrieb (S4 bzw. S5) ausgelegt. Zusätzlich werden an Regelantriebe im Vergleich zu den Steuerantrieben auch erhöhte Anforderungen an die Lebensdauer und die Positioniergenauigkeit gestellt.

Elektrische Stellantriebe zur Fernbetätigung von Armaturen werden seit über hundert Jahren nach einem nahezu gleichbleibendem Prinzip mit den Hauptkomponenten Motor, Getriebe und Meldeeinrichtung gebaut (Bild E-17). Für den Notbetrieb bei Spannungsausfall ist zusätzlich ein über einen Hebel (3) einkuppelbares Handrad (4) vorgesehen.

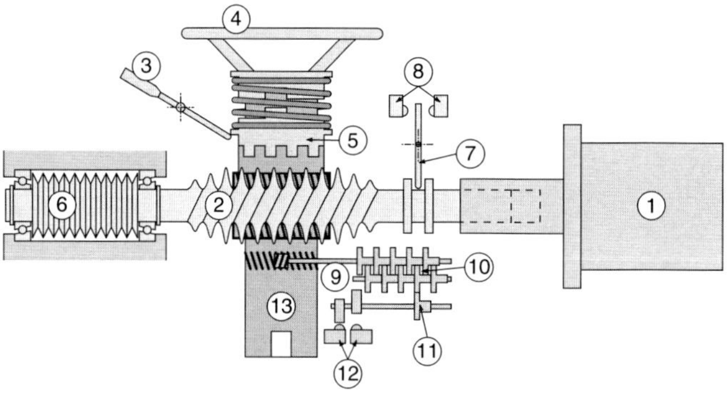

1 Motor
2 Schneckengetriebe
3 Handhebel
4 Handrad
5 Verschiebemuffe
6 Tellerfederpaket
7 Hebel zur Drehmomenterfassung
8 Drehmomentgrenzschalter
9 Meldewelle
10 Meldegetriebe
11 Verschieberad
12 Weggrenzschalter
13 Abtriebswelle

Bild E-17 Prinzipieller Aufbau eines Stellantriebs mit netzgespeister Asynchronmaschine

Als *Motor* (1) werden in der Regel lüfterlose Asynchronmotoren eingesetzt. Da beim Schließen mancher Armaturen kurzzeitig ein hohes Drehmoment an der Armatur benötigt wird (Bild E-18: Drehmomentanstieg in den Endlagen, zwischen den Endlagen nur Reibung), sind die Anzugsdrehmomente höher als bei vergleichbaren Normmotoren.

Zur Drehzahluntersetzung wird ein *Schneckengetriebe* (2) eingesetzt. Dadurch kann eine *Selbsthemmung* des Antriebs gewährleistet werden, d.h. bei spannungslosem Motor kann sich die Abtriebswelle infolge eines Lastmoments nicht verstellen und es ist eine Erfassung des Abtriebsdrehmoments mechanisch zu realisieren. Nachteilig ist der *schlechte Wirkungsgrad* von 30 bis 45 %.

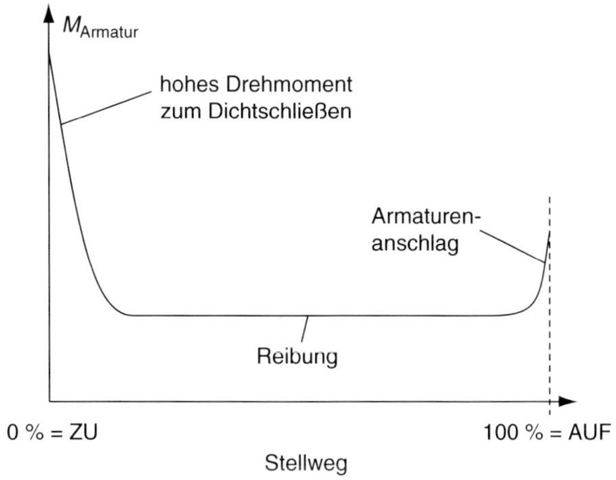

Bild E-18 Drehmomentbedarf bei der Ventilverstellung

Die *Schneckenwelle* (2) ist *axial verschiebbar* gelagert und wird über ein vorgespanntes *Tellerfederpaket* (6) mittig zum *Schneckenrad* gehalten. In Abhängigkeit vom Abtriebsmoment wird die Schneckenwelle axial ausgelenkt, wobei diese Auslenkung über einen kleinen Hebel (7) in eine Drehbewegung zur Betätigung von Schaltern (8) umgewandelt wird.

Der Schaltpunkt dieser *Drehmoment-Endschalter* ist einstellbar und dient zur Rückmeldung von Drehmomentgrenzwerten und zur Abschaltung des Antriebs. Auf diese Art kann ein sicheres Dichtschließen der Armatur in der ZU-Position (0 %-Stellung) gewährleistet werden.

Zur *Wegerfassung* werden die zur Betätigung der Armatur notwendigen Umdrehungen pro Hub an der Abtriebswelle (13) über eine Meldewelle (9) an ein einstellbares Meldegetriebe (10) weitergeleitet. Dort wird der Verdrehwinkel der Abtriebswelle durch Betätigung von *Weg-Endschaltern* (12) über einstellbare *Nocken* ausgewertet.

Ein grundsätzlicher Nachteil dieser Ausführung von Stellantrieben ist die hohe Anzahl von zu montierenden Einzelteilen. Ein Stellantrieb kann aus 450 bis 1.000 verschiedenen Teilen bestehen, die fast alle nur von Hand montiert werden können.

Erschwerend kommt bei der praktischen Auftragsbearbeitung hinzu, dass eine hohe Anzahl von *Varianten* logistisch beherrscht werden muss. Für die verschiedenen Abtriebsdrehzahlen müssen beispielsweise unterschiedliche Motor-/ Getriebevarianten vorgesehen werden, so dass in den obengenannten Leistungsbereichen mit Berücksichtigung der üblichen Anschlussspannungen einige hundert verschiedene Motorgrundausführungen verwaltet werden müssen.

Durch den Einsatz von Umrichtermodulen kann der Stellantrieb konstruktiv einfacher und dadurch trotz der zusätzlichen Elektronik-Komponenten insgesamt wieder kostengünstiger gestaltet werden (prinzipielle Darstellung in Bild E-19).

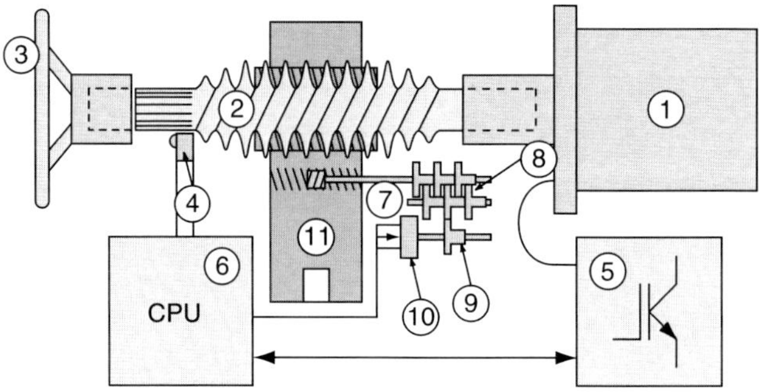

Bild E-19 Stellantrieb mit Umrichter-gespeister Asynchronmaschine

Stellantriebsspezifische Funktionen werden dabei in einer hierfür in einer eigenen *Steuerung* (6) berücksichtigt, wobei der Umrichter (5) von der Steuerelektronik angesteuert werden kann.

Durch den Umrichter im Stellantrieb werden die in vielen Anlagen in eigenen Schaltschränken untergebrachten Wendeschützeinheiten und Thyristorumkehrsteller überflüssig, mit denen Stellantriebe ein- und ausgeschaltet werden.

Durch den Umrichter kann die Anzahl der Motor-/Getriebevarianten reduziert werden, da die Abtriebsdrehzahl in einem weiten Bereich (1:8) am Antrieb parametriert werden kann. Dieses ermöglicht eine *vereinfachte Ersatzteilhaltung* in größeren Anlagen und eine *nachträgliche Prozessoptimierung* durch eine einfache Anpassung der Stellzeit auch nach der Inbetriebnahme der gesamten Anlage.

Die ursprünglich rein mechanische Umschaltung zwischen Hand- und Motorbetrieb über eine Kupplung kann auch entfallen (Teile 3, 4, 5 in Bild E-17). Das Handrad (3) wird gegen eine Druckfeder über eine Verzahnung direkt auf die Schneckenwelle gekuppelt. Hierzu erhält die Schneckenwelle eine Außenverzahnung, die in die innenverzahnte Nabe des Handrads eingreift. Diese Verzahnung ist so ausgelegt, dass ein Einkuppeln erst unterhalb einer Motordrehzahl möglich ist, bei der eine Gefährdung des Bedienenden völlig ausgeschlossen ist.

Beim Einrücken des Handrads werden zwei Schalter (Öffner/Schließer) betätigt (4), dass der Umrichter den eventuell noch drehenden Motor sofort abbremst bzw. die Freigabe für die Leistungsendstufe gesperrt wird. Dadurch entfällt die aufwändige mechanische Umschaltung zwischen Handrad und Motor.

Die wesentliche *Einsparung von Kosten* bei gleichzeitiger *Verbesserung der Eigenschaften* des Stellantriebs besteht aber darin, dass bei einem Stellantrieb mit Umrichtermotor auf eine mechanische Drehmomenterfassung (d.h. Tellerfederpaket und Drehmoment-Endschalter) vollständig verzichtet werden kann. Es müssen aber nach wie vor zwei Funktionen erfüllt werden:

1. *Dichtschließen der Armatur*
   Bei vielen Armaturen (beispielsweise Ventile und Schieber) muss der Stellantrieb mit einem definiertem Drehmoment abschalten, um beispielsweise die Ventil-

stopfbuchse sicher in den Ventilsitz einzufahren. Hieraus resultiert die Forderung nach einem *minimalem Abschaltmoment*.

2. *Schutz der Armatur*
   Um die Armatur nicht zu zerstören, darf ein *maximales Abschaltmoment* nicht überschritten werden. Besonders kritisch kann dabei die Inbetriebnahme (bzw. ein Versagen der Drehmoment-Endschalter) sein, wenn beispielsweise ein auf das maximale Abschaltmoment des Antriebs bezogenes niedriges Abschaltdrehmoment eingestellt ist und gleichzeitig die Drehmoment-Endschalter noch nicht richtig eingestellt sind. Zusätzlich ist bei Ventilen und Schiebern mit einem steif ausgelegtem Sitz das besonders bei schnelllaufenden Antrieben auftretende *Überhöhungsmoment* (s. nachfolgende Seite) zu berücksichtigen.

Das maximale Drehmoment der Asynchronmaschine ist das Kippmoment. Dieses Kippmoment ist eine Funktion der Spannung, der Frequenz und aber auch der Motortemperatur, da der Statorwiderstand R_S temperaturabhängig ist. Um die das Kippmoment bestimmende Statorflussverkettung der Asynchronmaschine konstant zu halten, muss die Statorspannung U_S so eingeprägt werden, dass die induzierte Spannung U_{Si} bezogen auf die Statorfrequenz f_S konstant bleibt (Bild E-20). In Abschnitt D.9.5 wurde der Statorwiderstand R_S zur Vereinfachung vernachlässigt. Hier ist diese Vernachlässigung nicht mehr zulässig.

Bild E-20 Vollständiges Γ-ESB der Asynchronmaschine (s. Bild D-59)

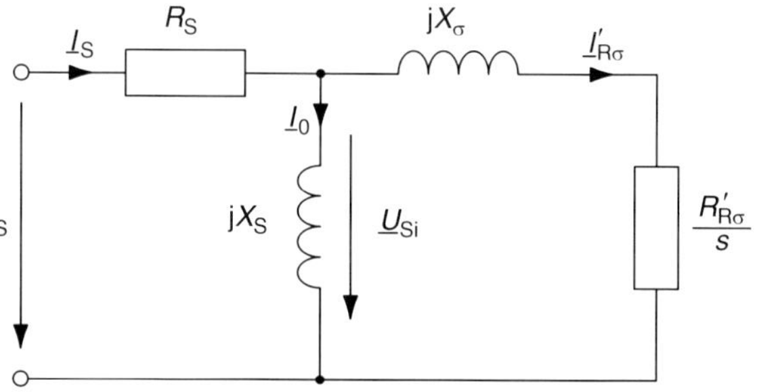

Die Drehmomentbegrenzung kann mit einer einfachen Spannungs-Frequenz-Kennlinie ermöglicht werden. Jedem Punkt dieser Kennlinie (linkes Diagramm in Bild E-21) ist eine eigene Drehmoment- (mittleres Diagramm in Bild E-21) und Strom-Kennlinie (rechtes Diagramm in Bild E-21) zugeordnet.

$$M_{Kipp} \sim \Psi_S \sim \frac{U_{Si}}{f_S} = \text{const.}$$

Die für das Kippmoment relevante temperaturabhängige Ersatzschaltbildkomponente ist der Statorwiderstand R_S. Besonders bei kleinen Asynchronmaschinen ist bei niedrigen Statorfrequenzen der Statorwiderstand R_S keinesfalls zu vernachlässigen. Wäre dieser Widerstand vernachlässigbar, hätten die Drehmoment- und Strom-Kennlinien bis zum Nennpunkt (d.h. die Kennlinien mit den durchgezogenen Linien in Bild E-21) alle die gleiche Form.

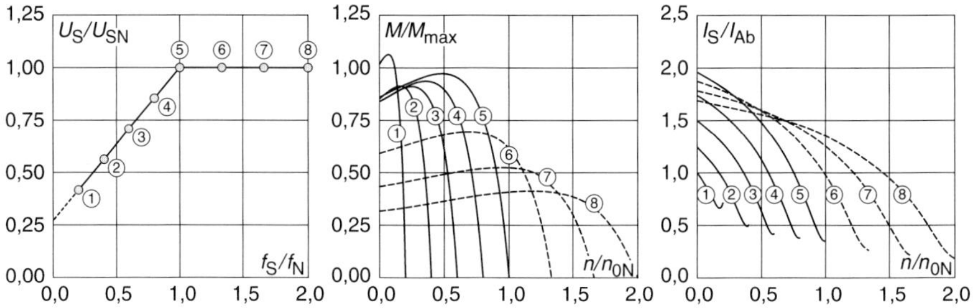

Bild E-21 Spannung, Drehmoment und Strom-Kennlinienfelder

In Abhängigkeit von der eingestellten Spannung, Frequenz und der Motordrehzahl stellt sich gemäß der dem U_S/f_S-Wertepaar zugeordneten M/n-Kennlinie das Drehmoment ein. Aus der Differenz zwischen Antriebs- und Lastmoment ergibt sich die Beschleunigung, so dass sich erst bei einem Gleichgewicht zwischen Antriebs- und Lastmoment eine konstante Drehzahl einstellt.

Wie in den Diagrammen in Bild E-21 zu erkennen ist, kann die U_S/f_S-Kennlinie so gewählt werden, dass das maximale Drehmoment erst bei der niedrigsten Statorfrequenz erreicht wird. Somit ist in jedem Betriebspunkt das maximale Drehmoment immer kleiner als das eingestellte Abschaltdrehmoment. Steigt das Lastmoment während des Verstellens der Armatur auf einen zu hohen Wert, steigt dementsprechend auch der Statorstrom der Asynchronmaschine. In diesem Fall wird die Statorfrequenz von der Umrichter-Steuerung selbstständig reduziert, so dass der Antrieb bei einem Lastmoment größer oder gleich dem eingestelltem Antriebsmoment in jedem Fall sicher abschaltet.

Ein wichtiger Punkt ist das so genannte *Überhöhungsmoment*, das besonders bei schnelllaufenden Antrieben ($n > 20\,\text{min}^{-1}$) in Kombination mit *harten Ventilsitzen* der Armatur auftreten kann. Läuft beispielsweise die *Ventilstopfbuchse* ohne zusätzliche Bremsmaßnahmen mit maximaler Geschwindigkeit in den Ventilsitz ein, wird die kinetische Energie des gesamten Antriebsstrangs (abzüglich der Reibungsarbeit) im Ventilsitz in Verformungsarbeit umgewandelt.

Das Drehmoment M_{Ventil} an der Abtriebswelle des Stellantriebs kann in guter Näherung mit einem Reibmoment M_{Reib} und einer Federkonstanten k_{sys} beschrieben werden. Mit der Federkonstanten k_{sys} soll die Verformung den Ventilsitzes und der Ventil-Stopfbuchse in Abhängigkeit vom Verdrehwinkel φ beschrieben werden. Nach dem Abschalten des Motors wird beim Einfahren der Ventilstopfbuchse ($\varphi = 0 \ldots \Delta\varphi$) eine Arbeit verrichtet, die der kinetischen Energie des gesamten Antriebsstrangs entspricht:

$$W = \int\limits_{\varphi=0}^{\varphi=\Delta\varphi} M_{\text{Ventil}}(\varphi)\, d\varphi = \int\limits_{\varphi=0}^{\varphi=\Delta\varphi} \left(M_{\text{Reib}} + k_{\text{sys}} \cdot \varphi\right)\, d\varphi$$

$$= M_{\text{Reib}} \cdot \Delta\varphi + \frac{1}{2}\, k_{\text{sys}} \cdot \Delta\varphi^2 = W_{\text{kin}} = \frac{1}{2}\, J \cdot \Omega_{\text{m}}^2$$

J: Massenträgheitsmoment des Antriebstrangs

Bei Armaturen mit hoher Steifigkeit kann die Reibung oft vernachlässigt werden:

$$W = \frac{1}{2}\, J\, \Omega_{\mathrm{m}}^2 \approx \frac{1}{2}\, k_{\mathrm{sys}} \cdot \Delta\varphi^2 \qquad \Rightarrow \qquad \Delta\varphi = \Omega_{\mathrm{m}} \cdot \sqrt{\frac{J}{k_{\mathrm{sys}}}}$$

$$\Rightarrow \underline{\underline{\Delta M}} \approx k_{\mathrm{sys}} \cdot \Omega_{\mathrm{m}} \cdot \sqrt{\frac{J}{k_{\mathrm{sys}}}} \underline{\underline{= 2\pi \cdot n \cdot \sqrt{J \cdot k_{\mathrm{sys}}}}}$$

D.h. die Drehmomentüberhöhung ΔM kann durch Reduktion der Drehzahl n direkt verkleinert werden. Diese Drehzahlreduzierung kann bei einem drehzahlveränderlichen Stellantrieb kurz vor Erreichen der Endlage vorgenommen werden.

Bei sehr harten Ventilsitzen und schnelllaufenden Antrieben ohne Drehzahlreduzierung vor den Endlagen kann das Überhöhungsmoment um einen Faktor 2 bis 6 größer sein als das eingestellte Abschaltdrehmoment. Dieser Wert kann über die Drehzahlverstellbarkeit des Stellantriebs bei einem Drehzahlstellbereich von 1:8 um einen Faktor von bis zu acht reduziert werden, so dass das Überhöhungsmoment bei der Auslegung bzw. Auswahl von Armaturen keine Rolle mehr spielt.

E.9 Generatorkonzepte für Windkraftanlagen

E.9.1 Grundlagen

Die *Drehzahl einer Windturbine* hat einen gravierenden *Einfluss auf den Wirkungsgrad* mit dem die kinetische Energie des Windes in mechanische Energie umgewandelt werden kann. Soll bei jeder Windgeschwindigkeit oder zumindest in einem größeren Bereich die Leistungsabgabe optimiert werden, ist die *Anpassung der Generatordrehzahl* an die Windgeschwindigkeit erforderlich. Ansonsten kann die Anlage nur für einen Betriebspunkt optimiert werden.

In Bild E-22 ist die von der Windturbine abgebbare mechanische Leistung P_{m} in Abhängigkeit von der Turbinendrehzahl n_{T} mit der Windgeschwindigkeit als Parameter dargestellt.

Nach der Auslegung in dieser Grafik würde der Generator (hier Synchrongenerator am starren Netz) *nur im Nennpunkt* die *maximal mögliche Leistung* in das Versorgungsnetz liefern. Speist die Windkraftanlage im Jahresdurchschnitt wegen derartiger Kompromisse im Schnitt nur 50 kW Leistung weniger als möglich ins Netz, würde das eine finanzielle Einbuße von ca. 20.000 Euro/Jahr für den Betreiber bedeuten. Kann die Drehzahl des Generatorstrangs aber an die Windgeschwindigkeit angepasst werden, amortisiert sich die Windkraftanlage entsprechend schneller.

Um einen Überblick über die an der gesamten Energiewandlung beteiligten Wirkungsgrade zu verschaffen, stellt Bild E-23 die Energiewandlung exemplarisch anhand einer 1,5 MW-Anlage dar:

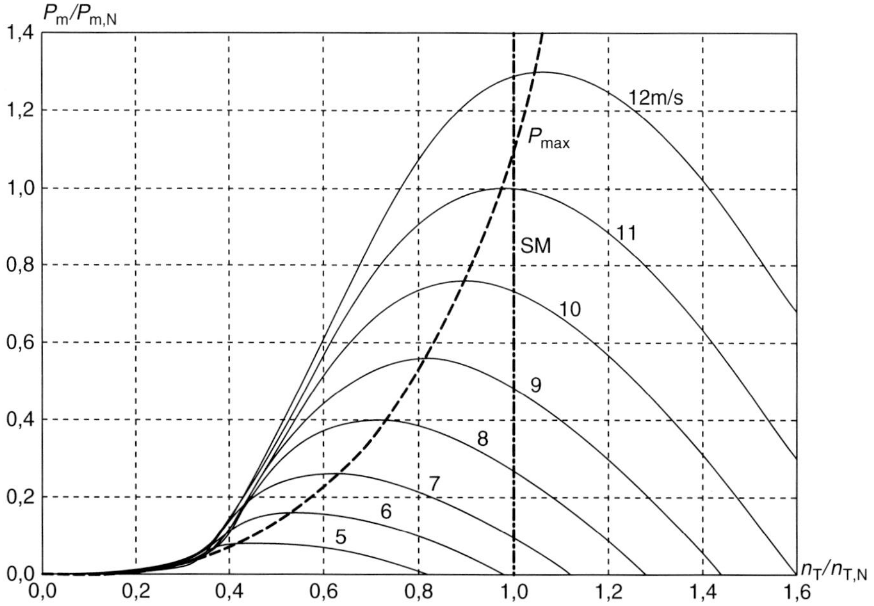

Bild E-22 Mechanische Leistung einer Windturbine

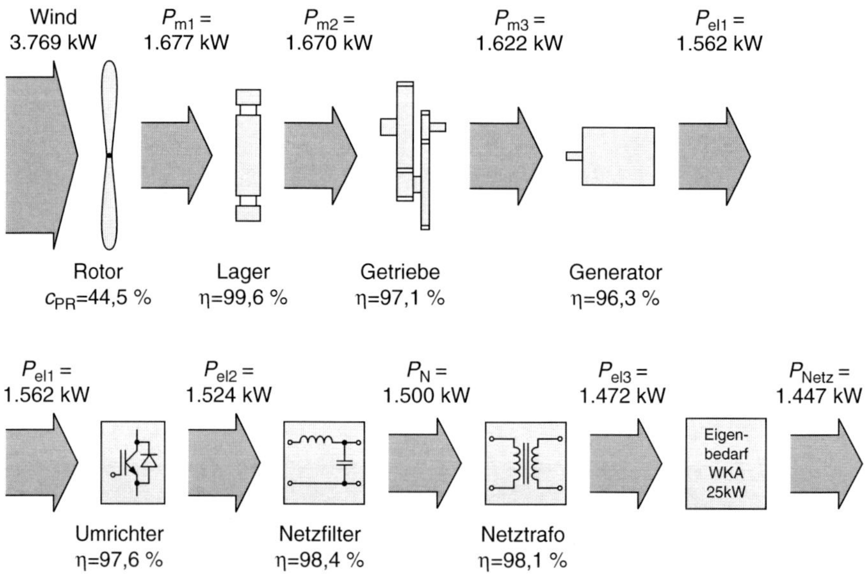

Bild E-23 Leistungsbilanz einer 1,5MW-Windkraftanlage

Es entsteht also bei der Energiewandlung zwischen der Windturbine und dem Einspeisepunkt im 20 kV-Mittelspannungsnetz eine Verlustleistung von ca. 230 kW, wenn der Eigenbedarf (mess- und versuchstechnische Geräte, Hilfsaggregate, IT-Komponenten für Betriebsführung etc.) zu den Verlusten gerechnet wird.

Auf den eigentlichen „Generatorstrang" (Getriebe, Generator, Umrichter) entfallen davon ca. 150 kW, so dass das Generatorkonzept den Gesamtwirkungsgrad und damit die Wirtschaftlichkeit einer Windkraftanlage entscheidend beeinflussen kann. Technisch ausgeführt sind in diesem Zusammenhang im Wesentlichen drei Konzepte: der *polumschaltbare Asynchrongenerator*, der *Asynchrongenerator mit unter-/übersynchroner Stromrichterkaskade* und der *elektrisch erregte Synchrongenerator*. Asynchrongeneratoren werden immer mit, Synchrongeneratoren jedoch ohne Getriebe, aber mit sehr hohen Polzahlen (> 150) eingesetzt. Die technischen Hintergründe werden im Folgenden dargestellt.

E.9.2 Polumschaltbare Asynchrongeneratoren

Bei Windkraftanlagen mit Leistungen bis zu einigen 100 kW wurden in der Vergangenheit *polumschaltbare Asynchronmaschinen* eingesetzt. Bei polumschaltbaren Asynchronmaschinen in diesem Leistungsbereich werden Spulengruppen so umgeschaltet, dass die Asynchronmaschine entweder vier- oder sechspolig bzw. sechs- oder achtpolig betrieben werden kann. Damit kann die Betriebsdrehzahl in *zwei Stufen* den Windverhältnissen angepasst werden.

Man erkennt in Bild E-24, dass die mittlere Leistungseinbuße im Vergleich zu einer Windkraftanlage mit fester Drehzahl schon deutlich reduziert werden kann, wenn bei Leistungen kleiner als gut 60 % der Nennleistung der Generator sechs- und bei größeren Leistungen vierpolig betrieben werden kann. Die Leistungen, die bei den verschiedenen Windgeschwindigkeiten tatsächlich erreichbar sind, sind dann nur wenige Prozent kleiner als die durch die zwei festen Drehzahlen erreichbaren Leistungen.

Da *beim Umschalten* unter Last zwischen den zwei Zuständen *erhebliche Strom- und Drehmomentstöße* entstehen können, muss bei polumschaltbaren Asynchrongeneratoren als Umschalter ein Drehstromsteller vorgesehen werden. Damit kann die Klemmenspannung mit einer Phasenanschnittsteuerung innerhalb einer vorgebbaren Zeit kleiner und wieder größer gestellt werden („*Sanftanlauf*").

E.9.3 Doppelt-gespeister Asynchrongenerator

Wird eine Asynchronmaschine mit einem immer größer werdenden Drehmoment angetrieben, wird die Drehzahl ansteigen (Bild E-25). Dieser Drehzahlanstieg wird bei gleichem Drehmoment umso größer, je größer der Wicklungswiderstand im Rotor ist. Den gleichen Zusammenhang gibt es im Motorbetrieb: je größer der Rotorwiderstand ist, umso größer ist auch hier der Drehzahlrückgang.

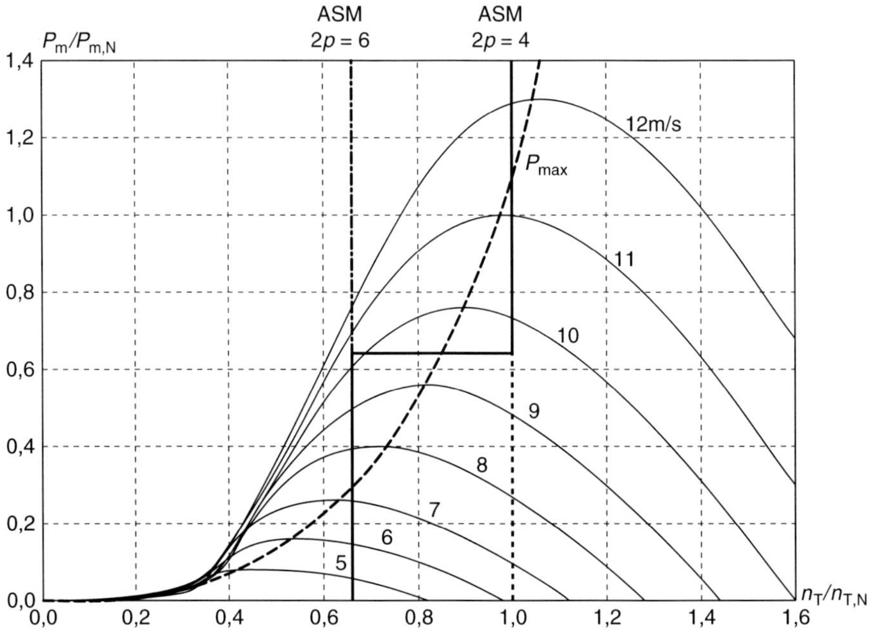

Bild E-24 Polumschaltbare Asynchronmaschine (4/6polig) als Windkraftgenerator

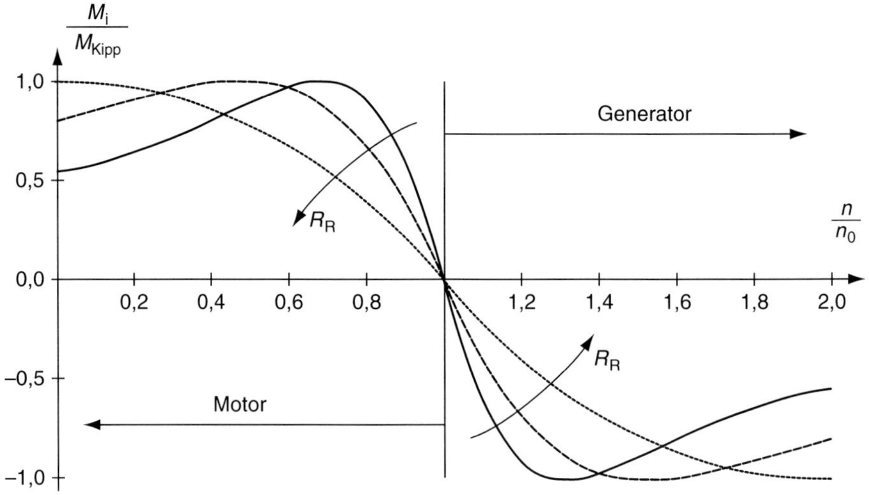

Bild E-25 Drehzahl-Drehmoment-Kennlinie bei veränderlichem Rotorwiderstand

Einen ähnlichen Effekt gibt es bei Gleichstrommaschinen: auch hier ändert sich die Kennlinie mit zunehmenden Ankerwiderstand, die Drehzahl-Drehmoment-Kennlinie wird mit größer werdenden Ankerwiderstand immer „weicher".

Die Kennlinien können so interpretiert werden, dass die Drehzahl-Drehmoment-Kennlinie umso „weicher" wird, je größer die im Rotorkreis umgesetzte Verlustleistung ist. Man kann dieses erreichen, indem man ähnlich zu den Anlasswiderständen bei Gleichstrommaschinen in den Rotorkreis *externe Widerstände* einschleift. Dieses ist auch eine verbreitete Technik zur Drehzahlverstellung der Asynchronmaschine mit *Schleifringläufer* gewesen. Man führte die Rotorwicklung wie die Statorwicklung als Drehfeldwicklung aus und machte die Anschlüsse an die Rotorwicklungüber *Schleifringe* nach außen zugänglich.

Der Widerstand im Rotorstromkreis konnte dann über externe Widerstände vergrößert werden. Dadurch entstehen jedoch *zusätzliche Verluste*, die den Wirkungsgrad verschlechtern. Günstiger wäre es, die außerhalb der Asynchronmaschine entstehenden Verluste über einen Stromrichter (Bild E-26) wieder dem Netz zuzuführen. Wenn die im Rotorkreis entstehende Wirkleistung beim generatorischen Betrieb über einen Stromrichter ins Netz zurückgespeist wird, spricht man von einer *übersynchronen Stromrichterkaskade* (die Asynchronmaschine wird übersynchron mit $n > n_0$ betrieben, Bild E-26 rechts). Wird die im Rotorkreis entstehende Wirkleistung jedoch im Motorbetrieb über einen Stromrichter ins Netz zurückgespeist, spricht man von einer *untersynchronen Stromrichterkaskade* (die Asynchronmaschine wird untersynchron mit $n < n_0$ betrieben, Bild E-26 links).

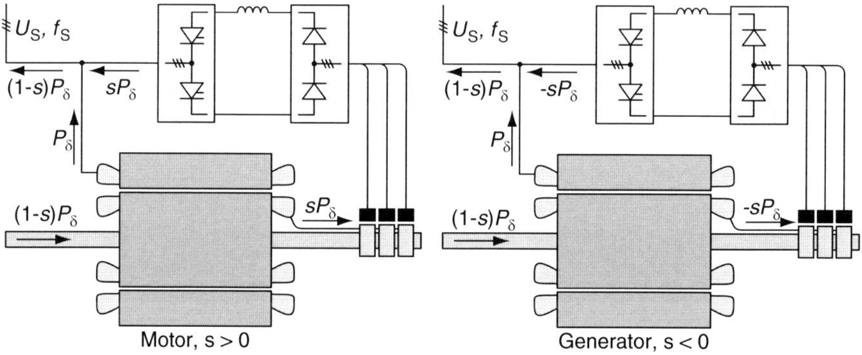

Bild E-26 Unter-/übersynchrone Stromrichterkaskade

In beiden Fällen würde nur Leistung vom Rotorkreis über den Stromrichter ins Netz zurückgespeist, d.h. als Stromrichter wäre ein Einquadrantensteller ausreichend. Realisiert wurde dieses durch einen ungesteuerten Gleichrichter, einen Stromzwischenkreis und einer vollgesteuerten B6-Brücke, die als Wechselrichter die Leistung ins Netz zurückspeist.

Bei den dargestellten Leistungsflüssen sind die Stromwärmeverluste in der Stator- und Rotorwicklung selbst der Einfachheit halber vernachlässigt worden. Das grundsätzliche Wirkungsprinzip der Asynchronmaschine (untersynchron = Motor, übersynchron = Generator) wird hier noch nicht aufgehoben, da der Stromrichter dem Rotorkreis eine reine *Wirkleistung entnimmt*.

Sieht man an Stelle des eben dargestellten einfachen Stromrichters (einfach, weil nur Einquadrantensteller) einen dreiphasigen Umrichter vor (Bild E-27), kann nicht nur eine Wirkleistung, sondern auch noch eine Blindleistung in den Rotor eingeprägt werden. Dadurch kann die Maschine nicht nur zusätzlich *untersynchron als Generator* und *übersynchron als Motor* betrieben werden, sondern darüberhinaus kann auch noch die Blindleistung auf der Netzseite gesteuert werden. Die Asynchronmaschine kann bezüglich ihres Betriebsverhaltens dann mit einer Synchronmaschine verglichen werden, bei der auch ein übererregter Betrieb möglich ist. Als Umrichter wird ein Pulsumrichter mit Spannungszwischenkreis eingesetzt.

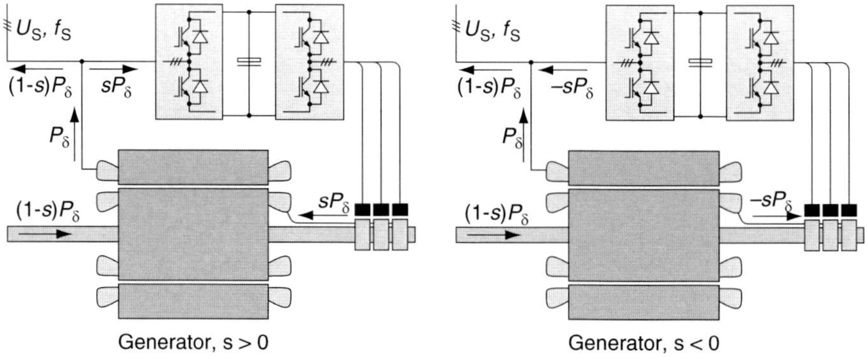

Bild E-27 doppelt gespeiste Asynchronmaschine als Generator

Die Turbinendrehzahl, bei der die Asynchronmaschine mit Leerlaufdrehzahl dreht, nennt man natürliche Leerlaufdrehzahl n_{T0}. Angenommen, die Windkraftanlage soll im Bereich von 20 % bis 100 % ihrer Nennleistung betrieben werden (d.h. $n_T = 60$ % n_{TN} bis 100 % n_{TN}), könnte die natürliche Drehzahl genau in die Mitte dieses Drehzahlbereichs gelegt werden, d.h. n_{T0} = 80 % n_{TN}.

Damit wird der Generator an der unteren Leistungsgrenze mit einem Schlupf von +25 % und an der oberen Leistungsgrenze (= Nennpunkt) mit einem Schlupf von −25 % betrieben. In Tabelle E-4 sind Zahlenwerte für die Turbinendrehzahl n_T, die mechanische Leistung P_m, den Schlupf s, die an den Statorklemmen abgegebene Wirkleistung P_S und die über den Umrichter ins Netz zurückgespeiste Leistung P_{Umr} angegeben. Die Werte in der Tabelle wurden folgendermaßen bestimmt:

Tabelle E-4 Leistungsaufteilung bei n_{T0} / n_{TN} = 80 %

n_T/n_{T0}	P_m/P_N	s	P_S/P_N	P_{Umr}/P_N
60 %	22 %	25 %	29 %	−7,2 %
70 %	34 %	12,5 %	39 %	−4,9 %
80 %	51 %	0 %	51 %	0 %
90 %	73 %	−12,5 %	65 %	8,1 %
100 %	100 %	−25 %	80 %	20 %

$$\frac{P_\text{m}}{P_\text{N}} = \left(\frac{n_\text{T}}{n_\text{T0}}\right)^3; \quad s = 1 - \frac{n_\text{T}}{n_\text{T0}}; \quad \frac{P_\text{S}}{P_\text{N}} = \frac{P_\text{m}}{P_\text{N}} \Big/ (1-s); \quad \frac{P_\text{Umr}}{P_\text{N}} = -s \cdot \frac{P_\text{S}}{P_\text{N}}$$

Man erkennt, dass der Generator nur maximal 80 % der Nennleistung übertragen muss, der Umrichter aber bis 20 % der Nennleistung. D.h für eine 5 MW-Anlage müsste die Asynchronmaschine für 4 MW und der Umrichter für 1 MW ausgelegt werden. Dabei ist zu berücksichtigen, dass der *Umrichter bei gleicher Leistung* immer *höhere Kosten* verursachen wird als die Kosten, die dadurch bei der Asynchronmaschine eingespart werden können.

Es ist zu erwarten, dass die vom Stromrichter zu übertragende Leistung kleiner wird, je höher die natürliche Leerlaufdrehzahl gewählt wird. Mit steigender natürlicher Drehzahl n_T0 wird aber die vom Stromrichter aus dem Netz aufgenommene Wirkleistung bei der niedrigsten Betriebsdrehzahl aber immer größer, so dass sich dann ein Optimum ergeben muss, wenn vom Umrichter bei Nennleistung die gleiche Leistung ins Versorgungsnetz übertragen wird, wie bei niedrigster Betriebsdrehzahl aus dem Netz aufgenommen wird. Hier ist dieses der Fall, wenn die natürliche Drehzahl auf etwa 90 % der Nennturbinendrehzahl gelegt wird (Tabelle E-5):

Tabelle E-5 Leistungsaufteilung bei n_T0 / n_TN = 90 %

n_T/n_T0	P_m/P_N	s	P_S/P_N	P_Umr/P_N
60 %	22 %	32,9 %	32 %	−10,6 %
70 %	34 %	21,7 %	44 %	−9,5 %
80 %	51 %	10,6 %	57 %	−6,0 %
90 %	73 %	−0,6 %	73 %	0,4 %
100 %	100 %	−11,8 %	90 %	10,6 %

Bei dieser Betrachtung handelt es sich nur um eine Abschätzung und einen Hinweis auf Optimierungsmöglichkeiten. Es ist beispielsweise der Blindleistungsbedarf bzw. die Abdeckung der Stromwärmeverluste im Stator und Rotor nicht näher berücksichtigt worden. Die hier gemachte Abschätzung ist auf etwa $1^1/_2$ bis 2 Dezimalen genau.

E.9.4 Synchrongenerator

Synchrongeneratoren werden im Wesentlichen als elektrisch erregte Synchronmaschine mit einem*Umrichter zwischen Generator und Netz* angeboten. Bei dieser Bauform wird ausgenutzt, dass sich die Synchronmaschine besser als die Asynchronmaschine als hochpolige Maschine mit *relativ kleinen Polteilungen* eignet. Asynchronmaschinen werden höchstens achtpolig gebaut, bei größeren Polzahlen bzw. kleiner werdenden Polteilungen ergeben sich eine Reihe von Detailproblemen bei einer konkreten Auslegung.

Deshalb werden diese Synchrongeneratoren zum Einsatz ohne Getriebe angeboten, so dass der Generator für eine Nenndrehzahl von nur 18 min^{-1} dimensioniert werden muss. Wegen der sehr hohen Polzahl ($2p > 150$) ergibt sich im Nennpunkt aber eine auch für den Betrieb am Stromrichter noch akzeptable Statorfrequenz von etwa 25 Hz, so dass ein Betrieb mit einem Direktumrichter am 50 Hz-Netz noch sinnvoll ist.

Da bei derartig großen Generatoren im Vergleich zu einer schnelllaufenden Asynchronmaschine ein größeres Kupfergewicht vorausgesetzt werden muss, ist bei einem langsam laufenden Synchrongenerator ein schlechterer Wirkungsgrad zu erwarten. Trotzdem werden bei ausgeführten Generatoren (z. B. Enercon E-66, $P_N = 1{,}5$ MW) Wirkungsgrade von 94 % erreicht, die somit mit konventionellen Generatorkonzepten absolut konkurrieren können. Vorteilhaft ist auf jeden Fall die leichtere Montage im Maschinenhaus.

Daneben gibt es Arbeiten an permanent erregten Synchrongeneratoren (beispielsweise Windformer/ABB). Hiervon verspricht man sich ein im Vergleich zu den anderen Generatorkonzepten günstigeres Gewicht, was besonders bei Off-Shore-Anlagen ein Vorteil sein kann. Dem stehen aber die nicht unerheblichen Mehrkosten für den Magnetwerkstoff gegenüber. Außerdem muss auch hier ein Umrichter zwischen Generator und Netz für die maximale Gesamtleistung auf der Netzseite vorgesehen werden.

Literatur

Fischer R (2009) Elektrische Maschinen. Hanser, 14. Auflage

Groß H, Hamann J, Wiegärtner G (2006) Elektrische Vorschubantriebe in der Automatisierungstechnik. Publicis Corporate Publishing, 2. Auflage

Hau E (2008) Windkraftanlagen. Grundlagen, Technik, Einsatz, Wirtschaftlichkeit. Springer, 4. Auflage

Hering E, Voigt A, Bressler K (1999) Handbuch der elektrischen Maschinen und Anlagen. Springer, 1. Auflage

Kiel E (2007) Antriebslösungen: Mechatronik für Produktion und Logistik. Springer, 1. Auflage

Kremser A (2008) Elektrische Maschinen und Antriebe. Teubner, 3. Auflage

Müller G, Ponick B (2006) Grundlagen elektrischer Maschinen. Wiley, 1. Auflage

Schulze M (2008) Elektrische Servoantriebe. Hanser, 1. Auflage

Spring E (2009) Elektrische Maschinen: Eine Einführung. Springer, 3. Auflage

Kapitel F
Elektrische Energieversorgung

In den industriell entwickelten Ländern der Erde ist eine flächendeckende Versorgung mit elektrischer Energie vorhanden. Die elektrische Energie ist aber kein natürlich vorkommender Energieträger und muss deshalb aus anderen Energieträgern (der so genannten *Primärenergie*) „erzeugt“ werden.

Es gilt selbstverständlich auch bei diesen Prozessen der Energieerhaltungssatz, so dass vorhandene Energie ausschließlich in andere Energieformen umgewandelt werden kann. Besonders aber in der elektrischen Energieversorgung bezeichnet man den Teil der Energiewandlung bzw. den Vorgang zur Bereitstellung elektrischer Energie in *Kraftwerken* nicht ganz präzise als *Energieerzeugung*.

Im Unterschied zu anderen Energieträgern kann elektrische Energie mit einem vertretbarem Aufwand nur sehr begrenzt sinnvoll gespeichert werden. Damit hängt der Betrieb bzw. die Einsatzplanung/-steuerung (und die technische Ausführung) der Kraftwerke stark vom aktuellen Bedarf im Versorgungsnetz ab.

Weitere Aufgaben in der elektrischen Energieversorgung sind die *Übertragung* und die *Verteilung* der elektrischen Energie. Hierzu zählt der Aufbau und Unterhalt des Versorgungsnetzes, in dem mehrere Kraftwerke elektrische Leistung einspeisen und Verbraucher *gleichzeitig* diese Leistung wieder entnehmen. Dabei muss das Versorgungsnetz eine äußerst verlässliche Verfügbarkeit der elektrischen Energie gewährleisten. Die *zuverlässige* Übertragung und Verteilung elektrischer Energie verursacht mittlerweile höhere Kosten als die eigentliche Energieerzeugung, woraus die wirtschaftliche Bedeutung dieses Themenfelds ersichtlich wird.

Ein Spezialthema in diesem Zusammenhang ist das *Bordnetz* in einer mobilen Anwendung. Flugzeuge, Schiffe, Kraftfahrzeuge und teilweise auch Schienenfahrzeuge können nicht mit einem Versorgungsnetz verbunden werden und brauchen deshalb eine eigene autarke elektrische Energieversorgung.

Besonders Kraftfahrzeuge weisen einen von Modellreihe zu Modellreihe stetig steigenden elektrischen Energieverbrauch auf, da immer mehr Funktionen im Fahrzeug mit elektrischen Geräten gelöst werden. Als Beispiele können die elektrische Lenkung, die elektrisch angetriebene Wasserpumpe und der elektrisch angetriebene Kompressor für die Klimaanlage aufgeführt werden. Die fur diese Geräte notwendige mechanische Antriebsleistung wurde und wird mechanisch direkt von der Kurbelwelle des Verbrennungsmotors abgenommen. Elektrisch angetriebene Geräte können

DOI 10.1007/978-3-642-12881-3_6,

jedoch bedarfsgerecht zugeschaltet werden, so dass der Gesamtenergieverbrauch des Fahrzeugs (= Kraftstoffverbrauch) durch diese Maßnahmen gemindert werden kann.

Besonders bei der Verteilung elektrischer Energie müssen vorgegebene *Schutzmaßnahmen* eingehalten werden, da wie bei jedem Transport von Energie auch hier das vorhandene Gefährdungspotenzial soweit als möglich reduziert werden muss.

F.1 Energieerzeugung

F.1.1 Primärenergie

Die in einem Jahr umgesetzte Primärenergie wird meist in Exajoule oder Petajoule (1 EJ = 1.000 PJ = 10^{18} Ws) angegeben. Seltener, aber dennoch gebräuchlich ist die Steinkohleeinheit SKE. Eine Tonne SKE ist die Energie, die beim Verbrennen von einer Tonne Steinkohle frei wird. Die Steinkohleeinheit ist in Mitteleuropa recht gebräuchlich, aber sie ist in internationalen Veröffentlichungen praktisch nicht zu finden. Dort ist die Rohöleinheit RÖE (*oil equivalent* oe) häufiger anzutreffen. In Tabelle F-1 sind die Umrechnungsfaktoren dargestellt.

Tabelle F-1 Umrechnung Energieeinheiten

	PJ	Mio. t SKE	Mio. t oe	Mrd. kcal	TWh
1 PJ =	1	0,034	0,024	238,8	0,278
1 Mio. t SKE =	29,308	1	0,7	7.000	8,14
1 Mio. t oe =	41,869	1,429	1	10.000	11,63
1 Mrd. Kcal =	0,0041868	0,000143	0,0001	1	0,001163
1 TWh =	3,6	0,123	0,0861	859,8	1

In Bild F-1b sind die wesentlichen Primärenergieträger und ihre Beiträge zur Erzeugung elektrischer Energie in Deutschland aufgeführt. In der Reihenfolge ihrer Anteile für die elektrische Energieerzeugung sind es die Kernenergie mit ca. 29 %, die Braunkohle mit ca. 25 %, die Steinkohle mit ca. 20 %, das Erdgas mit ca. 12 %, die so genannten erneuerbaren Energiequellen (Windenergie, Wasserkraft etc.) mit ca. 12 % und Heizöl mit ca. 2 %.

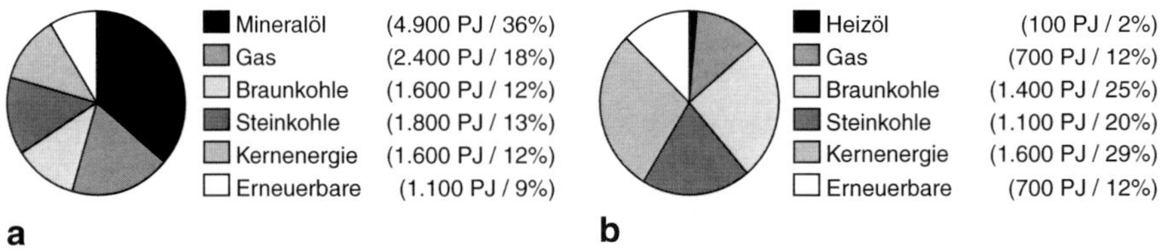

Bild F-1 **a**) Primärenergieverbrauch (PEV) insgesamt 13.400 PJ und **b**) PEV für die elektrische Energieversorgung 5.600 PJ, Deutschland 2008. (Quelle BMWi, www.bmwi.de)

Der gesamte Bedarf an Primärenergie und die Aufteilung auf die einzelnen Energieträger in Bild F-1a stellt sich natürlich ganz anders dar, da beispielsweise der Energiebedarf für den Straßenverkehr und die Prozesswärme in Bild F-1b größtenteils gar nicht vorhanden ist.

In Bild F-2a ist die Aufteilung des Stromverbrauchs auf die einzelnen Verbrauchssektoren dargestellt. Es fällt auf, dass im industriellen und gewerblichen Bereich mehr als die Hälfte der elektrischen Energie umgesetzt wird. Allerdings geht ein beträchtlicher Anteil („Verluste") durch die *Verluste in der Verteilung* der elektrischen Energie, durch den *Eigenbedarf* in den Kraftwerken und durch den *Pumpstromverbrauch* bei den *Pumpspeicher-Kraftwerken* (s. Abschn. F.1.3) verloren. Diese Energiemenge entspricht immerhin der Hälfte der in den privaten Haushalten umgesetzten Energie. Außerdem wird ein weiteres knappes Zehntel der produzierten elektrischen Energie in das europäische Ausland über das europäische Verbundnetz exportiert (s. Abschn. F.2.1).

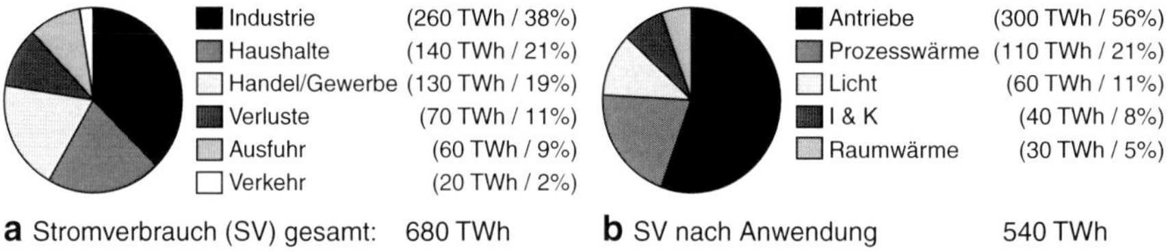

Bild F-2 Stromverbrauch (SV) nach Verbrauchssektoren **a**) und Anwendungszweck **b**), Deutschland 2008. (Quelle BMWi, www.bmwi.de)

Demzufolge stehen für Anwendungen in Deutschland „nur" ca. 80 % der produzierten elektrischen Energie zur Verfügung. Mehr als die Hälfte (56 %) davon wird aber wieder in mechanische Energie und ein gutes Viertel sogar wieder in Wärme zurück gewandelt. Gerade diese Anwendungen gilt es dann zu optimieren, wenn der Energieeinsatz effizienter gestaltet werden soll. Der Energieverbrauch für Beleuchtung („Licht") ist anderthalb mal so groß wie der Energiebedarf für die Rechner- und Telekommunikationssysteme („I & K", Informations- und Kommunikationssysteme), und dreimal so groß wie der elektrische Energiebedarf für die Verkehrssysteme („Verkehr", im Wesentlichen der schienengebundene Nah- und Fernverkehr). Auch im Bereich Beleuchtung ist eine kritische Bewertung des Energieverbrauchs lohnenswert.

F.1.2 Belastungskurven

Die Leistungsentnahme aus dem Versorgungsnetz unterliegt nicht nur jahreszeitlichen, sondern auch tageszeitlichen Schwankungen. Diese Schwankungen lassen sich jedoch relativ genau aufgrund von Erfahrungswerten vorher sagen. Auch wenn die Ursachen für diese Schwankungen nicht immer genau beschrieben werden können, sind die empirisch gefundenen *Tages- und Jahresgangkennlinien* sehr zuverlässig.

Man kann sogar Vorhersagen für die unterschiedliche Netzbelastung an den einzelnen Wochentagen machen (s. Bild F-3). Sehr deutlich erkennt man beispielsweise den steilen Leistungsanstieg zum Beginn eines Wochentags, der am Sonntag noch stärker verzögert erscheint als am Samstag.

Bild F-3 Lastprofil eines privaten Haushaltsanschlusses im Winter. (Quelle: VDEW)

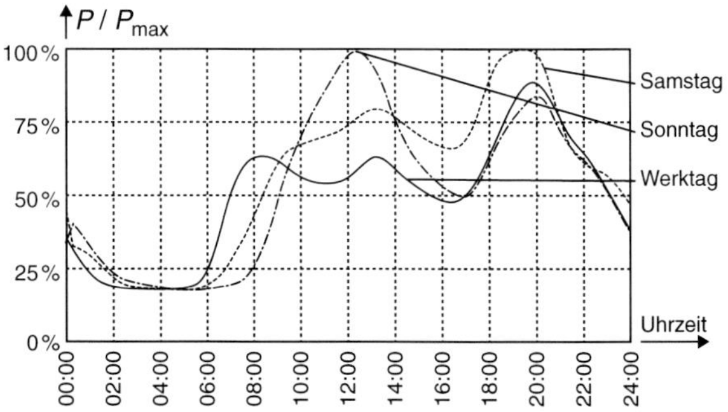

Es gibt verschiedene Lastprofile, mit denen ein Energieversorger seine Kunden klassifiziert. Es gibt beispielsweise Lastprofile für Bäckereien (hoher Stromverbrauch am frühen Morgen) oder ein Profil „Gewerbe durchlaufend" (z. B. Kläranlagen, Trinkwasserpumpen, Läden mit erheblichem Kühlungsaufwand: hoher Grundbedarf mit leichter Leistungszunahme am Tag).

Mit diesen standardisierten Lastprofilen kann der gesamte Leistungsbedarf im Netz recht verlässlich prognostiziert und der Kraftwerkseinsatz auf dieser Grundlage geplant werden. Die notwendige Netzleistung kann aus verschiedenen Kraftwerken (s. Abschn. F.1.3) bereit gestellt werden. Je nach Funktionsprinzip brauchen die unterschiedlichen Kraftwerkstypen eine gewisse Zeit, um aus dem Ruhezustand bis auf die volle Anschlussleistung angefahren zu werden. Dann gibt es wiederum Kraftwerkstypen, die praktisch immer die maximal mögliche Leistung in das Netz einspeisen (außer während der Revisionsphase). Dazu zählen beispielsweise die Laufwasserkraftwerke an den Staustufen der Flüsse und die Windkraftanlagen. Für die Einsatzplanung unterscheidet man zwischen drei verschiedenen Einsatztypen von Kraftwerken:

- *Grundlast*: Leistungsabgabe für mehr als 5.000 h/a bzw. 14 h/d
  Nach Möglichkeit bleiben diese Kraftwerke ununterbrochen in Betrieb. Dazu zählen die *Kernkraftwerke*, da die Brennstoffkosten weit hinter den Kosten für die Anlage liegen und somit die Betriebskosten für den Energieversorger sehr niedrig sind. *Braunkohlekraftwerke* werden in unmittelbarer Nähe zu den Braunkohlevorkommen westlich von Köln, südlich von Leipzig und in der Lausitz erstellt und direkt mit der im Tagebau abgeräumten Braunkohle über kurze Transportwege (Förderbänder) versorgt. Die größten Braunkohlevorkommen gibt es in Deutschland, wobei Deutschland praktisch genauso viel Braunkohle fördert (ca. 175 Mio. t/a) wie China (ca. Mio. 100 t/a) und USA (ca. 75 Mio. t/a) zusammen. Insgesamt wird in diesen drei Ländern mehr als ein Drittel der jährlichen weltweiten Gesamt-Fördermenge abgebaut.

- *Mittellast*: Leistungsabgabe für 2.000 bis 5.000 h/a bzw. 5 bis 14 h/d
  Diese Kraftwerke müssen mit ihrer Leistungsabgabe regelbar sein. Dazu werden überwiegend *Steinkohlekraftwerke* eingesetzt. Diese Kraftwerke werden meist während des morgendlichen Leistungsanstiegs eingeschaltet und abends wieder abgeschaltet. Steinkohle wird weltweit in ganz anderen Größenordnungen (ca. 5,5 Mrd. t/a) als Braunkohle (ca. 950 Mio. t/a) gefördert. Die vermuteten Reserven liegen aber bei ca. 280 Mrd. t Braunkohle und ca. 740 Mrd. t Steinkohle.
- *Spitzenlast*: Leistungsabgabe für weniger als 2.000 h/a bzw. 5 h/d
  Für das Abfahren von kurzen Spitzenlasten werden einmal *Gasturbinen*-Kraftwerke herangezogen, die in wenigen Minuten bis auf Nennleistung hochgefahren werden können. Daneben gibt es noch *Pumpspeicherkraftwerke*, die in Schwachlastzeiten mit ihrer Turbine Wasser in ihr Oberbecken pumpen, um beim Ablassen des Wassers in das Unterbecken wieder Leistung in das Versorgungsnetz einspeisen zu können.

F.1.3 Kraftwerke

Außer bei Photovoltaik-Anlagen wird die elektrische Energie im Kraftwerk aus mechanischer Energie umgewandelt. Der dafür benötigte Generator bezieht die mechanische Energie wiederum aus einer Turbine. Bei einem Wasserkraftwerk wird diese Turbine mit Wasser, bei einem Windkraftwerk vom Wind angetrieben.

F.1.3.1 Thermische Kraftwerke

Bei *thermischen Kraftwerken* wird eine *Turbine* mit erhitztem Wasserdampf oder dem Rauchgas einer Gasturbine angetrieben. Der ideale Wirkungsgrad η_C bei der Umwandlung von thermischer in mechanischer Energie ist umso größer, je größer die Eintrittstemperatur T_{Ein} zur Austrittstemperatur T_{Aus} an der Turbine ist (jeweils absolute Temperatur!). Zur Abschätzung eignet sich der aus dem Carnot-Kreisprozess abgeleitete ideale thermische Wirkungsgrad η_C. Es wird dabei allerdings vorausgesetzt, dass das Arbeitsmedium keine Aggregatsänderung erfährt.

$$\eta_C = 1 - \frac{T_{Aus}}{T_{Ein}} \tag{F-1}$$

Daneben müssen im Kraftwerksprozess aber auch noch andere Nicht-Idealitäten in der gesamten Energiewandlungskette durch weitere Wirkungsgrade berücksichtigt werden. Die Abweichungen vom Carnot-Prozess können mit einem Faktor $\eta_{CI} = 85\,\%$ abgeschätzt werden, dazu kommen die Wirkungsgrade für die Dampferzeugung mit $\eta_{DE} = 92\,\%$, für die Turbine mit $\eta_T = 90\,\%$ und für den Generator mit $\eta_G = 99\,\%$. Außerdem muss auch der Eigenbedarf des Kraftwerks mit etwa $\alpha_E = 5\,\%$ der Kraftwerksleistung berücksichtigt werden. Bei Steinkohle-Kraftwerken wird der

Wasserdampf mit einer Temperatur von etwa 550 °C zu- und mit ca. 27 °C wieder abgeführt. Daraus folgt dann ein Gesamtwirkungsgrad von

$$\eta_{\text{ges}} = \eta_{\text{C}} \cdot \eta_{\text{C1}} \cdot \eta_{\text{DE}} \cdot \eta_{\text{T}} \cdot \eta_{\text{G}} \cdot (1 - \alpha_{\text{E}})$$
$$= \left(1 - \frac{27\,\text{K} + 273\,\text{K}}{550\,\text{K} + 273\,\text{K}}\right) \cdot 0{,}85 \cdot 0{,}92 \cdot 0{,}9 \cdot 0{,}99 \cdot 0{,}95 = 42\,\%$$

Die Turbine besteht meist aus drei Teilen: dem Hochdruck-, dem Mitteldruck- und dem Niederdruckteil (s. Bild F-4), die sich mit der gleichen Drehzahl auf der gemeinsamen Welle bewegen. Der im Kessel erhitzte Wasserdampf wird zunächst mit hohem Druck auf den *Hochdruckteil* gegeben, dort wird Druck abgebaut (das Dampfvolumen/Zeit wird dadurch größer) und mit dem verkleinerten Druck wird dann der *Mitteldruckteil* gespeist. Der gleiche Vorgang erfolgt dann noch einmal im *Niederdruckteil*. Da von einer Stufe zur nächsten das Dampfvolumen wegen dem kleiner gewordenen Druck größer wird, werden die Turbinenteile auch entsprechend größer.

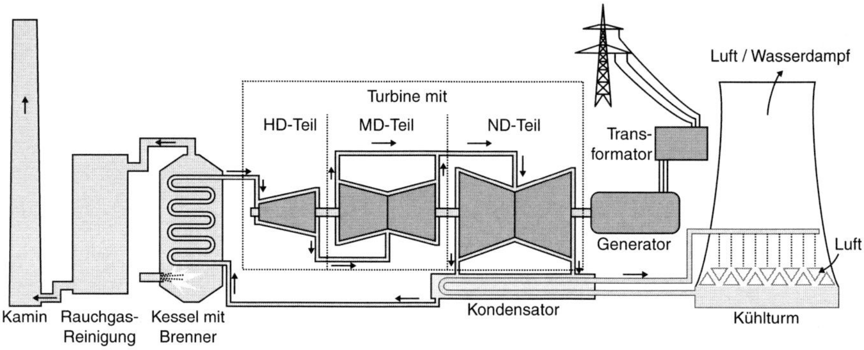

Bild F-4 Prinzipieller Aufbau eines Kohlekraftwerks

Den Gesamtwirkungsgrad kann man verbessern, wenn zwischen Hoch- und Mitteldruckteil der Turbine eine *Zwischenüberhitzung* vorgesehen wird. Dazu wird bei sehr großen Blockleistungen im Hochdruckteil vor dem eigentlichen Ausgang ein Teil des Dampfes entnommen und nach Zwischenüberhitzung dem Hochdruckteil neu zugeführt. Mit diesem leider nicht unerheblichen Mehraufwand kann der Wirkungsgrad aber auf bis zu 48 % verbessert werden.

Wenn der Dampf die Turbine endgültig verlässt, wird er über ein *Kondensator* genanntes Röhrensystem wieder auf Umgebungstemperatur abgekühlt. Dieses Röhrensystem wird mit einem eigenen an einem *Kühlturm* angeschlossenen Kühlkreislauf gekühlt. Bei manchen Kraftwerken wird an dieser Stelle auch der Anschluss für ein Fernwärmenetz vorgesehen. Im Kühlturm regnet das Kühlwasser ab und wird durch den durch die unten liegenden Öffnungen einströmenden Luftstrom abgekühlt. Die im Kühlturm auftretenden Wasserverluste werden meist durch Flusswasser kompensiert. Aus diesem Grund stehen thermische Kraftwerke immer in unmittelbarer Nähe zu einem Gewässer. Wegen des Umweltschutzes darf jedoch kein Kühlwasser wieder in das Gewässer zurückgebracht werden.

Das durch die Verbrennung von Kohle entstandene Rauchgas muss aus Umweltschutz-Gründen aufbereitet werden, bevor es über den Kamin in die Atmosphäre abgelassen werden kann. Hierzu muss eine *Entstaubung* über ein Elektrofilter, eine *Entschwefelung* durch Kalk (dabei entsteht Gips, der entsorgt werden muss) und eine *Entstickung* zur Reduktion der NO_x-Emissionen (dabei entsteht Stickstoff und Wasser) vorgesehen werden. Die damit verbundenen Investitionskosten liegen mittlerweile bei etwa einem Drittel der gesamten Investitionskosten.

Der Aufbau eines *Gasturbinenkraftwerks* ist sehr ähnlich zu dem in Bild F-4 dargestellten Prinzip eines Kohlekraftwerks. Anstelle des Kessels wird in einer Brennkammer das Gas mit der Umgebungsluft zusammengebracht, verbrannt und das sehr heiße Rauchgas (ca. 1.100 °C) anschließend auf die Turbine gegeben. Moderne Turbinen verkraften mittlerweile Temperaturen von 1.200 °C, man arbeitet auch schon an Turbinen mit Eingangstemperaturen von 1.300 °C. Da die Austrittstemperatur aber bei 500 bis 600 °C liegt, ist der Wirkungsgrad schlechter als bei einem Kohlekraftwerk.

Die hohe Abgastemperatur kann aber genutzt werden, um über einen *Dampferzeuger* Wasserdampf zu erhitzen, um damit eine zusätzliche Dampfturbine mit Generator anzutreiben (Generator 2 in Bild F-5). Diese Kraftwerke werden *GuD-Kraftwerke* (Gas und Dampf) genannt und weisen Gesamtwirkungsgrade von fast 60 % auf. Anstelle von Erdgas kann bei diesem Konzept auch das über *Kohlevergasung* gewonnene „Wassergas“ oder „Synthesegas“ verwendet werden. Bei der Kohlevergasung ensteht über eine endotherme Reaktion Kohlenmonoxid (CO) und Wasserstoff (H_2), mit dem die Gasturbine anstelle von Erdgas betrieben werden kann.

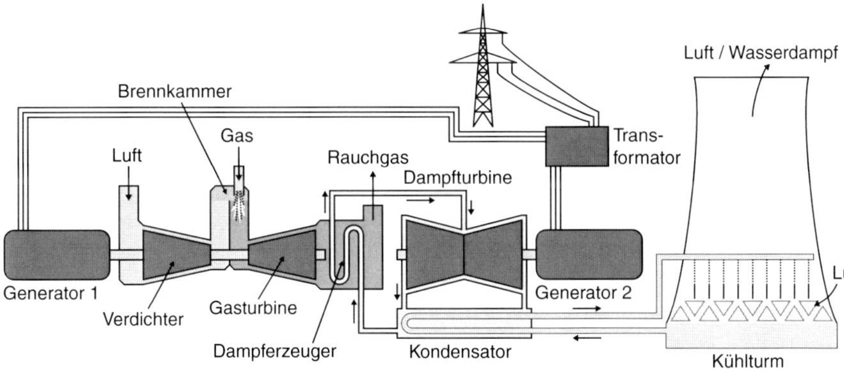

Bild F-5 Prinzipieller Aufbau eines GuD-Kraftwerks

Bei diesem Kraftwerkstyp sind zwei Generatoren vorgesehen. Generator 1 wird in Bild F-5 von der Gasturbine angetrieben. Mit der gleichen Welle wird der Verdichter angetrieben, der die Luft ansaugt, verdichtet und in die Brennkammer führt. In die Brennkammer wird auch das Gas eingeführt, so dass hier der Verbrennungsprozess ablaufen kann. Das Rauchgas erhitzt im Dampferzeuger den Wasserdampf, der auf den Einlass der Dampfturbine geführt wird. Der Auslass der Dampfturbine ist wie in

Bild F-4 beim Aufbau des Kohlekraftwerks schon gezeigt, auch hier mit dem Kondensator verbunden, damit der Wasserdampf zur Verbesserung des Carnot-Prozesses wieder auf die kleinstmögliche Temperatur abgekühlt werden kann.

Der Vorteil bei GuD-Kraftwerken ist der relativ kompakte Aufbau, die daraus resultierenden niedrigen Investitionskosten und die im Vergleich zu Kohlekraftwerken günstigeren Emissionswerte. Die bei Kohlekraftwerken notwendige aufwändige Entstaubung, Entschwefelung und Entstickung entfällt hier vollständig.

Da bei *Kernkraftwerken* der vom Reaktor durch die *Kernspaltung* erhitzte Wasserdampf nicht direkt der Turbine zugeführt werden kann, sondern das radioaktiv kontaminierte Kühlmittel des Primärkreislaufs (Wasserdampf beim *Druckwasser-Reaktor* und Helium beim *Hochtemperatur- oder Kugelhaufen-Reaktor*) seine Energie über einen Dampferzeuger an den Sekundärkreislauf weitergeben muss, ist der thermische Wirkungsgrad bei diesem Kraftwerkstyp der schlechteste von allen thermischen Kraftwerken. Der Wasserdampf wird mit max. 280 °C und 70 bar Druck als so genannter *Sattdampf* einer verhältnismäßig großen *Sattdampfturbine* zugeführt.

Bei den älteren *Siedewasserreaktoren*, die Ende der 60er Jahre des 20. Jahrhunderts entwickelt wurden, wird der vom Reaktor erhitzte Wasserdampf direkt auf die Turbine gegeben, wodurch ein besserer thermischer Wirkungsgrad erreicht werden kann. Wegen der fehlenden Trennung des Primärkreislaufs vom Maschinenhaus mit Turbine und Generator gehört bei diesem Reaktortyp das Maschinenhaus zum kontaminierten Sicherheitsbereich.

Zumindest strittig ist bei Kernkraftwerken die *Endlagerung* der radioaktiven Abfälle zum Einen während des laufenden Betriebs und zum Anderen besonders nach der Stilllegung eines Kernkraftwerks. Nichtsdestoweniger ist besonders in China, Indien, der Russischen Föderation, der Ukraine und den USA der Bau weiterer Kernkraftwerke geplant.

F.1.3.2 Wasserkraftwerke

Kraftwerke mit *erneuerbaren Energieträgern* wie Wasser, Wind, Gezeitenströmungen, Biomasse, Erdwärme und Sonnenstrahlung nutzen Energieträger, die praktisch unbegrenzt zur Verfügung stehen. Derartigen Kraftwerkstypen kommt zumindest in der langfristigen Zukunft eine sehr große Bedeutung zu, die in der kurz- bis mittelfristigen Zukunft demzufolge natürlich ansteigen wird.

Bei *Wasserkraftwerken* wird die Änderung der potenziellen Energie des Wassers infolge einer Höhenänderung ausgenutzt. Man unterscheidet bei Wasserkraftwerken zwischen drei verschiedenen Typen. *Laufwasserkraftwerke* werden direkt neben den Staustufen an den Flussläufen vorgesehen und liefern eine nahezu konstante Netzleistung von einigen Megawatt pro Staustufe. Die verwendeten *Kaplanturbinen* sind ähnlich aufgebaut wie Schiffsschrauben. Der Zulauf zur Turbine kann gedrosselt oder auch gesperrt werden, so dass die Durchflussmenge bei Bedarf geregelt werden kann.

Diese Eigenschaft kann genutzt werden, um eine mögliche *Wellenbildung* auf dem Fluss durch die Schleusung für den Schiffverkehr *ausgleichen* oder abdämpfen zu können. Je nach Größe der Schleuse wird in kurzer Zeit eine mehr oder weniger große Wassermenge dem Oberlauf zur Flutung der Schleuse entnommen und danach wird ebenfalls in relativ kurzer Zeit vor Öffnung der Schleuse auf der Unterlauf-Seite die gleiche Wassermenge wieder abgelassen. Dieses kann zu einer Welle führen, die durch einen koordinierten Einsatz der Laufwasserkraftwerke gezielt bedämpft werden kann.

Speicherkraftwerke werden aus höher gelegenen Stauseen gespeist. Regen- und Quellwasser wird im hochgelegenen Stausee durch eine Staumauer am Abfluss ins Tal gehindert. An der Staumauer ist ein Anschluss über das so genannte *Wasserschloss* (ein Druckstoßdämpfer) an Druckrohre vorgesehen. Diese Druckrohre führen zu den Turbinen (Francis- oder Pelton-Turbinen) im Tal, die die Generatoren antreiben. Bei einem schnellen Verschließen der Ventile vor den Turbinen würde wegen der hohen kinetischen Energie des in den Druckrohren fließenden Wassers der Druck in den Rohren sehr stark ansteigen. Das Wasserschloss sorgt für einen Druckausgleich und schützt damit die Druckrohre und Armaturen.

Mit einem Speichervolumen V_W, der Dichte des Wassers ρ (ca. 1 t/m^3), der Erdbeschleunigung g (=9,81 m/s^2) und der Fallhöhe Δh ergibt sich die gespeicherte potenzielle Energie E_{pp} zu:

$$E_{pp} = V_W \cdot \rho \cdot g \cdot \Delta h \tag{F-2}$$

Ein *Pumpspeicherkraftwerk* befindet sich im *Turbinenbetrieb*, wenn zur Abdeckung von Spitzenlast Leistung in das Versorgungsnetz eingespeist werden soll. In Schwachlastzeiten kann das Kraftwerk im *Pumpbetrieb* dem Versorgungsnetz Energie entnehmen und durch die Förderung des Wassers in den Speichersee in potenzielle Energie umwandeln.

Durch die *Reibungsverluste* gehen etwa 25 % der im Pumpbetrieb aufgenommenen Leistung bis zur Abgabe der Leistung im Turbinenbetrieb verloren. Das Pumpspeicherkraftwerk Goldisthal (Thüringer Wald) ist für eine Leistung von 1.060 MW und eine Speicherkapazität von 8.480 MWh ausgelegt. Der Speichersee hat eine Gesamtfläche von 55 ha und speichert 12 Mio. m^3 Wasser.

Eine andere Möglichkeit zur Wandlung von elektrischer Energie in potenzielle Energie stellen *Druckluftspeicher* (CAES-Anlage, *C*ompressed *A*ir *E*nergy *S*torage) dar. In Huntorf bei Bremen wird seit 1978 ein Druckluftspeicherkraftwerk betrieben, das zwei Stunden lang eine Leistung von 290 MW liefern kann. Dazu wird in einer Tiefe von 650 bis 800 m Druckluft mit einem Volumen von 300.000 m^3 und einem Druck von 70 bar in zwei Salzkavernen gespeichert. In Schwachlastzeiten wird mit einem elektrisch angetriebenen Kompressor Druckluft in die Kavernen gepresst. Wird ein Volumen V_P mit der Dichte ρ und einem Überdruck Δp gespeichert, ergibt sich daraus die im Hohlraum gespeicherte potenzielle Energie E_{pd} zu:

$$E_{pd} = V_P \cdot \rho \cdot \Delta p \tag{F-3}$$

Der Wirkungsgrad dieser Speichermethode beträgt nur 42 %, kann aber auf bis zu 70 % gesteigert werden. Dazu wird die Druckluft als Frischluft auf eine Gasturbine zugeführt, um damit einen Generator abzutreiben.

In Norton/Ohio (USA) ist ein Druckluftspeicherkraftwerk mit einem Hohlraum von 10 Mio. m^3 in einem ehemaligen Kalkstein-Bergwerk geplant, das eine Leistung von 2.700 MW für mehr als acht Tage bereithalten soll. Derartige Speicherkraftwerke sind trotz der enorm großen Hohlräume aber flexibler auszubauen als Pumpspeicherkraftwerke. Die Planung von Pumpspeicherkraftwerken unterliegt starken geografischen Einschränkungen, wohingegen für einen Druckluftspeicher auch Kavernen ehemaliger Bergwerke genutzt werden können. Hier ist aber der Nachweis der notwendigen Dichtheit ein Problem, das bei Salzkavernen nicht besteht (geometrisches Volumen 300.000 bis 700.000 m^3, Teufenbereich 600 bis 1.800 m, Druckbereich je nach Teufe bis über 200 bar).

Grundsätzlicher Bedarf an Speicherung elektrischer Energie ergibt sich aus der Liberalisierung der Strommärkte; zunehmend wird elektrische Energie an Strombörsen wie NordPool (Skandinavien), EEX (Deutschland), APX (Niederlande) gehandelt. Es wäre mit geeigneten Speicherkraftwerken möglich, Überschussleistung günstig einzukaufen, im Speicher zu parken und später gewinnbringend zu verkaufen.

F.1.3.3 Windkraftanlagen

Windkraftanlagen gewinnen zunehmend an Bedeutung zumal man mit der Installation großer Offshore-Windparks (offshore = außerhalb der Küstengewässer liegend) begonnen hat. Im Spätsommer 2009 wurde von der Bundesregierung ein Raumordnungsplan beschlossen, wonach bis 2030 bis zu 25 GW über Offshore-Windkraft erzeugt werden könnten. Dazu sollen 30 Windparks in der Nord- und 10 in der Ostsee gebaut werden.

Für die Planung eines Windparks hat natürlich die Beständigkeit des Winds als Energieträger eine enorme Bedeutung für die Wirtschaftlichkeit. Von daher ist die Aufstellung auf See natürlich grundsätzlich sinnvoller als auf dem Festland. Die wetterabhängige Erreichbarkeit für Reparaturen (Transport per Hubschrauber) ist problematisch und auch die Einspeisung der elektrischen Leistung von See in das Landes-Versorgungsnetz ist wegen der Seekabel aufwändig.

Wegen der aber trotz der Offshore-Aufstellung immer noch schwankenden Abgabeleistung (Windflauten ohne Leistungsabgabe aus einem Windpark können im Extremfall sogar mehrere Tage andauern) müssen im Versorgungsnetz insgesamt Reserven bzw. Speichermöglichkeiten in entsprechendem Umfang vorgesehen werden. Auch ist das Versorgungsnetz auf dem Festland für die Einspeisung größerer Leistungen in der Küstenregion noch nicht hinreichend vorbereitet.

F.1.3.4 Solarkraftwerke

Bei einer in Sperrrichtung betriebenen Diode fließt immer noch ein kleiner Sperrstrom aufgrund der Eigenleitung des Halbleitermaterials. Wird der pn-Übergang zusätzlich mit Lichtquanten bestrahlt, entstehen an der Grenzschicht durch Paarbildung zusätzliche Ladungsträger, die diesen Sperrstrom vergrößern.

Da sich dieser zusätzliche „Fotostrom" dem Diodenstrom auch bei einer Polung in Durchlassrichtung überlagern muss, wird die ursprüngliche Dioden-Kennlinie durch den Lichteinfall in guter Näherung mit zunehmender Licht-Einstrahlung E weiter verschoben (s. Bild F-6 links).

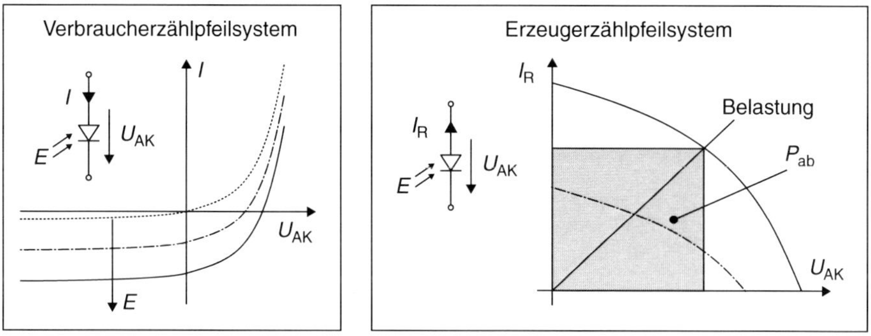

Bild F-6 Kennlinien Fotodiode

Bei Fotoelementen (*Solarzellen*) wird der IV. Quadrant der Kennlinie genutzt (Bild F-6 links), da hier im zugrunde gelegten Verbraucherzählpfeilsystem Spannung und Strom ein unterschiedliches Vorzeichen aufweisen und die Fotodiode somit Leistung abgibt. Bei einer Solarzelle wird deshalb üblicherweise der Strom von der Kathode zur Anode eingepfeilt (Bild F-6 rechts), so dass im rechten Diagramm der „Sperrstrom" in Abhängigkeit der Diodenspannung aufgetragen wird.

Eine Solarzelle in einer *Photovoltaik-Anlage (PV-Anlage)* wird nach Möglichkeit stets so betrieben, dass die abgegebene Leistung P_{ab} möglichst groß wird. Diese Betriebsweise nennt man MPP-Tracking (Maximum Power Point). Erreichbar sind heutzutage gut 120 W/m^2 als Spitzenleistung (von den Herstellern mit der „Einheit" Wp als „Watt-Peak" bezeichnet) bei einer Einstrahlleistung von 1 kW/m^2.

Gefertigt werden Solarzellen mit einer Standardgröße von 5 Zoll Kantenlänge (12,7 cm · 12,7 cm) oder als 6 Zoll-Großzellen (15,2 cm · 15,2 cm). Dabei handelt es sich um so genannte *monokristalline Zellen*. Diese Zellen werden aus einem Block mit monokristallinen Silizium gesägt, wodurch Zellstärken von minimal 100 μm erreicht werden können. Dieser Herstellungsvorgang ist wegen der relativ dicken Zellstärke und dem Sägeabfall sehr materialaufwändig.

Auf einem Trägermaterial (Glas, Kunststoff, Metall) aufgedampfte *Dünnfilmzellen* hingegen können mittlerweile mit Materialstärken von nur 10 μm gefertigt werden, wobei auch der Dotierungsvorgang in der Gasphase erfolgt. Neben *amorphem Silizium* als Halbleitermaterial kommt auch Kupfer-Indium-Diselenid (CIS) und Cadmiumtellurid (CdTe) zum Einsatz. Diese Dünnschichtzellen können sehr großflächig (mittlerweile bis zu 5 m^2) gefertigt werden. Allerdings steht dem niedrigeren Materialeinsatz ein recht aufwändiger Fertigungsprozess gegenüber, da über einen langen Zeitraum konstante Bedingungen aufrecht erhalten werden müssen, um eine gleichbleibende hohe Qualität produzieren zu können.

Der Platzbedarf ist abhängig vom verwendeten Zellentyp. Monokristalline Zellen haben einen Wirkungsgrad von etwa 14 %, Dünnschichtzellen liegen etwa bei 10 % und amorphe Zellen bei 7 %, so dass ein Flächenbedarf von 7 bis 20 m^2/kW je nach Zellentyp entsteht. Die angegebene Spitzenleistung bei einer Einstrahlleistung 1 kW/m^2 wird in Deutschland jedoch selten für mehr als 2.000 Betriebsstunden pro Jahr erreicht (zum Vergleich: 365 d · 24 h/d = 8.760 h).

Bei einer Photovoltaik-Anlage werden mehrere Zellen zusammengeschaltet. Eine Reihenschaltung zur Erhöhung der Spannung ist nachteilig, da einzelne abgeschattete Zellen die gesamte Anlage bezüglich ihrer gesamten Leistungsabgabe beeinflussen. Die Anlage liefert zudem eine Gleichspannung, die zur Einspeisung in das Versorgungsnetz in eine Wechselspannung umgewandelt werden muss. Der dafür verwendete Wechselrichter muss gleichzeitig die Gleichspannung an den Solarzellen so einstellen, dass auch bei schwankender Einstrahlung eine möglichst hohe Leistung abgegeben werden kann.

Die installierte Wechselrichter-Leistung muss mindestens viermal so groß sein wie die mittlere Abgabeleistung und es muss ein erheblicher konstruktiver Aufwand für die Absicherung der Windlast der PV-Anlage auch bei Sturm betrieben werden. Aus diesem Grund ist zur Zeit neben Nischenanwendungen (Stromversorgung von Parkautomaten und Wetterstationen, Versorgung von netzfernen Versorgungsstationen wie Almhütten) ein wirtschaftlicher Betrieb nur mit erheblichen Subventionen zu realisieren.

Dennoch ist eine Versorgung mit Solar-Energie natürlich vom grundsätzlichen Ansatz her sehr interessant, da es sich um eine schier unerschöpfliche Energiequelle handelt: „Die Wüsten der Erde empfangen in sechs Stunden mehr Energie von der Sonne, als die Menschheit in einem ganzen Jahr verbraucht.“ (Dr. G. Knies, Vorsitzender des Aufsichtsrates der DESERTEC Foundation).

In Spanien und USA (Kalifornien, Nevada) sind bereits seit einiger Zeit solarthermische Kraftwerke in Betrieb, mit denen über die Sonnenenergie wieder Wasserdampf erhitzt wird, um damit wie bei konventionellen thermischen Kraftwerken eine Turbine mit einem Generator anzutreiben. Dazu gibt es zwei verschiedene Varianten.

Beim *Parabolrinnenkollektor* (Bild F-7a) wird das Sonnenlicht über parabelförmige Spiegel in ihrem Brennpunkt fokussiert, um dort in Rohren den Wasser-

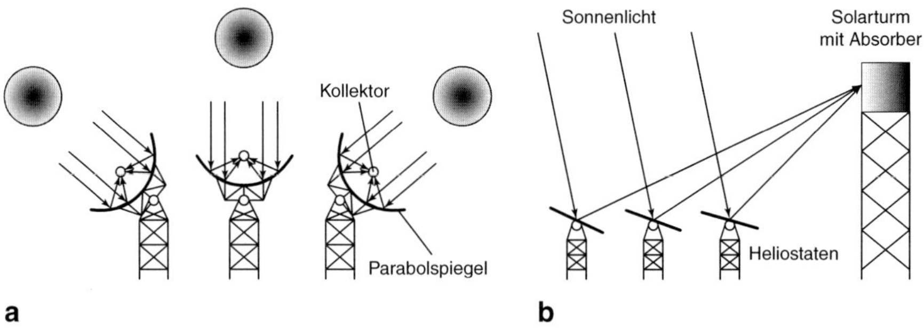

Bild F-7 Solarthermische Kraftwerke **a**) Parabolrinnen-Kollektor, **b**) Solarturm-Kraftwerk dampf aufzuheizen. Die Spiegel müssen entsprechend dem jeweiligen Sonnenstand (*Elevationswinkel* = Sonnenwinkel über Horizont) nachgeführt werden.

Beim *Solarturm-Kraftwerk* (PowerTower, Bild F-7b) wird das Sonnenlicht über Spiegel (den so genannten *Heliostaten*) auf den Absorber im Solarturm ausgerichtet. Dazu muss bei den Heliostaten sowohl der Elevationswinkel als auch der *Azimutwinkel* von Ost nach West verstellbar sein.

Die Verstellung der Spiegel ist beim Solarturmkraftwerk zwar aufwändiger, aber die thermische Ankopplung erfolgt nur im Absorber, in dem sehr hohe Temperaturen (mehr als 1.000 °C) erreicht werden können. Die hohe Temperatur kann aber auch genutzt werden, um Energie thermisch zu speichern. Damit wäre eine Möglichkeit geschaffen, bei einem Solar-Kraftwerk eine relativ gleichmäßige ganztägige Leistungsabgabe zu realisieren.

Mit diesem Konzept will man im Desertec-Projekt Solarkraftwerke im Nahen Osten (*M*iddle-*E*ast) und *N*ord-*A*frika (MENA) schaffen um einen großen Anteil der elektrischen Energie in den EU-MENA-Staaten (Europa + MENA-Staaten) damit abzudecken. Dieses Vorhaben wird jedoch z. T. noch sehr kontrovers diskutiert. Andererseits ist 2009 von mehreren Firmen und Netzbetreibern aus Deutschland, Frankreich, Spanien und Italien die Desertec Industrial Initiative (DII) in Berlin als GmbH mit dem Ziel gegründet worden ist, um bis 2012 einen Businessplan für machbare Investitionen aufzustellen. Die Erstellung einer Demonstrationsanlage in Marokko ist bereits Anfang 2010 beschlossen worden.

F.2 Energieübertragung

F.2.1 Übertragungssysteme

Die von den Kraftwerken bereitgestellte elektrische Energie muss über Stromleitungen den elektrischen Verbrauchern zugeführt werden. Da die elektrische Leistung über größere Entfernungen übertragen werden muss, sind die auf den Leitungen entstehenden Verluste nicht zu vernachlässigen und müssen nach Möglichkeit minimiert werden.

Da die Verluste auf einer Leitung mit dem Leitungswiderstand R_L quadratisch zum Leiterstrom I_L sind, wird man mit steigender Leistung immer höhere Spannungen verwenden wollen. Damit kann der Wirkungsgrad bei der elektrischen Leistungsübertragung verbessert werden.

Eine beliebig hohe Spannung für die Energieversorgung macht natürlich auch keinen Sinn, da mit steigender Spannung der Aufwand für die Isolationssysteme vergrößert wird. Man würde zwar die Betriebskosten reduzieren (kleinere Übertragungsverluste), aber die Investitionskosten für die Leitungen und die daran angeschlossenen Betriebsmittel (Transformatoren, Schaltanlagen etc.) erhöhen.

Für die Übertragung elektrischer Leistung werden drei verschiedene Methoden verwendet: Gleichstrom-, Wechselstrom- und Drehstromübertragung.

Gleichstrom wird beispielsweise zur Versorgung von *Schienenfahrzeugen kleinerer Leistung* (Nahverkehr: Straßen-, U- und teilweise S-Bahnen) mit Spannungen von etwa 600 bis 750 V verwendet. Es gibt vereinzelt auch 1,5 und 3 kV-Gleichstrom-Systeme zur Versorgung im Fernverkehr. Andererseits gewinnt die *Hochspannungs-Gleichstrom-Übertragung* (*HGÜ* oder *HVDC*: High Voltage Direct Current Transmission) zunehmend an Bedeutung.

HGÜ-Systeme werden einmal zur *Kopplung von Versorgungsnetzen* genutzt, um eine mögliche Phasen- und/oder Frequenzverschiebung zulassen zu können. Die Kopplung zwischen dem skandinavischen und dem mitteleuropäischen Versorgungsnetz erfolgt beispielsweise über eine HGÜ-Leitung.

Wegen der kleinen Abstände zwischen den Leitern eines Kabels wirken im Vergleich zu Freileitungen relativ große Kapazitäten zwischen den Leitern. Bei einer Wechselstromübertragung hätte dieses zusätzliche Querströme zur Folge, die es bei einer Gleichstrom-Übertragung nicht gibt. Deshalb werden schon bei Entfernungen von mehr als wenigen Kilometern auch bei relativ kleinen Leistungen überwiegend Freileitungen eingesetzt. *Seeverbindungen* sind mit Freileitungen nicht zu realisieren, deshalb müssen dann Kabel verwendet werden. Dabei bevorzugt man heutzutage ebenfalls HGÜ-Systeme.

Bei sehr langen Leistungen führen die Leitungsinduktivitäten und -kapazitäten zu *Phasenverschiebungen* zwischen der Eingangs- und Ausgangsspannung. Außerdem wirkt die in Reihe zur Synchronreaktanz X_S geschaltete Leitungsinduktivität zu einer scheinbaren Vergrößerung der Synchronreaktanz und somit zur Verkleinerung des Kippmoments $M_{i,Kipp}$ des Kraftwerksgenerators (vgl. Gl. D-12). Dieses wiederum kann zu *Instabilitäten im Netz* führen.

Wenn also Leistungen im Bereich von mehreren Gigawatt über sehr große Entfernungen übertragen werden sollen, wird aus diesem Grund und wegen des kleineren Platzbedarfs für die Freileitung-Trasse ein HGÜ-System einer Drehstrom-Übertragung vorgezogen.

Einphasen-Wechselstrom als Übertragungssystem für die Energieversorgung wird praktisch nur bei Bahnsystemen vorgesehen. Das Argument ist die einfache einphasige Zuführung über einen Fahrdraht (Oberleitung) mit einem Schleifkontakt am Schienenfahrzeug und die Stromrückführung über die Schiene. Da die Versorgung der Schienenfahrzeuge (Fernverkehrszüge und teilweise auch S-Bahnen) einphasig über 15 kV/16,7 Hz bzw. 25 kV/50 Hz erfolgt, ist auch die gesamte Energieversorgung (teilweise mit eigenen Kraftwerken und 110 kV-Systemen) einsträngig ausgelegt.

Drehstromsysteme haben wie Einphasen-Wechselstromnetze den Vorteil, dass man unterschiedliche Spannungsebenen mit *Transformatoren* koppeln kann. Bei einer reinen Gleichstromversorgung wären zur Kopplung zwischen unterschiedlichen Spannungsebenen anstelle dessen leistungselektronische Baugruppen notwendig, die mit ihrer Baugröße entsprechend ihrer Leistung (vergleichbar zu HGÜ-Systemen) in der Größenordnung von Mehrfamilienhäusern lägen.

Drehstrom-Systeme können im Unterschied zu Einphasen-Systemen eine zeitlich *konstante Leistung* übertragen und direkt aus Drehstrom-Generatoren gespeist werden. Außerdem können an einem Drehstrom-System direkt Drehfeldmaschinen betrieben werden. Dieses ist natürlich ein sehr wichtiges Argument, da mehr als die Hälfte der elektrischen Energie wieder in mechanische Energie umgewandelt werden muss. (s. Bild F-2b)

F.2.2 Drehstromnetze

Wenn elektrische Energie übertragen werden soll, ist ein Kompromiss zwischen möglichst kleinen Übertragungsverlusten und dem mit größer werdender Spannung steigenden Aufwand für die Isolationssysteme zu schließen. Für mitteleuropäische Verhältnis kann die Faustformel 1 kV Nennspannung pro 1 km Entfernung angesetzt werden, d. h. bei einer Entfernung von etwa 100 km ist eine 110 kV-Leitung und bei einer Entfernung von etwa 20 km ist dann eine 20 kV-Leitung weitgehend optimal.

Höchstspannungsnetze mit 380 und 220 kV haben eine reine *Transportfunktion*, beispielweise zum Energieaustausch zwischen Nord- und Süddeutschland und mit benachbarten Staaten (Bild F-8). *Hochspannungsnetze* mit 110 kV haben *Verteilaufgaben*, hiermit werden Städte oder größere Industrieanlagen versorgt.

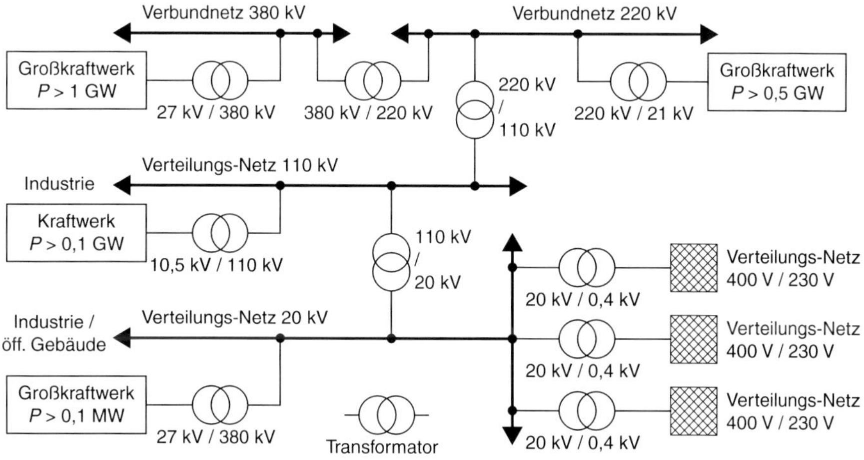

Bild F-8 Netzaufbau

Im ländlichen Bereich gibt es Freileitungen für die *Mittelspannungsnetze* mit 10 kV oder 20 kV. Über Erdkabel werden ebenfalls über das Mittelspannungsnetz Stadtbezirke versorgt. Industrieanlagen erhalten einen 10 oder 20 kV-Mittelspannungsanschluss bei Leistungen zwischen etwa 250 kVA bis etwa 2,5 MVA. Die daran angeschlossenen Ortsnetzstationen mit Anschlussleistungen bis etwa 630 kVA versorgen mit ihren Verteiltransformatoren das Niederspannungsnetz mit 400 V.

F.2.3 Netzstrukturen

Die Struktur eines Versorgungsnetzes kann unterschiedlich gestaltet werden. Man unterscheidet zwischen Strahlen-, Ring- und Maschennetzen (Bild F-9).

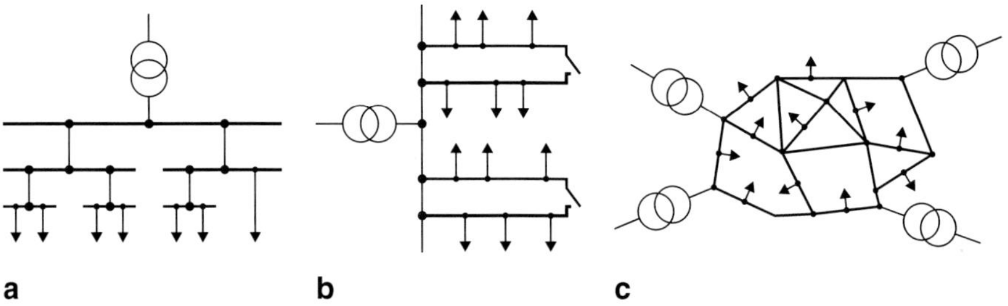

Bild F-9 Netzstrukturen **a**) Strahlennetz, **b**) Ringnetz und **c**) Maschennetz

Bei einem *Strahlennetz* ist die Überwachung und Absicherung am einfachsten zu gestalten. Allerdings kann wegen der gesamten Leitungslänge ein *erheblicher Spannungsabfall* auf der Zuleitung auftreten, der nur durch Anheben der Spannung durch Stufentransformatoren meist auf der Mittelspannungsebene wieder kompensiert werden kann. Nachteilig ist auch die *geringe Versorgungssicherheit*, da bei Ausfall des Generators oder einer Hauptversorgungsleitung das gesamte Versorgungssystem ausfallen kann.

Ringnetze haben eine *höhere Verfügbarkeit*. Beispielsweise wird an beiden Seiten einer Straße jeweils eine Versorgungsleitung verlegt, die am Ende mit der jeweils anderen Leitung über einen Schalter verbunden werden kann. Im Normalbetrieb ist dieser Schalter geöffnet und im Fehlerfall kann der Schalter geschlossen werden. Im Normalbetrieb wirkt das Ringnetz wie ein Strahlennetz, das im Fehlerfall in ein Ringnetz umgewandelt wird.

Maschennetze sind im Prinzip Ringnetze, bei denen zusätzliche Querverbindungen vorgesehen sind. Da einzelne Verbraucher über mehrere Wege erreicht werden können, ist die Versorgungssicherheit sehr hoch und die Spannungsabfälle auf den Leitungen vom Einspeisepunkt zum Verbraucher niedriger. Nachteilig ist die schwierigere Absicherung des Netzes zwischen den Einspeisepunkten und einer möglichen Fehlerstelle.

F.2.4 Verbundbetrieb

Die UCTE (Union for the Coordination of Transmission of Electricity) steuert den Energiefluss in einem großen Teil Europas mit einer installierten Gesamtleistung von etwas mehr als 300 GW. Großbritannien und die skandinavischen Ländern sind angegliedert, aber über Gleichstromverbindungen asynchron mit dem UCTE-Netz verbunden. Die beteiligten Ländern tauschen elektrische Energie untereinander aus, wobei der Austausch von Energie (abgesehen von einigen Ausnahmen wie Italien mit einem Importanteil von 20 %) überwiegend sehr ausgeglichen ist.

Bei schnellen Laständerungen oder unerwarteten Kraftwerksausfällen im Verbundnetz wird zunächst die Netzfrequenz verändert. Die Änderung der kinetischen Energie in den Kraftwerksgeneratoren und -turbinen wird durch diese Maßnahme zur kurzfristigen Stabilisierung herangezogen. Für kurzfristige Lastsprünge ist die dadurch gegebene Reserve ausreichend, gesteuert wird dieser Vorgang durch die so genannte *Primärregelung*.

Außerdem halten beispielsweise thermische Kraftwerke in ihren *Dampfkesseln eine Leistungsreserve* von 2 % ihrer Gesamtleistung bereit, die innerhalb von 30 s nach Anforderung bereitstehen und für 15 min gehalten werden kann. Die Anforderung dieser Leistung zur Kompensation der Frequenzabweichung erfolgt durch die so genannte *Sekundärregelung*. Damit können Lastschwankungen im Minutenbereich kompensiert werden, die beispielsweise durch Pausen oder Schichtwechsel in der Industrie ausgelöst werden können.

Länger andauernde Störungen oder Abweichungen der tatsächlichen Netzleistung von der geplanten/erwarteten Netzleistung muss durch den Kraftwerkseinsatz ausgeglichen werden. Dazu sind im Netz *regelfähige Kraftwerke* (Steinkohle, Pumpspeicher etc.) vorgesehen, die mit einer Geschwindigkeit von 2 % ihrer Nennleistung pro Minute ihre abgegebene Leitung erhöhen oder verringern können. Damit wird die Abweichung der Netzfrequenz wieder kompensiert, so dass die Netzfrequenz mit einer Genauigkeit von 0,02 Hz gehalten werden kann.

Diese so genannte *Minutenreserve* wird von einzelnen Stadtwerken über so genannte *Minutenreserve-Pools* den Energieversorgern angeboten. Dem Energieversorger muss eine Regelleistung von mindestens 15 MW angeboten werden können, wobei auf der Ebene der Stadtwerke die Gesamtleistung aus mehreren kleinen Notstromversorgungen mit einer Einzelleistung von mindestens 0,5 MW besteht. Für die Bereitstellung der Regelleistung wird vom Energieversorger ein *Bereitstellungspreis* meist bezogen für ein festes Vierstundenintervall und im Abruffall zusätzlich ein *Arbeitspreis* vergütet. Die Zusammenfassung der einzelnen Kleinkraftwerke zu einem Regelkraftwerk erfolgt als *virtuelles Kraftwerk* bei den Stadtwerken.

F.3 Schutzmaßnahmen

Ein alltäglicher Umgang mit elektrischer Energie kann zu einer Sorglosigkeit mit fatalen Folgen führen. Die Anzahl der tödlichen Stromunfälle ist im privaten Bereich etwa siebenmal so hoch wie im gewerblichen und industriellen Bereich. Dennoch ist die Anzahl der tödlichen Stromunfälle pro Jahr im Zeitraum von 1954 bis 2007 von 319 (ohne DDR) auf 66 (BRD gesamt) zurückgegangen. Die Ursache ist auf die ständigen Verbesserung der Vorschriften, Bestimmungen, Regelungen und Normen im Zusammenhang mit der Sicherheit gegen elektrischen Schlag zurück zu führen.

Bei einem Versagen der Isolation ist neben der möglichen Schädigung elektrischer Betriebsmittel auch die *Gefährdung von Personen* durch *Körperströme* möglich.

Wird eine schadhafte Stelle oder ein elektrischer Kontakt berührt, kann ein elektrischer Strom über den menschlichen Körper fließen. Die daraus resultierende *physiologische Wirkung* hängt von der Höhe des elektrischen Stromes ab:

- 0,5 mA: *Wahrnehmbarkeitsschwelle*, der Strom wird unterhalb dieser Schwelle in der Regel nicht wahrgenommen.
- 10 mA: *Loslassschwelle*, eine umfasste Elektrode kann gerade noch losgelassen werden, bei größeren Strömen tritt eine Muskelverkrampfung auf.
- 50 mA: *Gefahrenschwelle*, ein Herzkammerflimmern tritt mit einer Wahrscheinlichkeit von 5 % auf.

Es ist zu beachten, dass ein Strom von 50 mA in einem von 20 Fällen ein Herzkammerflimmern erzeugt, auch wenn der Strom für nur wenige Sekunden fließt. Ein doppelt so großer Strom verzehnfacht schon das Risiko, wobei die Werte nur für den Stromweg „linke Hand – Fuß" gelten. Bei dem Stromweg „linke Hand – Brust" (oder Rücken gegen feuchte Wand, linke Hand an der schadhaften Stelle) wird die gleiche Gefährdung schon bei 2/3 des Stromwerts erreicht und bei dem Stromweg „linke Hand – rechte Hand" bei dem 2,5-fachen Stromwert. Große Körperströme von einigen Ampere haben innere *Verbrennungen* zur Folge. An Körperstellen mit erhöhtem Widerstand kann das Gewebe sogar Verkochen oder Verkohlen.

Die eigentliche Gefährdung wird also durch die Größe des Körperstroms bestimmt, wohingegen für die Festlegung von Sicherheitsbestimmungen eine maximal mögliche bzw. zulässige *Berührungsspannung* U_T (engl. touch voltage) bestimmt werden muss (Bild F-10). Der elektrische Widerstand des menschlichen Körpers ist spannungsabhängig und hängt von der Größe der Berührungsfläche und dem Feuchtigkeitsgehalt der Haut ab. Für den Stromweg „Hand-Fuß" kann ein Widerstandswert von etwa 1.000 Ω und für den Stromweg „beide Hände - Brust" aber nur noch 450 Ω angenommen werden. Daraus folgen die unterschiedlichen Werte für die zulässige Berührungsspannung U_{TP} (engl. permissible touch voltage) von 50 V bzw. 25 V Wechselspannung. Die genauen Werte sind abhängig von den Umgebungsbedingungen in DIN VDE 0101 und 0210 quantitativ festgelegt.

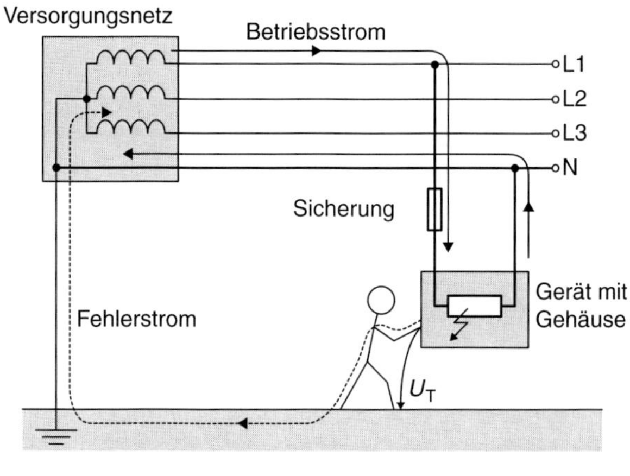

Bild F-10 Berührungsspannung

Anlagenteile, die direkt mit dem Betriebsstromkreis verbunden sind, nennt man *aktiv*. Maßnahmen, die verhindern, dass Mensch und Tier diese aktiven Anlagenteile berühren können (Isolation und Absperrung) werden als *direkter Berührungsschutz* bezeichnet. Dieser direkte Berührungsschutz kann bei einer Schaltanlage als *Absperrung* (Schutzzaun) oder bei einem Kabel als *Isolation* ausgeführt sein.

Anlagenteile, die nicht direkt mit dem Betriebsstromkreis verbunden sind, nennt man *passiv*. Ein *indirekter Berührungsschutz* soll sicherstellen, dass die zulässige Berührungsspannung U_{TP} nicht überschritten oder schnellstens abgeschaltet werden kann, wenn im Fehlerfall (z. B. bei einem Isolationsversagen) ein passives Anlagenteil Spannung führen sollte.

Bei einer *Schutzisolierung* wird die normale Betriebsisolierung durch zusätzliche Isolationsmaßnahmen so abgesichert, dass das Auftreten von Berührungsspannungen am Gehäuse praktisch unmöglich wird. Schutzisolierte Geräte sind beispielsweise viele Haushaltsgeräte und Elektrowerkzeuge.

Wenn die auftretenden Spannungen kleiner sind als die zulässige Berührungsspannung U_{TP}, spricht man von *Schutzkleinspannung*, die bei Geräten kleiner Leistung vorgesehen wird. Auch aus diesem Grund werden viele elektrische Verbraucher mit externen Netzteilen betrieben. Die Schutzvorschriften zur Sicherung gegen die Berührung gefährlicher Spannungen muss dann nur beim Netzteil nachgewiesen und gewährleistet werden. Ansonsten müsste diese Schutzvorschriften für das gesamte Gerät nachgewiesen werden.

Der *indirekte Berührungsschutz in Niederspannungsnetzen* kann unterschiedlich ausgeführt werden und hängt von der Behandlung des Sternpunkts ab. Man unterscheidet zwischen drei verschiedenen Netzformen.

Beim *TN-Netz* (frz.: terre neutre) wird der Sternpunkt des Verteiltransformators geerdet. Ist das angeschlossene Gerät nicht mit einer Schutzisolation ausgeführt, muss ein geerdeter Schutzleiter angeschlossen werden, der auch mit der metallischen Oberfläche des Gehäuses verbunden werden muss.

Schutzleiter und Sternpunktleiter sind beim *TN-C-Netz* (frz.: terre neutre combiné, Bild F-11a) identisch. Kommt es wegen einem Isolationsfehler im Gerät zu einer leitenden Verbindung zwischen einem Phasenanschluss (L1, L2 oder L3) und dem Gehäuse, fließt ein sehr hoher Strom sowohl über den jeweiligen Phasenleiter als auch über den PEN-Leiter zum Sternpunkt des Verteiltransformators. Dieser Strom wird durch die entsprechende Sicherung abgeschaltet. Bis die Sicherung auslöst, liegt zwischen Erdpotenzial und Gehäuse eine Berührungsspannung an, die aber sehr schnell abgeschaltet wird.

Nachteilig ist bei diesem System, dass zwischen einzelnen Gehäusen wegen des Spannungsabfalls auf dem stromführenden PEN-Leiter eine Spannung anliegen kann. Daraus können Probleme entstehen, wenn beispielsweise Geräte untereinander durch geschirmte Datenleitungen verbunden werden. Die Potenzialunterschiede können wegen der daraus resultierenden Ausgleichsströme Geräte sogar zerstören.

Beim *TN-S-Netz* (frz.: terre neutre séparé, Bild F-11b) wird zusätzlich zum Sternpunktleiter N noch ein eigener Schutzleiter PE mitgeführt. Auch hier würde bei dem gleichen Isolationsfehler wie eben geschildert eine Sicherung auslösen können, da wiederum ein hoher Strom über den PE-Leiter zum Sternpunkt abfließen würde.

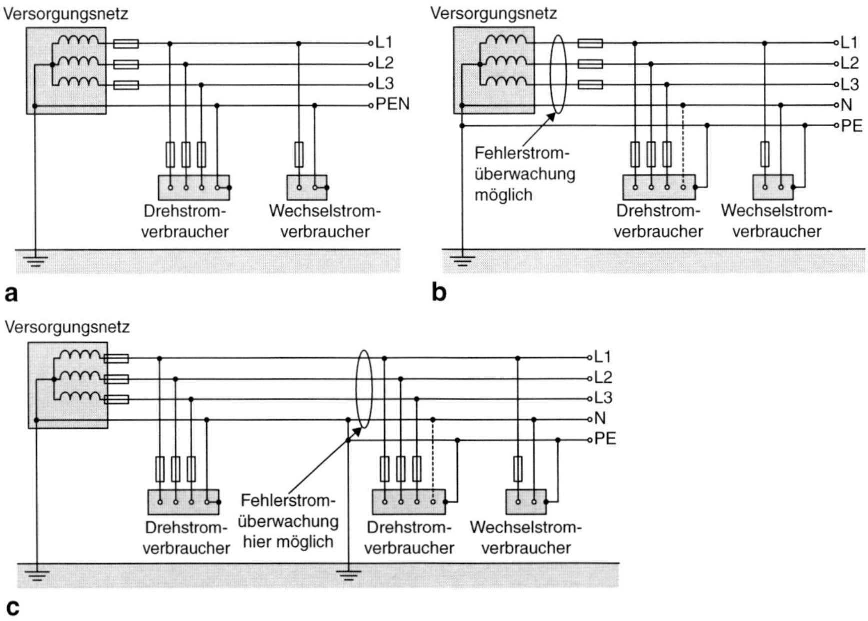

Bild F-11 Ausführungen verschiedener TN-System **a**) TN-C-System, **b**) TN-S-System und **c**) TN-C-S-System

Da der PE-Leiter im Normalbetrieb keinen Strom führt, gibt es keine Potenzialunterschiede zwischen den einzelnen Geräten. Zusätzlich kann bei einem TN-S-System noch eine *Fehlerstrom-Überwachung* (*FI-Schalter*) vorgesehen werden. Im Normalbetrieb müssen die über die Leiter L1, L2, L3 und N fließenden Ströme sich zu jedem Zeitaugenblick zu Null ergeben. Würde durch einen Isolationsfehler ein zusätzlicher Strom von einem Phasenanschluss über einen äußeren Widerstand (z. B. über einen menschlichen Körper oder über Kriechstrecken wegen Feuchtigkeit) gegen Erde abfließen, wäre die Summe der vier Ströme nicht mehr gleich Null. Üblicherweise lösen die in der Hausinstallation eingesetzten FI-Schalter bei einem Fehlerstrom von max. 30 mA aus, so dass das Gefährdungspotenzial sehr deutlich reduziert wird. Stromkreise mit Steckdosen, die von Laien bedient werden, *müssen* mit einem FI-Schalter abgesichert werden.

Das *TN-C-S-System* (frz.: terre neutre combiné séparé, Bild F-11c) wird am häufigsten eingesetzt. Ab dem Anschluss am Verteiltransformator wird die Leitungsführung wie bei einem TN-C-System vorgesehen. Die 400 V-Erdkabel vom Verteiltransformator bis zum Hausanschluss oder die Hauptstromersorgung bis zu einer Unterverteilung ist als TN-C-System ausgeführt. Wenn der PEN-Leiter dann auf einen N- und einen PE-Leiter aufgeteilt wird, wird das Netz als TN-S-System weitergeführt. Ab hier dürfen der PE- und der N-Leiter nicht mehr zusammengelegt werden. Oft wird das TN-C-Netz erst als TN-S-Netz weitergeführt, wenn die Leiterquerschnitte kleiner als 10 mm^2 werden.

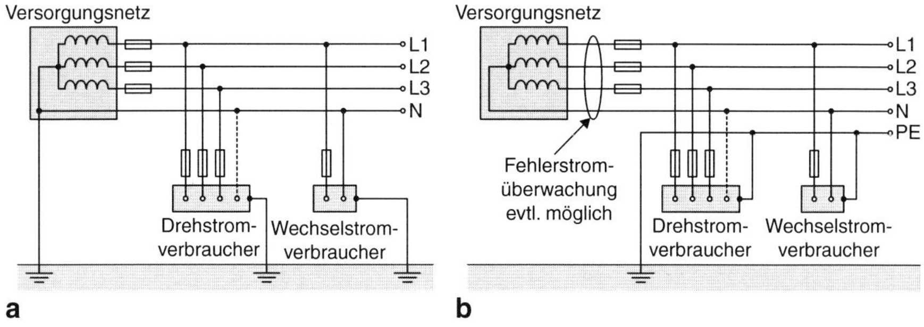

Bild F-12 **a**) TT-System und **b**) IT-System

In *TT-Netzen* (frz.: terre terre, Bild F-12a) werden die Verbraucher separat über eigenen Erder geerdet. Um Berührungsspannungen kleiner als 50 V garantieren zu können, müssen aber sehr gute Erdungsverhältnisse vorliegen. Der damit verbundene Aufwand für die Erder ist aber so hoch, dass TT-Netze praktisch nicht mehr vorgesehen werden.

IT-Netze (frz.: isolé terre, Bild F-12b) werden notwendig, wenn ein erster Isolationsfehler noch nicht zu einem Abschalten führen soll bzw. darf. Bei einem IT-Netz wird der Sternpunkt des Netzes nicht geerdet, so dass ein einzelner Isolationsfehler den jeweiligen Leiter zunächst nur mit dem Erdpotenzial verbindet. Erst ein zweiter Isolationsfehler würde einen kurzschlussähnlichen Strom zur Folge haben und dann zum Auslösen einer Sicherung führen.

Man kann den ersten *Isolationsfehler* erkennen, ohne sofort abschalten zu müssen. Stattdessen kann die Anlage in einen *sicheren Zustand* überführt werden. Diese Möglichkeit wird beispielsweise im OP-Bereich eines Krankenhauses oder in explosionsgefährdeten Bereichen genutzt.

In einem IT-Netz kann ein Erdschlussstrom über einen menschlichen Körper aber immer eine Gefährdung darstellen. Die Ursache für diesen Strom ist die Leitungskapazität zwischen dem Leiter und dem Schutzleiter. Diese Leiter-Erd-Kapazität ist umso größer, je weiter das IT-Netz ausgedehnt ist, womit die Größe eines IT-Netzes begrenzt wird.

F.4 Niederspannungsschaltanlagen

Auch wenn die Zuverlässigkeit einzelner Betriebsmittel in der Energieversorgung sehr hoch ist, muss es möglich sein, einzelne Bereiche vom Versorgungsnetz trennen zu können. Es ist auch bei sorgfältigster Planung und Projektierung nie auszuschließen, dass Versorgungsnetze aus- und umgebaut werden müssen. Aus diesem Grund werden *Schaltanlagen* mit entsprechenden Schaltern vorgesehen.

Man unterscheidet leistungsabhängig zwischen Niederspannungsschaltanlagen bis 63 A (Wohn-Installationsbereich), bis 630 A (Gewerbe- oder Industrie-Installationsbereich) und bis 6.300 A (Hauptschaltanlagen in der Großindustrie).

Der Aufwand für die in den Schaltanlagen verwendeten Schalter ist unterschiedlich hoch und richtet sich nach den entsprechenden Notwendigkeiten. *Lastschalter* schalten Verbraucher nur ein und aus. Lastschalter werden beispielsweise als Licht-, Geräte- oder Ein/Aus-Schalter ausgeführt und überwiegend mechanisch betätigt. Da sie mit einer relativ niedrigen Öffnungsgeschwindigkeit betätigt werden, können sie im Fehlerfall *keine Kurzschlussströme* schalten. Der beim Abschalten eines Kurzschlussstromes entstehende Lichtbogen würde den Schalter explosionsartig sowohl thermisch als auch mechanisch vollständig zerstören.

Leistungsschalter können Verbraucher und auch ganze Anlagenteile ein- und ausschalten und beherrschen zusätzlich das Abschalten von Kurzschlussströmen. Mit einem Leistungsschalter kann ein Lastschalter vor der Zerstörung durch einen Kurzschlussstrom geschützt werden. Die Größe des maximal schaltbaren Kurzschlussstroms ist beim Leistungsschalter genau spezifiziert und hängt vom verwendeten *Löschprinzip* ab.

Soll auch ein Kurzschlussstrom (ab-)geschaltet werden können, müssen konstruktive Maßnahmen getroffen werden, um den *Abbrand* an den Kontaktflächen möglichst niedrig zu halten, bzw. den Lichtbogen möglichst schnell zu löschen. Die Größe und die Dauer des Lichtbogenstroms kann jedoch reduziert werden, indem der Lichtbogen gezwungen wird, eine möglichst große Strecke überbrücken zu müssen. Dieses kann erreicht werden, indem der Kontakt über eine (eventuell mit einem Elektromotor) vorgespannte Feder möglichst schnell und weit geöffnet wird.

Der Lichtbogen selbst ist eine Gasentladung zwischen den zwei Kontaktstellen bei der ein Plasma entsteht, in dem durch Ionenbildung der Strom auch durch eine Luftstrecke fließen kann. Da die Ionenbildung eine sehr hohe Temperatur zur Folge hat, kann der Lichtbogen durch über der Kontaktstelle angebrachte Kanäle (*Löschkammern,* Bild F-13) infolge einer Kaminwirkung nach oben „gezogen" und dadurch verlängert werden und schneller abbrennen. Eine weitere Möglichkeit besteht darin, über den Kontaktstücken *Abbrandhörner* vorzusehen (Bild F-13). Dadurch wird der Lichtbogen einerseits von den eigentlichen Kontakten „weggezogen" und durch die zusätzliche Aufweitung des Elektroden zusätzlich verlängert. Beide Maßnahmen verringern sowohl die Brenndauer als auch die Größe des Lichtbogenstroms.

Leistungsschalter können mit einer geeigneten Auslösecharakteristik ausgestattet werden. Ein *Kurzschlussstrom* kann magnetisch erfasst werden und löst weitge-

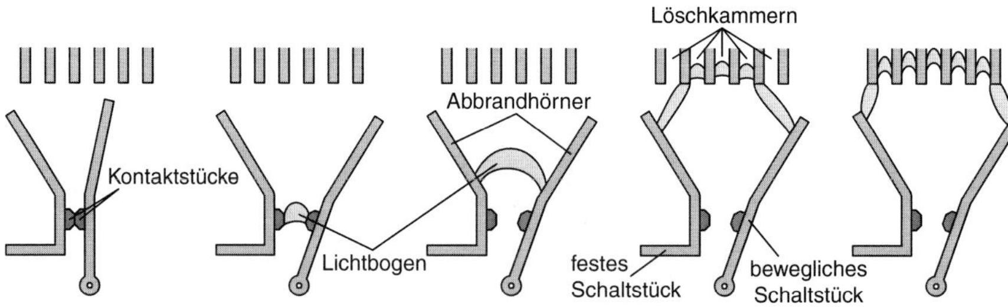

Bild F-13 Lichtbogenlöschung mit Abbrandhörner und Löschkammern hend *unverzögert* das Abschalten aus. *Überströme*, d. h. Ströme größer als ein Bemessungswert können auch ein Abschalten bewirken. Im einfachsten Fall kann dieses mit einem *Bimetallauslöser* erreicht werden, der sich je nach Größe des Überstroms schneller oder langsamer erwärmt/krümmt und damit schneller oder langsamer auslöst.

Bei vielen Leistungsschaltern lässt sich die Auslösekennlinie jedoch parametrieren, um ein gleichzeitiges Auslösen mehrerer Schutzelemente zu vermeiden, bzw. aufeinander abzustimmen. Mit der Parametriermöglichkeit kann der Netzschutz deutlich verlässlicher geplant werden. Die auch als *Sicherungsautomaten* bezeichneten *Leistungsschutzschalter* im Wohnbereich sind natürlich nicht parametrierbar, sondern werden bei Überströmen durch Bimetallauslöser und bei sehr hohen Strömen durch einen magnetischen Auslöser geöffnet. Mit diesen Leistungsschutzschaltern werden die in den Wänden verlegten Kabel gegen thermische Überlastung geschützt, so dass der Bemessungsstrom des Leistungsschutzschalters auf die Leiterquerschnitte angepasst werden muss.

Ähnlich aufgebaut sind *Motorschutzschalter*, die ebenfalls einen thermisch Auslöser für Überlastströme und einen magnetischen Auslöser für Kurzschlussströme vorweisen. Bei einem Motorschutzschalter kann die thermische Auslösung aber auf die Erwärmung des Motors angepasst werden. Da Motoren einen sehr viel höheren Anlauf- als Bemessungsstrom aufweisen, erfolgt die magnetische Auslösung bei einem acht- bis elffachen Bemessungsstrom. Somit stellt der Motorschutzschalter *keinen Leitungs-, sondern nur einen Motorschutz* dar. Ein Motorschutzschalter spricht nur im Störungsfall an. Das betriebliche Ein- und Ausschalten erfolgt über einen Lastschalter, der meist als mit einem Elektromagneten fernbetätigter *Leistungsschütz* ausgeführt ist.

Die einfachste Form einer Niederspannungsschaltanlage ist die Unterverteilung in einem Wohnhaus (Bild F-14 links). Das Erdkabel oder die über Leitungen auf dem Dachständer zugeführten Kabel werden im plombierten *Hausanschlusskasten* über Schmelzsicherungen (*Panzersicherungen*) abgesichert und im Verteilerschrank über den Zähler auf Verteilerschienen aufgelegt. Die einzelnen Stromkreise sind über Leistungsschutzschalter abgesichert, wobei einzelne Verbraucher und die Stromkreise für die Beleuchtung über separate Lastschalter ein- und ausgeschaltet werden können. Diese Lastschalter können fest installiert sein (Beleuchtung) oder am Verbraucher selbst vorgesehen sein.

Die Verantwortung des Energieversorgungsunternehmens (EVU, Stadtwerke) endet an den Ausgangsklemmen des Stromzählers, so dass auch der Zugang zu den Eingangsklemmen des Stromzähler *plombiert* ist. Abhängig von der Netzart (TN-C oder TN-S) wird der PEN-Leiter im Verteilerschrank in einen N- und einen PEN-Leiter aufgetrennt.

Auf jeden Fall wird aber der PEN-Leiter des Hausanschlusses über die *Potenzialausgleichsschiene* mit dem *Fundamenterder* (in der Regel elektrisch geschlossener Ring aus Stahldraht) und den metallischen Heizungs- und Wasserrohren verbunden.

Bei Industrieanlagen großer Leistung wird die elektrische Energie aus dem Mittelspannungsnetz oder auch direkt aus dem Hochspannungsnetz (110 kV-Netz) bezogen. Dazu wird eine *Übergabestation* mit EVU-seitiger Schaltanlage und Trans-

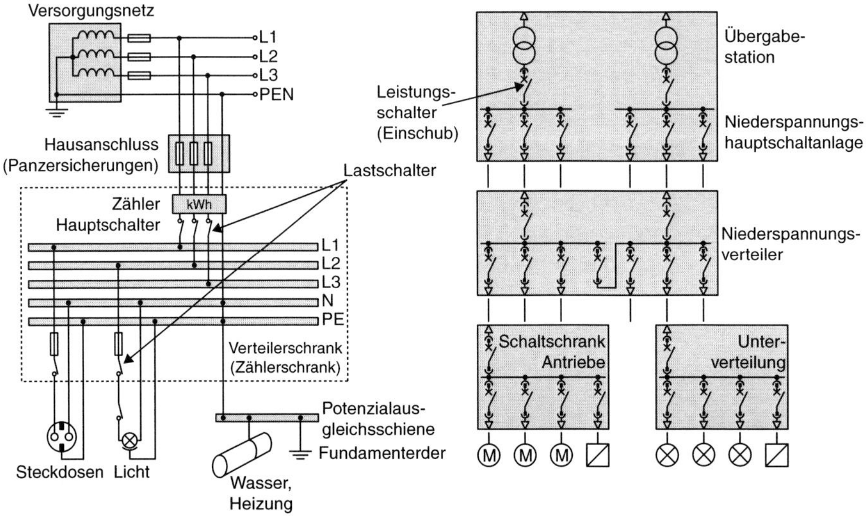

Bild F-14 Schaltanlagentopologie in einem Wohnhaus (*links*) und einer Industrieanlage (*rechts*)

formator(en) vorgesehen. Auf der Sekundärseite des Transformators wird über die *Niederspannungshauptschaltanlage* die Energie hierarchisch über *Haupt-* und *Unterspannungsverteiler* weitergeleitet. Bei entsprechenden Anforderungen an die Verfügbarkeit sind die Leistungsschalter nicht nur einfach fest verschaltet, sondern können auch in *Einschubtechnik* ausgeführt werden.

Die Begriffe Niederspannungsschaltanlage und Niederspannungsverteilung werden oft synonym verwendet, wobei mit dem Begriff „Schaltanlage" meist die größere und mit dem Begriff „Verteilung" die kleinere Leistung gemeint ist. Was in der jeweiligen Anwendung als große bzw. kleine Leistung verstanden wird, ist relativ. Hauptschaltanlagen können für Einspeiseströme von bis zu 6.300 A und Kurzschlussströme von bis zu 375 kA ausgelegt sein, wobei der Hausanschluss oft mit „nur" 63 A abgesichert wird.

Literatur

Busch R (2009) Elektrotechnik und Elektronik für Maschinenbauer und Verfahrenstechniker, 3. Aufl. Teubner, Wiesbaden

Heuck K, Dettmann K-D, Schulz D (2007) Elektrische Energieversorgung, 7. Aufl. Vieweg, Wiesbaden

Hering E, Voigt A, Bressler K (1999) Handbuch der Elektrischen Anlagen und Maschinen, 1. Aufl. Springer, Berlin

Schlabbach J (2009) Elektroenergieversorgung, 3. Aufl. VDE, Frankfurt a. M.

Schwab A (2006) Elektroenergiesysteme: Erzeugung, Transport und Verteilung Elektrischer Energie, 1. Aufl. Springer, Berlin

Kapitel G
Sensoren und Aktoren

G.1 Sensoren

G.1.1 Grundlagen

Ein *Sensor* (lat.: sensus, der Sinn) wandelt eine *physikalische Größe* (z. B. Kraft oder Temperatur) mit Hilfe eines *physikalischen Effekts* in ein *elektrisches Signal* um (meist eine Spannung). Diese Wirkkette ist in Bild G-1 dargestellt. Das Sensorelement erfüllt dabei folgende drei Funktionen: *Aufnehmer*, *Wandler* und *Verstärker*.

In modernen Sensoren sind diese Funktionen durch elektronische Schaltungen *integriert*. Die Ausgangssignale, die dabei erzeugt werden, sind genormt und steuern die *Aktoren* an. Das Bindeglied zwischen Sensor und Aktor ist im Maschinenbau häufig die *SPS* (speicherprogrammierbare Steuerung). Sie ist die programmierte Verknüpfung zwischen den Ausgangssignalen des Sensors und der Steuerung der entsprechenden Aktoren. Direkt steuernde Sensoren, die ein hydraulisches oder pneumatisches Ausgangssignal erzeugen, verlieren wegen ihrer begrenzten Einsatzmöglichkeit immer mehr an Bedeutung.

Sensoren werden zweckmäßigerweise nach den physikalischen Messgrößen und nach dem verwendeten physikalischen Effekt eingeordnet. Eine Übersicht über die wichtigsten Sensortypen im Maschinenbau zeigt Bild G-2, indem es die Messgrößen den wichtigen Messprinzipien gegenüberstellt.

Der Sensorik kommt im Maschinenbau eine immer größer werdende Bedeutung zu. Die sich ergebenden Vorteile lassen sich in folgende Gruppen einteilen:

Produktivitätssteigerung Durch den Einsatz von Sensoren lassen sich der Automatisierungsgrad und damit die Produktivität der Maschinen und Anlagen erheblich steigern. Die Sensoren dienen dabei zur automatischen Erfassung und Überwachung von *Fertigungsprozessen* (z. B. galvanische Bäder) und *Fertigungsmitteln* (z. B. Werkzeuge). Die sich ergebenden Vorteile sind: *Optimaler Arbeitsablauf* in Bezug auf Qualität, Stückzahl pro Zeiteinheit und damit Kosten, rechtzeitiges Erkennen von *Fehlern* und *Verminderung* von *Ausschussteilen*.

DOI 10.1007/978-3-642-12881-3_7,

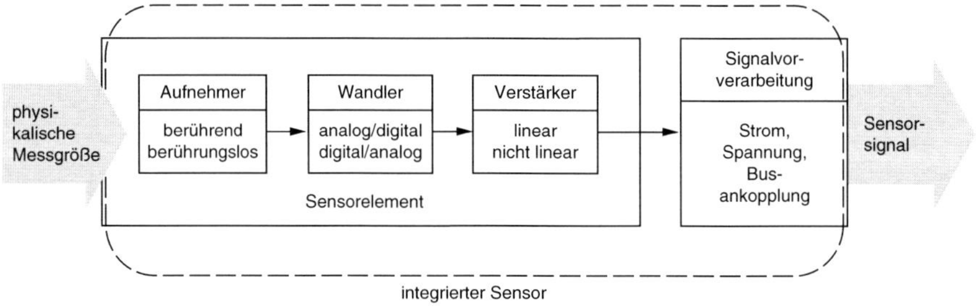

Bild G-1 Aufbau eines Sensorelementes

	Mechanische Größen in Festkörpern	Mechanische Größen in Flüssigkeiten und Gasen	Thermodynamische Größen	Schwingungen	Elektrische und magnetische Größen
Messgröße	• Weg, Position • Winkel • Geschwindigkeit • Drehzahl • Beschleunigung • Kraft • Drehmoment	• Druck • Durchfluss • Füllstand • Dichte • Viskosität	• Temperatur • Wärmekapazität	• Zeit, Frequenz • Zähler • Pulsdauer • Spektrum • Pegel	• Ladung • Strom • Spannung • Widerstand • Leistung • Frequenz • Phase • elektrisches Feld • magnetisches Feld • Kapazität • Induktivität
Messprinzip	mechanisch optisch chemisch Widerstand $\Delta R = f(F, s, T \ldots)$		akustisch kapazitiv	magnetostatisch induktiv	thermoelektrisch piezoelektrisch DMS ΔR-Δs fotoelektrisch

Bild G-2 Einteilung der Sensoren nach Messgröße und Messprinzip

Flexible Fertigung Es können *geringe Stückzahlen* durch schnelle Änderung der SPS-Programme *kostengünstig* produziert werden.

Qualitätssicherung Eine automatische Qualitätsprüfung (*inline*) während des Fertigungsprozesses ermöglicht eine gleichbleibend hohe Qualität der Produktion und lässt fehlerhafte Qualität sofort am Ort des Entstehens erkennen.

Verbesserung der Arbeitsbedingungen und der Arbeitssicherheit Die Automatisierung verringert die Arbeitsplätze mit erhöhter physischer Belastung und Berührung mit Giftstoffen (z. B. Lackierstraßen). Darüber hinaus werden gefährliche Bereiche besser geschützt.

Verringerung des Rohstoffeinsatzes Durch die optimale Steuerung des Prozesses der Produktherstellung können sowohl die erforderlichen Rohstoffe, als auch die dazu notwendige Energie sparsam eingesetzt werden.

Verbesserungen beim Umweltschutz Durch die genaue Messung der Giftstoffe in der Luft, im Wasser und im Boden können die entsprechenden Maßnahmen zur Einhaltung der gesetzlich zulässigen Schadstoffgrenzwerte getroffen werden.

G.1.2 Weg- und Positions-Sensoren

Im Maschinenbau sind Weg- und Positions-Sensoren für die Fertigungssteuerung sehr wichtig. Dabei werden grundsätzlich zwei Messverfahren unterschieden:

1. *Positionserfassung* durch *Schalter* und
2. *Positionserfassung* durch *Wegbeobachtung*.

Die Wegbeobachtung erfolgt durch *Wegmess-Systeme*, die in folgende zwei Verfahren unterteilt werden, in die *inkrementelle* und die *absolute Wegerfassung* (Abschn. G.1.2.2 und G.1.2.3).

G.1.2.1 Endschalter

Obwohl immer noch sehr viele mechanische Endschalter eingesetzt werden, ist der *berührungslose* Endschalter (*Sensorschalter*) in nahezu allen Bereichen als Standard-Bauelement zu finden und wird auch in sicherheitskritischen Anwendungen den mechanischen, *kontaktbehafteten* Endschalter verdrängen.

Die berührungslosen Endschalter unterscheidet man durch das angewandte physikalische Prinzip. Es gibt *induktive, kapazitive* und *optische* Näherungsschalter. Alle drei Verfahren sind berührungslos, d. h. zwischen dem auslösenden Element und dem Schaltelement besteht kein mechanischer Kontakt.

Abhängig vom Einsatz an der Maschine werden Sensoren mit unterschiedlichen Schaltfunktionen benötigt. Man unterscheidet folgende drei Schaltarten: *Schließer*, *Öffner* und *antivalenter* (Entweder-Oder) Sensor. Wie Bild G-3 zeigt, benötigt der *antivalente* Sensor *zwei* Ausgänge. Antivalenz bedeutet, dass beide Ausgänge stets ungleiches Potenzial führen (Entweder der eine Ausgang hat ein Potenzial

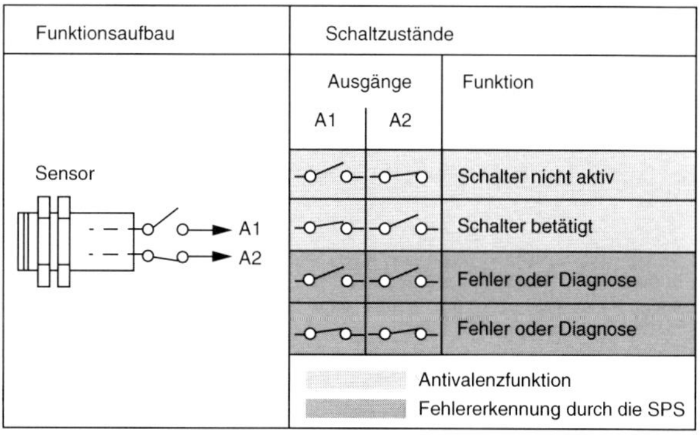

Bild G-3 Antivalenter Sensor

oder der andere, niemals beide gleichzeitig oder beide keines). Damit kann mit einem antivalenten Sensor sowohl die Schließerfunktion als auch die Öffnerfunktion erfüllt werden. Darüber hinaus kann bei Überwachung der Signalgleichheit auch Fehlererkennung und Diagnose durchgeführt werden.

Induktive Sensoren

Berührungslose induktive Endschalter, oft auch *Näherungsschalter* genannt, erfassen die Position einer Bewegung, indem ein metallisches Element in das vom Sensor aufgespannte Magnetfeld eingebracht wird (*induktiver Näherungsschalter*). Dies erfolgt ohne Kontakt zwischen der Bewegung und dem Sensor (Schalter). Die Kennzeichnung erfolgt durch das *Außengewinde* des Gehäuses, das in den meisten Fällen auch für die Montage an der Maschine verwendet wird. Bauformen sind beispielsweise M6, M12, M18 und M30. Tabelle G-1 zeigt eine Übersicht sowie die charakteristischen Merkmale.

Bild G-4 verdeutlicht das Arbeitsprinzip dieses Sensors: ein *Schwingkreis*, der maßgeblich aus einer Induktivität besteht, erzeugt an der Stirnfläche des Sensors ein *keulenförmiges Magnetfeld.* Tritt in dieses Magnetfeld ein metallischer Gegenstand ein, so wird der Schwingkreis *bedämpft*, d. h. die Amplitude des Oszillatorsignals wird deutlich verringert. Die Ursache hierfür ist der Energieentzug aus dem Magnetfeld durch Erzeugung von Wirbelströmen (Abschn. A.4.5) in dem metallischen Gegenstand. Ein nachfolgender *Demodulator* filtert die Basisfrequenz heraus und erzeugt so eine der Amplitude proportionale Spannung. Über einen Schwellwertkomparator werden die Amplitudenunterschiede ausgewertet und führen zu den Schaltaussagen „Schalter offen" und „Schalter geschlossen". Die gesamte Elektronik ist dabei im Endschalter integriert. Die *Reproduzierbarkeit* dieser Schaltvorgänge ist sehr hoch, so dass nach einer einmaligen Einstellung aufgrund der *Verschleißfreiheit* keine Wartung mehr notwendig ist. Zur Verwendung eines induktiven Näherungsschalters sind folgende Kenngrößen wichtig:

- *Schaltabstand s,*
- *Bemessungsschaltabstand* s_n,
- *Gesicherter Schaltabstand* s_a,
- *Hysterese H* und
- *Wiederholgenauigkeit R.*

Eine zeitliche wichtige Größe ist der *Ansprechverzug*. Er ist allerdings bei heutigen SPS-Schaltungen vernachlässigbar, da er mit $< 100\ \mu s$ deutlich unter den Abfragezyklen (Scan-Zeiten) üblicher SPS-Steuerungen liegt.

Die *Schalthysterese* kennzeichnet die *Positionen*, bei der der Sensor bei Annäherung der Messplatte *einschaltet* und bei der der Sensor bei der umgekehrten Bewegung wieder *ausschaltet*. In Bild G-5 ist die Einschalt- und die Ausschaltkurve sowie die sich daraus ergebende Hysterese aufgezeigt. Die folgenden Kenngrößen nach DIN EN 60947-5-2* VDE 0660-208 sind wichtig:

Tabelle G-1 Beispiele für induktive Sensoren und ihre Eigenschaften (Quelle: Balluff)

Bauform	M 5×0,5	M 8×1		M 12×1		M 18×1		M 30×1,5	
Gehäuse	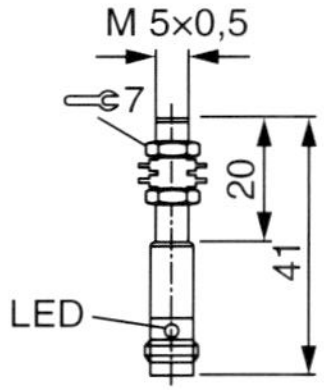	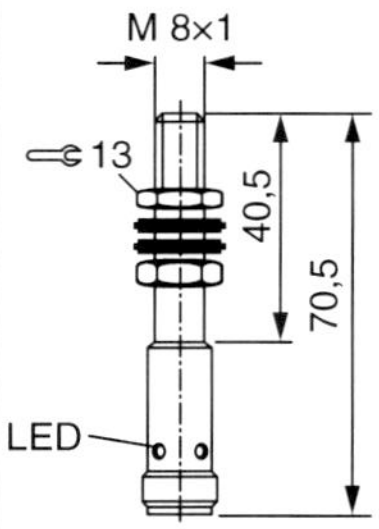		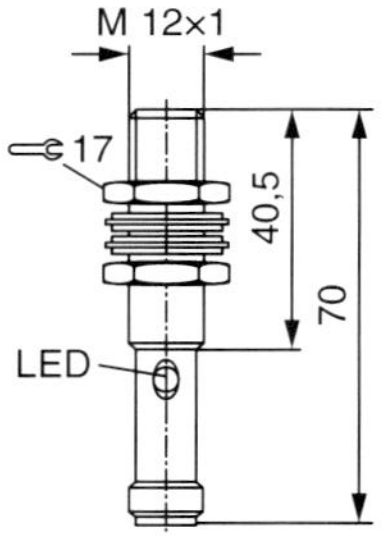		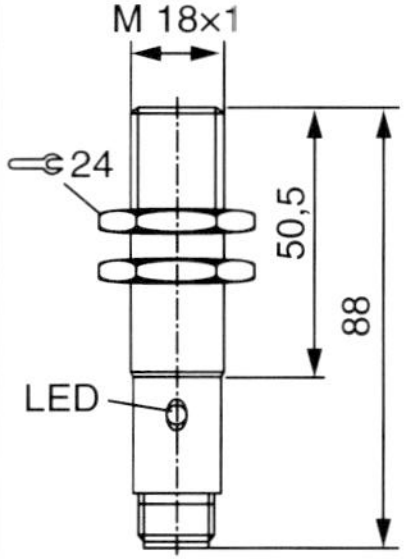		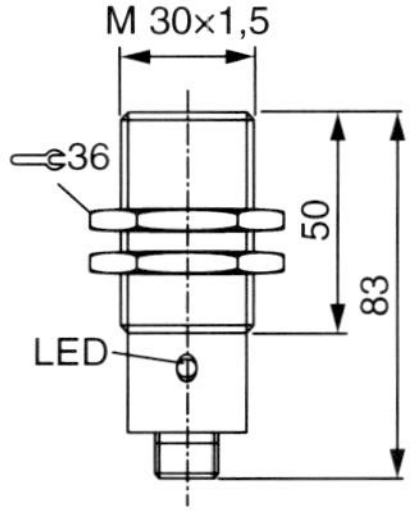	
Bemessungsabstand s_n	0,8 mm	1,5 mm	2 mm	2 mm	4 mm	5 mm	8 mm	10 mm	15 mm
Gesicherter Schaltabstand s_a	0...0,65 mm	0...1,2 mm	0...1,6 mm	0...1,6 mm	0...3,2 mm	0...4 mm	0...6,5 mm	0...8,1 mm	0...12,2 mm
Nominale Betriebsspannung U_e	24 V	24 V		24 V		24 V		24 V	
Betriebsspannung U_B	10 V bis 30 V	10 V bis 30 V		10 V bis 30 V		10 V bis 30 V		10 V bis 30 V	
Max. Schaltfrequenz f	1000 Hz	1500 Hz	1000 Hz	1000 Hz	500 Hz	80/200 Hz	80/200 Hz	300 Hz	100 Hz
Wiederholgenauigkeit R	≤ 5 %	≤ 5 %		≤ 5 %		≤ 5 %		≤ 5 %	
Umgebungstemperatur T_a	–25 °C bis + 70 °C	–25 °C bis + 70 °C		–25 °C bis + 70 °C		–25 °C bis + 70 °C		–25 °C bis + 70 °C	
Schutzart nach IEC 529	IP 67	IP 67		IP 67/68		IP 67/68		IP 67	

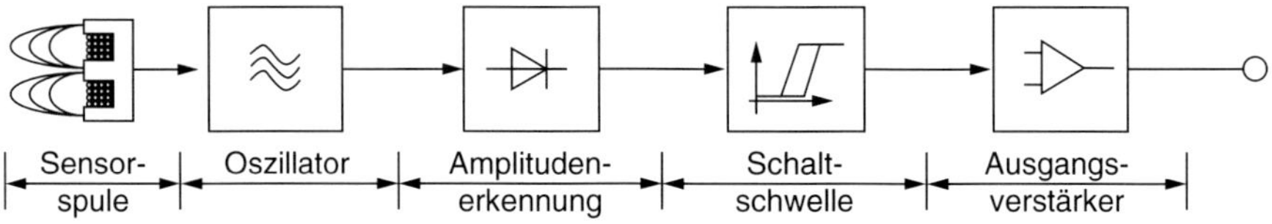

Bild G-4 Aufbau eines induktiven Näherungsschalters

- Der *Schaltabstand s* ist der Abstand zwischen der *Normmessplatte* und der *aktiven Fläche* des Näherungsschalters bei erfolgtem Signalwechsel. Beide sind in der Norm DIN EN 60947 festgelegt.
- Der *Bemessungsschaltabstand* s_n ist die *Kenngröße* des Sensors. Dabei sind äußere Einflüsse, wie beispielsweise Temperaturschwankungen und Fertigungstoleranzen, nicht berücksichtigt. Vom Bemessungsschaltabstand leiten sich die folgenden Größen ab:
- Der *Realschaltabstand* s_r: $0{,}9\ s_n \le s_r \le 1{,}1\ s_n$,
- Der *Nutzschaltabstand* s_u: $0{,}81\ s_n \le s_u \le 1{,}21\ s_n$ und
- Der *gesicherte Schaltabstand* s_a: $0 \le s_a \le 0{,}81\ s_n$.

Der gesicherte Schaltabstand gewährleistet die Funktion des Näherungsschalters über den spezifizierten Spannungs- und Temperaturbereich. In Bild G-6 sind die einzelnen Schaltabstände dargestellt.

Bild G-5 Definition der Schalthysterese

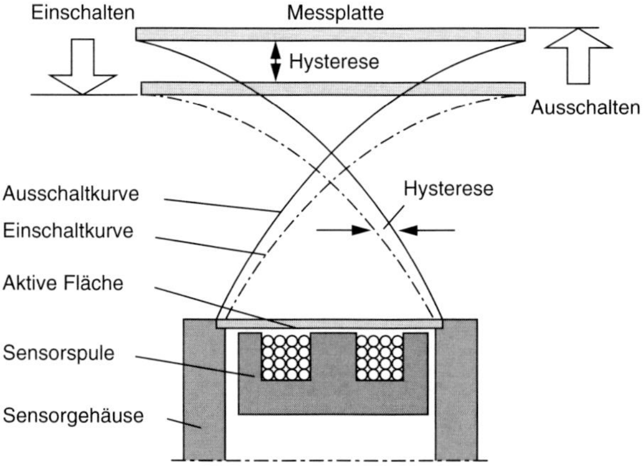

Kapazitive Sensoren

Bei *kapazitiven Sensoren* wird die Tatsache ausgenutzt, dass Objekte innerhalb eines elektrischen Feldes die Kapazität C beeinflussen können. Beim Plattenkondensator beträgt diese (Abschn. A.3.2): $C = \varepsilon\ (A/d)$. Dabei ist A die aktive Fläche des Sensors, d der Abstand und ε die *Permittivität*, die sich aus der elektrischen Feldkonstanten ε_0 ($\varepsilon_0 = 8{,}854 \cdot 10^{-12}$ (A s)/(V m)) und der relativen Permittivitätszahl ε_r zusammensetzt. Der kapazitive Sensor besteht aus einem offenen Kondensator, dessen

Bild G-6 Schaltabstände nach DIN EN 60947

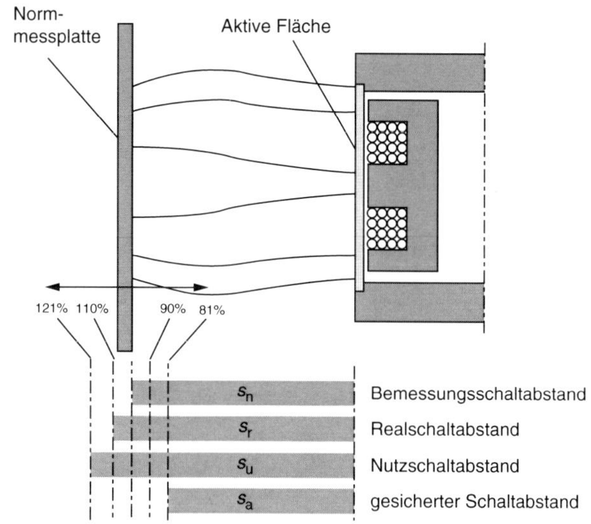

Elektroden in einer Ebene angeordnet sind (Bild G-7a). Bei dieser Anordnung müssen die Feldlinien den längsten Weg zurücklegen, wodurch die Kapazität des Sensors ebenfalls den niedrigsten Wert einnimmt. Wird ein Gegenstand in dieses elektrische Feld eingebracht, so erfolgt eine Führung der Feldlinien (Bild G-7b). Die Länge *d* der Feldlinien verringert sich, und die Kapazität steigt entsprechend der oben beschriebenen Gleichung.

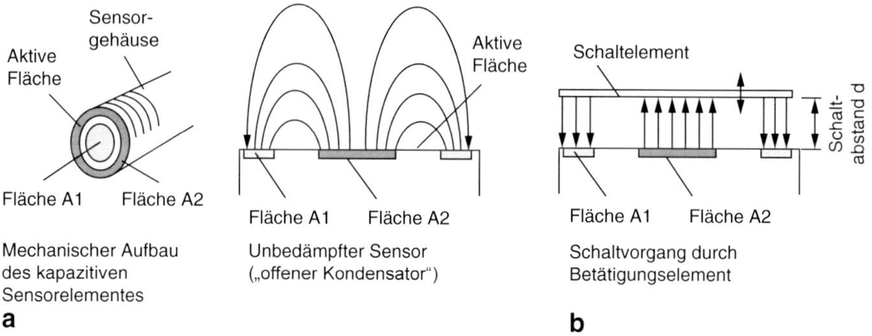

Bild G-7 Arbeitsweise eines kapazitiven Näherungssensors. **a** Kapazitiver Sensor ohne Schaltelement. **b** Kapazitiver Sensor mit Schaltelement

Mit kapazitiven Sensoren können auch *nichtmetallische* Materialien detektiert werden. Dies gilt für Glas, Kunststoffe und Flüssigkeiten, sofern deren Permittivitätszahl ε_r sich deutlich von ε_0 unterscheidet. Allerdings ist in diesen Fällen eine Korrektur des Bemessungsschaltabstandes s_n und des gesicherten Schaltabstandes s_a notwendig. Tabelle G-2 zeigt einige Korrekturwerte für unterschiedliche Materia-

Tabelle G-2 Korrekturfaktoren für nichtmetallische Betätigungselemente (Quelle: Balluff)

Material	Korrekturfaktor
Metall	1,0
Holz	0,2 bis 0,7
Glas	0,5
Wasser	1,0
PVC	0,6
Öl	0,1

lien. Allgemein gilt: Jedes Betätigungselement, das in ein Sensorfeld tritt, ändert die Kapazität proportional zu ε_r und dem Abstand zur aktiven Fläche.

! **Hinweis:** Der Bemessungsabstand kapazitiver Sensoren bezieht sich grundsätzlich auf ein metallisches Betätigungselement. Nichtmetallische Elemente haben stets einen *geringeren* Betätigungsabstand zur Folge.

Wichtige Anwendungsgebiete kapazitiver Sensoren im Maschinenbau sind:

- Füllstandskontrolle in Kunststoff- oder Glasbehältern,
- Überwachung von Materialstärken,
- Positionierung, Positionskontrolle und Abstandsmessung von Werkstücken oder Teilen,
- Erkennen unterschiedlicher Materialien, unterschiedlicher Größen von Werkstücken und Stapelhöhen,
- Erkennen des Fehlens von Teilen,
- Messung von Beschleunigungen und Vibrationen,
- Stückzahlerfassung (Zählen) von metallischen und nicht metallischen Teilen und
- in der Holzverarbeitung zur Erkennung des Werkstückes oder beim Transport.

Für die sichere Prozess-Steuerung mit kapazitiven Sensoren darf im Erfassungsraum des Sensorfeldes kein metallischer Gegenstand sein.

Optische Sensoren

Licht als Sensormedium wird in vielen Bereichen der Prozesstechnik eingesetzt. Damit lassen sich eine ganze Reihe unterschiedlicher Sensorschalter verwirklichen, die im Wesentlichen in folgende drei Kategorien unterschieden werden: *Lichttaster*, *Reflexionslichtschranke* und *Einweglichtschranke*. Das grundsätzliche Arbeitsprinzip ist in Bild G-8 dargestellt. Als Sender wird meist eine *LED* (Light Emitting Diode) verwendet, die im infraroten Bereich arbeitet. Dies hat den Vorteil, dass Streulicht aus der Umgebung leicht ausgefiltert werden kann. Als Lichtempfänger werden Fototransistoren eingesetzt.

Der *Lichttaster* weist ein Schaltverhalten auf, das dem des induktiven oder kapazitiven Näherungsschalters sehr ähnlich ist: In einem vom Sensor aufgespanntem Sensorfeld wird ein Schaltvorgang dann ausgelöst, wenn ein Objekt den Nutzschaltabstand s_u unterschreitet. Auch beim optischen Sensor unterscheidet man folgende Schaltabstände:

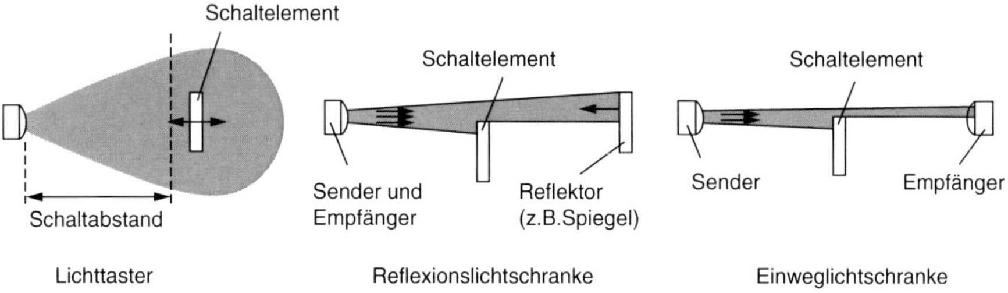

Bild G-8 Arbeitsprinzip verschiedener Optosensoren

- Den *Bemessungsschaltabstand* s_n; er ist eine Kenngröße des Sensors, die unabhängig von äußeren Einflüssen ist, wie beispielsweise Temperaturschwankungen und Fertigungstoleranzen. Wie bei den anderen Sensoren leiten sich vom Bemessungsschaltabstand folgenden Größen ab:
- der *Realschaltabstand* s_r: $s_n \leq s_r \leq 1{,}35\ s_n$,
- der *Nutzschaltabstand* s_u: $0{,}8\ s_n \leq s_u \leq 1{,}5\ s_n$ und
- der *Erfassungsbereich* s_d: $0 \leq s_d \leq 0{,}8\ s_n$.

Der Erfassungsbereich s_d ist der Raum, in dem der Schaltabstand eines optischen Sensors eingestellt werden kann. Die Angaben beziehen sich dabei auf eine Normplatte, die einen Reflexionsgrad von 90% aufweist. In Bild G-9 sind die einzelnen Bereiche eines optischen Sensors zu erkennen.

Weisen die zu erfassenden Objekte andere als den normierten Reflexionsgrad auf, so müssen Korrekturen vorgenommen werden. In Tabelle G-3 sind einige Korrekturfaktoren in Abhängigkeit von Material und Oberfläche zusammengestellt.

Reflexionslichtschranke und *Einweglichtschranke* bauen im Gegensatz zum Lichttaster eine definierte optische Strecke auf, die im nichtgeschalteten Zustand den

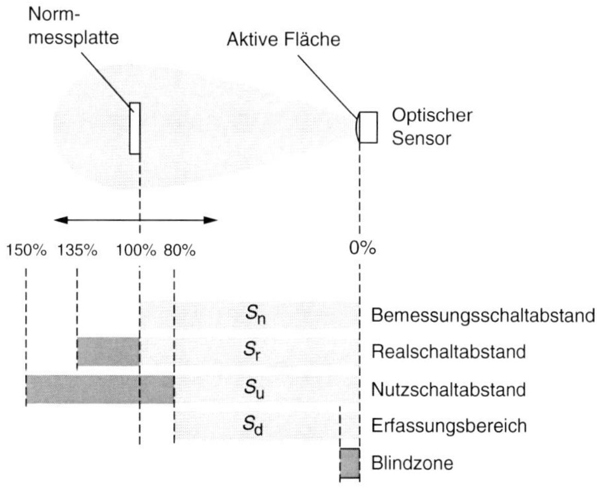

Bild G-9 Arbeitsbereiche eines optischen Sensors

Tabelle G-3 Korrekturfaktoren für Lichttaster (Quelle: Balluff)

Material	Oberfläche	Korrekturfaktor
Papier	Weiß, matt	1
Metall	Glänzend	1,2 bis 1,6
Aluminium	Schwarz eleoxiert	1,2 bis 1,8
Styropor	Weiß	1
Baumwollstoff	Weiß	0,6
PVC	Grau	0,5
Holz	Roh	0,4
Karton	Schwarz glänzend	0,3
Karton	Schwarz matt	0,1

ungehinderten Verlauf eines infraroten Lichtstrahls vom Sender zum Empfänger ermöglicht. Die wesentlichen Unterschiede zwischen beiden Verfahren sind:

- Bei der *Reflexionslichtschranke* befinden sich *Sender* und *Empfänger* in *einem Gehäuse* und somit auf derselben Seite. Damit der Lichtstrahl vom Sender zum Empfänger gelangen kann, muss er mit Hilfe eines Spiegels umgelenkt werden. Der Lichtstrahl muss sowohl den Hinweg als auch den Rückweg durchlaufen, was bei der Dimensionierung zu beachten ist.
- Bei der *Einweglichtschranke* sind Sender und Empfänger *getrennt*. Sie werden genau gegenüberliegend angebracht, so dass der Senderstrahl direkt auf den Empfänger auftritt. Der Lichtstrahl legt somit nur die einfache Strecke zurück.

Eine Unterbrechung des Lichtstrahls bedeutet in beiden Fällen einen *Schaltvorgang*. Aufgrund der gegebenen Sendeleistung und der Empfängerempfindlichkeit sind mit *Einweglichtschranken doppelt* so große *Entfernungen* zu erreichen wie mit Reflexionslichtschranken. Typische Werte für den Maschinenbau sind 16 m bzw. 8 m.

G.1.2.2 Wegmess-Systeme

Besonders bei der *Achspositionierung* in NC-gesteuerten Maschinen kommt den *Wegsensoren* eine große Bedeutung zu. Sie werden im Allgemeinen nach den verschiedenen Messprinzipien eingeteilt:

- kapazitive Längenmessung,
- induktive Längenmessung,
- Längenmessung nach dem Wirbelstromprinzip,
- Längenmessung durch Widerstandpotenziometer,
- Dehnmess-Streifen (DMS),
- Hall-Sensoren sowie
- akustische und optische Längensensoren.

Kapazitive und induktive Längensensoren basieren auf dem Prinzip der *Schwingkreismodulation*, wobei entweder die Induktivität (Abschn. G.1.2.1) oder die

Kapazität (Abschn. G 1.2.1) des Schwingkreises verstimmt wird. Von besonderer Bedeutung im Maschinen- und Anlagenbau sind die *akustische* Wegmessung, *Hall-Sensoren* und vor allem die Längenbestimmung durch *optische* Messverfahren.

Akustische Längenmessung

Akustische Längensensoren nach dem *Ultraschallprinzip* können von 0,3 mm bis zu mehr als 10 m die Entfernung von Objekten mit großer Genauigkeit messen. Dabei ist dies unabhängig von Form, Farbe und Material des Objektes; selbst Umgebungseinflüsse wie Staub und Feuchtigkeit beeinflussen diese Messung nicht.

Der Wegsensor sendet eine Impulsfolge aus und empfängt das Echo. Die Impulsfolge kann beispielsweise aus 56 aufeinanderfolgenden Pulsen innerhalb einer Millisekunde sein. Aus der Zeitdifferenz zwischen Senden und Empfangen wird unter Berücksichtigung der Schallgeschwindigkeit (340 m/s) die Entfernung zum Objekt berechnet. Die Laufzeit entspricht dabei der doppelten Entfernung, da diese sich aus Hin- und Rückweg zusammensetzt. In Bild G-10 ist ein solcher Messaufbau dargestellt.

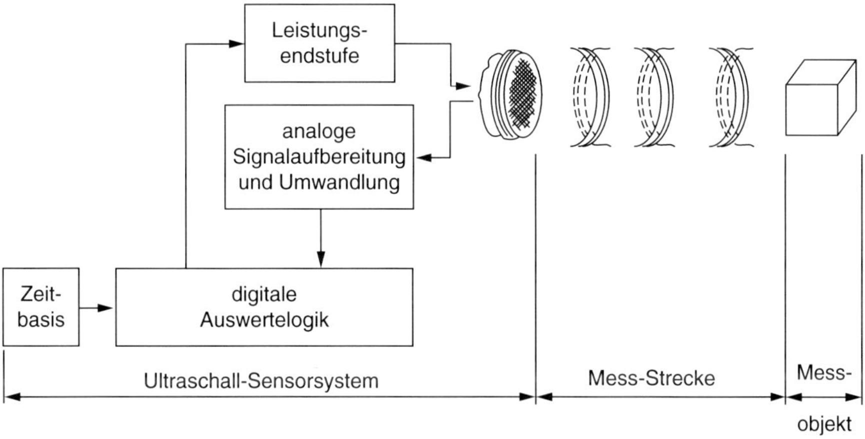

Bild G-10 Aufbau eines Ultraschall-Mess-Systems

Damit eine Reflexion eintritt, muss eine definierte Grenzschicht zwischen dem *Messweg* und dem zu erfassenden Gegenstand vorliegen. In der Regel ist das Medium des Messwegs Luft und das zu erfassende Objekt ein *Festkörper* oder eine *Flüssigkeit*. Einsatzgebiete sind:

- Fahrzeugsteuerung (Aufzüge, Flurförderfahrzeuge),
- Kollisionsüberwachung und
- Überwachung von Flüssigkcitspcgcln.

Ein solches System setzt eine sehr genaue Zeitbasis voraus. Zur Kompensation der internen Laufzeiten müssen diese bekannt sein und subtrahiert werden. Dies erfolgt in der Regel durch einen *Kalibriervorgang*.

Hall-Sensoren

Hall-Sensoren, oft auch *Hall-Elemente* genannt, beruhen auf dem *Hall-Effekt*. Allgemein gilt folgender Zusammenhang: $U_H = k_0 \; I \; B$. Das bedeutet, dass an einem vom Strom I durchflossenen Leiter in einem Magnetfeld der Flussdichte B die Hallspannung U_H auftritt. Der Hall-Koeffizient k_0 setzt sich aus den mechanischen Abmessungen und einer Materialkonstanten zusammen.

Bild G-11 zeigt den Aufbau eines Hall-Sensors. Der Hallgenerator wird auf einem Keramiksubstrat aufgebracht, das sich seinerseits wieder auf einem Permanentmagnet (hier aus Samarium-Cobalt, SmCo) befindet. Wird ein magnetisches Material in die Nähe gebracht, so werden die divergierenden magnetischen Feldlinien parallel ausgerichtet. Als Folge wird das Feld durch den Hallgenerator stärker, weshalb U_H steigt. Die Hallspannung U_H wird als Ausgangssignal linear zum Abstand des Werkstückes gemessen. Diese Elemente werden auch als *LOHET* bezeichnet, was für *Linear Output Hall Effect Transducer* steht.

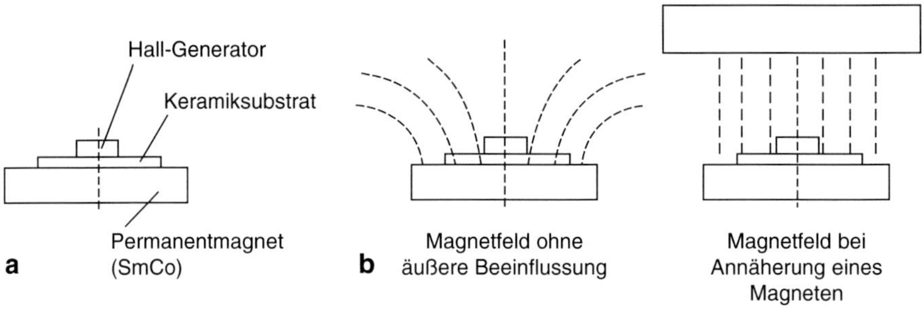

Bild G-11 Der Hall-Sensor und seine Wirkungsweise. **a** Aufbau des Hall-Sensors. **b** Wirkungsweise

Der Messabstand von Hall-Sensoren beträgt bis zu 7 mm. Durch das *sehr schnelle Ansprechverhalten* können Schaltfrequenzen von mehr als 100 kHz erreicht werden. Da er als berührungsloser Schalter keine mechanische Abnutzung aufweist, liegt die maximale Anzahl von Schaltspielen bei über 20 Mrd.

Optische Messverfahren

Optische Sensoren sind im Anlagen- und Maschinenbau in vielfältiger Weise anzutreffen. Ihr Einsatzgebiet erstreckt sich von

- einfachen Lichtschranken (Abschn. G.1.2.1) über
- Infrarot-Datenübertragungsstrecken bis zur
- Positions- und Wegerfassung.

Lichtschranken und Datenübertragungsstrecken sind in der Regel *offene* Systeme, während die Positions- oder Wegerfassung in geschlossenen Gehäusen, sogenannten *Gebern*, erfolgt.

Bei den optischen Messverfahren unterscheidet man von der Methodik her zwei Verfahren: das *Durchlicht-Messverfahren* und das *Reflexions-Messverfahren*. Während beim *Durchlicht-Messverfahren* die Lichtquelle und der Lichtsensor sich gegenüber liegen und einen *transparenten Codeträger* voraussetzen, so kann beim Reflexionsverfahren der Codeträger aus einem beliebigen Material bestehen. Bei ihm sind Sender und Empfänger auf der gleichen Seite angeordnet. Bild G-12 zeigt diesen grundsätzlichen Unterschied.

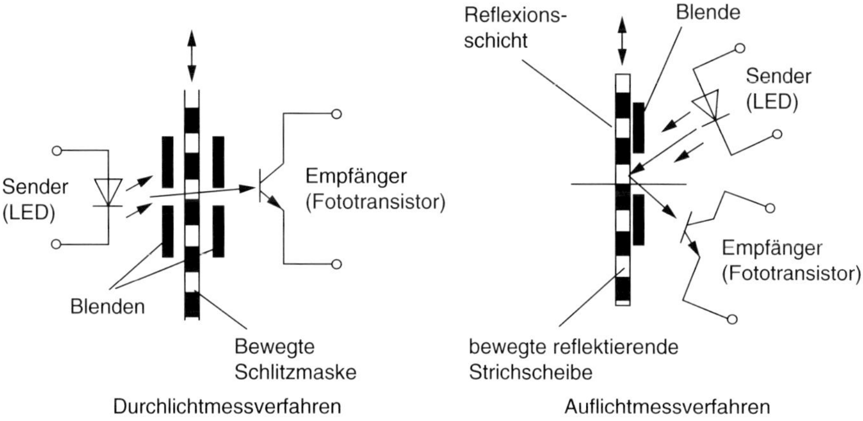

Bild G-12 Auflicht- und Durchlichtverfahren bei optischen Gebern

Unabhängig von der physikalischen Anordnung unterscheidet man weiterhin zwei Messverfahren, die *inkrementelle* und die *absolute Abtastung*. Bei der inkrementellen Abtastung zählt eine nachgeschaltete Elektronik die *Codestriche*. Dabei muss die Elektronik so zuverlässig sein, dass kein Strich verloren geht. Die absolute Abtastung erlaubt die exakte Positionsbestimmung an jedem Messpunkt. Dafür kommen verschiedene Verfahren zur Anwendung, beispielsweise die *mehrfach codierte Position* oder die Auswertung einer *analogen Spur*. Beide Verfahren sind Stand der Technik und werden zum Teil auch in einer Kombination angewandt. Bild G-13

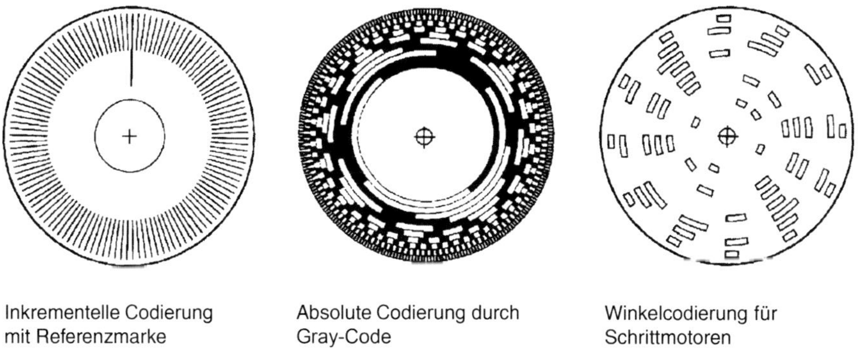

Bild G-13 Codierscheiben für rotatorische Geber

zeigt für unterschiedliche Verfahren notwendigen Winkelcodierscheiben für einen Weg-/Winkelpositionsgeber (*rotatorische Auswertung*).

Optische *inkrementelle* Wegmess-Systeme gibt es sowohl für *lineare* Wegmessung als auch für *rotatorische* indirekte Wegmessung, beispielsweise an einem Motor oder Getriebeabgang. Diese Systeme erzeugen drei Auswertungssignale: *Sinus*-Ausgang, *Cosinus*-Ausgang und die *Referenzmarke*.

Die Referenzmarke dient bei rotatorischen Gebern zur Identifikation eines Umlaufs. Das Sinus-Signal und das Cosinus-Signal werden durch zwei optische Elemente erzeugt, die zueinander um ein 1/4-Segment versetzt sind. Dies entspricht genau der 90°-Phasenverschiebung zwischen Sinus und Cosinus, wie Bild G-14 verdeutlicht. Aus der sinusförmigen Signalform wird mit Hilfe eines Komparators eine Rechteckspannung erzeugt, die zur weiteren Auswertung einer Elektronik zugeführt wird. Die Elektronik übernimmt dabei zwei Aufgaben: die *Vervielfachung* der Rechtecksignale und die *Vorwärts-Rückwärts-Ausscheidung*.

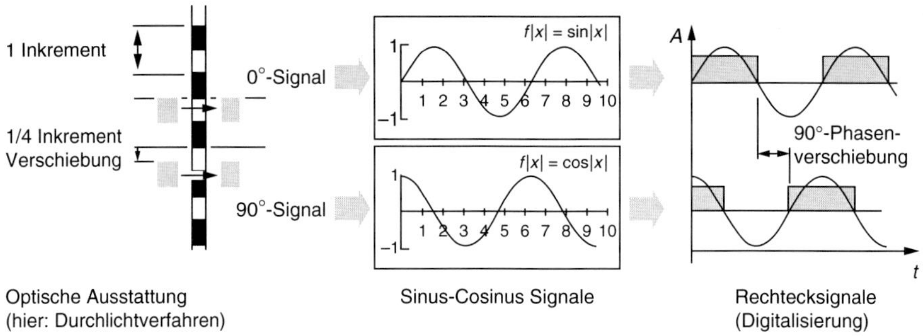

Bild G-14 Signalerzeugung in einem Inkrementalgeber

Im einfachsten Fall ist mit Hilfe der Sinus- und Cosinus-Signale eine *Vervierfachung des Taktes* und damit der Auflösung möglich. Dabei werden die beiden digitalisierten Signale ausgewertet, die durch die 90°-Phasenverschiebung die vier Kombinationen in Tabelle G-4 einnehmen können. Bild G-15 zeigt die Signale sowie die Position der Referenzmarke. Sie gibt bei Winkelgebern den Nulldurchgang an.

Eine weitere wichtige Aufgabe kommt der *Richtungserkennung* zu, die ebenfalls aus den beiden Signalen abgeleitet werden kann. Der Signalablauf ist in Bild G-16 dargestellt. Der *Richtungsdiskriminator* arbeitet nach einer einfachen Weise. Mit Hilfe des Ausgangssignals A wird der aktuelle Zustand von Ausgangssignal B in ein Register eingetaktet.

- *Vorwärts*: Bei einer Vorwärtsbewegung (Drehrichtung im Uhrzeigersinn) ist zum Zeitpunkt der ansteigenden Flanke von Signal A das Signal B auf Null-Potenzial und wird vom Ausgangsregister übernommen. Dementsprechend führt das V/R-Signal (V/R: vorwärts/rückwärts) ebenfalls 0-Pegel.
- *Stillstand*: Bei Stillstand wird der augenblickliche Zustand „eingefroren". Dies ist unabhängig davon, aus welcher Bewegungsrichtung gestoppt wird.

Tabelle G-4 Binäre Zustände der beiden Gebersignale

Position	Sinus-Signal	Cosinus-Signal
1	0	0
2	0	1
3	1	0
4	1	1

Bild G-15 Zeitliche Zuordnung der drei Signale eines inkrementellen Gebers

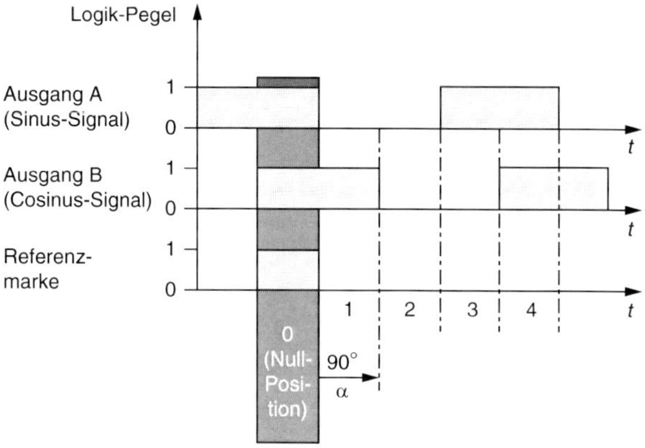

- *Rückwärts*: Bei der Rückwärtsbewegung ändert sich die Phasenlage des Ausgangssignals B zum Ausgangssignal A. Beim Durchlaufen der Signale hat das Ausgangssignal B den „1"-Pegel zum Zeitpunkt der ansteigenden Flanke, wodurch das Ausscheidungssignal V/R ebenfalls den Logikpegel wechselt.

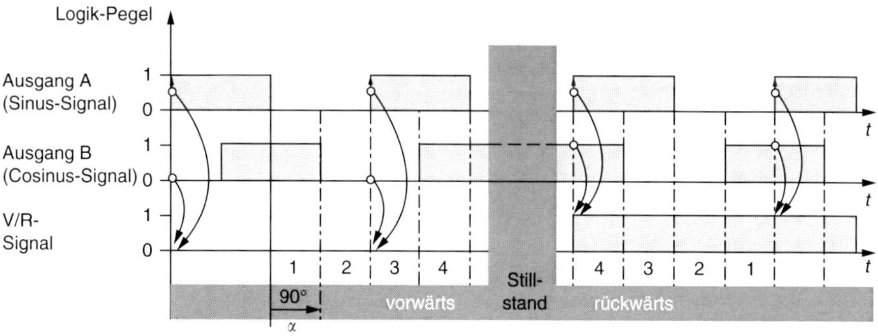

Bild G-16 Vorwärts-/Rückwärtserkennung

Die nachfolgende Elektronik wertet das *V/R-Signal* aus. Es wird zur Steuerung des Inkrementalzählers benötigt, der je nach Pegel entweder aufwärts oder abwärts zählt. In Bild G-17 ist dies dargestellt. Die nachfolgende Steuerung wertet die Zählerstände aus und berechnet daraus die aktuelle Positionen.

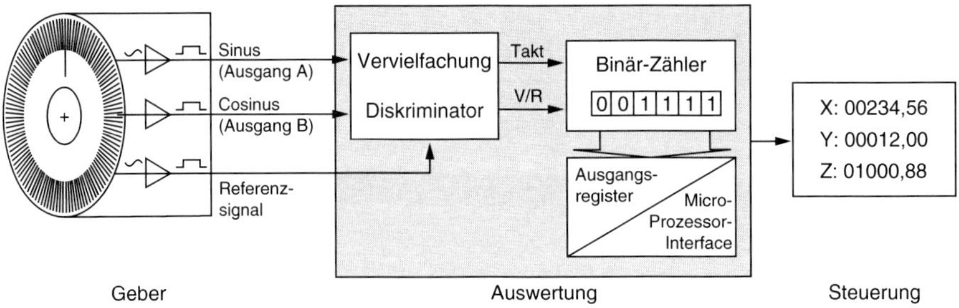

Bild G-17 Vorwärts-/Rückwärts-Auswertung

Bei absoluten Winkelgebern wird die augenblickliche Position direkt vom Geber mitgeteilt. Dies hat folgende Vorteile: *kein Referenzsignal* notwendig, *Position* direkt nach dem Einschalten *bekannt* und *Störungen* führen nicht zu Inkrementverlusten und somit zu falschen Positionen.

Absolute Winkelgeber sind mehrspurig aufgebaut. Dadurch ist es möglich, einen *Code* darzustellen, der von der *Winkelposition* abhängig ist. Die gebräuchlichsten Codes sind der *Dual-Code* und der *Gray-Code*. Bild G-18 zeigt am Beispiel von vier ausgewerteten Spuren den Aufbau eines dualcodierten Winkelgebers. Neben dem Code ist auch ein *Taktsignal* abgelegt, das den Zeitpunkt für das richtige Einlesen festlegt. Ebenfalls in Bild G-18 dargestellt ist ein Ausschnitt einer solchen dual codierten Scheibe.

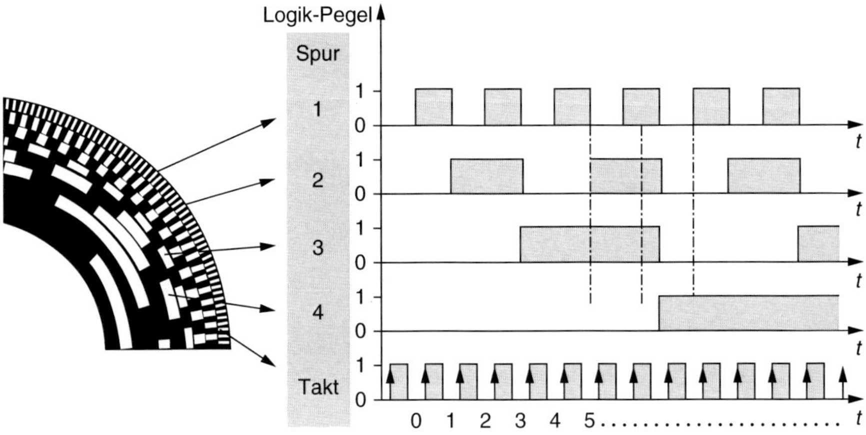

Bild G-18 Dual codierter Absolutgeber

Der Gray-Code zählt zu den *einschrittigen* Codes und gilt daher als besonders sicher. Einschrittig bedeutet: Beim Übergang von einem Inkrement zum anderen ändert sich nur ein Bit. Damit können Störungen bei der Taktübernahme vermieden und auftretende Fehler erkannt werden. Tabelle G-5 zeigt die Vorteile des Gray-Codes

Tabelle G-5 Dual- und Gray-Code im Vergleich

	Dual-Code					***Gray-Code***			
Dezimaler Wert	D3	D2	D1	D0	Dezimaler Wert	D3	D2	D1	D0
0	0	0	0	0	**0**	0	0	0	0
1	0	0	0	1	**1**	0	0	0	1
2	0	0	1	0	**2**	0	0	1	1
3	0	0	1	1	**3**	0	0	1	0
4	0	1	0	0	**4**	0	1	1	0
5	0	1	0	1	**5**	0	1	1	1
6	0	1	1	0	**6**	0	1	0	1
7	0	1	1	1	**7**	0	1	0	0
8	1	0	0	0	**8**	1	1	0	0
9	1	0	0	1	**9**	1	1	0	1
10	1	0	1	0	**10**	1	1	1	1
11	1	0	1	1	**11**	1	1	1	0
12	1	1	0	0	**12**	1	0	1	0
13	1	1	0	1	**13**	1	0	1	1
14	1	1	1	0	**14**	1	0	0	1
15	1	1	1	1	**15**	1	0	0	0

gegenüber dem Dual-Code auf. Am Beispiel eines Schrittmotor-Gebers ist in Bild G-19 ein Ausschnitt einer Gray codierten Scheibe und der zugehörige Signalverlauf zu sehen.

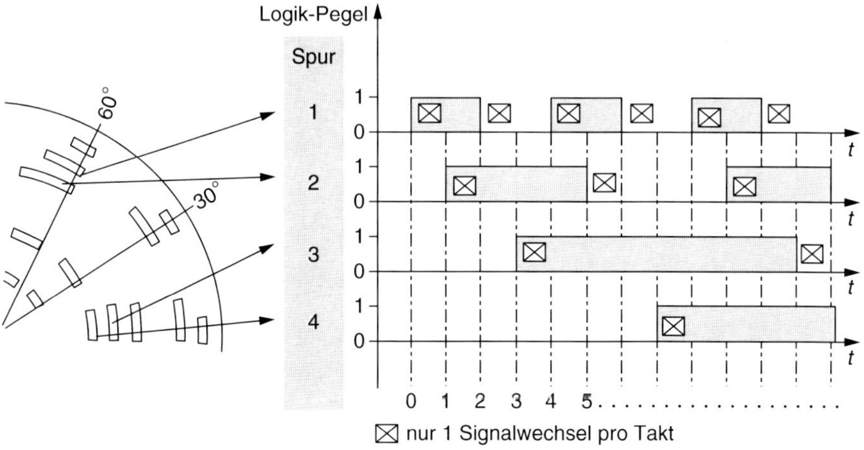

Bild G-19 Absolutgeber mit Gray-Codierung

Hochauflösende Absolutgeber

Unter hochauflösenden Absolutgebern werden in diesem Abschnitt *digitale Längen- und Winkelmess-Systeme* verstanden, welche die absolute Position von Translations- oder Rotationsbewegungen in numerischer Form ausgeben. Zur Automatisierung von Produktionsvorgängen setzt man numerisch gesteuerte Maschinen (NC-Maschinen) ein. In diesen Maschinen oder Anlagen gibt es linear bewegte oder rotierende Teile, deren Position, Geschwindigkeit bzw. Drehzahl und Beschleunigung nach ganz bestimmten *Zeitprofilen* gesteuert oder geregelt werden müssen. Solche *Servosysteme* benötigen *Mess-Systeme*, die den absoluten *Istwert* der Lage (*lineare oder Winkel-Position*) und der Geschwindigkeit bzw. die Bewegung von Schlitten, Drehtischen oder Schwenkarmen erfassen und an die Steuerung rückmelden. Moderne Steuerungen sind fast ausschließlich digital, so dass man überwiegend Messgeräte verwendet, welche die Position direkt digital abgreifen.

Bei kleinen Weg- bzw. Winkelbereichen setzt man noch analoge Lage- oder Bewegungsmessverfahren ein, beispielsweise lineare oder Winkel-Potenziometer, Resolver, Dehnungsmess-Streifen (DMS), kapazitive und induktive Positionsgeber, Hallsensoren, differenzielle Feldplatten und Differenzialtrafos. Analoge Messungen haben aufgrund ihrer kontinuierlichen Messwertumformung eine theoretisch unendliche Auflösung. Wird der Messwert an einen Rechner oder an eine digitale Steuerung geliefert, muss das analoge Signal (z. B. die Spannung eines Längenmesspotenziometers) zuvor durch einen *Analog-Digital-Converter* (ADC- oder A/D-Umformer) quantisiert bzw. digitalisiert, d. h. in einen numerischen Wert umgewandelt werden. So gibt es beispielsweise kapazitive Messumformer, deren Messbereich von $<0{,}1$ mm bis in den Zehntelnanometerbereich ($\mathrm{nm} = 10^{-9}$ m) quantisiert werden kann. Derart extrem hohe lineare Wegauflösungen werden beispielsweise in der *Piezostelltechnik* (Abschn. G.2.3) benötigt. Im Gegensatz zu den *analogen Gebern* liefern Längen- und Winkelmess-Systeme mit *direkt digitalen Messverfahren* von Grund auf quantisierte Messwerte, so dass keine A/D-Wandler erforderlich sind. Man unterscheidet *inkrementale* (schrittweise Messwertvariation) und *absolute digitale* (codierte) Mess-Systeme (Abschn. G.1.2.2.3). *Inkrementalgeber* (Schrittgeber) bzw. *absolute Winkelcodierer* (Code-Mess-Systeme, Encoder) besitzen Auflösungen in der Größenordnung von 0,1 mm bis 10^{-5} mm im Messbereich von 100 mm bis zu mehreren Metern bzw. 0,1 arcsec bis 0,01 arcsec ($1\ \mathrm{arcsec} = 1°/3.600 = 4{,}848 \cdot 10^{-6}$ $\mathrm{rad} = 4{,}848\ \mu\mathrm{rad}$) entsprechend 27 Bit. Der Werteumfang von 27 Bit ist $2^{27} \approx 134 \cdot 10^6$ Inkremente (Schritte, Digits) pro Vollkreis. Aus dynamischer Sicht ist noch wichtig, dass das Mess-System *sehr schnell*, d. h. in Echtzeit, misst.

Definitionen

Messen einer *Länge oder* eines *Winkels* bedeutet, eine lineare Translation oder eine Rotation als Vielfaches einer Einheit (z. B. m, rad oder °) durch Vergleich mit einem Normal zu ermitteln. In der *linearen Messtechnik* haben sich Standards wie die Wellenlänge des Helium-Neon-Lasers (in Laser-Interferometern der Genauigkeitsklasse bis 10^{-8}) oder Normale (Maßstäbe) mit der Genauigkeit von etwa $1\ \mu\mathrm{m/m} = 10^{-6}$

durchgesetzt. Die Einheit des *Winkels* ist der *Radiant* (rad). Ein Kreisbogen hat 360° oder 2π rad, d. h. ein Radiant entspricht $180°/\pi \approx 57{,}296°$. Die Drehzahl $n = 1\,\text{min}^{-1}$ entspricht etwa 0,1047 rad/s ($\pi/30 \approx 0{,}1047$). Außerdem werden noch die Einheiten Bogenminute (1 arcmin = $1' = 1°/60°$) und Bogensekunde (1 arcsec = $1'' = 1°/3.600°$) verwendet. Um Winkelwerte leicht im Rechner verarbeiten zu können, rechnet man zunehmend in dualen Bruchteilen des Umfangs ($360°/2^n$). Man spricht dann von *n bit* Wertebereich oder *n bit* Winkelauflösung: 1 Bit (1 Schritt, 1 Inkrement oder 1 Digit) entspricht dann einem Winkel von $360/2^n$ Grad bzw. $2\pi/2^n$ Radiant.

Der *digitale Sensor*, auch Bewegungsmelder, Messumformer/wandler, Positionsaufnehmer oder Lagedetektor genannt, basiert meist auf einer periodischen Struktur, d. h. es werden nach bestimmten physikalischen Messprinzipien (Abschn. G.1.2.2) *periodische Signale*, beispielsweise Spannungsimpulse, erzeugt. Dazu gehören ein linearer Maßstab bzw. eine Codierdrehscheibe, ein Abtastkopf mit Ausgangsverstärker und Steckverbindung und eine Kupplung. Das übergeordnete Mess-System leitet aus den Impulsen *numerische Messwerte* ab. Zu einem *Mess-System* gehören beispielsweise neben dem Sensorsystem ein Interpolator, ein Zähler und ein Rechnerinterface, beispielsweise eine Netzwerk- oder Datenbus-Station, um die numerischen Daten an die Steuerung oder einen Rechner zu übertragen (*Datenkommunikation*).

Messverfahren und Messprinzipien

Bild G-20 zeigt eine Übersicht über verschiedene Messverfahren nach dem *fotoelektrischen* und dem *induktiven Messprinzip*. Für beide Messprinzipien gibt es *inkrementale* (Schrittgeber) und *absolut codierte* Verfahren sowohl für die *Translation* (lineare Geber mit Linearmaßstäben) als auch für die *Rotation* (Drehgeber mit Codierscheiben). Wird eine Linearbewegung über Spindel/Mutter oder Zahnstange/Ritzel erzeugt, kann sie an der Spindelwelle auch mit *Multiturn*-Drehgebern ermittelt werden. Ein Winkelschritt entspricht einem von der Spindelsteigung abhängigen Translationsschritt.

Inkrementales Messverfahren zur Messung von Bewegung und Position

Während der linearen oder rotierenden Bewegung werden Einzelsignale (z. B. Spannungsimpulse) richtungsabhängig in einem *Auf-Ab-Zähler* gezählt (*Integrator*) und daraus die *Position* (*Verfahrweg*) ermittelt. Prinzipiell kann man an jedem Punkt mit dem Zählen beginnen (Start des Zählers). Daher muss nach dem Ausschalten des Systems beim Wiedereinschalten ein Referenzpunkt angefahren werden (*Initialisierung*).

Fotoelektrische Abtastung eines Glasmaßstabs (Durchlichtverfahren)

Bild G-21 zeigt das *Abtastprinzip* (s. auch Bild G-12): Von einer *Lichtquelle* und einer nachgeschalteten *Kondensorlinse* geht ein paralleles Lichtbündel aus. Dieses

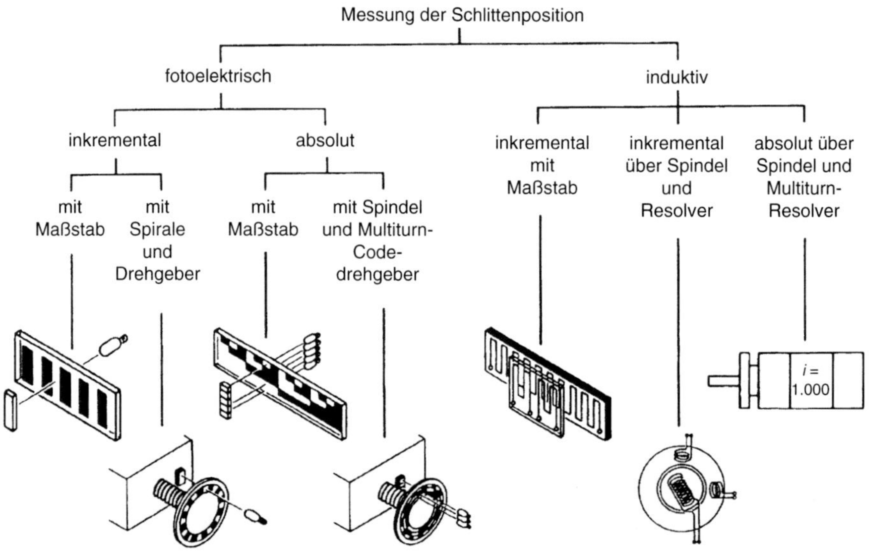

Bild G-20 Systematische Ordnung der Wegmess-Systeme (Werkfoto: Dr. Heidenhain)

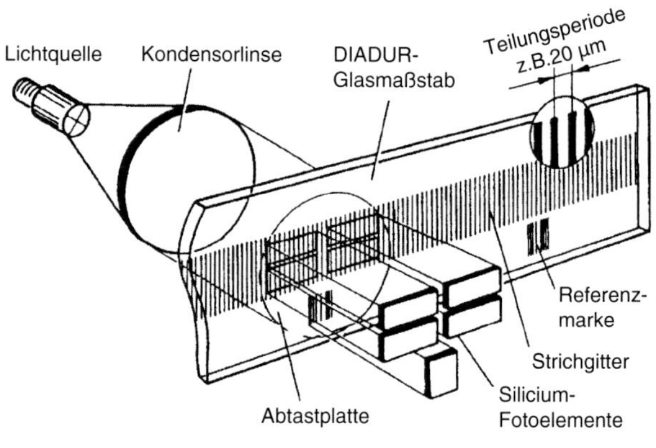

Bild G-21 Fotoelektrische Abtastung eines Glasmaßstabs (Werkfoto: Dr. Heidenhain)

fällt durch vier Fenster der *Abtastplatte* und durch den mit einem Strichgitter versehenen Maßstab. Das Strich-Lücke-Verhältnis ist normalerweise 1:1. Die so geteilten Lichtstrahlen gelangen dann auf vier *Silicium-Fotoelemente*, die ein *lichtsensitives* (lichtempfindliches) Schaltverhalten besitzen. Findet eine Relativbewegung zwischen Abtasteinheit und Glasmaßstab statt, bewegt sich beispielsweise die mit dem Schlitten der Werkzeugmaschine verbundene *Abtasteinheit* längs des Maßstabs, so wird der Lichtstrom durch die Maßstabsteilung abwechselnd freigegeben und unterbrochen. In den Fotoelementen entstehen nahezu sinusförmige elektrische Signale.

Aufbereitung der Abtastsignale

Die Teilung in den vier Fenstern der Abtastplatte ist jeweils um 90° phasenversetzt. Durch Zusammenschaltung der beiden jeweils um 180° phasenversetzten Signale entstehen zwei um 90° zueinander versetzte nullsymmetrische, sinusförmige Signale I_{e1} und I_{e2} (Bild G-22, s. auch Abschn. G.1.2.2 bzw. Bild G-14 und Bild G-15). Durch die differenzielle Zusammenschaltung von zwei Gegentaktsignalen werden Gleichtaktstörungen bzw. Gleichstromanteile eliminiert. Die zwei resultierenden Differenz-(Gegentakt-) Signale der beiden Fotoelementepaare stellen ein Sinus- und ein Cosinus-Signal dar. Es gilt:

$$I_{e1} = I \cdot \sin\varphi \text{ und } I_{e2} = I \cdot \cos\varphi, \; I \text{ als Signalamplitude und } \varphi = 2\pi \cdot s/P$$

$$(s = \text{Weg}, \; P = \text{Signalperiode}).$$

Das Abtastsignal I_{e0} nennt man das *Referenzsignal.* Dieses wird im fünften Fotoelement erzeugt. Das fünfte Abtastfeld trägt ein nichtperiodisches Teilungsmuster. Wenn dieses mit dem identischen Teilungsmuster auf dem Glasmaßstab koinzidiert (übereinstimmt), entsteht eine ausgeprägte Signalspitze, das *Referenzsignal.*

Die drei *Abtastsignale* werden in einem geschirmten Kabel zu einer *Elektronikeinheit* geführt. In der Elektronikeinheit werden die Signale fünffach interpoliert, indem aus den beiden um 90° versetzten Abtastsignalen und einem *invertierten* (umgekehrten) Signal durch Addition *Hilfsphasen* entstehen, die jeweils um 18° zueinander versetzt sind (s. *Interpolation* und Bild G-26). Daraus werden zunächst Rechtecksignale (Impulse) geformt. Aus diesen werden in einer *logischen Schaltung* zwei Rechteckimpulsfolgen (*Impulsfreqenzen*) U_{a1} und U_{a2} mit der fünffachen Frequenz der Abtastsignale gebildet. Bei der üblichen Auswertung aller vier Flanken der beiden Rechteckimpulse im Zähler entspricht in Bild G-21 bzw. in Bild G-22

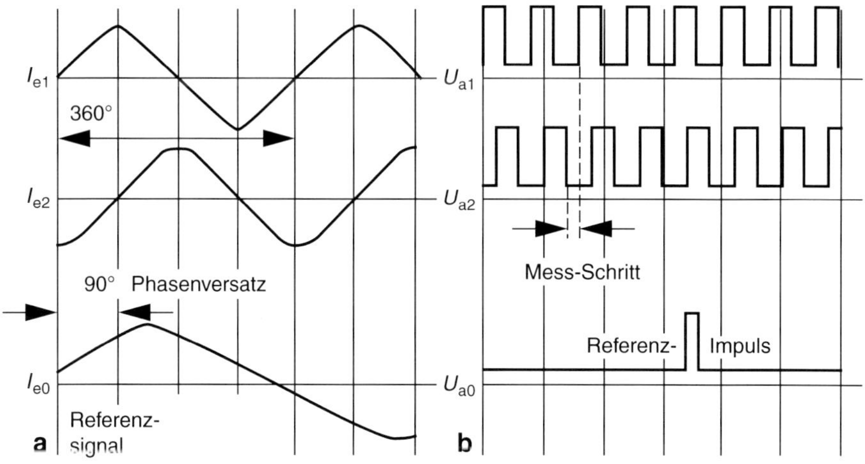

Bild G-22 Mess-Signalaufbereitung. **a** Abtastsignale des Längenmess-Systems. **b** Digitalisierung der Abtastsignale mit 5facher Interpolation (Quelle: Dr. Heidenhain)

ein Mess-Schritt (*Inkrement*) einem Schlittenweg von 1 µm. Die logische Schaltung erzeugt außerdem ein *Richtungssignal* durch vergleichende Flankenauswertung der phasenversetzten Rechtecksignale in Abhängigkeit von der Laufrichtung. Bei Richtungswechsel ist das Abtastsignal, das zuvor voreilend war, gegenüber dem anderen Abtastsignal nacheilend (Abschn. G.1.2.2). Diese Tatsache wird zur Gewinnung des Vorzeichens logisch ausgewertet und dem Auf-Ab-Zähler zugeführt (Bild G-16 und Bild G-17). Durch das vorzeichengerechte Auszählen der Impulse (Mess-Schritte) ermittelt der Zähler ausgehend vom Referenzpunkt den Verschiebeweg bzw. die *absolute Position* (Bild G-17). Aus dem *inkrementalen Sensor* wird somit ein *absolutes* und *hochauflösendes digitales Positionsmess-System.*

Fotoelektrische Abtastung eines Stahlmaßstabs (reflektives Messprinzip, Auflichtverfahren)

Eine Variante des *fotoelektrischen Messprinzips* ist das *reflektierende* oder *Auflicht-Messverfahren.* Bild G-23 zeigt das *Abtastprinzip* (s. auch Bild G-12): Das Längenmess-Ssystem mit Stahlband arbeitet prinzipiell genau so, wie das System mit durchleuchtetem Glasmaßstab in Bild G-21. Auf dem Stahlmaßband sind Goldstriche mit hohem Reflexionsgrad und mattgeätzte Lücken angebracht. Die mattgeätzte Stahloberfläche zwischen den Strichen reflektiert sehr gering. Die Abtastplatte ist in geringem Abstand zur Teilung angeordnet. Die reflektierten Lichtstrahlen fallen auf die Fotoelemente und erzeugen die bekannten sinusförmigen Abtastsignale. Es gibt auch Anwendungen, bei denen ein Stahlband mit einer Inkrementalteilung

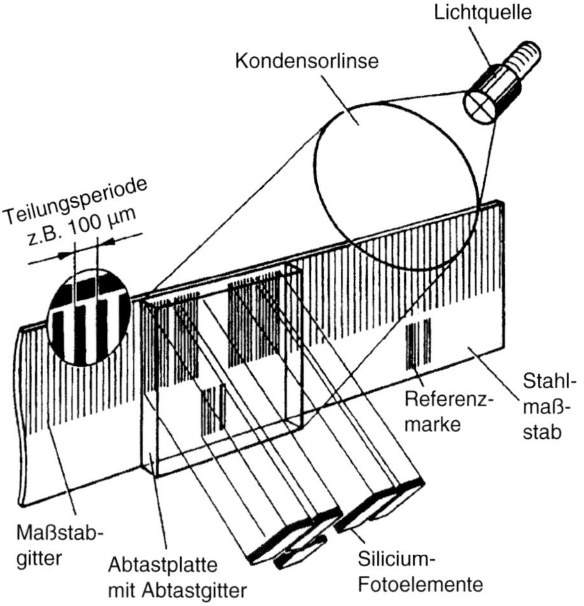

Bild G-23 Fotoelektrische Abtastung eines Stahlmaßbands (Werkfoto: Dr. Heidenhain)

auf den Umfang eines Rundtisches aufgespannt und fotoelektrisch abgetastet wird (Bild G-24). Solche Maßverkörperungen sind möglich mit einem Bandauflage-Durchmesser bis herunter zu 600 mm.

Bild G-24 Winkelmesseinrichtung mit Stahlmaßband: LIDA 360 (Werkfoto: Dr. Heidenhain)

Messlängen linearer Mess-Systeme

Die Längenmess-Systeme mit Glasmaßstäben sind bis zu Messlängen von etwa 3 m erhältlich. Die Längenmess-Systeme mit Stahlmaßstäben werden bis zu 30 m und darüber gefertigt.

Inkrementale Drehgeber (Inkrementalencoder)

Inkrementalencoder enthalten eine Teilscheibe mit einer *Radialteilung*. Diese besteht aus lichtdurchlässigen und lichtundurchlässigen Sektoren gleicher Breite. Das Verfahren arbeitet fotoelektrisch, wie beim linearen Längenmess-System mit Glasmaßstab. Auf der Teilscheibe befindet sich zusätzlich eine Referenzmarke, die bei jeder Umdrehung einen exakt reproduzierbaren Referenzimpuls erzeugt. Mit dessen Hilfe und mit Hilfe eines Nockenschalters wird der Zähler für die Winkelinkremente *genullt*. Dabei dient der Nockenschalter zur Identifizierung genau eines Referenzimpulses. Bei sogenannten *Multiturn-Encodern* dreht sich der Encoder innerhalb des gesamten Bewegungsbereiches mehrfach. Das ist beispielsweise bei einem Spindelantrieb der Fall. Die Spindel transformiert eine Drehbewegung in eine lineare Bewegung.

Code-Messverfahren

Wird unmittelbar nach dem Einschalten des Systems die *Absolutposition* benötigt, setzt man *codierte Maßverkörperungen* ein: codierte Linearmaßstäbe und Kreisteilungen. Diese sind vom Abtastprinzip gleich aufgebaut wie Inkrementalgeber, haben jedoch eine höhere Anzahl von Spuren. Es gibt auch kombinierte Systeme, bei denen die hohe Auflösung durch das inkrementale Messprinzip und die gröbere Genauigkeit absolut (codiert) ermittelt wird. Code-Linear- oder Drehgeber benötigen keine *Initialisierung*, also keinen Zähler, keinen Referenzimpuls und keine Elektronik zur

Richtungserkennung. Der Messwert wird vielmehr direkt aus dem Teilungsmuster der Teilscheibe abgeleitet und als *codiertes Mess-Signal* (numerischer Wert) ausgegeben. Dieses Mess-Signal kann dann als *normierter Zahlenwert* direkt im Rechner verarbeitet werden.

Bei Drehgebern unterscheidet man zwischen *Singleturn-* und *Multiturn-Gebern*:

- *Singleturn-Codedrehgeber* lösen eine Umdrehung (0° bis 360°) in eine bestimmte Anzahl von Positionen auf. *n bit* entsprechen *n Teilungskanälen* und 2^n Werten. Nach 1 Umdrehung wiederholen sich die Winkelwerte wieder.
- *Multiturn-Codedrehgeber* erfassen im Gegensatz dazu nicht nur die Winkelpositionen innerhalb einer Umdrehung, sondern unterscheiden auch mehrere Umdrehungen. Dazu werden weitere codierte Kreisteilungen über ein internes Übersetzungsgetriebe mit der Drehgeberwelle verbunden.

Die heute überwiegend verwendeten Codes sind fast nur noch *binär* als *Dual-Code* (Bild G-18) oder *Gray-Code* (Bild G-19). Der Dual-Code bildet den Zahlenwert aus Potenzen zur Basis 2: Der *Dezimalwert* 227 beispielsweise bedeutet in *dualer* Darstellung:

$$\mathbf{1} \cdot 2^7 + \mathbf{1} \cdot 2^6 + \mathbf{1} \cdot 2^5 + \mathbf{0} \cdot 2^4 + \mathbf{0} \cdot 2^3 + \mathbf{0} \cdot 2^2 + \mathbf{1} \cdot 2^1 + \mathbf{1} \cdot 2^0,$$

d. h. die Dualzahl für 227 lautet: 11100011.

Beim *Dual-Code* können im Gegensatz zum *Gray-Code* (*einschrittig*) mehrere Spuren gleichzeitig wechseln, so dass wegen der Fertigungstoleranz (Ungenauigkeit) die Flanken der Spuren nicht genau zueinander fluchten und bei der Ablesung der Teilung an den Übergangsstellen mit Falschinformationen gerechnet werden müsste. Dies lässt sich jedoch mit der *V-Logik* vermeiden (Bild G-25). In jeder Spur 2^ν mit $\nu = 0$ bis m werden (außer bei der feinsten Spur $\nu = 0$ also 2°) zwei Ablesestellen X_ν und Y_ν installiert, die mit steigender Wertung 2^ν *V-förmig* angeordnet werden. Werden die Signale jeder Spur von X_ν auf Y_ν geschaltet, wenn in der nächst feineren Spur das Signal von *logisch 0* auf *logisch 1*, d. h. von $X_{\nu-1}$ auf $Y_{\nu-1}$ gewechselt ist und umgekehrt, dann sind die zugeschalteten Abtastsignale stationär (konstant), also

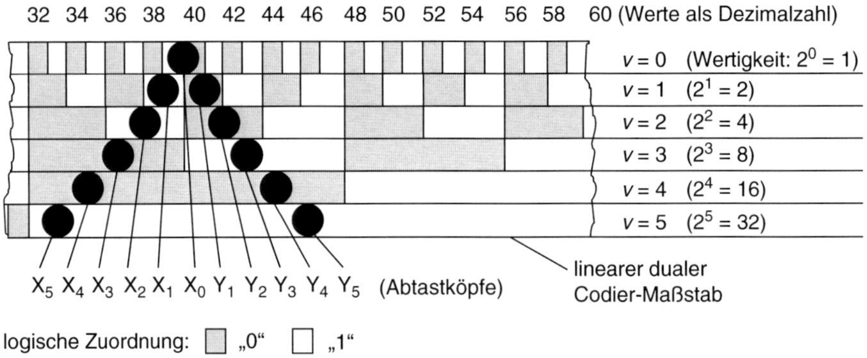

Bild G-25 Anordnung der Abtastvorrichtung in V-Logik beim Dual-Code

eindeutig. Die Flanken aller gerade wechselnden Spuren $v \geq 1$ werden mit diesem V-Abtastverfahren somit elektronisch simultan und synchron mit dem Signal $v = 0$ (LSB: *least significant bit*, niedrigstwertiges Bit) umgeschaltet bzw. zeitlich definiert. Fehlinformationen sind dadurch ausgeschlossen.

Der *Gray-Code* ist der einfachste der *einschrittigen Codes*, bei denen pro Mess-Schritt immer nur *ein* Signal wechselt. Hier kann auf eine V-Logik verzichtet werden. Der Gray-Code kann durch eine einfache Logikschaltung in den Dualcode umgewandelt werden und umgekehrt.

Betreffend *Datenausgang* unterscheidet man zwischen *paralleler* und *synchronserieller Datenausgabe*:

- Beim *parallelen Datenausgang* hat jede Spur eine separate Datenleitung. Die logischen Daten sind entweder ständig verfügbar oder liegen auf ein Freigabesignal hin am Ausgang an.
- Bei Codierern mit *synchronseriellem Datenausgang* erfolgt die Datenübertragung synchron zu einem vorgegebenen Taktsignal. Diese Version ist besonders bei Gebern hoher Auflösung vorteilhaft, da lediglich 4 Signalleitungen erforderlich sind: TAKT, TAKT negiert, DATEN und DATEN negiert. Je nach Taktfrequenz sind Leitungslängen bis zu 100 m möglich.

Der Messbereich von *Multiturn-Code-Drehgebern* entspricht der Anzahl von unterscheidbaren Umdrehungen. Beispiel: Der *ROC-424* (Fa. Heidenhain) unterscheidet 4.096 (2^{12}) Umdrehungen und gibt zusätzlich 4.096 Positionswerte pro Umdrehung aus (insgesamt 2^{24}, d. h. 24 Bit-Encoder). Beim Einsatz des *ROC-424* an einer Spindel mit 4 mm Spindelsteigung ergeben sich ein Mess-Schritt von ca. 1 µm und eine Mess-Strecke von ca. 16,4 m.

Einbau-Winkelmess-Systeme

Einbau-Winkelcodierer sind typisch bei beengtem Einbauraum, wenn eine große Innenbohrung verlangt wird oder jede Reibung und jede zusätzliche Elastizität (durch eine Kupplung) vermieden werden muss (hohe Dynamik). Diese *Direkt- oder Singleturn-Einbaucodierer* werden wie ein Direktantrieb *direkt* in die Arbeitsmaschine integriert. Sie werden als Einzelbaukomponenten (Teilkreis mit Strichzahlen bis zu 36.000, mit Nabe und Abtasteinheit, inkremental und absolut) bis zu Drehzahlen von 40.000 min^{-1} für schnell laufende Hauptspindeln, luftgelagerte Rundtische und NC-Maschinen angeboten. Mit einer 400fachen elektronischen Interpolation (Bild G-26) erreicht man eine Auflösung von 0,09 arcsec. Beim Einbau des Teilkreises muss besonders auf möglichst geringe *Exzentrizität* geachtet werden. Je nach Teilkreisdurchmesser bewirkt eine Exzentrizität von 0,3 µm bis 0,6 µm eine Messungenauigkeit (Abweichung vom idealen Messwert) von ± 1 arcsec. Der *Exzentrizitätsfehler* lässt sich jedoch eliminieren, indem man zwei Abtastköpfe an dem Teilkreis diametral gegenüber anordnet und im Rechner den Mittelwert bildet.

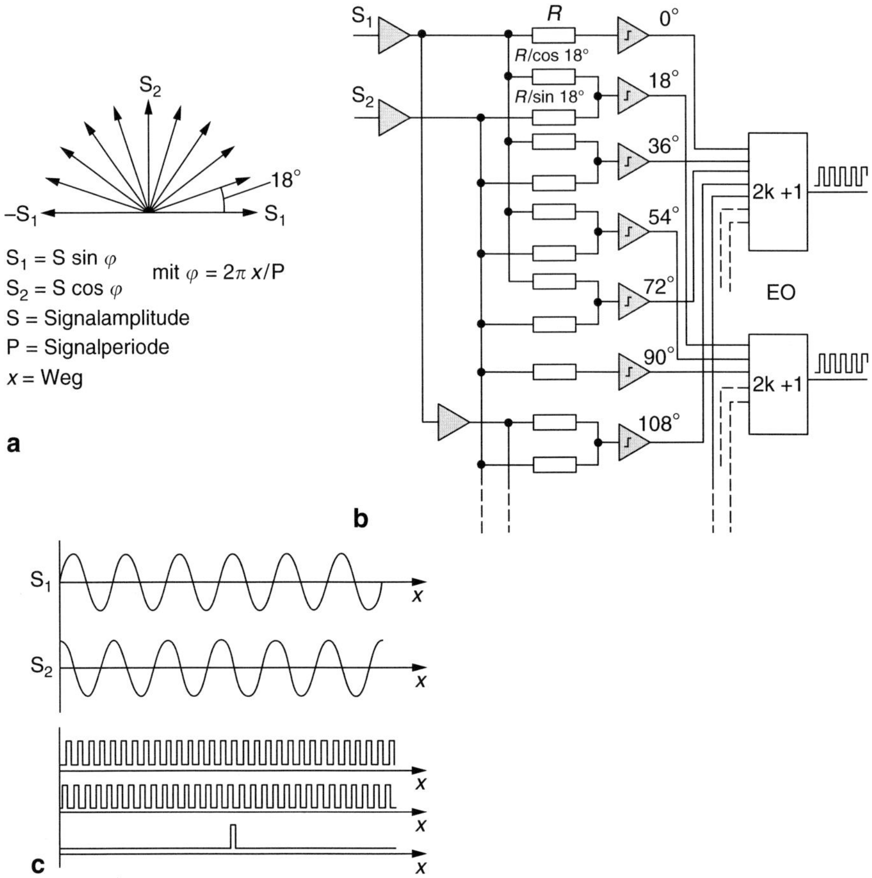

Bild G-26 Elektronische Interpolation mit Hilfsphasen. **a** Phasendiagramm. **b** Elektronische Schaltung. **c** Sinus- bzw. Cosinus-Eingangssignale S_1 und S_2 sowie rechteckförmige Ausgangssignale mit fünffacher Frequenz der Eingangssignale (E0: Exclusiv-Oder-Gatter) (Werkfoto: Dr. Heidenhain)

Dynamik

Um bei drehzahlgeregelten Antrieben ein gutes dynamisches Verhalten zu erreichen, sollte die Abtastzeit zwischen 0,5 ms und 50 µs gewählt werden, und die *Signalverarbeitungsdauer*, das ist die Zeit zwischen *Istwert-Erfassung* und *Sollwert-Ausgabe* (*Stellsignal*), sollte möglichst kleiner als 25% der Abtastzeit, d. h. ca. 12,5 µs bis 125 µs betragen. Bei Vorschubantrieben mit Spindeln werden heute Drehzahlen von 12.000 min^{-1} gefordert. Bereits bei einer Drehzahl von 6.000 min^{-1} und 500.000 Mess-Schritten/Umfang ergibt sich bei der oben erläuterten 4fach-Auswertung der Rechteck-Impulsfolge in der Folgeelektronik eine Eingangsfrequenz von 12,5 MHz. Der Flankenabstand beträgt weniger als 0,02 µs, die Messauflösung beträgt $2 \cdot 10^6$ Schritte/Umdrehung.

Elektronische Interpolation

Um extrem hohe Anforderungen an die Auflösung erfüllen zu können, ist eine digitale Unterteilung des analogen Abtastsignals erforderlich. Heute werden solche *Interpolationen* bis zu 4.096fach erreicht. Wird beispielsweise ein Drehgeber mit 2.500 Strichen 4.096fach unterteilt, so erhält man über 10 Mio. Mess-Schritte pro Umdrehung. Die *Interpolation* beispielsweise der beiden *Sinus- und Cosinus-Abtastsignale* des oben beschriebenen *inkrementalen Abtastprinzips* erfolgt, indem durch analoge Addition der beiden Signale Hilfsphasen gebildet werden, die phasenversetzt sind. Im Beispiel in Bild G-26 werden auf diese Weise 10 Signale mit den Phasen 0° bis 162° erzeugt. Sie werden von Komparatoren in Rechtecksignale umgeformt und von zwei Exclusiv-Oder-Gattern (EO) zu zwei Rechteck-Impulsfolgen zusammengefasst. Die beiden Ausgangs-Impulsfolgen sind um eine viertel Periode zueinander phasenversetzt und haben die fünffache Frequenz der Eingangssignale. Der Abstand zwischen benachbarten Rechteckflanken entspricht einem Mess-Schritt, in diesem Fall also 1 / 20 einer Teilungsperioden des Maßstabs bzw. der Teilscheibe (d. h. der Interpolationsfaktor ist 20).

Induktive Messprinzipien (drei Beispiele)

Resolver Eine mit Wechselstrom gespeiste Rotorspule induziert in zwei um 90° versetzte Statorspulen zwei um 1/4 Periode phasenversetzte Spannungen gleicher Frequenz, aber unterschiedlicher Amplituden, die von der Stellung des Rotors abhängig sind. Mit einem *Amplituden-Auswerteverfahren* mit hohem Interpolationsgrad stellt der *Resolver* innerhalb einer Umdrehung ein *absolutes Winkelmess-System* dar.

Inductosyn Er ist als Abwicklung eines *Resolvers* in ein *Linearmess-System* zu verstehen (Bild G-27). Der Inductosyn-Maßstab trägt ein mäanderförmiges elektrisch leitendes Teilungsmuster, quasi als Windung, die von einem Wechselstrom mit der Trägerfrequenz f_T durchflossen wird. Die Abtastplatte hat zwei gleiche um 1/4 Teilungsperiode versetzte mäanderförmige Teilungen, in die zwei um 90° phasenversetzte Signale der Frequenz f_T induziert werden. Liegen sich die Leiterbahnen von Maßstab und beweglicher Abtastplatte exakt gegenüber, hat das zugeordnete Signal eine maximale Amplitude. Liegen die Leiterbahnen der Abtastplatte exakt

Bild G-27 Aufbau eines Linearinductosyn (Werkfoto: Dr. Heidenhain)

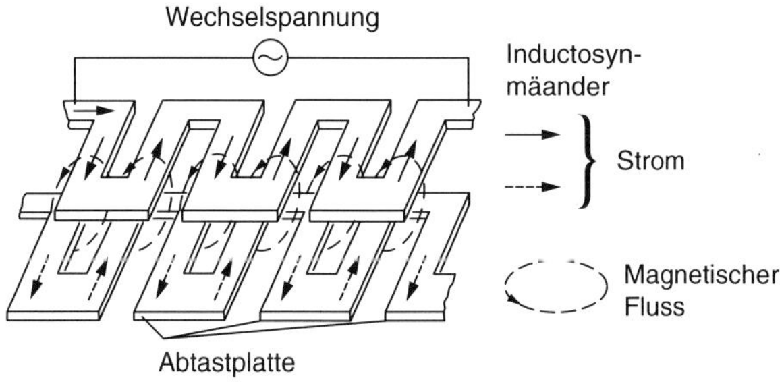

über den Leiterbahnlücken des Maßstabs, ist das Signal null. Die Signalauswertung erfolgt nach dem gleichen Verfahren wie beim Inkrementalgeber oder beim Resolver.

Magnetisches Messprinzip Ein *Permanentmagnet-Maßstab* mit alternierender magnetischer Polarisierung wird von zwei versetzten Spulensystemen mit einer Trägerfrequenz f_T abgetastet (Bild G-28). Die beiden Spulensysteme haben je eine Erreger- und eine Empfängerwicklung. Die Erregerspulen werden mit Wechselstrom der Frequenz f_T magnetisch erregt, so dass in den Empfängerspulen Wechselsignale induziert werden, deren Amplituden in Abhängigkeit von der relativen Lage zur magnetischen Maßstabsteilung variieren. Diese *Amplitudenmodulation* zweier um 1/4 Periode versetzten Signale werden nach dem bekannten Verfahren (Inkrementalencoder, Resolver) zur Lagebestimmung ausgewertet.

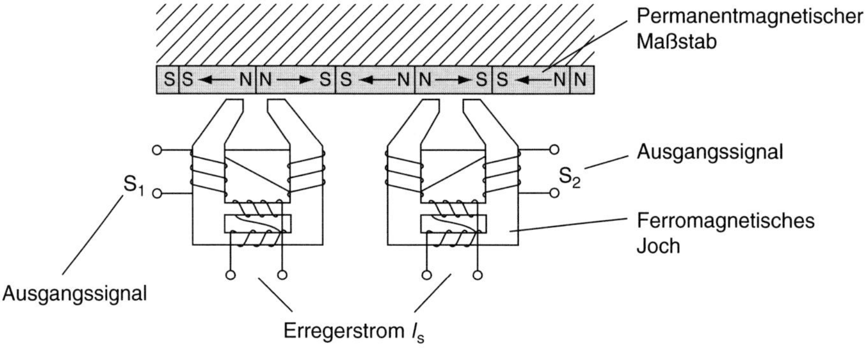

Bild G-28 Magnetisches Prinzip eines Lineargebers (Werkfoto: Dr. Heidenhain)

Interferenzielles Messprinzip Es handelt sich hier physikalisch um ein *Gitter-Interferometer* mit einem hochaufgelösten Phasengitter als Maßstab und einem Abtastgitter. Das Licht einer Halbleiter-Lichtquelle wird beim zweimaligen Durchgang durch das Abtastgitter und bei der Reflexion am Phasengitter mehrmals gebeugt, wobei die Lichtbündel zur Interferenz (Überlagerung) kommen. Die drei interferierenden Strahlen werden von einer Linse gesammelt und auf drei Fotoelemente gelenkt, die die Lichtintensität in Signale umwandeln. Dabei verschieben sich die Wellenfronten um genau eine Wellenlänge, wenn man das Gitter um eine Periode (Gitterstreifenabstand) bewegt. Aus den drei Interferenzsignalen werden in einer Elektronik die beiden um 1/4 Periode phasenversetzten sinus- bzw. cosinusförmigen Abtastsignale erzeugt und weiter verarbeitet. Anstatt des körperlichen Maßstabs wird beim *Laser-Interferometer* die Wellenlänge eines *Helium-Neon-Lasers* als immaterielles Teilungsmuster benutzt. Damit können Messauflösungen bis in die Größenordnung von wenigen 10 nm erreicht werden.

G.2 Aktoren

Aktoren sind Befehlsgeräte, die eine Funktion der SPS, ausgelöst durch ein elektrisches Signal, in eine mechanische Aktion umsetzen. Das Arbeitsprinzip ist dabei allen Aktoren gemeinsam: Mit Hilfe eines elektrischen Schaltvorgangs wird ein physikalischer Effekt erzeugt. Dieser kann sein: Druck, Temperatur, Licht und Volumensteuerung von Gasen und Flüssigkeiten (wird am häufigsten genutzt und ist daher ein Schwerpunkt in den weiteren Betrachtungen). Bild G-29 gibt eine Übersicht. Der *Ventiltechnik* kommt dabei im Maschinenbau eine besondere Bedeutung zu.

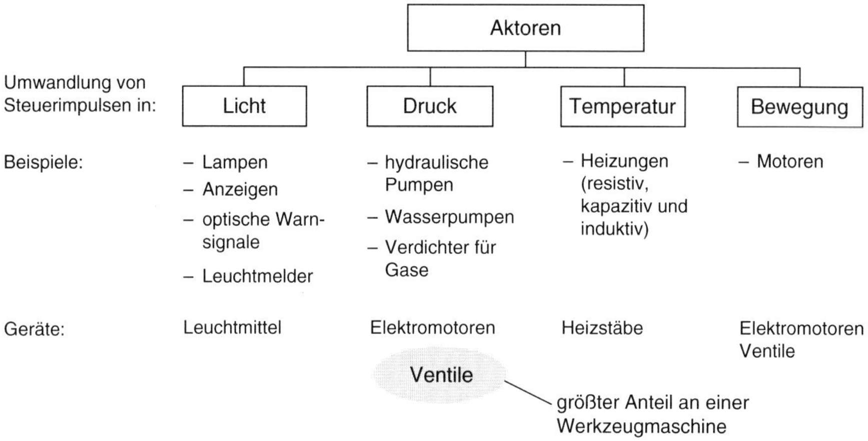

Bild G-29 Aktoren zur Umformung physikalischer Größen

G.2.1 Hydraulische Aktoren

Aus historischen Gründen gilt die Hydraulik auch heute noch als der Muskel der Maschine. Überall dort, wo große Kräfte notwendig werden, werden hydraulische Aggregate eingesetzt. Die Vorteile sind: *hohe Arbeitsdrücke* von mehr als 300 bar, *inkompressibles Medium* und daher *hohe Reproduzierbarkeit* von Arbeitsabläufen.

Beispiele für hydraulische Aggregate sind: *hydraulischer* Motor, *Hydraulikzylinder* und *Pumpen*. Das Bindeglied zur SPS-Steuerung bildet in allen Fällen das *elektromagnetische Ventil*, das den mehr oder weniger gesteuerten Durchfluss des Hydrauliköls erlaubt. Man unterscheidet

- *Schaltventile*, die nur *zwei Positionen* einnehmen können (geschaltet und nicht geschaltet) und daher ähnlich wie ein *binäres* (digitales) *Schaltglied* arbeiten und
- *Proportional-Ventile*, die eine kontinuierliche Steuerung der Durchflussmenge und der angestrebten Drücke zulässt.

Beide Ventilvarianten gibt es in sehr vielen Ausprägungen, so dass in den nachfolgenden Abschnitten nur auf die elektrotechnische Schnittstelle eingegangen werden kann.

G.2.1.1 Schaltventile

Das Ventil selbst besteht aus einem Schieber, der durch zwei Magnetspulen bewegt wird. Ist keine der Spulen aktiv, verharrt der Schieber in der Mittelstellung.

> **Hinweis:** Neben der Doppelspulentechnik gibt es auch Magnetventile mit nur einer Spule. Die zweite Endlage wird dabei durch eine Feder sichergestellt, eine Mittellage gibt es nicht. Diese Ventile werden vorwiegend für einfache Schaltvorgänge verwendet.

Die Magnetspulen werden auf einem Rohr seitlich aufgesteckt. Innerhalb dieses Rohres befindet sich der *Anker*, der den Schieber betätigt und in der Ruhelage außerhalb der Spulenmitte liegt. Wird die Spule von einem Strom durchflossen, baut sich ein Magnetfeld auf. Die Feldlinien üben daher eine Kraft auf den Anker aus und ziehen ihn in die Spulenmitte. Das Ventil hat geschaltet.

G.2.1.2 Proportionalventile

Proportionalventile ermöglichen eine kontinuierliche Steuerung von Öl, Wasser oder Gas. In Abhängigkeit eines *analogen* Signals oder eines *binärcodierten* Steuerwortes wird ein variables Magnetfeld erzeugt, das eine einstellbare, definierte Kraft auf den Schieber (*Steuerkolben*) des Ventils ausübt. Die Einsatzgebiete von Proportionalventilen sind:

- Bewegungssteuerungen durch hydraulische oder pneumatische Zylinder,
- Drehzahlsteuerung bei hydraulischen Motoren,
- variable Spannkräfte für unterschiedliche Werkstücke und
- Erzeugung unterschiedlicher Druckstufen bei Kühlmitteln zum
  - Kühlen während der Bearbeitung,
  - Spülen des Werkzeuges und
  - Freispülen des Werkstücks von Spänen.

Zur Ansteuerung eines Proportionalventils werden heute unterschiedliche Schnittstellen verwendet. Die gängigsten sind die *Stromschnittstelle* (4 mA bis 20 mA), die *Spannungsschnittstelle* (0 V bis 10 V) und die *BCD-Schnittstelle* (3 Bit bis 4 Bit, entsprechend 7 Stufen oder 15 Stufen).

Die Umsetzung zur *Ansteuerung* des Magneten erfolgt mit Hilfe einer *Elektronik*. Diese ist durch die fortschreitende Miniaturisierung heute meistens in einem *Stecker* untergebracht. Die Ansteuerelektronik übernimmt dabei folgende Aufgaben:

- *Verstärkung* des Nutzsignals (einschließlich Umsetzung auf das interne Format),
- *Abgleich* der Null-Lage (z. B. 4 mA oder 0 V),
- *Modulation* des Ansteuersignals (in der Fachsprache als *Dither* bezeichnet),
- *Überwachung der Position* und gegebenenfalls Nachregelung und
- *Anzeigen* und *Diagnose* sowie *Störungserfassung* und -meldung.

Die Überlagerung der Ansteuerspannung, die in der Regel eine Gleichspannung ist, mit einer niederfrequenten Wechselspannung, wird als *Dither* bezeichnet. Diese

Tabelle G-6 Einstellparameter bei Proportionalventilen

Parameter	Einstellungsbereich	Typische Einstellungen
Aussteuerbegrenzung	0 % bis 100 %	0 %
Nullpunktverschiebung	0 % bis 80 %	0 %
Rampenanstiegszeit	0,1 s bis 7,0 s	0,1 s
Rampenabfallzeit	0,1 s bis 7,0 s	0,1 s
Dither	0 % bis 30 %	10 %

Brummüberlagerung verbessert das Hystereseverhalten und somit die Wiederholgenauigkeit für gleiche Eingangsbedingungen. Der Kolben des Magnetventils wird durch diese Brummüberlagerung ständig in Bewegung gehalten. Wird der Schieber durch eine Änderung der Eingangsspannung aus seiner augenblicklichen Lage bewegt, muss *keine Haftreibung* überwunden werden. Ein Rucken und damit *Drucksprünge* werden *vermieden*. Die *Amplitude* der Brummspannung ist üblicherweise *einstellbar* und beträgt maximal 30% der höchsten Aussteuerspannung. Tabelle G-6 stellt die wichtigsten Einstellparameter für die Ansteuerelektronik zusammen. Die gesamte Regelelektronik befindet sich in einem Stecker.

G.2.2 Pneumatische Aktoren

Die Aktoren in der Pneumatik sind im Wesentlichen dieselben wie bei der Hydraulik. Die drei Hauptbereiche werden durch folgende Geräte abgedeckt: *Schaltventile*, *Proportionalventile* und *Zylinder*.

Neben der Standardpneumatik mit einem Betriebsdruck von 7 bar bis 10 bar gibt es die *Niederdruckpneumatik* oder *Fluidik*, die mit Drücken < 1 bar arbeitet. Auf sie soll hier nicht näher eingegangen werden. Aufgrund der geringeren Anforderungen in Bezug auf *Druckfestigkeit*, *Durchflussvolumen* und *Ansteuerleistung* ist die Bauform pneumatischer Ventile gegenüber den hydraulischen Akttoren erheblich kleiner.

Bei der Pneumatik ist ein sehr starker Trend zu *Feldinseln* mit integrierter Elektronik zu verzeichnen. In den letzten Jahren haben sehr viele Firmen diesbezüglich Produkte auf den Markt gebracht, die neben der pneumatischen Funktion auch einen *vollständigen Feldbusknoten* beinhalten. *Aktoren* und *Ansteuerung* rücken näher zusammen. Bild G-30 verdeutlicht dieses Migrationsstreben. Die wesentlichen Bestandteile sind:

- pneumatischer Ventilträger,
- integrierte Ansteuerung,
- Feldbuskoppelbaugruppe (z. B. Profibus, InterBus-S, CAN-Bus) und
- optionale Eingangsmodule zur Erfassung von Ventilstellungen, Endschaltern, Drucksensoren und zur Diagnose.

Der Ventilträger erlaubt die Montage unterschiedlicher Ventile, wie beispielsweise Schaltventile und Proportional-Ventile.

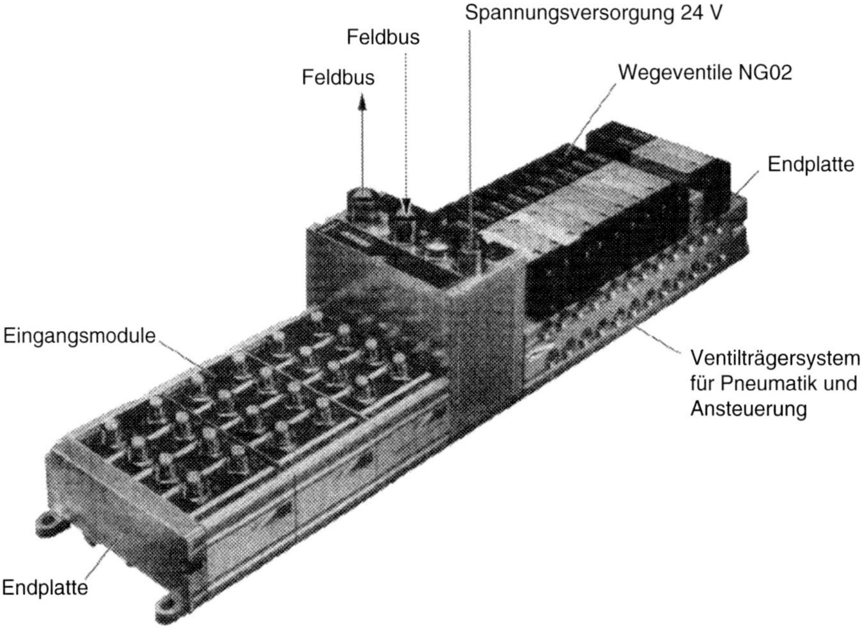

Bild G-30 Pneumatische Feldbusinsel und ihre Komponenten (Werkfoto: Bosch)

G.2.3 Piezo-Steller

G.2.3.1 Piezoelektrische Translatoren

Piezoelektrische Translatoren (*PZT*) sind elektrisch steuerbare Festkörperstellglieder, deren Funktion auf der Grundlage des *piezoelektrischen Effekts* beruht. Das ist die Eigenschaft bestimmter Kristalle, *elektrische Energie* direkt in eine *lineare Bewegung* umzuwandeln. Der *Piezoeffekt* ist linear von dem angelegten elektrischen Feld abhängig. Für eine maximal mögliche Ausdehnung sind Feldstärken bis zu 2 kV/mm notwendig, um eine Ausdehnung von etwa 1,5 µm (0,1 % bis 0,15 % relative Längenänderung) zu erzielen. Die dafür erforderliche Steuerspannung hängt von der Schichtdicke der verwendeten Keramik ab. Die Steuerspannung bei 0,1 mm-Keramik beträgt etwa 100 V (*Niedervolt-PZTs*). Im Gegensatz dazu benötigen die dicken Keramiken typischerweise 1.000 V (*Hochvolt-PZTs*). Bei geringen Schichtdicken steigt die Kapazität der Elemente quadratisch an. Das bedeutet, dass der Ladestrom, der während des Ausdehnungsprozesses fließt, bei Niedervolttypen wesentlich höher ist. Der Vorteil von Niedervolttypen liegt in der wesentlich einfacheren Ansteuerelektronik (Verwendung von IC-Verstärkern). Durch die geringen Längenänderungen können *feinste Positionierungen* von *federleichten* bis zu *tonnenschweren* Komponenten im *Subnanometer-* bis in den *Millimeterbereich* mit höchster Genauigkeit ausgeführt werden. Neben den klassischen Anwendungen in der Mikrostelltechnik gewinnen PZTs in der Lasertechnik und Optik zunehmend an Bedeutung, insbesondere für die Steuerung und Stabilisierung von Laserstrahlen in unterschiedlichsten Applikationen.

Ein *PZT* besteht aus einem Stapel von Keramikscheibchen mit Dicken zwischen $< 0{,}1$ mm und > 1 mm, die mechanisch in Serie geschaltet (gestapelt) und elektrisch parallel angesteuert werden. Die besonders vorteilhaften Eigenschaften von *PZT's* lassen sich in folgenden Punkten zusammenfassen:

- *Extrem hohe Auflösung* (theoretisch unendlich, praktisch durch die Elektronik begrenzt, im sub-nm-Bereich).
- *Keine innere Reibung, kein Stick/Slip-Effekt, spielfrei*: keine reibungsbedingte Begrenzung der Wegauflösung.
- *Sehr hohe Steifigkeit* (bis zu 2 MN/mm für 20 µm Aktor).
- *Große Dynamik* (Beschleunigungen von einigen tausend g ermöglichen schnelle Sprungantworten mit Zeitkonstanten im $< 0{,}1$ ms-Bereich bzw. Bandbreiten bis in den 10 kHz-Bereich).
- *Hohe Belastbarkeit* (*High-Load*-Elemente mit Belastbarkeiten bis zu 50.000 N).
- *Kein Verschleiß* (der Piezoeffekt unterliegt keinem Verschleiß in der Keramik, d. h. keine Alterung. Nach 500 Mio. Ausdehnungszyklen konnte keine Änderung im Ausdehnungsverhalten festgestellt werden).
- *Hoher Wirkungsgrad* (*PZT* ist elektrisch eine Kapazität, benötigt nur während der Längenänderung Energie).
- *Stellbereich von* $> 10^6$ (vom Subnanometer (sub-nm) bis zu etwa 1 mm mit Makrotranslatoren).

Der für PZTs charakteristische Nachteil der *Nichtlinearität* und *Hysterese* der Ausdehnung gegenüber der Steuerspannung macht in speziellen Anwendungen mit hohen Genauigkeitsanforderungen den Einsatz von *Positionssensoren* mit *dynamischer Lageregelung* erforderlich (z. B. Dehnungsmess-Streifen, Differenzial-Feldplatten und -Transformatoren, kapazitive Sensoren mit Auflösung kleiner als 0,1 nm).

G.2.3.2 Piezoelektrische Kippspiegel

Piezoelektrische Kippspiegel findet man auf dem Gebiet der *schnellen aktiven Optik*: ein Zweiachsen-Kippspiegel, bei dem vier PZTs zum Verkippen der Optik in zwei orthogonalen Achsen, die in der Spiegeloberfläche liegen, eingesetzt werden. Jeweils zwei diametral gegenüber liegende Elemente pro Achse arbeiten im Zug/Druck-Betrieb. Festkörpergelenke, die in den Metallkörper hinein erodiert (Funkenerosion) und nach der *Finite-Elemente-Methode* computerberechnet sind, sorgen für optimale Führungsgenauigkeit und gegenseitige Entkopplung der beiden Achsen. Integrierte differenzielle Positionssensoren erlauben eine Winkelreproduzierbarkeit von < 1 µrad. Solche Piezokippspiegel werden in der Astronomie (zur Verbesserung von Teleskopauflösungen), in Optiken für die Weltraumtechnik und für Bild- und Laserstabilisierungen eingesetzt.

G.2.3.3 Hexapod, Mikropositioniersystem mit sechs Freiheitsgraden

Eine sehr innovative Anwendung von PZTs ist mit dem *Hexapod* gelungen, einem Mikropositioniersystem mit 6 Freiheitsgraden im Stellbereich von 70 mm bzw. 50°. Es handelt sich um ein Gestänge zwischen zwei Plattformen mit sechs ausdehnbaren Streben, deren Längen computergesteuert durch PZTs sehr feinfühlig variiert werden können. Damit kann die obere Plattform relativ zur unteren in folgenden sechs Freiheitsgraden bewegt bzw. gesteuert werden. Die 6 Freiheitsgrade des Aktorsystems sind:

- *dreiachsige lineare Bewegungen* im räumlichen, kartesischen (rechtwinkligen) $x/y/z$-Koordinatensystem,
- *Zweiachsen-Kippbewegungen* im α/β-Winkelkoordinatensystem, bei dem die orthogonalen Drehachsen α und β in der Plattformoberfläche liegen, und
- die *Azimutachse* φ, d. h. Drehbewegung um die z-Achse.

Das System in Bild G-31 zeichnet sich aus durch eine Steifigkeit von 150.000 N/mm, eine Belastbarkeit von 200 kg, eine lineare Auflösung von < 1 µm, eine Winkelauflösung von ca. 1 µrad oder 0,2 arcsec (1 arcsec = 1 Bogensekunde = 1°/3.600°) und eine Reproduzierbarkeit von < 0,7 µm linear bzw. 1 arcsec angular.

G.2.3.4 Aktive Piezo-Schwingungsisolierung mit einem Hexapod

Bild G-31 zeigt das *aktive Vibrationsunterdrückungssystem AIF*. Der Mechanismus entspricht dem *Hexapod* (Abschn. G.2.3.3) mit 6 piezogesteuerten Streben und 6 Freiheitsgraden $x/y/z/\alpha/\beta/\varphi$. Jeder Linearantrieb umfasst einen PZT und eine Kombination von Weg, Kraft und Beschleunigungssensoren. Es erreicht bei einer Belastbarkeit von 3.000 N Isolierungsgrade von 20 dB bis 30 dB im Frequenzbereich von 10 Hz bis 200 Hz. Zusätzlich zur Vibrationsisolation sowie Geräuschunterdrückung bietet das *AIF* auch die Möglichkeit der Feinjustage im Mikrometerbereich (weltraum- und erdgebundene Anwendungen).

G.2.3.5 200-µm Piezo-Lineartisch

Besonders typische Applikationen von Piezostellern sind *Präzisions-Linear-* und *-Drehtische*. Die hervorragende Geradführung mit Winkelgenauigkeit im Bogensekundenbereich wird durch die spielfreien erodierten Festkörpergelenke gewährleistet. Stabilität und Reproduzierbarkeit zwischen 50 nm und 1 nm (mit kapazitivem Sensor) sowie eine Resonanzfrequenz von 350 Hz und Einschwingzeiten von etwa 5 ms bis 10 ms werden durch Piezo-Servoantriebe ermöglicht. Außerdem gibt es *piezoelektrische Mikrometerschrauben* mit einer zweistufigen Positionierung. Sie kombinieren eine manuelle Voreinstellung im Bereich von 25 mm mit einer anschließenden elektrisch steuerbaren Feineinstellung mit dem integrierten Piezostellelement über 20 µm. Solche hybrid aufgebauten mechanisch-elektrischen Steller erlauben Positionierungen im cm-Bereich mit Submikrometer-Auflösung bzw. Genauigkeit.

Bild G-31 Aktives Vibrationsunterdrückungssystem mit 6 PZT's (Werkfoto: Physik Instrumente PI)

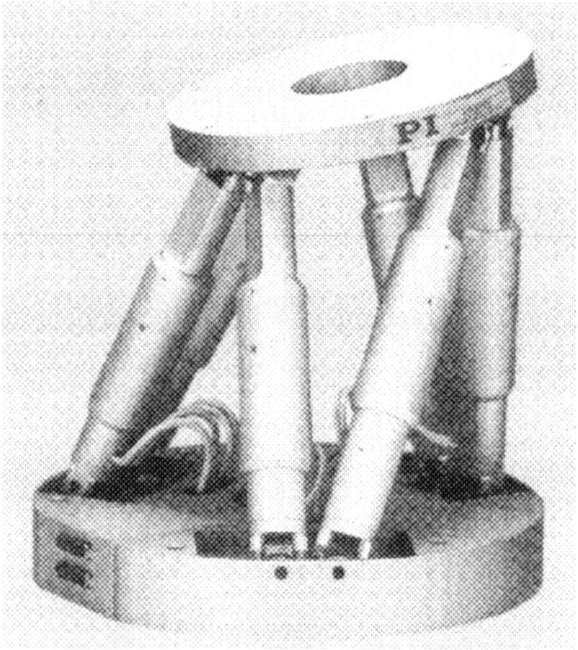

G.3 Anschlusstechnik

Die Vielzahl von Sensoren und Aktoren hat in der Vergangenheit auch eine Vielzahl unterschiedlicher Anschlussmöglichkeiten entstehen lassen. Erst in jüngster Vergangenheit kommen Bestrebungen auf, eine Vereinheitlichung durchzuführen. Diese betrifft im Wesentlichen die *Steckerausführung* (Mechanik) und die *Steckerbelegung* (Signale).

G.3.1 Aktorstecker

Im Bereich der Aktorik hat sich der *Würfelstecker* nach DIN EN 175301-803 durchgesetzt. Er wird in den Bauformen A, B und C eingesetzt. Im Bereich der Hydraulik wird der DIN Stecker *Bauform A* bevorzugt, während in der Pneumatik die kleiner *Bauform B* Verwendung findet. In Bild G-32 sind alle drei Bauformen gegenübergestellt.

Die Signalbelegung der Stecker ist in Tabelle G-7 zusammengestellt. Wie man daraus sieht, ist bislang kein *Diagnose-Signal* definiert, wie es bei eigenüberwachten Aktoren notwendig ist. Der Schutzleiter (allgemein mit grün/gelb gekennzeichnet) wird nicht durch eine separate Nummer ausgewiesen, sondern durch seine Funktion.

Neben dieser *singulären Anschlussmöglichkeit* der Aktoren, d. h., dass beispielsweise jede Spule eines Doppelmagneten einen eigenen Stecker hat, ist vor allem in

Bauform	A (DIN EN 175301-803)	B (DIN EN 175301-803)	C (DIN EN 175301-803)
	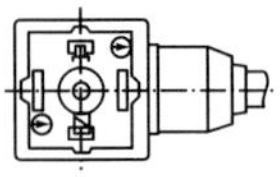	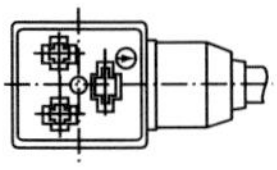	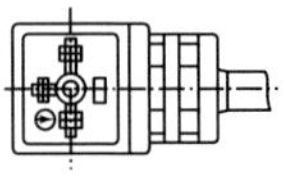
bevorzugter Einsatz	hydraulische Ventile	pneumatische Ventile	verschiedene Aktuatoren
Beriebs-spannungen	24 V, 110 V bis 230 V	24 V, 110 V bis 230 V	24 V, 110 V bis 230 V
Nennstrom	10 A	10 A	10 A
maximaler Kabelquerschnitt	1,5 mm^2	1,5 mm^2	1,5 mm^2
Abmessungen	Breite: max. 28 mm Tiefe: max. 28 mm Höhe: ca. 33 mm	Breite: max. 22 mm Tiefe: max. 29 mm Höhe: ca. 33 mm	Breite: max. 17 mm Tiefe: max. 17 mm Höhe: ca. 24 mm

Bild G-32 Aktorstecker nach DIN EN 175301-803 in der Bauform A bis C

Tabelle G-7 Pinbelegung der Würfelstecker nach DIN EN 175301-803

Pin	Bauform A	Bauform B	Bauform C
1	24 V	24 V	24 V
2	Schaltfunktion	Schaltfunktion	Schaltfunktion
3	Schutzleiter		n.c.
Schutzleiter	Schutzleiter	Schutzleiter	Schutzleiter

n.c. not connected

Amerika die *Doppelanschlusstechnik* verbreitet. Dabei werden die Anschlüsse der *beiden* Magnete in einem Stecker zusammengefasst und können so mit nur einem Kabel an die Ein-/Ausgabegeräte oder an die Feldbusinsel angeschlossen werden. Die Vorteile sind: nur *ein Anschlusskabel*, *keine Verwechslung* der Spulen A und B und Verwendung von *vorkonfektionierten* Kabeln.

Letzteres ist in erster Linie der Standardisierung des M12 Steckverbinders für diese Anschlussart zu verdanken, die sich allerdings in Europa noch nicht durchgesetzt hat. Zu den Nachteilen zählen: *aufwändige Steckbrücke* notwendig, einfacher *Austausch* der Magnetventile oft nicht möglich und kein freier Pin für *Diagnose*.

G.3.2 Sensorstecker

Im Bereich der Sensorik hat sich, im Gegensatz zur Aktorik, der M12-Stecker durchgesetzt. Er ist ein wasserdichter Steckverbinder der Schutzart IP67, der durch eine Überwurfmutter auf den Sensor aufgeschraubt wird. Als *Quasi-Standard* hat sich die Pinbelegung nach Tabelle G-8 im Bereich der Werkzeugmaschinen-Industrie eta-

Tabelle G-8 Belegung des M12-Steckers bei Sensoren

Pin	Öffner	Schließer	Antivalenter Sensor
1	24 V	24 V	24 V
2	–	Schaltfunktion	Schaltfunktion $\overline{S}$
3	0 V	0 V	0 V
4	Schaltfunktion	–	Schaltfunktion S
5	PE	PE	PE

bliert. Neben diesem Stecker findet man auch noch Ausführungen mit 7/8"-16UNF und 1/2"-20UNF-2B Anschlussgewinden.

G.3.3 Standardisierung der Steckerbelegung und die Vorteile

Der vom Arbeitskreis VDW ausgearbeitete Vorschlag sieht dabei folgende Anschlusstechnik für Sensoren und Aktoren vor: Einheitlich M12 Steckverbinder für *Sensoren* und *Aktoren*, einheitliche Pinbelegung und somit einheitliches 4poliges Kabel für Sensoren und Aktoren.

Damit können auf der Aktorseite gleich *drei* unterschiedliche Kabel ersetzt werden (Würfelstecker nach DIN EN 175301-803 Bauform A, B und C), wobei sich das Sensorkabel künftig vom Aktorkabel *nicht* mehr unterscheidet. Die Vorteile sind: *Einfachere Logistik*, Verringerung der *Maschinenstillstandszeiten* durch den Einsatz identischer vorkonfektionierter Kabel, Ausschalten der Fehlerquellen durch Handkonfektionierung und einfache *Austauschbarkeit*. Darüber hinaus wird durch die höheren Stückzahlen aufgrund der Vereinheitlichung eine *Kostensenkung* erwartet. Kabel, die diesen Anforderungen genügen, werden durch eine *gelbe* Mantelfarbe gekennzeichnet.

! **Hinweis:** Wie bereits im Abschn. G.3 beschrieben, weisen eigensichere Sensoren nur noch einen Schließerausgang auf, dessen Funktionssicherheit durch das Diagnosesignal validiert ist.

Literatur

Hering E, Bressler K, Gutekunst J (2005) Elektronik für Ingenieure und Naturwissenschaftler, 5. Aufl. Springer, Berlin

Hesse S, Schnell G (2009) Sensoren für die Prozess- und Fabrikautomation. Vieweg + Teubner, Wiesbaden

Schanz GW (2004) Sensoren, Sensortechnik für Praktiker, 3. Aufl. Hüthig, Heidelberg

Tille T (2006) Sensoren im Automobil. Expert, München

Tränkler HR, Obermeier E (1998) Sensortechnik – Handbuch für Praxis und Wissenschaft. Springer, Berlin

Kapitel H
Feldbusse

Die Datenkommunikation im Maschinen- und Anlagenbau hat in den vergangenen Jahren stark an Bedeutung gewonnen. Dies geht einher mit der deutlichen Zunahme der Komplexität der Maschinen und Themen wie *Diagnose*, *Wartung* und *TCO* (*Total Cost of Ownership*). Die Anforderungen an die Datenkommunikation in diesem Bereich sind stark gestiegen und werden in den nächsten Jahren noch zunehmen.

Während sich bereits heute schon viele Feldbusse etabliert haben (Abschn. H.2, Standard Feldbusse), ist die Nachfolgegeneration der ethernetbasierenden Systeme schon bereit, das Feld zu übernehmen (Abschn. H.3). In beiden Abschnitten kann nur auf die wesentlichen Vertreter und deren grundlegenden Eigenschaften eingegangen werden. In den Übersichtstabellen finden sich dann weitere Systeme sowie Verweise auf weiterführende Informationen.

Um die Anforderungen von sehr leistungsfähigen Maschinen und Anlagen mit hohem Kommunikationsbedarf abzudecken und der erweiterten Diagnose gerecht zu werden, wird im Abschn. H.4 die neue Sensor/Aktor-Schnittstelle *IO-Link* vorgestellt.

In Abhängigkeit der zu übertragenden Information unterscheidet man folgende drei hierarchisch geordnete *Kommunikationsebenen* in einem Fertigungsunternehmen:

- das *Fabriknetz*,
- das *Zellennetz* und
- die *Feldbusse*.

Damit sind die Kommunikationswege bis in den Prozess vorhanden und es können Daten entsprechend den Anforderungen, wie beispielsweise

- *Produktionsstände*,
- *Produktionseffizienz*, aber auch
- *Störungen* und
- *Diagnosen* zur Erfassung der notwendigen *präventiven* Maßnahmen

abgefragt werden. Schlagworte hierzu sind *Betriebsdatenerfassung* (BDE), *Maschinendatenerfassung* (MDE) sowie *vorbeugende Instandhaltung*. Bild H-1 verdeutlicht die hierarchische Kommunikationsstruktur und die damit erreichte Transparenz der

E. Hering et al., *Elektrotechnik und Elektronik für Maschinenbauer*,
DOI 10.1007/978-3-642-12881-3_8, © Springer-Verlag Berlin Heidelberg 2012

Prozessdaten bis hin zur Leitebene. Deutlich zu erkennen ist auch das rapide ansteigende Datenaufkommen in den oberen Ebenen. Während im Feldbusbereich die kleinste Information zu finden ist (Schalter ein/aus, 1 Bit) werden im Fabriknetz bereits Megabytes übertragen, die eine entsprechende Infrastruktur in der Gigabit-Übertragung voraussetzen.

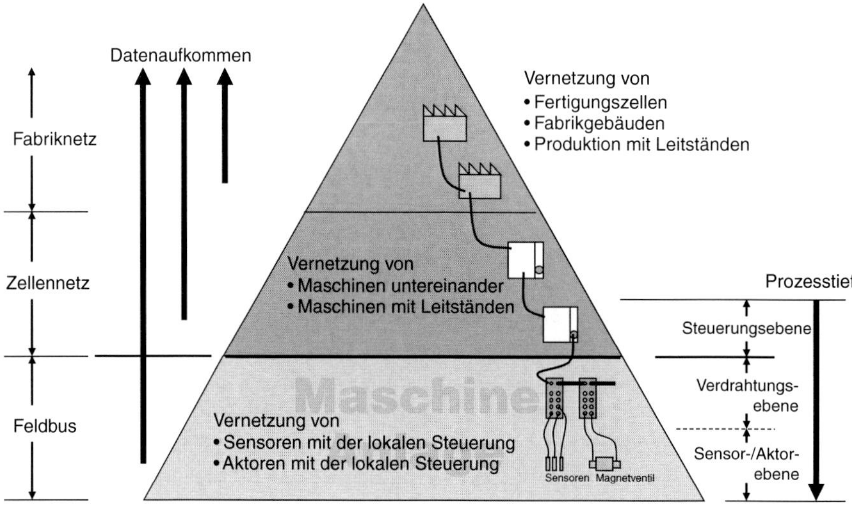

Bild H-1 Kommunikationsebenen in der Fabrik und Einordnung der Feldbusse

Die Feldbusse als Basis dieser Kommunikationsstruktur ermöglichen neben der transparenten Kommunikation auch eine *Dezentralisierung* der Baugruppen. Zur Automatisierung technischer Prozesse werden an den Maschinen und Anlagen immer mehr Einrichtungen installiert, die vor Ort Zustände *erfassen* oder *steuern*. Sie werden als *Feldgeräte* bezeichnet. Dabei handelt es sich um *Sensoren*, *Aktoren*, *Messumformer* und *Antriebe* bis hin zu dezentralen *Ablaufsteuerungen*. Bislang wurden diese Feldgeräte in der Regel über mehradrige Kabel in einen zentralen Schaltschrank geführt.

In den letzten Jahren setzte sich immer mehr das *dezentrale Denken* auf der Basis des Feldbusses durch. Der *Feldbus* hat die Aufgabe, die Geräte am Einsatzort über eine einfache Datenverbindung, in der Regel eine serielle Busleitung, mit der Steuerung zu verbinden. Der Dezentralisierung kommt im Maschinen- und Anlagenbau eine immer größer werdende Bedeutung zu.

Unter *Feldbus* versteht man ein Datensystem, das im rauen Umfeld der Maschine (*Feld*) Informationen vom Prozess an eine zentrale Steuereinheit weiterleitet.

Der Feldbus löst dabei die konventionelle Einzelverdrahtung von Aktor- und Sensorelementen ab. Dies zeigt, dass auch auf der *ökonomischen* Seite erhebliche Vorteile zu erwarten sind:

- einfache Verkabelung,
- schnelle Montage,
- übersichtliche Installationstechnik,
- dadurch erheblich einfachere Fehlersuche,
- einfach erweiterbar,
- robust und
- zukunftsorientiert.

Selbst bei höheren Kosten durch die Feldbuskomponenten bleibt für den Unternehmer ein deutliches Plus durch *geringere Gestehungszeiten* und *höhere Fertigungssicherheit*. Bild H-2 zeigt die Migration von der konventionellen Verkabelung durch einzelne Leitungen über die passive Dezentralisierung hin zur heutigen Feldbustechnik. Trotz erheblicher Vereinfachung ist zu erkennen, dass ein Teil der Anschaltung im Schaltschrank in das Feld hinaus wandert.

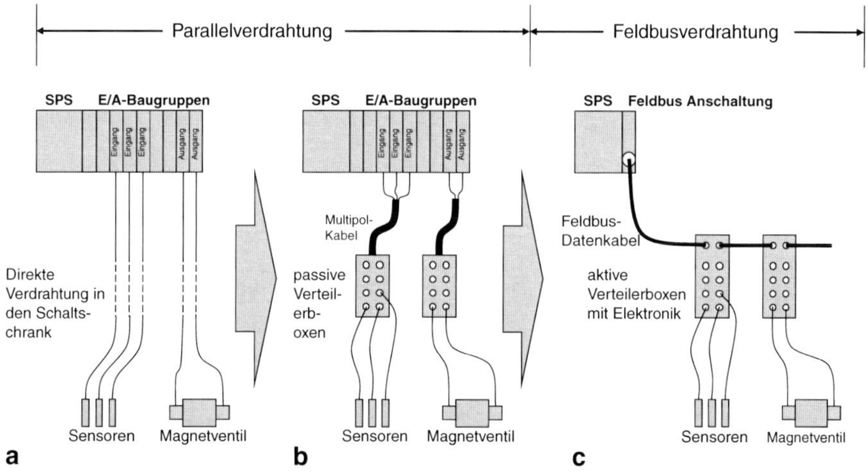

Bild H-2 Migration von der klassischen Parallelverdrahtung hin zum Feldbus. (**a**) Parallele Feldinstallation, (**b**) Passive Dezentralisierung, (**c**) Dezentralisierung mit einem Feldbus

Damit kann auch die Planung des Schaltschranks erheblich kleiner ausfallen, die Energiebilanz wird verbessert und unter Umständen kann wegen geringerer Verlustleitung im Schaltschrank auf entsprechende Kühler verzichtet werden.

In der Industrie haben sich eine ganze Reihe unterschiedlicher Feldbusse etabliert, die sich sowohl in den *Komponenten* als auch in der *Datenübertragung* (*Datenprotokoll*) unterscheiden. Daher ist es für den projektierenden Ingenieur wichtig, die wesentlichen Unterschiede zu erkennen, um die richtige Entscheidung für seine Anwendung zu treffen. Die Komponenten der unterschiedlichen Feldbusse können nicht untereinander ausgetauscht werden.

Die heute etablierten und gebräuchlichsten Feldbusse sind (Abschn. H-2):

- *Profibus,*
- *DeviceNet,*
- *CC-Link*

- *CAN*-Bus,
- AS-Interface-Bus und
- SERCOS.

Neben diesen Standards, die oft auf der Basis der RS485 Datenübertragung aufsetzen, werden in jüngster Vergangenheit auch verstärkt *Ethernet* basierende Feldbussysteme eingesetzt. Die wichtigsten Vertreter sind (siehe Abschn. H-3):

- ProfiNet,
- Ethernet/IP,
- CC-Link IE,
- Powerlink,
- EtherCat und
- Sercos III.

Nicht alle Feldbusse können in den nachfolgenden Abschnitten beschrieben werden, so dass hier nur auf die wichtigsten Vertreter und deren Funktionsprinzipien eingegangen wird. Steuerungsspezifische Details müssen dabei außen vor bleiben.

H.1 Grundlagen zu Feldbussen

H.1.1 Topologie von Feldbussen

Serielle Bussysteme gibt es in unterschiedlichen Ausprägungen. Ein wesentliches Merkmal ist dabei, wie die Struktur des Netzwerkes aufgebaut ist. Man unterscheidet:

- *Stern*struktur,
- *Ring*struktur,
- *Bus*struktur und
- *Baum*struktur.

Dabei können auch Kombinationen der oben aufgeführten Strukturen auftreten. Bild H-3 gibt hierzu eine Übersicht und benennt auch einige Beispiele.

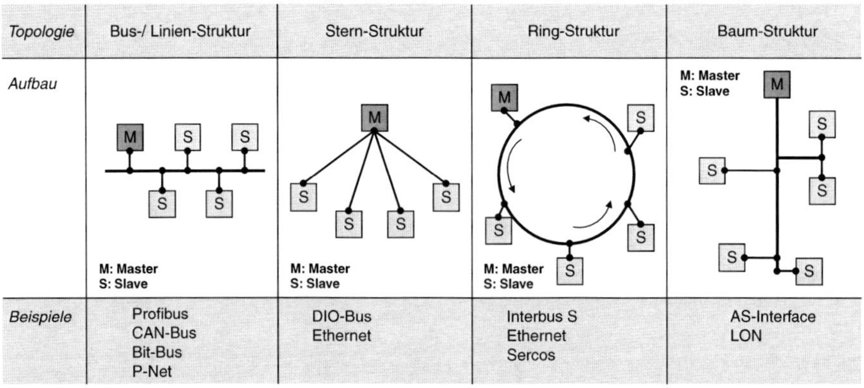

Bild H-3 Unterschiedliche Feldbus-Topologien

Damit auf dem gemeinsamen Busmedium (*Buskabel*) Daten ausgetauscht werden können, muss der Zugriff geregelt werden. In Abhängigkeit der Kommunikationsinitiative unterscheidet man

- *Multi-Master* Busse und
- *Mono-Master* oder *Master-Slave* Busse.

Bei Multi-Master Bussen kann jeder Busteilnehmer die Initiative zur Kommunikation ergreifen. Allerdings müssen die Zugriffsrechte und -regeln eingehalten werden. Die wichtigsten Vertreter hierfür sind der CAN-Bus bei den Standard Feldbussen und die TCP/IP-Kommunikation bei den ethernetbasierten Feldbussen.

Bei Mono-Master Bussen gibt es nur einen Initiator. Dieser fragt die anderen Teilnehmer zyklisch ab. Die passiven Teilnehmer werden als *Slaves* (S) oder *Devices* bezeichnet. Dieses Verfahren wird auch oft als „*Scanning-Verfahren*" bezeichnet, da der Master die angeschlossenen Devices einzeln nacheinander abfragt. Für den Augenblick der Kommunikation entsteht so eine Punkt-zu-Punkt-Verbindung. Damit wird die Deterministik sichergestellt, die in Maschinenablaufsteuerungen zwingend notwendig ist.

! *Hinweis:* In einem deterministischen System erfolgt die Reaktion auf ein Ereignis in einem maximal zulässigen Zeitraum sicher. Wenn also ein System garantieren kann, dass eine Antwort auf eine Anfrage innerhalb einer vorgegebenen Zeit sicher verfügbar ist, gilt es als deterministisch. Dies ist unabhängig von der Geschwindigkeit.

H.1.2 Allgemeine Anforderungen an Feldbussysteme

Wie aus dem Namen bereits hervorgeht, werden die Feldbusgeräte im Feld, also außerhalb des sonst üblichen Schaltschranks betrieben. Dies stellt einige Anforderungen an die elektrische und mechanische Ausführung. Die wesentlichen Punkte sind:

- spritzwasserdicht (nach IP65, IP67 oder IP68),
- robuste Steckverbinder für Bus, Spannungsversorgung, Sensorik und Aktorik,
- öl- und kühlmittelbeständig und
- einfache Montage.

Darüber hinaus sind Umwelteinflüsse wie

- Temperatur und
- Schwingungen und Schock

im Design zu berücksichtigen. Signalzustände an der Baugruppe sollten leicht erfassbar (visualisiert) sein. Bild H-4 zeigt eine robuste Feldbusbaugruppe für dezentrale Ein-/Ausgabesignale im Betrieb an einer Anlage.

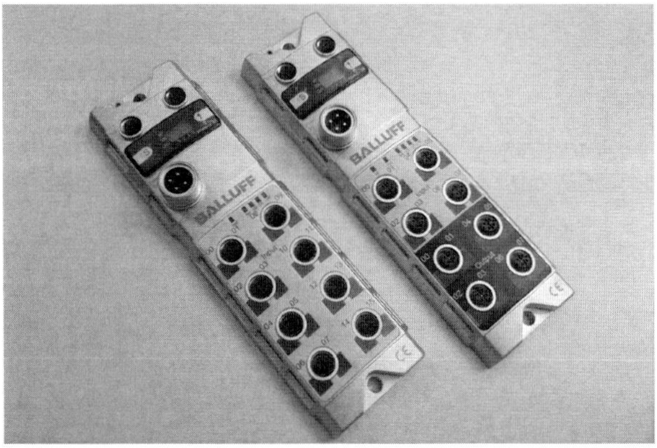

Bild H-4 Robuste Feldbus-Baugruppe für den dezentralen Einsatz an der Maschine

Die an einen Feldbus angeschlossenen Bausteine werden *Feldbusgeräte* genannt. Beispiele hierfür sind:

- dezentrale *Ein-* und *Ausgangsmodule* (Bild H-4),
- *Eingabefelder* (Bedientafel),
- *Anzeigen*,
- komplexe Bedienfelder (*Terminals*) und
- dezentrale *Antriebe*.

Auch komplexere Sensoren und Aktoren werden heute bereits direkt an Feldbusse angeschlossen. Beispiele hierzu sind Längenmess-Systeme oder geregelte Antriebe.

Zur Verwirklichung obiger Ziele (Austauschbarkeit der Komponenten) sind für Feldbusse folgende Punkte innerhalb der Familie genormt:

- Übertragungsmedium (*physical layer*),
- Steckverbinder (Stecker, Buchse, Polzahl),
- Übertragungsprotokoll,
- Übertragungsgeschwindigkeit und
- maximale Anzahl der Busteilnehmer.

Dieses Ziel wird von den *Feldbusvereinigungen* verfolgt, die im nächsten Abschnitt in Tabelle H-2 zusammengestellt sind. Im nachfolgenden Abschnitt werden die wichtigsten Feldbusse und ihre Eigenschaften beschrieben.

H.2 Standard-Feldbusse

In den Abschn. H.2.1 bis H.2.4 wird eine vereinfachte Einführung in die wesentlichen Feldbusse erfolgen. Dabei werden einige Vertreter herausgesucht, die sich in wesentlichen Merkmalen, wie beispielsweise in der Topologie, Arbitrierung oder Telegrammtyp, unterscheiden. Eine ausführliche Übersicht zeigt Tabelle H-1.

Tabelle H-1 Übersicht über die Feldbusse

Bus	Struktur	Zugriffsverfahren	Übertragungsgeschwindigkeit	Anzahl Knoten	Ausdehnung	Norm
Bitbus	Bus	Mono-Master	375 kBit/s 62,5 kBit/s	84 250	300 m	IEEE 1118
Profibus-DP	Bus	Mono-Master	500 kBit/s 1,5 MBit/s 12 MBit/s	127	1.200 m	DIN EN 61158
Interbus-S	Ring	Mono-Master	500 kBit/s	Max. 200	12,8 km	DIN EN 61158
CAN-Bus	Bus	Multi-Master	10 kBit/s bis 125 kBit/s 500 kBit/s 1 MBit/s	32	Bis 10 km 120 m 40 m	ISO/DIS 11898
P-Net	Bus	Mono-Master Multi-Master	76,8 kBit/s	125 max. 32 Master	1200 m	EN 50170
Arcnet	Ring	Mono-Master	30 Bit/s bis 10 MBit/s	256	3 km	ATA/ANSI 878.1, 878.2 und 878.3
ASI	Baum	Mono-Master	167 kBit/s	31	100 m	–
LON	Baum	Multi-Master	4,8 kBit/s bis 1,25 MBit/s	32,385	1.500 m	–
SERCOS	Ring	Mono-Master	2 MBit/s 4 MBit/s	245	60 m (Kunststoff LWL) 250 m (Glas LWL)	IEC 1493

Jedes dieser Feldbussysteme stellt dem Anwender eine große Anzahl von Geräten zur Verfügung. Voraussetzung für ein problemloses Zusammenspiel der Komponenten ist eine *übergreifende Festlegung* aller Schnittstellen für den gewählten Feldbus. Dies garantiert dem Anwender ein *herstellerunabhängiges Kommunikationsmittel*. Den Feldbusorganisationen kommt dabei eine wichtige Rolle zu, insbesondere auch bei der Einlastung in die Normungsgremien ISO (International Standardization Organisation), IEC (International Electric Council) oder EN (European Norm). Tabelle H-2 zeigt einen Überblick über die wesentlichen Nutzerorganisationen sowie deren Web-Adresse, wo sich wertvolle Informationen zur Technik und Installation befinden.

Tabelle H-2 Übersicht über Feldbusorganisationen

Feldbus	Repräsentative Organisation		WEB Seite
Profibus	PNO	Profibus Nutzer Organisation	www.profibus.de www.profibus.com
DeviceNet	ODVA	Open DeviceNet Vendor Association	www.odva.org
Interbus	IBS	Interbus-S Club	www.interbusclub.com
AS-Interface		AS-Interface Association	as-interface.net
Sercos		Sercos International Europe	www.sercos.de
CAN Open	CiA	CAN in Automation	www.can-cia.org
LON		LonMark International LonMark Deutschland	www.lonmark.org www.lonmark.de
Bit-Bus		Bitbus European Users Group	www.bitbus.org
CC-Link	CLPA	CC-Link Partner Association	www.cc-link.org

H.2.1 Profibus

Der Profibus ist einer der ersten Feldbussysteme, die konsequent in einer komplexen Norm zusammengefasst wurde. Um dies zu ermöglichen, wurde die *Profibus Nutzerorganisation e. V.* (PNO) gegründet (heute PI: Profibus&Profinet International). Deren Ziel ist es, die Interessen aller am Feldbus interessierten Kreise zu vertreten und zu koordinieren. Diese sind Anwender, Hersteller und Systemintegratoren. Die Festlegungen zum Profibus wurden in der Norm DIN EN 61158 verankert. Die PNO wurde durch eine internationale Organisation (PI, Profibus International) 1995 ergänzt.

Die Bezeichnung *Profibus* wurde aus *Process Field Bus* (Prozess Feldbus) abgeleitet. Das Einsatzgebiet des Profibusses umfasst drei wesentliche Bereiche:

- *Anlagentechnik*,
- *Prozessautomatisierung* und
- *Fertigungsautomatisierung*.

Um in allen drei Anwendungen den Anforderungen gerecht zu werden, wurden drei Profibus Protokollvarianten spezifiziert:

- *Profibus-DP*: erlaubt einen schnellen Datenaustausch zu dezentralen Feldbusgeräten (DP: dezentrale Peripherie);
- *Profibus-PA*: erlaubt eine sichere Datenübertragung für Prozess-Abläufe (PA: Prozess-Automatisierung).
- *Profibus-FMS*: Vernetzung komplexer Anlagen und Systeme (FMS: Fieldbus Message Specification);

Der Profibus ist durch diese verschiedenen Ausprägungen in der Lage, alle drei Ebenen der Kommunikationspyramide nach Bild H-1 abzudecken, wie Bild H-5 zeigt.

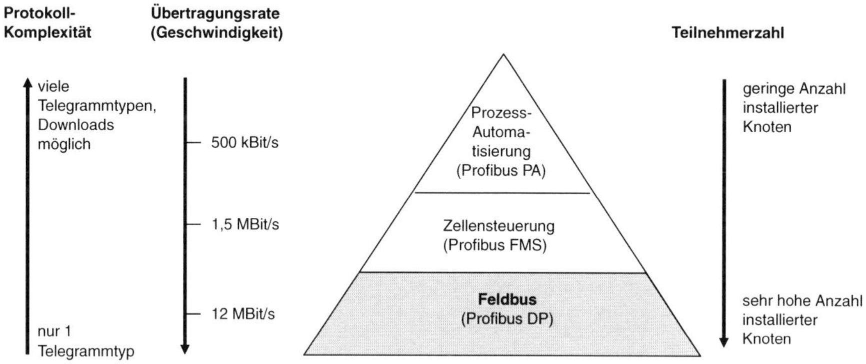

Bild H-5 Anwendung des Profibus über alle drei Kommunikationsebenen hinweg

Der Profibus arbeitet wie die meisten Feldbussysteme auf der RS485-Übertragungstechnik, die auf einer *Zweidrahtleitung* beruht. Dieses Übertragungsmedium (*Physical Layer* genannt) ist dabei wie folgt festgeschrieben:

- aktiver Busabschluss auf beiden Seiten,
- Stichleitungen sind begrenzt möglich,
- verdrillte Zweidrahtleitung,
- Schirmung ist in störender Umgebung (EMV) zulässig,
- maximal 32 Stationen an einem Segment,
- maximal 127 Stationen mit Repeater,
- maximale Buslänge:
  - 100 m bei 12 MBit/s
  - 200 m bei 500 kBit/s
  - 1.200 m bei 93,75 kBit/s und
- 9-poliger D-Sub Steckverbinder.

Realisiert werden heute bei Profibus-DP Datentransferraten bis 12 MBit/s.

Im Feldbusbereich hat sich der *Profibus-DP* einen festen Platz erobert und soll daher im Folgenden näher betrachtet werden.

Der Profibus-DP stellt eine Untermenge des in der EN 50170 spezifizierten Busprotokolls dar. Die Anzahl der Datentypen wurde dabei auf nur noch einen Typ reduziert: das SRD-Telegramm (SRD: Send-Request-Data). Dies hat den enormen

Vorteil, dass die angeschlossenen Teilnehmer nur noch einen einzigen Typ decodieren müssen. Dies übernimmt in der Regel bereits die Busanschaltung, so dass der lokale Prozessor keine weitere Interpretation durchführen muss. Die Reaktionszeiten im Feldbereich wurden dadurch deutlich verbessert.

Die Reduzierung auf einen Typ hat auch einige Nachteile mit sich gebracht. Diese sind:

- eingeschränkte Funktionsvielfalt,
- keine Downloads möglich und
- keine Multimasterfähigkeit.

Dadurch entsteht beim Profibus-DP ein *Mono-Master-System*, das ständig seine Teilnehmer (Slaves) abfragen muss. In diesem Fall spricht man auch von einem *Scanner*, der die aktuellen Maschinenzustände in einem festen Raster zur SPS liefert. In gleicher Weise werden etwaige Reaktionen der Maschinensteuerung in das Feld übertragen.

Profibus-DP wurde seit 1993 in zwei Schritten sukzessive den Anforderungen entsprechend erweitert. Aus der ursprünglichen Version, heute DP-V0 genannt, wurden

- *DP-V1* für zusätzlich *asynchrone* Dienste und
- *DP-V2* für *isochrone* Dienste

entwickelt. Dabei können in der Variante DP-V2 auch die Slaves untereinander kommunizieren und Daten mit Zeitstempel versehen werden.

Die Datenübertragungsrate beträgt typisch 1,5 Mbit/s und 12 Mbit/s und liegt damit deutlich über den Profibussystemen FMS und PA. Der Profibus-DP wurde so für die hohen Anforderungen an die Übertragungsgeschwindigkeit und die Echtzeit optimiert.

Der Datenrahmen des Profibusprotokolls basiert auf der Übertragung, wie sie von seriellen Schnittstellen verwendet wird (*UART*: Universal Asynchronous Receiver Transmitter) und gliedert sich in folgende vier Bestandteile:

- Startbit,
- 8 Bit Daten,
- Parity Bit und
- Stoppbit.

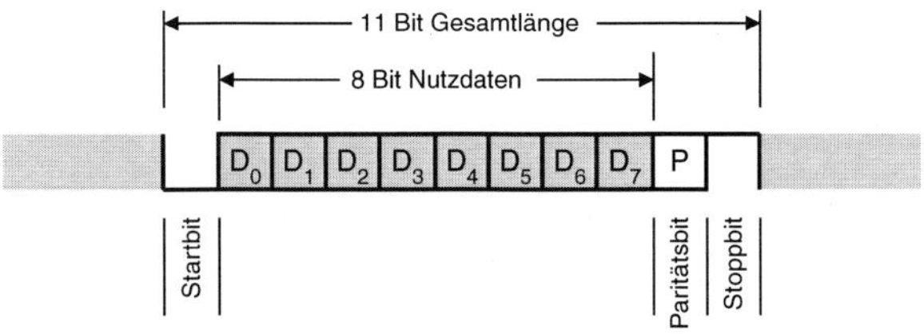

Bild H-6 UART Datenrahmen

Bild H-6 zeigt diesen Aufbau, wie er von allen gängigen programmierbaren UART-Bausteinen ermöglicht wird. Mit dieser kleinsten Einheit lässt sich nun das Profibus-Protokoll aufbauen. Es umfasst bis zu 154 Bits. Wichtige Bestandteile sind:

- die Zieladresse,
- der Datentyp (bei DP nur einer!),
- die Nutzdaten und
- eine Prüfsumme.

In Bild H-7 ist ein vollständiger Datenrahmen für variable Datenlängen dargestellt. Die Bedeutung der einzelnen Felder ist in Tabelle H-3 zusammengefasst.

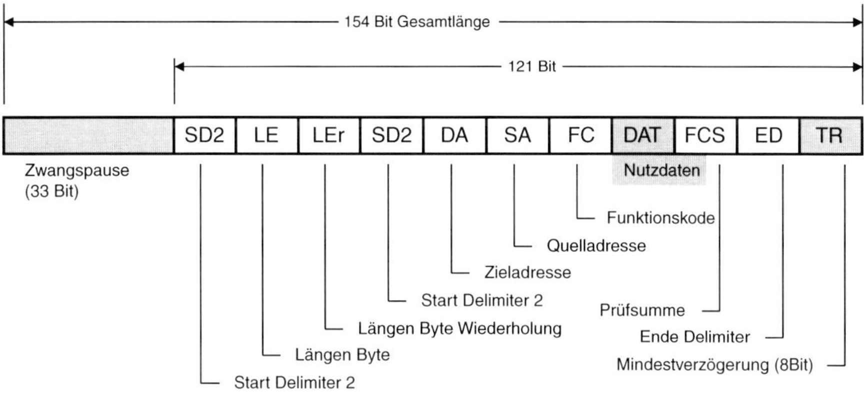

Bild H-7 Profibus Datentelegramm

Tabelle H-3 Profibus Datentelegramm

Feld	Bedeutung		Länge	Beschreibung
SD2	Start Delimiter 2	Startkennung	8 Bit	Startzeichen für einen gültigen Datenrahmen
LE	Length	Länge	8 Bit	Länge des gesamten Datenrahmens
LEr	Length repetition	Wiederholung der Länge	8 Bit	Wiederholung der Länge
DA	Destination Address	Zieladresse	8 Bit	Adresse des Feldgerätes
SA	Source Address	Quelladresse	8 Bit	Adresse des Absenders (Masters)
FC	Function Code	Typ	8 Bit	Datentyp
DAT	Data	Datenfeld		Nutzdaten
FCS	Frame Check Sum	Prüfsumme	8 Bit	Prüfsumme
Ed	End Delimiter	Ende Kennung	8 Bit	Zeichen für das Ende des Datenrahmens
TR			8 Bit	Mindestverzögerung bis zum Senden der eigenen Antwort

Der Start Delimiter 2 kennzeichnet dabei den variablen Datentyp. Darüber hinaus gibt es noch SD1, wenn keine Daten versandt werden, SD3 für eine fixe Datenlänge und SD, wenn nur der Token weitergegeben werden soll.

H.2.2 CAN-Bus/DeviceNet

Ursprünglich für die Automobilindustrie entwickelt und vorangetrieben, findet der *CAN-Bus* immer mehr Verbreitung in industriellen Anlagen.

Der CAN-Bus (CAN: *Controller Area Network*) arbeitet als bitserieller Bus über eine Zweidrahtleitung (RS 485). Seine Merkmale sind:

- Multi-Master Bus,
- RS 485 Topologie,
- Busraten bis 1 Mbit/s (max. 34 m),
- Buslängen bis mehr als 1 km (bei reduzierter Übertragungsrate),
- extrem sichere Datenübertragung (Hamming-Distanz = 6),
- max. 2^{11} Teilnehmer im Standardformat,
- max. 2^{23} Teilnehmer im erweiterten Format und
- genormt nach ISO 11898.

Besonders seine *Multimasterfähigkeit* und die *zerstörungsfreie Bus-Arbitrierung* machen ihn für Echtzeitanwendungen zu einem sehr schnellen Datenbus. Er nimmt unter den Feldbussen eine Sonderstellung ein, da er als einziger eine aktive *Busvergabe* (Bus Arbitrierung) der Teilnehmer benötigt.

Dies wird ermöglicht, in dem der sendewillige Teilnehmer seine Absicht durch das Aufschalten von *dominanten* und *rezessiven* Bits auf die Zweidrahtleitung anzeigt. Dabei unterscheidet man dominant *high* und dominant *low* sowie rezessiv *high* und rezessiv *low*. Diese vier Möglichkeiten werden durch die beiden Signalleitungen CAN_H und CAN_L übertragen. Auf der Leitung CAN_H (CAN-Bus High dominant) wird der „1“ – Zustand als dominant und der „0“ – Zustand als rezessiv übertragen. Auf der Leitung CAN_L wird der „0“ – Zustand als dominant und der „1“ – Zustand als rezessiv übertragen. *Dominant* bedeutet dabei, dass die Leitung vom initiierenden Master aktiv auf dieses Potenzial gelegt wird, während der andere Zustand (rezessiv) durch einen *Pull-Up-* oder *Pull-Down*-Widerstand erreicht wird. Bild H-8 zeigt schematisch, wie dies für die Leitung CAN_L bei vier Teilnehmern erreicht wird: Jeder Teilnehmer ist mit seiner Busankopplung in der Lage, die im Ruhezustand positive Leitung (High-Potenzial) aktiv auf „0“-Potenzial zu ziehen.

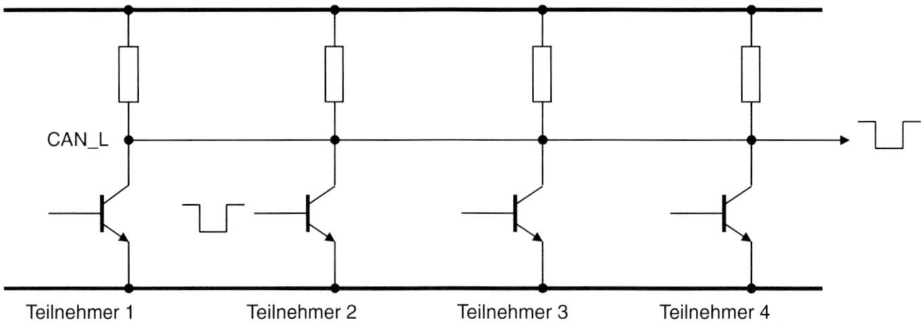

Bild H-8 Erzeugung der dominanten „0“ in der Arbitrierung

Da nur der Null-Zustand erzwungen werden kann, ist die „1“ rezessiv.

Jeder Teilnehmer ist gleichberechtigt (Multi-Master-System), so dass eine Buszuteilung erfolgen muss. Dies geschieht durch die Anzahl dominanter und rezessiver Bits, die ein sendewilliger Teilnehmer auf den Bus legt. Dabei gilt:

- Je höher die Anzahl dominanter Bits ist, desto höher ist seine *Priorität*.

Ein Teilnehmer hoher Priorität überschreibt durch seine dominanten Bits die Sendemarken der anderen Teilnehmer, *ohne dass seine Daten zerstört werden*. Dies wird als *CSMA/CA*-Verfahren bezeichnet. Dabei bedeutet:

- *CS*: Carrier Sense, jeder Teilnehmer hört die Busleitung mit,
- *MA*: Multiple Access, jeder Teilnehmer ist gleichberechtigt und kann zu jeder Zeit auf den Bus zugreifen und
- *CA*: Collision Avoidance, die Arbitrierung erfolgt zerstörungsfrei.

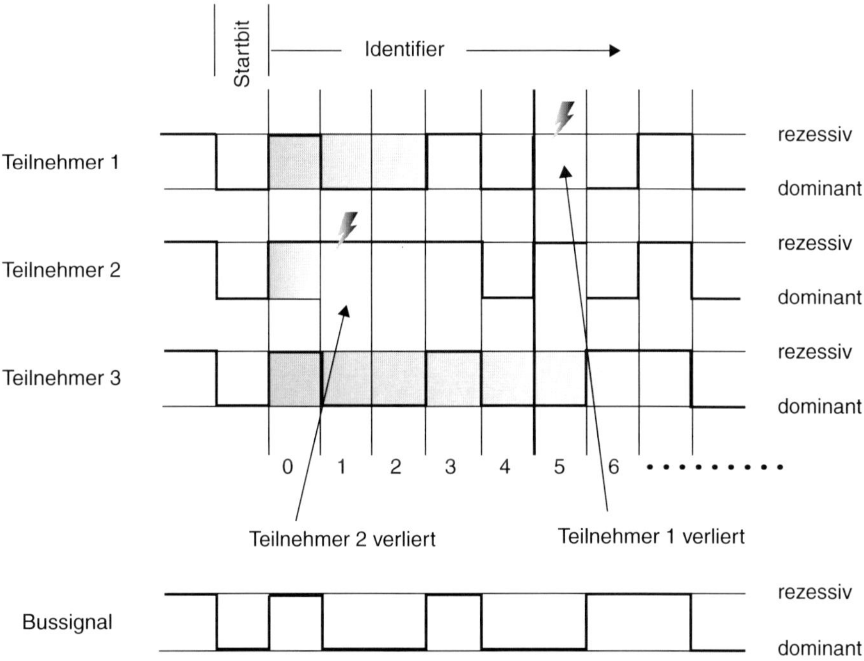

Bild H-9 Busvergabe mit Hilfe dominanter und rezessiver Bits bei CAN

In Bild H-9 ist dieser Mechanismus dargestellt. Teilnehmer 2 „verliert“ bereits im zweiten Bitfeld seine Sendeberechtigung, da die dominante „0“ von Teilnehmer 1 und 3 die „1“ von Teilnehmer 2 überschreiben. Schließlich wird Teilnehmer 1 durch Teilnehmer 3 im fünften Bitfeld überschrieben und Teilnehmer 3 geht als „Sieger“ dieses Arbitrierungszyklus hervor. Auf der Busleitung selbst wird das Signal von

Teilnehmer 3 von allen angeschlossenen Stationen zurückgelesen. Bild H-10 verdeutlicht den Rücklesevorgang bei einem Teilnehmer, der die Sendeberechtigung verliert.

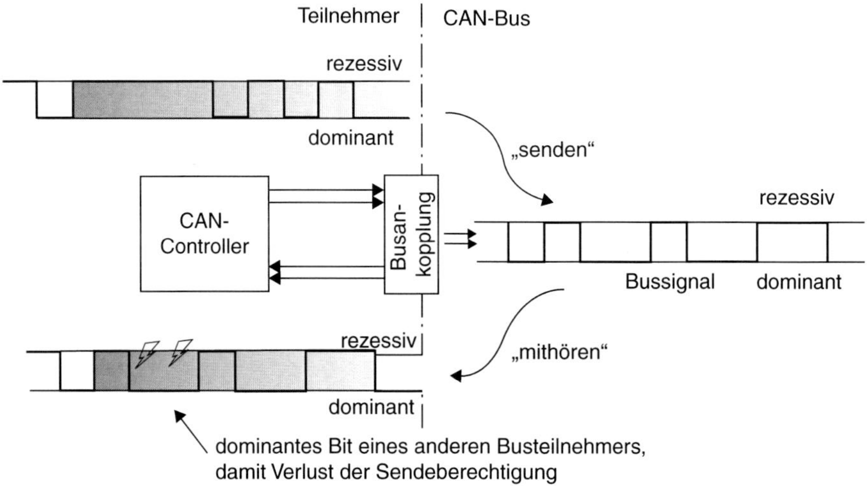

Bild H-10 Verlust der Sendeberechtigung durch Mithören der dominaten Bits

Die *Arbitrierungsphase* erfolgt während der Sendung des *Identifiers*. Dabei überwacht der Initiator seine Kennung (Priorität) und zieht sich zurück, wenn ein rezessives Bit von einem anderen Master durch ein dominantes Bit überschrieben wird. Es können also nur rezessive Bits überschrieben werden, so dass ein Master mit vielen dominanten Bits im Identifier als *hochpriorisierter* Busteilnehmer gilt.

Hochpriorisierte Busteilnehmer sehen die Kollisionssituation nicht, so dass sie nach dem erfolgreichen Senden ihrer Priorität den Bus für sich beanspruchen und Daten übertragen können. Alle anderen Busteilnehmer senden während dieser Zeit nicht.

Das Datenformat beim CAN-Bus besteht aus drei Hauptteilen:

- dem *Kopf* (engl.: Header), der im wesentlichen die Arbitrierung beschreibt,
- dem *Datenfeld* und
- dem *Prüffeld* (Trailer), das Prüfsumme und Rahmensicherung beinhaltet.

Zur Arbitrierung wird der Identifier verwendet. Er gibt auch die maximale Anzahl von möglichen Telegrammen in einem CAN-Bus-System wieder. Das Standard Format umfasst 11 Bits, wodurch insgesamt 2^{11} Telegramme (= 2.048) unterschieden werden können. Der gesamte Aufbau eines Datenfeldes (engl.: *Message Frame*) verdeutlicht Bild H-11.

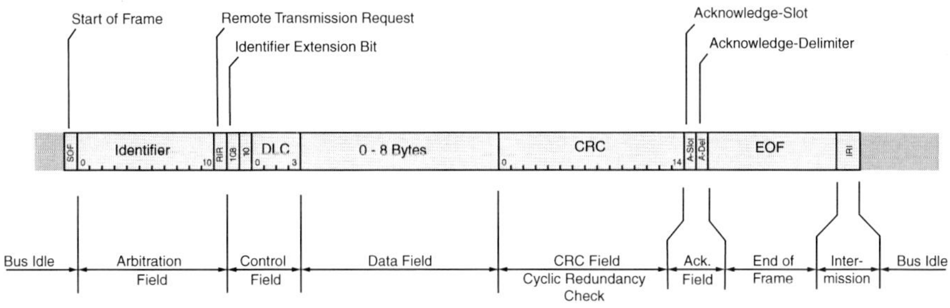

Bild H-11 Datenrahmen für das Standard CAN Telegramm mit 11-Bit Identifier

Hier wird auch deutlich, dass das CAN-Protokoll *nachrichtenorientiert* arbeitet und *nicht verbindungsorientiert*. Das bedeutet, dass eine Nachricht von jedem Teilnehmer empfangen werden kann. Wichtige Telegramme bekommen dabei einen hochpriorisierten Identifier, weniger wichtige werden hingegen durch entsprechend viele rezessive Bits gekennzeichnet.

! *Hinweis:* Dieses Verfahren ist optimal auf die Kommunikation in Fahrzeugen abgestimmt, wo auch der Ursprung des CAN-Bus liegt. So wird beispielsweise durch das Telegramm „Bremsleuchten ein“ sowohl die rechte als auch die linke Bremsleuchte geschaltet, ohne dass der Initiator die Knotenadresse wissen muss. Bei diesem Verfahren lässt sich auch problemlos die „3. Bremsleuchte“ (Zentralbremsleuchte) in das System einfügen. Für das Bordsteuergerät des Fahrzeuges ist diese Erweiterung nicht relevant.

Um weitere Unterteilungen, vor allem um *Nachrichtengruppen* zu bilden, wurde in der Spezifikation 2.0 B der Identifier deutlich erweitert. Mit einer Länge von 29 Bits können nun 2^{29} Telegramme unterschieden werden. Bild H-12 stellt den erweiterten Datenrahmen zusammen. Die Bedeutung der einzelnen Felder sind in Tabelle H-4 zusammengestellt.

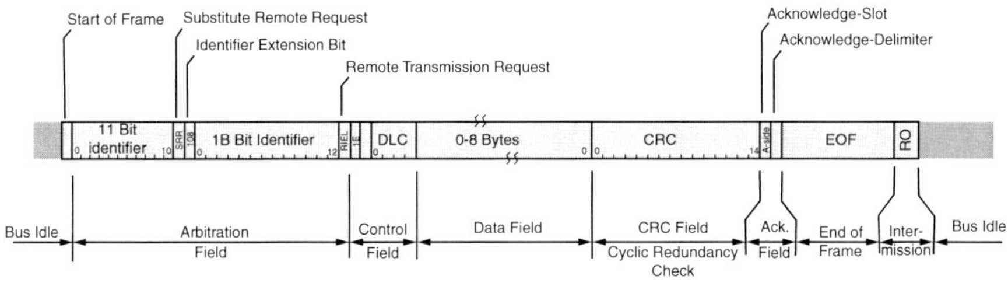

Bild H-12 erweiterter Datenrahmen durch einen 29-Bit Identifier

Tabelle H-4 Übersicht über die Bedeutung der Bits beim Standard und Extended Datenrahmen von CAN

Bezeichnung		Länge/Bits (Standard Format)	Länge/Bits (Extended Format)
SOF	Start of Frame	1	1
	Identifier Field 1	11	11
SRR	Substitute Remote Request	–	1
RTR	Remote Transmission Request	1	–
IDE	Identifier Extension	1	1
	Identifier Field 2	–	18
RTR	Remote Transmission Request	–	1
r0	reserved 0	1	1
r1	reserved 1	–	1
DLC	Data Length Control	4	4
	Data Field	0, 8, 16, 24, ... , 64	0, 8, 16, 24, ... , 64
CRC	Cyclic Redundancy Check	15	15
ACKS	Acknowledge Slot	1	1
ACKD	Acknowledge Delimiter	1	1
EOF	End of Frame	7	7
ITM	Intertransmission Gap	3	3
	maximale Telegrammlänge:	110	130

Der CAN-Bus weist eine sehr hohe Datensicherheit mit einer *Hammingdistanz* von 6 auf. Dies wird durch eine dreifache Sicherung auf Datenebene erreicht:

- *Prüfsummenbildung* (CRC: Cyclic Redundancy Check),
- *Formatprüfung* (engl.: frame check) und
- *Überprüfung* der *Empfangsquittierung* (ACK-Check).

Auf Bit-Ebene wird beim CAN-Bus eine 2-fache Sicherung durchgeführt:

- die Eigenüberwachung (*Monitoring*) und
- das *Bit-Stuffing*.

Letzteres ist ein Mechanismus, der nach fünf aufeinander folgenden gleichen Zeichen automatisch ein komplementäres Zeichen einfügt (Stopfbit, engl.: Bit-Stuffing). Der Empfänger überprüft beispielsweise fünf aufeinander folgende *Einsen* und erwartet darauf hin eine *Null*. Ist dies nicht der Fall, so handelt es sich um einen *Stuffing Error* („Stopffehler“), der erkannt und mitgeteilt wird.

Durch diese Sicherungsmaßnahmen weist der CAN-Bus die höchste Datensicherheit bei den Feldbussystemen auf (Hamming Distanz 6). Darum findet er neben dem Anlagen- und Maschinenbau auch Anwendung in der Medizintechnik, der Gebäudevernetzung, der Robotik und mehr.

DeviceNet

Auf dem Kommunikationsprinzip CAN baut die von Rockwell Automation entwickelte DeviceNet-Kommunikation auf, die heute maßgeblich durch die ODVA (*Open DeviceNet Vendor Association*) überwacht und kontrolliert wird. Neben Profibus ist heute DeviceNet einer der meist verbreitetsten Feldbusse für Maschinen und Anlagen und hat vor allem in Nordamerika große Bedeutung erlangt.

Grundsätzlich wurde dabei die auf CAN basierende Kommunikation beibehalten. Allerdings wurde eine signifikante Änderung durch eine höherer Protokollschicht eingeführt:

- die CSMA/CA Arbitrierung wurde durch ein Zugriffsverfahren ersetzt.

Damit reduziert sich das Multimaster System wieder auf die normale Single Master/Multiple Slave Zugriffstechnik und die Steuerung hat den zeitlichen Ablauf für die Standard Applikationen vollständig unter Kontrolle.

Das Zugriffsverfahren, sowie das DeviceNet-Protokoll wird durch das CIP-Modell beschrieben (CIP: *Common Industrial Protocol*). Der Aufbau von CIP und das Zusammenspiel mit CAN, dem Physical Layer, zeigt Bild H-13.

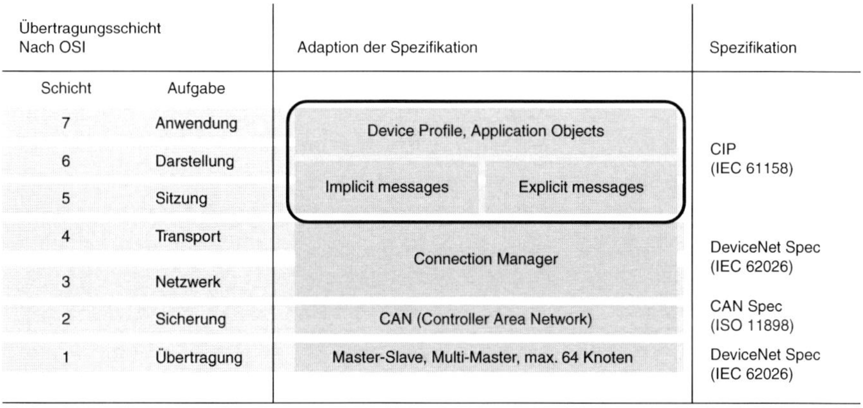

Bild H-13 Einbindung des Common Industrial Protokolls im OSI Modell

Ebenfalls in Bild H-13 zu erkennen ist die Spezifikation der Übertragungsschicht. Darin sind neben möglichen Steckertypen auch das Kabel und seine Eigenschaften beschrieben. Die Einhaltung dieser Spezifikation ist die Voraussetzung, dass Geräte unterschiedlicher Hersteller mit einander kommunizieren.

Hinweis: Über die normale Prozessdaten-Kommunikation hinaus verfügt DeviceNet auf Grund der CAN-Bus-Technologie die Möglichkeit sogenannte *Events* unabhängig von der Steuerung zu signalisieren. Dies ist besonders vorteilhaft bei zeitkritischen Ereignissen, wie beispielsweise Störungen.

Die Kernmerkmale von DeviceNet sind:

- typische Übertragungsraten von 125 kBaud, 250 kBaud und 500 kBaud,
- bis zu 64 Teilnehmer am Bus (inklusive Steuerung, i. R. Adresse 0),
- maximale Netzwerklänge von 100 m bei 500 kBaud und bis zu 500 m bei 125 kBaud und
- normiert in IEC 62026.

In dieser Norm sind beispielsweise auch unterschiedliche Kabeltypen wie Rundkabel oder Flachbandkabel festgelegt, sowie die dazugehörigen Stecker. Eine Besonderheit dabei ist, dass bei einfachen DeviceNet-Teilnehmern die Spannungsversorgung und die Datenkommunikation in einem Kabel geführt werden kann. Dieses Hybridkabel vereinfacht die Installationstechnik erheblich.

H.2.3 AS-Interface

Anfang der 90er Jahre schlossen sich elf namhafte Hersteller von Sensoren und Aktoren zu einem *Aktuator/Sensor-Interface*-Konsortium zusammen, kurz AS-Interface genannt (früher ASI). Das Ziel dieser Vereinigung war die einfache, schnelle, kostengünstige und geometrisch kleine Entwicklung eines Feldbusses, der bis zu den Sensoren und Aktoren geführt werden kann. In diesem Zusammenhang wurde auch der Begriff „*Intelligenter Schalter*" geprägt.

Eine Besonderheit des AS-Interface-Busses liegt in der Art der Datenübertragung. Die ungeschirmte Zweidrahtleitung trägt neben den Daten auch die für die Slaves notwendige Spannung, die von 24 V auf 30 V angehoben wurde. Jeder Teilnehmer darf maximal 100 mA verbrauchen, insgesamt nicht mehr als 2 A pro Strang. Für Eingangsschalter (Sensoren) kann so eine zusätzliche Spannungsversorgung entfallen. Ausgänge erhalten eine separate Spannungsversorgung. Damit die Daten durch

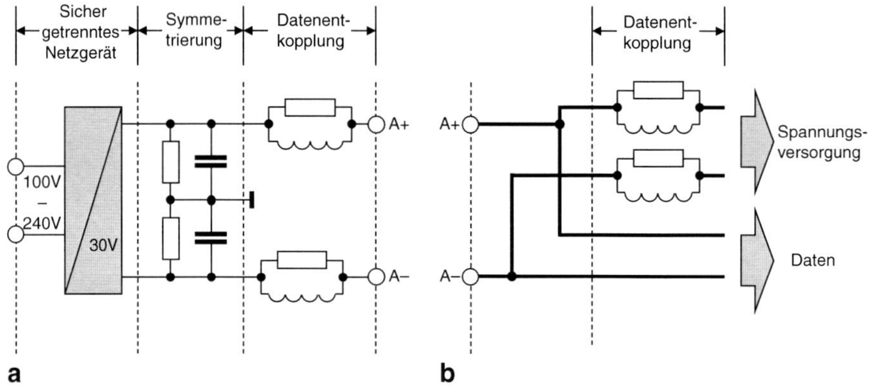

Bild H-14 Ein- und Auskopplung der Versorgungsspannung bei AS-Interface. (**a**) Spannungseinkopplung bei AS-Interface über ein Netzwerk, (**b**) Trennung der Versorgungsspannung und der Daten im AS-Interface Slave

das Netzgerät nicht kurzgeschlossen werden, erfolgt die Energieeinspeisung über ein Entkoppelnetzwerk (Bild H-14a). Dies ist in den meisten Fällen bereits in den speziellen Netzgeräten integriert, kann aber auch separat aufgebaut werden. Umgekehrt wird in den Slaves die Spannungsversorgung über Drosseln aus geleitet, die für die hochfrequenten Daten eine Barriere darstellen (Bild H-14b).

AS-Interface hat in der Zwischenzeit mehrere Entwicklungsstufen durchschritten. Die meisten Applikationen werden heute über die Spezifikationen 2.0, 2.11 und 3.0 abgedeckt. Tabelle H-5 zeigt eine Zusammenfassung der wesentlichen Unterschiede.

Tabelle H-5 Evolutionsschritte und technische Eigenschaften von AS-Interface

Version	V2.0	V2.11	V3.0
Jahr	1994	1998	2004
Norm	EN 50295:1998	EN 50295:1998	
	IEC 62026-2:2000	IEC 62026-2:2000	IEC 62026-2:200X
Anzahl Slaves	31	62	62
Länge	100 m	100 m	100 m
Datenrate	150 kBaud	150 kBaud	150 kBaud
Max. Abfragezyklus	5 ms	10 ms	10 ms
			40 ms bei 8E/8A
Azyklische Dienste	–	–	ja

Die Netzwerklänge kann mit Hilfe von maximal 2 Repeatern von 100 m auf bis zu 300 m erweitert werden, was vor allem im Anlagenbau neue Einsatzfelder erschließt.

Trotz einer Geschwindigkeit von nur 150 kBit/s arbeitet der AS-Interface Bus sehr effektiv. Dies ermöglicht die *sehr einfache Telegrammstruktur*, die für jeden abgefragten Teilnehmer

- ein Steuerbit,
- den Informationsteil,
- das Prüfbit und
- die Start- und Stopp-Bits

zur Synchronisation vorsieht. Der angefragte Slave antwortet in derselben Weise mit einem 4 Bit breiten Informationsteil. Da dieses Vorgehen sehr einfach und effizient ist, braucht keine Telegrammdecodierung zu erfolgen. Dies führt dazu, dass die angeschlossenen Teilnehmer keinen Mikroprozessor benötigen, da die Adresserkennung bereits von der Busankopplung erfolgt.

Die Abfrage des Masters und die Antwort des Slaves umfassen insgesamt 25 Bit. Bei einer Übertragungsrate von 150 kBit/s kann so ein Slave in weniger als 170 μs abgefragt werden. Bei einem vollständig ausgebauten System nach V2.0 (31 Teilnehmer) ist somit ein Abfragezyklus in etwa 5 ms abgeschlossen.

Der Aufbau eines AS-Interface-Netzwerkes gestaltet sich recht einfach. Von der Topologie gibt es keine Einschränkungen, so dass man von einer

- Baumstruktur

spricht. Doch der wesentliche Unterschied zu anderen Feldbussystemen ist die *Durchdringungstechnik* oder *„Piercing-Technik“*, die beim Anschluss der Slaves zum Tragen kommt. Bild H-15 verdeutlicht diese Technik.

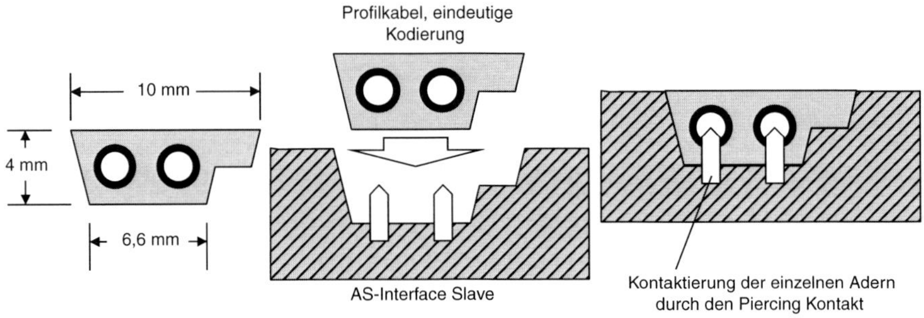

Bild H-15 Einfache Anschlusstechnik durch Piercing Technologie

Dabei wird auf die aufwändig geschirmten Kabel und Stecker verzichtet und mit Hilfe von Nadeln die Leiter eines ungeschirmten Flachbandkabels kontaktiert. Merkmale der AS-Interface Leitung sind:

- Profilierte Flachleitung,
- verpolungssicher,
- 1,5 mm^2 Leitungsquerschnitt,
- bis maximal 8A Laststrom für Aktuatoren,
- gummiartiger Außenmantel und
- genormt in EN und IEC.

Der Außenmantel dieser Flachleitung ist so elastisch, dass sich beim Entfernen des AS-Interface-Modules die Kontaktstelle wieder verschließt. Man spricht von einem *selbstheilenden* Kabel. So ist ein Versetzen von EA-Komponenten problemlos und ohne Werkzeug möglich.

H.2.4 Interbus-S

Der Interbus-S war ebenfalls einer der ersten Datenübertragungssysteme im Maschinenumfeld. Insbesondere die Automobilindustrie war Anfang der 90er Jahre ein dankbarer Anwender, um den steigenden Verdrahtungsaufwand in immer größeren Anlagen zu beherrschen. Auch wenn seine Bedeutung heute eher gering ist, so hat er wegen seiner einfachen Möglichkeit der Implementierung in unterschiedlichen Systemen eine hohe Verbreitung erreicht. Die Spezifikation des Interbus-S wurde 1987 auf der Hannover Messe offengelegt und gab so den verschiedenen Herstellern und Anwendern die Möglichkeit, sich auf den Bus, der in der DIN EN 61158 genormt ist, zu stützen.

Die Kennzeichen des Interbus S sind:

- RS 485 Zweidrahtbus,
- max. 512 Teilnehmer (256 Fernbusteilnehmer),
- Aufteilung in Fernbus und Lokalbus,

- Ringstruktur und
- automatische Konfiguration.

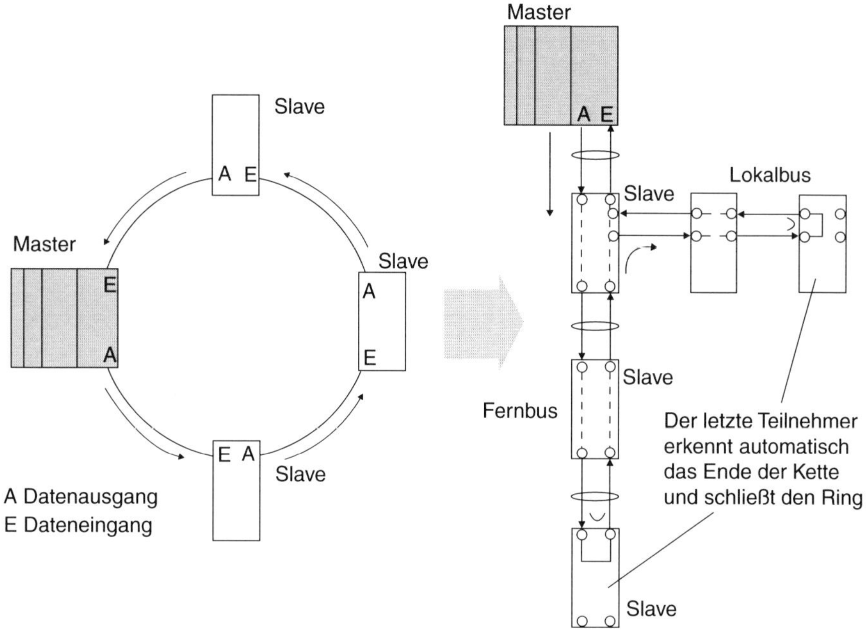

Bild H-16 Umsetzung des logischen Rings in einer Linien Struktur

Die logische Struktur des Interbus-S ist ein *Ring*. Die praktische Ausführung wird dabei durch zwei getrennte Datenleitungen sichergestellt, die sowohl die ankommenden als auch die abgehenden Daten führen können. Bild H-16 verdeutlicht die Verwirklichung des logischen Rings nach dem Interbus-S-Konzept. Dabei erkennt der letzte Teilnehmer im *Fernbus* oder *Lokalbus* das Ende der Kette und schließt automatisch den Ring. Zwischen den Teilnehmern darf die Entfernung bis zu 400 m betragen. Dies gilt auch für den Lokalbus oder Peripheriebus, bei Verwendung der RS 485 Datenübertragung. Abweichung dazu zeigt Tabelle H-6. Damit können mit dem Interbus-S sehr große Netzwerke bis zu 13 km aufgebaut werden.

Tabelle H-6 Einschränkungen des Lokalbuses bei Verwendung anderer Übertragungsmedien

Medium	RS485	TTY Stromschnittstelle	TTL-Pegel
Distanz zwischen 2 Teilnehmer	400 m	10 m	1,5 m
Kabelausführung	4-adrig	2-adrig	9-adrig

Die Ringstruktur des Interbus-S stellt für die Datenpakete ein *geschlossenes Schieberegister* dar. Jeder Teilnehmer steuert dabei einen Teil dazu bei, so dass dieses Schieberegister mit der Anzahl Teilnehmer wächst. Fasst man den Dateninhalt des gesamten Schieberegisters in einem Datenrahmen zusammen, so ist der Ort der Daten eines einzelnen Teilnehmers durch die Reihenfolge festgelegt. Bild H-17 zeigt diesen Ortsbezug innerhalb eines Gesamtdatenrahmens. Der Teilnehmer #3 muss in diesem Beispiel die Daten für Slave 1 und Slave 2 zunächst weiterreichen, bevor er seine Daten erhält. Die Synchronisation erfolgt mit Hilfe des *Loopback*-Steuerwortes.

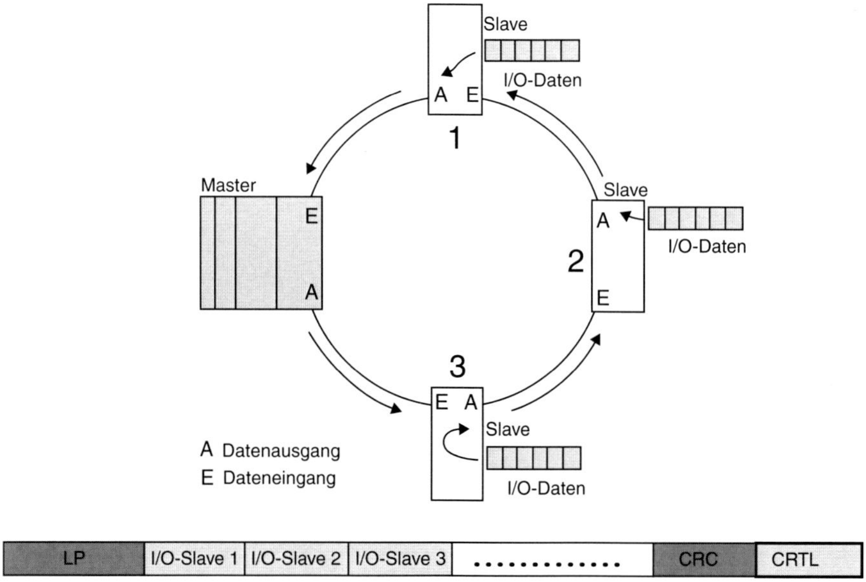

LP Loopback-Steuerwort
CRC Prüfsumme (Cyclic Redundancy Check)
CRTL Kontrollwort

Bild H-17 Datenübertragung mit Hilfe eines virtuellen Schieberegisters

Das Datenwort eines Teilnehmers besteht dabei aus folgenden drei Teilen:

- *Kontrollwort* (4 Bit),
- *Nutzdaten* (8 Bit) und
- *Stopbit* (1 Bit).

In Bild H-18 ist dieser Datenrahmen für ein Nutzwort (1 Byte) zusammengestellt. Der einfache Aufbau erlaubt die Implementierung in verschiedene Mikrokontroller und ist deshalb weit verbreitet.

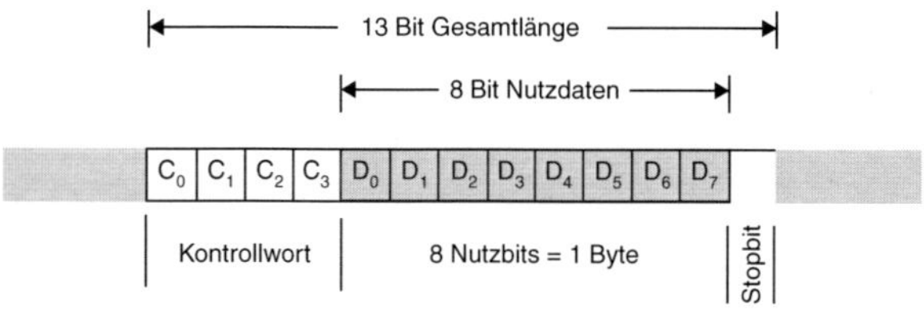

Bild H-18 Telegrammaufbau bei Interbus S

Um eine fehlerfreie Datenübertragung zu ermöglichen, hängt der Master an die I/O-Daten eine Prüfsumme an. Dieses Prüfwort wird als CRC (*Cyclic Redundancy Check*) ausgeführt und ist 16 Bit breit. Jeder Slave erkennt dieses Prüfwort auf Grund des von ihm mitgeführten Headers. Darauf beginnt der Slave selbst mit der Berechnung der Prüfsumme und hängt sie ebenfalls an das Datenpaket an (die Masterprüfsumme wird dabei ersetzt). Am Ende der CRC-Erstellung erfolgt ein Vergleich zwischen empfangener und gesendeter Prüfsumme. Da dieser Vorgang bei jedem Teilnehmer durchgeführt wird, weiß am Ende einer Übertragung jeder Slave und der Master, ob die Übertragung erfolgreich war. Damit wird eine *hohe Datenkonsistenz* erreicht.

! *Hinweis:* Das beim Interbus-S gewählte Protokoll zur sicheren Datenübertragung erlaubt auch die *Lokalisierung* eines Defektes oder Störung, da der Ort durch den Summenrahmen bekannt ist.

H.2.5 CC-Link

CC-Link steht für Control & Communication Link und wurde von der Fa. Mitsubishi 1996 entwickelt. Im Jahr 2000 wurde das Protokoll offen gelegt und gleichzeitig an die Anwenderorganisation CLPA (CC-Link Partner Association) übergeben. Von diesem Zeitpunkt an gilt CC-Link als der am stärksten wachsende Feldbus in den letzten Jahren und hat bereits zu den etablierten Feldbussen wie Interbus-S, Profibus und DeviceNet aufgeschlossen.

CC-Link ist ein Mono-Master-System, d. h., es existiert nur ein Master, aber mehrere Slaves (Devices) im Netzwerk. Nur der Master hat Zugriff auf das Netzwerk und scannt die angeschlossenen Teilnehmer. Dabei werden drei unterschiedliche Buszustände unterschieden:

- der *Startzyklus* (initial cycle),
- der *Datenzyklus* (refresh cycle) und
- der *Wiederanlaufzyklus* (return cycle).

Der refresh cycle ist der normale Operations-Modus, wenn ein Netzwerk in Betrieb ist. Dabei scannt der Master die angeschlossenen Teilnehmer und übermittelt die Ausgangsdaten, bzw. fragt die Eingänge ab.

Die Übertragungsgeschwindigkeit kann dabei bis zu 10 MBit betragen. Dies geht allerdings zu Lasten der maximalen Netzwerkausdehnung, wie Tabelle H-7 zeigt.

Tabelle H-7 Netzwerklänge bei CC-Link in Abhängigkeit der Übertragungsgeschwindigkeit

Übertragungsgeschwindigkeit	Maximale Netzwerklänge
10 MBit	100 m
5 MBit	160 m
2,5 MBit	400 m
625 kBit	900 m
156 kBit	1.200 m

Das Übertragungsmedium ist dabei ein ebenfalls von der CLPA standardisierte 3-adrige geschirmte Leitung, die auf einen 4-poligen Stecker geführt wird. Der vierte Pol des Steckers wird dabei mit dem Schirm verbunden. Die einzelnen Adern haben eine Farbkennzeichnung:

- blau: Data A,
- weiß: Data B und
- gelb: Data Ground, Bezugserde für das Signalpaar.

Am Anfang und am Ende des Netzwerkes sind Abschlusswiderstände von je 120 Ω vorzusehen. Die maximale Anzahl der Teilnehmer beträgt 64 Stationen, inklusive des Masters.

H.3 Ethernet basierende Feldbusse

Es war nur eine Frage der Zeit, wann die etablierten Feldbussysteme durch höherwertige Kommunikationsprotokolle erweitert werden. Die Basis dazu legt die Ethernet-Kommunikation, die uns heute in jedem Büro begegnet. Mit Übertragungsgeschwindigkeiten von 100 MBit und 1 GBit sind sie in der Lage, auch große Datenmengen zu übertragen. An noch höheren Datenübertragungsraten wird zur Zeit gearbeitet.

Nahezu alle auf Ethernet basierenden Netzwerksysteme sind in der IEEE 802.3 standardisiert (IEEE: Institute of Electrical and Electronics Engineers). Dabei wird auf unterschiedlichste Übertragungsmedien gesetzt, wie beispielsweise:

- Koax-Leitungen,
- Twisted Pair Leitungen und
- Optische Übertragungsmedien.

In Tabelle H-8 sind einige wesentliche Ethernet-Spezifikationen und deren maßgebliche Eigenschaften gegenübergestellt.

Netzwerke mit Koaxkabel sind nur noch in wenigen Applikationen zu finden. Im Maschinenbau wurde in den 90er Jahren vereinzelt 10Base-5 auf Basis des „Yellow Cables“ eingebaut, ebenso wie 10Base-2, auch bekannt als *Thin-Wire-Ethernet* oder *Cheap Ethernet*. Es verwendet ein wesentlich einfacheres Koaxialkabel mit BNC-Stecker. Die maximale Leitungslänge beträgt 500 m bei 10Base-5 bzw. 200 m bei 10 Base-2.

Beide Varianten wurden nahezu vollständig durch die *Twisted Pair- Technologie* abgelöst. Die durch die Bürokommunikation bekannte Installationsart hat ebenfalls in die Vernetzung von Maschinen und Anlagen Einzug gehalten und ist nun dabei, die Standard-Feldbusse abzulösen.

Allerdings ist der Übergang in diese neue Technologie zuerst mit einem Umdenken in der Topologie verbunden: Während die Standard-Feldbussysteme mindestens physikalisch immer einer Linienstruktur folgen, setzen die Ethernet-Busse vorwiegend auf eine Sternstruktur (Bild H-19).

Tabelle H-8 Einige wichtige Ethernet Spezifikationen

	10Base-5	10Base-2	10Base-T	10Base-FL	100Base-T	100Base-FX	1000Base-T
Übertragungsgeschwindigkeit	10 MBit	10 MBit	10 MBit	10 MBit	100 MBit	100 MBit	1 GBit
Übertragungsmedium	Koax	Koax	Twisted pair	Glasfaser	Twisted pair	Glasfaser	Twisted pair
Topologie	Linie	Linie	Stern	Stern	Stern	Stern	Stern
Max. Länge	500 m	200 m	100 m/Segment	> 1 km	100 m/Segment	> 1 km	100 m/Segment

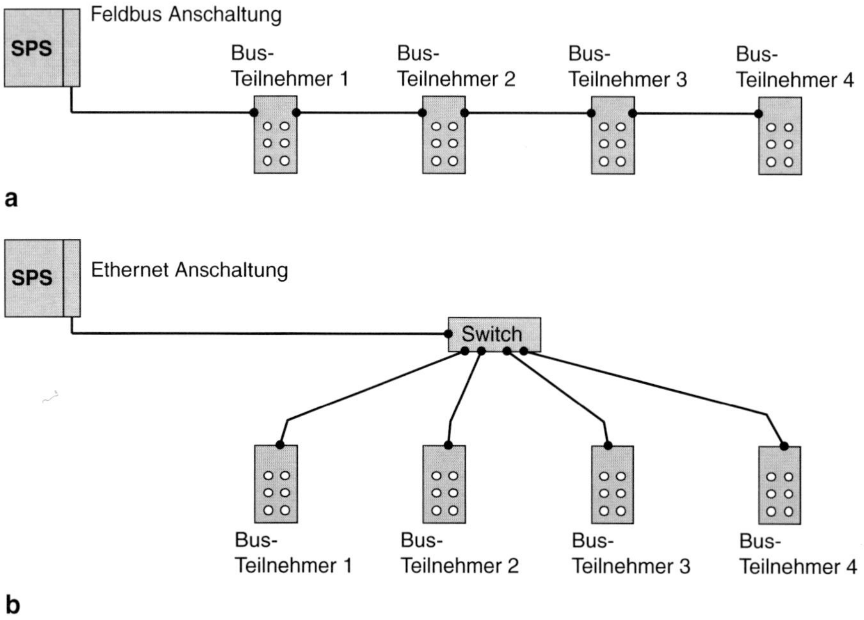

Bild H-19 Übergang von der Linienstruktur in die Sternstruktur bei Ethernet. (**a**) Linienstruktur bei Standard Feldbussystemen, (**b**) Sterntopologie bei Ethernet Feldbussystemen

Um dies effizient zu verwirklichen, werden nun auch neue Komponenten an der Maschine benötigt, die sonst nur im IT-Bereich bekannt sind:

- der *Ethernet Hub* und
- der *Ethernet Switch*.

Während der Hub in der Installationstechnik eher eine untergeordnete Rolle spielt, ist der Ethernet Switch fester Bestandteil der Installationstechnik. Dabei kann er als separates Gerät angeschaltet werden oder in den einzelnen Busteilnehmern integriert sein.

Im Nachfolgenden werden lediglich ein paar wichtige Eigenschaften und die Aufgabe dieser zwei neuen Installationskomponenten kurz erläutert.

H.3.1 Grundlegendes zur Ethernet-Kommunikation

H.3.1.1 Aufbau des Ethernet-Telegramms

Im Vergleich zu den Standard-Feldbussen ist der Datenrahmen des Ethernet-Telegramms deutlich größer und umfangreicher. In seiner maximalen Länge kann er mehr als 12.000 Bits umfassen. Aber auch seine einfachste Variante mit 72 Bytes oder 576 Bits ist schon deutlich länger als die bekannten Standards.

Bild H-20 zeigt den Aufbau des Ethernet-Telegramms. Als erstes fällt der variable Datenrahmen (*Container*) auf, der in Abhängigkeit der zu übertragenden Information zwischen 46 Bytes und 1.500 Bytes schwanken kann. Der Vorteil liegt dabei darin, dass bei geringer „Nutzlast" (*payload*) die Übertragungszeit für den verkürzten Rahmen ebenfalls erheblich verkürzt werden kann.

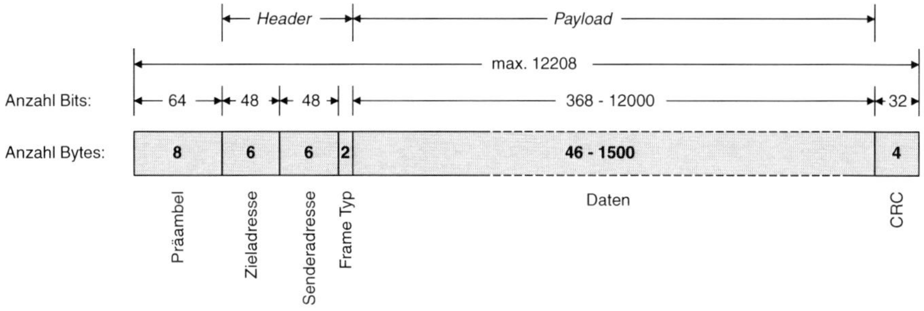

Bild H-20 Der Datenrahmen eines Ethernet-Telegramms

Die Präambel besteht aus einer Folge von abwechselnden Nullen und Einsen. Dies ermöglicht die Synchronisierung auf den eintreffenden Datenrahmen. Gefolgt wird die Präambel von der Zieladresse, für die die Daten im Datencontainer bestimmt sind. Dies kann auch eine Broadcast-Adresse sein, also eine Adresse, bei der sich mehr als nur ein Teilnehmer angesprochen fühlt.

Die Sendeadresse ist stets eindeutig in einem Netzwerk. Sie wird auch als MAC Adresse oder MAC ID bezeichnet (MAC: *Medium Access Control*). Sie besteht aus 2 Teilen:

- der OUI, *Organizationally Unique Identifier*, Hersteller Kennung und
- einer *fortlaufenden Nummer*,

die der Anwender zuweisen kann. Die OUI umfasst die ersten 24 Bit und wird dabei von der IEEE-Behörde vergeben. Jeder Hersteller eines Ethernet-Teilnehmers muss diese beantragen und kann so weltweit identifiziert werden. Bild H-21 zeigt die Aufteilung der MAC-Adresse.

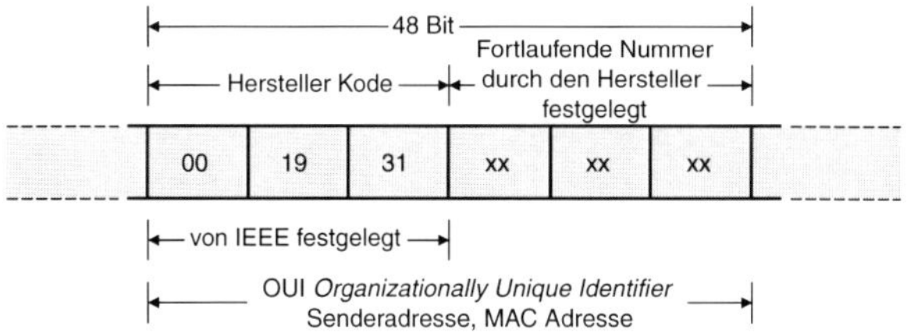

Bild H-21 Aufbau der MAC Adresse

Dem Anwender stehen mit XX:XX:XX insgesamt weitere 24 Bit zur Identifikation seiner Geräte zur Verfügung. Damit können 2^{24}, also mehr als 16 Mio. Geräte gekennzeichnet werden.

Hinweis: Es gibt auch herstellerunabhängige MAC-Adressen. Die wichtigste ist FF:FF:FF:FF:FF:FF, die für eine Broadcast-Meldung steht und so von allen Teilnehmern empfangen wird. Firmen, die Ihre Identität nicht preisgeben wollen, haben die MAC-Adresse AC:DE:48:XX:XX:XX. Die Liste der Hersteller ist im Internet verfügbar.

H.3.1.2 IP-Adresse und SubnetMask

Wie im vorigen Abschnitt beschrieben, ist die MAC-Adresse (*Medium Access Control Address*) die eindeutige Identifikation des Produktes in einem Netzwerk. Zur besseren Adressierung und einfacheren Handhabung in herstellerübergreifenden Netzen wird allerdings die IP-Adresse verwendet (IP: *Internet Protocol*).

Die IP Adresse

- identifiziert jeden Sender und Empfänger in einem Netzwerk,
- wird jedem Gerät vor der Kommunikation zugewiesen (automatisch oder manuell) und
- benutzt 4 Bytes (32 Bit).

Während die MAC-Adresse *hexadezimal* dargestellt wird, wird die IP-Adresse *dezimal* dargestellt und durch Punkte getrennt. Bild H-22 zeigt beispielhaft den Aufbau und die Darstellung einer IP-Adresse.

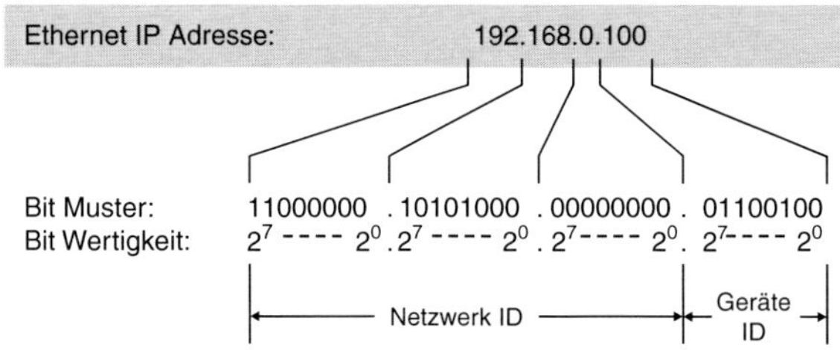

Bild H-22 Aufbau der Ethernet IP Adresse

IP-Adressen werden darüber hinaus in *Klassen* eingeteilt. Diese richten sich nach der Größe des Netzwerkes und legen fest, wie viele Knoten (Geräte) in einem Netzwerk sich befinden können. In Tabelle H-9 sind die wichtigsten Klassen zusammengestellt.

Im Maschinen- und Anlagenbau wird üblicherweise die Klasse C verwendet, so dass 254 Geräte in diesem Netzwerk angeschlossen werden können.

Tabelle H-9 IP Adressklassen

Klasse	Startadresse	Endadresse	Länge Netzwerkadresse	Länge Geräteadresse	Max. Anzahl Geräte
A	1.0.0.0	126.255.255.255	8 Bit	24 Bit	> 16 Mio.
B	128.0.0.0	191.255.255.255	16 Bit	16 Bit	65.535
C	192.0.0.0	223.255.255.255	24 Bit	8 Bit	256
D	224.0.0.0	239.255.255.255	–	–	Multicast
E	240.0.0.0	255.255.255.255	–	–	Reserviert

Die Trennung zwischen dem Netzwerkteil und dem Geräteteil in der IP-Adresse muss nicht auf einer Oktett-Grenze (Byte Grenze) liegen. Mit Hilfe der *Subnet Mask* kann diese Grenze festgelegt und auch identifiziert werden.

Dabei gelten folgende Regeln:

- Die Bits für den Adressbereich der *Geräte* werden durch *Nullen* gekennzeichnet und
- die *Netzwerk-Bits* werden durch *Einsen* gekennzeichnet.

Bild H-23 zeigt, wie die Subnet Mask und die IP-Adresse zusammenhängen.

Bild H-23 Subnet Mask zur Trennung von Netz und Geräte IDs

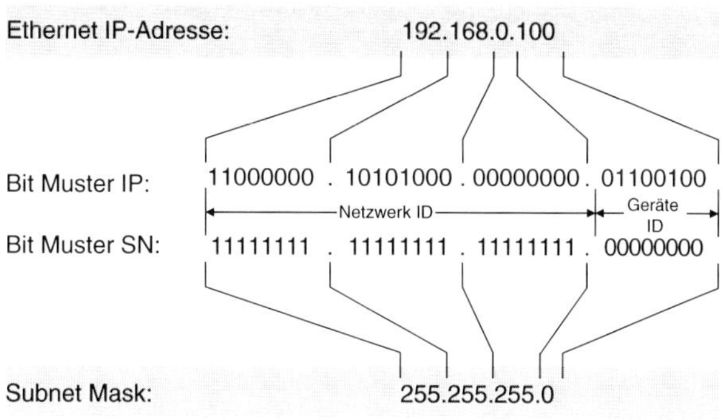

Auf diese einfache Weise können Netzwerk-Adressen und Geräte-Adressen von einander getrennt werden, bzw. Netzwerke identifiziert werden.

Wird in einem Netzwerk eine Adresse angesprochen, die außerhalb des durch die Subnet Mask festgelegten Bereiches liegt, muss auf ein *Gateway* (Tor) zugegriffen werden. Dieses Gateway wird unter einer bestimmten Adresse angesprochen, die als Gateway-Adresse abgelegt ist. Zusammengefasst kann gesagt werden, dass eine Ethernet-Kommunikation auf folgenden drei Adressen beruht:

- der *IP-Adresse*,
- der *Subnet Mask* und
- der *Gateway-Adresse*.

Hier wird bereits deutlich, dass mit dem Einzug der Ethernet Feldbusse auch eine erheblich komplexere Inbetriebnahme und die dazu notwendigen Kenntnisse erforderlich werden. Tools vereinfachen zwar viele Schritte; bei großen Ausdehnungen und bei der Kommunikation über Zellengrenzen hinweg sind jedoch IT-Kenntnisse notwendig.

H.3.1.3 CSMA/CD

Ethernet-Bussysteme gehören zu den *Multi-Master Bussen*. Das bedeutet, dass jeder Busteilnehmer selbst die Initiative ergreifen kann, den Bus zu beanspruchen. Dieser *wahlfreie* Zugriff auf die Kommunikationsleitung setzt die permanente Abhörung der

Leitung durch den sendewilligen Teilnehmer voraus. Bei einer erkannten Kollision zieht er sich zurück und startet einen erneuten Versuch nach einer zufälligen Zeit. Dies wird als *CSMA/CD*-Verfahren bezeichnet. Dabei bedeutet:

- *CS*: Carrier Sense, jeder Teilnehmer hört die Busleitung mit,
- *MA*: Multiple Access, jeder Teilnehmer ist gleichberechtigt und kann zu jeder Zeit auf den Bus zugreifen und
- *CD*: Collision Detect, der Buszugriff wird abgebrochen, sobald eine Kollision erkannt wird.

Das CSMA/CD-Zugriffsverfahren hat den Vorteil, dass keine Schiedsstelle, ein Arbitrator, benötigt wird. Sobald der Bus frei ist, kann jeder Teilnehmer auf diesen zugreifen. Kollisionen treten dann auf, wenn auf Grund von Laufzeiten auf dem Kabel zwei entfernte Teilnehmer den Bus als frei erkennen und zu senden beginnen. In diesem Fall werden sich nach der erkannten Kollision *beide* Teilnehmer zurückziehen und einen neuen Versuch nach Ablauf einer zufälligen Zeit starten.

CSMA/CD ist eine *zerstörerische Arbitrierung*, da beide Buspartner nach Erkennen der Kollision die Sendung abbrechen.

! *Hinweis:* Im Abschn. H. 2.2 wird die zerstörungsfreie Arbitrierung CSMA/CA bei CAN beschrieben. Dabei zieht sich der dominante Sender nicht von der Leitung zurück.

Hier wird schnell erkennbar, dass ein deterministisches Kommunikationssystem, wie es in der Automatisierungstechnik benötigt wird, nur bedingt mit diesem Protokoll erfolgreich sein kann. Die Wartezeiten sind in Abhängigkeit der Busauslastung nicht vorhersehbar, weshalb man von einem *nicht deterministischen* Zugriffsverfahren spricht.

Aus diesem Grund haben die Steuerungshersteller *unterschiedliche Echtzeitprotokolle* entwickelt, um diesen Nachteil zu eliminieren. Tabelle H-10 zeigt die bekanntesten echtzeitfähigen Ethernet-Protokolle in einer Übersicht, die federführenden Organisationen und deren Web-Adresse.

Tabelle H-10 Übersicht zu Echtzeit Ethernet Netzwerken

Netzwerk	Organisation		WEB Seite
ProfiNet	PI	Profibus & Profinet International	www.profibus.com
Ethernet/IP	ODVA	Open DeviceNet Vendor Association	www.odva.org
EtherCat	ETG	EtherCat Technology Group	www.ethercat.org
PowerLink	EPSG	Ethernet Powerlink Standardization Group	www.ethernet-powerlink.org
Sercos III	Sercos	Sercos International	www.sercos.de
CC-Link iE	CLPA	CC-Link Partner Association	www.cc-link.org

H.3.1.4 Ethernet-Hub

Der Ethernet-Hub stellt einen Kommunikationsknoten dar, an dem alle Teilnehmer angeschlossen werden. Der Hub ist ein *Multiport Repeater* und stellt alle an einem Port eingehenden Daten an allen anderen Ports zur Verfügung.

Bild H-24 zeigt vereinfacht, wie die Ethernet-Telegramme durch einen Hub verteilt werden, hier am Beispiel der Teilnehmer 1 und 4. Beide Teilnehmer sind aktiv und die Telegramme werden in jedes Segment gesendet. Ebenfalls klar zu erkennen ist die dazu notwendige Stern-Topologie, bei der jedes Segment bis zu 100 m lang sein darf (100Base-T).

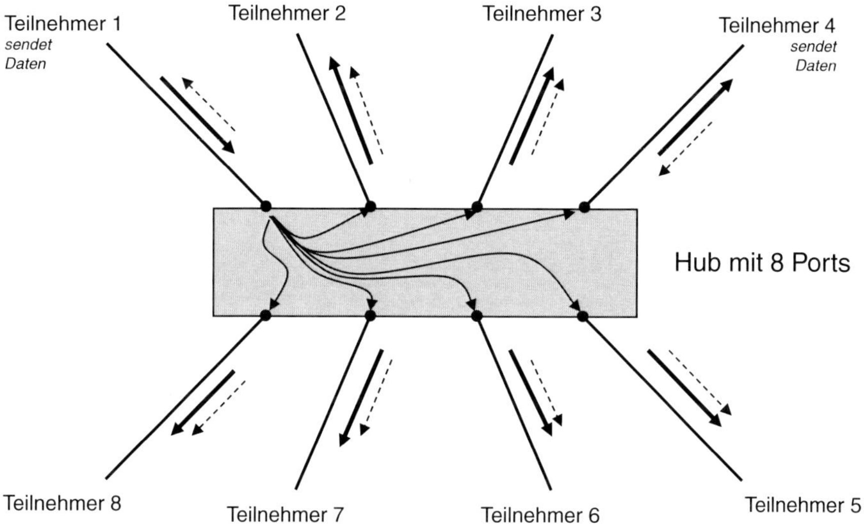

Bild H-24 Der Ethernet-Hub als Multiport Repeater

Damit wird auch deutlich, dass mit steigender Anzahl von Teilnehmern die Gefahr von Kollisionen in jedem Teilsegment steigt. Die Teilnehmer teilen sich die zur Verfügung stehende Bandbreite, man spricht auch von einem *Shared Ethernet*.

Ein großer *Vorteil* des Hubs ist seine *Geschwindigkeit*, da er die Datenpakete praktisch nur *durchreicht* und nicht zwischenspeichert. Bei kleinen Netzwerken ist er daher durchaus eine kostengünstige Alternative. Dieser Vorteil geht jedoch mit steigender Anzahl von Teilnehmern verloren, da die Wahrscheinlichkeiten von Kollisionen steigt und Telegrammwiederholungen erfordert.

H.3.1.5 Ethernet Switching Hub

Anders als der Hub besitzt der Switching Hub – oder kurz *Switch* – Intelligenz. Während des Einschaltvorgangs *lernt* der Switch, welche Teilnehmer an welchen Ports angeschlossen sind. Da das Ethernet-Telegramm in der Präambel sowohl die Sendeadresse als auch die Zieladresse beinhaltet, kann nun der Switch ein ankommendes Telegramm eindeutig einem Port zuordnen.

Der Vorteil ist vor allem bei großen Netzwerken und Netzwerken mit hohem Datenaufkommen spürbar. Es werden keine unnötigen Telegramme in Ethernet-Segmente geschickt, so dass in den einzelnen Bereichen stets die volle Bandbreite verfügbar ist. Kollisionen und somit Telegrammwiederholungen werden vermieden. Bild H-25 zeigt vereinfacht die Funktion eines Switches und die damit verknüpfte Namensgebung („weiterschalten von Telegrammen“).

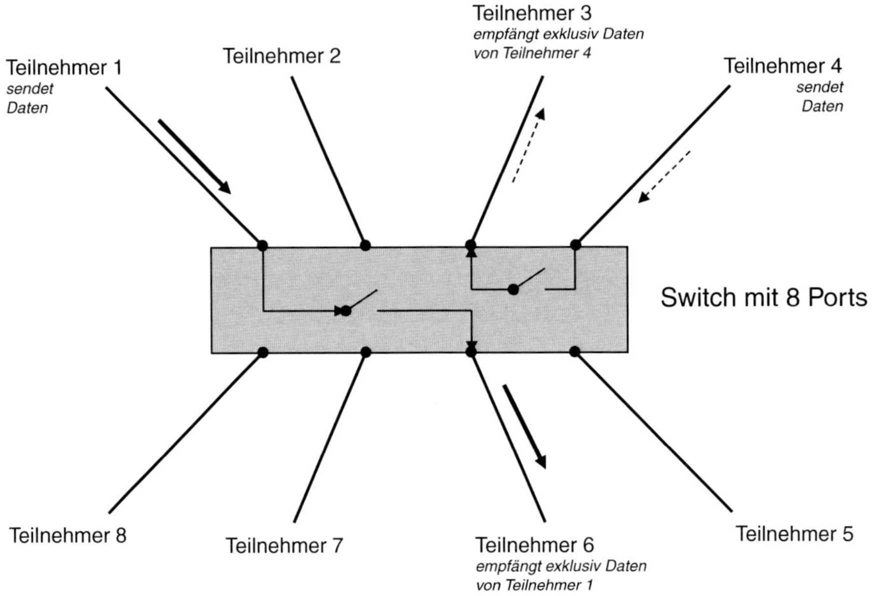

Bild H-25 Verbindungsorientierter Datenaustausch bei einem Switch

In diesem Beispiel ist Teilnehmer 4 exklusiv mit Teilnehmer 3 verbunden, ebenso Teilnehmer 1 mit Teilnehmer 6.

Dazu muss der Switch alle eingehenden Telegramme einlesen und die Zieladresse mit seiner intern abgespeicherten Adresszuordnungsliste vergleichen. Dieses Verfahren wird *store-and-forward*-Prinzip genannt.

Die Abarbeitung der Zuordnung benötigt natürlich Zeit. Doch durch die hohe Datenrate und leistungsfähige Mikrokontroller sind das nur ein paar Mikrosekunden. Demgegenüber steht die volle Bandbreite auf jedem Kanal zur Verfügung.

Neben dieser grundlegenden Funktion kann durch die Intelligenz dem Switch eine ganze Reihe von weiteren Leistungsmerkmalen zugeordnet werden. Die wichtigsten sind:

- SNMP *small network management protocol*,
- IGMP *internet group message protocol und*
- VLAN *virtual local area network*.

Oben genannte Protokolle ermöglichen das Managen von Ports, wie beispielsweise

- Setzen von Adressfiltern,
- Gezieltes Ab- und Zuschalten von Ports,
- Auslesen von Fehlerzählern,
- Separieren von Teilsegmenten,
- Versenden von Broadcast-Messages an alle Teilnehmer oder Gruppen und
- Synchronisieren von Telegrammen und Ereignissen.

Auf eine detaillierte Beschreibung wird verzichtet und auf die entsprechende weiterführende Literatur im Anhang hingewiesen.

H.3.2 TCP/IP

TCP/IP steht für *Transmission Control Protocol/Internet Protocol* und ist heute der meist verbreitete Standard bei der Ethernetkommunikation.

Das TCP/IP-Protokoll ist eines der ersten genormten Protokolle auf einem Ethernet-Netzwerk und ist heute der Standard für die Büro-Kommunikation. Es wurde in den 70er Jahren des letzten Jahrhunderts im Auftrag des amerikanischen Verteidigungsministeriums entwickelt. Im Maschinen- und Anlagenbau hat TCP/IP inzwischen einen festen Platz eingenommen. Es stellt die *Verbindung* zwischen den *Produktionsmitteln* und der *Leitebene* dar und ermöglicht so neben der Prozessbeobachtung auch Diagnose- und Programm-Downloads.

TCP/IP ist nicht echtzeitfähig, wird aber meist als Ergänzung zu den Echtzeitprotokollen verwendet. Damit lassen sich auch Büroanwendungen an der Maschine nutzbar machen, wie beispielsweise

- Programm Downloads,
- Grafikoberflächen oder sogar
- Webcams zur Prozessbeobachtung.

Die wesentlichen Merkmale des Transmission Control Protocols (TCP) sind:

- Sichere Datenübertragung,
- verbindungsorientiertes Protokoll (Abschn. H. 3.1 Datenrahmen),
- verpackt Nachrichten in einen Bytestrom und umgekehrt und ist
- unabhängig von Medien.

TCP ist also für das richtige Senden und Empfangen von Daten zuständig. Dazu durchläuft die Information insgesamt 4 Schichten, wodurch die Daten mit zusätzlichen Informationen ergänzt werden. Bild H-26 verdeutlicht dies.

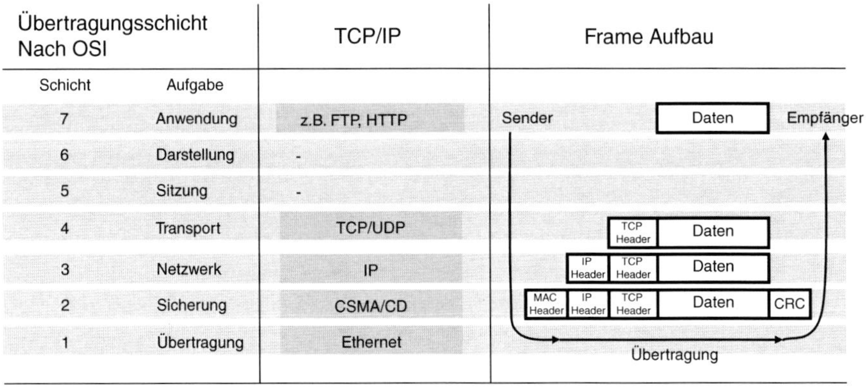

Bild H-26 Schichten Modell bei TCP/IP

Die IP-Schicht addiert schließlich die eigene und die Zieladresse hinzu, so dass das Telegramm eindeutig zuordenbar ist.

H.3.3 ProfiNet

ProfiNet ist der ethernetbasierte Nachfolger von Profibus und wird hauptsächlich von Siemens vorangetrieben und wird in der Profibus Nutzerorganisation (PNO, s. Tabelle H-10) entwickelt. ProfiNet hat mittlerweile eine große Verbreitung erzielt, insbesondere ist es fast überall in der Automobilindustrie für zukünftige Projekte vorgeschrieben.

ProfiNet basiert auf der TCP/IP-Technologie mit einem zusätzlichen Softwareteil für die Echtzeitkontrolle. Man unterscheidet zwei Funktionsklassen:

- ProfiNet CBA (Component Based Automation) und
- Profinet IO (Input Output).

Letzteres ist erst in der jüngsten Vergangenheit spezifiziert worden und weist einen reduzierten Funktionsumfang aus. Dafür konnte die Performance deutlich gesteigert werden. ProfiNet CBA nutzt hingegen die Intelligenz der Netzwerkkomponenten, um die Automatisierungsaufgaben zu verteilen. Man spricht auch von einer *verteilten Automatisierung*, die allerdings noch keine große Verbreitung gefunden hat.

Im Folgenden soll speziell auf ProfiNet IO eingegangen werden, da in diesem Bereich das größte Wachstum stattfindet.

Grundsätzlich unterscheidet man 3 Leistungsklassen:

- Basierend auf TCP/IP (Abschn. H.3.2),
- ProfiNet RT (Real Time) und
- ProfiNet IRT (Isochrones real Time).

Entsprechend schnell sind die zu erwartenden Reaktionszeiten, wie Bild H-27 zeigt.

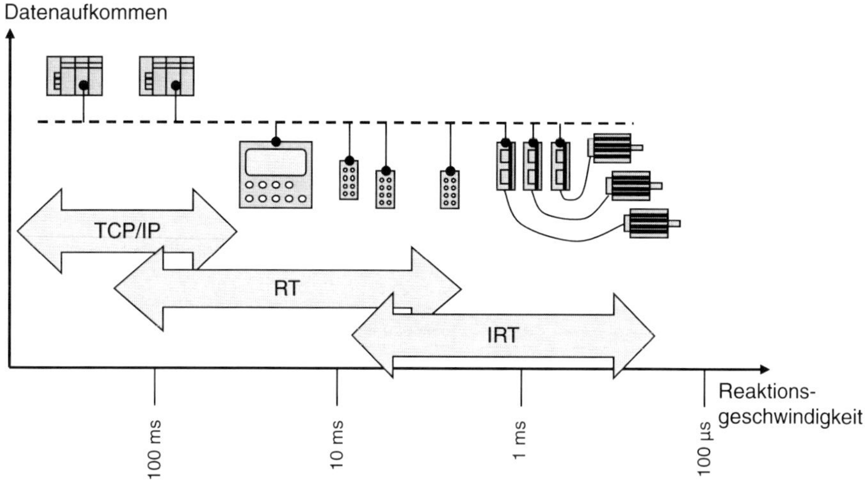

Bild H-27 Leistungsklassen bei ProfiNet und die zu erwartende durchschnittliche Reaktionszeit

ProfiNet IO basiert grundsätzlich auf der Fast Ethernet-Übertragung mit 100 Mbit im Vollduplex-Verfahren. Dabei ist sowohl die drahtgebundene Variante als auch die optische Variante möglich:

- 100Base-T und
- 100Base-FX (optisch).

Durch die Verwendung des Vollduplex-Betriebs und Switches sind Kollisionen ausgeschlossen.

Die Übertragungsphysik, das Datenkabel, ist durch die PNO festgelegt. Anders als bei der Bürokommunikation wird nicht auf eine zwei-paarig geschirmte Leitung aufgesetzt (STP, *shielded twisted pair*), sondern auf einen sogenannten Stern-Vierer (*Quad Star*), bei dem die vier Adern um eine zentrale Zugfaser angeordnet sind. Bild H-28 verdeutlich den Aufbau eines Stern-Vierers.

Bild H-28 Stern-Vierer Ethernetleitung für ProfiNet

Typisch für Ethernet-Steckverbindungen ist der ebenfalls in Bild H-28 zu sehende M12-Rundsteckverbinder. Gegenüber ähnlichen M12-Steckern weist er eine *D-Codierung* auf, die aus einer positiven und einer inversen Nase besteht. Bei Ethernet gibt es diese nur als Stift-Ausführung, so dass alle Ethernetgeräte die M12-Buchse haben müssen.

! *Hinweis:* Neben dem M12-D-kodierten Stecker sind auch noch eine Reihe anderer Ethernet-Stecker im Feld zu finden. Insbesondere gibt es unterschiedliche Ansätze, um den handelsüblichen Bürostecker RJ45 wasserdicht zu verpacken. In der Automobilindustrie wurde darüber hinaus von der AIDA (AIDA: *Automation Initiative of German Domestic Automobil Manufacturers*) ein Push-Pull-Konzept eingeführt, das in den nächsten Jahren in vielen deutschen Automobilwerken Einzug halten wird.

Die Datenübertragung bei Profinet IO unterscheidet

- *Zyklische* Daten oder *Prozessdaten* und
- *Azyklische* Daten, wie beispielsweise *Parameter-Daten*.

Prozessdaten sind dabei alle Daten, die direkt im Zusammenhang mit dem Maschinenzustand stehen. Hierzu gehören die Eingangsdaten von Schaltern, Sensoren (analog oder digital) bzw. die Ausgangsinformationen zum Steuern von Ventilen und Motoren.

Azyklische Daten sind:

- Anlaufparameter,
- Parameterdaten für komplexe Sensoren und
- Diagnosedaten,
- Kennfelder,
- Schaltpunkte usw.

Azyklische Daten werden mithilfe des Internet-Protokolls (IP) übertragen, während Prozessdaten direkt auf der MAC-Adresse aufsetzen. Damit wird der Übertragungsprozess sehr effektiv und schnell. Allerdings büßt man die Routingfähigkeit durch die fehlende IP-Adresse ein, was aber in der Praxis durch die Segmentierung kein Nachteil ist. In Bild H-29 ist die ProfiNet-Kommunikation am 7-schichtigen ISO-Modell gespiegelt.

Die *synchrone* Datenübertragung wird als RT (*Realtime*) bezeichnet. Sie wird im Wesentlichen durch die Ablaufzyklen in der ProfiNet-Anschaltung bestimmt. Wird diese zyklische Datenübertragung mit einem Takt gekoppelt, so spricht man von *Isochronous Real Time* (IRT).

Die Projektierung von ProfiNet erfolgt analog zum Profibus durch eine Gerätesteuer-Datei (*GSD*). Sie ist ähnlich einer XML-Datei aufgebaut und wird daher auch *GSDML* genannt (ML: Markup Language).

H.3.4 Ethernet/IP

Ethernet/IP wurde erstmals 2001 vorgestellt und wurde im Wesentlichen von Rockwell Automation in Zusammenarbeit mit der ODVA (*Open DeviceNet Vendor*

Übertragungsschicht Nach OSI		Implementierung durch ProfiNet	
Schicht	Aufgabe		
7	Anwendung	Real Time IO	azyklische Daten
6	Darstellung		Remote Proceedure Call
5	Sitzung	-	-
4	Transport	-	UDP
3	Netzwerk	-	IP
2	Sicherung	CSMA/CD	
1	Übertragung	100Base-TX oder 100Base-FX	

Bild H-29 ProfiNet Kommunikation im OSI-Schichtenmodell

Association) entwickelt. Das Kürzel *IP* in Ethernet/IP steht in diesem Fall *nicht* für Internet Protokoll, sondern vielmehr für *Industrial Protocol*, was zugleich der Hinweis auf die *Echtzeitfähigkeit* im industriellen Einsatz ist.

Ethernet/IP bedient sich dabei der bekannten Ethernet-Technologie und kann daher alle diese Vorteile nutzen. Beispiele dafür sind:

- Medienunabhängiges Protokoll,
- Integration von Internet Protokollen wie http, FTP oder SNMP,
- Übertragungsraten von 10 MBit, 100 MBit und 1 GBit und
- Topologien wie Stern, Ring, Glasfaser oder gar Funk.

Ethernet/IP basiert dabei auf denselben Mechanismen wie DeviceNet, CIP (Common Industrial Protocol, IEC 61158). Im 7-schichtigen OSI-Modell (Open System Interconnection) setzt CIP nach der Transportschicht auf, also beim *Session Layer* (Bild H-30).

Übertragungsschicht Nach OSI		Implementierung durch Ethernet/IP	
Schicht	Aufgabe	*Implicit messages*	*Explicit messages*
7	Anwendung	Real Time IO	azyklische Daten
6	Darstellung		Remote Proceedure Call
5	Sitzung	-	-
4	Transport	-	UDP
3	Netzwerk	-	IP
2	Sicherung	CSMA/CD	
1	Übertragung	10/100/1000Base-TX	

Bild H-30 Die Protokollschichten von Ethernet/IP im OSI-Modell

Während die Standard-Ethernet-Kommunikation auf dem Source-Destination-Modell basiert (eindeutige Zuordnung von Sender und Empfänger, Abschn. H3.1), setzt das Ethernet/IP-Netzwerk durch CIP auf ein *producer – consumer-* Modell auf. Diese Nachrichtenstruktur macht es möglich, dass mehrere Teilnehmer dieselben Daten empfangen können. Dazu wird anstelle der Zieladresse eine *Verbindungskennung* (connection ID) verwendet.

Darüber hinaus kann Ethernet/IP auf folgende zwei Arten konfiguriert werden:

- Entweder als *Master/Slave* (vergleichbar mit DeviceNet) oder als
- *Peer-To-Peer*-Netzwerk,

was insbesondere durch die Sternstruktur unterstützt wird und somit die maximale Bandbreite für die Datenkommunikation zur Verfügung stellt.

Dabei werden, wie in Bild H-30, zwischen zwei Nachrichten Typen unterschieden:

- Den IO-Daten (Prozessdaten) und
- den Service-Daten.

IO-Daten werden bei Ethernet/IP auch als implizite Daten (*implicit messages*) bezeichnet, Service-Daten als *explicit messages*. Diese dienen vor allem zur Diagnose, zum Programm-Download oder zur Parameter-Übertragung und sind daher gegenüber den IO-Daten niederprior. Explicit messages verwenden dabei die Dienste von TCP/IP, um Informationen über das Netzwerk zu übertragen.

Damit sind die Voraussetzungen gegeben, folgende 3 Klassen von Netzwerkgeräten zu unterstützen:

- *Messaging* Class,
- *Adapter* Class und
- *Scanner* Class.

Die Messaging Class umfasst alle Geräte, die auf der Basis der explicit messages kommunizieren. D. h., sie sind Standard-Ethernet-Teilnehmer und haben auch die Möglichkeit, eigene Meldungen abzusetzen.

Die Adapter Class-Geräte sind hingegen das Ziel der IO-Daten, die ein Scanner Class-Gerät verschickt. Sie können von sich aus keine Realtime IO-Daten empfangen oder senden, wenn nicht ein Scanner sie dazu aufgefordert hat. Sie sind die Basis für die Echtzeitanforderungen in der Maschine.

Darüber hinaus können Adapter Class-Geräte auch explicit messages empfangen, um beispielsweise Parametereinstellungen am Gerät vorzunehmen. Als Beispiel hierzu sei ein Wegmess-System genannt, dessen Schaltschwelle über explicit messages eingestellt werden kann, der Schaltzustand jedoch über implicit messages in Echtzeit an die Steuerung gemeldet wird.

Die Scanner Class-Geräte sind die Urheber explicit oder implicit messages und sind in der Regel in der Steuerung integriert. Sie sind verantwortlich für den *Echtzeitdatenverkehr* und die *Parametrierung* der Geräte.

Bild H-31 zeigt eine einfache Topologie zur Ethernet/IP Kommunikation.

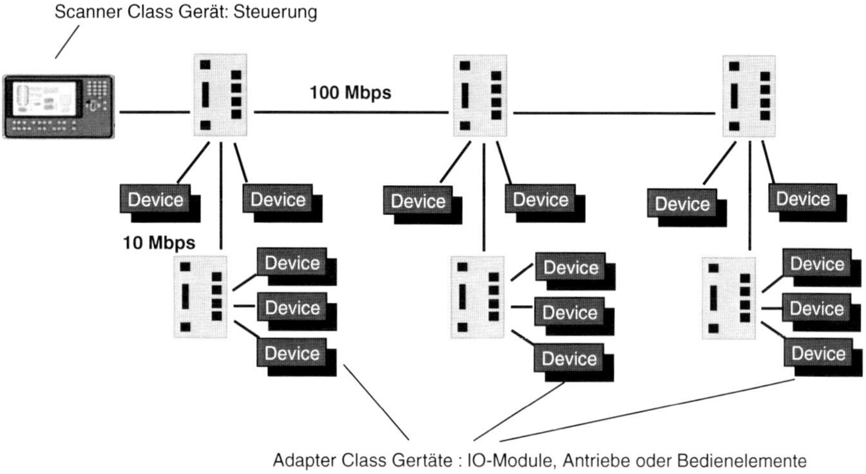

Bild H-31 Ethernet/IP Topologie (Quelle ODVA)

H.4 IO-Link

Der Wunsch, über die Sensor-/Aktorleitung mehr als nur das Schaltsignal zu übertragen, ist mit IO-Link Wirklichkeit geworden. Die erste Vorstellung von IO-Link erfolgte auf der Hannovermesse 2006, erste Produkte sind seit 2008 auf dem Markt.

Derzeit befindet sich IO-Link auf dem Weg zur Norm und wird künftig in der IEC 61131-9 niedergeschrieben sein. Dies garantiert die *weltweite Interoperabilität* der Produkte. Kennzeichen der IO-Link-Schnittstelle ist der *bidirektionale Pfeil im Kreis*, sowie ein *genormter Schriftzug* (Bild H-32), der ebenfalls geschützt ist und von den Konsortialmitgliedern exklusiv genutzt werden kann.

Bild H-32 Kennzeichnung eines IO-Link Ports. (**a**) Bildmarke, (**b**) Bild-Wortmarke, (**c**) Beispiel

Anders als die vorangegangenen Feldbusse basiert IO-Link auf einer Punkt-zu-Punkt-Kommunikation und ist daher *kein Bussystem*. IO-Link ermöglicht die Kommunikation mit intelligenten Sensoren und Aktoren (Devices genannt) mit ihrer aktiven Anschaltbox, dem *IO-Link Master*. Dieser wiederum ist an das eigentliche Feldbussystem angeschlossen. Damit ist IO-Link *feldbusunabhängig*.

> IO-Link beschreibt eine *feldbusunabhängige Kommunikation* zwischen *Sensoren* und *Aktoren* und der Maschinensteuerung.

Bild H-33 zeigt, wie sich IO-Link in der Kommunikationspyramide nach Bild H-1 eingliedert. Dabei ist gut zu erkennen, wie die Kommunikation nach unten in die Sensor-Aktorebene ergänzt wird. Dies ist die unentbehrliche Voraussetzung für

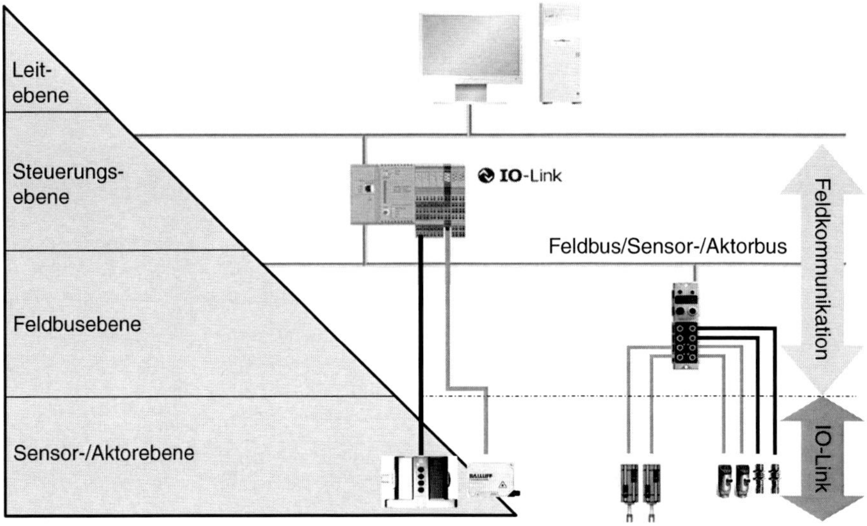

Bild H-33 Erweiterung der untersten Kommunikationsebene durch IO-Link

- flexible Fertigung,
- sichere Kommunikation mit intelligenten Devices,
- Diagnose und

damit alle Arten von Vermeidung von unproduktiven Zeiten an Maschinen und Anlagen.

Die wesentlichen Eckpunkte von IO-Link sind:

- Punkt-zu-Punkt-Datenverbindung,
- 2 (3) Geschwindigkeiten: 4,8 kBaud und 38,4 kBaud (optional auch 230 kBaud),
- großer Störabstand (24 V Spannungshub),
- Prozessdaten- und Servicedatenübertragung,
- basierend auf dem Standard UART Frame (Bild H-6).

Die höchste Übertragungsrate ist in der Spezifikation 1.0 noch optional und wird nicht von allen Devices unterstützt.

Bei der Spezifikation der IO-Link Datenübertragung wurde vor allem auch auf die *Rückwärtskompatibilität* zu den schaltenden Geräten wie Näherungsschalter und Hydraulikventile Wert gelegt. Die Masteranschaltung muss daher auch die Standardfunktionen eines normalen Ein- oder Ausgangs abbilden können. Diese beiden unterschiedlichen Betriebsarten verdeutlicht Bild H-34.

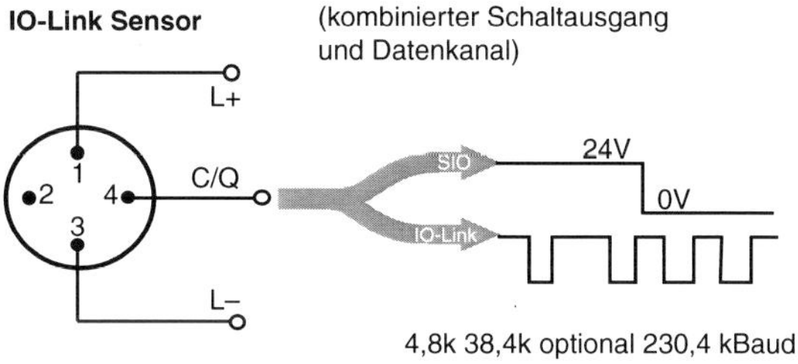

PIN	Signal	Beschreibung
1	L+	24 Volt
2		
3	L–	Masse
4	C/Q	Kommunikation / Schaltausgang

Bild H-34 Pinbelegung eines IO-Link Ports und Funktionsübersicht

Demnach kann ein IO-Link-Port folgende drei Zustände einnehmen:

- IO-Link Kommunikation mit einem IO-Link Device,
- Standard Eingang nach IEC 61131-2 und
- Standard Ausgang zum Ansteuern von Aktoren.

Die Kommunikation mit dem Device basiert auf dem *Pulsen* der Schaltspannung. Dabei wird der gesamte Spannungshub von 24 V ausgenutzt (Bild H-34). Der Datenrahmen entspricht dabei dem typischen UART-Rahmen (Abschn. H.2.1) und wird durch eine zusätzliche Prüfsumme gesichert. In Bild H-35 ist beispielhaft ein Datenrahmen für Prozess- und Diagnosedaten dargestellt. Dabei werden im Fall a) 8 Bit Diagnosedaten vom Sensor ausgelesen, hier als Service Data bezeichnet. Im Fall b) schreibt der Master beispielsweise Parameterdaten in das IO-Link-Device. In beiden Fällen werden jedoch 2 Bit Eingangsdaten angefordert, so dass es sich um den Frame Typ 2.4 handelt. Eine Übersicht ist der Tabelle H-11 zu entnehmen.

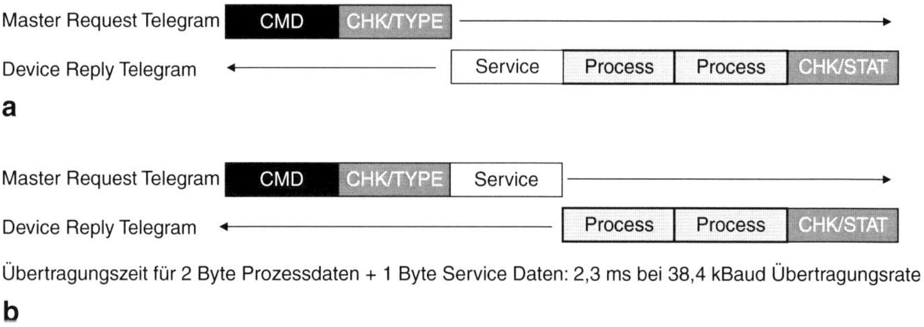

Bild H-35 Aufbau eines Telegramms vom Typ 2.4 für 2 Eingangsbytes. (**a**) 2 Byte Eingangsdaten +1 Byte Diagnosedaten, (**b**) 2 Byte Eingangsdaten +1 Byte Parameterdaten für das Device

Tabelle H-11 Telegrammtypen bei IO-Link

Telegrammtyp *Frame Type*	Eingangsprozessdatenlänge In Byte	Ausgangsprozessdatenlänge In Byte
0	0	0
1	3-32, interleave	3-32, interleave
2.1	1	0
2.2	2	0
2.3	0	1
2.4	0	2
2.5	1	1
2.V	3-32	3-32

Die Telegramm-Rahmen (*Frame Types*) 2.1 bis 2.5 setzen dabei auf maximal 2 Byte Prozessdaten auf und werden somit, wie Bild H-35 zeigt, in *einem Kommunikationszyklus* übertragen. Der Telegrammtyp 1 erlaubt die Übertragung von mehr als nur 2 Byte, die allerdings in mehreren aufeinanderfolgenden Kommunikationszyklen übertragen werden. Aus Performance-Gründen entwickelt man zur Zeit den neuen Frame Typ 2.V, der eine variable Anzahl von Nutzdaten zulässt, ohne dass die Übertragung unterbrochen wird (*Streaming*).

Mit dieser zusätzlichen Kommunikation können nun eine ganze Reihe erweiterter Daten vom Sensor/Aktor an die Steuerung übertragen werden. Im Wesentlichen unterscheidet man 2 Datentypen:

- *Prozessdaten*, die den Zustand der Maschine/Anlage melden und
- *Servicedaten*, die zur Einstellung oder Diagnose eines Devices führen.

Prozessdaten können insbesondere auch Analogwerte von Drucksensoren oder Füllstandsmessgeräten sein. Das analoge Signal wird dabei vom Mikroprozessor des Sensors gleich in das IO-Link-Datenformat verpackt, so dass keinerlei Verluste entstehen. Ein weiterer Vorteil ist die wesentlich robustere Datenübertragung zum Master im Vergleich zu einer analogen Datenleitung bis in die Steuerungszentrale.

Ebenfalls eine wesentliche Bedeutung kommt den Servicedaten zu. Hier unterscheidet man in zwei weitere Kategorien:

- den *Parameterdaten* zur Einstellung der Devices und
- den *Diagnosedaten*, insbesondere bei Fehlern oder Verschleiß.

Beispiele für Parameterdaten sind:

- Druckparameter: Schaltpunkte, Hysterese, Verzögerung, Mittelwert;
- Schaltparameter: Schaltpunkte, Hintergrundausblendung, Farbrezepte;
- Signalinvertierung und
- Schwellwerte.

Beispiele für Diagnosedaten sind:

- interner Fehler,
- gemessene Lichtleistung zu schwach,

- Überspannung, Unterspannung und
- Leitungskurzschluss.

Will ein IO-Link-Master mit einem schaltenden Device kommunizieren, muss er vom Standard-IO-Modus (SIO Mode) in den Kommunikationsmodus umschalten. Dies erfolgt mit Hilfe eines „*Wake-Up*"-Impulses an das Device, worauf dieses für den Empfang von Daten bereit ist (Bild H-36).

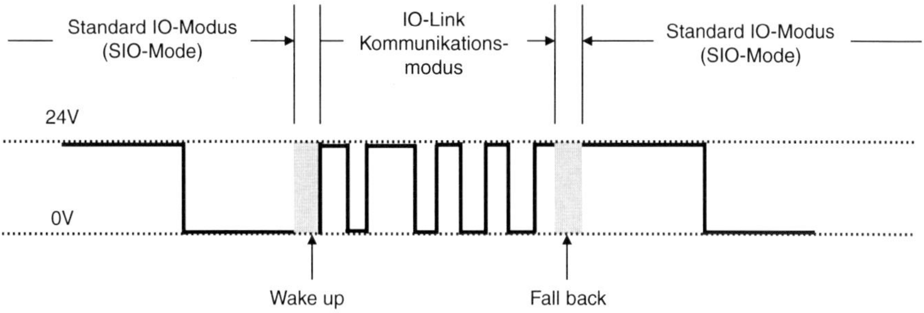

Bild H-36 Übergang zwischen SIO-Modus und Kommunikation

Ist die Parameterübertragung abgeschlossen, kann der Master das Device wieder in den schaltenden Zustand zurücksetzen, was als „*Fall Back*" bezeichnet wird. So können beispielsweise Prozessparameter bei Rezepturwechsel sehr einfach an die Sensoren weitergegeben werden, ohne dass ein manuelles Eingreifen notwendig ist.

Ein wesentlicher Vorteil der IO-Link-Kommunikation ist auch die Übertragung von *analogen Werten* auf *digitale Weise* (kontinuierliche Kommunikation). Damit erreicht man eine wesentlich höhere Störfestigkeit sowie eine deutliche Reduzierung des Rauschanteils. Die Werte werden somit stabiler und für die Auswertesteuerung besser beherrschbar. Zudem kann das geschirmte Kabel durch eine Standard-IO-Leitung ersetzt werden, die erheblich *kostengünstiger* und durch ihren einfachen Aufbau auch *robuster* ist.

Die IO-Link-Devices werden durch eine Gerätedatei beschrieben, der IODD (*IO-Link Device Description*). Darin sind alle herstellerspezifischen Variablen beschrieben und in indizierten Speicherbereichen abgelegt. Die IODD besteht aus einem oder mehreren XML-Files, die durch die Steuerung entsprechend interpretiert werden. Auch alle unterstützen Fremdsprachen sind darin abgelegt. Wesentliche Bestandteile der IODD sind:

- Physik (Frametyp),
- Baudrate (4,8 kBaud oder 38,4 kBaud) und
- Minimum Cycle Time (beschreibt die interne Laufzeit des Devices).

Diese Daten sind notwendig, damit der Master die Kommunikation aufnehmen kann. Ebenfalls abgelegt werden ergänzende Informationen, z. B.

- Vendor ID (Hersteller Identifikation),
- Vendor Name (Hersteller im Klartext),

- Device ID (Geräte Identifikation) und
- Device-Symbol.

Alle Daten werden über eine indizierte Tabelle im Device abgelegt.

Literatur

Borst W (1992) Der Feldbus in der Maschinen- und Anlagentechnik. Franzis Verlag

Enste U, Müller J (2007) Datenkommunikation in der Prozessindustrie. Oldenbourg Industrieverlag, München

Heap N (1994) OSI-Referenzmodell ohne Geheimnis. Heise

Kriesel W, Heimbold T, Telschow D (2000) Bustechnologien für die Automation, 2. Aufl. Hüthig, Heidelberg

Lupik M, Schnell G (Hrsg) (2003) Bussysteme in der Automatisierungs- und Prozesstechnik, 5. Aufl. Vieweg, Braunschweig, Wiesbaden

Mahalik P (2003) Fieldbus Technology, Springer Verlag

Schnell G, Wiedemann B (2008) Bussysteme in der Automatisierungs- und Prozesstechnik. Grundlagen, Systeme und Trends der industriellen Kommunikation, 7. Aufl. Vieweg + Teubner Verlag

Wienzek P, Uffelmann JR (2010) IO-Link, Intelligente Geräte brauchen einfache Schnittstellen, 1. Aufl. Oldenburg Industrie Verlag

Kapitel I
Elektrische Messtechnik

Elektrische (und magnetische) Größen im Gleich- und Wechselstromkreis werden in der elektrischen Messtechnik erfasst, angezeigt, weiterverarbeitet und gespeichert. Mit geeigneten Aufnehmern und Messumformern gelingt es, praktisch jede physikalische Größe elektrisch darzustellen (Bild I-1). Elektrische Messgrößen sind entweder *zeitlich konstant* oder *veränderlich* und werden *analog* oder *digital* angezeigt (Bild I-2). Die elektrische Messtechnik ist weit verbreitet, weil sie folgende Vorteile aufweist:

- Leichte Verarbeitung der Messwerte,
- leichte und kostengünstige Übertragung der Messwerte.
- leistungsarmes Erfassen der Messwerte,
- dauernde Mess-Bereitschaft und
- hohes Auflösungsvermögen.

Eine moderne Station zur Messdatenerfassung und -auswertung zeigt Bild I-3.

I.1 Grundlagen

I.1.1 Definitionen und Begriffe

Um das Verständnis der nachfolgenden Erläuterungen zu erleichtern, werden folgende Begriffe definiert:

Messen Beim Messen wird ein spezieller Wert (Messwert) einer physikalischen Größe (Messgröße) als Vielfaches einer Einheit oder eines Bezugswertes ermittelt. Der Messwert wird als Produkt aus Zahlengröße und Einheit der Messgröße angegeben.

Mess-Prinzip Das ist der grundlegende physikalische Effekt, der bei einer Messung verwendet wird (z. B. Kraft auf einen stromdurchflossenen Leiter im Magnetfeld zur Strommessung, indirekt auch zur Spannungsmessung).

Mess-Verfahren Bei *analogen* Mess-Verfahren wird der Messgröße (Eingangsgröße) ein Signal (Ausgangsgröße) zugeordnet, das mindestens im Idealfall eine

DOI 10.1007/978-3-642-12881-3_9,

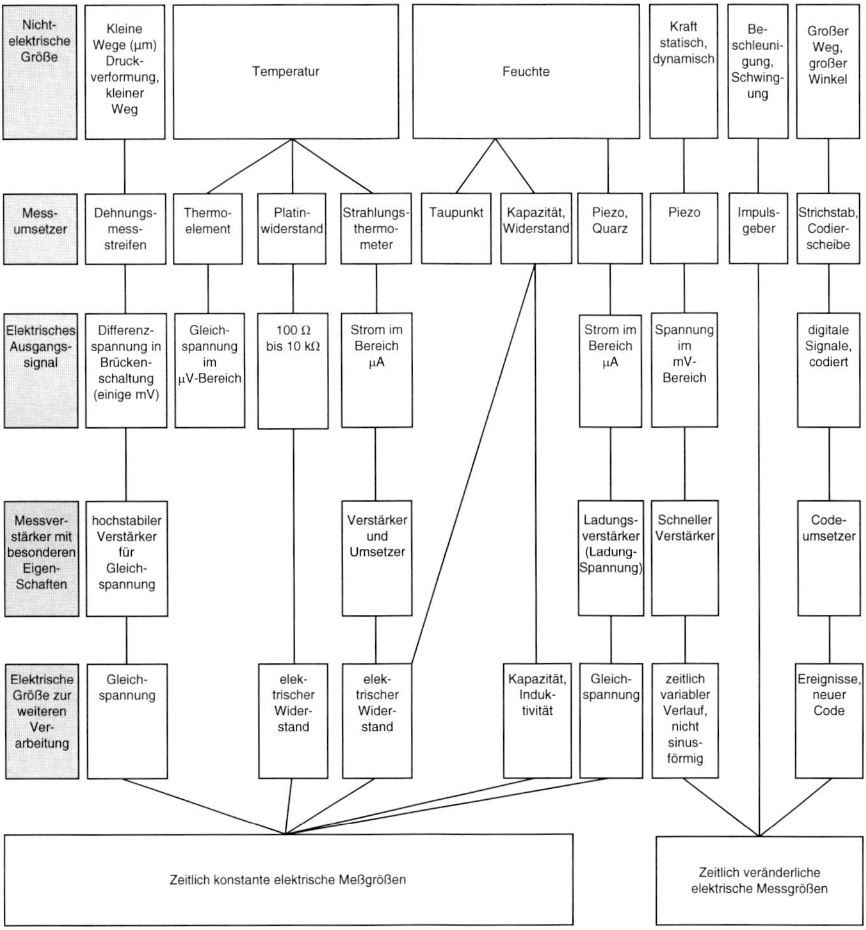

Bild I-1 Umsetzung nicht elektrischer Größen in elektrische

eindeutig umkehrbare Abbildung der Messgröße ist (DIN 1319). Meist wird in einer *Skala* angezeigt.

Bei einem *digitalen* Mess-Verfahren ist die Ausgangsgröße *quantisiert*, d. h. durch fest vorgegebene Schrittfolgen *codiert* (DIN 1319). Die Anzeige erfolgt meist durch *Ziffern*. Nur digitale oder digitalisierte Messwerte lassen sich in Rechnern weiterverarbeiten.

Messgerät Das Messgerät liefert die Messwerte der Messgröße. Bild I-4 zeigt den prinzipiellen Aufbau bei analogen und digitalen Messgeräten.

Messwerk Ein Messwerk besteht aus den Teilen, deren Bewegung oder Lage von der Messgröße abhängt. Auch die Skala ist ein Teil des Messwerks.

Messeinrichtung Eine Messeinrichtung besteht aus einem oder mehreren zusammenhängenden Messgeräten, die eine Einheit bilden. Bild I-5 zeigt eine Messein-

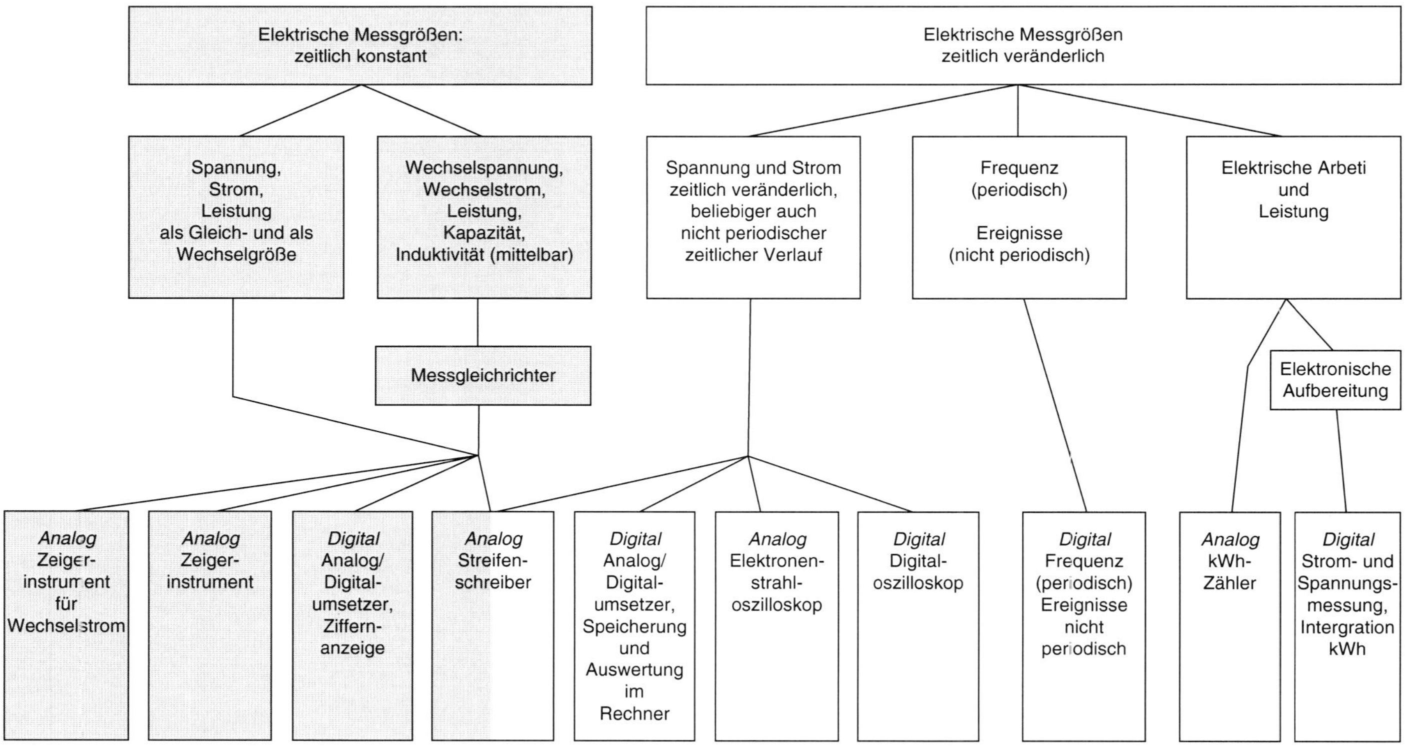

Bild I-2 Übersicht über die elektrische Messtechnik

Bild I-3 Station zur Messdatenerfassung (Werkfoto: FLUKE)

richtung zur Messung nicht elektrischer Größen. Hierbei besteht die Messeinrichtung aus dem *Messaufnehmer* (Aufnahme des nicht elektrischen Signals) und *Messumformer* (Umwandeln in ein elektrisches Signal), einem *Mess-Verstärker*, einem *Analog/Digital-Wandler* (Umwandeln in ein digitales Signal), einem *Mikrorechner* (Speichern und Verarbeiten des digitalen Signals zu einem Messergebnis) und der *Ausgabeeinheit* (Ausgabe bzw. Anzeige des Messergebnisses).

Messkette Durchläuft das Mess-Signal der Reihe nach verschiedene Messgeräte, dann liegt eine Messkette vor.

Messumformer Dies ist ein Messmittel, das eine Eingangsgröße entsprechend eines formelmäßigen Zusammenhangs in eine Ausgangsgröße umformt (DIN 1319). Messumformer ist ein Oberbegriff und beinhaltet *Messwandler* (Eingang und Ausgang dieselbe Messgröße, keine Hilfsenergie), *Mess-Verstärker* (Eingang und Ausgang dieselbe Messgröße, aber eine Hilfsenergie nötig) und *Messumformer* (Umsetzen in eine andere Signalstruktur).

Messumsetzer Sie wandeln die Eingangsgröße in eine Ausgangsgröße mit *anderer Signalstruktur* um (DIN 1319). Die Mess-Signale können eine analoge, eine digitale oder eine digital codierte Struktur aufweisen. Daher unterscheidet man in:

- Analog-Digital-Umsetzer,
- Digital-Analog-Umsetzer und
- Codeumsetzer.

I.1.2 Einteilung elektrischer Messgeräte

Die grundsätzliche Einteilung elektrischer Messgeräte ist in Bild I-2 zu sehen. Die Zeichen für elektrische Messwerke sind in Bild I-6 zusammengestellt.

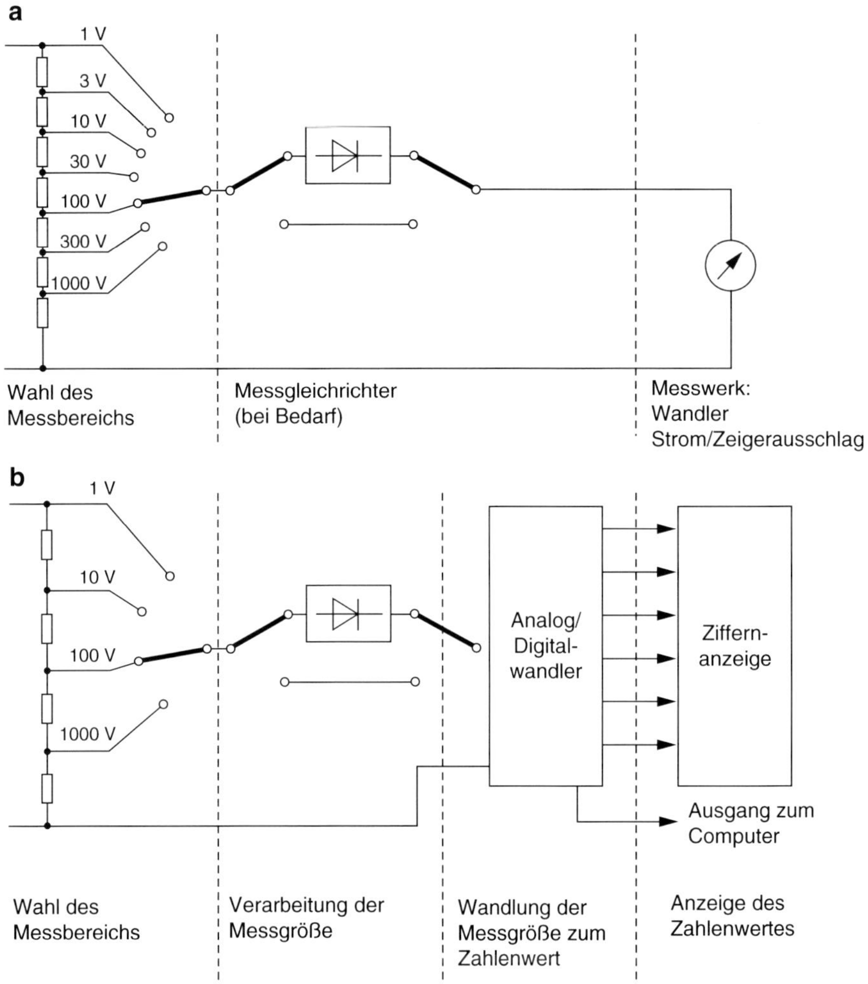

Bild I-4 Prinzip des Aufbaus von Messgeräten (analog und digital). **a** Analoger Spannungsmesser für Gleich- und Wechselspannung. **b** Digitaler Spannungsmesser für Gleich- und Wechselspannung

I.1.3 Übersicht über die Darstellung der Messwerte

Die Messwerte werden durch bestimmte Auswerteverfahren ermittelt. In Tabelle I-1 ist dies für amplituden- und zeitbezogene Signalgrößen zusammengestellt.

I.1.4 Messfehler, Genauigkeit und Empfindlichkeit

Nach Bild I-7 unterscheidet man zwischen folgenden Messfehlern:

Bild I-5 Prinzip der Messung nicht elektrischer Größen

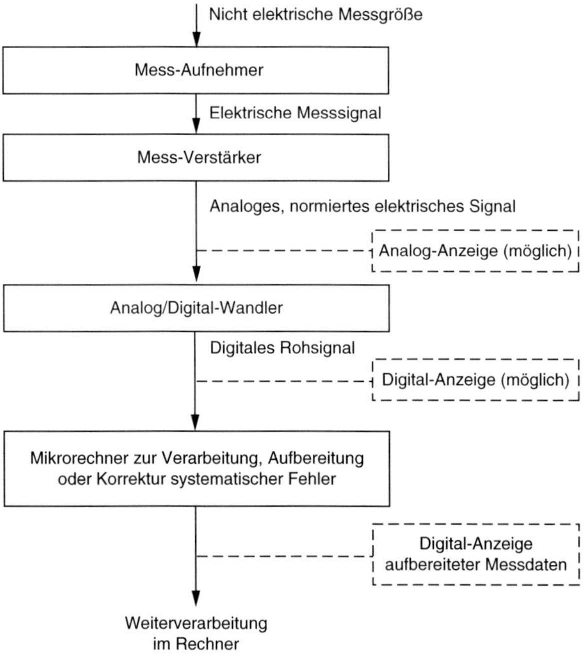

Systematische Messfehler Systematische Fehler messen Messgrößen entweder immer zu groß oder zu klein, d. h. ihre Abweichung vom wahren Wert zeigt immer in dieselbe Richtung.

Diese systematischen Fehler haben verschiedene Ursachen:

- *Rückwirkungen* (das Messgerät wirkt auf das Messobjekt und kann deshalb nicht richtig messen);
- Einflüsse durch die *Hilfsenergien* (z. B. Schwankungen der Batteriespannungen) oder durch die *Umwelt* (z. B. Lage, Temperatur, Feuchtigkeit, Klima, elektrische und magnetische Felder und Anordnung der Messgeräte). Es muss darauf geachtet werden, dass die Messgeräte vorschriftsgemäß eingesetzt werden.
- Einflüsse der *Konstruktion* (Genauigkeitsklassen nach DIN EN 60051). Geräte mit hoher Genauigkeit sind meist wesentlich teurer. Für unterschiedliche Messaufgaben ist es deshalb aus wirtschaftlichen Gründen sinnvoll, Geräte mit unterschiedlichen Genauigkeitsklassen zu verwenden.

Bild I-7 (untere Hälfte) zeigt die Fehler bei der elektrischen Messung. In Tabelle I-2 sind die entsprechenden Größen, ihre Formeln und Beispiele zusammengestellt.

Statistische (zufällige) Messfehler Wie Bild I-7 zeigt, unterscheidet man zwischen der Messung einer Größe und der Messung verschiedener Größen bzw. der rechentechnischen Weiterverarbeitung unterschiedlicher, fehlerbehafteter Größen.

Die zugehörigen Begriffe und Definitionen der Fehlerrechnung einer Messgröße sind in den Tabellen I-3 und I-4 zusammengestellt.

Bild I-6 Zeichen für elektrische Messwerke nach DIN EN 60051

	Gleichstrom
	Wechselstrom
	Gleich- und Wechselstrom
	Drehstrom (allg. Sinnbild)
	Drehspulmesswerk
	Dreheisenmesswerk
	Elektrodynamisches Messwerk
	Prüfspannung 500 V
	Prüfspannung über 500 V (z.B. 2 kV)
	Symbol für ein Instrument, das keiner Spannungsprüfung unterzogen wird
	Instrument, das mit senkrechter Skale zu benutzen ist
	Instrument, das mit waagrechter Skale zu benutzen ist
	Gebrauchslage mit Neigungswinkel (z.B. 30°)

Werden ausreichend viele Messungen voneinander unabhängiger Größen durchgeführt, dann sind die Einzelmesswerte *normalverteilt* (Gauß'sche Normalverteilung). Der *häufigste Wert* ist dann der *arithmetische Mittelwert* $\bar{x}$. Eine wichtige Kenngröße ist auch die *Standardabweichung* s. Wichtig ist, dass 68,3 % aller Messwerte in einem Bereich von $\pm\, s$, 95,5 % in einem Bereich von $\pm\, 2s$ und 99,7 % in einem Bereich von $\pm\, 3s$ um den Mittelwert liegen.

Werden mehrere Größen gemessen oder die gemessenen, fehlerhaften Größen rechentechnisch weiterverarbeitet, dann sind die Kenngrößen nach Tabelle I-4 maßgebend.

Digitale Messgeräte mit mehr als drei Stellen sind Präzisionsmessgeräte. Eine typische Angabe des maximalen Fehlers ist:

$$F_{\text{max}} = \pm(0{,}1\,\%\ \text{v.A.} + 0{,}05\,\%\ \text{v.E.} + 1\ \text{digit})$$

v. A.: von der Ablesung; engl.: „of reading"
v. E.: vom Messbereichsendwert; engl.: „of range"
1 digit: Quantisierungsfehler von 1 Einheit

Tabelle I-1 Kenngrößen elektrischer Signale

Größe	Berechnung	Bemerkungen
Amplitudenbezogene Signalgrößen		
Mittelwert (arithmetisch)	$\bar{U} = \frac{1}{T} \int_0^T x(t)\, dt$	Entspricht dem Gleichanteil, z. B. eines Spannungsverlaufes
Effektivwert (quadratischer Mittelwert)	$U_{\text{eff}} = \sqrt{\frac{1}{T} \int_0^T U^2(t)\, dt}$	Verknüpft mit der Wirkleistung z. B. $P = \tilde{U}^2 \frac{1}{R} = \tilde{I}^2 \cdot R$ z. B. $x(t) = \hat{A} \sin \omega t$ $\tilde{A} = \hat{A}/\sqrt{2}$
Effektivwert bei Anwendung der Spektral-darstellung	$U_{\text{eff}} = \sqrt{\sum_{\nu=0}^{\infty} U_\nu^2}$	z. B. $i = I_0 + I_1 \sin \omega t$ $I_0 = 4$ mA (quadratische Addition) $\tilde{I}_1 = 3$ mA $\tilde{I} = \sqrt{4^2 + 3^2}$ mA $= 5$ mA
Klirrfaktor	$k = \sqrt{\frac{\sum_{\nu=2}^{\infty} \tilde{A}_{\nu\omega}^2}{\sum_{\nu=1}^{\infty} \tilde{A}_{\nu\omega}^2}}$	$= \frac{\text{Effektivwert aller Oberwellen}}{\text{Gesamteffektivwert}}$
Formfaktor	$F = \frac{\sqrt{\frac{1}{T} \int_0^T U(t)^2\, dt}}{\frac{2}{T} \int_0^{T/2} U(t)\, dt}$	$= \frac{\text{Effektivwert}}{\text{Halbwellenmittelwert}}$
Scheitelfaktor	$F_s = \frac{\tilde{A}}{\tilde{A}}$	Symmetrische Zeitfunktion
	$F_{s+} = \frac{\tilde{A}_+}{\tilde{A}}$ $F_{s-} = \frac{\tilde{A}_-}{\tilde{A}}$	Unsymmetrische Zeitfunktion
Frequenz- bzw. zeitbezogene Signalgrößen		
Frequenz	$f = \frac{\text{Zahl d. Schwing.}}{\text{Sekunde}}$	Periodische Signale; $f = d\varphi/dt$
Sequenz	$s = \frac{\text{Zahl d. Nulldurchgänge}}{2 \times \text{Periodendauer}}$	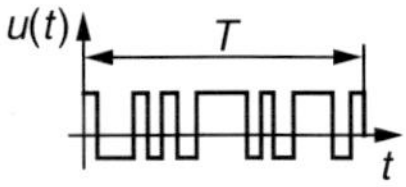 binäre Signale
Phase	$\varphi = \int_{t_0}^{t} \omega\, dt$	Vergleich zwischen Bezugs und zu messendem Signal bzw. zu einem Bezugspunkt t_0

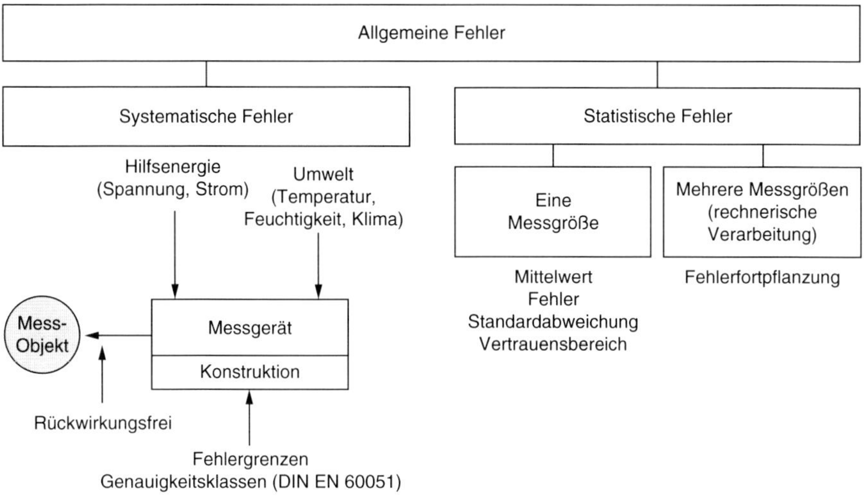

Spezielle Fehler bei der Messung elektrischer Größen

Station des Messprozesses	Statistische Fehler	Fehler mit statistischem und systematischem Anteil
Nicht elektrische Größe, roh → Wandler: nicht elektrisch in elektrisch	Rauschen, Skalenfaktor, Nichtlinearität, Offset	Größen können von der Versorgungsspannung, der Temperatur, der Feuchtigkeit, der Vibration und Alterung abhängen
Elektrisches Ausgangssignal → Analoganzeige	Ablesefehler	Skalenfaktor, Nichtlinearität, Offset, Temperatur, Vibration
Digital/Analog-Wandler → Digitalanzeige	Rauschen	Skalenfaktor, Nichtlinearität, Offset, abhängig von der Herstellung (immer) und externen Einflüssen. Im allgemeinen gegen die obigen Fehler vernachlässigbar
Verarbeitung im Rechner	Geringe Fehlermöglichkeiten	Programmierfehler, Division durch kleine Größen

Bild I-7 Fehlerarten

Eine *Kennlinie* beschreibt, wie das Ausgangssignal x_a eines Messgerätes vom Eingangssignal x_e abhängt (nur gültig für den stationären Zustand eines Messgerätes, d. h. bei zeitlich konstanten Eingangsgrößen). Für die Kennlinie gilt deshalb:

$$x_a = f(x_e).$$

Tabelle I-2 Absoluter Fehler, relativer Fehler und Genauigkeitsklassen

Begriff	Beziehung	Beispiel
Absoluter Fehler F	Differenz aus angezeigtem Wert x_i und wahrem Wert (z. B. arithmetischer Mittelwert $\bar{x}$): $F_\mathrm{i} = x_\mathrm{i} - \bar{x}$.	Ein Voltmeter zeigt 2,4 V an. Der wahre Wert ist 2,44 V. Wie groß sind der absolute und der relative Messfehler? $F = 2{,}4\,\mathrm{V} - 2{,}44\,\mathrm{V} = -0{,}04\,\mathrm{V}$.
Relativer Fehler f	Der auf den wahren Wert ($\bar{x}$) bezogene absolute Fehler F in Prozent: $f = \frac{F}{\bar{x}} \cdot 100\%$.	$f = \frac{-0{,}04\,\mathrm{V}}{2{,}44\,\mathrm{V}} \cdot 100\% = -1,64\%$.
Genauigkeitsklasse GK Fein-Messgeräte: $GK = 0{,}1;\ 0{,}2;\ 0{,}5$ Betriebs-Messgeräte: $GK = 1;\ 1{,}5;\ 2{,}5;\ 5;\ 10$	Der auf den Messbereichs-Endwert (MB) bezogene (absolute) maximale Fehler ($\lvert F_\mathrm{G\ max}\rvert$): $GK = \frac{\lvert F_\mathrm{G\ max}\rvert}{MB} \cdot 100$.	Ein Amperemeter mit dem Messbereich 0,1 A ist von der Genauigkeitsklasse 0,2. Wie groß ist die Fehlangabe (maximaler Fehler) bei einem wahren Wert von 0,02 A und 0,06 A? Wie groß sind die zulässigen relativen Messfehler der Messungen? $F_\mathrm{G\ max} = \pm\frac{0,1\mathrm{A} \cdot 0{,}2}{100}\,\mathrm{A} = 0{,}0002\,\mathrm{A}$. $x_{0{,}02\,\mathrm{A}} = 0{,}0198$ A bis 0,0202 A, $x_{0{,}06\,\mathrm{A}} = 0{,}0598$ A bis 0,0602 A
Angabe des maximalen Fehlers $F_\mathrm{G\,max}$	Aus der Fehlerklassenangabe lässt sich die Fehlangabe ausrechnen (sie ist unabhängig von einem großen oder kleinen Anzeigewert) $F_\mathrm{G\ max} = \pm\frac{MB \cdot GK}{100}$. Die Genauigkeitsklasse gibt nicht den maximalen relativen Messfehler an. Er ist bei kleinen Zeigerausschlägen größer als bei großen. Deshalb sollte möglichst der ganze Messbereich eines Gerätes ausgenutzt werden	$f = \frac{F_\mathrm{G\ max}}{\bar{x}} \cdot 100\%$. $f_{0{,}02\,\mathrm{A}} = \pm\frac{0,0002\ \mathrm{A}}{0{,}02\ \mathrm{A}} \cdot 100\% = 1\%$. $f_{0{,}06\,\mathrm{A}} = \pm\frac{0{,}0002\ \mathrm{A}}{0{,}06\ \mathrm{A}} \cdot 100\% = 0{,}333\%$.

Dieser Zusammenhang kann als mathematische Funktion beschrieben und grafisch dargestellt werden. Aber auch eine tabellarische Zuordnung ist möglich. Aus der Kennlinie ist die *Empfindlichkeit E* zu entnehmen. Sie ist die Steigung der Kurve an einem Punkt:

$$E = \frac{\mathrm{d}x_\mathrm{a}}{\mathrm{d}x_\mathrm{e}}.$$

Tabelle I-3 Fehlerrechnung mit einer Messgröße

Kennwerte der Fehlerrechnung		Beziehungen	
$\bar{x}$	Arithmetischer Mittelwert; Schätzwert für den Erwartungswert	$\bar{x} = \frac{1}{N}\sum_{i=1}^{N} x_i$	N Anzahl der Messungen
FS_{min}	Minimale Fehlersumme einer Anzahl von N Messwerten	$FS_{min} = \sum_{i=1}^{N}(x_i - \bar{x})^2 = \sum_{i=1}^{N} x_i^2 - N\,\bar{x}^2$	x_i Einzelmessung
s	Standardabweichung des Messwerts bzw. Messverfahrens; Schätzwert für die Varianz	$s = \sqrt{\frac{FS_{min}}{N-1}}$	

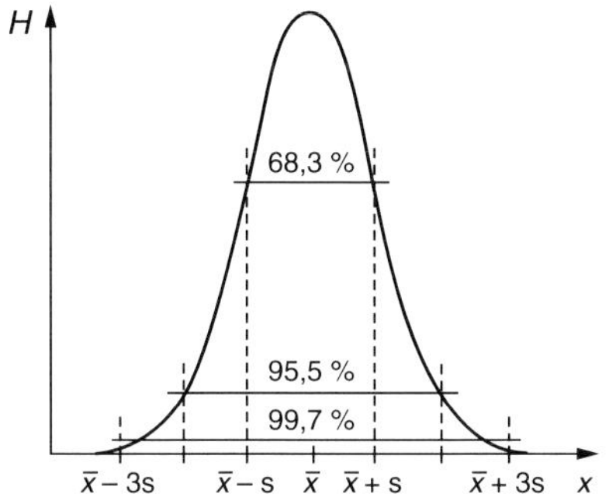

s_{rel}	Relative Standardabweichung des Messwerts bzw. Messverfahrens	$s_{rel} = \frac{s}{\bar{x}}$	
$\Delta\bar{x},\ s_x$	Standardabweichung des arithmetischen Mittelwerts	$\Delta\bar{x} = s_x = \frac{s}{\sqrt{N}}$	
$\Delta\bar{x}_{rel}$	Relative Standardabweichung des arithmetischen Mittelwerts	$\Delta\bar{x}_{rel} = \frac{\Delta\bar{x}}{\bar{x}}$	
u_z	Zufallskomponente der Messunsicherheit mit t_p-Faktor der Student-Verteilung	$u_z = \Delta\bar{x}\,t_p$	

Zahlenwerte nach DIN 1319 und Anpassungspolynom des t-Faktors der Vertrauensgrenzen für verschiedene statistische Sicherheiten

Anzahl der Wiederholungsmessungen $n_w = N - k$	Statistische Sicherheit P 68,3 % $t_{0,68}$	95,4 % $t_{0,95}$
1	1,84	12,71
2	1,32	4,30
3	1,20	3,18
4	1,15	2,78
5	1,11	2,57
7	1,08	2,37

Tabelle I-3 (Fortsetzung)

Zahlenwerte nach DIN 1319 und Anpassungspolynom des t-Faktors der Vertrauensgrenzen für verschiedene statistische Sicherheiten

Anzahl der Wiederholungsmessungen $n_w = N - k$	Statistische Sicherheit P 68,3 % $t_{0,68}$	95,4 % $t_{0,95}$
10	1,06	2,25
20	1,03	2,09
50	1,01	2,01
100	1,00	1,98
>100	1,00	1,96
Anpassungspolynom	$t_{0,68} = 1 + \frac{0{,}584}{n_w} - \frac{0{,}032}{n_w^2} + \frac{0{,}288}{n_w^3}$	$t_{0,95} = 1{,}96 + \frac{3{,}012}{n_w} - \frac{1{,}273}{n_w^2} + \frac{8{,}992}{n_w^3}$

Ergebnis von N Messungen (Messwertanalyse) $x_p = \bar{x} \pm u_z = \bar{x} \pm t_p \frac{s}{\sqrt{N}}$;

- x_p Ergebnis der Messwertanalyse der Messwerte x,
- $\bar{x}$ wahrscheinlichster Wert für die Messgröße x
- u_z Grenzwert des Vertrauensbereichs mit der statistischen Sicherheit P
- t_p Student-Faktor
- s Standardabweichung
- N Gesamtanzahl der Messungen der Messgröße x.

Besitzen die Eingangs- und die Ausgangsgrößen unterschiedliche Einheiten (z. B. Ausgangsgröße eine Spannung und Eingangsgröße ein Strom), dann besitzt die Empfindlichkeit eine Einheit; sonst ist die Empfindlichkeit eine Zahl.

I.2 Messung von Spannung und Strom

I.2.1 Gleichstromkreis

Zur Strom- und Spannungsmessung werden einfache und robuste Drehspulinstrumente und Dreheiseninstrumente eingesetzt. Bild I-8 zeigt deren Wirkungsweise. Beim *Drehspulinstrument* dreht sich zwischen hufeisenförmigen Magneten eine stromdurchflossene Spule. Das Drehmoment M ist proportional zur Stromstärke I,

Tabelle I-4 Kenngrößen und Berechnungen von Fehlern bei mehreren Variablen

Kennwerte der Fehlerfortpflanzung der Fehlerrechnung		Beziehungen
$\bar{f}$	Wahrscheinlichster Wert der indirekt gemessenen physikalischen Größe f	$\bar{f} = f(\bar{x}, \bar{y}, \bar{z}, \dots)$
s_f	Standardabweichung der Größe f bzw. des indirekten Messverfahrens für f	$s_f = \sqrt{\left(\frac{\partial f}{\partial x}\right) s_x^2 + \left(\frac{\partial f}{\partial y}\right) s_y^2 + \left(\frac{\partial f}{\partial z}\right) s_z^2 + \cdots}$
$\Delta \bar{f}$	Absoluter Größtfehler des Mittelwertes $\bar{f}$	$\Delta \bar{f}_{max} = \left\|\frac{\partial f}{\partial x}\right\| \Delta \bar{x} + \left\|\frac{\partial f}{\partial y}\right\| \Delta \bar{y} + \left\|\frac{\partial f}{\partial z}\right\| \Delta \bar{z} + \cdots$
Δf_{rel}	Relativer Größtfehler der Größe $\bar{f}$	$\Delta f_{rel} = \frac{\Delta \bar{f}_{max}}{\bar{f}}$
$\Delta f_{rel, PP}$	Relativer Größtfehler eines Potenzprodukts $f = x^k y^m z^n$	$\Delta f_{rel, PP} = \frac{\Delta \bar{f}_{max}}{\bar{f}} = \left\|k \frac{\Delta \bar{x}}{\bar{x}}\right\| + \left\|m \frac{\Delta \bar{y}}{\bar{y}}\right\| + \left\|n \frac{\Delta \bar{z}}{\bar{z}}\right\|$
$\bar{x}, \bar{y}, \bar{z}, \dots$	Arithmetische Mittelwerte der Teilmessgrößen $x, y, z, \dots$	
$s_x, s_y, s_z, \dots$	Standardabweichungen der Teilmessgrößen $x, y, z, \dots$	
$\frac{\partial f}{\partial x}, \frac{\partial f}{\partial y}, \frac{\partial f}{\partial z}, \dots$	Partielle Ableitungen der Funktion $f(x, y, z, \dots)$ nach den Teilgrößen $x, y, z, \dots$ an der Stelle $\bar{x}, \bar{y}, \bar{z}, \dots$	

d. h. der Winkelausschlag des Zeigers ist ein direktes Maß für die Stromstärke. Beim *Dreheisenmesswerk* wird die Spule von einem Mess-Strom durchflossen. In der Mitte des Spule befinden sich zwei Weicheisenplättchen: eines ist am Zeiger, das andere am Spulenkörper befestigt. Der Strom erzeugt ein Magnetfeld, wodurch die beiden Plättchen gleichsinnig magnetisiert werden und sich abstoßen. Das Drehmoment M ist proportional zum Quadrat des Stroms. Zur richtigen Anzeige der gemessenen Effektivwerte muss die Momentenwirkung noch mit einem winkelabhängigen Skalenfaktor multipliziert werden. Weil Dreheisenmesswerke unabhängig vom Vorzeichen des Stroms und unabhängig von der Kurvenform messen, haben sie ein *großes Einsatzgebiet* im Gleich- und Wechselstrombereich. Ein Dreheisenmesswerk braucht allerdings mehr Energie als ein Drehspulmesswerk.

In Bild I-9 ist zusammengestellt, wie Gleichströme und Gleichspannungen gemessen werden. *Gleichströme* werden *im Stromkreis* gemessen.

Um den gemessenen Strom nicht zu verfälschen, muss der *Widerstand* des Messgerätes möglichst *klein* sein (*niederohmig*). Der Kurzschluss-Strom kann nur gemessen werden, wenn der Widerstand des Messgerätes klein ist gegenüber dem Innenwiderstand der Quelle.

Die Spannung wird dann möglichst genau gemessen, wenn der Widerstand des Messgerätes groß gegenüber dem Innenwiderstand der Quelle ist (*hochohmig*).

Wie Bild I-9 zeigt, geschieht die *Messbereichserweiterung* von *Spannungen* durch *Vorwiderstände* und von *Strömen* durch *Parallelwiderstände*. Vor *Überlastung* kann man ein Messwerk schützen, indem man zwei Dioden *antiparallel* zum Messwerk

	Drehspulinstrument 	Dreheiseninstrument 
Messprinzip	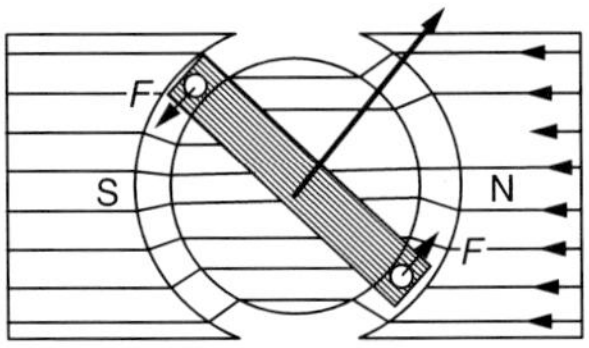	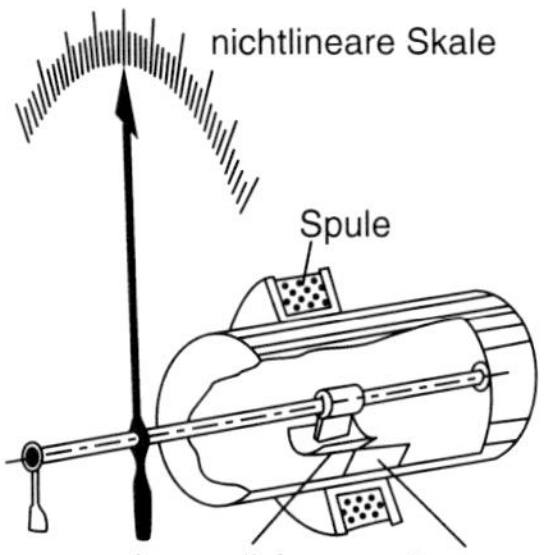
Geräte-Bild		
Pysikalisches Gesetz	$F_a = 2NB\,l\,I$ $F_a\,r = k_t\,\varphi$ $\varphi = \underbrace{\frac{2NBlr}{k_t}}_{E}\,I$ $\varphi = E\,I$	$F_a \sim B^2$ $F_a r \sim r\,B^2 \quad (B \sim I)$ $M = f(I,\varphi)$ $\varphi = r\,I^2$
	F_a Ablenkkraft N Windungszahl der Spule B magnetische Induktion	l aktive Leiterlänge r Radius der Drehspule k_t Drehfederkonstante I Stromstärke E Empfindlichkeit φ Winkel

Bild I-8 Gegenüberstellung von Drehspul- und Dreheiseninstrumenten

einbaut. Wird der Spannungsabfall am Messwerk größer als erlaubt, dann wird eine Diode leitend und schützt das Messwerk vor einem zu großen Strom.

I.2.2 Wechselstromkreis

Für die Wechselstromgrößen sind bestimmte *Kenngrößen* maßgebend, die in Tabelle I-1 zusammengestellt sind. Wie bereits erwähnt, sind Dreheiseninstrumente ohne zusätzliche Schaltungen geeignet, um Effektivwerte von Wechselströmen und -spannungen bis zu einer Frequenz von etwa 1 kHz zu messen. In Bild I-10 sind einige Signalformen mit ihrem Gleichrichtwert angegeben.

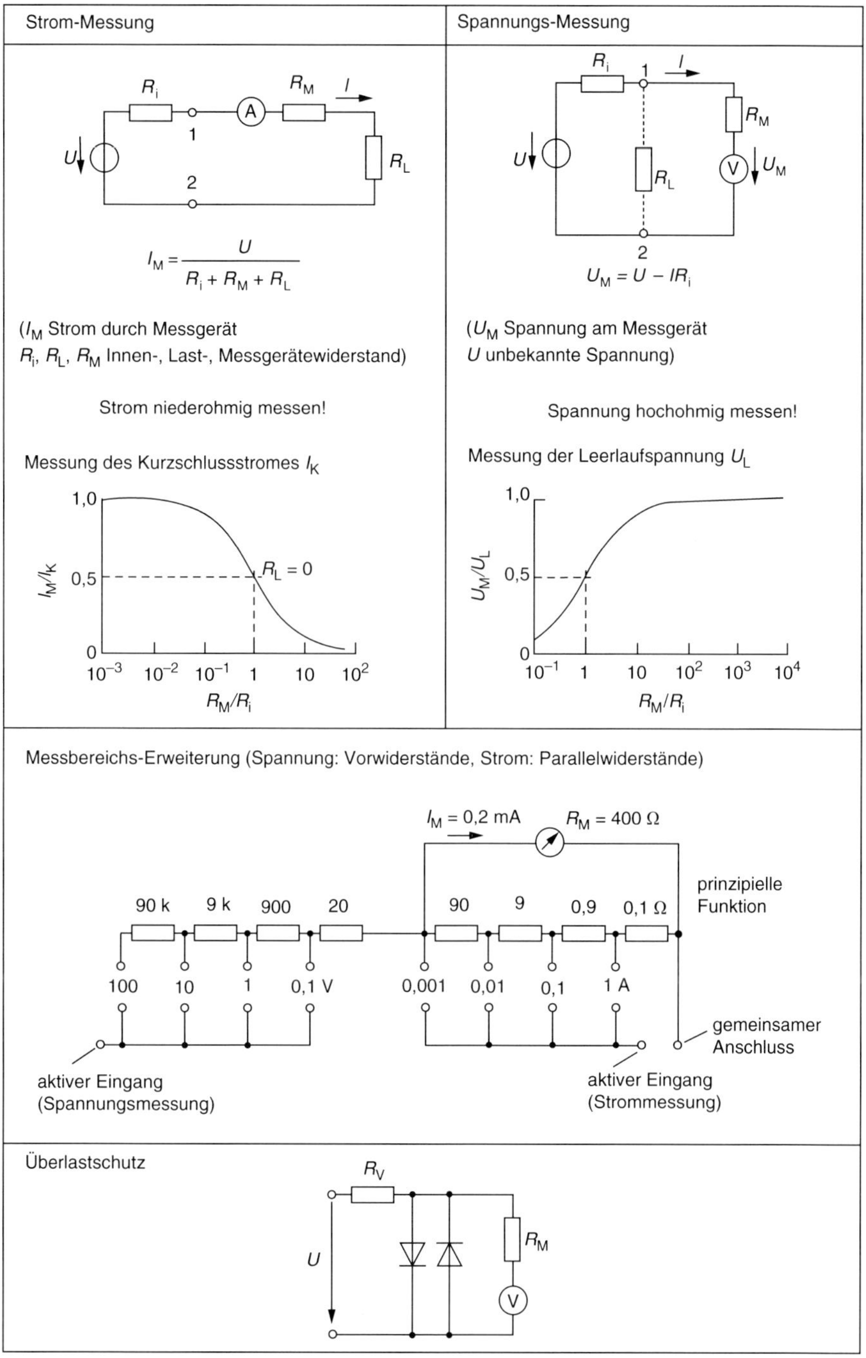

Bild I-9 Messung von Gleichstrom und Gleichspannung

Kurvenform, Spannung	arithmetischer Mittelwert der gleichgerichteten Spannung	Effektivwert der Spannung
	$\lvert\bar{u}\rvert = U_M = U$ Spannung ist schon Gleichspannung	U
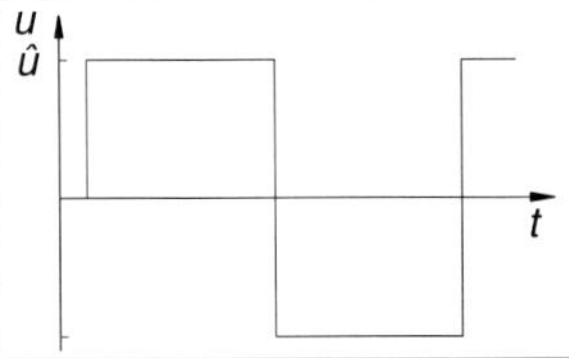	$\lvert\bar{u}\rvert = U_M = \hat{u}$	$U = \hat{u}$
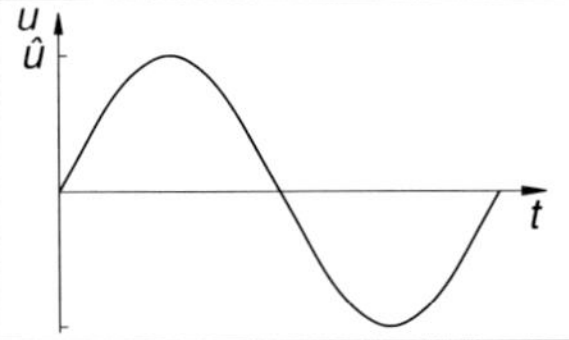	$\lvert\bar{u}\rvert = U_M = \frac{2}{\pi}\hat{u}$	$U = \frac{1}{\sqrt{2}}\hat{u} \approx 0{,}707\,\hat{u}$
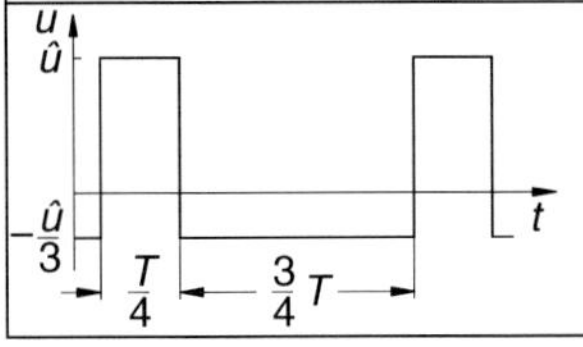	$\lvert\bar{u}\rvert = U_M = \frac{1}{2}\hat{u}$	$U = \frac{1}{\sqrt{3}}\hat{u} \approx 0{,}577\,\hat{u}$

Bild I-10 Signalformen und zugehöriger Gleichrichtwert

Bild I-11 zeigt einige Methoden zur Messung von Wechselstromgrößen mit Drehspulinstrumenten. Es ist dies die *Spitzenwertgleichrichtung* mit der oberen Halbwelle (Bild I-11a). Der Scheitelwert wird durch einen Kondensator gespeichert. Dazu wird er über die Diode auf die Spannung U_C aufgeladen. Der Kondensator entlädt sich über den hohen Widerstand des Messgerätes, bis die Spannung beim nächsten Signal wieder den Maximalwert erreicht. Dabei wird nur der positive (und bei umgekehrter Schaltung der negative) Spitzenwert gemessen.

Eine andere Methode ist die Messung des *Gleichrichtwerts* über die *Einweggleichrichtung*. Dazu wird eine Diode vorgeschaltet (Bild I-11b). Muss die Dioden-Kennlinie berücksichtigt werden, dann wird die Skala nicht linear verlaufen. Die Messgröße muss zuerst die Spannung an der Gleichrichterdiode aufbringen; die restliche Spannung treibt das Messwerk an. Je größer der Messbereich des Instruments mit Gleichrichter ist, desto weniger macht sich die Diodenspannung bemerkbar und desto kleiner ist der unterdrückte Bereich am unteren Ende des Messbereichs. Beim *Doppelweggleichrichter* (zwei Dioden in Reihe geschaltet) ist der unterdrückte Bereich doppelt so groß. Um die positive und die negative Halbwelle berücksichtigen zu können, benützt man eine *Doppelweggleichrichtung*, wie sie in der *Graetz-Schaltung* (Bild I-11c) zu sehen ist.

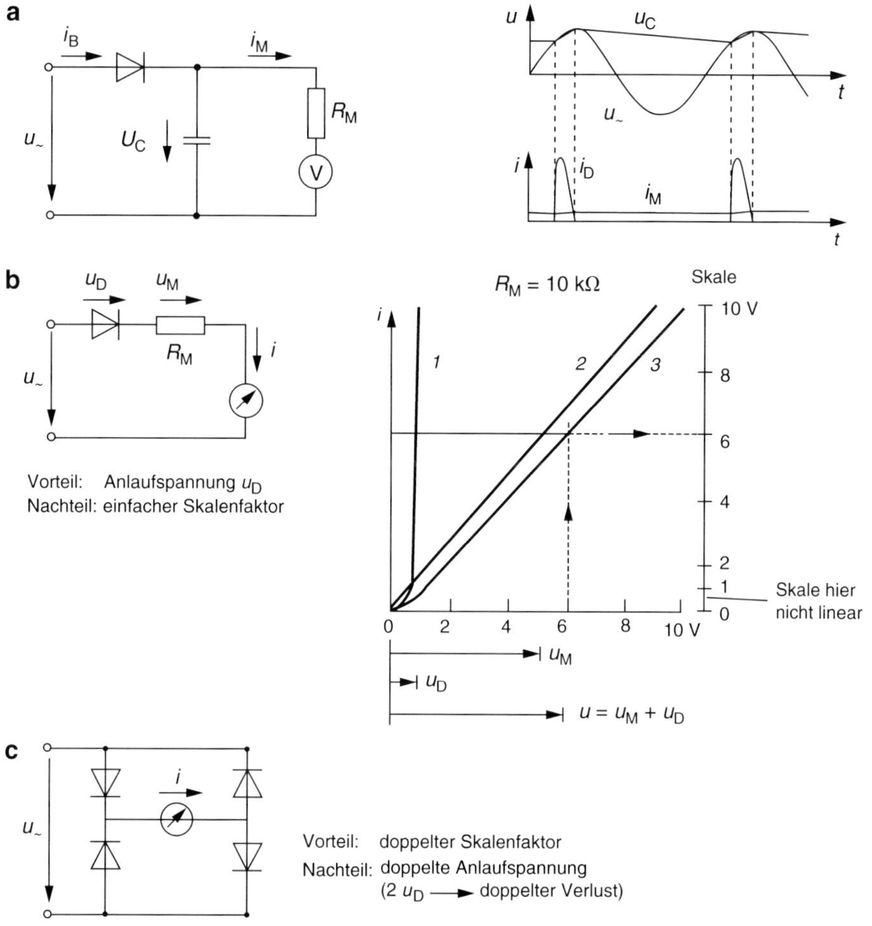

Bild I-11 Messung von Wechselgrößen mit einem Drehspulinstrument. **a** Messung des positiven Spitzenwertes (üblich in der Nachrichtentechnik). **b** Messung des Gleichrichterwertes mit dem Einweggleichrichter. **c** Messung des Gleichrichterwertes mit der Doppelweg-Gleichrichtung (Graetz-Schaltung)

In einem *Vielfachinstrument* (Multimeter) ist die Möglichkeit gegeben, Gleich- und Wechselgrößen zu messen (Bild I-12).

I.2.3 Zeitlich veränderliche Spannungen

Zeitlich sich ändernde Mess-Signale werden in einem Abtastregelkreis nur zu bestimmten Zeitpunkten (meist in regelmäßigen Abständen: äquidistant) abgefragt (Bild I-13). Die abgetasteten Signale bilden eine *amplitudenmodulierte*

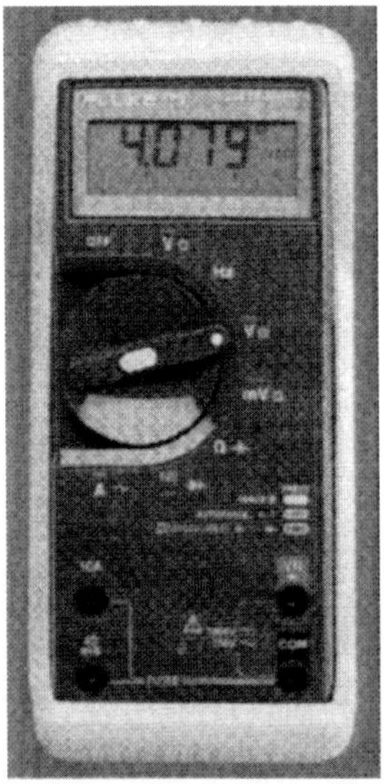

Bild I-12 Multimeter (Werkfoto: FLUKE)

Impulsfolge. Zur Verarbeitung werden die Impulse über das Tastintervall konstant gehalten, entweder im Rechner oder durch ein Halteglied. Auf diese Weise entsteht eine Treppenfunktion, deren Mittelwert ihrem kontinuierlichen Signal um die halbe Abtastzeit nacheilt. Bei der Digitalisierung analogen Kurvenverläufe muss nach dem *Shannon'schen Abtasttheorem* die Tastfrequenz mindestens *doppelt so groß* sein wie die Signalfrequenz. Die Abtastfrequenz liegt nach Bedarf zwischen 0,1 Hz und 100 MHz. Im Rechner werden Mittelwerte, Effektivwerte der Messgrößen und die Frequenzen gespeichert und verarbeitet. In einer *Fourieranalyse* werden alle enthaltenen Frequenzen ermittelt. Es ist dabei auch möglich, in einer *Fehleranalyse* unerwünschte Schwingungen zu erkennen. Die genauen Kurvenverläufe können in einem Oszilloskop verfolgt werden, das auch als Multimeter eingesetzt werden kann (Bild I-14).

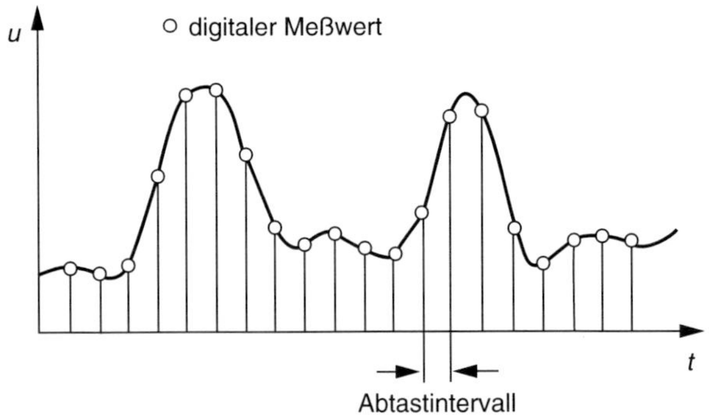

Bild I-13 Äquidistante Abtastung zur Bestimmung des Kurvenverlaufs

Bild I-14 Oszilloskop und Multimeter (Werkfoto: FLUKE)

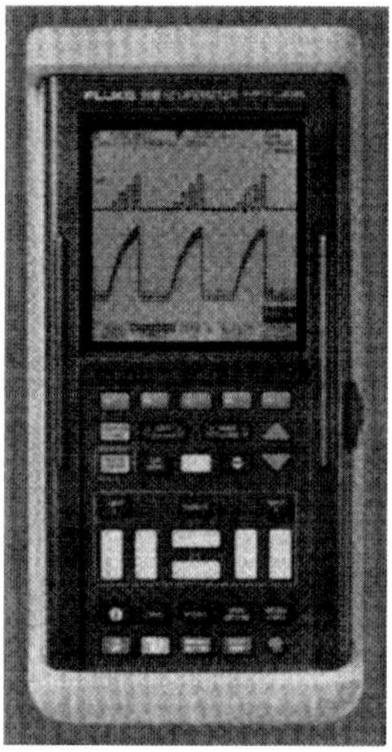

I.3 Messung von Widerständen

I.3.1 Messung Ohm'scher Widerstände im Gleichstromkreis

In der Praxis gibt es, wie Bild I-15 zeigt, eine Vielzahl von Messmethoden. In Bild I-15a, b werden die Widerstände durch Messung von Strom und Spannung nach dem Ohm'schen Gesetz errechnet. In Bild I-15a ist die Spannung fehlerhaft: es muss der Spannungsabfall am Strommesser ($R_A\ I$) abgezogen werden. Diese Schaltung eignet sich für große Widerstände. In der Schaltung nach Bild I-15b wird der Strom zu groß gemessen. Deshalb muss der Strom durch den Spannungsmesser (U/R_V) abgezogen werden.

Der systematische Fehler in der Schaltung in Bild I-15a, b kann vermieden werden. Dazu wird der gesuchte Widerstandr R_x mit einem definierten Referenzwiderstand R_r verglichen. Müssen *sehr niedrige Widerstände* gemessen werden, dann muss man die an den Klemmen auftretenden *Übergangswiderstände* berücksichtigen (Bild I-15c).

Ein konstanter Strom kann auch durch einen *invertierenden Operationsverstärker* erzeugt werden. Dann ist die Ausgangsspannung ein Maß für den gesuchten Widerstand R_x (Bild I-15d). Eine Widerstandsmessung mit einem Operationsverstärker ist in Bild I-15e zu sehen. Dieses Messprinzip findet üblicherweise in Digital-Ohmmetern Anwendung.

Zur Messung von Widerständen sind auch *Brückenschaltungen* gebräuchlich. Die Wheatstone-Brücke ist am häufigsten eingesetzt. Die Diagonalspannung U_d wird auf null abgeglichen. Dann bestimmen die anderen Widerstände den gesuchten Widerstand R_x (Bild I-15f). Das Messergebnis ist unabhängig von U_0.

Fließt ein konstanter Strom I_0 in einem Stromkreis, dann berechnet sich aus der gemessenen Spannung U_x der gesuchte Widerstand R_x (Bild I-15c).

Schaltung **Berechnungsgleichung**

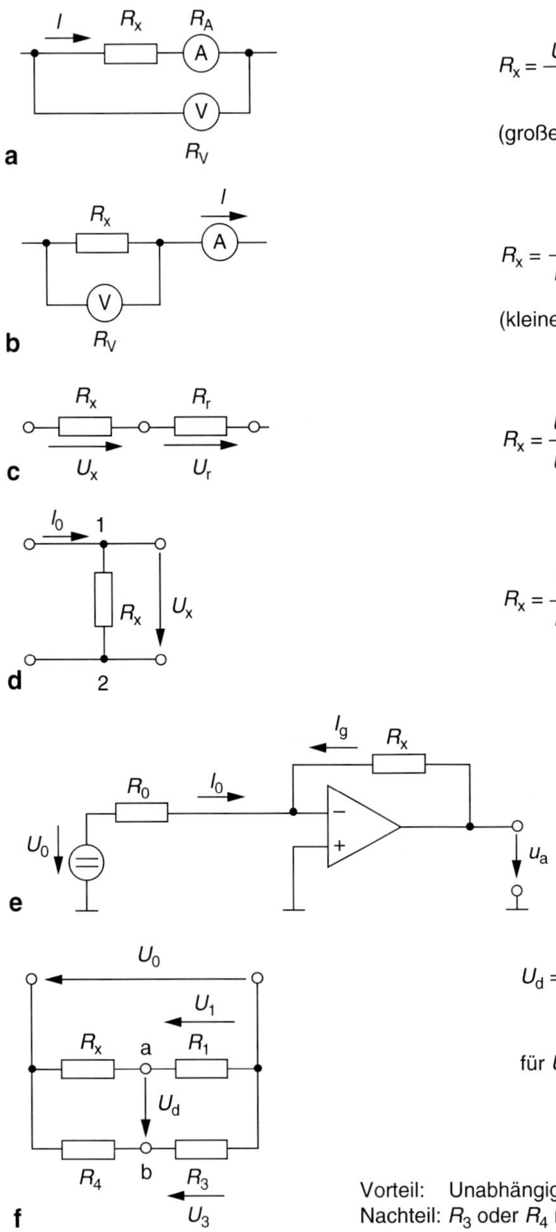

a: $R_x = \dfrac{U - R_A I}{I} = \dfrac{U}{I} - R_A$

(große Widerstände) $R_x \gg R_A$

b: $R_x = \dfrac{U}{I - U/R_V}$

(kleine Widerstände) $R_x \gg R_V$

c: $R_x = \dfrac{U_x}{U_r} R_r$

d: $R_x = \dfrac{U_x}{I_0}$

e: $R_x = -\dfrac{R_0}{U_0} u_a$

f: $U_d = U_3 - U_1 = U_0 \dfrac{R_x R_3 - R_1 R_4}{(R_1 + R_x)(R_3 + R_4)}$

für $U_d = 0$: $R_x = R_1 \dfrac{R_4}{R_3}$

Vorteil: Unabhängig von Betriebsspannung U_0
Nachteil: R_3 oder R_4 muß abgeglichen werden

Bild I-15 Schaltungen zur Messung von Gleichstromwiderständen. **a** Strom- und Spannungsmessung (Spannungsfehler). **b** Strom- und Spannungsmessung (Stromfehler). **c** Vergleich mit Referenzwiderstand R_r. **d** Messung mit Konstantstromquelle (I_0 = const). **e** Messung mit Operationsverstärker (übliches Verfahren in Digital-Ohmmetern). **f** Wheatstone-Messbrücke

I.3.2 Messung von Blind- und Scheinwiderständen im Wechselstromkreis

In Abschn. A.5 sind die Widerstände im Wechselstromkreis ausführlich beschrieben und in den Bildern A-60, A-62, A-64 und A-65 zusammengestellt.

Um die Scheinwiderstände zu errechnen, muss man eine getrennte Messung der Wirk (ohmscher Anteil)- und der Blindkomponente (imaginärer Anteil) durchführen. Der Wirkwiderstand ist gemäß Abschn. I.3.1 (Bild I-15) zu messen. Im Folgenden geht es deshalb um die Messung von Blindwiderständen. Die Blindwiderstände sind frequenzabhängig. Deshalb müssen Wechselspannungsquellen konstanter Frequenz mit nur geringen Oberschwingungen eingesetzt werden. Prinzipiell sind die Effektivwerte nach der Schaltung in Bild I-15a, b zu messen. Nach dem Ohm'schen Gesetz ergibt sich daraus der Betrag Z des Scheinwiderstandes ($Z = U/I$). Die Summe aus dem reellen Wirkwiderstand R und dem imaginären Blindwiderstand X ergibt den komplexen Widerstand $\underline{Z}$. Es gilt:

$\underline{Z} = R + \mathrm{j}X$, wobei gilt: $X_\mathrm{L} = \omega L$ (Spule) oder $X_\mathrm{C} = -1/(\omega C)$ (Kondensator). Ist der Wirkwiderstand R vernachlässigbar klein, dann erhält man aus der Strom- und Spannungsmessung (bei bekannter Kreisfrequenz ω) den Blindwiderstand:

$$\omega L = U/I(\text{Spule}) \quad \text{bzw.} \quad 1/(\omega C) = U/I(\text{Kondensator}).$$

Die verschiedenen Messmöglichkeiten sind in Bild I-16 zusammengestellt. Bild I-17 zeigt ein Messgerät für Widerstand (R), Kapazität (C) und Induktivität (L).

ÜBUNGSAUFGABE I 3.1-1

Eine Steuerleitung mit einem Querschnitt von 0,75 mm^2 wird mit 10 A belastet. Die Länge beträgt 8 m und es erfolgt eine Speisung mit 24V= .

a) Bestimmen Sie den Widerstand der Leitung bei Kupfer als Material.
b) Welchen Spannungsabfall verursacht der Leitungswiderstand?
c) Welchen Querschnitt müssen Sie verlegen, wenn die Baugruppe eine Toleranz der Betriebsspannung von maximal 5 % erlaubt?
d) Entwerfen Sie eine Anordnung zur Messung des Leitungswiderstandes. Beachten Sie, dass eine Anschlussklemme oder Tastspitze einen Übergangswiderstand besitzt, welchen wir vereinfacht mit 50 mΩ annehmen.
e) Welchen Messfehler begehen Sie bei der Messung am 0,75 mm^2-Kabel, wenn das Multimeter im Strom- und Spannungsbereich einen Grundfehler von 0,5 % besitzt? Zur Speisung steht Ihnen eine Referenzstromquelle mit 1,000 A zur Verfügung. Das Messgerät verfügt über 3 ½ Digit Anzeige (max. Anzeigewert 1999) und 0,2 V als kleinsten Messbereich.
f) Welche Genauigkeit erreichen Sie, wenn Sie diese Anordnung zur Bestimmung der Kabellänge auf einer Trommel verwenden? Gehen Sie davon aus, dass sich auf der Trommel mehr als 300 m mit dem Querschnitt 0,75 mm^2 befinden.

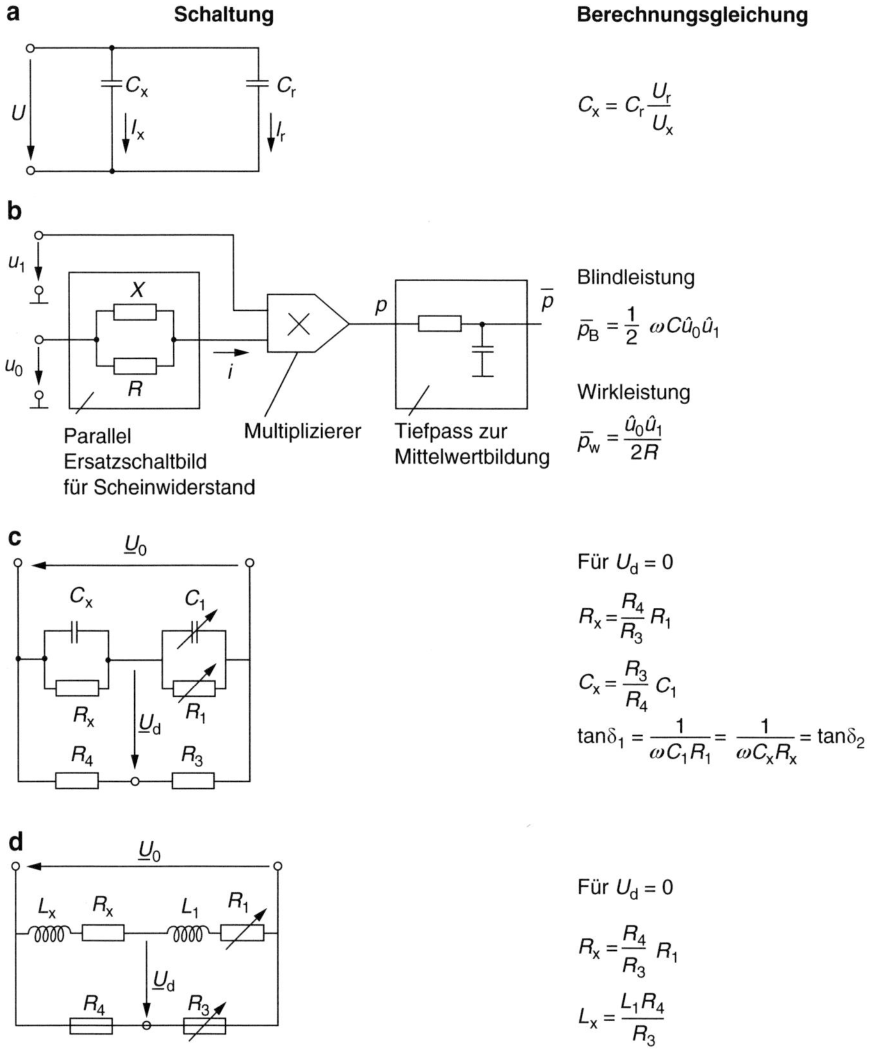

Bild I-16 Schaltungen zur Messung von Wechselstromwiderständen. **a** Messung mit Referenzkapazität C_r. **b** Getrennte Messung des Blind- und Wirkwiderstands. **c** Kapazitäts-Messbrücke nach Wien. **d** Induktivitäts-Messbrücke nach Maxwell

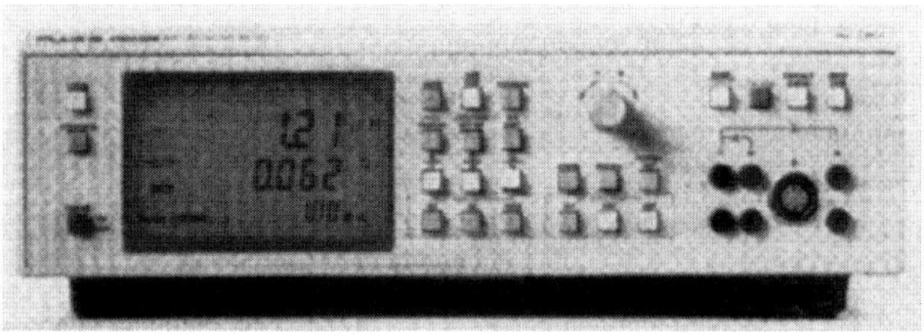

Bild I-17 RCL-Messgerät (Werkfoto: ADMESS)

I.4 Arbeitsmessung

Die elektrische Arbeit W ist nach folgender Gleichung zu bestimmen:

$$W = \int P \mathrm{d}t = \int U I \cos \varphi \, \mathrm{d}t.$$

Wird die Wirkleistung P über die Zeit integriert, dann erhält man die verbrauchte elektrische Energie. In der Praxis verwendet man dazu ein *Induktionsmesswerk* nach Bild I-18. Die Drehzahl n ist ein Maß für die Wirkleistung. Im Induktionsmesswerk erzeugen die Strom- und Spannungsspule ein Drehmoment, dessen Betrag und Vorzeichen dem Produkt aus Strom und Spannung proportional ist. Der Bremsmagnet erzeugt in der Metallscheibe ein streng geschwindigkeitsabhängiges Bremsmoment. Integriert wird durch das Zählen der Umdrehungen der Scheibe. Deshalb ist die Anzahl der Umdrehungen ein Maß für die abgegebene elektrische Energie.

In zunehmendem Maße werden *elektronische Arbeitszähler* eingesetzt, bei denen das Produkt der digitalen Strom- und Spannungswerte von einem Mikrocomputer vorgenommen wird. Die elektronischen Zähler arbeiten ohne elektromechanische Zählwerke und können diverse Sonderfunktionen ausführen wie beispielsweise Einstellung verschiedener Tarife zu verschiedenen Zeiten oder Datenübertragung an das Versorgungsunternehmen.

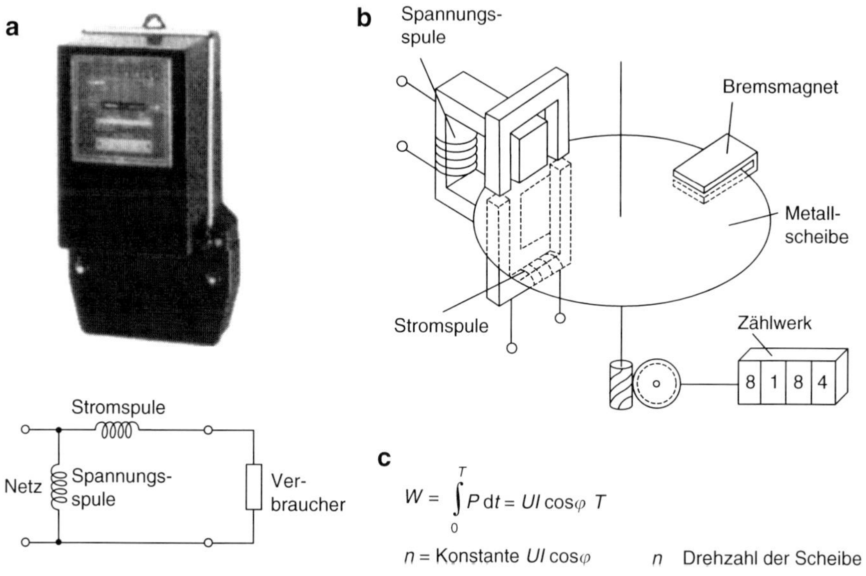

Bild I-18 Induktionsmesswerk zur Messung der elektrischen Energie. **a** Werkfoto Siemens. **b** Schema. **c** Formeln

I.5 Leistungsmessung

Im Gleichstromkreis ist die Leistung $P = UI$. Sie wird mit einem multiplizierenden elektrodynamischen Messwerk gemessen (Bild I-19a). Der Strom I durchfließt die Feldspule (Strompfad), während die zu messende Spannung über einen hochohmigen Vorwiderstand R_2 an die bewegliche Spule gelegt wird (Spannungspfad). Im Spannungspfad fließt der Strom $I_2 = U/R_2$. Die Leistung ist dann proportional zum Ausschlag β des Instrumentes. Dabei muss man eventuell die vom Messgerät selbst verbrauchte Leistung noch berücksichtigen.

Zur Messung der Leistung im Wechselstromkreis kann ebenfalls die obige Schaltung herangezogen werden (Bild I-19b). Der Zeigerausschlag β des elektrodynamischen Messwerks ist von der Wirkleistung abhängig ($\cos\varphi$). Blindleistungen ($\sin\varphi$) kann man messen, wenn man einen Phasenschieber in den Spannungspfad einbaut (Bild I-19c).

Will man die *Scheinleistung* messen, dann werden die Effektivwerte von Strom und Spannung getrennt gemessen und anschließend im Gerät selbst multipliziert (Bild I-19d). Für die *Wirk-Leistungsmessung* bei Drehstrom gibt es unterschiedliche Verfahren. Die Schaltung nach Bild I-19e (*Aronschaltung* mit zwei Messgeräten) dient zur Messung der Wirkleistung im beliebig belasteten 3-Leiter-Drehstromsystem. Wenn beide Messwerke auf dieselbe Scheibe arbeiten, zählt das Messwerk die Arbeit in den drei Phasen (L1 + L3: Zuleitung; L2: Rückleitung und MP nicht angeschlossen).

Moderne Geräte messen den Strom als Spannungsabfall an einem niedrigohmigen Messwiderstand und multiplizieren beide Größen elektronisch. Das Ergebnis ist an einem Zeigerinstrument oder digital ablesbar. Oft wird das Ergebnis digital ausgegeben und kann im Rechner weiterverarbeitet werden. Der Wechselstrom wird meist über einen Stromwandler (Transformator) gemessen; dadurch wird der Spannungsabfall sehr klein und das Gerät ist robust. Alle Ströme und Spannungen werden im Messgerät elektronisch in Echtzeit multipliziert. Das Auswertungsprogramm bestimmt, ob Wirk-, Blind- oder Scheinleistung gemessen wird.

I.6 Zeit- und Frequenzmessung

I.6.1 Elektronischer Zähler

Elektronische Zählschaltungen bestehen beispielsweise aus *JK-Flip-Flops*, deren Eingänge J und K jeweils miteinander verbunden sind. Die Kippstufen arbeiten nacheinander (*asynchrone Kippstufen*) und werden von der *abfallenden Taktflanke* gesteuert. Jede Kippstufe teilt die Frequenz durch 2. Die Schaltung *zählt* die *Flanken* und stellt sie im *dualen Zahlensystem* dar. Bild I-20a zeigt das Schaltungsprinzip, Bild I-20b die Ablaufdiagramme der einzelnen Kippstufen und Bild I-20c ein Gerät.

	Schaltung	**Berechnungsgleichung**
a	Spannungspfad 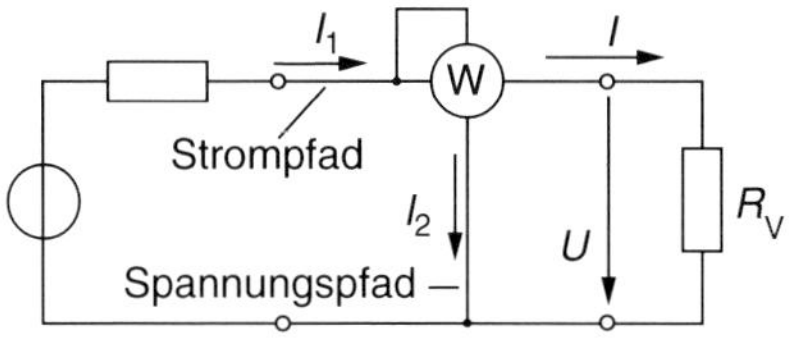	$\beta = k\, I\, I_2 = k \frac{U}{R_2} I = k_1\, UI$
b	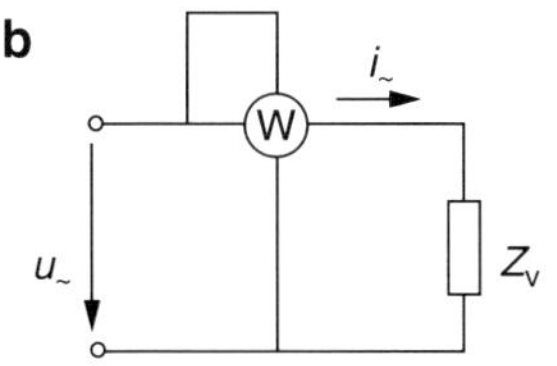	$\beta = k_1 UI \cos\varphi = k_1\, P$
c	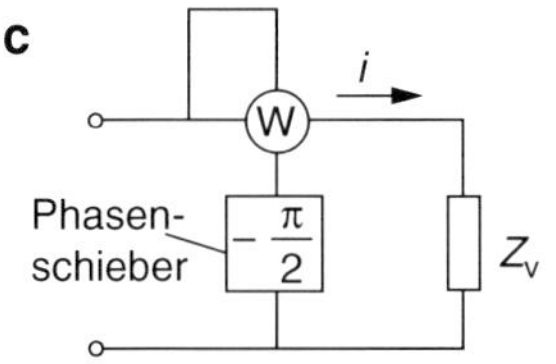	$\beta = k_1\, UI \sin\varphi = k_1 Q$
d	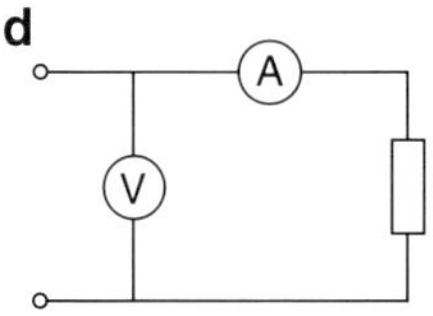 Verbraucher	$S = UI$
e	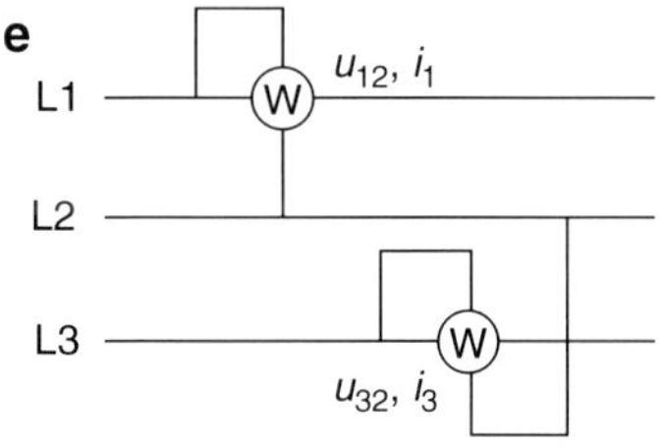	$P = U_{12}\, I_1 \cos\varphi_a + U_{32}\, I_3 \cos\varphi_b$

Bild I-19 Leistungsmessung bei Gleich- und Wechselspannung. **a** Leistungsmessung bei Gleichspannung. **b** Wirk-Leistungsmessung bei Wechselspannung. **c** Blind-Leistungsmessung bei Wechselspannung. **d** Schein-Leistungsmessung bei Wechselspannung. **e** Wirk-Leistungsmessung im 3-Leiter-Drehstromsystem

Wenn der Zähler zu Beginn auf null gesetzt wurde, geben die Ausgänge Q_i die Anzahl der gelaufenen Impulse im dualen Zahlensystem an (es ist Q_0: $2^0 = 1$; Q_1: $2^1 = 2$; Q_2: $2^2 = 4$; Q_3: $2^3 = 8$). Nach dem 9. Impuls liegt nach Bild I-20b beispielsweise an Q_0 die „1“, an Q_1 und an Q_2 „0“ und an Q_3 eine „1“, d. h. insgesamt „9“. Der in

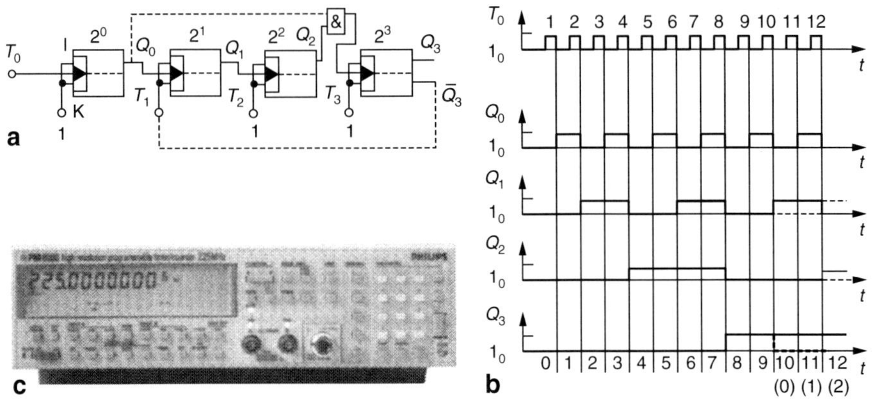

Bild I-20 Vierstufiger Dualzähler mit Schaltung, Ablaufplan und Bild. **a** Schaltung. **b** Ablaufpläne. **c** Gerät

Bild I-20 dargestellte Zähler würde erst nach 16 Impulsen wieder auf null rücksetzen und neu zählen. Um im Zehnersystem zählen zu können, verwendet man den *BCD-Code* (BCD: binary coded decimal). Dieser setzt nach 10 Impulsen auf null zurück und gibt ein Übertragungssignal an die nächst höhere Dekade. Die wichtigsten Anwendungen elektronischer Universalzähler liegen in der Zeit- und Frequenzmessung, wie sie im Folgenden beschrieben werden. In Verbindung mit abgetasteten Strichmaßstäben wird die Zahl der vorbeibewegten Striche gezählt. Man erhält eine hochgenaue und wiederholbare Weg- oder Winkelmessung. Diese Zähler können auch *vorwärts* und *rückwärts* zählen.

I.6.2 Zeit- und Frequenzmessung

Die digitalen Zeit- und Frequenzmessungen haben in der Praxis die analogen völlig abgelöst. Bei den digitalen Messgeräten läuft zur Zeit- und Frequenzmessung eine Impulsfolge mit der Frequenz f innerhalb einer Zeitspanne T in einen Zähler. Dieser zeigt den Zählerstand N an, so dass gilt: $N = f\,T$.

Bei der Zeitmessung wird mit einer bekannten Frequenz f die Zeit T bestimmt ($T = N/f$); bei der Frequenzmessung kennt man die Zeit und bestimmt daraus die Frequenz ($f = N/T$).

Die Messung eines Zeitintervalls T ist in Bild I-21 zu sehen. Man benötigt einen *Taktgeber* (einen hochgenauen Quarz-Oszillator), der eine Impulsfolge mit der bekannten Frequenz f liefert (Takt in Bild I-21a). Vor dem Zähler liegt ein UND-Gatter. Es öffnet beim Start das Tor vor dem Zähler und schließt es nach dem Ende. Die zwischen Start und Stopp vergangene Zeit lässt sich aus der Anzahl der gezählten Impulse errechnen ($T = N/f$). Im Ablaufdiagramm nach Bild I-21b ist folgendes zu sehen: Es sind fünf ansteigende Flanken des Tastsignals registriert worden. Wäre der Startimpuls eine halbe Taktperiode später eingetroffen, dann wären nur vier ansteigende Flanken gezählt worden. Das bedeutet, dass hier ein *Quantisierungs-*

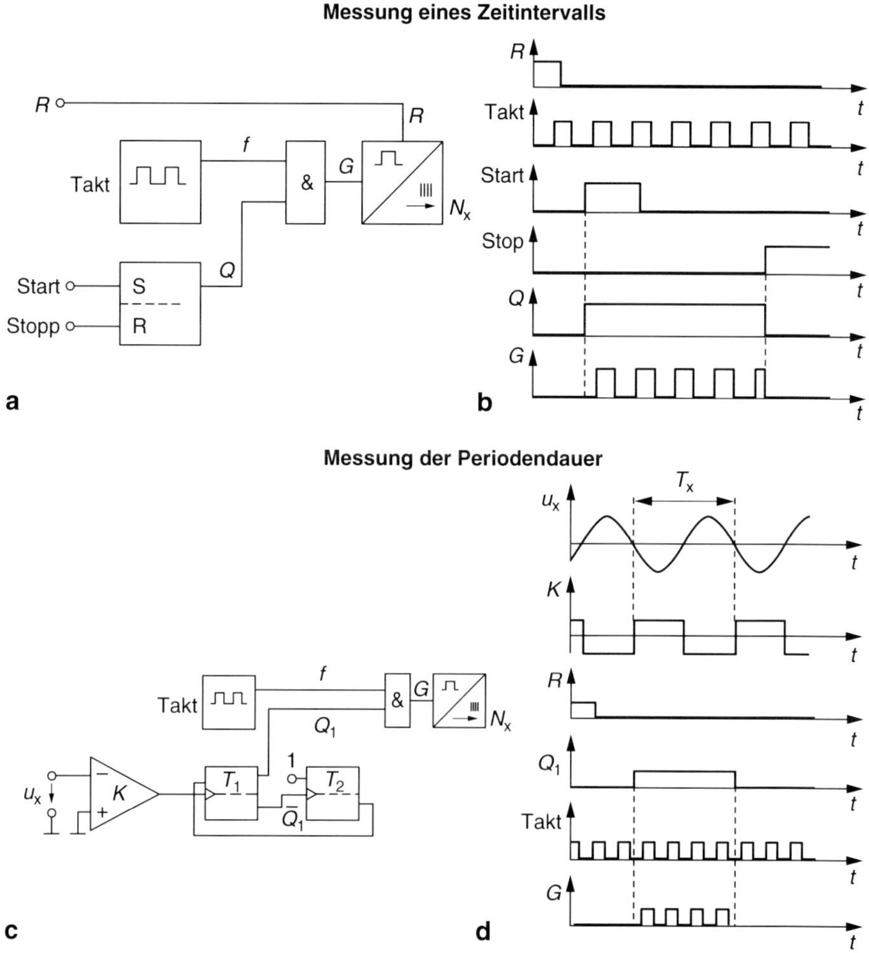

Bild I-21 Methoden der Zeitmessung. **a** Schaltung. **b** Ablaufdiagramm. **c** Schaltung. **d** Ablaufdiagramm

fehler von einem Ereignis (± 1) auftritt. Dieser Fehler ist umso unbedeutender, je größer die Anzahl der gezählten Perioden sind.

Man kann auch die Periodendauer T eines Signals messen (der Kehrwert ist dann die Frequenz: $f = 1/T$). Bild I-21c zeigt die Schaltung und Bild I-21d das Ablaufdiagramm. Als erstes wird das analoge Signal in ein binäres Rechtecksignal umgeformt (Bild I-20 d). Die Impulse eines Taktgebers gelangen für die Zeitperiode T über ein UND-Gatter in den Zähler. Bei bekannter Frequenz kann man dann die Schwingungsdauer ausrechnen. Dieses Verfahren wird oft zur Messung *kleiner Frequenzen* (oder großer Schwingungsdauern) herangezogen.

Bei der *Frequenzmessung* wird die *Messzeit T konstant* gehalten. Dann entspricht der Zählerstand N der Frequenz f ($f = N/T$). Bild I-22 zeigt das Messprinzip. Ein Schwingquarz erzeugt eine hochgenaue Frequenz (z. B. 1 MHz). Diese Frequenz wird über einen Teiler von N_T geleitet (z. B. 10^6). Daraus ergibt sich die Torzeit

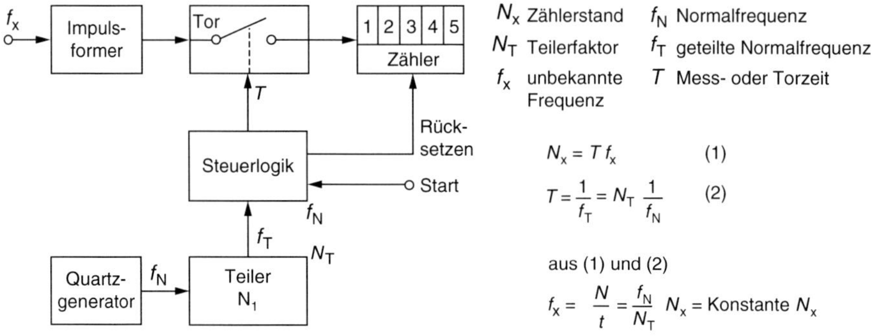

Bild I-22 Methoden der Frequenzmessung

$T = 1/f_T$ (z. B. 1 s). Nach dem Start wird die Steuerlogik das Tor für die Zeit T (z. B. 1 s) schließen. Dann werden im Zähler $N_x = Tf_x$ Impulse erfasst und als Frequenz direkt angezeigt. Als Torzeiten sind 10 ms, 0,1 s, 1 s und 10 s üblich. Mit dieser Methode sind direkte Frequenzmessungen bis über 10 GHz möglich. Mit *Frequenzumsetzern* lassen sich auch Frequenzen über 100 GHz messen. Bei Frequenzen unter 10 kHz wird das direkte Messen zu ungenau. Man nimmt dazu die Messung der Periodendauer nach Bild I-21c.

ÜBUNGSAUFGABE I 6-1

Für die Regelung einer Drehzahl im Bereich zwischen 3.000 min^{-1} und 6.000 min^{-1} ist diese zu messen. Die erforderliche Messgenauigkeit beträgt 0,25 % vom Messwert. Es wird ein Messwert pro Sekunde benötigt. Als Sensoren stehen zwei Varianten zur Verfügung, welche 1 bzw. 8 Impulse je Umdrehung abgeben.

a) Bestimmen Sie die Drehzahl durch Messung der Impulsfrequenz bei beiden Sensoren. Berechnen Sie die dabei auftretenden Fehler und erläutern Sie den dafür gewählten Ansatz.
b) Bestimmen Sie die Drehzahl durch Messung der Zeit zwischen zwei Impulsen (Periodendauer) bei beiden Sensoren. Berechnen Sie die dabei auftretenden Fehler und erläutern Sie den dafür gewählten Ansatz. Als Referenzfrequenz steht ein Signal mit 100 kHz bereit, dessen Fehler Sie vernachlässigen können.
c) Was müsste man an der Anordnung ändern/ergänzen, um unter den in a) und b) angegebenen Bedingungen die Drehzahl mit einem Fehler von 0,05 % vom Messwert zu erfassen?
d) Wählen Sie ein Sensorelement und Messverfahren aus und begründen Sie Ihre Wahl.

Literatur

Hoffmann J (2010) Taschenbuch der Messtechnik, 6. Aufl. Hanser, Leipzig
Schneider C, Schönfelder G (2010) Messtechnik mit dem ATmya. Franzis, Poing
Zimmermann U, Ortwig H (2009) Messtechnik für Ingenieure und Praktiker. Shaker, Aachen

Lösungen der Übungsaufgaben

A Grundlagen der Elektrotechnik

Ü A.1-1: $I = \dot{N} \cdot e, \dot{N} = \frac{I}{e} = \frac{1\text{A}}{1{,}602 \cdot 10^{-19}\text{As}} = 6{,}24 \cdot 10^{18}\,\text{s}^{-1}.$

Ü A.1-2: $U_{12} = \varphi_1 - \varphi_2, \quad \varphi_1 = \varphi_2 + U_{12} = -9\ \text{V}.$

Ü A.1-3: $R_{20} = \rho_{20}\frac{l}{A} = 1{,}81\ \Omega,\ R_{50} = R_{20}(1 + \alpha \cdot 30\ \text{K}) = 2{,}03\ \Omega,\ I_{20} = \frac{U}{R_{20}} = 1{,}65\ \text{A},\ I_{50} = \frac{U}{R_{50}} = 1{,}48\ \text{A},\ P_{20} = I_{20} \cdot U = 4{,}96\ \text{W},\ P_{50} = I_{50} \cdot U = 4{,}44\ \text{W}.$

Ü A.1-4: Weil an den Eckpunkten keine Ströme zu- oder abfließen ist der Strom in der Masche konstant. Strom I soll im Gegenuhrzeigersinn umlaufen, Maschenregel: $U_{q1} + IR_1 + IR_2 + IR_3 - U_{q3} + IR_4 = 0$, daraus ergibt sich der Strom

$$I = \frac{U_{q3} - U_{q1}}{R_1 + R_2 + R_3 + R_4} = -250\ \text{mA}.$$

Der willkürlich gewählte Umlaufsinn war falsch, der Strom läuft im Uhrzeigersinn um. Potenzial an Spannungsquelle 3: $\varphi_3 = \varphi_b + U_{q3} + IR_2 = +7{,}5\ \text{V}.$

Ü A.2-1: a) $R_i = U_L / I_K = 3{,}21\ \Omega,$

b) Spannung am Verbraucher: $U = U_s - IR_i \geq 8\ \text{V},$

$$I \leq \frac{U_s - U}{R_i} = 0{,}405\ \text{A}, \quad R_a \geq \frac{8\ \text{V}}{0{,}405\ \text{A}} = 19{,}7\ \Omega.$$

Ü A.2-2: a) $I = \frac{\mathrm{n}U_s}{R_a + \mathrm{n}R_i} = 457\ \text{mA},$

b) $I = \frac{U_s}{R_a + R_i/\mathrm{n}} = 47{,}9\ \text{mA},$

E. Hering et al., *Elektrotechnik und Elektronik für Maschinenbauer*,
DOI 10.1007/978-3-642-12881-3, © Springer-Verlag Berlin Heidelberg 2012

c) $I = \dfrac{\mathrm{n}U_\mathrm{s}}{R_\mathrm{a} + \frac{\mathrm{n}}{\mathrm{m}} R_\mathrm{i}}$,

mit n = 2 und m = 5 ergibt sich: $I = 95{,}6\,\mathrm{mA}$, mit n = 5 und m = 2: $I = 237\,\mathrm{mA}$.

Ü A.2-3: Stern-Dreieck-Transformation nach Gl. (A-49) bis (A-51): $R_1 = 40\ \Omega$, $R_2 = 20\ \Omega$, $R_3 = 20\ \Omega$. Im neuen Ersatzschaltbild ist in Reihe zu R_1 eine Parallelschaltung von R_2 und R_{24} mit R_3 und R_{43}. Widerstand der Parallelschaltung $R_\mathrm{p} = 58{,}3\ \Omega$, Gesamtwiderstand $R_{14} = 98{,}3\ \Omega$.

Ü A.2-4:

$$\text{Spannungsteilerregel: } \frac{U_\mathrm{L}}{U_0} = \frac{\dfrac{R_2 R_\mathrm{L}}{R_2 + R_\mathrm{L}}}{R_1 + R_3 + \dfrac{R_2 R_\mathrm{L}}{R_2 + R_\mathrm{L}}}, \quad \text{mit} \quad R_1 = \frac{x}{l} R,$$

$$R_2 = \frac{R}{2} - R_1 = R\left(\frac{1}{2} - \frac{x}{l}\right) \quad \text{und} \quad R_3 = \frac{R}{2}.$$

Daraus folgt für die Spannung am Lastwiderstand:

$$U_\mathrm{L} = \frac{U_0}{1 + \dfrac{\left(\dfrac{1}{2} + \dfrac{x}{l}\right)\left[1 + \dfrac{R}{R_\mathrm{L}}\left(\dfrac{1}{2} - \dfrac{x}{l}\right)\right]}{\dfrac{1}{2} - \dfrac{x}{l}}},$$

dies ist die Gleichung der Kennlinie in Bild A-20.
Spezielle Stellungen: $U_\mathrm{L}(x = 0) = 5{,}65\ \mathrm{V}$, $U_\mathrm{L}(x = l/2) = 0$, $U_\mathrm{L}(x = l) = -7{,}38\ \mathrm{V}$. Für $R_\mathrm{L} = \infty$ ergibt sich eine lineare Abhängigkeit:

$$U_\mathrm{L} = U_0\left(\frac{1}{2} - \frac{x}{l}\right).$$

Ü A.2-5: Nach Gl. (A-56) ist $R_{\mathrm{v},1} = 1{,}5\ \mathrm{k}\Omega$, $R_{\mathrm{v},2} = 6\ \mathrm{k}\Omega$ und $R_{\mathrm{v},3} = 13{,}5\ \mathrm{k}\Omega$.

Ü A.2-6: $R_\mathrm{X} = \dfrac{U}{I} - R_{\mathrm{i,A}} = 330\ \Omega$, Näherungswert: $R_\mathrm{x} \approx \dfrac{U}{I} = 333\ \Omega$, relativer Fehler: 0,9 %.

Ü A.3-1: Feldstärke im Zentrum herrührend von Ladung Q_1:
$E_1 = \dfrac{Q_1}{4\pi\varepsilon_0 r^2} = 998{,}6\dfrac{\mathrm{V}}{\mathrm{m}}$, nach links, entsprechend ist $E_2 = 1997{,}3\dfrac{\mathrm{V}}{\mathrm{m}}$, nach oben; $E_3 = 2995{,}9\dfrac{\mathrm{V}}{\mathrm{m}}$, nach links; $E_4 = 3994{,}6\dfrac{\mathrm{V}}{\mathrm{m}}$, nach oben;

durch vektorielle Addition folgt für die resultierende Feldstärke:

$$E = \begin{pmatrix} -3995 \\ 5991 \end{pmatrix} \frac{\mathrm{V}}{\mathrm{m}}, |E| = 7201\frac{\mathrm{V}}{\mathrm{m}}, \text{ Richtung: } \alpha = 123{,}7^\circ.$$

Ü A.3-2: a) Gesamtkapazität $C_{ges} = \frac{C_1 C_2}{C_1 + C_2} + C_3 = 2{,}333\ \mu F$,
Gesamtladung $Q_{ges} = C_{ges} U_s = 256{,}7 \cdot 10^{-6}\, C$.

b) $Q_3 = C_3 U_s = 110 \cdot 10^{-6}\, C$, C_1 und C_2 tragen dieselbe Ladung (gleicher Verschiebungsstrom) $Q_1 = Q_2 = Q_{ges} - Q_3 = 146{,}7 \cdot 10^{-6}\, C$;
Spannungen: $U_3 = U_s = 110\ V$, $U_1 = Q_1/C_1 = 73{,}3\ V$, $U_2 = Q_2/C_2 = 36{,}7\ V$.

c) Ladestrom: $i(t) = \frac{U_s}{R} e^{-t/\tau}$ mit
$\tau = RC_{ges} = 2{,}333\ ms$, $i(t) = 0{,}11\ A\ e^{-t/2{,}333\ ms}$.

d) $W_C = \frac{1}{2} C_{ges} U_s^2 = 14{,}12\ mJ$.

e) Beim Laden wird nicht nur das elektrische Feld aufgebaut sondern auch Verlustwärme im Widerstand erzeugt:
$W_R = \int_0^\infty i^2 R\, dt = 14{,}12\ mJ$, Gesamtenergie $W_s = 28{,}24\ mJ$.

Ü A.3-3: a) Gesamtkapazität bei Reihenschaltung: $\frac{1}{C} = \frac{1}{C_1} + \frac{1}{C_2} \to C = 3{,}33\ \mu F$.
Auf beiden Kondensatoren sitzt dieselbe Ladung:

$Q_1 = Q_2 = C \cdot U = 5 \times 10^{-4}\, C$.

b) Spannungen: $U_1 = \frac{Q_1}{C_1} = 100\ V$, $U_2 = \frac{Q_2}{C_2} = 50\ V$.

c) Die Ladungen bleiben erhalten, so dass gilt $Q' = Q_1 + Q_2 = 10 \times 10^{-4}\, C$.
Gesamtkapazität bei Parallelschaltung: $C' = C_1 + C_2 = 15\ \mu F$.
Neue Spannung: $U' = \frac{Q'}{C'} = 66{,}7\ V$, neue Ladungsverteilung: $Q'_1 = C_1 U' = 3{,}33 \times 10^{-4}\ C$ und $Q'_2 = C_2 U' = 6{,}67 \times 10^{-4}\ C$.

Ü A.3-4: Zusammenhang zwischen Strom und Spannung:
$u_C = \frac{q_C}{C} = \frac{1}{C} \int i_C(t)\, dt$.
Erster Abschnitt: Wenn der Strom linear mit der Zeit ansteigt, dann muss die Spannung quadratisch anwachsen. Die Ladung ist nach 1 ms (Fläche unter der Kurve): $q_C(1\ ms) = 50 \times 10^{-6}\, C$; damit ist die Spannung $u_C(1\ ms) = 100\ V$. Spannungsverlauf: $u_C(t) = 100 \frac{MV}{s^2} \cdot t^2$ für $0 \le t \le 1\ ms$.
Zweiter Abschnitt: Bei konstantem Strom steigt die Spannung linear an. Ladung: $q_C(3\ ms) = 50 \times 10^{-6}\, C + 200 \times 10^{-6}\, C = 250 \times 10^{-6}\, C$.
Spannung: $u_C(3\ ms) = 500\ V$, Spannungsverlauf: $u_C(t) = 200 \frac{kV}{s} \cdot t - 100\ V$ für $1\ ms \le t \le 3\ ms$.

Dritter Abschnitt: Ladung: $q_C(4\,\text{ms}) = 250 \times 10^{-6}\,\text{C} + 50 \times 10^{-6}\,\text{C} = 300 \times 10^{-6}\,\text{C}$,

Spannung: $u_C(4\,\text{ms}) = 600\,\text{V}$, Spannungsverlauf: $u_C(t) = 800\dfrac{\text{kV}}{\text{s}} \cdot t - 100\,\dfrac{\text{MV}}{\text{s}^2} \cdot t^2 - 1\,\text{kV}$ für $3\,\text{ms} \le t \le 4\,\text{ms}$.

Zwischen 4 ms und 5 ms bleibt die Spannung konstant 600 V. Danach geht sie wieder zurück und ist schließlich $u_C(9\,\text{ms}) = 0$.

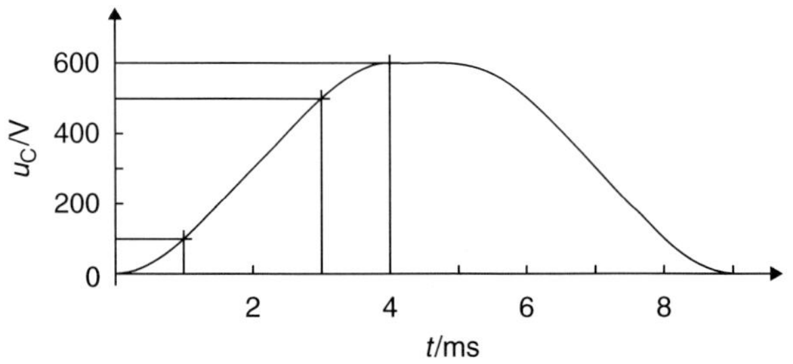

Ü A.4-1: Durchflutungsgesetz auf Feldlinie mit Radius r angewandt:

$2\pi r H = J \pi r^2$ mit der Stromdichte $J = \dfrac{I}{\pi R^2}$, damit gilt: $H = \dfrac{I}{2\pi R^2} \cdot r$.

Ü A.4-2: $H = \dfrac{NI}{l} = 4 \cdot 10^6 \dfrac{\text{A}}{\text{m}}$, $B = \mu_0 H = 5{,}03\,\text{T}$.

Ü A.4-3: Kräftegleichgewicht zwischen Lorentzkraft mit Zentrifugalkraft $\dfrac{mv^2}{r} = evB$

liefert für den Radius: $r = \dfrac{mv}{eB} = 7{,}11$ cm;

Umlauffrequenz: $f = \dfrac{eB}{2\pi m} = 22{,}4$ MHz.

Ü A.4-4: Flussdichte im Innern: $B = \mu_0 \dfrac{NI_s}{l_s} = 15{,}7$ mT, Kraft: $F = BI_L l_L = 2{,}35$ mN.

Ü A.4-5: Für die Durchflutung gilt $\Theta = \Phi \left(\dfrac{l_{Fe}}{A\mu_{Fe}} + \dfrac{l_L}{A\mu_0} \right) = 89\,\text{A} + 2984\,\text{A} = 3073\,\text{A}$, Strom $I = \Theta/N = 0{,}768$ A.

Ü A.4-6: Scherungsgerade: $B_M = -\mu_0 \dfrac{\sigma l_M}{\gamma l_L} \cdot H_M = -1{,}285 \cdot 10^{-5} \dfrac{\text{Vs}}{\text{Am}} \cdot H_M$; durch Eintragen der Scherungsgerade in das Diagramm der Entmagnetisierungskurve (Bild A-39) folgt der Arbeitspunkt $H_M = -25$ kA/m und $B_M = 0{,}32$ T. Flussdichte im Luftspalt: $B_L = B_M/\sigma = 0{,}21$ T.

Ü A.4-7: Feldstärke $H = \frac{NI}{l} = 2500\frac{\text{A}}{\text{m}}$, Flussdichte aus Bild A-36: $B = 1{,}57$ T,

Zugkraft bei zwei Flächen: $F = 2\frac{B^2 A}{2\mu_0} = 785$ N.

Ü A.4-8: Induktionsspannung: $U_\text{i} = vBl$, Induktionsstrom: $I_\text{i} = U_\text{i}/R$, Bremskraft:

$F = I_\text{i} l B = \frac{B^2 l^2}{R} \cdot v$, s. Gl. (A-115).

Ü A.4-9: Induktivität: $L = \frac{N^2 \mu_0 \text{A}}{l} = 0{,}0251$ H, Zeitkonstante: $\tau = \frac{L}{R} =$ 1,14 ms,

Endwert des Stromes: $I_\infty = \frac{U_\text{s}}{R} = 0{,}545$ A,

Zeitfunktion: $i(t) = 0{,}545\text{ A}\,(1 - \text{e}^{-t/1{,}14\text{ ms}})$,

Energie: $= \frac{1}{2} HB \cdot Al = \frac{1}{2} L I_\infty^2 = 3{,}73$ mJ.

Ü A.4-10: Mit dem magnetischen Ersatzschaltbild von Bild A-38 gilt:

$\Theta = \Phi\left(R_\text{m,Fe} + R_\text{m,L}\right) = \Phi\left(\frac{l_\text{Fe}}{A\mu_\text{Fe}} + \frac{l_\text{L}}{A\mu_0}\right)$. Daraus folgt für den Fluss

$$\Phi = \frac{Ni}{\frac{l_\text{Fe}}{A\mu_\text{Fe}} + \frac{l_\text{L}}{A\mu_0}}$$

und mit Gl. (A-116) für den Koeffizienten der Selbstinduktion

$$L = \frac{\Psi}{i} = \frac{N\Phi}{i} = \frac{N^2 A \mu_0}{l_\text{Fe}/\mu_\text{r} + l_L} = 244\,\text{mH}.$$

Numerisch spielt der Weg im Eisen eine untergeordnete Rolle, so dass näherungsweise gilt: $L \approx \frac{N^2 A\mu_0}{l_L} = 251\,\text{mH}$.

Der erforderliche Luftspalt für eine geforderte Induktivität ist $l_\text{L} \approx \frac{N^2 A \mu_0}{L} = 1\,\text{mm}$. Die genaue Rechnung mit Berücksichtigung des Eisenwegs liefert $l_\text{L} = 0{,}94$ mm.

Ü A.4-11: Berechnung von L_1: Nur die linke Spule wird bestromt. Ersatzschaltbild:

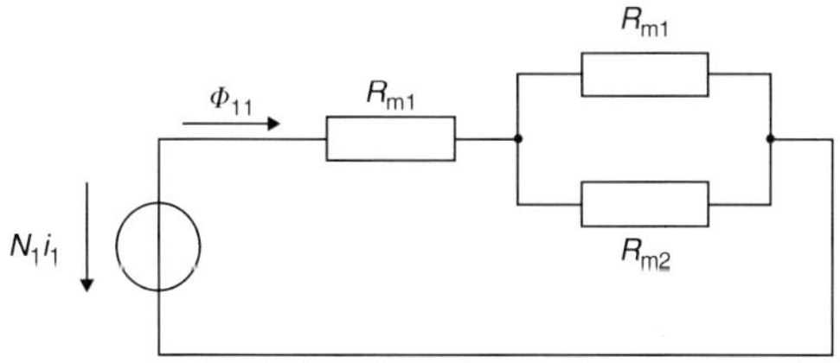

Hierbei ist $R_{m2} = \frac{l}{\mu A}$ und $R_{m1} = \frac{3l}{\mu A} = 3R_{m2}$.

Aus $N_1 i_1 = \Phi_{11}\left(R_{m1} + \frac{R_{m1}R_{m2}}{R_{m1}+R_{m2}}\right)$ folgt $\Phi_{11} = \frac{4}{15}\frac{N_1 i_1 \mu A}{l}$ und damit für den Koeffizienten der Selbstinduktion: $L_1 = \frac{N_1\Phi_{11}}{i_1} = \frac{4}{15}\frac{N_1^2\mu A}{l}$.

Berechnung von L_1: Nur die linke Spule wird bestromt. Ersatzschaltbild:

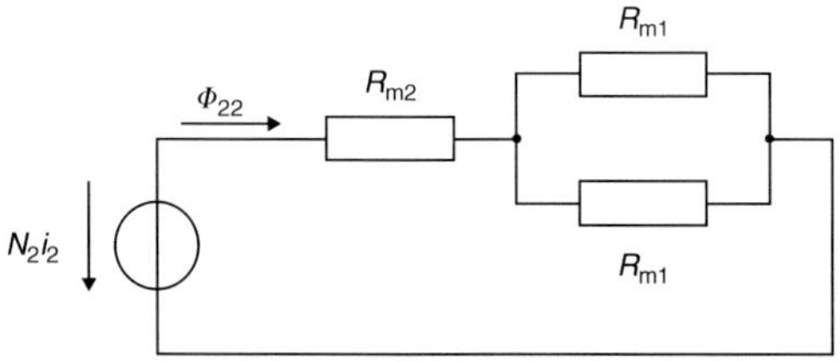

Aus $N_2 i_2 = \Phi_{22}\left(R_{m2} + \frac{1}{2}R_{m1}\right)$ folgt $\Phi_{22} = \frac{2}{5}\frac{N_2 i_2 \mu A}{l}$ und $L_2 = \frac{N_2\Phi_{22}}{i_2} = \frac{2}{5}\frac{N_2^2\mu A}{l}$.

Berechnung der Gegeninduktivität L_{21}: Die linke Spule wird bestromt, der Fluss durch die rechte Spule ist gesucht. Ersatzschaltbild:

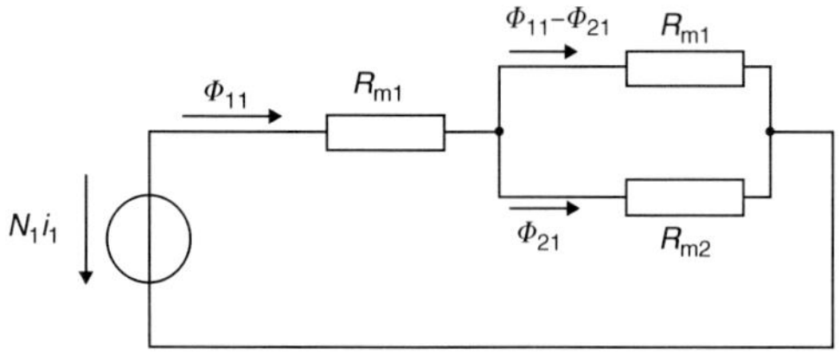

Stromteilerregel: $\frac{\Phi_{21}}{\Phi_{11}-\Phi_{21}} = \frac{R_{m1}}{R_{m2}} = 3$, daraus folgt $\Phi_{21} = k_1\Phi_{11} = \frac{3}{4}\Phi_{11}$. Der Kopplungsfaktor ist also $k_1 = 3/4$. Mit dem bereits berechneten Fluss Φ_{11} wird $\Phi_{21} = \frac{1}{5}\frac{N_1 i_1 \mu A}{l}$ und $L_{21} = \frac{N_2\Phi_{21}}{i_1} = \frac{1}{5}\frac{N_1 N_2 \mu A}{l}$.
Die Gegeninduktivität L_{12} hat denselben Wert, es gilt also $M = \frac{1}{5}\frac{N_1 N_2 \mu A}{l}$. M ist positiv, weil Φ_{21} dieselbe Richtung hat wie Φ_{22}. Der totale Koppelfaktor ergibt sich zu $k = \frac{M}{\sqrt{L_1 L_2}} = \sqrt{\frac{3}{8}}$.

Der zweite Kopplungsfaktor ist $k_2 = \frac{\Phi_{12}}{\Phi_{22}} = \frac{k^2}{k_1} = \frac{1}{2}$.

Ü A.4-12: Energiedichte im Magnetfeld der Spule:

$$w = \frac{1}{2}HB = \frac{B^2}{2\mu_0} = 36\ \frac{\text{MJ}}{\text{m}^3}.$$

Energiedichte im elektrischen Feld des Kondensators: $w = \frac{1}{2}ED = \frac{1}{2}\varepsilon_0 E^2 = 40\frac{J}{\text{m}^3}$.

Ü A.5-1: a) $\bar{U} = 0$,

b) $U_\text{h} = \frac{2}{T}\int\limits_0^{T/2} \hat{u}\ \mathrm{d}t = \hat{u}$,

c) $\overline{|u|} = \hat{u}$,

d) $U = \sqrt{\frac{1}{T}\int\limits_0^{T} \hat{u}^2 \mathrm{d}t} = \hat{u}$,

e) $k_\text{s} = \frac{\hat{u}}{U} = 1$,

f) $F_\text{g} = \frac{U}{\overline{|u|}} = 1,\ F_\text{h} = \frac{U}{U_\text{h}} = 1$.

Ü A.5-2: $\underline{U}_1 = 24\ \text{V}\ \mathrm{e}^{\mathrm{j}o} = 24\ \text{V}, \quad \underline{U}_2 = 12\ \text{V}\ \mathrm{e}^{\mathrm{j}\pi/4} = 8{,}485\ \text{V} + \mathrm{j}\cdot 8{,}485\ \text{V}$;

a) $\underline{U} = \underline{U}_1 - \underline{U}_2 = 15{,}51\ \text{V} - \mathrm{j}\ 8{,}49\ \text{V}$,

b) $U = 17{,}68\ \text{V},\ \varphi_\text{u} = -28{,}67°$.

Ü A.5-3: a) $C = \frac{I}{U\omega} = 5{,}54\ \mu\text{F}$,

b) $X_\text{C} = -\frac{1}{\omega C} = -575\ \Omega$,

c) $B_\text{C} = \omega C = -\frac{1}{X_\text{C}} = 1{,}74\ \text{mS}$,

d) Wirkleistung $P = 0$, Blindleistung $Q = X_\text{C} I^2 = -BU^2 = -92$ var, Leistungsfaktor $\cos\varphi = 0$, Blindfaktor $\sin\varphi = -1$.

Ü A.5-4: a) Scheinwiderstand: $Z = \frac{U}{I} = 78\ \Omega$, aus $Z = \sqrt{R^2 + X_\text{L}^2}$ folgt $X_\text{L} = \sqrt{Z^2 - R^2} = 72\ \Omega$, damit ergibt sich $\underline{Z} = R + \mathrm{j}X_\text{L} = 30\ \Omega + \mathrm{j}\ 72\ \Omega = 78\ \Omega\ \mathrm{e}^{\mathrm{j}1{,}18}$, Phasenwinkel $\varphi = 1{,}18\ \text{rad} = 67{,}4°$.

b) $\underline{Y} = \frac{1}{\underline{Z}} = 12{,}8\ \text{mS}\cdot \mathrm{e}^{-\mathrm{j}1{,}18} = 4{,}93\ \text{mS} - \mathrm{j}\ 11{,}8\ \text{mS}$.

Ü A.5-5: $B_\text{p} = \omega C = 1{,}571\ \text{mS}, G_\text{p} = 1/R_\text{p} = 10\ \text{mS}$,

$$R_\text{r} = \frac{G_\text{P}}{G_\text{P}^2 + B_\text{P}^2} = 97{,}6\ \Omega,$$

$$X_\text{r} = \frac{B_P}{G_\text{P}^2 + B_\text{P}^2} = -15{,}33\ \Omega, \quad C_\text{r} = -\frac{1}{\omega X_\text{r}} = 208\ \mu F.$$

Ü A.5-6: Widerstand der Reihenschaltung R_1/C_1: $\underline{Z}_1 = R_1 - \frac{\mathrm{j}}{\omega C_1}$, Widerstand der Parallelschaltung R_2/C_2: $\underline{Z}_2 = \frac{1}{\underline{Y}_2} = \frac{1}{G_2 + \mathrm{j}\omega C_2}$;

nach Spannungsteilersatz gilt:
$\dfrac{\underline{U}_2}{\underline{U}} = \dfrac{\underline{Z}_2}{\underline{Z}_1 + \underline{Z}_2} = \dfrac{1}{1 + \underline{Z}_1/\underline{Z}_2} = \dfrac{1}{1 + \underline{Z}_1 \cdot \underline{Y}_2}$, also ist

$\underline{U}_2 = \underline{U} \cdot \dfrac{1}{1 + \underline{Z}_1 \cdot \underline{Y}_2}$. Zahlenwerte: $\underline{Z}_1 = 9\ \text{k}\Omega - \text{j}\ 7{,}955\ \text{k}\Omega =$

$12{,}01\ \text{k}\Omega\ \text{e}^{-\text{j}\,0{,}724}$, $\underline{Y}_2 = 8{,}333 \cdot 10^{-5}\ \text{S} + \text{j}\ 6{,}283 \cdot 10^{-5}\ \text{S} =$

$1{,}044 \cdot 10^{-4}\ \text{S}\ \text{e}^{\text{j}0{,}646}$, $\underline{Z}_1 \cdot \underline{Y}_2 = 1{,}254\ \text{e}^{-\text{j}0{,}0778} = 1{,}25 - \text{j}\ 0{,}0974$.

$$\underline{U}_2 = \frac{12\ \text{V}}{1 + 1{,}25 - \text{j} \cdot 0{,}0974} = \frac{12\ \text{V}}{2{,}25 - \text{j} \cdot 0{,}0974} = 5{,}32\ \text{V} + \text{j}\ 0{,}23\ \text{V}$$
$$= 5{,}33\ \text{V}\ \text{e}^{\text{j}0{,}0433},$$
$$U_2 = 5{,}33\ \text{V},\ \varphi_{\text{U2}} = 0{,}0433\ \text{rad} = 2{,}48°.$$

Ü A.5-7: Aus Gl. (A-220) folgt mit $P = \dfrac{Q}{\tan \varphi_\text{v}}$: $\tan\varphi = \tan\varphi_\text{v} \left(1 - \dfrac{\omega C U^2}{Q}\right) =$ 0,115 und $\varphi = 6{,}54°, \cos\varphi = 0{,}993$.

Ü A.5-8: a) $I = \dfrac{U}{\sqrt{R^2 + \left(\omega L - \dfrac{1}{\omega C}\right)^2}} = \dfrac{24\ \text{V}}{\sqrt{100^2 + (94{,}25 - 677{,}3)^2}\ \Omega} = 40{,}6\ \text{mA}.$

b) Resonanzfrequenz $f_0 = \dfrac{1}{2\pi\sqrt{LC}} = 134\ \text{Hz}$, $I_\text{max} = U/R = 240\ \text{mA}$.

c) Güte $Q = \dfrac{1}{R}\sqrt{\dfrac{L}{C}} = 2{,}526$, $U_\text{max} = 24\ \text{V} \cdot 1{,}526 = 60{,}6\ \text{V}$.

Ü A.5-9: Leitwert der Parallelschaltung: $\underline{Y}_\text{P} = \text{j}\omega C - \dfrac{\text{j}}{\omega L} = \text{j}\left(\omega C - \dfrac{1}{\omega L}\right)$,

Widerstand der Parallelschaltung: $\underline{Z}_\text{P} = \dfrac{1}{\underline{Y}_\text{P}} = -\dfrac{\text{j}}{\omega C - \dfrac{1}{\omega L}}$,

Gesamtwiderstand der Schaltung:

$$\underline{Z} = R - \frac{\text{j}}{\omega C - \dfrac{1}{\omega L}};\ \underline{Z}(\omega = 0) = R, \underline{Z}(\omega = \omega_0) = R \pm \text{j}\infty,$$

$\underline{Z}(\omega = \infty) = R$. Die Ortskurve ist in der komplexen Ebene eine Gerade parallel zur imaginären Achse durch den Punkt $R/0$.

Ü A.5-10: a) Kurzschlussimpedanz $Z_\text{k} = \dfrac{U_{1\text{k}}}{I_{1\text{N}}} = 23\ \Omega$,

b) relative Kurzschlussspannung
$u_\text{k} = \dfrac{U_{1\text{k}}}{U_{1\text{N}}} = 0{,}1 = 10\ \%$, Dauerkurzschlussstrom $I_\text{kN} = \dfrac{I_{1\text{N}}}{u_\text{k}} = 10\ \text{A}$,

c) Kurzschlusswiderstand $R_k = \dfrac{P_{1k}}{I_{1N}^2} = 10\ \Omega$,

d) Kurzschlussreaktanz $X_k = \sqrt{Z_k^2 - R_k^2} = 20{,}7\ \Omega$,

e) $\Delta U' = U_R \cos\varphi_2 + U_X \sin\varphi_2$, $\varphi_2 = 0$, $U_R = I_{1N} R_k = 10$ V, damit wird $\Delta U' = 10$ V und mit dem Übersetzungsverhältnis $ü = 9{,}58$ ergibt sich $\Delta U = \Delta U'/ü = 1{,}04$ V. Die Ausgangsspannung unter Last ist damit $U_2 = 23$ V.

f) Verlustleistung $P_v = P_{10} + P_{1k} = 12{,}5$ W, abgegebene Leistung $P_2 = U_2 I_2 = 207$ W, aufgenommene Leistung $P_1 = P_2 + P_v = 219{,}5$ W, Wirkungsgrad $\eta = P_2/P_1 = 94{,}3$ %.

B Halbleitertechnik

Ü B.1-1: $\rho = \dfrac{1}{e\, n_A\, \mu_p} = 1{,}3\ \Omega\,\text{cm}$.

Ü B.1-2: $\rho = \dfrac{RA}{l} = 5\ \Omega\,\text{cm}$, $\quad \mu_n = \dfrac{1}{\rho e n_D} = 1248 \dfrac{\text{cm}^2}{\text{Vs}}$

Ü B.1-3: a) $I = I_S(e^{eU/(kT)} - 1) \approx I_S e^{eU/(kT)} = 2 \times 10^{-12}\ \text{A}\ e^{0{,}6\text{V}/0{,}0259\text{V}} = 24\,\text{mA}$.

b) Aus $I = I_S e^{eU/(kT)}$ folgt $U = \dfrac{kT}{e} \ln \dfrac{I}{I_S} = 25{,}9\text{mV} \ln \dfrac{0{,}4\text{A}}{2 \times 10^{-12}\text{A}} = 0{,}673\text{V}$.

Ü B.1-4: a) Flussstrom: $I_F = \dfrac{U_s - U_F}{R_v}$, Ableitung: $\dfrac{dI_F}{dU_S} = \dfrac{1}{R_v}$, wenn $U_F \approx$ const., damit ist $\Delta I_F \approx \dfrac{\Delta U_s}{R_v} = -1{,}36$ mA und $\dfrac{\Delta I_F}{I_F} \approx -6{,}1\%$. Aus dem Diagramm wird abgelesen $I_F \approx 22{,}4$ mA, die Flussspannung an der Diode ist damit $U_F = U_s - I_F R_v = 1{,}61$ V.

b) Für gleichbleibenden Diodenstrom muß der Vorwiderstand sein: $R_v = \dfrac{U_s - U_F}{I_F} = 151\ \Omega$.

Ü B.1-5: a) Die Widerstandsgerade in Bild B-35b) ist bereits gezeichnet für $R_L = 33\ \text{k}\Omega$. Der Fotostrom wird abgelesen zu $I_{ph} = 85\ \mu\text{A}$.

b) Spannung am Lastwiderstand $U_L = I_{ph} R_L = 2{,}81$ V.

Ü B.1-6: a) $60\ \Omega$

b)

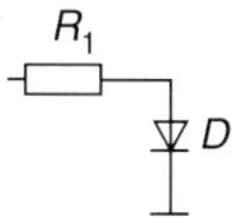

c)

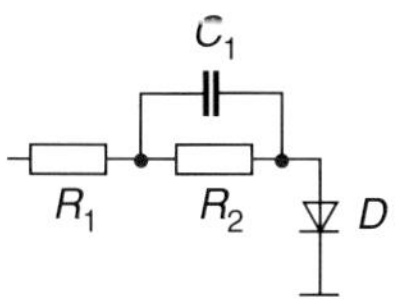

d) $R_1 = 30\ \Omega,\ R_2 = 30\ \Omega,\ C_1 = 2$ nF
e) $R_1 = 33\ \Omega,\ R_2 = 27\ \Omega,\ C_1 = 2.2$ nF

Ü B.1-7 a) Die numerische Apertur ist der Sinus des Akzeptanzwinkels.
b) $A_N = \sqrt{n^2_{\text{Kern}} - n^2_{\text{Mantel}}} = 0,2135.$
c) Akzeptanzwinkel: $\Theta = 12{,}3°$.

Ü B.1-8: Unter Monomodefaser versteht man einen Lichtwellenleiter, der nur eine Mode übertragen kann.

Ü B.1-9: a) 2 dB bei minimaler Ansteuerleistung des Senders,
b) 1 dB bei maximaler Ansteuerung des Senders;
c) die maximale Entfernung ergibt sich aus der maximalen Sendeleistung und der minimalen Empfindlichkeit. Für diesen Fall sind auf dem Übertragungsweg 21 dB maximale Dämpfung zulässig. Daraus lassen sich folgende Längen bestimmen:

POF mit einer Dämpfung von 200 dB/km: 105 m
GCS mit einer Dämpfung von 2 dB/km: 10,5 km

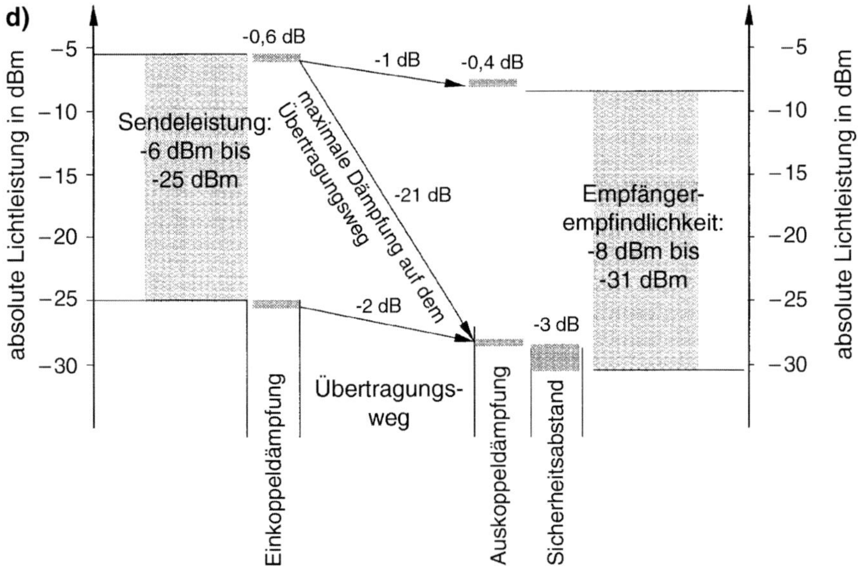

Ü B.1-10: Das Bandbreiten-Längen-Produkt gibt die maximale Übertragungsrate in Abhängigkeit der Länge der Übertragungsstrecke an.

C Leistungselektronik

Ü C 1-1: a) die Vorpresse nimmt 65 A auf, die Hauptpresse 101,6 A, zusammen also 166,6 A
b) da der Nennwert auf 2/3 der Skala ausgelegt werden sollte, ergibt sich ein Übertragungsverhältnis von 1: 2.500
c) 100/250

Ü C 1-2: a) der X-Kondensator ist ein Entstörkondensator und liegt zwischen zwei Phasen
b) der Y-Kondensator ist ein Entstörkondensator und wird gegen den Schutzleiter geschaltet
c) Einfügedämpfung
d) nein

Ü C 1-3: a) mit Hilfe einer Transzorb-Diode
b) Ja. Ausnahme: die TranszorB-Diode löst eine Schmelzsicherung aus

Ü C 1-4: a) 1,2 V
b) 4,2 V
c) 6,6 V (2x Schraubklemme beachten!)
d) 792 W!

Ü C 1-5: Einfacher Schalter (Low- oder High-Side), Halbbrücke, Vollbrücke

Ü C 2-1: a) High-Side Schalter, Low-Side Schalter
b) eine Parallelschaltung ist möglich
c) die Ausgänge bilden ein logisches ODER

Ü C 2-2: a) High-Side Schalter, Low-Side Schalter und Brückenschaltungen
b) üblicherweise wird eine H-Brücke verwendet
c) eine Halbbrücke ist nur dann möglich, wenn ein Anschluss des Motors von einem Hilfspotential gespeist wird, das zwischen der Betriebsspannung der Halbbrücke liegt. Dies ist jedoch uneffizient, da der Motor nur einen Teil seiner Nennleistung abgeben kann.

Ü C 2-3: Beide setzen auf einer Zwischenkreisspannung auf. Der Wechselrichter macht daraus eine in Frequenz und Amplitude variable Spannung, während sie bei der USV fest eingestellt und in der Regel der Eingangsspannung entspricht.

Ü C 2-4: a) On-Line USV, Vermeidung von Datenverlust
b) On-Line USV, Vermeidung von Daten- und Positionsverlusten
c) Off-Line USV, da der Ablauf nach einer kurzen Unterbrechung an der selben Stelle wieder aufgenommen werden kann
d) keine USV notwendig
e) Off-Line USV, da ein kurzer Stillstand des Farbrührwerkes noch keine Verklumpung zur Folge hat

Ü C 2-5: Beim Flusswandler erfolgt der Energietransport während der Schaltregler im leitenden Zustand ist (Schalter geschlossen). Beim Sperrwandler ist dies bei offenem Schalter der Fall.

Ü C 2-6: PC Netzteile sind Tiefsetzsteller und benötigen deshalb eine Grundlast

D Elektrische Maschinen

Ü D.5-1:
a) Anker: 400 V/224 A, Erregerkreis 220 V/11,5 A, 79 kW, $1.160\,\text{min}^{-1}$
b) $R_A = 0{,}211\ \Omega$, ($U_{iN} = 352{,}7$ V, zu wenig Informationen um Reibungsverluste bestimmen zu können!)
c) $R_f = 19{,}1\ \Omega$, $R_f = 16{,}9\ \Omega$, Grund: Erwärmung, bei $U_f = 220$ V betragen die Erregerverluste $P_{V,f} = 2{,}53$ kW und bei $U_f = 145$ V nur $P_{V,f} = 1{,}25$ kW
d) $U_A = 400\ V / U_f = 220$ V: $n_0 = 1.316\,\text{min}^{-1}$ ($U_i = U_{iN} = 352{,}7$ V)
$U_A = 400$ V/$U_f = 145$ V: $n_0 = 1.508\,\text{min}^{-1}$
e) 1. Kennlinie: $n_0 = 1.316\,\text{min}^{-1}$ bis 650,3 Nm bei $1.160\,\text{min}^{-1}$,
2. Kennlinie: $n_0 = 1.508\,\text{min}^{-1}$ bis 567,2 Nm bei $1.330\,\text{min}^{-1}$

Ü D.5-2:
a) insgesamt aufgenommene Leistung: 11 kW, Verluste in der Ankerwicklung: 810 W, an den Bürsten: 50 W, durch Reibung: 140 W, in der Erregerwicklung: 400 W, Wirkungsgrad $\eta = 87{,}7$ %
b) $R_A = 1{,}296\ \Omega$, $R_f = 100\ \Omega$, $U_{iN} = 405{,}6$ V
c) $n = 1.402\,\text{min}^{-1}$ (Leerlaufstrom $I_A = 0{,}345$ A notwendig, damit das Reibmoment $M_{Reib} = 1{,}03$ Nm überwunden werden kann!)
d) $n = 1.243\,\text{min}^{-1}$
($R_A = 0{,}926\ \Omega$, $R_f = 71{,}4\ \Omega$, $I_A = 23{,}28$ A, $U_i = 416{,}5$ V)

Ü D.5-3:
a) $R_f = 183\ \Omega$, $U_{iN} = 206{,}9$ V (keine Reibungsverluste!), $R_A = 0{,}904\ \Omega$
b) $\eta = 86{,}9$ %, $M_N = 19{,}1$ Nm
c) $U_f = 220$ V, $I_A = 7{,}25$ A, $U_i = 206{,}9$ V, $U_A = 213{,}5$ V
d) $U_f = 146{,}7$ V, $U_i = 206{,}9$ V, $I_A = 5{,}438$ A, $U_A = 211{,}8$ V, $M = 12{,}7$ Nm

Ü D.6-1:
a) $I_{SN,wirk} = I_{SN} \times \cos\varphi_N = 230{,}9$ A, Überlastfähigkeit $M_i/M_{kipp} = 1{,}41$
b) $X_S = 1{,}993\ \Omega$, $U_{PN} = 651$ V, dazu müssen zwei Gleichungen ausgewertet werden:

Nennpunkt: $$U_{PN} \sin\vartheta_{LN} = X_S I_{SN} \cos\varphi_N$$

Phasenschieber: $$U_{PN} = \frac{U_N}{\sqrt{3}} + I_{S,Ph} X_S$$

$$I_{S,Ph} = \frac{146\,\text{kvar}}{\sqrt{3} \cdot 400\,\text{V}} = 210{,}7\,\text{A}$$

damit: $$X_S = \frac{U_N/\sqrt{3}}{\dfrac{I_{SN} \cos\varphi_N}{\sin\vartheta_{LN}} - I_{S,Ph}}$$

c) $Q_{max} = 34{,}9$ kvar, $I_f = 26{,}4$ A

Ü D.6-2: a) Der Dauerkurzschlussstrom ist drehzahlunabhängig! $X_S = 2{,}42\ \Omega$

b) der Erregerstrom stellt die Begrenzung dar, Satz des Pythagoras auf das Zeigerdiagramm in Bild D-45 anwenden:

$$I_{SN} = \frac{S_N}{\sqrt{3}\,U_N} = 209{,}2\,\text{A}$$

$$U_{PN} = \sqrt{\left(\frac{U_N}{\sqrt{3}} + X_S I_{SN} \sin\varphi_N\right)^2 + (X_S I_{SN} \cos\varphi_N)^2} = 811{,}5\,\text{V}$$

Phasenschieberbetrieb: $I_S = \dfrac{U_{PN} - U_N/\sqrt{3}}{X_S} = 170{,}4\,\text{A}$;

$$Q_{max} = \sqrt{3}\,U_N\,I_S = 203{,}6\,\text{kvar}$$

c) der Polradwinkel wird auf 70° vergrößert, $I_S \cos\varphi = I_{SN} \cos\varphi_N$ bleibt:

$$P = P_N = S_N \cdot \cos\varphi_N = 200\,\text{kW}$$
$$U_P \sin\vartheta_L = X_S I_S \cos\varphi = X_S I_{SN} \cos\varphi_N$$
$$\Rightarrow U_P = \frac{X_S I_{SN} \cos\varphi_N}{\sin\vartheta_L} = 431{,}8\,\text{V}$$
$$U_P \cos\vartheta_L = 147{,}7\,\text{V} < \frac{U_N}{\sqrt{3}} \Rightarrow \text{untererregt!}$$
$$X_S I_S \sin\varphi = \frac{U_N}{\sqrt{3}} - U_P \cos\vartheta_L \Rightarrow I_S \sin\varphi = 103{,}4\,\text{A}$$
$$\Rightarrow Q = \sqrt{3}\,U_N I_S \sin\varphi = 123{,}5\,\text{kvar}$$

Erzeugerzählpfeilsystem: $P = +200$ kW, $Q = -124$ kvar, untererregt, Verbraucherzählpfeilsystem: $P = -200$ kW, $Q = +124$ kvar, untererregt

Ü D.6-3: a) Bei $100\,\text{min}^{-1}$: $U_P = 3{,}85$ V, damit ergibt sich (Statorwiderstand R_S berücksichtigen!) $L_S = 3{,}7$ mH

b) Statorspannung bei $n = 3.000\,\text{min}^{-1}$, und $I_S = 12$ A: $U_S = 123{,}2$ V, $U_{S,max} = 230$ V: $n = 5.600\,\text{min}^{-1}$ mit $P_{max} = 7{,}76$ kW

c) Statorspannung bei $n = 3.000\,\text{min}^{-1}$, und $I_S = 36$ A: $U_S = 173{,}1$ V, $U_{S,max} = 230$ V: $n = 3.987\,\text{min}^{-1}$ mit $P_{max} = 8{,}31$ kW

Ü D.7-1: a) $s_N = 6{,}4$ %, über Kloss'sche Formel $s_{Kipp} = 23{,}9$ % ($> s_N$!)

b) aufgenommene Wirkleistung: $P_S = 3.977$ W, Verluste im Rotor: $P_{V,CuR} = 254{,}5$ W, Reibungsverluste: $P_{V,Reib} = 222{,}3$ W

c) Stromortskurve zeichnen: $\underline{I}_{SN} = 8{,}2\,\text{A}\,e^{-j45°}$ einzeichnen. Realteil von $\underline{I}_{SN}$ entspricht $M_{iN} = M_{iKipp}/2$, deshalb Kreisbogen um die Spitze von $\underline{I}_{SN}$ mit dem Radius entsprechend $2\,I_{SN} \cos\varphi_N$ schlagen, Schnittpunkt mit der imaginären Achse ergibt den Mittelpunkt der Stromortskurve. Schlupfgerade parallel zur imaginären Achse einzeichnen und mit $s = 0$ und $s_{Kipp} = 23{,}9$ % skalieren. Leerlaufstrom $I_{S0} \approx 1{,}3$ A ablesen

d) aus der Stromortskurve ablesen ($s_{Anlauf} = 1$): $M_{i\,Anlauf} = 32$ Nm, $I_{S,Anlauf} = 26{,}6$ A

Ü D.7-2: a) $M_N = 1.939\,\text{Nm}$

b) aufgenommene Wirkleistung: $P_S = 211{,}9$ kW, Wirkungsgrad $\eta_N = 94{,}8$ %

c) Reibungsverluste: $P_{V,Reib} = 7{,}8$ kW, inneres Nenn-Drehmoment (einschließlich Reibung) $M_{iN} = 2.015\,\text{Nm}$. Stromortskurve zeichnen: $\underline{I}_{SN} = 370\,\text{A}\,e^{-j29{,}5°}$ einzeichnen.
Realteil von $\underline{I}_{SN}$ entspricht M_{iN}, deshalb gilt für den Anlaufstrom I_{SA}:

$$\left.\begin{aligned} I_{S,A}\cos\varphi_A &= \frac{4.700\,\text{Nm}}{2.015\,\text{Nm}} \cdot 350\,\text{A} \cdot 0{,}87 \\ &= 710{,}4\,\text{A} \\ I_{SA}\sin\varphi_A &= \sqrt{I_{S,A}^2 - (710{,}4\,\text{A})^2} \\ &= 2.188\,\text{A} \end{aligned}\right\} \Rightarrow \underline{I}_{S,A} = 710{,}4\,\text{A} - \text{j}\,2.188\,\text{A}$$

Anlaufstrom $\underline{I}_{SA}$ einzeichnen, Mittelsenkrechte auf der Verbindungsstrecke zwischen Nenn- und Anlaufpunkt einzeichnen, Schnittpunkt mit der imaginären Achse ergibt den Mittelpunkt der Stromortskurve. Ortskurve einzeichnen, Schlupfgerade als Parallele zur imaginären Achse einzeichnen und mit $s = 0$ und $s = 1$ parametrieren $M_{i,max} = 7.600\,\text{Nm}$ und $s_{Kipp} = 33$ % bzw. $n_{Kipp} = 666\,\text{min}^{-1}$ ablesen.

d) $M_A = 1.567\,\text{Nm}$, $I_{S,A} = 800\,\text{A}$

Ü D.7-3: Das Kippmoment M_{Kipp} geht quadratisch mit der Frequenz zurück, wenn die Spannung konstant bleibt. Das Dauerdrehmoment M_D kann bis etwa zur 1,4-fachen Nennfrequenz gehalten werden und muss dann bis zur doppelten Nennfrequenz auf das halbe Dauerdrehmoment M_D reduziert werden:

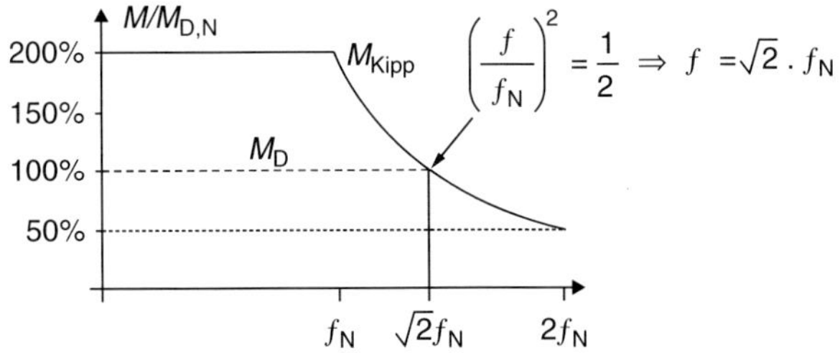

Ü D.7-4: a) Nennschlupf $s_N = 4$ %, Kippmoment $M_N = 108{,}6\,\text{Nm}$

b) nein, 25 Nm > 41,8 Nm/3

c) Wirkungsgrad $\eta = 96$ %, Leistungsfaktor $\cos\varphi = 0{,}664$

Ü D.7-5: a) Nennschlupf: $s_N = 3{,}02$ %

b) Drehzahl im Kipppunkt: $n_{Kipp} = 1.147\,\text{min}^{-1}$

c) Differenz zwischen Kippdrehzahl und Leerlaufdrehzahl bleibt konstant bei etwa $115\,\text{min}^{-1}$, das Kippmoment soll 30 % größer sein als das abgegebene Drehmoment. Damit kann näherungsweise die Drehzahl zu ca. $3.080\,\text{min}^{-1}$ bestimmt werden.

I Messtechnik

Ü I.3-1: a) Der spezifische Widerstand von Kupfer ist $\rho = 0{,}0175\ \Omega\text{mm}^2\ \text{m}^{-1}$. Der Leitungswiderstand berechnet sich zu

$$R = \frac{\rho \cdot l}{A} = \frac{0{,}0175\,\Omega \cdot \text{mm}^2}{\text{m}} \cdot \frac{8\,\text{m}}{0{,}75\,\text{mm}^2} = 0{,}187\,\Omega.$$

Da Hin- und Rückleiter zu berücksichtigen sind, beträgt der Gesamtwiderstand 0,37 Ω.

b) Berechnung erfolgt nach dem Ohm'schen Gesetz mit $U = I \cdot R$; $U = 10\,\text{A} \cdot 0{,}37\,\Omega = 3{,}7\,\text{V}$.

c) Zulässiger Spannungsabfall: $U = 24\,\text{V} \cdot 5\,\% = 24\,\text{V} \cdot 0{,}05 = 1{,}2\,\text{V}$.
Zulässiger Widerstand: $R = U/I = 1{,}2\,\text{V}/10\,\text{A} = 0{,}12\,\Omega$.
Minimaler Querschnitt:

$$A = \frac{\rho l}{R} = \frac{0{,}0175\,\Omega \cdot \text{mm}^2}{\text{m}} \cdot \frac{16\,\text{m}}{0{,}12\,\Omega} = 2{,}33\,\text{mm}^2.$$

Der nächst größere Kabelquerschnitt in der Normreihe ist $2{,}5\,\text{mm}^2$.

d) Es muss eine Kombination aus stromrichtiger und spannungsrichtiger Messung aufgebaut werden. Die Strommessung liegt in Reihe mit dem zu messenden Widerstand, die Spannungsmessung erfolgt unmittelbar über dem Kabel innerhalb der Speiseanschlüsse.
Es ergibt sich die folgende Mess-Schaltung:

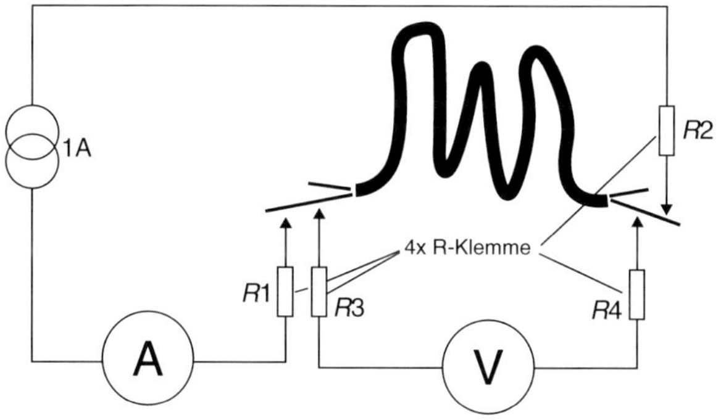

Die Klemmwiderstände $R1$ und $R2$ erzeugen einen Spannungsabfall, ändern aber den fließenden Strom nicht.
Die Widerstände $R3$ und $R4$ verursachen keinen Spannungsabfall, da durch das hochohmige Voltmeter nahezu kein Strom fließt bzw. ihr Wert gegenüber dem Innenwiderstand des Voltmeters vernachlässigt werden kann.
Wichtig ist, dass beim Aufbau nicht ‚Klemme an Klemme' gebaut wird, sondern immer direkt am Kabel angeklemmt wird.

e) Es ist die Summe der Einzelfehler zu betrachten. Um den maximal möglichen Fehler zu erhalten sind alle Werte mit gleichem Vorzeichen linear zu addieren.
Der Gesamtfehler ergibt sich damit aus
F_{ges} = Grundfehler U-Messung + Digitalisierungsfehler U-Messung + Fehler Stromquelle.
Der Fehler der Stromquelle muss bei einer Angabe von 1,000 A mit +/− 1 mA angenommen werden (1 Digit auf der niedersten Stelle).
Der Digitalisierungsfehler der Spannungsmessung beträgt 1/Anzeigewert. Im Messbereich 0,2 V wäre der Anzeigewert 1.866 (entspricht 0,1866 V). (Die Rückwirkung des Fehlers der Stromquelle auf die Spannung wird hier vernachlässigt, da sie eigenständig dazu gerechnet wird).

$$F_{ges} = 0{,}5\,\% + 1/1.866 + 1/1.000 = 0{,}005 + 0{,}000536 + 0{,}001$$
$$= 0{,}00654 = 0{,}654\,\%.$$

Wie zu sehen, wird der Fehler vor allem durch den Grundfehler und den Anzeigefehler bestimmt.

f) Voraussetzung: beide Kabelenden sind zugänglich.
Der Mindestwiderstand bestimmt sich wie oben für 300 m zu 7 Ω.
Bei 1 A Messstrom fallen damit mindest 7 V ab. Das Messgerät ist dafür in den Bereich von 20 V zu stellen. Der Anzeigewert wäre damit 700 (entspricht 7,00 V).
Da eine Länge von mindest 300 m angenommen wurde, wäre das der kleinstmögliche Messwert, welcher den größten Fehler ergibt.

$$F_{ges} = 0{,}5\,\% + 1/700 + 1/1000 = 0{,}00743 = 0{,}743\,\%.$$

Da Widerstand und Kabellänge linear voneinander abhängen, entspricht dies auch dem Messfehler der Länge:

$$F_{lang} = 300\,\text{m} \cdot (+/-\ 0{,}00743) = +/-\ 2{,}23\,\text{m}.$$

Die Messgenauigkeit steigt mit steigender Länge, da der Digitalisierungsfehler mit steigendem Anzeigewert sinkt.

Ü I 6-1: a) Allgemein
Die Torzeit entspricht der Messzeit mit 1s. Der Fehler einer zählenden Messung beträgt +/− 1 Impuls zum Messwert (Anzeigewert). Damit ist der relative Messfehler

$$F_{rel} = +/-1/\text{Anzeigewert} = +/-1/\text{Impulsanzahl}.$$

Der Fehler wird mit kleiner werdendem Anzeigewert größer. Aus diesem Grund ist mit der kleinsten Drehzahl zu rechnen.

Sensor 1 Impuls: Impulsrate = 3.000/min = 50/s. F_{rel} (1 s) = 1/50 = 0,02 = 2 %.

Sensor 8 Impulse: Impulsrate = 3.000 · 8/min = 400/s. F_{rel} (1 s) = 1/400 = 0,0025 = 0,25 %.

Der Sensor mit 8 Impulsen pro Umdrehung würde die Anforderungen erfüllen.

b) Allgemein

Die Torzeit – und somit die Messzeit – entspricht der Zeit zwischen zwei Impulsen. Der Fehler einer zählenden Messung beträgt +/−1 Impuls zum Messwert (Anzeigewert). Damit ist der relative Messfehler

$$F_{rel} = \frac{\pm 1}{\text{Anzeigewert}} = \frac{\pm 1}{\dfrac{\text{Periodendauer\_impuls}}{\text{Periodendauer\_referenz}}}$$

$$= \pm \frac{\text{Periodendauer\_referenz}}{\text{Periodendauer\_impuls}}$$

Der Fehler wird mit kleiner werdendem Anzeigewert größer. Da die Periodendauer mit steigenden Drehzahl sinkt – und damit auch der Anzeigewert – ist mit der größten Drehzahl zu rechnen.

Sensor 1 Impuls: 6.000 min^{-1} = 100 s^{-1} entspricht einer Periodendauer von 10 ms.

Periodendauer der Referenz: 1/100 kHz = 10 µs.

Anzeigewert = 10 ms/10 µs = 1.000.

F_{rel} (Anzeigewert) = 1/1000 = 0,001 = 0,1 %.

Sensor 8 Impulse: 6.000 · 8/min = 100 · 8/s entspricht einer Periodendauer von 1,25 ms.

Periodendauer der Referenz: 1/100 kHz = 10 µs.

Anzeigewert = 1,25 ms/10 µs = 125.

F_{rel} (Anzeigewert) = 1/125 = 0,008 = 0,8 %.

Der Sensor mit 1 Impuls pro Umdrehung würde die Anforderungen erfüllen.

c) Bei der Frequenzmessung ist nur eine Verbesserung durch Erhöhung der Impulsanzahl je Umdrehung möglich. Es wären mindest 40 Impulse je Umdrehung erforderlich.

Bei der Zeitmessung kann der Umstand genutzt werden, dass die Messzeit maximal 20 ms beträgt (1 Impuls bei 3.00 min^{-1}). Es könnten dadurch in der verbleibenden Zeit zu 1 s weitere Messungen durchgeführt werden, welche gemittelt werden, oder die Messung über mehrere Perioden erfolgen. Letzteres erreicht man durch einen Teiler im Pfad der Messimpulse – hier würde bereits ein Teilerfaktor von 2 für die Aufgabenstellung ausreichen.

d) Die Aufgabe kann durch eine Frequenzmessung mit dem 8-Impuls-Sensor oder einer Zeitmessung mit dem 1-Impuls-Sensor gelöst werden.

Sachverzeichnis

E. Hering et al., *Elektrotechnik und Elektronik für Maschinenbauer*,
DOI 10.1007/978-3-642-12881-3, © Springer-Verlag Berlin Heidelberg 2012

R

S

T